PLANT PHYSIOLOGY

NEW 식물생리학

대표저자 강영희

저자 이순희 / 김명원 / 소상섭 / 황　백 / 강경홍 / 한태진
정충덕 / 이우성 / 오승은 / 김우택 / 이인철 / 정현숙
김응식 / 박기영 / 김성기 / 김순영 / 표병식 / 김성호

지구문화사
JIGU PUBLISHING Co.

머리말 PREFACE

이 "식물생리학"은 1999년 8월에 초판을 간행한 이후 9년여 만에 개정판을 출판하게 되었다. 그간 증쇄(重刷)할 때마다 소규모적인 개정과 보충작업을 하였으나 이번에는 보다 광범위하게 추진하였다.

그간 20세기에서 21세기로 변천하면서 식물생리학 관련분야도 비약적인 발전이 있었다. 사람유전체(게놈)의 해독완성에 병행하여 식물유전체의 해독완료, 단백질체(프로테옴)를 연구하는 프로테오믹스(ptoteomics), 유전체연구를 연구하는 제노믹스(genomics)을 비롯한 새로운 학문분야가 차례로 창출하면서, 생물정보학(biointem-atics) 등의 계산기과학 등의 학제연구영역이 급진적으로 확대하여 종래의 "건조"한 기법을 이용한 생명과학영역에서의 연구방법에 있어서도 보다 진일보로 발전하게 되었다. 그리하여 유전자를 이용하는 기술도 사람의 의료(의학)뿐만 아니라 농업기술, 환경보전 세계까지 착실하게 뿌리를 내리고 있는데 그의 기초연구재료가 식물체인 경우 그 기초연구학문은 바로 "식물생리학"이라고 할 수 있다. 우리가 향후의 생명과학연구의 발전에 기여하기 위해서는 "식물생리학"의 지초가 필요하며, 이 역할은 바로 "식물생리학"의 발견에 기인하는 것으로 인식되고 있다.

현재, 식물연구에서도 게놈정보를 얻게 됨으로써 한때는 기관, 조직, 세포수준의 연구를 중심으로 한 "거시생물학"의 범주에서 머물던 식물생리학이 염기배열의 결정, 단백질의 해석 등의 기본적인 연구방법으로 변천하게 되었다. 그리고 공학, 물리학계 등에서도 생명과학분야의 참여가 더욱 증가·확대되고 있다. 그 분야에 있어서도 식물을 이용하는 경우는 이러한 식물생리학의 지식이 기초가 되는 것이므로 "식물생리학"의 역할은 매우 클 것으로 보인다.

초판 머리말에 밝힌 바와 같이 이 책을 저술한 필진은 연세대학교 대학원 생물학과에서 식물생리학을 전공하여 박사학위를 받은 후 선진 각국에서 박사후연구과정을 수료한 교수들과 역시 연세대학교 생물학과를 졸업한 후 미국, 일본, 독일 등의 각 대학교 대학원에서 박사학위를 취득하고 이어서 박사후연구과정을 이수한 이후 최소 10여년 이상 국내외 각 대학에서 강의와 연구의 실적이 풍부한 교수들로 구성되어 있다.

이들은 그동안 소속대학, 연구소에서 강의와 연구를 꾸준히 진행하면서 많은 연구업적의 축적과 많은 후학을 양성하였다. 또한 최근 출판된 초유의 대규모 사전인 "생명과학대사전" 편집에 참여한 교수도 있다. 이러한 여러 가지 경험을 축적한 집필자가 꾸준히 심혈을 경주하면서 이 개정판작업에 참여・공헌하였기 때문에 독자에게는 큰 도움이 될 것으로 확신한다.

우연한 일이지만, 이 책의 초판을 낸 1999년 한국은 미증유의 IMF관리체제하에 처해 있었고, 이 개정판도 세계적인 금융대란이 미국에서 발생하여 우리나라를 비롯하여 전 세계가 매우 어려운 시기에 출판하게 되었다. 참으로 어려운 경제여건에도 불구하고 개정판출판의 용단을 내려주신 地球文化社의 朱炳五사장에게 경의와 심심한 감사를 드리는 바이며, 아울러 편집에 심혈을 기울여주신 편집팀 여러분에게도 사의를 표명하는 바이다.

또한 초판부터 실무를 통괄한 黃秙 교수와 실무를 담당한 金成鎬 교수의 노고에 대해서는 저자를 대표해서 각별히 위로와 사의를 표시한다.

2009년 2월

저자를 대표하여

康 榮 熹

차례

제 3 장 구성물질

차례

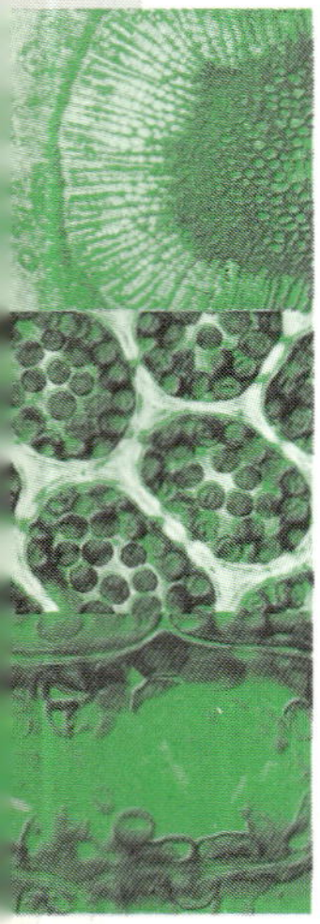

제 4 장 식물 물질대사

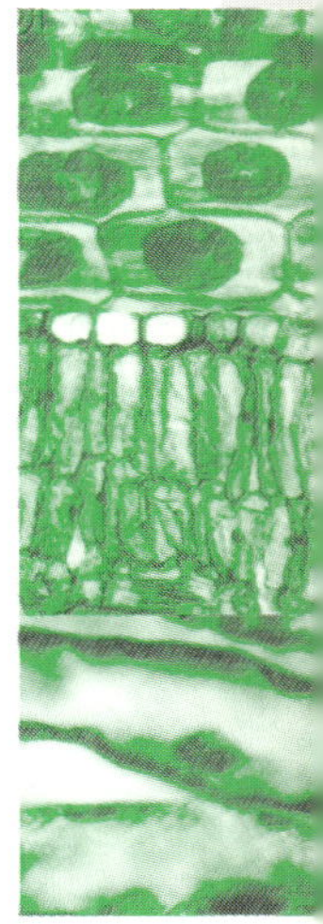

제 5 장 식물의 영양

차례

CONTENTS

차례

제 6 장 식물호르몬과 생장조절물질 및 천연물

제 7 장 식물의 분화와 생장

차례

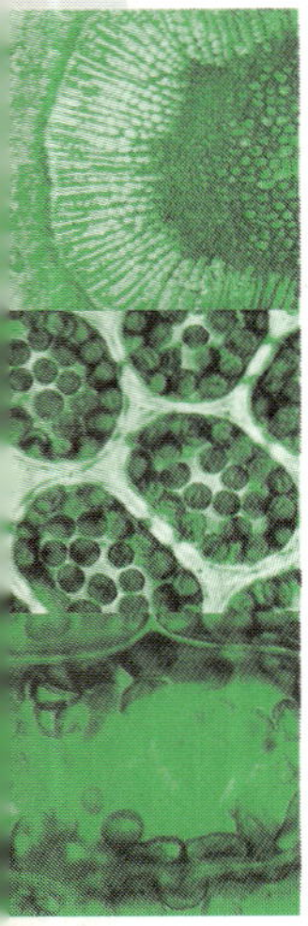

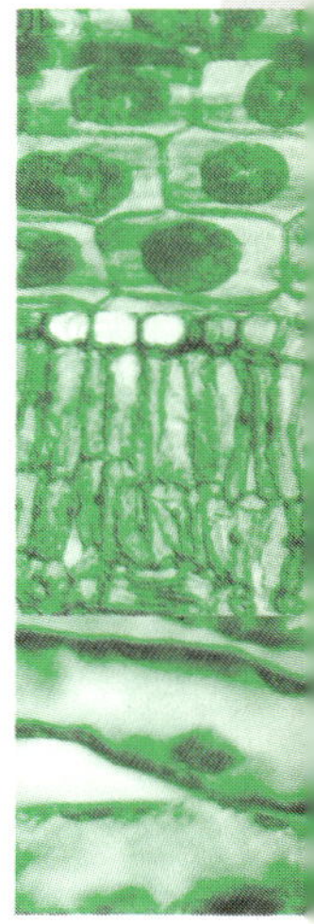

제 8 장 식물 분자생물학

차례

제 9 장 식물 환경생리

제 1 장 총 론

식물생리학(plant physilolgy)은 식물체가 수행하는 기능에 대하여 연구하는 학문이다. 이 학문의 목적은 식물체에서 일어나는 수많은 복잡한 물질대사(metabolism) 과정이 어떠한 기작(mechanism)을 통하여 이루어지고 있으며, 또한 그 각 과정이 어떻게 상호 유기적으로 통합되어 있는가를 밝히는 데 있다. 즉 식물생리학은 환경의 변화에 대한 식물의 반응으로서의 여러 가지 과정과 기능, 또한 그 반응의 결과로서 이루어지는 생장과 발달에 관하여 연구하는 학문이라고 할 수 있다.

이 장에서는 식물생리학의 여러 분야를 언급하기에 앞서 현재까지 식물생리학이 발전해온 과정과 식물생리학의 현황 및 전망에 관한 내용을 소개함으로써 식물생리학의 연구와 이해에 도움을 주고자 한다.

1-1 식물생리학의 발달사

식물생리학은 기원전 400년경 아리스토텔레스(Aristoteles, BC. 384～322)가 식물의 영양에 관한 고찰을 한 이래 18세기 초까지는 그 발달속도가 빠르지 못했으며, 업적도 대단한 편이 아니었다. 1772년 영국의 프리스트리(J. Priestley, 1733～1804)는 식물이 산소를 방출하는 것을 발견하였고, 네델란드의 인겐하우스(J. Ingenhousz, 1730～1799)는 녹색식물에 의해 공기가 정화되는 것에 흥미를 가지고 연구하다가 식물이 탄소동화작용과 호흡을 한다는 것을 발견하였으며, 1779년에는 식물이 산소를 방출하기 위해서는 빛이 필요하다는 것을 인식하게 되었다.

또 소슈(N. Saussure, 1767～1845)은 광합성(photosynthesis)과 호흡(respiration)에 대한 정량적인 연구를 통하여 식물의 생체량이 증가하는 것은 CO_2의 흡수와 분해에 의해 일어난다는 것을 밝혔으며, 1804년「식물의 화학적 연구」라는 책자를 통해 식물생리・생화학의 기초를 구축하였다.

19세기에 들어와서는 식물생리학의 발달속도가 빨라져 슈반(T. Schwann, 1810~1882)과 슐라이덴(M. J. Schleiden, 1804~1881)이 세포설(cell doctrine)의 기초를 열었으며, 1862년 독일의 삭스(J. Sachs, 1832~1897)는 광합성산물이 전분(starch)임을 증명하였고, 엽록체에 엽록소가 존재함을 증명하였다. 또한 그는 1866년「실험 식물생리학」을 저술하여 식물생리학 실험의 체계를 확립하였다. 다윈(C. Darwin, 1809~1882) 부자는 1880년「식물의 운동력」을 저술하면서 식물호르몬(plant hormone)에 관한 연구를 시작하였다.

20세기에 들어와서는 여러 가지 실험방법의 개선과 새로운 분석기기 및 분석방법 등의 발달로 식물생리학의 발전속도가 더욱 가속화되었다. 1905년 블랙만(F. F. Blackmann)은 광합성의 명반응(light reaction)과 암반응(dark reaction)을 구별하였으며, 1906년 윌스탯터(R. Willstätter, 1872~1942)는 엽록소를 순수분리하고 그 구조를 규명하였다. 그는 그 후로 탄소동화작용에 관한 연구로 1915년 노벨화학상을 수상하였다.

한편 덴마크의 보이센-얀센(Boysen-Jensen, 1883~1959)은 1910년 식물의 굴성(tropism)에 관계하는 물질이 존재한다는 것을 증명하였고, 1920년 미국 농무성의 가너(W. W. Garner)와 알라드(H. A. Allard)는 광주성(photoperiodism)을 발견하였다. 또한 웬트(F. W. Went)는 1923년 식물생장 호르몬의 존재를 증명하였고, 1924년경에는 에틸렌(ethylene)과 과실의 성숙과의 관계를 규명하였다.

케글(F. Kögl)은 옥수수의 배, 소변에서 옥신(auxin)을 분리하여 그 구조를 결정하였고 1935년 야부타(T. Yabuta)는 지베렐린(gibberellin)을 분리하여 그 화학적 성질을 규정하였다. 1938년에는 힐(R. Hill)에 의해 힐반응(Hill reaction)이 발견되었고 미국의 생화학자인 캘빈(M. Calvin)에 의해 광합성에서의 CO_2 고정경로가 확립된다는 점이 밝혀져, 그 공로로 캘빈은 1961년 노벨화학상을 수상하였다.

같은 해에 아논(D. I. Avnon) 등은 광합성의 기작을 연구하여 광인산화반응(photophosphorylation)을 발견하였고, 분리한 엽록체에서 물을 전자공여체로 하여 NADP 광환원반응을 증명하는 등 광합성의 생화학적 연구에 선도적 업적을 남겼다.

1955년에는 미국의 식물생리학자인 수쿡(F. Skoog)에 의해 키네틴(kinetin)의 명명과 구조가 결정되었고, 1959년에는 미국의 헨드릭스(S. B. Hendricks, 1902~1981)에 의해 피토크롬(phytochrome)이 발견되었다. 그 후 식물생리학의 발달은 더욱 빠르게 진행되어 종래에는 식물체의 기관과 조직 수준에서 주로 연구가 수행되었으나 현재는 세포와 분자수준에서 연구가 진행되어 식물의 모든 생명현상을 세포와 분자수준에서 해석하게 되었다.

1-2 식물생리학의 현황

지구상의 모든 생물의 생존을 지탱하고 있는 식물은 그 종류도 많고 또한 생육조건도 실로 다양하지만 그들 식물의 생활, 특히 물질대사와 생장을 지배하고 있는 원리에는 놀라울 정도의 일체성이 존재한다. 이 원리를 연구하는 학문이 식물생리학이라고도 할 수 있다.

따라서 이 학문의 목적은 식물이 영위하고 있는 복잡한 대사과정이 어떠한 기작으로 행해지고 또한 그 각각의 과정이 어떻게 서로 연관하여 통합되어 있는가를 명백히 하는 데 있다. 또한 이러한 목적을 달성하기 위해서는 식물체 내에서 일어나는 생명현상뿐만 아니라 주위의 환경이 식물체 내에서 일어나고 있는 여러 과정에 어떠한 영향을 미치는가를 규명할 필요가 있다.

식물에 관한 인간의 관심은 양식의 대상으로서 시작되었으나 그 후 인간이 직접 식물을 채취하고 또한 재배하는 과정에서 학문적 인연이 깊어졌다고 할 수 있다. 목적으로 하는 식물이 어떤 장소에서 자라고 어떠한 조건으로 열매를 맺고 씨를 만드는가, 또 수확을 많이 하기 위해서는 토양에 무엇을 주면 좋은가? 그리고 수확한 것을 보존하기 위해서는 어떠한 처리가 필요한가?

이와 같은 것을 사람들은 농경을 시작하는 시점부터 알 필요가 있었다. 그러므로 식물의 성질과 기능을 알고 그것을 조절하는 것을 목적으로 하는 식물생리학은 농업과 더불어 시작된 대단히 오래된 역사를 가진 학문이라고 할 수 있다. 따라서 위에서 언급한 것처럼 농업에서 식물생리학이 지니는 위상을 고려할 때 식물생리학은 식물의 영양에 관한 연구를 중심으로 발전하였다고 규정하여도 과언이 아닐 것이다.

식물의 무기원소 요구나 광합성에 관한 연구를 시작으로 해서 질소고정에 관한 연구나 물을 포함한 양분의 흡수와 이동에 관한 연구도 이러한 흐름 속에 자리 잡고 있다고 할 수 있다. 또 농업 쪽에서 보았을 때 실제로 관계가 없는 것처럼 진행된 식물의 생장에 관한 연구도 생장조절물질에 관한 지식을 통해 개화, 결실, 낙과 등을 인위적으로 조절함으로써 농업과의 연관이 깊어졌다.

이와 같은 식물생리학 발달의 추이는 이후에도 변화가 없을 것으로 생각되어왔다. 그러나 폭발적인 인구의 증가로 식량부족의 위기가 현실화되고 있는 오늘날, 농업은 식물생리학에 이전보다 더 큰 기대를 가지게 되었다. 우선 식량의 증산은 질소비료를 많이 시비함으로써 가능해졌다. 질소비료의 중심이 되는 암모니아는 하버-보쉬법(Haber-Bosch process)으로 합성된다. 그러나 고온과 고압의 조건에서 이루어지는 이 공정에 필요한 에너지는 석유에 의존하고 있기 때문에 석유의 가격은 바로 암모니아의 가격과 직결된다. 따라서 석유의 가격이 급등하고 있는 현실에서는 비료의 가격이 높을 수밖에 없기 때문에 시비량을 증가시키는 것만으로는 경제적으로 한계가 있다는 것이 명백해졌다.

여기에서 식물생리학적 해결책이 절실히 요구된다. 하버-보쉬법을 대신하는 합성법의 하나로 질소고정세균이 수행하는 디나이트로지나아제(dinitrogenase)에 의한 질소고정반응을 들 수 있으며, 이 반응기구에서 얻어지는 연구결과를 기초로 새로운 촉매를 이용한 합성법이 개발되고 있다. 더욱이 장기간의 전망과 더불어 종래의 뿌리혹박테리아와 콩과식물과의 사이에서만 성립하는 것으로 한정된 공생관계를 다른 종류의 식물에까지 확대시키는 일, 또한 고등식물 자체에도 질소고정능을 도입하는 일 등이 유전공학과의 협력으로 추진되고 있다.

지금까지 작물의 생산량을 증가시키기 위해서 주로 채택된 방법으로는 다수확 품종의 육성과 보급, 그리고 재배방법의 개량 등을 들 수 있다. 이 분야는 유전학과 육종학의 주된 영역으로서 거기에는 식물생리학이 참여할 수 있는 여지가 거의 없는 것으로 생각되어 온 것이 사실이다.

그러나 현재의 상황은 전혀 다르다. 식물생리학의 발전으로 식물체에는 이산화탄소 고정양식의 차이로부터 C_3 형과 C_4 형 식물의 두 종류가 존재하는데 이중에서 C_4 형 식물이 이산화탄소 고정능이 뛰어나고, 또한 광호흡이 큰 식물은 물질생산 면에서 손실이 크다는 사실이 명백히 밝혀짐으로써 앞으로의 작물은 C_4 형 식물, 그리고 광호흡률이 낮은 식물을 선발한다는 명확한 목적을 가지게 되었다.

오늘날 우리들이 사용하고 있는 에너지의 대부분은 화학연료, 즉 과거에 녹색식물이 고정한 태양에너지이지만 급속한 산업활동의 팽창으로 현재 인류는 녹색식물이 고정하는 태양에너지의 양을 상회하는 석유, 석탄 등의 화석연료를 소비하고 있는 실정이다. 이러한 추세라면 지구상에 존재하는 에너지원의 고갈은 피할 수 없는 현실이 될 것이다. 따라서 대체에너지 개발이 시급한데, 그중 하나로 핵에너지의 이용을 들 수 있다. 이러한 목적으로 빛에 의해 수소가스를 생산하는 녹조류에 대한 연구가 활발히 진행 중에 있다.

한편 식물생리학의 중요한 분야인 식물호르몬을 기초로 발전한 식물조직배양은 유용물질의 대량생산을 가능하게 하고 있으며, 유전자 조작을 통하여 새로운 유용식물을 선발할 수 있는 수단을 제공하고 있다. 식물이 가지고 있는 활발하고 다양한 물질 생합성 능력은 식물이 다른 생물과 구별되는 큰 특징이라 할 수 있다.

1-3 식물생리학의 전망

식물생리학은 농학, 화초원예, 임학, 원예, 조경, 식물육종, 식물병리학, 약물학 등과 같이 식물을 응용하는 모든 분야에 기초가 되는 학문이다. 즉 이러한 모든 응용분야는 식물이 어떻게 생장하고 발달하는가에 대한 정보를 규명하는 식물생리학에 기초를 두고 있다는 것이다.

식물생리학은 농학분야의 연구 프로그램에서 점차적으로 중요한 역할을 할 것으로 추정되고 있다. 세계인구가 폭발적으로 증가함에 따라 인류는 거대하고 복잡한 문제에 직면하게 되었다. 이러한 문제들에 대한 해결책에는 사회적, 경제적, 문화적, 기술적인 정보뿐만 아니라 농학에 대한 많은 정보들도 절실히 요구된다.

앞으로 다가올 여러 가지 위기상황에 대한 첫 번째 과업으로는 전세계적으로 문제가 될 식량난의 해결을 들 수 있다. 미래의 농학연구 프로그램은 그 주요한 목적을 곤충, 질병, 잡초 등에 대해 저항성의 개선, 토양의 비옥도 증진, 기계화 효율의 극대화를 통한 새롭고 보다 나은 작물의 창출 및 환경정화에 두고 있다. 농업에서의 많은 부분들은 실질적으로 보다 더 집중적인 식물생리학의 연구에 의해 더 많은 이득을 얻어낼 수 있다.

예를 들면 식물에 있어서 태양에너지를 인간이 섭취할 수 있는 식량의 형태로 생산해내는 광합성의 효율은 몇 가지 방법, 즉 광호흡율을 감소시키거나 유전공학적인 육종에 의해 보다 더 효율적으로 태양에너지를 포착할 수 있도록 함으로써 증가시킬 수 있다. 또한, 개선된 생물학적 질소고정으로 엄청나게 비싼 질소비료의 화학합성을 대체할 수 있으며, 지난 수년간에 걸쳐 식물생리학자들에 의하여 발전한 조직배양과 세포융합기술은 곡물류에서도 바람직한 식물주를 선발하는 육종에 유용하게 쓰일 수도 있을 것이다. 가뭄이나 냉해 및 충해와 같은 환경 스트레스를 덜 받도록 하는 수단도 식물생리학적 접근을 통해 발달될 것이다.

한편 식물성장조절제를 언제, 어떻게 사용하여야 가장 좋은 효과를 얻을 수 있는가를 알게 되면 곡물류의 수확도 증가시킬 수 있다. 현재 이용되고 있지 않는 잡초와 정글식물들도 대단위 규모의 조류와 이스트세포의 배양을 통하여 얻어진 지방과 단백질을 첨가함으로써 양질의 사료로 전환시킬 수도 있을 것이다. 그리고 뿌리와 공생하여 균근을 형성하는 미생물 중에서 우수한 균주를 얻게 되면 토양으로부터 양분의 흡수도 그 효율성을 보다 크게 증진시킬 수 있을 것이다.

또 한편 분자생물학과 식물생리학의 접목인 식물생명공학(plant biotechnology)의 발달은 무한한 가능성을 내포하고 있다는 점에서 희망적이라 할 수 있다. DNA 기술의 발달은 지금까지 자연에서는 불가능했던 새로운 형질의 재조합과 광범위한 생물체 사이에서의 유전자 이동을 가능하게 해 주었다.

이러한 발달은 원래 실험실에서 시작된 것이지만, 현재는 새로운 기술을 가진 식물생리학의 역할로 대체시킬 수 있게 되었다. 즉 작물의 수확량 증가, 제초제에 대한 식물의 저항력 증가, 식물생장과 번식의 강화, 식물 배양세포로부터 유용한 약물과 2 차 대사산물의 생산 등과 같은 획기적인 발전을 가져올 전망이다.

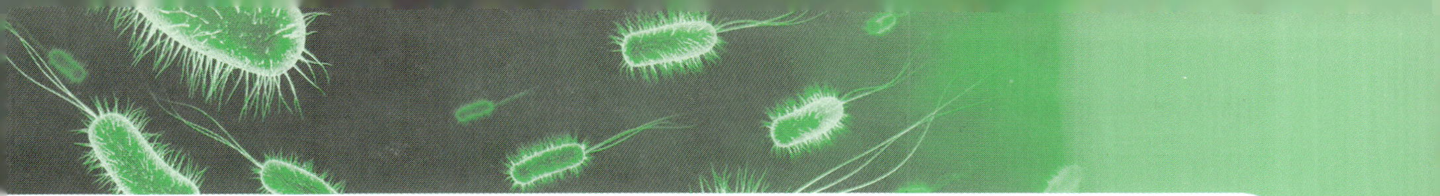

제 2 장　식물세포

가장 간단한 생명체에서부터 그 구조와 기능이 복잡한 식물과 동물에 이르기까지 모든 생명체는 세포로 구성되어 있다. 모든 생명체가 나타내는 구조와 기능의 본질은 결국 그 생명체를 구성하고 있는 세포에서 일어나는 일들의 총합이라 할 수 있다.

다른 모든 생명체처럼 식물의 구조와 기능의 기본적인 단위는 세포이다. 실제로 식물생리학이라는 학문은 식물세포 각각에서 일어나는 생명현상 자체와 함께 각각의 식물세포에서 진행되는 생명현상이 어떻게 식물 전체에서 일어나는 생명현상과 연관되어 있느냐를 밝히는 것이다. 생명체에 있어서 그 구조와 기능을 분리해서 생각할 수는 없으며 또한 생명체의 기능은 그 구조를 바탕으로 한다. 따라서 식물생리학의 출발을 식물세포의 일반적인 구조에 대한 고찰로부터 시작하고자 한다.

2-1　식물세포

전형적인 식물세포의 구조는 그림 2-1과 같다. 식물세포는 동물세포와 달리 원형질막 외부에 세포벽이 존재한다. 세포벽은 식물세포뿐만 아니라 세균과 균류 및 일부 원생생물에도 존재하나 그 화학적 조성에서 차이가 있다. 원형질막(plasma membrane)은 원형질(protoplasm)을 둘러싸고 있는 막으로서 원형질을 구성하는 모든 성분들도 세포의 생명현상을 유지하는 데 있어서 중요한 역할을 하지만 원형질막의 기능은 특히 중요하다.

원형질막은 선택적 투과막이다. 즉 원형질막은 특정물질은 투과하는 반면 다른 물질은 투과시키지 않는다는 것을 의미한다. 따라서 원형질막은 세포를 물리적으로 구분하는 경계의 역할뿐만 아니라 세포와 환경 사이에서의 물질의 교환을 통하여 세포와 환경을 서로 물리·화학적으로 조절하는 역할을 한다.

한편 원형질에서 핵을 제외한 부분은 세포질(cytoplasm)이라 하여 원형질과 구분하며, 식물세포에서 원형질막과 원형질을 합친 구조, 즉 식물세포에서 세포벽을 제거한 구조를 원형질체(protoplast)라고 한다. 원형질체에는 원형질막 이외에도 선택적 투과막으로 둘러싸인 구조가 부가적으로 존재하며 이를 세포소기관(cell organelle)이라 한다.

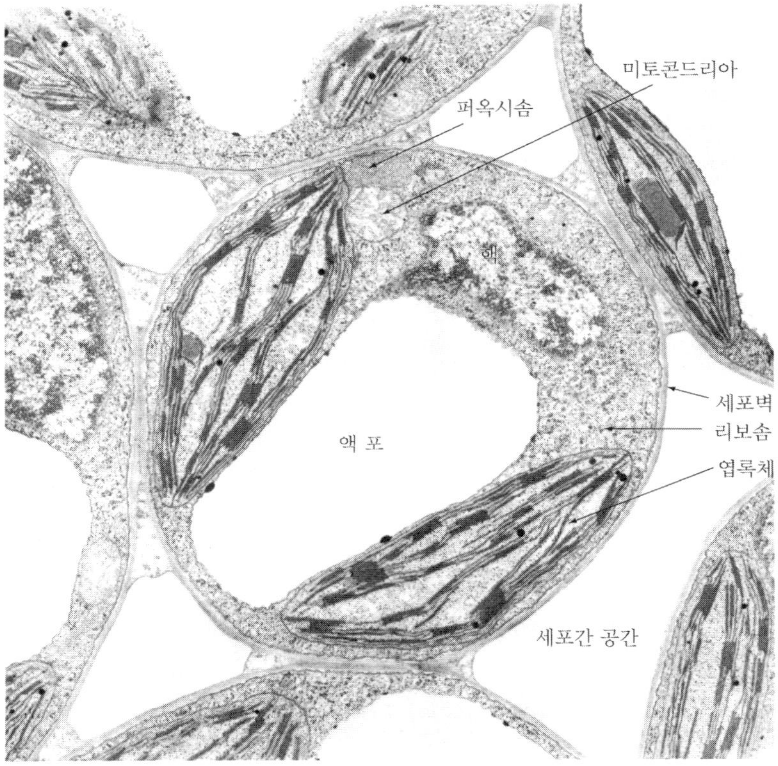

그림 2-1 식물세포의 일반적인 구조

이들 세포소기관에는 핵, 미토콘드리아, 엽록체, 소포체, 골지체, 액포, 리소좀, 퍼옥시솜 등이 있다. 이중에서 식물체에 특이적으로 나타나는 세포소기관은 엽록체와 액포이다. 세포의 기능은 물론 세포소기관 각각의 기능이 통합되어 나타나는 것이다. 그러나 여기에서 전체는 부분들의 총합보다 크게 나타나는 특성이 있음은 물론이다.

또한 세균은 세포소기관이 없는데도 생명현상을 유지하는 것으로 보아 세포소기관의 출현과 존재는 세포가 수행해야 할 여러 가지 기능과 역할을 분리하고 독립시켜 전문화함으로써 세포활동의 효율을 극대화한 것이라 할 수 있다.

2-2 생 체 막

전자현미경 사진에 의하면 생체막은 그 종류에 관계없이 서로 비슷하다. 생체막의 두께는 7.5～10 nm 정도이며, 두 개의 어두운 선이 밝은 층에 의하여 분리되어 있다(그림 2-2).

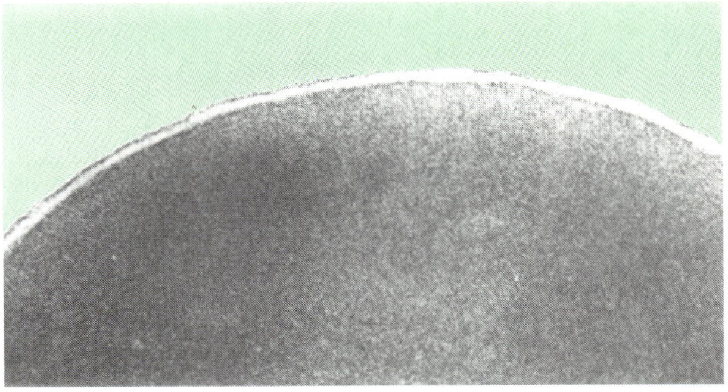

그림 2-2
원형질막의 전자현미경 사진

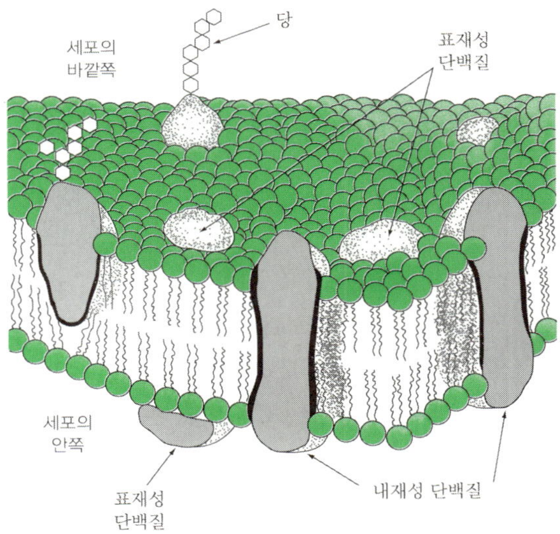

그림 2-3
생체막의 유동 모자이크 모델

막은 단백질과 지질로 구성되는데 단백질은 보통 건량의 1/2~2/3 정도를 차지하며 단백질과 지질의 비율 및 각각의 조성은 막의 종류와 세포의 생리적 상태에 따라 다르다. 예를 들어 세포소기관 각각의 막 사이에서도 단백질과 지질의 조성은 차이가 있으며, 기능이 현저하게 다른 막 사이에서는 막단백질의 특성도 다르다.

현재 생체막의 구조에 대해서는 1972 년 Singer 와 Nicholson 이 제안한 유동 모자이크 모델(fluid mosaic model)을 실제 생체막의 구조에 가장 근접한 모델로 받아들이고 있다.

이 모델은 단백질들이 마치 바다 위를 떠다니는 빙산처럼 유동성이 강한 지질 이중층에 군데군데 박혀있다고 설명한다(그림 2-3). 지질은 실제로 그 유동성 때문에 측면확산(lateral diffusion)이 가능할 뿐만 아니라 지질분자의 특성에 의해 온도의 변화에 따른 열운동(thermal motion)도 가능하다. 또한 열역학적으로 에너지 장벽이 커서 매우 드물게 일어나는 현상이기는 하지만 지질분자가 한 층에서 다른 층으로 이동하는 가역적역위(flip-flop movement)도 일어난다(그림 2-4).

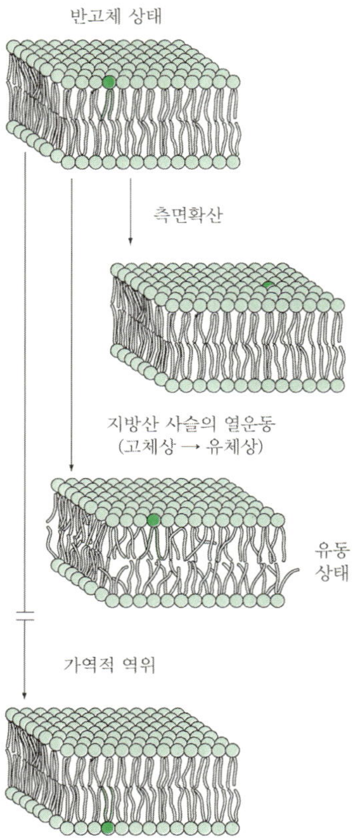

그림 2-4 막지질의 유동성

유동성은 막지질에만 국한된 것은 아니다. 막단백질도 유동성이 있어서 측면확산이 일어나는 것으로 알려져 있다.

막단백질 중 소수성 단백질 또는 단백질의 소수성 부분은 대부분 막의 안쪽에 위치한다. 더구나 어떤 단백질은 지질 이중층을 가로질러 양쪽으로 노출되기도 하는데 이 두 경우를 내재성 단백질(integral protein)이라 한다. 이들 내재성 단백질은 막의 안쪽이 소수성 결합(hydrophobic interaction)으로 강하기 때문에 계면활성제(detergent)나 유기용매의 처리에 의해서만 분리된다.

이와는 대조적으로 막표면의 한쪽에 수소결합으로 약하게 결합되어 있어서 저농도의 염용액, 요소(urea), 킬레이트제 등을 처리하거나 pH를 변화시킴으로써 쉽게 분리가 되는 단백질을 표재성 단백질(peripheral protein)이라고 한다(그림 2-3).

지질 이중층을 경계로 막의 양쪽 면은 접하고 있는 환경이 다르므로 그 기능에 있어서 다소 차이가 있을 수밖에 없는데, 실제로 지질 이중층의 양쪽 면에서 지질과 단백질의 조성은 차이가 있다.

2-3 세포소기관

세포질에는 막으로 둘러싸인 구획이 많이 존재하는데 이를 세포소기관(cell organelle)이라 하고 세포질에서 세포소기관을 제외한 액체성 부분을 시토솔(cytosol)이라 한다. 시토솔에는 많은 양의 단백질과 그밖에 여러 가지 용질들이 용해되어 있으며, 일반적으로 겔(gel)과 같은 물리적 특성을 가지고 있다.

2-3-1 액 포

성숙한 고등식물세포의 가장 두드러진 특징 중의 하나는 크게 발달한 액포(central vacuole)이다(그림 2-1). 성숙한 식물세포의 경우 액포는 세포체적의 80～90%를 차지하고 액포는 액포막(vacuolar membrane, tonoplast)이라 불리는 막으로 둘러싸여 있으며 무기이온, 유기산, 당, 효소 및 색소를 포함한 이차 대사산물을 다양하게 함유하고 있다.

액포의 높은 용질함량은 세포가 생장하기 위해 요구되는 수분흡수에 도움이 되며, 액포의 부피가 커짐으로써 식물세포의 표면적을 증가시키는 효과를 나타낸다. 식물은 생장하기 위해서 다량의 물, 무기염, 이산화탄소, 빛 등을 흡수해야 하는데 액포에 의해 식물세포의 표면적을 넓혀줌으로써 이들의 흡수를 유리하게 한다.

저장과 배설기능이 취약한 식물체에서 액포는 노폐물을 물에 녹지 않은 형태로 전환시켜 축적하기도 한다. 한편, 액포 내의 효소 중에는 가수분해효소가 많이 포함되어 있기 때문에 세포가 죽어 액포막이 파괴되면 세포질마저도 분해된다. 이러한 관점에서 볼 때 액포는 동물, 곰팡이 및 원생생물에 존재하는 리소좀(lysosome)과 유사한 기능을 수행하기도 한다. 액포는 또한 이차 신호전달물질(second messenger)의 역할을 하는 Ca^{+2}의 대표적인 저장장소로도 알려져 있다.

활발히 분열 중인 어린 식물세포에는 작은 크기의 액포가 많이 존재하지만 세포가 성숙함에 따라 이 작은 액포들이 융합하고 팽창하여 성숙한 세포의 특징인 하나의 큰 액포를 형성하게 된다.

2-3-2 핵

식물세포는 핵물질이 핵막(nuclear membrane)으로 둘러싸여 있는 진핵세포(eukaryotic cell)이다. 핵(nucleus)은 세포에 있어서 정보센터에 해당하여 세포의 생활을 지배한다. 핵은 대개 세포의 중앙에 위치하며, 핵을 둘러싸고 있는 핵막은 단위막이 두 겹으로 되어 있는 이중막(double membrane) 구조이다.

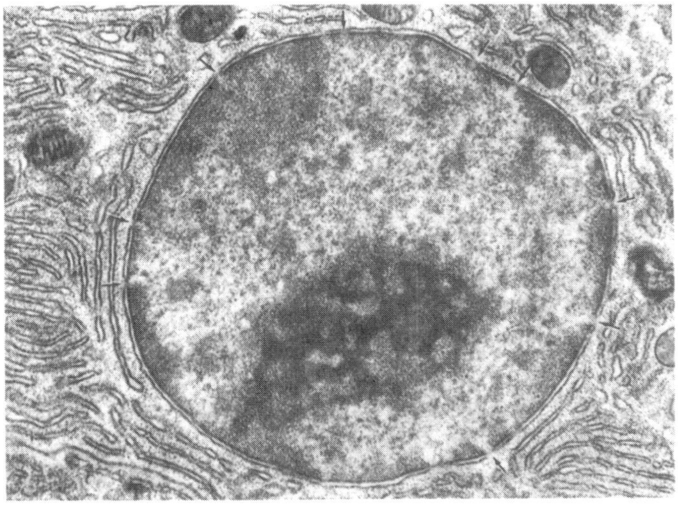

그림 2-5 핵공(nuclear pore)의 전자현미경 사진

핵막 안에는 핵질(nucleoplasm)이라는 용액이 채워져 있는데, 이 용액에는 유전자의 본체인 DNA 가 존재한다. 세포분열을 하고 있지 않은 세포에서 DNA 는 염색질(chromatin)의 상태로 존재하지만 세포분열 시에는 응축되어 염색체(chromosome)라 불리는 실타래와 같은 구조가 된다.

핵은 세포의 생활에 필요한 모든 정보를 유전자의 형태로 가지고 있고 유전자의 정보에 의해 합성되는 단백질에 의해 형질이 발현되는 것이므로 세포의 특성이란 결국 세포에 존재하는 다양한 단백질의 특성에 의해 총체적으로 표현된 것이라 할 수 있다. 핵과 세포질은 핵막뿐 아니라 핵막에 존재하는 핵공(nucleopore)을 통하여 서로 물질교환을 한다(그림 2-5). 핵공을 통해서는 RNA 와 같이 분자량이 커서 핵막을 통하여 수송이 일어나기 힘든 물질의 수송이 일어난다.

2-3-3 소포체와 골지체

소포체(endoplasmic reticulum, ER)와 함께 골지체(Golgi complex)는 지질과 단백질의 생합성 및 분비에 관여하는 정교한 막구조이다.

소포체란 용어는 작은 주머니를 의미한다. 그러나 세포에 실제 존재하는 소포체는 좁은 운하 모양 여러 개가 핵을 중심으로 배열되어 있는 구조이다. 소포체는 원래 세포를 파괴하여 세포소기관을 각각 분획할 때 얻어지는 작은 알갱이를 뜻하였다. 그 후 이러한 알갱이가 세포 내 망상구조(endoplasmic reticulum)에서 유래한다는 것이 밝혀졌으나 편의상 세포 내의 상태도 소포체라 부르고 있다. 소포체는 리보솜의 부착유무에 따라 표면에 리보솜이 붙어있는 조면소포체(rough endoplasmic reticulum, RER)와 부착되어 있지 않은 활면소포체(smooth endoplasmic reticulum, SER)로 분류한다(그림 2-6).

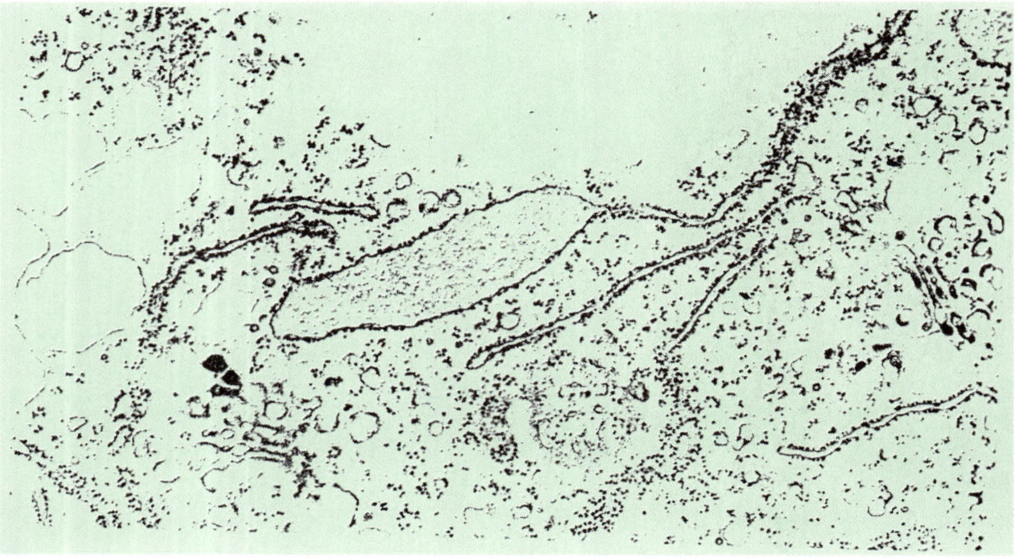

그림 2-6 무(radish) 뿌리털의 조면소포체와 활면소포체

소포체에 붙어있는 리보솜에서 합성된 단백질의 일부는 소포체의 안쪽인 내강으로 들어와 소포체막과 분리되지만 어떤 것은 소포체막에 머물러 있게 되는데 이러한 차이는 합성되는 단백질의 종류에 의해 결정된다. 리보솜의 부착 이외에도 소포체는 모든 막에 중요한 성분인 스테로이드와 인지질을 합성한다. 또한 소포체는 특정 효소와 단백질을 원형질막에 이동시켜 세포 밖으로 수송하는 분비작용을 하는데, 이들 분비 단백질 중 어떤 것은 세포벽에 유연성을 제공한다.

일반적으로 조면소포체는 핵 가까이 위치하고 활면소포체는 상대적으로 세포막 가까이 존재하지만 이 두 종류의 소포체는 서로 밀접한 연관성이 있다. 조면소포체는 핵막 주변에서 합성되며 오래된 것은 점진적으로 변화되어 활면소포체가 되는데, 이들 간에는 리보솜의 부착유무 외에도 조면소포체는 주로 평판상이며 활면소포체는 대개 튜브 모양이라는 차이점이 있다.

또한 모든 소포체의 내강은 서로 연결되어 있기 때문에 내강에서의 물질 이동이 가능하다. 그리고 소포체의 형태적 변환은 연속적인 것이어서 조면소포체의 물질은 결국 활면소포체로 이동하는 결과가 된다. 이와 같이 소포체는 세포 내에서 여러 가지 물질을 이동시키는 수송계의 역할을 담당하며 원형질연락사(plasmodesmata)를 만들어 세포와 세포 사이의 물질교환에 관여하기도 한다.

골지체는 시스터네(cisternae)라 불리는 납작한 막성 주머니 모양의 것이 겹쳐진 형태로 되어 있다(그림 2-7).

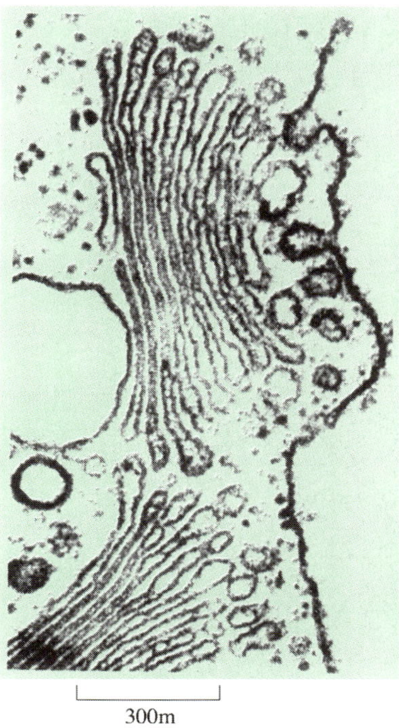

그림 2-7 *Chlamydomonas* 의 골지체

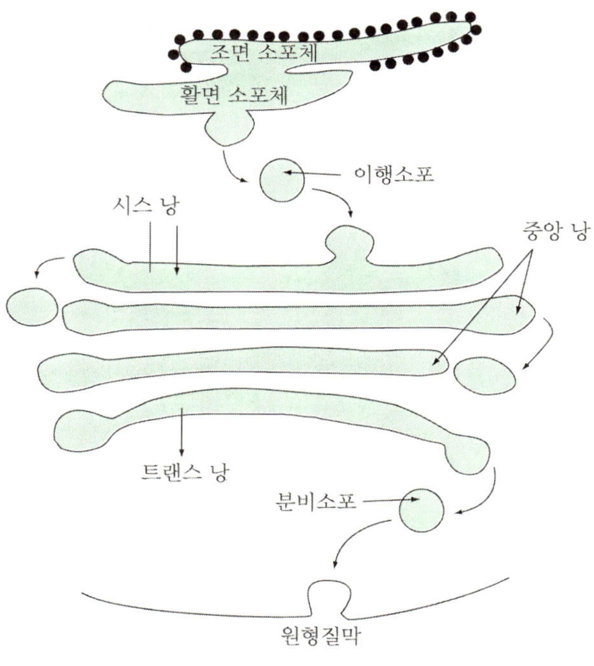

그림 2-8 소포체와 골지체의 관계

이 시스터네 중에는 생장하는 것과 소멸하는 것들이 있으므로 골지체의 모양은 끊임없이 변하는데, 이와 같은 시스터네의 형성과 소멸이 골지체의 기원과 기능을 설명하는 데 도움이 된다. 골지체의 형성면(forming face)에는 소포체에서 유래한 소포가 융합되어서 시스터네가 점점 커지는데 시스터네의 내용물은 소포체와 약간의 차이가 있다.

골지체의 반대쪽 면, 즉 성숙면(maturing face) 또는 방출면(releasing face)에서는 변형된 화합물이 포함되어 있는 소포들이 방출된다(그림 2-8).

이들 소포의 어떤 것은 원형질막에 가까이 있으며, 세포생장 시 세포막은 골지체의 소포와 융합하여 표면적이 증가된다. 또한 각 소포에 들어있는 다당류는 세포벽의 형성에 기여하는데, 이것이 식물세포에서 골지체가 나타내는 가장 중요한 기능이라 할 수 있다.

2-3-4 미토콘드리아

미토콘드리아(mitochondria)와 다음에 소개될 엽록체는 식물세포에 있어서 에너지를 변환하는 세포소기관이다. 미토콘드리아는 세포대사에 있어서 중추적인 역할을 하는 소기관으로 일반적으로 구형이며 지름은 대략 1㎛ 정도이다. 미토콘드리아의 외막은 단순한 구조를 하고 있지만 내막은 크리스테(criste)라 불리는 복잡하게 안쪽으로 접혀진 구조를 하고 있다(그림 2-9). 미토콘드리아의 내막은 단백질이 75% 정도를 차지하고 있으며 이는 에너지대사에 있어서 미토콘드리아의 특이적이고 다양한 역할을 반영해 준다.

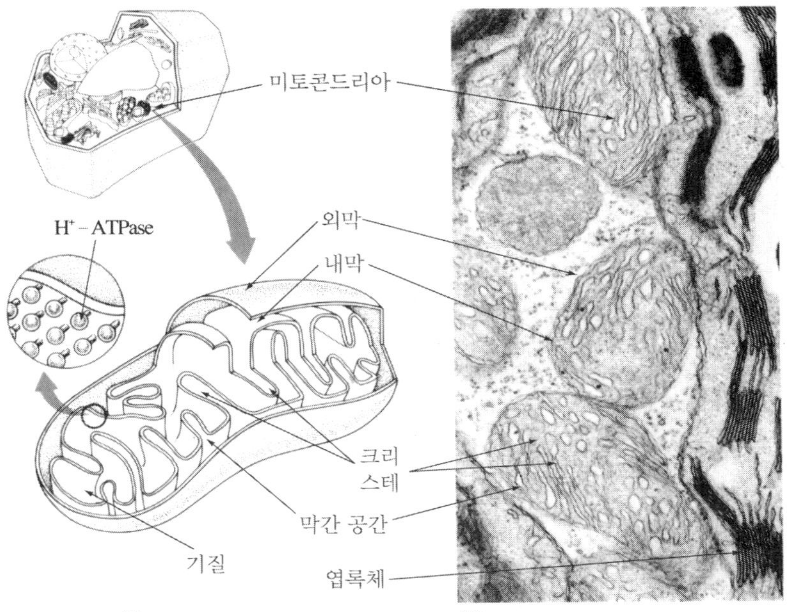

그림 2-9 미토콘드리아의 모식도(A)와 우산잔디(Bermuda grass)잎 세포 미토콘드리아의 전자현미경 사진(B)

미토콘드리아에서는 세포 대사작용의 반 이상에 해당하는 많은 화학작용이 일어나는데, 이 작용들은 '제 4 장 식물 물질대사'에서 자세히 다루기로 한다.

2-3-5 색소체

색소체(plastid)는 식물과 특정 원생생물에만 존재하는 이중막 구조물이다. 내막은 미토콘드리아처럼 접혀있지는 않으나 각 색소체에 따라 여러 가지 배열을 하고 있다. 색소체는 그 함유하고 있는 색소에 따라 엽록소(chlorophyll)를 가진 것은 엽록체(chloroplast)(그림 2-10), 다른 색소를 가졌으면 잡색체(chromoplast)라 한다. 색이 없는 색소체인 백색체(leucoplast)는 저장 단백질이나 한 두 개의 전분립을 가지고 있다. 전분을 가진 것은 특히 전분체(amyloplast)라고 한다. 엽록체를 비롯한 모든 색소체는 전색소체(proplastid)에서 기원한다. 엽록체에 대한 상세한 내용은 제 4 장에서 다루기로 한다.

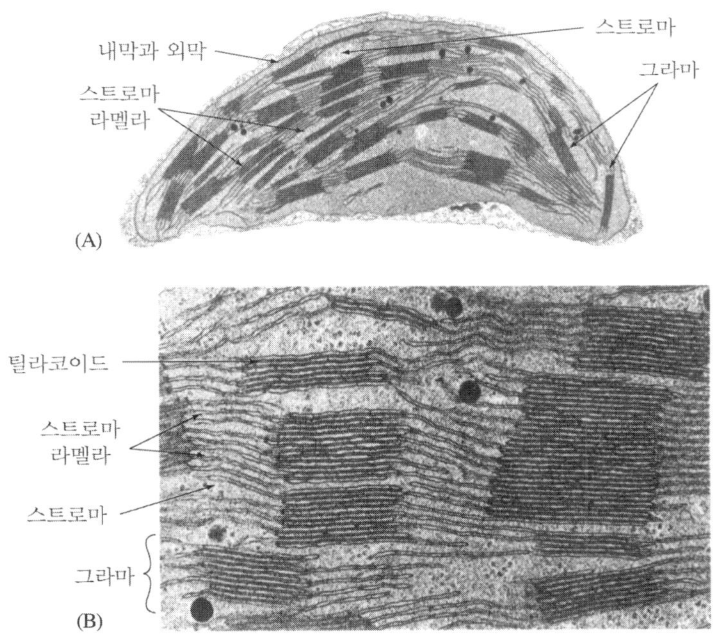

그림 2-10 큰조아재비(timothy grass) 잎 세포 엽록체의 전자현미경사진
(A) : × 12, 800 , (B) : × 44, 400

2-3-6 미소체

미소체(microbody)는 단일막으로 구성된 직경 약 1 μm 인 구형의 세포소기관으로 내부에 단백질 결정체를 비롯한 작은 입자들이 들어있다. 미소체는 그 내부에 존재하는 특이 효소에 따라 퍼옥시솜(peroxisome)과 글리옥시솜(glyoxysome)으로 구분된다.

퍼옥시솜은 catalase 를 다량 함유하고 있어서 유해한 대사산물을 제거하는 역할을 할 뿐만 아니라 광합성에도 관여한다(제 4 장). 글리옥시솜은 특히 지질이 탄소의 주요한 저장형태인 종자에서 많이 발견되며 글리옥실산 회로(glyoxylate cycle)에 관여하는 효소를 갖고 있어서 지방산을 포도당으로 전환시키는 단신생(gluconeogenesis)에 관여한다. 이 포도당은 물론 배(embryo)로 수송되어 탄소원과 에너지원으로 사용된다.

2-3-7 리보솜

리보솜(ribosome)은 단백질의 합성이 일어나는 장소이다. 엄격히 말하자면 리보솜은 막 구조가 아니기 때문에 세포소기관이라 할 수는 없지만 그들의 독특한 특성과 단백질 합성에서의 중요성 때문에 여기에서 간단히 언급하고자 한다.

리보솜은 RNA 와 단백질의 복합체로서 전자현미경으로 관찰 시 지름 약 25 nm 의 작은 입자의 형태로 보인다. 인에서 합성된 두 개의 크고 작은 소단위는 시토솔에서 조립되어 완전한 리보솜으로 완성된다. 리보솜은 시토솔에 독립적으로 존재하기도 하지만 소포체와 같은 막구조에 부착되기도 한다. 하나의 세포에 요구되는 단백질의 양에 따라서 수십만 개에 달하는 리보솜이 존재할 수도 있다.

2-4 세포골격

실제적으로 모든 진핵세포는 세포골격(cytoskeleton)이라 불리는 섬유성 단백질로 구성된 3 차원적인 망구조를 가지고 있다. 세포골격은 세포질과 세포의 형태를 결정해줄 뿐만 아니라 세포분열과 생장 및 분화에 있어서도 결정적인 역할을 한다.

식물세포의 세포골격에는 동물세포처럼 미세소관(microtubule)과 미소섬유(microfilament) 및 중간섬유(intermediate filament)가 존재한다. 미세소관은 직경 22 nm 정도의 속이 텅빈 원통형의 구조로서, α-튜불린과 β-튜불린 두 개의 폴리펩티드로 이루어져 있으며, 분자량 100, 000 달톤인 구형단백질 형태의 튜불린(tubulin)으로 구성되어 있다(그림 2-11).

미세소관은 1 차 세포벽과 2 차 세포벽 미세섬유(microfibril)의 방향을 결정함으로써 세포벽의 형성에 관여하는 것으로 알려져 있다. 또한 미세소관은 세포분열과 세포 자체 및 세포소기관의 이동에 있어서 중요한 역할을 한다.

예를 들어 세포분열시 염색체를 분리시키는 방추사는 미세소관으로 구성되어 있다. 세포골격이라는 용어 자체는 정적인 기능을 나타내는 견고한 구조를 말하지만 실제의 사정은 다르다. 세포골격은 상당히 역동적인 구조여서 세포가 분열하고 커지고 분화함에 따라 조립과 분해 및 재조립의 과정을 계속해서 반복하기도 한다.

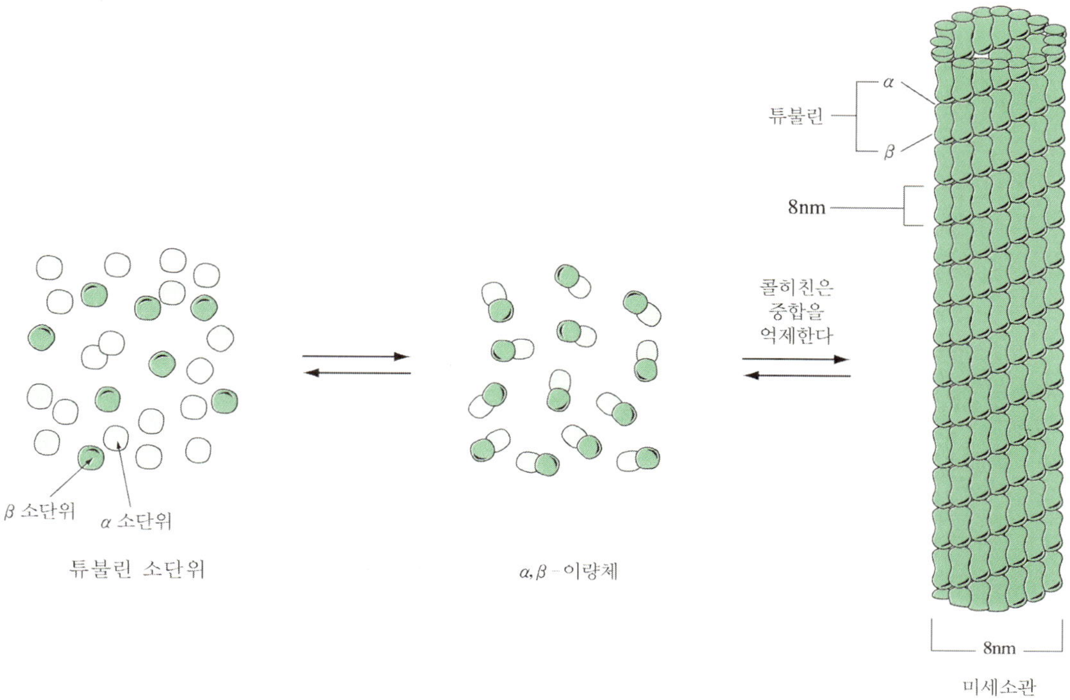

그림 2-11 미세소관의 조립과정

미소섬유는 구형 단백질인 액틴(actin)으로 구성되는 견고한 실모양의 구조로서 액틴 소단위로 형성된 두 개의 사슬이 나선형으로 꼬여있는 직경 6~7 nm의 구조이다. 식물세포에 있어서 미소섬유는 세포질유동의 방향을 조절할 뿐 아니라 화분관의 생장에도 관여하는 것으로 알려져 있다. 중간섬유는 식물세포에서 가장 최근에 발견된 세포골격으로서 그 기능은 아직 불명확하며 직경이 미세소관과 미소섬유의 중간 크기인 10~15 nm이다.

2-5 세 포 벽

원생생물의 일부와 모든 균류 및 식물세포는 원형질막 바깥쪽에 세포벽이 존재한다. 사실상 균류와 식물세포의 가장 특징적인 구조는 세포벽이라 할 수 있다. 생장 중인 어린 세포, 저장세포, 광합성을 활발히 수행하는 세포들은 빠르게 생장하는 세포에서 볼 수 있는 얇은 1차 세포벽(primary cell wall)만을 갖는다.

그러나 대부분의 성숙한 식물세포는 세포막과 1차 세포벽 사이에 2차 세포벽(secondary cell wall)이 침착된다. 또한, 1차 세포벽을 사이에 두고 이웃하는 세포 사이에는 두 세포벽을 접착시키는 중엽층(middle lamella)이 존재한다(그림 2-12).

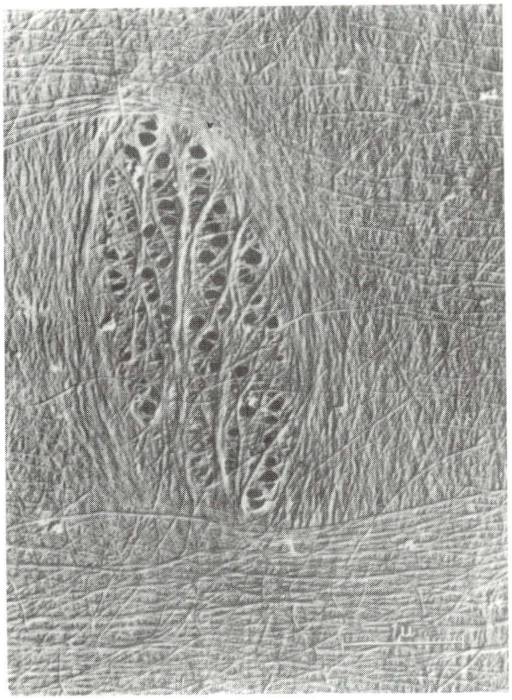

(A)

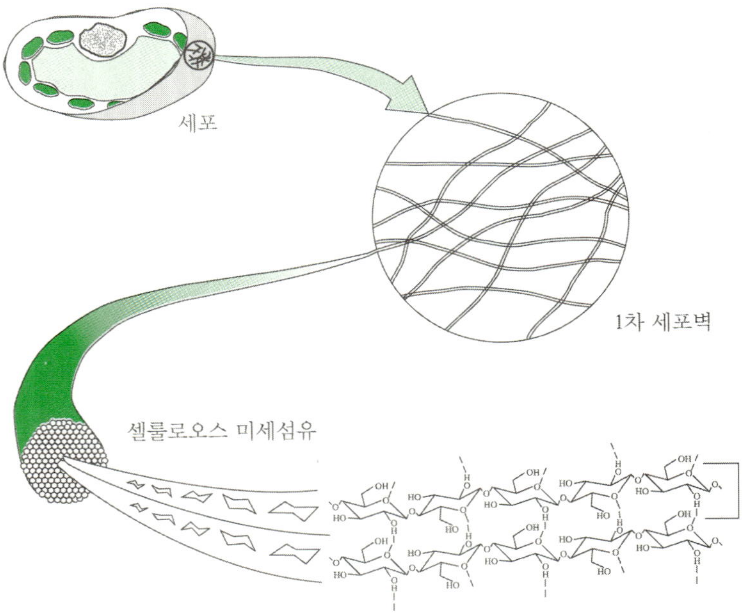

(B)

그림 2-12 식물세포의 세포벽

2-5-1 1차 세포벽

1차 세포벽은 2차 세포벽보다 얇아서 1~3μm의 두께이며 주성분은 셀룰로오스이다. 셀룰로오스는 포도당이 β1→4 결합으로 결합하여 형성되는 가지가 쳐있지 않은 포도당의 중합체로서 하나의 셀룰로오스 분자는 약 3,000개 정도의 포도당 분자로 이루어진다.

이러한 셀룰로오스 분자들은 다시 수십 개가 모여 긴 원통형의 구조를 형성하게 되는데 이를 미세섬유(microfibril)라 한다. 미세섬유의 직경은 5~12 nm이며, 같은 굵기의 강철이 가지는 장력을 나타낼 정도로 강한 구조이다.

미소섬유는 대개 세포의 장축에 직각으로 배열되어 있으나 세포가 신장함에 따라 이들의 방향은 세포의 장축에 평행하게 변화한다. 이러한 미소섬유는 여러 물질로 구성된 복합 화합물인 기질(matrix)에 묻혀 있다. 기질의 주요 구성성분 중 하나인 헤미셀룰로오스(hemicellulose)는 분지된 분자의 망상구조를 하고 있으며, 많은 물분자로 수화되어 있다. 1차 세포벽은 25~50%의 헤미셀룰로오스를 함유하고 있다. 또 다른 중요한 성분은 펙틴(pectin)으로 1차 세포벽의 10~35%를 차지한다. 1차 세포벽에서 미소섬유, 헤미셀룰로오스, 그리고 펙틴의 배열은 그림 2-13과 같다.

그밖에도 1차 세포벽은 약 10%의 단백질을 함유하고 있다. 1차 세포벽의 기질성분은 셀룰로오스와 같은 결정체가 아니므로 생장조절물질 등이 존재하면 1차 세포벽은 유연하게 되어 수화되어 있는 기질 속에서 미소섬유들이 서로 미끄러져 빠져나갈 수 있게 된다. 세포가 물을 흡수하여 세포벽에 압력을 가함에 따라 이와 같은 미소섬유의 활주가 나타난다. 이때 세포는 유연성을 갖게 되며 이러한 세포벽의 유연성은 식물세포의 생장에 필수적인 조건이 된다. 한편 1차 세포벽은 벽공을 통해 물과 용질을 자유롭게 통과시킬 수 있다. 0.3 nm의 물분자와 1 nm의 설탕분자 직경에 비해 벽공의 직경은 3.5~5.2 nm이기 때문이다.

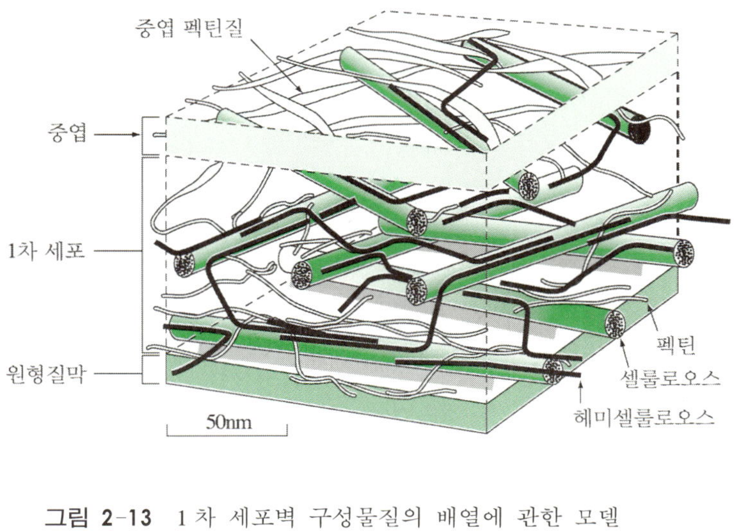

그림 2-13 1차 세포벽 구성물질의 배열에 관한 모델

2-5-2 2차 세포벽

식물을 지탱하거나 수분을 운반하는 조직에 있는 세포에서는 세포의 생장이 끝나면 원형질에서 2차 세포벽을 형성하는 물질이 분비된다. 이때 원형질체는 2차 세포벽을 형성하고 난 뒤 사멸하는 경우가 많으며, 그 결과 세포 속은 비고 세포벽만 남게 된다. 목질부와 나무껍질(cork)이 대부분 이 경우에 해당한다.

2차 세포벽은 41~45%의 셀룰로오스, 30% 정도의 헤미셀룰로오스, 그리고 22~28%의 리그닌으로 구성된다. 리그닌은 셀룰로오스보다 훨씬 견고한 구조이므로 세포벽은 쉽게 찌그러지거나 형태가 변하지 않는다. 주로 2차 세포벽으로 된 나무는 무게에 비하여 상당히 견고하기 때문에 목질부는 수분을 잃어도 시들거나 구부러지지 않는다.

2차 세포벽을 가진 세포에서 신장이 끝나면 리그닌은 이미 형성되어 있는 중엽층에 먼저 침적되며 그 다음으로 1차 세포벽이 침적된 후 최종적으로 2차 세포벽에 침적된다.

2-5-3 중엽층

펙틴은 겔 상태로 존재하기 때문에 이웃하는 세포들을 접착시키는 성질이 있어서 중엽층을 형성하는 데에 가장 적합하다. 실제로 덜 익은 과일에서 풍부한 펙틴을 추출하여 잼이나 젤리를 만들기도 한다. 과일이 익으면 펙틴은 효소에 의해 분해되는데 이러한 예는 단단한 복숭아가 익으면 연해지고 즙이 많아지는 것에서 볼 수 있다.

연 습 문 제

1. 식물세포에 특징적인 세포소기관의 예를 들고, 그 기능을 간단히 요약하시오.
2. 생체막의 유동적 측면에 대하여 설명하시오.
3. 소포체의 구조와 기능에 대하여 설명하시오.
4. 골지체의 구조와 기능에 대하여 설명하시오.
5. 엽록체와 미토콘드리아의 공통점 및 차이점에 대하여 설명하시오.
6. 세포골격(cytoskeleton)의 종류와 기능에 대하여 설명하시오.
7. 식물체 세포벽의 구조에 대하여 설명하시오.

참고 문헌

- A. L. Lehninger, D. L. Nelson, and M. M. Cox, 1993, "*Principles of Biochemistry*", Worth Publishers, New York.
- B. Alberts, D. Bray, J. Lewis, M. Raff, K. Roberts and J. D. Watson. 1983, "*Molular biology of the cell*", Gerland Publishing, Inc. New York and London.
- C. J. Avers, 1981, "*Cell biology*", 2 nd edition. Van Nostrand/Reinhold, New York.
- D. E. Sadava, 1993, "*Cell biology ; Organelle structure and function*", Jones and Bartlett Publishers, Inc., U. S. A.
- D. M. Prescott, 1988, "*Cells*", Jones and Bartlett Publishers, Boston London.
- E. Holtzman, and A. B. Novikoff, 1984, "*Cells and organelles*", 3 rd edition. Saunders, P. Philadelphia, Pennsylvania.
- F. B. Salisbury and C. W. Ross, 1992, "*Plant physilogy*", Wadsworth, U. S. A.
- G. R. Noggle and G. J. Fritz, 1983, "*Introductory plant physiology*", 2 nd edition. Prentice-Hall, Inc., Englewood Cliffs, New Jersey.
- L. Taiz and E. Zeiger, 1991, "*Plant physiology*", The Benjamin/Cummings Publishing Company, Inc. Redwood City, Califonia.
- M. W. Berns, 1984, "*Cells*", 2 nd edition. Saunders, New York.
- W. G. Hopkins, 1995, "*Introduction to plant physiology*", John Wiley and Sons, Canada.

제 3 장 식물체의 구성물질

제3장

지구상에 존재하는 생명체는 미생물에서 고등 동식물에 이르기까지 그 크기, 구조 및 형태가 각각 다양하다. 그러나 다행스럽게도 그들 안에서 일어나는 생명현상에는 상당한 공통점이 있으며, 이는 곧 '모든 생명체에는 물리화학적 공통원리가 존재한다'는 것을 의미한다.

식물체 안에서는 무수히 많은 복잡한 반응들이 끊임없이 일어나고 있으며, 이러한 반응은 수많은 종류의 분자들과 이온들의 상호작용에 의하여 진행된다. 가장 작은 세포라 할 수 있는 세균조차 그 화학적 조성은 상당히 복잡하다.

대장균(*Escherichia coli*)의 경우 5,000~6,000 종류의 화합물로 구성되어 있다. 구조적으로나 기능적으로 더욱 복잡한 진핵세포로 구성되어 있는 식물체는 그보다 훨씬 많은 화합물로 구성되어 있음은 물론이다. 그러나 식물체를 구성하는 수많은 화합물도 결국은 물과 무기물 및 유기물의 세 그룹으로 구분할 수 있다.

식물체에서 일어나는 제반현상을 이해하기 위해서 이들 식물체를 구성하고 있는 물질의 특성을 이해하는 것은 필수적이다. 이 장에서는 식물체를 구성하는 물질 중 탄수화물, 단백질, 지질 및 핵산에 초점을 맞추어 살펴보고자 한다.

3-1 탄수화물

식물체를 구성하고 있는 탄수화물(carbohydrate)은 광합성 과정에서 생성되며 여러 과정을 거치면서 셀룰로오스와 다른 식물성 탄수화물로 전환된다. 식물체의 탄수화물은 에너지의 저장 역할을 하며, 식물체의 유기물질을 구성하는데 탄소 골격을 제공하는 중요한 역할을 한다.

탄수화물은 탄소와 수소 및 산소로 되어 있으며, 이들의 구성비율은 각각 1 : 2 : 1 이다. 그리고 $-OH$ 기를 하나 이상 가지고 있고, 알데히드기나 케톤기를 갖고 있기 때문에 알도오스(aldose) 또는 케토오스(ketose)라고 부른다. 이러한 탄수화물 중에서 가장 대표적인 화합물이 당(sugar)이다.

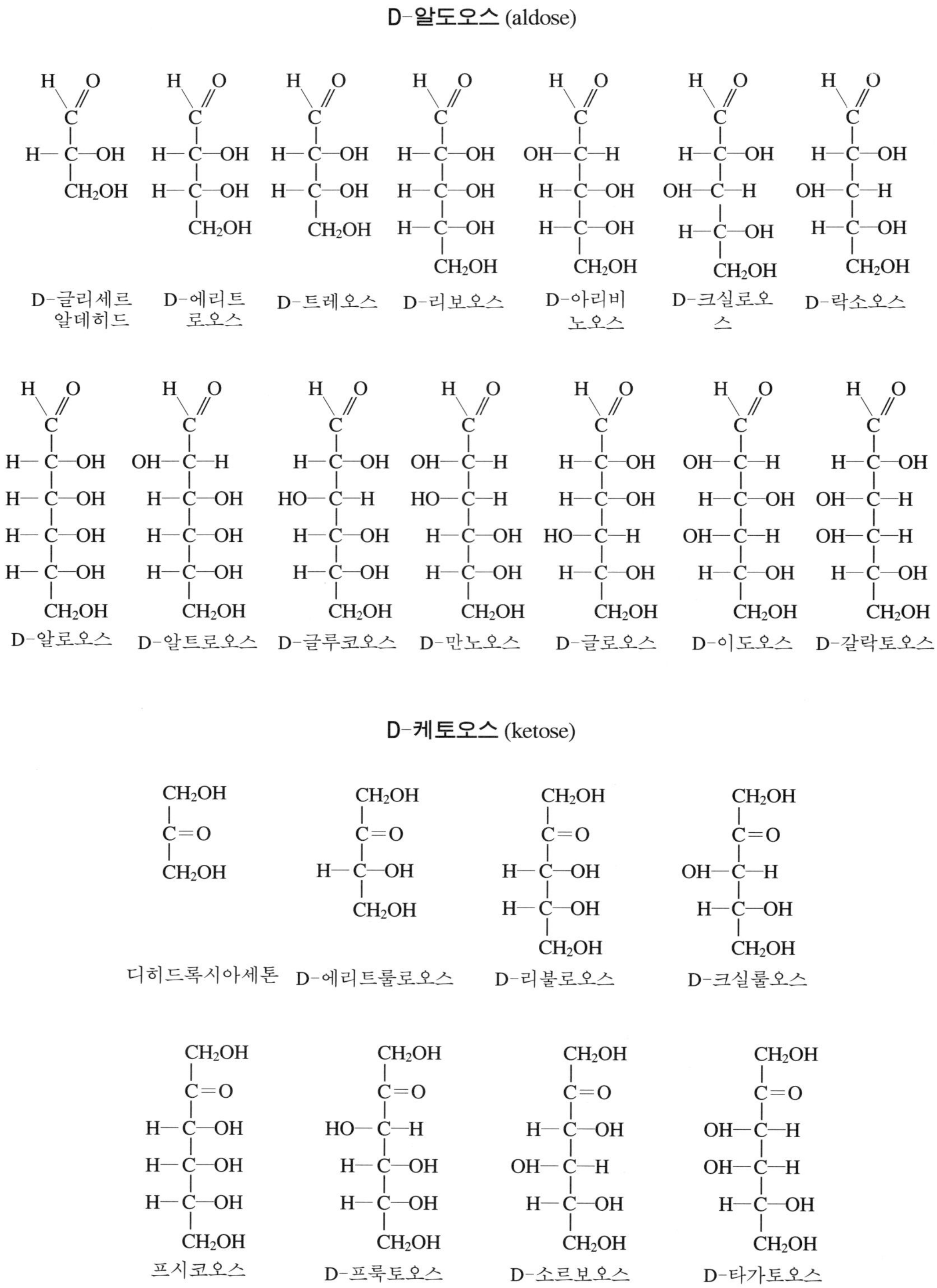
D-알도오스 (aldose)
D-글리세르알데히드
D-에리트로오스
D-트레오스
D-리보오스
D-아리비노오스
D-크실로오스
D-락소오스
D-알로오스
D-알트로오스
D-글루코오스
D-만노오스
D-글로오스
D-이도오스
D-갈락토오스
D-케토오스 (ketose)
디히드록시아세톤
D-에리트룰로오스
D-리불로오스
D-크실룰오스
프시코오스
D-프룩토오스
D-소르보오스
D-타가토오스

그림 3-1 단당류의 종류

당은 알도오스나 케토오스의 성질을 가지며, 단당류들끼리 글리코시드 결합(glycosidic bond)을 이루어 분자량이 큰 물질로 된다. 탄수화물은 이러한 결합을 이루는 기본적인 단당류(monosaccharide)의 수에 따라서 이당류(disaccharide)와 올리고당류(oligosaccharide) 및 다당류(polysaccharide)로 구별된다.

3-1-1 단당류

단당류(monosaccharide)는 가지고 있는 탄소 원자의 수에 따라서 3 탄당, 4 탄당, 5 탄당, 6 탄당 및 7 탄당으로 구별되며(그림 3-1), 3 탄당에서 6 탄당까지의 분자들은 자연상태에서 풍부하게 존재하지만 7 탄당은 주로 식물체의 대사과정의 중간대사물에서 나타난다.

3 탄당에는 디히드록시아세톤(dihydroxyacetone)과 글리세르알데히드(glyceraldehyde)가 있으며, 글리세르알데히드는 알데히드기를 가지고 있기 때문에 알도오스이며, 비대칭 탄소 원자인 키랄탄소(chiral carbon)를 가지고 있어서 D-글리세르알데히드와 L-글리세르알데히드의 두 가지 입체이성질체 구조가 가능하다. 탄소원자가 4 개인 당은 D-에리트로오스와 D-트레오스이며 비대칭성 탄소가 2 개이므로 입체이성질체는 각각 4 개이다. 탄소원자가 5 개인 당, 즉 5 탄당으로는 리보오스, 아라비노오스, 크실로오스 등이 있으며 이들도 역시 입체이성질체를 가진다.

6 탄당에는 포도당(glucose), 과당(fructose), 만노오스(mannose), 갈락토오스(galactose) 등이 있으며 이들 분자들은 해당과정에서 산화되면서 생체의 에너지원인 ATP 를 생성하는 기본 분자이기도 하다. 7 탄당인 헵토오스로는 캘빈회로에서 1 번과 7 번 탄소에 인산기를 가지는 세도헵툴로오스-1, 7-이인산(sedoheptulose-1, 7-bis-phosphate)이 있다.

3-1-2 이당류

이당류(disaccharide)는 설탕(sucrose)과 맥아당(maltose), 유당(lactose), 트레할로오스(trehalose) 등이 있으며 이들은 글리코시드 결합에 의하여 2 개의 단당류가 물 한 분자를 잃으면서 결합한 것이다.

포도당과 포도당이 글리코시드 결합(α (1→4))을 이루어 맥아당이 되며, 포도당과 갈락토오스는 결합되어 유당이, 포도당과 과당은 설탕이 되며, 포도당과 포도당이 α(1→1)결합을 하면 트레할로오스가 된다.

한편 이들 이당류 중에서 설탕은 환원당(reducing sugar)으로 작용하지 않는데 그 이유는 설탕을 구성하는 포도당과 과당은 각각 단당류로서 물에 녹아 있는 상태에서 거의 대부분이 고리를 형성하며 극히 일부가 열린 구조를 이루기 때문이다. 그리고 단당류에서 고리 구조를 이루는 경우에 알코올과 알데히드기가 결합하면 헤미아세탈(hemiacetal)이라고 하고 알코올과 케톤기가 결합하면 헤미케탈(hemiketal)이라고 한다(그림 3-2).

이러한 구조를 이루는 단당류에서는 환원력을 가지는 환원당으로서 작용하지만 이들 단당류가 고리를 이루어 이당류로 되었을 때에는, 환원력이 있는 1 번 탄소 쪽이 열린 구조를 가지면 이 이당류는 환원력을 가지며, 1 번 탄소끼리 고리구조를 형성하면 환원력이 없는 이당류가 된다. 이것의 좋은 예로 설탕은 비환원당이며, 맥아당은 환원당이다.

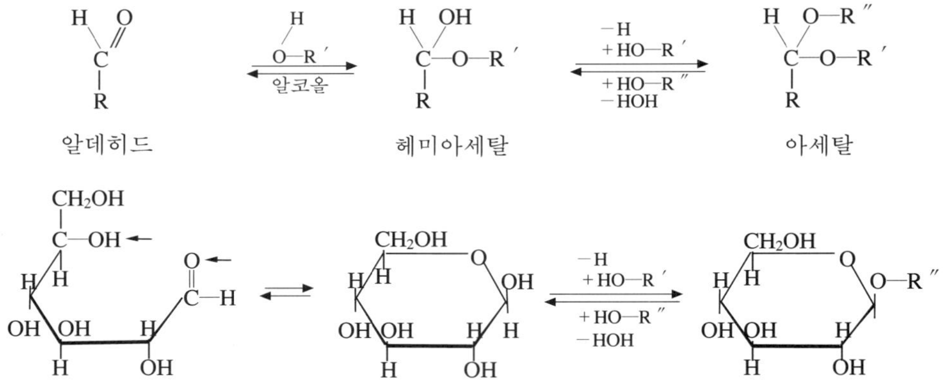

그림 3-2 알데히드와 알코올의 작용에 의한 헤미아세탈의 형성과 포도당 사슬형 구조가 고리구조로 바뀌면서 피라노오스형의 β-포도당과 β-글루코시드아세탈의 형성

3-1-3 다당류

(1) 프룩토산

프룩토산(fructosan)은 과당으로 이루어진 다당류이다. 프룩토산의 구조는 설탕분자의 구조를 이루는 과당 쪽에 많은 양의 과당 단위들이 반복되어 결합된 구조를 이루고 있다. 즉 설탕분자가 프룩토산 합성의 시발분자가 된다는 것이다.

이 경우에 결합하는 과당의 단위가 서로 다른 방법으로 결합을 이루어서 두 종류의 프룩토산으로 구별이 되는데 그중 하나는 이눌린(inulin)형으로 포도당의 1 번 탄소에서 2 번 탄소로 과당분자들이 계속하여 연결되는 결합이 반복된 구조를 가진다. 그리고 만약 포도당의 1 번 탄소에 측쇄구조가 이미 있는 경우에는 포도당의 6 번 탄소에서 2 번 탄소로 연결되는 반복구조가 생긴다.

다른 하나는 플레인(phlein)형으로 과당의 구조가 맨 앞의 포도당의 1 번 탄소와 과당의 2 번 탄소와 결합하고 다시 이 과당의 6 번 탄소에 다른 과당의 2 번 탄소가 반복되어 결합하는 구조를 가진다(그림 3-3).

이눌린형 (가지 없는 모양)	포도당 1—[2 과당 1—2 과당 1—2 과당 1]$_n$—2 과당
플레인형 (가지 없는 모양)	포도당 1—[2 과당 6—2 과당 6—2 과당 6]$_n$—2 과당

그림 3-3 프룩토산의 구조

(2) 전분

전분(starch)은 식물체의 가장 중요한 저장 탄수화물이다. 전분은 세포 내에서 큰 덩어리 또는 과립으로 존재한다. 전분은 동물의 글리코겐(glycogen)과 같이 다수의 히드록시기를 갖고 있기 때문에 물과 수소결합을 이루고 있어서 고도로 수화된 상태로 존재한다.

구조에 따라서 전분은 두 종류로 나누어지게 되는데 아밀로오스(amylose)와 아밀로펙틴(amylopectin)이 그것이다. 아밀로오스는 D-포도당 단위가 약 200 개에서 약 1,000 개(분자량은 수천에서 수십만) 정도까지 $\alpha(1\rightarrow4)$결합을 이루며 가지가 없는 긴 나선상의 사슬 모양으로 이루어져 있으며, 요오드와 반응시키면 진한 남색으로 변한다.

아밀로펙틴도 분자량이 백만에 이를 정도로 매우 크며 가지가 많다. 아밀로펙틴 사슬에서 포도당 잔기(glucose residue) 사이의 결합은 $\alpha(1\rightarrow4)$형이지만 24~30 개의 포도당 잔기로부터 가지가 쳐지는 분지점에서는 $\alpha(1\rightarrow6)$결합을 이루고 있다. 아밀로펙틴은 분지를 많이 갖고 있어서 오히려 긴 나선상이 아니며, 요오드와 반응하면 분홍색을 띤다.

전분의 가수분해효소로는 α-아밀라아제(α-amylase)와 β-아밀라아제(β-amylase)가 있다. α-아밀라아제는 사슬의 끝에서부터 $\alpha(1\rightarrow4)$ 글리코시드결합을 포도당 6 개 또는 7 개 정도의 단위로 절단시키는 효소로 엔도아밀라아제(endoamylase)라고도 부른다. 그러나 $\alpha(1\rightarrow6)$결합은 자르지 못한다. β-아밀라아제 또한 $\alpha(1\rightarrow4)$ 글리코시드결합을 자를 수 있으며, 사슬 끝에서부터 포도당 2 개로 구성된 맥아당 단위로 자른다.

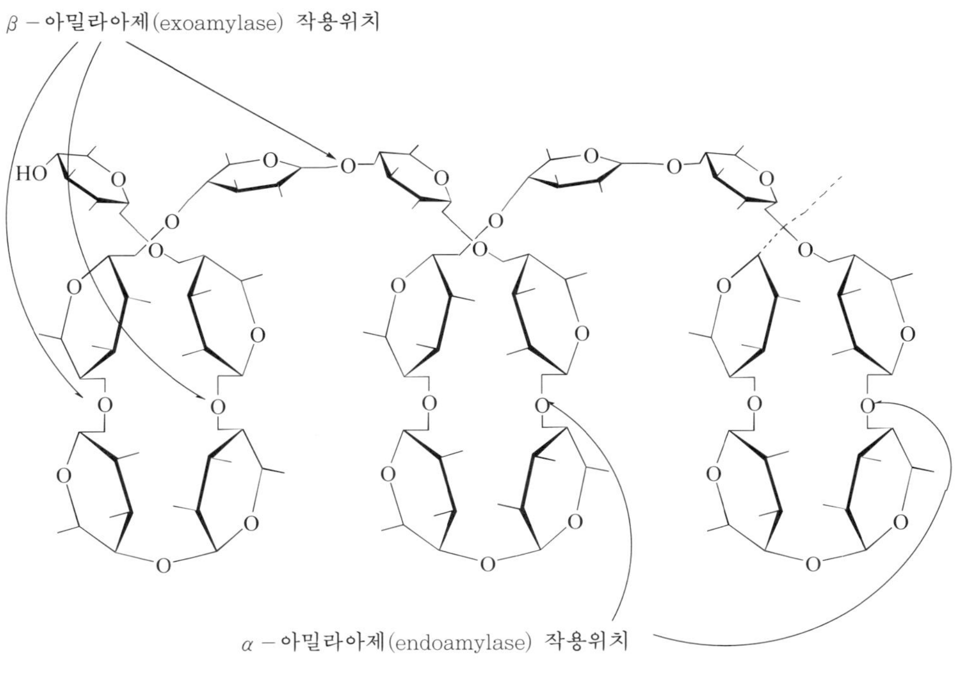

그림 3-4 아밀로오스의 구조와 α 및 β-아밀라아제의 작용위치

α-아밀라아제와 비교하여 엑소아밀라아제(exoamylase)라고도 부르는 β-아밀라아제 역시 $\alpha(1\rightarrow6)$ 글리코시드결합은 자르지 못하여 남게 된다. 따라서 아밀로펙틴을 β-아밀라아제로 처리하면 가지를 친 구조부분은 분해되지 않고 남게 되며, 전분을 β-아밀라아제로 완전히 가수분해시키면 덱스트린(dextrin) 단위가 된다. 전분이 가지는 $\alpha(1\rightarrow6)$ 글리코시드 결합은 이소아밀라아제(isoamylase)에 의하여 자를 수 있다(그림 3-4).

(3) 셀룰로오스

식물의 세포벽과 줄기를 이루는 셀룰로오스는 β-포도당 단위로 $\beta(1\rightarrow4)$결합하고 있다. 나무의 목질부분은 거의 모두 셀룰로오스로 되어 있으며, 이것을 구성하고 있는 포도당 분자의 수는 매우 다양하며 약 3,000 에서부터 10,000 개의 포도당이 모여서 구조를 이룬다. 아밀로오스의 나선구조와 비교해 보면 셀룰로오스 분자들은 길이로 길어진 모양으로 되어 있으며 이러한 분자들이 평행하게 배열되어 있다(그림 3-5).

약 100 개 이상의 비교적 덜 규칙적인 셀룰로오스 사슬이 모여서 기본섬유(elementary fibril)를 형성하며 기본섬유의 굵기는 약 5 μm 이고 여러 개의 기본섬유가 모여 미세섬유(microfibril)를 형성하는데 그 굵기는 약 30 μm 정도이다. 이러한 미세섬유의 바깥 부분에서는 셀룰로오스가 아닌 다른 분자와 교차결합이 이루어진다. 셀룰로오스의 일부는 단백질과도 결합되어 있다.

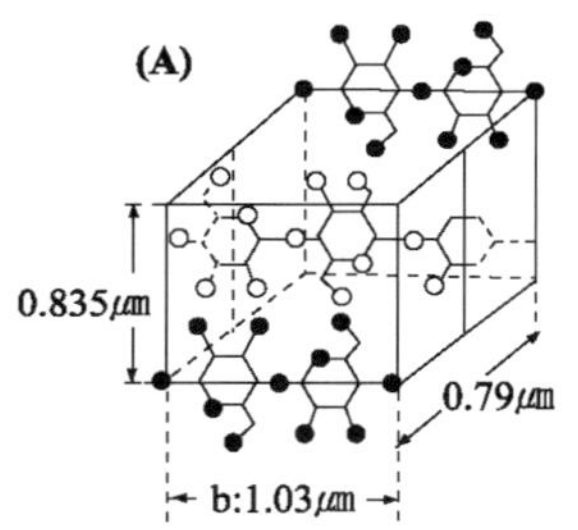

(A) 셀룰로오스 사슬의 구조
(B) 셀룰로오스 미세섬유들의 구성
100 개 이상의 셀룰로오스 사슬들이 측면과 측면이 접해서 미결정(M, micelle) 또는 기본섬유(elementary fibril)를 이루며, 이러한 미결정이 여러 개 모여서 미세섬유(Mi, microfibril)를 형성한다. 이 구조에는 측결정 셀룰로오스 영역(P, paracrystalline cellulose region)도 포함된다. N (noncellulosic carbohydrates)은 비셀룰로오스성 탄수화물을 표현한 것이다.

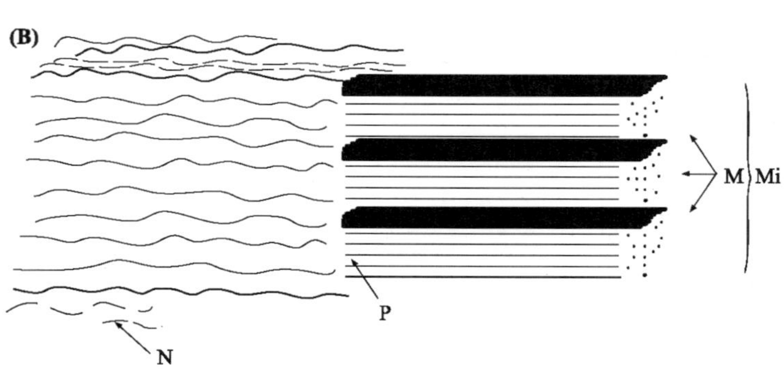

그림 3-5 셀룰로오스의 구조

셀룰로오스는 매우 단단한 물질이지만 여러 종류의 미생물이 가지고 있는 셀룰라아제(cellulase)에 의해서 쉽게 분해된다. 셀룰라아제의 작용으로 셀로버오스(cellobiose)가 되고 이것은 다시 β-포도당 단위로 쪼개진다. 고등식물에서 셀룰라아제의 작용은 발아 시 종피를 제거할 때에 주로 나타난다.

(4) 펙 틴

펙틴(pectin)은 주로 갈락투론산(galacturonic acid) 단위가 $\alpha(1\rightarrow4)$ 글리코시드결합으로 이루어진 거대분자이다. 펙틴산(pectic acid)은 갈락투론산 사슬로 구성되어진 폴리갈락투론산(polygalacturonic acid)이며, 갈락투론산의 일부 카르복실기가 메틸화되어 있어 펙틴은 펙틴산의 부분적인 메틸에스테르결합으로 이루어져 있다. 프로토펙틴(protopectin)은 펙틴의 물에 녹지 않는 성분이다. 이것은 아마도 펙틴의 카르복실기가 Ca^{2+}나 Mg^{2+} 등의 금속이온들이나 인산 등과 교차 결합을 계속 유지하기 때문이라 여겨지고 있다. 프로토펙틴은 특히 식물세포 사이의 1차 세포벽이 접하는 부위인 중엽의 구성물질이다.

펙틴에스테라제에 의하여 펙틴의 메틸기가 제거되며 $\alpha(1\rightarrow4)$ 글리코시드결합을 이룬 갈락투론산의 구성단위들은 펙티나아제(pectinase)에 의하여 분해된다(그림 3-6). 펙틴에스테라제(pectinesterase)와 펙티나아제는 미생물에서 자주 발견된다. 식물에 감염하는 박테리아나 곰팡이들이 식물세포벽을 공격할 때에 이러한 효소를 분비한다. 고등식물에서는 이들 효소들이 종피를 녹이면서 발아할 때에 분비된다.

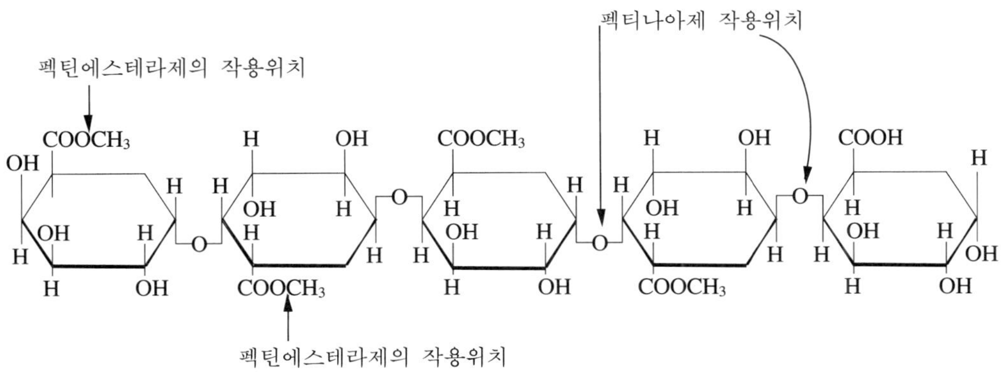

그림 3-6 펙틴의 사슬구조와 펙티나아제, 펙틴에스터라아제의 작용위치

3-2 지 질

지질(lipid)은 저장성 지질(storage lipid)과 막지질(membrane lipid)로 크게 나뉜다. 저장성 지질은 생체의 중요한 에너지 저장형태의 지질을 말하며 이것이 곧 중성지방(neutral fat)이라고도 불리는 지방(fat)이다.

한편 막지질은 생체막의 구성성분이 되는 지질로서 이는 다시 인지질(phospholipid), 당지질(glycolipid) 및 스테롤(sterol)로 구분된다. 또한 지질은 광흡수 색소를 구성하는 중요한 물질이기도 하다. 지방은 3 분자의 지방산(fatty acid)이 1 분자의 글리세롤(glycerol)과 에스테르결합을 이루는 구조를 하고 있다(그림 3-7).

이러한 구조적 특성 때문에 지방은 트리아실글리세롤(triacylglycerol) 또는 트리글리세리드(triglyceride)라고도 불린다. 지방은 상당히 불균질한 조성을 하고 있는데 그 이유는 글리세롤과 결합된 지방산이 다양하기 때문이다.

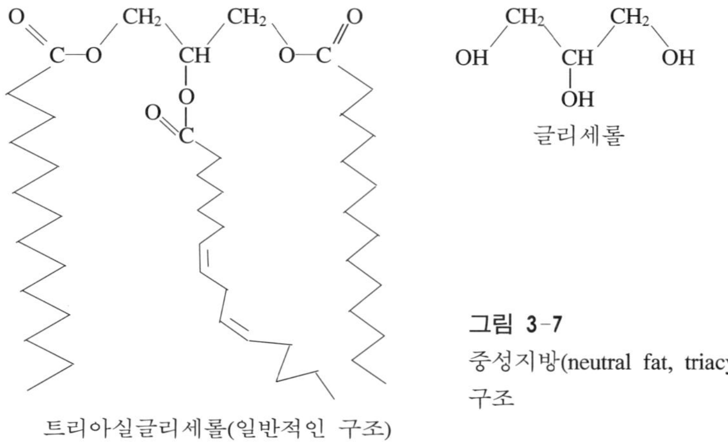

그림 3-7
중성지방(neutral fat, triacylglycerol)의 구조

3-2-1 지방산의 화학적 구성

지방산(fatty acid)들은 사슬모양이며, 짝수의 탄소수를 가지는데 생체 내에서의 지방산 합성은 아세틸코엔자임 A (acetyl-CoA)에 말로닐코엔자임 A (malonyl-CoA)의 탄소 1 개가 탈탄산화되면서 탄소 2 개씩 넘겨받아 합성되기 때문이다. 지방산은 포화지방산(saturated fatty acid)과 불포화지방산(unsaturated fatty acid)으로 나누는데, 불포화지방산은 지방산 사슬의 탄소결합 사이에 이중결합을 하나 이상 가지며 포화지방산은 이중결합이 없다.

식물성 지방은 포화지방산보다 불포화지방산을 더 많이 함유하고 있어서 상온에서 액체 상태로 존재한다. 식물성 지방은 주로 탄소수가 16 인 팔미트산(palmitic acid)과 18 개인 스테아르산(stearic acid) 등의 포화지방산과 탄소수가 18 개이며 이중결합이 1 개인 올레산(oleic acid), 이중결합이 2 개인 리놀레산(linoleic acid), 이중결합이 3 개인 리놀렌산(linolenic acid) 등의 불포화지방산으로 되어있다.

불포화지방산의 특징은 첫째, 이중결합은 연이어 있지 않고 메틸렌기(-CH_2)로 분리되어 있다. 둘째, 올레산을 보면 카르복실기에서부터 순서를 정해 9 번과 10 번 탄소 사이에 첫 번째의 이중결합을 이룬다. 리놀레산에서 다음의 이중결합은 12 번과 13 번 탄소결합에 있고 리놀렌산에서 세 번째의 이중결합은 15 번과 16 번 탄소 사이에 있다(그림 3-8).

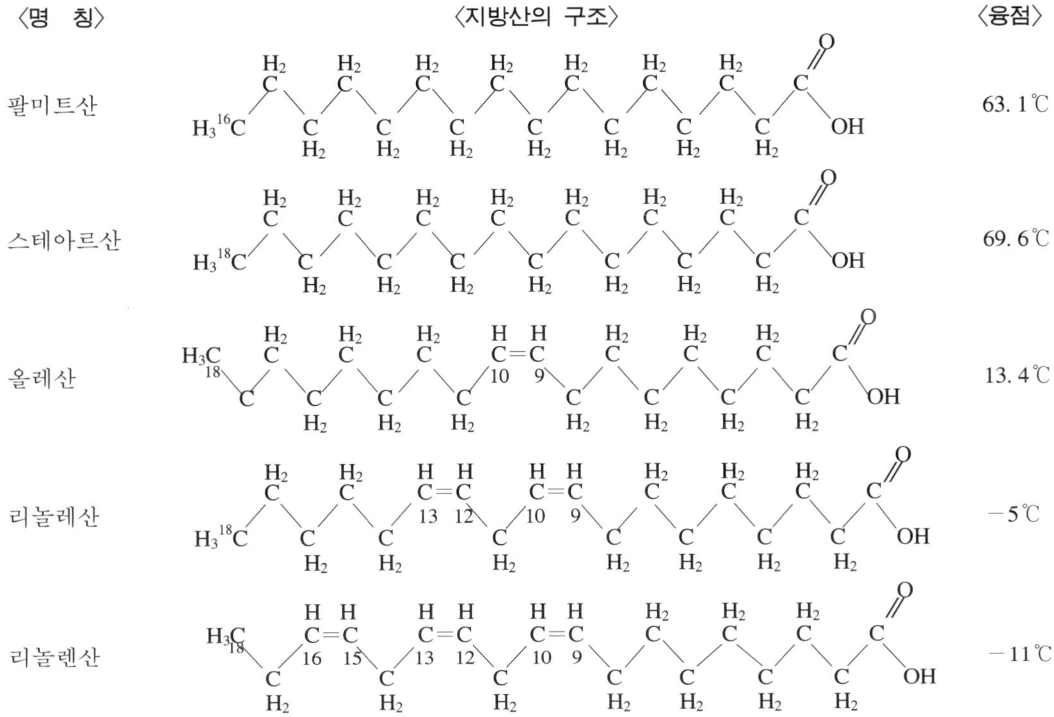

그림 3-8 몇 가지 중요한 포화지방산과 불포화지방산 및 융점

3-2-2 인지질

식물체에 있는 인지질(phospholipid)의 일반적인 구조(그림 3-9, 3-10)는 글리세롤에 2개의 긴 지방산 사슬이 결합되어 있으며, 글리세롤의 세 번째 히드록시기에는 콜린(choline), 에탄올아민(ethanolamine), 세린(serine), 글리세롤(glycerol), 이노시톨(inositol) 등이 포스포디에스테르(phosphodiester) 결합을 이룬다.

이들 중 2개의 전하를 띠는 포스파티딜콜린(phosphatidylcholine, lecithin), 포스파티딜에탄올아민(phosphatidylethanolamine, cephalin), 포스파티딜세린(phosphatidylserine)은 미토콘드리아막에 많으며, 음전하를 띠는 포스파티딜이노시톨(phosphatidylinositol)과 포스파티딜글리세롤 (phosphatidylglycerol)은 광합성조직의 주요 구성성분이다. 디포스파티딜글리세롤(diphosphatidylglycerol, cardiolipin)은 식물과 동물의 미토콘드리아막에 높은 함량으로 존재한다.

여러 학자들의 연구에 의하면 양배추의 잎에서 추출한 포스파티딜에탄올아민의 지방산들은 75%가 포화지방산, 포스파티딜콜린은 30%만이 포화지방산이며, 덩굴성 강낭콩에서 추출한 포스파티딜콜린의 α-위치의 지방산들은 거의 모두가 포화지방산으로 되어있다고 알려졌다. 그밖에도 엽록체의 포스파티딜글리세롤은 35% 이상이 트랜스-헥사데카노익산(transhexadecanoic acid, 16 : 1/Δ^3)으로 되어 있다고 한다.

인지질은 3가지 종류의 인지질 가수분해효소(phospholipase)에 의하여 가수분해(그림 3-11)되며, 리소리피드(lysolipid)는 인지질 가수분해효소 A_2에 의하여 글리세롤의 2번 탄소의 지방산이 제거된 것이며, 인지질 가수분해효소 C는 디글리세리드(diglyceride)와 콜린(choline)의 포스포릴에스테르(phosphorylester)를 생성한다. 인지질 가수분해효소 D는 식물체 잎의 관속조직에 존재한다고 알려져 있다.

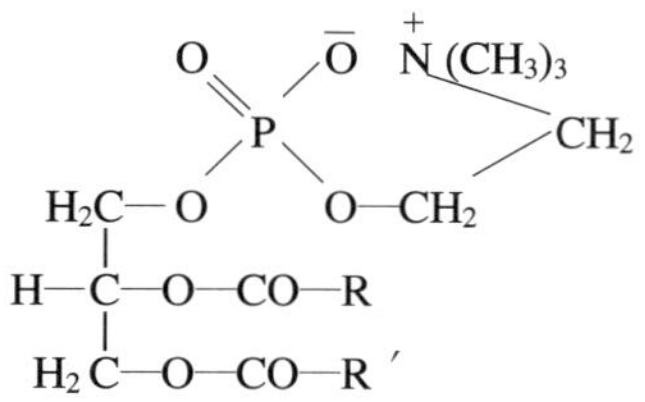

포스파티딜콜린

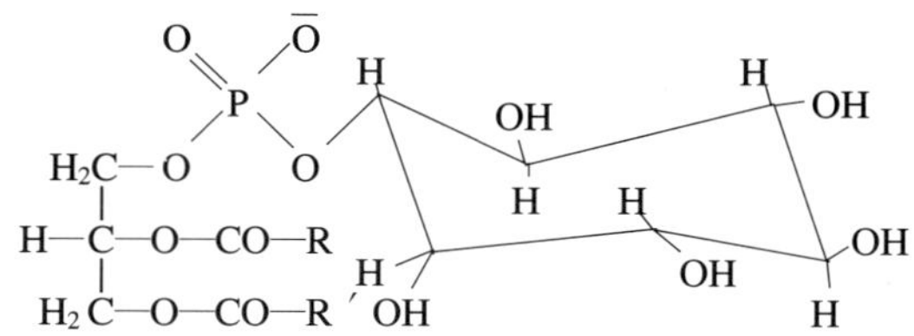

포스파티딜이노시톨

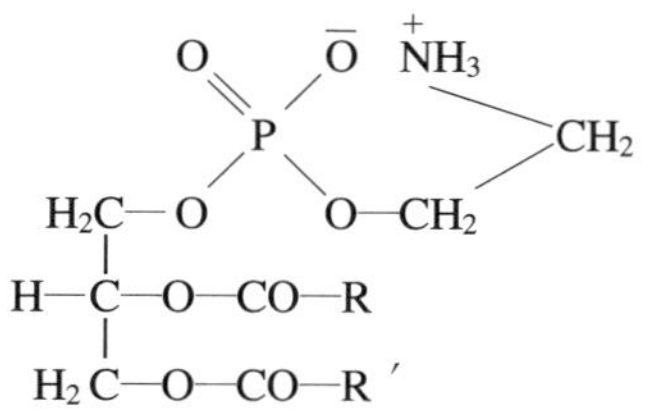

포스파티딜에탄올아민

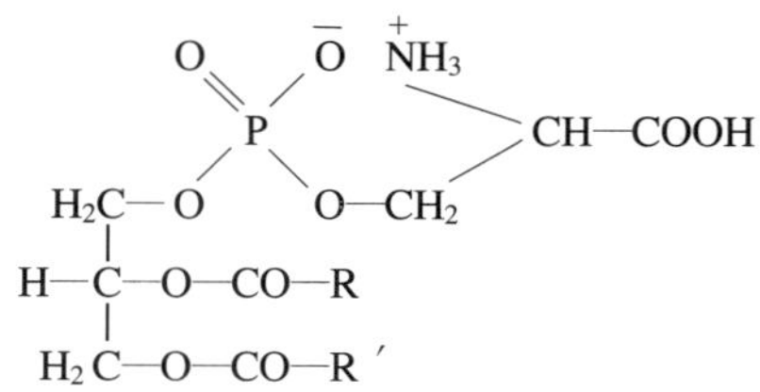

포스파티딜세린

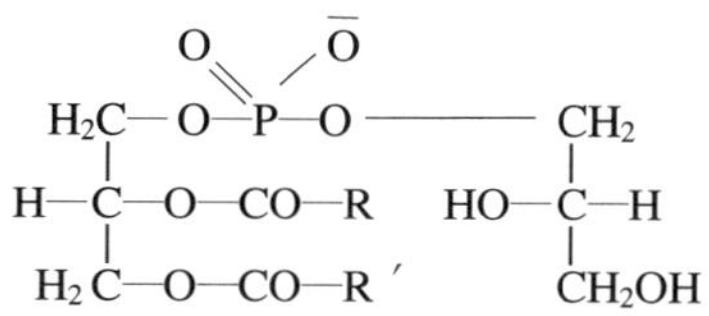

포스파티딜글리세롤

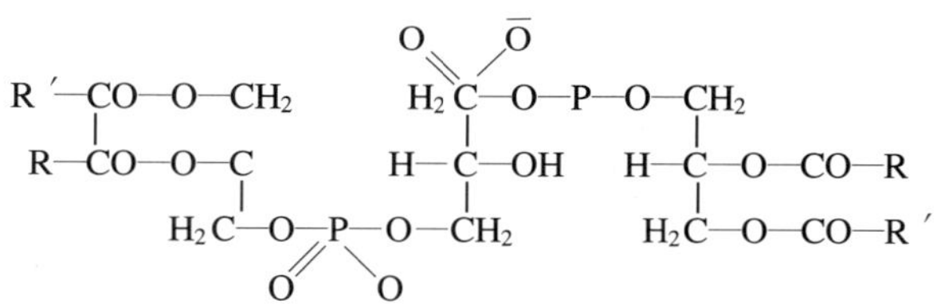

디포스파티딜글리세롤

그림 3-9 식물체의 글리세로인지질

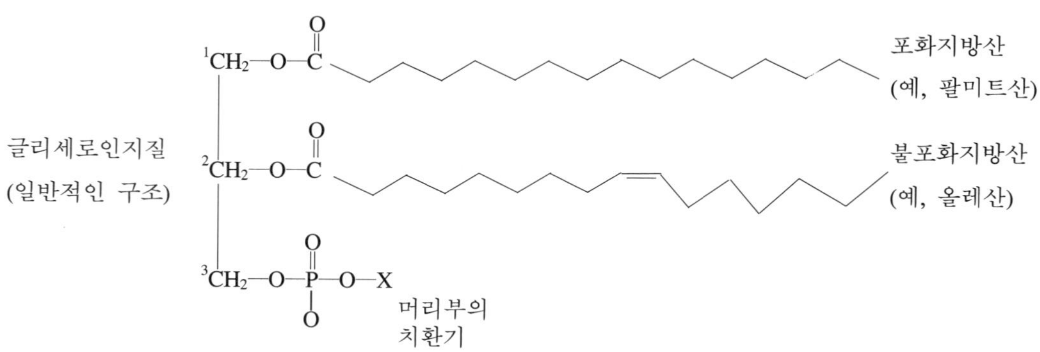

그림 3-10 글리세로인지질의 구조

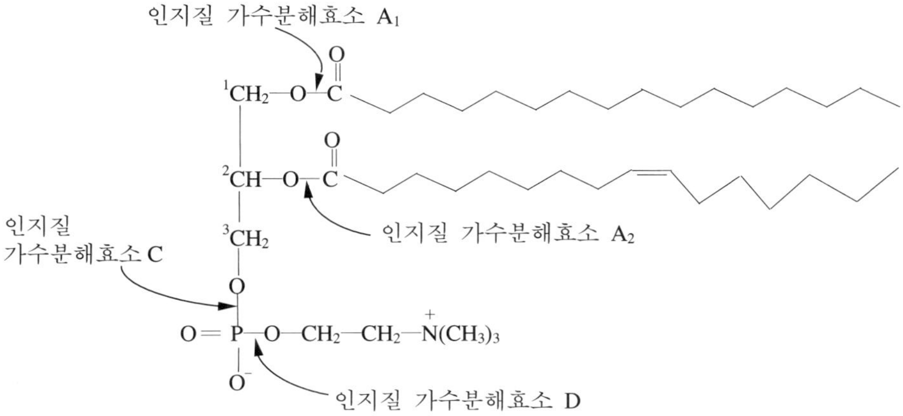

그림 3-11 인지질 가수분해효소의 작용

3-2-3 당지질

당지질(glycolipid)은 식물체막에 가장 많이 있는 양매성(amphipathic) 지질(그림 3-12)이며, 시금치 틸라코이드막의 지질단백질을 이루는 지질의 80%를 차지한다.

주요 당지질은 모노갈락토실 디글리세리드(monogalactosyldiglyceride, MGDG)와 디갈락토실 디글리세리드(digalactosyldiglyceride, DGDG) 등이 있다.

갈락토실 디글리세리드는 UDP 갈락토오스(uridinediphosphate galactose, UDP-Gal)와 디글리세리드(diglyceride)로부터 엽록체에서 합성된다. 엽록체 틸라코이드막의 갈락토지질은 갈락토오스 전이효소(galactosyl transferase)의 작용으로 만들어지며, 막에 붙어있는 이 효소는 UDP-Gal 로부터 갈락토오스를 디글리세리드로 전달하여 모노·디·트리갈락토지질을 만들게 된다.

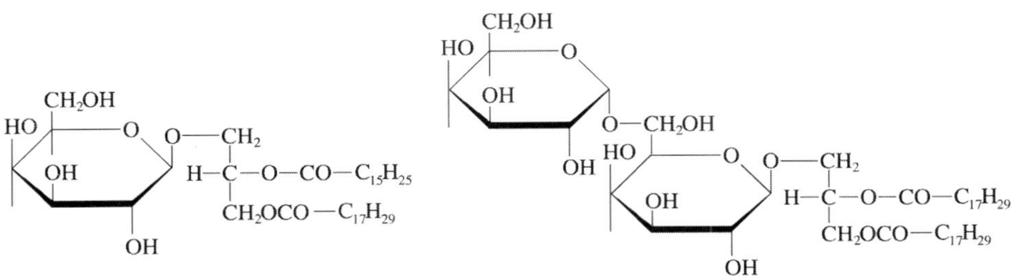

모노갈락토실디글리세리드 디갈락토실디글리세리드

그림 3-12 당지질

당지질의 지방산 중에서 모노갈락토지질은 25% 이상이 헥사테카노익 지방산(16 : 3)이며, 디갈락토실 디글리세리드는 거의 모두 α-리노렌산(18 : 3/ $\Delta^{9, 12, 15}$)으로 구성되어 있다. 옥수수와 사탕수수의 엽록체에서 유관속초의 갈락토지질의 함량이 엽육세포보다 3 배나 많다고 보고되어 있다.

엽육세포는 압착된 틸라코이드막을 가지는데 갈락토지질은 틸라코이드막의 단지 한쪽 면의 필수적인 구성성분으로 있기 때문이다. 갈락토지질 가수분해효소(galactolipase)는 덩굴성 강낭콩에서 모노갈락토지질과 디갈락토지질의 지방산 아실기(acyl group)를 제거한다고 알려져 있다. 세포추출액이나 손상된 세포에서 갈락토지방은 가수분해효소에 의해서 엽록체구조와 전자전달계의 손상을 받게 된다.

3-2-4 황지질

식물체의 황지질(sulfolipid)은 6 탄당에 황이 직접 결합되어 있는 것이 그 특징이다(그림 3-13). 이것은 동물체에서 황과 에스테르결합을 이루는 설피드(sulfide)와는 달리 술폰산(sulfonic acid)이다. 즉 6-술포-α-D-퀴노보피라노실-(1-1′)-2′, 3′-디아실-D-글리세롤[(6-sulfo-α-D-quinovopyranosyl-(1-1′)-2′, 3′-diacyl-D-glycerol)]이다.

황지질은 어떤 종류의 인지질보다도 엽록체의 CF_1 공역인자(coupling factor)의 저온에 따른 비활성화를 안정화하는 작용이 크다. 녹색식물체에서 높은 농도로 있음에도 불구하고 엽록체의 술폰산대사의 생합성 및 분해과정은 잘 알려지지 않고 있다.

알팔파(alfalfa)의 황지질은 포화지방산인 팔미트산(16 : 0)과 불포화지방산인 리노렌산으로 되어있다. 드물기는 하지만 이른 봄에 개화하는 내한성의 식물들에서는 황지질의 지방산은 C_{25} 인 이소프레노이드산(isoprenoidic acid)으로 되어 있다.

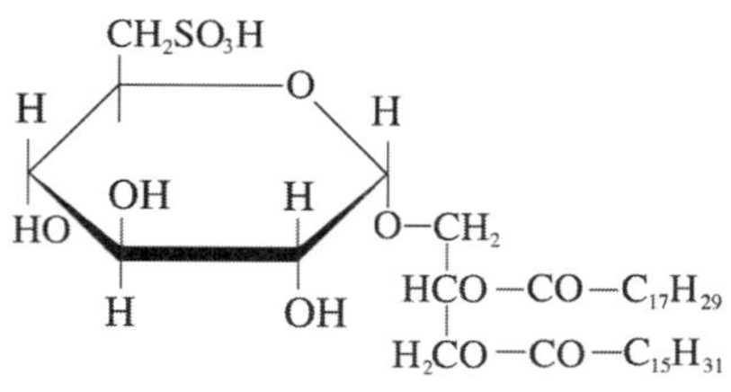

그림 3-13 황지질

3-2-5 스테로이드

동물과 식물체에서 중요한 역할을 맡고 있는 스테로이드(steroid)에는 스테롤(sterol), 담즙산, 스테로이드 호르몬, 비타민 D, 스테로이드 사포닌, 하트글리코시드(heart glycoside), 스테로이드 알칼로이드 등이 있다. 이들 화합물의 공통점은 스테란(sterane)골격을 가진다는 점이다. 이 중에서 스테롤은 스테란(sterane)의 3번 탄소에 −OH기를 가지며 이러한 이유로 명칭에 −ol이 붙게 되었다.

동물체에서는 콜레스테롤이 일반적이며, 고등식물에서는 β-시토스테롤(β-sitosterol)과 스티그마스테롤(stigmasterol)이 중요하다. 이 두 화합물의 구조는 29개의 탄소로 구성되어 있는데, 그 24번째의 탄소에서 가지사슬을 가진다. 이들 화합물은 스테란, 즉 시클로펜타노퍼히드로페난트렌의 골격(그림 3-14)을 가지며 식물의 종에 따라 다양하게 변형된 화합물들이 있다.

동물체와 달리 식물체에서 스테로이드 화합물의 기능은 잘 알려져 있지는 않지만 스테로이드호르몬의 일종인 에스트라디올(estradiol)이 과꽃(*Callistephus sinesis*)과 좀개구리밥(*Lemna paucicostata*)에서 개화기의 꽃눈형성을 하는데 관여한다고 보고된 바 있다.

스테롤은 스테란의 3번 탄소에 −OH기를 가지며, 이 때문에 명칭에 −ol이 붙게 되었다. 동물에서는 콜레스테롤이 특히 중요한데, 식물체에도 존재한다.

고등식물에서 가장 중요한 것은 베타시토스테롤(β-sitosterol)과 스티그마스테롤(stigmasterol)이다(그림 3-15). 이들의 구조상 차이점은, 스티그마스테롤의 측쇄구조는 이중결합을 가진다는 점이다.

세포의 막과 소기관의 단위막 구조에서 동물세포도 콜레스테롤과 인지질을 갖지만 식물에는 피토스테롤(phytosterol)과 인지질(예 : 레시틴), 당지질(특히 갈락토지질), 그리고 황지질로 되어있다.

카데놀리드(cardenolide)와 부파디에놀리드(bufadienolide)(그림 3-16)는 1785년 영국의 의사인 Withering에 의하여 디기탈리스(*Digitalis purpurea*)가 심장병의 치료약으로 알려진 이후에 내과의사들의 긴요한 약으로 쓰이고 있으며, 심장 글리코시드(heart glycoside)라고 불리게 되었다. 두 가지 물질 사이의 차이점은 17번 탄소와 연결된 것이 5링 또는 6링으로 되어있는 것이다.

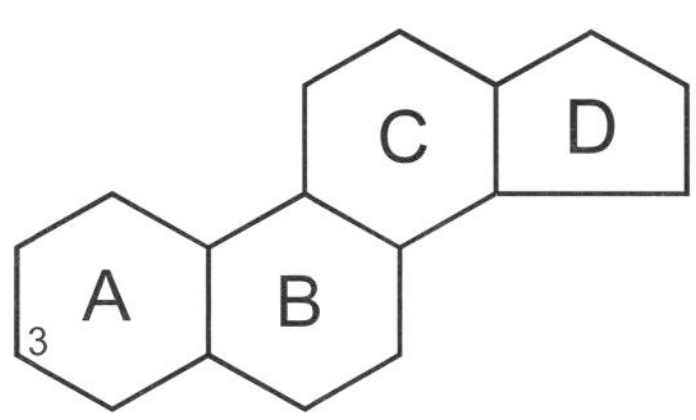

그림 3-14 스테란(sterane, cyclopentanoperhydrophenanthrene)의 구조

스테로이드 알칼로이드는 식물의 2차 대사산물(secondary metabolite)이지만 구조적으로는 알칼로이드로 분류된다. 스테로이드 알칼로이드는 27C로 되어있는 것과 21C로 되어 있는 두 종류로 나누어진다. 그중 27C로 되어있는 것은 다시 가지과(*Solanum* 속) 알칼로이드와 백합과(*Veratrum* 속) 알칼로이드로 나뉜다.

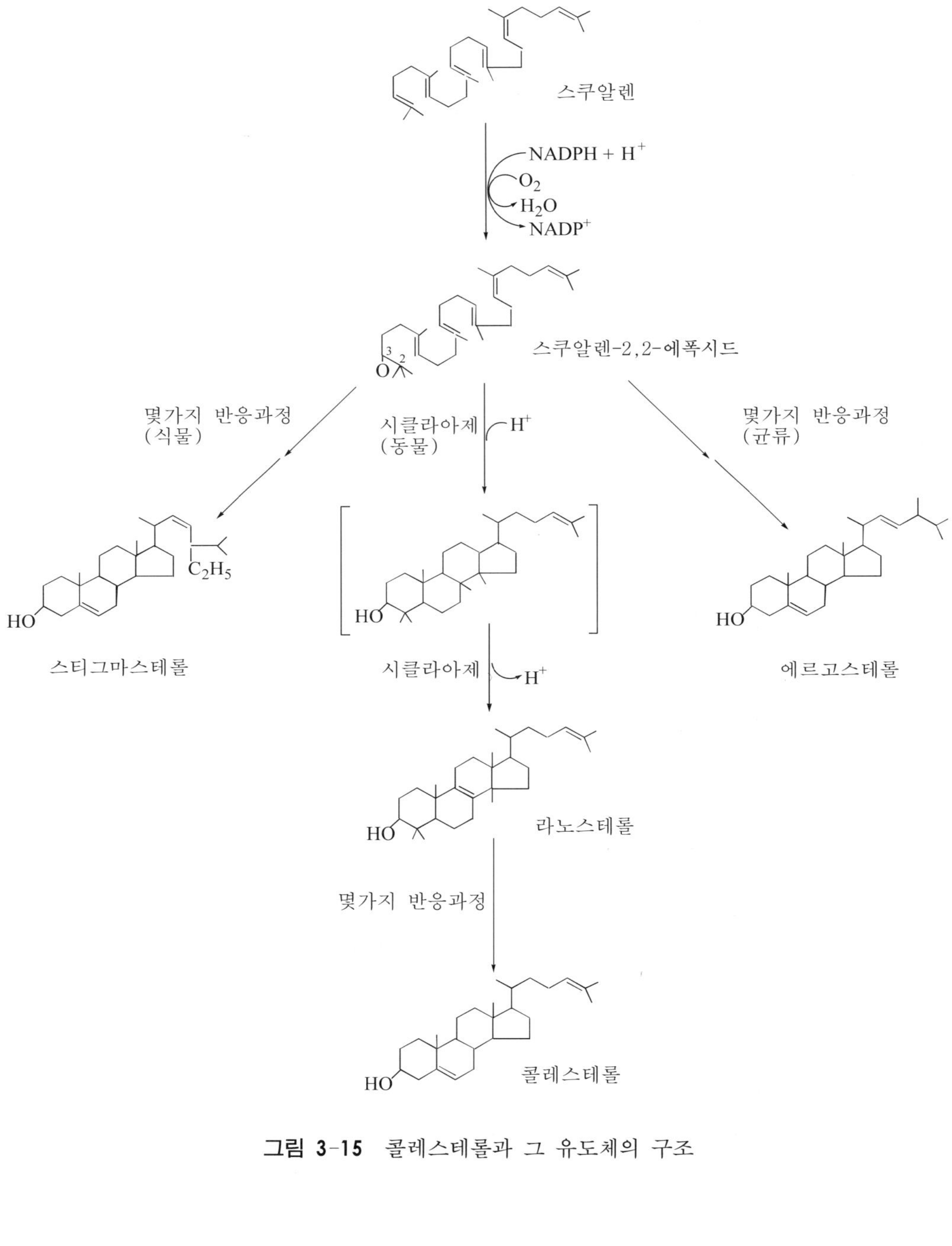

그림 3-15 콜레스테롤과 그 유도체의 구조

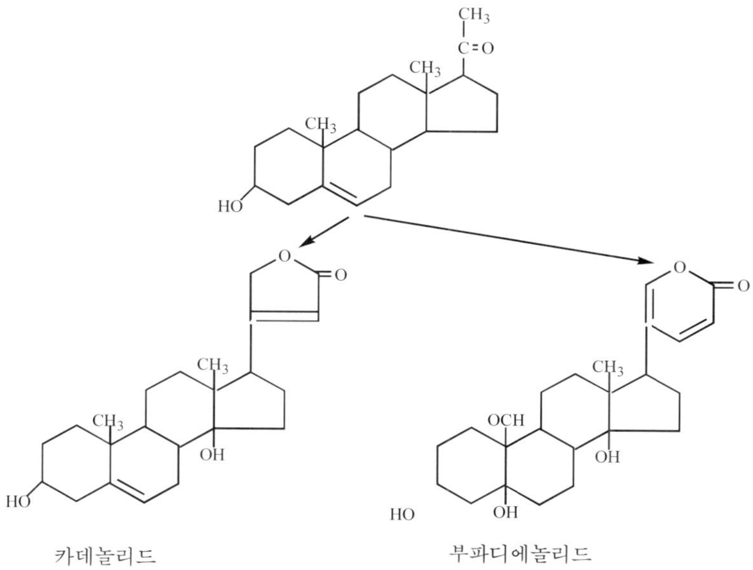

그림 3-16
카데놀리드와
부파디에놀리드의
구조

3-3 단 백 질

단백질(protein)은 살아있는 세포에서 가장 많은 양이 존재하는 거대분자(macromolecule)이며, 세포의 생화학 반응의 중심적 역할을 맡고 있다. 분자량도 다양하여 수천에서 수백만에 이른다. 세포벽을 제외하면 단백질과 단백질을 구성하는 아미노산은 거의 모든 세포에서 건물 중의 60~75%를 차지한다.

분자량이 5,000 정도인 단백질은 약 50개의 아미노산 잔기(residue)로 되어 있으며, 분자량이 10만 정도이면 약 1,000개의 아미노산 잔기가 모여서 구성된다. 미생물에서 고등생물에 이르는 세포의 단백질은 20가지의 표준아미노산(standard amino acid)들이 모여서 구성된다. 20가지의 이들 아미노산 외에 약 20~40개의 더 많은 아미노산들이 식물의 추출액에서 찾아볼 수 있으나 이들 아미노산이 단백질을 구성하는 경우는 드물다.

3-3-1 아미노산의 구조와 종류

가장 간단한 구조를 이루는 글리신(glycine)을 제외한 모든 아미노산들에는 비대칭 탄소(asymmetric carbon)가 하나 이상 있고, 여기에 수소(−H)와 아미노기(−NH_2)와 카르복시기(−COOH)를 가지며, 나머지 곁사슬(side chain) 부분을 R 그룹이라고 한다.

아미노산의 기본적인 구조에 어떤 R 기를 가지느냐에 따라 아미노산들의 종류와 성질이 달라져 친수성, 소수성, 산성 및 염기성 아미노산으로 나뉘게 된다(그림 3-17). 그리고 글리신을 제외한 다른 아미노산은 비대칭 탄소를 가지고 있으므로 L 과 D 형태의 입체이성질체가 가능한데 단백질을 구성하는 아미노산은 거의 L 형태로 존재한다.

한편 아미노산은 수용액에 잘 녹으며, 중성의 pH에서는 −전하와 +전하를 함께 가지는 양성이온(dipolar ion 또는 zwitterion)으로 존재한다.

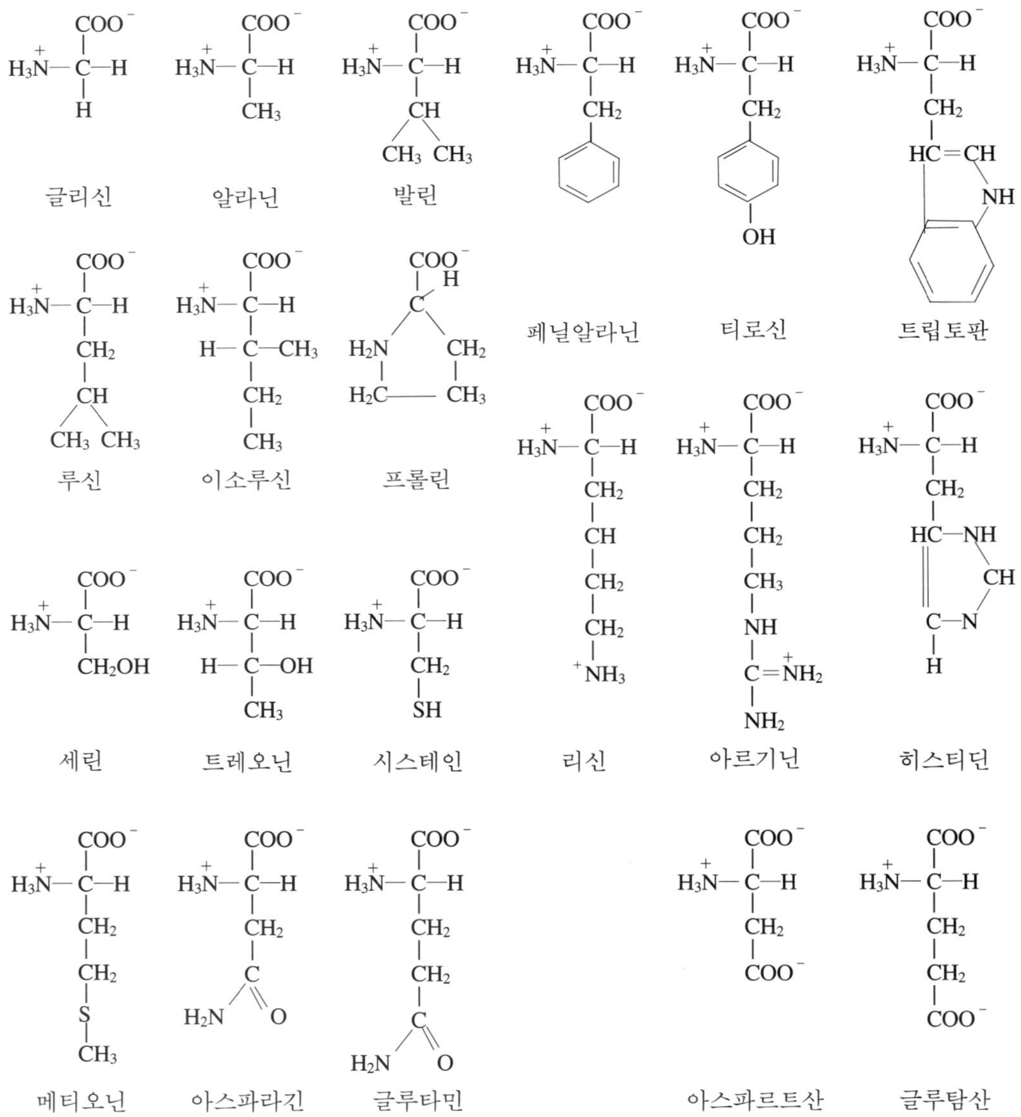

그림 3-17 단백질을 구성하는 20 가지의 아미노산

3-3-2 단백질의 구조

단백질(protein)은 그 구성의 단위체가 20 종류의 표준 아미노산(standard amino acid)이고 수백 또는 그 이상의 아미노산이 펩티드결합(peptide bond)을 함으로써 생성되므로 상당히 다양한 조합이 가능하다. 또한 단백질은 수많은 아미노산이 펩티드결합을 통하여 연결된 구조이므로 폴리펩티드(polypeptide)라고도 한다.

단백질은 복잡한 분자구조를 가지고 있어서 1 차, 2 차, 3 차 및 4 차 구조로 나뉘는데(그림 3-18), 아미노산들이 연속적으로 폴리펩티드결합을 구성하고 있는 것을 1 차 구조(primary structure)라 하며, 이러한 1 차 구조는 단백질의 합성을 결정하는 DNA 의 염기배열에 따라 정해진다. DNA 의 염기서열에 따라 mRNA 가 전사(transcription)되며, 이 전사된 mRNA 의 염기서열이 번역(translation)되어 단백질이 합성되기 때문이다.

단백질의 2 차 구조(secondary structure)는 α 나선구조(α-helical structure)와 β 병풍구조 (β-pleated sheet)로 되어 있다. 리보솜에서 합성된 단백질은 자발적으로 접히면서 3 차원적 구조를 이루는데 이러한 공간배열을 3 차 구조(tertiary structure)라고 하며, 수소결합 등이 구조에 기여한다. 그밖에도 황을 가지고 있는 아미노산 중 시스테인(cysteine)과 시스테인이 이루는 -S-S-결합(disulfide bond)이 3 차 구조를 안정화하는 데 기여하고 있다.

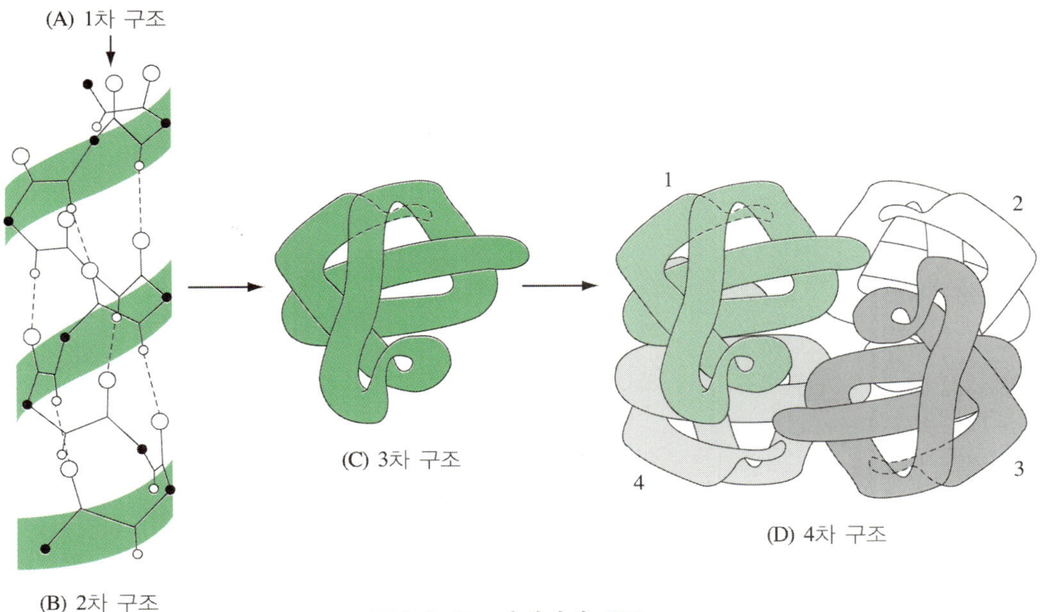

그림 3-18 단백질의 구조

한편 R 그룹들의 친수성과 소수성의 성질도 구형구조에 크게 영향을 미친다. 그러므로 단백질을 이루는 아미노산들이 어떤 R 그룹을 가지느냐에 따라 단백질의 입체구조는 매우 다양하게 된다.

단백질의 생물학적 활성은 이러한 입체구조에 있으며, 극단적인 pH 와 산성조건에서는 입체구조가 풀리고, 생물학적 활성도 잃게 되는데 이것을 변성(denaturation)이라 한다. 단백질의 종류에 따라 3 차 구조 안에는 α 나선구조와 β 병풍구조가 섞여있거나, 어느 한쪽이 없는 구조를 이루기도 한다.

또한 2 개의 아미노산이 결합하여 1개의 펩티드 결합을 이루며 표준 아미노산이 20 개라면 디펩티드(dipeptide)를 이루는 경우는 서로 다른 400 (20×20) 가지가 가능해진다. 생물체의 단백질들은 보통 100 개 이상의 아미노산들이 펩티드 결합을 이루고 있으므로 이들 단백질을 구성하는 아미노산들의 배열 순서를 달리하는 경우는 천문학적인 수를 갖게 된다. 따라서 생체 내에 존재하는 수많은 종류의 단백질의 생물학적 특이성은 이러한 구조적 차이점에 기인하는 것이다.

4 차 구조(quaternary structure)를 이루는 단백질들은 비교적 분자량이 크고, 두 개 이상의 단백질 사슬이 모여서 입체적 구조를 이루고 있는데, 단위가 되는 각각의 단백질 사슬을 하단위(subunit)라고 부른다.

1954 년 Frederik Sanger 가 혈액 중의 포도당 농도를 조절하는 호르몬인 인슐린(insulin)의 구조를 밝혀낸 이후로 단백질의 아미노산 서열 및 구조를 밝히는 연구가 활발히 진행되고 있다.

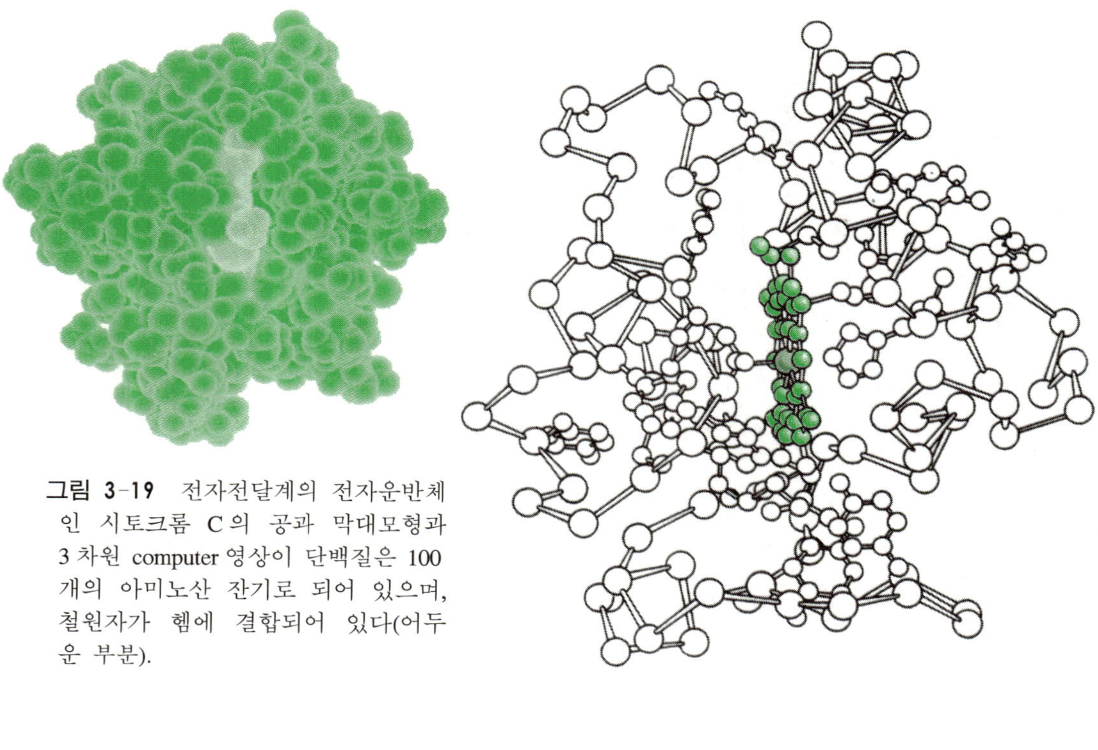

그림 3-19 전자전달계의 전자운반체인 시토크롬 C 의 공과 막대모형과 3 차원 computer 영상이 단백질은 100 개의 아미노산 잔기로 되어 있으며, 철원자가 헴에 결합되어 있다(어두운 부분).

식물의 경우에도 단백질에 대한 연구가 활발히 이루어지고 있어 많은 단백질의 구조가 밝혀지고 있는데, 한 예로 미토콘드리아의 호흡사슬에서 전자전달에 관여하는 시토크롬 C (cytochrome C)의 구조를 소개하였다(그림 3-19 참조).

이 단백질은 미생물, 식물 및 동물이 모두 가지고 있는데, 진화론적인 면에서 서로 가까운 종에서는 아미노산 잔기(residue)가 같거나 몇 개의 잔기만이 다르지만 유연관계가 먼 생물체 사이에는 많은 수의 잔기가 다르다는 결과를 얻었다. 그러나 60종 이상의 생물체에서 분리된 시토크롬 C의 펩티드 사슬에서 27개의 아미노산 잔기는 모두 같았으나 나머지 잔기는 같지 않은 경우가 많았다. 이 27개의 아미노산 잔기를 불변성 잔기(constant residue)라 하며, 나머지 잔기를 가변성 잔기(variable residue)라고 한다.

이처럼 생물체에 따라서 불변성 잔기를 제외한 나머지 잔기가 다름에도 불구하고 여러 생물체에서 같은 기능을 나타낼 수 있는 것은 단백질의 3차 구조에 커다란 변화가 일어나지 않았기 때문이다.

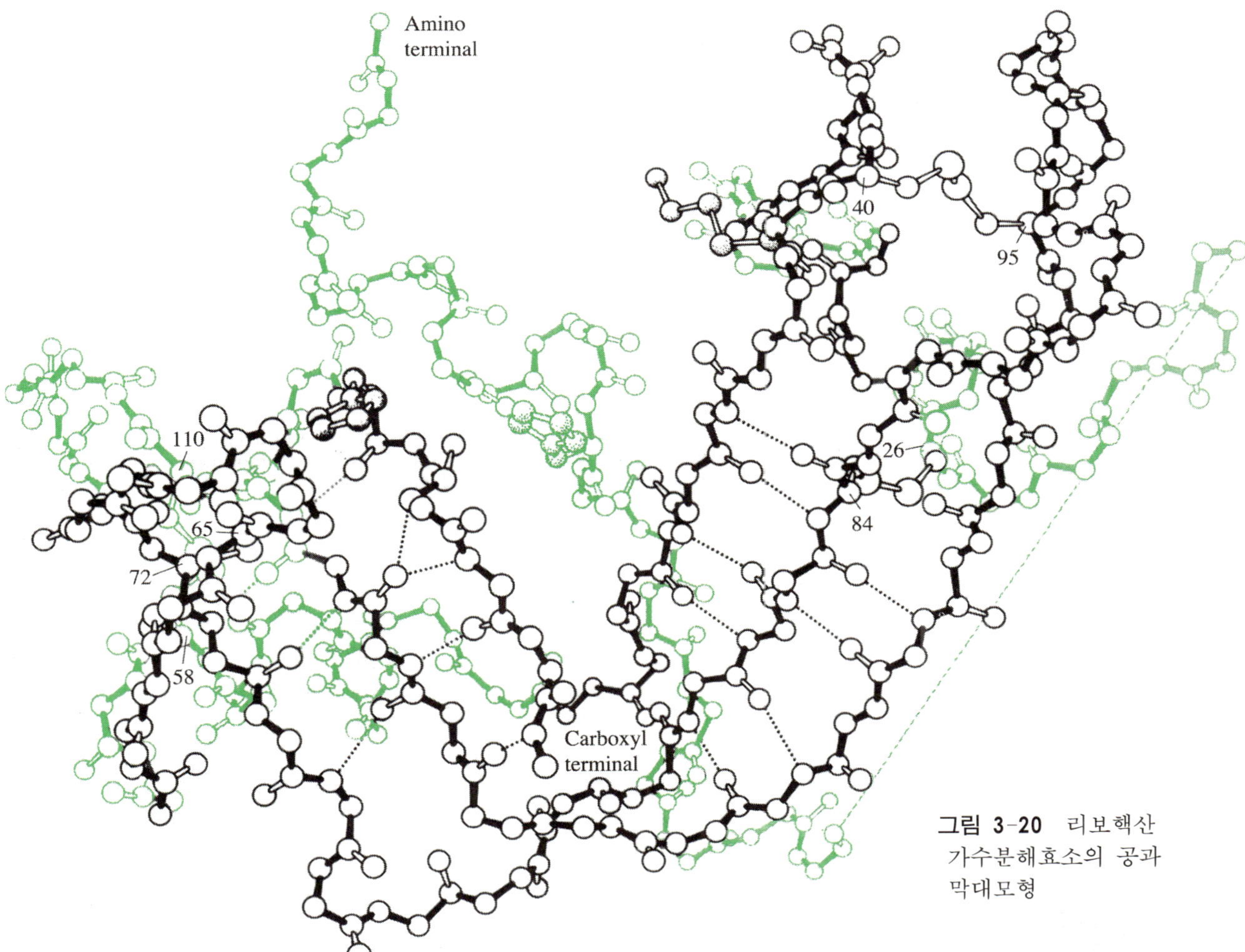

그림 3-20 리보핵산 가수분해효소의 공과 막대모형

만약 기능적으로 문제가 나타나는 구조로 바뀌어 버리면 이러한 분자를 가지는 개체는 자연선택에 의해 살아남지 못하게 된다.

한편 리보핵산 가수분해효소(ribonuclease)는 124 개의 아미노산 잔기를 갖고 있는데, 이황화결합(disulfide bond)을 할 수 있는 아미노산인 시스테인을 26, 40, 58, 65, 72, 84, 95 및 110 번째 잔기에 가지고 있으며, 실제로 이황화물 교차결합은 26 과 84, 40 과 95, 58 과 110, 65 와 72 번째 잔기 사이에서 일어난다(그림 3-20 참조).

이러한 이황화물 교차결합은 펩티드결합으로 된 사슬모양의 1 차 구조 외에 2 차 구조인 α나선구조와 β병풍구조를 더욱 안정하게 하여 접혀진 모양으로 3 차 구조를 이루게 한다. 이러한 3 차 구조는 리보핵산 가수분해효소의 생물활성을 가지게 한다는 것이 실험을 통해 밝혀졌다.

3-3-3 단백질의 기능

생물체에서 단백질은 여러 가지 특이한 생물학적인 기능을 가지고 있다. 이러한 단백질의 기능을 분류해보면 효소(enzyme), 운반(transport), 영양소(nutrient), 저장(storage), 방어(defense) 등을 들 수 있다.

이러한 기능을 하고 있는 단백질의 예를 들어보면 식물체에 가장 많이 들어있는 단백질의 하나인 rubisco (ribulose-1, 5-bisphosphate carboxylase oxygenase)는 효소로 식물체에서 CO_2를 고정하는 역할을 하며, 그밖에도 해당과정(glycolysis)과 시트르산회로(citric acid cycle)에 관여하는 효소들을 예로 들 수 있다.

종자의 발아에 관계하는 α-아밀라아제와 β-아밀라아제 같은 가수분해효소와, 원형질막과 액포막 등에 존재하여 여러 가지 이온과 물질을 수송하는 운반단백질(carrier protein)도 있다. 또 그밖에 글루텔린(glutelin), 프롤라민(prolamine) 등의 저장단백질도 있다.

어떤 단백질은 식물체의 구조적 단위가 되거나 리신(ricin)처럼 피마자(*Ricinus communis*)의 씨에 있어서 지사제 작용을 하여 동물의 먹이가 되는 것을 방어하는 단백질도 있다. 그리고 당단백질(glycoprotein)과 막의 표면에 존재하는 지질단백질(lipoprotein)이 있는데 이들은 막의 구조와 기능에 관여한다. 특히 당단백질은 균류와 미생물의 감염에 대한 세포의 방어기전에 있어서 면역계에 의해 생성된 항체의 표적이 된다. 그밖에도 핵에 있는 핵산단백질(nucleoprotein)은 핵의 분열과 단백질 합성에 관여한다.

3-4 핵 산

식물체가 가지고 있는 유전형질의 표현은 각각의 식물체가 지니고 있는 핵산에 의해서 이루어진다. 이러한 유전형질의 표현은 환경에 대한 적응, 개화와 결실, 종자의 발아, 생장과 이에 따른 대사작용, 외부와 내부의 자극에 대한 반응 등으로 나타나며, 이들은 식물체가 생명을 유지하고 번식하는 데 있어서 결정적인 역할을 한다.

핵산(nucleic acid)은 디옥시리보핵산(deoxyribonucleic acid, DNA)과 리보핵산(ribonucleic acid, RNA)으로 되어 있으며, 유전정보가 여기에 들어있다. 생명체의 대사과정에 직접 관여하고 있는 효소는 단백질로서 핵산의 구성단위인 뉴클레오티드(nucleotide)의 염기 배열 순서에 감추어진 유전암호(genetic code)에 의해 만들어진다. 따라서 이러한 효소의 작용으로 세포 내외의 구성성분이 합성되고 대사가 조절되기 때문에 핵산이 가지고 있는 유전암호가 바로 세포 내에서 일어나는 모든 생명현상을 조절한다고 할 수 있다.

고등생물에서는 이러한 핵산이 주로 세포의 핵(nucleus) 안에 있는 염색체(chromosome)에 들어있다. 그리고 비록 작은 양이지만 식물의 색소체나 미토콘드리아도 핵산을 가지고 있다. 분열 중이 아닌 유핵생물에서는 염색질(chromatin)이 부정형으로 핵 안에 널리 무질서하게 분산되어 있다. 그러나 세포분열 시에는 염색질이 응축(condensation)되어 생물의 종에 따라서 수가 일정한 염색체를 형성한다. 핵의 염색체는 주로 단백질과 핵산으로 구성되는데, 이 단백질은 염기성인 히스톤(histone)과 그 밖의 단백질로 구분된다. 또한 여러 가지 특이한 기능들을 가지는 효소단백질들이 있다.

리보핵산(RNA, ribonucleic acid)은 단백질의 합성장소인 리보솜(ribosome)을 구성하는 리보솜 RNA (ribosomal RNA, rRNA), 유전정보를 담고 있는 전령 RNA (messenger RNA, mRNA)와 아미노산과 결합하여 단백질의 합성위치로 넘겨주는 전달 RNA (transfer RNA, tRNA)로 구분된다.

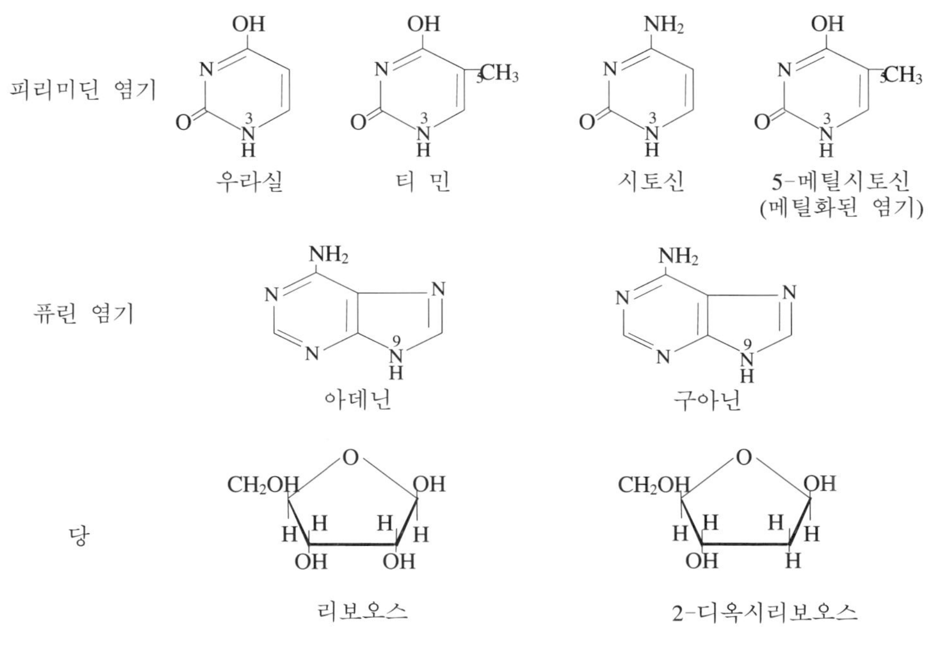

그림 3-21 핵산을 구성하는 염기와 당

디옥시리보핵산은 퓨린염기(purine base)인 아데닌(adenine, A)과 구아닌(guanine, G), 피리미딘 염기(pyrimidine base)인 시토신(cytosine, C)과 티민(thymine, T)을 가지고 당은 2-디옥시리보오스(2-deoxyribose)인데, 이는 인산(phosphate)과 결합되어 있다. 한편 RNA는 DNA와는 달리 티민 대신에 우라실(uracil, U)을 가지며 당은 리보오스(ribose)이다. 그밖에도 메틸화된 미량의 염기가 특히 tRNA를 구성하고 있다(그림 3-21 참조).

3-4-1 뉴클레오시드와 뉴클레오티드 및 폴리뉴클레오티드

뉴클레오시드(nucleoside)는 당과 염기가 결합되어 만들어지며, 퓨린 염기의 9번 질소원자나 피리미딘 염기의 1번 질소원자와 당의 1번 탄소(1′; ′표시는 당의 원자를 의미한다) 사이에 N-글리코시드 결합(N-glycosidic bond)을 이루는데 이것을 뉴클레오시드라고 부른다. 여기에 당의 5′탄소에 다시 인산이 에스테르 결합을 하면 뉴클레오티드(nucleotide)라고 한다.

폴리뉴클레오티드(polynucleotide)는 뉴클레오티드가 반복되어 있는 것을 말하며, 이때 당과 인산 사이의 결합은 오탄당-3′탄소-인산-5′탄소-오탄당-3′탄소-인산-5′탄소-오탄당의 결합으로 반복된다.

이때 각각의 오탄당은 디옥시리보오스(deoxyribose)의 경우 디옥시리보핵산의 티민을 포함하는 4종류의 염기와 결합하며, 리보오스의 경우는 우라실을 포함하는 4종류의 염기와 결합한다. 따라서 이러한 사슬의 길이는 매우 길어지며, 당의 5′말단에서 시작되면 당의 3′말단으로 끝난다(그림 3-22).

3-4-2 Watson과 Crick의 DNA 모형

핵산의 구조는 1953년 James Watson과 Francis Crick에 의하여 그 모형이 밝혀졌다. 폴리뉴클레오티드는 드물게 단일나선(single strand)으로 되어있으며, 대부분의 경우는 두 가닥의 나선상(two helical chain)으로 같은 축의 위를 오른쪽 감기 이중나선(righted-handed double helix)을 하고 있다.

이중나선의 구조를 하고 있는 각각의 DNA 사슬에 있어서 친수성의 2′-디옥시리보오스와 음전하를 가지는 인산은 DNA 분자 주변의 물에 대해 상호작용을 하며 바깥쪽을 향하여 배열되어 있고, 소수성의 피리미딘과 퓨린염기는 안쪽을 향하여 있으며 서로 2개 또는 3개의 수소결합을 하고 있다. 3′-히드록시기의 끝을 가지는 DNA의 나선의 다른 쪽 끝은 5′-인산기의 끝을 갖는다.

두 개의 사슬이 역평행(antiperallel)으로, 즉 한쪽 나선의 끝이 3′-히드록시기이면 다른 나선의 마주보는 끝은 5′-인산기로 되어 뻗어 있게 된다. 당과 인산에 의한 나선의 안쪽에 존재하는 염기들은 서로 마주하여 수소결합을 이룬다. 이러한 염기들의 수소결합은 시토신과 5-메틸시토신이 한쪽 사슬의 염기라면 다른 쪽 사슬의 염기는 구아닌이 마주하여 수소결합을 이루며, 한쪽 사슬의 염기가 티민이면 다른 쪽 사슬의 염기는 아데닌이 마주하여 수소결합을 한다. 이러한 결합은 항상 지켜지는 상보적인(complementary) 배열이며, DNA 이중나선의 안정성은 마주하는 염기 사이의 수소결합과 겹쳐진 염기끼리의 분자간 상호작용(base-stacking interaction)에 의하여 유지된다(그림 3-23).

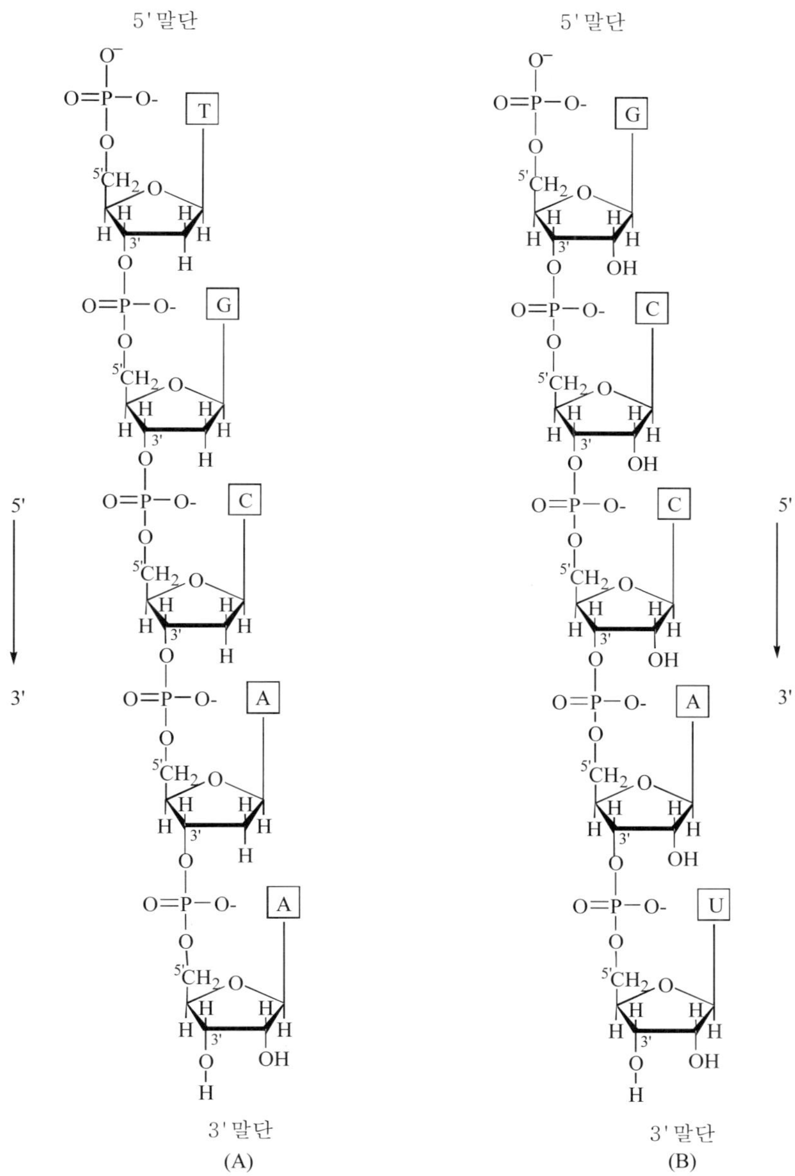

그림 3-22 DNA (A)와 RNA (B)의 구조

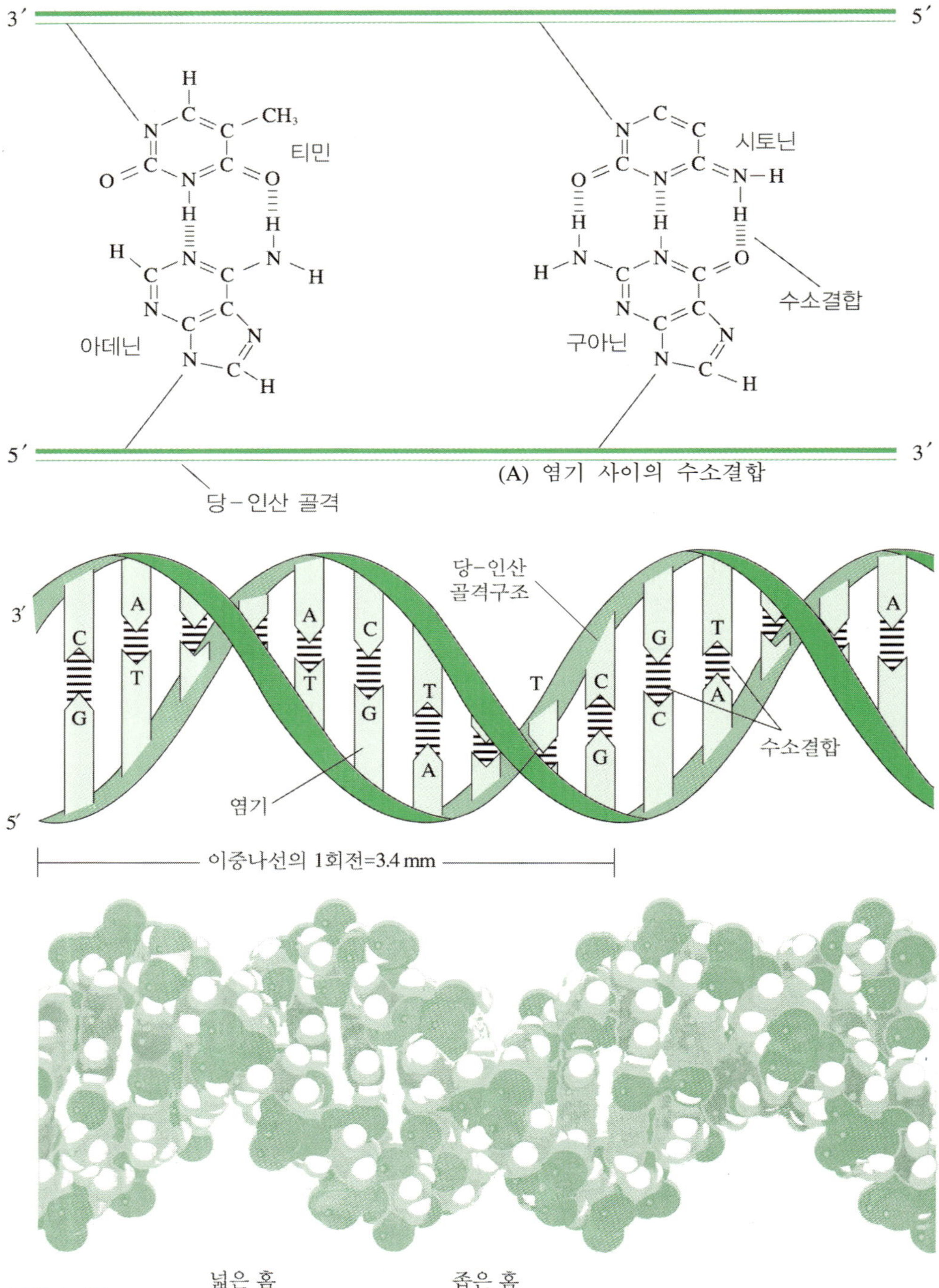

그림 3-23
DNA 의 구조 (B) DNA 이중나선

아데닌과 티민, 시토신과 구아닌, 염기가 상보적인 결합을 이루는데, 수소결합이 두 염기 사이에 있다(A). 이중나선을 하고 있는 DNA 사슬은 역평행으로 되어 있으며, 10 개의 염기가 이중나선을 1 회전하는 안에 있다(B).

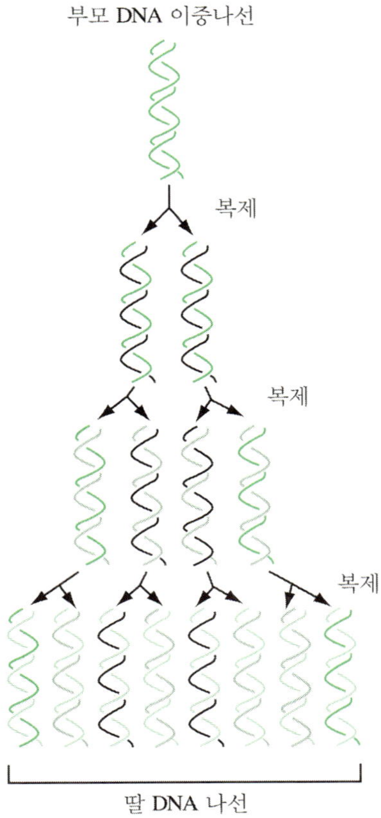

그림 3-24 DNA 의 반보존적 복제

복제가 일어나는 시기에서 DNA 의 이중나선은 각각 새로 복제되는 DNA 의 주형으로 작용한다. 따라서 나선을 이루는 염기들은 세대가 계속되어도 원래의 염기서열을 유지한다.

연 습 문 제

1. 탄수화물의 정의를 내리고, 각각의 탄수화물을 분류하시오.

2. 이당류 중에서 환원당과 비환원당의 예를 들고, 어떻게 해서 환원당 또는 비환원당이 되는지를 설명하시오.

3. 글리코겐과 전분의 구조적 차이점을 비교하여 설명하시오.

4. 포화지방산과 불포화지방산의 구조적 차이와 물리적 성질의 차이점을 설명하시오.

5. 생체막에 존재하는 인지질의 종류들을 설명하시오.

6. 스테로이드 화합물의 종류와 그들의 생물학적 역할에 대하여 설명하시오.

7. 단백질의 3 차 구조를 결정하는 요인을 설명하시오.

8. 단백질의 3 차 구조와 4 차 구조의 차이점을 설명하고, 각각의 예가 되는 단백질을 하나씩 제시하시오.

9. DNA 와 RNA 의 구조적인 차이점을 비교하여 설명하시오.

참고 문헌

- B. D. Alberts, D. Bray, J. Lewis, M. Raff, K. Roberts and J. D. Watson, 1983, "*Molular biology of the cell*", Gerland Publishing, Inc. New York and London.
- "*Biochemistry*", Geoffrey Zubay, 1983.
- D. Hess, 1975, "*Plant physiology*", Springer-Verlag, New York.
- W. G. Hopkins, 1995, "*Introduction to plant physiology*", John Wiley and Sons, Canada.
- A. L. Lehninger, D. L. Nelson and M. M. Cox, 1993, "*Principles of Biochemistry*". Worth Publishers, New York.
- F. B. Salisbury and C. W. Ross. 1992, "*Plant physilogy*", Wadsworth, U. S. A.
- L. Taiz and E. Zeiger. 1991. Plant physiology. The Benjamin/Cummings Publishing Company, Inc. Redwood City, Califonia.

제 4 장　식물 물질대사

모든 생물의 세포와 같이 식물세포도 아주 작은 화학공장이라 할 수 있다. 즉 식물세포는 식물체가 살아가는 데 필요로 하는 모든 물질을 생합성하거나 다양한 형태로 전환·저장하여 여러 가지 생물학적 일을 수행하는데 사용한다. 예를 들어 식물세포는 광합성작용으로 태양에너지를 이용하여 H_2O 와 CO_2 를 당으로 전환하며, 이렇게 만들어진 당은 세포호흡을 통하여 생체에너지인 ATP 를 만들어 식물체가 다양한 생물학적 일을 수행하도록 한다. 또한 당은 질소화합물과 반응하여 아미노산을 만들어 단백질을 합성하기도 하고 지방산을 합성하기도 한다.

이러한 일련의 화학반응을 신진대사 또는 물질대사(metabolism)라 하는데 생체 내에서 이런 반응들이 일어나기 위해서는 에너지대사가 수반되어야 하며, 이는 효소(enzyme)에 의하여 효율적으로 진행된다. 에너지란 일을 할 수 있는 능력을 말하며, 이에는 기계적 에너지, 빛에너지, 전기에너지 및 열 등이 있다. 살아있는 생물체에서 일어나는 과정은 모두 에너지의 출입이 일어나므로 거의 모든 단계의 생리현상에서 에너지가 가장 중요한 요인으로 작용한다.

그러나 에너지만으로는 생물체의 생장과 발달을 추진하기에 불충분하므로 생명현상을 유지할 수 있도록 생화학반응의 속도를 촉진시켜주는 효소라는 단백질로 이루어진 촉매가 필요하다. 생체에서는 열에너지, 화학에너지, 전기에너지, 삼투압에너지, 빛에너지 등의 여러 가지 형태를 가진 에너지들이 효소의 촉매활성을 지배하는 정보전달 기작에 의하여 제어를 받는다. 이 장에서는 위와 같은 반응과정들에 대하여 공부하기로 한다.

4-1　열역학법칙

열역학 제 1 법칙에 의하면 닫힌계(closed system)에서는 에너지가 만들어지지도 않고 파괴되지도 않아 에너지의 총량은 변함이 없이 보전되며, 단지 에너지는 그 형태만 변할 뿐이다.

$$\Delta U = \Delta A + \Delta Q$$

ΔU 는 어떤 방법과 어떤 기작에 의하든지 반응초기와 최종상태의 사이에서 일어나는 내부에너지의 변화량으로서 일에너지(ΔA)의 형태로 전환되거나 혹은 열에너지(ΔQ)의 형태로 전환되며, 이 값은 +값 혹은 −값을 나타낼 수 있다. 주변환경과의 에너지와 물질 출입이 일어나지 않는 열역학적으로 고립된 계에서는 ΔU 의 값은 0 으로서 U 값이 항상 일정하다. 따라서 열역학 제 1 법칙은 에너지 보전법칙이라 할 수 있다.

열역학 제 1 법칙에 의하면 식물의 잎이 태양광선과 주변환경으로부터 적외선을 흡수한 후 광합성을 하여 흡수된 에너지를 일부 저장하고 나머지 에너지는 열과 적외선의 형태로 주변으로 방출했을 때 식물 잎에서 흡수한 에너지의 총량은 식물이 방출한 에너지량과 잎에 저장된 에너지량의 합과 같다.

열역학 제 2 법칙은 자발적으로 일어나는 반응의 방향성을 나타내는 법칙으로서 에너지 변화를 동반한 모든 현상은 평형에 도달할 때까지 전체 엔트로피(entropy)가 증가하는 방향으로 반응이 일어난다는 법칙이다. 사과는 가지에서 떨어지고, 수소기체와 산소기체가 들어있는 혼합기체는 물로 변하며, 모래성은 결국 모래로 흩어지게 되므로 에너지 면에서 구배(gradient)가 일어나 있는 모든 상태는 평형상태로 향하게 된다. 이는 에너지의 붕괴를 의미하는데 열역학적으로 보면 엔트로피의 증가, 즉 무질서도가 증가하는 방향으로 반응이 일어나는 것이다.

따라서 자발적으로 일어나는 반응에서 그 방향은 항상 엔트로피가 증가하여 열역학적 평형이 최대가 되는 쪽으로 일어나며 역방향으로는 절대 일어날 수 없다. 개방계(open system)에서는 주변으로부터 역방향의 반응이 일어나기에 충분한 에너지가 공급되었을 때에만 역방향의 반응이 일어날 수 있다.

생물체에서 일어나는 에너지의 모든 변환은 화학적인 것이므로 화학반응의 수식으로 표현할 수 있다. 즉,

$$H = \Delta G + T\Delta S$$

ΔH 는 에너지의 총 변화량으로서 엔탈피(enthalpy)의 변화량, ΔG 는 자유에너지의 변화량, T 는 절대온도, ΔS 는 엔트로피를 의미한다. 자발적으로 일어나는 반응에서는 ΔS 가 음의 값을 나타내며, 자발적으로 일어날 수 없어 외부계로부터 에너지의 유입을 필요로 하는 반응에서는 ΔS 가 양의 값을 나타낸다. 평형상태에서는 엔트로피 값이 최대치를 나타내며 ΔS 는 0 의 값을 갖는다. 한편 일정한 온도와 압력상태에서 자발적으로 일어나는 반응은 발열반응으로서 ΔG 는 음의 값을 갖는다. 또한 ΔG 가 양의 값을 갖는 반응은 외부로부터의 에너지의 유입을 필요로 하는 흡열반응이다.

대부분의 생물학적 반응은 평형상태로부터 벗어나는 흡열반응으로 ΔG 는 양의 값을 갖는다. 따라서 ΔG 의 값의 변화는 반응의 용이성을 나타내는 기준이 되며, ΔG 가 0 인 반응은 평형에 도달된 상태로서 어떠한 변화도 일어나지 않는 상태이다.

세포는 전반적으로 발열반응을 나타내지만 산화적 인산화반응에서는 ATP가 생성될 때 ΔG가 + 67 KJ mol^{-1} 정도이다. 그러므로 생물체에서는 이 두 반응이 함께 일어난다. 각각의 반응물이 혼합물을 생성할 때 각 특정한 반응에 따라 자유에너지의 값이 달라지기 때문에 반응물과 생성물이 모두 1 M의 농도로 존재하는 상황에서의 자유에너지량의 변화를 표준자유에너지 변화량($\Delta G°$)이라고 한다. pH 7인 상태에서 ATP 한 분자가 가수분해될 때의 표준자유에너지 변화량은 −33 KJ mol^{-1} (−8 Kcal mol^{-1})이다.

그러나 실제로 ATP의 가수분해가 일어나는 세포질에서의 반응물과 생성물의 농도는 1 M이 아니기 때문에 생리적 상태에서 ATP가수분해로 발생하는 표준자유에너지 변화량은 −50∼−65 KJ mol^{-1} (−12∼−15 Kcal mol^{-1}) 정도이다.

$$\Delta G° = -RT \ln K = -2.3\,RT \log K$$

R은 기체상수, T는 절대온도, K는 평형상수인 위의 식은 표준자유에너지 변화량을 구하는 식으로서 농도에 따른 표준자유에너지 변화량을 구할 수 있어 열역학과 생화학이 연결되는 것을 설명해주고 있다. 어떠한 화학반응에서 $A + B \rightleftharpoons C + D$의 자유에너지 변화량은 실제 A, B, C, D의 농도를 반영하여 다음 식으로 자유에너지 변화량을 구한다.

$$G = \Delta G° + RT \ln \frac{[C][D]}{[A][B]}$$

4-2 효 소

설탕이 포도당과 과당으로 가수분해되는 반응은 자유에너지 변화량이 −7 kcal/mol인 발열반응이므로 열역학법칙에 의하면 자발적으로 진행되는 반응이지만 상온에서는 몇 년을 놓아두어도 설탕의 가수분해반응은 절대로 일어나지 않는다. 그러나 설탕의 가수분해 반응을 촉매하는 효소를 적절히 첨가해 준다면 설탕은 수 초 내에 가수분해된다.

촉매는 반응에 의해서 소비되지는 않지만 반응속도를 빠르게 변화시키는 물질인데, 단백질로 이루어진 효소는 촉매작용(catalysis)을 나타내어 반응속도를 효소가 없는 반응에 비해 10^6∼10^{12}배나 빠르게 촉진한다. 효소는 반응물보다 훨씬 적은 몰농도에서 기능을 나타내어 효소 1몰이 훨씬 많은 몰수의 반응물을 생성물로 전환시킬 수 있다. 효소는 또 특이적인 촉매로서 기질특이성(substrate specificity)을 나타내어 기질을 구별하여 작용한다.

4-2-1 효소의 분류

단백질로 이루어진 효소는 기질특이성이 있어 효소분자의 복잡한 단백질구조, 효소활성을 나타내는 부위의 유일성, 기질분자의 구조적 특성 등에 의해 대개 어떤 특정한 화합물이나 혹은 관련된 화합물군들과만 반응한다. 효소는 일반적인 화합물군을 기질로 하여 반응할 수 있는 작용군 특이성(group specificity)을 나타내는데, 한 기질에만 작용하는 절대군 특이성(absolute group specificity)을 나타내는 효소군이 있으며, 다른 것으로는 유사한 분자구조를 갖는 둘 혹은 그 이상의 기질에 작용하는 상대군 특이성(relative group specificity)을 나타내는 효소군이 있다. 일반적으로 효소가 일으키는 촉매반응의 유형에 따라 6 개의 군으로 나눌 수 있다(표 4-1).

각 효소는 촉매반응의 특성에 의거하여 각 군별로 특정 명명법에 따라 계통명이라는 고유번호를 가지고 있다. 예를 들면 pyruvate orthophosphate dikinase 는 E. C. 2. 7. 9. 1 의 고유번호를 가지며, arginine decarboxylase 는 E. C. 4. 1. 1. 19 의 고유번호를 가지고 있다.

표 4-1 효소의 분류군

효소군 고유번호	효소군명	촉매반응의 특성	예
1	산화환원효소 (oxidoreductase)	수소공여체로 작용하는 기질이 산화되고 다른 기질이 환원되는 반응	dehydrogenase oxidase peroxidase hydroxylase oxygenase
2	전이효소 (transferase)	탄소기, 알데히드기, 케톤기, 인산기 혹은 아미노기 등을 한 기질에서 다른 기질로 전이시켜주는 반응	hexokinase
3	가수분해효소 (hydrolase)	물을 첨가하여 화학결합을 분해하는 반응	peptidase esterase glucosidase phosphatase
4	분해효소 (lyase)	제거반응에 의해 결합을 분해하여 이중결합 혹은 고리결합을 형성하는 반응	decarboxylase aldolase dehydratase
5	이성질화효소 (isomerase)	한 분자 내에서 어떤 기를 한 위치에서 다른 위치로 이동시켜 분자구조를 변화시키는 반응	racemase epimerase *cis-trans* isomerase mutase intra-molecular transferase
6	연결효소 (ligase)	ATP, dNTP, 혹은 NTP 에서 pyrophosphate 가 가수분해되고 두 분자가 결합되는 반응과 짝을 이루는 반응	acetyl-CoA synthetase

4-2-2 효소의 특이성

효소가 촉매반응을 일으키는 과정에서 반응물은 항상 효소와 복합체를 형성하는데, 효소와 결합하는 반응물을 기질(substrate, S)이라 하고, 이러한 기질과 효소(E)의 복합체를 효소-기질 복합체(enzyme-substrate complex)라고 하며, 기질이 결합하는 효소의 부위를 활성부위(active site)라고 한다.

효소와 기질 사이의 특정한 결합은 효소의 효율을 높여주고 기질 선택성에도 영향을 미친다. 촉매반응 초기의 효소와 기질의 결합은 약하지만 일단 효소기질 복합체가 형성된 후에는 기질의 구조가 일련의 과정을 통하여 변형되며, 그 결과 기질이 반응산물로 전환되고 반응산물(product, P)은 효소로부터 분리되어 촉매반응이 완성된다.

$$E+S \rightleftarrows ES \rightleftarrows E+P$$

1. 효소기질 복합체의 형성기작

효소는 특이성을 가지고 있어서 어떤 한 효소는 특정한 반응이나 혹은 일부 한정된 반응에만 작용하는데, 이는 효소와 기질의 구조가 상보적이어야만 효소기질 복합체를 형성할 수 있기 때문이다. 일반적으로 기질이 결합하는 효소활성 부위는 기질의 구조에 맞게 함입되어 있고 활성부위의 아마노산 잔기들은 기질분자와 특이적으로 반응한다. 기질과 효소가 결합하는 비공유결합의 형태로는 반데르발스힘, 정전기적 인력, 수소결합 등이 작용한다.

효소기질 복합체 형성의 기작으로는 자물쇠-열쇠 모델(lock and key model)과 유도적응 모델(induced-fit model)이 있다. 자물쇠-열쇠 모델에서는 활성부위가 견고하여 활성부위의 모양과 기질의 모양이 상보적인 효소와 기질 사이에서만 효소기질 복합체가 형성된다는 모델이다. 이러한 모델에서는 기질 이외의 물질들이 활성부위에 결합하는 현상을 설명하기 어렵다.

유도적응모델은 겹합부위가 서로 유사한 구조를 갖는 효소와 기질이 처음에는 약하게 결합하지만 효소의 활성부위가 기질과 상보적으로 변하여 효소기질 복합체가 형성된다는 모델이다. 간혹 기질 자체의 모양이 약간 변하기도 한다. 현재까지 연구된 효소기질 복합체 형성과정은 일반적으로 이들 두 가지 기작 중 하나가 작용한다.

효소의 특이성은 입체적 특이성과 기하학적 특이성으로 나눌 수 있다. 입체적 특이성이란 거울이성질체 중 L형 아미노산에 작용하는 효소가 D형 아미노산에는 작용할 수 없는 특이성을 말한다. 기하학적 특이성은 효소가 반응할 때 기질의 화학적 기능기의 동질성에 따라 선택성을 갖는 것을 말하는데, 반드시 특정한 기질에만 반응하는 절대특이성, 유사한 작용기를 갖는 기질에는 어느 정도 반응하는 상대특이성, 그리고 동일한 화학적 작용에 고르게 반응하는 집단 특이성이 존재한다.

2. 효소의 반응속도

효소기질복합체가 형성되는 정도는 효소와 기질 사이의 결합강도에 의해 결정되는데 이를 효소와 기질의 친화성(affinity)이라고 한다. 미카엘리스 상수(Michaelis constant, K_m)를 이용하여 친화성의 정도를 나타내는데, 이 값은 기질농도에 따른 효소의 반응속도가 최대인 값의 1/2이 될 때의 기질농도이다. 효소들의 K_m값은 기질과 효소의 친화성의 정도가 다르기 때문이며 일반적으로 $10^{-6} \sim 10^{-1}$ M의 범위에 있다.

미카엘리스-멘텐의 식을 이용하여 초기반응속도를 구할 수 있다(그림 4-1).

$$V_0 = \frac{V_{max}[S]}{K_m + [S]}$$

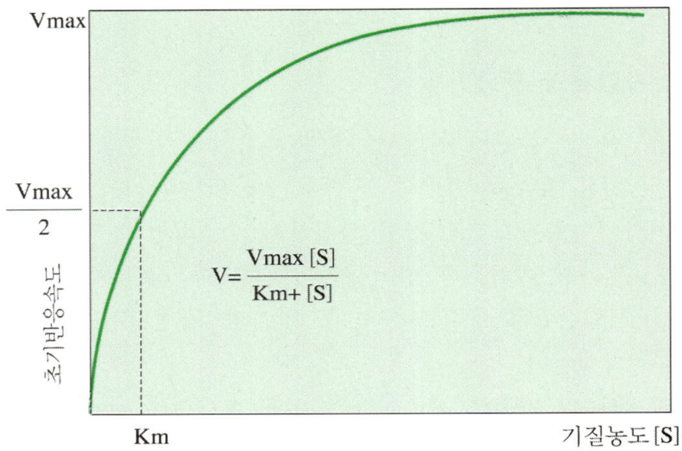

그림 4-1 기질농도가 반응속도에 미치는 영향을 나타낸 미카엘리스-멘텐의 곡선
어느 정도까지의 농도에서는 기질농도가 증가하면 반응속도가 증가하지만 기질농도가 어느 한계 이상에 도달하면 기질이 충분하게 공급되어도 더 이상 반응속도가 증가하지 않는 포화상태를 나타낸다. 이때의 속도가 최대속도이다.

대부분의 세포에서는 기질의 농도가 K_m과 유사한 농도로 존재한다. 세포 안에서 각 효소는 각각 한 반응만을 촉매하지만 세포내의 물질대사계가 서로 다른 효소들이 연속적으로 작용하므로 모든 효소가 최대의 반응속도를 나타낼 수는 없다.

라인위버-버크(Lineweaver-Burk)의 식,

$$\frac{1}{V_0} = \frac{K_m}{V_{max}[S]} + \frac{1}{V_{max}}$$

을 이용하여 그래프를 그리면 직선이 되는데(그림 4-2), 종축과 만나는 점이 $\frac{1}{V_{max}}$, 횡축과 만나는 점이 $-\frac{1}{K_m}$이므로 K_m과 V_{max}를 쉽게 구할 수 있다. K_m의 값이 클수록 효소와 기질 사이의 친화성이 낮으며 K_m의 값이 작을수록 친화성이 크다.

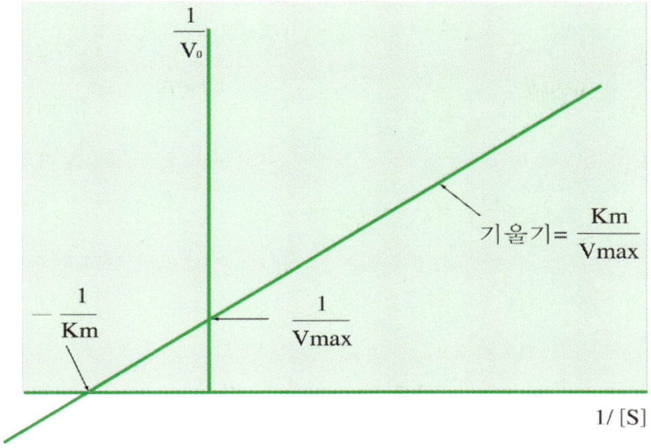

그림 4-2 라인위버-버크의 직선

미카엘리스-멘텐의 식을 변형한 라인위버-버크의 식에 의거한 직선으로 Y 축과 만나는 점이 $1/V_{max}$ 이며, X 축과 만나는 점이 $-1/K_m$ 이다.

4-2-3 효소의 작용기작

화학반응은 원자들 간의 결합이 깨어졌다가 다시 형성되는 과정이 포함된다. 화학반응에서 분자 속에 들어있는 원자들의 재배치가 일어날 때 반응물의 화학결합이 깨어지고 생성물의 새로운 원자결합이 형성된다. 이러한 과정은 분자들과 주변 반응계 사이에서의 에너지 교환이 필요하다. 반응분자들은 원자결합을 깨뜨리기 위한 에너지를 주변으로부터 흡수하였다가 생성물의 원자결합이 이루어진 다음 에너지를 방출한다. 반응을 시작하기 위하여 반응물의 원자결합을 깨뜨리는데 필요한 에너지가 바로 활성화를 위한 자유에너지, 즉 활성화에너지(activation energy)이다.

그림 4-3은 기질이 반응산물로 전환되는 동안의 에너지 변화를 나타낸 것이다. 기질이 반응산물로 되기 위해서는 활성화에너지를 필요로 한다. 이때 효소는 활성화에너지의 수준을 낮추어 줌으로써 반응속도를 증가시킨다. 효소가 활성화에너지를 낮추기 위해서는 일시적으로 효소기질 복합체, 즉 고에너지 구조인 전이상태 복합물이 형성되는데 이 상태에서는 쉽게 생성물로 분해될 수 있기 때문이다.

효소의 활성화부위의 단백질의 구조와 아미노산의 잔기는 산과 염기 등의 반응기로 작용하여 촉매반응을 일으키기에 아주 적합한 분자구조상태를 가지고 있다. 즉 전이상태 복합물의 상태에서는 기질 내 원자들의 병진, 진동, 회전운동 등이 매우 제한을 받아 엔트로피의 차이가 감소하기 때문이다. 이를 엔트로피의 덫(entropy trapping)이라고 한다.

효소가 자유에너지를 낮추는 대표적인 촉매반응으로는 효소의 활성부위가 산 또는 염기로 작용하는 산-염기 촉매작용, 효소와 기질 사이에 공유결합이 형성되는 공유결합 촉매작용, 금속이온이 기질과 결합하여 전자를 재배치시키거나 혹은 음전하를 정전기적으로 안정화시키는 금속이온 촉매작용 등이 있다.

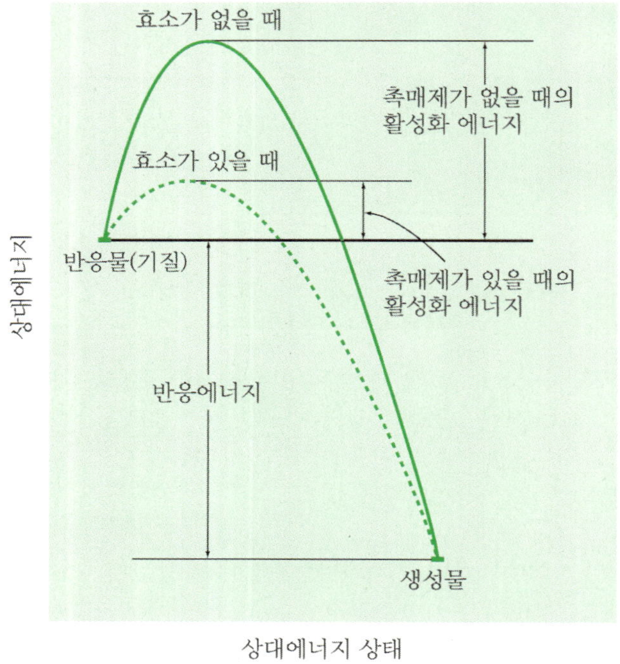

그림 4-3 효소가 있을 때와 없을 때의 활성에너지의 변화

효소가 있으면 활성에너지의 장벽이 낮아져 반응속도가 증가하게 된다.

4-2-4 효소활성 측정방법

1. 효소활성의 광학적 분석

반응 혼합용액의 몇 가지 성분이 특정한 파장의 빛을 흡수하는 능력을 측정하여 효소활성을 측정하는 방법이 있다. 특정 파장의 빛을 흡수하는 흡수도와 농도는 비례관계이므로 물질의 농도를 알 수 있는 것이다. 광학적으로 농도를 측정할 수 있는 물질이 반응물이면 시간이 경과함에 따라 흡수도가 감소하며, 역으로 흡수도를 측정할 수 있는 물질이 생성물이면 흡수도는 증가할 것이다. 이렇게 흡수도의 변화를 통해 효소활성의 정도를 측정할 수 있다.

2. 효소활성의 방사능분석

방사능분석은 방사능이 있는 반응물을 반응 혼합용액에 넣어 반응물의 방사능이 감소됨에 따라 다른 방사능물질이 생성되는 것을 측정하여 효소활성을 조사하는 방법이다. 이때 주로 방사성 동위원소인 ^{3}H 나 ^{14}C 등으로 표지된 화합물이 이용된다.

4-2-5 효소반응에 영향을 주는 요인

효소활성은 기질의 농도, 온도, pH 및 효소에 특이적으로 영향을 주는 어떤 특정한 화학물질 등의 여러 요인에 의해 영향을 받는다.

1. 기질의 농도

기질의 농도를 증가시키면 반응속도가 급격히 증가하여 효소의 활성부위가 기질에 의해 포화되면 반응속도가 더 이상 증가하지 않고 일정한 정도를 유지하게 된다.

2. 수소이온 농도

효소가 활성을 갖기 위해서는 활성부위가 이온화되어야 하는데 효소활성을 나타내는 촉매단(catalytic group)의 이온화 상태가 극히 제한적이기 때문에 효소활성은 pH에 상당히 민감하다. 즉 단백질의 아마노기나 카르복실기 및 그밖에 다른 이온화되는 잔기들의 이온화 정도가 pH에 결정적인 영향을 받는다. 예를 들면 염기로 작용하는 이미다졸(imidazole)은 pH 7에서만 효소활성을 나타낸다. 따라서 pH에 대한 효소활성을 그래프로 나타내면 종 모양의 곡선을 나타낸다(그림 4-4).

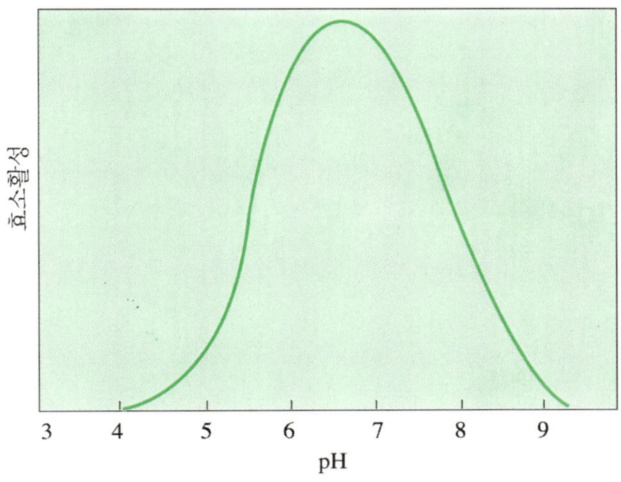

그림 4-4 pH 변화에 대한 효소의 활성변화

대부분의 효소는 최적 pH 범위에서 최대활성을 나타내고 pH가 그 범위보다 높거나 낮아지면 급격하게 효소활성이 낮아진다. pH가 효소활성에 영향을 일으키는 요인인 촉매단의 이온화 상태가 중요하게 작용하더라도 pH 범위를 따라 효소활성이 변하는 것은 단백질의 구조가 변하여 활성부위의 구조가 깨져 효소활성을 잃어버리는 현상도 작용하기 때문이다.

3. 온 도

대부분의 효소촉매반응은 0℃에서 약 40℃까지 온도가 증가함에 따라 효소활성이 크게 증가한다(그림 4-5). 그러나 효소는 단백질로 이루어져 있기 때문에 어느 한계 이상으로 온도가 증가하게 되면 단백질의 변성으로 인하여 효소활성이 급격하게 감소한다.

단백질의 변성이 시작되어 효소활성을 상실하는 온도는 pH 등의 환경요인에 따라 달라지기도 하고 효소에 따라 달라지기도 한다. 또 호열성 생물이 가지고 있는 효소 등 일부 효소는 열에 대한 저항력이 강한 것이 있어 효소활성의 최적온도는 효소에 따라 다르다.

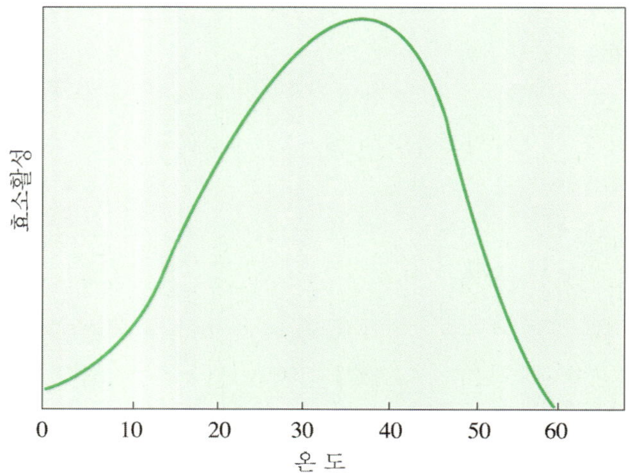

그림 4-5
온도에 대한 효소의 활성변화

4-2-6 효소활성 저해제

다양한 천연화합물과 합성화합물이 특정한 효소에 가역적 혹은 비가역적으로 결합하여 효소활성을 저해시키거나 혹은 완전히 제거시킨다.

비가역적 저해제(irreversible inhibitor)는 효소의 촉매활성에 관계하는 아미노산 잔기와 공유결합을 형성하거나 혹은 활성부위가 아닌 다른 부위에 결합함으로써 효소를 불활성화시키거나 변성시켜 효소의 활성을 회복 불가능하게 하는 물질이다.

가역적 저해제(reversible inhibitor)는 효소와 일시적으로 결합하여 효소활성을 저해하는 물질로서 효소와 저해제와의 친화도에 따른 평형해리상수가 작용하여 효소와 저해제의 해리 정도를 조절한다. 가역적 저해제는 효소가 기질농도에 따라 효소활성이 변하는가의 여부에 따라 경쟁적 저해제, 비경쟁적 저해제, 그리고 무경쟁적 저해제 등으로 나눈다.

경쟁적 저해제는 구조가 기질과 유사하여 효소의 활성부위에 경쟁적으로 작용하여 효소활성을 저해하므로 V_{max}에는 영향을 주지 않지만 K_m값에는 영향을 준다. 이러한 저해제는 효소에 가역적으로 결합한 것이므로 기질을 충분하게 가해주면 효소활성이 회복된다.

되먹임 저해(feed-back inhibition)에서는 효소의 촉매반응에 의해서 생성된 생성물이 그 반응의 최초 단계에 대한 저해제로 작용한다.

비경쟁적 저해제는 효소의 활성부위 이외의 장소 또는 효소기질 복합체에 가역적으로 결합하여 효소활성을 저해하는 물질이다. 저해제의 결합부위가 활성부위와 일치하지 않고 저해제가 활성부위의 구조를 직접 변화시키지 않기 때문에 K_m 값에는 변화를 주지 않으나 V_{max} 값은 감소시킨다.

무경쟁적 저해제는 효소기질 복합체에만 가역적으로 작용하고 유리효소와는 결합하지 않는 물질이다. 무경쟁적 저해는 기질농도의 증가에 의해 효소활성이 완전히 회복되지는 않지만 충분하게 기질을 첨가하여 주면 부분적으로 활성을 되찾게 된다. 이 저해제는 K_m의 값과 V_{max}의 값을 모두 변화시킨다.

4-3 광합성

광합성은 식물이 빛에너지를 화학적 에너지로 전환시켜 생물이 이용할 수 있게 하는 복잡한 에너지 전환과정이며, 생명체는 이렇게 만들어진 화학적 에너지를 물질의 동화나 생합성과 같은 생화학적 일이나 운동과 수송 등과 같은 물리적 일에 사용한다.

녹색식물이나 조류에서는 엽록체라는 세포소기관에서 광량자를 흡수하여 ATP와 $NADPH_2$를 만들고 이를 이용하여 CO_2를 고정시켜 탄수화물을 만들며, 이때 O_2가 생성된다. 광합성세균에서는 이산화탄소 이외에 탄소화합물을 동화하거나 H_2O 이외에 다른 화합물을 전자공여체로 사용하는 다른 형태의 광합성과정도 있다. 즉 남조, 조류 및 녹색식물에서는 H_2O를 전자공여체로 사용하여 O_2를 발생하나, 세균에서는 H_2나 H_2S를 전자공여체로 이용하기 때문에 전자공여체가 H_2S인 경우 S_2를 발생한다.

또한 에너지원으로 빛을 이용할 경우 광영양(phototrophy)이라 하는데, 식물은 빛에너지를 이용하여 CO_2로부터 유기물질을 만드는 광무기독립영양(photolithoautotrophy)을 하며, 홍색유황세균이나 녹색유황세균과 같은 세균들은 광유기독립영양(photoorgano- autotrophy)을 한다.

종래에는 광합성을 탄수화물 생성에만 중점을 두어 설명하였다. 물론 탄수화물이 생물계 전반에 걸쳐 생물들이 살아가는데 필요한 연료의 원천이 되는데 중요한 것은 사실이다. 하지만 생물체가 효율적인 에너지대사를 하는데 필요한 산소를 공급한다든지, 이에 못지않게 생물환경을 변화시켜 생태계에 지대한 영향을 미치고 있을 뿐만 아니라 생물의 진화에도 커다란 영향을 끼쳐온 점은 소홀히 다루어져 왔다. 따라서 본론에 들어가기 전에 광합성의 의의를 살펴보기로 하자.

첫째, 광합성에 의하여 다량의 탄수화물을 생성함으로써 새로운 타가영양생물을 번창하게 하였다. 둘째, 원시대기에 없던 O_2가 생성·증가함에 따라 이를 이용할 수 있는 유기호흡 체제가 세포내에 구축되었으며 생물체의 에너지 효율을 극대화할 수 있었다.

또한 O_2를 O_3로 전환함에 따라 치사 우주선, 방사선 및 자외선을 차단할 수가 있어 수중에서만 살아야 했던 생물들이 육상생물로 진화할 수 있는 계기를 마련하여 주었다. 셋째, 생태계의 변화를 결정하는 요인이 되었다. 즉 광합성은 생물의 영양, 대기조성의 변화, 기후 및 지표에너지의 변환 등 지구의 물리화학적 조성을 변화시켜 생물생활권에 영향을 미치고 있다는 것이다. 넷째, 인간생활에 영향을 준다. 즉 농업, 임업, 목축업 및 어업에 영향을 주며, 석유, 석탄, 천연가스 등 화학에너지를 제공함으로써 인간생활에 지대한 영향을 주고 있다.

4-3-1 광합성 기관의 구조와 조성

1. 세 균

광합성 세균이나 남조와 같은 원핵광합성생물은 광합성색소, 산화환원효소 및 공역인자 등 광합성에 필요한 것들이 세포질에 있는 작은 소포(vesicle)나 평평한 막포(cisternae)에 존재한다. 이러한 소포상의 구조를 색소포(chromatophore)라 부르며, 막포상의 구조는 엽록체의 틸라코이드(thylakoid)와 같다. 이러한 색소포나 틸라코이드는 엽록체와 같은 세포소기관이 아니지만 세포질 주변에 산재하고 있다. 색소포의 크기는 20～100 nm이다.

광합성세균은 주로 소포상(vesicle)이지만, 종이나 배양상태에 따라 그 형태가 변한다. 홍색비유황세균인 *Rhodopseudomonas spheroides*는 산소가 없는 상태에서 빛을 비추며 배양하면 소포상의 색소포를 형성하지만 호기조건과 암흑상태에서 배양하면 이러한 구조를 형성하지 않는다.

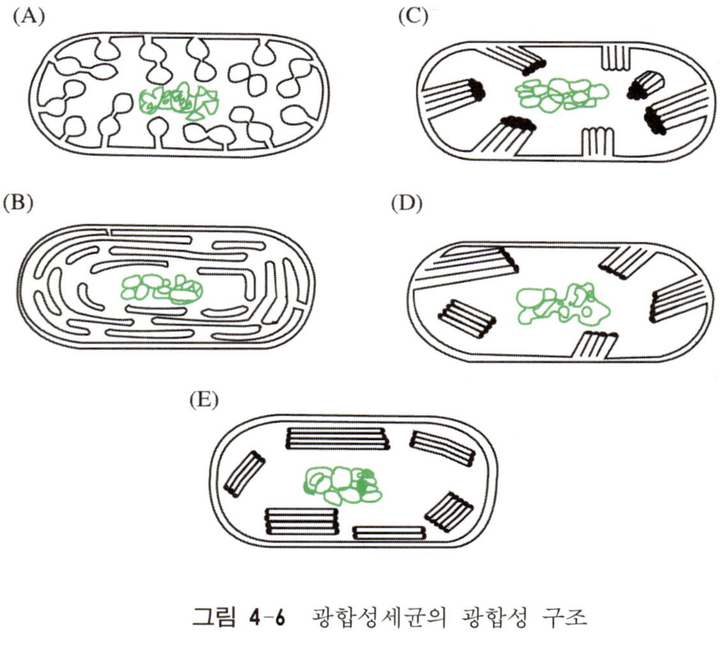

그림 4-6 광합성세균의 광합성 구조

Rhodospirillum rubrum 은 정상 배양상태에서는 색소포를 갖지만 장시간 배양하면 틸라코이드상으로 변한다. *Rhodomicrobium vannielli* 에서는 틸라코이드상이고, *Rhodospirillum molischianum* 에서는 튜브모양이며, *Rhodopseudomonas viridis* 에서는 엽록체의 그라나(grana)와 같은 중첩된 구조를 갖는다(그림 4-6).

색소포의 막 두께는 6~8 nm 이며 단백질이 50~60%, 지질이 25~35%, 세균성 엽록소가 5~10% 정도씩 각각 함유되어 있다. 광합성세균에는 지질이 대부분 인지질로 되어 있으며, 당지질은 거의 함유되어 있지 않다(표 4-2).

이 점이 H_2O 를 전자전달체로 사용하여 O_2 를 발생하는 남조 및 녹색식물과의 다른 점이다. 단백질은 대부분 소수성이며, SDS-폴리아크릴아미드 겔 전기영동에 의하면 10~20 종류의 폴리펩티드가 분리되며 분자량은 10~60 kD 정도이다.

2. 남 조

남조에서는 틸라코이드 모양의 색소체가 세포 주변에 일정간격으로 평행배열되어 있다. 틸라코이드의 두께는 6~7 nm 이며 외표면은 홍조의 경우처럼 피코빌린(phycobilin) 색소와 단백질의 복합체인 직경 45~50 nm 의 피코빌리솜(phycobilisome)이 존재하며, 이는 그라나를 갖는 엽록체의 엽록소 b 단백질 복합체와 같이 빛에너지를 포획하는 역할을 한다.

표 4-2 여러 광합성 생물의 지질조성

지 질		원핵생물				진핵생물	
		1	2	3	남조	1	2
[인지질]	Phosphatidylethanolamine	47	62	36			0.7
	Phosphatidylglycerol	53	36	54	9.0		
	Phosphatidylchorine		12	4			
	Diphosphatidylglycerol		4	6			
[당지질]	MGDG				32.0		50.4
	DGDG				12.0		25.2
	SQDG				10.0		7.6
[지방산]	C 16 : 0	28.7	17.4	9.4	47.0	14.0	17.0
	C 16 : 1	32.6	30.0	3.5	39.0	6.0	2.4
	C 16 : 3						7.4
	C 18 : 0			13.0	1.0	1.0	0.5
	C 18 : 1	38.7	49.7	75.5	10.0	10.0	6.0
	C 18 : 2					4.0	14.6
	C 18 : 3					32.0	51.4

원핵생물 1 : Chromatin, 2 : *Rhodospeudomonas rubrum*, 3 : *Rhodoseudomonas spheroid*
남조 *Anacystis nidulans* 진핵생물 1 : *Euglena gracilis*, 2 : *Spinacea oleracea*
MGDG : monogalactosyldiglyceride, DGDG : digalactosyldiglyceride,
SQDG : sulfoquinovosyldiglyceride

그러나 피코빌리솜은 남조의 생활시기, 생리상태, 배양조건 등에 의하여 관찰되지 않는 경우도 있다. 남조 틸라코이드의 물질조성은 엽록체의 틸라코이드와 유사하다. 즉 지질은 당지질이 주성분으로 monogalactosyldiglyceride (MGDG)가 32%, digalactosyldiglyceride (DGDG)가 12%, sulfoquinovosyl diglyceride (SQDG)가 10%이다. 인지질은 phosphatidyl glycerol 이 9%로 남조에서 발견되는 유일한 인지질이다(표 4-2). 반면 스테롤(sterol)은 남조에서는 거의 발견되지 않는다. 색소는 엽록소 a 만이 관찰되며 카로티노이드는 종에 따라 크게 다르다. β-카로틴(carotene), 제아크산틴(zeaxanthin), 푸코크산틴(fucoxanthin) 등이 주요 카로티노이드류이며 α-카로틴은 거의 없다.

단백질은 22～30 kD 의 폴리펩티드로 되어 있다. 대부분의 단백질은 색소와 복합체를 형성하며 피코빌리솜은 바깥쪽이 피코에리트린(phycoerythrin)단백질(80%)로 싸여져 있고, 그 내부에는 피코시아닌(phycocyanin)단백질(11%)이, 가장 안쪽에는 알로피코시아닌(allophycocyanin)단백질(5%)로 싸여져 틸라코이드막과 결합되어 있다(그림 4-7).

그 결합부위가 광화학계-II의 반응중심이라고 생각된다. 남조에는 엽록소 b 가 없고 중첩된 틸라코이드구조도 갖고 있지 않지만 피코빌리솜이 있어 빛에너지의 포획과 반응중심으로의 전자전달을 효율적으로 수행한다고 생각된다. 한편 남조와 같이 원핵식물이라 생각했던 단세포 조류인 *Prochloron* 은 엽록소 a 와 b 를 모두 가지고 있어 녹색원핵식물로 밝혀졌으며, 엽록체와 같은 구조는 아니지만 엽록체와 같은 광합성 과정을 갖는다.

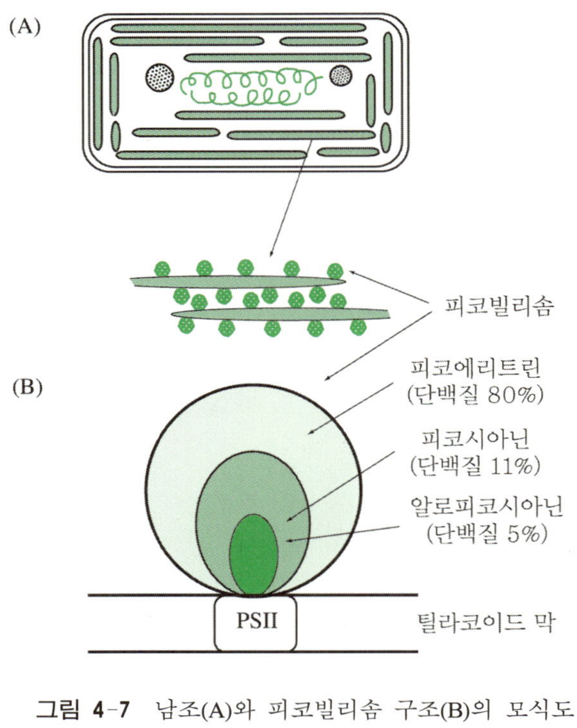

그림 4-7 남조(A)와 피코빌리솜 구조(B)의 모식도

3. 조 류

조류(algae)는 광합성 세균이나 남조에서와 달리 진핵식물로서 포막으로 둘러싸인 진정한 의미의 광합성기관을 가지며, 조류의 엽록체는 볼록렌즈형이 대부분이지만 관상, 망상, 성상, 컵 모양 등 다양한 형태를 갖는다. 세포에 1개의 엽록체를 갖는 것도 있으나 10 또는 수백 개를 갖는 것도 있다. 색소류는 녹색식물에서와 같이 엽록소 a와 b, 및 카로티노이드를 가지며, 갈조는 엽록소 c나 피코크산틴을, 홍조는 피코에리트린을 갖고 있다.

엽록체는 6~7 nm의 두께를 갖는 두 개의 포막에 의하여 싸여있으나 유글레나에서는 세 개의 포막에 의하여 싸여 있기도 하다. 틸라코이드의 배열구조는 조류에 따라 그 배열상태가 다르다. 즉 홍조의 엽록체는 틸라코이드가 엽록체의 면을 따라 평행하게 일정한 간격으로 나열되어 있으며 30~40 nm의 직경을 갖는 피코빌리솜을 가지고 있다.

갈조와 녹조에서는 틸라코이드가 여러 개 밀착되어 띠를 이루며, 갈조에서는 이 띠가 엽록체면을 따라 평행하게 배열하나 녹조에서는 이 띠의 바깥쪽의 틸라코이드가 갈라져서 다른 틸라코이드 띠와 연결되기도 한다. 이렇게 중첩된 구조는 녹색식물의 그라나와 유사한 구조를 갖는다(그림 4-8).

조류 엽록체의 공통적인 특징은 대부분 피레노이드(pyrenoid)를 가지고 있다는 것이다. 이 피레노이드는 5~10 nm의 과립상 물질로 대부분 그 주위에 전분과 같은 동화물질로 둘러싸여 있으며, 그 가운데에 틸라코이드가 관통한다(그림 4-9).

이러한 점으로 미루어 보아 피레노이드가 엽록체의 동화물질 형성에 관여하는 것으로 생각하기도 하였으나 피레노이드를 갖고 있지 않는 조류도 있기 때문에 피레노이드가 조류의 동화물질 형성에 반드시 필요한 구조체라고는 생각되지 않는다. 피레노이드는 핵산은 가지고 있지 않고 6종류의 단백질을 가지고 있다. 이중 분자량이 53 kD과 12 kD인 단백질이 약 90% 정도이며, RuBP-carboxylase 활성이 있으므로 Calvin-Benson 회로에 관계하는 효소들의 저장장소라고 생각되고 있다.

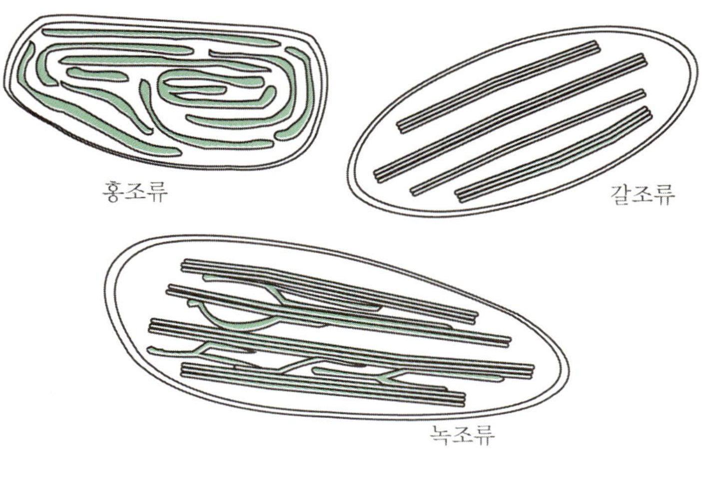

그림 4-8 조류의 틸라코이드 구조

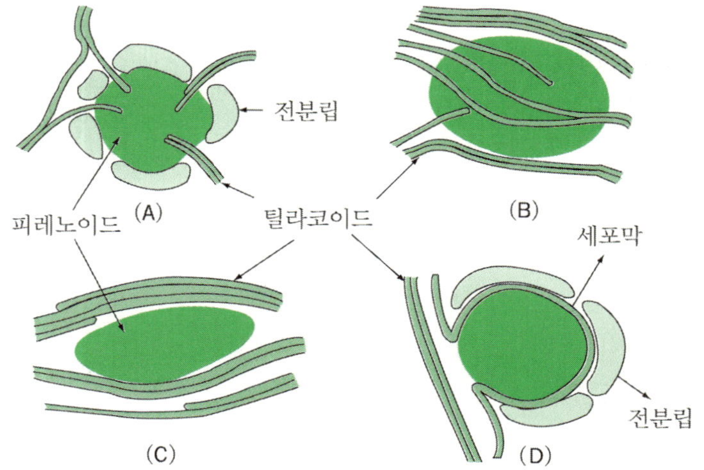

그림 4-9 조류의 피레노이드구조

(A) 틸라코이드가 피레노이드를 관통하여 동화물질인 전분립을 둘러싸고 있다.
(B) (A)와 같으나 전분립이 없다.
(C) 틸라코이드 사이에 피레노이드가 있다.
(D) 피레노이드가 세포질로 돌출되고 그 주위를 전분립이 둘러싸고 있다.

4. 녹색식물

(1) 엽록체 포막

녹색식물의 엽록체는 이중의 내외 포막으로 싸여있으며 포막의 두께는 6~8 nm로 식물에 따라 다르다. Freeze-etching 방법으로 포막을 파열시켜 내외 포막을 관찰하면 크기가 서로 다른 입자가 매몰되어 있음을 관찰할 수가 있다. 즉 시금치의 엽록체 내포막의 PF (protoplasmic face)에는 7 nm 의 입자가, EF (exoplasmic face)에는 9 nm 의 입자가 있으며 전자는 1, 820 개/μm^2, 후자는 979 개/μm^2로 입자가 분포하고 있다.

외포막에는 9 nm 입자가 PF 면에 150 개/μm^2, EF 면에 133 개/μm^2로 거의 균등히 분포하고 있다. 이는 내포막에 비하면 약 1/10 정도이다. 포막은 황색의 카로티노이드만 포함하며 엽록소는 포함하고 있지 않다. 틸라코이드막에 비하여 지질함량이 1. 4 배 더 많다. 이 지질 중 당지질이 인지질에 비하여 2. 3 배 많으나 틸라코이드막(당지질/인지질=5)에 비하여 적으므로 상대적으로 인지질의 함량이 더 많은 편이다. 또한 틸라코이드막에는 많지 않은 phosphatidylcholine (PC)이 전체 지질의 67%를 차지하고 있는 것이 특징이다.

당지질은 내포막에, PC 는 외포막에 함유되어 있다. 단백질은 20 여 종의 폴리펩티드가 분리되며 분자량은 60~120 kD 가 대부분이다. 효소는 Mg 과 Mn 이온에 의하여 활성화되는 ATPase 및 당지질 합성효소들이 존재한다. ATPase 와 adenyl acid kinase 는 Mg 과 Mn 등의 이온수송이나 에너지대사에 관여하리라 생각된다. 뿐만 아니라 galactosyl transferase, acylglycerolphosphate acyltransferase 등 당지질 합성에 관여하는 효소를 가지고 있으며, PC 는 포막에서 합성되지 않는다.

포막은 ATP, ADP, NADP, 6탄당-인산, 양이온, 양성자, 당, 유기산 및 인산 등은 투과성이 낮으나 3-PGA, PEP, 글리세르알데히드, PGAL dicarbonic acid, CO_2 및 탄산 등은 비교적 잘 투과시킨다. 또한 포막에는 수송운반체가 있어 인산화합물, 아미노산, dicarbonic acid, adenyl acid 등을 운반하는 것으로 알려지고 있다.

(2) 스토로마

스트로마(stroma)에는 여러 종류의 이온과 저분자 유기물, 지방산, 탄수화물, 효소 및 단백질 등이 포함되어 있다. 즉, RuBP-carboxylase, NADP, ADP, 인산과 당대사와 단백질 합성에 관여하는 기질과 효소, CO_2의 고정과 대사에 관여하는 기질과 효소, 광인산화반응에 관여하는 기질 등을 포함하고 있다.

Osmic acid에 고정하면 플라스토글로불린(plastoglobulin)이 검게 나타나는데 이는 플라스토퀴논(plastoquinone), α-토코페롤퀴논, 비타민 K와 같은 퀴논화합물, 카로티노이드 및 지질 등이 osmic acid에 고정되기 때문이다. 따라서 플라스토글로불린은 상기 물질들을 저장하는 장소로 알려져 있다.

스트로마에는 DNA도 관찰되는데 이를 핵양체(nucleoid)라고 한다. 두께는 2~2.5 nm이며 엽록체당 10^{-14} g 정도 포함되며, 미토콘드리아의 DNA 함량(10^{-16}g)보다 약 100배 정도가 많다. 분자의 길이는 40 μm이고 환상의 이중 사슬구조를 갖고 있으며, 분자량은 10^8 Da 정도이다.

또한 스트로마에는 원핵세포처럼 70 S 리보솜이 존재하는데 이는 큰 소단위(44~58 S)와 작은 소단위(29~37 S)로 구성되며, 각각 22~23.5 S (1.0~1.2×10^6 Da)와 14~17 S (0.52~6.0×10^6 Da)의 rRNA가 존재한다. 따라서 엽록체에서는 자체의 유전정보를 가지고 있어 단백질합성이 이루어진다.

스트로마에는 K이온이 가장 많고 Na이온이 가장 적다. 시금치의 경우 K이온이 0.5~0.8 μmol/mg 엽록소이며 Na이온은 K이온의 약 반 정도이다. Mg이온은 K이온과 거의 같은 양이며 대략 20~30 mM의 농도로 존재한다.

엽록체에서 이온의 양은 빛에 의하여 변한다. 빛을 조사하면 엽록체의 내포막에 의하여 H^+은 엽록체 밖으로 방출되지만 그 양은 적다. 이때 K이온이 H^+와 교환되어 엽록체 안으로 들어가지만, Mg이온이나 Na이온은 거의 엽록체 내로 들어가지 않는다. 반면 H^+은 틸라코이드 내강으로 들어가 틸라코이드 내의 pH는 4 이하로 되며 스트로마에는 pH가 8 이상이 된다. 이와 더불어 Mg이온이 틸라코이드 내강에서 스트로마 쪽으로 이동하여 스트로마 쪽의 Mg이온농도가 높아지고 Mg이온 의존성 효소가 활성화되어 이산화탄소의 고정능이 높아진다.

(3) 틸라코이드

엽록체 내막계의 구조를 틸라코이드(thylakoid)라 하며 이는 엽록체의 내포막에서 형성된다. 즉 내포막이 안쪽으로 접혀져서 작은 주머니 모양의 소포(vesicle)를 형성하고 이들이 관상으로 신장하여 틸라코이드로 전환되는 것이다. 빛을 받지 못할 때에는 이렇게 만들어진 소포들이 엽록체 중앙에 모여 라멜라형성체(prolamellar body)라는 구조체가 형성되고 이어서 빛을 받으면 이들이 다시 소포상으로 흩어져 관상으로 되어 틸라코이드를 형성한다.

그러나 처음부터 빛을 받으면 내포막에서 만들어진 소포들이 직접 틸라코이드로 전환된다. 또한 밤이나 300 lux 이하의 광조사에 의해서도 라멜라형성체가 형성되는데 이를 약광 라멜라형성체(weak light prolamellar body)라고 한다(그림 4-10).

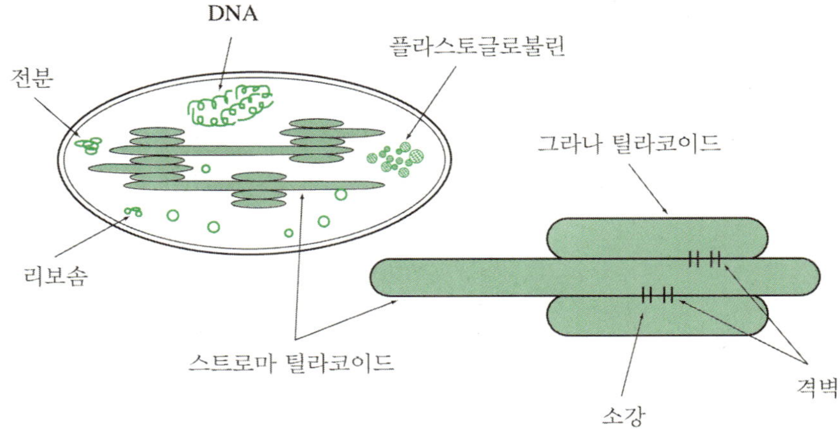

그림 4-10 엽록체구조의 모식도

성숙한 엽록체에서는 틸라코이드의 두께가 6～7 nm이며 내강의 폭은 10～30 nm 정도이다. 이러한 틸라코이드가 두 개 이상 모두 중첩되거나 혹은 부분적으로 중첩되면 이를 그라나라고 한다. 녹색식물의 경우 틸라코이드가 긴 것과 짧은 것이 층상구조를 나타내는데 이 층상구조를 라멜라(lamella)라 한다. 그라나에서 인접 틸라코이드와 밀착된 부분을 격벽(partition)이라 하고, 내강을 소강(loculus)이라 하는데, 이들은 작은 소공에 의하여 서로 연결되어 있다(그림 4-11).

틸라코이드는 양이온에 의하여 안정되며 양이온이 없으면 해리된다. 이렇게 틸라코이드막은 이온농도에 따라 영향을 받으므로 막표면이 음(−)로 하전되어 있어 낮은 이온 용매 중에서는 산성기의 정전기적 반발력으로 막이 떨어지며 양이온이 있으면 산성기가 양이온에 의하여 막표면의 음전하가 감소하여 정전기적 반발력이 약해진다.

틸라코이드막은 지질 이중막으로 여러 분자들에 의하여 최대의 광합성을 수행하도록 구축된 분자구조를 가지고 있다. 최대로 면적을 넓혀 유효한 빛에너지를 흡수할 수 있으며, 전하의 분리, 이온수송 등에 관여하는 분자들이 효과적으로 배치되고, 에너지의 변환과정을 일으킬 수 있으며, 막포의 내부와 외부 사이에서 H^+의 전기화학적 퍼텐셜차에 따라 광인산화에 의한 ATP 합성 등 모든 과정이 이루어지고 있다(그림 4-12).

틸라코이드막은 단백질이 48.8%, 지질이 51.6%로 엽록체에 비하여 지질함량이 많다. 지질은 소수성 지방산이 안쪽에 배치된 이중막 구조로 MGDG, DGSG, SQDG의 순서로 점점당지질들을 많이 함유하며, 인지질은 phosphatidylglycerol (PG), phosphatidylethanolamine (PE), phosphatidylcholine (PC), phosphatidylinositol (PI) 등을 함유한다(표 4-3).

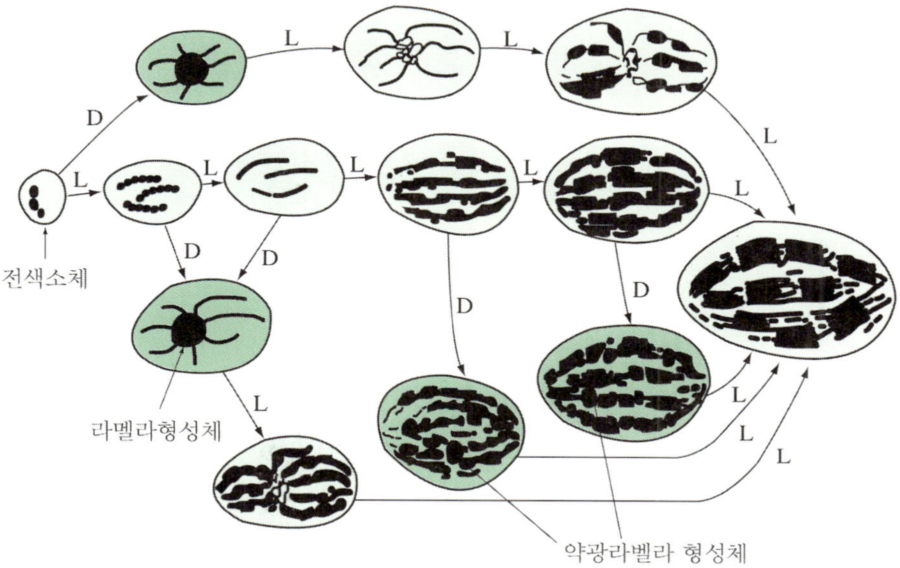

그림 4-11 엽록체발달의 모식도(D : 암상태, L : 명상태)

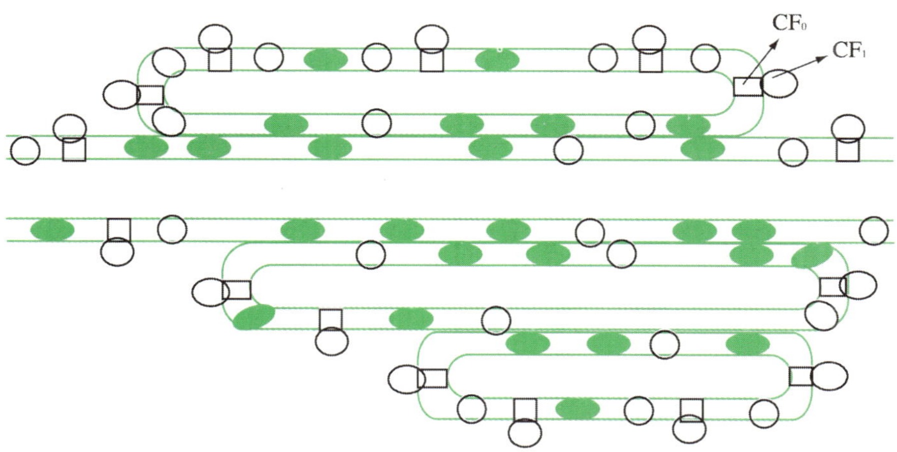

그림 4-12 틸라코이드막의 분자구조 모식도

○ : PS-Ⅰ복합체(스트로마 틸라코이드와 그라나 틸라코이드에 균등분포)
● : PS-Ⅱ복합체(그라나 틸라코이드에 분포)
○□ : H^+-ATPase (CF_1은 외막에 노출, CF_0은 내막에 매몰)

표 4-3 시금치 엽록체와 틸라코이드의 물질조성

물질조성	엽록체(건중량 %)	물질조성	틸라코이드(중량 %)
단백질	60	**단백질**	48.4
		지 질	51.6
비수용성	27	엽록소 a	7.5
수용성	33	엽록소 b	3.3
		카로티노이드	1.5
		퀴논류	1.7
지 질	20	인지질	4.7
		PG	2.1
엽록소	4.3	PC	1.7
카로티노이드	0.9	PI	0.6
기타 지질	14.8	PE	0.2
핵 산	1.7～3.5	GP	0.1
아미노산	2.5	당지질	23.1
무기이온	4.3	MGDG	14.0
		DGDG	7.0
		SQDG	2.1
		기타지질	9.8

PG : phosphatidylglycerol, PC : phosphatidylcholine, PI : phosphatidylinositol,
PE : phosphatidylethanolamine, GP : glycerinephosphate,
MGDG : monogalactosyl diglyceride, DGDG : digalactosyldiglyceride,
SQDG : sulfoquinovosyldiglyceride

틸라코이드막을 freeze-ecthing 법에 의하여 분리해서 전자현미경으로 관찰하면 크기와 분포도가 다른 입자들을 관찰할 수 있다. 스트로마 측의 박탈면을 PF 라 하고, 내강 측의 박탈면을 EF 라 하는데 그라나 틸라코이드막에서는 그 박탈면을 PFs 와 EFs 라 하며, 스트로마 틸라코이드에서는 그 박탈면을 PFu 와 EFu 라 한다.

EF 면에는 비교적 큰 입자(11～16 nm)가, PF 면에는 작은 입자(8 nm)가 분포하며 PF 면의 작은 입자는 그라나 틸라코이드와 스트로마 틸라코이드에 거의 균등하게 분포하나, EF 면의 큰 입자는 막 내측의 친수성 부분에 매몰되어 있으며 불균등하게 분포하여 스트로마 틸라코이드에 비해 그라나 틸라코이드에서 입자가 3 배나 더 많이 관찰된다.

이 큰 입자의 불균등분포는 그라나를 갖는 엽록체에서 뿐만 아니라 중첩된 틸라코이드형의 엽록체에서도 관찰된다(표 4-4). 이 큰 입자는 광화학계-II 에, 작은 입자는 광화학계-I 에 관계하는 구성성분이라 생각된다.

틸라코이드의 외표면에는 광인산화에 공역하는 직경이 9～10 μm의 구상의 단백질이 결합하여 있으며 분자량은 350 kD 으로 α, β, γ, δ, ε 5 종류의 소단위로 이루어져 있다. 엽록소와 공역인자와의 몰비는 약 500 정도이며, 틸라코이드막 외표면에 부착되어 있어 낮은 이온농도에서 쉽게 떨어진다. 여기에 Mg^{2+} 를 첨가하면 틸라코이드막과 다시 결합한다.

표 4-4 틸라코이드막상에 분포하는 단백질 입자

면	시금치			완두
	분포수	입자크기(nm) 및 비율(%)	입자분포밀도(수/μm^2)	입자분포밀도(수/μm^2)
EFs	80~200	11. 41 (<14 nm, 40%) 16. 22 (>14 nm, 60%)	1, 495±103	1, 472±132
EFu	60~160	10. 90	574±47	487±115
PFs	50~140	8. 22	3, 409±265	4, 496±401
PFu	50~160	8. 18 (<10 nm, 39%) 11. 80 (>10nm, 61%)	3, 620±286	4, 406±385

0. 5~1. 0 mM EDTA 를 처리하면 쉽게 떨어지며 트립신이나 열을 처리하면 활성을 갖는 Ca^{2+}-ATPase 도 가지고 있다. 각 소단위(subunit)의 기능은 광인산화 과정에서 자세히 설명하기로 한다.

4-3-2 광합성 색소의 종류와 성질

광합성 색소는 틸라코이드막에 존재하며 광화학반응을 일으키는 광합성의 초기과정인 빛에너지를 흡수한다. 광합성 색소는 대개 3 개의 화합물로 나누는데 포르피린(porphyrin) 환에 Mg^{2+} 과 결합한 엽록소, 이소프레노이드(isoprenoid)기가 중합한 카로티노이드(carotenoid) 및 테트라피롤(tetrapyrrole) 색소인 피코빌린(phycobillin) 등으로 분류한다.

1. 엽록소

엽록소는 잎 중에 0. 05~0. 20%, 건물 중에는 5% 정도 함유되어 있으며 엽록소 a/b 는 대략 3/1 정도이다. 엽록체 내에는 0. 01 M, 그라나 내에는 약 0. 1 M 농도로 존재한다고 추정된다. 엽록소의 종류와 분포는 표 4-5 와 같으며, 구조는 표 4-6, 그림 4-13 과 같다.

표 4-5 엽록소의 종류와 특성

색소	분포	흡수극대	
		용매	세포
엽록소 a	광합성세균 이외의 광합성생물	662, 430 (에테르)	680~670. 435
엽록소 b	고등식물, 녹조, 편모조류	643, 453 (에테르)	650, 480
원엽록소 c	갈조, 규조, 공편모조류	626. 5, 447. 3 (에테르)	645 (적색부)
세균엽록소 a	황백색화 잎, 조류	623, 415 (에테르)	650
세균엽록소 b	홍색세균, *Thiocapsa*	778, 358 (에테르)	890,850,800 (적색부)
세균엽록소 c	녹색유황세균	795, 582, 407, 368 (아세톤)	1017 (적색부)
박테리오비리딘	녹색유황세균	660, 430 (에테르)	760 (적색부)

표 4-6 엽록소 구조의 차이

엽록소류	R 1	R 2	R 3	R 4	피톨 및 기타
엽록소 a	$-CH=CH_2$	$-CH_3$	$-CH_2CH_3$	$-CH_3$	있음
엽록소 b	상동	$-CHO$	상동	상동	있음
엽록소 c	$-CH=CH_2$	$-CH_3$	$-CH_2CH_2COOH$	$-CH=CHCOOH$	없음, −H 원자가 빠져 7 C=8 C로 됨
엽록소 d	$-CHO$	상동	$-CH_2CH_3$	$-CH_3$	있음
원엽록소 a	$-CH=CH_2$	상동	상동	상동	없음, 7 C=8 C
세균엽록소 a	$-COCH_3$	$-CH_3$, $-H$	$-CH_2CH_3$, $-H$	상동	있음 3 C−4 C
세균엽록소 b	상동	$-CH_3$	$=CHCH_3$	상동	상동
세균엽록소 c	$-CHOCH_3$	상동	$-CH_2CH_3$, $-CH_2CH_2CH_3$ $-CHCH_2$	$-CH_3$ 또는 $-CH_2CH_3$	있음

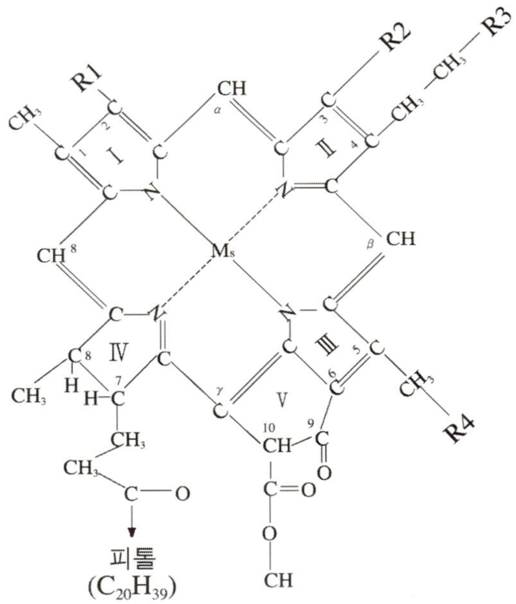

그림 4-13 엽록소의 구조

(1) 엽록소의 흡수파장과 형광파장

에테르(ether)로 엽록소를 추출하여 흡수대를 측정하면 엽록소 a와 b는 적색부에 큰 흡수대와 청색부에 다른 하나의 작은 흡수대를 가지며, 엽록소 a는 엽록소 b에 비해 적색부에서는 더 장파장 쪽으로 청색부에서는 더 단파장 쪽으로 흡수극대를 가진다.

세균의 엽록소는 800 nm 의 적색부와 350 nm 의 자색부에서 흡수극대를 나타낸다. 엽록소의 또 다른 광화학적 성질은 적색부에서 형광파장을 나타내는 것이다(그림 4-14). 형광의 강도는 용매에 따라 다르며(에테르에서는 664. 5 nm), 형광방출은 흡수한 빛에너지의 약 30%에 달한다. 이러한 형광특성은 퀴논이나 페닐히드라진(phenylhydrazine) 등에 의하여 억제되는데 이러한 현상을 형광소광(fluorescence quenching)이라 한다. 또한 산소에 의해서도 억제되며, 공기 중에서는 약 20% 정도 억제된다.

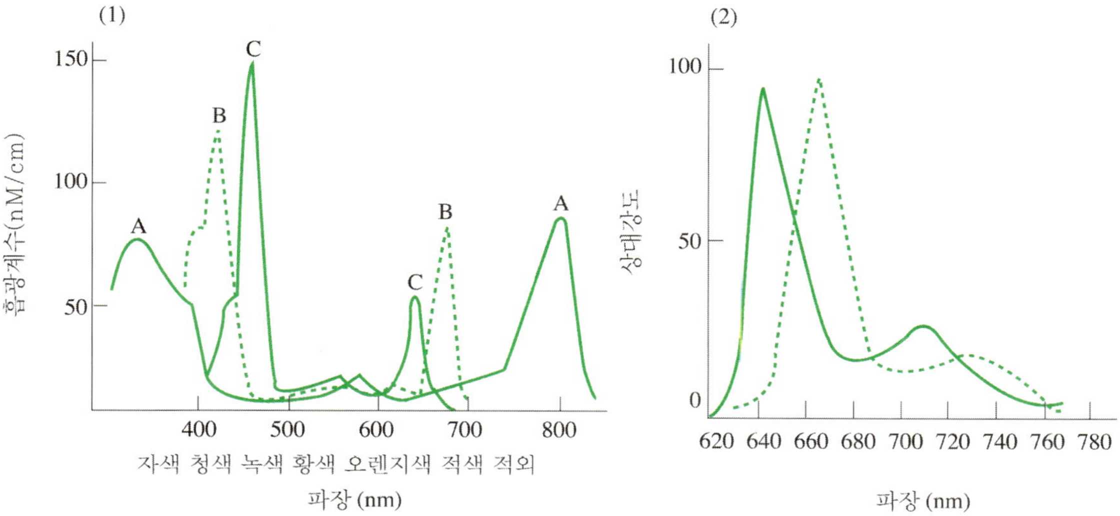

그림 4-14 엽록소의 흡수 스펙트럼과 형광 스펙트럼

(1) 흡수스펙트럼(용매 : 에테르)
A : 박테리오엽록소
B : 엽록소 a
C : 엽록소 b

(2) 형광스펙트럼(용매 : 에테르)
실선 : 엽록소 a
점선 : 엽록소 b

(2) 엽록소 생합성

엽록소 생합성은 헤모글로빈의 생합성경로와 유사하기 때문에 헤모글로빈 연구로부터 시작되었다. 글리신과 글루탐산 CoA 가 ALA 합성효소에 의하여 ALA (δ-aminolevulic acid)를 합성하며 두 분자의 ALA 가 ALA 탈수소효소에 의하여 prophorbilinogen (PBG)인 피롤(pyrrol) 유도체를 합성한다. 이어서 네 분자의 PBG 가 축합하여 uroporphyrinogen-Ⅲ(urogen-Ⅲ)가 합성되고 urogen decarboxylase 에 의하여 초산이 탈탄산되어 coproporphyri- nogen-Ⅲ(coprogen-Ⅲ)가 합성된다.

여기까지의 생합성에는 산소가 필요하지 않으나 coprogen-Ⅲ에서 protoporphyrinogen-Ⅸ(protogen-Ⅸ)의 생성에는 산소가 필요하다. 이 protogen-Ⅸ이 Fe 와 결합하면 헤모글로빈이 생성되고, Mg 과 결합하면 Mg-protoporphyrin-Ⅸ로 되어 protochlorophyllide a 를 거쳐 엽록소 a 가 합성된다. 즉 protochlorophyllide a 가 빛에 의하여 chlorophyllide a 로 환원되

고 엽록소 분해효소(chlorophyllase)에 의하여 피톨(phytol)이 첨가되어 엽록소 a가 생합성되는 것이다.

엽록소 생합성에 관계하는 효소들은 핵 속의 DNA에 의하여 코딩되지만 엽록체 DNA 유전정보에 의하여 만들어진 단백질과 틸라코이드막의 형성이 병행되어야 한다. 따라서 핵과 엽록체 유전자의 협동작용에 의하여 엽록소 생합성이 이루어진다.

엽록소 생합성은 저온에서도 일어나며 일반적으로 피자식물에서는 엽록소 생합성에 빛이 필요하지만 나자식물의 어린잎이나 조류 등에서는 빛이 없어도 엽록소가 생합성되기도 한다. 그러나 종에 따라서는 이와 상반되는 경우도 있다. 세균에서의 엽록소 생합성은 아직 잘 밝혀져 있지 않지만, δ-aminolevulic acid가 동물의 헤모글로빈 생합성과 같이 구연산 CoA와 글리신으로부터 만들어지는 것으로 알려져 있다(그림 4-15).

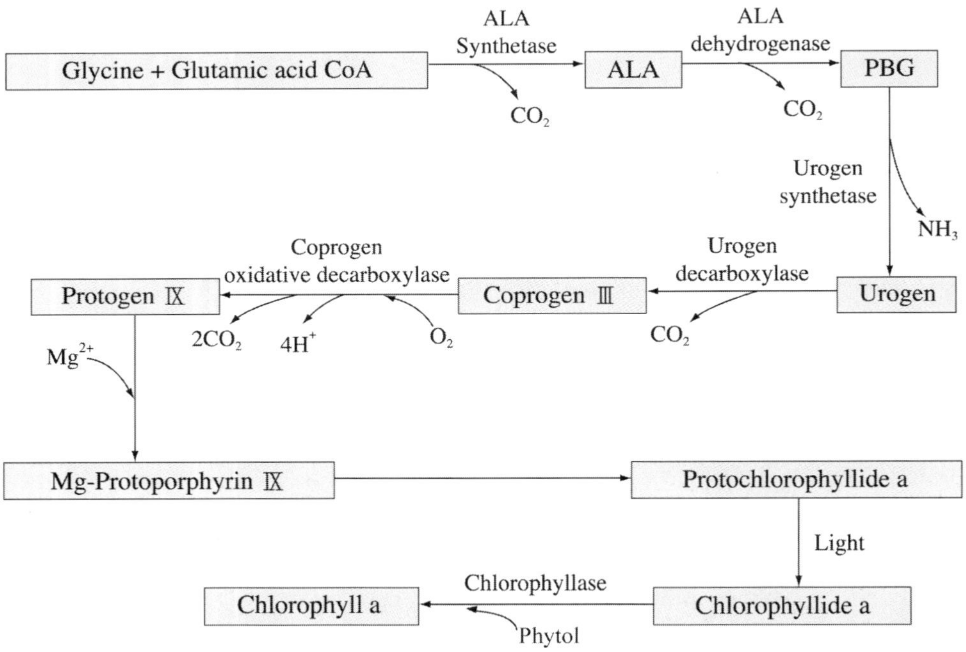

그림 4-15 주요 엽록소 생합성 경로

2. 카로티노이드

카로티노이드(carotenoid)는 식물체에 널리 분포되어 있는 화합물로 동물의 시홍에도 존재한다. 식물의 광합성기관에 존재하는 카로티노이드는 C_{40} 테트라테르페노이드(tetraterpenoid)로 카로틴(carotene)과 크산토필(xanthophyll)로 대별된다(표 4-7). 탄소수는 다를 수 있으며 긴 이중결합 고리를 가지고 있어 흡수대의 위치, 강도 등의 특성과 밀접한 연관을 가지고 있다. 지용성 용매에 용해되고 400~500 nm의 파장에서 최고의 흡수극대를 보이며 전체적으로 2~3개의 흡수극대가 나타난다(그림 4-16).

표 4-7 카로티노이드의 특징과 분포

색 소 명	화 학 식	특 징
카로틴류		
β-카로틴	$C_{40}H_{56}$	녹색 잎에 존재, 건물 중(g)에 200-700 μg, 425, 450, 480 nm의 흡수극대. 유기용매에서 황색, 황산에 심청색을 띰.
α-카로틴	$C_{40}H_{56}$	β-카로틴과 함께 녹색 잎에 존재함. 4와 5번의 탄소가 이중결합
크산토필류		
루테인	$C_{40}H_{56}O_2$	녹색잎 중의 주요 크산토필(3, 3′-디히드록시-α-카로틴)
제아크산틴	$C_{40}H_{56}O_2$	녹색잎 중의 주요 크산토필(3, 3′-디히드록시-β-카로틴)
크립토크산틴	$C_{40}H_{56}O$	3- 또는 4-옥시-β-카로틴
비올라크산틴	$C_{40}H_{56}O_4$	5, 6 : 5′, 6′-디에폭시제아크산틴, 425, 450, 475 nm 흡수극대(에탄올)
네오크산틴	$C_{39}H_{56}O_5$	비올라크산틴의 5, 6의 탄소에 에폭시(epoxy)기가 없어지고 OH가 붙음

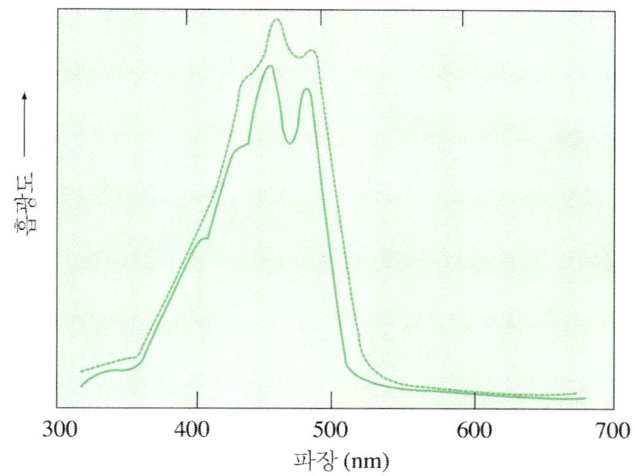

그림 4-16 α-카로틴(실선)과 β-카로틴(점선)의 흡수 스펙트럼

카로티노이드를 많이 함유하고 있는 색소체를 잡색체(chromoplast)라 하는데, 카로티노이드는 지용성이며 주로 색소체막에 많이 함유되어 있다. 카로틴은 주로 β-카로틴이지만 α-카로틴도 존재한다. 그밖에 γ-, δ-, ζ-카로틴도 함유하나 주로 과일류에 분포한다.

크산토필은 카로틴에 산소가 첨가된 화합물이다. 즉 루테인(lutein)은 3, 3′-디히드록시-α-카로틴이며 제아크산틴(zeaxanthin)은 3, 3′- 디히드록시-β-카로틴이다(그림 4-17). 이들은 주로 과일류에 존재한다.

카로티노이드의 기능은 첫째, 빛에너지를 흡수하여 여기에너지를 엽록소 a에 전달하는 에너지 포집색소로 작용한다. 둘째, 산소의 일중항 여기상태를 기저상태로 실활시켜 지질의 과산화반응을 저지함으로써 엽록체 막지질의 파괴를 방지하여 엽록체를 보호한다.

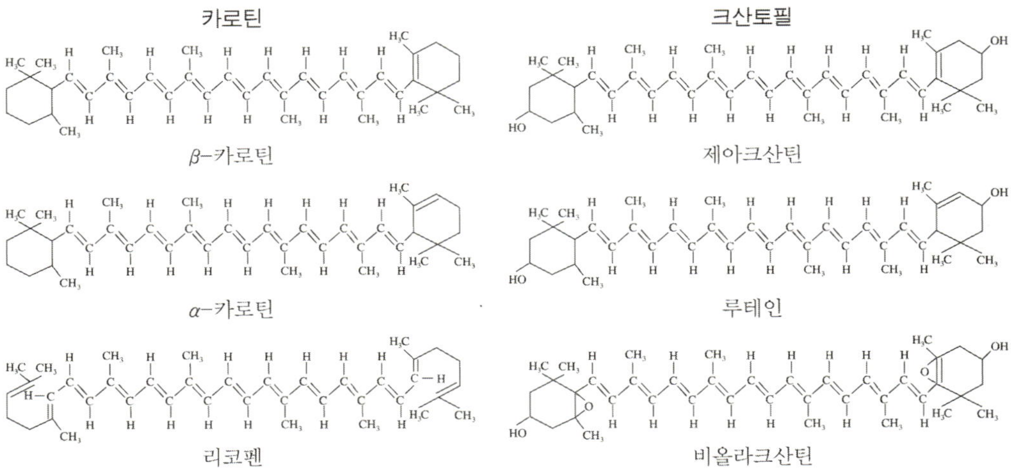

그림 4-17 카로티노이드의 화학적 구조

셋째, 유글레나의 안점과 같이 광을 수용하거나 광정보를 인식하는 광수용색소로 작용한다. 그밖에도 염도가 높은 곳에서도 잘 자라는 호염성 세균(*Halobacterium*)에서와 같이 빛에너지를 이용하여 H^+ 농도차를 유발시켜 ATP를 합성하여 생체에너지로 사용하기도 한다.

3. 피코빌린

피코빌린(phycobilin)은 중금속을 포함하지 않은 테트라피롤(tetrapyrrol)과 글로블린이 결합한 것으로 홍조, 남조, 갈색편모조류 등에 존재한다. 적색인 피코에리트린, 청색의 피코시아닌, 알로피코시아닌 등이 존재하며, 남조의 피코시아닌은 620 nm, 홍조의 피코에리트린은 560 nm, 알로피코시아닌은 650 nm의 주 흡수대와 610 nm의 부흡수대를 갖는다(그림 4-18). 이들의 분포와 특성은 표 4-8과 같다.

피코빌린류의 기능은 카로티노이드류와 같이 빛에너지를 흡수하여 엽록소 a에 전달하여 주로 광화학계-II에 보내는 광량자 포집색소로 작용한다.

표 4-8 피코빌린류의 분포와 특성

피코빌린	분 포	흡수극대 (nm)	특 성
피코에리트린	홍조의 주요 색소, 남조에도 존재	490, 546, 576 (수용액, 세포)	적색 기둥상 결정, 분자량 : 29 만
피코시아닌	남조류의 주요 색소, 홍조에도 분포	618 (수용액, 세포)	청색결정, 분자량 : 27 만
알로피코시아닌	남조 및 홍조에 분포	654 (인산완충액, pH 6. 5)	

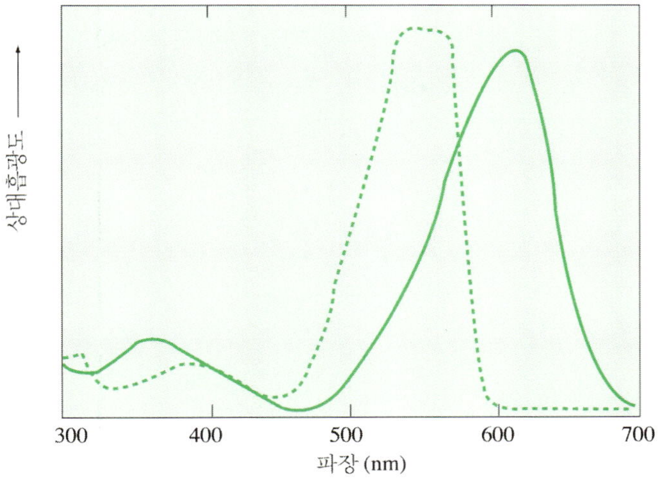

그림 4-18 피코시아닌(실선)과 피코에리트린(점선)의 흡수 스펙트럼

4. 광합성 색소의 존재상태와 그 작용

앞에서 언급한 바와 같이 광화학계에 관계하는 색소들은 빛에너지를 흡수하여 반응중심에 그 에너지를 전달하거나 광으로 인한 피해로부터 엽록체를 보호하는 역할을 한다. 이들은 틸라코이드막의 단백질 분자와 공유결합 또는 비공유결합을 하여 광수확계(light harvesting system, LHS)를 이루는데 이를 광수확복합체(light harvesting complex, LHC)라 한다. 녹색식물이나 조류 엽록체의, 경우 이 복합체들은 구조가 유사하지만 엽록소분자의 화학적·물리적 상태변화에 따라 흡수파장은 차이가 있다.

고등식물에서는 세 종류의 엽록소-단백질 복합체가 존재한다. 첫 번째 광화학반응중심-I은 엽록소 a와 결합한 상당히 작은 복합체로서 LHC-I이라 하며 세 개의 소단위로 구성되어 있다. 한 개의 소단위는 분자량이 110 kD이며 15분자의 엽록소 a를 포함한다. 따라서 엽록소 분자는 약 45분자라고 생각된다. 엽록소 a와 b의 비는 4 : 1 정도이다.

두 번째 복합체는 LHC-II라 하는데 전체 엽록소 a함량의 50~60%를 함유하고 있으며, 엽록소 b의 대부분을 포함하는 복합체로 분자량은 27~35 kD이고, 엽록소 a와 b를 각각 세 분자씩 포함한다. 주로 빛에너지를 포집하여 PS-I와 PS-II에 에너지를 분배하는 역할을 한다. 틸라코이드막에는 protein kinase가 존재하는데 이 효소는 틸라코이드막의 산화환원 상태에 따라 그 활성이 민감하게 변한다.

PS-II에 빛에너지가 과잉으로 흐르면 PQ가 PQH_2로 되어 protein kinase의 활성이 촉진되고 그 결과 LHC-II를 인산화시키며, LHC-II를 중첩된 그라나 틸라코이드로부터 분리시켜 스트로마 틸라코이드에 있는 PS-I으로 이동시킨다. 이렇게 되면 PS-II의 활성이 떨어지고 PS-I의 활성이 증가하게 된다. PS-I의 활성이 증가하면 PQH_2가 다시 산화되고 protein kinase의 활성이 저하되어 LHC-II-P가 탈인산화되며, 중첩된 그라나 틸라코이드로 LHC-II가 이전되어 PS-II의 활성은 다시 증가한다(그림 4-19).

이러한 조절기작은 급변하는 자연환경에서 효율적으로 PS-II에서 PS-I으로 빛에너지 흐름을 조절하여 $NADP^+$를 환원시키기 위한 것이다. 세 번째 복합체는 광화학반응중심 II를 가지고 있으며, 엽록소 a만 가지고 있는 복합체이다. 이 복합체는 아직 분자량이나 엽록소의 양이 불분명하다.

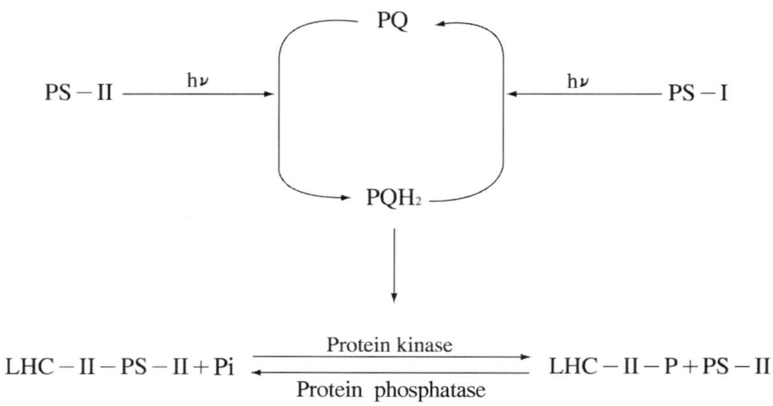

그림 4-19 LHC-II에 의한 PS-I과 PS-II의 활성조절

4-3-3 엽록체의 에너지 변환

1. 빛에너지 변환 반응계

엽록체에서 일어나는 에너지 반응계는 광합성색소에 의하여 빛에너지인 광량자를 흡수하여 광화학 반응중심으로 그 에너지를 전달하여 광화학반응을 일으키게 하는 물리적 에너지변환의 초기과정이다.

Nishimura (1968) 등은 그림 4-20에서와 같이 광합성세균이 빛에너지를 흡수하여 에너지 변환단계에 따른 시간적 변화를 나타내었는데 그것을 요약하면 그림 4-21에서와 같이 크게 3단계로 요약할 수 있다.

첫 번째 과정은 광합성색소가 광량자를 흡수하여 여기상태로 되고 이 여기에너지를 반응중심으로 전달하여 광화학반응을 야기하는 물리적 에너지 변환의 초기과정이다. 이 과정은 $10^{-11} \sim 10^{-5}$초 이내에 일어나며 온도에 거의 영향을 받지 않는다.

두 번째 반응단계는 광화학반응에 의하여 일련의 물질들이 전자를 주고받아 산화-환원되는 과정으로 H_2O가 산화되어 O_2를 발생하고, $NADPH_2$를 만드는 단계, 즉 산화-환원 물질들이 전자를 주고받아 H_2O에서 $NADP^+$까지 전자를 전달하는 과정이다. 이 과정은 $10^{-3} \sim 10^{-2}$초 내에 일어난다.

세 번째 반응단계는 전자전달반응에 따라 스트로마로부터 틸라코이드막 안으로 H^+이 운반되어 막 내외에 H^+ 농도차가 일어나 전기 · 화학적 퍼텐셜차에 의하여 공역인자의 매개로 ATP 가 생성되는 광인산화반응이다. 이 반응은 대략 10^{-1} ~ 1 초 내에 일어난다.

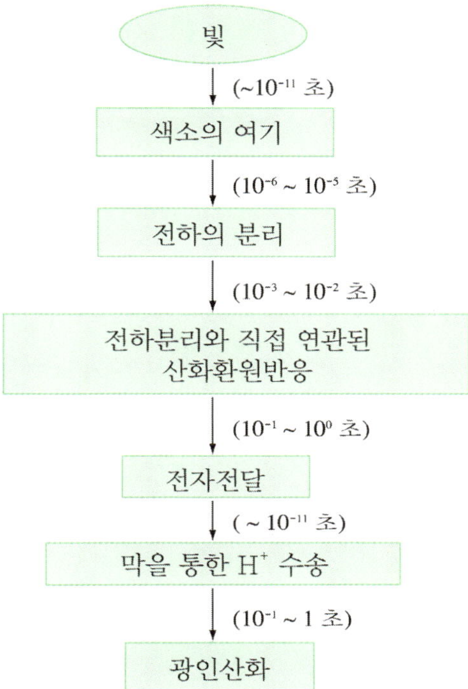

그림 4-20 광합성세균 *Chromatium* 과 *Rhodospirillum* 의 색소포에서의 에너지 변환단계에 따른 시간적 변화

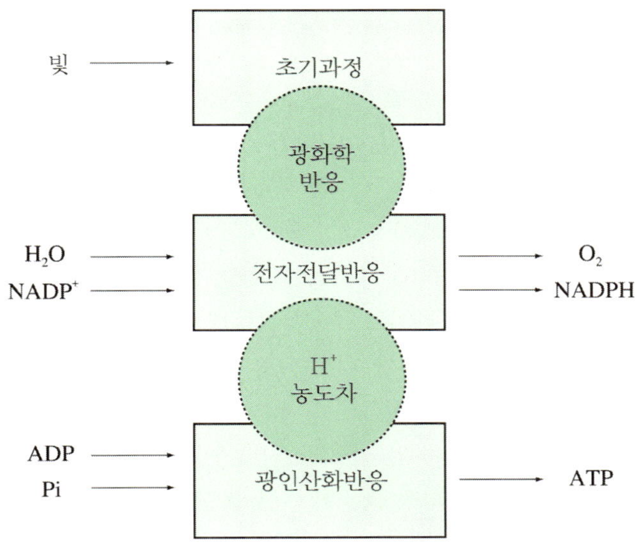

그림 4-21 광화학 반응단계

2. 초기 반응단계

(1) 빛에너지 흡수와 색소분자의 여기

빛에너지는 틸라코이드막에 존재하는 광합성색소에 의하여 흡수되며, 색소분자들은 빛을 받지 않은 상태에서는 에너지준위가 가장 낮은 기저상태로 존재하지만 빛을 흡수하면 분자궤도의 전자가 보다 높은 에너지상태인 여기상태로 된다. 이때 색소분자가 흡수한 빛에너지(ε)는 빛의 진동수 (ν)와 Planck 상수($h = 6.626 \times 10^{-34}$ Js)를 곱한 값이다.

$$즉,\ \varepsilon = h\nu = h\frac{c}{\lambda}$$

여기에서 c는 빛의 속도($2.998 \times 10^{8}\ ms^{-1}$), λ는 파장(nm), ν는 진동수(cm^{-1})를 나타낸다. 이 값은 광량자 한 개가 갖는 에너지로 어떤 파장의 광량자 1몰을 1 Einstein이라 한다. 이것은 Avogadro 수, N_A (6.022×10^{23})의 광량자를 갖는 에너지에 해당한다.

광량자 1 Einstein을 갖는 에너지(E)는 다음과 같이 표시된다.

$$E = N_A, \quad N_A h\nu = N_A h\frac{c'}{\lambda} = N_A hc\nu$$

위와 같이 1개의 광량자를 갖는 에너지는 빛의 파장에 따라 정해지고 이 에너지가 특정의 광화학반응을 일으키는데 부족할 경우 광량자의 수를 증가시킬 수는 없다. 빛에너지의 총량(한 개의 광량자가 갖는 에너지×광량자수)과 광화학반응을 개시하는 능력(어떤 값보다 높은 에너지를 갖는 광량자수에 의존)은 구별된다.

광량자 1개와 광량자 1 Einstein이 갖는 에너지를 J과 eV 또는 KJ과 Kcal로 표시하고 표 4-9와 같은 에너지값을 갖는다.

광량자를 흡수하여 여기된 색소분자는 여러 과정을 거쳐 에너지를 잃고 기저상태로 된다. Jablonski에 의하면 그림 4-22와 같은 과정에 의하여 에너지를 잃는다.

표 4-9 광량자가 갖는 에너지 값

파장(λ) nm	광량자 1개의 에너지		광량자 1 mole의 에너지		파장(λ) nm	광량자 1개의 에너지		광량자 1 mole의 에너지	
	10^{-9} J	eV	KJ	Kcal		10^{-9} J	eV	KJ	Kcal
400	4.966	3.100	299.1	71.48	700	2.838	1.771	170.9	40.85
450	4.414	2.755	265.8	63.54	750	2.649	1.653	159.5	38.12
500	3.973	2.480	239.3	57.18	800	2.483	1.550	149.5	35.74
550	3.612	2.254	217.4	51.99	850	2.337	1.459	140.7	33.64
600	3.311	2.064	199.4	47.65	800	2.483	1.550	149.5	35.74
650	3.056	1.908	184.0	43.99	850	2.337	1.459	140.7	33.64
670	2.965	1.851	178.6	42.67	900	2.207	1.378	132.9	31.77
680	2.921	1.823	175.9	42.05	950	2.091	1.305	125.9	30.10
690	2.879	1.797	173.4	41.44	1000	1.987	1.240	119.6	28.59

S_0는 기저 1중항상태, S_1과 S_2는 여기 1중항상태, T_1는 최저여기 3중항상태, T_2는 여기 3중항상태를 나타낸다. 기저 1중항상태(S_0)인 분자가 광량자를 흡수하여 여기 1중항상태인 S_1, S_2로 전이하는 과정은 10^{-15}초 정도로 극히 짧은 시간 안에 일어난다.

전자의 천이가 일어나는 이 짧은 시간에는 여기상태의 핵은 변하지 않는데 이를 Franck-Condon 상태라 한다. 이 상태에서 여기 평형상태로의 이전은 진동에너지가 방사되지 않고 에너지가 없어지는 과정으로 10^{-13}초 정도가 걸린다(과정 V).

S_0에서 S_1로 천이는 S_2로 천이와는 다르며, 분자에너지의 준위차(spectrum 흡수대의 위치로 나타냄)와 광량자의 에너지 크기와의 관계로 결정된다. S_1 상태보다 더 큰 에너지를 갖는 광량자를 흡수해야 S_2 상태가 되는데, 이 S_2 상태의 여기분자는 내부전환(internal conversion)에 의하여 최저여기 1중항상태인 S_1으로 천이된다(과정 I).

과정 V와 I은 극히 빠른 시간 내에 일어나서 여기분자는 단시간 내에 최저여기 1중항상태의 최저 또는 그 근방의 진동 수준으로 천이되며, 이 상태에서부터 관찰할 수 있다. 하나는 형광으로 방출되며(과정 F), 또 다른 한 과정은 무방사 천이(과정 R)에 의하여 에너지를 잃고 S_0 상태로 된다. 이 무방사 천이에 의한 여기분자의 실활이 색소분자 간의 에너지 이동에 의한 실활이나, 광합성의 화학반응을 진행시키는 데 사용하게 된다.

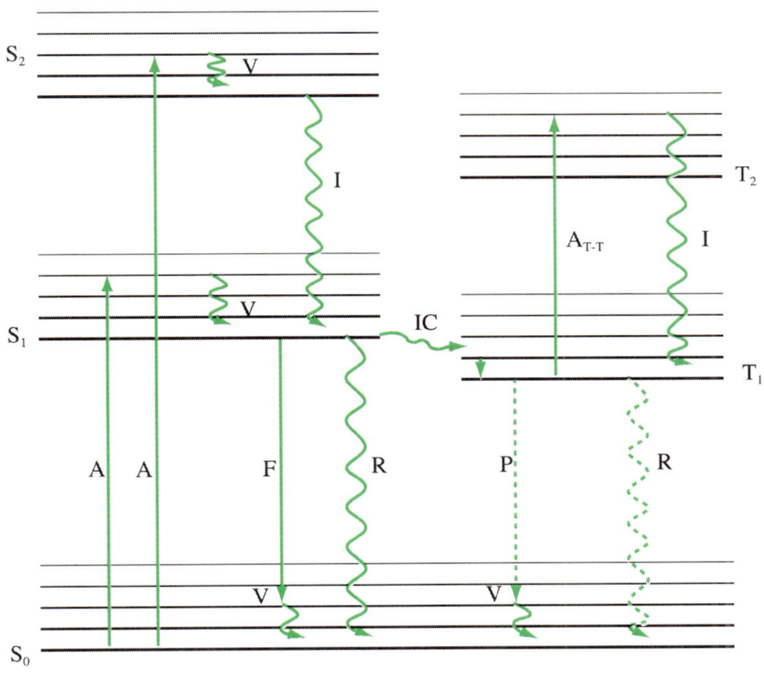

그림 4-22 여기 색소분자의 에너지상태와 에너지 천이과정

S_0 : 기저 1중항상태, S_1, S_2 : 여기 1중항상태, T_1 : 최저여기 3중항상태, T_2 : 여기 3중항상태,
A : 광흡수에 의한 여기, V : 진동에너지 실활, A_{T-T} : 광흡수에 의한 3중항-3중항 여기,
I : 내부전환, R : 무방사 천이, F : 형광방출에 의한 실활, IC : 항간교차, P : 인광

최저여기 1중항 상태의 수명은 10^{-11}～10^{-8}초 정도이며, 형광(fluorescence)의 수명도 이 정도이다. 또한 1중항상태의 천이와 더불어 스핀(spin) 다중도가 변하여 무방사 천이를 한다. 즉 항간교차(IC)에 의해 여기 1중항상태(S_1)에서 최저여기 3중항상태(T_1)로 천이하고, 기저 1중항상태로 천이함에 따라 인광(phosphorescence)(과정 P)이라는 발광현상이 일어난다. 여기 3중항상태의 수명은 >10^{-4}초이고, 인광 방출시간도 10^{-4}초로 비교적 길다.

여기 3중항상태(T_1)의 분자가 에너지를 받아 여기 1중항상태(S_1)로 되돌아갈 수 있으며, 발광을 하면서 기저상태(S_0)가 된다. 이러한 발광스펙트럼은 형광스펙트럼과 같으나 수명이 10^{-4}초 이상으로 길다. 이를 지연형광(delayed fluorescence)이라 한다.

광합성계에서 관찰되는 지연형광은 광합성 반응중심에서 분리된 전하의 재결합(산화된 전자공여체와 환원된 전자수용체와의 사이에서 전하분리반응이 반대로 일어남)에 의하여 엽록소가 다시 여기됨으로써 일어난다. 그런데 광합성계에서 일어나는 지연형광은 광합성 반응중심 부근의 반응기구, 반응분자와 생성분자의 양, 전하의 재결합 등에 영향을 주는 조건(전위차, 온도, pH 차) 등에 의하여 크게 영향을 받는다.

(2) 색소분자 사이의 에너지 이동

일단 집광성 색소들이 광량자를 흡수하면 여기되고 이 여기에너지를 그림 4-23에서와 같이 반응중심에 전달한다. 색소분자 사이의 에너지 전달은 공명에 의한 것으로 이것을

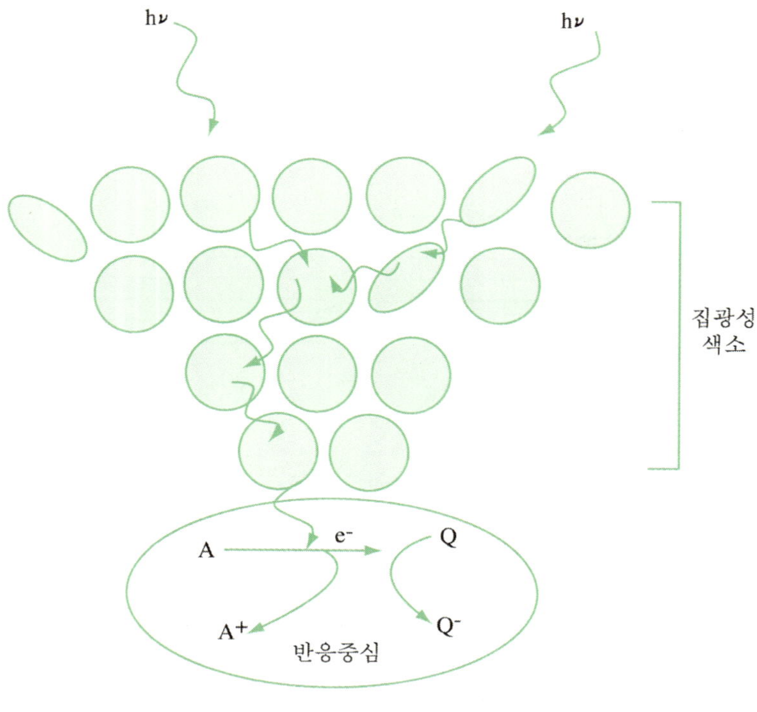

그림 4-23 색소집단에서의 여기에너지 이동

⬯ : 엽록소, ◯ : 카로티노이드, A : 전자공여체, Q : 전자수용체

공명이동(resonance transfer)이라 한다. 대개 10^{-13} 초의 극히 짧은 시간에 색소분자 사이에서 에너지 이동이 일어난다.

여기상태의 엽록소의 수명은 10^{-9} 초이므로 그 사이에 수많은 이동이 가능하다. 그런데 색소분자 사이의 에너지이동은 결코 균일하게 일어나지 않고 방향성이 있어 주로 반응중심으로 에너지를 전달하며, 일반적으로 여기에너지 준위가 높은 분자에서 낮은 분자로 에너지가 이동된다. 따라서 색소는 흡수대가 긴 파장일수록 여기에너지가 낮다. 즉 650 nm의 흡수극대를 갖는 엽록소 b로부터 680 nm의 흡수극대를 갖는 엽록소 a로 여기에너지가 이동되며 역방향으로는 거의 일어나지 않는다.

카로티노이드나 피코빌린도 엽록소 a로 여기에너지를 이동시킨다. 엽록소 a도 틸라코이드 내에서의 상태가 각각 다르기 때문에 흡수극대도 각각 다르다. 따라서 단파장의 흡수극대를 갖는 엽록소 a에서 장파장의 흡수극대를 갖는 엽록소 a로 여기에너지가 이동되고 최종적으로 반응중심인 엽록소 a로 여기에너지가 이동되어 광화학반응을 일으킨다.

이렇게 빛에너지(광량자)를 흡수하여 여기상태로 되고 이때 발생한 여기에너지를 반응중심 엽록소에 전달하는 색소집단을 안테나 색소(antenna pigment)라 하며, 이 색소집단과 반응중심을 광합성 단위(photosynthetic unit)라 한다. 한 개의 반응중심당 200～300 분자의 엽록소로 이루어진다.

3. 광화학 반응계

(1) 광화학 반응계의 구성과 특징

광합성에 있어 반응중심의 여기엽록소 a에 의하여 전자를 받는 전자수용체(최초의 환원생성물)와 전자공여체(최초의 산화생성물)들이 틸라코이드막에 분포하고 있다. 빛에 의한 여기에너지를 화학적 에너지로 전환하는 곳을 반응중심(reaction center)이라 하며, 이 중심에서 일어나는 반응을 광화학 반응계(photochemical reaction system) 또는 광계(photosystem)라고 한다.

이러한 광계의 존재는 Emerson과 Lewis (1943)에 의하여 제시되었다. 광합성 시 양자수율을 파장변화에 따라 측정한 결과 엽록소 a의 흡수대인 680 nm에서 보다 장파장에서는 양자수율이 급격히 떨어지는 현상을 발견하였는데, 이를 적색저하(reddrop)라고 한다(그림 4-24). 그러나 1957년 680 nm 이상의 장파장과 그 보다 짧은 단파장(650 nm)을 동시에 조사하면 양자수율이 급격히 증가하는 것을 발견하였다. 이를 증진효과(enhancement effect)라 한다(그림 4-25). 또한 단파장과 장파장을 각각 단독으로 조사하였을 때보다 이들을 함께 조사하였을 때 양자수율이 높으며, 이는 아래와 같이 표시된다.

$$V\,700 + V\,650 < (V\,700 + V\,650)$$

Emerson의 실험결과는 광계가 두 개로 존재하며, 이들이 직렬로 배열되어 있음을 의미하며, PS-I은 장파장의 빛을 흡수하여 반응이 일어나고 PS-II는 보다 짧은 파장의 빛을 흡수하여 반응이 일어난다.

이들은 각기 서로 다른 색소-산화환원 물질들로 구성되어 있다. 장파장의 빛을 조사하면 PS-II의 색소가 빛을 흡수하지 못하여 충분히 여기되지 않아 광화학반응이 일어나지 않으며, PS-I 이 반응을 일으켜도 전체적인 속도는 급격히 떨어진다(적색저하).

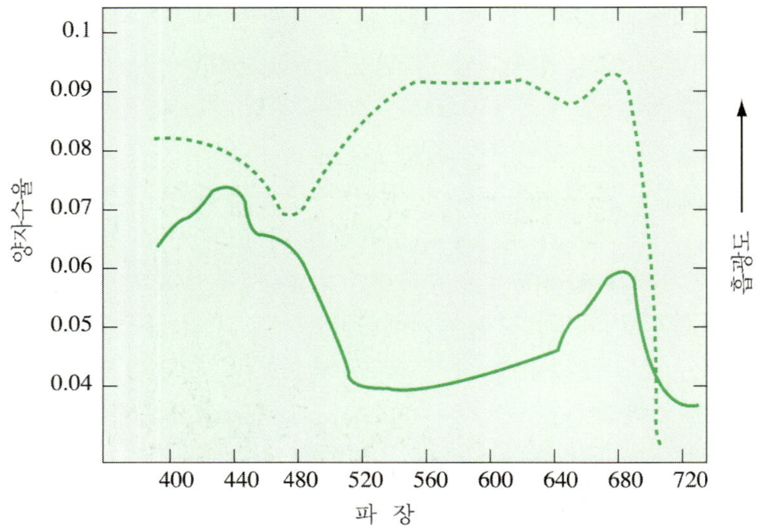

그림 4-24 *Chlorella* 에서 Emerson 의 '적색저하' 현상
실선 : 광합성색소의 흡수파장, 점선 : 광합성 양자수율

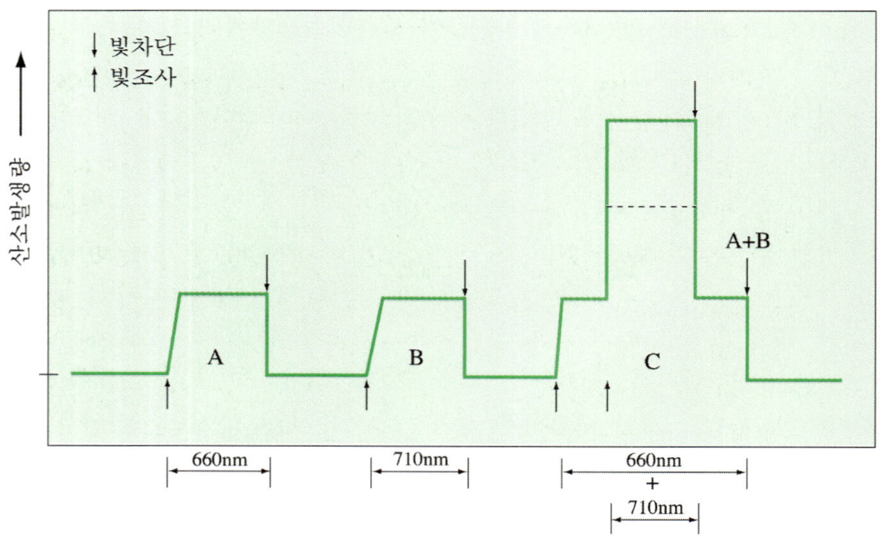

그림 4-25 Emerson 의 증진효과 모식도

A+B : 660 nm 와 710 nm 의 빛을 개별적으로 조사하였을 때의 총 O_2 발생량
C : 660 nm 와 710 nm 의 빛을 동시에 조사하였을 때의 O_2 발생량

표 4-10 디지토닌 처리에 의한 엽록체 분리

원 심 분 획	엽록소 a/b	환 원 속 도 (μmol/mg 엽록소/hr)		
		TCIP	NADP→H_2O	NADP→DPIP, AA
미처리엽록체	3.0	195	109	
디지토닌 처리 엽록체	—	92	13	58
1,000 g 분획	2.4	116	20	35
10,000 g 분획	2.5	56	14	14
50,000 g 분획	4.6	4	0	39
144,000 g 분획	6.2	0	0	117

TCIP = α-chlorophenol-2, 6-dichloroindophenol, AA = ascobate, DPIP = diphenolindophenol

표 4-11 광화학반응계 입자 I, II의 성분

성 분	입 자 I	입 자 II
엽록소 a/b	7.0	2.0
카로티노이드	입자-II의 두 배, β-카로틴, 루테인, 비올라크산틴이 각각 30%씩 함유	전체 카로티노이드 중 루테인이 60%, β-카로틴이 30% 함유
시토크롬	시토크롬 c와 f를 함유, 상당히 많이 함유	시토크롬 b 559만 함유 함유하지 않음
P 700	많이 함유	거의 존재하지 않음
플라스토시아닌	입자II보다 많음 (입자II의 약 8 배)	입자 I 의 1/8
플라스토퀴논	갈락토지질은 입자II의 7 배	인지질은 입자 I 과 동량
지 질		갈락토지질은 입자 I 의 1/7

그러나 PS-II에 이용되는 단파장의 빛을 비출 때 반응속도가 증가되어 두 광계의 반응속도는 각각의 반응계의 속도보다 높게 된다. Duysens (1961) 등에 의해 홍조류인 *Porphyridium cruentum*의 C-형 시토크롬이 엽록소 a의 흡수파장인 680 nm 파장의 빛에 의하여 산화되고, 피코에리트린 색소의 흡수파장인 562 nm의 빛에 의하여 환원되는 실험결과를 얻어 시토크롬 C는 엽록소 a가 관계하는 광화학계 I (PS-I)과 보조색소가 관계하는 광화학계 II(PS-II) 사이에 존재하여 산화와 환원이 일어나기 때문이라는 것을 밝혔다.

PS-I은 700 nm 이상의 장파장의 빛에 의하여 일어나며, 엽록소 a가 주요 색소이고 PS-II는 700 nm보다 짧은 단파장에 의하여 일어나는데 단파장형 엽록소 a와 여러 보조색소들이 관여한다. 이 PS-I와 PS-II 사이에 중간전자전달 물질들이 전자전달계를 구성한다. 이에 대한 설명은 광화학반응에서 구체적으로 설명하도록 한다.

Bordman과 Anderson (1964)은 엽록체에 0.5%의 디지토닌(digitonin)을 처리하고 원심분리하여 엽록소 a와 b의 비가 서로 다른 분획물을 얻고 광화학활성이 서로 다르다는 것을 발견하였다. 즉 엽록소 a/b가 크고(6.2) 소형의 입자는 PS-I의 활성이 높고, 엽록소 a/b가 작고(2.4) 크기가 큰 입자는 PS-II의 활성이 높았다(표 4-10).

그후 틸라코이드막을 보다 강력한 계면활성제인 SDS, 트리톤 X-100 및 초음파를 처리하고 설탕밀도구배 초원심분리하여 엽록소 a/b 가 7.0 인 입자와 엽록소 a/b 가 2.0 인 입자를 분리하였는데, 이들은 각각 광계-I 과 광계-II의 활성을 나타낸다는 것이 구체적으로 밝혀지게 되었다(표 4-11).

(2) 광화학 반응중심에서의 에너지전달

광화학반응은 광화학 반응중심에서 일어나며, 광에너지에 의하여 산화분자와 환원분자를 생성함으로써 빛에너지를 화학적 에너지로 전환하는 물리적 과정이다.

$$\mathrm{P\,I\,X} \xrightarrow{h\nu} \mathrm{P^{*}\,I\,X} \longrightarrow \mathrm{P^{+}\,I^{-}\,X} \longrightarrow \mathrm{P^{+}\,I\,X^{-}}$$

여기에서 P 는 반응중심 엽록소, I 는 과도적 전자수용체, X 는 최초의 안정한 전자수용체이다. P 가 여기에너지에 의하여 P^{*} 로 여기되고 곧 P 와 I 사이에 전하가 분리되어 P^{+}와 I^{-} 로 된다. I^{-} 는 불완전하고 수명이 짧아 X 에 전자를 빼앗겨 X^{-}로 된다. 다음 단계로 전자수용체 A 와 전자공여체 D 가 반응하면 $\mathrm{DP^{+}\,I\,X} \longrightarrow \mathrm{DP^{+}\,I\,XA^{-}} \longrightarrow \mathrm{D^{+}P\,I\,XA^{-}}$ 와 같이 전하가 분리, 전달하게 되어 광화학반응이 종결되고 이어서 전자전달반응이 일어난다.

이 광화학 반응의 초기과정에서 만들어진 산화생성물(D^{+})은 표준산화환원전위가 낮은 산화형이고, 환원생성물(A^{-})은 그 전위가 높은 환원형으로 이 사이에서는 역반응이 일어나 에너지의 손실이 일어날 수 있다. 이것을 방지하기 위하여 반응중심에서의 전하의 분리와 이동이 매우 빠르게 일어난다.

반응중심에서는 광에너지에 의한 산화생성물과 환원생성물의 생성이 일어나고, 분리된 전하의 안정화와 외부전자전달 물질과의 전자전달이 일어나며, 이와 더불어 막전위차가 형성되어 광인산화 반응이 일어난다.

① 광화학 반응중심-I

반응중심-I 은 비교적 낮은 산화-환원전위를 가지며 비순환적 전자전달을 하며, 광화학반응-II에서 전자를 받아 $NADP^{+}$ 에 전자를 전달시키는 역할을 한다. PS-I 의 색소는 PS-II의 색소보다 장파장의 가시광선을 흡수하여 여기되어 광화학 반응중심-I 에 빛에너지를 전달한다.

반응중심-I 은 60~65 kD 의 폴리펩티드와 반응중심 엽록소, 초기과정의 과도적 전자수용체(엽록소 a 라고 추정), 초기 전자수용체 A_1 (Q=비타민 K), 그리고 철-유황 단백질인 A_2 (=X, =P 430)와 중심-A, B 등으로 구성되어 있다. 또한 반응중심-I 에 빛에너지를 흡수·전달하는 엽록소와 카로티노이드 등도 근접하여 존재한다.

반응중심-I 의 엽록소는 단백질과 결합하여 존재하는 엽록소 a 로 이량체이며, 독특한 흡광도를 나타낸다. 이 엽록소는 빛에너지를 받으면 전하가 분리되어 산화되기 때문에 P 700 부근에서 흡광도가 감소하므로 P 700 이라 한다.

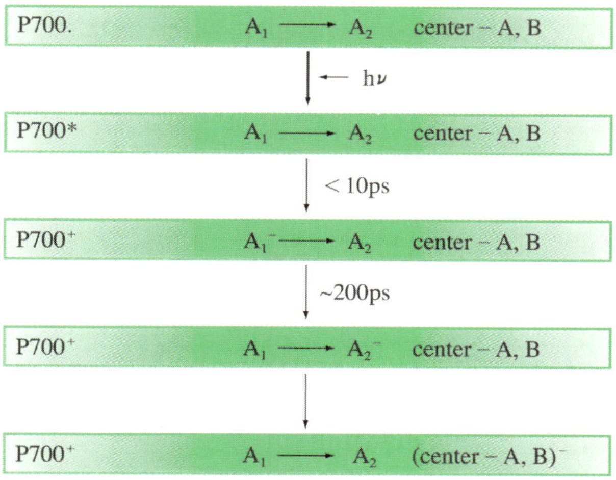

그림 4-26 광화학 반응중심-I 에서의 전자전달

이들 사이에서는 그림 4-26에서와 같이 전자가 전달된다. 이 과정에서 생성된 산화물질 P 700$^+$은 플라스토시아닌(PC)을 산화시키고, 환원물질인 철-유황 단백질 구성물질인 중심-A, B는 페레독신(Fd)을 환원시킨다. PC는 PS-II로부터 PS-I으로 전자를 전달할 때의 최종 전자전달체로서 PS-I 반응복합체와 시토크롬 b-f 복합체 사이에서 전자를 운반하는 전자운반물질이다.

Fd은 Fd-NADP$^+$ 환원효소를 거쳐 최종적으로 NADP$^+$를 환원시킨다. 이렇게 빛에 의하여 환원되는 것을 광환원이라 한다. 조류나 남조류에서는 수용성의 시토크롬 c (시토크롬 553)가 PC와 같은 역할을 한다.

② 광화학 반응중심-II

반응중심-II는 산소발생 광합성 생물에 있어 물을 광분해시켜 얻은 전자를 PS-I 반응중심에 보내는 광화학반응이다. 물의 광산화와 산소발생은 반응중심-II에서 진행된다. 반응중심-II에 빛에너지를 주로 보내는 CP-복합체-II(집광성 엽록소 a/b 단백질 복합체)에 존재하는 색소계-II는 반응중심-I의 색소계-I보다 단파장에 의하여 여기된다.

반응중심-II는 47 kD, 43 kD, 32 kD, 30∼43 kD, 9 kD, 4 kD 등 6종의 폴리펩티드로 구성되어 있다. 47 kD와 43 kD 폴리펩티드는 엽록소와 카로티노이드 색소를 가지고 있으며 반응중심 엽록소에 에너지를 보낸다고 생각된다. 32 kD 폴리펩티드는 플라스토퀴논 A와 결합하고 있으며, QB 단백질, D_1 또는 B 단백질이라고도 부른다.

이 성분은 틸라코이드의 다른 성분보다 광에 의하여 회전속도가 빠르다. 30∼43 kD 폴리펩티드(D_2 폴리펩티드)는 32 kD 성분(D_1)와 함께 홍색세균 반응중심 M, L의 소단위와 상동성이 높아 PS-II의 시발과정에서 중심적 역할을 한다고 생각된다. 9 kD와 4 kD 폴리펩티드는 시토크롬 b 559라 부르는 헴 단백질을 구성하고 있다.

PS-Ⅱ의 반응중심은 엽록소 a (이량체로서 존재하며, 이를 P 680 이라고 한다)와 페오피틴(E_m=−600~−610 mV) 사이에서 전하가 분리되어 전자공여체와 전자수용체로서 산화-환원된다. 환원된 페오피틴은 전자수용체인 두 분자의 PQ (Q_A, Q_B)를 경유하여 PS-Ⅰ에 전자를 전달한다.

한편 산화된 P 680$^+$는 전자공여체 Z와 H_2O의 산화계를 매개하여 H_2O로부터 전자를 받아 산소를 발생하고 P 680 으로 되돌아간다. Q_A를 Q라고도 하는데, 환원되어 Q_A^-로 되며 제 2 의 PQ 인 Q_B (B 또는 R 이라고도 함)에 전자를 전달한다. Q_B와 결합한 32 kD 폴리펩티드(D_1)는 DCMU 등의 페닐우레아 제초제나 트립신 제초제와 결합하고 이것에 의하여 Q_B의 환원이 저해된다. 또한 제초제와 결합함으로써 Q_B/Q_B^-의 E_m이 낮아지기도 한다.

Q_B는 Q_A와 달리 하나의 전자가 환원되는 상태(세미퀴논)를 거쳐 2 개의 전자가 환원되는 상태(히드로퀴논)로 된다. 환원된 Q_B는 PS-Ⅱ사이에 대량으로 존재하는 PQ-pool 과 시토크롬 c, b-f 복합체를 거쳐 PS-Ⅰ에 전자를 전달한다. 상기 6 종의 폴리펩티드는 엽록체 DNA 에 의하여, 산소발생에 관계하는 3 종의 폴리펩티드는 DNA 에 의해 코딩된다.

4. 전자전달계

광화학 반응중심에서 빛에너지를 이용하여 전하가 분리되어 전자수용체에 수용되는데, 이때 산화-환원전위(E_o')가 높은 산화물질(D^+)과 E_o'가 낮은 환원물질(A^-)이 만들어져 빛에너지를 화학적 에너지로 변환시킨다. 그 다음 E_o'차에 따라 산화-환원물질(전자전달물질)들을 경유하여 전자가 전달된다. 즉 E_o'가 높은 산화물질에서 E_o'가 낮은 환원물질로 전자가 열역학적 구배에 따라 이동된다. 이때 유리된 자유에너지를 이온수송과 같은 물리적 일이나 ATP 합성과 같은 화학적 일에 사용한다.

전자전달 물질들은 틸라코이드막에 배열되어 있으나 막전위(막을 경계로 한 액상 간 전위차)나 막표면전위(막표면과 액상간의 전위차) 등에 의하여 막표면 간 전위차나 막내 전위차가 다르게 나타난다. 또한 에너지 변환에 따라 틸라코이드막의 부위에 따라 전위가 변화하며 막내 전장이 변한다. 이때 전하가 분리되어 축적된 자유에너지나 전자전달에 의하여 유리된 자유에너지에는 산화-환원 전위차만이 아니고 막전위차도 관여한다.

광합성과 미토콘드리아에서 일어나는 전자전달계의 산화-환원반응은 본질적으로 같다. 다만 미토콘드리아에서는 외부에서 환원제(호흡기질)와 산화제(산소)를 이용하지만 광합성에서는 빛에너지에 의하여 자체적으로 산화제와 환원제를 만들어내는 점에서 다르다. 비순환적 전자전달계에서는 외부에서 산화제($NADP^+$)와 환원제(H_2O)를 사용하지만 전자전달의 원동력은 빛에너지이다.

(1) PS-Ⅱ와 PS-Ⅰ 사이의 전자전달 증명

Emerson 효과가 발견되어 2 개의 광화학계가 존재함이 밝혀졌고 이들 사이에 전자가 전달되면서 광합성이 진행된다고 생각하였으나 전자전달 기구는 아직 불명확한 상태였다.

Hill 과 Bendal (1960)은 그림 4-27 에서와 같이 광화학계-I 과 II 사이에 시토크롬 f 와 시토크롬 b 6 이 존재하며, 이들을 통하여 호흡계에서는 $NADH_2$ 에서 O_2 로 전자가 전달되지만 엽록체에서는 H_2O 에서 $NADP^+$ 로 전자가 전달된다는 Z-scheme 을 제안하였다.

그후 Duysens 등(1961)이 홍조류인 *Porphyridium cruentum* 에서 cyt f 는 엽록체 내에서 보통 환원형으로 존재하는데, 엽록소 흡수파장인 680 nm 의 빛을 비추면 cyt f 의 산화형으로 되며, 피코빌린의 흡수파장인 560 nm 의 빛을 비추면 환원형으로 변화된다는 것을 증명하였다(그림 4-28). 엽록소 a 흡수파장인 680 nm 의 장파장 빛에 의하여 일어나는 광화학 반응계를 PS-I 이라 하고, 피코빌린의 흡수파장인 560 nm 의 단파장 빛에 의하여일어나는 광화학반응계를 PS-II 라 한다.

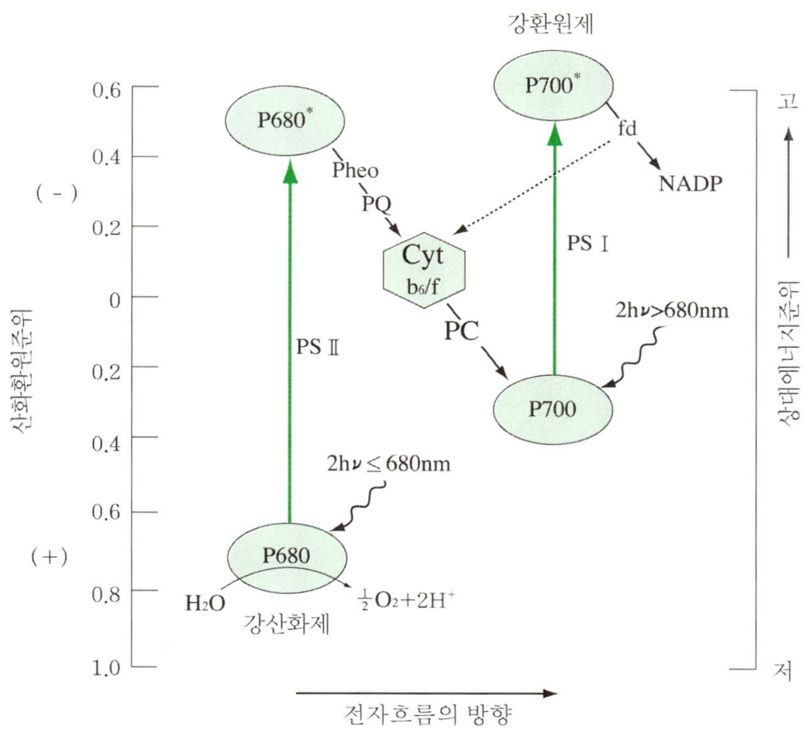

그림 4-27 광합성 전자전달의 Z 모식도

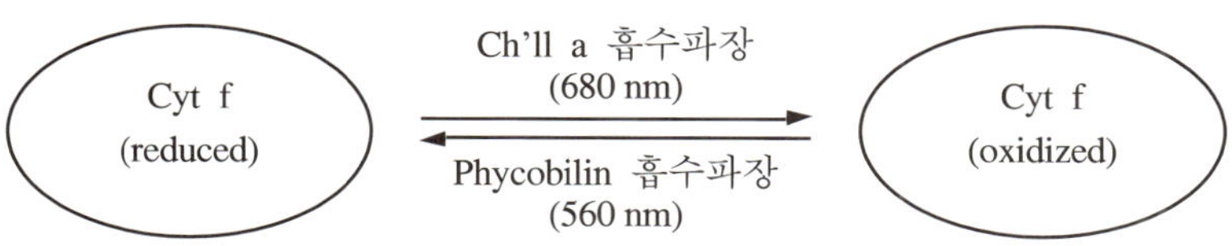

그림 4-28 Duysens 의 단파장의 빛에 의한 시토크롬 f 의 산화 · 환원

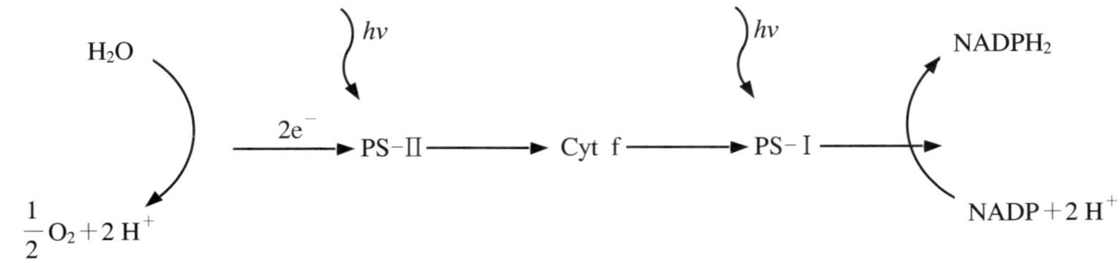

그림 4-29 광화학계에서의 전자전달

이들 광화학반응계 사이에 시토크롬 f가 존재하여 전자를 전달한다(그림 4-29).

광합성 산소발생 억제제인 DCMU는 피코빌린 흡수파장의 빛을 비추면 시토크롬 환원반응을 억제하는데 이는 PS-Ⅱ가 산소발생에 관여함을 반증한다. DCMU를 가하여 산소발생을 억제하는데, 디클로로인도페놀(dichloroindophenol, DCIP)와 아스코르브산(ascorbic acid)을 가하면 $NADP^+$가 광에 의하여 환원된다. 이것은 엽록소 a가 적색광을 흡수하여 일어나는 반응이다. 따라서 PS-Ⅰ는 $NADP^+$ 광환원에 직접 관계함을 의미한다.

이와 같이 H_2O에서 $NADP^+$에 전자를 전달하는 반응은 직렬로 된 두 개의 광화학 반응계의 작용으로 일어나고, 이 두 반응계 사이에 시토크롬과 같은 전자전달물질들이 있어 전자를 PS-Ⅱ에서 PS-Ⅰ으로 전달하게 된다. 이처럼 전자가 2개의 광화학반응계의 협동작용으로써 H_2O에서 $NADP^+$로 전달되는 것을 비순환적 전자전달(noncyclic electron transport)이라 한다. 그러나 PS-Ⅰ를 중심으로 환원생성물과 산화생성물 사이에 전자가 순환되는 전자전달을 순환적 전자전달(cyclic electron transport)이라 한다(그림 4-27 참조).

(2) PS-Ⅱ에서 PS-Ⅰ으로 전자전달 방식

PS-Ⅱ의 광화학 반응중심에서 분리된 전하는 최초의 전자수용체인 페오피틴에 전자를 전달하고 이어서 Q_A(제 2 전자수용체)를 거쳐 Q_B(제 3 전자수용체)로 전자를 전달한다. Q_A는 하나의 전자를 수용하는 1전자수용체이지만 Q_B는 두 개의 전자를 수용하는 2전자 수용체이다. Q_A의 환원 쪽에 PQ pool이 존재하고 PS-Ⅱ 복합체와 시토크롬 b-f복합체를 거쳐 전자가 전달된다.

PQ는 PQ_A(PQ-9), PQ_B, PQ_C, PQ_D 등이 존재하며, 다른 전자전달물질에 비하여 수 배~수십 배 많이 존재한다. PQ는 틸라코이드막 안에 단백질과 결합하여 있고, 그 존재상태는 정확히 파악되어 있지는 않지만 전자는 다음과 같이 전달된다고 생각된다.

$$\text{PS-II 복합체} \xrightarrow{e^-} \text{PQ-pool} \xrightarrow{e^-} \text{시토크롬 b-f 복합체} \xrightarrow{e^-} \text{PC} \xrightarrow{e^-} \text{PS-I 복합체}$$

즉 시토크롬 b-f복합체는 PC에 전자를 전달하여 PS-Ⅰ복합체의 $P700^+$에 전자를 전달한다. 산화형의 시토크롬 f는 Fe^{2+}에서 Fe^{3+}로 산화시키고 $P700^+$은 환원시켜 P 700으로 전환시킨다.

그런데 시토크롬 b-f 복합체는 광합성 생물들이 공통으로 가지고 있는 물질로서, 소수성이 비교적 높으며 틸라코이드막을 관통하여 막 표면에 노출되어 있다. 시토크롬 b-f 복합체는 시토크롬 b_6, 시토크롬 f, PQ, Rieske Fe-S 단백질 등을 한 분자씩 가지고 있다. 이 복합체를 통하여 전자의 흐름과 공역하여 막 안으로 H^+가 운반된다.

반면에 미토콘드리아나 세균의 세포막에서는 막 안에서 밖으로 H^+을 방출한다. 이렇게 H^+이 운반되는 쪽이 +로, 반대쪽이 -로 대전되어 막전위가 형성된다(그림 4-30).

H^+의 막전위차에 의하여 만들어지는 ATP 합성은 광인산화과정에서 설명하도록 한다. 시토크롬 b-f 복합체에서 전자전달과 수소이온을 운반하는 기구는 Mitchell (1975)에 의하여 제안된 Q-회로로 PQ-pool 에서 전자가 전달됨에 따라 H^+의 농도차가 틸라코이드막 내외에 형성된다. Harold (1989)에 의하여 제안된 엽록체에서의 Q-회로의 모식도는 다음과 같다(그림 4-31).

즉 PQ 는 PS-Ⅱ의 제 3 전자수용체인 QB 와 Q-회로의 산물인 PQ^-로부터 각각 전자를 받아 틸라코이드막 밖(스트로마)으로부터 들어온 H^+과 결합하여 PQH_2로 환원되며, 이 PQH_2는 시토크롬 b-f 복합체의 Qz 와 결합하여 전자 하나는 Rieske-Fe-S 단백질, 시토크롬 f, PC 등을 거처 PS-Ⅰ에 전달하고 PQ^- (세미플라스토퀴논)으로 된다. 이때 틸라코이드 안쪽으로 $2H^+$이 방출된다. 한편 PQ^-는 전자 하나를 시토크롬 b 에 전달하고 PQ 로 환원되나 시토크롬 b 로부터 전자 하나를 되돌려 받아 다시 PQ^-로 되돌아간다. 비순환적 전자전달에서는 Q-회로로부터 $4H^+$, H_2O 로부터 $2H^+$ 모두 $6H^+$을 틸라코이드 안으로 수송한다. 그러나 순환적 전자전달에서는 Q-회로에 의해서만 $4H^+$을 수송한다.

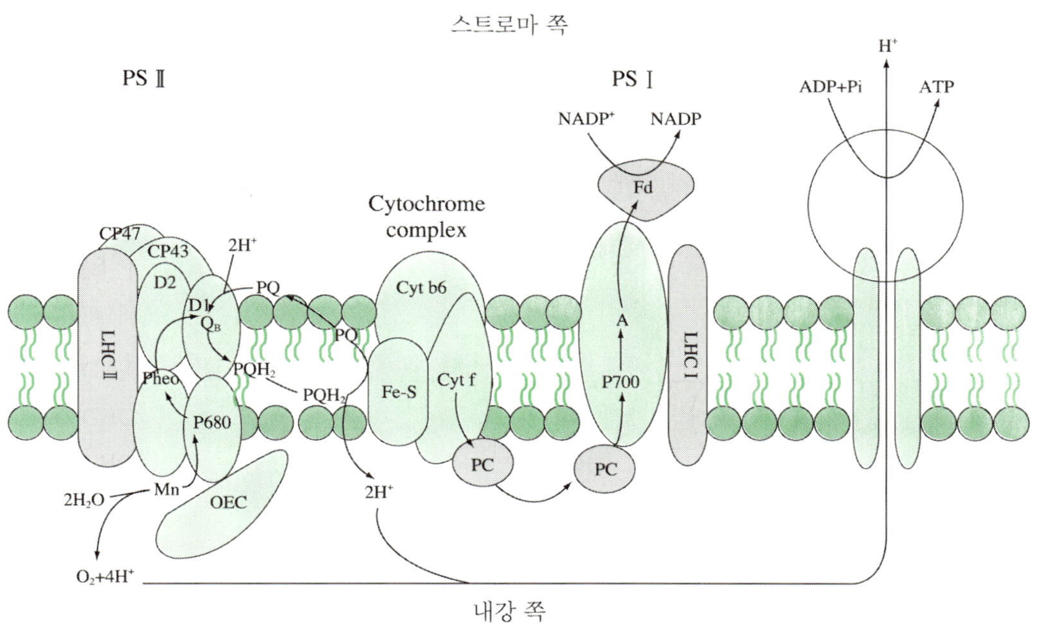

그림 4-30 틸라코이드막에서 PS-Ⅱ에서 PS-Ⅰ으로의 전자전달 모식도

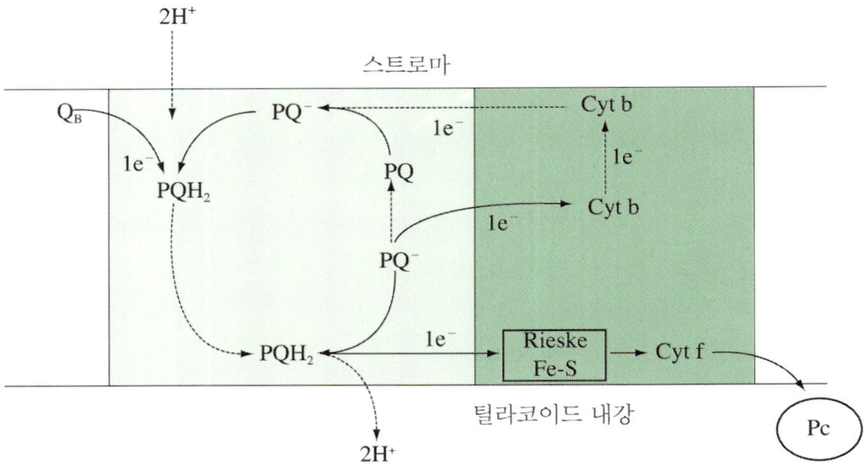

그림 4-31 틸라코이드막에 있어서 Q-회로에 의한 H^+ 운반

PC는 Cu 원자 한 개를 갖는 단백질복합체로 분자량은 10.5 kD이며 E_o'는 370 mV 정도이다. 시토크롬 f에서 전자를 받으면 Cu가 2가에서 1가로 되고 P 700에 전자를 빼앗긴다. PC는 틸라코이드막에 약하게 결합되어 있으며, 전자전달속도는 막의 이온농도 및 막과의 정전기적 상호작용에 따라 크게 영향을 받는다. PC는 산소발생을 일으키는 광합성 식물에 분포하지만 남조, 홍조, 황금색조, 그리고 녹조에는 존재하지 않으므로 그 대신 가용성의 시토크롬 553이 존재하여 PS-I의 P 700에 전자를 전달한다.

(3) 광합성에 의한 산소발생

엽록체에 빛을 비추면 산소가 발생하는 것은 Hill (1939~1940)에 의하여 알려졌고 많은 연구자들에 의하여 입증되었다. 엽록체에서 산소를 발생하게 하는 물질을 Hill 산화제라 한다. Hill 반응에 의하여 발생되는 산소는 Ruben 등(1941)에 의하여 $^{18}O_2$ 동위원소를 이용하여 CO_2가 아닌 H_2O에서 유래함이 밝혀졌다.

광합성 시 산소발생은 PS-II의 반응중심 엽록소 P 680의 광화학반응에 의하여 박탈당한 전자를 H_2O 산화에 의하여 전달받기 때문에 PS-II 반응계와 밀접한 연관을 갖는다. 한 분자의 산소를 발생시키기 위해서는 $2H_2O \longrightarrow 4H^+ + 4e + O_2$와 같이 4 e가 P 680^+에 전달되기 때문에 4회의 PS-II 광화학반응이 일어나야 하며, $4H^+$은 PS-I를 거쳐 NADP$^+$를 환원시킨다. 따라서 광합성 전체 식은 다음과 같다.

$$2H_2O + CO_2 \longrightarrow C_6H_{12}O_6 + O_2 + H_2O$$

그런데 산소 발생기구에 대하여서는 아직 불명확한 점이 있지만 4e에 의하여 H_2O를 단계적으로 산화시켜 일어난다고 생각한다. Joliot (1969) 등과 Kok와 McGloin (1970)에 의하면, 엽록체나 녹조세포를 암소에 충분히 방치시킨 뒤에 짧은 섬광(10 μm)을 300 μsec

간격으로 연속적으로 비추면 2회째 섬광에서부터 산소가 발생하여 4회째 섬광에서 최고로 되며, 그 후 감소하고 5회째 섬광에 의하여 다시 증가하는데 이는 4회의 섬광을 1주기로 하여 변화한다(그림 4-32).

Kok와 McGloin은 이러한 현상을 H_2O 산화효소(S)가 각 섬광에 의하여 단계적으로 산화되어 가장 산화상태가 높은 S^{4+}상태로 되어 H_2O를 산화시켜 O_2를 발생시킨다고 설명하였다(그림 4-33). 즉 각 섬광단계에 따라 H_2O 산화효소가 H_2O에서 전자를 한 개씩 빼앗아 PS-II에 전달하며 S^{4+}의 상태로 되었을 때 O_2를 발생하게 한다.

PS-II광화학 반응계는 1광량자-1전자 반응과정이므로 PS-II 광화학반응이 4회 일어나게 된다. S는 아직 불분명한 점이 많으나 Mn 결합 단백질이라고 생각된다. Mn을 결핍시키면 산소발생이 일어나지 않으며 Mn을 다시 가하면 산소발생능이 회복되는 점으로 보아 Mn이 산소발생에 중요한 역할을 한다는 것을 알 수 있다.

광화학반응-II 반응중심 복합체의 단백질 중 틸라코이드막 안쪽으로 D_1, D_2 폴리펩티드와 인접하고 있는 세 종류의 막표면성 단백질(33 kD, 24 kD, 18 kD)이 있으며, 이들은 높은 농도의 트리스(tris), $CaCl_2$, NaCl 등을 처리하면 이 단백질들의 전부 또는 일부가 빠져 나오는데 이때 Mn도 함께 빠져나오면서 산소발생능력을 상실한다.

Mn은 PS-II반응중심 한 개에 4개의 원자비로 존재하며, Mn은 산화-환원력이 높아 H_2O를 충분히 산화시킬 수 있다고 생각된다. 4개의 Mn 중 2개는 쉽게 유리되며 33 kD 단백질과 결합하고 있는 것으로 알려져 있다.

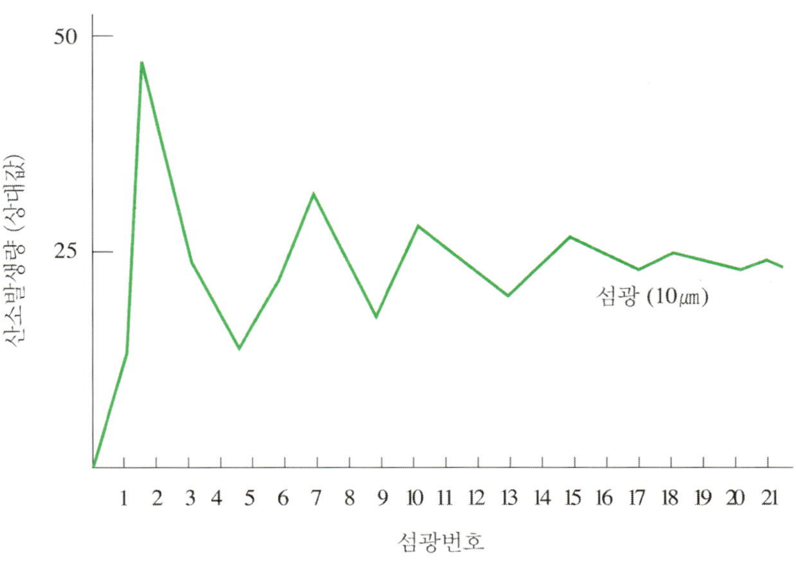

그림 4-32 섬광에 의한 산소발생

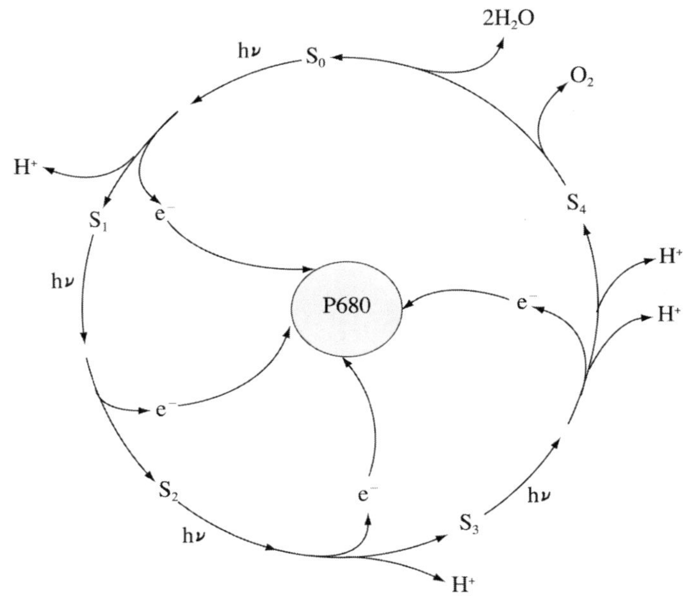

그림 4-33 산소발생기구의 모식도

산소발생 억제는 열처리(45℃에서 5분)를 하면 Mn 이온이 거의 용출되어 산소발생능을 상실한다. 그런데 아스코르브산이나 시스테인은 H_2O 대신 PS-Ⅱ의 전자공여체로 작용하여 $NADP^+$를 광환원시키는데, 여기에 CCCP (carbonylcyanide-*m*-chlorophenylhydrazone)을 가하면 아스코르브산에 의한 $NADP^+$의 광환원을 저해한다. 이는 Mn 외에 아스코르브산이나 시스테인에서 전자를 받아 P 680에 전달하는 전자전달물질(Y)이 있음을 의미한다.

아스코르브산 또는 시스테인 → Y

H_2O ⟶ Mn 산화효소 ⟶ Y ⟶ P 680

열처리 → Mn 산화효소; CCCP → Y

5. 광인산화

(1) 광인산화의 발견

광합성시 ATP가 생성된다는 것은 Ruben (1941)에 의하여 처음 밝혀졌으며, Gest와 Kamen (1948)이 ^{32}P를 이용하여 빛을 비출 때에 $AT^{32}P$의 생성이 촉진되는 것을 광합성 세균에서 발견하였다. 그 후 Vishniac와 Ochoa (1952)는 이를 확인하고 빛에 의하여 엽록체에서 $NADH_2$가 생성되며, 미토콘드리아에서 ATP가 만들어지는데, 이는 산화적 인산화 (oxidative phosphorylation)와 같은 기작에 의하여 일어난다고 제안하였다.

$$H_2O + NAD \xrightarrow{\text{빛, 엽록체}} NADH_2 + 1/2\, O_2$$

$$NADH_2 + 1/2\, O_2 + 3\,(ADP + Pi) \xrightarrow{\text{미토콘드리아}} NAD + H_2O + 3\,(ATP + H_2O)$$

$$3\,(ADP + Pi) \xrightarrow{\text{빛, 엽록체, 미토콘드리아}} 3\,(ATP + H_2O)$$

그러나 Arnon (1954)은 보리 엽록체를 재료로 저해제들을 이용하여 ATP 합성은 아래와 같이 단계적인 광화학적 반응에 의하여 일어나는데, 광화학적 ATP 생성반응은 미토콘드리아의 효소가 없어도 일어나고 빛을 조사해야 하며, 이 반응 전후로 ADP와 Pi의 소모 및 ATP 생성이 일어나고 그밖에 다른 변환은 일어나지 않음을 밝혔다.

즉 *o*-phenanthroline에 의해 광화학 O_2 생성반응이 억제되면 광화학적 ATP 생성과 CO_2 고정반응이 억제되지만 2, 4-dinitrophenol로 광화학적 ATP 생성반응을 억제시키면 광화학적 O_2 생성반응은 발생하나 CO_2 고정반응은 일어나지 않는다. 또한 DCMB를 처리하면 CO_2 고정반응은 억제되지만 광화학적 O_2 생성과 ATP 생성반응은 일어난다.

① 광화학적 O_2 생성억제 : 벤조퀴논 + $H_2O \xrightarrow{o\text{-페난트롤린}}$ 히드로퀴논 + $1/2\, O_2$

② 광화학적 ATP 생성억제 : ATP + Pi $\xrightarrow{\text{2, 4-디니트로페놀}}$ ATP + H_2O

③ 광화학적 CO_2 고정억제 : $CO_2 + H_2O \xrightarrow{\text{DCMB}} (CH_2O) + H_2O$

이같이 광화학적 O_2의 생성은 ATP 생성과 CO_2 고정의 전제조건이 되며, 엽록체에서 일어나는 독자적인 ATP 생성과정을 광인산화(photosynthetic phosphorylation 또는 photophosphorylation)라 한다.

(2) 순환적 광인산화와 비순환적 광인산화

Arnon 등(1955)은 엽록체나 세균에 비타민 K_3나 FMN의 산화-환원물질을 첨가하면 광인산화가 급격히 증가하는 것을 발견하였다. 이 반응은 빛을 비춤으로써 생성된 환원생성물과 산화생성물이 환상의 폐쇄 전자전달계를 거쳐 일어나는 산화-환원반응과 공역하기 때문이며 이를 순환적 광인산화(cyclic photophosphorylation)라 한다.

$$H_2O \xrightarrow{\text{빛, 엽록체}} [H] + [OH]$$

$$[H] + [OH] + ADP + Pi \longrightarrow 2\,H_2O + ATP$$

$$ADP + Pi \xrightarrow{\text{빛, 엽록체}} ATP + H_2O$$

이 반응은 세균이나 엽록체의 광화학 반응계-I에서 일어난다. 그 후 Arnon (1958) 등은 $NADP^+$, Mg^{2+}, ADP, Pi 등을 첨가하면 ATP, $NADPH_2$, O_2 등이 2 : 2 : 1의 비로 생성됨을 발견하였다. 이 반응은 반응 전후로 전자공여체(H_2O)와 전자수용체($NADP^+$)가 있어

이 사이에 전자가 전달되어 산화생성물과 환원생성물이 생기고 이와 공역하여 ATP가 생성되기 때문이다. 이 반응은 광화학계-I과 II가 관계한다.

$$2\,NADP^+ + 2\,H_2O + 2\,(ADP + iP) \xrightarrow{\text{빛, 엽록체, } Mg^{2+}} 2\,NADPH_2 + 2\,(ATP + H_2O) + O_2$$

비타민 K_3를 분리엽록체에 첨가하여 광인산화 반응을 일으키면 순환적 광인산화가 우선적으로 일어나며 O_2 발생과 $NADP^+$의 광환원은 일어나지 않는다. 반대로 보조인자(비타민 K_3, 또는 FMN)를 첨가하지 않으면 비순환적 광인산화(noncyclic photophosphorylation) 반응만 일어난다. 일반적으로 광합성 시 주로 비순환적 광인산화 반응에 의하여 CO_2를 환원시키고 순환적 광인산화 반응은 광합성 이외의 반응에 사용되는 ATP 생성에 관여한다고 생각된다.

이밖에 비순환적 전자전달에 의하여 생성된 환원물질에 산소가 반응하여 산화되면 산소는 O_2나 H_2O_2를 경유하여 물과 산소로 된다. 그 결과 비순환적 전자전달에 의하여 발생한 산소는 겉보기에는 순환적 산화환원계를 통하여 만들어진 것과 같게 되지만 진정한 의미의 산화생성물과 환원생성물이 축적되지 않는다. 이를 위순환적 광인산화(pseudo- cyclic photophosphorylation)라 한다. 순환적 광인산화와 비순환적 광인산화 반응의 특성은 표 4-12에 정리하였다.

표 4-12 순환적 광인산화 반응과 비순환적 광인산화 반응의 특성

	순환적 광인산화 (C-PP)	비순환적 광인산화 (NC-PP)
반 응 식	$ADP + Pi \longrightarrow ATP + H_2O$	$2\,NADP^+ + 2\,H_2O + 2\,(ADP + iP)$ $\longrightarrow 2\,NADPH_2 + 2\,(ATP + H_2O) + O_2$
명명 이유	반응전후로 산화-환원생성물이 없고 환상의 전자전달계와 공역	전자공여체 (H_2O)와 전자수용체 ($NADP^+$)와 사이 비순환적 전자전달계와 공역함
O_2 생성	없 음	있 음
$NADP^+$ 광환원	없 음	있 음
보조인자	비타민 K_3, FMN	필요 없음
광화학계	광화학계-I만 관계	광화학계-I과 II가 모두 관계
DCMU 저해	저해 안 됨	저해됨

(3) 광인산화 기작

엽록체의 틸라코이드막, 미토콘드리아의 크리스테(cristae), 광합성세균에서의 색소포와 같은 에너지 생성 생체막에서는 전자전달과 더불어 생체막 내외에 H^+이 수송되고 H^+의 농도차가 형성되어 막전위가 형성되는데, 이 전기 화학적 전위차에 따른 자유에너지를 ATP 합성에 이용한다. Lundegärdh (1945)는 전자전달계의 물질들이 미토콘드리아의 내막을 관통하여 배열되어 있고 막 바깥에서 안으로 전자가 전달됨에 따라 H^+농도차가 형성된다고 제안하였다(그림 4-34).

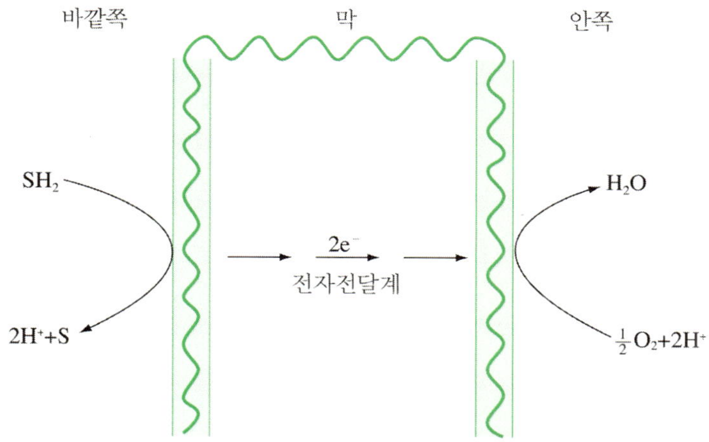

SH_2 : 기질

그림 4-34 Lundegärdh 의 H^+ 이동 모식도

Mitchell (1961)은 Lundegärdh 의 제안에 착안하여 미토콘드리아에서의 전자전달물질들 사이에서의 전자전달에 의하여 $NADH_2$ 가 산화되고 H^+의 이동이 일어나며, 그 결과 H^+ 농도차가 생기고, 막에 구축되어 있는 ATPase 가 H^+농도차에 따른 전기 화학적 에너지를 화학적 에너지인 ATP 로 전환시킨다고 제안하였다(그림 4-35).

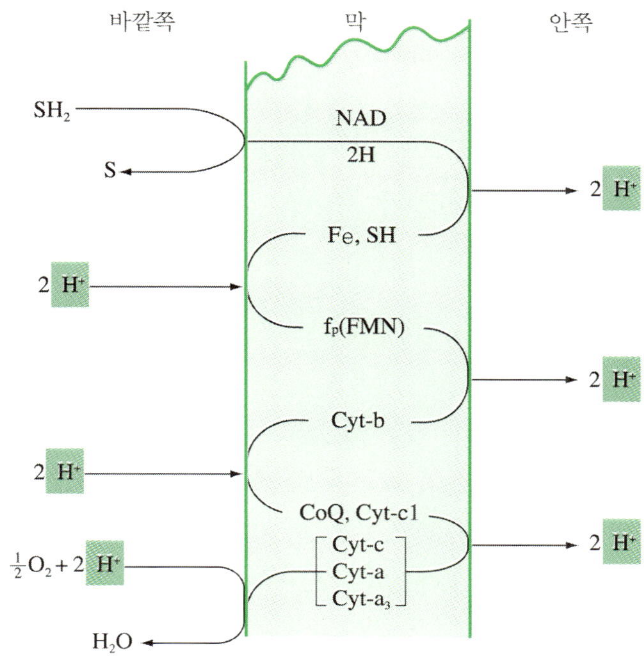

Fe, SH :
Fe 와 SH 기를
갖는 산화환원물질

그림 4-35 미토콘드리아에서 전자전달계와 공역하는 H^+ 이동 모식도

이 가설을 화학삼투가설(chemiosmotic hypothesis)이라 하며, 이후 여러 연구자들에 의해 입증되어 1978 년에 노벨상을 받게 된다.

이 가설이 인정되는 증거는 다음과 같이 요약할 수 있다.

① 광합성이 전자전달과 더불어 수소이온수송이 일어나며, 전자전달을 저해하든지 전기 화학적 전위차를 해소하는 물질(탈공역제)을 처리하면 인산화가 저해된다.
② 전자전달, 수소이온수송, ATP 합성 등의 관계가 상호의존적이다.
③ 고호염성세균인 *Halobacterium halobium* 에서는 광에너지를 이용하여 ATP 를 합성한다.
④ 수소이온의 농도차에 따른 전기 화학적 전위차에 의하여 ATP 가 합성된다.

Jagendorf (1964)는 엽록체에 빛을 비추면 pH 가 높아지고, 비추지 않으면 pH 가 낮아져 원상태로 되돌아감을 발견하였다. 그 후 Jagendorf 등(1965, 1966)은 암소에서 엽록체를 pH 4 의 완충용액에 60 분간 넣었다가 이를 꺼내어 ADP 와 Pi 가 들어있는 pH 8 의 완충 용액에 넣으면 빛을 비추지 않고도 ATP 가 만들어진다는 것을 발견하였다(그림 4-36).

이것을 산-염기전이(acid-base transition)라 한다. 이것은 인위적으로 엽록체 막내에 H^+ 의 농도차를 유발시키면 ATP 가 생성됨을 의미하고, 광합성 시 빛이 H^+의 농도차 형성에 원인이 된다는 것을 의미한다.

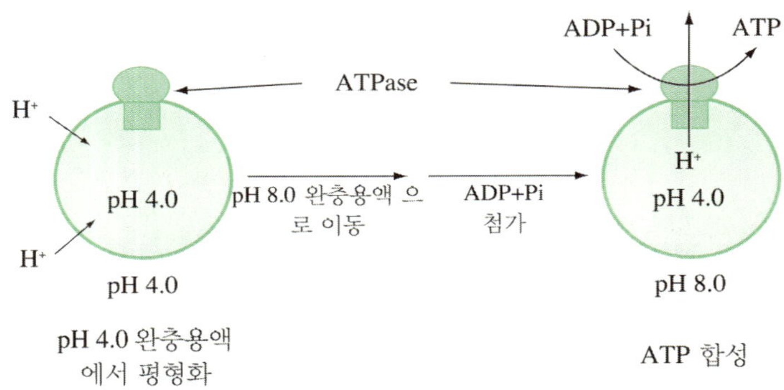

그림 4-36 분리엽록체 틸라코이드에서 산-알칼리전환에 따른 ATP 합성

① 전자전달과 H^+ 농도차 형성

그림 4-37 과 같이 Q-회로에서 전자가 전달될 때 H^+이 막내로 이동되어 PQ 를 환원시켜 PQH_2 로 되는데 그 다음의 전자전달물질인 시토크롬 f 와 PC 는 전자의 이동에 의해서만 산화 · 환원이 일어나며, 시토크롬 f 는 전자만 전달받고 H^+는 틸라코이드 내강으로 방출한다. H_2O 산화효소도 틸라코이드막 안쪽에 존재하므로 H_2O 의 산화에 의해서도 H^+는 틸라코이드 내강으로 방출하게 된다. 이와는 반대로 $NADP^+$광환원계는 틸라코이드막 바깥쪽(스트로마)에 존재하므로 틸라코이드막 바깥쪽에는 H^+의 소모가 일어난다. 따라서 내강 쪽에는 +, 바깥쪽에는 －로 대전하게 된다.

② **전기 화학적 전위차 형성**

어떤 물질 A의 농도차가 생길 때 자유에너지 변화(ΔG)는 다음과 같다.

$$\Delta G = 2.3\,RT \cdot \log \frac{[A]_{in}}{[A]_{out}}$$

(R=기체상수, T=절대온도, $[A]_{in}$=막 안쪽의 A 농도, $[A]_{out}$=막 바깥쪽의 A 농도)

H^+는 전하를 가지고 있어 막 안쪽에는 +전하가 증가하고, 막 밖으로는 감소하게 된다. 따라서 틸라코이드막을 경계로 안으로는 +전위가, 막 밖으로는 −전위가 형성되어 막전위($\Delta\varphi$: membrane potential)가 만들어진다. 그런데 H^+가 안으로 들어가는 것은 H^+농도차뿐만 아니라 막전위차에 의해서도 좌우된다. 이 두 가지에 의한 에너지차를 전기 화학적 에너지차($\Delta\varphi H^+$: electrochemical potential)라 하고 다음의 식으로 표현된다.

$$\Delta\varphi H^+ = 2.3\,RT\ \log\frac{[H^+]_{in}}{[H^+]_{out}}\ F\Delta\varphi\ =\ 2.3\,RT\,(pH_{out} - pH_{in}) + F\Delta\varphi$$
$$= (59\ mV)\Delta pH + F\Delta\varphi\ (25℃)$$

H^+이 틸라코이드 내강에서 높으면 산성이 강하여 단백질이 변성하고 Mg^{2+}이 밖으로 빠져 나온다. 이것을 막기 위해서는 강력한 완충역할이 필요한데 pH가 5.0이 되면 전자전달속도가 저하되며 H^+-pump 능력이 저하되어 내강이 극도로 산성화되는 것을 방지한다. ΔpH가 3.0~3.5 정도가 되면 전기 화학적 에너지는 210 mV (4.8 Kcal/mol)에 상응한다.

작은 H^+수송에 의해서도 내강에 막전위가 상당히 높아지지만 실제로는 H^+수송과 동반하여 K^+과 Mg^{2+} 같은 양이온이 밖으로 방출되며, Cl^-과 같은 음이온이 내강으로 운반되어 막전위가 그리 크게 형성되지 않게 한다. 보통 빛을 비출 때에 틸라코이드막의 막전위는 약 100 mV (=2.3 Kcal/mol) 정도 된다. 그렇지만 ΔpH와 합치면 틸라코이드막에 형성되는 전기 화학적 에너지는 약 300 mV (=7.0 Kcal/mol)에 달하게 된다.

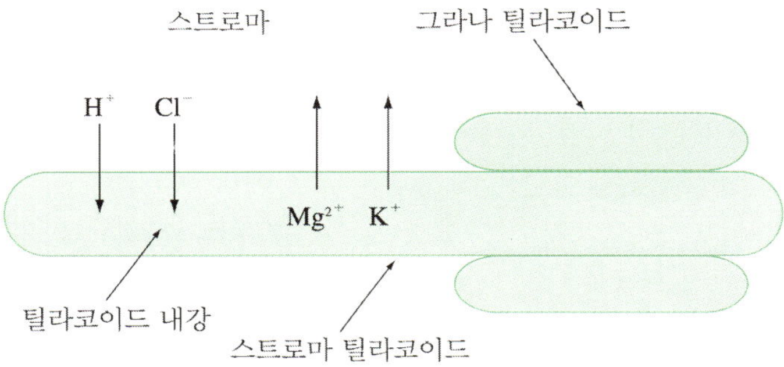

그림 4-37 틸라코이드 내에서 H^+ 수송에 따른 다른 이온의 이동

ATP가 가수분해할 때 표준자유에너지 변화는 7.3 Kcal/mol이나 ADP과 Pi의 농도가 적은 생체막에서는 약 12 Kcal/mol에 달한다. 1분자의 ATP를 합성하는 데는 2~3 H^+이 틸라코이드막 안쪽으로 수송되어야 하기 때문에 실제 약 14~21 Kcal/mol의 에너지가 ATP 합성에 이용된다(그림 4-37).

③ **전자전달과 공역**

전자전달의 속도는 틸라코이드막 내외에 형성된 전기 화학적 에너지차에 영향을 받으며, PQ-pool에서 전자가 전달되기 위해서는 전기 화학적 에너지 차에 역행하여 H^+을 운반하여야 한다. 전자전달에 의하여 얻은 에너지량은 H^+수송에 필요한 에너지량보다 클 때에만 전자전달이 일어나고 둘이 다 같을 때에는 정지하게 된다. 그런데 전자가 전달되는 것은 전자전달체 사이에 산화-환원의 전위차가 있기 때문이며 이에 따라 얻은 에너지 차는 이들 간의 산화-환원 전위차에 따라 결정된다. 즉 전기 화학적 에너지차는 이들 전자전달체 사이의 전위차에 따라 결정된다.

한 예로 PQ는 시토크롬 f와 산화-환원 전위차가 약 300 mV이고 이 사이에서 얻을 수 있는 에너지는 약 7 Kcal이다. 이것은 틸라코이드막 내외의 전기 화학적 에너지차와 일치한다. 이때 전기 화학적 에너지가 너무 높으면 PQ에서 시토크롬 f로 전자전달이 억제된다.

이와 같이 전자전달반응이 단순히 H^+-펌프의 원인이 되는 것만이 아니고 H^+-펌프에 의하여 만들어진 전기 화학적 에너지에 의하여 전자전달속도가 조절되는 밀접한 관계가 있다. 그런데 광인산화가 왕성하게 일어나는 조건에서는 ATP 합성에 의하여 전기 화학적 에너지가 소모되어 전자전달반응이 진행되지만 ATP 합성이 정지되면 전자전달도 억제된다. 이와 같이 전자전달반응이 광인산화에 의하여 조절되는 현상을 광합성조절이라 한다. 광인산화에 의한 전자전달 촉진률이 400% 이상이라는 보고도 있다.

전자전달반응은 다른 생체반응과 같이 pH에 의존하는 반응이다. 틸라코이드막 내외의 pH에 의하여 전자전달반응이 영향을 받는다. 보통 pH가 8.0일 때 전자전달반응이 최대활성을 갖는다. 틸라코이드 내부 pH는 5.0 정도 되며, 실제로 5.0~5.5일 때 최대활성을 나타낸다. 따라서 전자전달속도는 전기 화학적 에너지차 이외에 틸라코이드막 내외의 pH에 의해서도 영향을 크게 받는다(그림 4-38).

④ **공역인자**

전자전달에는 관계하지 않고 인산화에만 관계하는 인자를 공역인자(coupling factor)라 한다. 미토콘드리아와 같은 에너지생성 생체막에서는 H^+수송 ATPase (F_1, F_0-ATPase)가 ATP를 합성한다.

엽록체나 남조의 틸라코이드나 광합성세균의 색소포에 있는 H^+수송 ATPase를 CF_0, CF_1 (coupling factor)이라 한다. EDTA를 처리한 엽록체에서는 광인산화반응이 일어나지 않지만 이 추출물을 다시 가하면 광인산화가 회복되며, 단백질 가수분해효소인 트립신을 처리해도 광인산화반응이 억제되는 것으로 보아 이는 단백질 복합체라 생각된다.

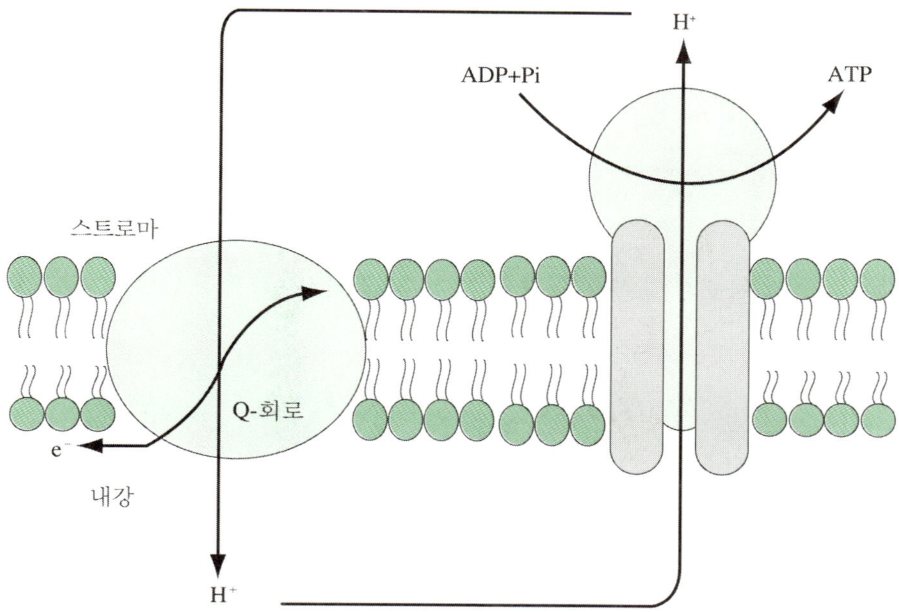

그림 4-38 H^+-순환에 따른 ATP 합성과 전자전달과의 공역

또한 EDTA를 처리한 엽록체를 전자현미경으로 관찰하면 직경이 약 9 nm 정도인 입자가 관찰되지 않는데 이와 같이 EDTA의 처리에 의해 제거된 직경 약 9 nm의 입자가 CF_1이라고 한다. CF_1은 α-(59 kD), β-(56 kD), γ-(37 kD), δ-(18 kD), ε-(13 kD) 등의 소단위로 이루어져 있고, CF_o는 Ⅰ(15 kD), Ⅱ(12 kD), Ⅲ(8 kD), Ⅳ(19 kD) 등 4종류의 소단위로 이루어져 있다고 추정된다.

CF_1의 분자량은 약 325 kD으로 조사되었으나 실제로는 400 kD 정도까지라고 추정한다. α-와 β-소단위는 ADP, ATP 등의 아데닌 뉴클레오티드와 강하게 결합하는데 α-소단위는 아데닌 뉴클레오티드 결합반응을 조절하며, β-소단위는 그 결합반응을 촉매한다고 본다. γ-와 δ-소단위는 CF_1을 CF_0에 결합시키는 역할을 하는데, 특히 γ-소단위는 H^+ 수송의 유속을 결정하여 ATP 합성과 가수분해를 조절한다. 또한 $-S-S-$ 결합을 $-SH$로 환원시키는 구조적 변화를 일으켜 아데닌 뉴클레오티드와의 결합과 해리를 조절한다 ε-소단위는 ATPase의 가수분해작용을 저해한다.

CF_0는 틸라코이드에 매몰되어 있어 분리가 어렵기 때문에 잘 알려져 있지 않다. Ⅲ-소단위는 소수성 아미노산을 많이 함유하며 육량체(hexamer)로 되어 있고, DCCD와 결합하여 수소이온 수송을 억제하기 때문에 수소이온의 채널 역할을 한다고 생각한다.

α-, β-, ε-, Ⅰ, Ⅲ, Ⅳ-소단위 등은 엽록체 DNA에 의해 코딩되며, γ-, δ-, Ⅱ-소단위 등은 핵 DNA에 의해 코딩된다(그림 4-39).

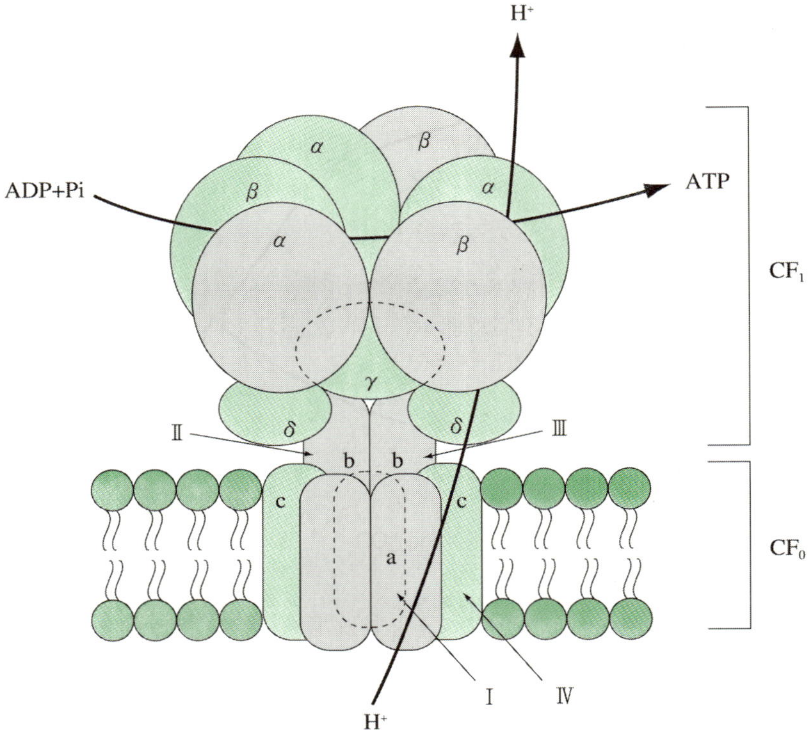

그림 4-39 엽록체 공역인자의 구성과 ATP 합성

CF_1 소단위 : 3α, 3β, γ, δ, ε　　CF_1 소단위 : Ⅰ, Ⅱ, Ⅲ, Ⅳ

⑤ 광인산화 저해제와 탈공역제

광인산화에 의하여 ATP 가 생합성되기 위해서는 전자전달, 수소이온 농도차, 전기 화학적 전위차 등의 일련의 반응이 일어나며 이와 더불어 ATPase 의 활성이 일어나야 한다. 이들 각 단계를 억제하는 물질들을 저해제라 하고 전자전달 저해제와 탈공역제 및 에너지 변환 저해제로 대별된다.

전자전달 저해제는 전자전달을 억제하는 물질로서 녹색식물과 조류에 있어서는 DCMU, simazine 등 s-triazine 유도체, dibromotimoquinone, succinicphenylmercury, 홍세균에는 antimycine A, 2-heptyl-4-hydroxyquinoline-N-oxide, succinicphenylmercury 등이 있다.

탈공역제(uncoupler)는 전자전달을 저해하지는 않지만 이와 공역하여 수소이온 수송에 의하여 생긴 전기 화학적 전위차를 감소시키는 물질로 그 작용기구에 따라 아래와 같이 분류한다(그림 4-40).

(가) H^+수송형 탈공역제 : CCCP (carbonylcyanide-*m*-chlorophenylhydrazone)와 FCCP (carbonylcyanide-*p*-trifluoromethoxyphenylhydrazone)는 낮은 pH 측의 H^+를 알칼리쪽으로 이동시켜 ΔpH 를 해소시키며, nigercine 는 K^+ 또는 H^+과 결합하여 막전위를 해소시킨다.

(나) H^+중화형 탈공역제 : 암모늄염은 아민류로 H^+와 결합하여 틸라코이드 내외의 pH 차를 해소시킨다.

$$NH_3 + H^+ \rightleftarrows NH_4$$

(다) 양이온 수송형 탈공역제 : valinomycin은 K^+에 선택적으로 작용하여 틸라코이드막의 K^+을 재분포시켜 막전위를 해소시키고, nigercine은 H^+ 또는 K^+과 결합한 상태로 막을 투과하여 막전위를 해소시킨다.

(라) 이온채널 형성형 탈공역제 : gramicidine

(마) 막투과성 양이온 : tetraphenylphosphonium-cation, tetraphenylarsonium-cation

(바) 막투과성 음이온 : Cl^-, NO_3(엽록체 틸라코이드), tetraphenylboron-anion

에너지변환 저해제는 ATPase(CF_1, CF_0-ATPase)에 의한 반응 자체를 억제하는 물질을 말한다. 이들은 ATP 합성을 저해하고, 인산화 조건에서 전자전달이 촉진되는 것을 저해하며(전자전달에 의한 광합성조절이나 광호흡 조절을 억제), 탈공역제가 있으면 전자전달 촉진에 영향을 주지 못하는 등의 공통적인 특성을 가지고 있다.

엽록체에서는 Dio-9, phrolizin, chlorotri-*n*-butyltin이 CF_1과 결합하고 DCCD (dichlorohexylcarboxyamide), triphenyltin 등은 CF_0와 결합하여 에너지변환을 저해한다. DCCD 한 분자가 CF_0 소단위-Ⅲ의 글루탐산 잔기에 결합하여 H^+채널을 완전히 폐쇄시켜 에너지변환을 강력히 저해한다.

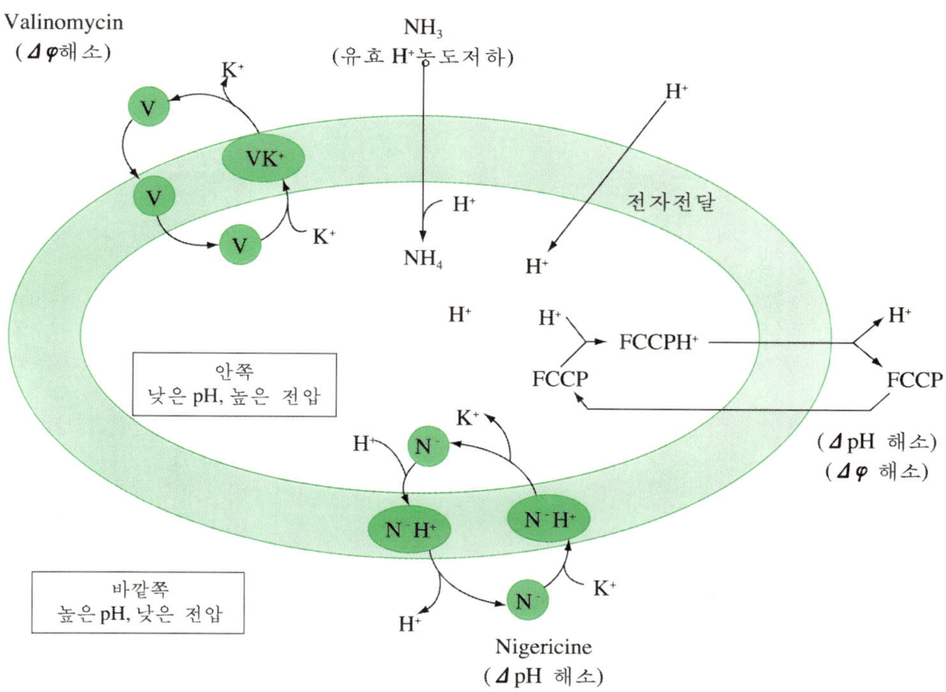

그림 4-40 주요 탈공역제의 작용기작

4-3-4 탄소대사

Boussingault (1884)는 광합성의 일반식을 $CO_2 + H_2O \longrightarrow O_2 + (CH_2O)$로 일어날 것이라 제안하였다. 그 후 여러 연구자들은 식물이 광합성이라는 과정을 통해 CO_2를 고정할 것이라고 생각은 하였으나 그 과정을 입증할 수가 없다가 1940년 동위원소가 만들어짐에 따라 그 과정을 규명할 수 있었다.

미국 Berkeley 대학의 Ruben 그룹(1941)을 중심으로 ^{11}C (반감기=20. 3 분)을 이용하여 연구를 시작하였으나, 그 후 Michigan 대학의 Gaffron 그룹(1948)과 Ruben의 후학들인 Calvin과 Benson (1945~1957) 등에 의하여 그 전모가 규명되었으며, 그 업적에 따라 1961년 식물학 분야에서는 처음으로 노벨상을 수상하게 되었다.

그러나 하와이 사탕수수 연구소에 근무하던 젊은 농학자인 Kortschak (1965)는 사탕수수의 경우 초기 CO_2 고정산물이 인산 글리세르산(phosphoglyceric acid, PGA)이 아니라 옥살로아세트산(oxaloacetic acid, OAA)이라는 것을 밝혔으며, 호주의 사탕수수 연구소의 Hatch와 Slack 등에 의하여 초기 CO_2 고정산물이 OAA인 식물들의 잎 구조, 생리, 생화학, 생태학 등에 관한 연구가 수행되었다.

PGA (C_3-화합물)를 초기 CO_2 고정산물로 만드는 식물을 C_3-식물이라 하고 OAA (C_4-화합물)를 초기 CO_2 고정산물로 만드는 식물을 C_4-식물이라 한다. 뿐만 아니라 고온건조한 사막지대에 자생하는 *Crassulaceae* 등에서는 낮에는 기공을 열면 높은 열로 인하여 식물체내의 수분을 빼앗기기 때문에 낮에는 기공을 닫고 에너지만을 이용하는 광화학 반응만이 주로 일어나고, 밤에는 기공을 열어 대기 중의 CO_2를 받아들여 고정하는, 즉 낮과 밤을 이용하여 광합성을 수행하는 식물들 소위 CAM형 광합성 식물들의 존재가 밝혀졌다. 이렇게 식물들은 주어진 환경 속에서 자신들이 생존을 위하여 내부구조를 변형시키고 생리-생화학적 과정을 변경시키면서까지 적응하며 살아간 다는 것에 주목해야 한다.

1. 초기 CO_2 고정산물

Ruben, Kamen, Hassid (1939~1940) 등은 처음으로 ^{11}C를 이용하여 초기 CO_2 고정산물을 규명하려고 시도하였다. 그들은 암중에서도 CO_2를 고정할 수 있으나 그 양은 빛을 비추었을 때에 비하여 극히 소량이었고 ^{11}C는 암중에서는 $-^{11}COOH$기에 존재하나 빛을 비추면 일부는 $-^{11}COOH$기에, 대부분은 알코올성 -OH기 및 그밖에 다른 물질에도 존재함을 알아내고 다음과 같은 반응에 의하여 CO_2가 고정된다고 제안하였다.

$$RH + {}^{11}CO_2 \rightleftarrows R\text{-}{}^{11}COOH$$

$$R\text{-}{}^{11}COOH + H_2O \overset{\text{빛}}{\rightleftarrows} R\text{-}{}^{11}CH_2OH + 1/2\,O_2$$

$$R\text{-}{}^{11}CH_2OH \longrightarrow ({}^{11}CH_2O) + RH$$

$$\overline{\qquad\qquad\qquad\qquad\qquad\qquad\qquad\qquad}$$

$${}^{11}CO_2 + H_2O \xrightarrow{\text{빛}} ({}^{11}CH_2O) + 1/2\,O_2$$

즉 CO_2는 탄산환원성 물질(RH)이 엽록체 내에 존재하여 위와 같은 반응과정으로 $R-^{11}COOH$와 같은 초기 CO_2 고정산물을 만든다는 것이다. 그러나 이들은 ^{11}C의 반감기가 짧기 때문에 $R-^{11}COOH$의 본체를 밝힐 수가 없었다. 1945년부터 ^{14}C (반감기 = 5720년)의 이용이 가능해짐에 따라 Calvin 등(1946~1947)은 *Chrorella*와 *Scenedesmus*를 재료로 $R-^{14}COOH$를 규명하고자 노력하였다.

CO_2 고정산물을 추출하여 이온교환수지를 이용하여 분석한 결과 ^{14}C가 글리세르산, 말산, 구연산, 아스파르긴산 등의 유기산과 알라닌, 글리세린, 세린 등의 아미노산에 들어가 있음을 발견하여 $R^{14}COOH$는 한 종류가 아니라고 생각하였다. Gaffron (1948) 등은 녹조인 *Scenedesmus*를 이용하여 시간변화에 따라 $^{14}CO_2$를 고정시켜 수용성물질, 지용성물질, 불용성물질로 분획하였다.

그 결과 10~20초 동안 $^{14}CO_2$를 처리한 경우에는 모든 분획물에서 ^{14}C가 검출되었으나, 1~2초 짧은 시간 $^{14}CO_2$를 고정시켰을 때에는 수용성 물질에만 ^{14}C가 발견되었다. 이는 CO_2의 고정이 극히 짧은 시간 내에 일어나며, 초기 CO_2 고정산물이 수용성 분획물에 존재한다는 것을 의미한다. Calvin (1948) 등은 이를 확인하고 이 수용성물질을 분석한 결과 ^{14}C의 약 87%가 인산글리세르산(phosphoglyceric acid, PGA)의 $-^{14}COOH$에, 10%가 포스포에놀 피루브산(phosphoenol pyruvate, PEP)에 존재함을 밝혔다. 이는 초기 CO_2 고정산물이 PGA임을 의미한다.

2. CO_2 수용체

CO_2는 엽록체내의 어떤 물질과 반응하여 3탄당인 PGA를 만들까? 처음에는 CO_2 (C_1-화합물)가 C_2-화합물과 반응하면 C_3-화합물인 PGA를 만들 수 있으므로 C_2-화합물인 vinylic acid, phosphoglycolic acid, glycolic acid일 것이라 생각하였으나 부정적인 결과를 얻었다. Benson 등(1951)은 sedoheptulose-diphosphate (SDP)와 ribulose-bisphosphate (RuBP)가 광합성 초기물질들이며 이들이 CO_2 수용체로 작용할 수 있다고 생각하였다.

그 후 Calvin과 Massini (1952)가 녹조인 *Scenedemus*를 재료로 PGA의 양적 변화에 따라 상대적으로 변하는 것은 RuBP임을 밝혔다(그림 4-41). 즉 ^{14}C의 방사능은 CO_2 고정이 정상적으로 일어날 때에는(1% CO_2) PGA에서 높고 RuBP에서는 낮지만, CO_2 고정이 저하될 때에는(0.003% CO_2) RuBP에서는 높고 PGA에서는 낮았다.

3. 광합성적 탄소환원회로

Calvin (1950) 등은 광합성 시 PGA의 ^{14}C가 시간변화에 따라 어떻게 분포하는가를 조사하여 CO_2 고정에 따라 생성된 PGA가 6탄당을 합성하고 다시 CO_2 수용체인 RuBP를 재생산하는 데 사용된다는 것을 밝혔다. 이를 근거로 Calvin 등은 ^{14}C의 시간적 변화에 따른 생성물질들의 변화양상을 추적·확인하여 1957년 펜토오스인산회로를 제안하게 되었다.

광합성적 탄소환원회로(photosynthetic carbon reduction cycle) 또는 Calvin-Benson 회로라고도 불리는 이 회로는 세 단계로 나누어 설명할 수 있다(그림 4-42).

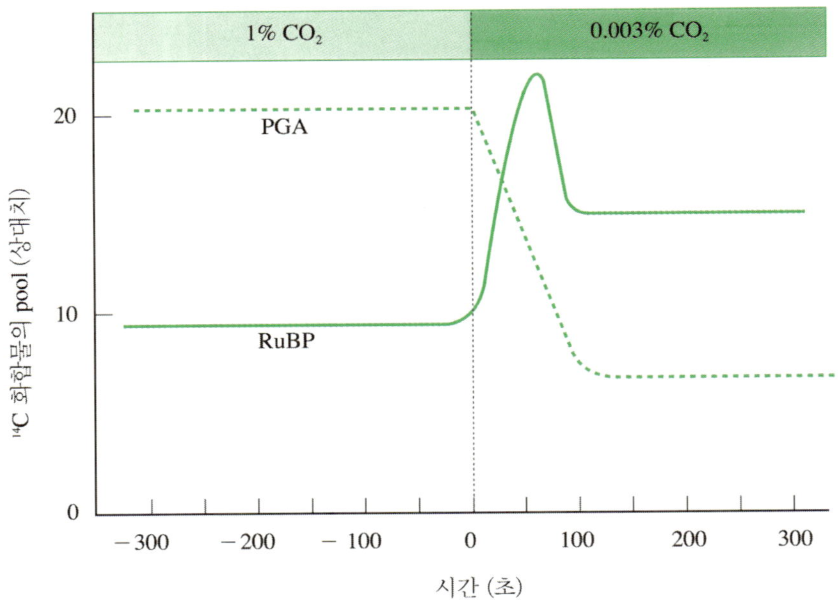

그림 4-41 $^{14}CO_2$ 농도변화에 따른 ^{14}C-RuBP 및 ^{14}C-PGA pool 의 변동

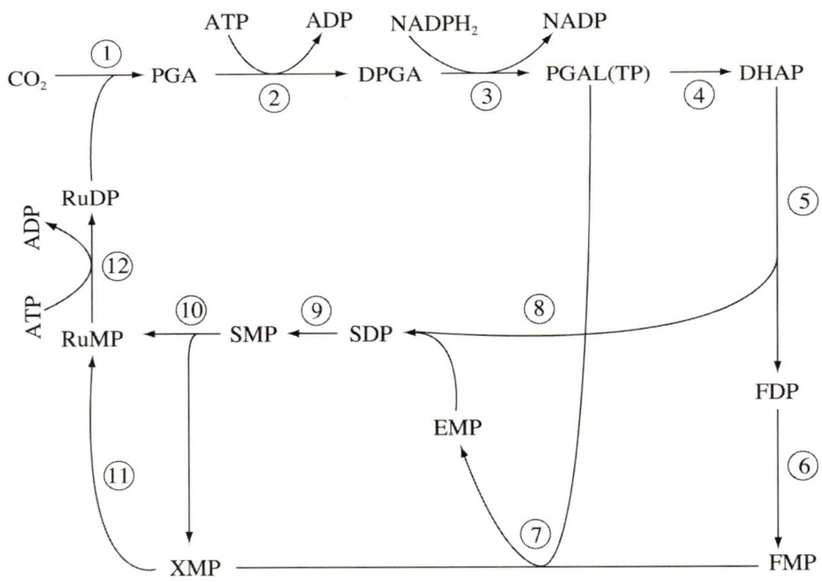

그림 4-42 광합성 탄소 환원(PCR)회로

① RuBP carboxylase/oxygenase (Rubisco), ② Phosphoglycerate kinase
③ Glyceraldehyde-3-phoshatase dehydrogenase ④ Glyceraldehyde-3-phoshatase isomerase
⑤ Aldolase ⑥ fructose-1, 6-bisphoshatase
⑦ Transketolase ⑧ Aldolase
⑨ Sedoheptulose-1, 7-bisphoshatase ⑩ Transketolase
⑪ Ribulose-5-phoshatase epimerase ⑫ Ribulose-5-phoshatase kinase

(1) 카르복시화 단계

카르복시화 단계(carboxylative stage)는 CO_2 와 RuBP 가 RuBP-carboxylase (Rubisco = ribulose bisphosphate carboxylase/oxygenase)에 의하여 두 분자의 PGA 를 합성하는 반응단계이다.

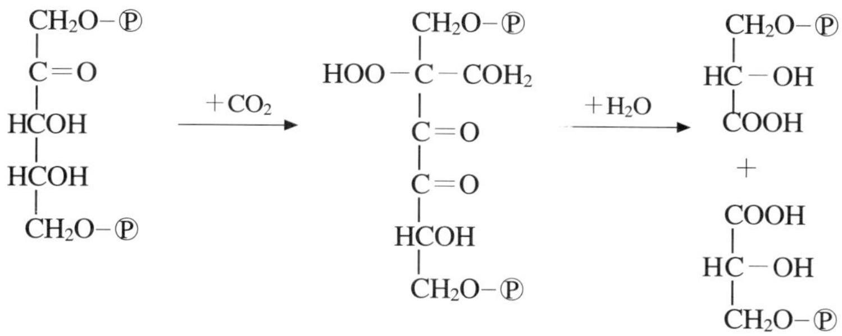

RuBP　　β-keto 산형 중간체　　2 PGA

(2) 환원단계

환원단계(reductive stage)는 위와 같이 생성된 PGA 가 phosphoglyceric acid kinase 와 3 탄당 인산탈수소효소의 작용에 의해 3-포스포글리세르알데히드 (PGAL, TP)를 만드는 과정이다.

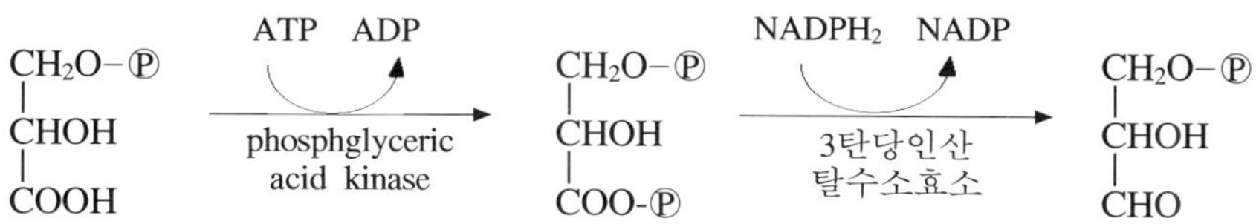

PGA　　DPGA　　PGAL (TP)

(3) 재생단계

재생단계(regenerative stage)는 TP 가 여러 반응단계를 거쳐 RuMP 를 만드는 과정(5 TP + 2 H_2O ⟶ 3 RuMP + 2 Pi)이다. 이는 다시 다음의 몇 단계로 나눌 수 있다.

① TP 3 탄당 이성화효소(triose isomerase)의 촉매작용에 의하여 디히드록시아세톤인산 (dihydroxyacetonephosphate, DHAP)이 생성된다. 이 DHAP 는 aldolase 에 의하여 TP 와 반응하여 과당-1, 6-이인산 (FDP)를 만들고 인산가수분해효소 에 의하여 과당-6-인산 (FMP)가 생성된다.

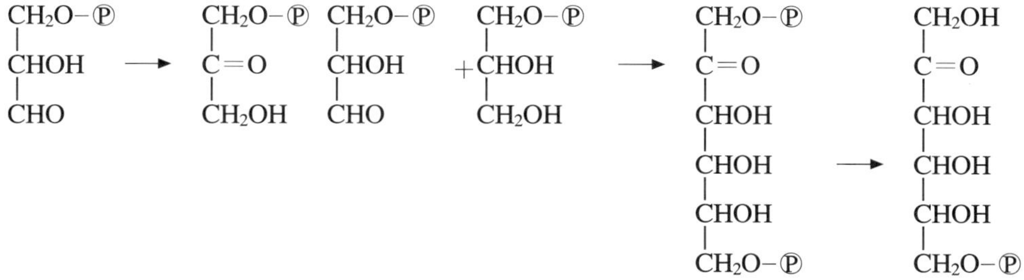

TP　　DHAP　　TP　　DHAP　　FDP　　FMP

② FMP 와 TP 가 transketolase 에 의하여 자일로오스-5-인산(xylose-5-phosphate, XMP)과 에리트로오스-4-인산(erythrose-4-phosphate, EMP)을 만드는 단계이다.

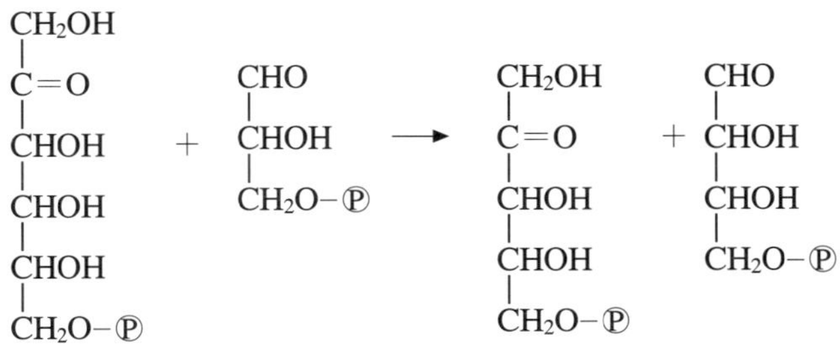

FMP TP XMP EMP

③ EMP 와 DHAP 가 aldolase 의 축합반응에 의하여 세도헵툴로오스-1, 7-이인산(sedoheptulose-1, 7-diphosphate, SDP)을 만들고 인산가수분해효소 에 의하여 세도헵툴로오스-7-인산(SMP)을 만드는 단계이다.

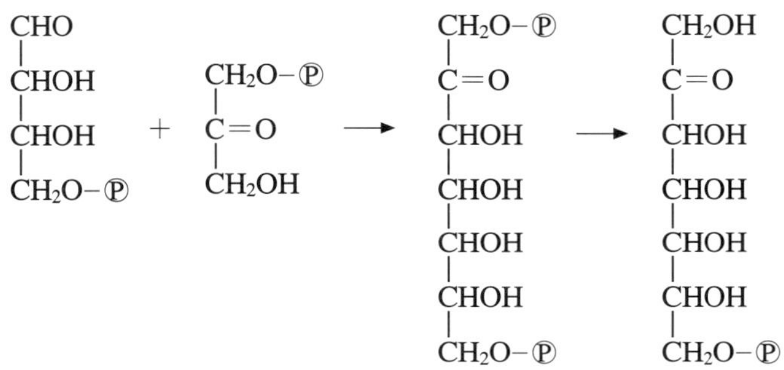

EMP DHAP SDP SMP

④ 이 SMP 와 TP 가 transketolase 에 의하여 자일로오스-5-인산과 리보오스-5-인산(RiMP)을 만드는 단계이다.

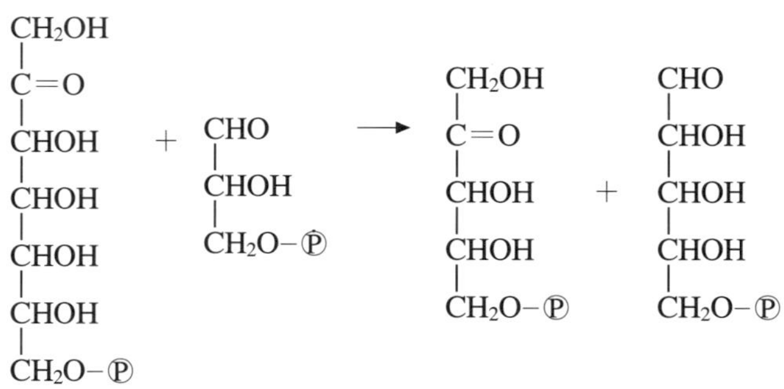

SMP TP XMP RiMP

⑤ 이 RiMP 가 인산이성화효소(phosphoisomerase)에 의해 리불로오스 일인산(ribulose mono phosphate, RuMP)을 만드는 과정이다.

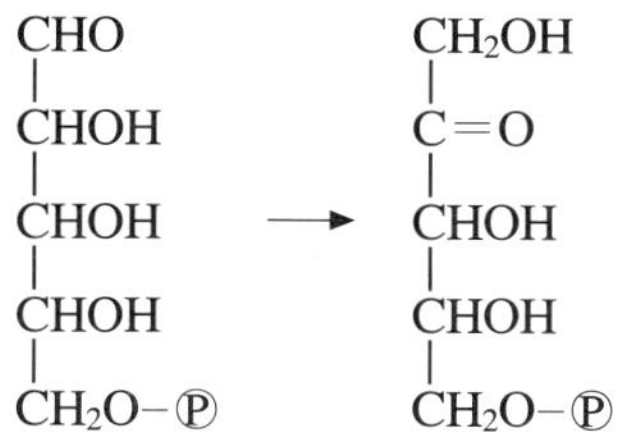

RiMP RuMP

⑥ RuMP가 phosphopentose kinase에 의해 리불로오스-1, 5-이인산 (RuBP)을 만드는 과정이다.

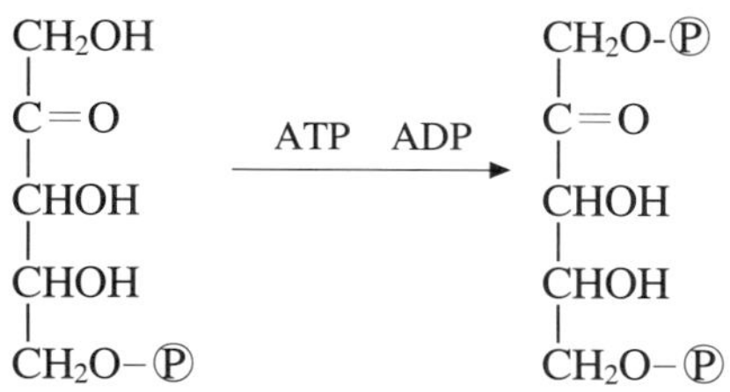

RuMP RuBP

결국 아래와 같이 3 분자의 RuBP와 CO_2가 반응하여 6 분자의 PGA를 만들어 광화학 반응에서 만들어진 ATP와 $NADPH_2$를 이용하여 6 분자의 TP를 생성하는데, 이중 5 분자는 3 분자의 RuBP를 재생하는 데 사용되고, 1 분자는 6 탄당을 만들어 광합성산물로 축적하게 된다.

$$3\,RuBP + 3\,H_2O + 3\,CO_2 \longrightarrow 6\,PGA$$

$$6\,PGA + 6\,ATP + 6\,NADPH_2 \longrightarrow 6TP + 6\,ADP + 6\,NADP + 6\,Pi$$

$$5\,TP + 2\,H_2O \longrightarrow 3\,RuMP + 2\,Pi$$

$$3\,RuMP + 3\,ATP \longrightarrow 3\,RuBP + 3\,ADP$$

$$3\,CO_2 + 9\,ATP + 6\,NADPH_2 + 5\,H_2O \longrightarrow TP + 9\,ADP + 8\,Pi + 6\,NADP$$

4. Rubisco

Rubisco (ribulose bisphosphate carboxylase/oxygenase)는 Fager (1952)에 의하여 시금치 잎으로부터 처음 추출되었으며, Horecker와 Ochoa 등(1956)이 각각 순수 정제하였다. 그런데 Wildman과 Bonner (1947) 등이 시금치 잎에서 단백질을 추출하여 전기영동하였을 때에 처음으로 분획되어 나오는 단백질을 fraction-1 protein이라 명명하였다.

Weissbach (1956) 등이 RuBP-carboxylase의 특성을 조사한 결과 이는 fraction-1 protein과 같은 것이며 CO_2와 RuBP와의 반응을 촉매하여 PGA를 만드는 데 관여함을 밝혔다. 이 단백질은 녹색잎의 전체 가용성 단백질의 약 10~20% 정도, 엽록체 전 단백질의 50% 정도를 각각 차지한다.

이 효소의 활성에는 Mg^{2+}이 필요한데 최적농도는 대략 15～20 mM 정도이다. RuBP-carboxylase의 기질결합 부위 리신(lysine)의 NH_3에서 $2H^+$이 떨어져 나오고 NH 라디칼에 CO_2가 직접 결합하여 불활성의 Enz-CO_2 복합체를 형성한 다음 Mg^{2+}과 결합하여 활성형의 Enz-CO_2-Mg^{2+} 복합체를 만든다.

$$\text{Enz-lysine-NH}_3 + \text{CO}_2 \xrightarrow[2\text{H}^+]{\text{느림}} \text{Enz-lysine-NH-CO}_2\ (\text{불활성형})$$

$$\text{Enz-lysine-NH-CO}_2 + \text{Mg}^{2+} \xrightarrow{\text{빠름}} \text{Enz-lysine-NH-CO}_2\text{-Mg}^{2+}\ (\text{활성형})$$

이 효소활성은 pH에 의해서도 영향을 받으며, 최적 pH는 약 8.2 정도이다. 또한 빛도 이 효소활성을 촉진시키는데 그 원인은 빛에 의하여 틸라코이드 내강으로 H^+이 수송되어 스트로마 내의 pH가 높아지고, 틸라코이드 내강에서 Mg^{2+}이 스트로마로 나와 Mg^{2+}의 농도가 높아지기 때문이다. 또한 무기인산은 이 효소의 광활성 효과를 촉진시키며 엽록체에 DHAP나 PGA를 첨가하면 이 효소활성이 억제된다.

여기에 다시 무기인산을 첨가하면 효소활성이 회복된다. 이는 엽록체내막의 인산 전이 운반체에 의하여 무기인산이 엽록체막 밖으로 방출되기 때문이다. 또한 이 효소는 CO_2와 O_2가 서로 경쟁적으로 길항작용을 하며, $^{18}O_2$를 이용하였을 때 글리콜산(glycolate)의 $-C^{18}OOH$에 방사성 산소가 들어가는 것으로 보아 이 효소는 carboxylation 작용뿐만 아니라 oxygenation 작용도 한다.

이 효소의 분자량은 560 kD 정도이며 8개의 큰 소단위(51～58 kD)와 8개의 작은 소단위(12 ～18 kD)로 이루어져 16면체를 구성한다. 큰 소단위는 엽록체 DNA에 의하여 합성되며 주로 CO_2와 O_2가 공통의 결합부위를 가지고 있다. 작은 소단위는 핵 DNA에 의해서 합성되어 엽록체 내로 들어와서 큰 소단위와 결합하며 주로 활성조절기능을 담당하게 된다.

5. 광합성 효소의 조절기작

Rubisco 이외에 빛에 의하여 조절되는 효소에는 글리세르알데히드-3-인산 탈수소효소, 과당-1,6-이인산 가수분해효소, 세도헵툴로오스-1,7-이인산 가수분해효소, 리불로오스-5-인산 인산화효소, NADP malic enzyme 등이 있다. 이 중 그 기작이 잘 알려져 있는 것은 FBPase로 전자전달억제물질인 DCMU를 처리하면 효소활성이 억제되며, 티오레독신(thioredoxin)과 같은 －S－S (disulfide) 화합물을 처리하면 촉진된다.

페레독신이나 티오레독신은 Fe와 S를 갖는 산화-환원물로서 두 개의 시스테인 잔기를 가지고 있어 -S-S 상태에서 -SH, SH- 상태로 환원될 수 있다. 따라서 PS-I에서 전자를 받아 페레독신이 환원되면 티오레독신을 환원시키고 이 환원형의 티오레독신이 불활성의 FBPase를 활성형으로 변형시키기 때문이다(그림 4-43).

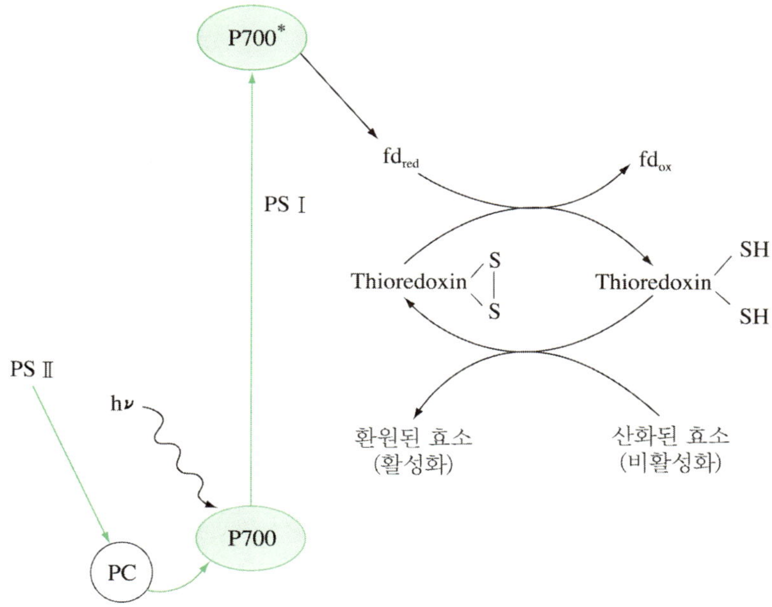

그림 4-43 페레독신/티오레독신계를 통한 과당-1,6-이인산 탈수소효소의 빛에 의한 활성화 모식도

6. Dicarboxylic acid cycle (C_4-경로, Hatch-Slack 경로)

조류, 양치식물, 나자식물 그리고 대부분의 피자식물에서는 초기 CO_2 고정산물이 PGA이지만 일부 피자식물에서는 옥살로아세트산(oxaloacetic acid, OAA)이다. 초기 CO_2 고정산물이 PGA (C_3-화합물)인 식물을 C_3-식물이라 하고, OAA (C_4-화합물)인 식물을 C_4-식물이라 한다. C_4-식물은 Kortschak (1965)에 의하여 사탕수수에서 처음 보고된 이래 Hatch와 Slack에 의하여 그 대사과정 전체가 밝혀졌다.

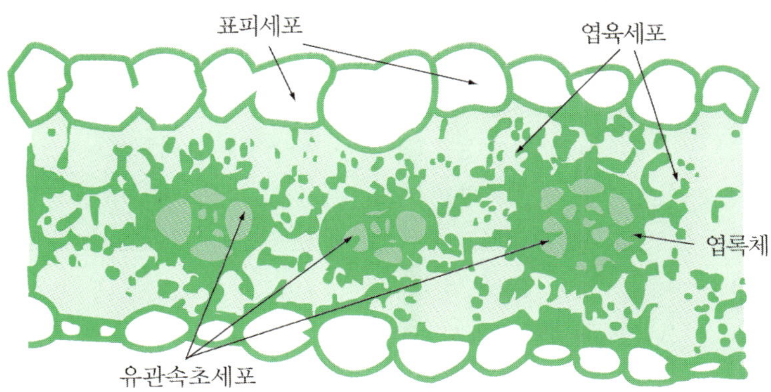

그림 4-44 옥수수(C_4-식물) 잎의 절단면

유관속초세포가 엽육세포에 비해 크며 엽록체가 많다. 이 엽록체에는 다량의 전분립이 존재한다.

C_3-식물들은 유관속초세포가 잘 발달되어 있지 않을 뿐더러 그 속에 세포소기관도 잘 발달되어 있지 않으며, 단지 엽육세포의 엽록체 내에서 펜토오스 인산회로에 의해서만 CO_2를 고정하여 환원시킨다. C_4-식물들은 크고 잘 발달한 세포소기관들을 갖는 유관속초 세포가 유관속을 에워싸고 있어(Kranz 구조) 엽육세포와 유관속초세포 사이, 시토솔과 세포소기관 사이에서 공간적으로 분담하여 CO_2를 고정시킨다(그림 4-44).

즉 엽육세포의 시토솔에서 PEP-carboxylase에 의하여 CO_2를 고정하여 OAA를 만든 다음 보다 안전한 말산(malate)이나 또는 아미노기전이효소(aminotransferase)에 의하여 아스파르트산(aspartate)으로 전환시킨다. 이렇게 말산으로 전환시키는 식물을 말산 형성 식물이라 하고, 아스파르트산을 만드는 식물을 아스파르트산 형성 식물이라 한다. 이렇게 만들어진 말산이나 아스파르트산은 원형질연락사를 통하여 유관속초세포로 이전되고 세포질이나 미토콘드리아에서 CO_2와 C_3-화합물(피루브산, 알라닌, PEP)로 탈탄산된다.

CO_2는 엽록체 내로 들어가 rubisco에 의하여 고정되어 5탄당 인산회로에 의하여 고정된다. C_3-화합물은 피루브산으로 되고 엽육세포의 엽록체에서 피루브산 dikinase에 의하여 ATP를 소모하여 PEP를 다시 만든다. 따라서 1몰의 CO_2를 환원시키는데 C_3-식물보다 더 많은 ATP를 소모한다. 탈탄산과정은 식물의 종에 따라 다르며(표 4-13), 다음과 같이 세 종류의 과정이 있다.

표 4-13 C_4-식물의 탈탄산 유형의 특성

	NADP-ME 형	NAD-ME 형	PEP-CK 형
Decarboxylase	NADP malic enzyme	NAD malic enzyme	PEP carboxykinase
탈탄산 장소	유관속초세포의 엽록체	유관속초세포의 미토콘드리아	유관속초세포의 엽록체 또는 세포질
안정한 초기 CO_2 고정화합물	말 산	아스파르트산	아스파르트산
탈탄산화 후 엽육세포에 이전된 C_3-화합물	피루브산	알라닌, 피루브산	알라닌, PEP
유관속초세포 엽록체에서의 PS-II 활성	낮 음	정 상	정 상
CO_2 1분자 고정에 필요한 ATP의 수	5	5	4 (알라닌), 6 (PEP)
CO_2 1분자를 동화하는데 필요한 $NADPH_2$ 수	2	2	2
유관속초세포의 엽록체	Agrana, 구심적배열(쌍자엽), 원심적배열(단자엽)	그라나, 구심적 배열	그라나, 원심적 배열
단자엽 식물	사탕수수, 옥수수	수수, 나도바랭이	잔디, 기니아 풀
쌍자엽 식물	댑싸리, 수송나물	쇠비름, 비름	없 음

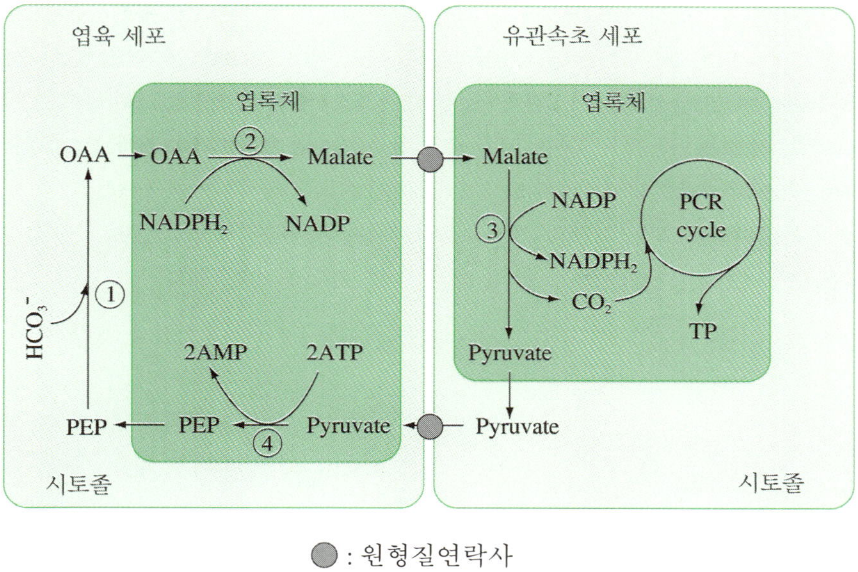

그림 4-45 NADP-Malic enzyme 형 C_4 식물의 CO_2 고정 회로

① PEP carboxylase ② NADP malate dehydrogenase ③ NADP malic enzyme ④ Pyruvate dikinase

(1) NADP-malic enzyme type (NADP-ME type)

기공을 통하여 엽육세포에 들어온 CO_2 는 시토솔에서 carbonic anhydrase에 의하여 HCO_3^- 로 전환되고 PEP-carboxylase 에 의하여 OAA 를 만든다. 이렇게 만들어진 OAA 는 엽록체로 들어가 광화학반응에 의하여 생성된 $NADPH_2$ 를 이용하여 NADP 말산탈수소효소 에 의하여 말산으로 전환된다. 이렇게 형성된 말산은 유관속초세포로 이전되고 엽록체에서 NADP malic enzyme 에 의하여 CO_2 와 피루브산으로 탈탄산된다.

CO_2 는 rubisco 에 의하여 5 탄당 인산회로에 의하여 재고정된다. 피루브산은 엽육세포로 이전되고 엽록체로 들어가 ATP 를 사용하면서 피루브산 dikinase 에 의하여 PEP 를 재생산하게 된다(그림 4-45).

이러한 대사과정을 갖는 식물들은 사탕수수, 옥수수 등의 단자엽식물과 댑싸리, 수송나물과 같은 쌍자엽식물에서 관찰되며, 특징은 유관속초세포 내의 엽록체는 그라나가 잘 발달되어 있지 않으며, 엽록체가 쌍자엽식물에서는 구심적으로, 단자엽식물에서는 원심적으로 배열되어 있다.

(2) NAD malic enzyme type (NAD ME-type)

엽육세포의 시토솔에서 PEP-carboxylase 에 의하여 CO_2 가 고정되어 OAA 를 생성한 다음 곧 아미노기전이효소에 의하여 아스파르트산으로 전환되어 유관속초세포로 이전된다. 이전된 아스파르트산은 미토콘드리아로 들어가 아미노기전이효소에 의하여 다시 OAA 로 전환된 다음 $NADH_2$ 말산탈수소효소에 의하여 말산으로 전환된다.

이때 말산은 NAD$^+$ malic enzyme에 의하여 탈탄산되어 CO_2와 피루브산으로 된다.

CO_2는 미토콘드리아를 빠져 나와 유관속초의 엽록체로 들어가 5탄당 인산회로를 거친다. 피루브산은 aminotransferase에 의하여 알라닌으로 되어 엽육세포로 전이된 후 탈아미노화되어 피루브산으로 전환된 다음 엽록체로 들어가며, 피루브산 dikinase에 의하여 PEP로 전환되어 순환하게 된다(그림 4-46).

수수, 쇠비름, 비름, 그령, 나도바랭이 등이 이에 속하는 식물들이다. 유관속초세포에 있는 엽록체는 그라나가 잘 발달되어 있고 구심적 배열을 하고 있다.

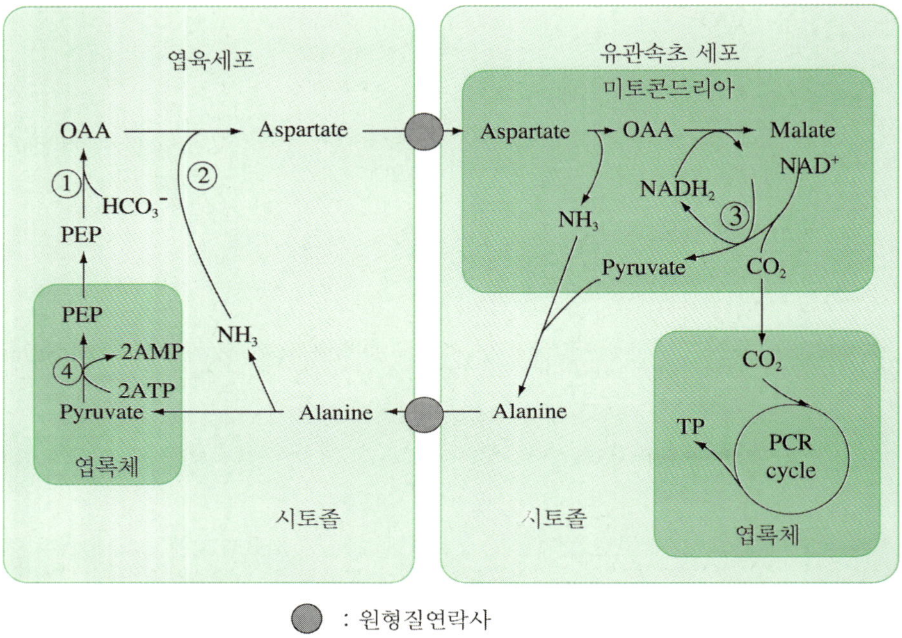

그림 4-46 NAD-Malic enzyme형 C_4 식물의 CO_2 고정 회로
① PEP carboxylase ② Aspartate transaminase ③ NAD-malic enzyme ④ 피루브산 dikinase

(3) PEP-carboxykinase type (PEP-CK type)

CO_2는 엽육세포에서 PEP-carboxylase에 의하여 아스파르트산으로 고정된 후 유관속초세포로 이동한다. 아스파르트산은 아미노기전이효소에 의해 OAA로 전환되고 미토콘드리아로 이동되어 PEP-carborxykinase에 의하여 탈탄산되어 CO_2와 PEP로 되는데 이때 ATP가 사용된다. CO_2는 엽록체로 들어가 5탄당 인산회로를 돌고, PEP는 피루브산으로 전환한 다음 알라닌으로 전환되고 엽육세포로 전이되어 다시 피루브산으로 전환된 다음 엽록체로 들어가 피루브산 dikinase에 의하여 PEP를 재생산한다(그림 4-47).

단자엽식물인 잔디와 뉴기니아 풀에서 관찰되며 쌍자엽식물에서는 찾아볼 수 없다. 유관속초세포의 엽록체는 그라나가 잘 발달되어 있고 원심적 배열을 한다.

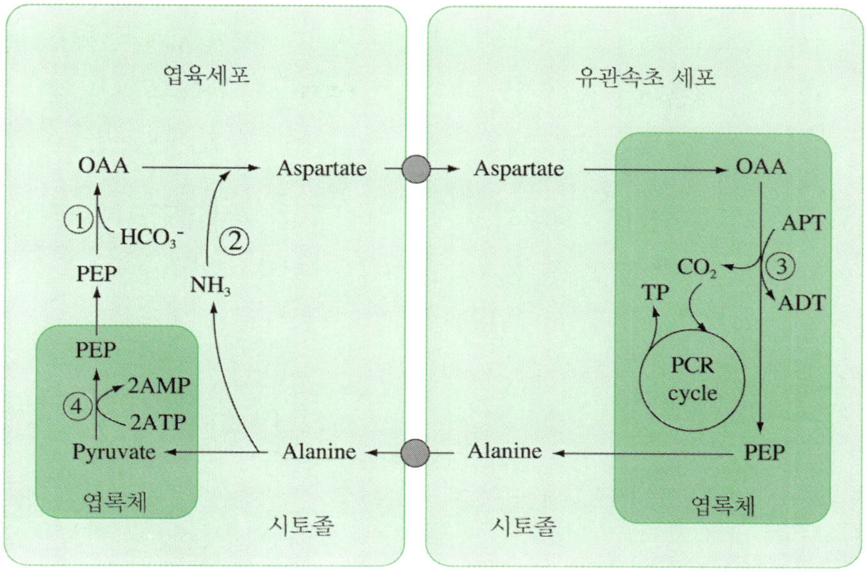

그림 4-47 포스포에놀피루브산(PEP) carboxykinase 형 C_4 식물의 CO_2 고정 회로
① PEP carboxylase ② Aspartate transaminase ③ PEP carboxykinase ④ Pyruvate dikinase

7. CAM (Crassulacean Acid Metabolism)형 광합성

돌나물과(Crassulaceae)와 같은 다육성(succulent) 식물은 밤에 기공을 열고 대기 중의 CO_2를 받아들여 OAA로 고정한 다음 말산으로 전환시켜 액포에 저장한다. 이와 같이 다육성 식물의 CO_2 대사는 상당히 특이한데, 이러한 대사가 돌나물과에 속하는 식물에서 처음 밝혀졌기 때문에 crassulacean acid metaboilsm (CAM)이라고 한다. 이러한 식물들은 밤과 낮의 심한 온도차에 따라 적응한 결과 광합성의 형태가 낮과 밤이라는 시간적 차로 전환한 것이다.

밤에는 온도가 낮아짐에 따라 기공을 열고 대기 중의 CO_2를 받아들여 PEP carboxylase에 의하여 OAA로 고정한 다음 말산으로 전환시켜 액포에 저장한다. 낮에는 온도가 높아 증산작용에 의한 수분방지를 위하여 기공을 닫고 액포에 저장한 말산을 탈탄산시켜 광화학반응에 의하여 생성된 ATP와 $NADPH_2$를 이용하여 5탄당 인산회로에 의하여 환원시키는 과정이다.

CO_2 수용체인 PEP는 해당과정에서 공급되며 탈탄산에 의하여 생성된 피루브산은 PEP 재생산에 사용되지 않고 다른 대사산물로 만들어진다. 액포에 말산을 축적하는 것은 능동적 과정으로 $2H^+$ 수송과 공역하지만 세포질로의 말산의 수송은 수동적이다. 탈탄산은 NADP 또는 NAD 말산 탈수소효소에 의하여 일어난다(그림 4-48).

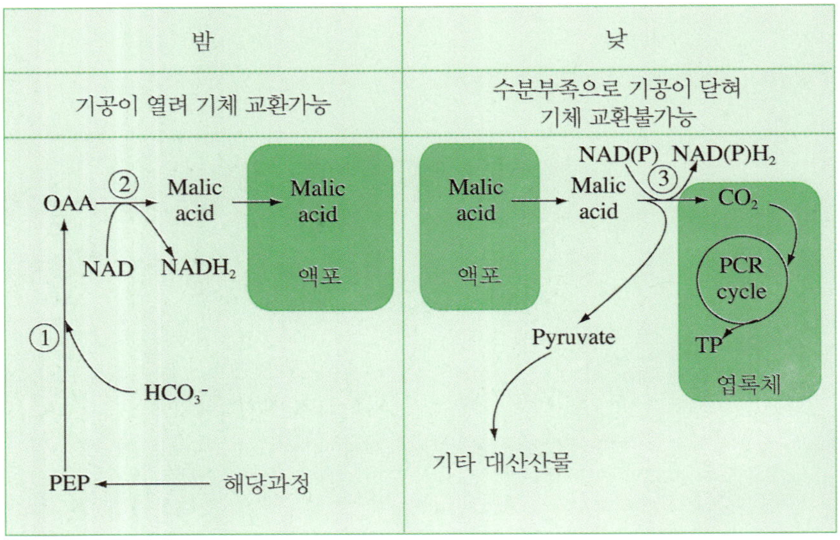

그림 4-48 CAM형 식물의 CO_2 고정 회로

① PEP carboxylase ② NAD malate dehydrogenase ③ NAD(P) malic enzyme

8. 광호흡

(1) 광호흡의 발견과 특성

Decker (1955, 1957)는 빛을 비추던 담뱃잎을 암소에 이전시키면 암호흡에 비하여 약 4～5배의 CO_2를 많이 방출하며 그 이후 암호흡 수준으로 떨어지는 것을 관찰하였다. 이것을 postillumination CO_2 burst (PICB)라 한다(그림 4-49). Forrester (1966)는 이러한 현상이 CO_2와 O_2의 농도에 크게 영향을 받지만 암호흡은 영향을 받지 않음을 관찰하고 이는 암호흡과 다른 기작에 의하여 일어나며 이를 광호흡(photorespiration)이라 명명하였다.

광호흡에 의한 CO_2 방출과 광합성에 의한 CO_2 흡수가 평형일 때의 CO_2 농도를 CO_2 보상점이라 하는데 Moss (1962)는 여러 식물에서 측정한 결과, 최대 광합성능이 낮은 식물에서는 CO_2 보상점이 높고, 최대 광합성능이 높은 식물에서는 CO_2 보상점이 낮은 것을 발견하였다(그림 4-50). 즉 겉보기 광합성능이 낮은 원인은 광호흡이 높기 때문이다.

실제 CO_2 보상점은 C_3-식물에서는 약 40 ppm이지만 C_4-식물에서는 0～10 ppm 정도이다. 따라서 C_3-식물이 생육할 수 있는 대기 중의 CO_2 농도보다 낮은 환경에서도 C_4-식물은 생육이 가능하다. 광호흡은 대기 중의 O_2의 농도가 증가함에 따라 증가하며 CO_2 농도가 0.03% 이상 증가하면 이에 비례하여 증가한다. 그러나 암호흡은 2%의 O_2 농도에서 포화상태에 이르며, CO_2의 농도에는 거의 영향을 받지 않는다. 또한 광합성능은 대기 중의 O_2 농도에 비례하여 저해되는데, 이것은 탄소고정계에 따라 다르고 대기 중의 CO_2 농도차에 따라 다르다.

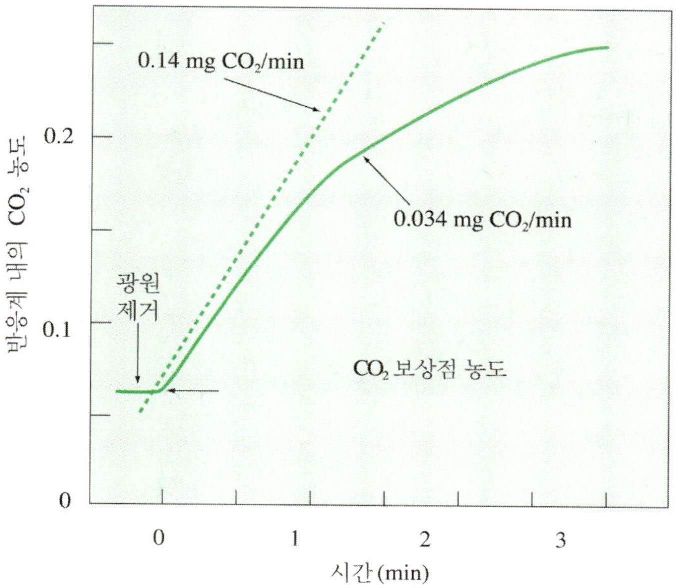

그림 4-49 광조사 후 이산화탄소의 방출

실선 : 호흡에 의해 방출되는 CO_2 의 양, 점선 : 빛 조사 중단 후 CO_2 의 방출량

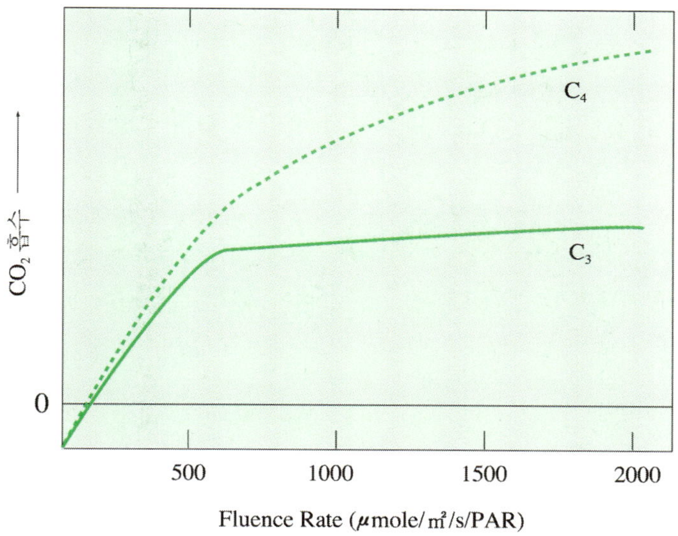

그림 4-50 C_3-식물과 C_4-식물에 있어서의 CO_2 고정능

C_3-식물의 광합성능은 2% O_2 에서보다 21%에서 30~50% 정도 낮지만 C_4-식물은 O_2 농도에 거의 영향을 받지 않는다. 또한 C_3-식물은 2% O_2 와 21% O_2 에서의 광합성능의 차이는 0.03% CO_2 부근에서 제일 크지만 그 이상의 농도에서 감소하여 0.15~0.20% CO_2 에서 거의 영(0)으로 된다(그림 4-51).

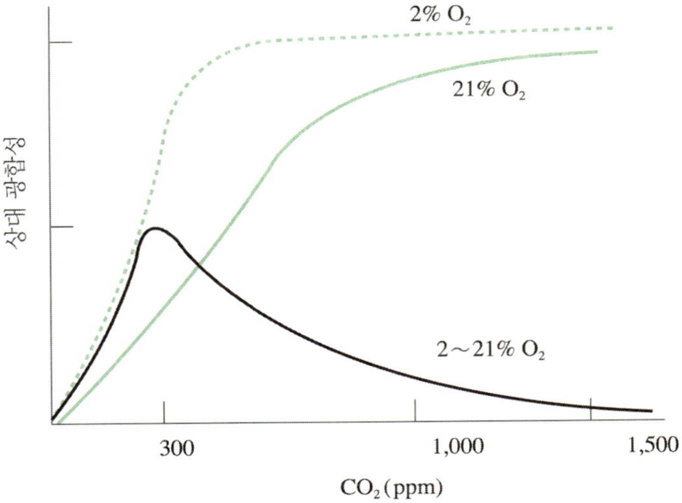

그림 4-51 C_3-식물의 광합성에 미치는 O_2와 CO_2의 영향

광호흡은 빛의 세기에 따라 증가하며 50,000～60,000 럭스에서 포화되지만 광합성능에 대한 광호흡비율은 빛의 세기에 따라 변하지 않는다. 또한 C_3-식물의 경우, 광포화점 부근에서는 온도가 높으면 광호흡이 증가되며, Warburg 효과가 높아지지만 저온에서는 이러한 현상이 없다. 이상과 같이 광호흡은 대기 중의 O_2 농도가 높고 CO_2 농도가 낮으며, 온도가 높은 조건에서 촉진되는데 C_4-식물에서는 이러한 현상이 없다(표 4-14).

표 4-14 광합성형 식물에 따른 각종 특성 차이

특 징 \ 식 물	C_3-식물	C_4-식물	CAM-식물
유관속초 세포	작고 세포소기관이 발달되지 않았음	크고 세포소기관이 잘 발달되었음 (Kranz-anatomy)	C_3-식물과 같음
탄소고정 효소	RuBP-carboxylase (엽육세포의 엽록체)	PEP-carboxylase (엽육세포의 세포질), RuBP-carboxylase (유관속초 세포의 엽록체)	PEP-carboxylase (엽육세포의 세포질), RuBP-carboxylase (엽육세포의 엽록체)
초기 CO_2 고정산물	PGA	OAA	OAA
Pyruvate dikinase	없음	1.2～3.5 (μ 몰/mg 엽록소/min)	없음
CO_2 : ATP : $NADPH_2$	1 : 3 : 2	1 : 5 : 2 1 : 6 : 2 (PEP-CK 형)	1 : 6.5 : 2
$\delta^{13}C$ %	-22 ～ -34	-11～ -19	-13～-34

특 징 \ 식 물	C_3-식물	C_4-식물	CAM-식물
엽록소 a/b	2. 8±0. 4	3. 9±0. 6	2. 5~3. 0
21% O_2에 의한 광합성 억제	있음	없음	있음
CO_2 보상점(ppm, 광호흡)	30~70	0~10	0~5 (암중), 200 (낮)
CO_2 광합성 속도 포화점(%)	0. 15 이상	0. 05~0. 15	C_3-식물보다 낮음
광합성 속도(대기중)	C_4-식물의 1. 5 배 작음	C_3-식물의 1. 5 배임	C_3-식물보다 훨씬 작음
증산량(대기중)	C_4-식물보다 큼	C_3-식물보다 작음	C_3-식물보다 훨씬 작음
최적 온도(℃)	15~25	30~47	<35
수분 요구량 (gH₂O/gDW)	450~950	250~350	50~55
분 포	한대, 온대 대부분의 식물(조류, 양치 식물, 나자식물, 피자식물)	주로 열대, 아열대의 피자식물	고온건조한 환경의 다육질성 식물

(2) 광호흡기구

Tobert 와 Kisaki (1971)는 광호흡이 엽록체, 퍼옥시솜, 미토콘드리아 3 개의 세포소기관의 협동작용으로 일어난다는 것을 밝혔다. 담뱃잎에 ^{14}C 로 표지된 글리콜산(glycolate)을 넣고 배양하면 $^{14}CO_2$ 로 방출되는데, 글리콜산 산화효소 억제제인 α-hydroxypyridinemethane-sulfonate (HPMS)를 함께 처리하면 $^{14}CO_2$ 가 방출되지 않고 광호흡이 억제되는 것으로 보아 글리콜산이 광호흡의 기질임을 알 수 있다.

글리콜산의 생성은 엽록체에 $^{18}O_2$ 를 처리하면 글리콜산의 $-COOH$ 에 $^{18}O_2$ 가 들어가므로 광합성 시 엽록체에서 합성됨이 밝혀졌다. 즉 활성화된 rubisco 가 O_2 와 반응하여 PGA 와 인산 글리콜산을 각각 만든다.

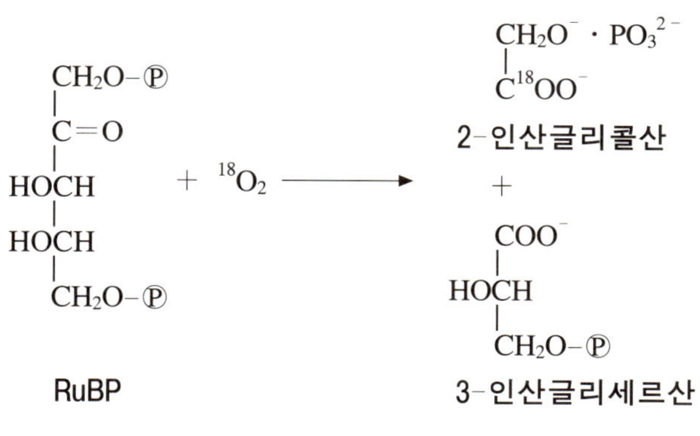

이렇게 만들어진 인산 글리콜산은 엽록체 내에서 인산가수분해효소에 의하여 글리콜산이 되어 퍼옥시솜으로 이동된다.

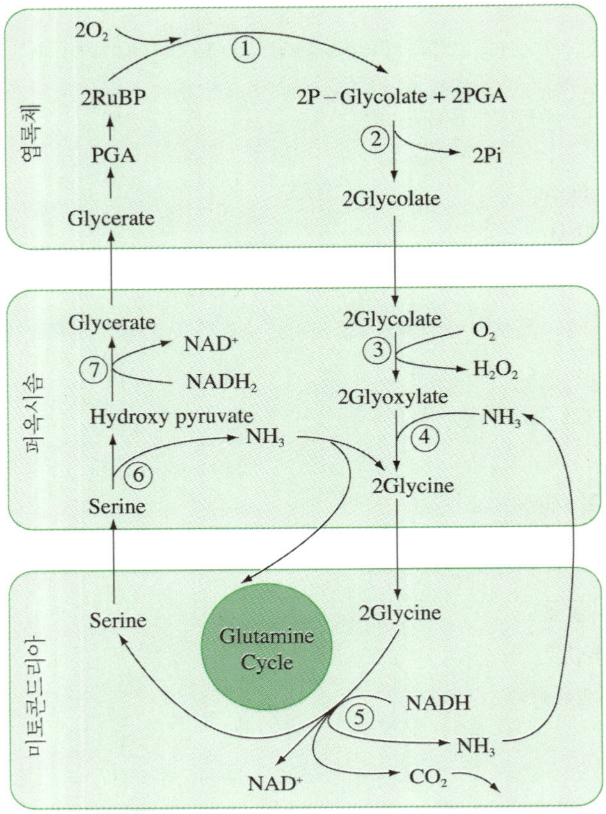

그림 4-52 글리콜산 경로에 의한 광호흡 모식도

① RuBP carboxylase/oxygenase (Rubisco) ② Phophoglycolate phosphatase ③ Glycolate oxidase ④ Glyoxylate aminotransferase ⑤ Glycine decarboxylase ⑥ Serine-glyoxylate transaminase ⑦ Hydroxypyruvate reductase

그런데 CO_2 와 O_2 는 RuBP-carboxylase/oxygenase 와의 결합부위가 서로 같기 때문에 경쟁적으로 작용하여 O_2 의 농도가 CO_2 농도보다 높으면2-인산글리콜산이 많이 생성되어 광호흡이 증가한다. 퍼옥시솜에 이동된 글리콜산은 글리콜산 산화효소에 의하여 글리옥실산과 H_2O_2 를 생성한다. H_2O_2 는 카탈라아제에 의하여 곧 H_2O 와 O_2 로 산화되고 글리옥실산은 아미노기전이효소에 의해 글리신으로 전환된다.

이 글리신은 미토콘드리아로 이전되어 글리신 탈카르복시화효소(세린 합성효소)와 seine hydroxymethyltrasferase 에 의하여 CO_2 로 탈탄산되고 아미노기는 떨어져 나와 NH_3 로 되며 히드록시피루브산을 만든다. 이 히드록시피루브산은 퍼옥시솜으로 들어가서 글리세르산으로 되고 다시 엽록체로 들어가 RuBP 를 만들게 된다. 이때 만들어진 CO_2 가 광호흡으로 방출한다(그림 4-52). 또한 NH_3 는 CO_2 생성량에 비례하며, 광호흡 질소회로(photorespiratory nitrogen cycle)인 글루탐산 합성회로를 통하여 재고정된다(그림 4-53).

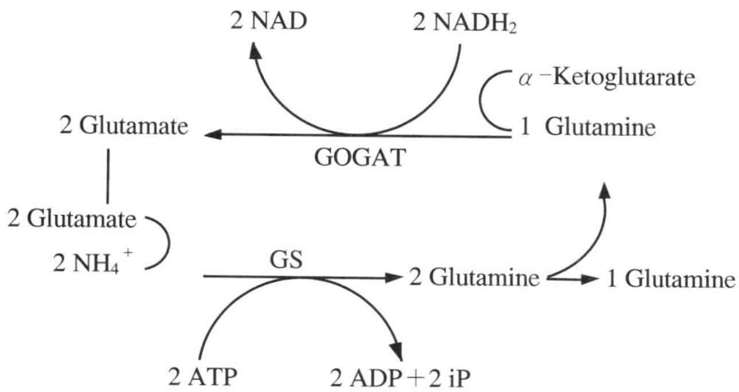

그림 4-53 광호흡 질소회로

GS : glutamine synthetase, GOGOT : glutamate synthetase

9. 동화저장물질의 생성

엽록체에서 광합성의 최종동화물질이 전분이라는 것은 요오드반응으로 Sachs (1804)가 입증하였다. 그러나 식물들은 종에 따라 전분 이외에 설탕이나 프룩탄(fructan, 설탕과 과당의 중합체)을 저장물질로 저장하기도 하며, 대부분의 쌍자엽식물에서는 전분으로 저장하지만 단자엽식물에서는 설탕이나 프룩탄으로 저장한다.

(1) 전분 생성

5 탄당 인산회로에서 만들어진 과당-6-인산(F-6-P)은 이성화효소에 의하여 포도당-6-인산(G-6-P)으로 전환되고 phosphoglucomutase 에 의하여 포도당-1-인산 (G-1-P)로 전환된다. 그 다음 G-1-P 는 ADP-포도당 인산가수분해효소에 의하여 ATP 와 반응하여 ADP-포도당으로 되고 전분생성효소에 의하여 ADP-포도당으로부터 전분이 합성된다.

F-6-P ⟷ (이성화효소) G-6-P ⟷ (phosphoglucomutase) G-1-P

G-1-P + ATP ⟷ (ADP-포도당 인산가수분해효소) ADP-포도당 + PPi

ADP-포도당 + (포도당) n ⟷ (전분 생성효소) 전분 + ADP

또는 G-1-P 가 포도당과 다음과 같이 반응하여 전분을 생합성할 수 있으나 엽록체 내에서는 주로 전분분해에 이용되며 전분합성은 위의 반응에 따라 이루어진다.

G-1-P + (포도당) n ⟷ (인산가수분해효소) (포도당) n + 1 + Pi

전분은 α-D-포도당이 1, 4 결합을 통하여 직선으로 중합한 아밀로오스(amylose)이며 아밀로펙틴(amylopectin)은 1, 6 결합에 의하여 분지중합한 것이다(그림 4-54). Preiss (1988)에 의하면 ADP-포도당 phophorylase, starch synthase 는 엽록체 내에만 존재하기 때문에 전분합성은 엽록체 내에서 합성되며 ADP-phosphorylase 는 전분합성을 조절한다.

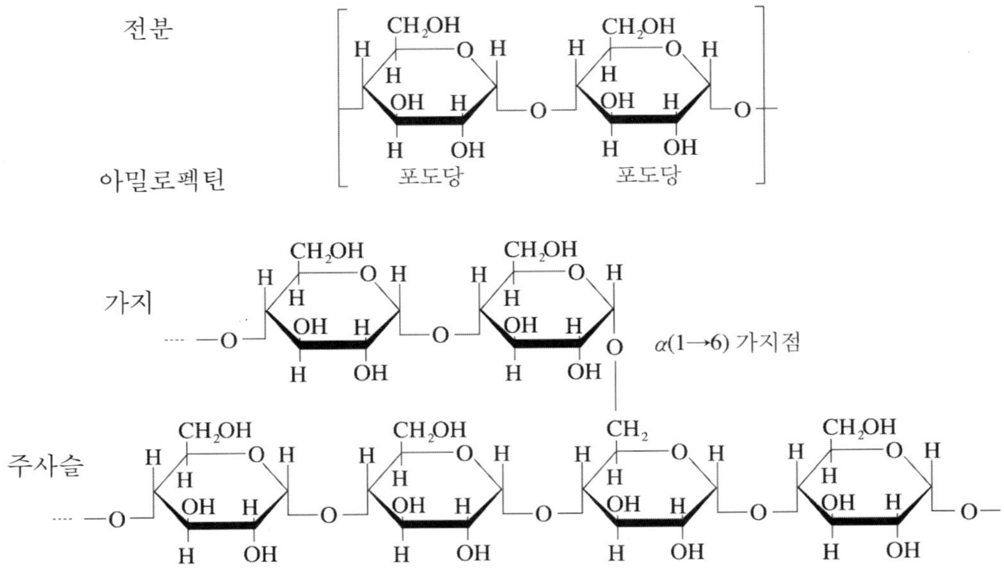

그림 4-54 전분과 아밀로펙틴의 구조

이 효소는 PGA, F-6-P, FBP, R-5-P 등에 의하여 조절되고 무기인산에 의하여 억제된다. 그런데 무기인산에 대한 억제효과를 PGA가 길항적으로 억제한다. 즉 이 효소에 대한 PGA의 *Ka* (50% 활성촉진 농도)는 7 μM이고 Pi의 *Ki* (50% 활성억제 농도)는 20 μM이다. 빛을 비추면 엽록체 내의 PGA와 같은 5탄당 인산회로의 중간산물들은 증가하며 광인산화의 촉진으로 ATP 합성도 증가하지만 무기인산의 농도는 저하되므로 전분합성이 촉진된다. 빛을 비추지 않으면 이와 반대로 전분합성이 억제된다.

(2) 설탕 생성

식물의 잎 이외의 다른 조직에 광합성 동화산물을 이동시킬 때는 설탕(sucrose)의 형태로 운반한다. 포도당은 G-1-P와 UTP가 UDP 인산가수분해효소에 의하여 UDP-포도당을 만든다. UDP-포도당과 F-6-P는 설탕-인산 합성효소에 의하여 설탕-6-인산을 형성하고 인산가수분해효소에 의하여 가수분해되어 설탕을 합성한다.

$$\text{UTP} + \text{포도당-1-인산} \xrightleftharpoons[\text{UDP-포도당 인산가수분해효소}]{} \text{UDP-포도당} + \text{PPi}$$

$$\text{UDP-포도당} + \text{과당-6-인산} \xrightleftharpoons[\text{설탕-인산 생성효소}]{} \text{설탕-6-인산} + \text{UDP}$$

$$\text{설탕-6-인산} + H_2O \xrightarrow[\text{인산가수분해효소}]{} \text{설탕} + \text{Pi}$$

인산가수분해효소에 의한 반응은 가역반응이 아니다. 한편 아래와 같이 설탕생성효소에 의하여 UDP-포도당과 과당이 반응하여 설탕을 합성할 수는 있으나 식물에서는 주로 설탕 분해에 이용된다.

UDP-포도당 + 과당 $\xleftrightarrow[\text{설탕 생성효소}]{}$ 설탕 + UDP

설탕은 엽록체 막을 쉽게 통과할 수 없고 설탕 생성효소가 주로 세포질에만 존재하기 때문에 세포질에서 설탕이 합성된다.

4-4 세포 호흡

생명체는 성장, 증식, 운동 등 모든 생명현상을 유지하기 위하여 에너지를 필요로 한다. 거의 대부분의 생물체는 유기분자를 분해하여 필요한 에너지를 얻지만 에너지원인 유기분자를 획득하는 방법은 생물체에 따라 매우 다양하다. 그러나 모든 유기분자가 포함하고 있는 에너지는 원초적으로 광에너지로부터 유래한 것이며, 광합성이라고 불리는 과정을 통하여 생성된 것이다. 광합성 과정에서 광에너지는 광합성 산물(photosynthates), 즉 탄수화물로 저장되며, 이는 광에너지의 화학적 전환을 통한 에너지의 저장과정이다. 그러므로 광합성을 통하여 생성된 화합물은 매우 고에너지 화합물임을 알 수 있다.

이 고에너지 화합물들은 생성된 세포에서 직접 분해되어 사용될 수도 있으나 에너지를 요구하는 다른 조직이나 세포로 이동하여 사용될 수도 있다. 그러므로 당이나 여러 가지 광합성 산물은, 첫째로 에너지의 저장물질이며, 둘째로 조직간 혹은 세포간의 광에너지의 이동이 매우 용이한 형태라는 것, 그리고 물질합성에 있어서 탄소 골격원이라는 중요한 기능을 갖는다.

광합성 산물이 분해되어 그 산물 속에 저장되어 있던 에너지가 유용한 에너지의 형태로 전환되는 과정을 호흡(respiration)이라 하며, 호흡은 이화과정을 대표하는 예이다. 식물체는 세포호흡을 통하여 광합성 산물에 저장되어 있는 에너지를 더욱 유용한 형태로 바꿀 수 있으며 또한 이 과정에서 나타나는 다양한 물질들은 세포의 구조를 형성하는 기초적인 구성단위물질(building block)의 역할을 수행하게 된다.

그러므로 이 장에서는 호흡과정을 논의함에 있어서 특히 다음과 같은 주제를 중점적으로 설명하고자 한다. 첫 번째는 호흡의 생화학 및 생리적 측면에 관한 것으로서,

① 전분이 6탄당으로 전환되는 과정과 이에 관련된 효소
② 해당과정을 통한 6탄당의 피루브산으로의 전환과 산화적 5탄당 인산회로
③ 미토콘드리아의 구조와 세포소기관으로서의 특징
④ 피루브산이 CO_2로 완전히 산화되는 과정, 전자전달계(electron transport system)를 거쳐 전자가 산소분자에 전달되는 과정, 그리고 에너지의 ATP 및 산화-환원 전위로의 전환
⑤ 식물체에서만 특이하게 존재하는 또 다른 전자전달과정과 이들의 생리적 중요성
⑥ 식물의 종자에서 지방이 당으로 전환되는 과정인 당신생(gluconeogenesis)

등에 대하여 논의하고, 두 번째는 여러 가지 환경적 요인, 즉 빛, 온도 그리고 산소 등이 호흡에 미치는 영향 등에 대하여 논의하고자 한다.

4-4-1 세포호흡의 총론

세포호흡은 세포의 성장과 유지에 필요한 에너지의 생성과 탄소 골격 물질을 얻기 위하여 탄수화물이나 기타 분자들의 산화반응이 일어나는 일련의 대사과정이다. 고등식물은 호기성 생물체(aerobic organism)이며, 이는 정상적인 대사가 일어나기 위해 반드시 산소분자가 필요하다는 것을 의미한다. 식물세포가 세포의 성장과 유지에 필요한 에너지와 탄소골격은 모두 광합성산물을 산화하여 생성하는데 그 기본적인 반응식은 다음과 같다.

$$C_6H_{12}O_6 + 6\,O_2 + 6\,H_2O \longrightarrow 6\,CO_2 + 12\,H_2O$$
$$\Delta G^{\circ\prime} = -2872\ \mathrm{kJ \cdot mol^{-1}}$$

이 반응식은 광합성 산물의 생성을 기술할 때 사용하는 광합성 암반응 반응식의 역임을 알 수 있다. 다만 암반응의 반응식은 이산화탄소의 환원이라는 측면에서 기술되어 있고 물은 전자의 공여체로 작용한다. 반면 호흡 반응식은 당(sugar)이 이산화탄소로 산화되는 관점에서 기술되어 있으며, 이 과정에서 물은 생성물이다.

호흡과정에서는 광합성 과정을 통하여 탄소화합물이 합성될 때 소모되었던 동일한 양의 에너지가 방출된다. 그러나 이 두 대사과정이 열역학적인 면이나 생산물과 반응물의 동일성 등에서 많은 관련이 있는 것은 사실이나, 몇 가지 점에 있어서 기본적으로 차이가 있다. 여기에서는 양쪽 반응에 관여하는 효소 혹은 반응이 진행되는 장소가 다르다.

위의 식은 산소에 의한 6탄당의 산화반응을 나타내며, 모든 자유에너지(free energy)는 열로 방출됨을 기술하고 있다. 물론 세포는 이런 방법으로 당류를 산화하지도 않으며, 이렇게 대량의 에너지가 한 순간에 방출된다면 세포가 사용할 수도 없다.

호흡이라는 전체 과정은 다음과 같이 3단계로 진행되며, 각 과정은 서로 연결되어 있다. 이는 각각 해당과정(glycolysis), 구연산 회로(TCA 회로), 그리고 전자전달계(electron transport system)라 부르며, 전체적으로는 대략 50여 화학반응을 통하여 진행된다. 이 길고 복잡한 대사과정은 전자가 산소에 전달되는 반응으로 종료된다. 열역학적인 측면에서 이런 복잡한 과정의 기능은 명료하다. 6탄당의 산화적 분해과정을 수많은 화학반응을 통하여 점진적으로 진행시킴으로써 각 반응에서의 자유에너지 방출을 조절할 수 있고, 이를 통하여 에너지를 세포에 유용한 형태로 전환시킬 수 있기 때문이다.

또 다른 중요한 점은 전술했듯이 호흡과정에서 나타나는 다양한 산물은 세포가 필요로 하는 여러 가지 탄소골격의 합성에 사용될 수도 있다. 실제적으로 호흡에는 6탄당뿐만 아니라 다양한 기질이 사용될 수 있다. 포도당도 중합체인 전분의 형태로 저장되어 있으며 과당의 중합체인 프룩탄(fructan), 그리고 이당류인 설탕 등이 호흡과정의 기질이다. 또한 당류뿐만 아니라 지방, 유기산 및 작은 양이나마 단백질까지도 분해될 수 있다.

그러므로 실제 세포에서 어떤 물질이 호흡기질로 사용되는가 하는 것은 그 세포의 생리적 상태, 발생단계, 생물체의 조직, 그리고 종(種)에 따라 결정된다. 어떤 종류의 기질이 호흡과정에서 사용되고 있는가는 소모되는 O_2량과 방출되는 CO_2의 양의 비율을 측정하여 알아낼 수 있다. 이 값을 호흡계수(respiratory quotient, RQ)라 하며, 다음과 같이 표현된다.

$$RQ = \text{방출되는 } CO_2 \text{ 몰수} / \text{소모되는 } O_2 \text{ 몰수}$$

RQ는 또한 각 호흡기질의 산화 정도를 나타내는 값이기도 하여 탄수화물이 호흡기질로 사용될 경우 $RQ = 6\,CO_2/6\,O_2 = 1.0$이 된다. 다양한 호흡기질의 RQ는 약 0.97~1.17 사이의 값으로 측정된다.

지방이나 단백질은 탄수화물에 비하여 더 환원된 형태이기 때문에 이런 물질들을 완전히 산화시키는 데는 더욱 많은 산소가 요구된다. 그러므로 RQ는 0.7 정도로 매우 낮다. 반면에 구연산이나 말산 등의 유기산들은 탄수화물보다 산화되어 있는 상태이므로 이 물질들이 완전히 산화될 때 요구되는 산소의 양은 상대적으로 적어 RQ는 약 1.3 정도가 된다. 비록 호흡계수가 호흡상태에 대한 유용한 정보를 제공할 수는 있으나 이를 해석하는데 유의해야 할 점이 있다.

예를 들어 한 종류 이상의 기질이 동시에 호흡에 사용되면 측정되는 RQ는 평균값이 된다. 만일 발효가 진행되는 상황이라면, 산소의 소모는 매우 작기 때문에 비정상적으로 높은 RQ가 측정된다. 또한 어떤 이유로 조직 내에 CO_2 혹은 O_2의 확산이 자유롭게 일어나지 못하는 장벽이 형성되면, 결국 얻어지는 RQ는 잘못 이해될 수밖에 없을 것이다.

기아상태에 있는 식물세포는 탄수화물 대신에 지질 또는 단백질까지도 호흡기질로 사용하기 때문에 RQ는 1보다 낮은 값을 나타낸다. RQ의 값을 유용하게 사용할 수 있는 또 다른 예는 발아 중인 종자일 것이다. 발아시기 동안 종자는 저장되어 있는 다량의 지질을 사용하기 때문에 초기 RQ가 1보다 작은 값으로 나타난다. 그러나 지질 대신에 탄수화물이 기본 호흡기질로 대체되면 RQ값은 점차적으로 1에 접근한다.

4-4-2 설탕과 전분의 분해

대부분의 식물에 있어서 탄수화물은 녹말이나 설탕의 형태로 저장되어 있기 때문에, 호흡과정은 이 물질들의 분해부터 시작된다고 하는 것이 옳을 것이다. 녹말은 기본적으로 두 종류의 다당류(polysaccharide)의 혼합체이다. 아밀로오스는 α-D-포도당이 1,4-결합으로 연결된 긴 사슬 형태의 녹말이며, 고등식물에 존재하는 녹말의 1/3 정도로 추정된다. 아밀로펙틴은 아밀로오스의 기본구조에 1,6-결합으로 연결된 짧은 1,4-α-포도당의 사슬이 무수히 곁가지로 결합되어 있는 녹말이다. 녹말은 불용성의 과립 형태로 색소체에 저장되어 있다. 녹말은 몇몇 종류의 가수분해효소에 의하여 포도당 분자로 분해된다.

α-아밀라아제는 아밀로오스나 아밀로펙틴 내의 α-1,4-glucosyl bond를 임의적으로 절단한다. 그러나 맨 끝에 있는 α-1,4 결합은 절단하지 못하며, 아밀로펙틴의 α-1,6 결합이나 이와 인접한 α-1,4 결합(곁사슬 시작 바로 옆)도 절단하지 못한다.

결국 α-아밀라아제에 의하여 아밀로오스나 아밀로펙틴이 분해될 경우 생성되는 당의 90% 이상이 이당류인 말토오스이다. 이밖에 매우 적은 양의 포도당과 포도당이 4~10 개로 연결되어 있는 한계덱스트린(limit dextrin)이 비슷한 수준으로 생성된다.

α-아밀라아제는 식물에만 존재하는 효소가 아니며, 미생물이나 인간의 타액 등 포유류에 이르기까지 모든 생물체에서 발견되고 있다. 그러나 어떤 조직에서나 이 효소는 녹말의 급속한 분해에 관련한다고 생각하고 있다. α-아밀라아제의 독특하고 중요한 성질 중 하나는 이 효소가 과립상태의 전분립(starch grain)을 기질로 사용할 수 있다는 것이다. 또한 α-아밀라아제는 식물 종자의 초기 발아단계에서 중요한 역할을 수행하는데 이 효소는 식물 호르몬인 지베렐린(gibberellin)과 아브시스산(abscisic acid)에 의하여 조절된다.

β-아밀라아제는 아밀로오스의 비환원 말단(nonreducing end)으로부터 포도당 두 분자씩 절단하는 효소이다. 그러므로 β-아밀라아제의 생성물은 말토오스 뿐이다. β-아밀라아제는 아밀로펙틴의 곁사슬이 연결되어 있는 1, 6-결합을 분해할 수 없기 때문에 결국 바깥쪽의 짧은 곁사슬만 분해할 수 있을 뿐이고, 가지점의 안쪽에는 작용하지 못한다.

한계 덱스트린분해효소(limit dextrinase)는 곁사슬이 연결된 1, 6-결합을 분해하기 때문에 가지절단효소(debranching enzyme)라고도 한다. 그러므로 한계 덱스트린분해효소는 곁사슬을 분해하여 α- 혹은 β-아밀라아제가 계속 포도당을 분해할 수 있도록 한다. 이밖에도 말토오스를 분해하여 두 분자의 포도당을 생성하는 효소인 α-glucosidase 등이 있다.

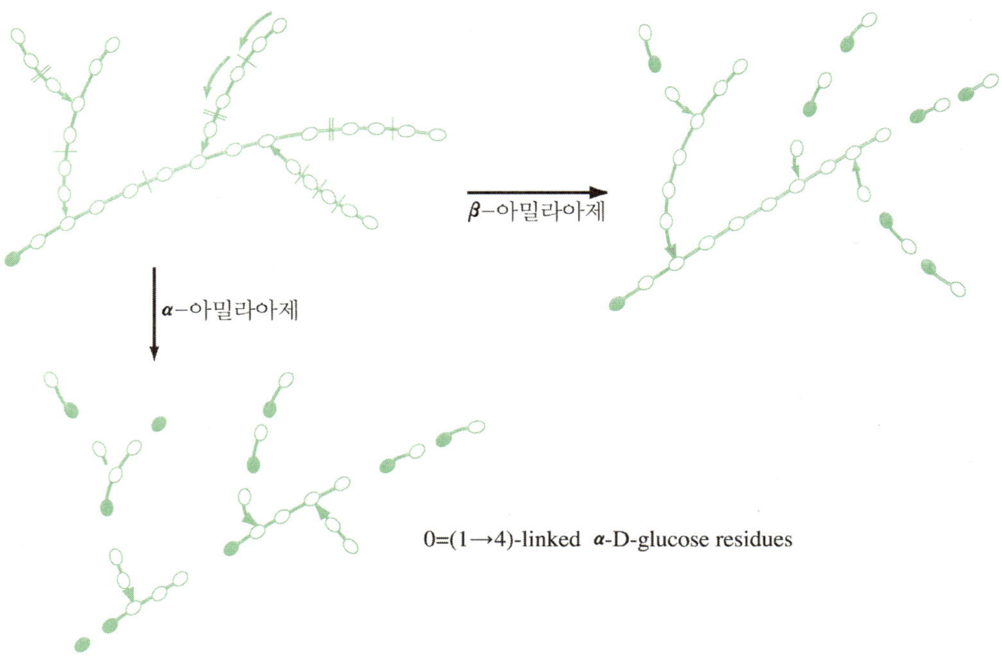

그림 4-55 α-와 β-아밀라아제에 의한 녹말의 분해

각각의 원은 1, 4-α-로 결합된 포도당을 나타내고 검은 원은 각 사슬의 환원말단을 의미한다. 또한 작은 화살표는 1, 6-결합을 나타낸다.

앞에서 언급한 효소들은 녹말을 가수분해하여 유리당(free sugar)을 만드는 효소이다. 그러나 세포 내의 무기인산농도가 높을 경우(1 mM 이상), 녹말은 phosphorylase의 촉매하에 인산화된 당(phosphorylated sugar)으로 분해된다.

이 반응의 촉매효소가 phosphorylase이다. 그러나 일반적으로 phosphorylase라고 하면 동물체에서 저장성 탄수화물인 글리코겐을 분해하는 효소를 의미한다. 그러므로 식물의 녹말을 분해하는 효소는 이와 구분하여 starch phosphorylase라고 한다.

$$\text{전분} + \text{n Pi} \longrightarrow (\text{포도당-1-인산})\ \text{n}$$

Phosphrylase가 작용하여 포도당-1-인산이 생성된 경우에는 유리 포도당이 만들어진 경우보다 에너지의 측면에서 볼 때 약간은 이익이라고 할 수 있다. 그러나 phosphorylase는 β-아밀라아제처럼 녹말입자를 직접 분해할 수 있는 능력은 없다. 즉, 그 작용이 아밀로펙틴의 곁사슬에 제한된다. 그러므로 phosphrylase는 보통 녹말입자에 직접 작용할 수 있는 α-아밀라아제와 곁사슬점을 절단하여 안쪽까지 phosphorylase가 작용할 수 있도록 해주는 가지절단효소와 동시에 작용할 때 그 기능을 발휘할 수 있다.

*In vivo*에서 phosphorylase의 중요성은 아직 명확하지 않다. 그러나 실험실에서 감자 녹말을 재료로 실험한 결과 phosphorylase에 의한 분해가 약 반 정도 일어나며, 나머지는 α-와 β-아밀라아제에 의하여 일어났다고 한다. 녹말은 색소체(엽록체나 amyloplastid)에 저장되고 그 안에서 분해된다. 그러나 세포호흡의 첫 단계는 세포질 내에서 일어난다. 그러므로 녹말이 분해된 생성물은 색소체의 막을 지나야 한다.

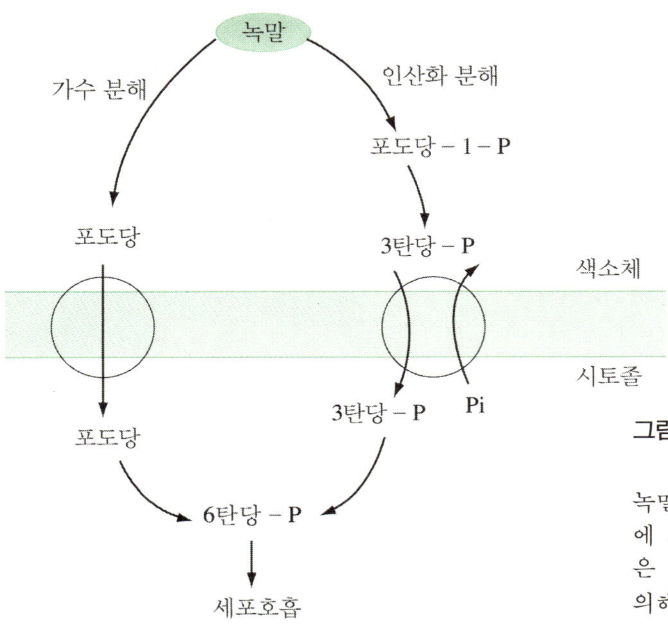

그림 4-56 엽록체의 스트로마에서 일어나는 녹말의 분해와 이동

녹말의 분해는 가수분해와 인산화 효소작용에 의해 일어날 수 있고, 포도당이나 3탄당은 엽록체막에 존재하는 각각의 운반체에 의해 이동한다.

이 과정은 색소체의 막계에 존재하는 두 종류의 운반체에 의하여 수행된다. 녹말의 인산분해에 의하여 만들어진 포도당-1-인산은 엽록체 내에서 3 탄당-인산으로 우선 분해되며 이 3 탄당-인산은 운반체에 의하여 색소체 바깥쪽으로 수송된다. 유리 포도당은 별도의 6 탄당 운반체에 의하여 방출된다(그림 4-56).

설탕의 분해는 sucrose synthase 와 invertase 라는 두 종의 효소가 담당하는데, invertase 는 최적 pH 가 7.5 부근인 alkaline invertase 와 pH 5 부근에서 작용하는 acid invertase 가 있다. Sucrose sythase 와 alkaline invertase 는 세포질 내에 존재하는 것으로 알려져 있고 acid invertase 는 아포플라즘(apoplasm)이나 액포에서 발견된다.

설탕의 분해에 있어서 이 세 종류의 효소 중 어느 것이 설탕의 대사에 우선 관련하는가는 설탕대사의 진행장소에 따라 결정된다. 예로 사탕수수(*Saccharum spontaneum*)의 경우 과잉의 탄수화물은 설탕의 형태로 줄기세포의 액포에 저장되는데 이때는 acid invertase 가 설탕의 대사에 중요한 역할을 한다.

4-4-3 해당과정

호흡과정의 첫 단계는 6 탄당류로부터 피루브산이 만들어지는 일련의 화학반응인 해당과정(glycolysis)이다. 이 일련의 화학반응들은 세포질에 존재하는 효소에 의하여 촉매되는데, 금세기 초 독일의 Meyerhof 등에 의하여 효모에서 진행되는 발효나 동물 근육조직에서의 글리코겐 분해 등을 연구하여 밝혀졌다. 해당과정은 생명체에 보편적으로 존재하는 가장 기본적인 탄소화합물의 이화과정이며, 산소가 결핍된 상태에서는 알코올발효나 젖산발효로 진행될 수 있다.

해당과정에서 생성되는 에너지는 매우 작지만 혐기성 생물이나, 호기성 조직일지라도 낮은 산소 조건하에서는 이 에너지가 매우 유용하다. 그러나 정상적으로 산소가 공급되는 조건에서는 해당과정에서 만들어진 피루브산이 미토콘드리아에서 계속 분해되어 더 많은 에너지를 형성하게 된다. 해당과정은 편의상 두 부분으로 설명될 수 있다.

첫 번째는 저장 탄수화물로부터 생성된 포도당이나 과당 등의 당류들이 해당과정의 중간산물인 과당-1, 6-이인산으로 전환되는 과정이다. 그 다음은 과당-이인산이 해당과정의 최종산물인 피루브산으로 분해되는 과정이다.

1. 해당과정의 시작

저장형 탄수화물인 전분, 설탕 혹은 프룩탄의 가수분해로부터 생성된 포도당이나 과당이 해당과정으로 유입되기 위해서는 과당-1, 6-이인산(fructose-1, 6-bisphosphate, FBP)로 전환되어야 한다(그림 4-57). 포도당이나 과당이 FBP 로 전환되기 위해서는 ATP 형태의 에너지 소모가 요구된다. 소모되는 에너지의 양은 6 탄당 1 mol 당 2 mol 의 ATP 이며, 일종의 활성화에너지를 공급하는 과정이다.

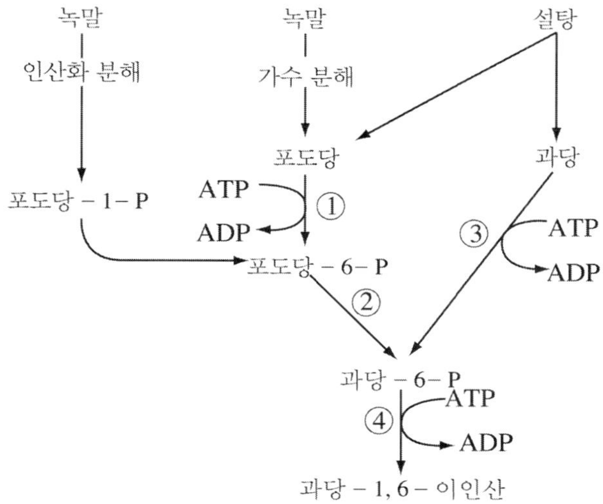

그림 4-57 저장성 녹말이 과당-1.6-이인산으로 분해되는 과정
각 반응을 촉매하는 효소는 ① hexokinase, ② hexose phosphate isomerase, ③ fructokinase, ④ phosphofructokinase 이다.

포도당은 비교적 안정한 화합물이며, 첫 번째 인산화반응을 통해 포도당-6-인산으로, 그리고 두 번째 인산화반응으로 과당-1, 6-이인산으로 전환된다. 만일 녹말이 phosphorylase 를 통하여 인산분해과정을 거치게 되면 포도당-1-인산이 생성되며, 이후 한 번의 인산화반응만이 더 필요하게 되므로 이는 열역학적으로 약간 이득이라 할 수 있다.

2. 피루브산의 생성

두 번의 인산화과정을 통해 만들어진 FBP 는 3 탄소 분자인 디히드록시아세톤인산(dihydroxyacetone phosphate)과 글리세르알데히드-3-인산(glyceraldehyde-3-phosphate)으로 분해된다. 이 두 분자는 3 탄당-인산 이성화효소(triose phosphate isomerase)에 의해 쉽게 전환될 수 있으나 생체 내에서는 글리세르알데히드-3-인산만이 다음 단계의 화학반응을 진행시킬 수 있기 때문에 상대적으로 농도가 낮아 결국 이성화 반응은 주로 글리세르알데히드-3-인산을 생성하는 쪽으로 진행된다.

FBP 는 두 분자의 글리세르알데히드-3-인산으로 바뀌기 때문에 이 시점 이후의 모든 화학반응은 2 배로 진행됨을 유의해야 한다. 해당과정의 기본 의의는 에너지의 전환이다. 이 에너지는 두 가지의 형태로 바뀔 수 있는데 첫 번째는 NADH 의 생성을 통한 환원전위(reducing potential)로 전환되는 것이다. 그림 4-58 의 반응 3 에서 보듯이 두 분자의 NADH 가 글리세르알데히드-3-인산이 글리세린산-1, 3-이인산으로 전환되는 과정에서 만들어진다.

이 부분적인 산화반응에서는 산소분자가 요구되지 않으며 CO_2 가 방출되지도 않는다. NADH 는 매우 높은 환원전위를 갖는 물질로서 세포 내 다른 분자의 합성에 사용될 수 있으며, 산소가 충분할 경우에는 미토콘드리아에서 산화되어 ATP 생성에 사용될 수도 있다.

6 탄당 분자에 존재했던 에너지는 직접 ATP 분자의 생성에 사용되기도 한다(반응 4 와 7). 결과적으로 4 분자의 ATP 가 만들어지며, 이러한 형태의 ATP 생성은 양성자 구배에 의하여 ATP 생성을 설명하였던 Mitchell 의 화학 삼투설과는 관련이 없음을 주목할 필요가 있다.

그렇기 때문에 이 반응에서의 ATP 생성은 기질수준의 인산화(substrate-level phosphorylation)라고 부르며, 최초 저장녹말의 분해가 어떤 형태로 일어났느냐에 의하여 이 지점까지의 순 ATP 생성이 3 분자 혹은 2 분자로 계산될 수 있다. 해당과정의 최종산물은 피루브산이다. 그러나 피루브산이 해당과정의 최종산물이라 하여 더 이상 분해가 진행되지 않는다는 의미는 결코 아니며, 다만 이후의 분해과정은 여러 가지 요인에 의하여 다양하게 나타난다.

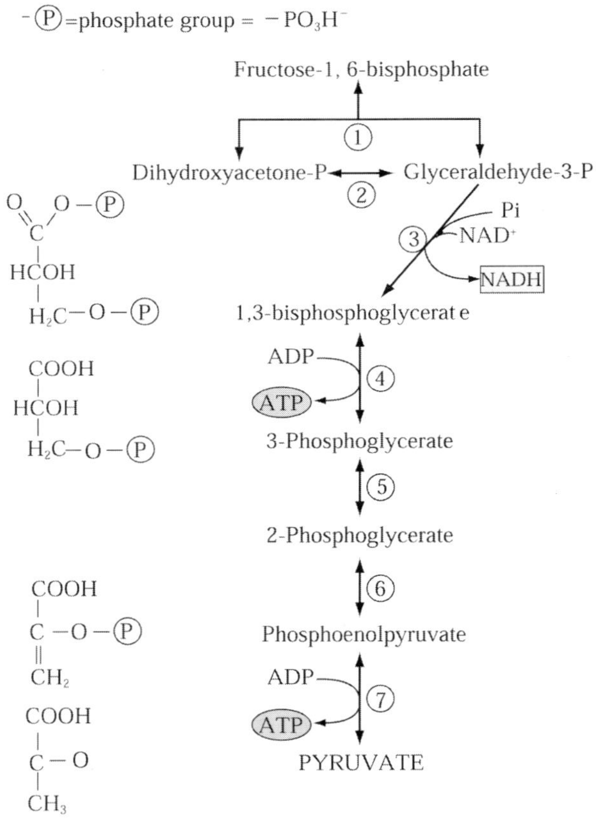

그림 4-58 해당과정을 통한 6 탄당 인산의 분해

각 반응을 촉매하는 효소는 ① aldolase ② triosephosphate isomerase ③ glyceraldehyde phosphate dehydrogenase ④ phosphoglycerate kinase ⑤ phosphoglycerate mutase ⑥ enolase ⑦ pyruvate kinase 이다.

3. 산화적 오탄당 인산경로

오탄당 인산의 산화적 대사는 포도당 대사의 또 다른 경로로서, 이를 통하여 4 탄당과 5 탄당, 그리고 NADPH 를 생성한다. 고등 동·식물을 포함하여 대부분의 생물체는 포도당 대사의 또 다른 경로인 산화적 5 탄당 인산경로(oxidative pentose phosphate pathway)를 보유한다. 이 경로 역시 세포질에서 진행되며, 중간산물 중에 몇 가지는 해당과정의 중간산물과 동일하기 때문에 매우 밀접하게 관련되어 있다.

이 과정의 첫 번째 반응은 포도당-6-인산이 글루콘산-6-인산으로 바뀌는 것이다. 이 반응은 세포 내 $NADP^+$의 수준에 의하여 민감하게 조절되며, 산화적 5 탄당 인산경로의 진행속도를 결정하는 반응(key reaction)이다. 즉 해당과정과 산화적 5 탄당 인산경로의 균형을 결정하는 위치인 것이다.

이 대사과정의 속도를 결정하는 두 번째 위치는 CO_2가 방출되어 리보오스-5-인산이 생성되는 지점이며(그림 4-59, 반응 2), 이 두 반응 모두에서 전자수용체는 $NADP^+$이다. 이 과정이 더 진행되면 결국 글리세르알데히드-3-인산과 과당-6-인산이 만들어지게 되며, 이 두 물질은 해당과정의 중간산물이므로 해당과정을 통하여 대사된다.

탄소대사에서 산화적 5 탄당 인산경로가 차지하는 부분이 어느 정도인지 혹은 이 과정의 기능이 무엇인지에 대하여 정확한 결론을 내리기는 어렵다. 더욱이 이 과정의 중간산물이나 관련된 효소들 중 많은 종류가 이 과정보다 훨씬 우월한 광합성 암반응의 그것과 동일하기 때문이다. 그러나 동물조직에서의 연구에 따르면 이 과정의 의의는 두 가지 정도로 생각된다.

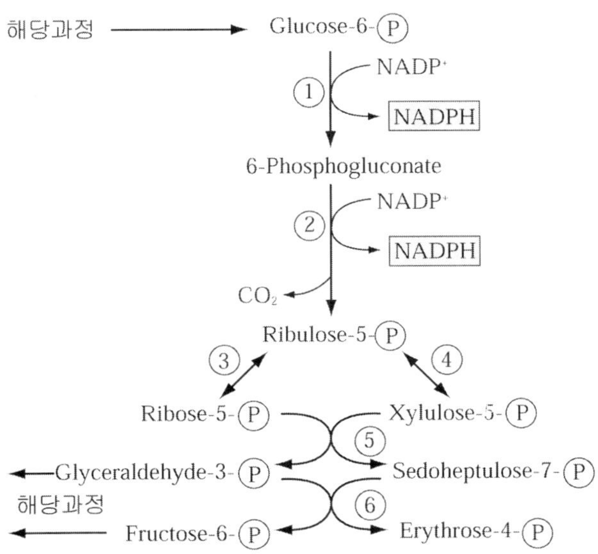

그림 4-59 산화적 펜토오스 인산경로

이 대사경로의 의의는 NADPH 와 핵산합성에 필요한 5 탄당의 합성이다. 각 반응을 촉매하는 효소는 ① glucose-6-phosphate dehydrogenase ② 6-phosphogluconate dehydrogenase ③ phosphoriboisomerase ④ phosphopentoepimerase ⑤ transketolase ⑥ transaldolase 이다.

첫 번째는 NADPH의 생성이다. $NADP^+$는 NAD^+에 인산이 결합된 형태이며 NADH가 주로 산화적 인산화를 통한 ATP 생성에 기여하는 반면에, NADPH는 세포 내의 생합성 과정에서 요구되는 전자의 공여체로 기여하는 경우가 많다. 이러한 차이점은 세포 내 NADPH와 NADH의 풀(pool)이 구분될 수 있다는 것을 의미하며 실제로 $NADPH/NADP^+$ 비가 높은 경우에는 환원적 생합성경로가 유지되고, $NAD^+/NADH$ 비가 높은 경우에는 해당과정이 촉진된다.

그러므로 산화적 5탄당 인산경로는 NADPH 생성을 통하여 세포 내 환원적 생합성을 지원하는데 그 의의가 있다고 생각할 수 있다. 특히 동물조직에서 지방산의 합성에 NADPH가 요구되며 지방조직에서 산화적 5탄당 인산경로의 활성이 매우 높은 것을 볼 수 있다.

산화적 펜토오스 인산경로의 또 다른 기능은 이 과정을 통하여 리보오스나 디옥시리보오스를 생성한다는 것이며, 이 두 물질은 핵산합성에 필요하다. 또한 방향족 아미노산이나 리그린, 그리고 플라보노이드 등의 전구물질인 에리트로오스-4-인산(erythrose-4-phosphate)의 합성도 이 과정에서 일어난다.

4. 피루브산의 분해

해당과정을 통하여 만들어진 피루브산의 운명은 주로 산소분자의 존재 유무에 의하여 결정된다. 정상적인 조건에서 피루브산은 미토콘드리아로 이동하여 이산화탄소와 물로 분해된다. 고등식물은 절대 호기성 생명체이지만, 짧은 시간 동안은 산소 결핍조건에서도 견딜 수 있으며, 어떤 조직이나 기관은 자주 산소농도가 낮은 조건에 놓이기도 한다. 대표적인 예가 물에 잠긴 토양에서의 뿌리조직이다.

최종 전자수용체인 산소가 없는 조건에서는 미토콘드리아에서의 피루브산 분해는 중단되고 피루브산은 피루브산 탈카르복시화효소와 알코올 탈수소효소에 의해 에탄올로 분해되거나 젖산탈수소효소의 촉매하에 젖산(lactic acid)으로 전환된다(그림 4-60).

이러한 과정을 발효(fermentation)라고 말하며, 고등식물에서 주로 일어나는 발효는 에탄올의 생성이다. 무산소 상태의 초기에는 젖산이 생성되기도 하나 젖산의 증가는 세포질의 pH를 감소시키고 피루브산 탈탄산효소를 활성화하여 결과적으로는 에탄올발효를 발생시키게 된다.

발효과정에서는 NADH의 산화가 일어나며 이 NADH는 초기 해당과정에서 생성된 것이므로, 순수 환원전위의 손익은 0이 된다. 그러나 이 NADH의 생성과 소모에 따르는 순환은 세포에 매우 중요한 의미가 있다. 세포 내 전체 NADH와 NAD^+의 pool size는 상당히 작으므로 NADH의 산화가 일어나야 글리세르알데히드-3-인산의 산화반응에 요구되는 NAD^+가 공급될 수 있으며 지속적인 해당과정의 유지가 가능하다. 이런 방법으로 해당과정을 지속하여 비호기적 조건하에서 세포의 생존에 필요한 최소한의 에너지가 공급될 수 있다.

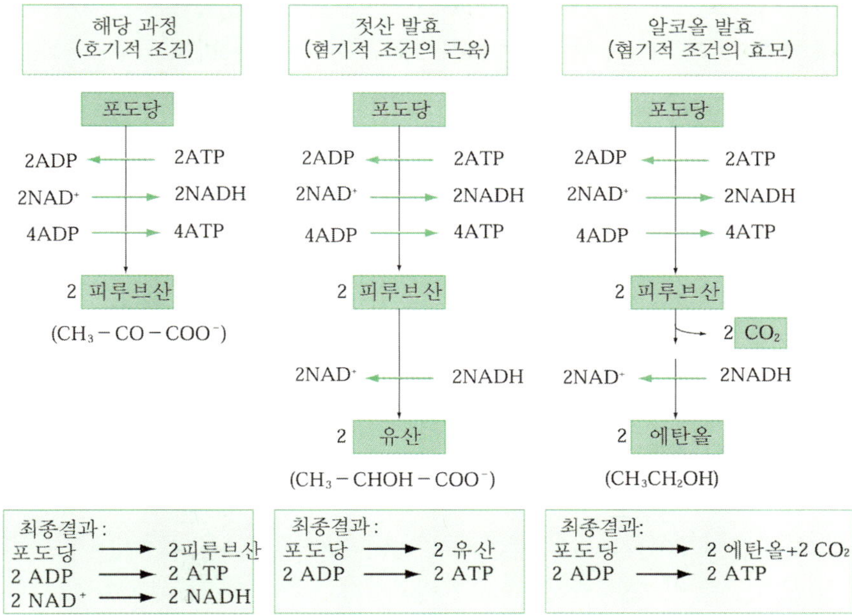

그림 4-60 가용산소에 따른 포도당 대사의 변화
젖산발효나 알코올발효에서 해당을 통하여 생성된 NADH는 다시 NAD^+로 산화된다

4-4-4 세포호흡

1. 미토콘드리아

세포호흡의 두 단계, 즉 구연산회로(citric acid cycle) 및 NADH의 산화를 통한 ATP의 생성은 미토콘드리아에서 진행된다. 전형적인 식물 미토콘드리아는 구형 혹은 짧은 막대형으로 직경 0.5 μm, 길이 2 μm 정도의 크기이다. 세포 내 미토콘드리아의 수는 매우 다양한데, 일반적으로 세포의 대사활성이 얼마나 활발한가에 따라 결정된다.

Douce (1985)에 의하면 활발하게 성장하고 있는 단풍나무의 배양세포는 250개의 미토콘드리아를 갖고 있다고 하였다. 미토콘드리아는 세포 전체 부피의 약 0.7%, 세포 단백질의 6~7%를 차지한다. 대사활성이 더욱 활발한 세포들, 예를 들어 동물조직의 분비세포나 운반세포 등에서는 세포당 1,000개 이상의 미토콘드리아가 존재할 것으로 추측된다.

미토콘드리아는 다른 에너지전환에 관련된 세포소기관, 예를 들면 엽록체 등과 마찬가지로 대사활성이 뚜렷하게 구분되는 몇몇 미세 구조를 가지고 있다. 이는 외막, 내막, 막간, 그리고 내부의 기질(matrix) 등이다. 두 막의 구조와 구성은 상당히 차이가 있으며, 외막은 지질이 많고 단백질이 적어 효소활성이 거의 없으며, 다만 포린(porin)으로 알려진 채널단백질(channel protein)이 매우 많아 대부분의 물질에 대하여 높은 투과성을 나타낸다.

그러나 내막은 미토콘드리아 단백질의 70% 정도가 분포할 정도로 단백질 함량이 높고 다양한 효소가 높은 활성을 보인다. 내막은 물질투과성이 매우 선택적이며 H_2O, CO_2, O_2 등의 분자만이 자유롭게 투과할 수 있다. 특히 내막은 H^+에 대한 투과도가 매우 낮기 때문에 이것이 ATP 합성에 중요한 역할을 담당한다.

미토콘드리아 내막은 극심하게 안으로 접혀져 있다. 이런 구조를 크리스테(cristae)라고 하며 식물 미토콘드리아의 크리스테는 동물처럼 전형적인 층상구조는 아니며 조금 불규칙하여 튜브형이나 주머니 모양을 형성하기도 한다. 미토콘드리아의 기질은 액상으로 탄소 대사에 관련된 효소들이 존재하며, 미토콘드리아 DNA 와 리보솜이 있어 독자적인 유전자 발현과 단백질 합성이 일어난다. 그러므로 세포 내에서 미토콘드리아는 분열의 방식으로 증식하며 *de novo* 합성이 일어나지 않는다.

2. 구연산 회로

세포호흡의 두 번째 단계는 구연산 회로를 통하여 피루브산이 이산화탄소와 물로 완전 분해되는 과정이다. 구연산 회로는 구연산이 카르복실기를 3 개 가지고 있는 화합물이기 때문에 tricarboxylic acid cycle (TCA cycle)이라고도 부르며, 또한 Krebs cycle 이라고도 한다. 이는 이 회로를 규명하는 데 공헌한 Hans Krebs 을 기념하기 위해 붙여진 이름이며, Krebs 는 이 공로로 1954 년 노벨생리의학상을 받았다.

피루브산은 이 회로에 직접적인 중간산물은 아니지만 해당과정과 이 회로를 연결하는 탄소화합물이라는 점에서 중요하다. 피루브산은 세포질에서 만들어지지만 구연산회로에 관련된 효소들은 미토콘드리아 내부의 기질에 존재하므로 피루브산이 미토콘드리아 내막을 통과하여 이동해야 하며, 이때 운반자는 피루브산-OH 역수송운반체(pyruvate-OH antiport carrier)로 알려져 있다. 즉 미토콘드리아에서 피루브산의 유입은 수산이온의 방출이라는 상호교환에 의해 진행된다.

기질에서 피루브산은 피루브산 탈수소효소에 의하여 탈탄소 반응을 받아 아세틸 CoA 를 만들게 된다. 피루브산 탈수소효소는 다중효소 복합체(multienzyme complex)로서 피루브산을 아세틸 CoA 로 전환하는 5 가지의 화학반응을 촉매한다. 처음에는 탈탄소화 반응이 일어나며 연이어 산화반응이 진행된다. 그 결과 생성된 2 탄소 분자인 아세틸기는 coenzyme A-SH 와 티오에스테르결합(thioester bond)을 하여 아세틸 CoA 를 생성한다.

$$\text{피루브산} + NAD^+ + CoA \longrightarrow \text{아세틸-}CoA + NADH + H^+ + CO_2$$

이 반응에서 6 탄당으로부터 전달된 탄소가 최초로 방출되며 NAD^+의 환원이 일어난다. 실제 구연산 회로는 구연산 생성효소라는 효소에 의하여 시작된다. 이 효소는 아세틸-CoA 의 아세틸기와 옥살로아세트산을 결합하여 6 탄소 분자인 구연산을 생성한다.

다음 단계에서 구연산이 이소구연산으로 이성질화되며(그림 4-61, 반응 3), 이어서 두 번 연속해서 산화적인 탈탄소화 반응이 일어난다(그림 4-61, 반응 4, 5).

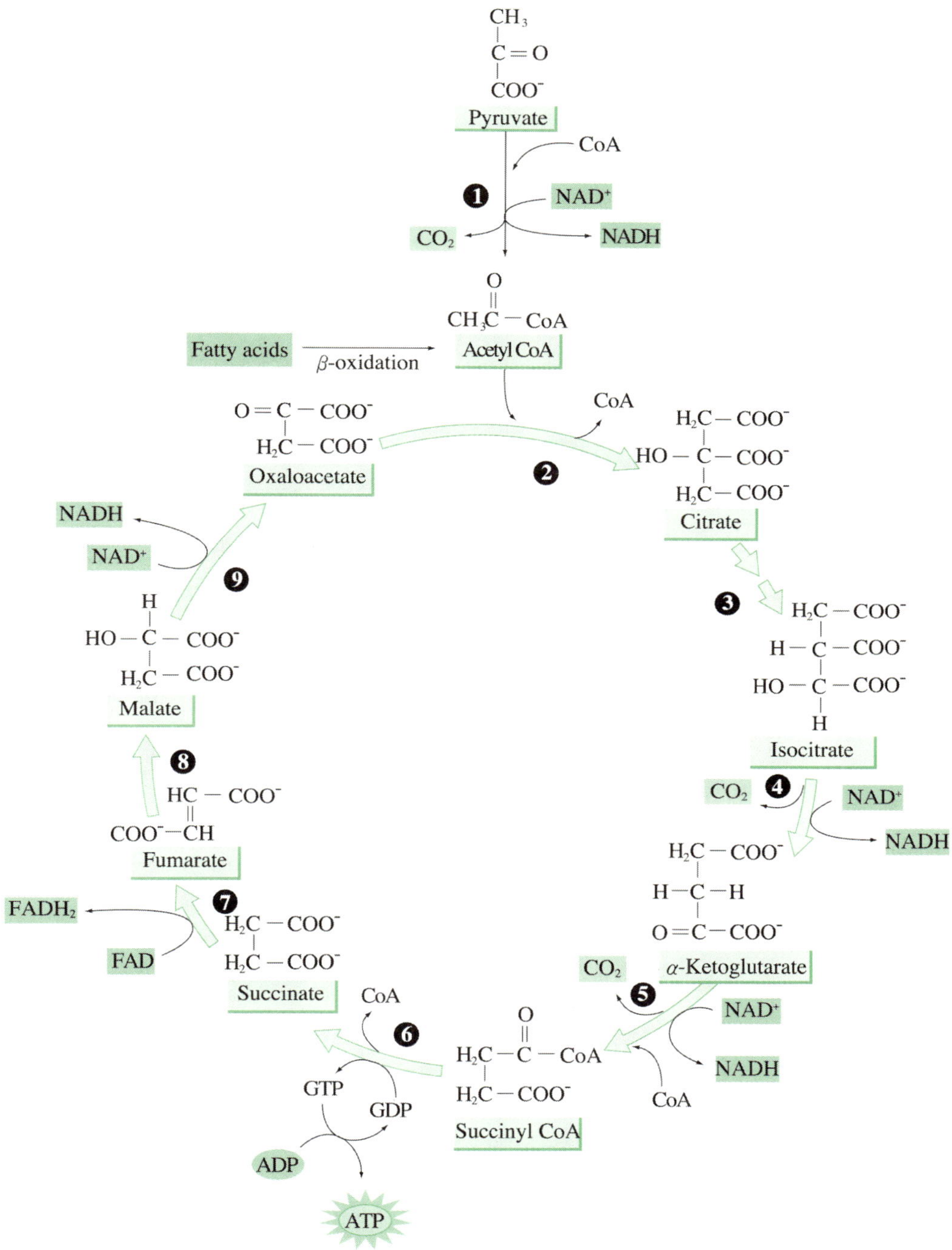

그림 4-61 구연산 회로의 각 반응

이 회로에서 당으로부터 유래한 탄소는 이산화탄소로 완전히 산화방출되며, 환원력은 NADH와 $FADH_2$ 에 저장된다. 각 반응을 촉매하는 효소는 ❶ pyruvate dehydrogenase ❷ citrate synthase ❸ aconitase ❹ isocitrate dehydrogenase ❺ α-ketoglutarate dehydrogenase ❻ succinyl thiokinase ❼ succinate dehydrogenase ❽ fumarase ❾ malate dehydrogenase 이다.

이 과정에서 6 탄당으로부터 유래한 탄소가 두 분자의 이산화탄소로 방출되어 모든 탄소의 산화 및 방출이 완료된다. 또한 NADH 가 각 한 분자씩 모두 두 분자가 생성된다. 구연산 회로의 기능은 두 가지를 생각할 수 있다. 우선 3 분자의 NADH, 1 분자의 $FADH_2$ 와 1 분자의 ATP 등의 형성이다.

ATP 의 형성은 숙시닐 CoA 가 숙신산(succinate)으로 전환되는 과정에서 일어나는데 이때 최초생성물은 GTP 이다. 그러나 GTP 는 ADP 에 Pi 를 전달하여 ATP 를 생성할 수 있다. 숙신산은 숙신산 탈수소효소(succinate dehydrogenase, SDH)에 의하여 푸말산(fumarate)으로 전환된다. 이 반응을 촉매하는 효소인 SDH는 효소학적으로 많은 관심의 대상이 되었던 효소 중의 하나일 것이다. 이 효소는 구연산 회로에 관여하는 효소 중에서 유일하게 내막에 결합되어 있는 효소이기 때문에 미토콘드리아 내막의 표지효소(marker enzyme)로 이용한다.

또한 SDH 는 플라빈아데닌 디뉴클레오티드(flavin adenine dinucleotide, FAD)를 보조인자로 갖는다. 그러나 이 경우 FAD 의 행동은 조효소라기보다는 보결분자단에 더욱 가깝다. FAD 는 이 반응을 통하여 $FADH_2$ 로 환원되며, $FADH_2$ 는 NADH 와 마찬가지로 ATP 생성에 관여한다. 회로의 마지막 생성물은 옥살로아세트산이며, 이 물질은 다시 아세틸-CoA 와 결합함으로서 이 회로를 계속 진행시킬 수 있다.

요약하면, 구연산 회로는 8 개의 효소가 촉매하는 일련의 반응이며 아세틸기로부터 유래한 탄소가 두 분자의 이산화탄소로 분해된다. 이 회로에서 4 번의 산화반응이 일어나면서 3 분자의 NADH 와 1 분자의 $FADH_2$ 를 생성한다. 또한 기질수준 인산화반응에 의한 ATP 생성이 발생한다. 6 탄당은 두 분자의 피루브산을 생성하여 아세틸-CoA 를 만들게 되므로 1 분자의 6 탄당은 2 번의 회로를 가동할 수 있다.

3. NADH 와 $FADH_2$ 의 산화

구연산 회로로부터 NADH 와 $FADH_2$ 로 이동한 전자는 미토콘드리아의 전자전달계를 통해 산소로 전달된다. 가장 고전적 개념에서 에너지효율을 측정하는 방법은 생성되거나 소모되는 ATP 의 수효를 계산하는 것이다. 단순하게 이런 방법에 의해 측정하면 해당과정이나 구연산 회로의 에너지효율은 매우 낮게 나타난다. 이 두 단계를 통한 탄소대사가 완전히 진행되어도 4 분자의 ATP 만이 생성되기 때문이다.

그러나 포도당분자에 저장되어 있던 대부분의 에너지는 해당과정과 구연산회로의 산화반응을 통하여 전자쌍에 저장되어 다른 물질로 이동한다. 10 쌍의 전자는 NAD^+에 결합하여 NADH 를 생성하며, 2 쌍은 FDA^+에 전달된다. 이 전자들이 O_2 에 전달되는 과정을 통하여 저장되었던 에너지는 ATP 생성에 사용된다. NADH 나 $FADH_2$ 로부터 산소분자로 전자가 전달되는 과정을 전자전달계라고 하며 미토콘드리아 내막에 존재하는 전자운반체들에 의하여 진행된다. 막의 분획을 통하여 전자운반체와 이에 관련된 효소들은 4 개의 복합체로 구성된다고 알려져 있다(표 4-15).

표 4-15 미토콘드리아의 전자전달계에 존재하는 단백질 복합체의 구성

단백질 복합체	총 분자량(kDa)	소단위의 구성	보결 분자단
I NADH-유비퀴논 산화환원효소	850	>25	FMN, Fe-S
II 숙신산 탈수소효소	140	4	FAD, Fe-S
III 시토크롬 C 환원효소	250	10	헴, Fe-S
IV 시토크롬 산화효소	160	6～13	헴 (Cu)

또한 두 종의 운동성이 있는 운반체도 있으며, 이들은 모두 미토콘드리아 내막에 존재한다. 전자는 NADH로부터 복합체 I로 전달되는데 이 복합체 I을 NADH-유비퀴논 산화환원효소라고 한다. 이 복합체에는 플라빈 모노뉴클레오티드(flavin mononucleotide, FMN)와 몇 종류의 비헴성 철-황 분자들로 구성되어 있다. 복합체 I을 통하여 NADH로부터 유비퀴논으로 전자들이 전달된다.

유비퀴논은 엽록체 틸라코이드막에 존재하는 플라스토퀴논과 매우 유사한 벤조퀴논류의 하나로 지용성이 강한 물질이기 때문에 막 구조에서 이동이 자유롭다. 유비퀴논이 완전히 환원된 형태를 유비퀴놀(ubiquinol)이라 하는데, 이 유비퀴놀은 복합체 III(시토크롬 c 환원효소)에 전자를 전달하고 산화된다. 복합체 III은 시토크롬 b와 c_1, 그리고 철-황 분자들로 구성되어 있다. 복합체 III은 시토크롬 c를 환원시키는데 시토크롬 c는 막간쪽으로 위치한 표재성 단백질이다.

시토크롬 c 역시 이동성 운반체이기 때문에 복합체 III으로부터 최종 전자전달 복합체인 복합체 IV로 전자를 이동시킨다. 복합체 IV는 시토크롬 a, a_3 그리고 구리분자를 함유한다. 시토크롬 c로부터 복합체 IV로 운반된 전자는 시토크롬 a와 시토크롬 a_3를 거쳐 최종적으로 산소분자에 전달된다(그림 4-62).

앞에서 언급하였지만 구연산회로의 모든 효소는 기질에 존재하는 수용성 단백질이다. 단 한 효소만이 막 결합 단백질인데 숙신산 탈수소효소가 그것이다. 이 효소는 내막에 결합된 내재성 단백질이고 FAD를 함유하고 있는데 이 복합체를 복합체 II라 한다. 복합체 II에는 FAD뿐만 아니라 몇 종의 비헴성 철단백질과 철-황 분자 등이 함유되어 있다.

복합체 II의 SDH에 결합되어 있는 FAD는 연산회로의 숙신산으로부터 전자를 받아 $FADH_2$로 환원된 후 유비퀴논으로 전자를 전달한다. 이후는 앞에서 설명한 것과 동일하다. 미토콘드리아의 구연산회로에서 생성된 NADH뿐만 아니라 해당과정 중에 글리세르알데히드의 산화반응에서 만들어지는 NADH도 전자전달계에 전자를 전달하여 ATP를 생성할 수 있다. 그러므로 이 NADH, 소위 세포질에 존재하는 NADH도 미토콘드리아의 내막에 결합되어 있는 또 다른 탈수소효소에 의하여 산화되는데 이를 외부탈수소효소(external dehydrogenase)라 한다. 이 외부 탈수소효소에도 FAD가 함유되어 있어 세포질의 NADH로부터 전자를 받아 유비퀴논에 전달한다. 전자전달계를 구성하는 물질들 사이의 전자흐름은 각 물질들의 산화-환원 전위(redox potential)에 의하여 결정된다.

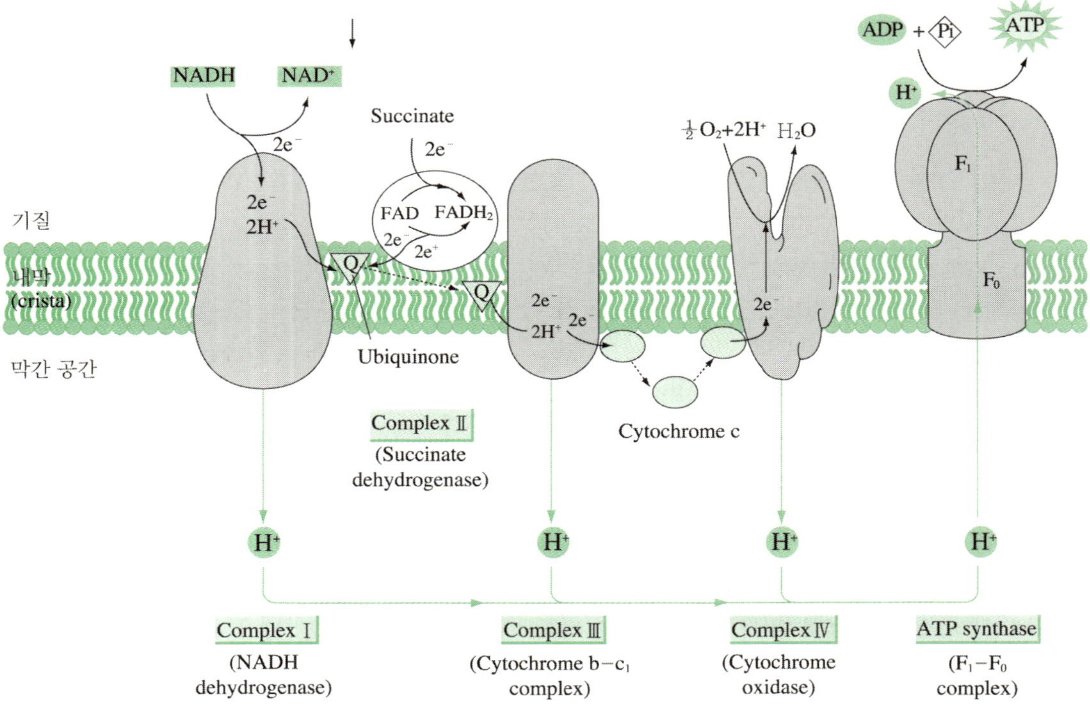

그림 4-62 식물 미토콘드리아 내막에 존재하는 전자전달계와 양자펌프의 모형도
가는 선은 전자전달계를 따라 흐르는 전자를 나타내고, 진한 실선은 양자의 이동에 따른 ATP 의 생성과정을 표시한 것이다

4. 양자구배와 ATP 생성

NADH + H^+(혹은 $FADH_2$)로부터 전자전달계를 통하여 전자가 산소분자로 이동할 때 막대한 자유에너지의 방출이 일어난다. 광합성에서는 물분자로부터 NADPH 로 전자가 이동할 때 동일한 자유에너지의 변화가 일어나지만 그 부호는 반대이다. 이 에너지는 우선 양자구배(proton gradient)의 형태로 저장되었다가, 궁극적으로는 ATP 합성에 사용된다.

P/O 비율(환원되는 산소 원자당 ATP 생성에서 인산 에스테르 결합으로 결합되는 인산 원자의 비)나 다양한 억제물질의 연구를 통하여 전자전달계에는 ATP 합성과 관련된 전이 장소(tansition site)가 3 군데 있다는 것이 밝혀졌다. 다시 말하자면 NADH 가 산화되면 P/O 비는 대략 3 이다.

Mitchell 의 가설에 따르면 이 천이가 일어나는 곳은 내막계 양편에 양자구배를 만드는 양자펌프(proton pump)가 위치하는 곳이다. 이 세 곳은 각각 복합체 I, III, 그리고 IV에 존재할 것으로 예측되었다. 이 양자 펌프에 의하여 형성된 양자구배가 같은 막에 존재하는 F_0-F_1 ATP 합성효소를 통하여 ATP 합성을 가능하게 한다는 것이다.

미토콘드리아에서의 ATP 합성은 산소와 밀접하게 연관되어 있으므로 산화적 인산화(oxidative phosphorylation)라고 한다. 미토콘드리아 전자전달 과정에서 양자들은 기질로부터 막간으로 방출된다. 복합체 I 과 연관된 양자의 방출은 막에서 이 복합체의 동적인 배열로 설명할 수 있다. NADH 로부터 복합체 I 에 전자쌍이 전달될 때, 양자쌍도 기질로부터 획득하게 된다. 계속해서 전자쌍이 유비퀴논으로 전달되면 이 양자의 방출은 앞장에서 설명한 Q-회로의 작동과 관계되어 있는 듯하다.

양자구배의 형성에 있어서 시토크롬 c 산화효소의 기능은 오랜 시간 논란이 되어 왔다. 이 효소를 분리하여 지방막에 결합시킨 실험에 따르면 시토크롬 c 는 막을 통과하여 양자를 수송하는 능력이 있는 듯하다. 이 실험결과는 설명하기가 매우 어려운데 시토크롬류들은 산화와 환원반응에서 전자만을 교환하며 양자가 관련되지는 않는다.

부위 3 에서 H^+/전자쌍의 비는 약 2 이다. 이는 산소가 기질에서 2 개의 양자를 받아 물로 환원된다는 점으로 쉽게 설명될 수 있다. 틸라코이드의 내부공간에서 일어나는 광합성 전자전달 과정에서 초기에 물이 분해되어 양자를 생성하는 반응과 매우 유사한 원리이다.

양자의 방출에 대한 계수적인 연구는 매우 광범위하게 진행되어 왔는데 NADH 로부터 한 쌍의 전자가 산소로 전달될 때마다 9 개의 양자가 방출된다고 알려져 있다. 양자구배와 ATP 합성의 관계는 엽록체에서의 ATP 합성에서 설명한 것과 동일한 원리이다.

미토콘드리아의 내막은 실제로 양자에 대하여 불투과성이며, 막을 중심으로 한 양자의 불균형은 막전위의 변화를 유도하고 양자의 운동력을 증가시킨다. ATP 합성은 양자가 막간의 공간으로부터 기질로 돌아가는 힘에 의하여 일어나는데, 이때 양자의 이동은 ATP 생성효소라는 내재성 단백질 복합체를 통하여 진행되며, 이 단백질은 공역인자(coupling factor), F_0-F_1- ATPase 등 다양한 이름으로 알려져 있다.

미토콘드리아의 ATP 생성효소 역시 구조적으로나 기능적으로 엽록체의 효소와 상당히 유사하다. 이 복합체는 소수성으로 막을 관통하는 여러 개의 단위로 만들어진 채널형성 부위(Fo)와 기질 쪽으로 결합된 표재성 단백질인 ATP 합성 부위(F_1)로 구성된다. 엽록체의 경우 H^+/ATP 의 비는 약 3 이다. 한 쌍의 전자가 전자전달계로 완전히 이동할 경우 9 개의 양자가 방출되므로 결과적으로 3 개의 ATP 가 합성된다.

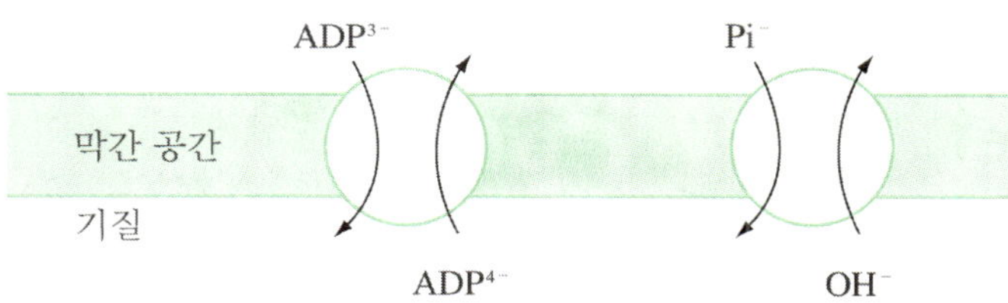

그림 4-63 아데닌 뉴클레오티드의 이동

미토콘드리아의 ATP 와 시토솔 ADP 의 1 : 1 교환은 막전위에 의해서 진행되며, 무기인산은 수산이온과 역수송의 이동을 한다.

미토콘드리아의 외부로부터 공급되는 NADH, 숙신산 혹은 로테논-무반응 탈수소효소(rotenone-insensitive dehydrogenase)로부터 전자전달계로 유입되는 전자쌍은 모두 부위 1을 우회하게 되므로 최대 2분자의 ATP를 합성할 뿐이다. 엽록체와는 다르게 미토콘드리아에서 생성되는 ATP의 대부분은 세포의 다른 곳에서 사용된다. 이는 ATP가 미토콘드리아 밖으로 방출됨을 의미하며, 또한 계속적인 ATP의 합성을 위해서는 ADP와 Pi가 미토콘드리아 내로 유입되어야 한다. 이런 이동은 두 종류의 단백질에 의해 가능한데, 내막에 있는 아데닌 뉴클레오티드 운반체는 ATP가 ADP의 역수송을 1 : 1 비율로 진행시키며, 무기인산 운반체는 Pi와 수산이온의 역수송(antiport)을 담당한다(그림 4-63).

4-4-5 대체전자경로

식물세포에는 다른 생물체에도 있는 일반적인 전자전달계뿐만 아니라 또 다른 전자전달과정이 있다. 식물 미토콘드리아에는 앞에서 설명한 전자전달계 외에도 몇 종류의 또 다른 산화-환원 효소가 존재하며, 이들 중에 최소한 두 종류는 식물에 특이적이다.

또한 이 효소들 중에 많은 종류들이 전자전달계의 고전적 억제제에 민감하지 않다는 점이 밝혀지고 있다. 현재까지 알려진 이들의 억제제와 작용장소는 Lamber (1990)에 의하여 제시된 바 있다.

1. 외부 NADH 탈수소효소 (external NADH dehydrogenase)

식물 미토콘드리아에는 막간공간 쪽에 결합된 외부 탈수소효소가 있는데, 이 효소도 시토솔의 NADH를 산화하는 능력이 있으며 이 효소에 의하여 세포질의 NADH로부터 유비퀴논으로 전자가 공급될 수 있다. 외부 NADH 탈수소효소는 막을 관통하고 있지 않기 때문에 양자의 이동을 매개하지는 않으며, 그 결과 한 쌍의 전자전달에 의해 2분자의 ATP를 합성한다 (그림 4-64).

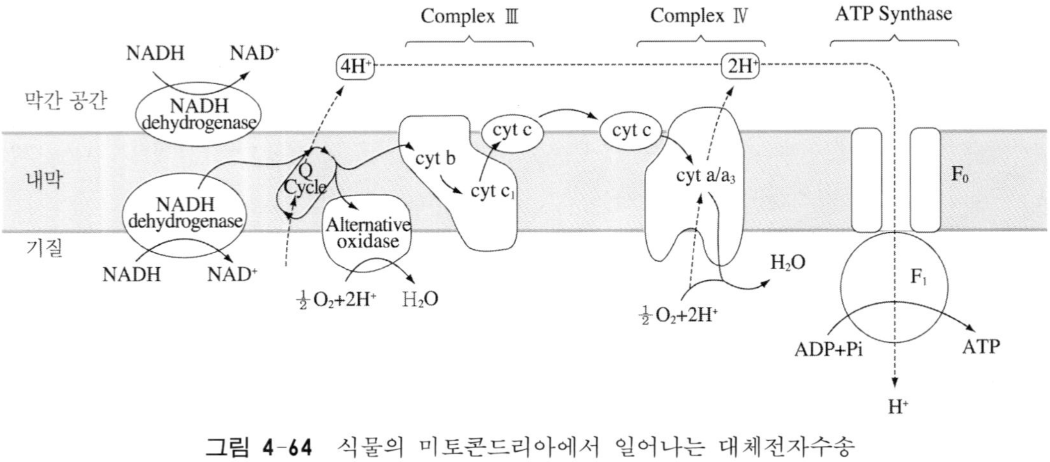

그림 4-64 식물의 미토콘드리아에서 일어나는 대체전자수송

2. 로테논-무반응 NADH 탈수소효소

로테논(rotenone)은 Derris 라는 식물의 뿌리로부터 추출되는 이소플라보노이드의 한 종류이다. 복합체 I 에 의한 유비퀴논의 환원은 로테논과 아미탈(amytal)에 의해 억제되는데 식물에는 이 두 억제제에도 반응을 보이지 않는 또 다른 NADH 탈수소효소가 존재하는 듯하다. 로테논-무반응 탈수소효소라고 불리는 이 효소는 내부(기질) NADH 만을 산화할 수 있기 때문에 내막의 기질 쪽으로 결합되어 있다고 생각된다. 외부 NADH (NADPH) 탈수소효소와 마찬가지로 로테논-무반응(rotenone insensitive) 탈수소효소를 통하여 전자전달계가 시작되면 전자 1 쌍당 2 ATP 가 합성된다.

3. 시아니드 저항성 호흡

시토크롬 c 산화효소(복합체 Ⅳ)는 시아니드(CN^-), 일산화탄소(CO) 그리고 azide (NaN_3)에 의해 활성이 억제된다. 동물세포에서 이 억제제들은 산소의 흡수(uptake)를 완전히 차단한다. 그러나 많은 종류의 식물조직이나 식물종은 이들 억제제에 대하여 큰 저항성을 나타내며, 시금치(*Spinacea oleraceae*)나 완두(*Pisum sativum*)의 뿌리나 잎이 그 대표적 예이다. 이들 조직에서는 시아니드 저항성 호흡이 총 호흡의 40%까지도 차지한다.

그러나 시아니드 저항성 호흡은 살리실릭 히드록삼산(salicylic hydroxamic acid, SHAM)과 같은 히드로삼산(hydroxamic acid) 유도체에 의해 억제된다. 이 시아니드 저항성 호흡, 혹은 SHAM-반응호흡을 대체경로(alternative pathway)라고도 한다. 시아니드 저항성 호흡의 존재는 인정되나 대체산화효소라는 효소 자체에 대해서는 거의 알려진 것이 없다.

이 효소는 막으로부터 분리되면 그 활성이 급속히 상실되어 연구하기 매우 어려우나, Rhoads 와 McIntosh (1991)는 대체 산화효소를 코딩하는 유전자를 분리하여 그 특성이 밝혔다. 대체산화효소는 ① 내재성 단백질 복합체이고, ② 아마도 기질 쪽에서 막에 결합되어 있는 듯하며, ③ 유비퀴논 : O_2 산화환원효소의 기능을 갖는 것으로 알려져 있다. 즉 이 효소는 유비퀴논으로부터 전자를 받아 직접 산소에 전달하는 반응을 진행시킨다.

이 효소는 전자전달과정에서 두 군데 양자방출 장소를 우회하여 전자를 전달한다. 결과적으로 대체산화효소를 통한 전자의 흐름은 ATP 를 생성하는 대신에 열의 형태로 에너지가 발생된다. 전자가 복합체 I , 로테논-무반응 NADH-탈수소효소, 혹은 숙신산 탈수소효소 등 어느 곳에서 공급되었든지 대체산화효소를 통한 전자전달이 일어나면 ATP 의 생성은 1 분자 혹은 전혀 없을 수도 있다.

대체경로의 생리적 기능은 아직 명확하지 않다. 가능한 것 중에 하나가 열의 발생장치로서 천남성과(*Araceae*)에 속한 어떤 식물 종의 개화기에서 이런 현상을 볼 수 있다. 앉은부채(*Symplocarpus foetidus*) 등의 식물에서는 수분이 일어나기 직전에 육수화서 조직에서 대량의 산소소모가 일어나는데 이를 호흡위기(respiratory crisis)라고 한다. 호흡위기가 일어나면 대체경로가 최대로 증가하는데, 이때 육수화서 조직의 온도가 주위보다 10℃ 이상 높아진다.

이 높은 온도는 냄새가 나는 어떤 아미드류의 휘발을 촉진하여 수분을 매개하는 곤충을 유인하는데, 이러한 이유로 앉은부채를 skunk cabbage라고 부르게 되었다.

그러나 대체경로가 열의 발생장치라는 가설은 뿌리나 잎에서는 적용될 수 없을 것이다. 한 연구에 의하면 북극지방의 초본류에서는 전체 호흡량의 75%가 대체경로에 의한 것임에도 불구하고 잎의 온도가 0.02℃ 밖에 증가하지 않았다고 한다. 물론 이 경우 급속한 열의 분산이 일어나는 이유도 있을 것이다.

대체경로의 기능에 대한 두 번째 가설은 에너지의 배수구(energy overflow)라는 것이다. 이 가설은 다음과 같은 관찰에 기초하여 제시되었다. 첫째 대부분의 조직에서는 정상적인 호흡과정이 포화상태에 도달하기 전에는 대체경로가 작동하지 않는다. 둘째, 대체경로는 식물세포에 탄수화물의 공급이 증가하면 그 속도가 증가한다.

시금치(*Spinaceae oleracea*)에서 대체경로는 광합성이 시작된 후 몇 시간이 지나야만 작동하며 탄수화물의 공급에 의해 증가된다. 다시 말하면 대체경로는 탄수화물의 양이 저장이나 대사에 필요한 양보다 과잉되는 경우에 작동한다는 것이다. 그러므로 이 가설에서 대체경로는 탄수화물의 생산이 과잉되어 공급원-수용부(source-sink)의 유지나 이동에 장해가 되는 경우 탄수화물의 제거에 그 기능이 있다는 것이다.

4-4-6 식물유의 글리옥실산 회로와 당신생

많은 종류의 종자들은 지방을 가지고 있으며, 이들은 발아초기에 당으로 전환되어 주요한 에너지원으로 사용된다. 지질은 막의 주성분이며, 많은 조직에 저장되어 있지만 호흡기질로 자주 사용되는 물질은 아니다. 그러나 많은 종자에는 트리글리세리드(triglyceride) 형태의 지방이 함유되어 있으며, 발아 시에 이를 호흡기질로 사용한다. 지질은 방울 형태로 저장되어 유체(oil body) 또는 올레오솜(oleosome)이라 불리는데, 자엽이나 배유의 저장조직에서 흔히 볼 수 있다(표 4-16).

식물체 내에서 지방이나 식물유는 씨앗의 저장조직으로부터 성장하고 있는 뿌리나 줄기로 쉽게 이동할 수 없다. 그러므로 지방산은 성장을 위하여 에너지가 요구되는 장소로 이동하기 위해 더 이동성이 있는 물질로 전환되어야 한다. 보통 설탕으로 전환되어 이동하는데 때로는 스타키오스(stachyose)로 전환되기도 한다. 트리글리세리드가 설탕으로 전환되는 과정은 매우 복잡하며 유체, 글리옥시솜, 미토콘드리아 그리고 시토솔 등을 통하여 진행된다(그림 4-65).

표 4-16 식물종자의 지방함유량

식물의 종	지방함유량(건중량 %)
잇 꽃 (*Carthmus tinctoris*)	50
아주까리 (*Ricinus communis*)	45
해바라기 (*Helianthus annum*)	40
옥 수 수 (*Zea mays*)	5

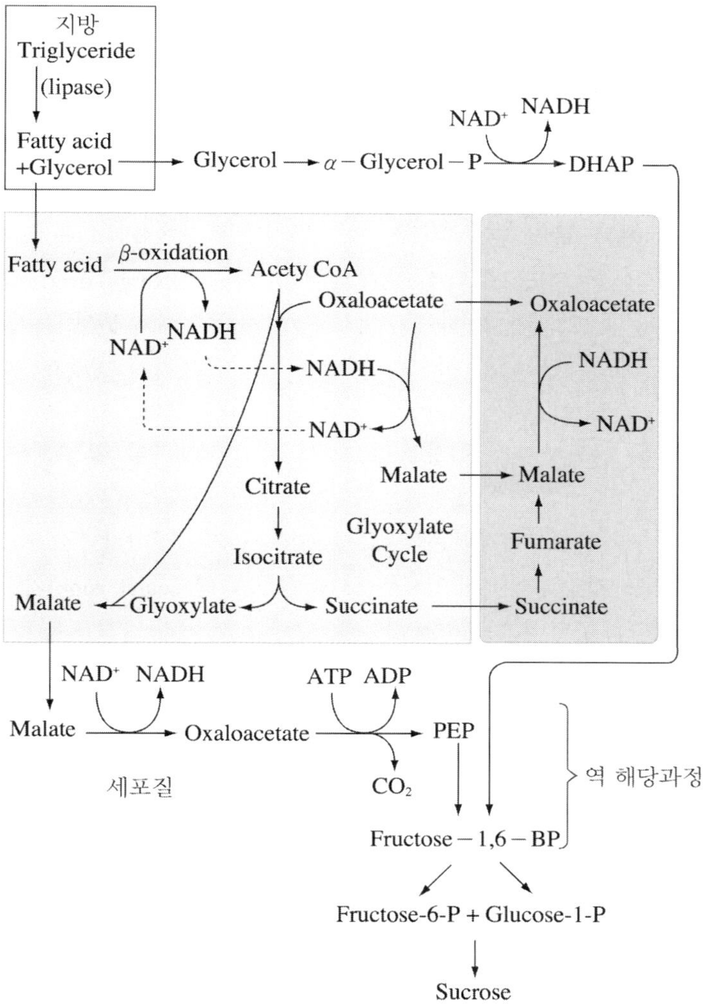

그림 4-65 지방의 분해와 글리옥실산회로, 그리고 당신생

트리글리세리드는 가수분해되어 지방산과 글리세롤로 분해되며, 이는 유체의 표면에서 리파아제에 의해 진행된다. 지방산은 글리옥시솜으로 유입되어 β-산화라고 하는 화학반응에 의해 2탄소 분자인 아세틸-CoA로 전환된다. 이 아세틸-CoA 중 일부는 미토콘드리아에서 유래한 옥살로아세트산과 결합하여 구연산을 형성하고, 구연산은 이소구연산을 거쳐 숙신산과 글리옥실산 각 1분자씩으로 분해된다.

숙신산은 미토콘드리아로 돌아가 구연산회로를 통하여 옥살로아세트산을 재생성하게 되고 글리옥실산은 또 다른 아세틸-CoA와 결합하여 말산을 만든다. 말산은 글리옥시솜 밖으로 방출되어 세포질에서 산화되어 옥살로아세트산을 생성하고 연이어 탈탄소 반응에 의해 포스포에놀피루브산(PEP)으로 전환된다. 이런 대사과정을 글리옥실산회로(glyoxylate cycle)라 하며, 글리옥실산회로는 글리옥시솜과 미토콘드리아 모두와 연계되어 있다.

많은 효소들이 이 대사과정에 관여하지만 두 효소가 식물세포에 독특하게 존재한다. 이 중 이소구연산 분해효소는 이소구연산을 숙신산과 글리옥실산으로 분해하는 효소이며, 말산생성효소는 글리옥실산과 아세틸 CoA 를 결합하며 말산을 만드는 효소이다.

세포질에서 포스포에놀피루브산(PEP)이 해당과정의 역과정을 거쳐 포도당을 합성하는 것을 당신생(gluconeogenesis)이라 한다. 당신생에서는 해당과정의 효소들이 관여하지만 많은 차이점이 있다. 특히 해당과정에서 당의 인산화를 촉매하는 phosphofructokinase 와 hexokinase 는 비가역적이며, 이들에 의한 반응에서 자유에너지 변화는 포도당합성의 방향으로는 일어나기 어렵다. 그러므로 식물체에서 당신생은 다른 방법에 의해 진행되는데 이는 과당-1, 6-이인산이 과당-6-인산으로, 과당-6-인산은 포도당-6-인산으로 전환되며, 포도당-6-인산은 포도당으로 전환되는 것이다.

이런 방법을 통하면 양쪽방향의 반응이 모두 쉽게 진행될 수 있으면서도 독립적으로 조절될 수 있다. 즉 한쪽 방향의 반응이 억제되는 동안 다른 방향의 반응은 활성화될 수 있으므로 무익한 대사가 일어나는 것을 피할 수 있다.

리파아제의 작용으로 트리글리세리드로부터 생성된 글리세롤은 세포질에서 ATP 에 의해 인산화되어 α-글리세롤인산으로 바뀌고 그리고 산화되어 디히드록시아세톤인산으로 전환된다. 이 물질 역시 해당과정의 역과정을 통해 설탕으로 합성된다. 트리글리세리드에 저장되었던 에너지의 일부는 당신생을 통하여 설탕으로 이동하지만 글리옥시솜에서 일어나는 지방산의 β-산화과정에서는 대량의 NADH 가 만들어진다.

글리옥시솜에서는 NADH 의 산화가 일어나지 않고 옥살로아세트산이 말산으로 전환될 때 사용된다. 말산은 미토콘드리아로 이동하여 말산 탈수소효소에 의해 산화되므로, 말산은 환원력을 글리옥시솜에서 미토콘드리아로 이동시키는 기능, 즉 shuttle 로서 작용하게 된다. 말산의 산화과정에서는 NADH 의 재생성이 일어나고 ATP 합성을 위하여 전자전달계로 들어간다.

4-4-7 세포호흡과 구성 단위분자

세포호흡의 과정에서는 ATP 생성 외에도 세포성장에 필요한 탄소골격이나, 다른 생합성과정에서 전구물질의 공급이 일어난다. 세포호흡의 기능은 환원전위나 ATP 의 생성에만 있는 것이 아니다. 핵산, 단백질, 섬유소, 그리고 거의 대부분의 세포물질의 합성에는 탄소골격이 필요한데, 호흡과정의 중간산물들은 이들 물질합성에 탄소골격을 제공하는 기능이 있다(그림 4-66).

해당과정과 구연산 회로의 중간산물이 다른 분자의 합성에 사용된다는 것은 호흡기질의 전부가 이산화탄소나 물로 산화되지는 않음을 의미한다. 그러므로 호흡과정을 통한 탄소의 흐름은 다양한 에너지 소모과정에서 필요한 ATP 의 요구정도와 세포구조를 만드는데 사용되는 탄소골격과 환원력의 요구정도 사이의 균형에 의해 결정된다는 것은 의심의 여지가 없다.

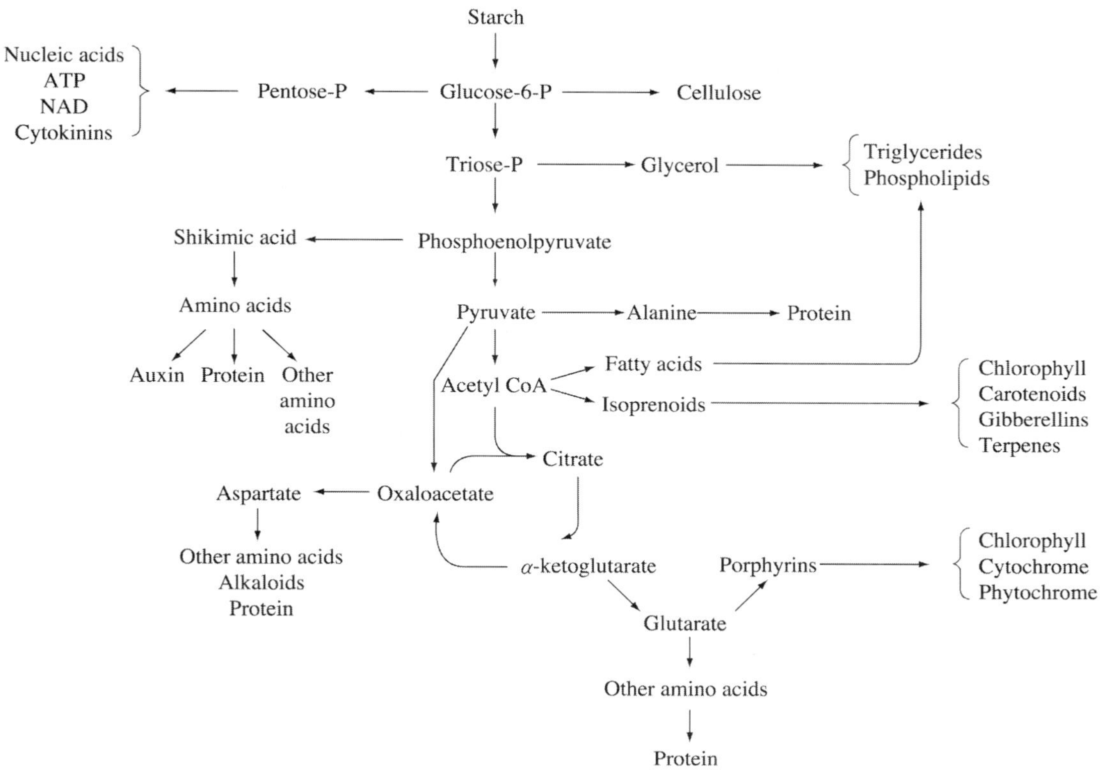

그림 4-66 호흡의 중간산물로부터 시작되는 각종 물질들의 합성

4-4-8 식물체와 기관에서의 호흡

전체 식물과 각 식물기관의 호흡률은 연령, 대사수준, 그리고 환경적 요인 등에 따라 매우 다양하다. 호흡에 대한 연구를 식물 전체나 각 기관의 수준에서 하는 것을 세포수준에서의 연구에 비해 매우 어렵다. 전체 식물의 호흡은 이산화탄소의 방출을 측정하는 방법으로 연구하는데 이렇게 얻어진 호흡률은 매우 변화가 심하다. 앞에서 언급한 바와 같이 산소와 이산화탄소의 비율은 어떤 시점에서든 호흡기질의 종류, 발효와 구연산 회로 그리고 대체경로의 활성도 등에 의하여 결정된다.

또한 호흡률은 각 기관마다 다르며, 연령, 발달단계, 그리고 특히 온도, 염분, 산소공급 상태 등 환경적 요인에 의하여 현저하게 영향을 받는다. 그럼에도 불구하고 식물생리학자들은 호흡이 성장과 발달에 미치는 영향의 측면에서, 생리·생태학자들은 생물현존량(biomass)에 대한 영향이라는 측면에서, 농경학자들은 생산성과 수확률이라는 관점에서 각각 호흡에 대한 흥미있는 연구들을 진행해왔다.

일반적으로 호흡률은 어떤 조직의 대사활성의 요구도가 반영된다. 어린 식물, 어린 기관 그리고 어린 조직은 더욱 호흡률이 높으며, 이러한 빠른 호흡의 진행은 아마도 어린 세포들에서 활발한 성장과 분열에 따른 물질합성에 기인하는 듯하다.

식물체나 기관이 성숙하게 되면 성장과 이에 관련된 대사요구도가 감소하게 된다. 잎이나 열매 등 많은 기관들은 노화의 개시점에서 일시적인 호흡의 증가가 일어나는데 이를 급증감현상(climacteric)이라고 부른다.

산소소모에 대한 이러한 전형적인 급증감현상에는 산화적 인산화의 감소가 수반되는데 이는 ATP 합성이 더 이상 전자전달에만 밀접하게 관련되지는 않음을 나타내고 있다. 목질부인 줄기나 가지의 호흡률을 그들의 무게나 질량에 대한 비율로 나타내 보면 이런 조직들이 성장하면 오히려 호흡률은 감소하는 것으로 나타난다. 이는 이런 조직의 직경이 증가하는 현상, 즉 더 이상 호흡을 하지 않는 목질부의 비율이 증가하는데 따르는 것이다.

호흡에 의해 식물이 잃는 탄소 중에서 상당한 부분은 가용성 탄소이다. 식물조직의 호흡률은 매우 다양해서 발아되기 전의 종자에서 나타나듯이 간신히 측정될 수 있을 정도부터(0.005 μmol CO_2 per g $Wd^{-1}h^{-1}$), 앉은부채(skunk cabbage)의 호흡위기 시에 육수화서에서 나타나는 1,000 μmol CO_2 per g $Wd^{-1}h^{-1}$ 이상의 호흡률까지 매우 차이가 심하다. 영양조직의 전형적인 호흡률은 대략 10～200 μmol · CO_2/g · $Wd^{-1}h^{-1}$ 정도이다(표 4-17).

표 4-17 식물의 20℃에서의 대략적인 암호흡률

식　물	호흡률(μmol CO_2/g dry $mass^{-1}$ h^{-1})
곡　류	70～180
활엽수 양엽	70～90
활엽수 음엽	20～45
침엽수	4～25

이는 24 시간 동안 호흡에 의해 방출되는 이산화탄소가 광합성을 통하여 만들어지는 광합성 산물의 상당 부분임을 보여준다. 평균적으로 낮에 만들어지는 광합성산물의 30～60%가 호흡을 통한 이산화탄소의 방출로 다시 소모된다. 열대우림기후에 서식하는 식물들은 광합성 산물의 70% 이상을 호흡에 소모하는데 이는 높은 온도에 의해 효소활성이 증가하기 때문이라 생각된다. 어떤 식물의 종이나 하루에 소모되는 탄소의 30～70% 정도는 식물의 감추어진 반쪽이라 할 수 있는 뿌리의 호흡에 의해 일어난다.

4-4-9 호흡에 영향을 미치는 인자들

호흡은 연령이나 조직의 종류 등에 따라 영향을 받기도 하지만 다른 많은 대사과정이 그렇듯이 외적인 조건에 의해서 변화한다. 이런 외부의 영향인자는 빛, 온도, 대기의 기체조성, 염분, 그리고 기계적 자극 등 매우 다양하다.

1. 빛

미토콘드리아의 호흡에 미치는 빛의 영향에 대한 논란이 심했던 적이 있었다. 전통적으로 광합성 연구자들이나 곡물 생리학자들은 빛이 있는 조건에서도 암상태에서 일어나는 호흡에 비교할 수 있을 정도의 호흡이 진행된다고 추측했다. 그렇기 때문에 진정한 광합성률은 암상태에서 진행되는 CO_2 흡수로 측정되는 겉보기 광합성률에 암상태에서 진행되는 만큼의 호흡률을 더한 값이라고 계산했다. 그러나 잎을 재료로 하여 행한 실험들은 매우 논쟁적 결과를 가져왔다.

빛에 의하여 호흡은 완전히 억제될 수도, 부분적인 구연산 회로의 작동이 진행될 수도, 혹은 호흡이 촉진될 수도 있다는 것이다. 문제점은 광합성에 의하여 이산화탄소와 산소의 교환이 매우 심하게 일어나는 동안은 호흡을 측정하기도, 잎 내부에서의 이산화탄소의 순환을 측정하기도, 또한 엽록체와 미토콘드리아 사이에 일어나는 대사산물의 교환을 측정하기도 매우 어렵다는 데에 있다.

한쪽의 의견은 엽록체에서 광합성에 의해 생성되는 다량의 ATP는 미토콘드리아에 의한 산화적 인산화 반응을 불필요한 것으로 만들 수 있다는 것이고, 다른 쪽의 의견은 최소한 구연산 회로가 부분적으로나마 가동되어야 빛이 있는 상태에서 성장이나 물질합성에 요구되는 탄소골격을 공급할 수 있다는 것이다. 이 문제에 대한 진정한 답은 빛이 있는 상태에서 미토콘드리아를 통한 탄소흐름이 정확하게 산출될 수 있어야 가능할 것이다.

암상태 후에 빛을 주는 경우의 호흡에 대한 영향은 검증된 바 있다. 같은 식물 종에서도 태양빛 아래 성장한 식물의 잎(양엽)은 음지에 적응한 식물(음엽)보다 매우 높은 암호흡률을 나타낸다. 마찬가지로 음지에 견디지 못하는 식물 종의 잎은 음지에 내성이 있는 것보다 높은 호흡률을 가지고 있다. 사실 음지에서 호흡률이 감소하는 것은 낮은 광량과 상당히 일치한다. 이는 음지식물에서 볼 수 있는 낮은 성장률과 연관이 있는 듯하지만, 어떤 것이 원인인지 또는 어떤 것이 결과인지는 아직 알려져 있지 않다. 깊은 음지에서 자라는 식물의 낮은 호흡률과 성장률은 생존전략상 유리하게 고안된 것일 수 있다.

몇몇 연구자들은 낮은 광량에서는 가용기질이 낮기 때문에 호흡률이 느릴 것이라 제안하기도 했지만 빛에 의한 호흡조절의 근본 이유는 알려져 있지 않다. 예를 들어 활발하게 광합성이 시작된 지 1~2 시간 후의 호흡률은 오랫동안 암상태에 놓아 둔 경우보다 상당히 높다. 그러나 또 다른 실험에서는 암상태에서의 호흡률이 그 앞에 진행된 광 상태 동안 공급한 이산화탄소의 양과 관련이 없다는 결과가 나온 바도 있다.

2. 온 도

호흡에 대한 온도의 영향을 정량적으로 측정하는데 가장 일반적으로 사용되는 개념은 온도계수(temperature coefficient, Q_{10})인데 다음과 같이 표현된다.

Q_{10} = (설정온도 + 10℃)의 호흡률/설정온도의 호흡률

5℃에서 25℃ 혹은 30℃ 사이의 온도에서는 온도의 증가에 대한 호흡률의 증가가 지수적이며 Q_{10} 값은 약 2.0이 된다. 이 범위의 온도에서 매 10℃ 증가에 따라 호흡률이 두 배씩 증가하는 것은 전형적으로 효소반응에 의한 것이다.

30℃ 이상의 온도에서는 대부분의 식물에서 Q_{10}이 떨어지는데 이는 기질의 가용성이 제한되기 때문이다. 특히 산소의 용해도는 온도의 증가에 따라 감소하기 때문에 산소가 보상점에 도달할 정도로 충분히 확산하지 못한다. 온도가 50℃에서 60℃에 도달하면 호흡효소의 열변성이나 막의 손상이 일어나 호흡이 중지된다.

Lamber (1985)는 열대, 온대 그리고 극지방의 식물에 있어 다양한 온도에서 호흡률의 변화를 관찰하였는데, 열대식물 잎의 30℃에서의 호흡률은 극지방 식물의 10℃에서의 호흡률과 거의 비슷하다. 호흡의 Q_{10} 역시 양쪽 식물에서 비슷하여 생화학적인 측면에서 본질적인 차이점이 있다는 증거는 없다.

극지방 식물과 열대식물의 호흡률이 다른 것은 양 식물의 성장 최적온도가 다르다는 것을 나타내며, 이는 ATP의 대사요구량에 차이가 있기 때문이다. 그러므로 최적성장을 결정하는 요인은 호흡이 아닌 다른 요인에 의한 것으로 생각된다.

3. 가용산소

최종 전자수용체라는 점에서 가용산소는 호흡률을 결정하는 중요한 요인임이 명확하다. 대기 중의 산소 농도는 21% 정도로 상당히 일정하다. 공기가 포화된 물의 산소 평형 농도는 약 250 μM이며 세포질도 여기에 포함될 수 있다. 그러나 시토크롬 c의 산소 친화도는 매우 높아 *Km* 값이 1 μM 이하이다. 그러므로 정상적인 조건하에서 산소가 제한요인이 되는 경우는 드물다.

그러나 종종 산소가 중요한 요인이 되는 상황이 있다. 그 한 예가 감자 괴경이나 혹은 이와 유사한 저장조직에서 볼 수 있는데, 표면적과 부피의 비가 매우 낮아 산소의 확산이 매우 느리기 때문에 호흡을 제한하는 경우이다. 그러나 뿌리 등의 조직에는 부피의 많은 부분이 공기로 차있기 때문에 토양이나 혹은 대기 중에 노출된 부분에서 흡수한 산소를 빠르게 이동시킬 수 있기 때문에 큰 문제가 되지는 않는다.

식물이 물에 잠겨 있는 동안이나 토양의 공간이 물에 차 있는 경우에는 산소부족으로 뿌리로의 산소공급이 감소한다. 그러므로 수경재배를 할 경우는 통기를 하여 뿌리 근처의 용존산소량을 유지해야 한다.

연 습 문 제

1. 효소가 기질에 대한 특이성을 나타내는 이유 및 효소기질 복합체가 형성되는 기작은 무엇인가?

2. 효소의 활성에 영향을 주는 요인들 및 효소활성을 측정하는 방법들에는 어떠한 것들이 있는가?

3. 광합성에 관여하는 색소들에는 어떤 것들이 있는가?

4. 광화학반응계의 존재를 밝힌 실험들은?

5. 전자전달계에서 ATP가 합성되는 과정은?

6. 공역인자란 무엇인가?

7. Photosynthetic carbon reduction cycle이란 무엇인가?

8. 해당과정이란?

9. 세포호흡의 생리적 기능을 간단히 설명하시오.

참고 문헌

- Andersson, B. and S. Styring. 1991, "*Photosystem II : Molecular organization, function and acclimation*", Current Topics in Bioenergetics 16 : 1～81.
- R. Douce, 1985, "*Mitochondria in higher plants : Structure, function, and biogenesis*", Academic Press, New York.
- J. H. Golbeck and D. A. Bryant, 1991, "*Photosystem I*", Current Topics in Bioenergetics 16 : 83～177.
- R. P. F. Gregory, 1989, "*Biochemistry of Photosynthesis*", New York : Wiley Press.
- U. S. Gupta, 1992, "*Crop Improvement, Vol. I. Physiological Attributes*", Boulder, CO : Westview Press.
- W. G. Hopkins, 1995, "*Introduction to plant physiology*", John Wiley and Sons, Canada.
- H. Lambers, 1985, Respiration in intact plants and tissues. Its regulation and dependence on environmental factors, metabolism and invaded organisms. "*In Encyclopedia of plant physiology*", R. Douce and D. A. Day (eds.), New Series Vol 18, Springer-Verlag, Berlin, pp. 418～473.
- H. Lambers, 1990, Oxidation of mitochondrial NADH and the synthesis of ATP. *In* Plant physilogy, biochemistry and molecular Biology. D. T. Dennis and D. H. Turpin (eds). Longman Sci. and Tech. Essex. pp. 124～143.
- D. J. Manners, 1985, Starch. In : P. M. Dey and R. A. Dixon (eds.), "*Biochemistry of Storage Carbohydrates in Green Plants*", London : Academic Press pp. 149～203.
- A. L. Moore and J. N. Siedow. 1991. The regulation and nature of the cyanide-resistant alternative oxidase of plant mitochondria. "*Biochemica et Biophysica Acta*", 1059 : 121～140.
- D. G. Nicholls and S. J. Ferguson, 1992, "*Bioenergetics 2*", New York : Academic Press.
- P. S. Nobel, 1991, "*Physiochemical and Environmental Plant Physiology*", New York : Academic Press.
- R. W Pearcy, O. Bjorkman, M. M. Caldwell, J. E. Keeley, R. K. Monson and B. R. Strain, 1987, "*Carbon gain by plants in natural environments*", Bioscience 37 : 21 ～29.
- C. J. Pollock, J. F. Fairar and A. J. Gordon, 1992, "*Carbon Partitioning within and between organisms*", Oxford : BIOS Scientific Publishers.

- D. M. Rhoads and L. McInfosh, 1991, Isolation and characterization of cDNA clone encoding an laternative oxidase protein of "*Sauromatum puttatum. PNAS*", (U. S. A.) 88 : 2122～2126.
- F. B. Salisbury and C. W. Ross, 1992, "*Plant physilogy*", Wadsworth, U. S. A.
- J. N. Siedow and D. A. Berthold, 1986, The alternative oxidase : A cyanide-resistant respiratory pathway in higher plants, "*Physiol. Plant*" 66 : 569～573.
- H. Smith and M. G. Holms, 1984, "*Techniques in Photomophogenesis*", London : Academic Press.
- M. Steup, 1988, Starch degradation. *In* "*The biochemistry of plants*", Press J. (eds) Vol. 14, Academic Press, San Diego, pp. 255～289.
- L. Taiz and E. Zeiger, 1991, "*Plant Physiology*", The Benjamin/Cummings Publishing Company, Inc. Redwood City, Califonia.
- A. J. E. Van Bel, 1993, Strategies of phloem loading. Annual Review of Plant Physiology and Plant Molecular Biology. 44 : 253～281.
- E. Zeigher, G. O. Farguhar and I. R. Cowan (eds.), 1987, "*Stomatal Function*", Stanford, CA : Stanford University Press.

제 5 장 식물의 영양

독립영양생물인 식물은 공기 중에서 CO_2의 형태로 얻어지는 탄소와 산소를 제외하면 나머지 대부분의 영양원소는 토양으로부터 얻는다. 반면 종속영양생물인 동물은 생육에 필요한 영양소의 섭취를 다른 생물에 의해 이미 합성된 유기분자에 의존한다. 식물의 영양은 유기영양과 무기영양으로 구분할 수 있는데 유기영양은 광합성에 의한 탄소, 수소 및 산소의 결합을 통한 유기물을 합성하는 과정이며, 무기영양은 토양으로부터 무기원소를 섭취하는 과정이다.

이 장에서는 우선 식물이 생장하는 데 필요한 원소의 종류와 양에 대하여 설명하고 이와 같은 원소가 결핍되었을 때의 시각적인 판단기준, 이들 원소들의 생리적 기능 및 식물체 내로의 흡수와 체내에서의 이동과정에 대하여 알아보고자 한다. 또한 이들이 주로 흡수되는 뿌리의 형태학적, 해부학적 특성과 함께 흡수를 조절하는 막의 특성과 막을 통한 용질의 수송과정에 대한 원리도 살펴보고자 한다. 그리고 이와 같은 용질의 이동에 있어서 중요한 역할을 수행하는 수액상승의 원리를 다루고 끝으로 동화산물의 이동과정에 대하여 알아보고자 한다.

5-1 식물과 무기영양

5-1-1 필수원소의 발견

19 세기 중반 Sachs 등은 표 5-1과 같은 영양액을 조성하여 식물을 생육시킴으로써 식물의 무기영양 요구도를 규명하였다. 이와 같은 수경재배법은 현재에도 식물의 영양 요구도를 밝히는 중요한 실험방법으로서 실제 양상추, 토마토 또는 오이 등과 같은 채소류의 상업적 생산에도 이용되고 있다.

수경재배(water culture 또는 solution culture)의 가장 간단한 방법은 식물을 용기에서 배양함으로써 뿌리가 영양액에서 자유롭게 자라게 하는 것이다(그림 5-1). 최적의 생장을 유지하기 위해서는 용액에 공기를 제공하는 것이 필수적이다.

표 5-1 Sachs 의 수경액 조성

염	화 학 식	몰농도(mM)
질산칼륨	KNO_3	9.9
인산칼슘	$Ca_3(PO_4)_2$	1.6
황산마그네슘	$MgSO_4 \cdot 7H_2O$	2.0
황산칼슘	$CaSO_4$	3.7
염화나트륨	NaCl	4.3
황산철	$FeSO_4$	미량

그림 5-1 수경재배 시 양분공급장치

공기가 통하지 않는 용액은 산소가 결핍되며 이러한 산소 결핍은 뿌리세포의 호흡을 저해하여 양분흡수를 감소시킨다. 또한 뿌리에서 양분을 흡수함으로써 생기는 이온의 고갈과 용액 내 pH 의 연속적인 변화 또한 중요한 문제이다.

그림 5-2 는 수경법을 이용하여 식물을 생육하는 또 하나의 장치로서 실험식물은 약간의 경사를 둔 기다란 관에서 치상되어 생육하게 되며 양분은 배양액에 담긴 수로로부터 펌프에 의해 공급된다.

Sachs 에 의해 제안된 초기의 영양액 조성은 10 가지의 무기원소였으며 그밖에 현재까지 알려진 또 다른 무기원소는 이후 반세기에 걸쳐 보완된 것이다. 식물에 의해 이용되는 많은 무기원소는 매우 적은 양으로서, 당시 Sachs 는 물과 염류, 그리고 이들 염류에 포함된 불순물로 이들 원소를 대신하였다. 현재의 분석기술은 원자흡수 분광계(atomic absorption spectrometer)나 원자방출 분광계(atomic emission spectrometer) 등에 의해 극미량의 무기원소까지 탐지해 낼 수 있을 정도로 향상되었다.

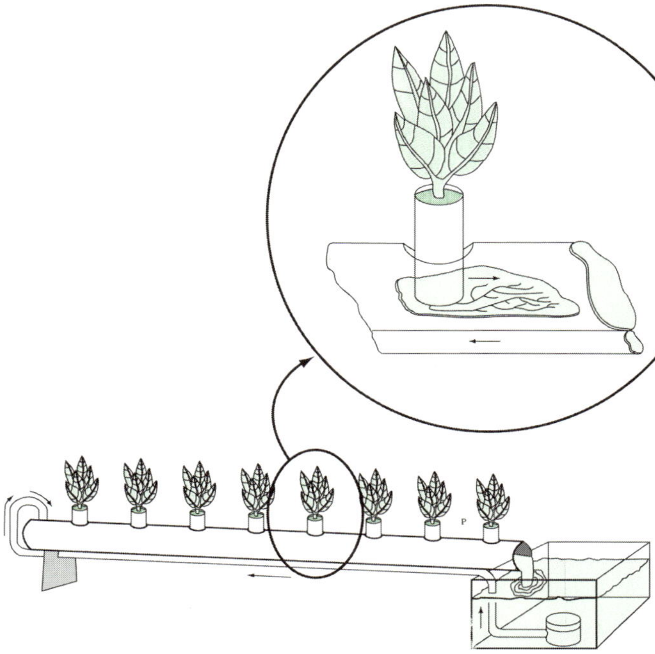

그림 5-2 수경재배의 양분 필름기법

5-1-2 필수 영양소

식물의 발생과 생장을 위해 요구되는 영양소를 보통 필수적이라고 표현한다. Epstein (1972)은 필수성을 두 가지 기준에 근거하여 설명하였는데, 그 첫째는 어떤 원소가 존재하지 않으면 그 식물의 생활사가 원활히 진행될 수 없다는 것이며, 둘째는 그 원소가 식물체에 필수적인 어떤 분자 혹은 체내 구성성분의 일부이어야 한다는 것이다.

대부분의 원소는 이러한 두 가지 기준을 모두 만족시키지만 비록 하나만 만족하더라도 대개는 필수원소(essential element)로 구분한다. 이 기준에 따라 일반적으로 17가지 원소를 모든 고등식물에 필수적인 것으로 규정하고 있다(표 5-2). 필수원소는 또한 미량원소(microelement 또는 trace element)와 다량원소(macroelement)의 두 가지 범주로 분류한다.

표 5-2에 소개된 원소 중에서 처음의 9가지 원소는 식물 자체가 많은 양을 요구하기 때문에 다량원소라 하는데, 대개 다량원소는 독립적으로 존재하는 것이 아니라 구성성분의 일부분을 이루고 있다.

표 5-2 고등식물의 필수원소와 정상 생육농도

다량원소	화학기호	흡수형태	건량당 농도 (mmol/kg)	미량원소	화학기호	흡수형태	건량당 농도 (mmol/kg)
수 소	H	H_2O	60,000	염 소	Cl	Cl^-	3.0
탄 소	C	CO_2	40,000	붕 소	B	BO_3^{3-}	2.0
산 소	O	O_2, CO_2	30,000	철	Fe	Fe^{2+}, Fe^{3+}	2.0
질 소	N	NO_3^-, NH_4^+	1,000	망 간	Mn	Mn^{2+}	1.0
칼 륨	K	K^+	250	아 연	Zn	Zn^{2+}	0.3
칼 슘	Ca	CA^{2+}	125	구 리	Cu	Cu^{2+}	0.1
마그네슘	Mg	Mg^{2+}	80	니 켈	Ni	Ni^{2+}	0.05
인	P	HPO_4^-, HPO_4^{2-}	60	몰리브덴	Mo	MoO_4^{2-}	0.001
황	S	SO_4^{2-}	30				

나머지 8가지 원소는 미량원소로서 이는 식물체에서 효소활성의 조절역할을 주로 한다. 식물체 내에서 이들 원소들의 농도는 종에 따라 다르며, 또한 같은 종이라도 연령에 따라 달라지기 때문에 표에 제시된 값이 절대적인 것은 아니다.

미량원소는 매우 적은 양을 필요로 하기 때문에 특히 측정하기 어렵다. 대부분 미량원소의 필요량은 0.1~1.0 μgL^{-1} 범위의 농도이면 충분하다. 이 정도의 양은 식물이 자라는 용기 내에서 또는 물속의 불순물로부터 그리고 대기 중의 먼지에 의한 오염에 의해서도 쉽게 얻어진다.

철은 보통 상대적으로 높은 농도로 공급되는데 이것은 철의 이용도가 pH와 그 밖의 토양환경에 민감하기 때문이다. pH가 높을 때 철은 칼슘과 복합체를 이루어 불용성 철 수화물의 형태를 띠며 산성용액에서는 알루미늄과 반응한다. 두 가지 경우 모두 철은 쉽게 용액으로부터 침전되며, 그 결과 철은 자연환경에서 종종 결핍된다.

이러한 이유 때문에 식물의 필수영양소로서 철의 중요성은 일찍부터 강조되었으나 다른 미량원소에 대한 필요성은 20세기 초 소금의 정제가 이루어진 후에야 인식되기 시작하였다.

수경재배를 이용한 필수원소에 관한 연구는 영양물질의 종류와 영양원소의 양적 조절 등에 관한 많은 문제를 해결하여 왔는데, 이들 연구의 대부분은 식물 무기영양 연구의 선구자인 Hoagland에 의해 최초로 개발된 영양액에 토대를 두고 있다. 한편 특정 목적에 따라 영양액의 조성을 약간 수정하는 경우가 있는데 이 경우 보통 수정된 Hoagland 용액으로 표기한다(표 5-3).

영양액 내 무기원소의 농도는 일반적으로 토양에서 발견되는 것보다 몇 배 높게 조절되어 있는데, 그 이유는 식물이 실제로 토양으로부터 양분을 흡수하는 것처럼 지속적인 양분의 공급을 유지하기 위해서이다.

표 5-3 Hoagland의 영양액 조성

(A) 성분별 농도

성 분	원소기호	농도(mM)
Calcium nitrate	$Ca(NO)_{30}$	2.5
Potassium phosphate	KH_2PO_{S4}	0.5
Potassium nitrate	KNO_3	2.5
Magnesium sulfate	$MgSO_4$	1.0
Zinc sulfate	$ZnSO_4$	0.00039
Manganous sulfate	$MnSO_4$	0.0046
Copper sulfate	$CuSO_4$	0.00016
Boric acid	H_3BO_3	0.0234
Molybdic acid	MoO_3	0.000051
Iron Sequenstrene	Fe	0.179

(B) 영양소의 양

원 소	mg/L
칼 슘	103
질 소	105
칼 륨	118
황	33
마그네슘	25
인	15
철	10
붕 소	0.25
망 간	0.25
아 연	0.025
구 리	0.01
몰리브덴	0.0052

5-1-3 유익한 원소

표 5-2에 제시된 17가지 필수원소 이외에도 식물에 따라서는 또 다른 원소를 필요로 하는 경우가 있다. 그러나 이 원소를 모든 고등식물이 공통적으로 요구하지는 않기 때문에 보통 이들 원소는 필수원소 목록에서 제외시켜 별도로 유익원소(beneficial element)라고 부른다. 유익원소에는 나트륨(Na), 규소(Si), 셀레늄(Se), 코발트(Co) 등이 있는데, 차후 실험기술 등의 향상에 따라 이들 유익원소 중 필수원소에 포함되는 것도 있을 것이다.

1. 나트륨 (Na)

영양원소로서 나트륨에 대한 필요성은 호주의 건성 초지지역에서 서식하는 다년생 목초의 일종인 *Atriplex vesicaria*에서 처음으로 밝혀졌는데, 나트륨이 결핍된 상태에서 이 식물은 생장이 감소하고 잎의 황백화(chlorosis)와 때로는 잎 주변에 괴사(necrosis)가 나타난다. 또한 많은 종의 식물에서 나트륨 영양요구도를 조사한 결과 C_4 광합성을 하는 식물에서 나트륨은 주요원소로 확인되었다.

요구되는 나트륨에 대한 광합성 대사체계는 아직도 분명한 것은 아니지만 유관속초세포와 엽육세포간에 C_4 경로의 중간생성물인 피루브산의 이동과 관련이 있는 것으로 추정하고 있다.

2. 규소 (Si)

토양에 다량의 이산화규소(SiO_2)가 존재할 때 대부분의 식물들이 규소를 흡수한다는 것은 잘 알려진 사실이다. 옥수수와 화본과 식물은 건량의 1~2% 정도의 규소를 축적하지만 벼와 *Equisetum arvense*는 16%의 규소를 함유하고 있다.

그러나 규소가 대부분의 다른 식물에서도 필수적인지는 확인되고 있지 않다. 어떤 원소가 필요한가를 결정하는 데 있어서 가장 큰 어려움은 환경에 존재하는 해당 원소를 완전히 제거할 수 없다는 점이다.

특히 규소는 유리상태 또는 여러 가지 영양염에 포함되어 있을 뿐만 아니라 공기 중에도 SiO_2 의 형태로 존재하기 때문이다. 그러나 많은 종류의 식물에서 규소의 유익함이 보고되고 있는데, 예를 들면 화본과식물의 경우 표피의 세포벽에 축적되어 식물체를 곧게 설 수 있도록 하고, 수분의 과잉손실을 방지하여 균사의 침입을 막게 한다. 따라서 규소의 결핍증상은 식물체가 힘없이 쳐지고 잎이 말라 시드는 현상으로 나타난다.

3. 코발트 (Co)

식물은 잎에서 코발트를 흡수하기도 하는데 이렇게 흡수된 코발트는 비가역적이며 뿌리에서 흡수된 코발트 또한 증산류(transpiration stream)를 따라 이동하므로 잎 가장자리와 잎 끝에 몰려 있게 된다.

코발트는 다른 중금속과 같이 행동하며 철, 망간, 아연 및 구리처럼 킬레이트(chelate) 화합물을 형성하는 경향이 있다. 코발트는 또한 생리적으로 중요한 결합장소에 있는 다른 이온을 대체시키며 따라서 다른 중금속의 흡수를 감소시킨다. 코발트의 과잉영양은 철 결핍을 유발시킨다. 또한 코발트 과잉에 의한 독성은 망간 결핍과 유사하다.

따라서 과잉의 코발트가 독성을 갖게 되는 것은 코발트가 생리적인 요충지에 있는 다른 중금속을 대체시키기 때문이라고 생각할 수 있다. 코발트 독성에 의해 식물의 잎은 황백화 또는 괴사현상을 나타내며 가끔 시들어버리는 경우도 있다.

코발트는 공생적 질소고정 박테리아의 숙주인 콩과식물의 생장에 필수적이다. 이 경우 숙주식물보다 박테리아에서 이 원소가 더 필수적이며 시아노박테리아와 같은 질소고정 박테리아 또한 코발트를 필요로 한다.

4. 셀레늄 (Se)

셀레늄은 화학적 성질이 황과 비슷하며, 흡수될 때 셀렌산염과 황산염 사이에 경쟁이 일어나는 것으로 보아 동일한 운반체가 작용할 가능성이 있다. 저농도의 셀레늄이 식물생장을 촉진시킨다는 보고도 있으나 과잉의 셀레늄은 독성을 나타내어 식물생장을 억제하고 황백화현상을 나타낸다. 셀레늄 독성이 생기는 이유는 아직 밝혀지지 않았으나 셀레늄 화합물이 치환작용에 의해 황 대사를 방해할 가능성이 제기되고 있다.

5-1-4 영양소의 기능과 결핍증상

필수원소는 식물에서 특별한 대사기능을 수행한다. 식물에서 나타나는 특정한 결핍증상은 대부분의 경우, 하나 또는 그 이상의 필수원소의 기능과 연관되어 있다.

필수원소 중 탄소, 수소 또는 산소 등은 식물에서 구조적인 기능을 갖는다. 반면에 나머지 원소들은 대개 이온균형을 유지시키거나 효소를 활성화하는 조절적인 역할에 관여한다. 어떤 경우에는 하나의 원소가 구조적인 역할과 생화학적 기능을 모두 갖는 경우도 있다.

예를 들어 마그네슘은 엽록소의 필수성분이지만 중요한 에너지 전이반응에 관계할 뿐만 아니라 많은 효소의 조효소(coenzyme)로서 작용한다. 또한 칼슘은 세포벽의 중요한 구성성분이며, 주로 구조적인 기능을 수행하지만 호르몬과 피토크롬(phytochrome) 반응에서 2 차 신호전달자(second messenger)의 역할도 담당한다.

어떤 특정원소에 대한 개개 식물의 요구성은 보통 임계농도(critical concentration)로서 정의할 수 있는데 이러한 개념을 그림 5-3 에 표시하였다. 임계농도 이상에서 영양소의 증가는 생장에 큰 영향을 미치지 못하며, 이 경우 보통 영양소 함유량은 충분하다고 할 수 있다. 반면 임계농도 이하에서 생장이 감소하면 영양소가 결핍되었다고 볼 수 있다. 다시 말해서 조직의 영양수준이 임계농도 이하라면 그 영양소는 생장을 제한하게 되며, 또한 영양소의 농도가 계속 높아지면 독성에 의한 생장억제가 일어날 수도 있다.

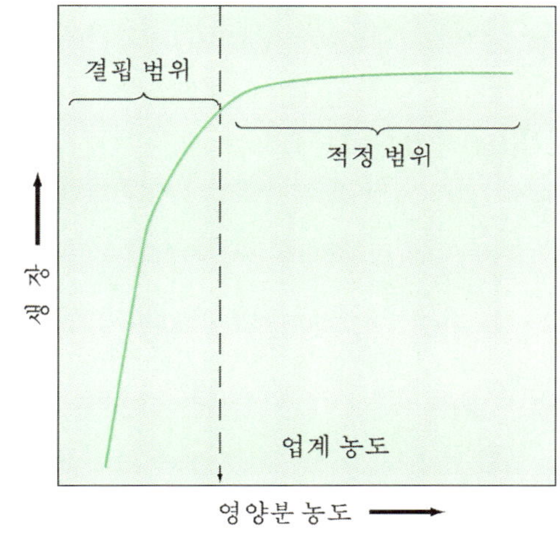

그림 5-3 영양분 농도에 따른 생장곡선

독성수준이 다량원소의 경우에는 거의 영향을 미치지 않으나 미량원소의 경우에는 치명적이다. 예를 들면 구리의 정상농도는 조직건량 그램당 4~15 μg 의 범위에 속한다. 즉 결핍증상은 4 μg 이하에서 나타나지만 대부분의 식물들은 20 μg 을 넘는 농도에서 해를 입게 된다. 붕소는 75 μg 이상이면 유해하고, 아연은 200 μg 을 초과 시 독성을 나타낸다.

각각의 원소는 식물체에서 하나 또는 그 이상의 특정한 구조적 역할이나 기능적 역할을 수행하기 때문에 식물체 내에 해당원소가 없다면 특정한 형태적 또는 생화학적 결핍증상이 나타나게 된다(그림 5-4).

그림 5-4 토마토의 영양 결핍증상 (왼쪽부터) 완전한영양액(대조구), 인 결핍, 칼슘 결핍, 철 결핍, 질소 결핍

1. 질소 (N)

대기의 80% 이상을 질소가 차지함에도 불구하고 단지 특정한 원핵생물이나 세균만이 기체상태의 질소를 이용할 수 있다. 대부분의 식물은 주로 무기 질산염이온(NO_3^-)으로 흡수하지만 극히 일부는 암모늄이온(NH_4^+) 상태의 질소를 흡수한다. 식물에 있어 NO_3^-는 아미노산, 단백질 또는 다른 질소 유기분자로 결합되기 전에 먼저 NH_4^+로 환원된다.

식물은 건량당 약 2~4%의 질소를 함유하고 있는데 49% 가량인 탄소의 함량에 비하면 상당히 적다. 그러나 질소는 단백질, 핵산, 특정 호르몬 및 엽록소와 같은 많은 중요한 분자의 구성성분이다. 질소결핍은 생장을 저해하여 괴사, 황화 및 건량의 감소 등을 유발한다. 질소는 식물체에서 매우 빠르게 이동한다. 성숙한 잎이 누렇게 되어 죽어감에 따라 질소는 수용성인 아민(amine)과 아미드(amide)의 형태로 쉽게 어린잎으로 이동된다.

따라서 질소 결핍증상은 보통 오래된 잎에서 주로 나타나며 결핍정도가 심해질 때까지는 어린잎에서 잘 일어나지 않는다. 오래된 잎은 증상이 심해지면 완전히 황색이나 갈색으로 변하면서 떨어져 버린다. 어린잎은 오래된 잎에서 이동성인 질소를 회수하기 때문에 오랫동안 녹색을 띠지만 토마토나 일부 옥수수 같은 식물은 안토시아닌(anthocyanin)의 축적으로 줄기, 잎자루 또는 잎의 아랫면이 자주빛으로 변하기도 한다.

질소가 결핍된 식물에서 안토시아닌 축적의 정확한 원인은 알려져 있지 않다. 이것은 아마도 탄소구조물의 과잉생산에 기인하는 것으로 보이며, 또한 질소결핍 시 과잉생산된 탄소골격은 아미노산이나 다른 유기질소 화합물의 형성도 저해한다.

질소는 또한 시토키닌(cytokinin)의 합성과 이동에 영향을 주는데 질소영양이 충분치 못하면 시토키닌의 합성은 감소된다. 시토키닌은 식물의 생장을 촉진시키는 기능을 갖기 때문에 질소가 결핍된다면 당연히 조직은 노화가 촉진된다.

곡류에 질소결핍이 일어나면 특징적으로 분얼(tillering)이 빈약해지고 단위 면적당 이삭수와 이삭당 낟알수도 감소한다. 한편 낟알 크기는 작으나 단백질의 함량은 비교적 높은 경우가 있는데 이것은 등숙기 후기에 낟알에 들어가야 할 탄수화물이 감소하기 때문이다.

질소공급이 과다하면 잎은 짙은 녹색을 띠게 되고 잎의 수도 많아져서 뿌리에 대한 지상부의 비율이 높아진다. 감자의 경우 질소공급이 과다하면 수확량은 오히려 감소한다. 이와 같이 줄기와 잎의 생장이 왕성해지는 원인은 잘 밝혀져 있지 않지만 호르몬의 불균형으로 뿌리와 덩이줄기를 향한 당의 이동이 변화하기 때문인 것으로 추정된다. 또 과잉 질소는 일부 농작물의 개화와 종자형성을 지연시키는 반면, 질소결핍은 빠른 개화를 유도하기도 한다.

2. 인 (P)

인은 토양용액에서 주로 인산염(H_3PO_4)의 형태로 이용되는데, 이때 토양 pH가 인산의 이용도에 있어서 중요한 역할을 한다. 토양 pH가 6.8보다 낮을 때는 1가 인산이온($H_2PO_4^-$)의 형태로서 식물 뿌리에 의해 쉽게 흡수된다. pH 6.8~7.2에서 주요 형태는 2가 인산이온(HPO_4^{2-})인데 흡수는 보다 느리게 일어난다.

염기성 토양에서(pH 7.2 이상)는 주로 3가 인산이온(PO_4^{3-})의 형태로 존재하게 되는데 이것은 식물이 이용할 수 없는 형태이다. 대부분 토양에서 가용성 인의 실제농도는 상대적으로 낮은 편인데 여기에는 몇 가지 요인이 존재한다.

중성 pH에서 인은 알루미늄 또는 철과 함께 불용성 합성물의 형태로 되는 반면 염기성 토양에서는 칼슘 또는 마그네슘과 복합체를 이루어 인이 침전한다. 이것은 불용성 인이 매우 느리게 토양용액 안으로 방출되기 때문이다. 또한 상당량의 인은 유기물과 결합되어 있는데, 이것은 식물이 흡수할 수 없는 형태이다. 유기형태의 인이 식물에 의해 흡수되어 이용되려면 토양미생물의 활동에 의해 먼저 무기물 형태로 전환되어야 하는데 이때 식물은 적은 양의 이용가능한 인에 대해 토양 미생물과 경쟁해야만 한다. 이와 같은 이유로 인은 질소보다 자연계에서 제한된 원소로 알려져 있다.

뿌리가 내생균근(endomycorrhizae)을 형성하면 인산염 흡수율이 증가하여 식물의 생장이 촉진된다. 이러한 효과는 균사(hyphae)에 의해 생긴 것으로 균사가 먼저 인산염을 흡수하여 숙주의 뿌리에 운반하기 때문이다. 이 효과는 인산염이 제한된 토양에서 현저히 나타나므로 이 경우 적당한 내생균근 균류를 농작물에 접종하는 것은 농업상 매우 중요하다.

인의 공급이 불충분해지면 RNA 합성의 감소는 물론 단백질 합성도 큰 영향을 받는다. 저분자량의 질소화합물이 인 결핍조직에 축적되며 단백질 합성이 저해되고 결국 생장도 감소한다. 따라서 인이 결핍된 식물은 뿌리의 생장이 억제되고 줄기가 가늘어지며 키도 작아진다. 곡류에서는 분얼이 잘 되지 않는다.

과수에서는 새로 생긴 가지의 생장률이 감소하고 눈의 발육과 발아가 불량하게 된다. 특히 인 결핍식물에서는 열매와 종자의 형성이 감소한다. 그 결과 수확량의 감소는 물론 과실과 종자의 품질도 낮아진다.

일반적으로 인 결핍증상은 오래된 잎에서 나타나며 색은 암녹색을 띤다. 일년생 식물의 경우 줄기가 붉게 되는 경우가 있는데, 이것은 안토시아닌의 형성이 촉진되기 때문이다.

인은 또한 식물체에서 쉽게 이동되어 오래된 부위에서 어린 부위로 재분배된다. 어린 잎이나 발달 중인 과실은 토양으로부터의 공급이 정지되어도 노쇠한 식물조직으로부터 인을 공급받을 수 있다. 그래서 오래된 잎이 먼저 인 결핍증상을 보이게 된다.

인산염 수준이 너무 높으면 주로 줄기보다 뿌리의 생장이 왕성해지며 뿌리에 대한 지상부의 비율이 낮아지는데, 이는 질소과잉과는 정반대의 효과이다. 골분(bone meal) 같은 고농도의 인이 포함된 비료는 다년생 식물을 이식할 때 근계를 튼튼하게 하기 위하여 종종 사용된다.

3. 칼륨 (K)

칼륨은 1 차 광물이나 점토와 같은 2 차 광물로부터 유래된다. 일반적으로 점토가 많이 함유되어 있는 토양은 칼륨의 함량이 높은 반면 유기토양이나 사질토양은 낮다. 식물체에 공급되는 칼륨은 주로 칼륨을 함유하는 광물의 풍화로부터 오는 것인데 토양 속의 칼륨은 세 가지의 유형으로 존재한다. 즉 1 차 및 2 차광물과 화학결합을 하고 있는 칼륨과 토양입자에 흡착된 치환성의 칼륨, 그리고 토양용액에 존재하는 칼륨이다. 칼륨의 흡수는 1 가 양이온인 K^+ 형태로 이루어진다.

칼륨은 모든 고등식물 또는 하등식물에 필수적이나 식물체의 구성원소는 아니다. 칼륨은 액포에 많은 양이 저장되어 있으며, 많은 효소에 대한 보조인자로 작용하고 음이온의 흡수와 운반에도 영향을 준다. 칼륨은 삼투퍼텐셜의 유지와 수분흡수를 도와줄 뿐만 아니라 기공개폐에도 관여하고 엽면적 지수 및 CO_2 동화량을 증가시킴으로써 광합성을 촉진시킨다. 식물체에서 칼륨은 이동성이 상당히 큰데, 그 주요 이동방향은 분열조직 쪽이다. 칼륨이 어린 분열조직으로 이동하는 이유는 분명치 않으나 단백질 합성과 시토키닌의 공급과 관련이 있는 것으로 추정되고 있다.

칼륨결핍의 초기현상은 특별한 가시적 징후가 없는 것이 특징이며, 생장률이 약간 감소하는 정도로 나타난다. 이후 결핍이 지속되면 황백화와 괴사현상이 일어난다. 이런 증상은 노쇠한 잎에서 시작되는데 이것은 K^+가 어린잎으로 이동하기 때문이다. 식물이 칼륨 결핍증에 걸리면 팽윤 정도가 저하되는데, 이때 수분이 부족하면 쉽게 물렁해진다. 따라서 가뭄을 극복하는 힘이 약해질 뿐만 아니라 상해, 균류병 및 염도 등에도 약해진다.

K^+결핍이 심해지면 식물의 조직과 기관에 이상 발육현상이 나타난다. 유채의 경우 K^+ 공급이 불충분하면 형성층의 생장률이 낮아진다. 칼륨결핍증은 또한 관다발의 목질화를 저해시키며 엽록체와 미토콘드리아 같은 세포소기관도 와해시킨다.

4. 황 (S)

토양 내의 황은 무기와 유기형태로 존재하는데 대부분의 토양에서 저장고의 역할을 하는 것은 유기형태이다. 토양의 유기황은 두 개의 분획물, 즉 탄소결합 황과 비탄소결합

황으로 되어있다. 황은 토양에서 2가 이온인 황산이온(SO_4^{2-})으로 흡수된다. 뿌리에서는 필요한 양만큼만 대사되고 대부분의 황산이온은 지상부로 이동된다.

많은 미생물이 황을 산화하거나 유기황화합물을 분해하여 토양에는 충분한 양의 황산염이 있기 때문에 황의 결핍은 거의 일어나지 않는다. 또한 화석연료의 많은 소비, 유황온천, 그리고 활화산은 많은 양의 황산화물(SO_2, SO_3)을 대기로 방출한다.

황은 이황화결합(disulfide bond)을 통해 단백질이 3차구조를 형성하는 데 관여한다. 식물체의 주요 황화합물로는 티아민, 비오틴과 조효소 A 등이 있으며, 황은 또한 광합성 및 질소고정계에서도 중요한 역할을 한다. 황을 함유한 티오시안산(thiocyanate)과 이소티오시안산(isothiocyanate)은 양배추, 순무 및 양고추냉이 등의 식물에서 나는 매운 맛과 냄새의 원인이 되기도 한다.

황 결핍식물은 생장률이 감소하게 되는데, 뿌리보다 줄기에서 그 영향이 더 크게 나타난다. 이런 식물은 딱딱하고 가늘어져 부러지기 쉽다. 또한 엽록체의 형성도 영향을 받아 심한 경우 엽록체의 분해가 일어난다. 황은 기체상태인 아황산가스(SO_2)로 기공을 통해 잎에 흡수되기도 하며, 이것이 세포에서 물과 반응하면 중아황산(HSO_3^-)으로 변화해서 엽록소를 파괴시켜 광합성을 저해하는 것이다. 황결핍의 증상들은 어린잎부터 나타나는데 이는 오래된 잎에 존재하는 황이 어린잎으로 공급되지 않기 때문이다.

5. 칼슘 (Ca)

칼슘은 Ca^{2+}의 형태로 흡수된다. Mg^{2+}과는 달리 Ca^{2+}는 체관을 통해서 거의 이동하지 못하기 때문에 결핍증상은 항상 어린 조직에 나타나는데 이것은 칼슘이 분열조직의 주요 성분으로서 펙틴산(pectic acid)의 형성이나 세포분열시 방추사의 미세소관(microtubule) 형성에 지장을 주기 때문이다. 칼슘은 인지질 분자간의 결합이나 단백질과도 결합함으로써 생체막이 정상적 기능을 수행하게 한다.

콩과식물을 비롯한 여러 식물에서 칼슘의 대부분은 액포와 세포벽에 존재한다. 시토솔(cytosol)의 칼슘농도가 낮은 것은 우선 Ca^{2+}이 ATP와 같은 유기인산 화합물과 불용성의 염을 형성하기 때문이다. 또한 대부분의 효소가 Ca^{2+}에 의해 그 활성이 억제되기 때문에 시토솔의 Ca^{2+} 농도는 낮게 유지되는 것이다.

시토솔에서 칼슘은 수용성 단백질인 칼모둘린(calmodulin)과 가역적으로 결합한다. Ca^{2+}와의 결합으로 칼모둘린이 활성화되면 이것은 다른 효소를 활성화시킨다.

칼슘결핍의 특징은 그 증상이 분열조직의 생장이 감소할 때부터 나타난다는 것이다. 이런 결핍증은 이미 자란 잎의 끝부분과 어린잎에서 볼 수 있다. 잎은 기형이 되고 황백화될 뿐만 아니라 심하면 잎 가장자리가 괴사된다. 또한 세포벽이 분해되어 분해된 물질이 세포 내의 공간에 축적되기 때문에 관다발 조직의 운반기구에 영향을 미치기도 한다.

식물에서 절대적인 칼슘결핍증이란 거의 볼 수 없는데 이것은 보통 토양 내에 유효 칼슘이 많이 함유되어 있기 때문이다. 그러나 과실 또는 저장조직 등에 공급되는 칼슘의 양이 적기 때문에 간접적인 칼슘 결핍증이 흔히 나타난다. 예를 들면 사과의 경우 과실의 표면 전체에 걸쳐 갈색의 괴사반점이 나타나는 고두병이나 토마토의 경우 열매의 말단 세포가 분해되어 나타나는 배꼽썩음병을 들 수 있다.

칼슘은 뿌리 끝에서 흡수되어 식물의 지상부 쪽을 향하여 이동하는데 통기불량 또는 저온 등의 방해요인이 생기면 칼슘의 흡수가 저해되어 결핍증이 유발되기도 한다. 이러한 현상은 기후가 조절요인이 되기 때문에 칼슘을 적절하게 공급한 토양에서도 칼슘결핍은 일어날 수 있다.

6. 마그네슘 (Mg)

식물에서 마그네슘은 Mg^{2+} 형태로 흡수된다. 마그네슘 역시 칼슘과 같이 토양에서 쉽게 용탈되는데 그 속도는 토양 내의 마그네슘 함량, 풍화작용 속도, 용탈강도 및 식물에 의한 마그네슘 흡수 등에 의해 결정된다. 능동적 또는 수동적으로 흡수된 Mg^{2+}의 운반은 증산류에 의해 이루어지는데 식물체 내에서의 이동은 칼슘보다 용이하다. 생장중인 과실이나 저장기관 등은 체관부를 통하여 노화된 잎으로부터 마그네슘이 재분배된다. 따라서 마그네슘 결핍은 칼슘에 비하여 서서히 진행된다.

마그네슘은 식물에서 엽록소 분자의 중심성분이며 또한 ADP, ATP 또는 유기산과 킬레이트를 형성하여 많은 효소반응에 관여한다. 마그네슘은 ATP 와 효소분자 간에 교량역할을 하며 광인산화와 산화적 인산화과정에 필수적이다. 질소대사와 단백질합성 또한 마그네슘에 의존적인데, 이것은 마그네슘이 리보솜의 형태유지에 필수적이기 때문인 것으로 생각되고 있다.

마그네슘 결핍의 첫 증상은 오래된 잎에서 황백화가 나타나기 시작하여 어린잎으로 진행된다. 황백화는 대개 엽맥 사이에서 일어난다. 마그네슘 결핍상태의 잎은 딱딱하게 되어 잘 부스러지고 엽맥 사이가 뒤틀려 잎은 결국 일찍 떨어지게 된다. 마그네슘 결핍시 엽록체는 그라나의 수가 감소하고 그 형태도 기형이 되며, 때로는 전분체(amyloplast)가 축적되기도 한다. 또한 Mg^{2+}의 공급이 불충분하면 식물은 생식과정이 지연된다.

7. 철 (Fe)

식물의 미량원소 중에서 철은 식물에 의해 비교적 많은 양이 요구되기 때문에 어떤 경우는 이 원소를 다량원소에 포함시키기도 한다. 뿌리에 공급되는 철은 Fe^{3+}, Fe^{2+} 및 Fe 킬레이트의 형태이다. 뿌리가 Fe^{3+}를 Fe^{2+}로 환원시키는 능력에 따라 흡수가 진행된다.

철이 흡수되기 위해서 이러한 환원은 필수적이다. 이 Fe^{3+}의 환원은 원형질막의 외곽에서 일어나는데 시토크롬 화합물 또는 플라빈 화합물을 통해 세포 내에서 생성된 전자를 공급받아 이루어진다고 생각되고 있다.

철의 흡수는 다른 양이온과 경쟁적이거나 다른 양이온에 의해 영향을 받는다. 철은 광합성과 미토콘드리아 호흡에 필요한 활성적인 시토크롬 및 페레독신 같은 전자전달계의 여러 효소와 단백질 구성에 참여하며, Fe^{2+}와 Fe^{3+}의 상호전환을 통하여 전자운반의 기능을 갖게 한다. 또한 철은 H_2O_2를 H_2O와 O_2로 분해하여 H_2O_2의 독성을 방지하는 효소인 카탈라아제(catalase)와 과산화효소(peroxidase)의 구성성분이며, 몰리브덴과 더불어 아질산염 환원효소(nitrite reductase), 질산염 환원효소(nitrate reductase), 그리고 질소고정효소인 nitrogenase의 구성요소이다.

비록 철이 엽록소 분자의 구성요소는 아니지만 철은 엽록체 미세구조 형성에 요구되므로 엽록소 함량에 영향을 준다. 따라서 철 결핍은 엽록체의 수와 크기를 감소시킨다.

철의 결핍증상은 마그네슘의 경우처럼 엽맥 간의 황백화가 특징이지만 어린잎에서 먼저 나타난다. 이것은 식물체에서 철이 상당히 비이동적이고 재분배되지 않기 때문이다. 어떤 경우 엽맥에서도 황백화가 일어나서 잎 전체가 누렇게 되기도 한다. 심한 경우에는 어린잎이 백색을 띠고 괴사반점을 나타내기도 한다. 잎에는 피토페리틴(phytoferritin)이 있는데, 이것은 철과 단백질의 복합체로서 철을 저장하는 역할을 하는 동시에 세포 밖으로 철이 유출되지 못하게 하는 역할도 한다.

미량원소인 철을 공급원으로 무기염을 사용하면 배양액에서는 거의 불용성으로 존재하며 토양용액에서도 역시 같은 상태로 존재하게 된다. 이러한 경우 철은 수산이온과 반응하여 불용성의 수화된 금속산화물($Fe_2O_3 \cdot 3H_2O$)을 만든다.

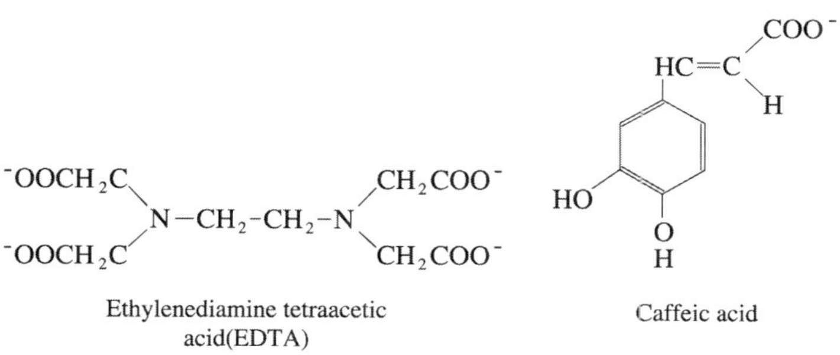

그림 5-5 킬레이트제

한편 철은 강산성 토양에서는 가용성이 높아 철 흡수가 과도하게 됨으로써 철의 독성이 나타난다. 철 결핍을 극복하기 위해서는 금속 킬레이트 형태의 비료를 사용해야 한다. 킬레이트는 킬레이트제 또는 리간드라는 유기화합물의 일부 원자가 금속 양이온에 전자를 줄 때 생성되는 용해성 산물이다.

음으로 하전된 카르복실기와 질소원자는 전자를 공여할 수 있으며, 잘 알려진 합성 리간드 중에는 카르복실기와 질소원자를 가진 EDTA (ethylenediaminetetraacetic acid)가 있다(그림 5-5). 좋은 킬레이트제를 토양에 처리할 때는 두 가지 성질을 고려해야 한다. 즉 미생물에 의해 분해되지 않아야 하며 다음으로는 미량원소인 양이온과 안정된 킬레이트를 형성하고 풍부하게 존재하는 칼슘이나 마그네슘과는 반응하지 않아야 한다.

8. 붕소 (B)

토양에서 붕소는 주로 붕산(boric acid) 또는 붕산염(borate)의 형태로 매우 낮은 수준이 토양용액에 존재하거나 토양입자에 흡착되어 있기 때문에 붕소결핍은 가장 흔히 일어나는 미량원소 결핍으로 알려져 있다.

오래 전부터 붕소는 폴리히드록시(polyhydroxy) 화합물을 형성하여 세포벽의 안정성을 높인다고 알려져 있다. 만일 붕소가 결핍되면 세포벽의 미세구조가 거칠어지며 박막층도 거의 찾아볼 수 없게 된다. 붕소는 또한 분열조직에도 영향을 줄 뿐만 아니라 식물의 발아와 화분생장에도 크게 기여한다.

생리적으로 붕소는 조직 발달에 중요한 원소이다. 따라서 붕소가 없으면 조직 형성과 발달은 비정상적으로 일어난다. 세포분화 역시 붕소가 결핍되면 억제된다.

붕소는 핵산의 합성에도 관여한다. 붕소가 결핍된 토마토 뿌리의 경우 생장이 정지하면서 가장 먼저 나타나는 현상은 RNA 합성의 감소이다. 이러한 결핍증상은 티민, 구아닌 또는 시토신과 같은 질소 염기를 첨가하면 미리 예방할 수 있는데, 이는 붕소가 염기의 이용과 이에 따른 RNA 대사에 관여하고 있음을 시사하는 것이다. 또한 붕소는 식물체를 통한 당류의 이동을 촉진시키는 것으로 알려지고 있다.

붕소 결핍이 제일 먼저 나타나는 곳은 정단 생장점이다. 어린잎들은 모양이 기형적이고 주름이 많이 잡히며, 때로는 두꺼워져 진한 청록색을 나타낸다. 잎의 주맥과 주맥 사이에 불규칙적인 황백화현상이 나타나는 경우도 있다.

결핍이 더욱 진행됨에 따라 정단 생장점은 결국 죽어버리며, 식물 전체가 오므라들고 화기형성과 착과는 제한되거나 아예 없어져 버리기도 한다. 화분관의 발아에서는 붕소가 특별한 역할을 하기 때문에 붕소공급이 불충분한 식물은 화분발아가 장해를 받고 착과가 저해된다. 어떤 식물은 화분생장이 영향을 받아 단위생식을 하는 경우도 있다. 뿌리의 발육 역시 붕소 결핍의 영향을 받는데 붕소가 없는 배양액에서는 뿌리생장이 현저히 억제된다.

9. 구리 (Cu)

구리는 통기성이 좋은 토양에서는 2가 양이온인 Cu^{2+}의 형태로 쉽게 식물로 이동된다. 엽록체에 비교적 고농도로 함유되어 있는 구리는 전자전달계의 플라스토시아닌(plastocyanin) 성분이 되며, 그밖에도 구리를 함유하는 주요 물질에는 시토크롬을 비롯하여 아스코르브산 산화효소, 다가페놀 산화효소 및 락타아제 등이 알려져 있다.

구리는 단백질 대사와 탄수화물 대사에 관여하므로 보통 구리 결핍식물에서는 단백질 합성에 이상이 생기고 가용성 아미노 질소화합물이 축적된다. 공생질소고정 작용 또한 구리가 절대적으로 필요하다. 즉 구리의 함량이 낮으면 일반적으로 뿌리혹 형성이 현저하게 억제되는데, 이것은 구리가 레그헤모글로빈(leghemoglobin)의 합성에 관계하기 때문이며, 또한 구리결핍으로 근류 내의 시토크롬 산화효소의 활성도가 억제되어 근류세포 내의 O_2 장력이 증가함으로써 질소고정을 위한 환경이 열악해지기 때문이다.

곡류에 있어서 구리의 결핍증상은 분얼기의 잎 끝에서 제일 먼저 나타나는데 보통 잎의 끝은 백색으로 변하며 잎 전체가 좁아진 채로 뒤틀려 있게 된다. 마디 사이의 생장도 억제되며, 결핍이 더욱 심해지면 이삭이 형성되지 않는 상태까지 이르게 된다. 과수에서도 곡류처럼 개화와 과실형성 등 생식·생장기에 영향을 많이 받는데, 이것은 식물에서 구리 이동도가 낮기 때문이다.

10. 아연 (Zn)

아연은 Zn^{2+}의 형태로 흡수된다. 이 원소는 많은 효소의 활성인자로서 작용하는데 특히 인돌-3-초산(indole-3-acetic aicd, IAA)의 전구체인 트립토판의 합성에 관여하는 효소의 활성에 필수적이어서 아연이 결핍된 식물체는 트립토판과 인돌-3-초산의 함유량이 낮아 생장이 억제되어 잎이 작고 빨리 떨어진다. 아연의 결핍은 또한 RNA 합성과 리보솜의 안정성을 감소시킨다.

아연 결핍식물에서 제일 먼저 나타나는 가시적 증상은 잎이 왜소해지며, 이후 어린잎에서 황화현상이 일어난다. 심한 결핍이 일어나면 엽맥 사이 유조직이 황화되어 잎의 생장은 지연되고 괴사된다. 과수의 경우에도 잎의 발육이 불량하며, 어린 가지의 끝부분에 크기가 작고 굳어진 잎들이 한데 뭉쳐서 매달려 있거나 또는 꽃송이 모양으로 한데 모여 있게 된다.

사과나무의 경우 이러한 증상은 이른 계절에 나타나는 이른바 로제트(rosette)병 또는 왜엽(little-leaf)병으로서, 이 병은 잎뿐만 아니라 꽃에서도 나타나는데 대부분 꽃봉오리는 그 수가 적고 피지 않은 채 생육이 정지된 경우가 많다.

한편 아연독성에 의해 나타나는 현상으로는 뿌리생장의 저조, 잎 확대의 저지, 그리고 이에 따른 황백화현상을 들 수 있다. 배양세포에서는 아연의 수준이 높으면 인과 철의 흡수가 억제된다.

11. 망간 (Mn)

식물체에서 망간은 2가 양이온인 Mn^{2+}형태로 흡수되고 이동된다. Mn^{2+}는 pH가 낮은 토양이나 논과 같은 침수지에 많이 존재한다. Mn^{2+}의 흡수는 능동적이며 이것은 다른 양이온 특히 NH_4^+ 및 Fe^{2+} 등과 경쟁적이다. 망간은 지방산과 뉴클레오티드 합성에 관여하는 몇 가지 효소의 활성인자로서 호흡과 광합성에 필수적이다. 망간은 또한 조직 내 인돌초산 농도를 조절하는 인돌초산 산화효소를 활성화시킨다. 철과 같이 망간은 비교적 비이동적이고, 어린 조직이나 분열조직으로 우선적으로 이동된다.

세포기관 중에서는 엽록체가 망간 결핍에 가장 민감하다. 망간과 마그네슘 결핍은 잎의 경우, 엽맥과 엽맥 사이에 황백화현상이 일어난다는 점에서 유사하나 망간 결핍은 어린잎에서, 마그네슘 결핍은 노화된 잎에서 각각 먼저 나타난다는 점이 다르다.

쌍자엽 식물의 망간 결핍증상은 잎에 작은 노란반점이 나타나는데, 이러한 증상은 어린잎 전체가 황백화되는 철 결핍증과는 다르다. 단자엽식물, 특히 귀리의 경우는 망간 결핍으로 인해 잎의 밑부분에 녹회색 반점과 줄이 나타나는 회색반점병(gray speck)이 유발되는데 이 병에 걸린 식물은 팽윤정도가 감소하고 심할 경우 잎의 중간부위부터 접히는 현상이 나타난다.

망간 독성의 증상은 노화된 기관에 나타나는 갈색반점으로 알 수 있으며, 엽록소의 분포도 불규칙해진다. 망간 독성과 철 결핍증은 동시에 나타나는 경우가 많다.

12. 몰리브덴 (Mo)

식물체의 몰리브덴 함량은 대략 건물당 1 ppm 정도이다. 몰리브덴 함량이 이렇게 낮은 이유는 토양 용액의 MoO_4^{2-}의 수준이 극히 낮기 때문이다. 다른 미량원소와는 달리 식물체에서 Mo 독성에 의한 해는 없으며, 따라서 식물은 다량의 몰리브덴을 흡수하게 된다.

아질산염 환원효소와 질산염 환원효소에는 몰리브덴이 필수성분이다. 이 효소에서 몰리브덴은 산화와 환원반응의 전자전달체로 작용한다. 몰리브덴 결핍증상은 주로 노화된 잎에서 먼저 나타나는데, 잎의 색이 황색이나 황록색으로 변하면서 괴사반점이 나타나고 잎끝이 위쪽으로 말려 올라간다.

몰리브덴 결핍은 꽃양배추와 브로콜리에서 흔히 볼 수 있는데 엽맥과 엽맥 사이에 황백화된 반점이 나타나며, 잎은 전체적으로 녹회색으로 변하면서 시들어버린다. 몰리브덴이 심하게 결핍되면 엽신은 처음부터 형성되지 않고 엽맥만 남아있는 경우도 있다. 이렇게 되면 잎 모양이 회초리처럼 보이므로 이 결핍증을 편상엽증(whiptail disease)이라 한다.

13. 염소 (Cl)

염소(Cl^-)는 자연계에서 가장 일반적으로 존재하는 음이온이며, 해안이나 오래된 호수의 가장자리 또는 건조지역과 관개된 지역 내의 용탈된 토양에서 적정량 이상으로 존재한다. 식물은 능동적 흡수를 통해 보통 외부용액 내 농도보다 훨씬 높은 농도로 염소를 흡수한다. 정상적인 축적은 액포 내에서 이루어지고 액포막이 축적속도를 조절한다.

염소는 식물체 내에서 비이동적이고 오래된 부위에 축적된다. 염소는 식물체내 주요 물질의 구성성분은 아니지만 광화학계 II 에서 산소방출시 필수적이며, 세포의 삼투압조절과 양전하로 하전된 물질의 수화(hydration)에도 관여한다.

염소결핍의 초기증상은 잎이 마르고 이어서 황화현상이 일어나며, 잎은 결국 구리빛으로 변한다. 그러나 식물체에서 염소결핍이 흔히 일어나는 것은 아니며, 비록 결핍이 일어난다 하더라도 공기, 빗물 또는 동물의 배설물 등에 의하여 쉽게 충족될 수 있다.

오히려 식물체에 Cl^- 가 과잉으로 존재할 때 더욱 큰 문제가 생긴다. 염해토양에서 재배하는 작물에는 가끔 염소독성이 나타나는데 그 증상은 잎의 끝과 가장자리가 까맣게 탄다거나, 잎이 청동색이나 황색으로 변하면서 일찍 떨어져 버리는 것이다. 사탕무, 보리, 옥수수, 시금치 및 토마토 등은 내성이 크지만 담배, 콩, 감귤류, 감자, 양상추 그리고 일부 콩과식물은 독성에 매우 민감하다.

후자의 소염소성 작물의 재배에는 염화물을 염기로 한 비료를 사용하는 대신 황산염을 염기로 한 비료를 사용해야 한다. 민감한 작물의 경우 조직에 건량당 0.5~2%의 염소가 함유되면 수확량의 감소와 품질의 저하를 일으키며 내성작물도 4% 이상이 되면 같은 현상이 나타난다.

14. 니켈 (Ni)

니켈은 일부 학자들에 의해 최근에 필수원소에 포함된 금속원소로서 뿌리에 의해 쉽게 흡수된다. 니켈은 식물조직에 건량당 0.05~5.0 mg Kg^{-1} 정도의 수준으로 극소량 존재하기 때문에 영양생리학적 연구를 수행하는데 어려움이 많은 원소 중의 하나이다. 식물이 생활환(life cycle)을 완성하기 위해 필요로 하는 니켈의 양은 대략 200 ng 으로 추정된다.

식물이 어떤 기준에 의해 필요한 니켈의 양을 정하는지 정확히 밝혀지지는 않았으나 종자가 발아할 때 질소를 유통시키는 것과 관련이 있을 것으로 추정된다. 니켈은 요소분해효소(urease)와 hydrogenase 의 구성요소로 알려져 있다. 대두에서 니켈 결핍의 주요 작용 중 하나는 비록 요소분해효소의 대사적 중요성이 확실하지 않지만 잎에서 이 효소의 활성을 감소시키는 것으로 알려져 있다.

일부 콩과식물에서 질소의 이동형식은 알란톤산(allantoic acid) 또는 시트룰린(citrulline)과 같은 유레이드(ureide)이다. 유레이드는 뿌리혹에서 질소고정을 하는 동안 형성되어 목질부를 타고 숙주식물로 이동된다. 유레이드는 분해되어 요소를 생성하는데 요소는 니켈 결핍식물의 독성수준을 증가시킨다. 결국 니켈은 종자발아와 초기 묘목 생장기의 질소 이동시 중요한 역할을 한다고 볼 수 있다.

한편 hydrogenase 는 일부 질소고정 식물에서 매우 중요한 효소로서 질소고정 과정에서 사용되는 수소의 재생에 관여하는데, 니켈결핍은 콩 뿌리에서 hydrogenase 활성을 억제하여 질소고정의 효율을 저하시킨다.

5-1-5 영양소 흡수에 따른 뿌리와 토양의 관계

근계는 대단히 광범위하여 원뿌리 또는 2, 3차 분지 및 뿌리털 등의 모든 근계의 조합을 통해 양분과 수분을 얻기 위해 최대한 토양을 관통하면서 생장한다.

토양은 모암으로부터 비롯된 광물질과 여러 단계의 분해를 거친 유기물이 포함되며, 고체와 물로 구성되어져 있는 토양용액과 토양, 공기, 그리고 다양한 미생물군으로 구성된 복합체이다. 고체상태의 무기물 입자들은 영양소의 1차적인 저장소로서 풍화과정을 통하여 여러 성분들이 토양용액으로 방출되며, 이로부터 식물은 영양분을 흡수하게 된다. 그러나 토양용액은 매우 묽고 뿌리에 의하여 쉽게 고갈되므로 고체상태로부터 나오는 성분들에 의하여 쉽게 보충되지 않는다.

예를 들어 인 흡수과정의 한 연구에 의하면 토양의 인 함량은 평균 매일 10회 정도 변화된다는 보고가 있다. 그러나 영양소의 이용도는 토양 자체의 특성에 의해 한정되는 것은 아니며, 토양이 영양성분으로 되는 과정은 새로 형성된 토양 부위에서 근계의 활성적이고 지속적인 생장에 의해 향상된다.

1. 영양분 저장소로서의 토양

토양은 그 조성이나 구조, 그리고 영양분 공급과정이 상당히 다양하다. 특히 영양적인 측면에서의 그 중요성은 콜로이드라고 불리는 무기 및 유기토양 입자들로서 이것은 뿌리에 의하여 흡수·이용될 수 있는 영양소들을 함유하고 있다.

콜로이드 점토는 주로 알루미늄과 규산염으로 이루어져 있다. 음전하의 발생은 무기화합물 가장자리에 있는 반토(alumina)와 규토(silica)의 이온화에 의하여 생긴다. 많은 토양은 또한 풍화와 미생물의 작용으로 부식(humus)이라 불리는 콜로이드 탄소질을 함유하고 있다. 콜로이드 탄소는 목질소(lignin) 또는 탄수화물로부터 유래되며, 이 또한 노출된 카르복실기 및 하이드록실기로부터 음전하가 생기게 된다.

콜로이드 점토의 음전하 표면과 양이온의 결합은 정전기적 상호작용에 의존하는데 결합력을 결정하는 친화력 순서(lyotropic series)는 다음과 같다.

$$Al^{3+} > Ca^{2+} = H^{+} > Mg^{2+} > K^{+} = NH_4^{+} > Na^{+}$$

이 순서에 나타나 있는 것처럼 알루미늄 이온은 가장 높은 결합 친화력을 가지며, 나트륨이온은 가장 낮은 친화력을 갖는다. 양이온의 흡착(adsorption)은 가역적인 과정으로 높은 친화력을 갖는 이온은 친화력이 낮은 이온을 대치할 수 있다.

한편 낮은 친화력을 갖는 이온이 충분히 존재한다면 더 높은 친화력을 갖는 이온과 대치될 수 있다(그림 5-6). 흡착된 양이온과 용액 속의 양이온들 사이의 치환과정이 곧 이온치환(ion exchange)이다. 치환능력은 위에서 보여준 친화력 순서의 반대로 나타난다. 따라서 나트륨이온은 그 계열에서 가장 쉽게 치환되고 알루미늄이온은 가장 적게 치환된다.

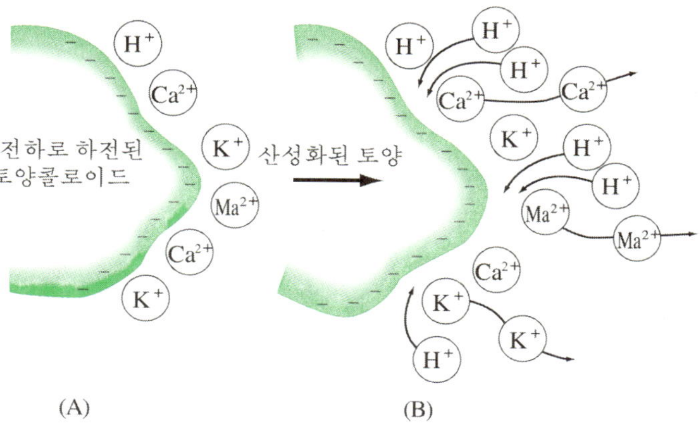

그림 5-6 토양에서 일어나는 이온치환

(A) 양이온은 음으로 하전된 토양입자에 의해 흡착된다.
(B) 산성화된 토양은 토양 내 수소이온농도가 증가한다. 수소이온의 첨가는 하전된 교질 표면에 대해 강한 유인력을 가지며 토양용액 안의 다른 양이온과 치환된다.

비록 식물에서 무기영양소의 직접적인 근원이 토양용액의 이온일지라도 토양용액에 흡수된 이온들을 갖는 교질분획물(colloidal fraction)은 중요한 영양소의 저장소이다. 토양은 상당히 역동적인 복합체로서 교질 표면에 흡착된 양이온은 쉽게 교질내 양이온과 치환된다. 가용성 양분들이 식물에 의하여 묽어진 토양 용액으로부터 흡수되므로 이것은 계속적으로 교질에 함유되어 있는 치환 가능한 이온들로 대치된다. 그리고 저장 영양소는 암석 입자들의 풍화로부터 유리되는 이온에 의해 다시 채워진다.

이러한 방법으로 이온치환은 영양소 유리과정에 있어서 중요한 역할을 한다. 그러나 그것은 식물에게 항상 이로운 일만은 아니다. 예를 들어 산성비의 경우 고농도의 수소이온에 의해 교질표면의 영양소가 양이온 치환에 의해 용탈되기도 한다.

2. 막수송

식물에 의해 흡수되는 무기영양분은 뿌리 세포의 원형질막을 가로질러 일어난다. 따라서 뿌리에 의한 영양분의 흡수는 기본적으로 세포수준의 문제이므로 막수송의 법칙에 지배된다.

막수송은 어떤 의미에서는 추상적인 주제로서 그 동안 여러가지 자연적 또는 인위적인 막을 통한 용질운동의 역학관계가 조사되었다. 따라서 현재까지 알려진 막의 조성과 구조에 맞는 역학적 규범이 되는 모델이 제시되고 있으며, 동시에 용질들이 어떻게 막을 통과하는가에 대한 이론이 제시되고 있다.

이 가운데 세 가지의 기본적인 개념인 단순확산(simple diffusion), 촉진확산(facilitated diffusion), 그리고 능동수송(active transport)은 현재 유기체들의 모든 막을 가로지르는 수송 방법의 근간을 이루고 있다(그림 5-7).

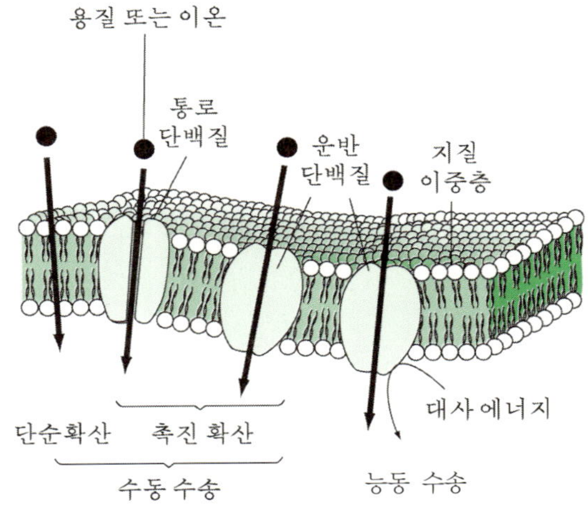

그림 5-7 막을 통한 용질과 이온의 확산 및 수송

(1) 단순확산

Fick's 법칙에 따라 용액 속에 있는 분자들이 한 부분에서 다른 부분으로 확산되는 속도는 그들의 농도차이의 작용에 따르는데, 다음과 같이 설명된다.

$$J = PA(C^0 - C^i) \quad (5\text{-}1)$$

여기서 J는 유출 혹은 단위시간당 막을 가로지르는 용질의 양이며, P는 투과성 계수(permeability coefficient)로서 이것은 용질이 막을 가로지르는 속도($cm \cdot S^{-1}$)이다. A는 확산경로의 횡단면으로서 이 경우에서는 세포막의 면적(cm^2)이 된다. 또한 C^0는 세포막 외부의 용질농도를, 그리고 C^i는 세포막 내부의 용질농도를 의미한다.

막은 그 성질이 우선 지질이므로 비극성 용질분자들은 더욱더 빠르게 통과시키는 경향이 있다. 따라서 투과성 계수는 일반적으로 확산하는 분자의 지질에 대한 용해도를 반영한다. 한편 물은 높은 극성에도 불구하고 지질 이중층(lipid bilayer)을 통해 빠르게 확산하는데 이것은 물이 중성분자이고 매우 작은 분자부피를 가지기 때문이다.

(2) 촉진확산

지질 이중층은 기본적으로 전하를 띠고 있는 용질과 이온들에 대해 비투과성을 나타낸다. 그러나 막수송에 관한 연구에 의하면 지질 이중층을 통한 확산 시 어떤 이온들은 기대치보다 더욱 빠르게 세포로 들어간다는 것이 밝혀지고 있다.

이것은 막에 존재하는 단백질의 상당수가 수송 단백질로 작용하여 전하를 띠고 있는 용질이나 이온이 효과적으로 세포 안으로 들어갈 수 있도록 용질의 확산을 촉진시키기 때문이다. 이러한 유형의 확산을 촉진확산이라고 한다. 단순확산의 경우와 마찬가지로 촉진확산에서도 수송의 방향은 여전히 농도기울기나 전기화학적 기울기에 의해 결정된다.

단순확산과 촉진확산은 모두 수동적인 수송과정인데 이것은 수송과정에서 에너지의 개입이 요구되지 않는다는 것을 의미한다.

(3) 수송단백질—운반체와 채널형

수송단백질은 크게 두 종류로 분류된다. 먼저 운반체(carrier) 단백질은 마치 효소-기질 간의 작용처럼 수송되는 어떤 특수한 용질과 결합한다. 이같은 결합은 운반체 단백질의 구조적 변화를 유도하면서 막의 다른 쪽으로 용질을 운반하는데 여기서 용질이 방출되면 수송은 종결된다. 이때 단백질은 다른 용질과 결합하기 위해 원래 상태로 돌아가게 된다.

또 다른 수송 단백질인 채널(channel) 단백질은 전하를 띠며 수분으로 채워진 채널을 형성하는데 이 채널은 막을 가로질러 놓이게 된다. 모든 용질이 이 채널을 통과할 수는 없으며, 단지 채널에 적절한 전하를 띠었거나 수화된 이온의 크기에 따라 선택적으로 수송된다. 식물체의 세포막에서 발견된 이온채널은 K^+, Cl^- 및 Ca^{2+} 등의 이온채널이 알려져 있으며, 현재는 어떤 유기질 이온채널의 가능성도 제기되고 있다.

(4) 능동수송

능동수송은 농도 기울기에 역행하여 물질을 수송하는 방식이다. 따라서 능동수송은 에너지의 유입이 필수적이며 자연적으로는 일어나지 않는다. 촉진확산과 달리 능동수송은 세포의 안쪽 또는 밖의 어느 쪽으로나 한 방향으로 일어나며, 항상 운반단백질에 의해 조절된다. 능동수송은 주변의 용질농도가 매우 낮을 때 세포에 그 용질을 축적하기 위해 이용된다.

또한 세포로부터 용질유출이 필요한 경우 세포는 능동수송을 통하여 낮은 농도를 유지시킬 수 있다. 능동수송체계는 농도 혹은 전기화학적 기울기에 역행해서 용질을 이동시키기 때문에 흔히 펌프(pump)라고 불린다.

(5) 선택적 이온축적

뿌리에 의한 이온흡수과정은 물론 모든 세포에서 막을 통한 용질수송은 축적(accumulation)과 선택(selectivity)이라는 중요한 특성을 갖는데, 표 5-4는 이온흡수과정에서 나타나는 이같은 특성을 예시한 자료이다.

축적이란 세포 내부의 어떤 이온의 농도가 주변 환경보다 훨씬 높은 수준에 이른 것을 말한다. 이 현상은 표에서처럼 세포외부농도(C^o)에 대한 세포내부농도(C^i)의 비율로 계산되는 축적비에 따라 양적으로 표현될 수 있다. 즉 표에서 세포내 K^+의 농도는 주변 배지의 것 보다 1,000배 이상으로 높게 나타났는데, 이처럼 축적비가 1보다 월등히 크다는 것은 용질이 농도기울기에 역행해서 이동할 수 있다는 것을 의미하며, 이는 확실한 능동수송의 증거가 된다. 반대로 축적비가 1보다 작다는 것은 용질이 세포로부터 계속적으로 방출되고 있다는 것이다.

이온흡수는 또한 상당히 선택적이다. 표에서처럼 옥수수 뿌리의 경우 Na^+ 축적은 극히 저조한 반면 K^+과 NO_3^-에 대한 축적비는 SO_4^{2-}보다 대체적으로 훨씬 높다. 이것은 Na^+가 식물세포에 의해 선택적으로 흡수될 뿐만 아니라 Na^+가 특정한 다른 이온과 더불어 식물세포로부터 활발히 방출되기 때문이다.

표 5-4 옥수수 뿌리의 선택적 이온흡수

이온	축 적 비		
	C^0 (m)	C^i (m)	$[C^I/C^0]$
K^+	0. 14	160	1142
Na^+	0. 51	0. 6	1. 18
NO_3^-	0. 13	38	292
SO_4^{2-}	0. 61	14	23

C^0 : 세포 외부농도, C^i : 세포 내부농도

(6) 전기화학적 기울기와 이온이동

설탕과 같이 전하를 띠지 않는 용질의 축적비의 계산은 비교적 간단하다. 이 경우 흡수는 기본적으로 막 양쪽의 농도차이에 의존하기 때문이다. 그러나 하전된 용질이나 이온의 경우는 상황이 더욱 복잡해져 축적비가 항상 수동수송 혹은 능동수송의 정확한 기준이 되는 것은 아니다. 이온들은 하전되어 있기 때문에 화학적인 농도뿐만 아니라 전기적인 기울기에 따라서도 확산된다. 결국 이온의 이동은 전기화학적 기울기와 세포의 전기적 성질은 물론 막전위까지도 고려되어야 한다.

세포막에 발생되는 전압 또는 전위의 차이는 세포환경에서 음전하와 양전하의 불균등한 분포에 기인한다. 예를 들면 세포질에는 단백질의 카르복실기 또는 아미노기 같은 많은 고정된 비확산성 전하물질을 포함함과 동시에 세포의 안팎으로 H^+, Ca^{2+} 또는 Na^+같은 특정 양이온의 유입과 유출이 끊임없이 일어난다. 결국 양이온의 분포는 불균등하게 되며, 이에 따라 막을 경계로 전압 또는 전위차가 발생하게 된다.

그림 5-8은 막을 통해서 생기는 전위가 어떻게 세포 안팎의 이온이동에 영향을 주는가를 도식화한 것이다. K^+은 K^+채널을 통하여 자유로이 이동될 수 있으나 내부의 K^+ 농도는 세포 바깥보다 상대적으로 높고 세포 내부에 위치한 많은 수의 유기 음이온에 의해 균형을 유지하고 있다.

이런 조건에서 K^+은 이온 자체의 농도기울기에 따라서 바깥쪽의 K^+ 농도와 균형이 이루어질 때까지 확산된 것으로 보이지만 실제 K^+은 세포내부의 많은 비확산성 음전하 때문에 전하의 불균형 또는 막을 경계로 전압의 차이를 일으키면서 확산된다.

결국 평형상태란 농도가 동등할 때 이루어지는 것이 아니라 세포 안으로 K^+을 끌어당기는 전기적 구배력과 세포 외부에서 K^+을 끌어당기는 농도구배력이 같은 값에 접근했을 때 이루어지며, 이런 상황에서 세포는 내부에 고농도의 K^+을 유지하게 되고 축적비는 1보다 훨씬 커진다.

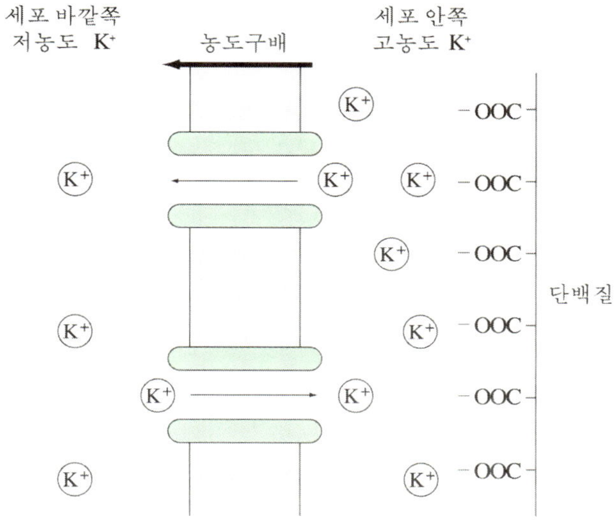

그림 5-8 전기퍼텐셜구배에 의해 유도되는 농도기울기에 역행한 양이온 축적현상

막을 통해서 생기는 전위기울기와 막을 가로지르는 이온 분포간의 관계는 Nernst 방정식에 의해 다음과 같이 표시할 수 있다.

$$\Delta E_{nj} = \frac{2.3\,RT}{zF} \times \log \frac{C_j^i}{C_j^o} \quad (5\text{-}2)$$

Nernst 전위로 알려진 E_{nj}는 이온 j의 전기적인 전위차이며 C_j^i / C_j^o는 세포 내외의 몰농도 비이다. R은 기체상수, F는 패러디 상수(96400 JV^{-1} $mole^{-1}$)이고, z는 이온 $_j$의 원자가 혹은 전하이다. 예를 들면 1가 양이온에 대한 z의 값은 1인 반면, 칼슘 또는 마그네슘에 대한 z의 값은 2이다. 염화물 또는 질산염에 대한 z값은 -1이고, 황산염(sulphate)의 경우는 -2이다. 상수를 대입하여 재배열하면 이 관계는 다음과 같이 더욱 간단히 표시될 수 있다.

$$\log \frac{C_j^i}{C_j^o} = -\frac{z\Delta E_{nj}}{59} \quad (5\text{-}3)$$

$$-z\Delta E_{nj} = 59 \log \frac{C_j^i}{C_j^o} \quad (5\text{-}4)$$

Nernst 방정식은 이온이 능동적 혹은 수동적으로 이동되는가를 결정하는데 이용될 수 있다. 만약 측정된 내부 농도가 계산된 Nernst 값과 대략 같다면 이것은 이온이 수동적으로 이동한다는 것을 의미한다. 그러나 측정치가 추정치보다 크다면 능동흡수가 이루어지고 있는 것으로 보며, 또한 낮다면 이온은 세포로부터 능동적으로 배출되는 것으로 추정할 수 있다.

표 5-5 완두(Pisum sativum)와 귀리(Avena sativa)뿌리의 선택적 이온흡수

구분	이 온	C^0	추정 C^i	측정 C^i	축적비	측정치/추정치	흡수기작
완두뿌리	K^+	1.0	74	75	75	1.01	확산
	Na^+	1.0	74	8	8	0.108	E
	Ca^{2+}	1.0	5400	1.0	1.0	0.00018	E
	NO_3^-	2.0	0.027	28	14	1037	U
	$H_2PO_4^-$	1.0	0.014	21	21	1500	U
	SO_4^{2-}	0.25	0.000047	9.5	38	202,127	U
귀리뿌리	K^+	1.0	27	66	66	2.4	확산(?)
	Na^+	1.0	27	3	3	0.11	E
	Ca^{2+}	1.0	700	1.5	1.5	0.0021	E
	NO_3^-	2.0	0.076	56	28	741	U
	$H_2PO_4^-$	1.0	0.038	17	17	447	U
	SO_4^{2-}	0.25	0.000036	2	8	5,555	U

C^0 : 세포 외부농도 C^i : 세포 내부농도 E : 능동적 방출 U : 능동적 흡수

Nernst 방정식에 따라 완두 및 귀리의 뿌리에서 이온흡수과정의 결과를 표 5-5에 표시하였다. 평형상태에서 측정된 막전위는 완두뿌리에서 −110 mV, 귀리뿌리에서 −84 mV였다. 외부용액의 이온농도인 C^o는 표에서와 같고 추정치인 C^i는 Nernst 방정식으로부터 계산된다. 거의 모든 이온에 대한 축적비는 세포에서 축적의 정도를 나타내는 1.0보다 훨씬 크게 나타나 있다.

K^+은 추정치와 측정치의 비가 거의 1.0으로서 이것은 K^+이 전기화학적 평형에 근접해 있는 것을 말하며, K^+은 콩뿌리에서 수동적인 축적이 이루어짐을 의미한다.

Na^+와 Ca^{2+} 농도는 내부농도가 추정치보다 항상 작은데, 이 경우는 막의 Na^+ 및 Ca^{2+} 펌프를 통하여 이들 이온이 자체의 전기화학적 기울기에 따라 수동적으로 들어가지만 배출은 능동적으로 이루어지기 때문이다. 결국 이온농도를 알 때 Nernst 방정식은 그 이온에 의해 영향받는 막의 전위 또는 Nernst 전위를 추정하는데 이용될 수 있다.

(7) 능동수송과 전기 생성펌프

능동수송을 위한 에너지는 주로 ATP의 가수분해로부터 얻는다. 엽록체와 미토콘드리아의 에너지변환 막에서 발견되는 ATPase-양성자 펌프와 같은 거대 단백질복합체는 또한 ATP 합성과 관련된 에너지를 사용하며, 이 작용은 가역적이다.

그림 5-9는 ATPase-양성자 펌프의 작용을 표시한 것이다. 그림에서 펌프를 작동시키기 위한 에너지는 미토콘드리아에서 산화적 인산화반응에 의해 생성된 ATP이다.

이온이동에 있어 양성자 펌프는 몇 가지 특성을 갖는다.

첫째, 단일 종류의 이온은 한 방향으로만 이동시킨다. 따라서 이 형태의 수송을 단일수송(uniport)이라 한다. 둘째, 수송된 이온은 전하를 띠기 때문에 막을 경계하여 전기화학적 기울기가 형성된다. 즉 ATPase-양성자 펌프는 전기 생성적이며, 이것은 원형질막을 지나는 음전하에 직접적으로 영향을 준다. 셋째, 이동된 것은 양성자이기 때문에 ATPase-양성자 펌프는 결국 막을 경계로 하여 양성자 기울기는 물론 전기적 기울기까지 형성한다.

그림 5-9 는 또한 막을 경계로 하는 용질의 이동에 있어서 전기화학적 기울기에 따른 또 다른 반응들을 예시하고 있다.

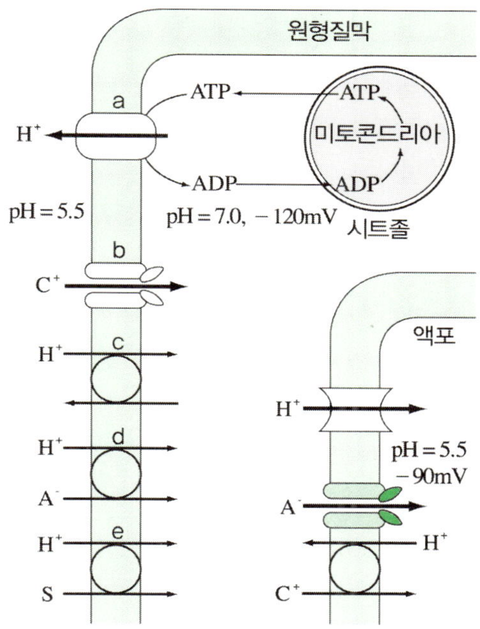

그림 5-9 ATPase 양성자 펌프에 의한 용질교환 모형도

양성자 펌프(a)는 원형질막 안팎으로 양성자 구배를 형성시킨다.
양성자 구배에너지는 이온 통로(b)를 활성화하거나, 역수송 운반체(c)를 통하여 다른 이온을 방출하기도 한다.
또 공동수송에 의해 이온(d) 또는 전하를 띠지 않는 용질(e)을 유입시킨다.
액포막에서도 이와 유사한 펌프와 운반체가 가동된다.

우선 펌프는 전기생성 이온채널을 통한 양이온(예, K^+)의 수동흡수에 관여한다. 또한 세포질 쪽으로 양성자가 되돌아올 때 또 다른 용질분자의 이동도 수반하게 된다. 이 경우에 두 이온의 수송은 동일한 운반 단백질에 의해 중재되며, 두 번째 용질의 이동은 전기화학적 기울기가 감소된 양성자의 내부 유입과 관계가 있다.

첫 번째 예에서 세포 내부로 유입되는 양성자는 세포 밖으로 유출되는 다른 양이온(예, Ca^{2+})과 연관되어 이루어진다는 것을 알 수 있다. 여기에서 전기화학적 기울기에 따른 양성자 에너지는 특정 양이온의 낮은 내부농도를 유지하는데 사용된다. 수동적으로 이온채널을 통해 세포 안으로 유출되는 양이온은 전기화학적 기울기에 반대로 펌프된다.

이 경우 두 이온은 반대 방향으로 움직이므로 이런 형태를 역수송(antiport)이라고 하며, 두 개의 용질이 동시에 같은 방향으로 이동되면 이는 공동수송(symport)이라 한다.

첫 번째 예에서 세포 안쪽으로 유입되는 양성자는, 또한 전기화학적 기울기가 반대인 음이온(A^-)의 흡수와 연관되어 있다.

반면 액포막에 존재하는 양성자 펌프 ATPase는 몇 가지 측면에서 원형질막의 ATPase와는 다르다. 예를 들어 바나듐이온에는 민감하지 않으나 NO_3^-에 의해 강하게 억제되는데 이것은 바나듐이온에 민감하지 않은 미토콘드리아 ATPase와 비슷하다.

액포막의 ATPase는 세포질로부터 양성자를 액포 안으로 펌프하는데 그림 5-9에서처럼 액포의 전위는 세포질의 음전하보다 30mV가 높음을 알 수 있다. 더욱이 높은 pH 기울기가 액포막을 경계로 유지되어 액포액은 완전한 산성의 환경이 된다. 원형질막 펌프처럼 액포막 펌프는 또한 축적된 양성자가 세포질에 비례해서 액포의 전위를 감소시키기 위해 제공되어지는 경우를 제외하고는 전기생성적이다.

결과적으로 이러한 전위차는 세포질보다 덜 음전하를 띤 액포안으로 Cl^-같은 음이온이 이동하는 원인이 된다. 또한 전기화학적 양성자 기울기는 역수송 운반체에 의해 양이온(예 K^+, Ca^{++})을 액포 안으로 운반하기 위해 사용되기도 한다.

3. 뿌리에 의한 이온흡수

뿌리에 의한 이온흡수는 본질적으로 세포 수준에서 일어난다.

(1) 확산과 외관상의 유리공간

보통 뿌리에 의한 양분 흡수과정의 연구는 보리 유식물의 뿌리나 감자, 당근과 같은 저장조직의 절편을 이용하는 경우가 많다. 뿌리에 의한 양이온흡수의 한 모델을 그림 5-10에 역학적 도식으로 표시하였다. Ca^{2+}의 흡수는 처음 수분간은 신속하게 진행되지만 시간이 지남에 따라 느려지면서 완만한 축적이 이루어진다.

이때 뿌리를 칼슘이 없는 용액으로 옮기면 Ca^{2+}은 뿌리로부터 유출된다. 만약 이 용액이 증류수라면 빠져나간 이온의 양은 초기에 흡수한 양보다는 대개 적다.

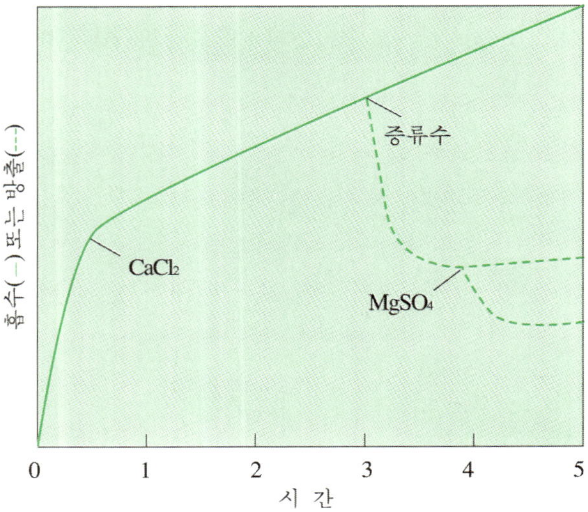

그림 5-10 뿌리를 통한 Ca^{2+}의 흡수과정

또한 뿌리를 증류수에서 다른 양이온(Mg^{2+})이 함유된 수용액으로 옮기면 그림에서처럼 더 많은 Ca^{2+}가 조직으로부터 빠져나가게 되며, 이때 이 양이온(Mg^{2+})의 양이 충분하다면 조직으로부터 빠져나간 전체 Ca^{2+}양은 대략 초기에 흡수된 양과 같아지게 된다.

이러한 Ca^{2+}의 흡수와 방출 양상은 외관상의 유리공간(apparent free space, AFS)에 의해 나타나는 것이다. 뿌리 또는 뿌리 절편에는 막 또는 어떤 다른 확산 장벽에 의해서는 구분되지만 세포로부터 완전히 분리되지 않은 어떤 공간이 있는데 보통 이것을 외관상의 유리공간이라 한다.

이 공간의 용적은 단순확산에 쉽게 이용될 수 있다. 즉 뿌리조직을 칼슘용액에 놓으면 Ca^{2+}는 AFS 자체의 Ca^{2+}농도가 수용액과 같아질 때까지 AFS 안으로 신속하게 확산되며, 이후 Ca^{2+}는 느리게 이동되지만 연속적으로 세포막을 통하여 조직에 축적된다. 다시 뿌리를 증류수에 옮겨 놓으면 유리공간에 있는 몇몇 이온만 주변용액으로 역확산되는데 이때 이온은 평형상태에 이를 때까지 이동된다.

세포막을 지나 이미 수송된 양이온은 세포 안에 남아있게 된다. 다시말해 AFS는 세포막을 거치지 않고도 들어갈 수 있는 뿌리조직의 일정한 공간이며, 자유확산에 의해 쉽게 채워질 수 있는 뿌리의 공간이다.

(2) 뿌리를 통한 이온이동의 방사상 경로

식물체에서 이온 등의 영양소의 분배는 목부 물관(xylem vessel)에서 이루어진다. 뿌리의 중심주(stele)에 있는 이들 조직에 도달하기 위해서는 이온이 뿌리를 통해 방사상 경로로 움직여야만 한다(그림 5-11).

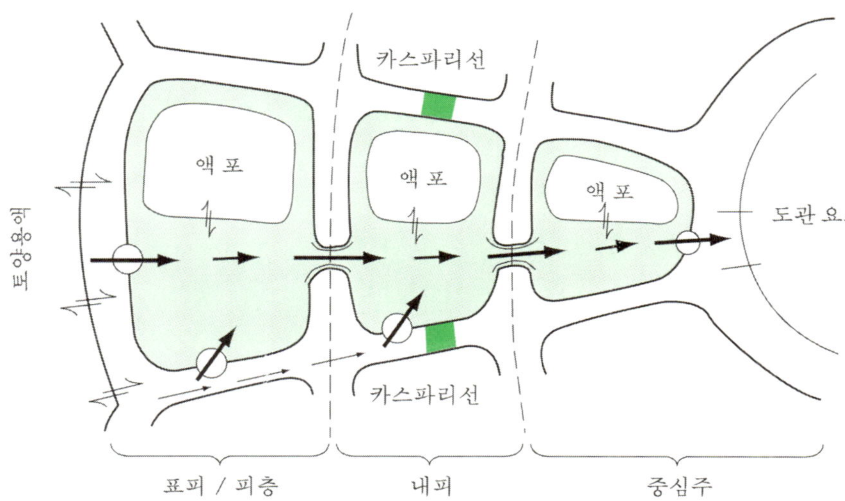

그림 5-11 뿌리를 통한 이온이동의 방사상경로

이온이동은 AFS를 향한 자유로운 확산으로 시작되지만 내피에 존재하는 카스파리선(casparian band)은 이들 확산을 차단한다. 따라서 이온이 내피를 지나기 위해서는 세포막에 존재하는 일부 운반자 또는 채널을 통한 수송에 의존해야만 한다. 또한 세포가 이온을 흡수하는 것과는 별개로 원형질연락사와 같은 연결은 이온이 중심주의 목부 유세포에 도달할 때까지 이들의 수동적 이동을 촉진한다.

뿌리에서 목부의 기능적인 부분은 어린 뿌리의 정단을 제외한다면 모두 세포벽이라 할 수 있다. 목부 물관의 상호연결은 세포질이 없고 물로 가득 찬 관으로 이루어져 있다. 따라서 목부 안으로 이온의 방출은 세포질이동이 아닌 세포벽에 의한 것이라 할 수 있다.

한때는 이와 같은 이동을 단순한 수동적 누출현상으로 생각하였으나 이온들이 목부 유조직으로부터 능동적으로 분비된다는 것이 밝혀졌다. 비록 상반되는 몇몇 증거는 있으나 일반적으로 중심주 세포벽 쪽의 이온농도는 주변의 피층에서보다 훨씬 높은데 이것은 이온이 농도기울기에 역행해서 축적된 것으로 추정된다.

이 경우 카스파리선은 중심주에 축적된 이온이 다시 확산에 의해 손실되는 것을 억제하기도 한다. 물관으로의 이온전달은 ATP 합성을 저해하는 것으로 알려진 CCCP (carbonyl cyanide-m-chlorophenylhydrazone)와 단백질합성 억제제인 시클로헥시미드(cycloheximide)에 의해 영향을 받는 것으로 알려지고 있다.

이온의 흡수는 또한 뿌리의 길이에 따라서도 차이가 나타난다(표 5-6). 칼슘의 흡수는 뿌리가 3 cm 정도일 때 가장 높은 반면, 칼륨은 15 cm 정도의 부위에서 대략 칼슘과 유사한 양이 흡수된다. 또한 뿌리 끝에서 흡수된 양의 대부분이 뿌리에 잔존하고 있으며, 줄기로 이동되는 이온의 비율은 뿌리 끝과 거리가 멀어질수록 증가한다.

표 5-6 옥수수 뿌리의 길이에 따른 칼륨과 칼슘의 흡수와 전이

뿌리 끝으로부터의 거리(cm)	이온	전체 흡수량 (μ당량)	보유 정도 (%)	전이된 정도(%)	
				뿌리 첨단	줄 기
0~3	K^+	15.3	75	—	25
	Ca^+	6.3	63	—	37
6~9	K^+	22.7	17	19	64
	Ca^+	3.8	42	—	58
12~15	K^+	19.5	10	10	80
	Ca^+	2.8	14	—	86

4. 뿌리와 미생물의 상호작용

뿌리는 박테리아나 균류와 같은 토양미생물의 상호관계를 통하여 근권(rhizosphere)을 형성한다. 이러한 관계는 미생물의 숙주로의 침입 또는 뿌리 방출물과 미생물관의 복합물질 형성 등 그 작용이 상당히 광범위하다. 최근까지 뿌리와 미생물관의 상호관계는 미

생물뿐만이 아니라 식물생리학에서도 큰 관심사가 되어 왔는데, 특기할 만한 사실은 많은 미생물군이 식물의 무기영양에 중요한 역할을 한다는 사실이다.

(1) 세 균

뿌리에서 제공되는 풍부한 영양소들은 주변의 세균집단에 큰 도움이 된다. 뿌리로부터 제공되는 양분은 일반적으로 아미노산, 아미드, 환원당 및 기타 분자량이 낮은 화합물이다. 이들 물질은 대사적 과정에 의해 세포로부터 방출되거나 근권 주변으로 즉시 확산된다. 뿌리 분비물 중 가장 많은 것은 점액물질로서 이것은 뿌리의 정단세포인 근관(root cap)이나 어린 표피세포 등에서 대개 다당류의 형태로 분비된다.

뿌리의 기저층에서 이같은 점액의 분비는 보통 2 차 세포벽이 발달될 때까지 진행된다. 토양에 방출된 이들 점액물질은 몇몇 토양세균에 의해 직접 이용되며 때로는 토양 내 콜로이드성 유기, 무기물질이나 세균 또는 뿌리 분비물과 함께 콜로이드성 토양입자의 혼합물인 뮤시겔(mucigel)을 형성하기도 한다.

앞에서 설명한 바와 같이 인산은 대부분의 토양과 자연의 생태계에서 크게 부족한 제한원소이다. 토양세균은 또한 불용성 인을 가용성 인으로 전환시키기도 하여 식물체의 인산 공급에 크게 기여하고 있다.

(2) 균 근

균근(mycorrhiza)은 식물의 뿌리에 균류가 침입하여 형성되는 구조로서 거의 모든 뿌리에서 보편적으로 볼 수 있는 상리공생의 한 형태이다.

균근의 두 가지 주요 형태는 외생적인 것과 내생적인 것으로서(그림 5-12), 외생균근(ectomycorrhiza)은 주로 소나무와 너도밤나무 같은 온대성 교목과 관목으로 이루어진 몇몇 과에서 형성된다. 외생균근은 전형적으로 작고 가는 뿌리가 많으며, 균류의 균사가 뒤섞여 있는 외투막에 의해 덮여져 있다(그림 5-12 A, B).

균류는 또한 Hartig 망이라 불리는 세포간 망상조직을 형성하는 뿌리 피층의 세포벽 공간을 통과한다(그림 5-12 C). 내생균근(endomycorrhiza)은 실제적으로 모든 피자식물과 일부 나자식물에서 발견되는데, 외생균근과 달리 내생균근의 균사는 숙주 뿌리의 피층세포 안에서 넓게 발달한다(그림 5-12 D, E).

균근은 뿌리가 양분을 흡수하는데 도움을 준다. 특히 인 흡수과정에서 균근의 역할을 보면 이것은 뿌리 주변의 소위 영양소 고갈지역(nutrient depletion zone)과 관련이 있다는 것을 알 수 있다(그림 5-13).

이 지역은 뿌리가 영양소를 쉽게 얻을 수 있는 토양의 주변을 한계로 하며 이로부터 식물뿌리는 확장되는데, 곧 식물의 생장은 토양으로부터 이 범위 내로 양분의 계속적인 확산이 있기 때문이다. 또한 영양소 고갈지역은 토양 용액에 들어있는 성분들의 용해도와 유동성 등에 따라서도 그 규모나 기능이 다양하다.

예를 들면 질산염은 쉽게 용해되고 이동성이 크기 때문에 질소의 고갈지역은 뿌리로부터 어느 정도 떨어져 있다. 그러나 인은 잘 녹지않고 비교적 유동성이 없기 때문에 인에 대한 고갈지역은 훨씬 작다. 따라서 균근은 인의 고갈지역을 지나 균사를 확장하여 인의 흡수를 도와준다.

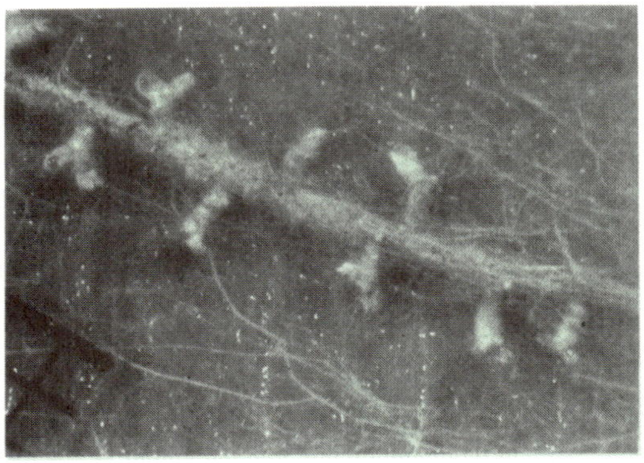

(A)

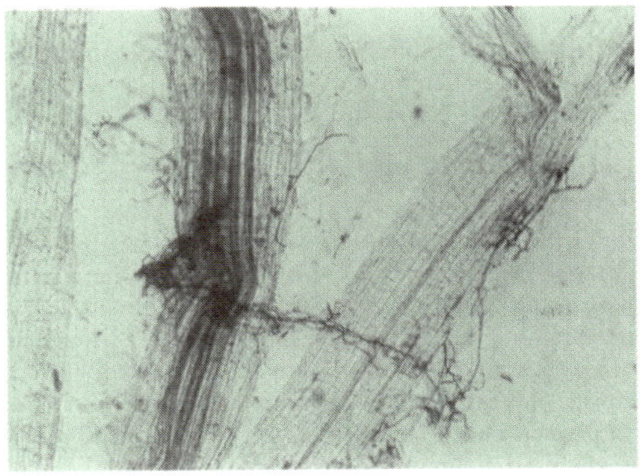

(D)

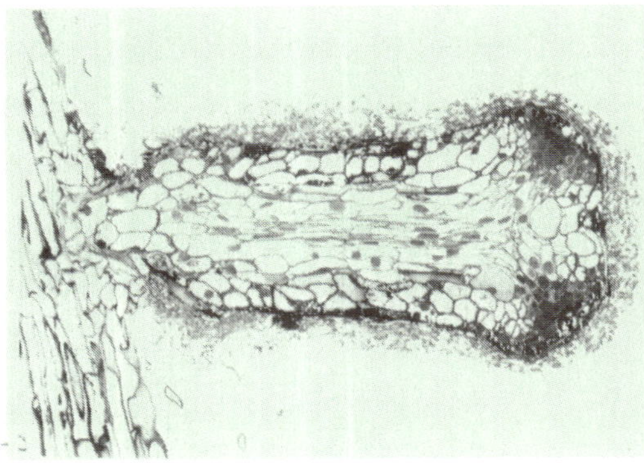

(B)

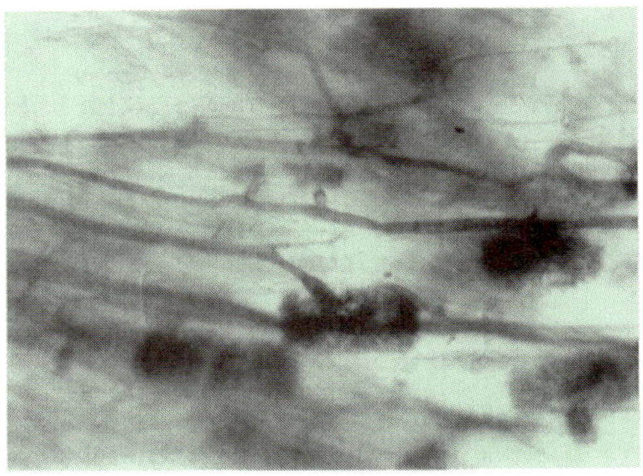

(E)

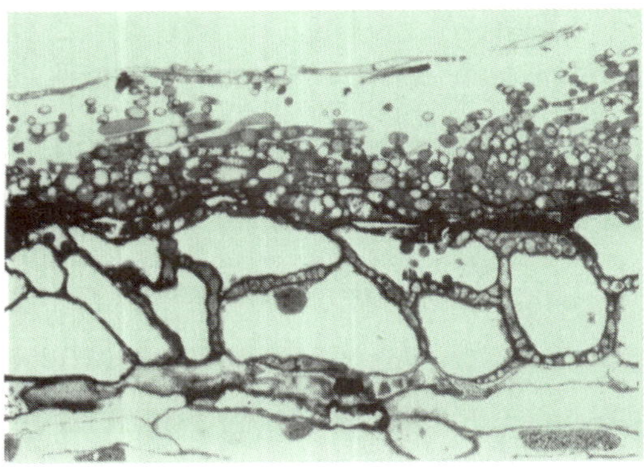

(C)

(A) : 외생균근에 감염된 적송(*Pinus resinosa* Ait)의 짧은 뿌리(×5).

(B) : 외생균근에 감염된 적송 뿌리의 종단면을 통해 보여지는 표피(×350).

(C) : B의 확대사진. Hartig 망은 뿌리의 피층세포와 apoplast 사이에 있는 균사의 횡단면에서 볼 수 있다(×1000).

(D) : 내생균근에 감염된 white clover (Trifolim repens L.)의 뿌리(×40).

(E) : 내생균근에 감염된 옥수수(Zea mays L.)의 뿌리(×200).

그림 5-12 균근에 감염된 뿌리

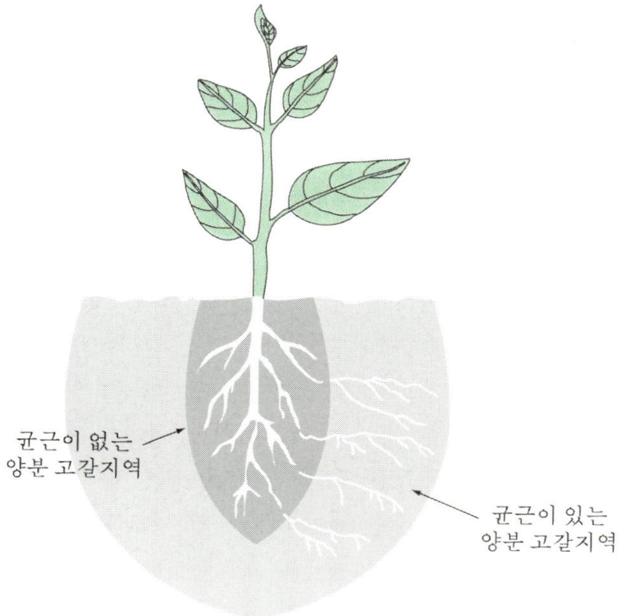

그림 5-13 균근균의 감염 여부와 뿌리생장과의 상관관계

5-2 식물과 질소

식물에서 질소는 다량원소의 하나로서 단백질, 핵산, 호르몬 및 엽록소 등의 필수적인 구성성분이다. 대부분의 식물은 토양으로부터 질산이온(NO_3^-) 또는 암모늄이온(NH_4^+)의 형태로 질소를 흡수한다. 그러나 토양으로부터 질소의 공급은 제한되어 있으며, 또한 식물은 질소를 이용하는 토양미생물과도 경쟁관계에 있다.

대기의 78%가 질소로 구성되어 있음에도 불구하고 생물은 질소분자를 직접 이용할 수 없다. 질소분자 내의 질소원자 두 개는 상당히 안정된 결합($N \equiv N$)에 의해 연결되어 있는데 식물은 이 결합을 분해시킬 수 있는 효소를 가지고 있지 않다. 오직 몇몇 원핵 생물들만이 이 반응을 수행할 수 있다. 따라서 식물은 이러한 원핵생물에 의하여 동화된 질소를 토양으로부터 또는 이들 원핵생물과 공생적으로 생활하면서 질소를 이용하게 된다.

5-2-1 질소순환

지구상의 질소는 일반적으로 세 가지 주요한 풀(pool)로 구성된다. 즉 대기, 토양, 그리고 생물체 내에 함유된 질소로서 이들 세 가지 풀 사이의 질소교환을 질소순환(nitrogen cycle)이라 한다(그림 5-14).

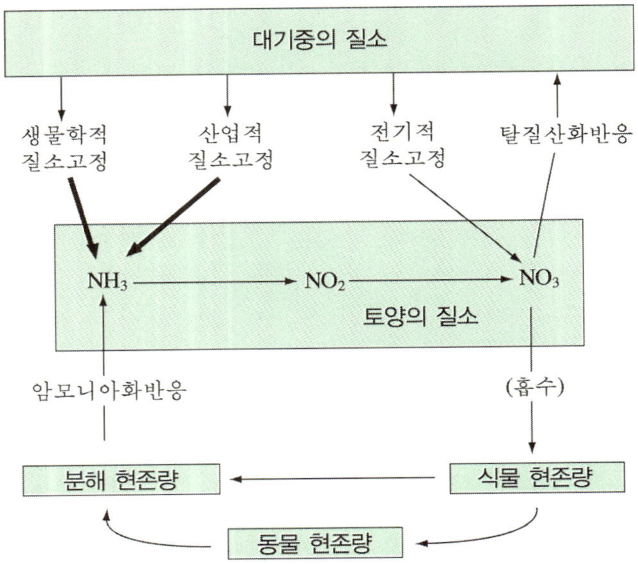

그림 5-14 질소순환

질소순환의 중심은 토양에 존재하는 질소다. 토양 풀로부터 온 질소는 주로 식물과 미생물에 의해 질산이온(NO_3^-)의 형태로 생물체에 들어간다. 즉 동화작용이 일어나면 무기질소는 아미노산과 같은 단백질의 구성단위나 거대분자의 유기질소 형태로 전환된다. 또한 질소는 동물이 식물을 섭취할 때 먹이사슬을 따라 상위단계로 이동하지만 결국 동물의 배설물이나 사체, 그리고 이에 따른 미생물에 의한 분해를 통해서 다시 토양으로 되돌아오게 된다.

1. 암모니아화반응, 질산화반응 및 탈질산화반응

토양미생물은 암모니아화반응(ammonification)으로 알려진 과정에 의해 유기질소를 암모니아로 전환시킨다(그림 5-14). 일부 암모니아는 대기 중으로 배출되나 대부분은 토양 박테리아에 의해 질산염으로 재순환된다. 질산염 형성의 첫 번째 단계는 *Nitrosomonas* 또는 *Nitrococcus* 등의 세균에 의해 암모니아가 아질산이온(NO_2^-)으로 산화되는 과정이며, 아질산이온은 다시 *Nitrobacter* 에 의해 질산이온으로 산화되는데, 이와 같은 질소의 산화과정을 질산화반응(nitrification)이라 한다.

토양 내의 질산염은 탈질산화 반응(denitrification)에 의하여 토양으로부터 소실되기도 하는데, 이 반응은 혐기성 세균에 의하여 NO_3^-로부터 NO_2^-, N_2O 와 NO 의 과정을 거쳐 N_2 가 형성되는 과정이다. 탈질산화반응은 토양 내에 O_2 가 비교적 적거나 물이 다량 함유된 토양에서 잘 진행된다.

2. 질소고정

토양으로부터 탈질산화 반응을 통한 질소의 손실은 대부분 대기 중의 질소분자로부터 보충되며, 이처럼 질소분자가 암모니아로 되는 과정을 질소고정(nitrogen fixation)이라 한다.

연간 고정되는 질소의 대략 10% 정도는 대기 중의 자연현상에 의한 것으로 예를 들면 번개나 자외선, 복사에너지 등은 모두 질소분자를 산화질소(NO, N_2O)로 전환시키기에 충분한 에너지를 공급한다.

대기 중 산화질소의 또 다른 공급은 발전소 등의 산업적 연소나 산불 또는 자동차 배기가스 등에서도 비롯된다. 비록 대기 중 산화질소의 화학적 성질이 복잡할지라도 NO 와 N_2O 는 모두 쉽게 HNO_3 로 산화된다.

질산은 빗방울에 의해 토양에 되돌아오거나 대기 중의 입자에 흡착되어 가라앉는다. 질소분자의 약 15%는 산업적으로 고정이 되는데, 이것은 고온(300～400℃)과 고압(35～100 MPa) 상태에서 질소분자와 수소를 결합시키는 것이다.

지구 전체 질소고정의 약 75%는 살아있는 유기체에 의해서 질소분자가 암모니아로 환원됨으로써 가능해진다. 이 과정이 바로 생물학적 질소고정(biological nitrogen fixation)이다.

5-2-2 생물학적 질소고정

식물과 같은 진핵생물은 질소분자를 고정하여 이용할 수 없다. 그러나 세균과 같은 원핵생물은 질소분자를 암모니아로 환원시키는 반응을 촉매하는 dinitrogenase 라 불리는 효소복합체를 이용하여 질소분자를 고정할 수 있다.

질소고정 원핵생물로는 질소고정자(nitrogen fixer)라 불리는 독립생활을 하는 생물, 그리고 다른 생물과 공생관계를 형성하고 있는 생물이 있다.

1. 독립생활을 하는 질소고정자

독립생활을 하는 질소고정세균의 서식처는 바다·호수의 침적물, 흙, 잎, 수피의 표면, 동물의 내장 등 상당히 다양하다. 이들 중 몇 종의 호기성 세균(*Azotobacter*, *Beijerinckia*)이 있기는 하나 대부분은 혐기성이거나 매우 낮은 산소분압의 환경에서 질소분자를 고정한다. 여기에는 비광합성 속(*Clostridium*, *Bacillus*, *Klebsiella*)과 광합성 속(*Chromatium*, *Rhodospirillum*) 세균 모두가 포함되며 비단 세균뿐만 아니라 여러 속의 시아노박테리아(*Anabaena*, *Nostoc*, *Lyngbia*, 및 *Calothrix*)도 질소고정을 한다.

독립생활을 하는 질소고정 생물이 생태계에 널리 퍼져있기는 하지만 광합성 종을 제외하면 대부분 느리게 생장하며, 유기산소가 풍부한 지역에 서식한다. 이는 질소분자를 고정시키는데 많은 에너지를 소모하기 때문이다.

2. 공생하는 질소고정자

공생관계에 있는 질소고정자의 대표적인 예를 표 5-7 에 소개하였다. 공생관계에 있는 식물은 숙주(host)와 소공생자(microsymbiont)라고 알려진 미생물 동반자로 정의된다. 이러한 공생관계의 가장 흔한 형태는 숙주식물의 뿌리에 뿌리혹(nodule)이라 불리는 다세포성 구조물이 형성되는 것이다(그림 5-15).

표 5-7 공생 질소고정에서 *Rhizobia* 균별 숙주식물의 예

박테리아	숙주 식물
Azorhizobium	*Sesbania*
Bradyrhizobium japonicum	*Glycine* (대두)
Rhizobium meliloti	*Medicago* (알팔파), *Melilotus* (스위트 클로버)
Rhizobium leguminosarum biovar viciae	*Lathyrus* (스위트피), *Lens* (렌즈콩), *Pisum* (완두), *Vicia* (잠두)
biovar trifolii	*Trifolium* (클로버)
biovar phaseoli	*Phaseolus* (녹두)
Rhizobium loti	*Lotus*(새발개자리)

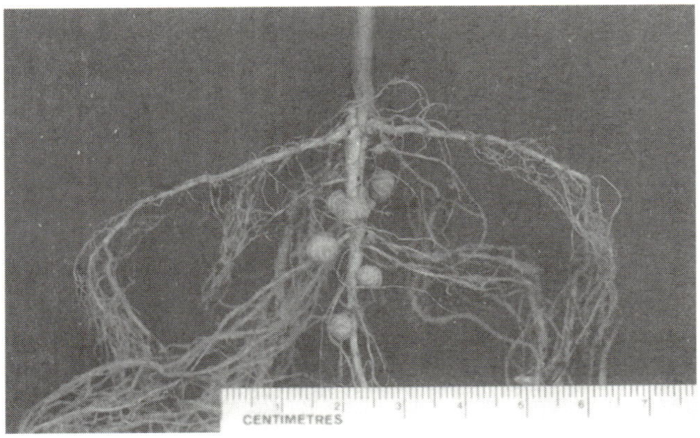

그림 5-15 대두(*Glycine max*) 뿌리의 질소고정 뿌리혹

콩과식물의 공생자는 *Rhizobium*, *Bradyrhizobium* 및 *Azorhizobium* 세 가지 속 중의 하나이다. 이들을 합쳐서 *Rhizobia* 라 하는데, 대부분의 *Rhizobia* 는 제한된 범위에서나마 숙주식물에 다양성이 있는 반면에 일부는 단 한 종의 숙주만을 감염시키는 고도의 특이성을 갖는다.

뿌리혹은 오리나무, 소귀나무 속의 관목, 오스트리아 소나무, 장미과의 일부식물, 그리고 열대성 벼과식물과 같은 특정한 비콩과식물에서도 발견된다. 그러나 이들 비콩과식물에 있는 뿌리혹의 소공생자는 방선균류인 사상세균(*Frankia*)이 대부분이다. *Rhizobium* 과 *Frankia* 모두 흙 속에서 살지만 숙주식물과 공생관계를 이룰 때에 한해서 질소분자를 고정한다.

콩과식물의 공생적 질소고정자는 독립생활을 하는 박테리아보다 대체적으로 토양에 더 많은 질소를 공급한다. 전형적으로 ha 당 콩과식물과 *Rhizobium* 의 결합은 연간 25~60 kg 의 질소를 고정하는 반면에 비공생균은 ha 당 5 kg 정도로 알려져 있다.

현재까지 알려진 콩과식물은 17,000 여 종이며, 그 중 20% 정도를 조사한 결과 90% 정도가 뿌리혹을 형성하는 것으로 나타났다.

콩과식물에서의 질소고정작용은 질소순환에서 대단히 중요한 지위를 차지하고 있는 것이다.

5-2-3 콩과식물의 공생적 질소고정

콩과식물에서 공생적 질소고정이 일어날 때 숙주식물과 침입하는 미생물 사이에는 상당히 복잡한 형태학적, 생화학적 상호작용이 일어난다.

1. 균의 감염과 뿌리혹의 생성과정

감염의 시작과 뿌리혹의 발달은 세균과 뿌리 사이의 다양한 상호작용에 의하여 진행된다(그림 5-16).

(1) 초기 단계—세균의 이주와 뿌리혹 형성의 시작

*Rhizobia*는 독립생활을 하는 기생성 토양세균이다. 이 세균은 숙주가 뿌리를 뻗는 토양부위에서 이주와 증식이 시작되는데, 숙주뿌리에 대한 *Rhizobia*의 접근은 양성적인 화학주성과 관련이 있다. 뿌리는 *Rhizobia*와 다른 토양미생물에게 영양분으로 필요한 다양한 종류의 아미노산, 당, 그리고 여러 유기산을 분비하는 것으로 알려져 있다.

예를 들어 완두콩의 뿌리는 호모세린(homoserine)이라는 독특한 아미노산을 분비하는데 이는 완두콩 뿌리의 공생자인 *Rhizobium leguminosarum*의 탄소 및 질소원으로 이용되어 뿌리표면에서 많은 *Rhizobia*의 증식이 일어나게 한다. *Rhizobia*의 유인에 관계되는 또 다른 종류의 화학물질로서 플라보노이드류(그림 5-17)가 있는데, 이것은 많은 비콩과식물 뿌리의 방출물에서도 발견된다.

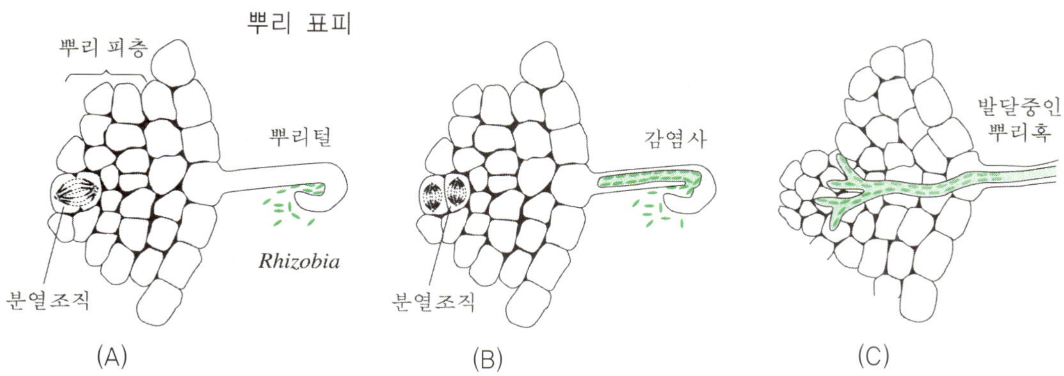

그림 5-16 뿌리혹의 발달과정

(A) 숙주의 뿌리로부터 방출되는 신호물질에 반응하여 뿌리털에 인접한 토양에서 *Rhizobia*가 증식한다. 이 *Rhizobia*는 뿌리털을 자극하여 구부러지게 하는 한편, 뿌리 피층의 세포분열을 촉진시키는 물질도 방출한다. (B) *Rhizobia*가 뿌리털의 세포벽을 소화시켜 뿌리로 침입하여 감염사를 형성시킨다. *Rhizobia*는 감염사가 뿌리의 피층 쪽으로 신장됨에 따라 계속해서 증식해 나간다. (C) 감염사가 가지를 뻗어 수많은 피층세포로 침투함에 따라 피층세포의 분열과 생장이 유도되고, 그 결과 뿌리혹이 형성된다.

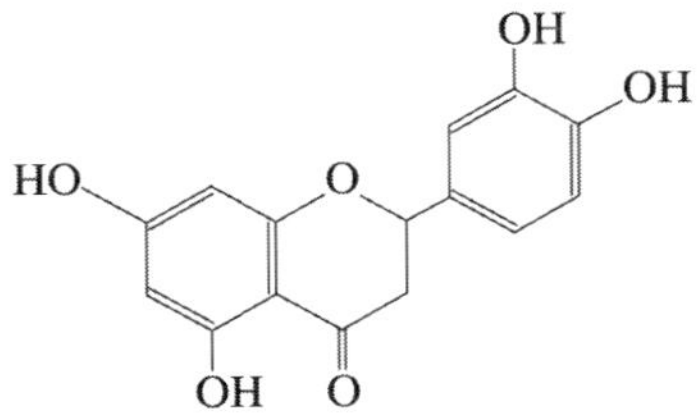
루테올린(Luteolin)

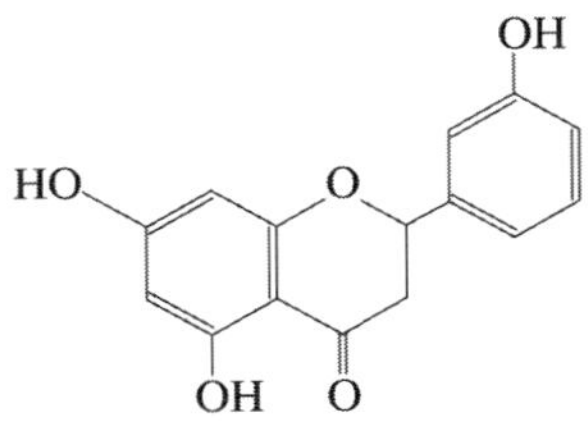
나린제닌(Naringenin)

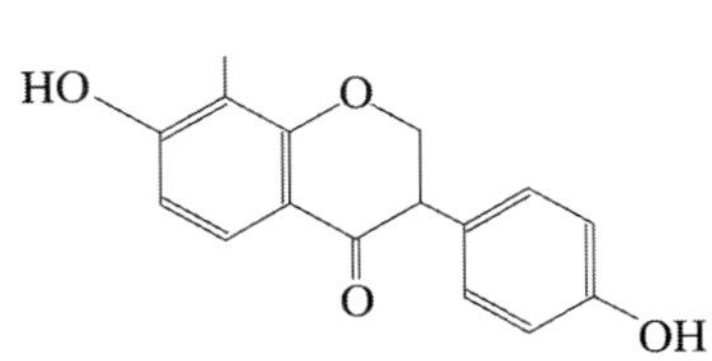
다이제인(Daidzein)

그림 5-17 플라보노이드의 구조

Rhizobia 가 근권에 이주해오면 숙주뿌리는 생장과 대사과정에서 여러가지 변화가 일어난다. 숙주뿌리는 뿌리털의 생성과 더불어 뿌리의 발달이 촉진되는데, 특히 뿌리털은 끝부분이 갈라지고 뒤틀어진다. 이러한 변화를 유도하는 박테리아 신호물질의 본질은 아직 밝혀지지 않았지만 에틸렌의 방출을 촉진하는 화합물인 에테폰(ethephon)에 의해 유사한 반응이 유도되며, 또한 에틸렌의 생합성 억제제에 의해 이러한 변화가 억제되기 때문에 에틸렌이 관계하는 것으로 추정되고 있다.

Rhizobia 는 또한 숙주에 실제로 침입하기 전에 뿌리피층 내 세포분열을 제한적으로 자극하는 신호를 보내는데 이에 따라 한정된 영역에서 형성되는 1기 뿌리혹 분열조직은 결국 뿌리혹으로 발달한다(그림 5-16 A).

또한 1기 뿌리혹 분열조직은 박테리아가 침입하는 바로 윗부분의 뿌리털을 휘게 하는데 이 경우 호르몬이 관계되는 것으로 추정되나 그것이 *Rhizobia* 스스로 생산하는 호르몬인지 숙주 조직의 호르몬과 관련된 것인지는 분명치 않다.

(2) 뿌리털로의 침입과 감염사

뿌리혹 형성의 두번째 단계는 세균이 세포벽과 원형질막 사이로 들어가기 위하여 숙주 세포벽을 뚫는 과정으로, 세균이 숙주식물에 부착하는 자리는 생장하는 뿌리털의 끝이다. 실제로 *Rhzobia* 가 세포벽을 분해시키는 정도는 정확하지 않으나 pectinase, hemicellulase 및 cellulase 와 같은 세포벽 분해효소가 다량 방출되므로 상당 부분의 세포벽이 분해될 것으로 보인다. 이들 효소는 뿌리 끝의 세포벽을 분해하여 박테리아의 침입을 가능하게 한다.

Rhizobia 가 원형질막의 외표면에 도달하면 뿌리털의 정단생장은 중지되고, 세포막은 함입되기 시작하여 *Rhizobia* 를 담고있는 관 모양의 감염사(infection thread)가 형성된다(그림 5-16 B). 감염사는 골지체로부터 유도된 소낭들의 융합에 의해 새로운 세포막 구성물질이 첨가되어 신장한다. 감염사가 뿌리털 세포를 통하여 이동할 때 섬유성 물질로 구성된 얇은 층이 막의 내표면에 쌓이게 되는데, 이 새로운 구조물은 숙주의 세포벽과 연결된 것이기 때문에 침입하는 세균들은 결코 숙주세포에 들어갈 수 없게 된다.

감염사는 뿌리털 세포의 기부에 도달할 때까지 계속 신장한다. 이때 감염사는 이웃한 세포에 보다 잘 접근하기 위하여 다시 한번 세포벽을 분해시켜야만 한다.

이것은 감염사의 막과 원형질막의 융합에 의해 이루어진다.

이 과정에서 일부 세균은 세포벽 공간으로 방출된다. 이들 세균은 이웃하는 세포의 벽을 분해시키게 되며, 이러한 감염과정은 연속된 피층세포까지 이어진다. 감염사가 뿌리털을 통하여 피층까지 신장할 때 세균 또한 증식을 계속한다. 감염사가 생장중인 뿌리혹에 도달하면 분지하여 초기 뿌리혹 내부에 있는 많은 각각의 세포들을 감염시킨다[그림 5-16 (C) 참조].

(3) 세균의 방출

감염과정의 마지막 단계는 세균이 숙주세포로 방출되는 것이다. 실제로 감염사의 막은 하나 또는 그 이상의 세균을 담고있는 작은 소낭이 이어진 것이다. 방출 후 곧바로 세균의 증식은 중지되고, 박테로이드(bacteroid)라 불리는 특수화된 질소고정 세포로 분화한다.

박테로이드는 또한 페리박테로이드막(peribacteroid membrane)이라고 불리는 막에 의해 둘러싸이게 된다. 박테로이드의 분화는 질소고정에 필요한 효소의 합성과 다른 요인들을 포함하는 몇몇의 대사적 변화에 의해 결정된다.

감염과정은 이후에도 계속되는데 뿌리혹의 크기가 증가하는 것은 뿌리혹 분열조직의 활성에 따라 좌우된다. 또한 뿌리혹이 커지고 성숙함에 따라 뿌리의 주요 유관속계와도 연결되는데, 이같은 유관속 연결은 광합성에 의해 고정된 탄소를 뿌리혹에 공급하고 뿌리혹은 고정한 질소를 식물로 보내는 역할을 한다(그림 5-18).

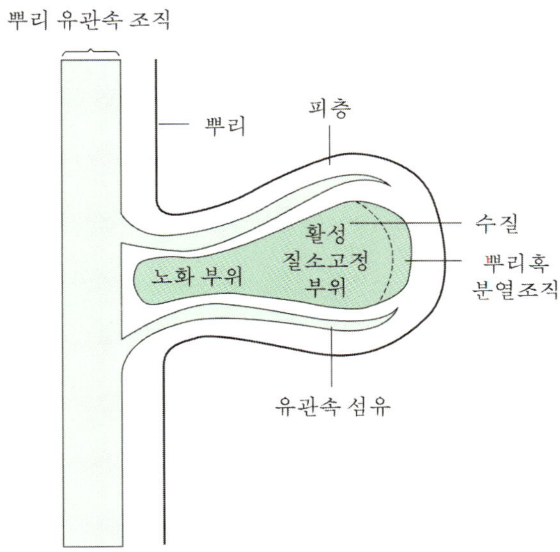

그림 5-18 발달된 뿌리혹의 구조

5-2-4 질소고정의 생화학

질소분자 사이의 결합(N≡N)은 상당히 강하여 쉽게 환원되지 않는다. 산업적 질소고정은 상당한 에너지의 소모에 의해서만 가능한데 질소분자의 생물학적 환원 또한 많은 에너지의 소비를 요구하지만 그 대부분이 숙주식물의 광합성에 의해 공급된다.

1. Dinitrogenase

질소고정은 dinitrogenase 라는 효소에 의해 촉매된다. 원핵생물의 세포만이 질소를 고정할 수 있는 까닭은 이들만이 이 효소에 대한 유전정보를 가지고 있기 때문이며, 사실상 dinitrogenase 는 이들 질소고정 원생생물로부터만 정제된다.

이 효소는 크기가 다른 두 개의 단백질로 구성된 단백질 복합체이며(그림 5-19), 이 중 작은 부분은 두 개의 동일한 소단위 폴리펩티드로 구성된 이량체(dimer)로서 개개의 하위단위 분자량은 24～36 kD 에 이른다.

이 작은 부분을 보통 철 단백질(Fe protein)이라 하는데, 이것은 이량체가 4 개의 황 원소에 결합된 4 개의 철이온 다발(Fe_4S_4)을 포함하고 있기 때문이다. Dinitrogenase 복합체 내의 더 큰 단백질은 몰리브덴-철 단백질(Mo-Fe protein)이라 부르는데, 그것은 전체 분자량이 대략 220 kD 인 두 쌍의 동일한 소단위로 구성된 사량체(tetramer)이며, 개개의 몰리브덴-철 단백질은 철-몰리브덴-황 보조인자의 형태 내에 두 개의 몰리브덴 이온을 포함하고 있다. 몰리브덴-철 단백질 또한 정확한 숫자는 모르지만 철-단백질처럼 Fe_4S_4 다발을 가진다.

Dinitrogenase 에 의해서 N_2 분자가 암모니아로 환원되는 전체적인 반응은 다음과 같다.

$$8\,H^+ + 8\,e^- + N_2 + 16\,ATP \longrightarrow 2\,NH_3 + H_2 + 16\,ADP + 16\,P_i \qquad (5\text{-}5)$$

생물학적 질소고정의 주요 산물은 암모니아이지만 모든 경우 환원된 질소분자도 수소 한 분자를 발생시키며, 또한 질소분자의 환원은 두 단계의 과정으로 구분된다.

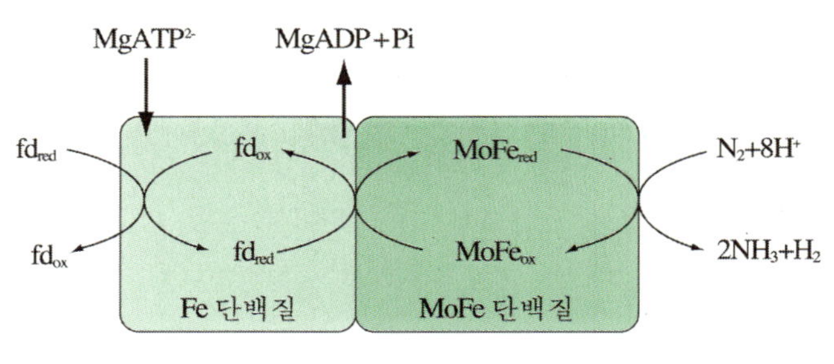

그림 5-19 박테로이드에서 일어나는 dinitrogenase 의 반응

전자는 왼쪽에서 오른쪽으로 흐르며, 이때 페레독신(ferredoxin, fd)은 가장 중요한 전자공여체인데, 이 페레독신은 호흡기질로부터 전자를 받는다.

첫 번째 단계에서 철 단백질은 보통 페레독신(ferredoxin)인 1 차 전자공여자에 의해 환원된다. 보통 페레독신은 철-황기를 포함하는 크기(14～24 kD)가 작은 단백질로서 전자는 환원제 1 철(Fe^{2+})이나 산화 제 2 철(Fe^{3+})에 의해 운반된다.

두 번째 단계에서 환원된 철 단백질은 전자를 질소분자와 수소의 환원을 촉매하는 몰리브덴-철 단백질에 전달한다. 전체의 반응에서 ATP 의 역할은 아직 확실치 않으나 철 단백질과 반응하는 것으로 알려져 있고 철 단백질과 몰리브덴-철 단백질 사이에서의 전자전달에 대한 역할을 수행하는 것으로 추정되고 있다.

2. 질소고정의 필요에너지

질소분자의 생물학적 환원에는 최소한 16 분자의 ATP 가 요구된다. 그러나 광합성에서 CO_2 한 분자가 고정되는 데에는 단지 3 분자의 ATP 가 소모될 뿐이라는 것을 생각할 때 질소고정은 상당히 많은 에너지를 필요로 하는 과정이라는 것을 알 수 있다.

또 다른 질소고정의 소요 에너지를 평가하는 방법은 질소고정에 사용되는 탄소의 양을 측정하는 것이다. 공생적 질소고정을 위한 궁극적인 에너지원은 숙주식물이 광합성을 통하여 합성하는 탄수화물이다. 이 탄수화물의 일부는 식물에서 박테로이드로 전달되고 대사되어 질소고정에 필요한 환원력과 ATP 의 생산에 이용된다. 그림 5-20 은 광합성과 호흡, 그리고 질소고정작용을 도식한 것이다.

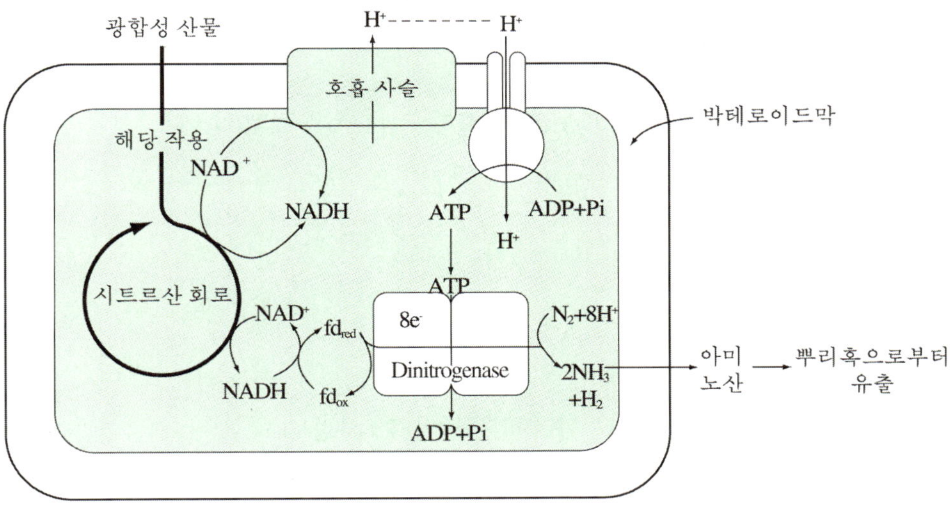

그림 5-20 박테로이드에서 일어나는 질소고정과 광합성, 호흡과의 상호관계

3. Dinitrogenase 와 산소

질소고정시 한가지 피할 수 없는 문제점은 dinitrogenase 가 산소에 극도로 민감하다는 것이다. 철 단백질과 몰리브덴-철 단백질 모두 산소에 의해 비가역적으로 불활성화된다.

공기 중에서 철 단백질의 활성이 반으로 줄어드는 반감기는 35~45 초 정도이며, 몰리브덴-철 단백질의 반감기는 10 분 정도로서 산소에 대한 dinitrogenase 의 이러한 민감성은 질소고정에 큰 장애가 된다.

질소고정시 요구되는 다량의 에너지는 산소가 존재할 때만 효율적으로 작동할 수 있는 세포호흡의 경로를 통해 생산된다. 따라서 질소고정 과정들은 산소에 민감한 dinitrogenase 와 호흡경로에 필요한 산소 사이의 조화를 이루면서 조절되어야만 한다.

많은 자유생활 질소고정자는 혐기성 생활방식을 유지하거나 만약 환경이 바뀌더라도 혐기성 환경에서만 질소분자를 고정함으로써 이러한 문제를 해결한다. 물론 이러한 경우 ATP 나 환원력의 생성이 적기 때문에 고정되는 질소의 총량은 낮다.

한편 시아노박테리아와 같은 세균은 구조적으로 격리된 질소고정기관을 가지고 있다(그림 5-21).

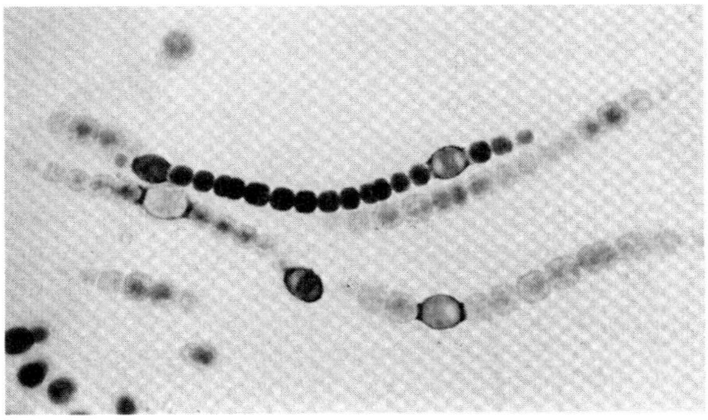

그림 5-21 시아노박테리아의 이형세포

질소고정은 이형세포에서 일어나는데, 이 이형세포의 구조와 기능에 의하여 산소의 농도가 제한된다.

시아노박테리아의 질소고정 세포는 특수화된 이형세포(heterocyst)로서 다층의 세포벽은 공기의 확산을 제한하여 dinitrogenase 를 산소로부터 보호한다.

콩과식물의 뿌리혹에서 산소는 레그헤모글로빈(leghemoglobin)이라 불리는 산소결합 단백질에 의해서 상당량이 조절된다. 레그헤모글로빈은 그 기능과 구조가 헤모글로빈과 유사한데 박테로이드 영역에서 산소와 결합하여 그 방출을 통제함으로써 자체의 산소농도를 호흡이 충분히 이루어질 수 있는 수준(약 10 nM)으로 유지함과 동시에 산소에 의해 dinitrogenase 가 불활성화되지 않도록 조절한다.

4. Dinitrogenase 와 수소생성

질소고정계에서 또 하나의 문제점은 수소의 방출이다. 아직도 그 기작이 분명한 것은 아니지만 dinitrogenase 에 의한 수소의 발생은 질소고정에서 필연적으로 발생한다. 식 (5-6)에서처럼 질소 한 분자 당 한 분자의 수소가 방출된다. Dinitrogenase 에 공급되는 ATP 또는 전자의 25~30% 정도는 수소의 생성으로 소비된다.

5-2-5 질소고정의 유전적 특질

공생적 질소고정 시 숙주와 그들의 환경, 그리고 *Rhizobia* 와 숙주식물 사이에는 복잡한 상호관계가 존재한다. 혐기적 환경에서 질소고정 대사의 조절이나 공생적 관계로 인한 감염과 그 후에 발생하는 뿌리혹의 발달과정에는 유전적인 변화가 수반된다.

Dinitrogenase 합성은 *nif* 유전자들의 조합에 의해 이루어진다. *nif* 유전자들은 dinitrogenase 단백질뿐만 아니라 구조 유전자들을 포함하고 있다. 예를 들면 *nif D* 와 *nif K* 두 유전자는 몰리브덴-철 단백질의 두 개의 서로 다른 소단위를 암호화하며, 철 단백질과 페레독신은 *nif H* 와 *nif F* 에 의해 각각 암호화된다. 또 다른 *nif* 유전자들은 몰리브덴-철 공동인자의 삽입과 효소 복합체의 활성화에 관계한다. 한편 *nif* 유전자 이외에도 뿌리혹의 형성에 관계하는 *nod* 유전자군과 *fix* 유전자군들이 밝혀져 있다.

공생적 질소고정은 분명 숙주와 소공생자 양쪽 모두에서 많은 유전자의 조화된 발현을 필요로 한다. 이들 유전자가 어떻게 조절되는가를 정확히 이해한다면 현재 밝혀진 식물종 이외에 또 다른 중요한 작물 종까지 생물학적 질소고정 범위를 확대할 수 있을 것이다.

5-2-6 질소동화작용

질소고정작용으로 생성된 암모니아는 세포 내에서 결국 유기질소로 전환되는데, 그 첫 단계가 암모늄이온으로 이온화되는 과정이다.

$$NH_3 + H^+ \rightleftharpoons NH_4^+ \qquad (5\text{-}6)$$

질소고정을 할 수 없는 식물들은 토양으로부터 암모늄이온을 직접 흡수함으로써 이를 충족시킨다.

1. 암모늄의 동화

NH_4^+는 많은 식물에서 질소고정 산물로써 또는 토양으로부터 흡수되어 쉽게 이용될 수 있지만 그 자체는 식물체에 상당히 유독하다. 질소고정계 내에서 NH_4^+는 dinitrogenase 의 활성을 억제하기도 하며, 세포의 에너지대사, 특히 ATP 생성을 방해한다. 또한 낮은 농도일지라도 NH_4^+는 미토콘드리아와 엽록체 내의 전자수송계에서 ATP 형성을 억제하기도 한다. 그러나 대부분의 식물은 NH_4^+를 아미노산에 신속히 편입시킴으로써 이러한 암모늄이온의 유독성 문제를 해결한다.

질소고정 공생자 내에서 일어나는 NH_4^+ 동화의 일반적인 경로는 동위원소로 표지된 질소분자($^{13}N_2$ 또는 $^{15}N_2$)를 이용해 밝혀졌는데, 최초로 합성되는 아미노산은 글루타민(glutamine)이다. 콩과식물의 뿌리혹에서 NH_4^+로부터 글루타민의 동화는 글루타민 합성효소(glutamine synthetase, GS)와 글루탐산 생성효소(glutamate synthase, GOGOT)(그림 5-22)가 순차적으로 작용하는 글루탐산 생성회로(glutamate synthase cycle)에 의해서 일어난다.

GS 가 촉매작용을 하는 글루탐산 생성회로반응은 글루탐산에 NH_4^+를 첨가하여 아미드(amide)인 글루타민을 형성하는 것이다.

$$\text{글루탐산} + NH_4^+ + ATP \longrightarrow \text{글루타민} + ADP + Pi \qquad (5\text{-}7)$$

글루탐산의 아미노화를 위한 에너지는 ATP에서 제공되며, 이후 아미노기는 α-케토글루타르산(α-ketoglutarate)을 거쳐 다시 글루탐산으로 전달된다.

$$\text{글루타민} + \alpha\text{-케토글루타르산} + \text{NADH} \longrightarrow 2\,\text{글루탐산} + \text{NAD}^{+} \qquad (5\text{-}8)$$

반응 5-8은 GOGAT에 의해 촉매되고 NADH 형태의 환원력을 필요로 한다. 이 반응에서는 2분자의 글루탐산이 생성되는데, 이들 글루탐산 각각은 글루타민 1분자씩을 생성하며, 그 중 1분자는 원래의 회로에, 그리고 또 다른 1분자의 글루타민은 숙주식물에 이용된다.

질소를 동화시키는 또 다른 경로로는 글루탐산 탈수소효소(glutamate dehydrogenase, GDH)에 의한 α-케토글루타르산의 직접적인 환원과정으로서 이 경우 뿌리혹에서 GDH의 활성 자체나 이것이 NH_4^+의 동화를 담당한다는 확실한 증거는 아직 없다.

일반적으로 GS와 GOGAT의 활성은 GDH보다 높다. 또 GDH는 GS보다 NH_4^+에 대한 친화력도 매우 낮다. 글루탐산 생성회로의 GS와 GOGAT는 뿌리혹에만 존재하는 것이 아니며, 이러한 효소들은 비질소고정식물의 뿌리나 잎에도 분포하면서 그곳에서 또한 NH_4^+질소를 동화한다.

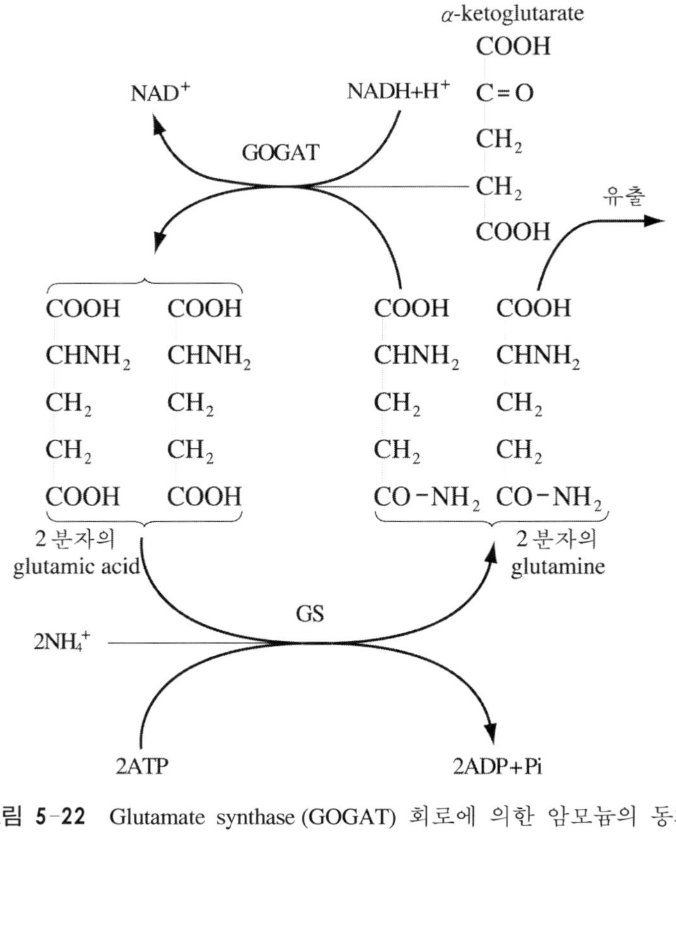

그림 5-22 Glutamate synthase (GOGAT) 회로에 의한 암모늄의 동화

2. 뿌리혹에서 고정된 질소의 유출

질소고정의 마지막 과정은 고정된 질소를 뿌리혹에서 숙주식물로 보내는 것이다. 뿌리혹에서 유기질소 생성물의 유출은 체관부를 통하여 이루어진다. 따라서 유출되는 질소의 형태는 주로 체관부의 수액분석에 의해 밝혀졌다. 그러나 수액 안에 존재하는 질소질 모두가 뿌리혹으로부터 유래된 것은 아니다.

분리된 뿌리혹을 직접 분석하거나 동위원소를 이용해 추적해 보면 글루타민(glutamine)이 질소고정의 주요한 유기산물로 나타나지만 완두나 토끼풀과 같은 일부 콩과식물에서는 아스파라긴(asparagine)이 더 우세한 산물로 나타난다.

뿌리혹에서 일어나는 아스파라긴의 생합성 경로는 두 개의 아미노기 전이반응(transamination)과 관련되어 있다. 아미노기전이효소(aminotranferase)에 의해 촉매되는 이 반응은 글루탐산에 의해 고정된 질소를 다른 아미노산으로 전이시킨다.

식물에서 이 효소는 단백질 합성이 활발한 세포질이나 엽록체 등에서 발견된다. 이 반응의 첫단계는 글루탐산의 아미노기를 옥살로아세트산(oxaloacetate)에 전달하는 것이다.

$$\text{글루탐산} + \text{옥살로아세트산} \longrightarrow \alpha\text{-케토글루타르산} + \text{아스파르트산} \qquad (5\text{-}9)$$

이 반응에서 사용된 글루탐산은 뿌리혹 내의 GS과 GOGAT 반응에서 유래한 것이다. 아스파라긴이 지속적으로 합성되고 또 숙주로 유출되기 위해서는 뿌리혹은 계속해서 옥살로아세트산을 공급받아야 한다. 아스파라긴 생합성의 두번째 단계는 아미드 형태의 질소가 글루타민에서 아스파르트산으로 전이되는 과정이다.

이 반응에 관여하는 효소는 아스파라긴 합성효소(asparagine synthetase)이며, 한 분자의 아스파라긴을 합성하는데 ATP 한 분자가 소요된다.

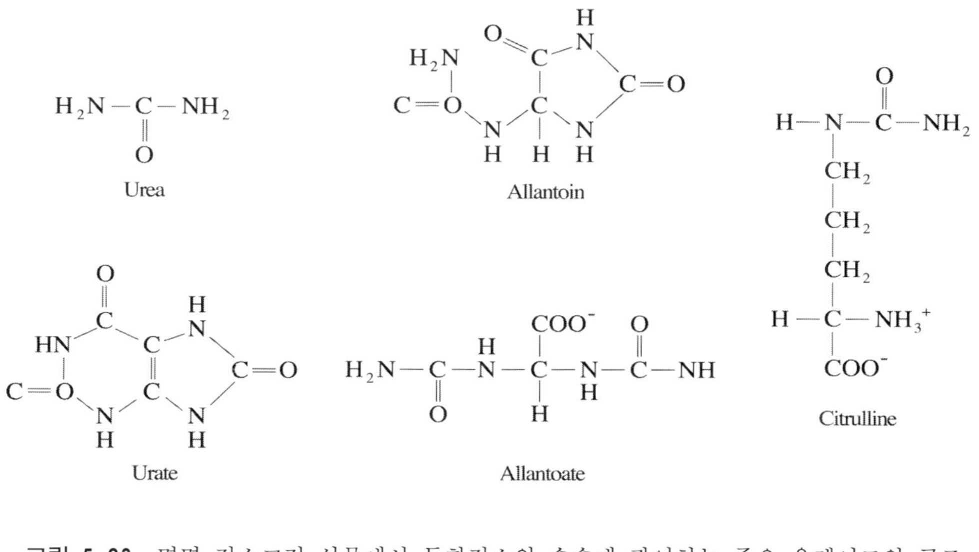

그림 5-23 몇몇 질소고정 식물에서 동화질소의 수송에 관여하는 주요 유레이드의 구조

$$\text{글루타민} + \text{아스파르트산} + ATP \longrightarrow \text{글루탐산} + \text{아스파라긴} + ADP + Pi \quad (5\text{-}10)$$

유레이드(ureide)(그림 5-23)의 합성은 생화학적으로 복잡하다. 알란토인(allantoin)과 알란토인산(allantoic acid)은 퓨린계 뉴클레오티드의 산화에 의해 형성된다. 퓨린은 뿌리혹의 발달과 함께 활발히 합성되는데, 이후 요산(uric acid)으로 산화되어 인접한 비감염세포로 전이된다. 여기에서 요산산화효소(urate oxidase)는 요산을 알란토인으로, 또 알란토인은 소포체에서 알란토인분해효소(allantoinase)에 의해 차례로 알란토인산으로 전환된다(그림 5-24).

유레이드는 보통 체관을 통하여 식물의 다른 부분으로 전이되는데, 전이된 부위에서 빠르게 대사되어 NH_4^+가 방출되며, 이는 곧바로 GS와 GOGAT에 의해 재동화된다.

이처럼 아스파라긴과 유레이드의 합성과정이 다소 복잡한 것은 사실이지만 이 두 과정은 숙주로의 질소 유출시 에너지 효율성에서는 상당히 유리하게 작용한다.

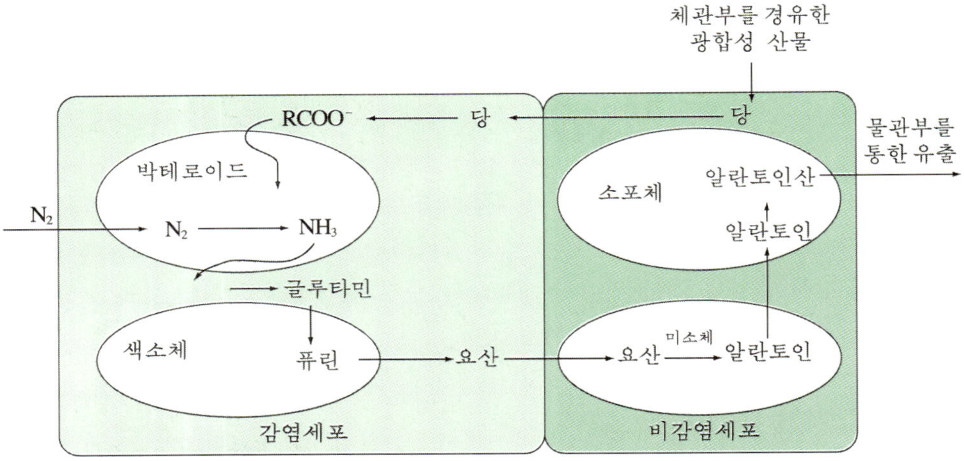

그림 5-24 유레이드가 형성되는 뿌리혹에서 일어나는 고정질소의 동화과정

5-2-7 질산염의 동화

질소고정능력이 없는 식물은 대체로 토양에서 질산염(NO_3^-)의 형태로 질소를 얻게 되는데 질산염은 아미노산이나 다른 유기물질로 편입되기 전에 암모늄(NH_4^+)으로 환원되어야 한다.

뿌리에 의한 NO_3^- 흡수과정은 낮은 온도, 호흡 및 단백질 합성의 억제제 또는 혐기적 조건 등에 의해 억제되는 것으로 알려져 있는데, 이는 NO_3^-의 이동이 뿌리 세포막의 운반 단백질에 의해 중개되는 에너지 의존적 과정임을 시사한다.

뿌리세포의 액포에 저장된 NO_3^-는 여기에서 바로 동화되거나 또는 목부를 통하여 잎 등으로 전이·동화된다. 질산염이 유기형태의 질소화합물로 동화되기 위해서는 NH_4^+로 환원되어야만 한다. 이 과정은 두 단계로 구성되는데 첫 단계는 질산염환원효소(nitrate reductase, NR)에 의해 NO_3^-가 아질산염(NO_2^-)으로 환원되는 것이다.

$$2\,H^+ + NO_3^- + 2\,e^- \longrightarrow NO_2^- + H_2O \qquad (5\text{-}11)$$

NR은 대체로 세포질에 존재하며, 이후 NO_2^-는 뿌리의 색소체 또는 잎의 엽록체로 이동되어 아질산염환원효소(nitrite reductase, NiR)에 의해 NH_4^+로 환원된다.

$$8\,H^+ + NO_2^- + 6\,e^- \longrightarrow NH_4^+ + 2\,H_2O \qquad (5\text{-}12)$$

아질산염은 독성이 있으나 식물 내에서 고농도로 발견되는 경우는 거의 없는데, 이것은 NiR의 활성이 보통 NR의 활성보다 3~4배 높기 때문이다.

질산염 환원효소는 원핵생물이나 고등식물에서 광범위하게 발견되는 효소로서 원핵세포에서는 전자전달자로서 주로 페로독신이 이용되며, 고등식물에서는 NAD나 NADP가 이용된다. 고등식물로부터 분리된 NR은 분자량이 약 115 kD인 두 개의 동일한 소단위로 구성되어 있으며, 몰리브덴을 함유하고 있다.

1. 질소순환

대부분의 식물에서 질소흡수는 생육초기의 영양생장기 동안 가장 높으며, 생식생장이 시작되고 식물이 노화할수록 낮아지게 된다. 예를 들어 곡물류는 생식생장 시작 전에 전체 질소요구량의 90%를 흡수한다. 흡수된 질소의 대부분은 잎 등의 신생조직으로 이동되는데 이러한 신생조직들은 성숙되기 전에 이미 최대질소보유량에 이르게 된다.

성숙한 잎의 경우, 비록 그들이 순 질소유출량과 총 질소보유량이 줄어들고 있음에도 불구하고 계속해서 질소를 흡수한다는 것이 밝혀졌는데, 이러한 동시적 유입과 유출을 질소순환(nitrogen cycling)이라 한다.

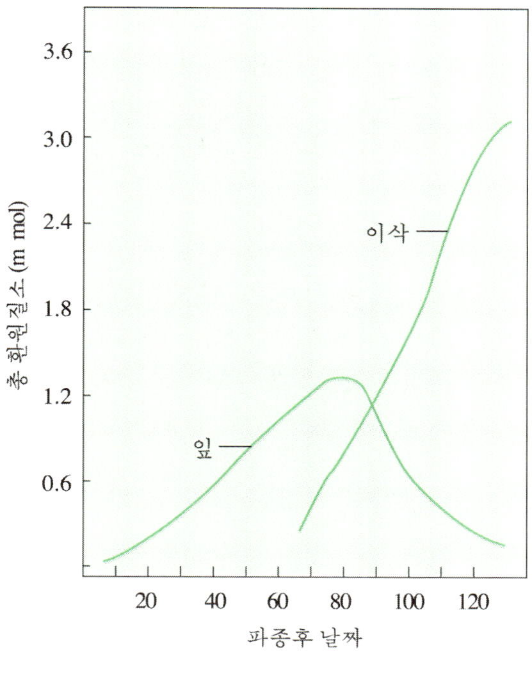

그림 5-25 밀에서의 질소 재분배

잎으로부터 질소의 유출은 종자발생시 특히 중요하다. 종자의 생장에 필요한 질소의 양은 식물이 토양으로부터 충족되지 못할 정도로 큰 양이다. 따라서 보충되는 질소는 주로 잎과 같은 영양기관에서 얻어지는데(그림 5-25), 이것은 잎의 광합성 능력과 밀접한 관계가 있다. 잎의 주요 단백질은 광합성에서 CO_2의 고정을 촉매하는 효소인 rubisco로서 대두나 곡류 잎의 가용성 단백질 중량의 40~80%를 차지하고 있으며, 저장단백질의 역할까지도 한다. 이 효소는 또한 종자의 생장 때처럼 질소가 많이 요구되는 부위로 이동되어 사용된다.

Rubisco의 감소는 부수적으로 광합성을 통한 탄소의 고정도 감소시킨다. 또한 대두와 같은 공생적 콩과식물의 경우에서 rubisco의 감소는 질소고정을 하는 뿌리혹에서 이용할 수 있는 에너지의 감소를 의미한다. 이러한 질소와 탄소의 공급경쟁은 콩과식물에 있어서는 종자의 생장을 제한하는 가장 큰 요인이 된다.

5-2-8 농업과 생태적 측면에서 본 질소영양

질소는 식물에서 네 번째로 많은 원소로서 초본식물의 경우 건량의 1~4% 정도를 차지하며, 대개는 단백질의 형태로 존재한다. 토양질소의 이용은 조도, 수분, 그리고 pH와 같은 환경적 요인에 의해 제한을 받으며 이러한 요인은 또한 질소고정 작용, 질산화 반응 및 암모니아화 반응 등 미생물과 관련된 토양활동에도 영향을 미친다. 농업에서는 질소비료의 시용으로 토양 질소질의 부족을 극복해오고 있는데, 대부분의 작물은 사용된 질소량에 비례하여 수확량 또한 증가한다(그림 5-26).

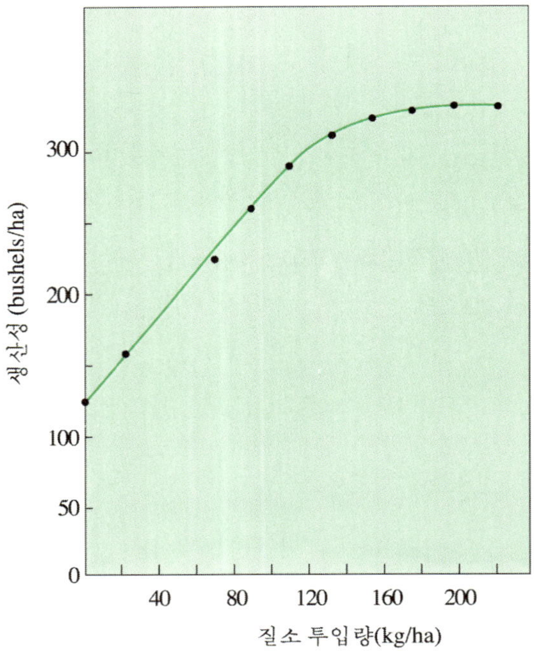

그림 5-26 옥수수의 생산성에 미치는 질소질비료의 효과

그러나 질소비료의 사용량을 높인다고 해서 수확량이 무한정 증가하는 것은 아니다. 즉 일정수준이 지나면 수확량은 점차 감소하는데, 이것은 질소에 의한 독성 때문이 아니라 토양 내 염도의 증가에 기인하는 것으로 추정되고 있다.

비콩과작물의 경우 화학비료를 지속적으로 사용하지 않으면 수확량은 수년에 걸쳐 계속 감소한다. 그러나 이러한 화학비료를 사용하지 않은 토양에서도 작물수확량은 최소한의 수준에서 지속적인 균형을 이룬다. 이는 토양으로부터 유출되는 질소가 강수, 관개수, 먼지 및 대지의 풍화 등에 의해 보충되기 때문이다.

자연생태계 내에서의 질소의 역할은 훨씬 더 다양하고 복잡하다. 산림의 경우 연간 전체 질소의 약 2/3가 질소고정에 의해서 충당되며, 나머지는 강우 또는 질소산화물 등을 통해 대기로부터 공급된다. 최근의 한 연구에 따르면 평균적으로 유입되는 고정질소의 반에 가까운 양을 임관(canopy)이 보유한다는 사실이 밝혀졌다. 이는 산림종의 질소 흡수과정에서 잎이 중요한 역할을 한다는 것을 의미한다.

성숙기를 제외하고 서서히 생장하는 숲은 대부분의 질소를 흡수하여 임관에 보유하거나 또는 순환이 비교적 느린 바닥의 낙엽층에 장기간 보관한다. 낙엽층 안의 질소는 강우나 지표수에 의해서 천천히 걸러져 토양으로 흡수되거나 다양한 종류의 박테리아나 균류 등의 여러 분해생물에 의해서 더 간단한 화합물로 분해된다. 분해의 마지막 단계는 무기화작용(mineralization)으로서 이것은 앞서 언급한 암모니아화 반응에 의한다.

무기화된 NH_4^+와 질소의 균형은 환경적 변수에 의해 조절된다. 이들 환경변수는 온도, pH, 토양, 습도, 그리고 공기의 공급 등이 주요 변수가 된다. 질산화반응을 위한 최적온도는 보통 25~30℃에 이르나 질화 박테리아의 기후적 적응은 이 범위를 초월할 수도 있다.

예를 들어 북호주의 어느 토양 내에서 질산화반응 최적온도는 35℃인 반면 캐나다의 한 지역은 20℃에 불과하다. pH 또한 질화 박테리아의 생장을 제한하는 주요 변수로서 *Nitrobacter*는 pH 7.5에서 최적이나 그 이상에서는 암모늄 독성 때문에 억제된다. 또 수분이 포화된 토양에서는 질산화반응이 거의 발생하지 않는데, 이는 산소의 공급제한 때문이다.

자연생태계에서 수목들은 질소를 보존하기 위해 자연으로 방출시키거나 노화되기 전에 꽃이나 잎 등의 기관으로부터 질소를 뿌리나 줄기조직 등으로 이동시켜 저장한다. 식물체의 1/3~2/3의 질소는 이러한 내부순환에 의해 보존되는데, 낙엽수의 경우 이 저장질소는 이듬해 영양생장기 동안 질소가 불충분한 토양으로부터 영양적 독립을 이룰 수 있도록 한다.

5-3 물의 흡수와 이동

5-3-1 식물과 물

식물이 살아가기 위해서는 물, 무기양분, 이산화탄소, 그리고 산소가 필수적으로 요구된다. 이산화탄소는 지상부(shoot)를 통해 유입되고, 산소는 지상부(shoot)와 지하부(root) 모두를 통해 유입되며, 물과 무기양분들은 근계(root system)를 통해서 흡수된다. 건강한 근계에 적절한 물과 무기양분의 공급은 식물의 생리작용과 발달에 결정적인 역할을 한다.

식물의 근계는 대부분 토양 내에 잘 펼쳐져 있어 식물체 전 생체량의 50% 이상을 차지하기도 한다. 뿌리는 그들이 생장해 나가는 토양과 친밀한 관계를 형성하여 토양으로부터 무기염류와 물을 흡수한다. 물은 식물체 내에서 매우 중요한 성분으로 생화학 반응이 일어날 수 있는 환경을 마련하며, 세포팽윤을 유도하여 구조를 유지할 수 있게 한다.

지상부는 비교적 건조한 대기에 노출되고 뿌리는 비교적 습한 토양에 싸여있기 때문에 식물체 내에서 끊임없는 물의 흐름은 수분퍼텐셜(water potential)이 적은 방향으로 흐르게 된다. 식물체 내에서 물의 흐름은 특별한 전이조직(transport tissue) 내에 있는 연이은 수관(column of water)에 의해 이루어진다.

물이 없다면 생명은 존재할 수 없다는 것은 모두가 알고 있는 사실이다. 물은 거의 모든 생물체에 있어서 가장 풍부한 구성성분이다. 실제 수분함량은 조직이나 세포 형태에 따라 다양한데, 이는 환경 및 생리적 조건에 좌우되는 것으로 초본성 식물뿌리는 총 생체량의 70% 이상을 차지하기도 한다. 식물의 수분량은 대사활성, 주위 대기 및 토양, 수분, 그리고 다른 영향요소의 상태에 의해 영향을 받는 유동적인 값이다. 어떤 한발 내성식물은 오직 20%의 수분함량을 갖기도 하며, 건조종자는 5%로 매우 적은 양의 수분을 함유하나 이는 모두 대사활성이 중지된 상태인 것으로 다시 대사활성이 회복되려면 수분함유량이 정상적 수준으로 되어야 한다.

물의 물리 및 화학적 성질은 식물의 생리작용에 아주 적합한 것으로서 삶에 필수적인 많은 역할들을 수행할 수 있게 한다. 물의 열성(thermal property)은 대부분의 생물이 생리반응을 하는 온도범위 이상에서 액상을 유지하게 한다. 이는 매우 중요한 사항으로써 대부분 생물의 생리반응은 오직 액상 매질에서만 일어나기 때문이다. 또한 물의 열성은 온도 조절기능을 가지므로 식물체의 온도가 급격히 낮아지거나 높아지는 것을 막아준다.

물은 또한 뛰어난 용매성을 가지고 있으므로 생장에 필요한 무기영양분 및 다른 용질을 흡수·분배하는데 적합한 매질로서 작용한다. 생명을 특징짓는 많은 생화학반응이 물 내에서 일어나며, 물 자체도 이러한 많은 반응에 참여한다. 물의 가시광선 투과성은 태양광선이 세포의 액상 매질을 투과함으로써 광합성 작용이나 발달을 조절할 수 있게 한다.

육상식물체 내의 물은 매우 유동적 체제이다. 식물은 수분을 상실하면서 왕성한 광합성을 수행하는데, 이는 주로 잎 표면에서 일어나는 증산작용에 의한다. 그러므로 동등한 양의 물이 토양으로부터 흡수되어 발달하는 잎에 공급되어야 수분결핍을 피할 수 있다.

식물체 내에서 이러한 물의 연속적인 흐름은 이들의 생장과 생존에 매우 중요하다. 세포에 의한 물의 흡수는 압력을 발생시키는데 이를 팽압(turgor pressure)이라 하며, 이러한 팽압에 의해 식물은 골격이 없이도 세포형태를 유지하여 바로 설 수 있는 것이다. 물이 없는 환경에서 살 수 있는 식물은 없다. 물과 식물 및 식물세포와 관계를 안다는 것은 식물의 생리현상을 이해하는 근본이다.

5-3-2 물의 특성

1. 물의 수소결합

물은 유사한 분자크기를 가진 다른 분자들과 비교할 때 많은 독특한 물리·화학적 성질을 가지고 있다. 이러한 특성은 물분자의 구조에 기인한 강한 분자간 친화력에 있다. 물은 산소 한 원자와 수소 두 원자 간의 공유결합으로 이루어진다(그림 5-27).

산소원자는 강한 음전하를 가지고, 전자를 취하려는 경향을 띤다. 이렇게 강한 음전하 때문에 물분자 내의 산소는 수소로부터 멀리 떨어져 있는 전자들을 끌어당기는 경향을 갖는다. O-H 결합을 형성시켜 공유하고 있는 전자들은 일반적으로 수소보다는 산소핵 쪽에 더 가까이 있다. 그러한 결과로 산소원자는 음전하부위를 띠게 되고 이에 상응하는 양전하를 두 수소원자가 나누어 갖는다.

이러한 비대칭전자 분포는 물분자를 극성분자(polar molecule)가 되게 한다. 대체적으로 물은 중성분자이지만 음전하와 양전하로 세분하면 인접한 물분자나 또는 물과 다른 극성분자 간에 강한 상호인력이 발생된다. 이러한 인력을 수소결합(hydrogen bonding ; 그림 5-27)이라 한다. 수소결합력은 약 20 KJ mol^{-1} 이다. 수소결합은 전형적으로 수 백 KJ mol^{-1} 인 다른 공유결합이나 이온결합보다는 약하다.

그러나 좁은 영역의 이동력인 반데르발스 인력(Van der Wassls force ; 약 4 KJ mol^{-1})보다는 강하다. 이러한 수소결합은 크기가 유사한 다른 분자와 비교해 볼 때 오직 물만이 갖는 독특한 많은 특성을 갖게 한다(표 5-8).

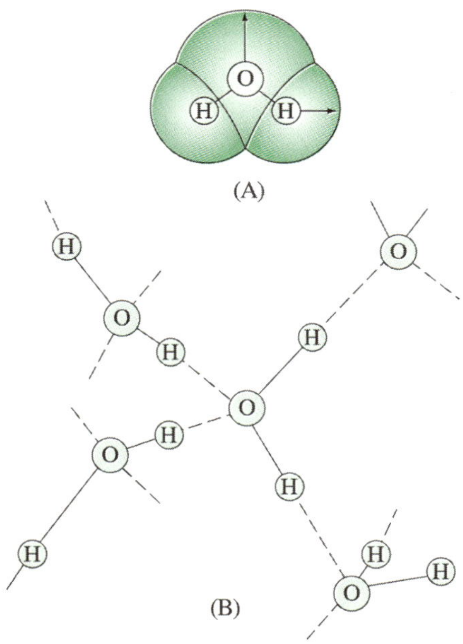

그림 5-27 물분자의 구조(A)와 물분자 사이에 형성되는 수소결합(B)
수소결합(점선)은 한 분자의 양전하 부위와 다른 분자의 음전하 부위 간의 전기적 인력에 기인한다.

표 5-8 유사한 크기를 가진 다른 분자와 비교한 물의 물리적 특성

물리적 특성 / 용매	분자량	비 열 (J/g/℃)	융해점 (℃)	융해열 (J/g)	비등점 (℃)	증발열 (J/g)
물	18	4.2	0	335	100	2,452
황화수소	34	—	-86	70	-61	—
암모니아	17	5.0	-77	452	-33	1,234
이산화탄소	44	—	-57	180	-78	301
메탄	16	—	-182	58	-164	556
에탄	30	—	-183	96	-88	523
메탄올	32	2.6	-94	100	65	1,226
에탄올	46	2.4	-117	109	78	878

수소결합은 물분자 사이와 물과 다른 분자 사이의 상호작용 외에도 또는 표면장력을 설명할 수 있게 한다. 예를 들면 수소결합은 단백질, 핵산 및 탄수화물과 같은 생물학적으로 중요한 거대분자 주위에 형성되어 있는 수화외피(hydration shell)를 만들 수 있게 하는데, 강한 결합으로 잘 정렬된 이러한 물분자층을 결합수라 한다.

이때 수화단백질 분자 총중량의 30%에 상당한 양이 결합수이다. 결합수는 단백질을 안정하게 하는데 중요하며, 탄성을 갖게 하고 이러한 분자들이 침강될 만큼 큰 응집체가 형성되는 것을 막아준다.

수소결합이 비록 물의 특성이기는 하지만 물에만 한정된 것은 아니다. 이는 음전하 중심체 사이에 수소가 결합되는 것으로, 이는 히드록시기로 수소결합을 이루는 알코올에서도 그러하며, 단백질이나 핵산과 같은 거대분자에서도 일어나는데, 아미노기($-NH_2$)와 카르복시기($-COOH$) 사이의 수소결합은 구조를 안정시키는 데 큰 역할을 한다.

2. 물의 물리화학적 특성

(1) 열성

물의 가장 중요한 특성 중 하나는 생명을 유지하는 데 적합한 온도에서 액상이라는 것이다. 끓는점(비등점)과 녹는점(융해점)은 일반적으로 분자 크기와 상관관계가 있는데 분자량이 적으면 큰 분자량을 가진 것보다 낮은 온도에서 상태가 변화한다. 분자의 크기로만 본다면 물은 지구상 대부분의 지역에서 주로 수증기 상태로 존재하여야 한다.

그러나 물의 비등점과 융해점은 크기가 보다 작은 다른 분자, 특히 암모니아나 메탄과 비교해 볼 때 훨씬 높은 온도이다(표 5-8). 암모니아나 탄화수소(메탄 및 에탄)는 상태의 변화가 일어나는 데 필요한 에너지가 비교적 매우 적게 드는 반데르발스 인력만으로 결합되어 있다.

이러한 반데르발스 인력은 4.2 KJ mol^{-1} 로서 비슷한 성질을 가진 두 분자가 접근할 때 서로 약간의 극성화를 초래하여 상호 반대 전하 간에 나타나는 결합력이다. 그러나 유의할 점은 산소가 유입된 메탄올이나 에탄올의 비등점은 물에 근접하다는 것이다. 이는 산소가 존재함으로써 수소결합을 형성할 기회와 극성을 갖게 하기 때문이다.

(2) 흡열 및 발열

비열(specific heat)이라는 용어는 일정온도로 상승되는데 흡수되는 에너지량이나 기질의 열용량을 기술하는 데 사용하는 것으로 일반적으로 20℃에서 기질 1 g 의 온도를 1℃ 상승시키는 데 필요한 에너지량으로 정의하는데, 물의 비열은 4.184 J, 즉 1 Cal 로 액체 암모니아를 제외하고는 어떤 다른 기질보다도 높은 값이다(표 5-8 참조).

액상수분은 아주 잘 정돈된 구조이기 때문에 매우 높은 열전도율을 갖는다. 이는 물이 열 적용점으로부터 열을 신속히 잘 전달한다는 것을 의미한다. 높은 비열과 열전도율이 복합되어 물은 큰 온도 증가 없이도 상당한 열에너지를 흡수하고 재분배한다.

식물조직은 물을 다량 함유하고 있기 때문에 높은 열에도 안정성을 갖는다. 생화학 반응에 의해 세포 내에서 발생된 국부적인 과열은 바로 소멸되는데, 그러한 열은 세포를 통해 신속히 분산되기 때문이다. 따라서 세포 내부온도에는 심한 변화 없이 상당한 열이 세포와 그 주위환경 사이에서 상호 교환된다.

(3) 융해 및 증발수

기질의 상태변화, 즉 온도 변화 없이 고체에서 액체 또는 액체에서 기체상태로 변하는 데는 에너지가 필요하다. 한 기질을 고체에서 액체로 전환하는 데 필요한 에너지를 융해열이라 한다. 물의 융해열은 335 Jg^{-1} 인데, 이는 0℃에서 얼음 1 g 을 물 1 g 으로 전환하는 데 필요한 에너지이다(표 5-8 참조).

또 몰 단위로 표현하면 물의 융해열은 6.0 kJ mol^{-1} 이다. 물은 융해열이 아주 높은 암모니아 다음으로 높은 값을 갖는다. 물의 융해열이 높은 것은 수소결합과 연계된 강한 분자 간 인력보다 더 큰 에너지가 필요하기 때문이다.

얼음의 밀도는 또 다른 한 중요한 특성이다. 0℃에서 얼음의 밀도는 액상의 물보다 낮다. 그래서 물은 다른 기질에서와는 달리 고체상태에서보다 액체상태(4℃ 부근)에서 최대 밀도가 된다. 이는 액체상태에 있는 분자들이 결정상태인 얼음보다 조밀하게 더 잘 채워져 있기 때문이다. 결론적으로 얼음이 호수나 연못의 바닥에 가라앉지 않고 표면에 뜨게 되는데, 이는 또한 모든 수생생물의 생존에 매우 중요한 것이다.

수소결합에 의해 얼음을 녹이는 데 많은 에너지가 필요하듯이 물이 증발하는 데도 많은 에너지가 필요하다. 물의 증발열, 즉 물 1 몰을 증기상태의 물 1 몰로 전환하는 데 필요한 에너지는 주위환경으로부터 흡수해야 하므로 증발열은 증발과 연계되어 냉각효과를 낸다.

축축한 표면으로부터 증발은 표면을 식히는데 아주 높은 에너지의 분자들이 낮은 에너지 분자들을 남겨 두고 표면으로부터 빠져나가기 때문이다.

이 결과 식물은 잎세포 표면에서 물을 증발함으로써 계속 열을 잃으며 살아간다. 이러한 열 손실은 강렬한 태양에 노출되어 있는 육상식물의 잎이 온도조절을 할 수 있는 중요한 기구이다.

3. 용매로서의 물

물의 용매로서의 특성은 물분자의 높은 극성에 기인한다. 방향성을 가진 물분자들로 구성된 수화외피가 한 겹 또는 여러 겹으로 이온이나 분자들을 둘러싸므로 전하를 띤 용질분자나 이온들 간의 전기적 인력을 부분적으로 중화시킨다. 수화외피는 이온들이 재결합하여 결정구조를 형성할 가능성을 감소시키므로 물의 용매력이 증가된다(그림 5-28).

분자의 극성은 유전율(dielectric constant)로 측정된다. 유전율은 전속밀도(D)와 전기장(E)과의 관계 $D = \varepsilon E$ 에서 ε를 말하며 전기유전용량이라고도 한다. 물은 유전율이 가장 높고(표 5-9), 알코올의 유전율은 약간 낮으며, 비극성 유기용매인 벤젠과 핵산은 매우 낮다. 그래서 물은 전하를 띤 이온이나 분자에 대해서 뛰어난 용매로서 작용한다. 그러나 이러한 분자들은 비극성 유기액상에는 잘 녹지 않는다. 식물에 중요한 많은 용질들은 전하를 띠는 반면, 비극성 분자들의 낮은 유전상수는 "왜 전하를 띤 용매들이 세포막 주성분인 비극성 소수성 지질 영역을 쉽게 통과하지 못 하는가?"를 설명해준다.

표 5-9 25℃에서 일반 용매들의 유전율

용 매	물	메탄올	에탄올	벤 젠	헥산(hexane)
유전율	78. 4	33. 6	24. 3	2. 3	1. 9

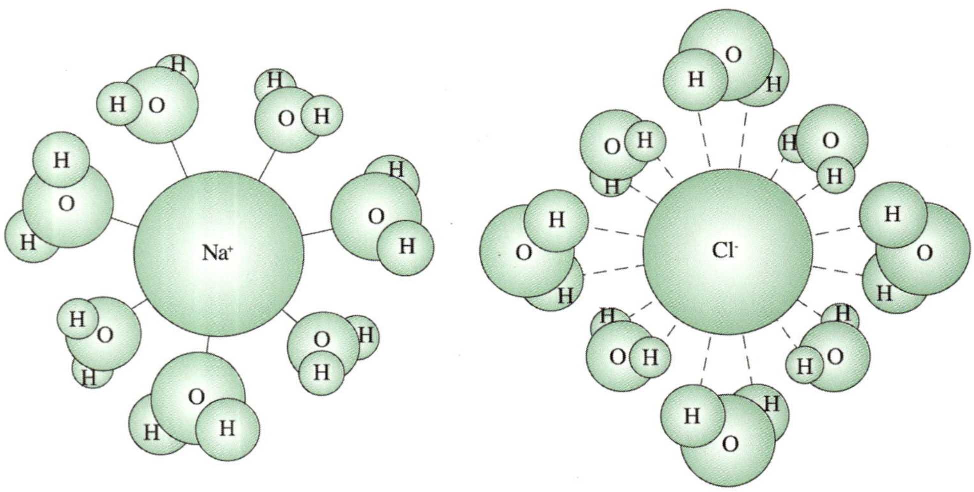

그림 5-28 물의 용매 특성

나트륨과 염소이온 주위를 싸고 있는 물분자는 각 이온 주위를 싸고 있는 전기장을 덮어씌운다. 이러한 차단효과는 그 이온들이 다시 결합하여 결정체구조를 형성시킬 가능성을 감소시킨다.

4. 물의 응집과 부착

수소결합에 기인한 물분자 사이의 강한 인력을 응집이라 한다. 이러한 응집력으로 물은 매우 큰 표면장력을 갖는데 물과 공기면에서 아주 뚜렷하다. 표면장력은 물분자 간의 응집력이 물과 공기 간의 상호작용보다 훨씬 강하기 때문에 일어난다. 이러한 결과 표면에 있는 물분자들은 부피수(bulk water) 속으로 계속 잡아당겨진다(그림 5-29).

그래서 표면은 수축하는 경향이 있고 마치 탄력 있는 막 같은 양상을 나타낸다. 높은 표면장력은 물방울을 구형으로 만들며, 작은 곤충의 무게도 지탱할 수 있게 한다.

응집은 일반적으로 물의 높은 장력강도(tensible strength) 때문인데, 장력강도란 어떤 물질의 연속된 기둥이 끊어지지 않고 견딜 수 있는 최대장력을 말한다. 일반적으로 높은 장력강도는 금속이 갖는 특성이지만 물기둥도 상당히 높은 장력강도(30 MPa)를 갖고 있다.

물분자 서로를 당기는 동등한 힘으로 물은 고형 표면을 당기는데, 이러한 과정을 부착(adhesion)이라 한다. 부착은 작은 직경의 관에서 물이 모세관상승을 일으키게 하는 중요한 작용이다. 응집, 부착 및 장력강도로 이루어진 이러한 특성은 물이 어떻게 모세관에서 상승할 수 있는가를 설명해주며, 이러한 요인들은 식물체 내의 연속된 물기둥을 유지하는데 아주 중요한 것들이다.

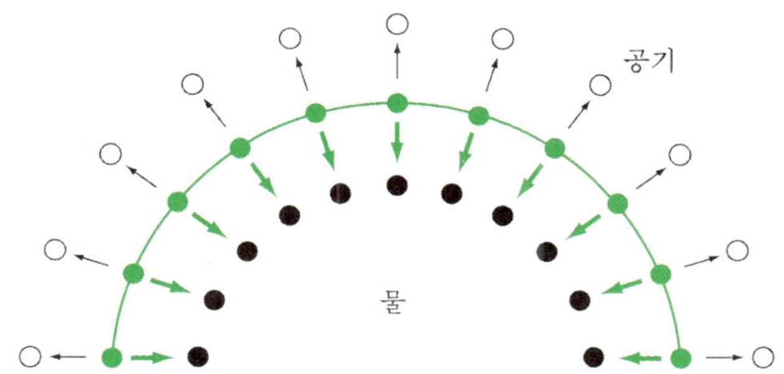

그림 5-29 물방울이 갖는 표면장력

이웃한 물분자의 분자 간 인력(큰 화살표)은 물과 공기 사이의 인력(작은 화살표)보다 훨씬 크다. 따라서 표면에 있는 물분자들은 부피수 속으로 끌어당겨진다.

5-3-3 물의 이동

물질이 한 지역에서 다른 지역으로 움직이는 것을 보통 이동(translocation)이라 한다. 이동의 기구는 그 과정에서 대사에너지가 소모되었는지 안 되었는지에 따라 능동과 수동으로 구분한다. 능동과 수동 이동의 차이를 구별하는 데는 어려움이 있으나 물의 이동은 분명히 수동적 대사과정이다.

과거에 많은 과학자들이 능동적 요소라고 주장했지만 식물이 물을 이동시키면서 대사에너지를 직접 소모시킨다는 것을 입증하지 못하였다. 물질의 수동이동은 두 종류의 물리대사과정, 즉 부피유동(bulk flow)과 확산(diffusion)에 의해 일어나는 것으로 여겨진다.

1. 부피유동

부피유동에 의한 물질의 이동은 유도압력에 의한다. 부피유동은 중력이나 압력과 같은 외적인 힘이 가해질 때 발생한다. 그 결과 물질의 모든 분자들은 한 덩어리로 움직인다. 부피유동에 의한 물의 이동은 우리가 매일 체험하고 있는 한 현상으로 도랑을 흐르는 물은 중력에 의한 수압에 의해 흘러가는 것이다.

집이나 작업장에 있는 수도꼭지로부터 흐르는 물의 압력은 송수탑 내에 설치된 송수관에서 작용하는 중력에 의해 발생된 압력에 의한다. 또한 식물체내 일부 물의 운동, 즉 물관조직의 통과나 뿌리로의 이동은 부피유동에 의한 것으로 보인다. 부피유동은 용매의 물관조직을 통한 이동에 대해 가장 설득력 있게 받아들여지는 가설이다.

2. 확 산

부피유동에서와 같이 확산 또한 우리가 매일 체험하고 있는 현상이다. 뜨거운 물이 들어있는 컵에 설탕을 넣으면 그 단맛은 곧 컵 전체에 분산된다. 방 모퉁이에서 향수병을 열면 그 향내는 공기를 통해 방 전체에 균일하게 퍼진다. 그러나 만약 컵 안의 물을 젓지 않거나 방안 공기의 부피운동이 없는 상황에서 그 성분의 분산은 확산에 의한 것이다.

확산이란 높은 농도지역에서 낮은 농도지역으로 이동하는 하나의 유도운동(directed movement)으로 설명할 수 있으나 이는 각각 분자의 자유 열운동(random thermal motion)을 통해 이루어진다(그림 5-30). 따라서 부피유동이 압력에 의해 유도된 것이라면 확산은 농도차에 의해 유도된 것이다. 확산은 식물체 전반에 물, 가스 및 용매의 흡수와 분해에 중요한 요소로 작용한다. 특히, 확산은 광합성에 필요한 이산화탄소의 공급뿐만 아니라 잎에서 증산으로 잃은 수분보충에 중요한 역할을 하는 요소이다.

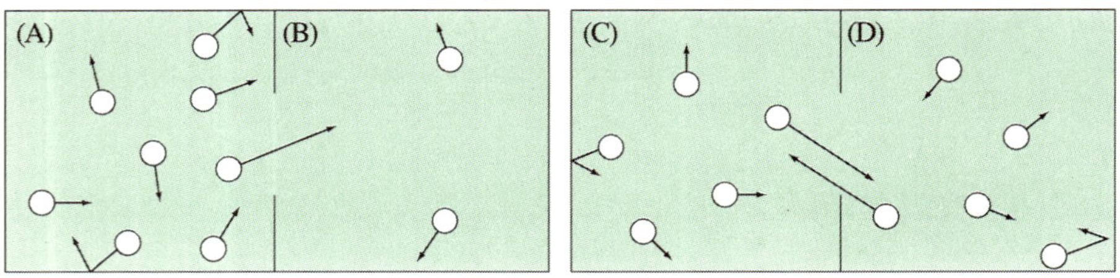

그림 5-30 자유로운 열운동에 의한 분자의 확산

확산은 자유로운 열운동에 의해 높은 농도에서 낮은 농도의 지역으로 분자가 유도되는 현상이다. 초기에는 A 공간에 있는 분자들이 열린 창을 통해 B 공간으로 이동된다. 시간이 지나면서 B 에 있는 분자수는 증가하고 A 의 분자수는 감소한다.

이러한 과정은 양쪽 공간 사이의 분자들이 균일하게 분포될 때까지 계속된다. 분자분포가 균일해지는 시점에서 양방향으로의 분자이동 가능성은 같아지는데 이때에 순수확산은 멈추게 된다.

확산과정은 피크(A. Fick)에 의해 최초로 양적 실험이 수행되었는데, 1855년에 공식화된 Fick법칙은 그 과정을 보다 현대적인 양적 서술을 하게 한 근간을 이룩하였다.

$$J = -\frac{DA\Delta C}{l} \tag{5-13}$$

위의 식에서 J는 시간당 단위면적을 투과하는 물질의 양, 즉 유량($mol \cdot m^{-2}s^{-1}$ 등)이며, D는 확산계수(diffusion coefficient)로서 확산분자와 통과할 기질 간의 함수인 비례상수이다. A는 절단면적이고, l은 확산로의 길이이다. ΔC는 두 지역 사이의 농도차를 나타내는 농도구배(concentration gradient)로서 단순확산의 유도력이다. 특히 기체확산의 경우에는 농도 대신에 밀도차(gm^{-3})나 증기압(KPa, kilopascal)을 이용하는 것이 더 편리하다.

Fick의 법칙에서 음수의 값은 확산이 보다 낮은 농도나 증기압을 향해 이루어지고 있음을 말한다. Fick의 법칙을 요약하면 확산율은 확산로의 절단면과 농도구배나 증기압에 비례하고, 확산로의 길이에는 반비례한다는 것이다.

5-3-4 삼투현상

Fick의 법칙은 용매와 가스의 확산에는 아주 쉽게 적용할 수 있다. 일반모델을 그림 5-30에 예시하였는데, 확산분자들은 물에 용해되는 포도당이나, 물이나 대기에 용해되는 이산화탄소일 수 있다. 반면에 이론적으로 Fick의 법칙에 의하면 용질분자의 확산에도 적용시킬 수 있는데 언뜻 보기에는 용질의 확산이 일어날 수 있는 상황을 생각해 내기가 어려울 것으로 보인다. 그러나 그림 5-30의 한 공간에 물을 가하면 어떤 일이 일어날 것인가를 생각해 보라. 부피유동의 한 예로서 첫 번째 공간의 물높이가 개구 상단에 이르면 물은 두 번째 공간으로 흘러 들어갈 것이다.

물의 확산인 삼투현상(osmosis)은 두 공간 사이가 선택성 투수막(selectively permeable membrane)으로 차단되어 있을 때에만 일어날 수 있다. 선택성 투수막은 물이나 작은 분자들은 자유롭게 이동할 수 있으나 큰 용매분자들의 이동은 차단된 막이다. 모든 세포의 막들도 선택성 투수막이다. 그래서 삼투현상이란 선택성 투수막을 통한 확산이라는 특별한 경우인 것이다.

삼투현상은 선택성 투수막으로 티슬관(thistle tube)의 개구 말단을 막아 만든 삼투압계(osmometer ; 그림 5-31)를 사용해서 쉽게 측정할 수 있다. 만약 그 관에 설탕용액을 채운 후 순수한 물에 거꾸로 세워놓으면 그 관내의 용액용적은 시간이 지나면서 증가하게 될 것이다. 용적증가는 물이 막을 가로질러 용액 속으로 확산되기 때문이다.

이는 용액 속 물의 화학퍼텐셜(chemical potential)이 주위 순수한 물의 화학퍼텐셜보다 낮기 때문이다. 화학퍼텐셜에 대한 개념은 앞으로 다시 다루게 될 것이다. 여기서 우리가 유의해야 할 것은 용액의 체적증가는 관내에서 형성된 수압이 용액 내로 물을 유입시키는 힘과 충분히 균형을 이룰 때까지 계속된다는 것이다(그림 5-31 A).

이번에는 그 관을 피스톤으로 막음으로써 용액 체적의 증가를 막는 데 필요한 힘의 양으로 측정할 수 있다(그림 5-31 B). 압력단위(단위면적당 힘)로 측정된 이러한 힘을 삼투압(osmotic pressure, 기호는 Ⅱ : pi)이라 한다.

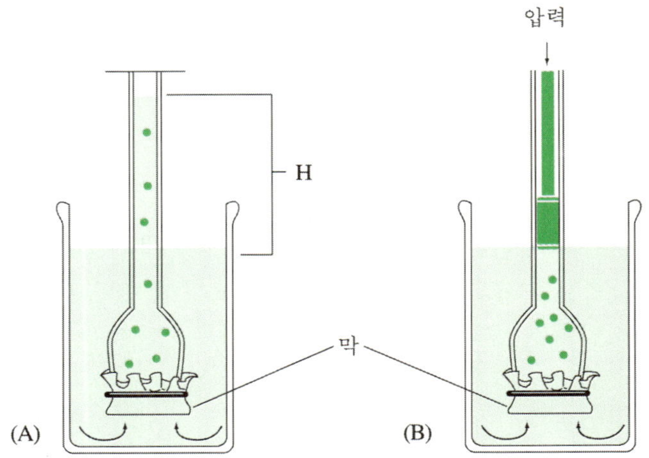

그림 5-31 삼투작용의 증명

물은 화학퍼텐셜 구배에 의해 선택성 반투막을 가로질러 확산한다. 이는 순수한 물의 체적이 삼투측정기 내의 용액 체적에 비해 크기 때문으로 여겨진다. 티슬시험관으로의 물 확산은 시험관 수두(hydrostatic head ; H)에 의해 형성된 압력(그림 A)이나 피스톤으로 눌려진 압력(그림 B)에 의한 것으로 물의 확산은 이들의 균형이 맞을 때 멈춘다. 물은 막을 가로질러 양방향으로 계속 이동하나 순수이동, 즉 확산은 더이상 일어나지 않는다.

삼투압의 크기는 묽은 용액에서 용매의 농도에 의해 만들어진 것이다. 그러나 유리시킨, 즉 독립된 용액은 삼투압을 가질 수 없음에 유의해야 한다. 이는 단지 삼투측정기에 놓였을 때에 압력으로 표현될 수 있는 퍼텐셜만을 갖는다. 이러한 이유로 그 용액은 삼투퍼텐셜(osmotic potential)을 갖는다고 한다.

삼투퍼텐셜은 삼투압의 음수로서 정의하기로 협약되어 있는데, 그것은 그 둘은 같은 값이지만 반대 힘이기 때문이다. 이러한 정의는 앞으로 수분퍼텐셜의 개념을 설명할 때 분명히 파악할 수 있을 것이다.

단순확산은 농도차에 의해 전적으로 유도되나 그림 5-31에서 보여주듯이 압력 또한 삼투측정기에서 물의 운동률과 방향을 결정하는 한 요인이다. 피스톤에 가해진 압력(그림 5-31 B)은 용액 내 물의 순운동방향을 전환시켜 용액 밖으로 역류하게 할 수도 있을 것이다. 그러므로 삼투작용은 용해된 용질의 농도에만 의한 작용이 아니라 압력차에 의해서도 유도되는 작용인 것이다.

이러한 두 요인들은 물의 화학퍼텐셜에 영향을 주는데, 이 화학퍼텐셜이 식물체 내에 있는 물의 운동력을 유도하는 궁극적인 힘이다. 식물과 물과의 관계에 있어서 삼투퍼텐셜의 중요성을 파악하기 위하여 우선 화학퍼텐셜의 개념과 물운동을 측정하는 데 있어서 이의 역할을 알아보기로 하자.

1. 삼투현상과 화학퍼텐셜

물의 운동은 세포의 주위 환경에 있는 물과 세포 내 물과의 화학퍼텐셜($\Delta\mu$)차에 의한 작용이다. 다른 물질에서와 마찬가지로 물은 항상 높은 화학퍼텐셜 지역에서 낮은 화학퍼텐셜 지역으로 이동한다.

물의 화학퍼텐셜이나 또는 다른 화학적 성질들은 농도(또는 화학활성), 압력 및 전기퍼텐셜을 포함한 여러 요인들에 의해 영향을 받는다. 키가 큰 나무에 있는 물의 경우에는 중력에 의한 영향 또한 중요한 요인이 될 수 있다. 화학퍼텐셜에 영향을 주는 이러한 요인들을 아래와 같은 상호관계로 요약할 수 있다.

$$\mu = \mu^* + RT\,ln\,a + zZE + \overline{v}P + mgh \qquad (5\text{-}14)$$

여기서 μ^*는 어떤 임의로 정한 대조상태(arbitrary reference state)의 화학퍼텐셜이다. 여러 가지 이유로 μ^*의 실제값은 결정하기가 쉽지 않다. 그러나 식물생리학자들의 관심은 화학퍼텐셜의 절댓값에 있지 않고 두 지역 간의 화학퍼텐셜 값의 차($\Delta\mu$)에 있기 때문에 μ^*는 무시해도 무방하다.

$RT\,ln\,a$는 화학활성이 화학퍼텐셜을 만드는 데 대한 기여도를 나타낸다. a에 R(이상기체상수 : 0. 00831 liter MPa/mol·K 또는 0. 0831 liter bar/mol·K 또는 0. 0357 liter cal/mol·K)과 T(절대온도 : K)가 곱하여져 화학활성이 몰당 에너지단위로 전환된다. 화학활성(a)은 활성계수(activity coefficient : $a = \gamma c$)에 의한 농도와 연관되어 있다.

분자의 화학활성에는 영향을 줄 수 있는 많은 요인들이 있다. 예외도 있을 수 있지만 실제값은 등전체(unity), 즉 1보다 작은 값으로 화학활성은 실제농도보다 항상 작은 값이다. 식물과 물과의 관계를 연구함에 있어서 간편히 하기 위해 농도(c)를 활성(a)으로 대체하여 사용한다. 생물학적 상태는 비교적 묽은 용액이기 때문에 최소한 중성분자들에 있어서는 이러한 이상적인 상태에 접근하는 경향이 있다.

또한 활성은 효과농도(effective concentration)로 간주되는데, 이러한 효과농도는 실제농도와 같을 수도 있고 같지 않을 수도 있다. 본 내용에서 사용된 농도라는 용어는 이러한 의미로 사용된 것이다.

zZE는 전기퍼텐셜(electrical potential)에 해당되는 것이다. 물은 강한 양극성에도 불구하고 물의 순전하(Z)는 영이다. 따라서 이러한 구성단위는 무시되어진다. 여기서 우리가 알고자 하는 것은 전기화학적 퍼텐셜(electrochemical potential)이 아니라 물의 화학퍼텐셜(chemical potential)이기 때문이다.

$\bar{v}P$ 는 화학퍼텐셜에 가해지는 압력효과를 나타낸다. $\bar{v}$는 부분 몰랄부피(partial molal volume) 즉, 화학제의 1 몰(mole)이 차지하는 부피를 의미한다. 물 1 리터는 55.5 몰을 함유한다. 따라서 $\bar{v}$ = (1000/55.5) = 18 (m*l*/mol of water)이다.

여기서 *P* 는 압력으로 보통 식물생리학에서는 대기압으로 측정하나 비교적 단단한 세포벽을 갖는 식물세포 내에서는 무시할 수 없는 수압(hydrostatic pressure)이 발생하기도 한다. 따라서 대기압과 실제압 간의 차이를 *P* 로 나타내기로 한다.

mgh 는 중력장에 대한 기여도를 나타내는 것으로 *m* 은 화학물질의 질량이고 *g* 는 중력에 기인한 가속도이며, *h* 는 높이(예를 들면 물기둥)이다. 중력에 관한 기여도는 물이동거리가 5～10 m 이하의 높이에서 이루어질 때는 일반적으로 적용하지 않는다. 그러므로 현재 공부하고자 하는 내용을 간단히 하기 위해 전기 및 중력장에 대한 작용은 무시하기로 한다. 물의 화학퍼텐셜은 주로 이의 활성, 즉 효과농도와 압력에 의한 작용이다.

$$\mu = \mu^* + RT\ln C + \bar{v}P \qquad (5\text{-}15)$$

삼투작용에 의한 물의 확산은 물의 화학퍼텐셜과 관련하여 어떠한 방식으로 이루어지는 것일까? 우리는 앞에서 용매의 첨가는 용액에 삼투압을 발생시키며, 삼투압의 크기는 용매의 농도와 관련된다는 것을 배웠다. 이러한 연관관계는 용매의 첨가가 물의 화학활성(a_w)을 감소시키기 때문에 일어나는 것이다.

이는 용액 내 물의 농도의 감소가 아니라 한정된 범위에서 일어나는 희석효과인 것이다. 첨가된 용매의 특성에 따라 변화하지 않거나 감소하기도 한다. 그러나 용매를 첨가하면 물과 용매 분자수를 합한 전체의 분획만큼 물분자수는 감소하는 것이다.

다시 말하면 용매의 첨가는 물의 몰분획(mole fraction)을 감소시키며, 그에 따라 용액의 삼투압은 증가한다. 삼투압, 물의 활성 및 물의 몰 분획과의 관계를 아래와 같은 식으로 나타낼 수 있다.

$$\Pi = -\frac{RT\ln a_w}{\bar{v}} \qquad (5\text{-}16)$$

및

$$RT\ln a_w = -\bar{v}_w\,\Pi \qquad (5\text{-}17)$$

등식 5-17 은 삼투압(Π)의 공식적 정의이다. 이 용매의 첨가는 화학활성(a_w) 값을 감소시킨다는 것을 의미한다. 편의상 순수한 물의 화학활성(a_w) 값을 등전체, 즉 1 로 한다.

결론적으로 한 용액의 화학활성(a_w)은 항상 1 보다 적은 값이 된다.

등식 5-16 을 등식 5-14 로 대치시키면 물의 화학퍼텐셜은 아래와 같이 나타낼 수 있다.

$$\mu_w = \mu^*_w - \bar{v}_w\,\Pi + \bar{v}_w P \qquad (5\text{-}18)$$

등식 (5-18)에 의하면 한 용액 내에 물의 화학퍼텐셜은 순수한 물의 화학퍼텐셜과의 정도 차이를 말하는 것으로 삼투구성요소와 압력구성요소에 기인한다. 물의 화학퍼텐셜(μ_w)은, 특히 식물체 내의 물이나 세포 간의 관계 연구에 사용하는데 이는 한 지역, 예를 들면 한 세포나 액포에 있는 물이 동일한 온도와 대기압에서 순수한 물과 비교하였을 때 수행할 수 있는 작용량을 정의해준다.

더욱 중요한 점은 두 지역 간의 화학퍼텐셜(μ_w) 값에 차이가 있을 때 물은 낮은 값을 갖는 지역으로 흐르는 경향이 있다는 것이다. 이러한 관점에서 볼 때 물운동의 유도력은 화학퍼텐셜(μ_w)의 구배에 있다고 할 수 있다.

2. 수분퍼텐셜의 개념

일반적으로 물의 화학퍼텐셜은 절대값을 측정하는 것보다 상대값을 측정하는 것이 편리하다. 용액 내 물의 화학퍼텐셜은 손쉽게 측정하기에는 어려운 양적 단위 중 하나이기 때문이다. 따라서 등식 5-18은 아래와 같은 식으로 다시 나타낼 수 있다.

$$\frac{\mu_w - \mu^*_w}{\overline{V}_w} = P - \Pi \qquad (5\text{-}19)$$

여기에서 $\mu_w - \mu^*_w$는 순수한 물과 용액 내에 있는 물관의 화학퍼텐셜 값의 차이다. 비록 $\mu_w - \mu^*_w$값이 아주 쉽게 측정되기는 하지만 식물생리학자들이 당면한 과제는 1960년대 슬레이처(Slatyer)와 테일러(S. A. Taylor)에 의해 소개된 수분퍼텐셜(그리스어 PSI, Ψ)의 개념을 보다 더 단순화하는 일이었다. 수분퍼텐셜은 $\mu_w - \mu_w^*$에 비례하는 것으로 아래와 같이 정리했다.

$$\Psi = \frac{\mu_w - \mu^*_w}{\overline{V}_w} = P - \Pi \qquad (5\text{-}20)$$

또는 간단히

$$\Psi = P - \Pi \qquad (5\text{-}21)$$

여기서 P는 수압이고 Π는 삼투압이다. 수분퍼텐셜의 개념은 식물생리학자들에 의해 널리 받아들여졌는데 이는 화학활성을 측정하는 데 따르는 어려움을 피할 수 있기 때문이었다. 두 개의 쉽게 측정할 수 있는 양적단위인 P와 Π를 사용하여 물의 움직임을 예측할 수 있는 실험들이 가능해졌다.

또한 수분퍼텐셜을 압력의 단위 Pa(pascal)로 표현할 수 있게 되었는데, 이는 토양·식물·대기에 대한 종합체제에서 에너지단위 J (joule)를 사용하는 것보다 훨씬 적절한 표현 단위이다. 실제로도 물운동에 영향을 주는 에너지를 측정하는 것보다 압력의 변화를 측정하는 것이 훨씬 쉬운 일이다.

끝으로 물운동의 유도력을 수분퍼텐셜 구배(water potential gradient)로 다시 말할 수 있다. 즉 물은 높은 수분퍼텐셜 지역에서 낮은 수분퍼텐셜 지역으로 이동한다는 것이다. 그런데 수분퍼텐셜은 음수값임을 숙지해야 한다. 이는 보다 덜 낮은 음수값의 수분퍼텐셜인 지역으로부터 보다 낮은, 즉 큰 음수값의 수분퍼텐셜인 지역으로 물이 움직인다는 것을 의미한다.

이와 같은 방식으로 한 용액의 수분 화학퍼텐셜은 순수한 물에 대한 상대값으로 측정할 수 있고, 또한 용액들의 수분퍼텐셜들도 대조치에 대한 상대값으로 측정된다. 수분퍼텐셜 측정을 위한 대조상태(reference state)는 대기압에서 순수한 물로서 임의적으로 취해진다. 이러한 상태는 수압이나 용해된 용매가 없는 것으로 ***P***와 Π가 영(0)인 것이다.

따라서 등식 (5-22)에 의하면 순수한 물의 Ψ값 또한 0이다. 이 말은 순수한 물의 화학활성이 0이라는 것을 의미하는 것은 아니다. 실제로 μ^*의 값은 매우 높은 값이지만 순수한 물의 Ψ는 정의에 의해 0인 것이다.

3. 수분퍼텐셜의 구성요소

수분퍼텐셜은 그 구성요소 퍼텐셜의 합으로 정의할 수 있다.

$$\Psi = \Psi_p + \Psi_s \qquad (5\text{-}22)$$

Ψ_p는 압력퍼텐셜을 의미한다. 이는 ***P***와 동일한 값이고, 주위 대기압을 초과하는 수압을 나타낸다. 기호 Ψ_s는 삼투압을 나타낸다. 앞서 지적한 기호와 같이 삼투퍼텐셜은 용질퍼텐셜(solute potential)이라고도 하는데, 그것은 용해된 용질에 의한 퍼텐셜이기 때문이다. 삼투압이라는 용어보다는 삼투(또는 용매)퍼텐셜이라는 말이 보다 더 많이 사용되는데, 이는 용액의 특성을 보다 더 적절히 나타내기 때문이다. 간단하게 등식 5-22에 나타낸 관계는 흔히 아래와 같이 쓰인다.

$$\Psi = \boldsymbol{P} + \boldsymbol{S} \qquad (5\text{-}23)$$

수압과 삼투퍼텐셜은 수분퍼텐셜을 좌우하는 중요한 요인이라는 것을 등식 5-22로 알 수 있다. 이의 세 번째 구성요소로 메트릭퍼텐셜(matric potential ; M)이 있는데 때로 수분퍼텐셜 등식에 포함되기도 한다. 메트릭퍼텐셜은 물이 고체 표면에 흡착됨으로 발생하는 퍼텐셜이다. 이는 특히 건조 종자의 발아 시 초기에 일어나는 흡수(imbibition)나 토양 내 수분 유지에 매우 중요한 역할을 한다.

또한 세포 내에도 메트릭 구성요소가 있으나, 수분퍼텐셜에 대한 이의 기여도는 용매 구성요소와 비교해 볼 때 상대적으로 매우 적다. 또한 삼투퍼텐셜로부터 메트릭 구성요소를 구분해내기란 어려운 일이다. 결론적으로 메트릭퍼텐셜은 본 장에서는 배제하고 후에 토양수분을 다룰 때 다시 언급하기로 한다.

등식 (5-22)에서 수압이나 삼투퍼텐셜의 증가는 수분퍼텐셜을 증가시키는 반면 압력이나 삼투퍼텐셜의 감소(보다 음수로)는 수분퍼텐셜을 낮춘다는 것을 알 수 있다. 우리는 이러한 변화를 이용하여 그림 5-31의 삼투측정기의 예에서 어떤 일이 일어날 것인가를 설명할 수 있다.

용해된 설탕은 티슬관(thistle tube) 내의 삼투퍼텐셜을 발생시키며, 그 용액의 삼투퍼텐셜($\Psi<0$)은 막의 다른 편에 있는 순수한 물($\Psi=0$)과 비교할 때 낮아진다. 따라서 물은 막을 가로질러 용액으로 확산된다. 이때 용액의 체적이 증가함에 따라 그 티슬관 내에 수압이 형성된다. 양수인 수압이 음수인 삼투퍼텐셜을 상쇄하기에 충분해지면 그 용액의 수분퍼텐셜은 0이 된다. 막 양편의 Ψ이 0이 되는 점에서 물의 이동은 더 이상 일어나지 않는다.

또한 유의해야 할 점은 삼투측정기의 체적이 증가하면 그 삼투퍼텐셜은 감소하게 된다는 것이다. 그 이유는 용액 내 물의 확산과 수반하여 체적이 변함에 따라 물의 몰 분획이 증가하기 때문이다. 즉 희석되기 때문에 용매농도가 감소하는 것이다. 그러면 평형상태에서 그 용액의 삼투퍼텐셜은 시작 때보다는 높은 값이 되는데(즉, 보다 적은 값의 음수), 결국 삼투퍼텐셜을 균형 잡는 데 사용된 압력은 체적증가가 일어나지 않았을 때 요구된 값보다는 적은 값이 된다.

그 까닭은 수분퍼텐셜에 대한 S의 기여도는 항상 음수인 값이고, 일정한 압력에서 물은 항상 보다 높은(보다 작은 음수값) 삼투퍼텐셜을 갖는 용액으로부터 보다 낮은(보다 큰 음수값) 삼투퍼텐셜인 용액으로 이동하기 때문이다.

이제 식물세포 내에서의 삼투 및 압력퍼텐셜과 수분퍼텐셜에 기여하는 것이 무엇인가를 알아보자. 대부분 식물세포의 삼투퍼텐셜은 주로 중앙에 있는 액포의 내용물에 기인한다. 분열세포 및 고도로 분화된 세포를 제외하고 액포에는 세포수(cellular water)를 50~80%를 함유하고 용해된 다양한 용매를 함유한다. 이러한 용매로서 당류, 무기염류, 유기산 및 안토시아닌 색소가 있다. 세포수의 나머지 대부분은 세포벽의 간극에 자리하며 세포질에는 5~10%로 매우 적은 부분을 차지하고 있다.

세포 및 조직의 삼투퍼텐셜을 측정하는 일반적인 방법으로 얻은 값은 세포질이나 액포에 기여하는 값 간의 차를 구별해 얻어낼 수는 없고, 측정한 결과의 값은 둘의 평균인 것이다. 유조직세포의 삼투퍼텐셜은 −0.1~−0.3 MPa의 범위이고, 이의 주된 값은 액포 내에 용해된 염류에 기인한다.

삼투측정기의 압력(Ψ_p 또는 P)은 대기압(0.1 MPa)과 물기둥의 높이에 의해 생성된 수압과의 차로서 측정된다. 세포의 압력 구성요소는 확장하는 세포막에 의해 바깥 방향으로 세포벽에 가해지는 힘에 의해 생성되는데 이것을 팽압이라 한다.

그리고 이와 반대로 안쪽 방향으로 가해지는 동등한 압력을 세포벽압(wall pressure)이라 하는데, 이는 세포벽에 의해 작용되는 압력이다. 한 세포가 수분을 상실하여 팽압이 0인 값까지 감소될 때 이를 연화(flaccid)되었다 한다.

커다란 조류 세포에서는 *P* 값을 직접 측정할 수 있는 기구들이 있기도 하나 고등식물에서는 일반적으로 수분퍼텐셜과 삼투퍼텐셜 간의 차로 계산된다. 초본식물에 있어서 직립성을 유지시키는 일은 이 팽압에 의한다. 실제로 식물체의 수분 결핍을 나타내는 최초의 외관상 모습은 잎의 위조(wilting)인데, 이러한 현상은 엽세포의 팽압이 상실되면서 일어나는 것이다.

5-3-5 세포와 조직 내에서의 물의 이동

한 세포내 세포질 체적의 작용기능으로써 수분퍼텐셜 구성요소들 사이의 관계를 그림 5-32 의 도해로서 기술하였다.

원형질의 체적은 원형질막이 세포 체적을 막 채운 그 상태인 초기 원형질분리(incipient plasmolysis)가 일어나는 점을 기준하여 상대값으로 1.0 을 준다. 초기 원형질분리가 일어나는 점은 세포막이 세포벽에 전혀 압력을 가하지도 않고 분리되지도 않은 점이다.

결론적으로 팽압(*P*)은 0 이고, 세포의 수분퍼텐셜(*Ψ*)은 이의 삼투퍼텐셜(*S*)과 같은 상태인 것이다. 세포가 순수한 물(*Ψ* = 0)과 같은 저장액(hypotonic solution)에 잠기면 물은 수분퍼텐셜 구배가 낮은 세포로 들어가게 될 것이다. 이렇게 됨으로써 액포 내용물의 희석(상응하여 삼투퍼텐셜은 증가)과 함께 팽압이 생성된다. 세포의 삼투퍼텐셜이 이의 팽압과 같을 때 등식 (5-22)에 의하면 세포 내 물의 이동은 멈추고, 또한 세포의 수분퍼텐셜은 0 이 된다. 세포가 고장액(hypertonic solution)에 놓이면 세포의 수분퍼텐셜 구배로 물이 상실된다.

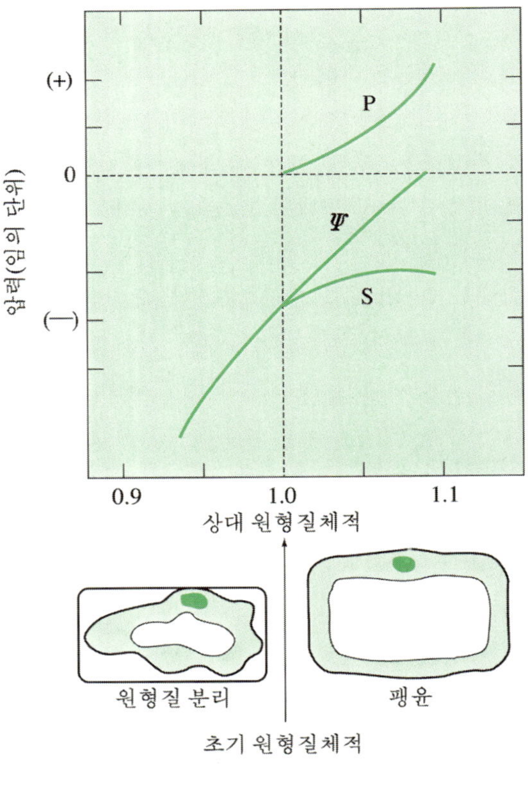

그림 5-32 Höfler 의 모식도에 의한 원형질 체적 변화에 따른 팽압(*P*), 용질퍼텐셜(*S*) 및 수분퍼텐셜(*Ψ*) 간의 관계변화

세포가 순수한 물에 잠겨있다고 하자. 초기 원형질분리가 일어나는 세포의 상태체적을 1.0 으로 한다. 초기 원형질분리가 일어날 때의 팽압은 0 이다. 세포체적이 10% 증가하면 삼투퍼텐셜(*S*)에는 약간의 변화만이 있으나 팽압(*P*)은 크게 증가하여 완전히 팽창된 세포가 된다. 완전히 팽창되면 삼투퍼텐셜은 팽압과 균형을 이루게 되고, 그때 세포의 수분퍼텐셜은 0 이 된다.

따라서 원형질막은 세포벽으로부터 떨어져 분리되는데 이를 원형질분리(plasmolysis)라 한다. 계속된 수분감소는 액포 내용물을 농축시키며 삼투퍼텐셜을 더욱 낮춘다. 팽압은 0 상태에 머물며, 세포의 수분퍼텐셜은 팽압과 삼투퍼텐셜의 대수합으로 결정된다.

세포와 환경 간에 있어서 물의 운동에 첨가할 사항으로 수분퍼텐셜 구배를 낮추는 확산 역시 물의 세포 간 운동에 고려될 수 있다(그림 5-33). 일련의 체제 내에 있는 각 세포들은 각 세포가 처한 독특한 환경에 좌우되어 각기 다른 *S* 및 *P* 값을 갖는다. 그러나 수분퍼텐셜의 계속된 구배가 유지되면 일련의 세포를 통한 물의 흐름도 계속된다.

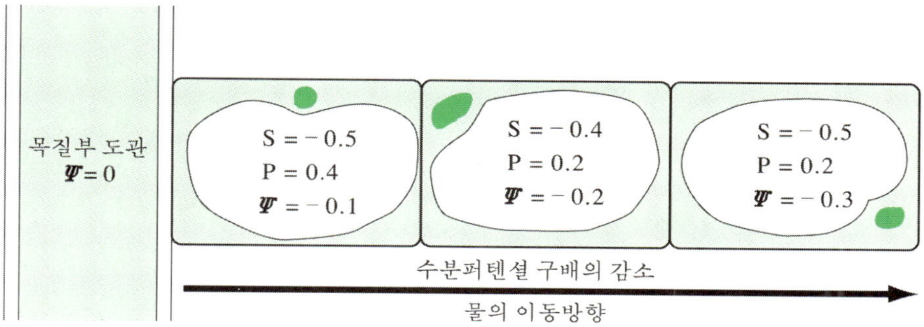

그림 5-33 삼투퍼텐셜(*S*), 팽압(*P*) 및 수분퍼텐셜(*Ψ*)의 세포 간 물이동에 대한 기여도
물 이동방향은 단지 인접세포 내의 수분퍼텐셜 값에 의해 결정된다.

원형질분리 및 위조현상들은 외면적으로는 동일한 것으로 보이나 몇 가지 중요한 차이점이 있다. 원형질분리는 실험실에서 조직을 고장 삼투용액(hyperosmotic solution)에 처리한 후 현미경으로 원형질 체적의 변화를 관찰함으로써 간단히 실험할 수 있다. 원형질분리가 진행됨에 따라 원형질의 체적은 점점 감소하고 원형질연락사(plasmodesmata)가 절단되며, 원형질은 세포벽으로부터 분리된다.

세포벽과 원형질막간 공간은 세포벽을 쉽게 투과할 수 있는 외부용액으로 채워진다. 근본적으로 원형질분리는 실험적 현상인 것이며, 극심한 수분스트레스(water stress)나 염도가 높은 특이한 환경상태가 아니고는 자연상태에서 거의 일어나지 않는다.

반면에 위조는 자연상태에서 대기의 건조에 반응하는 전형적인 생리현상이다. 위조는 큰 표면장력으로 세포벽의 작은 막공 내에 있는 수분이 대기로 유출되는 것을 막으며, 붕괴되는 원형질이 세포벽과의 연결을 유지하게 한다. 이는 세포벽을 내부로 끌어당기게 하여 실제로 큰 음의 압력을 생기게 한다. 위조된 세포의 수분퍼텐셜은 삼투퍼텐셜의 음의 값과 압력퍼텐셜의 음의 값 합계보다 훨씬 더 큰 음의 값을 형성한다.

1. 증산

식물체에서 수분의 주요 손실은 잎의 기공을 통해서 일어나며, 잎 주변 공기와 잎 내부 사이의 증기압 차에 의해서 일어난다.

(1) 과정

증산은 식물체에서 수증기형태로 일어나는 물의 손실로 정의된다. 수증기 손실의 대부분은 잎에서 일어나며(90% 이상), 일부는 어린 가지의 표피에 있는 작은 구멍(lenticel)에서 일어나기도 한다. 실제로 증산과정은 잎의 형태와 밀접히 연관되어 있다(그림 5-34).

유관속 식물 잎의 바깥 면은 큐티클(cuticle)이라 불리는 여러 겹의 왁스층으로 덮여 있다. 큐티클의 주요성분은 큐틴(cutin)으로, 16 또는 18 개의 탄소로 구성된 긴 사슬의 OH 기를 갖는 지방산의 이질성 폴리머(heterogeneous polymer)이다. 인접한 지방산의 OH 기와 COOH 기 사이에 에스테르 결합으로 상호연결되어 넓고 커다란 망상구조를 이루게 된다.

큐틴 망상구조는 긴 사슬의 포화된 탄화수소, 알코올, 알데히드, 케톤 등의 복잡한 혼합물로 구성된 큐티클성 왁스(cuticular wax) 매질에 끼워져 있다. 큐티클성 왁스는 소수성이 강하기 때문에, 밑에 있는 세포들로부터의 액체나 수증기의 확산에 극도의 저항성을 갖게 된다. 그러므로 큐티클은 잎 표피세포 외부로부터 직접적인 물의 증산을 억제하고 치명적인 건조상태에서도 표피세포와 엽육세포를 보호한다.

표피세포와 위에 덮인 큐티클층은 간혹 기공(stomata)이라 불리는 작은 구멍에 의해 끊어져 있으며, 각 기공은 한 쌍의 특수화된 공변세포(guard cell)에 의해 둘러싸여 있다. 이들 공변세포는 수압에 의해 구멍의 크기를 조절하는 밸브 같은 기능을 가지고 있다.

잎의 내부는 광합성 엽육세포로 구성되어 있다. 대부분의 잎에서 보이는 엽육세포의 다소 느슨한 배열은 세포 간 공간의 상호연결을 일으킨다.

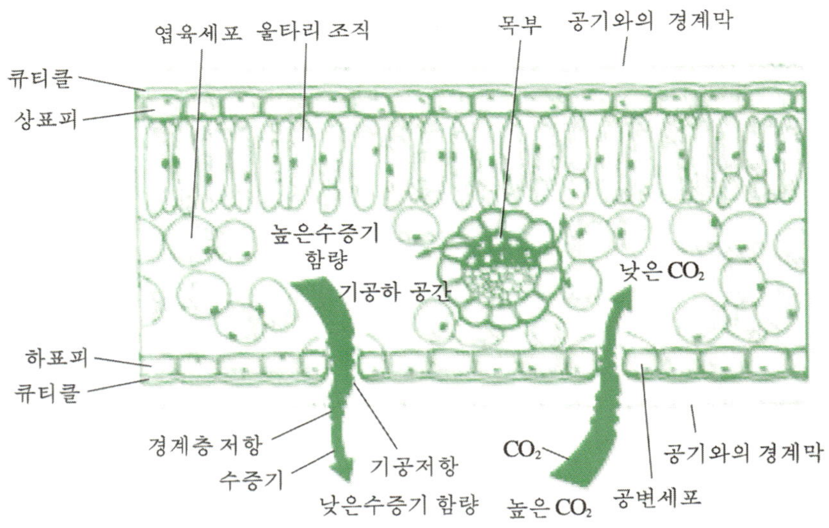

그림 5-34 잎을 통과하는 수분의 경로

수분은 물관부에서 엽육의 세포벽 안으로 끌어당겨지고 잎의 공간으로 증발된다. 확산에 의해 증발된 수분은 잎의 공기공간을 통과하고, 기공을 통해 잎 외부표면에 부착되어 있는 정지된 공기의 경계층을 가로지르며 이동한다. CO_2 또한 농도구배에 의해서 기공을 통해 잎 안으로 확산된다.

이러한 공간은 매우 커서 어떤 경우에는 잎 전체 면적의 70%까지 차지하는 경우도 있다. 따라서 기공이 열리면 내부 공간과 잎 주변의 대기 사이에 가스(주로 CO_2, O_2, 수증기) 교환의 통로가 제공되며, 이러한 공간을 기공하 공간(substomatal space)이라 한다. 큐티클은 일반적으로 물에 불투과성이기 때문에 열린 기공은 식물로부터 수분이탈의 주요 통로로 작용한다.

증산은 두 단계 과정, 즉 ① 젖은 세포벽에서 기공하 공간으로의 수증기 증산 ② 기공하 공간에서 대기로의 수증기 확산으로 일어난다. 증산은 기공하 공간주변의 엽육세포 표면에서 주로 일어나는 것으로 알려져 있다. 그렇지만 많은 연구자들은 대부분의 물은 기공 바로 주변의 표피세포 내부표면에서 일어난다는 더욱 제한된 견해를 제시하였다.

기공주변 증산(peristomal evaporation)으로서 알려진 이러한 견해는 엽육세포 벽에 큐티클층이 존재한다는 많은 보고에 근거하고 있다. 게다가 기공하 공간에서의 확산에 대한 수학적 모델 실험결과, 모든 증산의 75% 정도가 기공의 바로 인접한 곳에서 일어난다는 것을 보여주고 있다. 엽육세포 표면에서의 증산에 대한 기공주변 증산의 중요성은 직접적인 실험에 의해 확인되어야 할 것이다. 일단 수증기가 세포 표면을 떠나면 기공하 공간을 통하여 확산되고 기공을 통하여 잎을 빠져나가게 된다.

기공을 통한 수증기의 확산은 기공증산(stomatal transpiration)으로 알려져 있는데, 잎에서의 수증기 손실의 90~95%를 차지하고 있다. 나머지 5~10%는 큐티클성 증산(cuticular transpiration)에 의해서 이루어진다. 큐티클은 왁스와 다른 소수성 물질로 구성되고 일반적으로 물에 불투과성이지만 적은 양의 수증기는 통과할 수 있다.

잎의 수분손실에서 큐티클성 증산이 차지하는 정도는 종에 따라 상당한 차이가 있으며, 어느 정도는 큐티클의 두께에 달려 있다. 즉 두꺼운 큐티클층은 태양이 강하게 비치거나 건조한 지역에서 자라는 식물의 전형적인 특징이며, 반면에 그늘진 지역이나 수분이 많은 지역의 식물은 얇은 큐티클층을 갖는다. 기공의 폐쇄에 의해 기공증산이 억제되는 건조 상황하에서, 특히 큐티클층이 얇은 잎에서의 큐티클성 증산은 더욱 중요하다.

(2) 증산의 측정

이 장의 앞부분에서 증산의 크기를 일부 대표값으로 나타내고 있다. 증산에 대한 논의에 앞서 어떻게 증산을 측정하고 이러한 수치가 어떻게 얻어지는지 그 방법을 간략히 알아보자.

여기에는 두 가지 주요방법, 즉 무게감소와 가스교환이 일반적으로 사용되는데, 무게감소는 토양 표면 또는 화분에서의 증산을 막기 위해 물을 충분히 공급하는 화분에 심은 식물체를 밀폐시킴으로써 증명할 수 있다. 화분은 일정 간격으로 무게를 측정하고 무게감소는 지상부의 증산을 통한 물의 손실로 나타난다.

Lysimeter라고 하는 무게감소 방법(weight loss method)은 무게 측정장치가 내부에 설치된 흙으로 채워진 커다란 용기(수평방 미터)로 농업현장연구에 이용된다. 그러한 경우에는 강우나 관개 같은 물의 유입과 토양에서의 증발에 대한 기록이 있어야 한다.

Lysimeter 방법은 일반적으로 농업현장연구에서 가장 신뢰감 있는 정확한 방법이지만 제작비가 비싸고 이동이 어려운 단점이 있다.

가스교환방법은 광합성 관련 실험과 연결하여 사용되며, 공기흐름장치가 내장된 투명한 용기 내에 잎 또는 가지를 넣고 밀폐하여야 한다. 증산은 용기 내에 들어가는 공기의 수분함량과 나오는 공기의 수분함량의 차이로써 계산된다. 온도, 이산화탄소 함량과 다른 측정요인 역시 계산될 수 있다. 이러한 방법은 물론 나무 또는 다른 커다란 물체 전체를 밀폐된 플라스틱 덮개로 폐쇄시켜 야외에서의 연구로까지 확대할 수 있다.

가스교환방법은 실험실 또는 큰 규모인 야외 수준의 규모 모두 일반적으로 짧은 기간의 연구에 한정된다. 최근에는 용기와 측정시스템이 간단하고 이동이 가능한 다수의 상업적 기기들이 야외에서의 연구에 이용되고 있다.

큰 규모의 자연생태계에서의 증산은 측정이 어려워서 거의 대부분 간접적으로 측정된다. 즉 유입(강우)과 토양저장, 배수, 유출수 등과 같은 유출을 고려해 물의 대차대조표를 계산하여 측정된 유입량과 유출량 사이의 차이를 증산의 측정치로 사용한다.

(3) 증산의 구동력

앞장에서 물의 이동은 수분퍼텐셜의 차이에 의해서 일어난다는 사실을 알았다. 증산의 구동력 역시 기공 하 공간과 외부 대기 사이의 수분퍼텐셜의 차이에 의한다. 그렇지만 문제는 물이 아닌 수증기의 확산과 관계가 있는데, 이는 증기 체제에 준하여 생각하는 것이 더 편하다.

한 예로 순수한 물을 밀폐된 용기에 넣었을 때 어떻게 될지를 생각해 보자(그림 5-35).

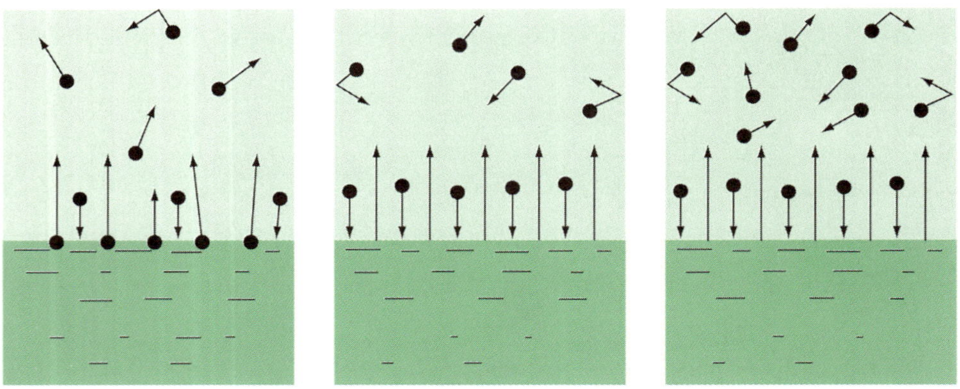

(A) (B) (C)

그림 5-35 밀폐된 용기 안의 수증기압

(A) 응축보다는 좀 더 많은 물분자가 물 표면으로부터 벗어남으로써 수증기 분자가 채워진다. 수증기 분자는 용기의 벽과 물 표면에 대하여 압력과 수증기압을 미친다. (B) 응축률과 증발률이 평형을 이루고 공기는 수증기로 포화된다. 공기가 포화되었을 때 수증기압을 포화 수증기압이라 한다. (C) 높은 온도에서는 물분자의 많은 부분이 물 표면으로부터 벗어나기 위한 충분한 에너지를 갖는다. 증기압과 포화증기압은 물분자의 농도와 비례하여 높아진다.

처음에 더 활성화된 물분자는 공간으로 확산되어 공간을 수증기로 채운다. 그리고 일부 물분자들은 액상(liquid phase)으로 응축이 시작된다.

결국 용기 내 물은 동적 평형에 도달할 것이고, 증산속도는 응축의 속도와 균형을 이루게 되어 빈 공간은 최대용량의 수증기를 내포하여 평형하에서 가스상은 수증기로 포화된다.

수증기의 물분자 농도는 단위 volume 당(gm^{-3}) 증기량(vapor mass), 즉 증기밀도(vapor density)로 나타낼 수 있다. 또한 농도는 액체표면과 용기 벽면에 대한 수증기 물분자의 압력으로도 나타내며, 증기압(vapor pressure, 기호 = e)으로 불린다. 적절한 식을 사용하여 증기밀도와 증기압은 상호전환이 가능하다.

그렇지만 수분퍼텐셜의 구성요소는 압력단위로 사용하는 것이 편리하므로 여기에서는 증기압을 사용하도록 한다. 가스상이 평형에 달하고 물론 포화될 때 그러한 계를 포화수증기압(saturation water vapor pressure)이라고 한다.

대기압하에서 용액에 대한 증기압은 용질농도와 온도, 두 가지에 의해서 영향을 받는다. 2 장에서 수분퍼텐셜에 대해서 언급한 것처럼 증기압에 대한 용질농도의 효과는 물분자의 몰분획으로 나타낼 수 있다. 이러한 관계는 Raoult 의 법칙으로 나타낼 수 있다.

$$e = Xi\, e^0 \qquad (5\text{-}24)$$

e 는 용액의 증기압이고, Xi 는 물의 몰분획(=물분자수/물분자수+용질분자수), e^0 는 순수한 물에 대한 포화증기압이다. 용질에 의한 증기압의 실질적 감소는 아주 적은 것으로 밝혀졌다. 이는 비교적 농축된 용액조차도 용매의 몰분획은 크게 남아있기 때문이다.

그 예로 전형적인 식물세포 내에 있는 액포용액의 농도인 0.5 몰랄용액을 생각해보자. 0.5 몰랄용액은 물 1,000 g (55.5 mol)에 용해된 1/2 몰 용질을 함유한다. 0.5 몰랄용액에서 물의 몰분획은 55.5/(55.5 + 0.5) = 0.991 이다. 방정식 5-24에 따르면, 1/2 몰랄용액의 포화증기압은 순수한 물과 비교하여 1% 이하로 감소될 것이다.

한편 온도는 증기압에 상당한 영향을 미친다. 이는 물분자의 평균 운동에너지(average kinetic energy)에 대한 온도의 효과에 기인한다. 일정한 양의 물 또는 수용액의 온도가 올라갈 때 액체표면으로부터 튀어나가는 활성화된 에너지를 갖는 분자들의 비율도 또한 증가한다. 이는 다시 증기상태에 있는 물분자의 농도를 증가시키고, 결국 평형증기압에 이르게 된다. 즉 12℃의 온도 증가는 포화증기압을 거의 2 배 증가시킨다.

Fick 의 확산법칙에 의하면 분자는 고농도에서 저농도 쪽으로 또는 농도구배가 낮은 쪽으로 확산된다. 증기압은 증기농도에 비례하기 때문에 증기 역시 기압구배(즉 높은 증기압 지역에서 낮은 증기압 지역)로 확산된다. 원칙적으로 잎의 기공하 공간은 수증기로 포화 또는 거의 포화된 상태로 가정할 수 있다. 이는 공간의 주변을 구성하는 엽육세포가 물의 증산을 위한 크고 노출된 표면적을 갖고 있기 때문이다.

한편 잎을 둘러싸는 대기는 항상 불포화 상태이고 매우 낮은 수분함량을 유지하고 있다. 이러한 상황은 잎 내부의 높은 수증기압과 외부 대기의 낮은 수증기압 사이의 구배를 형성하게 된다. 잎 내부 공간과 주변공기 사이의 수증기압에서의 이러한 차이는 증산에 대한 구동력이 된다.

(4) 증산율에 대한 습도, 온도 및 풍속의 영향

증산율은 당연히 습도와 온도 및 풍속 같은 요인에 의해 영향을 받는다. 기공하 공간과 대기 사이의 수증기 확산속도에 영향을 미치는 확산에 대한 Fick의 법칙은 확산속도는 확산물질의 농도차에 비례한다는 것을 말해준다. 따라서 증산속도는 잎과 주변공기 사이의 증기압구배(vapor pressure gradient)의 크기에 의해서 대부분 결정된다.

$$T \propto e_{leaf} - e_{air} \tag{5-25}$$

동시에 잎에서 수증기의 이탈은 잎 내부와 주변대기에서 확산되는 물분자가 받는 저항에 의해서 조절된다(그림 5-36). 저항은 물분자가 기공과 수증기로 이미 포화되어 있는 세포간극을 통과할 때 일어난다. 기공은 항상 완전개구, 부분적 개구 또는 폐쇄상태로 존재할 수 있기 때문에 기공저항에 대한 기준은 가변적이다.

그밖에 저항은 잎표면 위의 한 층의 공기층인 경계층(boundary layer)에 영향을 받는다. 경계층이 증산에 미치는 효과는 이 장의 앞부분에서 언급한 바와 같다.

증산식(식 5-26)은 이러한 저항을 표시하는 부수적인 용어만 필요하다.

$$T \propto \frac{e_{leaf} - e_{air}}{\gamma_{air} + \gamma_{leaf}} \tag{5-26}$$

식 5-26은 증산속도가 잎과 대기 사이의 기압차를 공기와 잎의 저항합계로 나눈 값에 비례한다는 것을 보여준다.

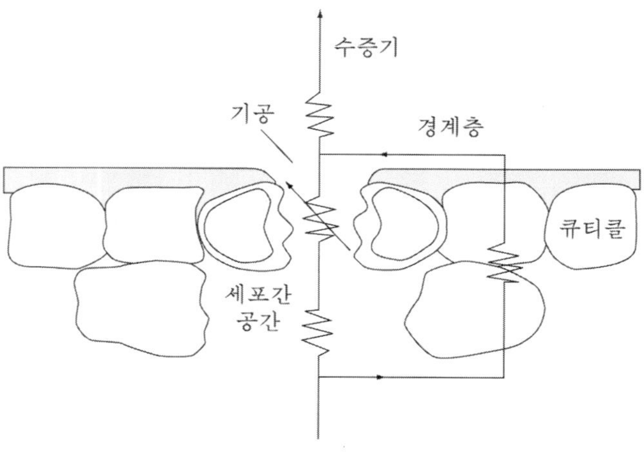

그림 5-36 잎으로부터 확산되어 나가는 수분에 미치는 기본적인 저항
수분의 확산에 대한 저항이 전기적인 저항과 같기 때문에 전기적인 저항으로 표시하였다.

① 습도의 영향

습도는 공기의 실질적인 물 함량으로 수증기 밀도(g m^{-3}) 또는 수증기압(kPa)으로 나타낸다. 그러나 물의 함량은 간혹 상대습도(relative humidity, RH)로 나타내기도 한다. 상대습도는 어떤 온도하에서 공기가 최대한 가질 수 있는 물의 양에 대한 실제공기 중에 포함된 물의 양의 비, 즉 포화수증기압에 대한 실제 수증기압의 비이다. 상대습도는 거의 대부분 RH × 100, 또는 퍼센트 상대습도(percent relative humidity)로 나타낸다. 공기의 증기압에 대한 습도와 온도의 영향을 표 5-10에 나타냈다.

RH가 50%인 공기는 포화 시 가질 수 있는 물의 1/2을 함유한다는 것을 의미한다. 따라서 증기압은 포화증기압의 1/2이 된다. 온도의 10℃ 상승은 포화증기압을 거의 2배로 올린다는 사실을 고려해야 한다. 상대습도와 온도 역시 공기의 수분퍼텐셜에 중요한 영향을 미친다(표 5-11).

기공하 공간의 증기압은 대부분 포화상태를 이루고 있다. 증산이 빠르게 진행되는 잎에서도 상대습도는 95%를 초과하고 그 결과 수분퍼텐셜은 거의 0에 이른다(표 5-11). 이러한 조건하에서 기공하 공간의 증기압은 잎 온도에서 포화증기압이 될 것이다.

한편 대기의 증기압은 공기의 상대습도와 온도에 달려 있다. 그러므로 습도와 온도는 증기압 구배($e_{leaf} - e_{air}$)의 크기를 변경할 수 있는 퍼텐셜을 갖게 되고 그것은 결국 증산속도에 영향을 미친다.

② 온도의 영향

온도는 증기압에 영향을 줌으로써 증산율에 영향을 미친다. 증기압의 구배에 대한 온도의 영향은 표 5-12에 3가지의 예를 들어 나타냈다.

첫 번째 예(표 5-12 A)에서처럼 주위의 온도가 10℃이고 상대습도가 50%라고 가정할 때 잎에서 대기로의 증기압의 기울기는 0.62 kPa이다. 이것은 이른 아침 시간대의 전형적인 상황이다. 태양이 떠오름에 따라 대기온도는 올라갈 것이다.

표 5-10 온도와 다양한 포화도에 대한 공기 중의 수증기압(kPa)

온 도(℃)	상 대 습 도				
	100%	80%	50%	20%	10%
30	4.24	3.40	2.12	0.85	0.42
20	2.34	1.87	1.17	0.47	0.23
10	1.23	0.98	0.61	0.24	0.12

* 상대습도(RH)가 100%일 때 공기는 수증기로 포화됨.

표 5-11 20℃일 때의 상대습도에 대한 수분포텐셜의 값

상대습도(%)	20	50	90	95	100
Ψ (MPa)	−217.1	−93.5	−14.2	−6.9	0.0

표 5-12 잎 : 공기의 증기압 구배에 미치는 온도와 상대습도의 효과

	잎	대기	$e_{잎} - e_{대기}$
A	T = 10℃ e = 1. 23 kPa RH = 100%	T = 10℃ e = 0. 61 kPa RH = 50%	0. 62 kPa
B	T = 20℃ e = 2. 34 kPa RH = 100%	T = 20℃ e = 0. 61 kPa RH = 26%	1. 73 kPa
C	T = 30℃ e = 4. 24 kPa RH = 100%	T = 20℃ e = 0. 61 kPa RH = 26%	3. 63 kPa

* 이 예는 대기 중의 수분함유량이 일정하게 남는 것을 전제로 한다.

대기 중의 수분함유량이 일정하다고 가정할 때, 온도가 10℃ 증가하면(표 5-12 B) 잎에서 대기로의 증기압의 기울기가 거의 3 배 정도 증가할 것이고 결과적으로 증산의 가능성도 증가할 것이다.

이러한 예에서는 잎의 온도가 대기와 평형이라는 것을 전제하고 있으나 항상 모든 예에 적용되지는 않는다. 잎이 완전하게 태양에 노출되었을 때는 실제 주위의 공기보다 5~10℃ 높은 온도에 도달하게 된다. 이러한 환경하에서 증기압의 기울기는 6 배 정도 증가할 것이다(표 5-12 C). 기공이 계속하여 열려있고, 잎과 대기 사이에 증기압의 기울기가 존재하는 동안 수증기는 잎 밖으로 확산될 것이다.

이것은 심지어 대기 중의 상대습도가 100%일지라도 증산이 발생할 수 있다는 것을 의미한다. 결과적으로 이것은 잎의 온도와 포화증기압이 주위 대기보다 높은 열대정글에서 자주 발생한다는 예이다.

③ 바람의 영향

바람의 속도는 방출되는 물분자의 확산 방향의 실제적인 길이를 변형시키기 때문에 증산에 뚜렷한 영향을 미친다. 이것은 앞에서 소개되었던 경계층의 존재에 기인한다(그림 5-37). 밖의 공기흐름에 도달하기 전에 잎으로부터 방출되는 수증기분자는 표피층(예를 들어 공변세포)의 두께뿐만 아니라 경계층을 통하여 방출될 것이다. 그러므로 경계층의 두께는 확산경로를 늘리게 된다. Fick 의 법칙에 따르면 이렇게 더해진 길이는 확산률을 감소시키고 따라서 증산률을 감소시킨다.

경계층의 두께는 잎 크기나 모양, 털(trichome)의 존재, 그리고 바람의 속도 등에 의해 1 차적인 영향을 받는다. 바람의 속도가 증가하게 되면 결과적으로 경계층의 두께와 확산경로의 길이가 감소된다.

Fick 의 법칙에 따르면 증기압의 기울기가 가파르고 다른 요인들이 동일하다면 증산율은 증가하지만 이러한 관계는 바람의 속도가 낮을 때 유지된다.

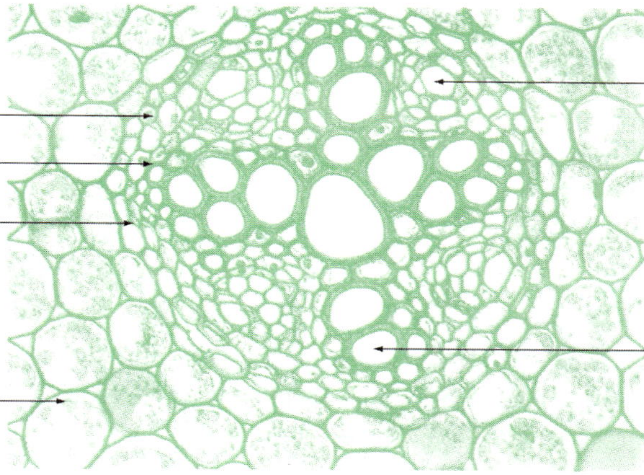

그림 5-37 미나리아제비(*Ranunculus sp.*) 어린뿌리의 횡단면
유관속조직 안에 큰 물관이 보이고 있다.

바람의 속도가 증가하면 잎이 냉각되고, 이로 인해 기공이 닫힐 만큼 충분한 건조를 유발시키는 경향이 있으며 이러한 이유로 증산률이 낮아지기도 한다. 따라서 빠른 바람의 속도는 오로지 경계층의 두께에 대한 바람의 속도 효과만을 염두에 두었을 때 증산율에 보다 적은 영향을 준다.

(5) 물운반 통로의 구조

식물체를 통한 물운반에 대한 주요경로는 상호연결시스템을 형성하고 있는 일련의 물관요소이다.

관속식물의 뚜렷한 특징은 여러 기관 사이의 물과 양분의 통로, 즉 유관속조직인 물관부와 체관부의 존재이다. 유관속조직은 뿌리나 줄기의 정단분열조직으로부터 몇 mm 떨어진 부위에서부터 분화되기 시작하여 가지, 잎, 꽃과 열매와 같은 다른 기관으로 연속적인 체제로 확장된다.

물관부조직은 물과 용해된 무기물, 그리고 때때로 작은 유기분자들을 식물체를 통해 위로 이동시키는 역할을 한다. 즉 뿌리로부터 줄기를 통하여 기공까지 이동시킨다. 한편 체관부는 유기물질을 합성부위로부터 저장부위 또는 대사요구부위로 보내는 역할을 한다.

물관부는 섬유, 유세포 및 물관요소로 구성된다(그림 5-38). 섬유는 비후된 2차벽을 가지는 매우 신장된 세포이다. 그들의 중요한 기능은 식물에 대한 구조적인 지지를 제공한다. 유세포는 용질의 측면이동뿐만 아니라 양분을 저장한다.

물관요소는 헛물관과 물관절로 구성되는데(그림 5-38 A), 물관요소는 목부세포에서 고도로 분화되어 있으며 주요한 물 운반 세포이다. 또 헛물관과 물관은 크고, 때로는 조각난 2차세포벽을 가진 신장된 세포이다. 그러나 그들의 가장 뚜렷한 특징은 성숙했을 때나 기능을 담당할 때 헛물관과 물관은 원형질이 전혀 없는 죽은 세포가 서로 연결되어 망상조직을 형성하는 것이다. 이와 같은 세포들의 상호 확장연결과 함께 구멍이 뚫린 긴 관상의 특성은 식물 내에서 많은 물의 빠르고 효율적인 이동을 촉진한다.

헛물관은 10~50 μm 정도의 직경을 가진 단세포로서 길이는 대부분 1 cm 이하이지만, 어떤 종에서는 3 cm 에 달하기도 한다. 헛물관 역시 주로 셀룰로오스, 헤미셀룰로오스와 리그닌으로 구성된 비후된 2 차벽을 갖는다.

높은 리그닌 함량 때문에 2 차벽은 생장 중인 세포의 1 차벽에 비하여 물에 대한 낮은 투과성을 갖는다. 한편 2 차벽의 추가적인 강도는 활발하게 증산하는 식물에서 발생할 수 있는 극도의 음의 압력상태에서 세포가 찌그러짐을 방지하는 데 도움을 주며, 주요 기능은 물의 운반이지만 헛물관의 비후된 2 차벽은 식물체의 구조적인 지지에도 기여한다.

헛물관 사이의 물의 이동은 2 차벽 안에 있는 벽공쌍(pit pairs)에 의하여 촉진된다(그림 5-38 B). 헛물관의 발달 동안, 벽공쌍으로 될 부분은 2 차세포벽 물질의 침적이 이루어지지 않는다. 벽공에는 한 세포의 강(lumen)을 인접한 세포의 루멘과 분리시키기 위하여 단지 중간라멜라와 1 차벽만 남아있으며, 중간 라멜라와 1 차벽이 결합하여 벽공막(pit membrane)을 이루고 있다. 벽공막은 딱딱하지 않으며 물과 용질이 비교적 자유롭게 통과할 수 있는 통로(지름 약 3 μm)를 갖고 있다.

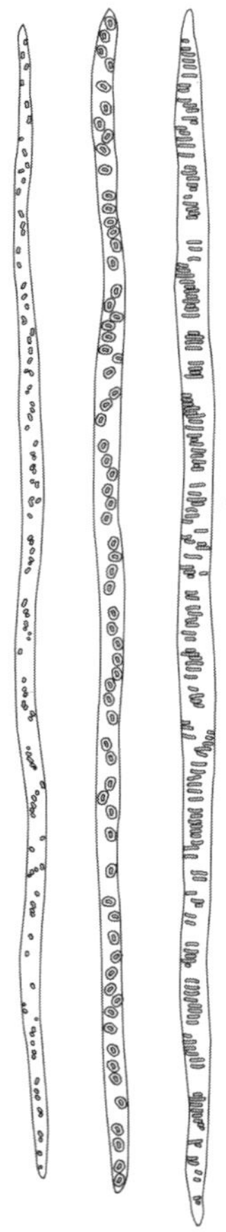

(A) 헛물관은 고도로 리그닌화된 벽을 가진 신장되고, 구멍이 뚫린 죽은 세포이다. 벽은 2 차벽이 없으나 1 차벽은 남아있는 많은 막공을 가진다. 막공의 모양과 배열방식은 종과 기관의 종류에 따라 다양하다. 헛물관은 모든 관속식물에 존재한다. 물관은 두 개나 그 이상의 물관요소가 모여 이루어진다. 물관 역시 죽은 세포이며, 벽이 발달되었을 때 구멍이 뚫린 지역인 천공판을 통하여 다른 물관과 연결된다. 물관은 다른 물관과 연결되며, 막공을 통하여 헛물관과도 연결된다. 물관은 대부분의 피자식물에서 발견되지만 대부분의 나자식물에서는 결핍되어 있다.

(B) 붉은떡갈나무의 주사 전자현미경사진으로서 각각의 물관요소가(VM) 모여 물관의 일부를 구성한다. 큰 막공(*P*)을 세포벽 측면에서 볼 수 있다(100×).

(A) 가도관

(B) 도관요소

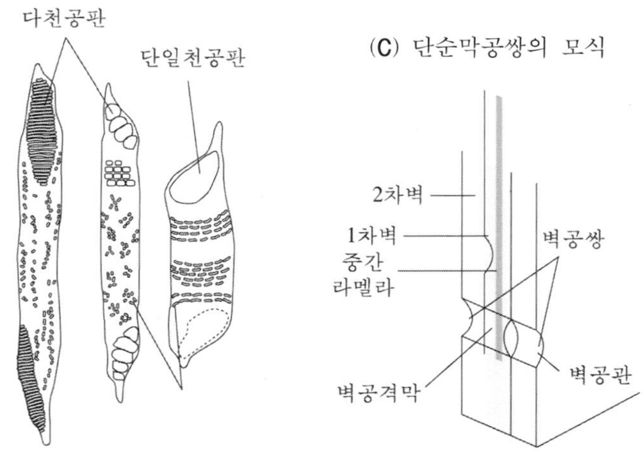

그림 5-38 물의 수송에 관계하는 헛물관과 물관의 구조 비교

이러한 통로의 기원은 확실치 않으나 세포가 헛물관으로 분화되기 전 원형질 연락사(plasmodesmata)가 위치해 세포벽이 뚫려 있었던 부위로 생각한다. 유연벽공쌍(bordered pit pairs)은 벽공지역과 벽공막의 중간부분이 부푼 원절(torus)이라고 불리는 2 차벽을 가진다.

인접한 유관속 요소에서 한 개가 공기방울을 가질 때와 같이 압력이 불균등할 때 원절은 낮은 압력을 가진 요소로 접근하게 된다. 그림 5-38 C 에서 보이는 것처럼 유연막을 향한 원절의 압력은 벽공을 밀봉하게 된다.

연속적인 헛물관은 일반적으로 뾰족한 끝부분들이 겹쳐진다. 결과적으로 헛물관은 식물 전체를 통하여 연속적으로 종단배열을 한다. 물은 헛물관이 서로 겹쳐진 곳에 있는 벽공쌍을 통하여 인접하는 헛물관(수직이나 측면상의)으로 이동한다. 벽공막의 열림으로 인한 물의 이동이 쉬워지는 것은 의심할 여지가 없다.

물관은 세로로 연속하여 끝과 끝을 접하여 배열된 물관절로 알려진 각각의 단위로 구성된 매우 긴 물관요소이다. 성숙했을 때의 물관절의 끝 벽은 용해되어 없어져 천공판이라는 구멍을 형성한다. 세포가 물관절로 발달될 때 천공으로 발달한 부위는 중간 라멜라의 팽창으로 두꺼워진다(그림 5-39). 비후된 부분은 적은 양의 셀룰로오스와 거의 대부분 비셀룰로오스성 다당류로 구성되어 있다.

물관의 크기는 매우 다양하지만 일반적으로 헛물관보다는 크다. 예를 들면 단풍나무(*Acer* sps.)에서 물관의 크기는 직경이 40~60 μm인 반면, 참나무속(*Quercus* sps.)의 어떤 종은 직경이 300 μm에서 500 μm에 이른다. 단풍나무에서의 물관 길이는 일반적으로 4 cm 또는 그보다 작지만 어떤 경우에는 30 cm 에 달하기도 한다.

다른 한편으로 참나무에서는 물관의 길이가 10 m 를 넘는다는 기록도 있다. 그렇지만 유관속계의 많은 분지와 겹쳐지는 물관요소 사이에 많은 수의 측면연결 때문에 물관은 한 개의 연속적이고 식물의 양극단 사이(가장 긴 뿌리의 끝부분으로부터 가장 높은 잎의 가장 먼 가장자리로의)의 상호연결계로 구성된다.

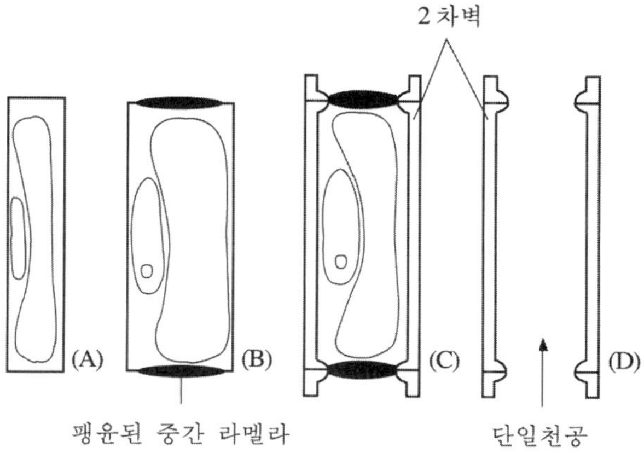

그림 5-39 물관의 발달

(A) 분열조직의 세포
(B) 천공이 될 지역의 중간 라멜라의 팽윤
(C) 천공이 될 지역을 제외한 부분에 2 차벽의 침적
(D) 성숙된 물관, 1 차벽과 중간라멜라는 용해되고 원형질도 소실되어 있다.

물관은 진화학적으로 헛물관보다 좀 더 진보되어 있다. 예를 들면 피자식물보다 원시적인 나자식물의 경우 대부분이 헛물관으로 구성되어 있다. 헛물관은 피자식물에서도 존재하지만 대부분의 물은 물관에서 운반된다. 물관의 크기가 크기 때문에 물의 운반이 헛물관보다 매우 효율적이다.

물관의 크기에 따른 상대적인 유속에 대한 등식은 19 세기 프랑스의 과학자 Jean L. M. Poiseuille 에 의하여 만들어졌다. Poiseuille 는 유체가 압력에 의해 구동될 때 액체의 점도(η)가 작용하고, 압력의 차(ΔP), 물관의 반경 등이 관여한다고 하여 다음의 유속공식을 유도하였다.

$$J_v = \frac{\Delta P \pi r^4}{8 \eta} \qquad (5\text{-}27)$$

식 5-27 은 토양과 잎 사이의 압력차에 의하여 구동되는 물관요소 내에서 물의 이동에 적용된다. 중요한 점은 부피유속은 반지름의 4 제곱에 정비례한다는 것이다.

이러한 관계는 직경 40 μm (r = 20 μm)인 헛물관과 직경 200 μm (r = 100 μm)인 물관에 대한 비교 유속에 의하여 보여진다. 비교 직경은 헛물관보다 물관이 5 배이지만 이것의 비교 유속은 헛물관보다 625 (5^4)배이다. 물관 전체의 유속은 일정하지 않기 때문에 큰 물관에서 높은 유속이 발생한다.

물관벽 근처 물분자의 유속은 물과 물관벽 사이의 부착력에 의한 마찰에 의하여 감소한다. 물관의 직경이 증가함에 따라 벽 근처 물분자의 비가 감소하고 따라서 마찰력도 감소한다. 게다가 물관 중심부위의 빠르게 이동하는 물분자들은 이동하는 물의 대부분이 되며, 따라서 유동률도 증가하게 된다(그림 5-40).

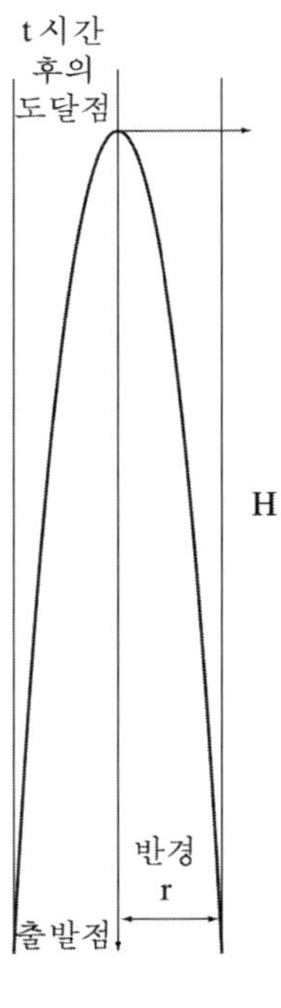

그림 5-40 반경 r 인 모세관 속의 유속 포물선

2. 수액의 상승

수년간 식물생리학자들의 여러 관심들 중 하나는 물기둥을 계속 유지하는 방법과 어떻게 높은 나무의 꼭대기까지 수분이 운반될 수 있는가에 대한 문제이다. 이에 대한 몇 가지 가설 중에서 물의 강한 응집력과 증산작용이 관심의 주요 대상이다.

가장 키가 큰 나무들은 대체로 미국 서북부와 캐나다 서남부의 태평양 연안을 따라 형성된 다우림지역에서 볼 수 있는데, 북 캘리포니아 레드우드(*Sequoia sempervirens*)가 잘 알려져 있다. 이 나무의 키는 110 m 가 넘는다. 미국산 소나무(*Pseudotsuga menziesii*)도 100 m 가 넘으며, 호주에서는 키가 130 m 이상의 유칼리나무가 보고되었다.

이러한 높이까지 수분을 이동시키기 위해서는 엄청난 힘이 요구된다. 유사한 실험을 위해 한쪽 끝이 막힌 충분히 긴 관에 물을 가득 채운다. 이러한 장치는 그림 5-41 에 나타나 있으며, 대기압이 대략 10. 3 m 높이 (해발 101 kPa)까지는 물기둥을 지탱해 준다는 것을 알 수 있다. 좀 더 높은 곳까지 물기둥을 밀어올리기 위해서는 물 표면에 좀 더 큰 압력이 요구된다.

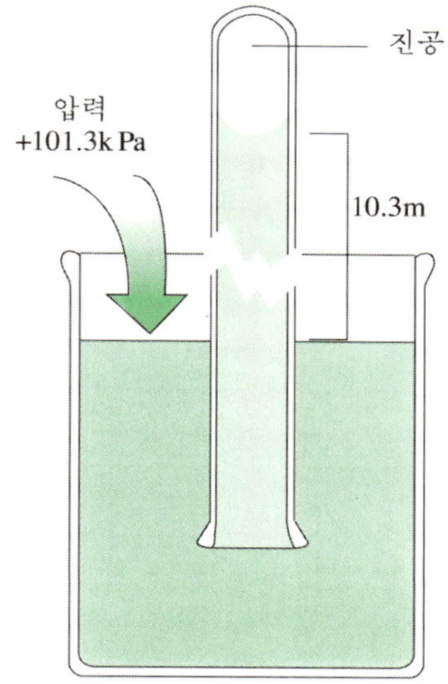

그림 5-41 대기압에 의한 물기둥의 형성
대기압은 최대 10. 3 m 까지의 물기둥을 지지할 수 있다.

가장 높은 나무의 꼭대기까지 수분을 올리기 위해서는 대기압보다 10~15 배 또는 1. 0~1. 5 MPa 의 더 큰 힘이 요구되는데, 이러한 힘은 100~150 m 높이에 있는 물기둥의 기부에서의 압력과 동일하다.

하지만 이러한 힘이 있더라도 충분치는 않다. 중력 외에도 식물을 통한 수분의 이동은 불규칙적인 세포벽이나 천공판 등과 같은 조직의 구조로 인한 어느 정도의 저항과 만나게 된다. 물기둥을 지탱하기 위해 요구되는 힘이 이러한 저항을 극복하기 위해서도 필요할 것이다. 그런 경우에는 지면으로부터 가장 높은 나무의 꼭대기까지 수분을 올리는 데 2. 0~3. 0 MPa 의 힘이 요구된다.

어떻게 그러한 힘이 발생할까? 이러한 질문은 식물생리학자들의 오랜 관심사로서, 수년에 걸쳐 수많은 이론들이 제시되고 있다. 이에 대한 세 가지의 가장 주요한 이론은 뿌리압(root pressure), 모세관현상(capillarity), 응집력설(cohesion theory)이다.

(1) 뿌리압

만약 충분한 수분을 함유한 초본식물의 줄기를 땅 위 바로 위에서 자르면, 목부 수액이 자른 표면에서 스며 나올 것이다(그림 5-42).

몇 시간 지속되기도 하는 수액의 배출은 목부에서 양의 압력 값이 존재한다는 것을 의미한다. 이러한 압력의 크기는 자른 표면에 압력계를 부착시켜 측정이 가능하다. 이러한 압력은 배출을 야기하는 힘이 뿌리에서 비롯되기 때문에 뿌리압이라고 알려졌다.

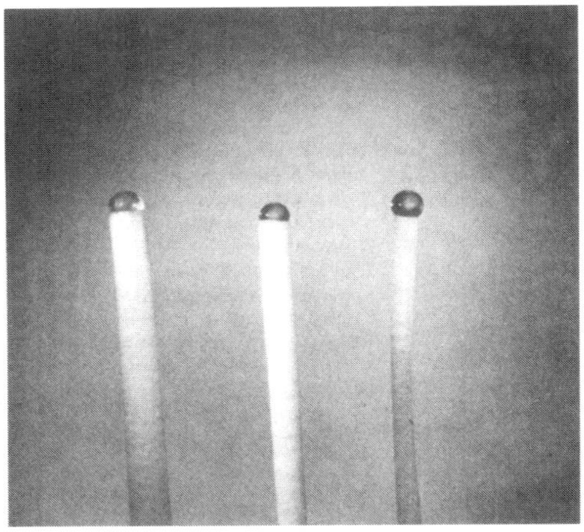

그림 5-42 서양호박, 콩, 오이(왼쪽부터)의 줄기 절단면으로부터 수액의 배출

이 사진은 서양호박과 콩 줄기를 절단하고 30분 경과한 것과 오이줄기를 절단하고 15분 후 찍은 것이다. 이러한 배출은 이 식물의 목부에서 양의 압력값(뿌리압)으로 표시된다.

뿌리압은 뿌리의 구조와 토양으로부터 무기염의 활발한 흡수에 기인한다. 물관부는 중심주로 알려진 뿌리의 중앙부에 위치하며, 중심주의 바로 바깥쪽에는 내피층이 있다. 대부분의 뿌리에서 내피세포의 방사면과 횡단면의 세포벽은 카스파리선(Casparian band)이라는 두꺼운 띠로 둘러싸여 있다(그림 5-43).

카스파리선은 주로 슈베린(suberin)으로 구성되어 있는데, 이는 소수성의 긴 사슬을 가진 지방산과 알코올이 서로 복잡하게 결합하고 있는 구조이다. 이들의 소수성 분자들은 세포 사이의 간극뿐 아니라 셀룰로오스 미세섬유 사이의 공간을 차지함으로써 세포벽을 포화시킨다. 소수성 성질 때문에 카스파리선은 내피세포의 apoplast 지역을 통한 물의 이동에 효과적인 장벽으로 작용한다. 그 결과 내피세포의 막을 통해서만 수분은 중심주의 안과 밖으로 이동할 수 있게 된다.

뿌리가 토양으로부터 무기이온을 흡수하게 되면 이온들은 중심주로 수송되어 물관부에 능동적으로 축적된다. 물관부에 이온이 축적되면 삼투퍼텐셜(osmotic potential : S)이 낮아지게 되고, 결국 물관의 수분퍼텐셜(water potential : Ψ)도 감소한다. 이때 낮은 수분퍼텐셜 때문에 수분은 피층세포로부터 내피세포의 막을 통해 중심주로 이동한다. 카스파리선이 피층으로의 수분역류를 막아 양의 값을 갖는 정수압(hydrostatic pressure)이 물관에서 나타난다.

어떤 점에서는 뿌리가 간단한 삼투압계로 볼 수 있는데, 이는 내피세포가 반투막 역할을 하며, 물관에 축적된 이온들은 일종의 녹아있는 용질을 구성한다. 또한 물관부는 수직으로 된 관으로 볼 수 있다. 뿌리가 물관에 이온을 계속 축적하는 한, 수분도 관으로 계속 들어오거나 물관을 잘랐을 때 표면으로 스며 나올 것이다.

한편 문제는 뿌리압이 나무의 수액상승에 대한 설명이 가능할 것인가 하는 것이다. 그 대답은 아마도 "아니오" 라고 할 수 있는데, 그 까닭은 우선 물관의 수액은 일반적으로 매우 농축되어 있지 않으며, 측정된 뿌리압도 비교적 낮아서 0.1~0.5 MPa 값이 일반적인

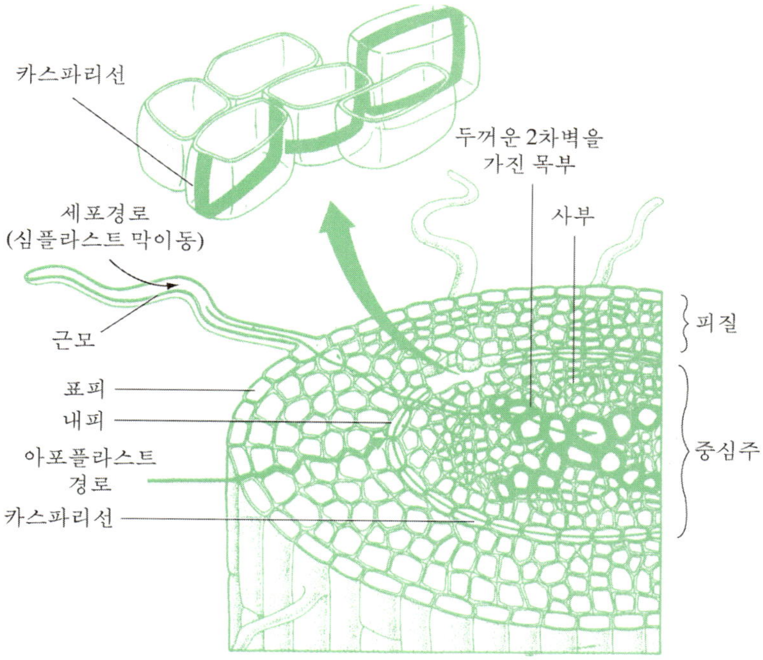

그림 5-43 뿌리에서 일어나는 물의 흡수경로

피층을 통해 물은 아포플라스트 경로나 세포 내 경로(막을 통해 일어나거나 심플라스트 경로를 포함)를 따라 이동한다. 심플라스트 경로의 경우, 물은 원형질막을 통과하지 않고 원형질연락사를 통해 세포 사이를 이동한다. 세포막으로의 이동경로에서 물은 세포벽 내에 잠시 머물면서 원형질막을 따라 이동한다. 내피에서 일어나는 아포플라스트 경로는 카스파리선에 의해 차단된다. 뿌리의 유관속계로 들어가는 물은 내피의 원형질막을 가로질러야 한다.

데, 이는 가장 높은 나무의 꼭대기까지 물을 이동시키는데 요구되는 값에 겨우 16% 정도이다. 더욱이 뿌리압은 모든 종에서 관찰되지 않으며, 뿌리압이 있는 종에서 조차 항상 형성되는 것은 아니다.

또한 뿌리압은 활발한 증산작용을 하는 동안 관찰되는데, 이 시기에 물관을 통해 이동이 가장 빠르게 일어나며, 물관에서 장력(즉, 음의 압력값)이 생긴다. 뿌리압은 모든 경우에 있어 수액상승의 기작을 설명할 수는 없으나, 싹트기 위해 수액이 이동하는 봄에 몇몇 수목과 작은 초본식물에서 물관을 물로 가득 채울 수 있도록 해준다.

(2) 모세관현상에 의한 수분상승

유리 모세관(즉, 작은 직경의 관)을 물에 담그면, 물은 관 안에서 주위의 액체표면보다 약간 위로 올라간다. 이러한 현상을 모세관상승(capillary rise) 또는 모세관현상(capillarity)이라고도 한다. 모세관상승은 몇 가지 힘들의 상호작용 때문인데, 이러한 힘들은 모세관벽 주위를 따라 물과 극성그룹 사이에서 생기는 부착력(adhesion)과 물분자 사이의 응집력 때문에 생기는 표면장력(surface tension), 그리고 물기둥에 작용하는 중력 등을 포함한다 (그림 5-44). 부착력은 관의 표면을 따라 있는 극성그룹이 물분자를 끌어당기는 힘이다.

T＝표면장력 끌어당기는 힘 $=T\cos\theta$

총 끌어당기는 힘$=T\cos\theta 2r\pi$

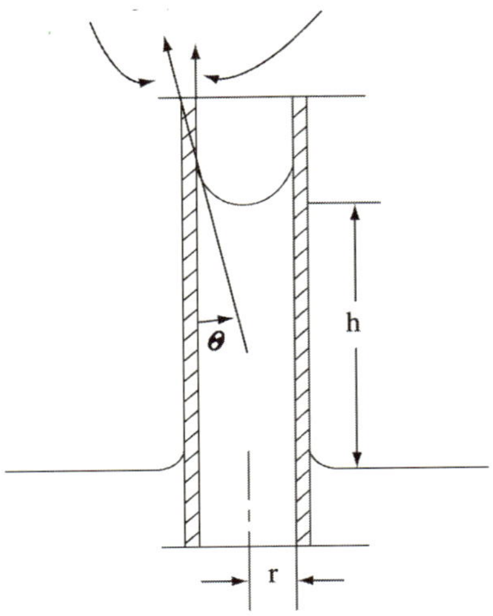

액체의 무게

$=\pi r^2 hdg$

(d＝액체의 밀도, g＝중력가속도, $\pi=3.1416$)

따라서 모세관의 물은 :

$$T\cos\theta\ 2r\pi = \pi r^2 hdg$$

또는

$$h=\frac{2T\cos\theta}{dgr}$$

유리관에서의 물의 경우 :

$$h_{(m)}=\frac{1.49\times10^{-5}\ m^2}{r_{(m)}}$$

[예]

관의 반경		높 이
cm	micrometer	cm
0. 0001	1	1, 530. 0
0. 001	10	153. 0
0. 01	100	15. 3
0. 1	1, 000	1. 53
0. 004	40	38. 3
5.0×10^{-9}	0. 005	$3.0\times10^{5}=3$ km

그림 5-44 모세관의 원리와 모세관의 크기에 따라 관속의 액체가 도달하는 높이를 예측하기 위한 계산

이렇게 물과 벽 사이의 힘이 강할 때, 물과 유리관 사이 또는 헛물관 내부표면에 이러한 힘들이 존재하므로 그 벽은 젖어 있다고 말한다. 물이 벽면을 따라 올라감으로써 물분자 사이의 강한 응집력은 관 내부로 물을 끌어당긴다.

이러한 상승력과 물기둥에 작용하는 중력에 의해 생기는 하강력 사이에 평형이 이루어질 때까지 수분상승은 계속된다.

모세관에서 물의 상승률은 튜브의 지름에 반비례한다. 50 μm(r＝25 μm) 직경을 갖는 큰 헛물관이나 또는 작은 물관에서 물은 약 0. 6 m 의 높이로 상승한다. 모세관현상은 큰 직경의 물관(r＝200 μm)에서는 단지 0. 08 m 의 상승만이 일어나게 된다.

이러한 숫자에 기초해서 헛물관과 물관에 있는 모세관현상은 높이가 0. 75 m 미만인 작은 식물에서 목부의 수액상승을 설명할 수 있다. 아무튼 모세관현상에 의해 100 m 높이나무에 도달하기 위해서는 모세관의 직경은 약 0.15 μm가 되어야 하는데, 이 크기는 가장 작은 헛물관보다 훨씬 작은 것이다. 따라서 모세관현상이 수액상승의 일반적인 기작으로 보기에는 부적절하다.

(3) 응집력설

식물을 통한 수액상승에 대해 가장 일반적으로 받아들여지고 있는 가설은 응집력설(cohension theory)이다. 이 가설은 1914년 Dixon에 의해 발표되었는데, 뿌리 끝에서 줄기를 통해 잎의 엽육세포까지 물기둥이 계속 이어지는 것을 기본으로 하고 있다.

① **구동력** (driving force)

응집력설에 의하면 물관부 내에서 물 이동에 관여하는 구동력은 잎에서 물의 소실과 장력 또는 그 결과로 생기는 음의 압력에 의해 제공된다. 물은 셀룰로오스나 다른 친수성 표면에 부착하여 엽육세포 표면을 얇은 막으로 덮고 있다.

물은 얇은 막을 통해 소실되는데, 이러한 공기와 액체 간의 접촉면은 셀룰로오스 미세섬유와 인접세포 사이에 각진 연결부위의 작은 공간에서 움푹 들어가게 된다. 이것은 매우 작고 구부러진 표면이나 극히 미세한 메니스커스(meniscus)를 만든다(그림 5-45).

이러한 메니스커스의 지름이 점점 감소됨에 따라 공기와 물의 접촉면에서 보이는 표면장력은 음의 압력값으로 점점 증가된다. 그리고 차례로 표면을 향해 더욱 액체가 끌어당겨지는 경향을 보인다.

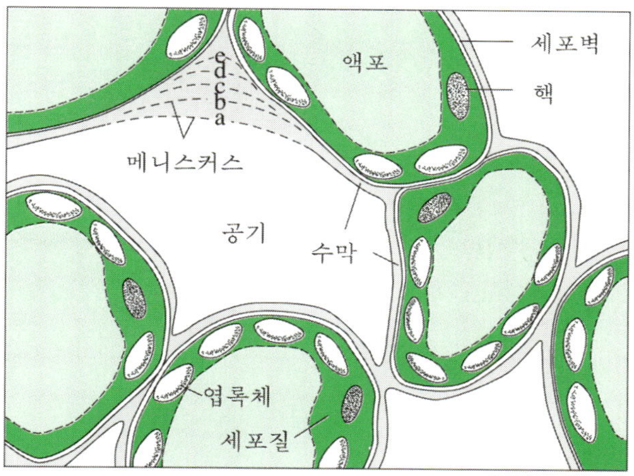

굴곡반경(μm)	정수압(MPa)
(a) 5.0	−0.03
(b) 0.5	−0.3
(c) 0.05	−3
(d) 0.01	−15
(e) 00.005	−30

그림 5-45 식물잎의 세포벽 수분장력이나 음의 압력의 기원

엽육의 세포벽을 덮고 있는 표면막으로부터 수분이 증발함에 따라 수분은 인접세포 사이의 갈라진 틈 사이로 물러나, 표면장력효과에 의해 액상이 음의 압력을 갖게 된다. 수분포텐셜의 감소에 따라 액상의 수분은 단지 세포벽 안이나 사이의 좀 더 작은 틈에만 남게 되고, 메니스커스의 갈라진 틈의 직경은 점차적으로 감소하며, 틈의 반경이 감소함에 따라(점선) 압력도 감소한다(더 음의 값이 됨). 그 수치는 $P = -2T/r$의 식으로 계산할 수 있는데, 이때 T는 수분의 표면장력이고, r은 반경을 나타낸다.

물기둥이 연속적이므로 이러한 음의 압력값 또는 장력은 물기둥을 통해 토양까지 전달된다. 결과적으로 물은 뿌리로부터 잎의 엽육세포 표면까지 관을 통해 끌어당겨진다.

응집력설은 두 가지의 주요한 문제점을 제기한다. 첫 번째는 장력하에서 빠르게 증발하는 식물의 수액에 관한 것이며, 두 번째는 매우 긴 물기둥의 보존이 지속되는가?에 관한 것이다. 직접적인 증거는 부족하지만 이러한 문제점에 대한 대답은 이 이론에 대한 본질적이고 간접적인 지지를 위한 바탕을 제공한다.

뿌리압이 활발할 때와 같은 환경요소를 제외하고는 물관 내 압력이 양의 값을 갖는 경우는 거의 드물다. 반면에 물관 내 수액이 현저한 장력하에 있다는 결론을 지지해 주는 여러 증거들이 있다.

첫째는 증산작용이 활발한 식물의 경우, 주의 깊게 들어보면 상처가 났을 때 빠르게 공기를 끌어당기는 소리를 들을 수 있다. 또한 염색액에 놓아둘 경우 상처부위의 물관요소로 염색액이 빠르게 흡수될 것이다.

두 번째 경향은 dendrograph 이라 불리는 민감한 측정장치로 목본줄기에서 나타나는 직경의 미세한 변화를 측정할 수 있다. 직경은 활발히 증산작용이 일어나는 동안 뚜렷하게 감소하는데, 이것은 줄기가 약간의 탄력이 있고 물기둥 내 장력이 물관벽 내부에서 작용하기 때문에 발생하는 것이다.

저녁 무렵, 증산이 감소할 때 장력은 해제되고 줄기 직경은 다시 회복된다. 더욱이 수축은 아침에 증산이 시작될 때 증산이 일어나는 잎의 가장 가까운 나무의 꼭대기 부위에서 처음으로 일어난다. 그 이후에는 나무 아래쪽 부분에서도 수축이 일어난다.

물관에서 직접적인 장력의 측정은 1965 년에 Scholander 가 압력통(pressure bomb)을 고안함으로써 가능하게 되었다. 만약 수액이 장력하에 있다면 절단된 표면으로부터 장력은 소실되어지나 장치 내에서 압력을 증가시키면 표면의 힘이 다시 되돌아온다. 이런 장치를 이용하여 Scholander 와 동료들은 활발히 증산작용이 이루어지는 온대식물에서 −0.5 에서 −2.5 MPa 까지의 장력을 측정하였다(그림 5-46).

마지막으로 나무의 하단부위의 수분퍼텐셜은 꼭대기보다 더 작은 음의 값을 가짐을 알 수 있었다. 나무의 하단부위와 정단부위 사이에서 압력의 경

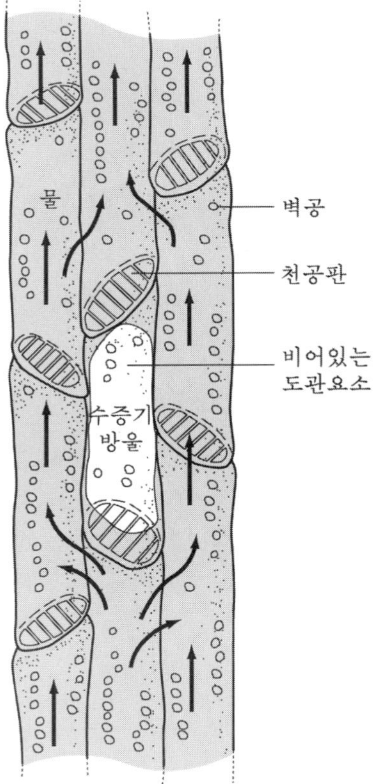

그림 5-46 증기로 막힌 물관요소 주위의 우회현상

사는 나무의 꼭대기에서 기원한 힘인 장력에 의해 유지된다. 물관부 내 물기둥은 사실상 증산작용에 의해 끌어당겨진다는 많은 증거들에 의해 지지를 받고 있다.

② 물관의 유지

이제 "어떻게 물기둥이 유지되는가"라는 두 번째 의문점에 대해 알아보자. 물기둥의 파괴를 방지하는 것은 장력의 작용이다. 장력의 강도는 물질이 파괴되기 직전까지 저항할 수 있는 최대장력의 정도로 단위면적당 힘으로 표현되는데, 우리가 논의하고자 하는 면적은 물기둥의 횡단면적이다.

장력은 물분자 사이의 강한 공유결합이나 수소결합에 의해 생기는 물의 또 다른 특성이다. 물의 장력은 쉽게 측정할 수 없다. 즉 물기둥은 강철봉이나 구리선과 같은 방법으로 강도를 시험하기에는 적당치 않다. 물의 장력은 물관의 직경, 물관벽의 특성과 용해된 가스나 용질의 존재에 의해 좌우된다. 물의 장력을 측정하기 위해 많은 정교한 연구방법이 개발되어 일치된 결과가 나오고 있다.

일반적으로 용해된 가스가 없는 순수한 물은 20℃에서 −25∼−30 MPa의 낮은 장력을 갖는다. 이는 구리 장력의 약 10%에 해당하며, 굉장히 큰 나무의 꼭대기까지 연속된 물기둥을 끌어올리는 데 필요한 −2.5∼−3.0 MPa보다 10배는 큰 것이다. 위에서 살펴보았듯이 물관부에서의 장력은 단풍나무 같은 온대성 낙엽목에서는 일반적으로 −0.5∼−2.5 MPa 이상이지만, 때때로 −10 MPa로 낮아지기도 한다.

물관부 수액은 장력하에 있기 때문에 증기압 이하에서는(20℃에서 물의 증기압은 2.3 kPa, 또는 0.0023 MPa임을 상기하자) 액체상태를 유지할 것이다. 장력하의 물기둥은 따라서 물리적으로 불안정하다. 장력하에 있는 물기둥의 안정성은 기체의 유입에 의해 이루어질 수 있다. 기체상태의 물분자는 매우 낮은 응집력을 갖게 되므로, 증기는 빠르게 확산되고 따라서 물기둥이 파괴되고 장력은 감소하게 된다.

증기는 어떻게 물기둥으로 유입될 수 있는가? 물관부 수액은 이산화탄소, 산소, 질소 등 여러 가지 가스들이 용해되어 있다. 물기둥이 장력을 받으면 이러한 가스들이 용액으로부터 빠져나오는 경향이 있다. 초현미경적인 기포들은 먼저 물과 헛물관벽이나 물관벽의 접촉면에서 먼저 형성되는데, 벽에 있는 작고 소수성인 구멍이나 공극에서 형성된다. 이러한 작은 기포들은 다시 용해되거나 또는 서로 합체하여 물관을 채우며 빠르게 퍼진다. 물관부에서의 이런 기포의 빠른 형성과정을 공동현상(cavitation)이라 부른다.

큰 기포들은 물관에서 관다발 폐색(embolism)이라 불리는 장애물을 형성한다. 응집력설에 있어서 관다발 폐색의 의미는 상당히 심각하다. 왜냐하면, 관다발 폐색을 갖는 물관은 더 이상 물을 전도할 수 없기 때문이다.

1966년 Milburn과 Johnson이 식물의 공동현상을 탐지하는 데 음향학적 방법을 도입하였으며, 유리관으로 실시한 이 실험에서 공동현상에 이어 일어나는 장력의 빠른 이완은 소리로 들을 수 있는 충격파를 만든다.

Milburn 과 Johnson 은 민감한 마이크로폰과 증폭기를 사용하여 식물조직에서 유사한 소리를 들을 수 있었다. 각각의 소리는 하나의 물관에서 관다발 폐색의 형성을 나타내는 것으로 믿어진다. 그들은 또 수분스트레스를 받은 아주까리 잎에서 공동현상을 연구했다. 수분스트레스는 잎을 떼어 내 식물이 시들도록 두고, 잎이 시들면서 엽병에서 나타나는 소리의 수를 기록하였다. 총 3,000 회의 소리가 탐지되었는데, 이는 엽병의 물관 수와 거의 일치한다. 공동현상은 엽병의 절단된 말단부에 물을 첨가함으로써 방지된다. 잎으로부터의 증산작용 증가나 감소 같은 여러 방법들이 그에 해당하는 소리의 증가나 감소를 가져왔다. 이러한 결과는 물관부에서의 공동화와 장력 사이에 상당한 관계가 있음을 시사하며, 응집력설을 지지하는 것으로 보인다.

그들은 나아가 초본식물이 일상적으로 부딪히는 조건인 수분스트레스에 의해 공동현상이 쉽게 유도될 수 있다고 제시하였다. Sperry 등(1987)은 사탕단풍에서 공동현상에 대하여 오랫동안 연구를 수행하였다. 그는 음향학적 방법은 공동현상의 수나 빈도를 계산하는데 한계가 있기 때문에 수압전도의 변화를 측정하는 방법을 도입하였다. 가장 단순한 식은 전도도를 저항의 역수로 나타낼 수 있다. 따라서 수압전도도는 조직의 물을 전도할 수 있는 총 능력의 측정값이다.

반면에 수압으로 측정하는 방법은 물을 운반하는 조직의 공간에 대한 관다발 폐색이 가져오는 영향을 측정하는 것이다. 여름 생장기 동안 관다발 폐색은 주간에만 나타나고 수압전도도는 31% 정도 감소된다. 겨울에는 주간의 전도도 손실이 60%로 증가하는 반면, 몇 개의 잔가지는 100%가 손실된다.

여름의 전도도 감소는 초본식물에서처럼 수분스트레스에 기인한다. 겨울의 관다발 폐색의 증가는 아마도 결빙-해빙 주기와 관계된 것으로 보인다. 얼음의 가스 용해도는 매우 낮다. 조직이 결빙되었을 때 가스는 용액 밖으로 빠져나오게 된다.

해빙 시에는 이런 작은 기포들이 확장되어 공동화의 핵이 된다. 오랜 기간을 생존해야 하는 식물에게 있어서 공동화와 관다발 폐색의 영향은 그 영향을 소멸시키거나 최소화시킬 수 있는 수단이 없다면 큰 해를 입게 될 것이며, 가장 간단한 방법은 물줄기가 물관요소 주위로 우회하여 수액의 상승이 계속되도록 하는 것이다(그림 5-46). 목본식물은 겨울의 손상을 회복하기 위해 봄에 뿌리압이 정상보다 높아지는 것으로 나타났다.

결론적으로 대부분의 목본식물은 매년 봄에 새로운 2 차 물관부를 만들어 낸다. 이러한 새로운 물관부 조직은 눈이 트기 전에 형성되어 기능을 상실한 오래된 물관부를 대신하며 식물의 수압전도도를 충족시킨다.

비교적 소수의 연구만이 이루어졌지만 물관부가 특히 공동현상과 관다발 폐색이 되기 쉬운 것은 명백하다. 만약 초본식물이 야간에 회복이 안 된다면, 또는 목본류가 봄에도 회복되지 않는다면 그 생장과 최종적인 생존은 심각하게 손상 받을 것이다.

그렇다면 식물들은 왜 그런 영향들을 줄이기 위한 기작들을 진화시키지 않았을까 하는 의문이 생긴다. 흥미롭게도 Zimmermann 은 이 의문에 대하여 세포벽은 실질적으로 공동화가 일어나게 설계되었다고 제안했다. 모세관상승에 대한 등식을 다시 쓰면 작은 공극을 통하여 기포를 끌어당기는 데 필요한 힘을 계산할 수 있다.

이 보고는 표면장력이 물관부의 물관에서 천공판을 통해 관다발 폐색이 이동하는 것을 막아준다는 초기의 관찰과 모순되는 것 같지만 그렇지 않다. 장력을 받는 물로 채워진 물관은 다공성 벽에 의해 공기 체적으로부터(대기압 하에서) 분리될 수 있다. 음의 압력 균형을 잡기 위해 공극에서 메니스커스가 생길 것이다.

압력차가 증가함에 따라 메니스커스의 반경은 작아진다. 물관부가 '적당한' 장력에 있을 때 메니스커스는 공극직경 이하의 반경에 이를 것이며, 공극을 통해 물로 채워진 물관 안으로 끌어당겨진다. 그로 인하여 발행한 기포는 공동현상을 일으키는 핵이 되어 장력을 경감시키고, 압력차를 줄이고 더 많은 공기의 유입을 막아준다.

따라서 Zimmermann이 제안한 용출 가설(leakage hypothesis)은 일종의 안전밸브를 의미한다. 식물은 수분퍼텐셜이 임계수준보다 낮을 때 공동현상을 형성하게 구성되어 있는데 여건이 좋아지면 그런 손상이 복구된다.

사탕단풍 줄기에서 공동현상을 일으키기 위해 필요한 압력차와 유연벽공의 직경을 대조하여 Zimmermann의 가설과 일치되는 결과가 Tyree와 Sperry에 의해 얻어졌다.

5-3-6 뿌리에 의한 물의 흡수

증산으로 소실된 수분은 잎과 묘조(shoot)의 팽윤을 유지하고 생존을 위한 생화학적 활성을 유지하기 위하여 반드시 보충되어야 한다. 많은 식물들은 안개나 이슬의 형태로 대기의 수분을 흡수할 수도 있지만 잎의 수분흡수는 뿌리를 통하여 흡수되는 수분의 양에 비하면 무시될 수 있다.

증산에 의하여 소실된 수분은 근계를 통하여 토양으로부터 동등한 양의 물을 흡수함으로써 보충된다. 이것은 식물을 통하여 토양으로부터 대기로의 물 흐름, 즉 토양-식물-대기로의 연속된 물기둥을 입증시켜 준다. 이 개념은 서로 연관되어 있을 때 강조되며 또한 환경과 매우 상호의존적이다.

1. 토양 — 복잡한 매개물

뿌리와 토양수 사이의 관계를 알기 위해서는 토양의 특성을 이해하는 것이 도움이 된다. 토양은 무기암석 조각과 용해된 용질이 함유된 토양수층인 유기물질로 구성된 고체층과, 주로 대기와 동등한 가스층으로 구성된 매우 복잡한 매질이다. 토양의 무기고체층은 기후적 영향에 의하여 다양한 크기의 암석 부스러기로부터 만들어진다(표 5-13).

토양은 고체, 액체, 기체층 외에 조류(algae), 박테리아, 곰팡이, 곤충 및 여러 가지 다른 유기체의 다양한 분해단계의 유기물질을 포함하고 있으며, 토양의 점토입자는 토양의 구조를 결정하는 모래와 침니(silt)의 조합으로 복잡한 덩어리 형태로 결합되어 있다.

토양의 구조는 토양의 다공성(porosity)과 토양의 수분유지 및 통기에 영향을 준다. 다공성 혹은 공극(pore)은 불규칙한 모양의 토양입자 사이의 서로 연결된 통로이다. 공극은 토양부피의 약 40~60%를 차지하며, 공극은 대공극(large pore)과 모세관 공극(capillary pore)으로 구분된다.

표 5-13 토양입자의 분류와 특성

입 자	입자크기(mm)	물 흐 름	통 기
거 친 모 래	2.00~0.2	불 량	아주 좋음
모 래	0.20~0.02	불 량	아주 좋음
가 는 모 래	0.02~0.002	좋 음	좋 음
점 토	0.002 이하	아주 좋음	불 량

* 40% 모래, 40% 침니, 20% 점토의 혼합물을 양토(loam soil)라 한다. 모래토양은 침니와 점토를 15% 이하로 함유하는 반면, 점토토양은 점토입자를 40% 이상 함유한다.

비록 이 둘 사이의 명확한 경계는 정하기 어렵지만 공극의 크기는 토양의 수분함유량을 결정하는 요인이 된다.

물은 10~60μm의 직경보다 큰 공극에서는 여과되어 버린다. 토양이 비나 관수에 의해 물을 공급받을 때 수분은 대부분 공극을 통하여 밑으로 스며들어 공기를 대체하며, 토양을 물로 포화시킨다.

물은 중력에 의해 대공극으로부터는 자유롭게 빠져나가고 모세관 공극에는 남게 되는데 이러한 토양 중의 수분을 포장용수(field capacity)라고 한다. 자연적 조건에서 폭우 후 양토(loam)에서 포장용수가 되려면 2~3 일이 요구되는데, 토양에서 대공극과 모세관 공극의 상대비율로 포장용수에서 토양의 수분함량을 추정할 수 있다.

건조된 토양의 단위 무게당 수분의 무게로 표시되는 수분함량은 105℃에서 토양을 건조시켜 결정한다. 굵은 입자로 구성된 사질토양은 비교적 높은 비율의 대공극을 가진다. 따라서 낮은 포장용수력을 가진 사질토양은 빠르게 물이 빠지고 쉽게 통기된다(표 5-13).

한편 점토 토양의 공극은 많은 모세관 공극으로 구성되어 있어 많은 양의 물을 지니고 있고 통기도 쉽지 않다. 양토는 식물이 생장하기 좋은 수분과 통기력의 균형을 이룬다. 포장용수 혹은 그 이하로 토양에 함유된 물은 모세관 통로와 토양입자 사이의 간극에 존재하며, 세포벽이나 잎의 엽육세포에 세포간극의 수분함유량보다 훨씬 많다. 그러므로 토양의 수분은 앞에서 언급했듯이 엽육조직의 모세관간극에 표면장력과 동일해지려고 한다.

결과적으로 포장용수 혹은 그 이하의 토양수분은 엽육조직의 장력 이하일 것이고, 수분퍼텐셜은 음의 값을 갖는다. 토양 표면으로부터 증발에 의하거나 뿌리에 의하여 물이 흡수되어 토양의 수분함량이 감소함에 따라 공기-물 경계면은 토양입자 사이의 모세관 공극으로 들어갈 것이다.

물은 토양입자에 강력히 부착하기 때문에 메니스커스의 반경은 감소하고 압력은 매우 큰 음의 값이 된다. 원칙적으로 토양에서 물의 이동은 잎 엽육세포의 모세관 장력이 물관으로부터 물을 끌어들이는 방식과 동일하게 초기 압력에 의하여 끌어들여진다.

물이 뿌리에 의해 토양으로부터 이동함으로써 토양수분의 장력은 뿌리 쪽으로 대량(bulk)의 물을 끌어들인다. 만일 물이 토양에 풍부하다면 이러한 압력차는 조금 떨어진 곳으로부터 물을 끌어들인다. 염분이 높은 토양을 제외하고 토양수분의 용질농도는 10^{-3} M과 비슷하거나 낮고, 토양의 수분퍼텐셜은 음의 압력퍼텐셜이 된다.

이처럼 뿌리에 의한 수분흡수는 토양과 뿌리 사이의 수분퍼텐셜 기울기 때문에 일어난다. 토양이 건조해지고 수분퍼텐셜이 낮아질수록 식물은 증산에 의해 잃은 수분을 빠르고도 충분하게 토양으로부터 흡수하는데 어려움을 겪는다. 그러한 조건에서 식물은 팽압을 잃고 시들게 된다. 만일 증산이 감소되거나 일정시간 동안 증산이 저지된다면(밤이나 혹은 플라스틱으로 식물을 덮을 때) 부족한 수분흡수는 만회되고 팽압도 다시 복귀된다.

그러나 결국엔 토양의 수분함량이 아주 낮아져 토양으로부터 수분을 충분히 끌어올리지 못할 뿐만 아니라 증산을 억제하지 못하여 모든 수분을 잃어버리면 식물의 팽압도 영구적으로 잃어버린다. 이러한 지점의 토양 수분함량은 토양건량 퍼센트로 영구시듦율(permanent wilting percentage)이라 한다.

영구시듦율의 실제값은 토양의 유형에 따라 다양하다. 모래는 1~2%로 비교적 낮고 점토에서는 20~30%로 높으며, 양토는 모래와 점토의 구성비율에 따라 그 사이값이 된다. 그러나 토양유형에 관계없이 영구시듦율에서 토양의 수분퍼텐셜은 대개 −1.5 MPa로 일정하다. 예외는 있지만 대부분의 식물은 토양 수분퍼텐셜이 −1.5 MPa 이하일 때 수분의 상당량을 흡수하기에는 부적당하다.

포장용수력은 토양의 속성이고 영구시듦율은 식물의 속성이다. 토양용수력과 영구시듦율 사이의 토양의 수분함량은 유효수분(available water) 혹은 식물이 수분을 흡수하기 유효한 수분이라 생각된다. 유효수분의 범위는 침니양토(silty loam soils)의 것보다 비교적 높고 점토보다는 다소 낮으며 모래보다는 상당히 낮다. 그러나 모든 수분이 이 범위에서 균일하게 유효한 것은 아니다. 건조된 토양에서 식물은 수분스트레스를 보일 것이고 토양 수분퍼텐셜이 영구시듦율에 도달하기 전에 생장이 오랫동안 감소될 것이다.

2. 뿌리의 구조

흡수기관인 뿌리의 효율성은 근계(root system)의 확장정도에 달려있다. 오랫동안 근계의 진정한 한계를 규명하기 위해 많은 노력이 있어 오던 중, 구멍을 뚫어 뿌리를 상하지 않게 토양에서 옮기는 조심스럽고 지루한 절차도 있었다. 더욱 정교한 노력은 뿌리의 생장과 발달을 관찰할 수 있는 창을 장치한 rhizotron이라 불리는 지하통로의 건설이다.

1949년 Weaver과 Darland는 토양의 유형에 따라 초원에 서식하는 몇몇 잡초의 근계를 실험하였다. 조심스럽게 구멍을 뚫고 잡초의 뿌리를 토양이 붙어있지 않게 씻은 결과 뿌리가 만든 커다란 네트워크를 보여주었다.

1937년 Dittmer가 토양이 담긴 30 cm×30 cm×56 cm의 박스 안에서 키운 한 그루의 성숙한 호밀의 뿌리를 조사한 결과, 뿌리의 총길이가 623 km, 총 표면적 639 m^2나 되었다.

많은 식물 종에서 뿌리의 무게는 식물 총무게의 50% 이상을 차지하지만 그 중요성은 눈에 뜨이는 지상부보다 일반 관찰자에게 덜 인식되었다. 1991 년 Waisel 과 공동연구자에 의해 출판된 "Plant Roots. The Hidden Half" 라는 제목의 논문에서 뿌리의 발달과 기능에 관한 최근의 이해는 그리 놀라운 일이 아니다.

3. 뿌리의 흡수대

수많은 형태학적, 생리학적 연구에서 물을 가장 활발히 흡수하는 지역은 근관(root tip) 근처에 있다는 것이 입증되었다. 이러한 일반적인 사실과는 달리, 물에 대한 뿌리의 흡수는 식물의 나이, 생리적 조건, 토양의 수분함량에 따라 아주 다양하다. 어린 뿌리의 연구에서 수분의 흡수가 가장 활발한 부위는 근관부위 약 0. 5 cm 부터 시작하여 10 cm 이상 확장되어 있음을 볼 수 있다(그림 5-47).

소량의 물은 분열조직에서도 흡수되는데, 아마도 이 지역의 원형질은 밀도가 높고 물을 끌어들일 분화된 관다발 요소가 없기 때문일 것이다. 가장 빠르게 물을 흡수하는 부위는 일반적으로 세포 성숙대이며, 물관부로 분화되기 시작하는 관다발 조직이 있는 지역이다. 또한 아직 수분의 이동을 억제하지 못할 만큼 내피 세포벽에 슈베린과 리그닌의 침적이 시작되는 지역이다. 가장 빠르게 물을 흡수하는 부위는 뿌리털이 활발히 발달하는 부위와 일치한다. 뿌리털은 토양 속으로 흡수능이 확장되고 흡수 표면적이 증가하는 표피세포벽에서 얇은 막으로 분지된다(그림 5-48).

종과 환경에 따라 뿌리털의 길이는 0. 1 mm 에서 10 mm 에 달하고, 평균 직경은 10 μm 정도이다. 땅콩과 어떤 침엽수는 뿌리털이 없거나 아주 드물다.

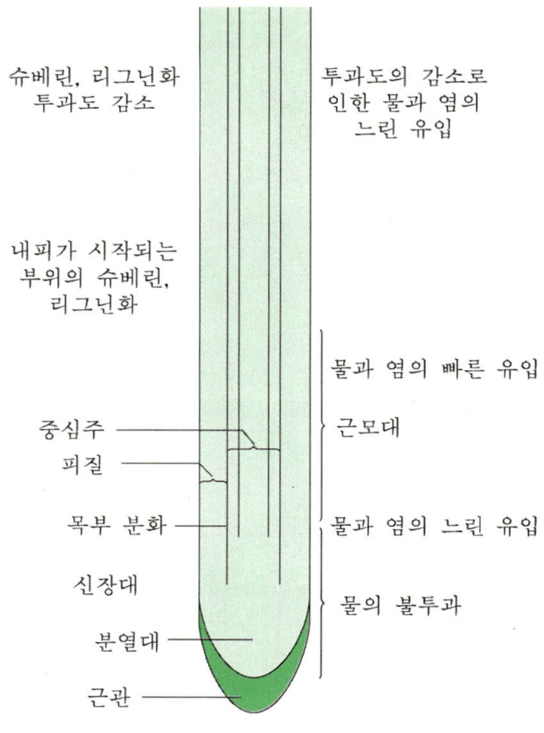

그림 5-47 뿌리조직의 분화와 물의 흡수와의 관계

대부분의 경우에는 하나의 근관은 2,500 개/cm^2 보다 더 많은 뿌리털을 가지며, 뿌리의 흡수표면적을 1.5 에서 20 배가량 증가시킨다.

뿌리털은 직경이 작아 뿌리가 접근하지 못하는 모세관 공극에까지 뚫고 들어갈 수 있다는 것과(그림 5-48 B), 뿌리털은 그 2 배 길이의 직경을 가진 토양원주에까지 확장하여 접하고 있기 때문에(그림 5-48 C) 뿌리털이 토양수분과 접촉하는 것은 상당히 용이하다.

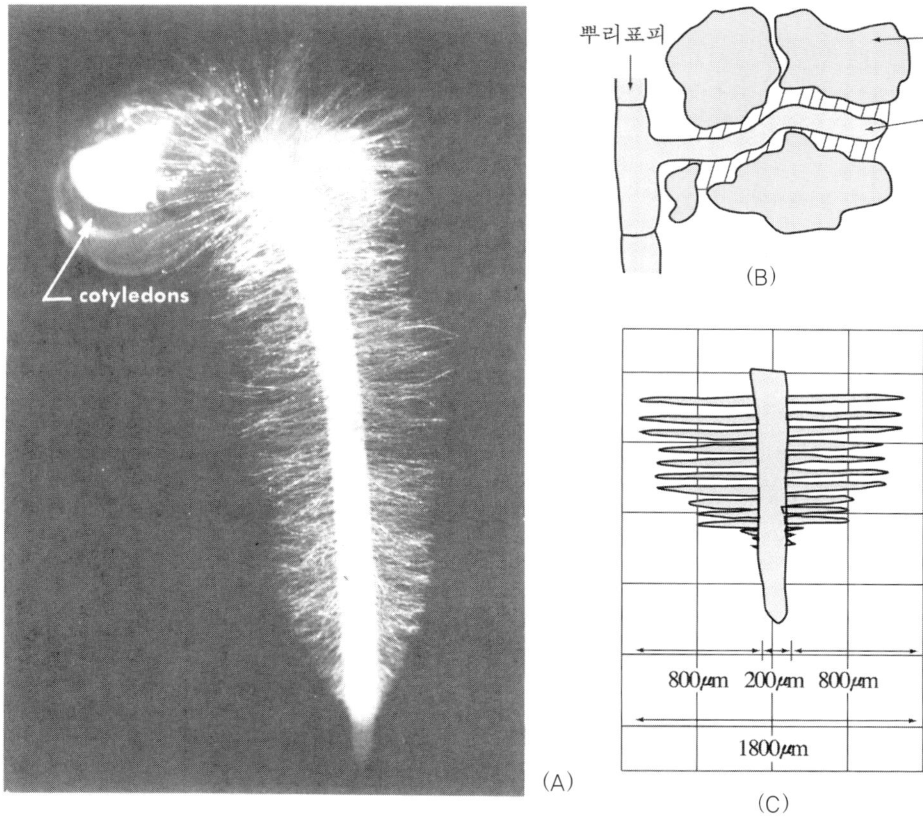

그림 5-48 뿌리털과 물의 흡수

(A) 무(*Raphanus sativus*)의 뿌리털. (B) 뿌리털은 토양입자 사이의 물을 함유한 미세공간 사이로 뚫고 들어가는 능력에 의해 물의 흡수를 촉진한다. (C) 뿌리털은 뿌리에 의해 물을 흡수할 수 있는 토양의 용적을 몇 배 정도 증가시킨다.

4. 뿌리를 통한 물의 방사이동

일단 물이 뿌리털이나 표피 세포 안으로 흡수되면 피층을 가로질러 중심주 안의 물관요소에 도달한다. 피층을 통한 물의 이동은 비교적 직선적이며, 여기에는 두 가지 경로가 있다. 물은 피층의 아포플라스트(apoplast)를 통해 세포를 통과하거나 심플라스트(symplast)를 통해 원형질연락사를 경유하여 이동하는 것이다.

그러나 두 경로는 서로 분리되어 있지 않다. 아포플라스트를 통과하는 물은 심플라스트와 세포의 액포 내 물과 일정하게 평형을 이룬다. 이것은 물이 항상 세포와 액포 사이를 가로질러 일정하게 교환되는 것을 의미한다. 실제로는 피층을 통하여 흐르는 물은 두 경로 모두를 이용한다. 피층은 수많은 세포간극을 가진 느슨히 쌓여진 세포들로 구성되어 저항이 적어 아포플라스트를 통해 보다 많은 양의 물이 이동할 수 있다.

뿌리 끝 가까이에 있는 성숙되지 않은 곳에서, 물은 직접 피층에서 비교적 저항이 적은 통로를 따라 발달 중인 물관요소로 이동한다. 뿌리의 성숙지역에서의 물은 내피에 이른다. 내피는 세포벽의 슈베린화로 불투과성 장벽이 있어 흡수된 물은 세포막을 통하여 이동하게 하는데, 이때 내피는 물의 흐름을 저지하지만 완벽한 장벽은 아니다. 빠른 증산 조건 하에서 가장 빠른 물의 흡수대는 뿌리의 기부 쪽이 될 것이다(표 5-14).

물을 흡수하기 위한 뿌리에서의 저항은 증산된 수분량과 뿌리에서 흡수된 수분의 양을 비교할 때 일반적으로 관찰되는 흡수지연(absorption lag)에서 보여준다. 뿌리의 저항에 기인한 이러한 지연은 실험적으로 설명할 수 있다. 만일 활발하게 증산하고 있는 식물의 뿌리를 물에 담가 자른다면 물관 안으로 바로 물이 흡수된다. 어떤 종에 있어서 흡수지연은 잎에서의 수분부족을 야기시켜 기공이 일시적으로 닫히는 mid-day closure 현상이 나타난다. 기공이 닫히면 증산은 감소하고 부족한 수분이 보충되면 다시 기공이 열린다.

마지막으로 비록 뿌리에 의한 물의 흡수가 압력차에 의하여 수동적일지라도 뿌리세포는 호흡에 대하여 의존적이다. Cyanide 나 dinitrophenol 과 같은 호흡억제제, 높은 CO_2 수준과 낮은 산소(혐기성) 등은 뿌리의 수압전도성(hydraulic conductance) 감소를 가져온다.

대부분 물에 잠긴 토양에서 식물은 혐기성 상태에 직면하고 그런 상황에 특별히 적응되지 않은 종에서는 심하게 시듦을 유발시킨다. 호흡의 정확한 역할은 명확하지 않으나 그 필요성은 세포의 보존과 뿌리의 지속적인 신장과 같이 간접적일 것이다. 또한 영양이온의 활발한 흡수도 한 요인이다. 한편 끓는 물에 담가 완전히 죽은 뿌리는 저항성이 급격히 감소하여 뿌리가 살아있을 때보다 더욱 빠르게 물을 흡수한다.

표 5-14 증산율의 작용에 의한 *Vicia faba* 뿌리의 지역에 따른 상대적인 물의 흡수

물 흡수대 (정단으로부터의 거리, cm)	증 산 율	
	저	고
0～2.5	100	132
2.5～5.0	103	216
5.0～7.5	54	216
7.5～10.0	27	270
10.5～12.5	19	283

증산율이 낮을 때 측정된 물관의 장력은 −0.13 MPa 이고 증산율이 높을 때는 10.25 MPa 이었다. 증산이 적을 때 대부분의 물의 흡수는 근단에서 발생한다. 증산이 많을 때는 장력증가의 결과로 물 흡수지역이 기부지역보다 위쪽으로 이동한다.

5-4 동화산물의 이동

식물체는 뿌리를 토양에 그리고 잎은 대기에 잘 접촉할 수 있도록 분화된 기관의 복합체로써 여러 가지 물질을 뿌리에서 흡수하고 이를 잎으로 운반하여 동화하는 기능을 가지고 있다. 물관부를 통한 물과 무기이온의 이동에 대해서는 이 장의 앞부분에서 이미 설명한 바 있다.

식물체 잎에서 동화된 탄소의 일부는 잎에 그대로 머물면서 잎의 지속적인 생장과 대사를 위해 사용되지만 나머지 대부분은 잎을 떠나 다른 비광합성 조직과 기관으로 운반되며, 운반된 동화산물은 직접 대사되거나 저장된다. 장거리에 걸친 동화산물의 이동을 운반(translocation)이라 한다. 운반은 유관속 조직인 체관부(phloem)에서 일어난다.

체관부를 통한 동화산물의 이동은 광합성을 통해 얻어진 에너지를 식물체 전체에 공급하는 과정이라는 점에서 중요한 의미를 가진다. 체관부를 통한 물질의 운반은 또한 곡물의 생산성과 제초제의 유효성에 결정적인 역할을 하므로 농업적 측면에서도 상당히 중요하게 다루어진다. 따라서 여기에서는 동화산물의 운반과 분배(distribution)가 체관부를 통하여 어떻게 일어나는가에 대하여 알아보고자 한다.

5-4-1 유기용질의 운반

체관부를 통하는 물질수송을 차단하는 환상박피(girdling) 실험과 체관부 삼출물(exudate)의 분석, 그리고 방사성 동위원소를 이용한 실험들은 광합성산물과 그밖의 다른 작은 유기물질들이 체관부 조직을 통해 먼 거리로 운반된다는 것을 증명한 대표적인 실험들이다.

식물체에서 무기물과 유기물 운반의 차이점을 구분하려는 시도는 17세기 식물해부학자였던 M. Malpighi가 시초이다. 그는 어린 식물의 줄기에서 체관부를 포함하고 있는 수피(bark)를 고리모양으로 제거하여 동화산물이 체관을 통과한다는 것을 밝혔다(그림 5-49).

환상박피실험의 특징적인 결과로 나타나는 팽윤(swelling)은 체관부를 통하여 아래 방향으로 이동하는 동화산물이 환상박피에 의한 체관부의 제거로 축적되기 때문에 나타나는 현상이다. 식물체를 통하여 하향적으로 이동하는 물질에는 동화산물 이외에도 질소화합물과 세포의 증식과 생장을 촉진하는 호르몬 등이 포함되어 있다. 따라서 환상박피 식물체의 근계(root system)는 영양분의 결핍으로 인하여 결국 죽게 된다.

체관부 삼출물(exudate)의 분석은 동화산물이 체관부를 통하여 운반된다는 견해를 뒷받침해주는 보다 직접적인 증거가 된다. 그러나 체관부 삼출물의 분석은 물관부처럼 그리 쉽지 않다. 그 이유는 체관부에 있는 운반요소(translocating element)가 물관(xylem vessel)과 헛물관(tracheid)과는 달리 살아있을 때에만 그 기능을 나타내기 때문이다.

체관부를 형성하는 세포들은 치밀하고 대사적으로 활성이 높은 세포질을 가질 뿐만 아니라 세포질 자체의 밀봉력이 뛰어나기 때문에 물관처럼 내용물이 쉽게 삼출되지 않는다.

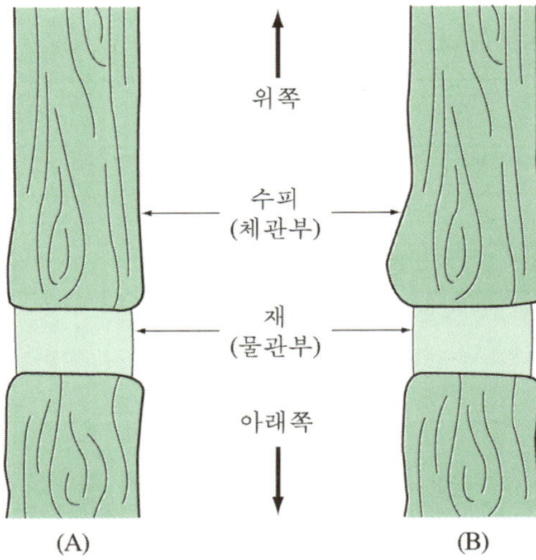

그림 5-49 환상박피 실험

(A) 수피의 제거
(B) 환상박피에 의해 영양소와 호르몬의 아래 방향으로의 이동이 차단되어 환상박피를 한 바로 위쪽에서 팽윤이 일어나고 있다.

게다가 체관부는 운반과정에 직접 관계하지 않으면서도 유조직세포(parenchyma cell)를 많이 가지고 있다. 일부 초본류의 줄기를 절단하면 대부분이 체관부 유래인 삼출물을 얻을 수 있지만 다른 식물, 특히 박과(Cucurbitaceae) 식물의 경우 삼출물이 공기와 접촉하면 즉시 겔(gel) 상태로 변하기 때문에 그 수집과 분석이 어렵다.

그러나 이런 어려움에도 불구하고 식물생리학자들은 체관부조직을 기술적으로 절개함으로써 체관부 삼출물의 분석에 성공하였다. 체관부 삼출물이 겔 상태로 변하는 것은 삼출물 특이단백질의 특성 때문인데, 이 단백질에 대해서는 다음에 자세히 다루기로 한다.

사관(sieve tube)의 내용물을 오염되지 않은 채로 얻는 것은 흥미롭게도 진딧물의 영양 문제를 연구하던 곤충생리학자에 의해서 해결이 되었다. 진딧물은 그 주둥이의 침(문구, stylet)을 직접 식물체의 사관에 삽입하여 수액을 빨아먹고 산다. 진딧물이 먹이활동을 하고 있을 때 이산화탄소로 마취시키고 진딧물의 침(stylet)을 면도날로 절제하면 체관의 수액이 절단된 침을 통해 수일 동안 삼출된다.

진딧물을 이용한 이 방법은 많은 초본류와 일부 목본류에 잘 이용되지만 진딧물이 먹이 활동을 하는 식물체에 한정된다는 단점이 있다. 이 기술의 가장 큰 장점으로는 전혀 오염되지 않은 사관수액(sieve tube sap)을 얻을 수 있다는 것이다. 비록 얻어지는 양이 극히 작지만 이 방법은 체관부를 통해 운반되는 물질을 연구하는 데에는 유용한 방법이다.

방사성 동위원소를 이용한 실험에서는 주로 ^{14}C가 사용되며, 거의 대부분 식물체의 잎에 처리한다. 전형적인 예로는 사탕무(*Beta vulgaris*)의 엽병(petiole)에서 일어나는 광합성 동화산물의 운반을 들 수 있다. 이 실험에서는 분리된 잎이 $^{14}CO_2$가 제공된 밀폐공간에서 광합성을 수행하도록 고안되어 있다.

광합성이 진행되기 시작하여 10분 경과 후 엽병을 액체질소로 동결시킴으로써 잎으로부터 운반되는 방사성 동위원소로 표지된 광합성 동화산물의 이동을 차단시킨다.

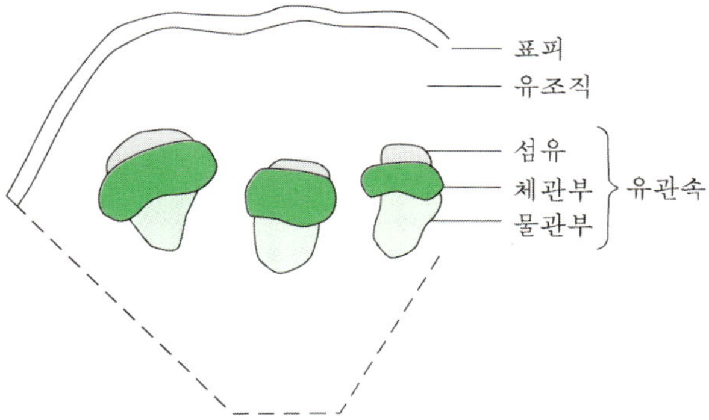

그림 5-50 $^{14}CO_2$의 존재하에서 광합성을 진행시키고 10분이 경과한 후 사탕무 엽병의 체관부에 나타난 방사능(진한 녹색 부분)의 위치

동결된 엽병의 횡단면을 X-선 필름에 접촉시켰을 때, 이 X-선 필름 위에 결과적으로 나타난 상(image), 즉 자기방사사진(autoradiograph)에 의하면 잎으로부터 운반되는 광합성 동화산물은 체관부에만 나타나는 것으로 확인되었다(그림 5-50).

이와 유사한 많은 다른 실험들에서도 같은 결과가 나옴으로써 결국 광합성 동화산물과 다른 유기화합물의 장거리 운반은 체관부 조직을 통해 일어난다는 결론을 얻을 수 있다. 이러한 결론에 예외적인 경우도 있는데 봄에 저장성 당류가 가동화될 때 이들은 물관부를 통하여 발생 중인 눈(bud)으로 운반된다.

1. 체관부 삼출물의 조성

광합성 동화산물(photoassimilate)이 어떤 형태로 운반될 것인가 하는 문제는 체관부 삼출물의 화학조성을 분석해 보면 알 수 있다. 체관부 수액은 앞에서 설명한 바와 같이 진딧물을 이용하거나 수피(bark)를 기술적으로 하부에 있는 물관부는 손상을 입지 않도록 주의하면서 사관(sieve tube)만을 절개하여 모세관을 삽입하면 순수한 체관부 수액을 얻을 수 있다. 예상한 것처럼 체관부 수액의 화학조성은 상당히 다양하다(표 5-15).

표 5-15 피마자(*Ricinus communis*) 체관부 삼출물의 화학적 조성

구 분	성 분	중 량(mg/*l*)
유기물	설탕	80~106
	단백질	1.45~2.20
	아미노산	5.2
	말산	2.0~3.2
무기물	음이온	20~30
	양이온	74~138
총 전체 중량		100~125 mg/*l*

표에 나타나 있는 것처럼 체관부 수액은 당류, 단백질, 아미노산, 유기산 malate, 다양한 무기양이온과 음이온들로 구성되어 있지만 식물의 종과 나이, 그리고 생리적 상태에 따라서 다르게 나타난다. 아미노산은 글루탐산(glutamic acid)과 아스파르트산(aspartic aicd)이 가장 많이 존재하는데 이는 이들이 동화질소의 주요 운반형태이기 때문이다.

무기음이온의 주요 형태는 인산이온, 황산이온, 그리고 염소이온 등이며, 특이하게도 질산이온은 존재하지 않는 반면에 무기양이온은 거의 대부분이 칼륨이온이다. 표에는 나타나있지 않지만 옥신(auxin), 시토키닌(cytokinin), 지베렐린(gibberellin) 등의 식물호르몬도 비록 극소량이기는 하지만 검출된다.

물론 체관부 삼출물에서 확인되는 성분들 중 일부는 체관부를 통하여 직접 운반되는 동화산물이 아니라 운반에 관여하는 세포의 세포질 성분일 수는 있다. 체관부 삼출물에서 발견되는 단백질은 운반세포에 특이적으로 나타나는 P-단백질(P-protein) 이외에도 다양한 효소들을 포함하고 있다. P-단백질에 대해서는 다음에 다시 설명하기로 한다.

대부분의 식물종에 있어서 체관부 삼출물의 가장 중요한 성분은 당(sugar)이다. 피마자(*Ricinus communis*)의 경우 당의 형태는 설탕(sucrose)으로 건량의 약 80%를 차지한다. 이러한 현상은 설탕이 운반성 광합성 동화산물의 가장 주된 형태라는 것을 반증하는 것이며, 이는 방사성 동위원소를 사용한 실험들에 의해서도 확인된 바 있다. 앞서 설명한 사탕무 엽병의 실험에서도 $^{14}CO_2$ 를 제공하고 10 분이 경과했을 때 방사능의 90% 이상이 설탕에서 회수되었다.

한편 박과식물처럼 당보다도 아미노산과 같은 질소함유화합물이 정량적으로 더 중요한 예외적인 경우도 있다. 그러나 이러한 경우에 있어서도 당, 특히 설탕은 탄소의 중요한 운반형태임에는 변화가 없다.

1975 년 Zimmermann 과 Ziegler 는 100 과에 달하는 쌍자엽식물 500 여 종에 대하여 조사해서 설탕이 체관부를 통하여 운반되는 가장 대표적인 당이라는 것을 확증하였다. 일부 과(family)의 식물은 설탕 이외에도 라피노오스(raffinose) 계열의 올리고당(oligosaccharide)을 운반하기도 한다(그림 5-51).

예를 들어 스타키오스(stachyose)의 경우 호박의 일종인 *Cucurbita maxima* 줄기에 존재하는 당의 46% 정도를 차지하기도 한다. 또한 물푸레나무과(Oleaceae)와 장미과(Rosaceae)

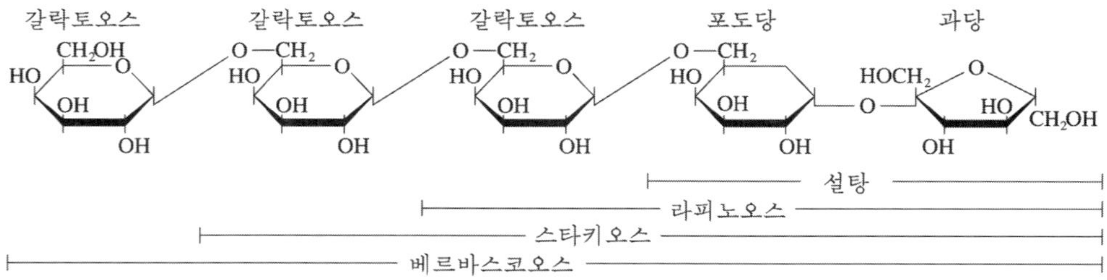

그림 5-51 라피노오스 계열의 당

식물의 경우는 광합성 동화산물의 일부를 만니톨(mannitol)이나 소르비톨(sorbitol)과 같은 당알코올(sugar alcohol)의 형태로 운반하기도 한다.

그렇다면 식물체는 왜 광합성 동화산물의 장거리 운반을 위한 주요 형태로 설탕을 선호하는가 하는 의문이 생기게 된다. 하나의 가능성은 이당류인 설탕과 그와 연관된 올리고당들이 비환원당(nonreducing sugar)이라는 점을 들 수 있다.

다시 말해서 포도당(glucose)과 과당(frutose)을 포함한 모든 단당류들은 환원당(reducing sugar)이라는 것이다. 환원당은 알칼리 조건하에서 Cu^{+3} (cupric ion)을 Cu^{+2} (cuprous ion)로 환원시킬 수 있는 알데히드(aldehyde)나 케톤(ketone)그룹을 가지고 있다.

반면에 설탕과 올리고당은 각각의 소단위 사이에서 이루어지는 아세탈결합(acetal link)이 안정적이며, 알칼리용액에 대한 반응성도 없는 비환원당이다. 따라서 이들의 화학적 안정성은 광합성 동화산물이 장거리로 운반되는 데 유리할 것이다. 이들 비환원당이 운반과정에서 다른 화합물과 화학반응이 덜 일어날 것이라는 것을 쉽게 추측할 수 있다.

실제로 환원당인 포도당이나 과당은 체관부 삼출물에서 거의 발견되지 않는다. 때로 체관부 삼출물에서 환원당이 발견되었다고 보고되기도 하는데, 이는 물질의 운반에 관여하지 않는 체관세포들에 의한 오염 때문인 것으로 여겨진다. 이러한 세포에서는 설탕이나 올리고당들이 가수분해되어 환원당이 쉽게 형성된다.

두 번째 가능성으로는 포도당과 과당 사이에서 일어나는 β-프룩토시드결합(fructoside linkage)이 ATP의 인산과 인산 사이의 결합처럼 상당히 높은 에너지를 가지고 있다는 점을 들 수 있다. 가수분해가 될 때 ATP는 31 kJ · mol^{-1}의 많은 에너지를 방출하나 설탕도 27 kJ · mol^{-1}의 상당한 에너지를 방출한다.

따라서 설탕은 작으면서도 이동성이 강한 물질일 뿐만 아니라 구조적으로도 상당히 안정된 에너지 덩어리라고 할 수 있는데, 이러한 특성 때문에 설탕이 대부분의 식물에서 동화산물의 주요 운반형태로 선택되었을 것으로 생각하고 있다.

5-4-2 체관부조직의 구조

물관부와는 대조적으로 체관부는 살아있는 세포들로 이루어져 있다. 체관부 조직의 가장 두드러진 특징은 체관요소(sieve element)라 불리는 통도세포(conducting cell)이다. 사관(sieve tube)이라고도 불리는 이 체관요소는 사관절(sieve-tube member)이라는 가늘고 긴 개개의 세포들이 연결되어 있는데, 사관절은 끝이 서로 맞닿아 있다(그림 5-52).

물관부의 물관요소(tracheary element)와는 달리 체관부의 체관요소는 견고한 세포벽이 존재하지 않고, 성숙 후 기능을 나타낼 때는 살아있는 원형질을 함유하고 있다. 인접한 체관요소의 원형질은 특수하게 분화된 사역(sieve area)을 통해서 서로 연결되어 있다.

특히 사역의 구멍이 상당히 크고 특정 부위에 무리를 이루어 존재하는 것을 체판(sieve plate)이라고 한다(그림 5-53). 체판은 대체로 사관절의 말단세포벽(end wall)에서 발견되며, 연속적인 사관절 사이에서 원형질의 연속성을 제공한다.

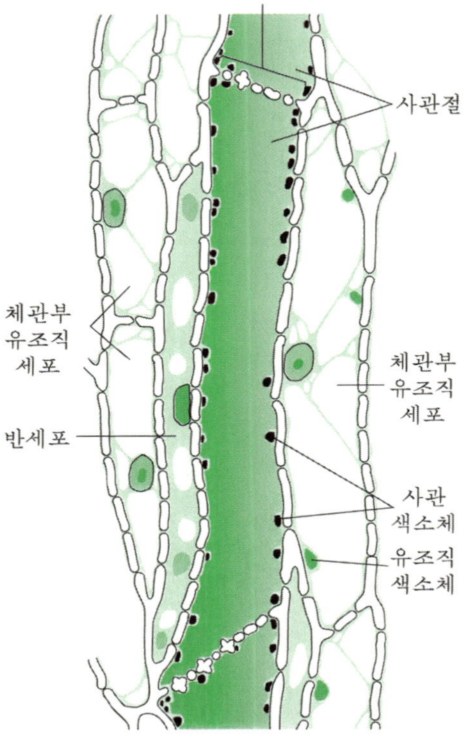

그림 5-52 담배줄기의 체관부 조직

부수적인 구멍도 측벽(lateral wall)에 위치한 사역에서 발견된다.

이들은 대체로 더 작으며, 특정 지역에 무리를 지어 존재하지도 않는다. 그럼에도 불구하고 이러한 사역은 인접한 체관요소의 측벽을 통해서 세포질의 연속성을 제공한다.

앞에서 설명한 것처럼 성숙한 체관요소는 활성적인 세포질을 함유하고 있다. 그러나 체관요소는 성숙함에 따라 일련의 점진적 변화과정을 거치게 되는데, 이때 미세소관(microtubule)과 미소섬유(microfilament)뿐만 아니라 핵, 액포막, 리보솜, 골지체 등의 파괴와 손실이 일어난다.

완전히 성숙된 체관요소의 세포는 세포막(plasmalemma)과 일부 변형이 일어난 소포체, 미토콘드리아를 함유하게 된다. 한편 세포에 비록 액포는 존재하지 않지만 세포질의 구성성분들은 세포의 내벽을 따라 한쪽으로 치우쳐 존재한다.

체관요소 이외에도 체관부 조직은 또한 다양한 유조직세포(parenchyma cell)를 함유하고 있다. 이들 세포의 일부는 선천적으로 사관절과 밀접히 연관되어 있는데 이러한 이유로 반세포(companion cell)라 부르고 있다. 반세포는 원형질과 세포소기관을 모두 갖추고 있는 완전한 세포이다.

반세포는 사관절처럼 같은 모세포에서 유래한 것이기 때문에 서로 세포질을 통해 연결되어 있다. 반세포와 사관절의 상호 의존성은 그 수명에서도 나타난다. 반세포는 사관절이 그 기능을 계속해서 나타낼 때에 한해서만 생존한다.

사관절이 죽으면 그와 연관된 반세포도 또한 죽게 된다. 반세포는 사관절의 대사를 도와주는 역할을 할 뿐만 아니라 설탕이나 그 밖의 다른 당을 사관으로 운반하는 과정에 관계하는 것으로 알려져 있다.

나머지 다른 체관부 유조직 세포들은 초미세구조 수준에서도 큰 차이가 없기 때문에 쉽게 구분이 되지 않는다. 예외적인 경우가 초본류 쌍자엽식물의 소엽맥(minor leaf vein)에서 발견된다. 여기에서 일부 체관부 유조직 세포의 세포벽은 세포 안쪽으로 생장하며 그 결과 원형질막의 표면적이 상당히 증가하게 되는데, 이러한 세포를 수송세포(transfer cell)라 한다.

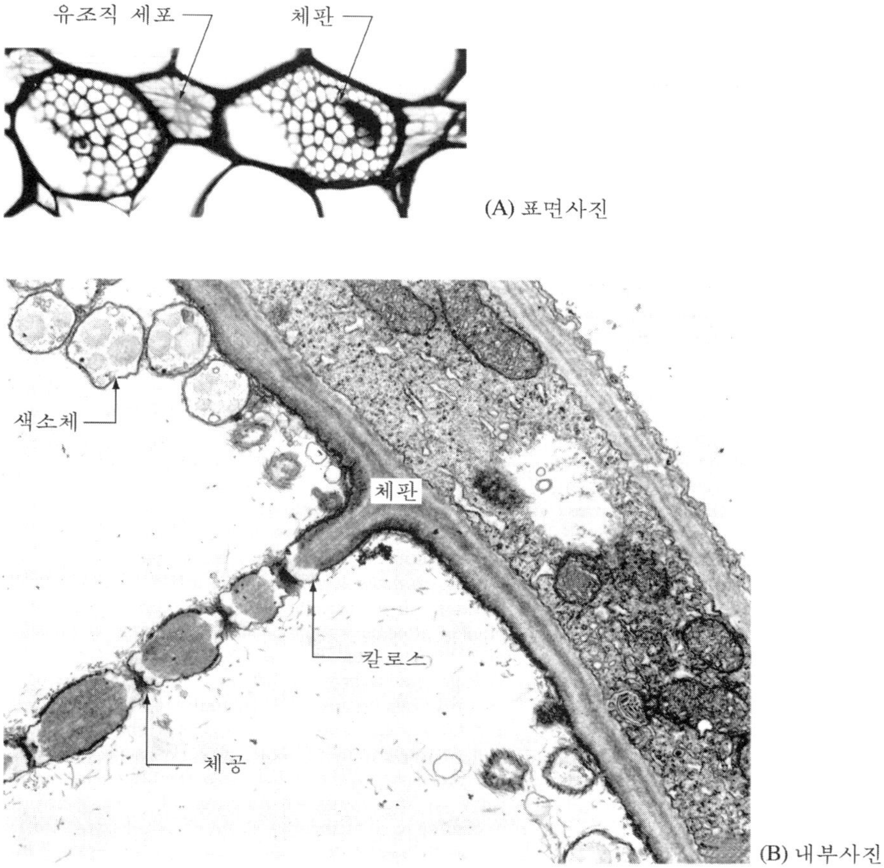

그림 5-53 체판의 전자현미경사진

수송세포의 정확한 역할은 아직 밝혀지지 않았지만 그 용어가 시사하는 것처럼 인접한 엽육세포(mesophyll cell)에서 합성된 광합성 산물을 수집하고 운반하는 과정에 관련이 있는 것으로 생각되고 있다.

1. P-단백질과 칼로스

앞에서 설명한 것처럼 체관부 삼출물에는 상당히 많은 양의 단백질이 존재한다. 그 중에서 P-단백질이라 불리는 단백질은 광학현미경으로도 구분될 정도로 특징적으로 체관요소에 상당히 많이 축적되어 있다.

P-단백질이 최초로 관찰되었을 때는 그것을 탄수화물로 판단했기 때문에 슬라임(slime)이라고 불렀으며, 체판(sieve plate) 부위에서 관찰되는 축적물은 슬라임 플러그(slime plug)라고 칭하게 되었다. 그러나 1960년대에 들어서서 이 물질이 단백질이라는 것이 규명되었으며, 체관부의 단백질이라는 뜻으로 P-단백질이라는 새로운 용어가 도입되었다.

체관요소 분화의 초기단계에서 P-단백질은 덩어리의 형태로 분리되어 나타난다. 체관요소가 성숙함에 따라 이 단백질 덩어리도 계속해서 커지는데, 이때 핵과 액포 및 다른 세포소기관이 소실되고 P-단백질체(P-Protein body)는 세포질에 산재하게 된다. 단풍나무(*Acer rubrum*)와 같은 일부 종에서 P-단백질은 두께 2~20 nm의 필라멘트(filament)가 느슨한 망상구조를 하고 있는 형태를 취한다. 담배의 경우에는 이 섬유가 관상구조를 하고 있으며, 콩과식물에서는 결정체의 구조를 하고 있다.

1970년대에 들어와서 박과(Cucurbitaceae) 식물의 삼출물을 대상으로 체관부 단백질에 대한 생화학적 연구가 본격적으로 시작되었다. SDS-PAGE (sodium dodecyl sulphate polyacryla-mide gel elecrophoresis) 기술을 이용하여 분자량 15~220 Kd의 다양한 폴리펩티드 소단위들이 분리 및 동정되었다. 체관부 단백질은 그 소단위의 조성과 화학적 특성에 있어서 식물체의 종마다 상당한 차이점이 나타난다. 체관부 단백질의 특징 중 아주 흥미로운 것은 겔(gen)을 형성하는 성질이다.

1971년 Walker와 Thaine은 체관부 단백질의 겔화는 분자 내 이황화결합(-S-S-)의 형성을 방해하는 환원제인 2-메르캅토에탄올(2-mercaptoethanol)을 처리함으로써 막을 수 있을 뿐만 아니라 환원제의 효과는 가역적이기 때문에 처리한 환원제를 제거하면 다시 겔화가 진행된다는 것을 밝혔다. 체관부 단백질의 또 다른 재미있는 특징으로는 이들이 탄수화물 결합 단백질, 즉 레시틴(lecitin)의 기능이 있다는 것을 들 수 있다.

P-단백질은 체관요소에 다량으로 존재하여 체판(sieve plate)의 구멍을 막아주는 중요한 역할을 수행하기 때문에 오랫동안 관심의 대상이 되어왔다. 그러나 아직까지도 P-단백질뿐만 아니라 다른 체관부 특이 단백질의 기능이 분명하게 밝혀져 있지는 않다.

현재 일반적으로 받아들여지고 있는 사실은 자연 그대로의 정상적인 기능을 나타내는 체관요소에서 P-단백질은 주로 체관요소의 내벽을 따라 위치하고 있기는 하지만 실제로 체판을 막아주는 역할은 없다는 것이다. 체판에 플러그가 형성되는 것은 체관요소가 상처를 입었을 때에만 일어난다. 이러한 이유는 진딧물의 절단된 침을 통해서 체관부 삼출물이 계속해서 삼출되는 것으로부터 증명된 것처럼 체관요소가 정상적인 상태일 때에는 양(positive)의 정수압하에 있기 때문이다.

체관요소가 상처를 입어 압력이 떨어지면 P-단백질을 포함한 내용물이 상처부위로 몰려가게 되어 상처부위에 P-단백질이 축적되면 이 단백질의 겔화 특성에 의하여 결과적으로 상처부위에 슬라임 플러그가 형성되는 것이다. 이러한 방식으로 P-단백질은 상처부위를 밀봉해줌으로써 체관부가 양의 정수압을 유지하게 하고 운반되는 광합성 동화산물의 불필요한 손실을 줄여주는 역할을 하는 것이다.

체관요소의 또 다른 두드러진 특징은 칼로스(callose)의 존재인데, 이는 때로 논쟁의 대상이 되기도 한다. 칼로스는 β-1, 3 글루칸(glucan)으로 전분(starch)과 셀룰로오스와 관련이 있는 구조이다. 소량의 칼로스가 체판의 표면에 축적되어 있거나 인접한 세포들 사이에서 일어나는 세포질 교류의 통로로 사용되는 구멍들을 둘러싸고 있다.

칼로스의 역할에 대한 논쟁은 이 물질이 세포질의 교류가 일어나는 통로에 축적됨으로써 물질의 운반을 방해하는 것이 자주 관찰되면서 시작되었다. 현재 칼로스는 몇 초 단위의 아주 짧은 시간에도 합성될 수 있으며, P-단백질과 유사하게 상해에 반응하여 사역(sieve area)에 축적된다고 알려져 있다. 또한 노화되어 기능이 없어진 체관요소에 다량으로 축적된다고 알려져 있다.

이 두 경우를 볼 때 칼로스는 상처를 입은 체관요소를 밀봉해 주거나 더 이상 그 기능을 나타내지 못하게 함으로써 운반체계의 정상적 기능유지를 보조하는 역할을 하는 것으로 생각되고 있다.

5-4-3 공급원과 수용부

체관부를 통한 장거리 운반의 방향은 주로 공급원(source)과 수용부(sink)의 상관관계에 의해서 결정된다. 공급원과 수용부의 관계는 어떻게 광합성 동화산물이 체관부를 통하여 운반되고 분배되느냐를 이해하는 데 있어서 가장 중요한 부분이다.

기관이나 조직을 공급원 또는 수용부로 구분하는 것은 그 동화산물의 순이동(net transport) 방향에 따른다. 공급원이란 동화산물을 자기 자신의 대사와 생장에 요구되는 것 이상으로 생성하는 기관이나 조직을 말한다. 따라서 공급원은 받아들이는 동화산물보다는 내보내는 동화산물이 더 많은 동화산물의 순생산자(net producer)가 된다.

이와는 대조적으로 수용부는 동화산물이 순소비자(net consumer)라 할 수 있다. 뿌리나 줄기, 그리고 발달 중인 과실은 수용부로 작용하는 기관과 조직의 예이다. 체관부를 통한 운반에 있어서 가장 중요한 원칙은 광합성 동화산물이 공급원에서 수용부로 운반된다는 것이다. 수용부 기관은 받아들인 동화산물을 세포질과 세포구조를 형성하는 데 이용하거나 전분이나 다른 형태의 탄수화물로 저장한다.

어떤 기관이 공급원이나 수용부로 작용하는 것은 비가역적으로 결정되어 있는 것은 아니며, 발생과정 중 특정 시기에 어떤 기관이 수용부로 작용했다 하더라도 공급원으로 다시 변환될 수 있다. 식물체의 잎이 그 대표적인 예에 속한다. 발생 초기단계에 잎은 자신의 활발한 대사와 생장을 위하여 더 오래된 잎으로부터 광합성 동화산물을 받아들이는 수용부로 작용한다.

그러나 그 잎이 최대크기에 도달하여 생장률이 느려지면 자신의 대사요구가 감소하면서 공급원으로 변한다. 최종적으로 완전히 성숙한 잎은 광합성 동화산물의 공급원으로 작용하게 된다. 잎이 수용부에서 공급원으로 변하는 과정은 잎 조직이 성숙하는 것과 때를 같이하는 점진적인 과정이다.

예를 들어 단엽(simple leaf)의 경우 잎의 다른 부위가 아직 발생과정에 있어서 수용부로 작용하고 있는 동안에도 잎의 성숙부위에서는 동화산물의 수송이 시작될 수 있다. 양물푸레나무(*Fraxinus pennsylvanica*)와 쥐엄나무(*Gleditsia triacanthos*) 같은 복엽(compound)식물에 있어서는 잎뿐만 아니라 초기에 성숙한 기저부의 소엽(leaflet)으로부터도 발생 중인 말단부의 소엽 쪽으로 광합성 동화산물이 공급된다.

5-4-4 체관부 운반의 기작

현재 가장 일반적으로 인정되고 있는 체관부 운반에 관한 모델은 1930년 E. Münch가 최초로 제안한 이후 여러 학자들에 의하여 수정된 모델인 압류설(pressure-flow hypothesis)이다. 압류설은 정수압(팽압)의 기울기를 따라 공급원에서 수용부로 일어나는 용질의 부피유동(mass flow)에 그 기초를 둔다(그림 5-54).

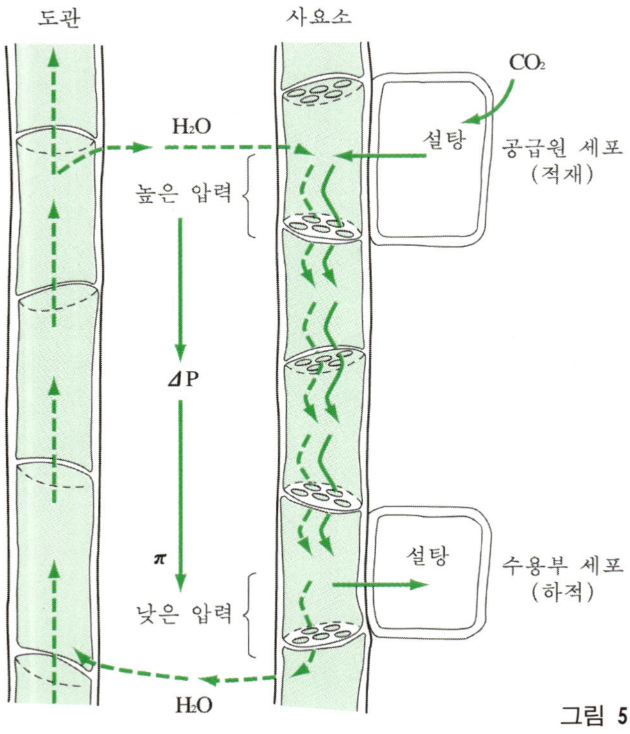

그림 5-54 압류의 흐름

체관부에서의 용질의 운반은 증산작용에 따른 물의 흐름과 식물체에서 끊임없이 일어나는 물의 재순환과 밀접하게 연관되어 있다.

동화산물의 운반은 당(sugar)이 공급원에 있는 체관요소로 적재(loading)되면서 시작된다. 적재는 광합성을 수행하는 엽육세포에 인접해 있는 엽소맥에서 일어난다. 체관요소의 용질농도가 증가하면 체관요소의 수분퍼텐셜(water potential)이 낮아지게 되어 결과적으로 인접한 물관부로부터 물이 유입된다. 이것에 의해 공급원 말단에 있는 체관요소에서는 높은 정수압 또는 팽압이 형성된다. 동시에 당은 뿌리나 줄기의 저장세포와 같은 수용부 말단에서 하적(unloading)된다.

수용부 말단의 정수압은 물이 체관요소를 떠나 물관부로 되돌아옴에 따라 낮아진다. 동화산물이 계속해서 공급원에서 적재되고 수용부에서 하적되는 한 이러한 압력차는 유지될 것이며, 물은 계속해서 공급원으로 유입되고 수용부에서는 유출되므로 동화산물은 물의 흐름을 따라 수동적으로 운반된다.

압류설에 의하면 체관부에서의 용질의 운반은 수동적인 과정이다. 즉, 그 운반과정에 직접적인 대사에너지의 유입을 요구하지 않는다는 것이다. 그러나 오랫동안 동화산물의 운반과정이 대사억제제와 온도 등에 의해 민감하게 반응하는 것이 관찰되었다. 이러한 모순적 상황은 최근의 실험에 의해서 명백하게 밝혀졌다.

저온과 대사억제제는 일시적으로 P-단백질을 파괴시키거나 체판을 막아주는 효과를 나타낼 뿐이라는 것이다. 따라서 동화산물의 운반과정이 대사억제제와 온도에 민감하게 반응하였던 것은 동화산물의 운반과정에 직접적으로 에너지가 요구되는 것이 아니라 체관요소의 적재와 하적에 필요한 최소한의 에너지였다고 말할 수 있다.

압류설의 원리는 두 개의 삼투압계(osmometer)를 서로 연결하여 실험실에서 쉽게 증명할 수 있다(그림 5-55). 이 원리는 몇몇 의문점을 해명할 수 있어야 한다. 첫째, 사관(sieve tube)이 일정한 압력하에 있는가 하는 점이다. 이러한 의문점은 진딧물의 절단된 침에서 체관부 수액이 지속적으로 삼출되는 것으로부터 명확하게 증명된다.

둘째, 당의 농도와 사관에서의 팽압강하 사이의 차이가 빠른 운반속도를 설명할 수 있을 정도로 충분한가 하는 점이다. 물론 당의 농도는 광합성 속도와 식물체의 일반적인 생리상태에 따라 상당히 유동적이다.

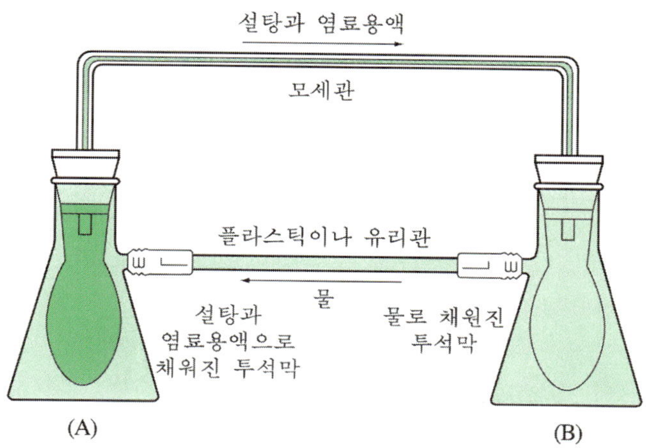

그림 5-55 체관부를 통한 운반을 설명하는 압류설

삼투압계 A(공급원)에는 고농도의 설탕과 염료를 넣어두고 삼투압계 B(수용부)에는 물만을 넣어 둔 다음 모세관(체관부)으로 두 삼투압계를 연결시킨다. 물은 삼투현상에 의해 삼투압계 A로 이동하게 되고 높아진 정수압은 삼투압계 A의 설탕과 염료용액은 모세관을 따라 삼투압계 B로 이동한다. 결국 이 두 삼투압계는 설탕의 농도가 같아져 평형상태에 도달하게 되며, 이때 흐름은 정지하지만, 실제 식물체의 경우에는 공급원(A)에 설탕이 계속해서 첨가되고 수용부(B)에서는 소비되기 때문에 이 흐름이 유지된다.

그러나 대부분의 연구결과에 의하면 공급원 근처에서 취한 체관부 삼출물의 당 함유량이 수용부 근처보다 상당히 높은 것으로 나타나 있다.

마지막으로 압류설에 대하여 거론되는 문제점은 체관요소가 그들의 구조와 조성 때문에 흐름에 실질적으로 저항을 제공하게 되는데, 압류가 이러한 저항을 극복할 정도의 충분한 힘을 제공하지 못한다는 점이다. 이러한 점에 대해서는 기능을 수행하고 있는 체판은 P-단백질이나 칼로스에 의해서 막혀 있지 않다는 것을 상기하는 것이 중요하다.

물론 점성이 강한 세포질과 사관의 출현이 어느 정도의 저항을 나타내는 것은 사실이다. 그러나 여러 실험들이 체관부가 동화산물을 운반하는 능력은 정상적인 경우 수용부의 생장에 장애가 되는 인자가 아니라는 것을 증명하고 있다.

체관부는 유연성이 있는 운반체계이다. 이 운반체계는 저항이 높은 부위를 통과할 수 있는 능력이 있으며, 정수압은 공급원과 수용부의 요구에 부응하여 조절될 수 있다.

5-4-5 체관부 적재와 하적

체관부 적재(loading)와 하적(unloading)은 경쟁 수용부 사이에서 일어나는 동화산물의 분배에 있어서 중요한 역할을 한다. 따라서 적재와 하적과정은 동화산물의 분배와 더불어 최종적으로 곡물의 생산량을 조절할 수 있는 잠재력이 있는 과정으로서 의미가 있다.

1. 체관부 적재

체관부의 운반에 관한 논의는 동화산물이 광합성을 수행하는 엽육세포로부터 공급원의 말단에 있는 체관요소로 운반이 되는 과정인 체관부 적재와 체관요소로부터 수용부 말단에 있는 표적세포로 운반되는 과정인 체관부 하적이 어떻게 일어나는가 하는 문제를 해결하지 않고는 종결될 수 없다.

동화산물의 광합성이 일어나는 장소로부터 체관요소로 이동하는 거리는 실제로 멀지 않다. 대부분의 엽육세포는 기껏해야 3∼4 개의 세포층이므로 1 mm 의 수십분의 1 범위 안에 있다. 설탕은 확산에 의해 주로 원형질연락사(plasmodesmata)를 통하여 엽육세포로부터 체관부의 유조직 세포로 이동한다는 것이 일반적인 견해이다.

이러한 점 때문에 그 경로가 불확실해져서 논쟁의 여지가 남는다. 체관부 유조직에서 사요소-반세포(sieve element-companion cell) 복합체에 이르는 경로에는 두 가지의 가능성이 있다(그림 5-56). 설탕은 원형질연락사를 통하여 직접 사요소-반세포 복합체로 이동할 수 있다. 이러한 경로를 심플라스트 경로(symplastic pathway)라 한다.

다른 경로로는 엽육세포의 막을 가로질러 운반된 다음 세포벽 사이의 공간으로 방출되어 그곳에서 장거리의 운반흐름으로 들어가는 사요소-반세포 복합체의 막에 흡수되는 것이 있는데, 이를 아포플라스트 경로(apoplastic pathway)라 한다. 체관부 적재에 대한 아포플라스트 모델은 1970 년대 중반에 학계로부터 많은 호응을 얻었었다.

1974년 Geiger는 $^{14}CO_2$ 존재하에서 일정기간 동안 광합성이 진행된 후에 방사성 동위원소로 표지된 설탕이 아포플라스트에 나타나는 것을 발견하였다. 그들은 또한 큐티클층을 제거한 잎을 $^{14}CO_2$를 함유하고 있는 용액에 담갔을 때 외부에서 처리한 당이 쉽게 사요소-반세포 복합체에 흡수되는 것을 발견하였다. 이러한 결과는 설탕이 정상적으로 아포플라스트에 존재하고 아포플라스트로부터 사요소로 흡수될 수 있다는 것을 의미한다.

일부 식물의 경우 PCMBS (*p*-chloromercuribenzene sulfonic acid)와 같은 화합물을 큐티클층을 제거한 잎이나 잎 조각에 처리하면 체관부 적재가 억제된다. PCMBS나 다른 설피드릴기(sulfhydryl group, −SH) 특이 시약은 원형질막을 통한 설탕수송에 관계하는 운반단백질의 기능을 방해하는 것으로 생각되고 있다.

심플라스트와 아포플라스트 사이에서 설탕의 운반을 매개하는 운반체의 실체는 분명하지 않다. 그러나 여러 증거들에 의하면 설탕-H^+ 공동수송(sucrose-H^+ cotransport)이 관계하는 것으로 되어 있다(그림 5-57).

설탕 이외의 다른 당 역시 농도기울기에 역행하여 사요소-반세포 복합체에 선택적으로 적재되는 것이 밝혀지고 있어 능동수송의 가능성을 시사한다. 이러한 실험들에 의하면 당의 흡수가 pH의 증가, 즉 양성자의 고갈에 의해 증가하는 것으로 나타나 있다. 그러나 만약 pH가 극단적으로 증가하면 체관부 세포로의 흡수는 억제된다.

또한 대부분의 경우, 사요소-반세포 복합체에 흡수되어 사요소에서 운반되는 당만이 pH에 대한 반응을 나타내는 것으로 알려지고 있다.

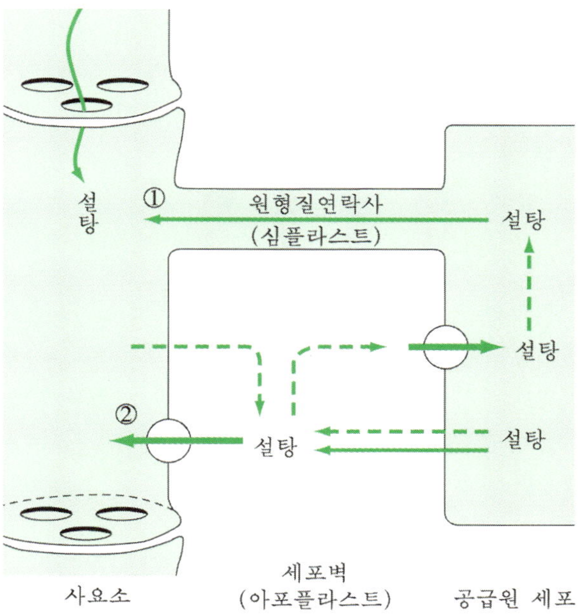

그림 5-56 공급원에서 당의 적재와 회수

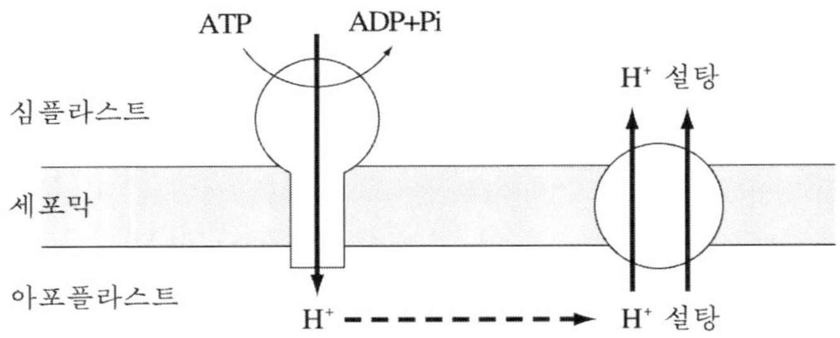

그림 5-57 당-H^+ 공동수송

당 수송에 필요한 에너지는 세포막에 존재하는 ATPase 양자펌프에 의해 제공된다.

체관부에 정상적으로 흡수되는 다른 당은 어떠한 pH 변화에도 반응을 나타내지 않는다. 이러한 결과들은 체관부 적재에 대한 아포플라스트 경로를 뒷받침하는 것으로서 이 경로를 따라 당이 최초 엽육세포나 체관부 유조직 세포로부터 잎의 아포플라스트로 들어간 다음 이 당은 설탕$-H^+$ 공동수송에 의해 사요소-반세포 복합체에 흡수되어 공급원으로 운반된다는 것을 시사한다.

체관부 적재에 관한 아포플라스트 경로를 지지하는 강력한 증거들이 존재하는 반면 심플라스트 경로를 지지하는 증거들 또한 적지 않다. 설탕 피딩(feeding) 실험의 결과에 의하면 방사선 동위원소로 표지된 설탕의 60% 정도가 잎의 엽육세포에서 나타나는 것으로 되어 있다. 그러나 이러한 결과에 대해서는 다른 해석을 할 수도 있다.

즉 설탕$-H^+$ 공동수송이 광합성 세포로부터 아포플라스트로 누출되는 설탕을 회수하는 기작으로 작용한다는 것이다. 그러한 회수기작은 엽육세포나 사세포-반세포 복합체로부터 누출되는 당이나 외부에서 처리한 당을 구분하지는 못하는 것으로 알려지고 있다.

만약 그러한 누출이 발생하면 회수기작은 운반류(tansport stream)로부터 일어나는 불필요한 당의 손실을 방지하는 역할을 하게 될 것이다. 실제로 누출-회수의 회로가 운반경로를 따라 가동되고 있는 것으로 여겨지고 있다.

만약 체관부 적재보다는 엽육세포에 의한 회수가 맞는다면 체관부 적재는 심플라스트 경로를 통해 일어난다는 결론이 나온다. 이러한 가설을 뒷받침하는 증거들도 많이 존재한다. 고구마의 일종인 *Impomea tricolor* 의 엽육세포에 형광성 염료를 주입했을 때 이 염료는 인접한 엽육세포로 빠르게 이동하며, 25 분 이내에 소맥(minor vein)에서 검출된다.

이 염료는 수용성이며 막을 투과할 수 없기 때문에 세포와 세포 사이에 있는 심플라스트를 통해 소맥으로 운반된 것으로 여겨지고 있다. 여기에서 주목할 점은 아포플라스트 경로를 지지하는 실험결과들이 모두 사탕무를 재료로 하여 얻어진 것들이라는 것이다.

1992 년 van Bel 은 실험대상 식물을 소맥의 인접세포와 사세포-반세포 복합체 사이에 심플라스트를 풍부하게 가지고 있는 것과 그렇지 않은 것에 근거하여 선발하였다.

예상대로 사세포-반세포 복합체와 심플라스트의 연계가 취약한 식물은 아포플라스트 적재(apoplatic loading)의 특징을 나타내었고, 심플라스트를 풍부하게 가지고 있는 식물은 심플라스트 적재(symplastic loading)의 특징을 나타내었다.

체관부 적재의 경로가 아포플라스트와 심플라스트 둘 중의 어느 경로를 거치는지 또는 둘 모두인지는 아직 명확하게 밝혀져 있지 않다. 심플라스트의 경로는 두 단계의 운반체 의존 막수송과정을 피할 수 있으므로 에너지의 측면에서 볼 때 유리할 수 있다. 그러나 관찰된 적재와 운반의 에너지 의존성은 아포플라스트 모델로 더 쉽게 설명된다.

일각에서는 체관부 적재의 과정에 일관성이 있는 것이 아니라 종이나 과에 특이적이라는 견해도 있다. 체관부 적재가 식물의 생산성과 밀접한 연관이 있다는 것을 고려할 때 이에 대해서 앞으로 많은 연구가 이루어져야 할 것이다.

2. 체관부 하적

일단 동화산물이 표적수용부에 도달하면 이 동화산물은 사세포-반세포 복합체로부터 수용부조직의 세포로 하적(unloading)되어야 한다. 원칙적으로 이 과정은 그 방향만 반대일 뿐 적재과정과 다를 바 없으나 세부사항에서는 중요한 차이가 있다. 체관부 적재처럼 체관부 하적도 심플라스트와 아포플라스트 경로를 따라 일어날 수 있다(그림 5-58).

심플라스트 경로(그림의 제 1 경로)는 어린잎이나 근단(root tip)의 주경로인 것으로 알려지고 있다. 설탕은 원형질연락사를 경유하여 농도기울기를 따라 사세포-반세포 복합체로부터 수용부로 흐른다.

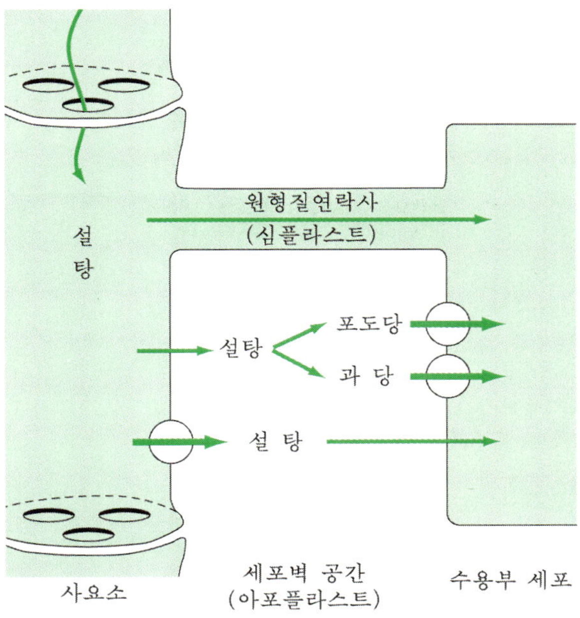

그림 5-58 당이 수용부세포에서 하적되는 세 가지의 경로

설탕의 농도기울기 형성과 결과적으로 나타나는 수용부 세포로의 설탕의 흐름은 설탕이 포도당과 과당으로 분해됨으로써 유지된다.

그림 5-58 에 나타나 있는 것처럼 아포플라스트 경로에는 경로 2 와 3 의 두 가지가 가능하다. 사탕수수의 저장성 유조직 세포에서 많은 연구가 이루어진 경로 2 의 경우 사세포-반세포 복합체에서 아포플라스트로 설탕의 방출이 일어난다. 이러한 설탕의 방출은 대사억제제나 PCMBS 에 의해 거의 영향을 받지 않으므로 에너지 의존적 운반체가 관계하지는 않는 것으로 여겨지고 있다.

아포플라스트로 방출된 설탕은 세포벽에 강하게 결합되어 있는 효소인 산 인베르타아제(acid invertase)에 의해 포도당과 과당으로 가수분해된다. 이 반응은 비가역적으로 일어나는 반응이며 분해산물인 포도당과 과당은 수용부 세포에 빠른 속도로 흡수된다. 수용부 세포에서 이들은 다시 설탕이 되어 액포로 운반된 후 저장된다.

아포플라스트에서 산인베르타아제에 의해 일어나는 설탕의 가수분해는 농도기울기를 유지하게 하고 계속해서 하적이 일어나게 하는 원동력이 된다. 이러한 경로는 옥수수, 사탕수수, 그리고 수크렁의 종자에서 뚜렷하게 나타난다.

체관부 하적의 세번째 경로는 속이 빈 배주(ovule)를 이용한 실험(그림 5-59)에 의해 밝혀진 경로로서 콩과식물의 종자에서 가장 많은 연구가 이루어지고 있다.

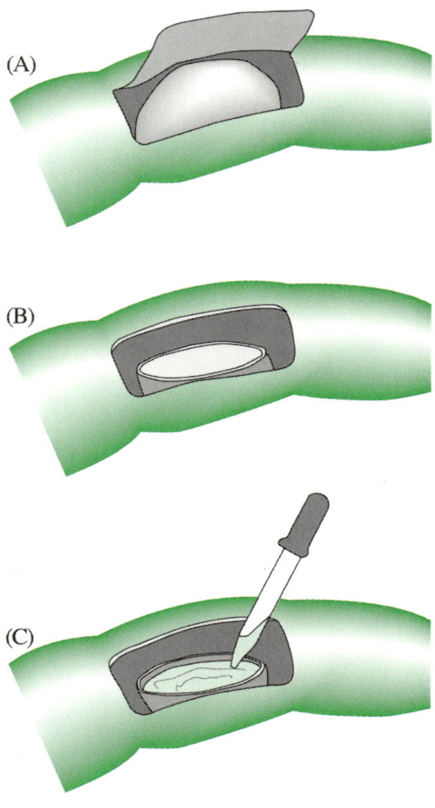

그림 5-59 콩과식물에서 속이 빈 배주(empty ovule)를 이용한 체관부 하적을 연구하는 실험장치

(A) 발달 중인 콩 종자는 손상을 입지 않도록 꼬투리를 제거한다.
(B) 종자의 말단부위 반쪽을 제거한 다음 나머지 반쪽 종자에 남아있는 배조직(embryo tissue)을 떠낸다.
(C) 결과적으로 생긴 컵모양의 구조, 즉 속이 빈 배주는 이제 종피조직(seed coat tissue)으로만 구성되어 있다. 이 구조에 완충용액이나 한천을 채워두면 유관속조직으로부터 하적되는 물질들을 수집할 수 있다.

이 실험의 핵심은 대부분의 콩과식물 종자 안에는 배조직(embryonic tissue)과 모조직(maternal tissue)을 연결하는 어떠한 원형질연락사도 없다는 것이다.

즉 배가 종피(seed coat)의 안쪽에 해당하는 내피(endothelium)와 분리되어 있다는 것이다. 따라서 발달 중인 배(수용부)로의 용질의 운반은 아포플라스트를 따라 일어날 수밖에 없으며, 그림 5-59와 같이 종자를 절단하여 결과적으로 남게 되는 속이 빈 종피컵(seed-coat cup)에 한천이나 완충용액을 채워두면 방출되는 어떠한 용질이라도 수집하여 연구할 수 있을 뿐만 아니라 pH를 변화시키거나 용매 또는 억제제 등을 첨가함으로써 하적과정을 조절할 수도 있다.

이 실험에 의하면 배로의 하적과정은 무산소상태, 저온, 대사억제제 및 PCMBS에 상당히 민감하게 반응하는 것으로 되어 있다. 이러한 결과는 적어도 콩과식물의 경우 설탕은 에너지 의존적 운반체에 의해서 아포플라스트로 하적된다는 것을 시사한다.

아직 이 운반체에 대한 정확한 정보는 없으나 현재까지의 증거에 의하면 앞에서 언급한 설탕$-H^+$ 공동수송일 것으로 추정하고 있다. 하지만 체관부 적재와 마찬가지로 체관부 하적도 그 경로에 일반성은 없는 것으로 생각되고 있다.

5-4-6 동화산물의 분배

다양한 대사경로와 식물체의 각 기관들 사이에서 일어나는 동화산물의 분배(distribution)는 상당히 중요한 분야이지만 그 과정이 아주 복잡하여 아직도 밝혀진 것이 거의 없는 실정이다. 공급원인 식물체의 잎에서 새롭게 고정된 탄소나 동화산물의 일부는 잎에 그대로 남아 있으나 그 나머지는 다양한 비광합성 조직이나 기관으로 분배된다. 이 과정은 몇 가지의 흥미로운 의문점을 불러일으킨다.

예를 들어 어느 정도의 탄소가 어떠한 형태로 보유될 것인가는 무엇이 결정하는가? 얼마만한 양이 어디로 운반될 것인가는 무엇이 결정하는가? 어느 정도의 동화산물이 밀이나 옥수수의 뿌리로 운반되고 또한 어느 정도가 발달중인 낟알로 운반되는 지는 무엇이 결정하는가? 이러한 의문점들은 식물의 생산성과 직접적으로 연관되어 있는 분배양식의 조절에 관한 것으로 근래에 들어 상당한 관심의 대상이 되고 있다.

옥수수를 재배하는 경우에 있어서도 어떤 농부는 옥수수 낟알의 생산성이 극대화되기를 바라는 반면 다른 농부는 영양기관인 잎으로 더 많은 동화산물이 이동하여 잎의 생산량이 더 많아지기를 원할 수도 있다. 각각의 농부는 그 작물에 대한 수확지수(harvest index, 총 생물현존량에 대한 유용한 식물부위의 비)를 다르게 평가하게 된다.

수확지수를 개선하는 전통적인 방법은 육종(breeding)과 선발(selection)이었다. 예를 들어 현재의 밀과 옥수수의 원종(progenitor)은 낟알 크기도 작고 낟알 수도 적었었다. 이들이 오랜 기간의 육종과 선발과정을 통해 오늘날의 생산성이 높은 변종이 된 것이다. 그러나, 우리가 동화산물의 분배와 이용을 조절하는 인자에 대해 더 많은 지식을 가지게 된다면 이들은 더욱 개선될 수도 있을 것이다.

연 습 문 제

1. 필수원소의 정의는 무엇인가?

2. 뿌리에서 일어나는 이온흡수과정에 대하여 설명하시오.

3. 암모니아반응, 질산화반응 및 탈질산화반응의 차이점을 설명하시오.

4. 콩과식물의 공생적 질소고정 과정에 대하여 설명하시오.

5. 뿌리혹의 형성과정에 대하여 설명하시오.

6. 수액의 상승에 미치는 요인들에 대하여 설명하시오.

7. 체관부 삼출물의 특징에 대하여 설명하시오.

8. 체관부를 통한 물질의 운반을 설명하는 모델에는 어떠한 것이 있는가?

9. 체관부 적재와 하적의 원리는 무엇인가?

참고 문헌

- J. Cronshaw, 1981, Phloem structure and function. *Ann. Rev. Plant Physiol.* 32 : 465～484.
- H. J. Dittmer, 1937, A quantitative study of the roots and root hairs of a winter rye plant (*Secale cereale*). *American Journal of Botany* 24 : 417～420.
- R. C. Dobbs and D. R. M. Scott, 1971, Distribution of diurnal fluctuations in stem circumference of *Douglas fir*. *Canadian Journal of Forest Research* 1 : 80～83.
- E. Epstein, 1972, "*Mineral nutrition of plants*", New York, Wiley.
- R. T. Giaquinta, 1983, Phloem loading of sucrose. *Ann. Rev. Plant Physiol.* 34 : 347～387.
- N. S. Hall, W. F. Chandler, C. H. M. van Bravel, P. H. Ried and J. H. Anderson, 1953, A tracer technique to measure growth and activity of plant root systems. *N. C. Agriculture Experiment Station Technical Bulletin* No. 101. 40 pp.
- A. T. J. Hayward, 1971, Negative pressure in liquids : Can it be harnessed to serve man? *American Scientist* 59 : 434～443.
- D. R. Hoagland and D. I. Arnon, 1950, "*The water-cultured method for growing plants without soil*", Calif. Agric. Expt. Sta. Circ.
- W. G. Hopkins, 1995, "*Introduction to plant physiology*", John Wiley and Sons, Canada.
- J. S. Kennedy and T. E. Mittler, 1953, A method for obtaining phloem sap via the mouth-parts of aphids. *Nature* 171 : 528.
- P. J. Kramer, 1983, "*Water relations of plants*", Academic Press, New York.
- J. A. Milburn and R. P. C. Johnson, 1966, The conduction of sap. II. Detection of vibrations produced by sap cavitation in Ricinus xylem. *Planta* 69 : 43～52.
- P. E. H. Minchin and J. H. Troughton, 1980, Quantitative interpretation of phloem translocation data. *Plant Physiol.* 31 : 191～215.
- P. Nobel, 1983, "*Biophysiological plant physiology and ecology*", W. H. Freeman, San Francisco.
- J. Sachs, 1960, Berichte über die physiologische Tätigkeit an der Versuchsstation in Tharandt. Ⅳ. Vegetationsversuche mit Ausschluss des Bodens über die Nährstoffe und sonstigen Ernährungsbedingungen von Mais, Bohnen und anderen Pflanzen. *Landwirtsch Vers Stn.* 2 : 219～268.
- F. B. Salisbury and C. W. Ross, 1992, "*Plant Physilogy*", Wadsworth, U. S. A.

- P. F. Scholander, H. T. Hammel, F. D. Bradstreet and E. A. Hemmingsen, 1965, Sap pressure in vascular plants. *Science* 148 : 339～346.
- J. S. Sperry, J. R. Donnelly and M. T. Tyree, 1988, Seasonal occurrence of xylem embolisms in sugar maple (*Acer saccharum*). *American Journal of Botany* 75 : 1212～1218.
- J. S. Sperry, N. M. Holbrook, M. H. Zimmermann and M. T. Tyree, 1987, Spring filling of xylem vessels in wild grapevine. *Plant Physiol.* 83 : 414～417.
- L. Taiz and E. Zeiger, 1991, "*Plant physiology*", The Benjamin/Cummings Publishing Company, Inc. Redwood City, Califonia.
- M. T. Tyree and P. G. Jarvis, 1982, Water in tissues and cells. *In* Physiological Plant Ecology. II. Water Relations and Carbon Assimilation, Encyclopedia of Plant Physiology, New Series, O. L. Lange, P. S. Nobel, M. Osmond and H. Zeigler, eds. Springer, Berlin, pp. 35～77.
- Y. Waisel, A. Eshel and U. Kafkafi, 1991, "*Plant Roots : The hidden half*", New York, M. Dekker.
- J. E. Weaver and R. W. Darland, 1949, Soil-root relationships of certain native grases in various soil types. *Ecological Monographs* 19 : 303～338.
- M. H. Zimmermann, 1983, "*Xylem structure and the ascent of sap*", Springer-Verlag, Berlin.

제 6 장 식물호르몬과 생장조절물질 및 천연물

식물은 일생을 살아가는 동안 발아, 생장, 분화, 형태형성, 개화, 노화, 기관 탈리 등의 복잡하지만 규칙적인 생활환을 이루고 있다. 생활환의 한 단계에서 다음 단계로의 전이는 이미 식물 내에 프로그램되어 있는 유전적 정보나 환경적 정보를 따라 식물체에서 합성되는 화합물에 의하여 조절된다. 이러한 화합물들을 식물 생장조절물질(plant growth regulator 또는 plant growth substance)이라고 한다.

식물 생장조절물질 중에서 식물의 생활환 조절 역할에 대한 중요성이 더욱 강조되는 물질로서, 식물체 내에서 생합성되며 식물계 전반에 걸쳐 존재하고, 극히 낮은 농도에서 독특한 생리현상을 나타내며, 일반적으로 식물체내 생성장소에서 작용장소로 이동이 일어나는 화합물들을 특히 식물호르몬(plant hormone 또는 phytohormone)이라 한다. 일반적으로 옥신(auxin), 지베렐린(gibberellin, GA), 시토키닌(cytokinin), 아브시스산(abscisic acid, ABA), 에틸렌(ethylene)의 크게 5가지의 화합물군들이 이런 식물호르몬에 포함되어 있다. 그러나 최근 연구결과로는 브라시노스테로이드(brassinosteroid), 폴리아민(polyamine) 등이 새로운 식물호르몬으로 자리매김을 하고 있어 식물호르몬 수는 더 늘어날 수 있다.

본 장에서는 일반론에 입각하여 옥신, 지베렐린, 시토키닌, 아브시스산 및 에틸렌 등의 식물호르몬과 브라시노스테로이드, 폴리아민 등의 생장조절물질로 대별하여 그 관련화합물의 구조적 특성, 생합성 경로, 생리작용 및 작용기작에 대하여 설명하기로 한다. 또한 식물은 생장과 분화에 직접적인 영향을 미치는 것은 아니나 다양한 기능을 가진 유기화합물들을 생성하는데, 이러한 2차산물(secondary products) 또는 2차대사산물(secondary metabolites)에 대해서도 알아보고자 한다.

6-1 식물호르몬

6-1-1 옥 신

1. 천연옥신

'to increase'라는 그리스어로부터 유래된 단어인 '옥신'은 일반적으로 자엽초와 줄기 절편의 길이생장을 촉진하고, 줄기와 뿌리의 발달, 꽃과 과실의 발생, 그리고 굴성운동 등을 유도하는 천연 및 합성물질 모두를 지칭한다.

C. Darwin은 자엽초를 사용하여 식물체에 존재하는 식물운동의 원동력을 찾으려하였다. 1926년 F. Went는 귀리 자엽초의 굴광성 운동이 자엽초 끝 부분에서 아래쪽 조직으로 이동되고, 확산 가능한 물질에 의한 것임을 밝혀냈다. Went는 이 물질을 옥신(auxin)이라고 명명하였고, 자엽초의 끝 부분에서 생성된 옥신은 아래쪽에 위치하고 있는 조직의 세포신장 속도를 조절한다는 사실도 밝혀냈다.

K. Thimann은 자엽초로부터 indole-3-acetic acid (IAA)를 분리하고 IAA가 자엽초뿐만 아니라 다른 식물의 조직과 기관의 세포신장을 조절하는 옥신임을 밝혀냈다.

IAA는 대부분의 식물에 존재하는 대표적인 천연옥신인데 IAA 이외에 indole-3-ethanol, indole-3-acetaldehyde, 그리고 indole-3-acetonitrile 등이 옥신의 활성을 갖는 것으로 알려졌다. 이 물질들은 IAA의 전구물질로서, 조직 내에서 IAA로 전환하므로 옥신 활성을 갖게 되는 것으로 추측된다.

(A) 천연옥신

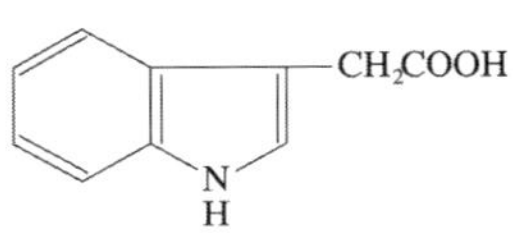

indole-3-acetic acid (IAA)

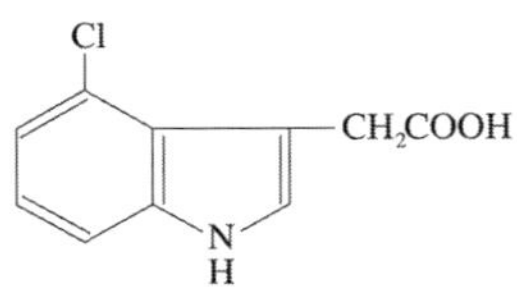

4-chloroindole-3-acetic acid

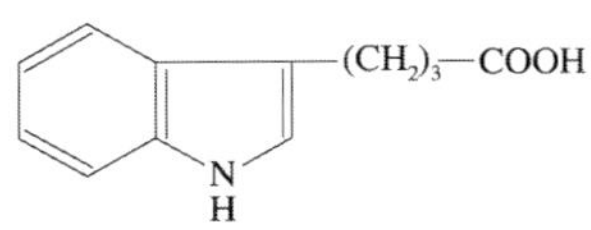

indole-3-butyric acid (IBA)

그림 6-1 A 천연옥신의 화학구조

(B) 합성옥신

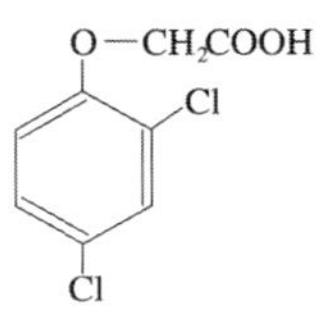

2, 4-dichlorophenoxyacetic acid(2, 4-D)

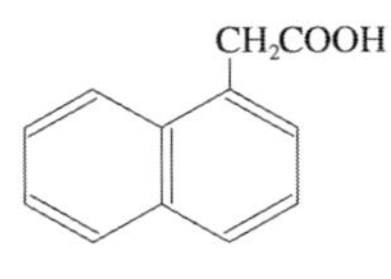

naphthalene acetic acid

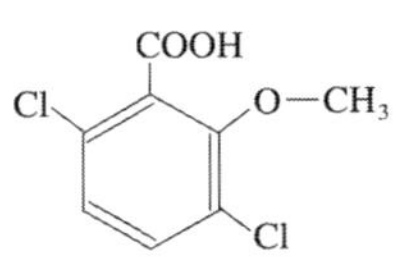

2-methoxy-3, 6-dichoro-benozic acid(dicamba)

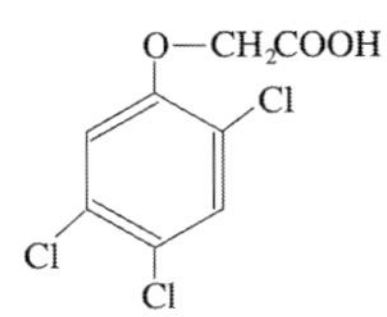

2,4,5-trichlorophenoxy-acetic acid(2,4,5-T)

그림 6-1 B 합성옥신의 화학구조

IAA와 함께 완두에서는 4-chloroindole-3-acetic acid (4-chloro IAA)가 발견되는데 이러한 IAA 관련 화합물들을 천연옥신이라고 한다(그림 6-1A).

천연옥신이 발견된 후 2, 4-dichlorophenoxyacetic acid (2, 4-D), napthalene acetic acid (NAA), 2-methoxy-3, 6-dichlorobenzoic acid (dicamba), 그리고 2, 4, 5-trichlorophenoxy acetic acid (2, 4, 5-T) 같은 옥신들이(그림 6-1 B) 화학자들에 의하여 합성되었으며, 이러한 화합물은 합성옥신이라고 한다.

2. 옥신의 구조적 특징과 활성과의 상관관계

비록 식물체 내의 phenylacetic acid (PAA)와 같은 화합물이 옥신의 활성을 나타내기도 하나 모든 옥신 화합물들은 IAA와 그 관련 화합물들로서 모두 인돌환의 모핵을 가지고 있어 모두 인돌계열의 화합물로서 분류된다. 그러므로 천연 옥신의 구조적 다양성은 모핵의 3번 탄소의 관능기의 다양성에 기인한다. 또한 염소기를 가지고 있는 옥신들은 모두 모핵의 4번 탄소의 유도체로서 나타나는 구조적 특징을 가지고 있다.

옥신의 활성을 가지고 있는 천연 또는 합성옥신들의 화학구조를 서로 비교할 경우, 중성 pH 조건에서는 강한 −전하가 환상(ring)구조의 약한 +전하로부터 5.5Å 떨어져 있다는 공통점을 가지고 있다(그림 6-2). 이러한 두 전하의 공간적 분리가 옥신의 생리적 활성을 위해서는 필수적일 것으로 추측된다.

중성 pH 조건의 IAA는 카르복실기(carboxyl group)로부터 H^+가 해리되어 −전하를 띠게 되고, 인돌 환상구조의 질소원자는 약한 +전하를 띠게 된다. 2, 4-D의 경우, 염소원자의 전자를 당기는 특성 때문에 6번째의 탄소가 약한 +전하를 띠게 된다. 한때는 환상구조가 활성에 필수적이라고 여겨졌지만, 식물체에 N, N-dimethyl ethylthiocarbamate와 같이 환상구조가 없으면서도 옥신활성을 가지고 있는 물질이 식물체에 존재하는 것으로 보아 환상구조가 옥신활성을 위하여 꼭 필요한 것은 아닌 것 같다.

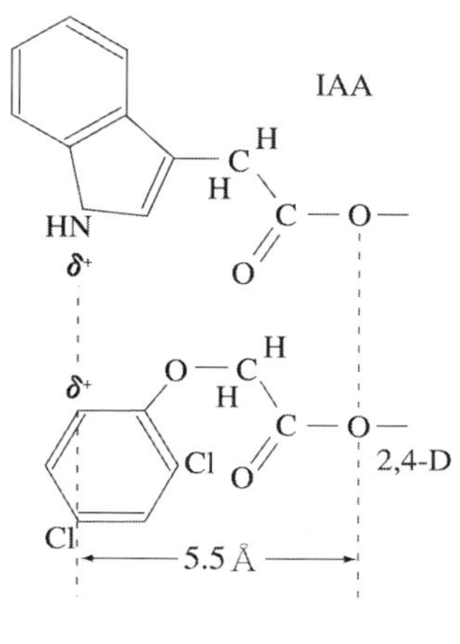

그림 6-2 중성 pH 조건에서 해리상태의 IAA와 2, 4-D의 화학구조

3. 생합성과 물질대사, 그리고 이동

(1) 옥신의 생합성

IAA 의 화학구조가 트립토판(tryptophan)과 동일한 인돌유도체라는 사실이 밝혀진 1930 년대부터 IAA 는 트립토판으로부터 생합성되는 것으로 알려져 왔다. 1940 년대 후반과 1950 년대에 수행된 방사능물질로 표지되거나 또는 방사능물질로 표지되지 않은 트립토판을 사용한 실험의 결과, IAA 는 많은 식물에서 트립토판으로부터 생합성된다는 사실이 확인되었다.

식물에서 IAA 는 트립토판으로부터 indole-3-pyruvic acid 와 indole-3-acetaldehyde 로 전환된 후 생합성되는 indole-3-pyruvate 경로를 통해서, 트립토판이 트립타민(tryptamine)으로 전환된 후에 IAA 가 생합성되는 트립타민 경로를 통해서, 그리고 트립토판이 indole-3-acetaldoxime 과 indole-3-acetonitrile (IAN)로 전환된 후에 IAA 가 생합성되는 IAN 경로를 통해서도 생합성된다는 사실이 확인되었다(그림 6-3).

이와는 달리 일부 박테리아에서는 트립토판이 indole-3-acetamide 로 전환된 후에 IAA 가 생합성되는 것으로 알려져 있다. 그러나 최근 보다 정확한 정량법과 *in vivo* 분석이 가능한 이상적인 연구모델 시스템 그리고 IAA 물질대사에 돌연변이가 일어난 돌연변이체의 개발로 IAA 가 트립토판 비의존 경로(tryptophane-independent pathway)를 통해서도 생합성될 수 있다는 사실이 확인되었다.

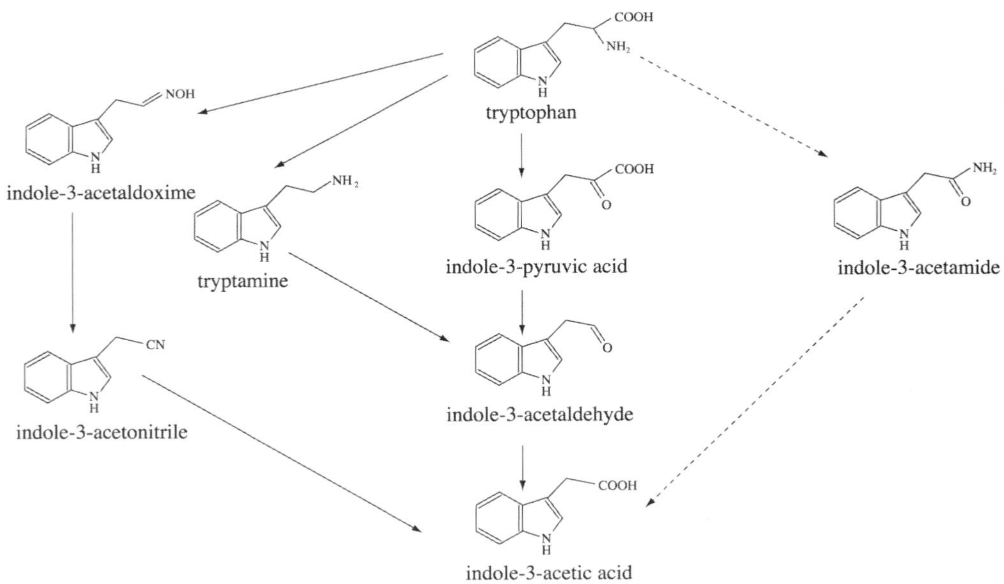

그림 6-3 트립토판으로부터 IAA 의 생합성 경로
미생물에서 IAA 의 생합성 경로는 점선으로 표시하였다.

트립토판 생성이 결손되어 있는 *Arabidopsis* 돌연변이체의 경우 정상적인 *Arabidopsis* 보다 오히려 IAA 의 농도가 높게 유지되고, 돌연변이체 내의 트립토판의 전구물질인 indole 의 농도도 높았다. 이러한 현상은 돌연변이체에서 트립토판의 생합성은 억제되지만, IAA 가 indole 로부터 생성될 가능성을 보여준다. IAA 가 늘 생성되는 당근세포의 경우, 합성 옥신인 2, 4-D 가 첨가된 배지에서 배양될 때에 세포는 미분화(undifferentiation)상태로 증식된다. 그러나 2, 4-D 를 제거하면 체세포 배발생(somatic embryogenesis)이 유도되는 특성을 가지고 있다.

IAA 는 2. 4-D 가 존재할 경우에는 트립토판으로부터 생합성된다. 그러나 2, 4-D 가 제거될 경우에는 트립토판이 IAA의 전구물질로 사용되지 않는다. 즉 IAA 가 트립토판에 의존하지 않는 경로를 통해서 생합성된다. 이러한 사실은 한 식물에 여러 개의 IAA 생합성 경로가 존재하고, IAA 의 생합성 조절이 대단히 복잡함을 시사해 준다.

고등식물에서는 IAA 가 주로 줄기의 정단분열조직(apical meristem), 어린잎, 그리고 발생과정에 있는 과일에서 생합성된다. 이 사실은 세포분열이 활발히 일어나는 곳과 IAA 생합성장소가 서로 연관되어 있음을 말해 준다. 물론 IAA 는 성숙상태의 잎과 뿌리의 절단부에서도 합성되지만, 이 경우에 IAA 의 생합성량은 대단히 낮은 것으로 알려져 있다.

(2) 옥신 물질대사

IAA 와 같은 free 옥신(유리상태의 옥신)만이 생리현상을 유도할 수 있는 것으로 밝혀져 있다. 유리상태의 옥신은 물질대사 과정을 통해 생리활성을 잃기도 하고, 일시적으로 생리적 활성을 잃은 옥신의 대사물질이 활성을 되찾기도 한다. 동시에 물질대사과정을 거쳐 유리상태의 옥신은 저장과 이동에 적합한 형태로 전환되기도 한다. 이러한 일련의 물질대사 과정은 세포질 내 유리상태의 옥신농도를 조절하는 주요한 요소로서 작용한다.

① IAA-결합체

모든 식물에서 IAA 에 포도당이나 미오이노시톨(*myo*-inositol)과 같은 분자량이 적은 물질이 결합되어 있는 IAA 에스테르와 IAA-아스파르트산과 같은 아미드(amide) 결합체가 존재한다(그림 6-4).

동시에 IAA 에 글루칸(한 개의 IAA 에 7~50 개의 포도당이 결합되어 있는)과 당단백질과 같은 분자량이 큰 물질이 결합되어 있는 IAA-결합체(IAA-conjugate)가 발견되기도 하는데 이들을 결합옥신(bound auxin)이라고 한다. 이러한 IAA-결합체 자체는 식물세포의 신장을 촉진하지는 못한다. 다만 용매추출, 알칼리 가수분해 또는 *in vivo* 에서 효소에 의한 가수분해 등에 의하여 활성을 갖는 유리상태의 옥신으로 전환된다.

제한된 연구결과에 의한 것이지만, IAA 에스테르와 같은 IAA-결합체는 발아과정에 있는 유식물에서는 유리상태 옥신의 중요 공급원으로 작용하는데, 발아과정에 있는 옥수수 줄기의 경우 사용되는 유리상태의 IAA 의 20~60%는 배유(endosperm)에서 공급되는 IAA-결합체가 가수분해된 것으로 밝혀졌다. 그러나 성숙상태의 식물에서도 IAA-결합체의 가수분해가 중요한 역할을 하는지는 아직 밝혀져 있지 않다.

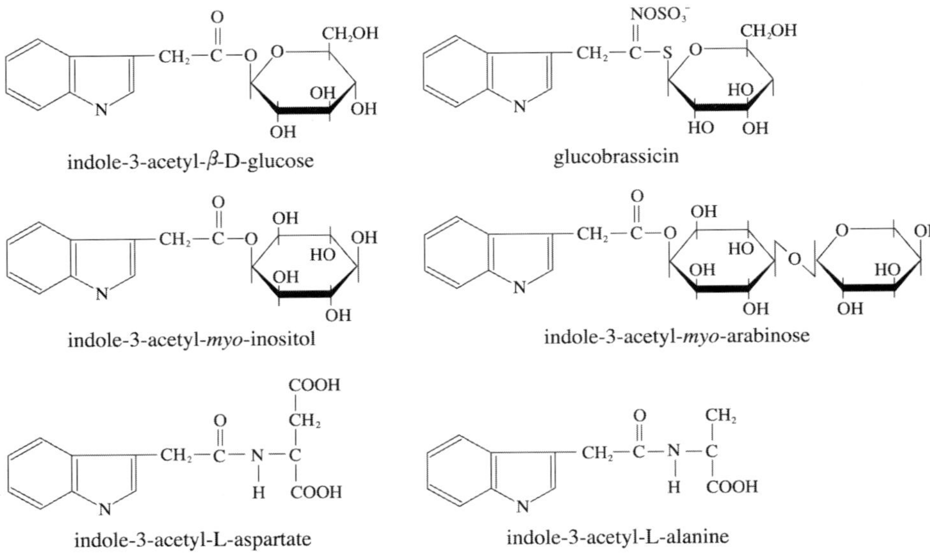

그림 6-4 IAA-결합체의 화학구조

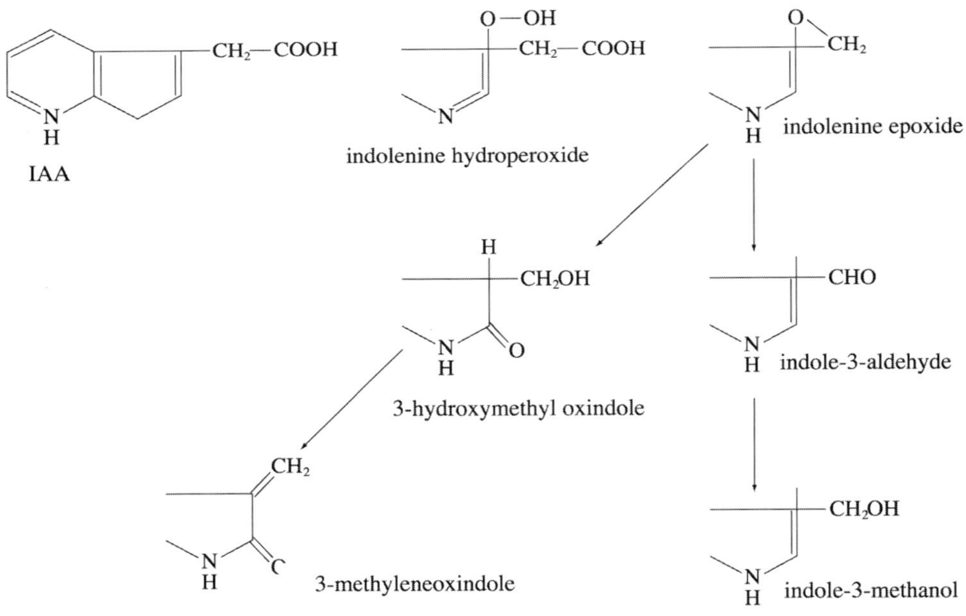

그림 6-5 IAA의 산화적 파괴경로

② IAA 산화

IAA 산화물은 더 이상 생리활성을 나타내지 않기 때문에 IAA의 산화는 유리상태의 옥신을 효율적으로 제거할 수 있는 방법이기도 하다. 용액에 있는 IAA는 리보플라빈

(riboflavin)과 같은 색소체의 존재하에 산, UV, 이온화(ionizing) 광선, 그리고 가시광선에 의하여 쉽게 파괴된다. 그리고 효소의 작용에 의해서도 IAA 구조가 파괴될 수 있다.

Tang 과 Bonner (1947)는 IAA 를 비활성화시킬 수 있는 효소를 식물의 추출물로부터 분리하고 IAA-산화효소 라고 명명하였다. 그 후, 여러 식물에서 과산화효소 가 flavoprotein 과 함께 CO_2 를 방출시킴으로써, IAA 를 산화적으로 탈카르복실화한다는 사실이 확인되었다. 실험관 상태에서는 과산화효소 에 의한 주된 IAA 산화물이 3-hydroxymethyloxindole 과 3-methyleneoxindole 인데, 이러한 IAA 의 산화물은 식물체 내에서도 생성될 수 있다. 그리고 토마토, 보리, 완두와 콩의 줄기에서는 indole-3-aldehyde 가 생성되는 다른 IAA 의 산화경로가 존재한다는 사실도 확인되었다(그림 6-5).

③ 옥신의 이동

옥신의 조직 또는 기관 안팎으로의 이동은 옥신의 생합성, 물질대사, 그리고 액포와 같은 세포소기관 안으로의 저장(compartmentation)과 함께 세포 내의 옥신농도를 변화시킬 수 있는 요소 중의 하나이다(그림 6-6).

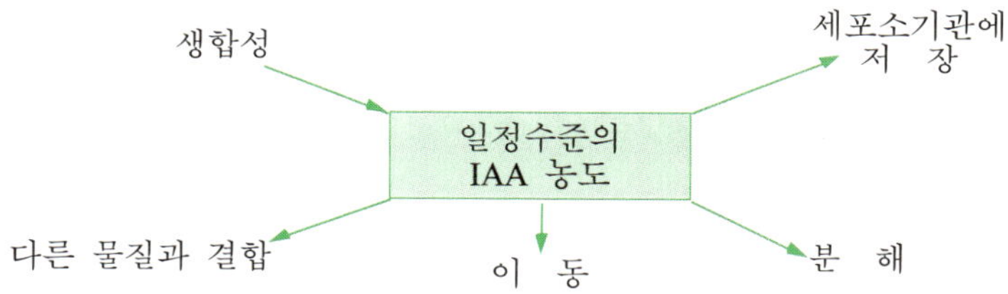

그림 6-6 식물세포에서 일정하게 유지되는 IAA 농도를 변화시킬 수 있는 요소들

또한 옥신의 이동은 식물의 생장과 발생의 조절과정에서도 중요한 역할을 수행하기 때문에, 식물에서 어떻게 IAA 가 이동하는가를 이해하는 것은 상당히 중요하다. 고등식물에서는 최소한 두 개의 서로 다른 방법으로 IAA 가 이동하는 것으로 밝혀져 있다. 즉 에너지를 사용하며 한쪽 방향으로만 이동하는 극성이동(polar transport)과 에너지를 사용하지 않고 관속계를 통하여 이동하는 비극성이동(non-polar transport)이 그것이다.

㈎ **비극성이동 :** 발아상태에 있는 옥수수의 경우, IAA-결합체는 종자의 배유로부터 줄기 쪽으로 이동한다. 이때 이동되는 주된 IAA-결합체는 indole-3-acetyl-*myo*-inositol (IAA-inositol)이다. IAA-이노시톨보다 복잡한 형태의 IAA 에스테르인 IAA-이노시톨-갈락토오스와 IAA-이노시톨-아라비노오스는 유관속계를 통하여 줄기로 이동되기 전에 먼저 배반(scutellum)에서 IAA-이노시톨로 전환된다. 유관속계를 통하여 줄기로 이동한 IAA-이노시톨은 이동된 곳에서 효소의 작용에 의하여 유리상태의 IAA 로 전환된 후에 극성이동을 하게 된다.

㈏ **극성이동 :** 옥신의 극성이동은 조직이 놓여있는 방향과는 무관하게 옥신이 자엽초나 줄기에서 일정한 방향으로만 이동되는 것을 말한다(그림 6-7).

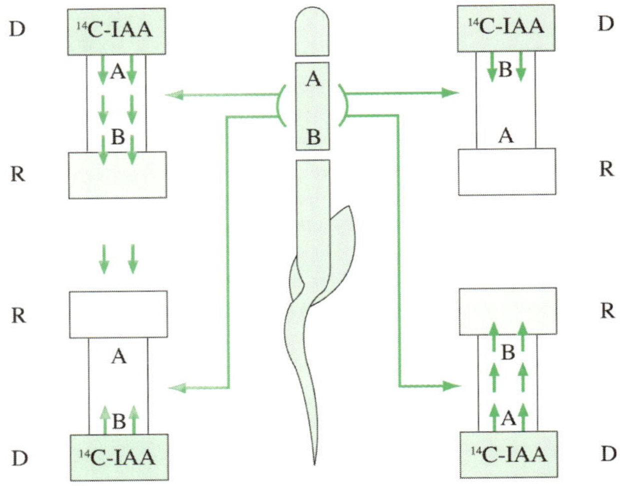

그림 6-7 귀리 자엽초절편에서 옥신의 극성이동

D : 방사선동위원소인 ^{14}C 로 표지되어 있는 IAA 를 함유하고 있는 한천조각
R : 이동된 ^{14}C 로 표지되어 있는 IAA 를 받아들이는 한천조각

만약 옥신이 자엽초에서 형태학적인 즉 끝부분으로부터 형태학적인 기저부, 즉 아래부분으로 이동된다면 이러한 극성이동을 구저이동(basipetal transport)이라 한다. 이와는 반대로 형태학적인 기저부로부터 정단부를 향하여 옥신이 이동된다면 이를 구정이동(acropetal transport)이라 한다. 줄기로부터 뿌리로 이동된 옥신은 유관속계를 통하여 뿌리의 기저부로부터 뿌리의 끝 부분으로 구저이동되지만 뿌리의 어린 조직에서 옥신은 뿌리의 정단부에서 기저부 쪽으로 이동하는 구저이동을 한다.

자엽초의 경우, 자엽초를 구성하고 있는 모든 세포에서는 옥신의 극성이동만이 일어난다. 반면에, 줄기의 경우는 유관속계에 인접해 있는 유관속초 유조직 세포에서만 극성이동이 일어나는 것으로 알려져 있다.

이러한 옥신의 극성이동이 시아니드나 2, 4-디니트로페놀과 같은 호흡억제물질에 의하여 억제되는 사실로부터 옥신의 극성이동이 미토콘드리아의 물질대사에 의하여 생성되는 에너지를 필요로 하는 능동 수송기작에 의한 것임을 확인할 수 있다. 옥신의 극성이동은 2, 3, 5-triiodobenzoic acid (TIBA)와 N-1-naphthylphthalamic acid (NPA)와 같은 피토트로핀(phytotropin, 그림 6-8)이라고 불리는 물질에 의하여 비경쟁적(noncompetitive)으로 억제되고, 방사선으로 표지된 IAA 의 극성이동은 방사선으로 표지되어 있지 않은 IAA 에 의하여 부분적으로 억제된다. 이러한 사실들은 옥신의 극성이동에 운반체(carrier)가 관여되어 있음을 시사해 준다.

약산성의 친지성(lipophilic) 물질인 IAA 는 pH 에 따라 IAAH 또는 IAA^- 로 전환될 수 있다. 세포벽 내의 pH 는 5.0 이하이므로 이러한 pH 조건에서 pKa 값이 4.75 인 IAA 는 대부분 IAAH 상태로 존재한다.

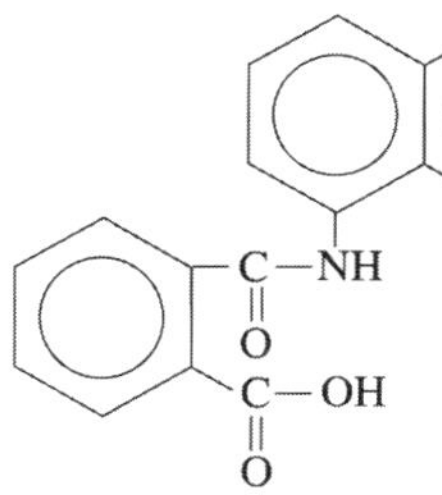

naphthylphthalamic acid(NPA)

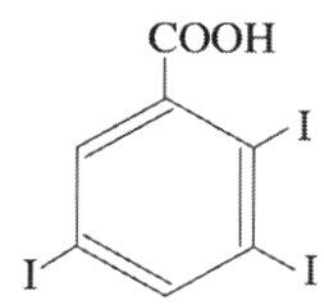

2,3,5-triiodobenzoic acid(TIBA)

그림 6-8 피토트로핀의 화학구조

IAAH는 높은 지용성을 가지기 때문에 IAA^-보다는 쉽게농도구배에 따른 확산에 의하여 세포막을 통하여 세포질 내로 이동된다. 반면 pH가 7인 세포질 내에서는 IAAH가 IAA^-와 H^+로 해리되어 IAA가 세포막을 통과하지 못하는 IAA^- 상태로 전환되기 때문에 결국은 세포 내에 갇히게 된다.

IAAH가 세포벽으로부터 세포 내로 유입되고 IAA^-가 세포 내에 축적되기 위해서는 원형질막을 경계로 한 H^+의 농도차가 잘 유지되어야 한다. 이러한 H^+의 농도차는 원형질막에 형성되어 있으며 ATP를 에너지로 사용하는 양성자펌프(proton pump)인 H^+-ATPase가 H^+를 세포벽 쪽으로 계속해서 이동시키기 때문에 유지될 수 있다.

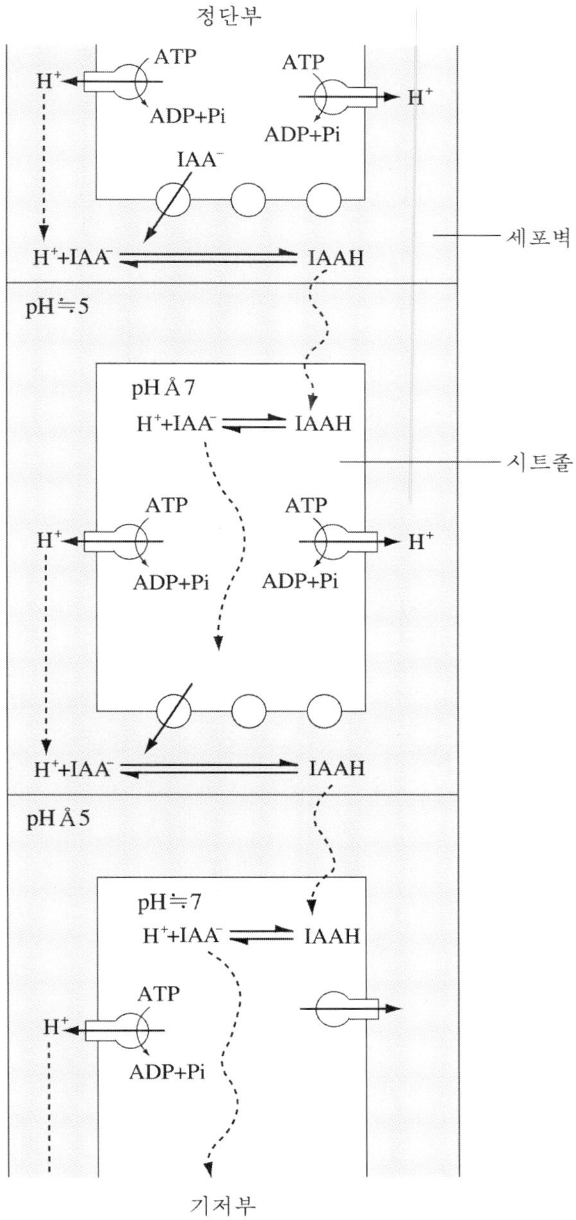

그림 6-9 IAA의 극성이동현상을 설명해 주는 chemiosmotic-polar diffusion 설

Goldsmith (1977)는 이러한 사실들을 근거로 해서 옥신의 극성이동을 설명하는 화학삼투설을 제안하였다(그림 6-9).

이 모델에 의하면 IAA^-는 세포의 기저부에 위치하고 있는 옥신 운반체에 의하여 세포 밖으로 유출될 수 있다. 유출된 IAA^-는 세포벽에서 IAAH로 전환되고 전환된 IAAH는 세포벽 내에서 확산되어 인접해 있는 세포 내로 유입된다.

다시 세포 내에서 IAA^-로 전환된 옥신은 세포질 내에서 확산 또는 세포질 유동에 의하여 IAA^-가 유출될 수 있는 세포의 기저부로 향하게 된다. 이러한 방법을 통해서 옥신은 일련의 인접한 세포들로 구성된 조직 내에서 구저이동을 하게 된다.

IAA의 구정이동에 필수적인 IAA^--운반체가 세포의 기저부에 존재한다는 사실은 Jacobs와 Gilbert (1983)가 완두 줄기조직를 형성하고 있는 세포의 기저부에 옥신수송 억제물질인 NPA와 결합하는 단백질이 위치한다는 사실을 밝힘으로써 확인되었다.

이러한 옥신의 극성이동에 대한 연구는 주로 귀리나 옥수수로부터 획득한 자엽초의 절편, 콩의 하배축(hypocotyl) 절편, 그리고 완두 상배축(epicotyl)에서 이루어졌다. 반면에 이미 성숙 상태에 있는 조직을 대상으로 한 옥신이동에 대한 연구는 제한적으로 수행되기는 하였지만, *Coleus*의 줄기조직의 경우 옥신의 구저이동과 구정이동이 3 : 1의 비율로 일어나는 것으로 밝혀졌다. 이러한 사실은 이제까지 옥신에 의해 구저이동만이 일어난다고 여겨왔던 유식물조직에서도 구정이동이 함께 일어날 가능성을 시사해준다.

4. 생리현상

옥신의 식물생장과 발생과정에 미치는 효과는 조직 또는 기관의 발생단계, 처리된 옥신의 농도와 옥신의 종류(천연 또는 합성옥신), 다른 식물호르몬의 관여 여부, 그리고 조직절편이 사용되었는지 또는 온전한 식물체가 사용되었는지에 따라 다양하게 그리고 경우에 따라서는 전혀 다르게 나타난다.

(1) 세포생장과 세포분화

옥신은 세포생장과 줄기신장을 촉진하는 것으로 알려져 있다. 이러한 사실은 옥신에 의한 귀리 자엽초의 세포신장조절에 근거를 두고 있는데, 동일한 옥신의 작용이 자엽초 끝의 아래 부분 절편과 암소에서 생장된 완두 유식물의 줄기 절편에서도 확인되었다.

옥신의 농도-반응 곡선은 조직절편의 길이가 최적 옥신 농도에 도달할 때까지는 농도 증가에 따라 길어지는 양상을 나타내지만, 옥신농도가 최적농도보다 높아질 경우는 오히려 길이생장이 감소되는 특성을 나타내었다(그림 6-10). 이와 같은 식물생장반응은 조직 내의 식물호르몬 농도를 측정할 때 종종 사용된다. 이러한 기법을 생물검정법(bioassay)이라고 한다.

옥신의 생리적 특성은 온전한 식물의 줄기 또는 자엽초의 경우, 외부로부터 첨가된 옥신에 의해서는 별다른 반응이 유도되지 않는다는 것이다. 이러한 사실은 온전한 식물체의 내생 옥신 농도가 조직의 최고 신장을 유도하기에 충분하며, 여분으로 첨가된 옥신의 효과는 아주 미미하거나 또는 부가적 효과를 나타내지 않음을 뜻한다.

이러한 사실을 근거로 첨가된 옥신의 효과는 옥신 공급이 이루어지지 않는 절단된 줄기나 자엽초의 절편과 같은 조직에서만 나타날 수 있다. 이 사실은 하나의 법칙으로 간주되었다.

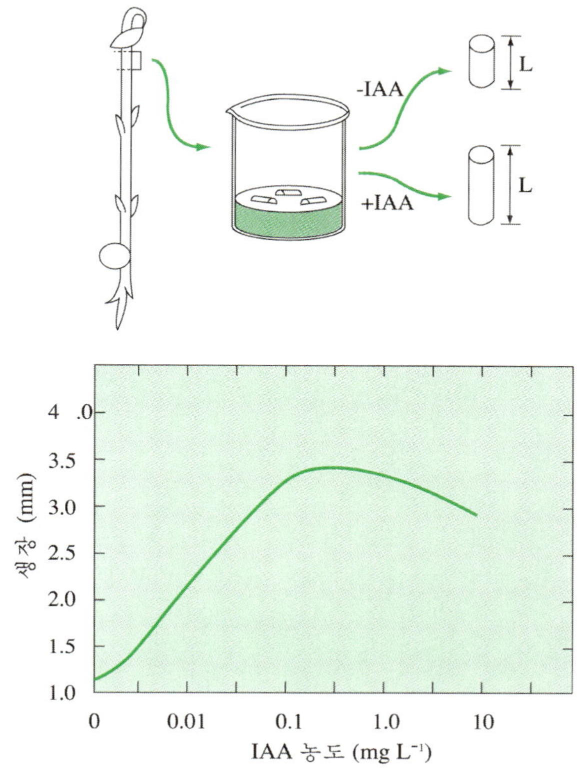

그림 6-10 완두줄기절편의 옥신농도 변화에 따른 길이생장반응곡선

하지만 Yang (1993) 등에 의해 외부에서 첨가한 IAA가 온전한 완두의 절간을 계속해서 생장시킨다는 사실이 밝혀짐으로써 이 법칙은 흔들리고 있다.

옥신은 세포 분화과정에도 관여하는데, 줄기의 유관속계 분화는 발생과정에 있는 어린 잎에서 생합성된 옥신에 의하여 조절된다. Jacobs 등(1970)은 상처를 입은 *Coleus* 줄기의 유관속계 복구과정에 옥신이 관여한다는 사실을 밝혀냈다. 상처가 난 부위의 사관요소와 사관의 재분화는 옥신의 공급에 의하여 제한되고 조절된다.

이러한 사실은 상처부위 위쪽에 위치하고 있는 잎을 제거할 경우 유관속계의 재분화는 감소하지만, 외부로부터 옥신을 첨가한 경우에는 첨가된 옥신의 양에 비례하여 유관속계의 재분화가 진행되는 사실로서 확인될 수 있다.

(2) 줄기와 뿌리 발달

콩(*Phaseolus*)의 경우 측아(axillary bud)의 생장속도가 정아(apical bus)의 생장속도보다 대단히 느리고, 그 밖의 많은 식물에서는 발생초기부터 측아세포의 분열과 부피증가가 억제되기 때문에 결국 측아는 생장하지 못한다. 하지만 줄기의 끝 부분을 제거할 경우, 측아는 생장하게 되어 새로운 줄기가 발달하게 된다. 이러한 정아에 의한 측아의 세포분열 및 체적증가의 억제현상을 정단우성(apical dominance)이라고 한다(그림 6-11).

그림 6-11 잠두(*Vicia faba*)에서의 정단우성현상

(A) 대조구(control) 식물
(B) 옥신의 공급원인 정아를 제거할 경우에 측아생장이 촉진된다.
(C) 줄기의 절단면에 옥신을 공급하면 정단우성이 회복된다.

Thimann 과 Skoog (1934)는 잠두(*Vicia faba*) 줄기의 끝 부분을 절단하고 절단면에 옥신을 계속 공급할 경우 정단우성현상이 지속된다는 사실을 밝혔다. 정아로부터 이동된 옥신이 정단우성현상에 관여한다는 사실은 옥신이동 억제제인 triiodobenzoic acid (TIBA) 또는 naphthylphthalamic acid (NPA)를 줄기의 끝 부분과 측아 사이에 처리할 경우 측아발생이 촉진되는 사실로 확인할 수 있다.

그러면 어떻게 줄기의 끝 부분에서 유래한 옥신이 측아발생을 억제할 수 있겠는가? 가장 일반적으로 받아들여지고 있는 설은 옥신의 측아생장을 위한 최적농도가 옥신의 줄기 신장을 위한 최적농도와 비교할 때 극히 낮기 때문에 옥신에 의한 억제현상이 일어난다는 것이다. 줄기 끝 부분에서부터 식물의 기저부로 이동되는 옥신은 측아의 생장을 억제할 수 있을 정도의 농도를 유지하고 있는 것으로 추측된다.

이러한 정단우성현상은 옥신의 단독작용에 의해서 일어나는 것은 아니다. 시토키닌은 옥신과 길항작용을 하는데, 비정상적으로 강한 정단우성현상을 나타내는 돌연변이 토마토 내의 시토키닌 농도는 정상 토마토보다 낮게 유지되고 시토키닌을 뿌리의 끝부분 또는 측아에 직접 처리할 경우 많은 식물에서 측아의 발생억제가 회복된다는 사실이 알려져 있다. 또한 측아생장 억제와 아브시스산 사이에 연관성이 있음을 암시해주는 실험결과도 있다. 예를 들어 *Phaseolus* 의 줄기의 끝 부분을 제거할 경우, 측아의 아브시스산 농도는 대조구보다 낮아지고 아브시스산을 줄기의 끝 부분에 처리할 경우 측아발생의 억제가 회복된다는 사실도 밝혀져 있다.

이상의 실험결과로 정단우성에 시토키닌과 아브시스산과 같은 식물호르몬이 관여할 수 있다는 사실이 확인되었지만, 이들 식물호르몬 간의 정확한 상호작용 기작에 대해서는 아직 밝혀져 있지 않다.

(3) 뿌리의 신장과 발생

낮은 농도(10^{-8} M 또는 그 이하)의 옥신은 뿌리 절편과 온전한 식물의 뿌리생장을 촉진하지만 높은 농도의 옥신, 즉 줄기의 신장을 촉진하는 농도범위(10^{-5} ~ 10^{-6} M)의 옥신은 오히려 뿌리생장을 억제한다. 이러한 높은 농도의 옥신에 의한 뿌리생장의 억제는 부분적으로 옥신에 의하여 생합성이 증가된 에틸렌의 작용 때문인 것으로 밝혀져 있다.

뿌리의 끝부분을 제거하거나 뿌리에 옥신의 길항제를 처리할 경우 뿌리의 생장이 촉진되는데, 이러한 실험결과는 뿌리의 끝부분에서 생합성되는 내생옥신의 농도가 뿌리의 생장을 억제할 만큼 충분한 것임을 암시해 준다.

일반적으로 옥신은 뿌리의 신장을 억제한다. 하지만 높은 농도의 옥신은 이차뿌리형성을 촉진한다. 옥신의 공급처인 어린잎이나 눈(bud)을 제거할 경우 이차뿌리의 수는 감소된다. 이것은 이차뿌리형성이 줄기를 통하여 공급되는 옥신에 의하여 조절됨을 보여준다. 또한 옥신은 줄기에 부정근(adventitious root)이 형성되는 것을 촉진한다(그림 6-12).

그림 6-12 옥신에 의한 부정근형성의 촉진
식물의 절단면을 합성옥신이 함유되어 있는 용액에 담글 경우 부정근 형성이 촉진된다.

부정근은 사부조직 또는 버드나무나 포플라와 같은 목본류의 경우, 절(node)에 이미 형성되어 있는 원기(primordia)로부터 형성된다. 포플라나 그와 비슷한 종(species)의 줄기절편에서는 부정근이 절편의 방향과는 무관하게 항상 절편의 형태학적인 아래 부분에 형성된다. 이러한 극성은 줄기에서 옥신의 극성이동과 관련되어 있는 것 같다.

(4) 꽃과 과실의 발생

외부로부터 첨가된 옥신은 대부분 개화를 억제하는 양상을 나타내지만, 옥신은 개화시작 과정에서 주된 역할을 수행하지는 않는다. 또한 옥신의 개화억제는 주로 옥신에 의하여 유도되는 에틸렌에 의한 이차효과라는 사실도 확인되었다. 예외적으로 파인애플과 같은 *Bromeliaceae* 과의 식물들은 옥신이나 에틸렌의 처리로 개화가 촉진될 수 있다.

(A) (B) (C)

그림 6-13 옥신에 의한 과실발생의 촉진

딸기 표면에 붙어있는 종자의 IAA 는 과실의 발생을 촉진한다.
(A) 대조구 (B) 모든 종자를 제거할 경우
(C) 모든 종자를 제거하고 옥신이 함유되어 있는 라놀린을 처리할 경우

일단 개화가 시작되면 옥신은 이어지는 꽃과 과실의 발생과정에서 중요한 역할을 수행하는 것으로 밝혀졌다. 암술 또는 수술 중에서 한 가지만을 가지고 있는 불완전화(imperfect flower)의 성은 유전적으로 결정되지만, 성은 영양상태나 환경요인, 그리고 외부에서 첨가된 호르몬에 의하여 뒤바뀔 수도 있다. 박과식물(*Cucumis*)과 여러 다른 식물의 경우, 개화초기에는 양성(bisexual)이지만 개화초기에 옥신을 처리하면 암꽃의 생성이 유도된다. 이러한 옥신의 효과도 에틸렌을 매개로 일어날 가능성이 있다.

1930 년대 중반부터 꽃가루는 옥신의 공급원이며 꽃가루 추출물을 수분이 되지 않은 가지과 식물에 처리하면 과실의 발생이 시작된다는 사실이 알려져 왔다. 이렇게 수분과정 없이 과실의 발생이 일어나는 현상을 단위결실(parthenocarpy)이라고 한다. 단위결실은 특별히 가지과(토마토, 후추), 박과(오이, 호박), 그리고 감귤과에 속하는 식물에서 제한적으로 일어난다.

1950 년대에 J. P. Nitsch 는 발생과정에 있는 종자가 과실의 발생을 진행시키는 데 필요한 옥신의 공급원이라는 사실을 밝혔다. 딸기의 경우는 과실표면에 종자가 붙어 있는데, Nitsch 는 종자를 제거할 경우는 과실의 발생이 억제되지만 과실에 옥신을 처리할 경우 과실발생이 정상적으로 재개된다는 사실도 밝혀냈다(그림 6-13).

옥신은 과실의 탈리도 조절하는데, 옥신을 처리하는 시기와 농도에 따라 전혀 다른 효과가 나타난다. 과실발생이 시작된 직후 옥신을 처리할 경우 정상보다 빠른 과실의 탈리현상이 일어나지만 과실발생 후반부에 옥신을 처리하면 미성숙상태의 과실이 탈리되는 것을 억제해 준다. 이러한 옥신의 효과는 효율적인 과실의 수확에 도움이 된다.

(5) 탈리지역의 형성

잎이나 과일과 같은 기관이 식물로부터 떨어져 나가는 과정을 탈리라고 한다. 탈리현상은 엽병의 아랫부분 근처에 탈리층(abscission layer)이라고 불리는 특별한 세포층이 형성

된 결과로 일어나게 되는데, 기관이 노화됨에 따라 탈리층 내의 세포벽이 약해지고 결국 분리되기 때문에 일어난다. 이러한 탈리현상은 탈리층 양쪽 면의 옥신의 상대적 농도차에 의존한다는 사실이 밝혀졌다.

일반적으로 어리고 활발한 생장과정에 있는 기관 내의 옥신 농도는 높지만, 기관이 노화되고 죽게 됨에 따라 옥신농도는 점차로 감소된다. 탈리현상에 미치는 옥신의 효과는 줄기에 엽병이 붙어있는 상태에서 잎면(leaf blade)을 제거하고, 엽병의 절단면에 옥신을 처리하면 대조군에 비하여 탈리현상이 지연된다는 사실로서 확인할 수 있다.

5. 작용기작

옥신의 작용기작은 옥신에 의하여 유도되는 세포생장을 중심으로 설명하려 한다. 옥신의 세포생장에 대한 연구는 조직, 세포, 그리고 유전자 수준에서 진행되어 왔다. 조직수준에서는 옥신을 처리한 후 조직절편의 길이생장을 아주 민감한 생장측정장치를 사용하여 측정하고 생장 kinetics를 분석하는 연구가, 세포수준에서는 방사선동위원소로 표지되어 있는 옥신을 사용하여 옥신반응이 유도되는 데 필수적인 옥신 수용체(receptor)의 분리에 대한 연구가, 그리고 DNA 수준에서는 옥신에 의하여 유도되는 유전자 발현 변화에 대한 연구가 진행되었다.

옥신처리 후 옥신에 의하여 유도되는 줄기 또는 자엽초 절편의 길이생장 kinetics를 분석한 결과, 조직절편에 완충액만을 처리할 경우에는 생장속도가 천천히 바닥 수준으로 감소하였지만 옥신을 처리할 경우는 15분 정도의 지연기(lag period) 후에 생장속도가 급속히 증가하는 것으로 나타났다(그림 6-14).

이러한 첫 번째 생장기는 한 시간 정도 지속되며, 이어서 생장속도는 완만하게 증가한 다음 생장이 상당기간 지속되는 두 번째 생장기가 이어서 나타난다.

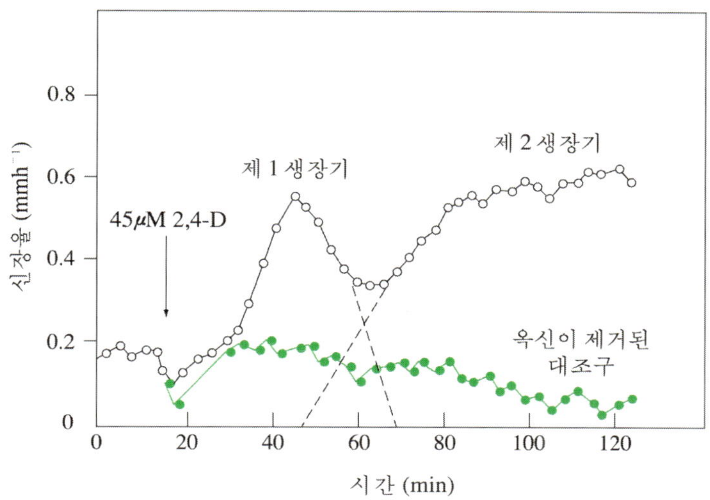

그림 6-14 옥신에 의한 대두 하배축 조직의 생장 kinetics

이처럼 옥신에 의한 특이한 생장촉진현상은 옥신이 세포와 유전자 수준에서 각각 작용하여 일어난 결과이다.

(1) 옥신수용체

옥신이 생리반응을 유도하기 위해서는 먼저 수용체(receptor)에 결합되어야만 한다. 이러한 옥신수용체를 분리하기 위하여 방사선으로 표지된 옥신 또는 옥신 유사체(analogue)를 사용하여 *in vitro* 에서 옥신과 결합하는 옥신 결합단백질(auxin-binding protein ; ABP)을 찾으려고 하였다. 그러나 옥신 결합단백질은 잠재적인 옥신수용체일 수는 있지만, 옥신 결합단백질이 옥신수용체가 되기 위해서는 기능적으로도 옥신작용에 관여하여야 한다.

이러한 옥신 결합단백질를 찾으려는 시도는 주로 옥신에 의하여 세포생장이 촉진되는 담배 수(pith) 조직으로부터 유도된 캘러스(callus)와 옥수수의 자엽초를 대상으로 수행되었다. 담배 캘러스에서는 세 종류의 옥신 결합단백질이 분리되었는데, 그중 두 종류의 옥신 결합단백질은 원형질막으로 추정되는 막분획(membrane fraction)에서, 나머지 한 종류의 옥신 결합단백질은 원형질과 핵 분획(fraction) 사이에서 분리되었다.

막분획의 옥신 결합단백질 중 하나는 옥신에 대한 친화도(affinity)는 낮았지만, 옥신 이동억제물질인 NPA 에 대한 친화도는 상당히 높았다. 이러한 특성을 근거로 할 때, 이 옥신 결합단백질은 옥신유출운반체(auxin-efflux carrier)와 동일한 단백질일 가능성이 있다.

반면에 다른 막분획의 옥신 결합단백질은 IAA 에 대하여 일정 수준의 친화도는 가지고 있지만 NPA 와는 결합되지 않는 특성을 가지고 있다. 원형질과 핵 사이의 분획에서 분리된 옥신 결합단백질의 경우, IAA 에 대한 친화도는 막분획에 위치하고 있는 옥신 결합단백질의 친화도에 비하여 상당히 높았다.

이 결합단백질이 위치하는 곳과 IAA 에 대한 친화도를 감안할 때, 원형질-핵 사이의 분획에서 분리된 옥신 결합단백질은 세포 내에 존재하면서 상대적으로 낮은 농도의 옥신과 결합할 수 있을 것으로 추측된다.

옥수수에서는 막에 위치하고 있는 옥신 결합단백질만 확인되었다. 그중 하나인 ABP 1 은 22 kDa 의 단위체가 이량체(dimer)를 형성하는 43 kDa 정도의 당단백질이며 이 옥신 결합단백질은 주로 소포체에 위치하는 것으로 알려졌으나, 최근 옥신 결합단백질이 원형질막과 세포벽에도 존재한다는 사실이 밝혀졌다.

ABP 1 에 대하여 형성된 항체(IgG-antiABP)를 처리할 경우, 옥신에 의해 유도되는 자엽초의 길이신장과 원형질막의 과극성화(hyperpolarization) 현상이 특이적으로 억제된다. IgG-antiABP 를 사용하여 ABP 가 위치하는 곳을 확인한 결과, ABP 는 옥신에 의한 반응이 가장 민감하게 일어나는 자엽초 외각의 표피세포에 존재하였다. 이러한 결과는 ABP 1 이 옥신에 의하여 유도되는 옥수수자엽초의 세포생장에 관련되어 있다는 사실을 뒷받침해 준다.

(2) 산생장설

1970년 D. Rayle와 R. Cleland는 옥신에 의하여 유도되는 세포생장을 설명하는 설(theory)을 제안하였다. 즉, 옥신은 세포질로부터 세포벽 쪽으로 H^+의 방출을 촉진함으로써 세포벽의 pH를 더욱 낮게 해준다는 것이다. 이러한 세포벽의 산성화는 세포벽에 위치하고 있으며, 낮은 산성범위의 최적 pH를 가지고 있는 하나 또는 그 이상의 세포벽을 느슨하게 만드는 효소들을 활성화시켜 결국은 세포의 체적이 증가한다는 것이다.

산성용액에서 세포생장이 촉진된다는 사실은 이미 알려져 있는 사실이었지만, 산성용액에서의 생장촉진현상을 옥신의 작용기작과 연결시킨 이들의 업적은 옥신연구에 커다란 영향을 미치게 되었다.

거의 같은 시기에 독일의 A. Hager는 독립적으로 유사한 가설을 제안하였다. Hager는 옥신이 원형질막에 위치하고 있는 양성자 펌프인 H^+-ATPase를 활성화시킴으로써 세포 내의 H^+방출을 촉진한다고 제안하였는데, 이러한 Cleland와 Hager의 제안을 산생장설(acid growth theory)이라 한다.

이 산생장설은 귀리의 자엽초와 같은 제한된 조직에서 주로 검증되었다. 많은 증거들이 산생장설의 타당성을 뒷받침해 주고 있다. 산생장설에 의하면 옥신은 세포로부터 H^+을 방출시킴으로써 세포를 신장시키는데, H^+의 방출을 위해서는 에너지가 필요하다. 이러한 사실은 물질대사 억제제나 세포신장 억제제 모두 옥신에 의한 H^+방출을 억제하며, 귀리 자엽초에 옥신을 처리할 경우 10분 이내에 세포벽 용액의 pH가 5.7에서 4.7로 급격히 떨어진다는 사실로 확인할 수 있다.

산성용액은 옥신 대신에 자엽초와 몇몇 쌍떡잎식물 줄기의 세포생장을 유도하는 것으로 알려져 있다. 그러나 이 경우 최적농도의 옥신 처리로 얻어지는 길이생장율과 동일한 생장율을 얻기 위해서는 산성용액의 pH가 3~4는 되어야만 한다. 하지만 자엽초의 각피층(cuticle)을 제거할 경우, pH 5 정도의 산성용액에 의해서도 길이생장반응이 일어나게 된다. 반면 자엽초의 세포벽 공간에 중성 완충용액이 스며들게 하여 세포벽의 pH 변동을 억제할 경우에는 옥신에 의한 길이신장 현상이 나타나지 않는다.

세포벽으로의 H^+ 방출은 주로 원형질막에 위치하고 있는 양성자펌프인 H^+-ATPase에 의하여 이루어지는데, 옥신 처리로 H^+-ATPase가 활성화될 경우 원형질막은 과극성화가 된다. 이러한 원형질막의 과극성화는 옥신 처리 후 8~10분만에 일어나는데, 이 기간은 이미 언급한 옥신에 의한 길이 신장촉진의 시작 시기와 일치한다.

옥신이 H^+-ATPase를 활성화시키기 위해서는 먼저 옥신이 옥신수용체에 결합해야 한다. 그러나 옥신이 옥신수용체와 결합한 후 어떻게 H^+-ATPase를 활성화시키는지에 대해서는 아직 규명되지 않았다.

Hager는 옥신이 세포 내로 이동됨에 따라 세포질의 pH가 원형질막에 위치하고 있는 H^+-ATPase의 최적 pH 상태로 떨어진다는 가설과 옥신에 의하여 골지체 소낭의 exocytosis가 촉진되어, 결국은 원형질막의 H^+-ATPase 수가 증가한다는 가설을 연속적으로 제안하였다.

그러나 이러한 산생장설에는 몇 가지 문제점이 있다. 즉 빛이 있는 상태에서 자란 줄기절편은 옥신에 대한 생장반응을 나타내지만, 산성용액에 의해서는 생장반응이 잘 나타내지 않는다. 균류인 *Fusicoccum amygdali* 에서 생성되는 식물독소(phytotoxin)인 푸시콕신(fusicoccin)은 식물세포로 하여금 아주 빠르게 H^+을 방출하게 한다. 이러한 푸시콕신과 산성용액 모두를 처리한 후 30～60 분이 경과해도 생장촉진 효과는 나타나지 않았다.

이와는 다르게 옥신에 의하여 유도되는 생장촉진은 옥신처리 후 30～60 분 내에 최고에 도달되는 첫 번째 생장기와 그 후 오랜 기간 지속되는 두 번째 생장기에 걸쳐서 일어난다. 이러한 사실에 근거할 때 산성용액에 의한 생장촉진반응은 아주 빠른 시간 내에 일어나는 첫 번째 생장기에만 국한될 가능성이 있다. 그렇다면 옥신에 의하여 조절되는 다른 요소가 오랫동안 지속되는 두 번째 생장을 위해서 필요한데, 이러한 부가적 요소에는 유전자의 전사(transcription)와 생장촉진 단백질의 생합성 등이 포함된다.

(3) 옥신에 의한 유전자발현의 조절

만약 옥신의 작용이 H^+을 세포벽 쪽으로 방출시킴으로써 세포벽을 느슨하게 만드는 효소의 활성화에 한정된다면 세포벽이 느슨해짐에 따른 팽압에 의한 세포의 신장은 세포벽을 늘어뜨려서 결국은 세포벽을 얇게 만들 것이다. 하지만 빠르게 생장하고 있는 세포에서는 세포벽이 얇아지는 현상은 결코 관찰되지 않는다.

이러한 사실은 옥신에 의하여 세포가 생장할 때 새로운 세포벽 구성물질들이 세포벽에 첨가된다는 사실을 말해준다. 즉, 옥신에 의한 세포신장현상은 옥신이 세포벽 구성성분의 합성을 촉진하기 때문에 나타날 수 있다는 것이다. 이러한 옥신의 효과는 옥신이 특정 유전자발현을 조절하기 때문에 일어날 수 있다.

이미 1960 년대 초에 이러한 옥신에 의한 특정 유전자 발현조절의 가능성이 제안되었었다. 그러나 당시에는 옥신처리 후의 짧은 시간 내에 생성된 mRNA 나 단백질을 감지할 수 없었기 때문에 이러한 가능성을 확인하지는 못하였다.

70 년대 후와 80 년대 초에 분자생물학의 발전으로 옥신 처리 후 짧은 시간 내에 번역(translation)되는 mRNA 변화를 감지할 수 있게 되었다. 그리고 mRNA 를 이용한 *in vitro* translation, 이차원적 전기영동을 사용한 단백질 분석, 그리고 DNA 재조합기법 등을 사용하여 옥신에 의한 유전자의 발현조절에 대한 연구가 가능하게 되었다.

아직까지는 옥신에 의하여 조절되는 유전자의 발현과 옥신을 매개로 일어나는 세포생장반응을 연결시켜 주는 직접적인 증거는 없지만, 두 사실 사이의 강한 연관성을 보여주는 일련의 실험결과들이 있다.

Zurfluh 와 Guilfoyle (1980)는 2, 4-D 를 처리한 대두 하배축 조직절편에 3 시간 동안 ^{35}S로 표지된 메티오닌(methionine)을 흡수시킨 다음 조직절편으로부터 단백질을 회수하고, 2-D 전기영동으로 단백질을 분리한 후에 방사선자동사진법(autoradiography)을 사용하여 옥신을 처리하였을 때 1 시간 이내에 최소한 3 개의 폴리펩티드(polypeptide)가 생합성되었다가 점차로 없어진다는 사실을 밝혔다. 또한 옥신처리 후 짧은 시간 내에 mRNA 나 단백질이 생성될 수 있다는 사실도 분리된 poly(A)$^{+}$-messenger RNA (mRNA)를 사용한 *in vitro* translation 을 통해서 확인하였다.

예를 들어 완두 자엽의 상배축, 대두 하배축, 옥수수 자엽초, 그리고 담뱃잎으로부터 분리한 원형질체(protoplast)를 사용하여 옥신처리 후 짧은 시간 내에 6 개 정도의 펩티드가 새롭게 합성됨을 확인하였다. 이 중 3 개는 IAA 를 처리한 후 20 분 이내에 나타났으며 대두에서는 옥신을 처리한 후 불과 15 분 내에 합성되는 펩티드도 확인되었다.

완두와 대두에서 옥신을 처리할 경우, mRNA 양이 50 배 증가되는 유전자들이 클로닝되었다. 이들 대부분의 유전자 전사체(transcript)의 양은 옥신처리 후 30 분 이내에 증가되기 시작하여 옥신처리 후 60 분이 경과되었을 때 최고수준에 도달하였다. 반면 어떤 유전자의 전사체는 보다 천천히 유도되어, 몇 시간이 경과한 후에야 그 양이 최고수준에 도달하였다.

이러한 실험결과들과는 달리, 옥신에 의하여 아주 짧은 시간 내에 발현되는 유전자와 생장에 관련된 단백질을 서로 연관시키기는 어렵다는 실험적 증거들도 있다.

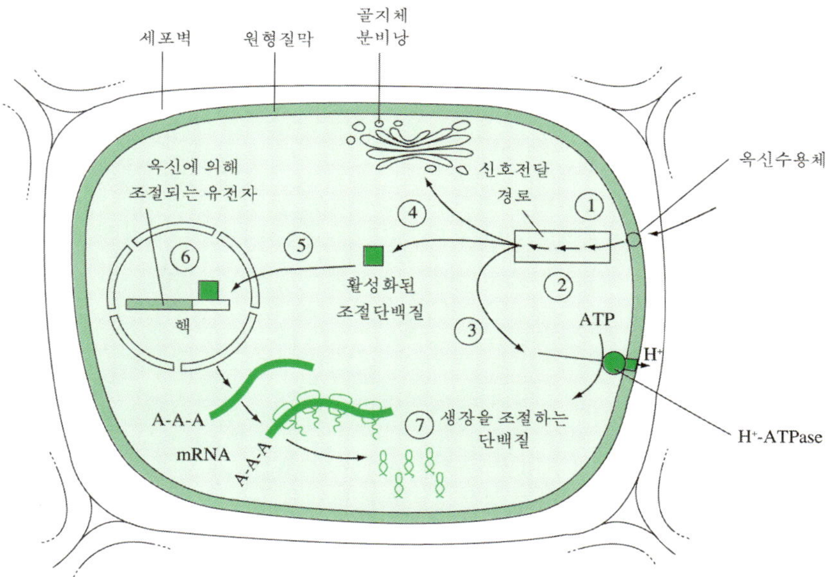

그림 6-15 추정되는 옥신의 작용과정

① 옥신이 수용체(receptor)와 결합한다.
② 옥신-수용체 복합체는 다른 리간드(ligand)와 상호작용하여 신호전달(signal transduction)이라고 불리는 연속적인 생화학적 사건들이 시작된다.
③ 원형질막의 H^{+}-ATPase 가 활성화되어 H^{+}의 분비로 세포벽의 pH 가 낮아지고, 세포벽이 느슨해진다.
④ 전사조절단백질을 활성화한다.
⑤ 전사조절단백질이 세포질로부터 핵으로 이동한다.
⑥ 전사조절단백질이 특정한 유전자의 조절부위에 결합하여 전사가 촉진된다.
⑦ 옥신에 의하여 유도된 mRNA 로부터 지속적 세포생장에 필요한 단백질이 합성된다.

예를 들어 옥신은 암소에서 생장된 완두 조직절편의 경우는 30분 이내에 특정 mRNA를 증가시키지만 약한 적색광이 비춰진 조건에서 생장된 완두조직의 경우 옥신처리 후 15분 내에 길이생장은 촉진됨에도 불구하고, 짧은 시간 내에 특정 mRNA의 증가는 관찰되지 않았다. 이 조직에서는 옥신에 의한 mRNA의 증가현상이 옥신을 처리한 후 1시간이 경과되어야만 일어나며, 옥신에 의하여 짧은 시간 내에 증가되는 대부분의 mRNA는 옥신작용이 일어나는 표피조직에서만 특이적으로 나타나는 것도 아니었다.

Vanderhoef와 Stahl (1975)은 옥신에 의하여 유도되는 세포신장과정이 시토키닌에 대하여 각기 다른 반응을 나타내는 두 개의 생장기로 구분될 수 있음을 보고하였다. 이 경우에 초기생장은 시토키닌에 영향을 받지 않았지만, 지속되는 두 번째 생장은 시토키닌에 의하여 억제되었다.

이러한 사실에 근거하여 Vanderhoef와 Dute (1981)는 옥신처리 후 8～10분 정도의 짧은 잠복기를 갖는 초기 생장반응은 옥신에 의한 세포의 H^+방출촉진 때문에 일어나게 되고, 옥신처리 1시간 이후부터 관찰되는 천천히 그러나 지속적인 세포생장은 옥신에 의한 유전자발현에 따른 단백질 합성조절에 의하여 일어난다는 평행모델을 제시하였다. 이러한 일련의 과정을 그림 6-15에 요약하였다.

6-1-2 지베렐린

1. 천연 지베렐린

일본에서 키다리병(foolish seedling disease)이라고 불리는 벼 유식물의 병은 벼의 줄기를 정상적인 벼보다 더 길게 자라게 하고 색깔을 황녹색으로 변하게 하여 종종 시들어 버리게 한다. 1926년 Kurosawa는 이 병이 식물 병원균인 *Gibberella fujikuroi*라는 곰팡이의 감염에 의한 것임을 밝혔다.

그후 *Gibberella fujikuroi*의 배양 여과액으로부터 지베렐린(gibberellin) A와 지베렐린(gibberellin) B의 두 종류 활성물질이 분리되는 등의 연구 진전이 있었으나, 제2차 세계대전의 발발로 더 이상의 연구는 진행되지 못하였다.

제2차 세계대전 종전 후 일본의 동경대학, 영국의 ICI 및 미국의 NRRL의 연구팀들은 각기 *Gibberella fujikuroi*의 배양액 내의 활성물질 동정의 연구를 진행하여 지베렐린 A_1, A_2, A_3의 분리 및 동정에 성공하였다. 그 후 새로운 지베렐린 A_4가 동일 배양액으로부터 동정되었다.

이후 지베렐린은 GA_n 또는 A_n (n은 발견순서 번호)으로 명명하게 되었으며, 현재까지 $GA_{1-5,\ 7,\ 9-16,\ 24,\ 25,\ 36,\ 40-42,\ 47,\ 55-57}$ 등 26종류의 지베렐린들이 *G. fujikuroi*로부터 동정되었다. *G. fujikuroi* 이외의 식물병원균인 *Shaceloma manihoticola*의 대사산물로부터 GA_4가, *Neurospora*로부터 GA_3가 동정되어, 현재는 *Ascomycetes*속 곰팡이의 대사산물에 광범위하게 존재한다고 보고 있으며, 이들 모두는 fungal gibberellin이라고 한다(그림 6-16).

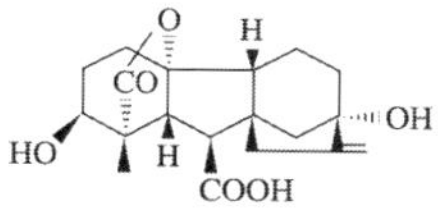
GA$_1$(F, P)

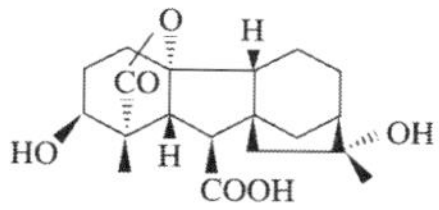
GA$_2$(F)

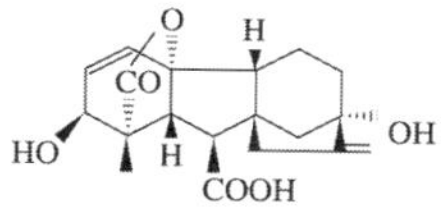
GA$_3$(F, P)

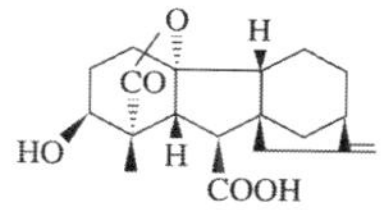
GA$_4$(F, P)

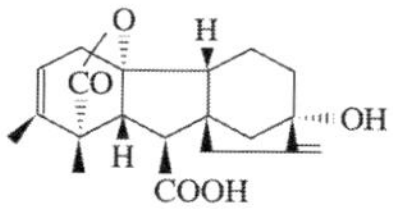
GA$_5$(P)

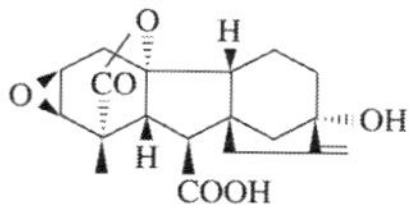
GA$_6$(P)

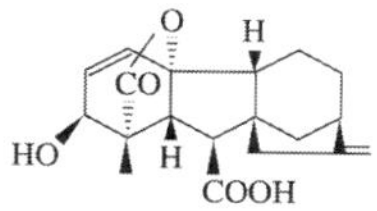
GA$_7$(F, P)

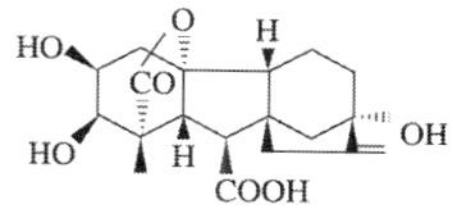
GA$_8$(P)

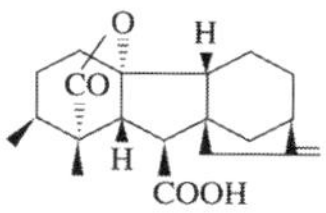
GA$_9$(F, P)

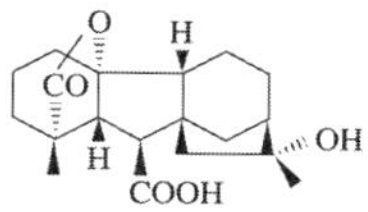
GA$_{10}$(F)

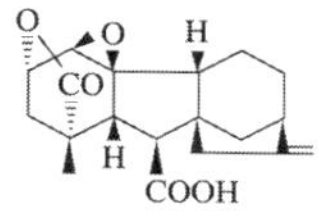
GA$_{11}$(P)

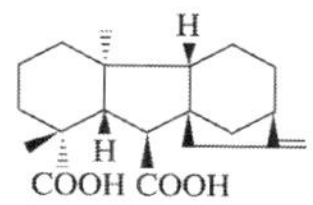
GA$_{12}$(F)

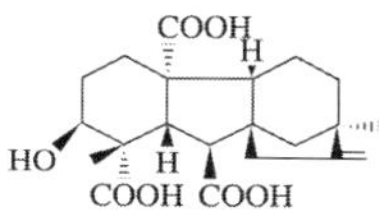
GA$_{13}$(F, P)

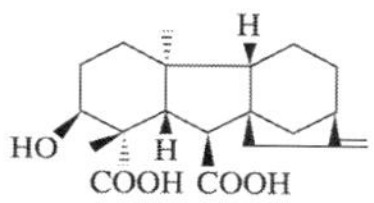
GA$_{14}$(F)

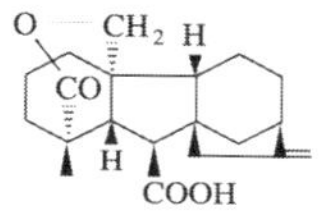
GA$_{15}$(F, P)

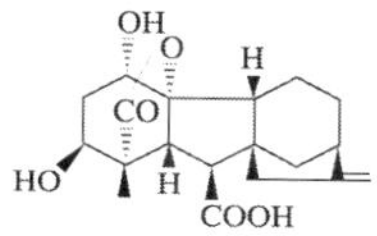
GA$_{16}$(F, P)

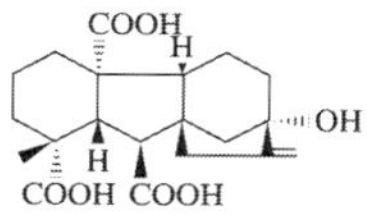
GA$_{17}$(P)

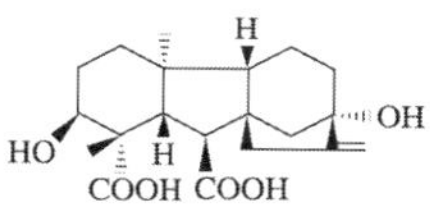
GA$_{18}$(P)

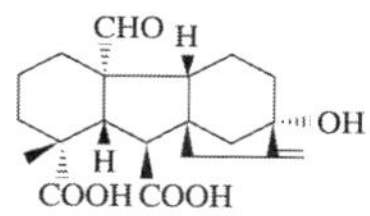
GA$_{19}$(P)

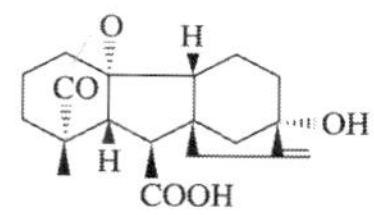
GA$_{20}$(P)

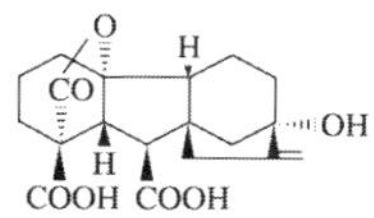
GA$_{21}$(P)

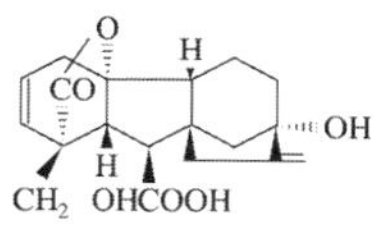
GA$_{22}$(P)

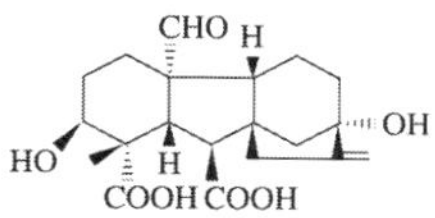
GA$_{23}$(P)

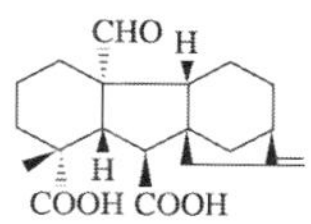
GA$_{24}$(F, P)

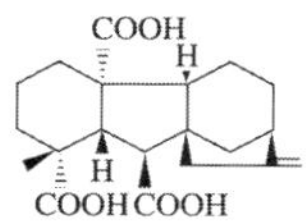
GA$_{25}$(F, P)

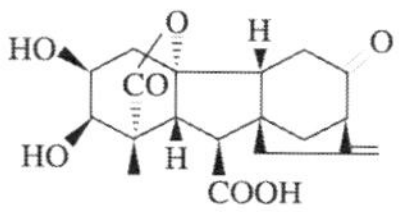
GA$_{26}$(P)

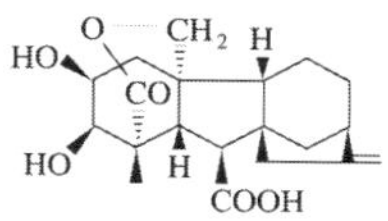
GA$_{27}$(P)

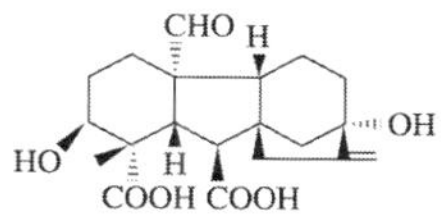
GA$_8$(P)

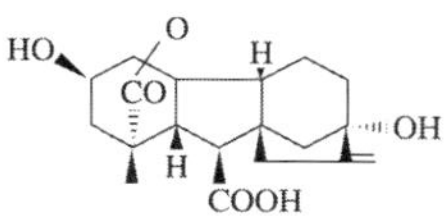
GA$_{29}$(P)

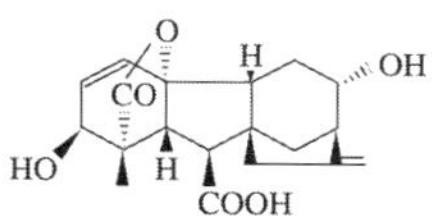
GA$_{30}$(P)

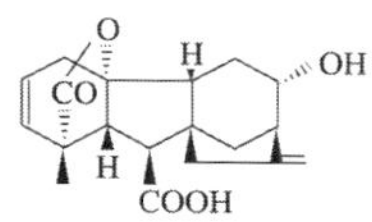
GA$_{31}$(P)

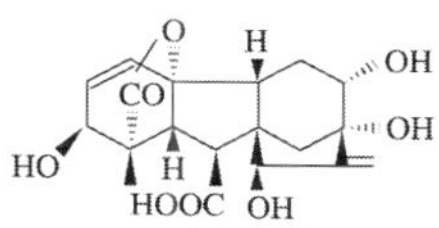
GA$_{32}$(P)

그림 6-16-1 천연 지베렐린의 구조 (P : 식물기원 F : 곰팡이기원)

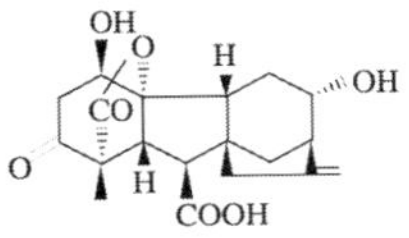
GA$_{33}$(P)

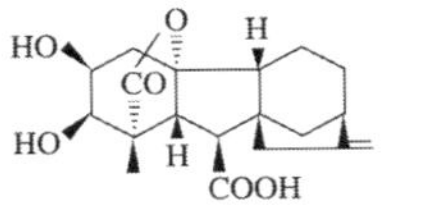
GA$_{34}$(P)

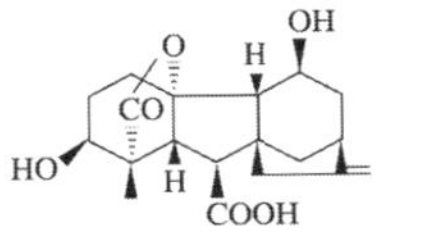
GA$_{35}$(P)

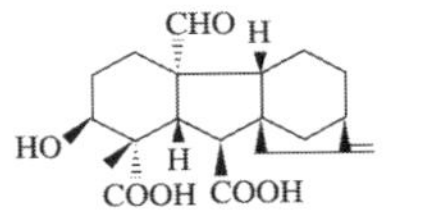
GA$_{36}$(F)

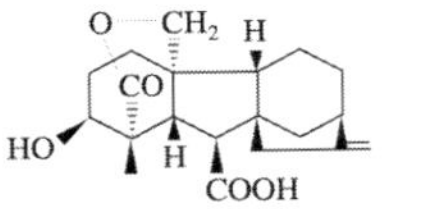
GA$_{37}$(F, P)

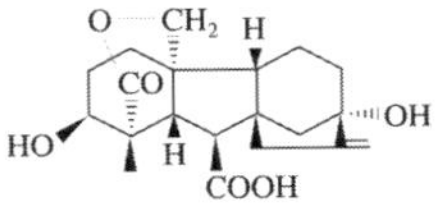
GA$_{38}$(P)

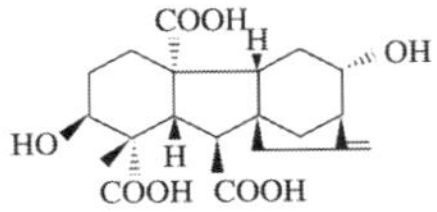
GA$_{39}$(P)

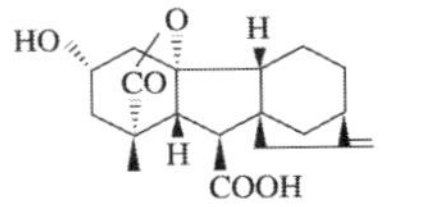
GA$_{40}$(F)

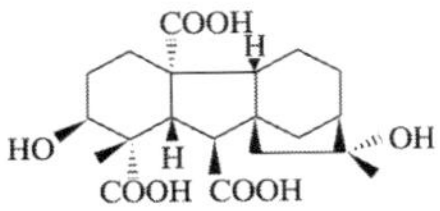
GA$_{41}$(F)

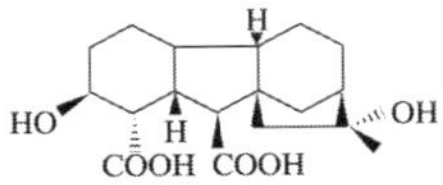
GA$_{42}$(F)

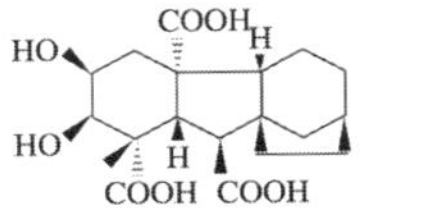
GA$_{43}$(P)

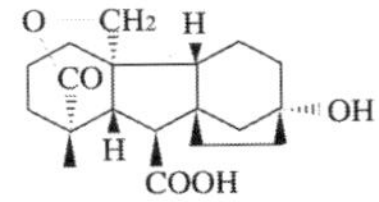
GA$_{44}$(P)

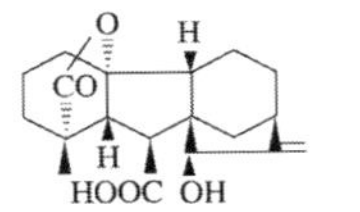
GA$_{45}$(P)

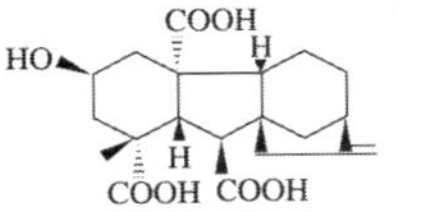
GA$_{46}$(P)

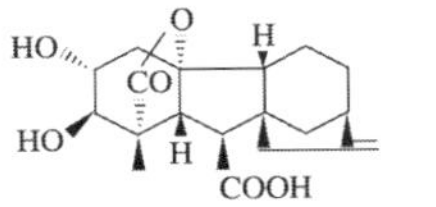
GA$_{47}$(F)

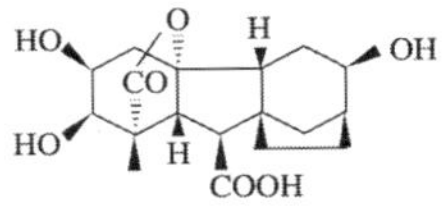
GA$_{48}$(P)

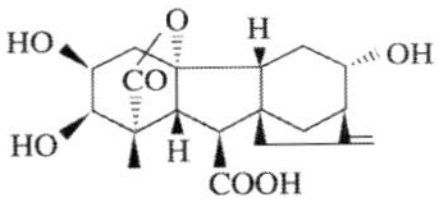
GA$_{49}$(P)

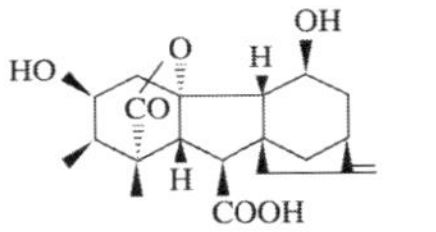
GA$_{50}$(P)

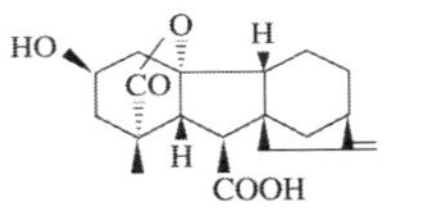
GA$_{51}$(P)

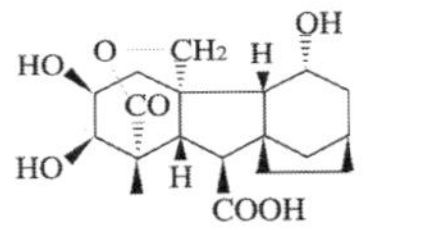
GA$_{52}$(P)

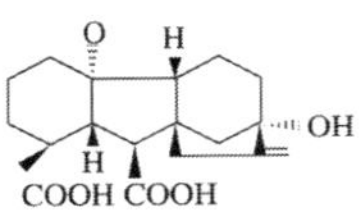
GA$_{53}$(P)

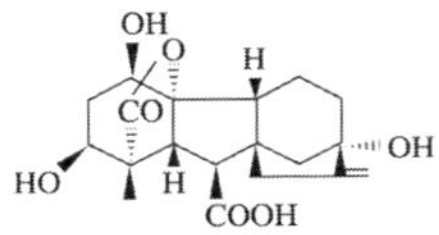
GA$_{54}$(F, P)

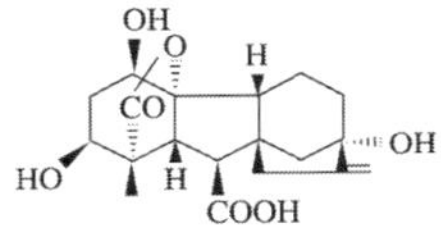
GA$_{55}$(F, P)

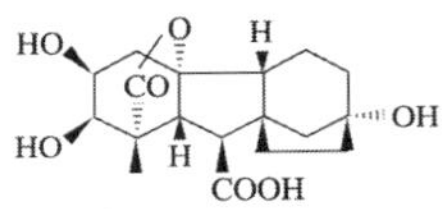
GA$_{56}$(F)

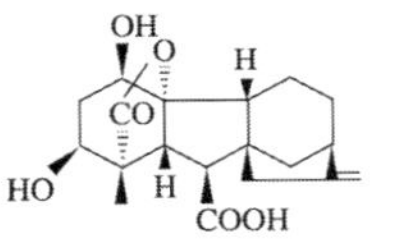
GA$_{57}$(F)

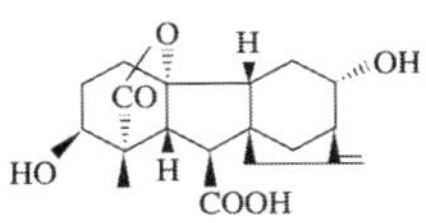
GA$_{58}$(P)

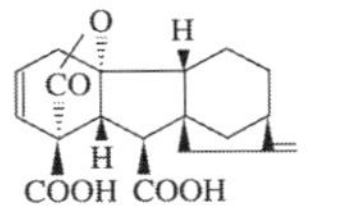
GA$_{59}$(P)

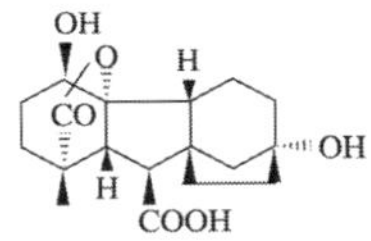
GA$_{60}$(P)

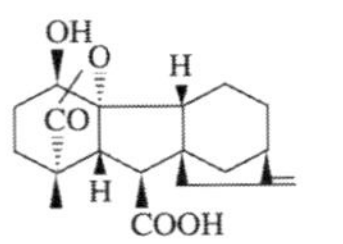
GA$_{61}$(P)

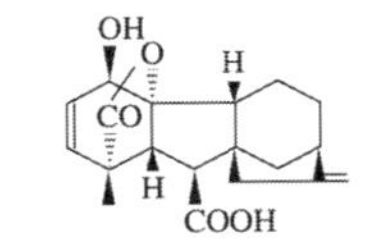
GA$_{62}$(P)

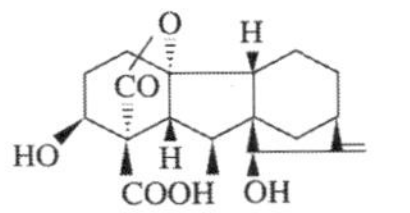
GA$_{63}$(P)

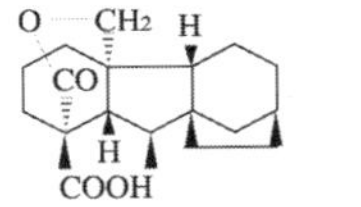
GA$_{64}$(P)

그림 6-16-2 천연 지베렐린의 구조 (P : 식물기원 F : 곰팡이기원)

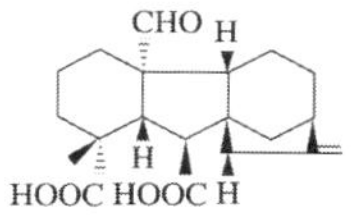
GA$_{65}$(P)

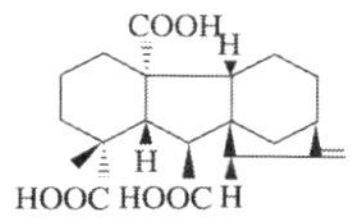
GA$_{66}$(P)

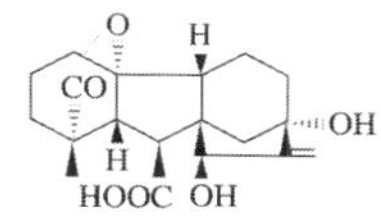
GA$_{67}$(P)

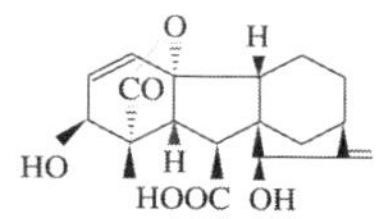
GA$_{68}$(P)

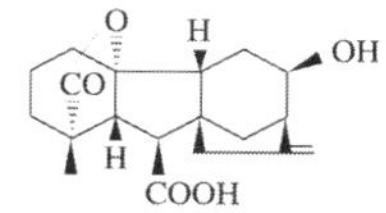
GA$_{69}$(P)

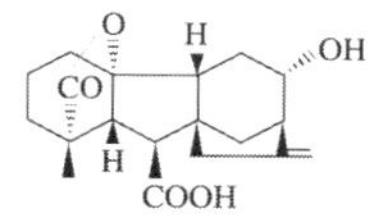
GA$_{70}$(P)

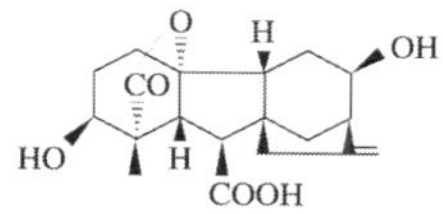
GA$_{71}$(P)

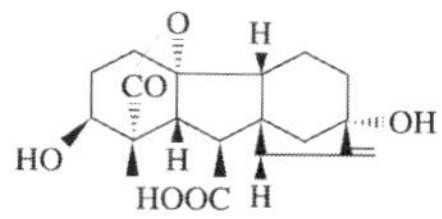
GA$_{72}$(P)

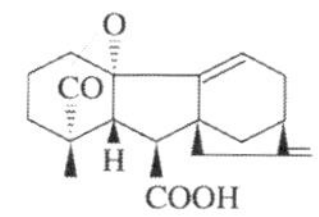
GA$_{73}$(P)

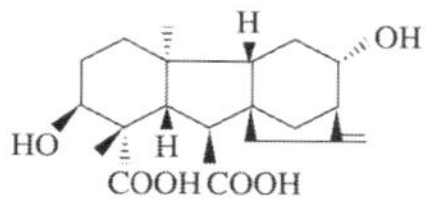
GA$_{74}$(P)

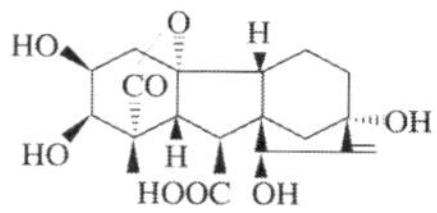
GA$_{75}$(P)

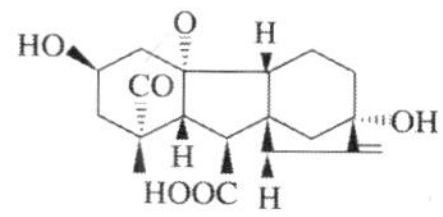
GA$_{76}$(P)

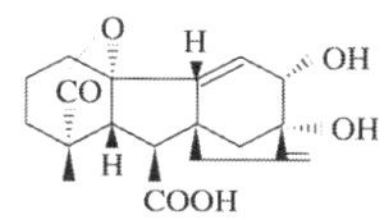
GA$_{77}$(P)

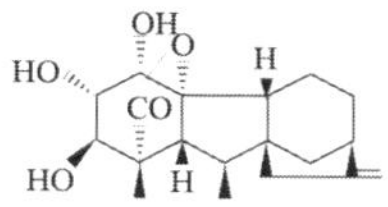
GA$_{78}$(P)

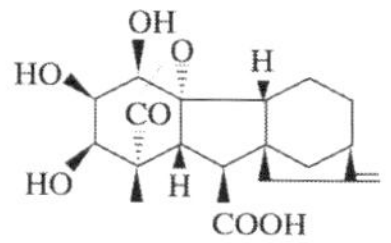
GA$_{79}$(P)

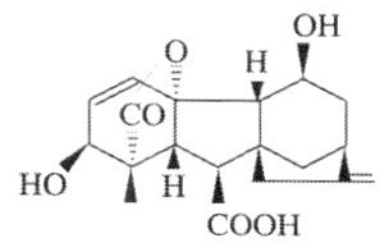
GA$_{80}$(P)

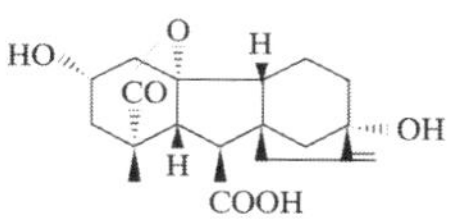
GA$_{81}$(P)

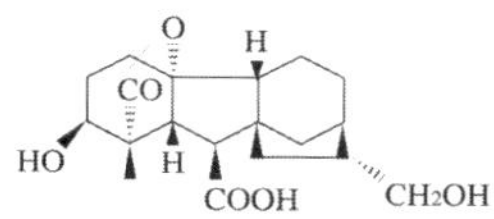
GA$_{82}$(P)

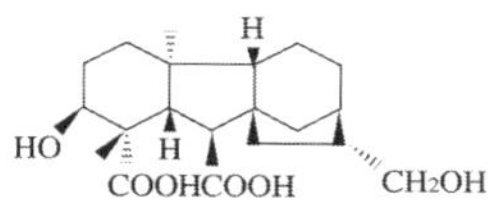
GA$_{83}$(P)

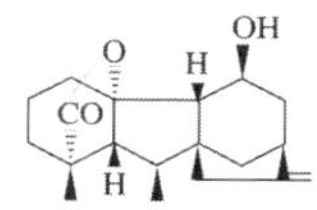
GA$_{84}$(P)

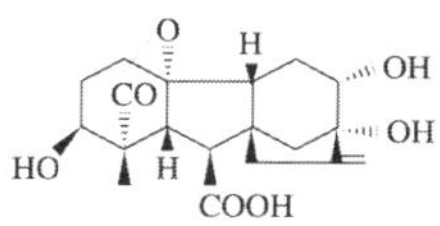
GA$_{85}$(P)

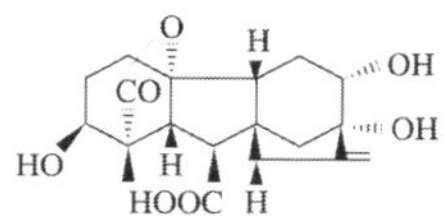
GA$_{86}$(P)

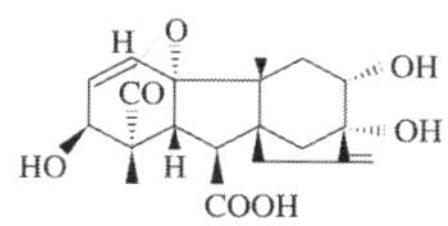
GA$_{87}$(P)

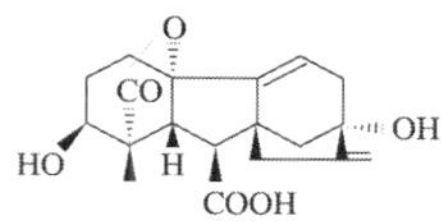
GA$_{88}$(P)

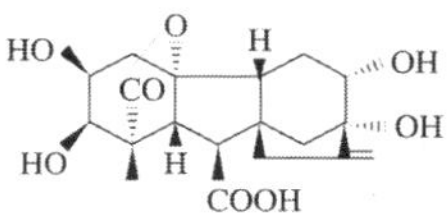
GA$_{89}$(P)

그림 6-16-3 천연 지베렐린의 구조
(P : 식물기원 F : 곰팡이기원)

식물병원균인 Gibberella fujikuroi의 대사산물로부터 식물의 줄기생장을 촉진하는 활성물질로서 발견된 지베렐린이 식물호르몬으로 인정받기 위해서는 지베렐린이 식물체 내의 내생화합물로서 식물의 생장과 분화를 조절하고 있어야만 한다. 이런 이유로 1950년대에 접어들어 콩과식물을 주로하는 식물재료의 추출물로부터 지베렐린의 동정에 관한 연구가 활발히 진행되었다. 그 결과 콩과식물의 미숙종자로부터 GA1, 5, 6, 8 등이 동정되었으며 이들이 줄기 생장촉진의 활성을 가지고 있음이 확인되었다.

Gibberellin Glucosyl Ether

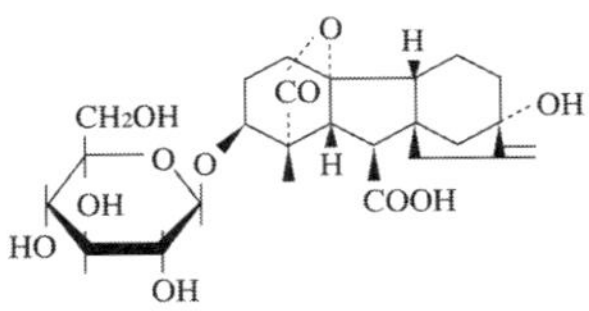
GA$_{1}$ Glucosyl ether

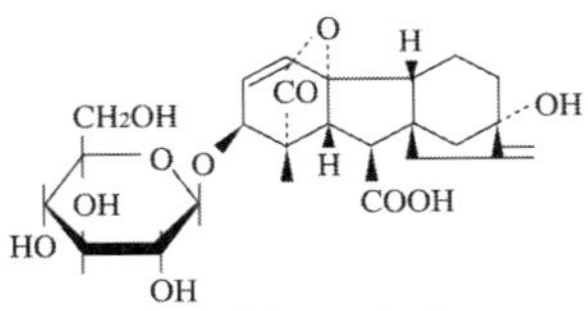
GA$_{3}$ Glucosyl ether

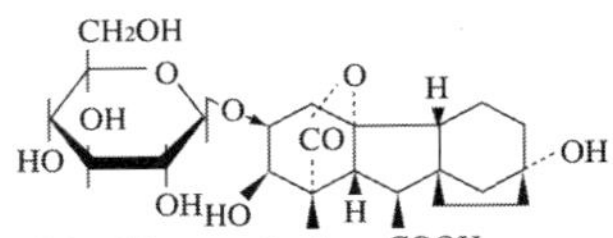
GA$_{8}$ Glucosyl ether

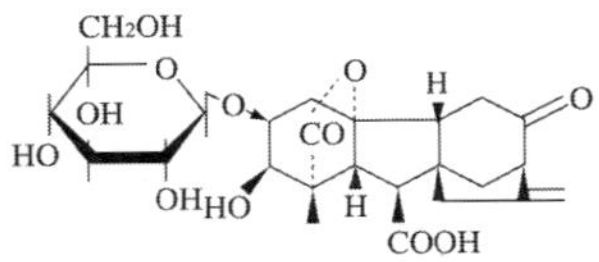
GA$_{26}$ Glucosyl ether

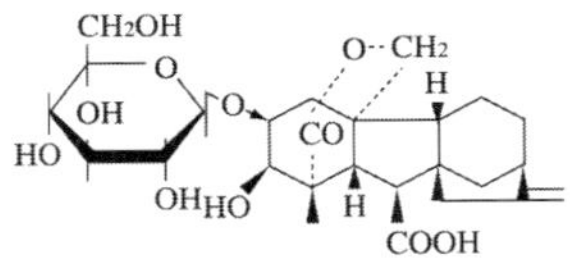
GA$_{27}$ Glucosyl ether

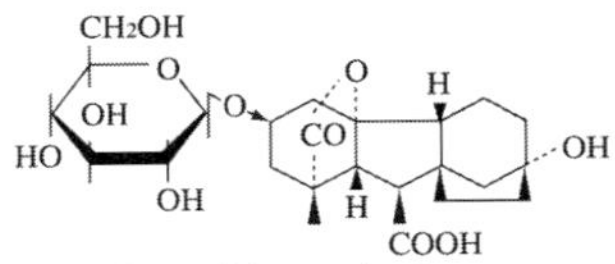
GA$_{29}$ Glucosyl ether

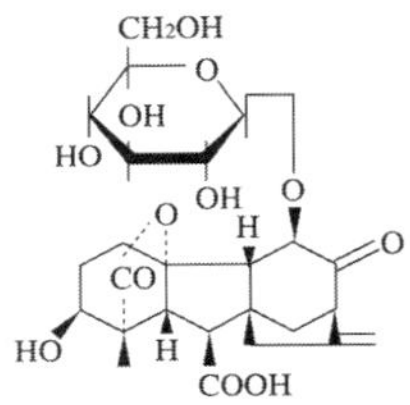
GA$_{35}$ Glucosyl ether

Gibberellin Glucosyl Ester

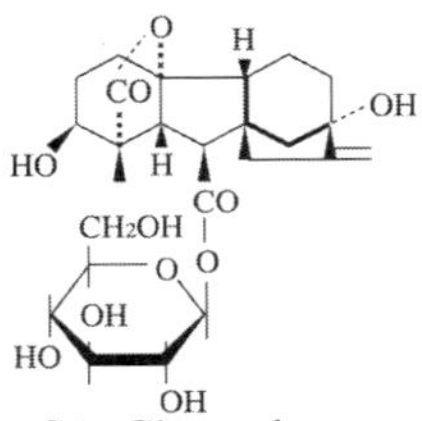
GA$_{1}$ Glucosyl ester

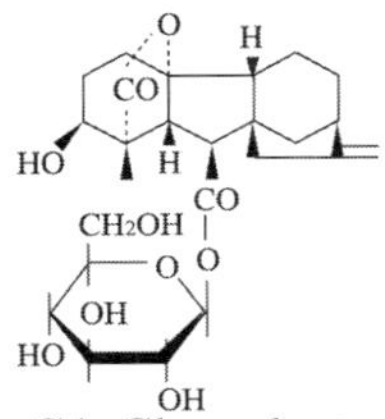
GA$_{4}$ Glucosyl ester

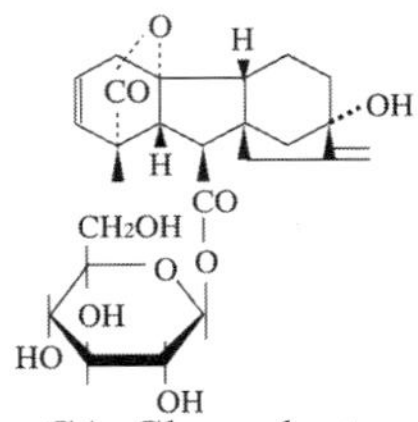
GA$_{5}$ Glucosyl ester

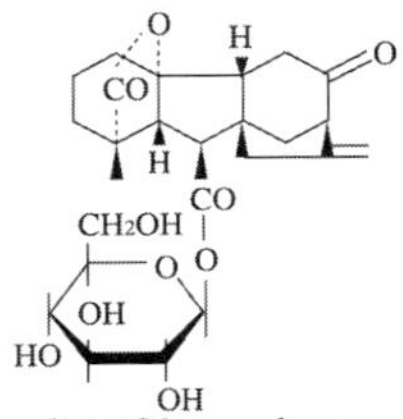
GA$_{6}$ Glucosyl ester

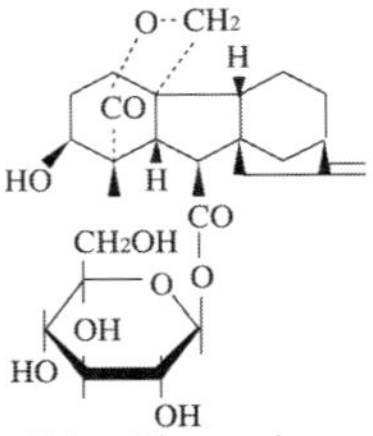
GA$_{37}$ Glucosyl ester

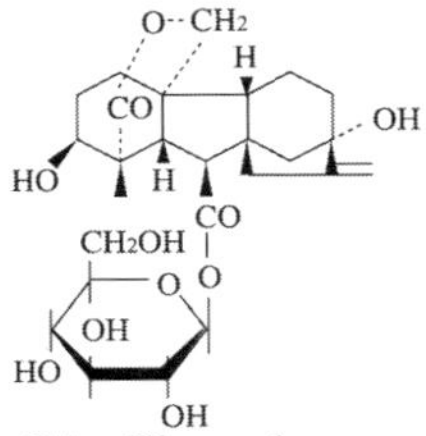
GA$_{38}$ Glucosyl ester

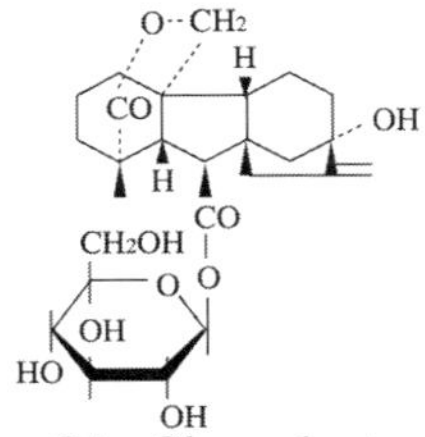
GA$_{44}$ Glucosyl ester

그림 6-17 지베렐린 배당체

그 후 각종 식물의 모든 조직으로부터 지베렐린이 동정되었고, 특히 HPLC 와 GC-MS (또는 GC-SIM)의 분석을 통하여 수십 pg 까지 검출할 수 있는 기술이 확립됨에 따라 고등식물로부터 약 60 여 종의 지베렐린들이 동정되었다. 이들 식물 기원의 지베렐린들은 fungal gibberellin 과 구별하여 plant gibberellin 이라고 한다. 그림 6-16 에 1991 년까지 동정된 모든 지베렐린들을 정리하였다.

상기의 지베렐린들은 유기용매를 이용하여 추출할 때 산성 에틸아세테이트에 의하여 추출이 가능하여 이들을 유리형 지베렐린이라고 한다. 그러나 식물체 내에는 유리형 지베렐린과 같이 산성 에틸아세테이트로는 추출되지 않는 극성 지베렐린의 존재가 밝혀졌다. 이들 극성 지베렐린들은 현재까지 14 종이 동정되었는데, 7 종의 glucosyl ester 와 7 종의 glucosyl ether 의 지베렐린으로 이들을 결합형 지베렐린(conjugated gibberellin) 또는 지베렐린의 배당체라고 한다(그림 6-17 참조).

천연 지베렐린들의 생체 내 함량은 식물의 종류 및 생장시기 그리고 식물조직에 따라 상당히 다양하게 나타난다. 그러나 일반적으로 생식생장조직에서는 비교적 높은 함량을 나타내어 미숙종자와 화분에서는 식물조직 kg 당 수십 mg 을 넘는 경우도 있다. 그러나 영양생장조직에서는 극히 낮은 함량을 나타내어 조직 kg 당 수십 pg 이하인 경우도 많이 발견되고 있다.

2. 구조적 특징 및 활성과의 상관관계

(1) 구조적 특징

지베렐린은 메발론산 유래의 탄소 5 개의 이소프렌(isoprene) 기본구조가 4 개 결합하여 생겨난 디테르페노이드(diterpenoid) 계열 화합물군이다(생합성 항목 참조). 그러므로 지베렐린이라 함은 생리작용에 기초한 정의가 아니라, 그 구조에 의하여 정의된 화합물들이다. 즉 그림 6-18 과 같이 gibberellane 이라는 탄소 20 개로 되어 있는 골격의 거울상이성질체(enantiomer)인 *ent*-gibberellane 골격을 기본으로 그 위에 구조적 변이가 일어난 화합물들을 총칭한다. 이런 지베렐린들은 구조적으로 탄소 20 개로 되어있는 C_{20}-지베렐린과 C_{20}-지베렐린에서부터 탄소 1 개가 적은 C_{19}-지베렐린으로 대별한다(그림 6-18).

C_{20}-지베렐린의 구조의 다양성은 기본적으로 20 번 탄소의 산화도에 기인한다. 즉 20 번 탄소(C-20)가 메틸(CH_3), 히드록시메틸(CH_2OH) (C-20 위치의 탄소의 카르복실기와 δ-락톤환을 형성함), 알데히드(CHO) 및 카르복시산(COOH)의 구조를 가지고 있다.

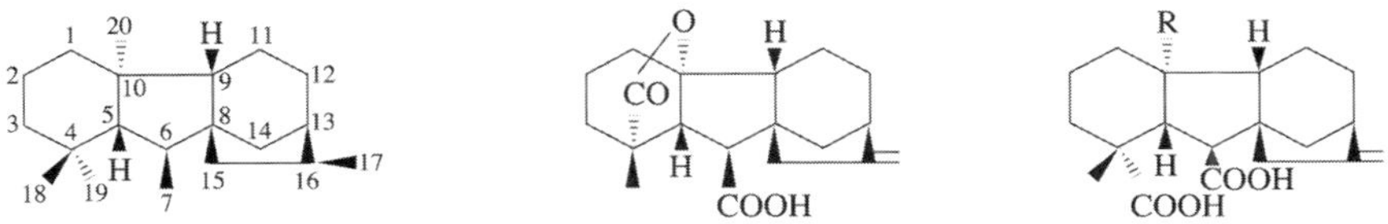

ent-gibberellane (A) (B)

그림 6-18 지베렐린의 기본구조 및 C_{19} (A)와 C_{20} 지베렐린(B)의 구조

그리고 C_{20}-지베렐린의 또 다른 구조적 변이는 C-2β, 3β, 11β, 12α, 13, 15β, 16α, 17 위치에 수산기(OH)의 도입에서부터 유래한다.

한편 C_{19}-지베렐린은 C_{20}-지베렐린과 달리, 20 번 탄소를 잃어버린 구조로 19 번 탄소와 10 번 탄소 사이에 락톤환이 존재한다. 그리고 수산기의 도입 및 그 수는 C_{20}-지베렐린의 경우와 비교할 때 더 다양하다. 즉, 수산기의 도입 위치는 C_{20}-지베렐린의 경우에 더하여 C-1α, C-1β, C-2α, C-12β, C-18 등을 들 수 있다.

C_{20}-지베렐린의 경우는 수산기의 수가 2 개 이하인데 반하여, C_{19}-지베렐린은 4 개의 수산기를 가지고 있는 경우도 있다. 또한 수산기 외에도 에폭시기, 케톤기, 올레핀 및 카르복실기를 가지고 있는 경우도 있어 한층 더 구조적 다양성이 나타난다.

결합형 지베렐린들은 유리형 지베렐린과 당이 결합되어 있어, 포도당이 유리형 지베렐린의 C-2, C-3, C-11 의 수산기와 에스테르결합을 하고 있는 지베렐린 글루코시드가 있으며, 또한 포도당이 유리형 지베렐린의 7 번 카르복실기와 에스테르결합을 하고 있는 지베렐린 glucosyl ester 의 형태로 나타난다(그림 6-17 참조).

(2) 구조와 활성의 상관관계

지베렐린은 현재까지 약 90 여 종의 동족체가 발견되었고, 또한 더 많은 새로운 지베렐린들의 존재가 예상되고 있으므로 극히 다수의 화합물들이 포함되는 화합물군이다. 이와 같이 많은 지베렐린의 생리활성 강도는 몇몇 검정계를 통하여 조사되었다.

표 6-1 은 5 개의 지베렐린 활성 검정계에 있어서 활성의 강도를 조사한 결과이다.

이를 통하여 지베렐린의 구조와 활성의 상관관계를 살펴보면 다음과 같다.

① 일반적으로 C_{20}-지베렐린보다 C_{19}-지베렐린이 높은 생리활성을 나타낸다.
② 1 번 탄소와 2 번 탄소 사이의 이중결합은 활성을 약간 증가시킨다.
③ 3 번 탄소의 β수산기의 도입은 활성을 증가시켜 활성에 필수적이다.
④ 1 번 탄소의 수산기의 도입은 활성을 감소시켜 불활성화작용을 한다.
⑤ 2 번 탄소의 수산기의 도입은 활성을 현저하게 감소시켜 불활성화작용을 한다.
⑥ 11 번 탄소의 β수산기는 활성에 큰 영향을 주지 않는다.
⑦ 12 번 탄소의 수산기 및 탄산기의 도입은 활성을 저해한다.
⑧ 13 번 탄소의 수산기의 도입은 활성에 비교적 적은 영향만을 끼친다.
⑨ 14 번 탄소의 수산기의 도입은 현재까지 천연 지베렐린 중에는 이런 구조를 발견할 수 없어, 그 영향은 미지수이다.
⑩ 15, 16, 17 번 탄소의 수산기의 도입은 활성에 대한 영향이 적다.
⑪ 18 번 탄소의 수산기의 도입은 오이 배축 검정계에서는 활성을 나타내지 않으나, 그 밖의 검정계에서는 높은 활성을 나타내며, 18 번 탄소의 탄산기의 존재는 모든 검정계에서 활성을 전혀 나타내지 않는다.

표 6-1 각종 GA이 몇몇 생물검정에 미치는 활성 비교

지베렐린	왜성완두	왜성 벼	오 이	왜성 옥수수		
				d 1	d 2	d 3
A_1	+++	+++	++	+++	+++	++
A_2	+	+++	++	++	+	+
A_3	++++	++++	++	++++	++++	+++
A_4	+	++	+++	+++	++++	++
A_5	+++	+++	+	++	++++	++++
A_6	++	+++	+	++	++	++
A_7	+++	+++	++++	++++	++++	++++
A_8	+	+	0	0	0	0
A_9	+	++	+++	+	++++	++
A_{10}	0	+++	++	0	++	++
A_{11}	0	+	+	0	+	0
A_{12}	0	+	+	+	+	+
A_{13}	0	+	+	+	0	0
A_{14}	+	+	0	0	+	0
A_{15}	+	++	++	0	+++	+++
A_{16}	++	+	+	—	—	—
A_{17}	0	+	0	+	+	0
A_{18}	++	+	0	+	++	+
A_{19}	+	+++	0	+	++	++
A_{20}	++	+++	0	+	++	+++
A_{21}	0	0	0	+	0	+
A_{22}	+++	++	0	++	++	++
A_{23}	++	++	0	++++	++	+++
A_{24}	+	+++	+++	+	+	+
A_{25}	0	0	+	0	0	0
A_{26}	0	0	0	0	0	0
A_{27}	+	+	0	0	0	0
A_{28}	0	0	0	0	—	0
A_{29}	0	0*	0	+	+	+
A_{30}	+++	++	+	+++	++++	++
A_{31}	++	++	0	++	++	++
A_{32}	++	++++	+++	++++	++++	+++
A_{33}	+	0	0	+	0	0
A_{34}	0	0	0	0	0	0
A_{35}	++	++	+++	++	+	+
A_{36}	+	+++	+++	—	—	—
A_{37}	++	++	+++	++	—	++
A_{38}	+++	++	+	+++	—	++
A_{39}	—	0	—	—	—	—
A_{40}	0	+	+++	—	—	—
A_{43}	0	0	0	—	—	—
A_{46}	0	0	0	—	—	—
A_{47}	++	+	++	—	—	—
A_{48}	—	0	—	—	—	—
A_{49}	—	+	—	—	—	—
A_{50}	—	+	—	—	—	—
A_{51}	0	0	0	—	—	—
A_{52}	—	0	—	—	—	—

++++ : 활성이 아주 강함, +++ : 강함, ++ : 중간 정도,
+ : 약함, 0 : 활성이 아주 약하거나 없음, — : 활성이 보고되어 있지 않음

3. 생합성 경로

천연으로부터 약 90여 종 지베렐린들의 동정은 생체 내의 지베렐린의 생합성 경로가 보편적인 하나의 경로로 생합성되지 않음을 시사하고 있다. 즉 대상 곰팡이 및 식물의 종이나 조직에 따라 서로 다른 생합성 경로가 존재하고 있음을 말한다. 그러나 보편적으로 지베렐린의 생합성 경로는 크게 다음의 3단계로 나누어져 있다.

제 1 단계는 메발론산으로부터 *ent*-kaurene까지, 제 2 단계는 *ent*-kaurene에서부터 GA_{12}-알데히드까지, 그리고 제 3 단계는 GA_{12}-알데히드에서 C_{20}-지베렐린을 경유하여 C_{19}-지베렐린까지이다.

(1) 메발론산으로부터 ent-kaurene으로의 생합성 경로

메발론산(mevalonic acid)으로부터 *ent*-kaurene으로의 생합성 경로를 그림 6-19에 나타내었다.

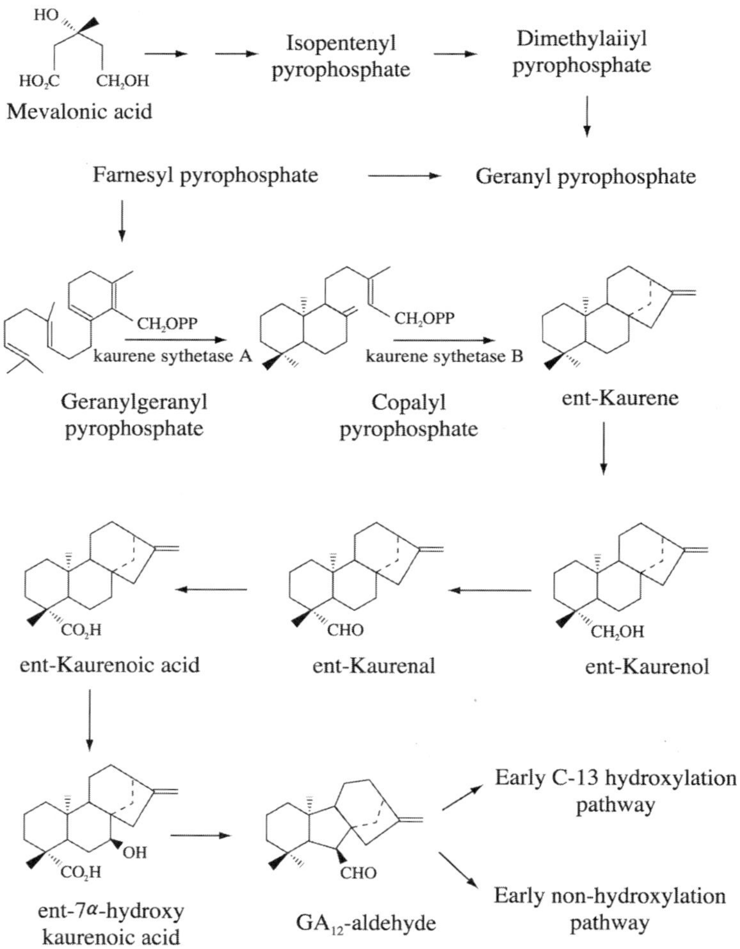

그림 6-19 지베렐린의 생합성 경로 I, II
메발론산으로부터 GA_{12}-알데히드까지의 생합성 경로

즉 메발론산으로부터 geranyl geranyl pyrophosphate 로의 전환은 일반적인 디테르펜의 생합성과정을 따라 이루어진다. 그 후 geranyl pyrophosphate 가 환원되어 *ent*-kaurene 이 생성되기까지는 2 단계의 반응을 거치는데, 먼저 copalyl pyrophosphate 의 생성에는 kaurene 생성효소 A 가 촉매작용을 하며, copalyl pyrophosphate 는 kaurene 생성효소 B 의 작용에 의하여 *ent*-kaurene 으로 된다.

이들 kaurene 생성효소 A, B 는 오이의 배유로부터 부분 정제가 이루어져 분자량이 각각 82, 000 pa 정도의 단백질임이 알려졌다. 또한 옥수수와 가지의 *ent*-kaurene 합성 이전의 경로가 저해되어 있는 돌연변이체 ga 1 을 이용하여 ga 1 유전자를 클로닝하는 데 성공함으로써 이 유전자는 *ent*-kaurene 생성효소 A 를 암호화하고 있음이 밝혀졌다.

(2) *ent*-kaurene 에서부터 GA_{12}-알데히드까지의 생합성 경로

ent-kaurene 에서부터 GA_{12}-알데히드로의 생합성 경로는 대부분의 식물에서 같은 경로를 거친다고 생각되고 있다. 즉 *ent*-kaurene 이 19 번 탄소가 수산화된 후에 *ent*-kaurenol 을 합성하고, 이어서 알데히드 및 카르복시산으로 산화되어 *ent*-kaurenolic acid 를 만든다. 그 후 7 번 탄소에 수산화과정이 있어 *ent*-7α-hydroxy-kaurenolic acid 를 생성한 후 최초의 *ent*-gibberellane 구조인 GA_{12}-알데히드를 생성한다(그림 6-19).

이들 생합성 경로에 참여하는 효소들은 microsome 분획이 포함되는 monooxygenase 로 NADPH 를 조효소로 하고 있음을 볼 때 cytochrome P 450 효소로 생각되고 있다.

(3) GA_{12}-알데히드 이후의 생합성 경로

Cell free 계와 식물조직배양 및 단일유전자 돌연변이체를 이용한 대사과정의 연구에 의하여 GA_{12}-알데히드로부터 합성되는 각종 지베렐린의 생합성 경로가 밝혀졌다. 일반적으로 중요한 식물 내의 지베렐린의 생합성 경로는 그림 6-20 에 나타낸 것과 같이 초기에 13 번 탄소에 수산화가 일어나는 초기 C-13 수산화 경로와 GA_9 까지 수산화가 일어나지 않는 초기 C-13 비수산화 경로로 나눌 수 있다.

즉 초기 C-13 수산화 경로에서는 GA_{12}-알데히드의 13 번 탄소에 수산화가 일어나며, C_{20}-지베렐린인 $GA_{53} \rightarrow GA_{44} \rightarrow GA_{19}$ 까지 전환된 후 C_{19}-지베렐린인 GA_{20} 을 거치고 3 번 탄소의 수산화에 의하여 GA_1 을 생성한다.

한편 초기 C-13 비수산화 경로는 GA_{12}-알데히드 $\rightarrow GA_{12} \rightarrow GA_{15} \rightarrow GA_{24}$ 로 전환된 후 C_{19}-지베렐린인 GA_9 를 거친 다음, 3 번 탄소의 수산화에 의하여 GA_4 로 전환된다.

이렇게 하여 생성된 GA_1 과 GA_4 는 두 생합성 경로 중에서 가장 강한 활성을 나타내고 있어, 활성형 지베렐린의 본체로 여겨진다. 이들 GA_1 과 GA_4 는 더욱 진행되는 2 β수산화에 의하여 각기 GA_8 과 GA_{34} 를 생성하는데 이들 GA_8 과 GA_{34} 는 극히 낮은 활성만을 나타내고 있어 GA_1 과 GA_4 로부터 GA_8과 GA_{34} 의 경로는 지베렐린의 불활성화과정으로 생각된다.

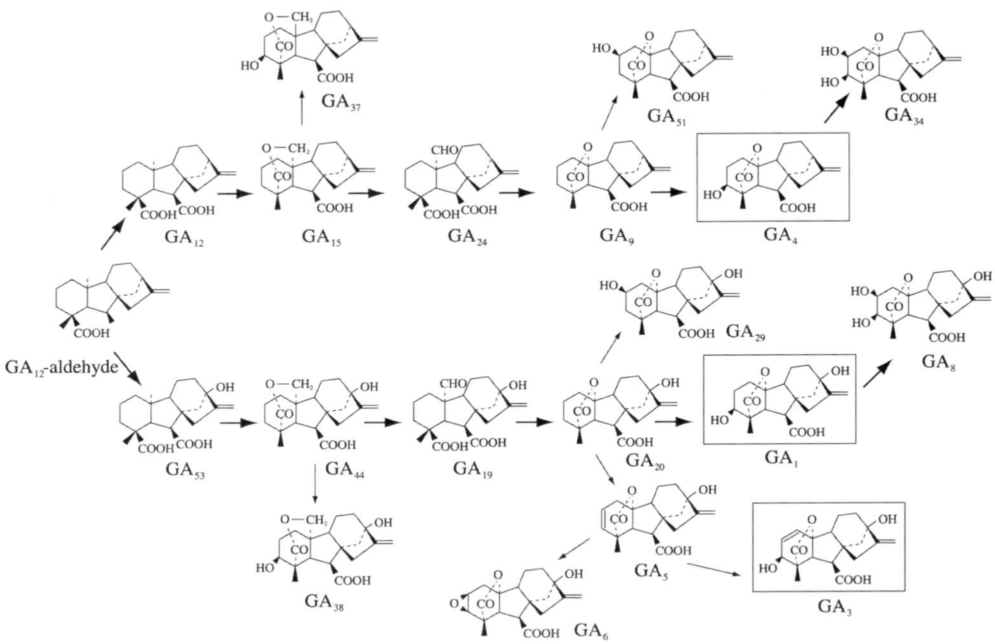

그림 6-20 지베렐린의 생합성 경로Ⅲ
초기 C-13 화합물과 후기 C-13 화합물의 수산화 경로

4. 생리작용

지베렐린 발견의 기초가 되었듯이 지베렐린의 가장 대표적인 생리작용은 식물의 절(node)과 절 사이의 신장에 의한 줄기 신장이라고 할 수 있다. 이런 줄기 신장은 옥신에 의한 줄기 생장과는 다른 양상을 나타내어, 옥신이 절편식물(explant)에 대해서만 줄기 생장의 반응을 일으키는 것과는 달리, 지베렐린은 완전식물(또는 완전유식물)에 대하여 현저한 줄기 생장을 일으킨다.

이런 줄기 생장의 반응은 일반적으로 정상적인 줄기의 신장이 일어나는 식물체에 대해서는 반응하지 않지만 식물계의 몇몇 식물에서는 민감하게 반응하여 지베렐린의 외부처리에 의하여 상상을 초월하는 giant plant를 생성하기도 한다.

줄기생장 이외에도 지베렐린은 곡류에서 가수분해효소의 발현을 촉진하기도 하고, 빛과 온도와의 상호조절기작에 의하여 개화를 조절하거나 성의 분화를 촉진하기도 한다.

(1) 지베렐린과 줄기 생장

지베렐린에 의하여 줄기 신장이 조절됨은 왜성 식물체들을 통한 연구로부터 확인할 수 있다. UCLA 대학의 Phinney 등은 옥수수의 왜성체들을 분리하여 이들 중 d_1, d_2, d_3, d_5 및 ear-1 (그림 6-21 A)이 옥수수의 줄기 생장을 일으키는 GA_1의 결핍에 의함을 알아냈고, 이들 왜성체들(돌연변이체)은 GA_1까지의 생합성 경로의 일련의 반응 중 하나의 과정만이 차단됨에 의하여 줄기 생장이 일어나지 않음을 밝혔다(그림 6-21B).

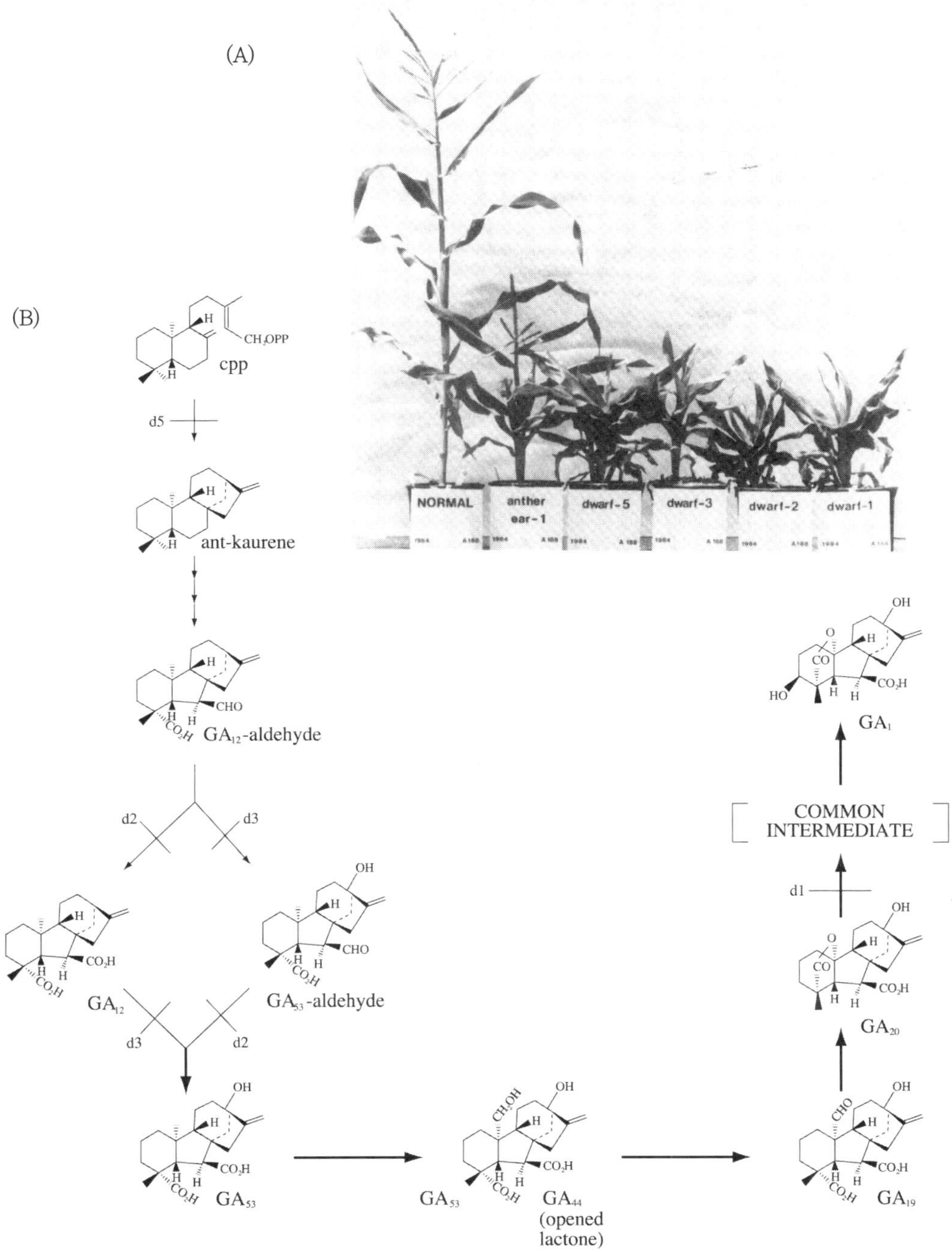

그림 6-21 옥수수 지베렐린 변이체(왜성)의 생장(A) 및 생합성 경로 결손부위(B)

표 6-2 몇몇 완두 GA 관련 변이체의 표현형 및 작용기작

유전자	표현형	작 용 기 작
le	왜성	GA_{20} 에서 GA_1 에로의 활성 감소
le^d	강한왜성	GA_{30} 에서 GA_1 에로의 활성 감소(*le* 보다 강함)
na	강한왜성	*ent*-7α-hydroxykauenoic acid 에서 GA_{12}-알데히드로의 과정 차단됨
lh	왜성	*ent*-kaurene 이전과정 차단됨
ls	왜성	*ent*-kaurene 이전과정 차단됨
la cry^s	giant	GA_1 과 수용체결합 조절

이러한 단일유전자 돌연변이체들은 모두 GA_1 을 처리할 경우에 정상인 옥수수와 같은 크기의 줄기 생장을 일으키며, 또한 차단되어 생합성되지 못하는 생합성과정 중간대사물질을 처리할 경우(예를 들어 copalyl pyrophosphate 에서 *ent*-kaurene 과정이 차단됨에 의해 왜성을 나타내는 d_5 돌연변이체의 경우 *ent*-kaurene을 처리함)에 이후의 생합성 경로는 정상적으로 GA_1 을 생성하여 정상적인 줄기 신장을 일으킨다.

완두의 경우에도 *le*, *na*, *lh* 와 *ls* 와 같이 줄기신장의 활성형 지베렐린인 GA_1 이 생합성되지 못함으로 인하여 나타나는 왜성체들이 발견되었으며(표 6-2), 이들 왜성체들은 옥수수 왜성체와 같이 GA_1 을 처리하거나 차단된 생합성 중간대사물을 처리할 경우 GA_1 을 정상적으로 생합성하여 왜성이 깨어짐이 밝혀졌다.

다시 완두의 경우에는 GA_1 생합성 경로 차단에 기인된 왜성체들 이외에 GA_1 을 처리하였을 때, 야생형과는 다른 반응을 나타내는 돌연변이체들도 발견되었다. 이 중 *la* 와 *cry* 의 double mutant인 *la cry*^{s} (slender)는 내생 GA_1 을 비롯한 어떠한 지베렐린도 가지고 있지 않음에도 불구하고 야생형(*La Cry*)보다도 훨씬 큰 줄기신장이 일어난다.

이는 아마도 *la cry*^{s} 에는 줄기신장과 그 밖의 지베렐린에 의한 생리현상 발현을 억제하는 억제자(repressor)가 있어, GA_1 은 이 억제자의 조절을 위한 effector 로 작용하며, slender 유전자인 *la cry*^{s} 가 이 억제자의 생성을 저해하고 있거나, GA_1 이 생리 현상을 위해서는 수용체와 결합한 후에 작용을 나타내는데 *la cry*^{s} 유전자가 이 수용체와의 결합을 조절한다고 생각하고 있다(그림 6-22).

지베렐린에 의한 줄기 생장 조절의 또 다른 예는 로제트(rossete) 식물체에서 볼 수 있다. 즉 시금치나 양배추와 같은 로제트 식물체는 영양생장에서 생식생장으로 전환하기 위해서는 절간(internode)의 현저한 신장인 추대(bolting)현상이 일어난다. 이 추대현상은 광기나 저온 처리와 같은 식물 외부의 환경적 신호에 의하여 야기되지만, 로제트 식물의 경우에는 소량의 지베렐린을 처리하면 이 추대현상이 일어난다.

위와 같은 결과로부터 지베렐린은 로제트식물의 줄기신장에 제한요소(limiting factor)이며, 광기와 저온처리가 이 제한을 대체할 수 있음을 말한다. 이 가능성은 장일식물인 시금치의 실험에서 확인되었다. Zeevaert 등은 시금치로부터 $GA_{53,\ 44,\ 19,\ 20}$ 등의 지베렐린을 동정하여 $GA_{53} \rightarrow GA_{44} \rightarrow GA_{19} \rightarrow GA_{20}$ 의 13-수산화 생합성 과정이 존재함을 밝혔다.

그림 6-22 완두 지베렐린 변이체들의 생장양상
(A) Ultra dwarf (nana), (B) Dwarf (Na le)
(C) Tall (Na Le), (D) Slender (la cry[s])

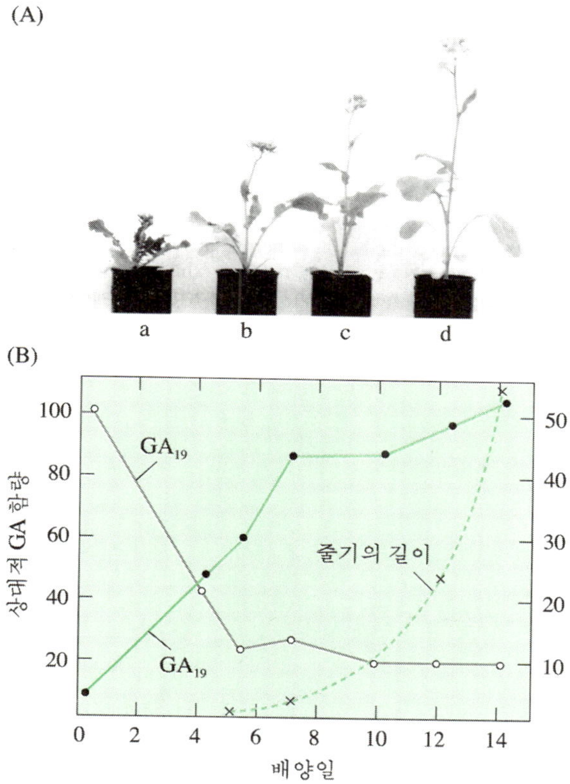

그림 6-23 유체의 GA 처리에 의한 추대(bolting) 유도
(A) a : 대조구, b · c · d : 각각 GA 0.5, 1.0, 10.0 ng 처리구, (B) 추대 유도 시 GA_{19}, GA_{20}, 줄기생장의 관계

단일조건에서 추대활성을 나타내는 GA_{20} 은 아주 낮은 반면, 불활성인 GA_{19} 는 높은 농도로 존재한다. 단일조건 하의 시금치를 장일조건으로 전환시키면 그 양상은 반전하여 GA_{19} 의 농도가 점점 낮아지고 GA_{20} 의 농도는 점점 높아지며 추대가 유도된다(그림 6-23). 이와 같이 지베렐린은 로제트 식물의 줄기 신장에 깊이 관여한다.

지베렐린에 의한 줄기신장은 어떠한 기작에 의하여 이루어지는가? 왜성 식물체의 절간 세포의 길이와 정상 식물체의 절간 세포를 비교할 때, 정상 식물체의 절간 세포의 크기가 현저하게 긴 것으로 볼 때 절간 세포의 신장이 주된 요인으로 생각된다.

그러나 로제트 장일 식물에 지베렐린 처리 후의 변화를 보면, 줄기신장의 주원인인 절간 세포신장 이외에 정단하 분열조직(sub-apical meristem)에 유사분열이 촉진되어 세포의 수가 증가하는 세포 분열 촉진의 효과도 나타나고 있어, 지베렐린에 의해 유도되는 줄기 신장은 보다 복합적인 효과에 의함을 예측하게 한다.

그렇다면 지베렐린에 의한 줄기신장의 주원인으로 생각되는 절간 세포의 신장은 어떻게 이루어지는가? 일반적으로 세포의 신장은 세포벽의 확장성(extensibility)의 증가와 함께, 수분의 흡수를 증가시키기 위한 삼투압적 원동력의 증가에 기인한다.

지베렐린의 경우에 있어서는 양상추 하배축에 GA_3를 처리했을 때 세포액 내의 삼투압은 영향을 받지 않으나, 세포벽의 확장성에는 증가 효과를 나타내고 있어 지베렐린도 옥신과 같이 세포벽의 성질을 변화시키는 것으로 생각되고 있다.

그러나 지베렐린에 의한 세포벽 성질의 변화는 옥신에 의한 세포벽 산성화(acidification)에 기인하지는 않으며, 식물 세포벽의 확장성을 저해시키는 세포벽 내 Ca^{2+} 이온의 농도를 낮추거나, 리그닌과 같이 세포벽의 고형화 물질의 생성과 관계있는 과산화효소의 활성을 저해하여 세포벽의 확장성을 촉진시키는 것으로 알려져 있다.

(2) 지베렐린과 종자 발아

발아하는 곡류 유식물들은 그들의 계속적인 생장을 위하여 알곡(cereal grain) 안의 저장물질들의 계속적인 유입을 필요로 한다. 이런 저장물질의 유식물로의 유입을 위해서 발아 중인 종자는 저장 탄수화물과 단백질 등을 분해하기 위하여 α-아밀라아제나 단백질 분해효소와 같은 가수분해 효소를 분비해야만 한다.

발아 중인 종자에 있어서 α-아밀라아제의 분비에 미치는 지베렐린의 역할은 보리의 알곡에서 확실히 알 수 있다. 보리종자를 배(embryo)를 포함하는 것과 배를 포함하지 않는 반쪽 종자로 나누어 발아를 시키면, 배를 포함하는 반쪽 종자는 α-아밀라아제를 분비하여 전분성(starchy) 배젖을 분해하여 발아가 이루어진다. 한편 배를 포함하지 않는 반쪽 종자는 발아에 필요한 양만큼의 α-아밀라아제를 생성하지 못하여 발아하지 못한다.

그러나 배를 포함하지 않는 반쪽 종자에 GA_3를 처리하면, GA_3는 이 반쪽 종자를 자극하여 발아에 필요한 양 이상의 α-아밀라아제를 생성한다. 이와 같이 GA_3에 의해 유도되는 α-아밀라아제의 분비는 배젖을 싸고 있는 세포층인 호분층(aleurone layer)이 존재하여야만 가능하다(그림 6-24).

보리종자가 발아할 때 지베렐린에 의해 유도되는 α-아밀라아제의 분비와 발아에 관한 과정은 그림 6-25에 모식화한 것과 같이 잘 확립되어 있다.

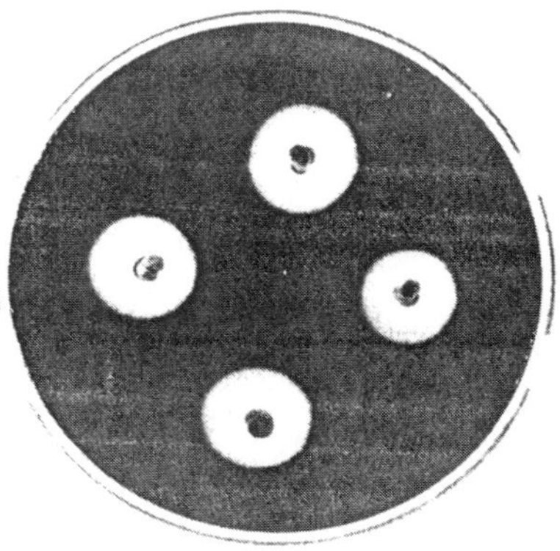

그림 6-24 보리종자에 10 ng의 GA 처리 시 α-아밀라아제의 활성변화

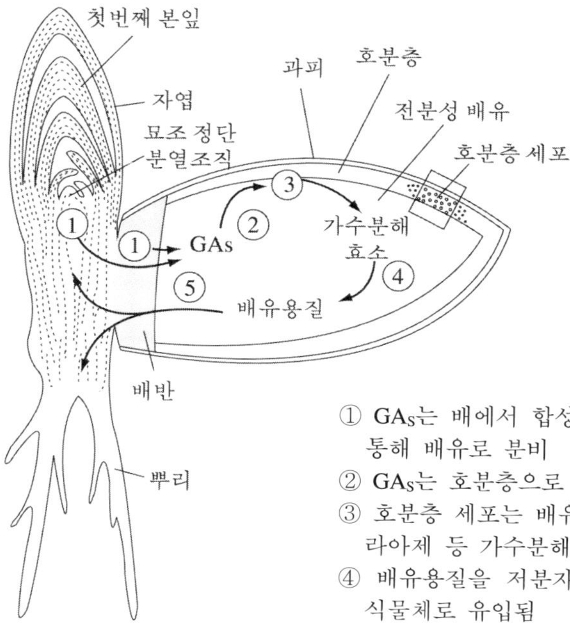

① GAs는 배에서 합성되어 배반을 통해 배유로 분비
② GAs는 호분층으로 확산
③ 호분층 세포는 배유로 α-아밀라아제 등 가수분해효소 분비
④ 배유용질을 저분자로 분해, 유식물체로 유입됨

그림 6-25 보리종자 발아 시 α-아밀라아제 발현에 미치는 GA의 작용기작

그러면 지베렐린은 어떤 기작에 의하여 α-아밀라아제의 수준을 조절할 것인가?

우선 고전적 생리실험을 통해 지베렐린은 α-아밀라아제의 de novo 합성을 촉진시키며, α-아밀라아제의 합성은 전사를 억제하는 actinomycin D와 번역을 억제하는 cycloheximide 모두에 의하여 저해됨으로써 전사수준이 조절되고 있을 가능성이 제시되었다.

최근에는 α-아밀라아제의 cDNA가 클로닝되고, 방사선으로 표지된 cDNA probe를 통한 'northern blot'에 의해 지베렐린이 α-아밀라아제 플라스미드의 mRNA로의 전사과정을 조절함을 직접 확인할 수 있었다. 또 지베렐린에 의한 전사의 증가는 원핵세포의 오페론 조절기작과 같이 DNA 결합단백질(DNA-binding protein)에 의해 조절됨이 알려졌다.

6-1-3 시토키닌

1. 천연 시토키닌

시토키닌(cytokinin)은 식물에 있어 세포분열과 분화를 조절하는 식물호르몬이다. 이러한 시토키닌은 또한 식물의 생장과 노화를 제어하는 중요한 생리작용이 있다.

시토키닌의 최초의 발견은 담배 조직배양기술을 연구하던 Skoog 등에 의하여 이루어졌다. Skoog 등은 적정농도의 옥신이 존재하는 합성 기본배지 안에서 세포확장을 수행하는 담배조직이 전반적으로 세포분열을 행하지 않음을 발견했다. 그러나 유관속조직의 추출물, 코코넛 밀크 또는 효모 추출물을 기본배지 안에 첨가할 때 세포분열이 유도되는 것을 발견했다. 또한 세포분열 촉진활성은 오래된 DNA나 DNA의 가수분해 산물에 의해서도 확인되었다.

이런 활성물질은 키네틴(kinetin)이라고 명명되었는데, 1 ㎛/L 의 낮은 농도에서 담배세포의 세포질분열을 일으키며 그 구조식은 6-furfurylaminopurine 임이 밝혀졌다.

일반적으로 키네틴이란 키네틴과 같은 생리활성을 가지고 있는 모든 화합물을 일컫는다. 이들은 동물기원의 화합물에 사용되고 있어, 키닌과 혼동을 피하기 위해서 식물에서의 이런 활성물질은 시토키닌으로 대치되었다.

1963 년 진정한 의미의 식물호르몬 시토키닌인 제아틴(zeatin)이 Letham 등에 의하여 옥수수 종자로부터 분리되었으며, 6-(4-hydroxy-3-methyl-2-*trans*-butenylamino) purine 으로 그 구조가 결정되었다. 그 후 9-β-D-ribofuranosyl 제아틴 ([9 R]Z)과 5'-monophosphate ([9 R-5'P]Z)가 관련화합물로 동정되었다.

이러한 제아틴 및 관련화합물의 발견은 여러 다른 식물체 내의 유사활성물질의 연구를 가속화시켜 비교적 다량의 관련화합물을 포함하고 있는 조직인 뿌리, 목질부, 생장 중인 열매 및 미숙종자를 대상으로 관련화합물의 동정이 이루어졌다. 특히 HPLC 와 MS 의 발전에 의하여 수많은 천연 시토키닌이 동정되었다. 그림 6-26 에는 동정된 대표적 천연 시토키닌의 구조를, 표 6-3 에는 이들의 약어를 정리하였다.

표 6-3 각종 시토키닌과 이들의 약호

화 학 명	약 어	화 학 명	약 어
제아틴	Z	루핀산(Lupinic acid)	[9 Ala] Z
cis-제아틴	(*cis*) Z	디히드로제아틴	(di H) Z
제아틴 리보시드, 리보실, 제아틴	[9 R] Z	디히드로제아틴 리보시드, 리보실디히드로제아틴	(di H)[9 R] Z
cis-제아틴 리보시드, ribosyl-*cis*-제아틴	(*cis*) [9 R] Z	디히드로제아틴 *O*-글루코시드, *O*-글루코실디히드로제아틴	(di H OG) Z
제아틴 리보티드	[9 R-5 'P] Z	*O*-글루코실디히드로제아틴 리보시드	(di H OG) [9 R] Z
제아틴-9-글루코시드, 9-글루코실제아틴	[9 G] Z	디히드로루핀산	(di H) [9 Ala] Z (3, 4-di OH) Z
제아틴-7-글루코시드, 7-글루코실제아틴	[7 G] Z		(2, 3 ,4-tri OH) Z
제아틴 *O*-글루코시드, *O*-글루코실제아틴	(OG) Z	N^6-(Δ^2-이소펜테닐)아데닌 이소펜테닐아데닌	iP
O-글루코실제아틴 리보시드	(OG)[9 R] Z	N^6-(Δ^2-이소펜테닐)아데노신 이소펜테닐아데노신	[9 R] iP
2-메틸티오제아틴	[2 MeS] Z		[2 MeS 9 R] iP
2-메틸티오-*cis*-제아틴	(*cis*) [2 MeS] Z		[9 G] iP
2-메틸티오제아틴 리보시드	[2 MeS 9 R] Z		(*o*OH) [9 R] BAP
2-히드록시제아틴	[2 OH] Z		(*o*OH)[2 Mes 9 G]BAP

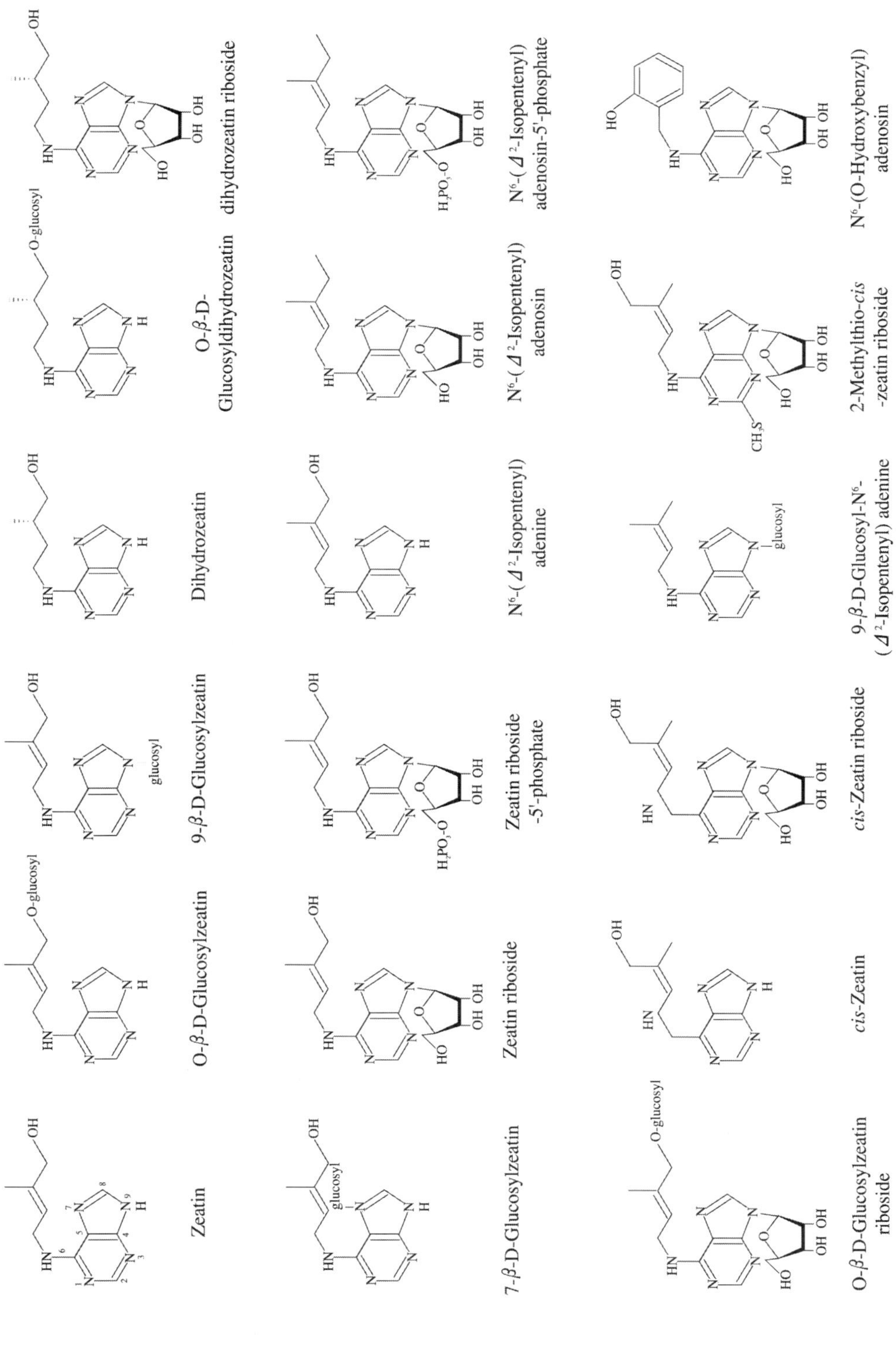

그림 6-26 천연 시토키닌의 구조

2. 구조적 특징 및 활성과의 상관관계

모든 천연 시토키닌들은 모두 아데닌 염기골격의 6번 질소(N^6로 표시)에 치환기를 가지고 있으며, N^6 치환기의 종류에 따라, N^6-이소프레노이드 아데닌류와 N^6-벤질 아데닌류의 두 그룹으로 대별된다.

식물에서 시토키닌의 주요 아데닌인 N^6-이소프레노이드 아데닌류는 N^6-이소프레노이드의 구조에 의하여 3개의 그룹으로 다시 세분화할 수 있다. 그 첫 번째는 제아틴과 같이 4-hydroxy- 3-methyl-2-*trans*-butenylamino 이거나, 이 구조의 *cis* 이성질체 및 이들 두 이성질체의 유도체들이다. 이들 중 제아틴과 제아틴 리보시드는 고등식물의 넓은 범위에서 동정될 뿐만 아니라 현화식물, 이끼류에서도 주로 동정되는 식물계 내에서 가장 보편적인 시토키닌이다. 또한 이 두 시토키닌은 고등식물과 공생 및 기생관계에 있는 미생물의 배양배지에서도 발견된다.

한편 식물 병원성 세균의 배양배지 및 식물 tRNA 유래 시토키닌으로서 *cis* 이성질체와 2-methylthio 유도체인 *cis*-Z, *cis*-[9 R] Z, *cis*-[2 MeS-9 R], *cis*-[2 MeS-9 R] Z가 동정되었다. 또한 아데닌 골격의 N^7 또는 N^9에 포도당 분자를 가지고 있는 제아틴 글루코시드가 발견되었으며, 이들의 포도당은 모두 β-D-glucopyranoside 임이 밝혀졌다. 마지막으로 포도당 분자가 제아틴 이소프레노이드의 측쇄에 있는 수산기와 에스테르결합을 하고 있는 제아틴-D-글루코시드도 동정되었다.

N^6-이소프레노이드 아데닌류 시토키닌의 2번째 아데닌은 제아틴의 측쇄가 환원된 디히드로제아틴 (diH) Z와 그 관련화합물이다. 디히드로제아틴은 광학적으로 활성이 있으며 비대칭 탄소의 입체구조는 'S'-configuration 으로 정해졌다.

이 디히드로제아틴의 리보시드인 [(di H)[9 R] Z]와 O-글루코시드인 (di HOG) 및 (di HOG) [9 R] Z가 많은 종류의 식물조직에서 발견되었다.

표 6-4 시토키닌 관련 화합물의 담배 캘러스 검정에 있어서의 활성비교

화 합 물	최저검출농도 (μM)	최적농도 (μM)
Adenine	200	∞
6-(3-Methyl-2-butenylamino) purine (2 iP)	0. 00003 ~ 0. 0008	0. 02
6-(4-Hydorxy-3-methyl-2-*trans*-butenylamino) purine (제아틴)	0. 00003 ~ 0. 0005	0. 004 ~ 0. 5
6-Furfurylaminopurine (kinetin)	0. 001	0. 1
6-Benzylaminopurine	0. 0008	0. 07
6-Pentylaminopurine	0. 0008	0. 1
6-(1, 1-Dimethylpropenylamino) purine	0. 004 ~ 0. 02	0. 5
6-Phenylaminopurine	0. 02	5
6-(3-Methyl-2-butenylamino)-9-β-D-ribofuranosylpurine (2 i PA)	0. 01	0. 5
6-Furfurylamino-9-β-*D*-ribofuranosylpurine	0. 001	0. 1
6-Benzylamino-8-azapurine	0. 02	0. 5
6-Furfurylamino-8-azapurine (8-azakinetin)	0. 1	2

표 6-5 시토키닌류의 N^6 알킬 치환기의 활성에 미치는 영향

R	CH_3	C_2H_5	C_3H_7	C_4H_9	C_5H_{11}	C_6H_{13}	C_7H_{15}	$C_{10}H_{21}$
활성*	50	2	0.1	0.005	0.001	0.01	0.1	5. 0

* 활성을 검출할 수 있는 최저농도를 μM 로 표시

N^6-이소프레노이드 아데닌류 시토키닌의 3 번째 아데닌은 6-(3-methyl-2-butenylamino) purine 인 [N^6-Δ^2-이소펜테닐)아데닌(iP)와 그 관련화합물이다. iP 및 이 리보시드(9 RiP)는 고등식물에서는 잘 검출되지 않는 시토키닌이지만 식물 병원균의 배양배지나 이끼류 등에서는 자주 발견되는 화합물이다. 또한 *cis*-[9 R] iP 는 tRNA 유래 시토키닌 중 가장 보편적으로 자연계에 존재하는 뉴클레오시드이다.

N^6-이소프레노이드 아데닌류 시토키닌과 나뉘는 N^6-벤질 아데닌류 시토키닌은 6-benzyl amino-purine (BAP)으로는 N^6-*ortho*-hydroxyl benzyl adenosine (oOH)[9 R] BAP 가 포플러 잎으로부터 동정되었는데, 이 화합물은 제아틴에 버금가는 활성이 있는 것으로 조사되었다.

다수의 천연 시토키닌이나 합성 시토키닌에 대하여 담배 조직배양 세포분열을 통한 생물검정으로 그 활성도가 검토되었다. 표 6-4 는 주요 시토키닌의 활성을 검토한 결과로서, 이 결과로부터 다음의 특징을 알 수 있다. ① 일반적으로 강한 시토키닌 활성을 나타내기 위해서는 아데닌분자를 가지고 있고, ② 6 번 위치의 아미노기(N^6)에 적당한 크기의 치환기를 가지고 있어야 하는데, ③ N^6 치환기의 활성에 대한 영향은 표 6-5 에 정리한 것과 같이 탄소수 5 개의 치환기를 가지고 있을 경우 최대활성을 나타내며, 탄소수가 이보다 가감되면 활성이 감소되는 경향을 나타낸다. ④ 치환기 중의 이중결합, 특히 $-CH_2-C=C$ 의 구조는 활성을 증가시키는데 매우 중요하며, ⑤ 이중결합을 가지고 있는 시토키닌의 환원물(디히드로제아틴 등)은 약 1/10 정도로 활성을 잃어버린다.

3. 생합성 경로

천연 시토키닌들의 구조를 보면 모든 관련화합물은 아데닌 또는 아데노신의 6 번 아미노기(N^6)에 이소펜테닐기 또는 그 유사 작용기(functional group)가 결합되어 있다. 그러나 고등식물에 존재하는 시토키닌에는 리보시드, 리보티드를 포함한 유리형과 tRNA 에 안티코돈 옆의 변형염기에 들어있는 결합형(그림 6-27)의 두 종류가 존재한다.

시토키닌의 생합성에 관해서는 어떠한 경로로 tRNA 와의 결합형 시토키닌이 생성되며, 또 유리형의 시토키닌은 모두 tRNA 시토키닌으로부터 생겨나는지의 여부를 생각해 보아야 한다.

tRNA 에 들어있는 시토키닌은 tRNA의 생성을 위한 전사과정에서 이미 변형된 아데노신, 즉 시토키닌이 결합하는 것이 아니고 전사과정이 끝난 후 안티코돈 옆 37 번 염기인 아데닌에 Δ^2-이소펜테닐 아데닌이 Δ^2-이소펜테닐 pyrophosphate : tRNA 이소펜테닐 transferase 의 촉매작용으로 결합하는 전사 후(post-transription) 과정에 의하여 생성된다.

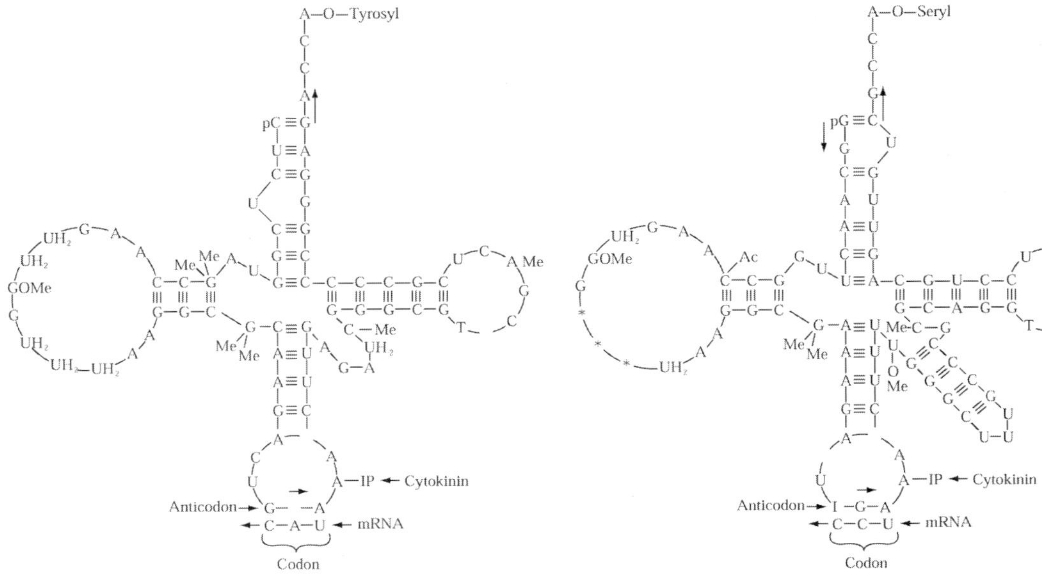

그림 6-27 효모의 티로신과 세린 t-RNA 구조와 이들 t-RNA 들로부터 시토키닌 생성부위

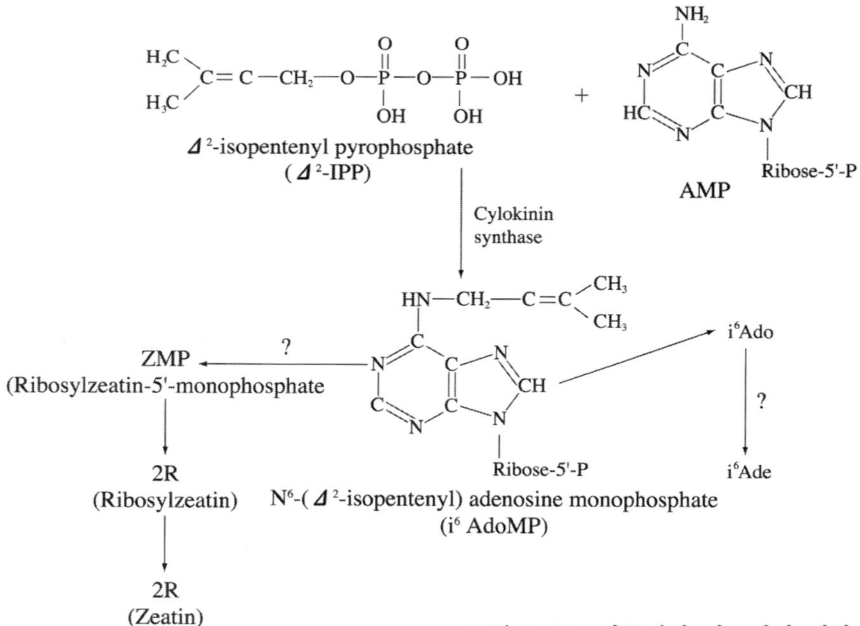

그림 6-28 식물체의 시토키닌 생합성 경로

그렇다면 식물체 내의 유리형 시토키닌은 tRNA 내의 결합형 시토키닌의 가수분해에 의해서 모두 생합성되는가? 이 의문점은 아래의 몇 가지 이유로서 부정적으로 받아들여지고 있다.

첫째, 유리형 제아틴은 주로 *trans*-제아틴임에도 불구하고 tRNA 내의 결합형 제아틴은 *cis*-제아틴이다. 둘째, 시토키닌이 조직배양세포의 tRNA에 존재하고 있음에도 불구하고, 세포의 계속적 생장을 위해서는 외부로부터 시토키닌의 계속적 공급이 필요하다. 셋째, tRNA의 turnover 비율은 극히 낮아서 생체 내의 시토키닌 함량을 충족시키지 못한다.

위와 같은 이유로 식물체 내의 시토키닌은 그림 6-28과 같은 de novo 합성에 의하여 생합성된다고 사료된다. 즉 아데노신 일인산(AMP)에 Δ^2-이소펜테닐 일인산이 Δ^2-이소펜테닐 피로인산 : AMP-Δ^2-이소펜테닐 전이효소에 의하여 [N^6(Δ^2-이소펜테닐)-아데노신-5'-일인산]([9 R-5'-iP] P를 생성한다.

이 [9 R-5'-iP] P는 이후의 대부분의 시토키닌의 전구물질로서 측쇄 4번 탄소의 수산화에 의하여 리보실제아틴-5'-일인산을, 탈인산화에 의하여 리보실제아틴을, 그리고 마지막으로 리보오스의 제거에 의하여 제아틴을 생성한다. 한편 [9 R-5'-iP] P는 제아틴 생합성 경로 이외의 i^6 Ade를 거쳐서 i^6 Ado를 생합성하는 전구물질로도 알려져 있다.

4. 생리작용

식물의 생장과 분화의 현상들은 단 하나의 요인에 기인하기보다는 여러가지 복합적인 요인에 의하여 발현이 조절된다. 이러한 복합적 조절요인 중의 하나인 식물호르몬들은 하나의 생리현상을 발현시킴에 있어서 단 하나의 호르몬만으로 하나의 특이한 생리현상을 조절하는 경우도 있으나 몇몇 호르몬의 상호작용에 의하여 조절되는 것이 일반적이다. 시토키닌 역시 시토키닌에 의한 생리현상을 조절함에 있어 옥신과 에틸렌을 비롯한 식물호르몬들과 밀접한 상호관계를 나타내고 있다.

(1) 시토키닌과 세포분열

시토키닌의 발견의 계기가 되기도 했던 담배 캘러스의 증식실험에서 증명되었듯이 시토키닌의 중요한 생리작용 중의 하나는 탈분화 상태의 조직인 캘러스의 세포분열 촉진효과이다. 이러한 식물 조직배양 시 시토키닌에 의한 세포분열 촉진효과는 배양배지 내에 적정량의 옥신의 존재 아래에서 더욱 현저하게 나타난다.

한편 캘러스와는 달리, 분화가 끝난 완전식물에 있어서는 외부에서 처리한 시토키닌에 의하여 세포분열의 촉진효과가 거의 나타나지 않으나, 몇몇 식물종의 절편식물에서 줄기 정단분열조직의 세포분열 촉진효과가 보고되고 있다. 이러한 결과로부터 시토키닌의 세포분열 촉진효과는 성숙한 세포에서는 촉진효과가 나타나지 않고, 미성숙이나 분열 중인 세포에 촉진효과가 나타난다고 생각된다.

배양세포에서 시토키닌의 세포분열 촉진효과가 적정량 옥신의 존재 아래에서 현저하다는 것은 이들 호르몬이 같이 세포의 주기를 조절할 가능성이 크다는 것을 암시한다. 원핵세포나 동물세포의 경우와 마찬가지로 식물세포의 세포주기는 G_1, S, G_2, 및 M기로 나누어져 있어, 이들 각 기의 전이조절이 세포주기 조절의 기본이 되고 있다.

담배배양세포의 실험에서 시토키닌 처리 없이 옥신만을 처리할 경우 DNA 복제는 일어나지만 세포분열이 일어나지 않는다. 그러나 옥신은 처리하지 않고 시토키닌만을 처리할 경우에는 이미 DNA 복제가 완료된 몇몇 세포에만 세포분열이 일어나서 옥신은 DNA 복제를 위한 과정을 조절하고, 시토키닌은 세포분열을 위한 과정을 조절하는 것으로 나타났다. 그러나 이 결과는 원핵세포나 동물세포에 있어 세포주기 조절에 중요한 G_1/S 또는 G_2/M 전이에 상응하여 옥신은 G_1/S 전이만, 시토키닌은 G_2/M 전이만을 조절한다고 결론짓기는 어렵다.

(2) 시토키닌과 분화조절

식물조직배양으로 얻어진 탈분화상태의 캘러스는 이들의 탈분화상태 유지를 위하여 배양배지 내에 적정수준의 옥신과 시토키닌을 필요로 한다. 그러나 이러한 옥신과 시토키닌의 균형이 깨어지면 탈분화상태의 캘러스는 분화를 시작하는데, 옥신의 농도가 높아지면 뿌리형성을 시작하며, 시토키닌의 농도가 높아지면 줄기형성을 시작한다(그림 6-29).

최근에 옥신/시토키닌 균형에 의한 분화조절 기작이 근두암종(crown gall) 조직을 이용함으로써 분자생물학적으로 규명되었다. *Agrobacterium* T_i 플라스미드의 T-DNA 돌연변이체들을 만들어, 이들 돌연변이에 의해 생성되는 종양세포의 생장과 분화를 관찰한 결과, 어떤 경우에는 돌연변이 T-DNA 플라스미드를 함유한 박테리아의 T_i 플라스미드가 정상 종양세포와는 다른 양상으로 다량의 줄기나 다량의 뿌리를 생성하는 종양세포를 생성하였다. 이렇게 부분적으로만 분화된 종양을 기형종(teratoma)이라고 한다.

이런 기형종 중 비정상적인 줄기증식을 나타내는 것을 'shooty'라고 하며, 비정상적인 뿌리증식을 나타내는 것을 'rooty'라고 한다(그림 6-30). 또한 'shooty'의 경우에 IAA를 생성하는 데 필요한 유전자가 불활성되어 있고, 'rooty'의 경우에 제아틴을 생성하는 유전자가 불활성이었다. 이로 인하여 'rooty' T_i 플라스미드에 의해 변형된 조직은 시토키닌에 비하여 다량의 IAA를 함유하고 있으며, 'shooty' Ti 플라스미드로 변형된 조직은 IAA에 비하여 다량의 시토키닌을 함유하고 있음이 밝혀졌다. 이러한 결과로부터 옥신/시토키닌 비율이 형태형성에 중요함을 알 수 있다.

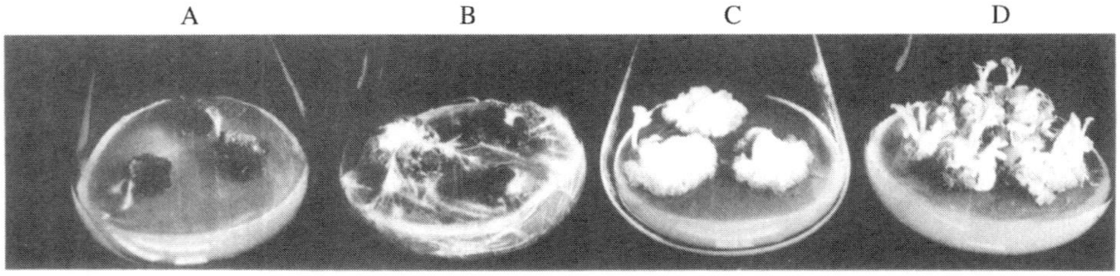

	A	B	C	D
옥신(mg/L)	2	2	2	2
키네틴(mg/L)	0	0.02	0.2	2

그림 6-29 시토키닌과 옥신의 균형에 의한 재분화 양상
(A) 캘러스의 괴사 (B) 뿌리 유도 (C) 캘러스의 생장유지 (D) 줄기유도

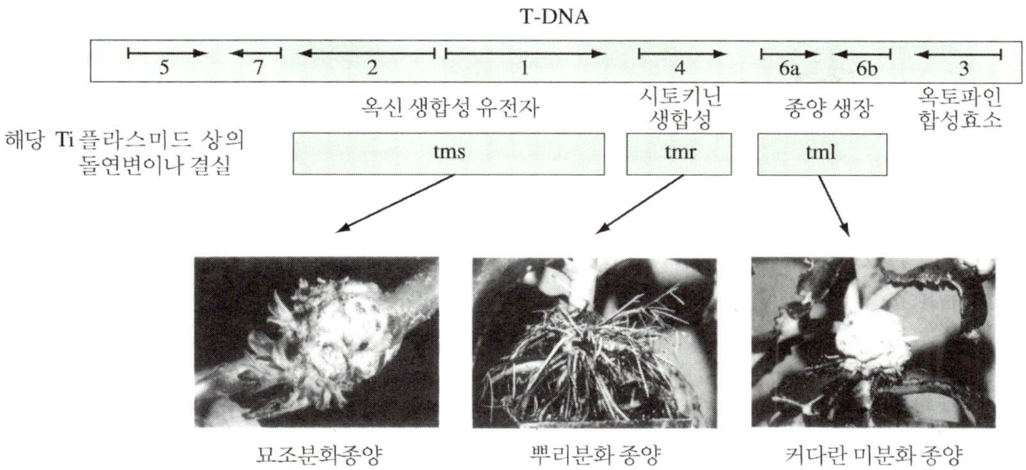

그림 6-30 담배 Ti-플라스미드 내 T-DNA의 구조 및 이들의 결손에 의하여 생성되는 변이체의 생장양상

(3) 시토키닌과 노화

식물의 몸체에서 떨어진 잎은 수분과 양분을 충분히 제공하더라도 핵산, 지질, 단백질 및 엽록소의 파괴 현상이 일어난다. 이와 같이 생명력을 잃으며 점점 늙어 가는 현상을 노화(senescence)라고 한다. 이런 탈엽에 있어서의 노화현상은 시토키닌의 처리에 의하여 완전히 방지하지는 못하더라도 상당히 지연된다.

만일 식물의 한 잎에만 시토키닌을 처리하면, 처리하지 않은 잎이 황화하여 탈엽함에도 불구하고, 처리한 잎은 활발한 생명력을 나타내는 녹색을 그대로 유지한다. 또한 한 잎의 한 부분에만 시토키닌을 처리하면 잎의 다른 부분들이 모두 노화가 진행됨에도 불구하고 처리 부분은 녹색을 그대로 유지한다.

이와 같은 시토키닌의 노화방지 효과는 영양분의 이동과 관련하여 설명할 수 있다. 방사선 동위원소로 표지한 영양분(당, 아미노산 등)을 하나의 잎 전체 또는 한 부위에 처리한 후, 이 잎의 한 부분에 시토키닌을 처리하고 일정 시간 경과 후에 방사선자동사진법

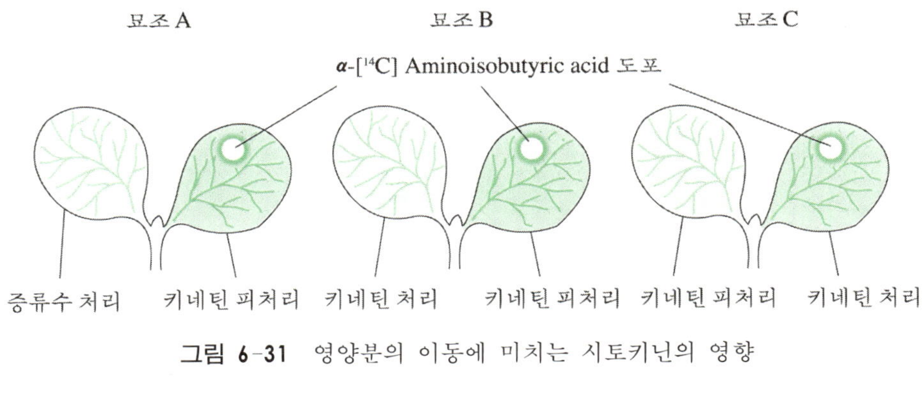

그림 6-31 영양분의 이동에 미치는 시토키닌의 영향

(autoradiography)을 통하여 포식영양분의 이동을 살펴보면, 영양분들이 시토키닌을 처리한 부위로 이동한다는 것을 알 수 있다. 즉 시토키닌 처리에 의하여 처리된 부분으로 생명력 유지를 위한 영양분이 모여들어 이들의 계속적인 이용으로 다른 부분보다 오랫동안 생명력이 유지되는 녹색을 띠게 된다(그림 6-31).

6-1-4 아브시스산

1. 천연 아브시스산

옥신의 발견은 식물의 생장이 작은 분자량을 가진 물질에 의하여 조절됨을 시사하였고, 식물생장을 연구하는 연구자들은 식물생장 시 나타나는 변화들을 모두 옥신에 의하여 설명하고자 하였다. 그러나 Hembreg 등은 귀리 자엽초의 생장을 억제하는 물질이 감자의 껍질에 높은 농도로 존재하며, 이 억제물질(inhibitor β)은 휴면이 타파되는 시기에 현저하게 농도가 감소함을 발견하였다. 또한 식물의 휴면아에도 이와 유사한 활성물질이 존재하며, 이 활성물질의 농도가 휴면과 연관이 있음을 확인하였다.

Wareing 등은 이 억제물질(inhibitor β)이 자작나무 종류의 잎에도 존재하며, 장일조건으로 재배한 잎에 처리하였을 때 잎의 생장이 억제될 뿐만 아니라 정아(terminal bud)가 휴면에 들어간다는 것을 확인하게 되었다. 따라서 이들은 이런 휴면(dormancy)을 유도하는 능력으로부터 그 억제물질을 'dormin'이라고 명명하였다.

낙엽식물은 가을이 되면 단풍이 들고 낙엽이 지는데, 이러한 현상을 탈리(abscision)현상이라 한다. 이는 잎의 생장이 끝날 무렵 엽병의 기저부에 몇 줄의 분열세포가 생성되어 중심부를 향하여 분열하면 탈리층이 형성되고, 이 부분으로부터 엽병이 이탈되는 현상이다. 과수에서 과일이 떨어지는 낙과현상도 잎의 경우와 같은 양상으로 진행된다고 알려져 있다. Carns 등은 목화 낙과시기의 과실에 옥신의 활성을 저해하는 물질이 존재하며, 이 물질은 목화에서 탈리 활성이 있음을 확인하고 이를 abscisin으로 명명하였다.

그 후 Addicott와 Ohkuma 등은 목화의 과벽으로부터 abscisin의 분리를 시도하여, 1963년 목화에서 생물검정시험에 강한 활성을 나타내는 물질을 순수분리하는 데 성공하여 abscisin II로 명명하고 그 구조를 밝혔다. Abscisin II의 구조가 밝혀지고 난 후에 휴면유도 물질인 dormin의 구조가 결정되었으나, 이 물질은 abscisin II와 동일한 구조임이 밝혀졌다. 1968년 제6차 국제식물생장물질학회(IPGSA)에서는 두 물질의 혼돈을 막기 위해 두 물질을 합쳐서 아브시스산(abscisic acid)이라 부르기로 결정하였다.

아브시스산이 발견된 이후에, 이 물질이 식물계에 널리 분포하며 탈리현상의 촉진과 휴면유도를 행하고 있음이 밝혀졌다. 또한 덩굴강낭콩의 종자로부터 아브시스산을 활성화시키는 phaseic acid가 동정되었고, 배의 종자로부터 dihydrophaseic acid가 동정되는 등 아브시스산 관련 화합물이 순차적으로 동정되었다(그림 6-32). 이들 화합물 중 크산톡신(xanthoxin)은 식물성 카로티노이드인 비올라크산틴(violaxanthin)의 광분해 물질로서 매우 강력한 식물생장 저해활성을 가지고 있는 것으로 알려져 있다.

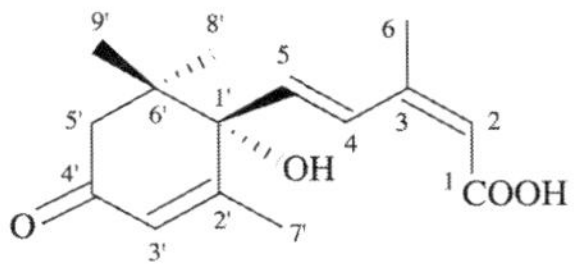

(+)-S-Abscisic acid (P, F)

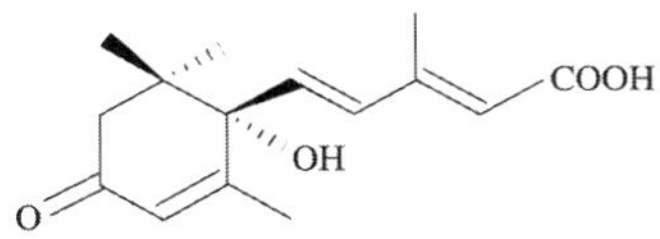

2-*trans*-Abscisic acid (P)

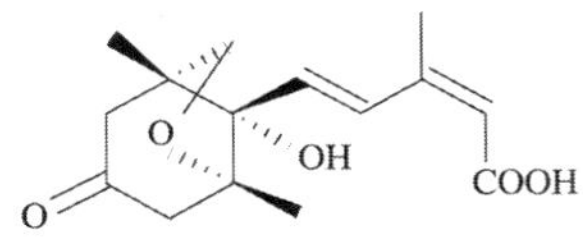

Phaseic acid (P)

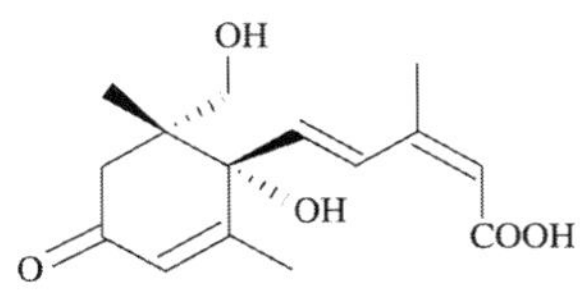

8'-Hydroxyabscisic acid
=metabolite C(P)

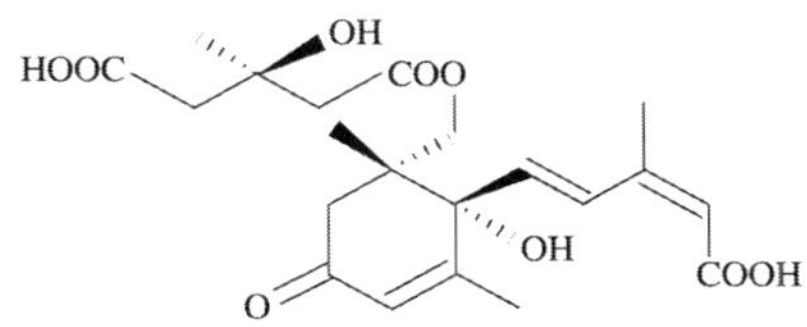

8'-O-(β-Hydroxy-β-methylglutaryloxy)-abscisic acid (P)

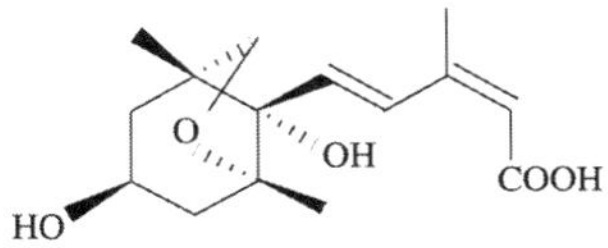

Dihydrophaseic acid (P)

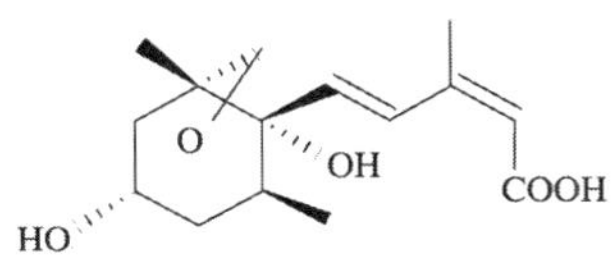

epi-Dihydrophaseic acid (P)

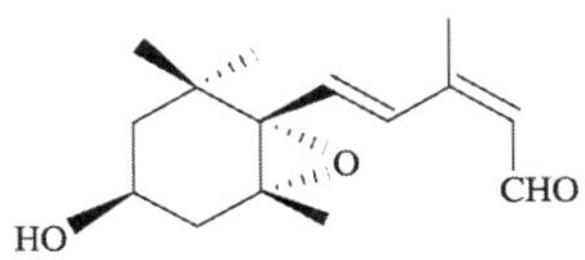

Xanthoxin (P)

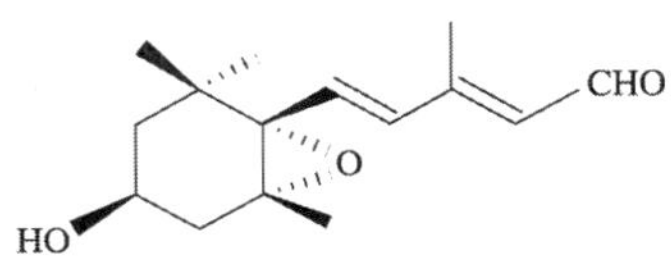

2-*trans*-Xanthoxin (P)

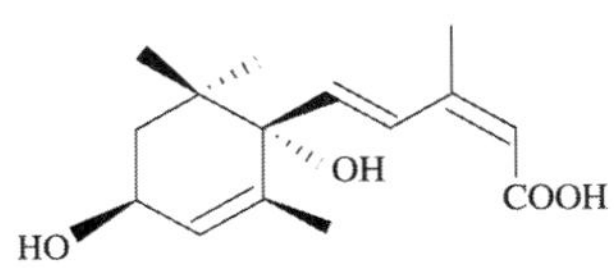

1',4'-*trans*-Diol of abscisic acid (P, F)

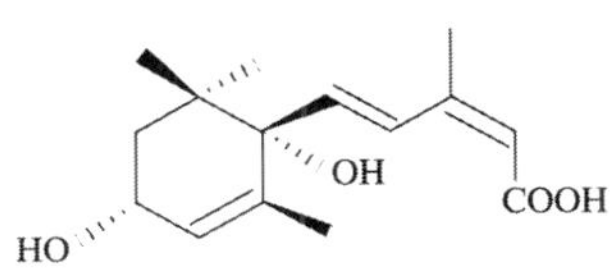

1',4'-*cis*-Diol of abscisic acid (P)

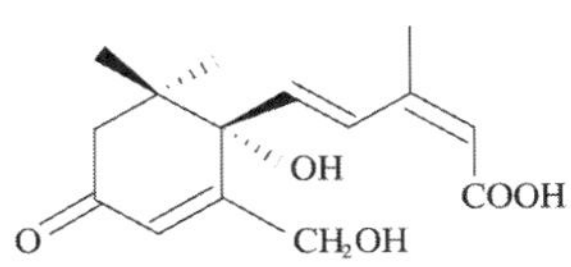

7'-Hydroxy abscisic acid
=nigellic acid (P)

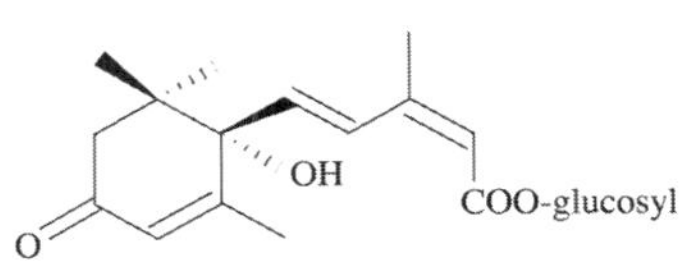

Abscisyl-β-D-glucopyranoside (P)

그림 6-32-A 천연 아브시스산의 구조 (P : 식물기원, F : 곰팡이기원)

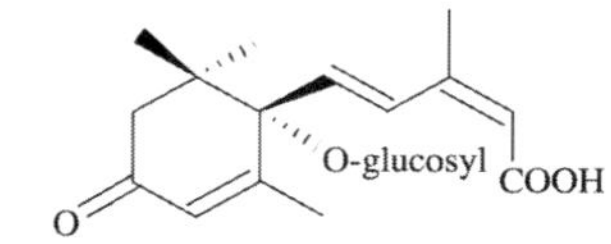

1'-O-β-D-glucopyranosylabscisic acid (P)

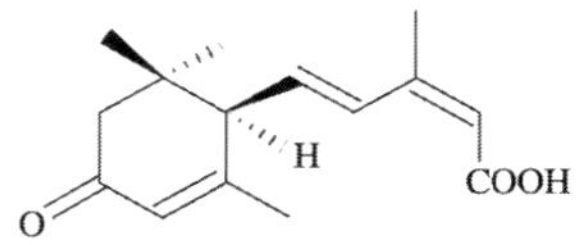

(1'R)-1'-Deoxyabscisic acid (P)

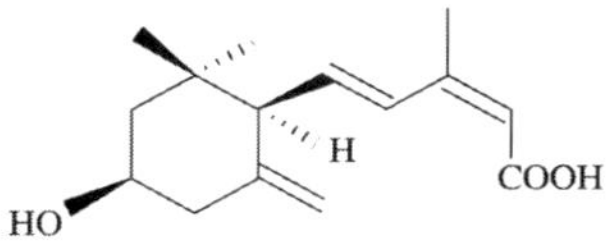

(1' S,4' R)-4'-Hydroxy-γ-ionylideneacetic acid (F)

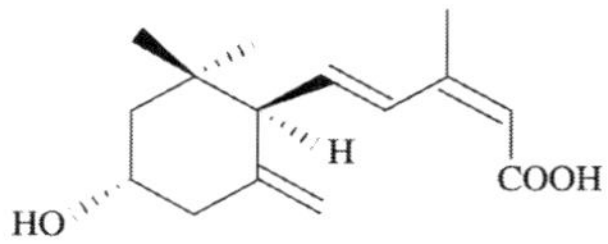

(1' S,4' R)-4'-Hydroxy-γ-ionylideneacetic acid (F)

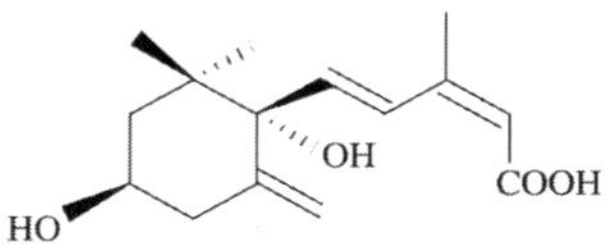

(1' S,4' R)-1',4'-Dihydroxy-γ-ionylideneacetic acid (F)

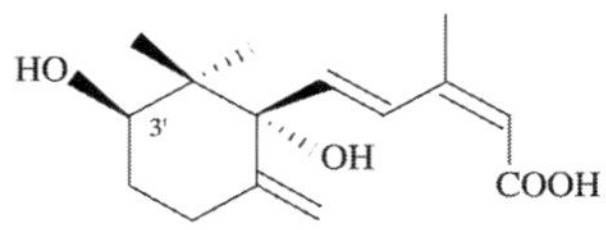

(1' S,4' R)-3'-hydroxy-γ-ionylideneacetic acid and 3' S-isomer (F)

그림 6-32-B 천연 아브시스산의 구조 (P : 식물기원, F : 곰팡이기원)

2. 구조적 특징 및 활성과의 상관관계

아브시스산은 탄소 15개로 이루어진 세스퀴테르페노이드(sequiterpenoid) 계열의 화합물이다. 아브시스산은 하나의 수산기(C1' 위치)와 이중결합(Δ^2), 그리고 3개의 메틸기 (C2'과 C3')와 하나의 카르보닐기(C4')를 가지고 있는 지방족 고리구조와 말단에 탄산기를 가지고 있는 불포화 측쇄로 이루어져 있다. 불포화측쇄의 2번과 4번에 위치하는 이중결합은 C2번 탄소의 카르복실기의 입체구조를 결정지어 *cis* 및 *trans*의 이성질체가 존재한다.

그러나 거의 모든 천연 아브시스산은 *cis*형으로 되어 있어(극히 제한된 경우에 *trans*형으로 존재함) 아브시스산이라고 함은 통상 *cis*형만을 일컫는 것이다. 또한 수산기와 결합되어 있는 C1' 부재 탄소로서 (+)와 (-)형 (또는 S형 또는 R형)의 이성질체가 존재할 수 있으나 (+)형만이 천연형으로 발견된다. (+)형과 (-)형은 아브시스산의 *cis*형, *trans*형의 이성질체와는 달리 생체 내에서 상호 전환되지 않는다. 아브시스산 및 그 관련 화합들은 몇몇 생물검정계를 통하여 그 활성의 강도가 조사되으며 그 결과는 다음과 같다.

① 천연 아브시스산은 (+)이지만 (-)형도 대부분의 검정 계에서 (+)체만큼 활성을 나타냈으나, 기공의 폐쇄활성은 (+)체만이 활성을 나타낸다.
② phaseic acid의 생리활성은 아브시스산의 약 1/10 정도로 나타나며, phaseic acid는 아브시스산의 산화에 의한 이화산물로 볼 수 있다.
③ 측쇄의 이중결합에 있어서는 2-*trans*, 4-*trans*와 2-*trans*, 4-*cis*형이 아주 약한 활성만을 나타내어 2-*cis*, 4-*trans*형이 활성에 필수적이다.

④ 고리구조 중에서 Δ2 이중결합은 활성에 반드시 필요한 것은 아니다.

⑤ 합성을 통한 관련화합물 중 흥미롭게도 크산톡신의 구조와 같이 C1' 과 C2' 사이에 epoxide 를 갖는 화합물이 아브시스산과 같은 정도의 활성을 가진다.

3. 생합성 및 대사

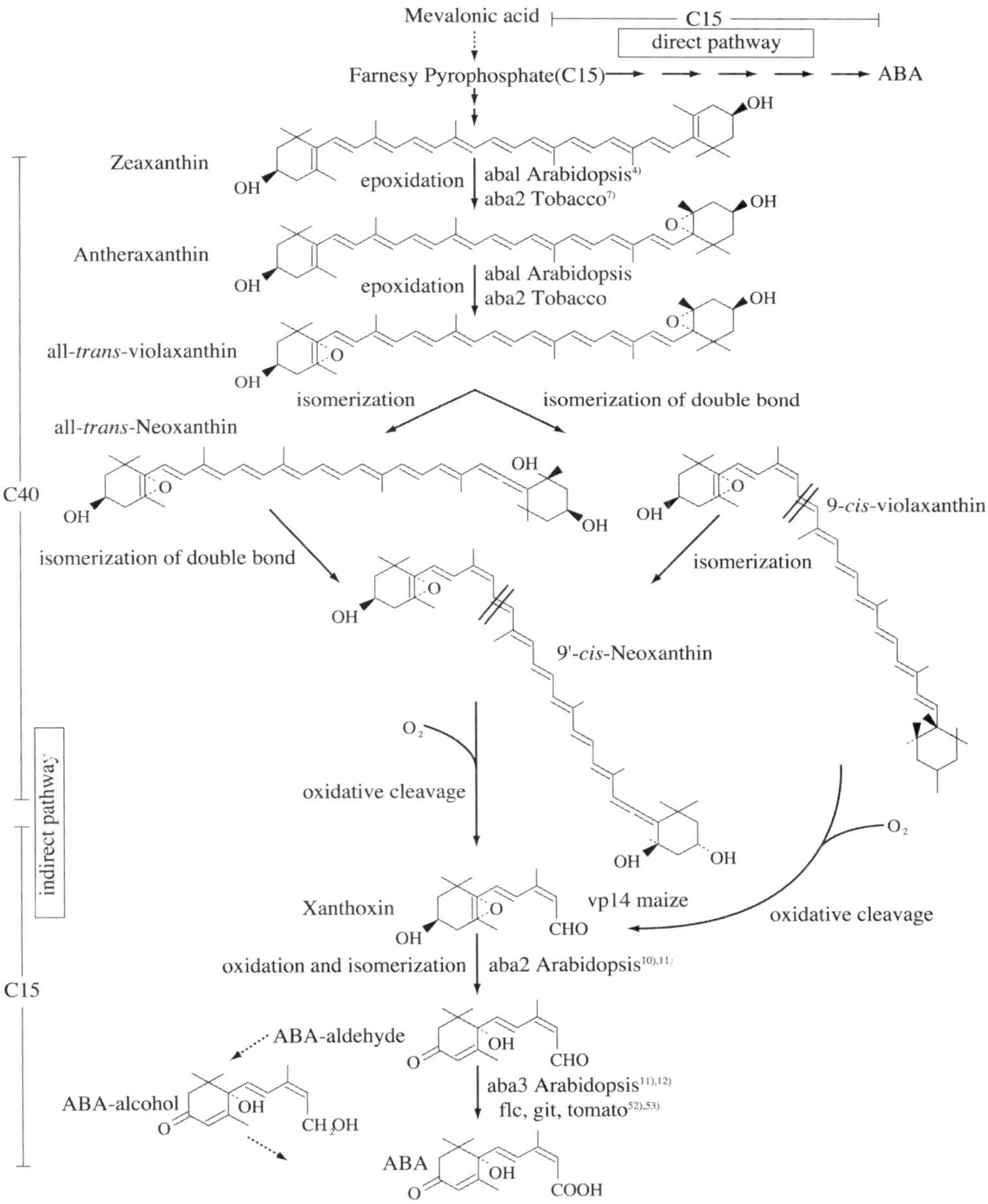

그림 6-33 아브시스산의 생합성 경로

아브시스산은 그 구조가 세스퀴테르펜이므로 당연히 생체 내의 세스퀴테르펜 경로에 의해 생합성될 것이다. 동위원소로 표지한 메발론산을 이용하여 실험을 한 결과, 그림 6-33 에 나타낸 바와 같이 geranyl pyrophosphate 를 거쳐 *trans*-fernasyl pyrophosphate, 그리고 4, 5-dihydro-*trans*-fernasyl pyrophosphate 로 전환된 후에 아브시스산으로 변환됨을 확인할 수 있다. 이러한 생합성 경로를 직접경로(direct pathway)라고 한다.

한편 아브시스산의 절대구조는 식물 카로티노이드의 분해산물인 크산톡신과 동일하며, 크산톡신이 식물체 안에서 아브시스산으로 쉽게 변환됨이 판명되어 아브시스산이 geranyl pyrophosphate 에서 phytene, 그리고 비올라크산틴을 경유한 후에 크산톡신과 아브시스산 알데히드를 경유하여 생합성됨이 확인되었다. 현재 아브시스산의 생합성은 카로티노이드를 경유한 이러한 간접경로(indirect pathway)가 유력시되고 있으나, 아직 어떤 결론을 내리기는 이르다.

4. 생리작용

(1) 아브시스산과 휴면

목본식물은 겨울철 기온이 낮아지면 생장을 일시적으로 멈추고 정단분열조직에 아린(bud scale)을 쌓아 보호하는데, 이를 휴면(dormancy) 상태라 한다. 이런 휴면 현상의 정도는 반드시 아브시스산의 양에 의해 조절되지는 않는다.

아브시스산의 휴면조절에 있어 한 가지 중요한 점은 이 현상이 아브시스산 단독에 의한 현상이라기보다는 생장촉진호르몬인 시토키닌이나 지베렐린과의 상호작용에 의하여 일어난다는 것이다. 즉 휴면조직 내의 아브시스산과 시토키닌 또는 지베렐린의 균형에 의하여 아브시스산이 상대적으로 높을 경우에 휴면이 일어나고, 상대적으로 시토키닌과 지베렐린이 높을 경우 휴면이 타파된다.

또 하나의 휴면현상으로는 종자의 휴면이 있다. 일반적으로 건조한 휴면상태의 종자에는 높은 함량의 아브시스산이 존재하며 휴면에서 탈출한 종자는 낮은 함량의 아브시스산을 가지고 있다. 또한 종자의 휴면이 타파되어 발아가 시작되면 아브시스산의 양은 급격히 줄어들고 대조적으로 시토키닌과 지베렐린의 양은 급격히 증가한다. 즉 종자의 휴면현상도 아브시스산 단 한 가지 호르몬에 의하여 조절되기보다는 아브시스산과 시토키닌 또는 지베렐린과의 균형에 의하여 조절된다고 생각된다.

이런 종자의 휴면조절기작은 발아 시 *a*-아밀라아제를 포함하는 가수분해효소의 활성이 증가할 때 아브시스산이 가수분해효소의 생성을 억제함으로써 휴면을 조절한다고 본다. 실제로 아브시스산은 GA_3 의존성 *a*-아밀라아제 의 전사수준을 억제한다는 보고가 있다.

(2) 아브시스산과 탈리 및 노화

비록 탈리현상에 1 차적으로 관계하는 호르몬이 에틸렌이기는 하나, 아브시스산이 탈리현상을 촉진하는 물질로서 동정되었다는 것에서 볼 수 있는 것처럼 아브시스산은 몇몇 식물에서 탈리현상을 유도한다. 또한 아브시스산은 노화현상에도 작용을 나타내는데, 이러한 아브시스산의 조절기작은 조직 내의 시토키닌의 농도가 아브시스산보다 상대적으로 높을 때 노화가 억제된다. 탈리현상과 같이 조직의 노화현상은 에틸렌에 의하여 역시 조절되는데 절편의 경우 아브시스산은 노화를 개시하는 역할을 나타내며 에틸렌은 노화의 나중 단계에 작용하는 것으로 알려져 있다.

(3) 아브시스산과 스트레스 및 기공패쇄

일반적으로 아브시스산은 식물체가 추위, 염, 그리고 수분이 부족할 때에 그 함량이 급격하게 늘어난다. 이런 이유로 아브시스산을 스트레스(stress) 호르몬이라고 하기도 한다. 특히 수분부족의 스트레스에는 민감하게 반응하여 아브시스산의 함량이 40배 이상 증가하기도 한다. 이러한 아브시스산의 증가는 수분스트레스 상태에서 증산작용에 의한 물의 손실을 최소화하려는 노력으로 나타나, 기공패쇄에 아주 효과적으로 작용한다(그림 6-34).

아브시스산에 의한 기공패쇄는 수 분 안에 일어나는 아주 빠른 반응이다. 기공세포는 그들의 원형질막 외부에 아브시스산에 대한 특이적인 수용체를 가지고 있다고 생각되고 있으며, 아브시스산에 의한 기공패쇄는 원형질막 내의 이온 채널의 열림이나 양자 펌프의 활성을 조절함으로써 일어난다고 생각되고 있다. 또한 아브시스산은 물의 유입과 이온흡수를 증가시켜 원형질막의 성질을 변형시킨다고 사료되고 있다.

아브시스산은 고온이나 저온 또는 내염에 적응할 수 있도록 새로운 종류의 단백질 합성에 영향을 주는 것으로 나타났으며, 이들의 조절은 전사과정의 조절에 의한다는 사실이 알려져 있다.

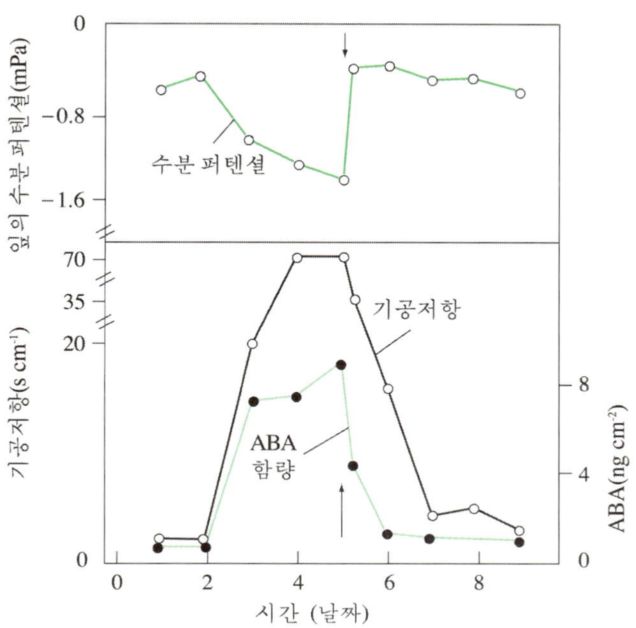

그림 6-34
수분 스트레스, 기공의 개폐, ABA의 내생농도와의 상관관계

6-1-5 에틸렌 (식물기체 호르몬)

1901 년 Neljubow 는 완두의 유식물을 실험실의 암소에서 키웠을 때, 유식물의 줄기신장이 억제되고, 비정상적인 비대생장이 일어나며, 비정상적인 굴지반응이 일어난다고 보고하였다. 이런 특이한 반응은 에틸렌(ethylene, C_2H_4)에 기인한다는 것이 1910 년 Cousins 에 의하여 보고되었고, 1934 년 Gane 는 에틸렌이 식물의 대사산물로서 생성됨을 보고하면서 이런 특이한 효과를 나타내는 에틸렌을 식물호르몬으로서 분류할 것을 제안하였다.

그러나 에틸렌은 그 후에도 식물호르몬으로 인정받지 못하고 에틸렌에 의한 효과를 옥신을 통한 반응으로 설명하고자 하였다. 에틸렌이 식물에서 생성된다는 사실이 밝혀지고 약 20 년 후에 가스크로마토그라피의 등장으로 에틸렌의 정성, 정량분석이 가능하게 되고 에틸렌이 미치는 식물의 영향이 재조명되면서 에틸렌은 비로소 식물호르몬으로 인정받게 되었다.

1. 구조적 특성

에틸렌은 2 개의 탄소와 4 개의 수소로 이루어진 분자량 28 의 가장 간단한 olefin 이다. 실온에서 가스인 에틸렌은 가연성 가스로서 산소와 만나서 산화되면 에틸렌 옥시드(ethylene oxide)를 생성한다. 또한 산화가 더욱 진행되면 옥살산(oxalic acid)을 거쳐서 CO_2로 분해된다(그림 6-35).

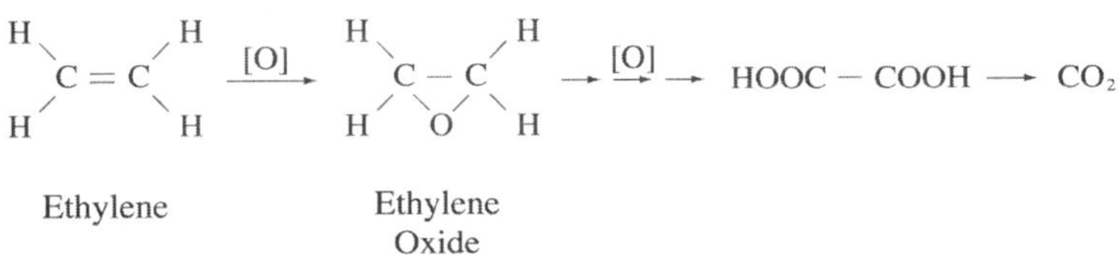

그림 6-35 에틸렌의 구조와 산화과정

2. 에틸렌의 생합성

고등식물의 에틸렌 생합성 경로는 다음과 같다.

메티오닌 → S-아데노실-메티오닌(SAM)
→ 1-아미노시클로프로판-1-카르복실산(ACC) → 에틸렌

첫 번째 반응은 SAM 생성효소에 의해서, 그리고 마지막 두 반응은 각각 ACC 생성효소와 ACC 산화효소에 의해 이루어진다. 과일조직에서는 이 독특한 두 개의 효소 반응들이 에틸렌 생합성의 율속(rate-limiting) 단계가 되는데, 평소에는 효소활성이 나타나지 않다가 성숙이 이루어지는 단계에서 그 활성이 크게 증가하게 되며 이것은 이 두 효소를 코드하는 유전자의 활성 증가에 기인한다는 사실이 밝혀졌다.

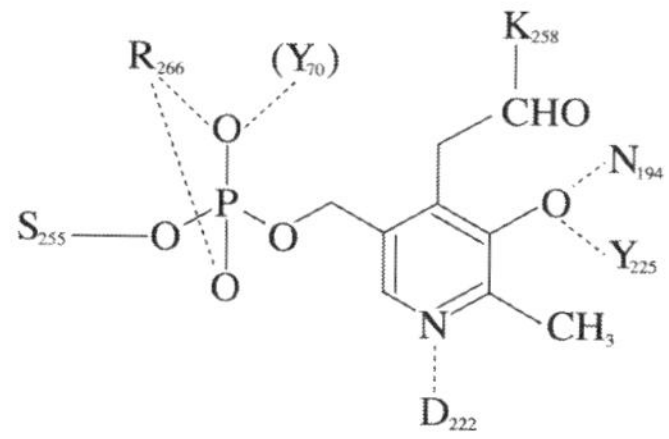


```
                194                         222 225
                *                            *  *                                       255 258  266
                                                                                         *   *     *
AspAT           NPTGTDPTPDEWKQIAAVMKRRCLFPFFDSAYQG-------FASGNLEKDAWQVRYFVSEGF--ELFCAQSFSKNFGLYSER
Consensus       NPlGT      l    f     h  DeiY  t
                                                                                      SlSKd G pg R
Tomato 1        NPLGTTLDKDTLKSVLSFTNQHNIHLVCDEIYAATVFDTPQFVSIAEILDEQEMTYC-NKDL---VHIVYSLSKDMGLPGFR
Tomato 2        NPLGTILDRDTLKKISTFTNEHNIHLVCDEIYAATVFNSPKFVSIAEIINEDN---CINKDL---VHIVSSLSKDLGFPGFR
Tomato 3        NPLGTTLNRNELELLLTFIDEKGIHLISDEIYSGTVFNSPGFVSVMEVLIEKN--Y-MKTRVWERVHIVYSLSKDLGLPGFR
Tomato 4        NPLGTTMSRNELNILITFAMTKNIHIVSDEIYAGTVFDSPKFVSIIEALIDRK--LE-KSKMWNQVHIVSSLSKDLGLPGFR
Tomato 5        NPLGTLLDKDTLRDIVTFINSKNIHLVCDEIYAATVFDQPRFISVSEMVEE--MIEC-NTDL---IHIVYSLSKDLGFPGFR
Tomato 6        NPLGTLLDKDTLRDIVTFINSKNIHLVCDEIYAATVFDQPRFISVSEIVEE--MIEC-NTDL---IHIVYSLSKDLGFPGFR
Squash 1        NPLGTTYDRDTLKTLVTFVNQHDIHLICDEIYSATVFKAPTFISIAQIV--EEMEHC-KKEL---IHILYSLSKDMGLPGFR
Squash 2        NPLGTTMNRDELNLVFDFITSKGIHLISDEIYSGTVFGSPGFVSAMEVLKERSSEDEEVWKR---VHIVYSLSKDLGLPGFR
Apple 1         NPLGTTMTRNELYLLLSFVEDKGIHLISDEIYSGTAFSSPSFISVMEVLKDRN--CDENSEVWQRVHVVYSLSKDLGLPGFR
Apple 2         NPLGTTLDKDTLESLVTFINQKNIHLVCDEIYAATVFSSLKYTCITEVIQDMD---C-NPNL---IHIVYSLSKDMGLPGLR
Zucchini        NPLGTTYDRDTLKTLVTFVNQNDIHLICDEIYSATVFKAPTFTSIAEIV--EQMENC-KKEL---INILYSLSKDMGLPGFR
Mungbean 1      NPLGTTMSRSELNLLVDFIKDKNMHLISDEIYSGTVYNSPGFVSIMEILKDRNDLKDCGANAWDRVHIVYSLSKDLGLPGFR
Mungbean 2      NPLGTIMDRKTLRTVVSFINEKRIHLVCDEIYAATVFSQPGFISIAEILEDETDIECDR-NL---VHIVYSLSKDMGFPGFR
Carnation       NPLGTVLDKDTLKMLLTFVNAKNIHLVCDEIYATTVFNSPSFISVAEVIKD-MPHVNQDL-----VHILYSLSKDMGMPGFR
```

그림 6-36 여러 가지 식물종에서 아스파르트산 아미노기 전이효소와 ACC 생성효소 의 활성부위 영역의 아미노산 서열 비교

과일 조직과는 달리 영양조직에서는 ACC 생성효소가 에틸렌 생합성의 조절 효소로 작용하며 ACC 산화효소는 항시적(constitutive)으로 발현된다(그림 6-36).

(1) ACC 생성효소

1979년 ACC가 에틸렌의 전구체임이 밝혀지고 ACC 생성효소가 에틸렌 합성의 율속단계임이 밝혀진 후에 이 효소에 대한 많은 연구가 진행되었다. 그러나 ACC 생성효소는 식물 조직 내에 매우 미량(토마토의 경우는 최대량이 전체 단백질의 0.001~0.0001%)으로 존재할 뿐만 아니라 불안정하여 그 연구가 느리게 진행되었다.

1989년 UC Berkely의 Theologis 실험실에서 최초로 ACC 생성효소의 cDNA를 호박에서 클로닝하였고 그 mRNA의 양이 상처, 옥신, 또는 중금속 등에 의해 크게 증가됨을 밝힘으로써 여러 스트레스에 의해 야기되는 에틸렌의 합성은 바로 ACC 생성효소의 *de novo* 생합성에 의한 결과임을 분자 수준에서 밝힌 바 있다.

그 후 ACC 생성효소의 cDNA 클론들이 토마토, 사과 등의 과일 조직과 카네이션 꽃잎, 녹두 하배축, arabidopsis의 유식물 등 여러 식물의 다양한 조직에서 분리되었다. 이렇게 다양한 종으로부터 분리된 ACC 생성효소 유전자의 염기서열을 비교·분석한 결과와 Nothern blotting을 이용한 그 mRNA 양의 변화에 대한 연구 결과를 보면 ACC 생성효소는 다중유전자족(multigene family)에 의해 코딩되며, 각각의 유전자들이 식물의 내외적 요소들에 의해 서로 특이하게 발현됨을 알 수 있었다. 즉 겨울호박의 경우 과일조직에서 상처에 의해 발현되는 효소와 유식물에서 옥신에 의해 유도되는 ACC 생성효소는 그 면역학적 성질이 다르며 유전자의 염기서열도 다르다는 것이 보고되었다.

표 6-6 토마토에서 ACC 생성효소 다중유전자족의 차별적 발현

	숙 과	상 처	옥 신	무산소상태
pBTAS 1 (LE-ACC 2)	+++	+++	+++	—
pBTAS 2 (LE-ACC 3)	—	+++	+++	+++
pBTAS 3 (LE-ACC 5)	—	—	+++	—
pBTAS 4 (LE-ACC 4)	+++	—	—	—

토마토의 경우 최소한 6개의 유전자가 있다. 즉 과일조직에서는 성숙과정과 상처로, 유식물에서는 옥신, 뿌리에서는 산소부족 스트레스, 그리고 현탁배양세포에서는 곰팡이에서 추출한 elicitor에 의해 서로 다른 family의 유전자가 각각 다르게 발현된다(표 6-6).

또 녹두에는 최소한 7개의 유전자가 있음이 밝혀졌다. 이와 같은 결과를 통하여 각각의 ACC 생성효소 유전자가 서로 다른 스트레스에 의해 특이적이고 차별적으로 발현되고, 그 공통된 결과로 식물체 내의 에틸렌 양이 급격히 증가함을 알 수 있다.

ACC 생성효소는 그 효소의 활성을 위하여 pyridoxal phosphate (PLP)를 필요로 하며, 그 활성부위 중앙에 리신(lysine)을 가지고 있다(토마토의 경우 lysine-258). PLP를 조효소로 이용하는 여러 효소들은 아미노기전이(transamination), 탈카르복시화반응(decarboxylation), 라세미화반응(racemination), 제거반응(elimination), 치환반응(replacement) 등 다양한 반응을 촉매하게 되는데, 특히 asparate aminotransferase (AspAT)의 3차 구조 및 활성부위에 대한 연구가 X-ray chrystalography와 site-directed mutagenesis에 의해 자세히 연구되어 있다.

흥미롭게도 AspAT와 현재까지 여러 종으로부터 분리된 ACC 생성효소의 cDNA 들로부터 추론된 아미노산 서열을 비교해 보면, 그 전체적인 유사성은 낮으나 활성부위 중앙의 리신뿐만 아니라 AspAT의 활성부위에서 PLP와 결합하고 있는 여러 아미노산들이 ACC 생성효소에도 같은 위치에 정확하게 존재하고 있다(그림 6-37).

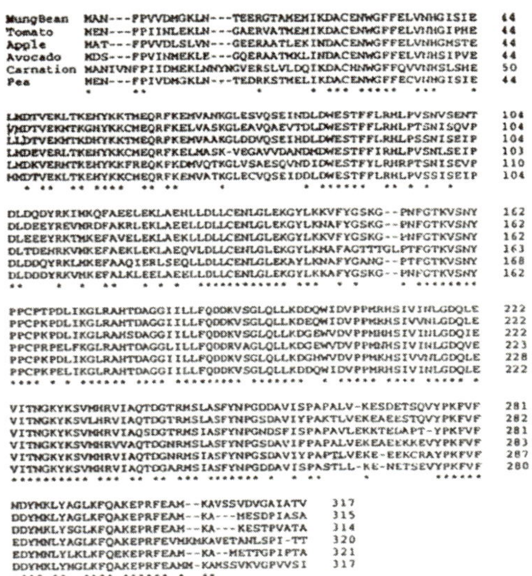

그림 6-37 여러 가지 식물종에서 ACC 산화효소의 아미노산 서열 비교

이 사실은 이렇게 일치된 아미노산들이 ACC 생성효소의 효소활성에 중요한 역할을 하고 있음을 알려준다.

(2) ACC 산화효소

토마토의 성숙과정 중에서 특이하게 발현되는 유전자 성질들을 연구하기 위해 Davies와 Grierson은 differential screening 방법을 이용하여 pTOM 13이라는 cDNA를 분리하였다. 그러나 이 cDNA에 의해 암호화되는 폴리펩티드 세포 내의 기능은 알 수 없었다.

pTOM 13에 해당하는 mRNA의 세포 내 역할을 알기 위한 연구의 일환으로 pTOM 13의 antisense DNA를 토마토에 주입시켜 형질전환식물(transgenic plant)을 만들었다.

흥미롭게도 pTOM 13의 antisense mRNA를 발현하는 토마토는 에틸렌을 합성하는 능력이 현저하게 떨어질 뿐 아니라 토마토의 성숙 과정이 정상적인 토마토에 비하여 매우 느리게 진행되었다. 이러한 결과를 토대로 Grierson은 pTOM 13이 에틸렌의 합성에 관여하는 단백질, 그 중에서도 ACC 산화효소를 코딩한다고 제시하였다.

곧 이어 pTOM 13 DNA와 mRNA를 각각 주입시킨 효모와 *Xenopus oocyte*가 ACC 존재하에 에틸렌을 합성할 수 있다는 결과로써 pTOM 13이 ACC 산화효소를 코딩하는 유전자임을 밝히게 되었다. 그 후 아보카도, 사과, 복숭아 등의 과일 조직과 카네이션 꽃잎에서 cDNA가 클로닝되었다. 그 mRNA가 과일의 성숙과 상처에 의하여, 그리고 꽃잎의 노화과정에서 다량 유도됨을 알 수 있었다.

최근에는 녹두의 하배축에서 2개의 ACC 산화효소 cDNA 클론이 분리되었는데, 영양조직에서는 과일이나 꽃잎과는 달리 그 mRNA가 항시적으로 나타나고 상처나 에틸렌 자체에 의해서 mRNA 축적이 더욱 증가됨이 밝혀졌다. 또 ACC 산화효소는 ACC 생성효소와는 달리 크기가 작은 유전자들에 의해 암호화됨을 알 수 있었다.

그림 6-37에서 보는 바와 같이, 여러 종의 다양한 조직으로부터 분리된 ACC 산화효소의 아미노산 서열을 비교해 보면, 그 유사성이 약 80~85%에 이르게 된다(ACC 생성효소인 경우에는 약 50%이다).

3. 에틸렌 생합성의 유전공학적 응용

과일이 익어가는 과정에서 생성되는 에틸렌의 생합성 관련 유전자의 클로닝은 식물 분자생물학자들로 하여금 생물공학(biotechnology)을 이용하여 식물세포 안의 에틸렌 합성을 억제함으로써 과일과 꽃의 신선도나 저장기간을 늘리는 것을 가능하도록 하였다. 즉 ACC 생성효소나 ACC 산화효소 유전자의 발현 정도를 감소시킴으로써 목적의 실현이 가능할 것이며, 그 방법으로써 antisense RNA 기술의 응용이 한 예가 될 수 있다.

영국의 Hamilton 등은 최초로 pTOM 13의 antisense 유전자를 토마토에 도입시켜서 에틸렌 생합성을 현저히 감소시키는데 성공하였다. pTOM 13 mRNA가 발현되는 형질전환 토마토는 정상적인 토마토에 비하여 그 성숙과정이 매우 느리게 진행되어서 토마토의 저장 및 운반기간을 늘일 수 있었다.

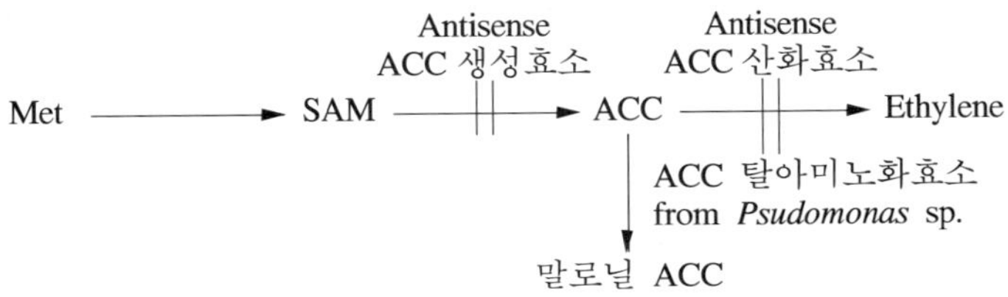

그림 6-38 Antisense RNA 기술과
ACC 탈아미노화효소의 식물체 유입에 따른 에틸렌 생합성의 억제

또, 미국의 Oeller 등은 ACC 생성효소의 antisense 유전자를 역시 토마토에 도입시켰다. 그런데 ACC 생성효소의 antisense mRNA 를 만드는 토마토는 ACC 산화효소의 경우보다 더욱 효과가 커서, 외부에서 에틸렌을 가해주지 않는 한 성숙이 이루어지지 않았다.

이러한 실험 결과들은 antisense RNA 기술을 이용하여 식물세포 안의 에틸렌합성을 억제할 수 있을 뿐 아니라 과일, 꽃, 야채 등의 신선도와 저장 및 운반 기간을 늘릴 수 있다는 가능성을 제시해 주었다.

그밖에도 식물의 에틸렌 합성의 억제는 세포 안의 ACC 농도를 낮추는 것으로도 가능할 것이다. 미국 Monsanto 회사의 연구팀은 박테리아인 *Pseudomonas* sp. 로부터 ACC 탈아미노화효소 유전자를 분리하여 토마토에 발현시킴으로써 에틸렌 합성량을 현저히 줄일 수 있었고 과일의 저장기간도 늘일 수 있었다(그림 6-38).

에틸렌 생합성의 생리학적 · 분자생물학적 연구는 이 식물 기체 호르몬이 식물의 생장과 발생 과정에 어떠한 기작으로 작용하는지를 알 수 있게 할 뿐 아니라 생물공학을 이용하여 작물의 질과 상업성을 증가시키는 새로운 연구영역을 가능하게 하였다. 현재까지는 이러한 연구가 토마토 식물에 국한되어 왔지만, 앞으로 농업 및 상업적 가치가 큰 여러 다양한 작물과 과일에도 그 응용도가 매우 클 것으로 여겨진다.

4. 생리작용

(1) 성숙 또는 스트레스 호르몬

에틸렌(C_2H_4)은 생물학적 활성을 가지고 있는 유기물질 중 가장 간단한 구조를 가지고 있는 것 중의 하나로서 낮은 농도(0. 1 ppm)에서도 식물의 생장과 발생에 중요한 영향을 미치는 식물의 기체 호르몬이다.

식물체 안의 이 기체호르몬의 합성량은 보통 매우 낮은데, 어떤 특정한 조건이 식물체에 주어지면 그 합성이 유도된다. 즉 씨의 발아, 식물의 노화, 그리고 과일의 성숙 등식물의 생장과정뿐 아니라 식물이 상처를 받거나 병원체의 공격을 받았을 때, 그리고 산소의 부족, 가뭄, 냉해 등 다양한 스트레스에 의해서도 그 합성이 유도된다.

따라서 에틸렌은 과일 성숙 호르몬 또는 스트레스 호르몬이라고도 불린다. 특히 에틸렌은 과일과 꽃잎의 노화를 조절함으로써 그 신선도에 큰 영향을 미치기 때문에 그 농업 및 상업적 가치가 크다고 하겠다.

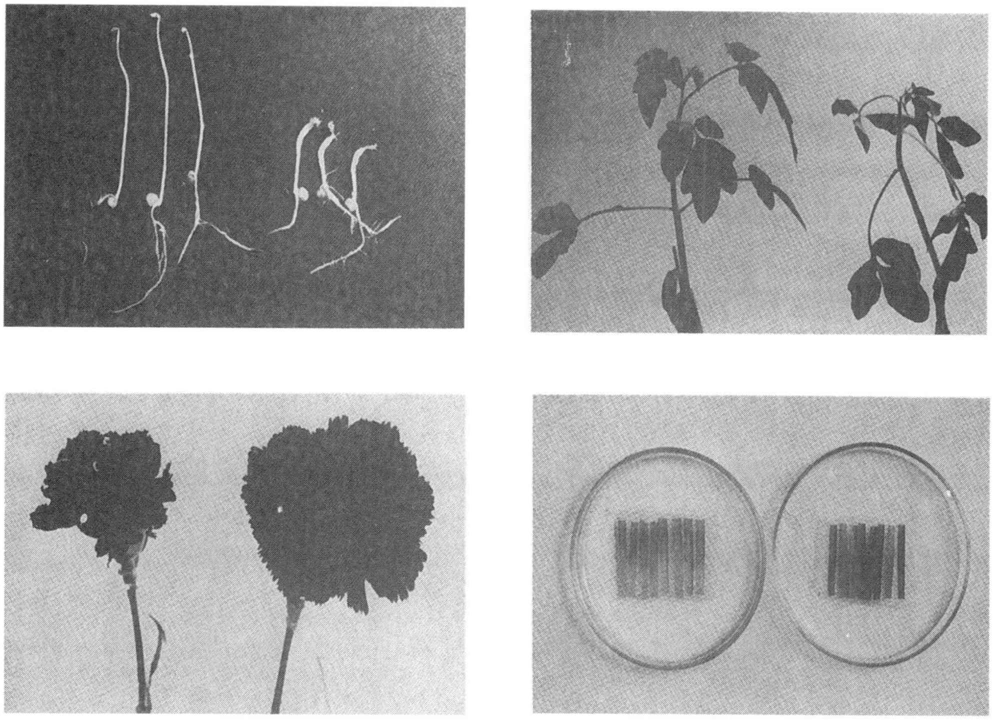

그림 6-39 에틸렌에 의한 식물의 3중반응(triple response)

(2) 에틸렌과 식물생장

에틸렌은 식물세포의 신장을 저해하고 비대를 촉진하는 작용을 나타낸다. 그림 6-39에 나타낸 것과 같이 유식물의 경우는 비처리구에 비하여 현저한 줄기신장의 억제효과를 나타내며, 1 ppm 정도의 농도에서 현저한 비대생장 및 후킹(hooking)효과를 나타낸다. 또한 광범위한 식물에 대하여 비정상적 굴지성에 기인하는 상편생장(epinasty) 효과를 나타내는데, 이는 엽병 윗부분이 아랫부분보다 생장이 커지는 현상에 기인한다. 위의 에틸렌에 의한 효과를 흔히 에틸렌의 3중반응(triple responses)이라고 한다.

5. 에틸렌과 탈리현상

식물의 입이 떨어지는 탈리(abscission) 현상은 탈리층(그림 6-40)이라고 불리는 조직의 호르몬 균형에 의해서 일어난다. 즉 아직 탈엽이 일어나지 않은 상태에서는 잎의 옥신이 탈리층으로 이동하여 일정수준을 이루고 있다. 그 후 탈엽이 일어나기 위해서는 에틸렌의 양이 늘어나면서 잎으로부터의 옥신이동을 방해하고, 에틸렌이 세포의 가수분해를 도움으로써 탈리층의 노화를 촉진시켜 잎이 떨어지게 된다.

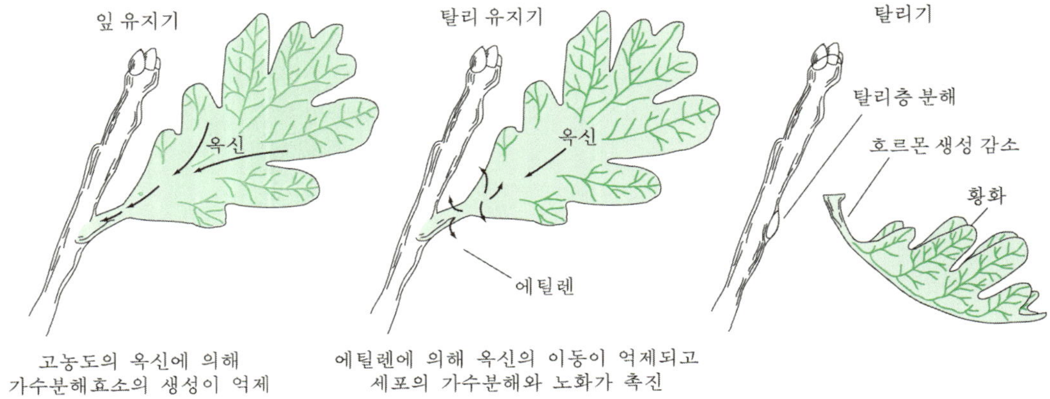

그림 6-40 식물의 탈리층(abscission layer)

6-2 식물 생장조절물질

6-2-1 브라시노스테로이드

1. 천연 브라시노스테로이드

1970 년 Mitchell 등은 유채의 화분으로부터 강낭콩 유식물의 절간생장을 촉진하는 물질을 부분 정제하여 브라신(brassin)이라 명명하였다. 이 브라신은 절간생장을 촉진한다는 점에서는 지베렐린의 생리작용과 유사했으나, 조직학적 조사를 통하여 지베렐린에 의한 활성과는 다른 세포의 생장과 세포의 분열을 동시에 촉진하고 있음이 밝혀졌다.

그 후 약 10 년 뒤에 Mandava 중심의 USDA 연구진은 브라신의 활성물질을 분리하는 데 성공하여, 그 구조를 (2α, 3α, 22 R, 23 R)-tetrahydroxy-24 S-methyl-7-oxa-cholesta-6-one 으로 결정하고, 이 화합물을 브라시노라이드(brassinolide)라고 명명하였다.

브라시노라이드 발견 이후, 본 물질이 극히 낮은 농도의 벼굴곡시험에서 민감히 반응함이 밝혀져 벼굴곡시험을 지표로 각종 식물의 각 조직으로부터 브라시노라이드와 약 30 여 종의 관련화합물이 동정하였다. 이들을 총칭하여 브라시노스테로이드(brassinosteroid)라 한다(그림 6-41).

2. 구조적 특징 및 활성과의 상관관계

브라시노스테로이드는 트리테르펜류(triterpenes)의 화합물로서 모두 5α-콜레스탄의 기본 골격을 가지고 있다. 브라시노 스테로이드는 B 고리의 구조에 의하여 7-oxa-lactone 형, 6-ketone 형 및 6-deoxydihydro 형으로 나누어진다. 즉 측쇄의 24 번 탄소위치의 알킬기의 변화에 의하여 24-nor 형, 24-메틸형, 24-메틸렌형, 24-에틸형, 24-에틸리덴형 및 24-메틸렌-25-메틸형 등이 있다.

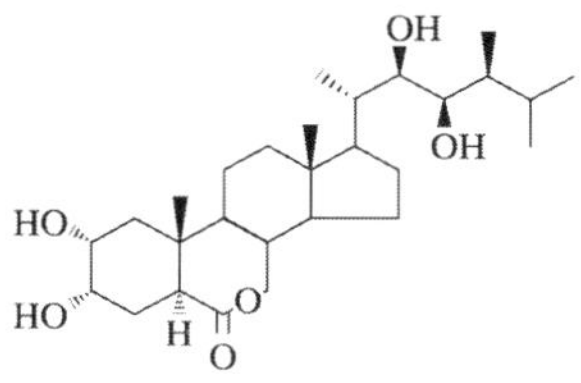

1. Brassinolide

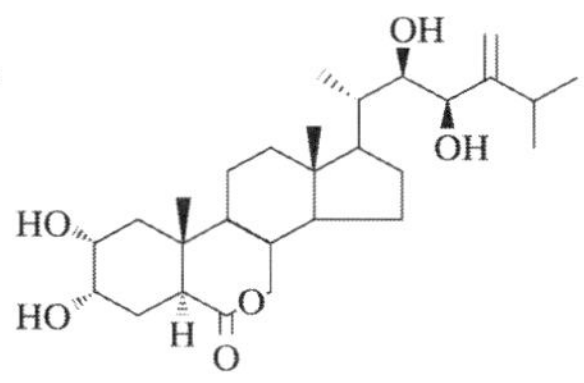

2. Dolicholide

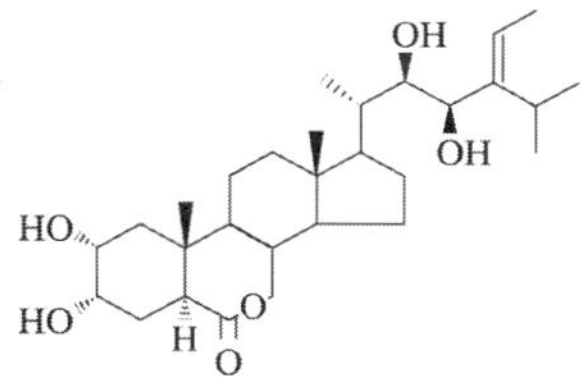

3. 28-Homodolicholide

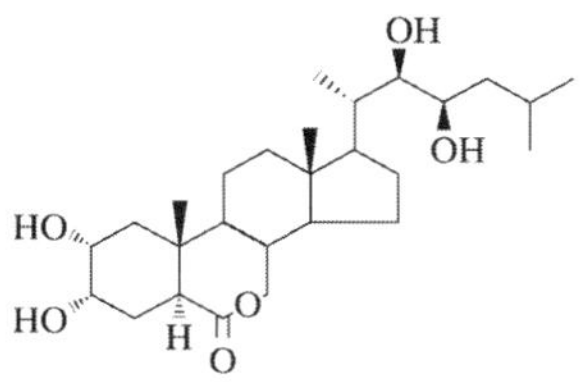

4. 28-Norbrassinolide

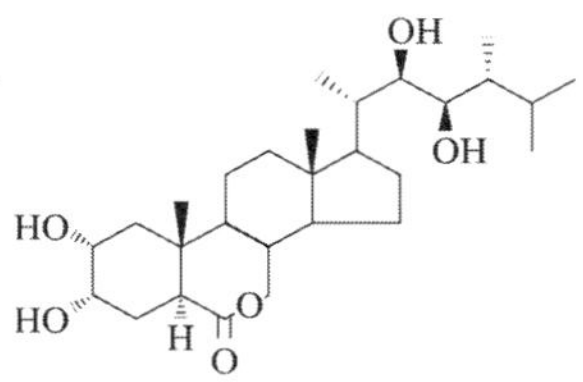

5. 24-Epibrassinolide

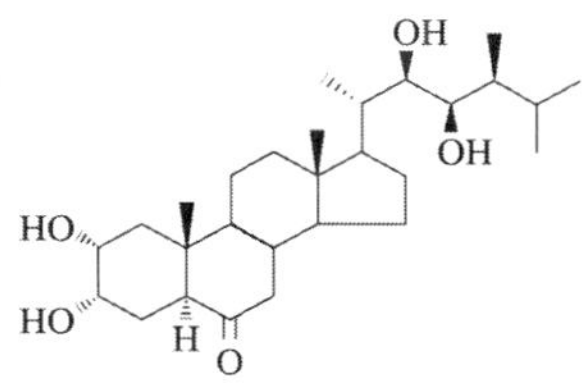

6. Castasterone

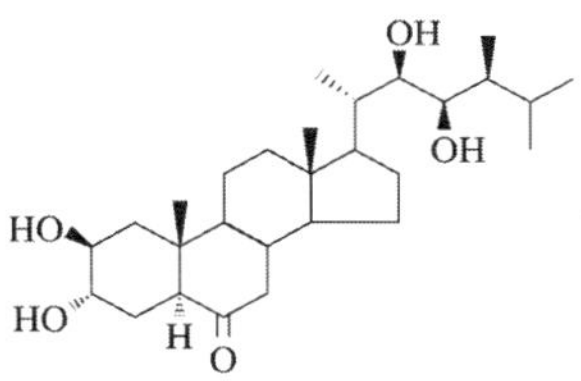

7. 2-Epicastasterone

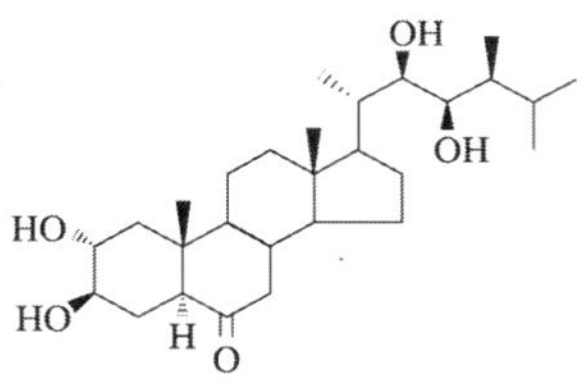

8. 3-Epicastasterone

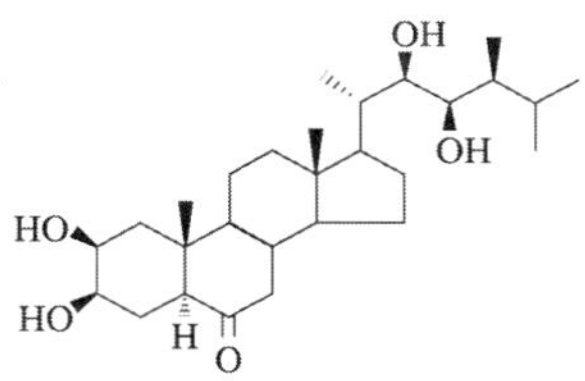

9. 2,3-Diepicastasterone

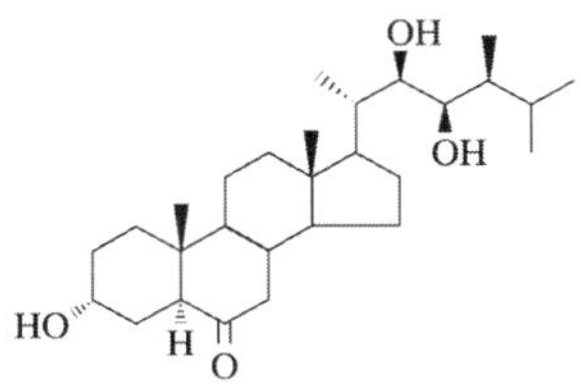

10. Typhasterol
(2-Deoxycastasterone)

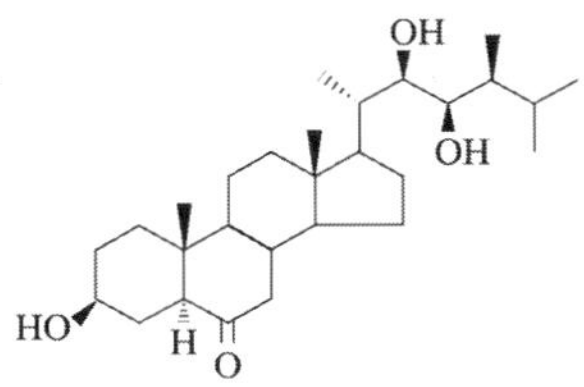

11. Teasterone

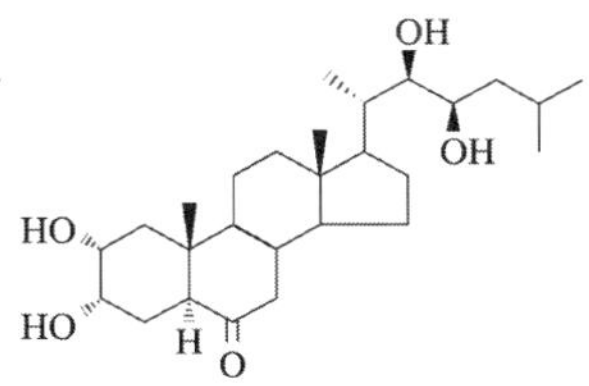

12. 24-Epicastasterone

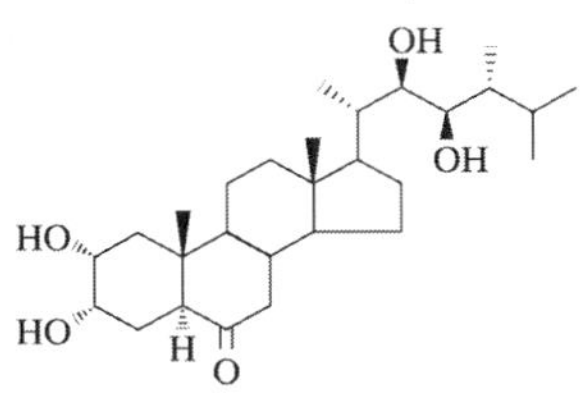

13. 3,24-Diepicastasterone

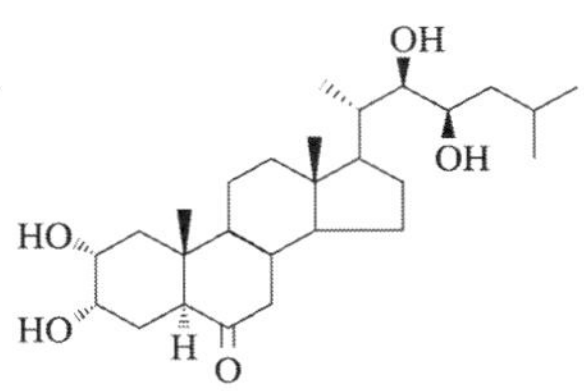

14. 28-Norcastasterone
(Brassinone)

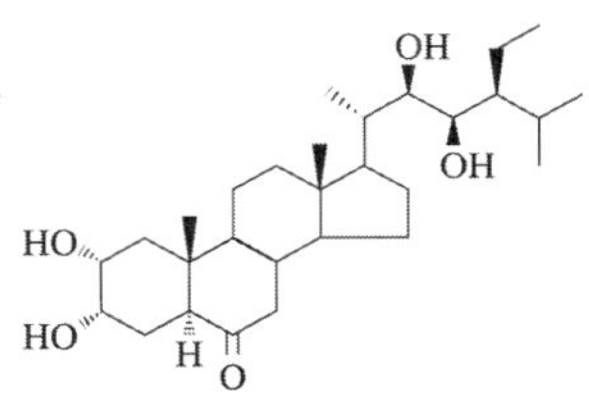

15. 28-Momocastasterone
(24-S-24-Ethylbrassinone)

그림 6-41 (A) 천연 브라시노스테로이드의 구조

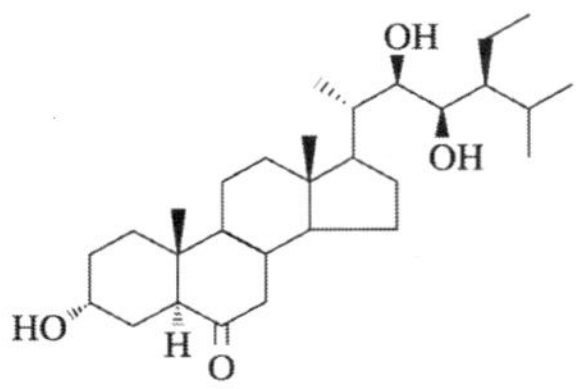

16. 2-Deoxy-28-homo-castasterone

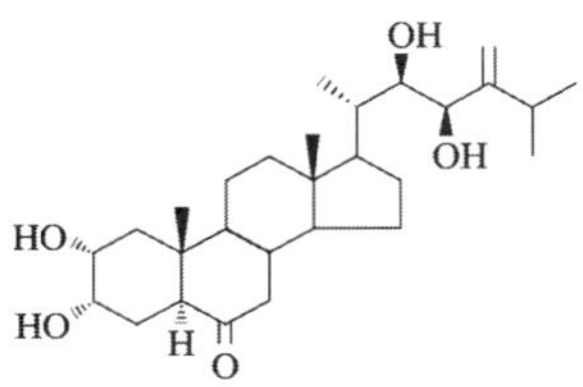

17. Dolichosterone

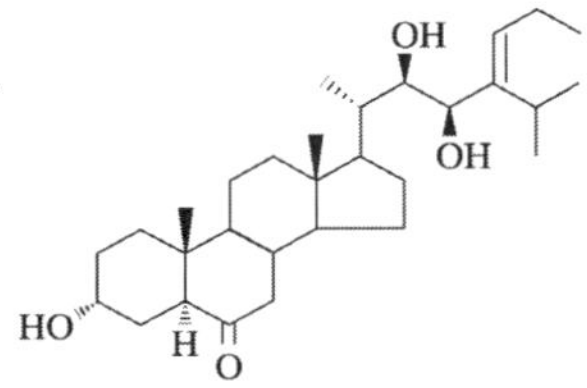

18. 28-Homodolichosterone

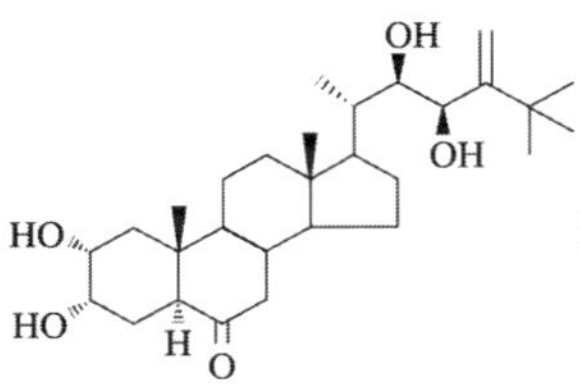

19. 25-methyl-dolichosterone

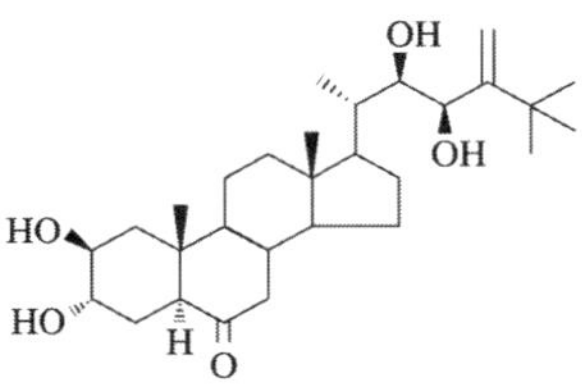

20. 2-Epi-25-methyl-dolichosterone

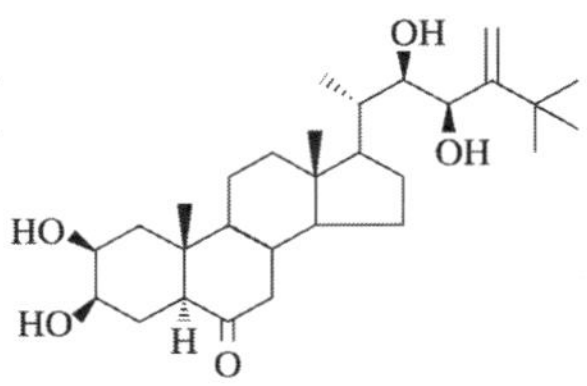

21. 2,3-diepi-25-methyl-dolichosterone

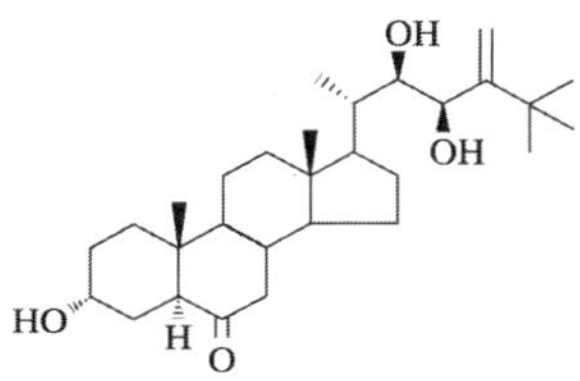

22. 2-Deoxy-25-methyl-dolichosterone

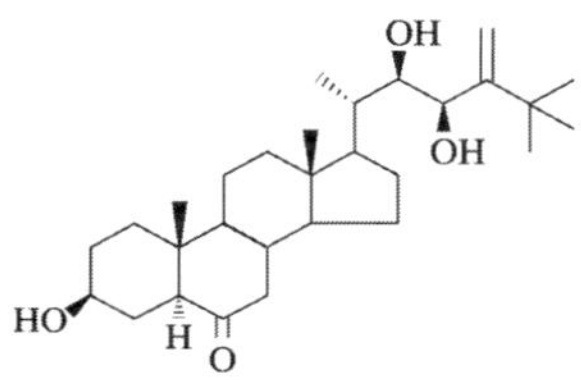

23. 3-Epi-2-Deoxy-25-methyl-dolichosterone

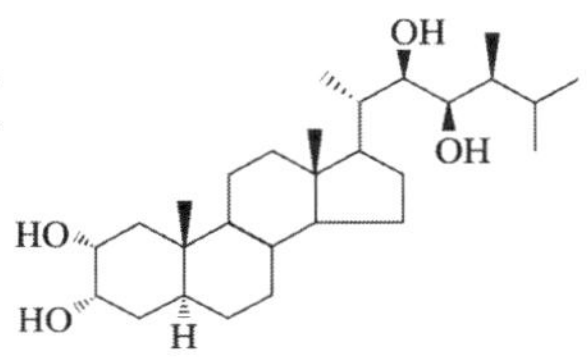

24. 6-Deoxocastasterone

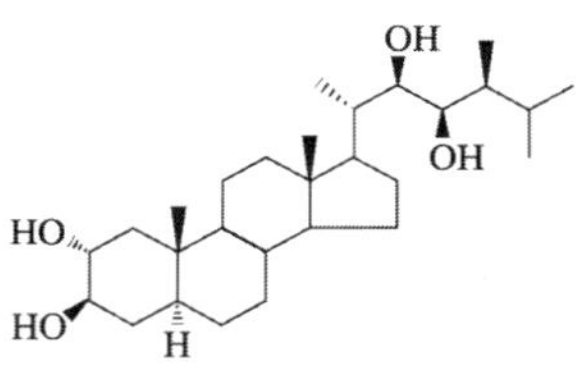

25. 3-Epi-6-deoxocastasterone

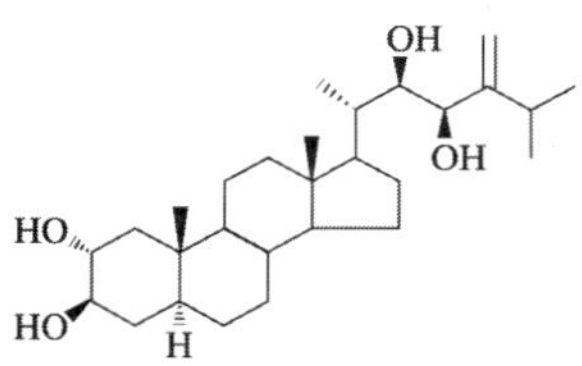

26. 6-Deoxodolicho-sterone

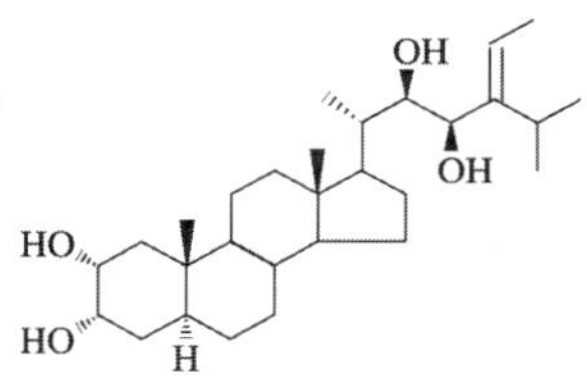

27. 6-Deoxo-28-home-dolichosterone

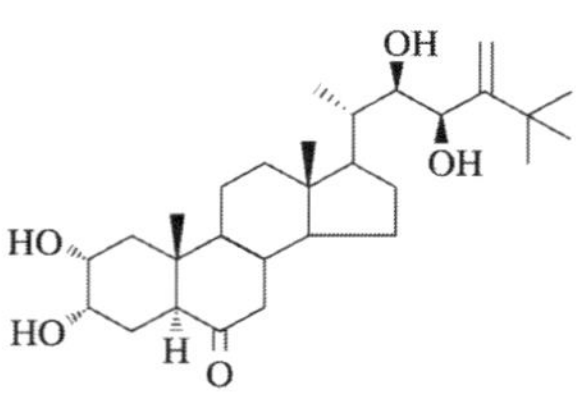

28. 6-Deoxo-25-methyl-dolichosterone

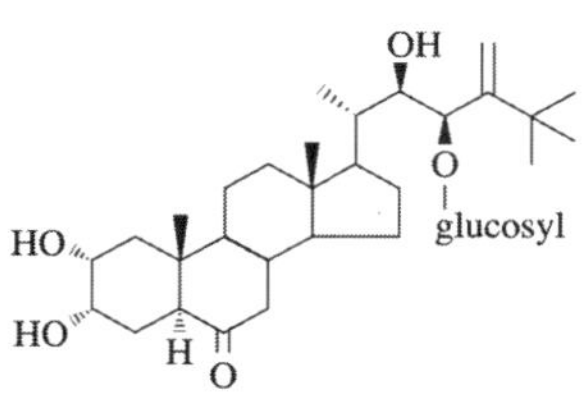

29. 23-O-β-D-Glucopyra-nosyl-25-methyldoli-chosterone

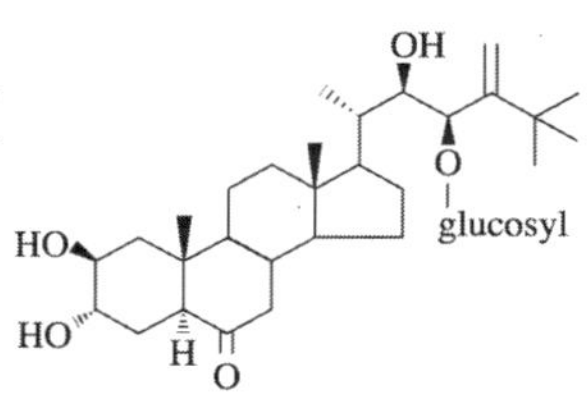

29. 23-O-β-D-glucopyra-nosyl-2-epi-25methyl-dolichosterone

그림 6-41 (B) 천연 브라시노스테로이드의 구조

모든 브라시노스테로이드는 22번과 23번 탄소에 한 쌍의 인접수산기를 가지고 있고, A고리에는 2번과 3번 탄소에 또 다른 한 쌍의 인접수산기를 갖는 경우와 3번 탄소에만 한 개의 수산기를 가지고 있는 경우가 있다. 결합형 브라시노스테로이드로는 *β-D*-glucopyroside가 존재하는데, 포도당과 유리형 브라시노 스테로이드의 결합부위가 C23번 탄소에 국한되어 있음은 흥미로운 일이다.

천연 브라시노스테로이드 및 그 관련 합성화물의 활성을 벼굴곡시험을 통하여 조사한 결과, ① 스테로이드 환상구조의 A/B고리는 *trans*구조를 이루어야 하며, ② B고리는 7-oxa- lactone이나 6-ketone형(7-oxa-lactone이 바람직함)이어야 하고, 6-deoxydihydro형은 활성을 나타내지 않으며, ③ A고리의 수산기에 관해서는 2번과 3번 탄소에 인접수산기가 활성에 중요하며 특히 그 입체 구조가 2α, 3α형이 가장 활성이 강한 것으로 나타났고, ④ 측쇄 24번 탄소의 알킬기에 관해서는 메틸기나 에틸기가 존재할 경우가 강한 활성을 나타내며, ⑤ 25번 탄소의 메틸기의 도입은 활성을 증가시키는 것으로 밝혀졌다. 이 구조와 활성과의 상관관계를 고려할 때, 브라시노라이드가 가장 강한 천연 브라시노스테로이드인 것으로 밝혀졌다.

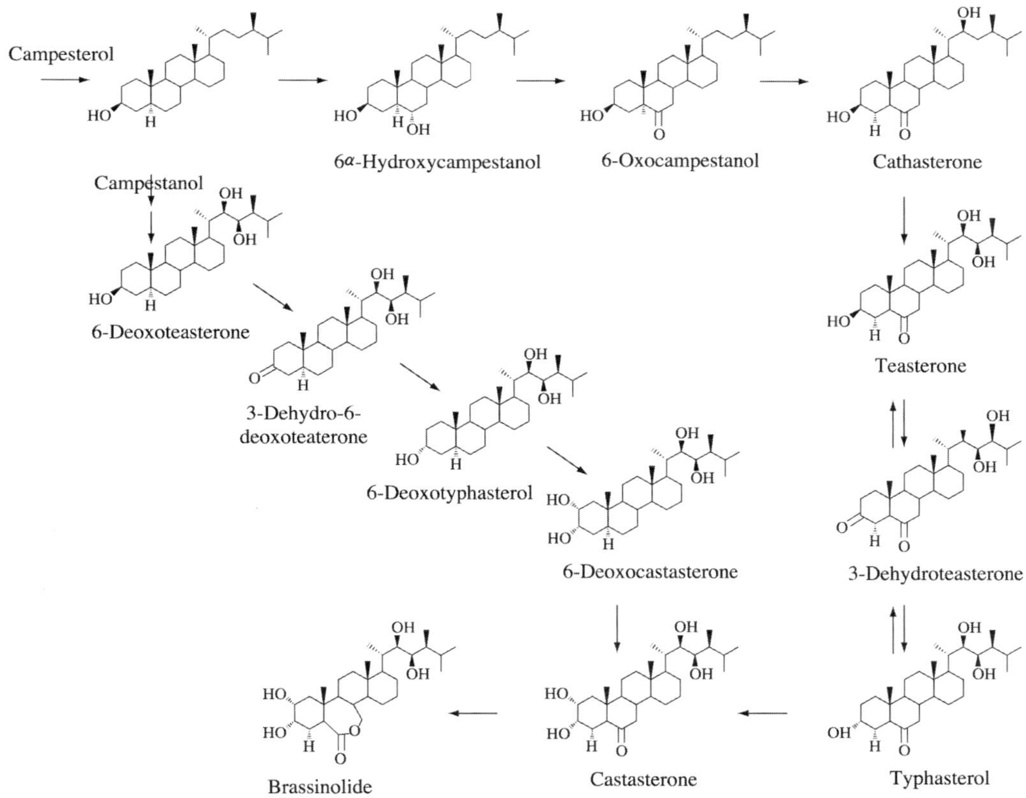

그림 6-42
브라시노 스테로이드의 생합성 경로

3. 생합성 경로

브라시노스테로이드는 스테로이드성 화합물로서 생체 내에 비교적 다량 함유된 피토스테롤에서부터 생합성될 가능성이 제기되었으며, 몇몇 식물조직으로부터 동정된 주된 브라시노스테로이드는 같은 조직 내의 피토스테롤의 골격과 일치함이 밝혀졌다.

이런 가능성하에 24-메틸형의 브라시노스테로이드에 관한 생합성 경로 연구가 동위원소를 이용한 실험 및 브라시노스테로이드 결핍 돌연변이체를 이용한 실험에서 활발히 이루어져, 24-메틸형 브라시노스테로이드인 브라시노라이드는 그림 6-42 에 정리한 것과 같이 두 가지 생합성 경로인 초기 C-6 산화 및 후기 C-6 산화 경로를 통하여 24-메틸콜레스테롤(campesterol)로부터 측쇄의 수산화, A 고리의 수산화 및 B 고리의 락톤화에 의하여 생합성되는 것으로 밝혀졌다.

4. 생리작용

브라시노라이드의 발견 당시 이 화합물이 스테로이드성 화합물이며, 식물의 생식기관인 화분에서부터 동정되었다는 점을 고려하여 식물의 성호르몬으로서 작용여부가 관심을 끌었다. 그 후 많은 연구가 이루어졌으나 브라시노스테로이드의 성호르몬으로서의 작용은 아직 알려지지 않고 있다. 그러나 브라시노스테롤은 각종 생리실험을 통하여 기존의 식물호르몬 보다 훨씬 낮은 농도(10^{-9} M 이하)에서 식물의 생장을 촉진하는 작용이 있음이 밝혀져 6 번째 식물호르몬의 위치를 굳혀가고 있다.

브라시노스테로이드는 표 6-7, 6-8 및 6-9 에 정리한 것과 같이 식물의 생장에 있어 개체수준, 세포수준 및 분자수준에서 거의 모든 경우에 생장촉진의 결과를 나타내고 있다.

표 6-7 브라시노스테로이드의 생리작용(분자수준)

생리작용과 검정물질	작 용
A. 유전자 발현의 조절	
Glycine max (L.) Merr.	촉진
Pisum sativum L.	
B. DNA, RNA 의 합성	
Phaseolus aureus Roxb. cv Berken	촉진
C. 단백질 합성	
Triticum aestivum L.	촉진(Rub PC-ase)
Phaseolus aureus Roxb. cv Berken	촉진
Hordeum vulgare L.	촉진(heat shock protein)
Beta vulgaris L.	촉진

특히 브라시노스테로이드의 많은 생장촉진효과는 옥신과 상승적(synergistic)으로 작용하여 그 효과가 배가됨을 볼 때 옥신의 생리기작과 매우 밀접한 관계를 가지고 있을 것으로 사료된다.

표 6-8 브라시노스테로이드의 생리작용(세포수준)

생리작용과 검정식물	작 용
A. 세포생장(신장과 분열)	
Phaseolus vulgaris L. cv Pinto	촉진(배축)
B 가도관 분화	
Helianthus tuberosus L.	촉진
Zinnia elegans L.	촉진(배양세포)
C. 초미세구조의 보지	
Hordeum vulgare L.	촉진(엽)
D. 기공개구	
Commelina communis	저해
E. 배양세포의 생장	
22과 45종의 식물	촉진
Daucus carota L.	촉진
Nicotiana tabacum L.	저해
F. Proton pump 활성화	
Vigna angularis	촉진(상배축)
Zea mays L.	촉진(근절편)
Raphanus sativus L.	촉진(자엽)
Egeria densa Planchon	촉진
G. 대 사	
(a) 다른 hormone 합성	
Lycopersicon esculentum Mill.	촉진(에틸렌)
Phaseolus aureus Roxb.	촉진(에틸렌)
Cucurbita maxima Duch.	촉진(IAA) 저해(ABA) 미중(에틸렌)
Oryza sativa L.	변동(ABA, IAA, 에틸렌)
(b) 엽록소 합성	
Zea mays L.	촉진(엽)

표 6-9 브라시노스테로이드의 생리작용

생리작용과 검정물질	작 용
A. 발 아	
Striga asiatica	촉진
Oryza sativa L.	촉진
B. 신장생장	
(a) 절간신장	
Arabidopsis thaliana	촉진(화병)
Avena sativa L.	촉진(유엽초)
Cucumis sativus L.	촉진(하배축)
Glycine max L.	촉진(상배축)
Lycopersicon esculentum Mill.	촉진(하배축)
	촉진(자엽병)
Medicago sativa L.	저해
Phaseolus aureus Roxb.	촉진(상배축)
cv Berken	촉진(상배축)
Phaseolus vulgaris L.	촉진(하배축)
cv Pinto	촉진(제이절간)
Pisum sativum L.	촉진(상배축)
	촉진(하단절편)
Raphanus sativus L.	촉진(하배축)
	촉진(자엽병)
Triticum aestivum L.	촉진(유엽초)
Vigna naglaris	촉진(상배축)
Zea mays L.	촉진(중배축)
	촉진(유엽축, 중배축)
(b) 상배축전개	
Phaseolus vulgaris L.	저해
(c) 상편생장	
Lycopersicon esculentum Mill.	촉진
Perilla frutescene	촉진
Phaseolus aureus Roxb.	촉진
C. 비대생장	
Cucumis sativus L.	촉진 자엽)
Cucurbita maxima Duch.	촉진(하배축)
Helianthus tuberosus L.	촉진
Pisum sativum L.	미약
D. 엽전개	
Triticum aestivum L.	촉진
Oryza sativa L.	촉진
E. 근의 생장과 분화	
(a) 근의 신장	
Lepidium sativum L.	저해
Phaseolus aureus Roxb	저해(하배축 부정근)
	저해(상배축 부정근)
Oryza sativa L.	촉진과 저해
Paphanus sativus L.	촉진
(b) 부정근 발생	
Phaseolus aureus L.	저해(하배축)
cv Berken	저해(상배축)
Glycine max(L.) Merr.	촉진
F. 굴 성	
(a) 중력굴성(IAA 비의존성)	
Phaseolus vulgaris L.	촉진
(b) 유엽초의 굴곡	
Oryza sativa L.	촉진
Zea mays L.	촉진
G. 생식생장	
(a) 웅성화/양성화	
Luffa cylindrica Roem.	촉진
(b) 화성	
Raphanus sarivus	촉진
(c) 화분관 신장	
Prunus arium	촉진
H. 착 과	
Citrus sinensis	촉진
Citrus madurensis Lour.	촉진
Lycopersicon esculentum Mill.	촉진
I. 노 화	
Xanthium strumarium	촉진(엽절편)
Rumex obtusifolius	촉진(엽)

6-2-2 폴리아민

폴리아민(polyamine)은 식물뿐만 아니라 동물, 미생물 등 모든 생물체에서 보통 mM 수준으로 존재하는 다가양이온의 작은 분자로서 대표적인 형태는 아민기의 개수에 따라 디아민(diamine)인 putrescine과 cadaverine, 트리아민(triamine)인 spermidine, 및 테트라아민(tetraamine)인 spermine 등이 있다(그림 6-43).

Putrescine	$NH_2 (CH_2)_4 NH_2$
Cadaverine	$NH_2 (CH_2)_5 NH_2$
Spermidine	$NH_2 (CH_2)_3 NH (CH_2)_4 NH_2$
Spermine	$NH_2 (CH_2)_3 NH (CH_2)_4 NH (CH_2)_3 NH_2$

그림 6-43 폴리아민의 종류

폴리아민은 핵산의 구조를 안정화시킴으로서 유전자 복제를 활성화시키고 세포분화와 식물생장 및 발달을 촉진하며 노화를 지연시키는 등 세포의 중요한 여러 생리과정에 관여하고 있으므로 식물 생장조절물질로 간주되고 있다.

특히 세포신장이 활발한 식물과 환경적인 스트레스를 받은 식물에서는 조직 내 폴리아민의 함량이 크게 증가하며, 또한 동물세포에서는 세포분열이 왕성한 암세포에서 폴리아민의 양이 급격하게 증가하는 것이 일반적으로 관찰된다. 그러나 폴리아민의 이러한 생리작용이 직접적인 작용인지 혹은 간접적인 작용인지는 아직 밝혀져 있지 않을 뿐만 아니라 이의 정확한 기작도 아직 밝혀져 있지 않다.

종전에는 주로 폴리아민 생합성 억제물질인 DFMA, DFMO 및 MGBG 등을 이용한 생리연구가 수행되었으나, 최근에는 폴리아민의 생합성에 관여하는 유전자들이 분리되었으므로 이를 이용한 형질전환 식물체들이 만들어지고 또한 폴리아민 대사에 돌연변이를 나타내는 식물체들이 발견되면서 폴리아민 연구가 더욱 활발해지고 있다.

1. 폴리아민의 생합성

폴리아민의 생합성과정은 비교적 잘 밝혀져 있다고 할 수 있다. Putrescine은 오르니틴 탈카르복시화효소(ornithine decarboxylase, ODC)에 의해 오르니틴으로부터 직접 생성되거나 아르기닌이 아르기닌 탈카르복시화효소(arginine decarboxylase, ADC)에 의해 아르기닌으로 전환되어 생합성되기도 한다.

동물과 진균류에서는 ODC의 경로를 통해서만 putrescine이 생합성되지만, 식물에서는 ADC와 ODC의 두 경로로부터 putrescine이 생합성된다. 낮은 pH 상태나 혹은 고농도의 염분상태의 환경적인 스트레스를 받은 경우 또는 세포신장이 일어나는 시기에는 주로 ADC의 경로를 통해서, 그리고 세포분열이 왕성한 시기에는 주로 ODC의 경로를 통해서 putrescine이 합성된다.

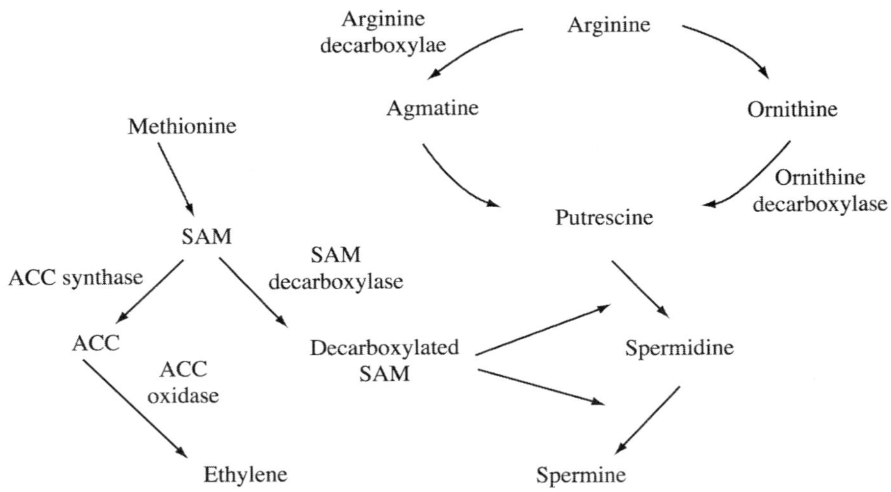

그림 6-44 폴리아민의 생합성 경로

메티오닌으로부터 *S*-아데노실메티오닌(SAM) 합성효소에 의하여 합성된 SAM은 SAM 탈카르복시화효소에 의하여 탈카르복시화 SAM으로 전환되어 putrescine에 아미노프로필기 아데닌을 공급하여 줌으로써 spermidine 및 spermine을 합성하게 된다(그림 6-44).

세포 내 총 폴리아민의 90% 정도가 다른 2차 대사산물과 결합물(conjugate)의 형태로 존재하지만, 세포분열이 진행 중인 세포에서는 유리 폴리아민이 높은 농도로 존재한다. 동물에서는 ADC의 경로가 존재하지 않는 것으로 알려져 있었으나, 최근 소의 뇌에서 ADC의 효소활성이 검출되었으며, 또한 쥐의 신장과 뇌에서도 ADC의 유전자가 부분 분리되기도 하였다. 따라서 동물에서는 특정 조직에서만 ADC 경로가 존재하는 것으로 여겨진다.

현재 ADC, ODC 및 SAMDC의 유전자가 모두 식물을 비롯한 많은 생물체에서 분리되었다. 동물에서는 ODC의 연구가 활발히 진행되고 있다. 그런데 ODC의 생합성은 주로 전사(transcription), 번역(translation) 및 번역 후(post-translation) 단계에서 조절되지만, 식물에서는 폴리아민의 생합성이 아직 잘 연구되어 있지 않은 편인데, SAMDC와 ADC는 전사와 해독 후 단계에서 주로 조절되는 것으로 알려져 있다.

SAMDC의 효소합성은 proenzyme의 형태로 생성되어 프로세싱 과정을 거쳐서 활성을 갖게 되며 ADC의 경우도 proprotein의 형태로 합성되었다가 절단된 후에 이황화결합으로 결합되어 효소활성을 획득하게 된다.

SAM은 에틸렌의 전구물질이기도 하므로 1-aminocyclopropane-1-carboxylic acid (ACC) 생성효소에 의하여 ACC로 전환된 후에 에틸렌으로 전환된다. 폴리아민과 에틸렌은 공통의 전구물질인 SAM으로부터 생합성되므로 SAMDC에 의하여 폴리아민의 생합성이 증가하게 되면 에틸렌의 생합성이 감소하는 등 서로 역상관관계를 나타내기도 한다.

또한 폴리아민과 에틸렌의 생리작용은 상반되어 에틸렌은 노화를 촉진하지만, 폴리아민은 일반적으로 엽록소 분해를 억제하는 등의 노화를 지연시키는 작용을 나타낸다.

폴리아민은 주로 액포, 미토콘드리아 및 엽록체에 존재하는 것으로 알려져 있다. 최근에는 특히 폴리아민이 틸라코이드 막에 존재하는 광수용복합체(light-harvest complex)와 광합성계(photosystem Ⅱ)에 결합되어 있는 것이 시금치의 잎에서 보고되었다. 또한 항체를 이용한 실험에서 귀리의 ADC가 엽록체의 틸라코이드막에 존재하는 것이 밝혀졌다. ODC, SAMDC 및 spermidine 생성효소 등은 세포질에 존재하는 것으로 알려져 있다.

2. 폴리아민의 생리적 작용

폴리아민은 세포가 나타내는 고유한 pH 상태에서 다가양이온으로 존재하므로 음전하를 띠는 물질들인 DNA, RNA 및 인지질 및 다른 단백질에 작용하게 된다. 폴리아민이 핵산에 작용할 경우 전사나 해독 단계에서 영향을 주게 되며, 세포막에 존재하는 인지질에 작용하는 경우는 막투과성 등 세포막의 성질을 변화시켜 세포막에 결합되어 있는 효소의 활성을 변화시키기도 한다. 또한 세포내 미크로솜막의 특성을 변화시키기도 한다.

폴리아민은 세포분열에서 노화에 이르기까지 식물의 여러 발달과정에 관계하는 것으로 알려져 있다. 폴리아민은 세포분열을 촉진하고 캘러스로부터 배발생 및 식물체 재분화를 촉진하며 과일의 발달과 성숙, 꽃의 형성 및 꽃의 생식기관, 특히 자방의 발달과 꽃가루의 발달도 촉진한다. 또한 잎의 노화를 지연시키고 괴경(tuber)의 발달을 촉진한다.

삼투압적인 면에서 스트레스를 받은 귀리의 잎에 폴리아민을 처리하면 단백질의 파괴가 지연되고 엽록소 함량의 감소도 억제되며, 또한 틸라코이드막도 안정성을 되찾게 된다. 특히 폴리아민 생합성 억제물질을 이용한 실험에서 폴리아민의 세포 내 함량이 증가할수록 엽록소함량 및 광합성률이 증가되었다. 환경적으로 스트레스를 받게 되는 경우, 예를 들어 자외선이나 산화성 스트레스(oxidative stress)를 받으면, 폴리아민의 생합성이 증가하여 이들 스트레스에 의하여 일어나는 조직손상을 감소시키는 보호기능을 나타낸다.

EMS (ethyl methane sulfonate)를 이용하여 인위적으로 폴리아민 대사에 돌연변이를 유도한 경우, ADC나 ODC에 돌연변이가 일어나게 되면 뿌리나 줄기 및 꽃의 형태에 표현형의 변화가 일어나며 정단우성(apical dominance)이 감소하게 된다. Antisense 기술을 이용하여 SAMDC의 전사체의 양을 감소시킨 경우에 줄기의 분지가 크게 증가하였으며, 절간의 길이가 감소하였다. 또한 잎의 크기가 작고 괴사가 많이 일어났으며, 뿌리의 발달도 억제되었고 꽃도 생성되지 않았으며 괴경이 잘 발달되지 않았다.

그러나 에틸렌의 생성은 오히려 증가하였다. 이처럼 폴리아민은 다양한 생리현상에 관여할 뿐만 아니라, 그 생합성의 조절 역시 복잡하게 일어나므로 폴리아민의 생리작용은 아직 명확하게 규명되지 못한 편이다.

폴리아민은 여러 생장조절물질과도 상호관련성을 나타낸다. 예를 들어 식물체가 지베렐린이나 시토키닌 등에 반응을 나타낼 때 폴리아민의 함량이 증가하기도 한다.

보리의 발아과정에서 GA_3 나 IAA 에 의하여 ODC 의 효소활성이 4 배 가량 증가하며, 보리의 호분층(aleurone layer)에서는 spermidine 에 의하여 arginase 의 활성이 증가한다.

또한 황백화된 완두의 상배축에 적색광을 조사하여 주면 ADC 의 활성이 증가하기도 하였다. 그리고 putrescine 을 분해하는 효소인 diamine 산화효소의 활성이 적색광에 의해서 감소하였으며, 근적외선에 의해서 이러한 감소효과가 회복되었다. 따라서 폴리아민이 생리작용을 나타내는 데에 파이토크롬이 관여할 가능성이 제시되고 있다.

6-3 식물체의 천연물질(2 차 대사산물)

식물은 생장과 분화에 직접적인 영향을 미치지는 않으나 다양한 기능을 나타내는 유기화합물들을 생성한다. 이러한 물질들을 2 차산물(secondary product) 또는 2 차 대사산물(secondary metabolite)이라 한다. 2 차 대사산물은 1 차 대사물산인 아미노산, 뉴클레오티드, 혹은 탄수화물과는 달리 동화작용, 호흡, 수송, 분화 등과 같이 식물의 생존에 직접적으로 관여하는 생리기작들에 대하여 직접적으로 특별한 기능을 나타내지는 않는다.

또한 2 차산물은 식물계에서 제한적으로 존재한다는 점에서 1 차대사물과 다르다. 즉, 특이한 2 차산물은 오직 한 종의 식물종에만 존재하거나 분류학적으로 관련이 있는 종에만 존재하는데 반해, 1 차 대사산물은 기본적으로 식물계 전체에서 발견된다.

식물의 2 차 대사산물은 오랫동안 특별한 기능이 없는 대사작용의 마지막 산물 혹은 대사의 노폐물로 여겨져 왔다. 그러나 19 세기에서 20 세기 초에 걸쳐 유기 화학자들에 의해 집중적인 연구가 이루어지면서 이 물질들의 의약, 농약, 독, 향료 등의 상업적 가치가 있는 물질로서의 중요성이 인식되었다. 따라서 천연물질(natural compound)로 분류되어 그 중요성이 제고되기 시작하였다. 또한 1960 년대 말을 기점으로 식물기원의 많은 2 차 대사산물들은 초식동물에 대한 방어, 미생물의 감염에 대한 방어, 수분매개체의 유인 및 식물 상호간의 경쟁 물질로서의 기능을 나타내는 생태학적으로 매우 중요한 화합물임이 밝혀지고 있다.

식물의 2 차 대사산물은 다양한 화학구조를 가지고 있으나 이들 중 테르펜(terpene), 페놀화합물(phenolic), 알칼로이드(alkaloid)의 3 계열 화합물이 가장 대표적인 2 차 대사산물이라고 할 수 있다. 이 장에서는 이들 3 계열 화합물의 구조적 특징, 생합성 경로, 주요 생리작용에 대하여 설명하고자 한다.

6-3-1 테르펜

테르펜(terpene) 혹은 테르페노이드(terpenoid)라고 불리는 물질은 2 차 대사산물 중 가장 많은 관련화합물을 포함하는 큰 계열의 화합물군이다. 이 계열의 화합물들은 물에 녹지 않는 성질을 가지며, 생합성과정의 초기물질인 탄소 5 개로 이루어진 이소프렌(isoprene)의 수에 따라 분류된다. 즉 10-탄소 테르펜(두 개의 C_5 단위)은 모노테르펜(monoterpene)이라 하며 15-탄소 테르펜(3개의 C_5 단위)은 세스퀴테르펜(sesquiterpene)이라 하고, 20-탄소 테르펜 (4개의 C_5 단위)은 디테르펜(diterpene)이라 하고, 30-탄소 테르펜 (6개의 C_5 단위)은 트리테르펜(triterpene), 40-탄소 테르펜 (8개의 C_5 단위)은 테트라테르펜(tetraterpene)이라 하며, C_5-단위가 20개 이상인 경우는 폴리테르펜(polyterpene)이라 한다(그림 6-45).

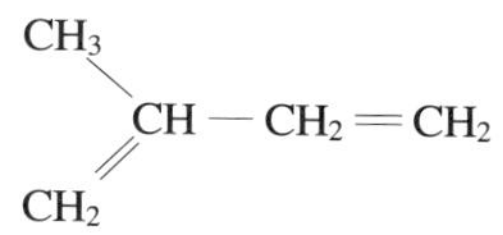

그림 6-45 이소프렌(C_5 단위)의 구조

1. 생합성 경로

테르펜의 합성경로는 크게 3단계로 나누어서 생각할 수 있다. 첫 번째 단계는 식물의 1차 대사과정에서 생성된 C_2 단위의 활성화 형태인 아세틸-CoA 3분자의 결합에 의하여 C_6 중간대사물질인 메발론산(mevalonic acid)을 형성한 후 인산화, 탈탄산화 및 탈수반응에 의하여 테르펜의 기본구조인 이소프렌의 활성화 형태인 이소펜테닐 피로인산을 형성하는 과정이다.

두 번째 단계는 이소펜테닐 피로인산과 그 이성질체인 디메틸알릴 피로인산의 머리-꼬리(head-tail)결합에 의하여 C_5 단위를 첨가하여 C_5씩 늘려가며, geranyl pyrophosphate(C_{10}), farnesyl pyrophosphate(C_{15}), geranylgeranyl pyrophosphate(C_{20}), squalene(C_{30}, $C_{15}\times2$), phytoene (C_{40}, $C_{20}\times2$) 등의 모노테르펜, 세스퀴테르펜, 디테르펜, 트리테르펜, 테트라테르펜 등의 직접적인 생합성 전구물질들을 생성하는 과정이다.

마지막 세 번째 단계는 상기의 테르펜 생합성의 직접적인 전구물질들의 변화(주로 환상구조)에 의하여 각기 다른 구조의 테르펜들을 생합성하는 단계이다(그림 6-46).

2. 구조적 특징 및 생리작용

몇몇 테르펜들은 식물의 생장과 분화에 있어 직접적으로 그 기능을 나타내고 있어 2차 대사산물이라기보다는 1차 대사산물로 여겨지기도 한다. 예를 들어 세스퀴테르펜은 식물호르몬 아브시스산의 생합성 전구체이며, 디테르펜인 *ent*-kaurene 역시 식물호르몬인 지베렐린의 생합성 중간물질로서 중요한 화합물이고, 트리테르펜 유도체들은 스테로이드성 화합물들로서 인지질과 작용하여 세포막을 안정시키는 데 중요할 뿐만 아니라 스테로이드성 식물호르몬인 브라시노스테로이드의 생합성에 있어 전구물질로서 중요한 역할을 한다.

또한 붉은색, 오렌지색, 노란색 계열의 카로티노이드인 테트라테르펜은 광합성에서 빛 에너지를 모으기도 하고 광합성 조직의 광산화를 막아 주기도 하며, 폴리테르펜인 엽록소의 피톨(phytol) 사슬은 엽록소의 기본구조이기도 하다.

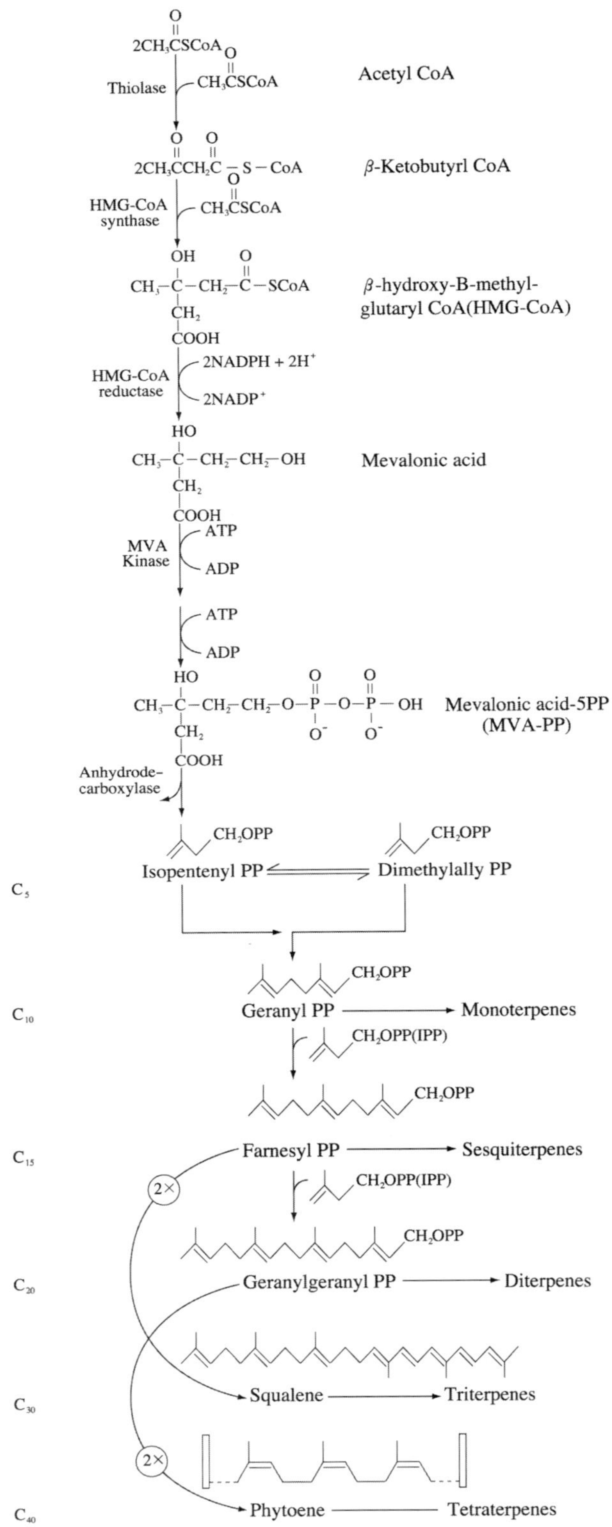

그림 6-46 테르펜의 생합성 경로

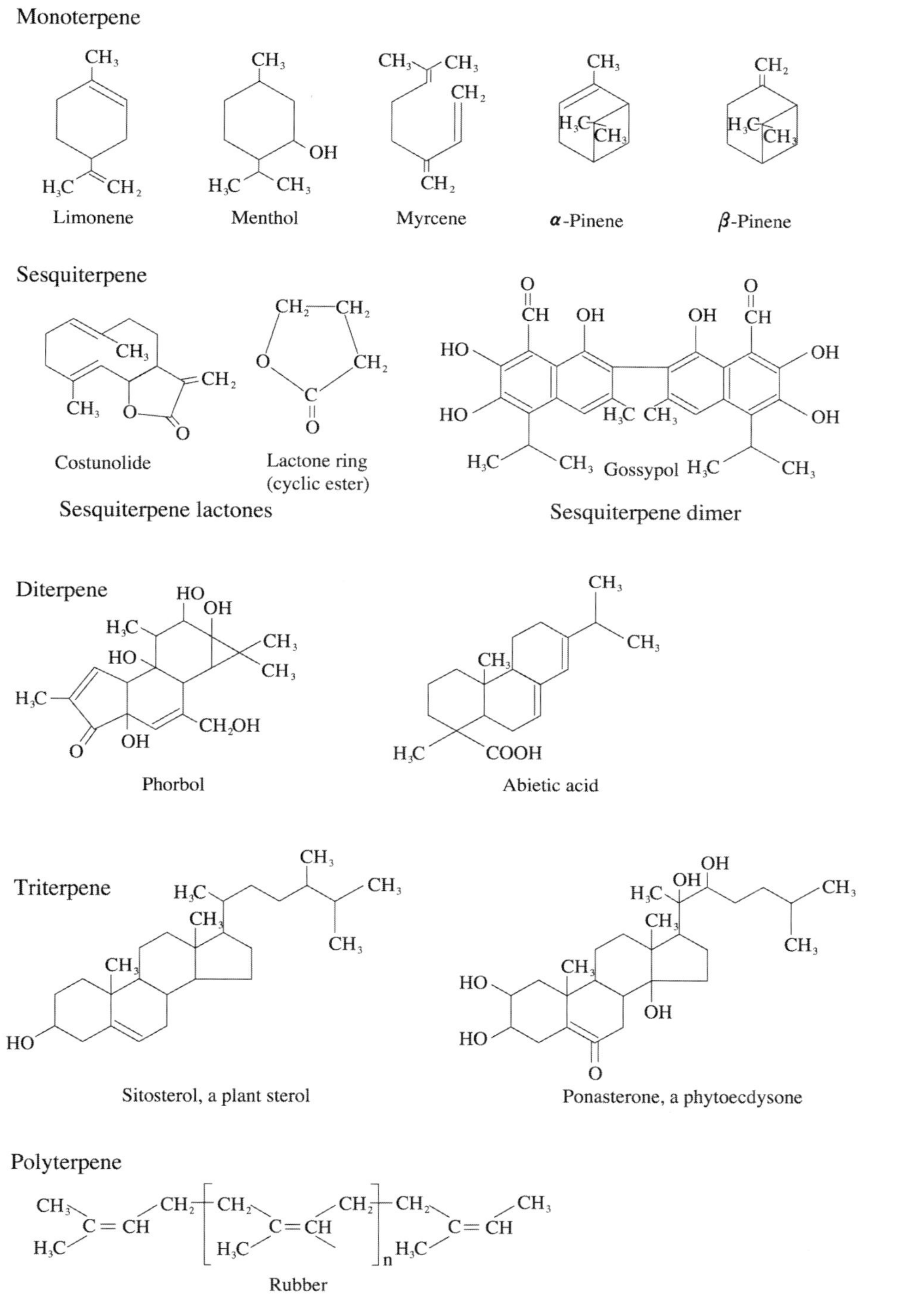

그림 6-47 대표적인 테르펜의 구조

이와 같이 몇몇 종류의 알칼로이드는 식물의 생장과 분화에 깊히 연관되어 있으나, 대부분 식물의 1 차 대사과정과 관계없이 식물의 방어에 관여하는 생리기능을 가지고 있다.

대부분의 테르펜은 초식동물이나 곤충들에 대하여 독성을 나타내는 화합물로서 식물계에서 매우 중요한 방어기능의 하나가 된다. 이러한 기능을 다양하게 살펴보기 위해 테르펜의 여러 가지 종류들을 알아보고자 한다(그림 6-47).

(1) 모노테르펜 (C_{10})

많은 종류의 모노테르펜과 그것들의 유도체들은 곤충들에 있어 독성을 띠는 중요한 물질들이다. 예를 들어 pyrethroid 라는 물질은 *chrysanthemum* 식물 종의 잎이나 꽃에서 만들어지는데, 살충제로 매우 효과적이다. 매우 낮은 농도에서 활성을 나타내고 지속성이 좋으며, 인간을 포함한 포유류에는 별다른 독성을 나타내고 있지 않아, 인공으로 합성한 것이나 천연물 유래의 관련화합물이 상업적인 살충제로서 널리 사용되고 있다.

소나무, 전나무와 같은 침엽수에 생산되는 주요한 모노테르펜들 중 α-pinene, β-pinene, limonene, myrcene 역시 많은 곤충에 대하여 살충효과를 나타낸다. 특히 침엽수들이 자신의 수피를 공격하는 곤충들의 침입을 받으면 침엽수는 충분한 양의 모노테르펜을 생산하여 자신을 보호한다.

테르펜이라는 말이 '냄새를 유발하는 물질'이라는 기원에서 유래했듯이 어떤 식물은 휘발성의 모노테르펜이나 세스퀴테르펜을 만들어낸다. 이들은 방향유(essential oil)라고 불린다. 이 물질은 휘발성에 의해 특이한 냄새를 갖는다.

그 주요 화합물은 페퍼민트, 레몬 등으로 페퍼민트 오일의 주요 구성성분인 모노테르펜은 멘톨(menthol)이며 레몬의 경우는 limonene 이다. 이러한 방향유는 초식동물이나 곤충에 대하여 불쾌한 냄새로 인식되어 방충효과를 나타낸다.

(2) 세스퀴테르펜 (C_{15})

식물의 방어기능에 관련된 세스퀴테르펜으로는 해바라기나 쑥과 같은 식물에서 발견되는 세스퀴테르펜 락톤(lactone)이 있다.

세스퀴테르펜 락톤은 인간이 섭취하면 쓴맛의 느낌을 주는데 이런 점으로 볼 때, 락톤에 의한 식물의 방어 기작은 화합물의 독성에 의한 것이 아니라 진화과정을 통해 초식동물이 이러한 물질이 함유된 식물을 섭취했을 때 쓴맛을 경험하여 다음번에는 이러한 물질을 함유한 식물은 피하게 되기 때문인 것으로 생각된다.

세스퀴테르펜 중 또 다른 방어물질로는 고시폴(gossypol)이라는 물질이 있다. 이 물질은 목화에서 추출한 방향족 세스퀴테르펜 이합체로서, 표피하색소선에서 발견되며 곤충에 대한 저항성이 있다. 고시폴과 그 외의 세스퀴테르펜은 균류와 병원성 박테리아에도 중요한 방어기능을 가지고 있으며, 최근 중국에서 이루어진 연구에 의하면 고시폴은 피임제의 효과도 있다고 알려지고 있다.

(3) 디테르펜 (C_{20})

많은 종류의 디테르펜은 초식동물에 대하여 독성을 나타낸다. 특히 소나무나 열대성 콩과식물에 존재하는 송진(resin)에는 상당한 양의 아비에트산(abietic acid)과 같은 디테르펜이 함유되어 있다. 곤충의 섭취에 의해 송진관이 열리게 되면 송진은 물리적으로 섭취를 막게 되고 계속적인 포식을 막게 한다.

등대풀에서 생성되는 포르볼(phorbol)과 같은 디테르펜 에스테르나 그 밖의 몇몇 디테르펜들은 심각한 피부 발진 부작용을 일으키기도 하며, 포유류에 대해서는 내독성을 일으킨다. 포르볼 형태의 디테르펜은 동물의 발암물질 연구에 있어서 종양 프로모터(turmor promoter)의 모델로 관심이 집중되고 있기도 하다.

(4) 트리테르펜 (C_{30})

이 계열의 화합물들은 구조적으로 매우 다양하며 스테로이드 계열도 트리테르펜류의 화합물에 포함된다. 스테로이드 중 많은 화합물들은 변형되어 30 개 이하의 탄소를 갖고 있는 것도 있으며, 많은 수의 스테로이드 알코올(steroid alcohol)들은 세포막성분으로서 매우 중요하다. 또한 피토엑디손(phytoecdysone)같은 화합물은 식물성 스테로이드계열 화합물로서 곤충의 탈피 호르몬과 그 기본적인 구조가 같다. 곤충이 이 피토엑디손을 섭취하게 되면 그들의 탈피기작이 방해받게 되고 노화된 외골격(exoskeleton)의 방출(탈피)이 방해를 받아 새로운 외골격의 생성이 중지되어 결국은 죽게 된다.

트리테르펜계열 중에 또 다른 화합물로는 리모노이드(limonoid)가 있는데, 이 화합물은 감귤류에서 쓴맛을 내는 물질로 알려져 있다. 가장 강력한 곤충 방지제의 하나로는 azadirachtin 이 알려져 있는데, 이 화합물은 아시아나 아프리카에 서식하는 인도 멀구슬나무(*Azadirachta indica*)에서 생산되는 리모노이드의 복합체이다. 이 물질은 0. 1 ppm 정도의 낮은 농도로도 몇몇 곤충의 섭식을 억제할 수 있다. 곡물에 해를 끼치는 곤충들에 대한 이 물질의 사용방법이 다양하게 연구되고 있다.

척추동물 중 초식동물에 대해 독특한 효과가 있는 트리테르펜에는 카데놀리드(cardenolide)와 사포닌(saponin)이 있다. 카데놀리드는 트리테르펜 글리코시드(glycoside)의 일종으로 쓴맛이 나고, 고등동물에게 매우 독성이 강하다. 인간의 경우, 이 물질은 심장근육의 수축과 이완을 조절하는 Na^+/K^+-ATPase 의 활성에 결정적인 영향을 미친다.

사포닌은 스테로이드와 트리테르펜의 글리코시드로 구성되어 있다. 비누와 같은 성질 때문에 이러한 이름이 붙여졌다. 사포닌 안에는 지용성부분(트리테르펜)과 수용성 부분(당)이 하나의 분자에 들어 있어서 비누의 성질을 나타내고, 적혈구 세포의 용혈현상(hemolysis)을 초래할 수 있다.

(5) 폴리테르펜 [$(C_5)_n$]

많은 고분자량의 폴리테르펜이 식물체에서 발견된다. 이러한 것들 중에 가장 잘 알려져 있는 물질인 천연고무는 모든 탄소와 탄소의 이중결합을 가지고 있는 *cis*-결합구조

(*cis*-configuration) 내에서 1,500~15,000의 분자량을 가지고 있는 이소펜테닐 부분을 포함하고 있는 고분자화합물이다.

고무는 많은 종류의 식물에서 발견된다. 상업적으로 가장 널리 이용되는 것은 고무나무인 *Hevea brasiliensis*이다. 구타고무(Gutta rubber)는 발라타(balata) 식물에서 만들어지며 *trans*-결합구조 내에 이중결합을 가지고 있다.

고무나무 안에 있는 고무는 라텍스(latex)라 불리는 우윳빛을 띠는 유동성 물질인데, laticifer라고 알려져 있는 긴 관형 구조에서 발견된다. Laticifer는 많은 종류의 식물체에서 발견되고 있으며, 고무 대신 트리테르펜과 같은 2차산물을 포함하기도 한다. Laticifer의 가능한 기능으로는 상처부위의 치료기능과 초식동물이나 미생물에 대한 방어작용을 들 수 있다.

6-3-2 페놀화합물

식물은 방향족 고리에 수산기를 가지고 있는 페놀그룹을 포함하는 다양한 2차 대사산물을 생산하는데, 이러한 계열의 화합물을 페놀화합물(phenolics)이라 한다. 이 계열의 화합물은 화학적인 성질에 따라서 몇 가지 그룹으로 나누어진다. 즉 유기용매에만 녹는 화합물들, 구조 내 탄산기나 배당체를 가지고 있어서 물에 녹는 화합물들, 그리고 복합체의 형태로 되어 있는 거대분자 화합물들이 그것이다.

페놀화합물은 다양한 생리작용을 나타내지만 가장 보편적인 작용은 초식동물이나 곤충 및 미생물에 대한 보호기능이다. 이밖에도 페놀화합물은 식물의 지지기능, 생식의 활동을 돕는 기능이 보고되어 있으며, 식물 간의 경쟁에 의해 다른 식물의 생장을 억제하는 타감작용(allelopathy)을 하기도 한다.

여기서는 이러한 페놀화합물을 단순페놀, 단순페놀의 복합체(리그닌, 플라보노이드, 플라보노이드의 복합체) 등으로 나누어 설명하고자 한다.

1. 생합성 경로

페놀화합물은 식물체 내에서 기본적으로 시킴산(shikimic acid) 생합성 과정과 메발론산(mevalonic acid) 생합성 과정의 2개의 과정을 통하여 생성이 가능하지만, 식물체 내에서는 일반적으로 시킴산 생합성 과정을 통하여 대부분 생성된다. 시킴산 생합성과정은 해당작용에서 생성된 포스포에놀피루브산(PEP)과 펜토오스인산 경로에서 생성되는 에리트로오스-4-인산의 결합에 의하여 시작한다.

시킴산이 생성된 다음, 식물 페놀화합물의 직접적인 전구물질인 페닐알라닌 또는 티로신을 생성한다. 페닐알라닌은 그후 phenylalanine ammonia lyase에 의하여 탈아미노반응이 진행되어 *trans*-cinnamic acid를 생성한다. 이렇게 생성된 *trans*-cinnamic acid는 구조에 벤젠환과 C_3 측쇄를 가지고 있는 C_9의 단순페놀화합물로서, 페닐프로판이라고도 하며 식물 페놀화합물의 기본적인 단위 분자로서 그 역할을 한다(그림 6-48).

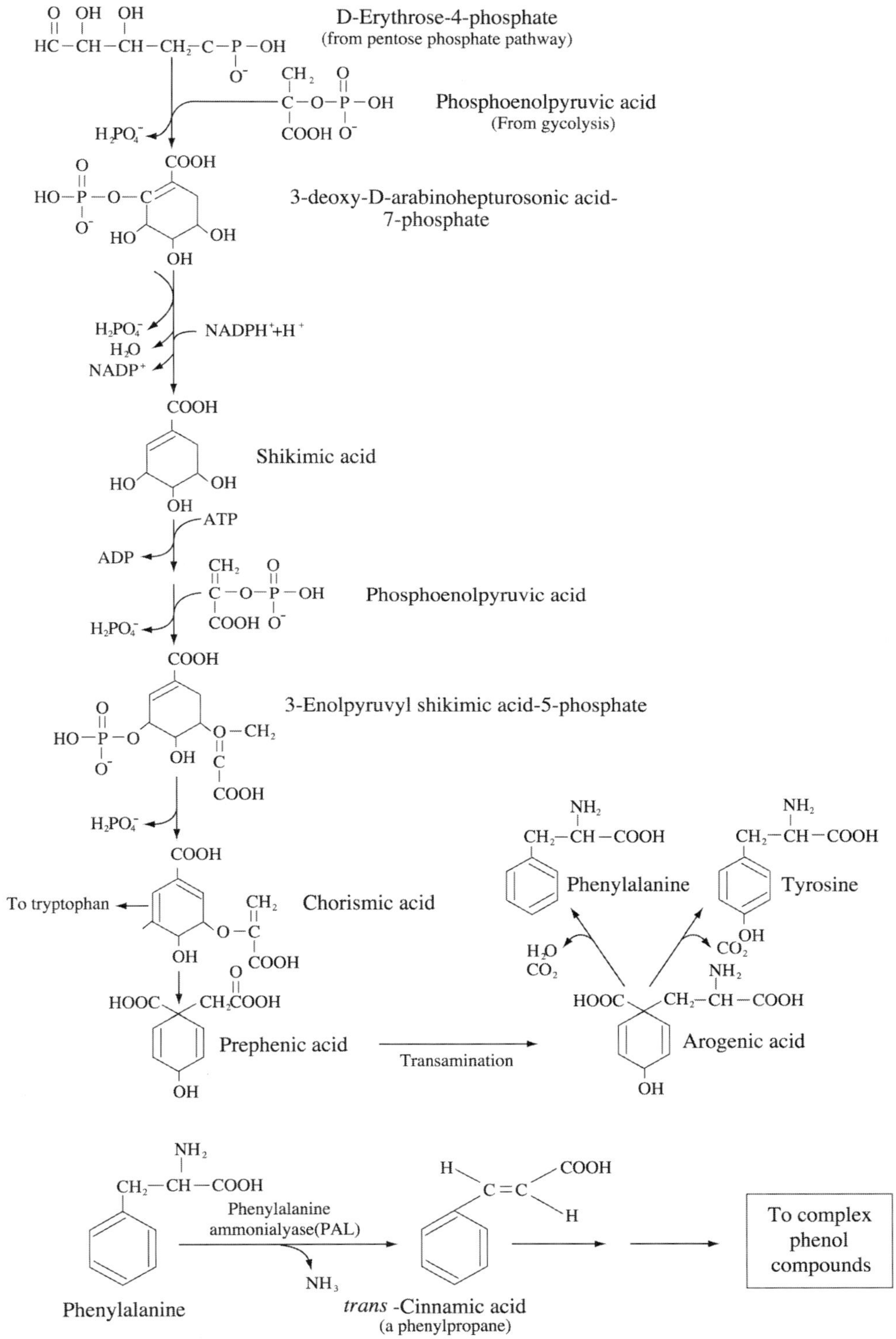

그림 6-48 페놀화합물의 생합성 경로

2. 구조적 특징 및 생리작용

(1) 단순페놀화합물

단순페놀화합물은 유관속 식물에 광범위하게 존재하고 각기 다른 다양한 기능을 나타내고 있으나, 구조적인 측면에서 볼 때는 *trans*-cinnamic acid와 같은 페닐프로판, 쿠마린(coumarin)이라 불리는 페닐프로판 락톤, 페닐프로판의 측쇄에서 2개의 탄소가 떨어져서 형성된 벤조산 유사체로 나눌 수 있다(그림 6-49).

많은 단순페놀화합물들은 초식곤충과 균류에 대한 방어 등의 중요한 기능을 한다. 아주 흥미로운 것은 벤젠환 이외에 부수적으로 퓨란고리(furan ring)를 가지고 있는 퓨란쿠마린의 광독성이다.

이 화합물은 빛에 의해 활성화되기 전에는 무독성인데, 320 nm~400 nm의 자외선에 의해 고에너지 전자상태로 활성화된다. 활성화된 퓨란쿠마린은 DNA의 이중나선 속으로

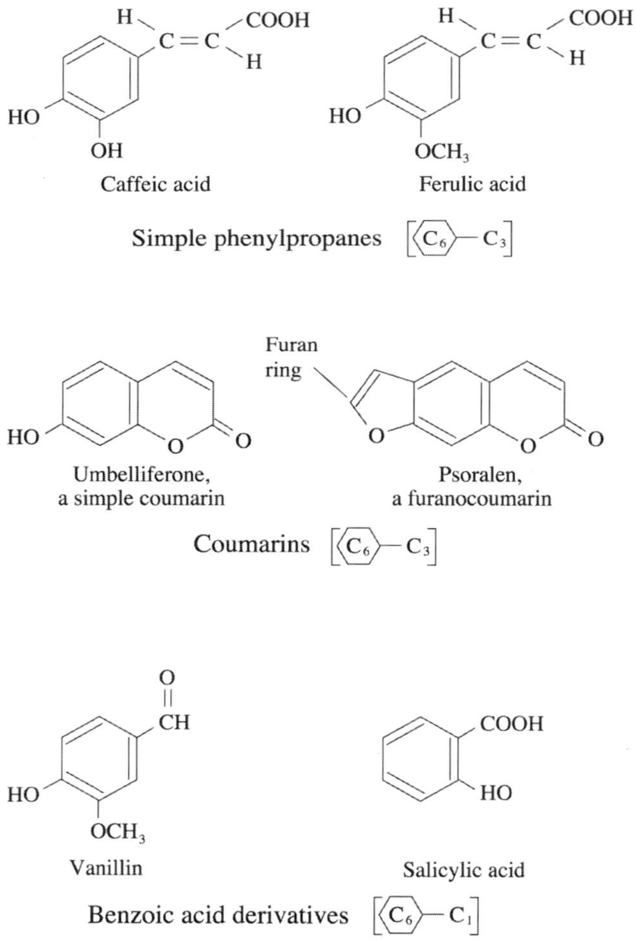

그림 6-49 대표적인 단순페놀화합물의 구조

끼어들어가 피리미딘계 염기인 시토신과 티민과 결합하여 전사와 복구를 방해함으로써 점차적으로 세포를 죽음으로 이끈다.

식물체는 잎과 뿌리 그리고 낙엽의 부패물로부터 다양한 종류의 1차 또는 2차 대사산물들을 외부에 분비한다. 이렇게 분비된 화합물이 이웃 식물체의 생육에 미치는 효과를 타감작용이라고 한다. 단순페놀화합물 중 벤조산 유도체나, 페닐프로판 계열의 화합물들이 타감작용의 활성을 나타내고 있는 것으로 보고되고 있다. 특히 caffeic acid와 ferulic acid와 같은 화합물은 토양 속에 존재하는 것이 밝혀졌으며, 실험적으로 많은 식물의 발아와 생장을 저해하는 것으로 알려져 있다.

(2) 리그닌

식물체 내에서 셀룰로오스를 제외하고 가장 풍부하게 포함되어 있는 유기 화합물이 리그닌이다. 이것은 페닐프로판 아데닌의 복합체이다(그림 6-50). 리그닌의 정확한 구조는 잘 알려져 있지는 않다. 이는 세포벽의 셀룰로오스와 다른 다당류에 공유결합으로 결합되어 있어, 식물체로부터 리그린을 분리해내기 힘들기 때문이다.

리그닌은 일반적으로 페닐프로판 알코올인 coniferyl, coumaryl, sinapyl 알코올로부터 형성된다. 이러한 페닐프로판 알코올은 과산화효소의 촉매역할에 의하여 반응성이 강한 자유라디칼을 생성하고, 이들이 서로 연결되어서 복잡한 구조를 만든다. 결국 전분, 고무나 셀룰로오스와 같은 중합체와는 달리 리그닌은 단위조직이 규칙적으로 연결되어 있지 않고 각각의 리그닌은 서로 다른 특이한 구조를 가지고 있다.

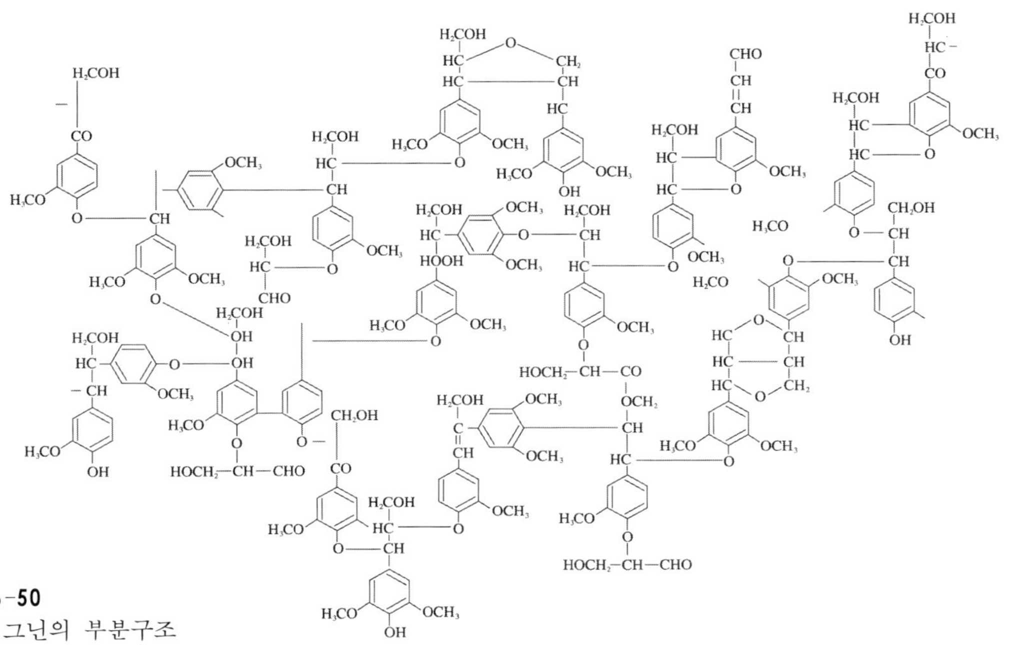

그림 6-50
리그닌의 부분구조

리그닌은 지지조직과 운반조직, 특히 물관의 가도관과 도관요소에 존재하는 다양한 유형의 세포벽에서 발견된다. 주로 비후된 2 차세포벽에서 발견되나, 이미 존재하는 셀룰로오스와 헤미셀룰로오스에 아주 근접한 일차벽과 중엽(middle lamella)에서도 나타난다.

기계적 지지를 제공하는 것 이외에도 식물체에서 주요한 방어기능을 가진다. 우선 그 물리적인 단단함은 동물의 섭식을 방해할 뿐만 아니라, 그 화학적인 구조 또한 소화시키기 어려운 구조로 되어 있다. 목질화(lignification)는 병원체에 의한 감염이나 상해에 대한 적절한 반응이라고 생각할 수 있다.

(3) 플라보노이드

플라보노이드(flavonoid)는 식물성 페놀류의 가장 큰 계열 화합물이다. 플라보노이드의 기본적 탄소골격은 15 개의 탄소로 되어 있는데, 두 개의 방향족고리가 C_3-탄소 다리(3-carbon bridge)로 연결된 것이다(그림 6-51).

이러한 구조는 두 개의 서로 다른 생합성 경로에 의해 형성된다. 탄소다리와 고리 B는 시킴산 경로에서 만들어지는 페닐프로판이며, 다른 고리 A 의 6 개의 탄소는 말론산(malonic acid) 경로를 통한 3 개의 아세트산 단위로부터 유도된다.

플라보노이드는 C_3-탄소 다리의 산화정도에 따라 안토시아닌, 플라본, 플라보놀, 이소플라보노이드의 4 계열로 구분된다. 플라보노이드들은 기본적인 플라보노이드의 탄소골격 위에 아주 다양한 치환기를 가지고 있는 화합물들이다. 수산화되어 있거나 배당체로서 존재하기도 하는데, 이들 수산기와 당 부분은 플라보노이드의 수용성을 높인다. 또한 메틸에스테르나 변형된 이소프렌과 같은 다른 치환기들을 가지고 있는 플라보노이드들도 발견된다. 이들은 식물체에서 색소나 방어와 같은 아주 다른 기능을 가지기도 한다.

안토시아닌(anthocyanin)은 꽃과 과실에서 발견되는 색소성 플라보노이드이며, 수정과 종자의 산포를 위해 동물을 유인하는 데 도움을 준다. 식물의 색소체는 카로티노이드와 플라보노이드의 2 개의 주요한 계열 화합물을 포함하고 있다. 카로티노이드는 광합성에서 보조색소로 작용하는 황색, 주황색, 적색의 테르펜 화합물이다. 플라보노이드는 다양한 색상범위를 가지는 페놀류 화합물이다.

광범위하게 존재하는 색소 플라보노이드는 안토시아닌이며, 식물 각 부분들에서 발견되는 다양한 색깔을 나타낸다. 안토시아닌은 3 번 탄소 위치나 때때로 다른 곳에 당을 가지는 글리코시드인데, 당이 붙지 않은 아글리콘(aglycone)을 안토시아니딘(anthocynidin)이라고 한다. 안토시아닌의 색깔은 다양한 요소에 의해 좌우된다.

그 요소에는 안토시아닌의 B 고리에 존재하는 수산기와 메톡시(methoxy)기의 수, 철과 알미늄과 같은 킬레이팅 금속의 존재, 그리고 플라본(flavone)이나 플라보놀(flavonol)과 같은 보조색소의 존재 및 색소체가 들어 있는 액포 내의 pH 등이 있다.

꽃 안에서 플라보노이드의 2 개의 주된 화합물은 플라본과 플라보놀이다. 이 플라보노이드는 일반적으로 안토시아닌보다 짧은 파장의 빛을 흡수한다.

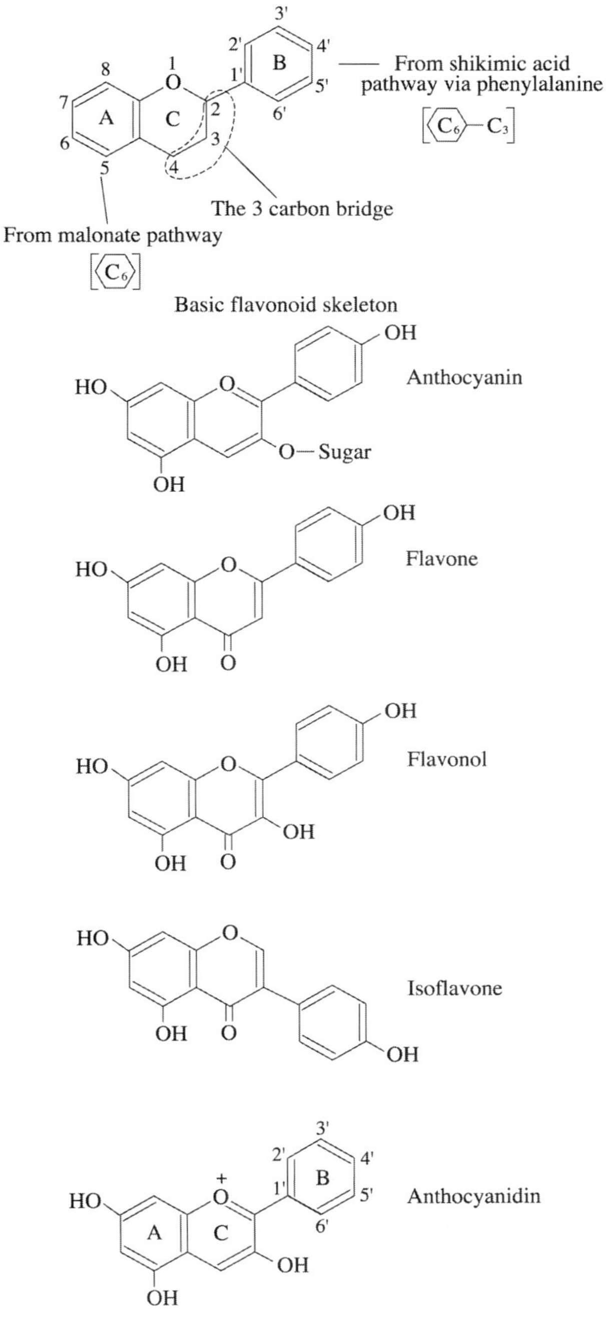

Anthocyanidin	Substituents	Color
Pelargonidin	4'-OH	Orage-red
Cyanidin	3'-OH, 4'-OH	Purplish red
Delphinidin	3'-OH, 4'-OH, 5'-OH	Bluish purple
Peonidin	3'-OCH_3, 4'-OH	Rosy red
Petunidin	3'-OCH_3, 4'-OH, 5'-OCH_3	Purple

그림 6-51 플라보노이드와 안토시아닌의 구조

따라서 이들 색소는 사람의 눈에는 보이지 않지만, 자외선 영역의 빛을 볼 수 있는 벌과 같은 곤충의 눈에는 인식된다. 꽃의 꿀샘 주위에는 이와 같은 색소가 무늬를 나타내며, 곤충으로 하여금 꿀과 화분의 위치를 파악하여 유인하도록 한다.

플라본과 플라보놀은 꽃뿐만 아니라 녹색식물의 잎에도 들어있다. 이것은 자외선을 흡수하고 가시광선을 통과시켜서 과다한 자외선으로부터 식물을 보호하는 역할을 한다. 자외선의 양이 증가했을 때, 식물체 내에서 플라본과 플라보놀의 합성도 증가한다.

이소플라보노이드(isoflavonoid)는 방향족 고리인 B 고리의 위치가 이동된 구조의 플라보노이드이다. 이소플라보노이드는 흔히 콩과식물에 많이 들어있으며, 여러 가지 기능을 가지고 있다. 로테노이드(rotenoid)는 강력한 살충작용을 가지고 있다. 반면에 이소플라보노이드는 항에스트로겐 작용을 나타내어 가축의 불임을 유도한다.

과거 몇 년 사이에 이소플라보노이드의 작용 중 가장 널리 알려진 것은 피토알렉신(phytoalexin)의 작용이다. 이는 식물체로 침투한 병원체가 퍼지는 것을 제한하고 세균 또는 균류의 축적을 막는 항균물질이다.

(4) 탄닌

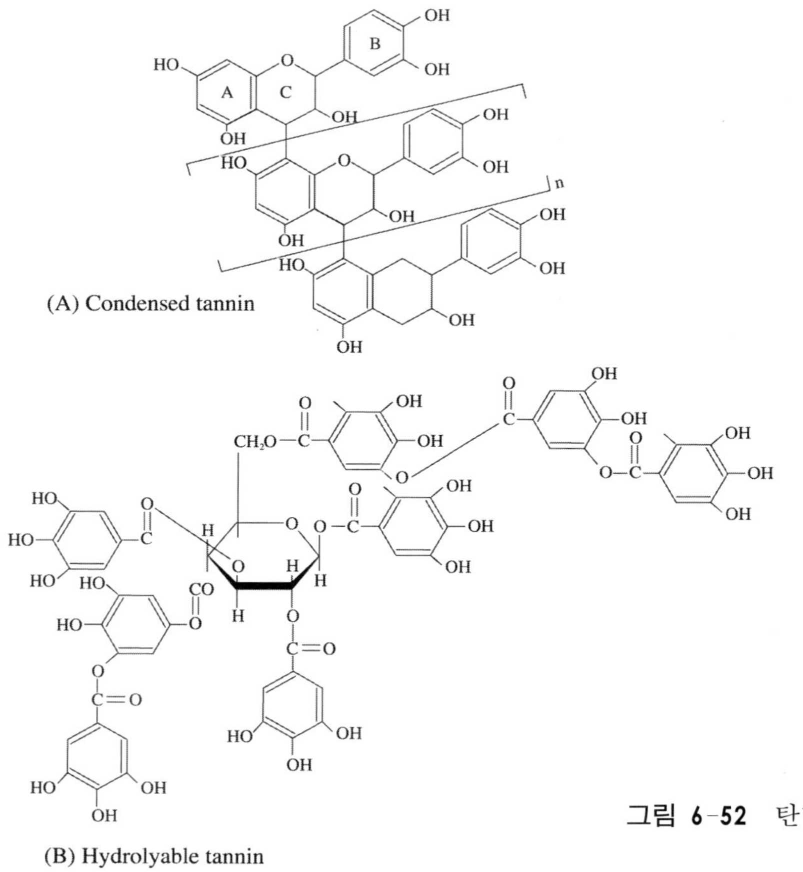

그림 6-52 탄닌의 구조

리그닌 이외에 페놀중합체의 2 번째 형태로 방어의 성질을 띠는 것이 탄닌(tannin)이다. 탄닌을 동물의 가죽에 처리하면 콜라겐 단백질과 결합하여 열, 수분, 박테리아에 대한 내성이 증가한다.

탄닌에는 불용성과 가용성의 2 종류가 있다. 불용성 탄닌은 플라보노이드 단위와의 연결에 의해 형성된 물질이다. 그리고 가용성 탄닌은 페놀산, 살릭산, 당을 포함하고 있는 이질성(heterogeous) 복합체이다(그림 6-52). 탄닌의 분자량은 600 에서 3000 사이로서 일반적으로 초식동물이나 미생물에 대하여 독성을 가지고 있다.

인간에 있어 탄닌은 입안에서 타액 단백질(salivary protein)과 결합하여 맵고 불쾌하며 수렴작용을 일으킨다. 소, 사슴, 원숭이 같은 포유동물들은 많은 양의 탄닌을 가지고 있는 식물체를 싫어한다.

식물체의 탄닌은 초식동물의 소화관 안에서 페놀결합을 형성하여 탄닌의 복잡한 복합체를 만들어 초식동물의 소화효소를 불활성화시키고 소화를 어렵게 한다. 식물의 탄닌은 또한 미생물에 대한 방어물질로써 작용한다. 예를 들어 나무의 심재는 높은 농도의 탄닌을 포함하고 있어서 균과 박테리아의 침략에 대한 방어역할을 한다.

6-3-3 알칼로이드

식물 2 차산물의 많은 종류들은 그들의 구조에 질소원자를 가지고 있다. 이러한 범주 내에는 인간에 대해 갖는 독성과 의약적 특성 때문에 많은 관심의 대상인 알칼로이드와 식물의 초식동물에 대한 방어기능을 가지고 있는 cyanogenic glycoside 가 포함된다. 여기에서는 인간과 보다 밀접한 관계가 있는 알칼로이드에 대해서만 언급하고자 한다.

1. 알칼로이드

알칼로이드(alkaloid)는 식물계의 유관속식물 중 20～30% 정도의 식물에서 발견되는 유기질소 함유 화합물이다. 이 계열 화합물의 질소원자는 구조 내에 질소와 탄소원자 모두를 함유하는 복소환식 고리의 부분에 존재한다. 대부분의 알칼로이드는 그들의 이름이 말해주듯이 알칼리성이며, 세포질(이곳에서의 pH 는 약 7) 또는 액포(pH 는 대개 5～6)에서 일반적으로 발견되는데, 이곳에서의 pH 값으로 인해 질소원자는 양자화되어 양전하를 띠며 일반적으로 수용성이다(그림 6-53).

알칼로이드는 대개 일반적인 몇 개의 아미노산, 특히 아스파르트산, 리신, 오르니틴, 티로신, 트립토판 중 하나로부터 합성된다. 그러나 어떤 알칼로이드의 탄소 골격은 메발론산 유래의 생합성 경로로부터 생성되기도 하는데, 주요한 알칼로이드 유형과 그것들의 아미노산 전구체는 표 6-10 에 나타내었다.

니코틴(nicotine)은 담배연기의 구성성분으로서 그 유해성뿐만 아니라 비타민 B (niacin)를 생합성하기 위한 전구체이기 때문에 중요하다.

또한 니코틴산(nicotinic acid)은 대사과정에서 전자운반체로서 작용하는 NAD와 NADP의 구성요소이다. 식물과 세균에서 니코틴산은 아마도 아스파르트산과 글리세르알데히드-3-인산으로부터 합성되는 반면, 동물과 고등 곰팡이류는 전구체로서 트립토판을 이용할 것으로 생각하고 있다.

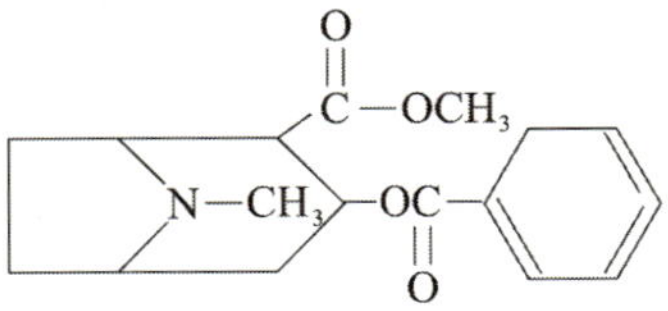

Cocaine

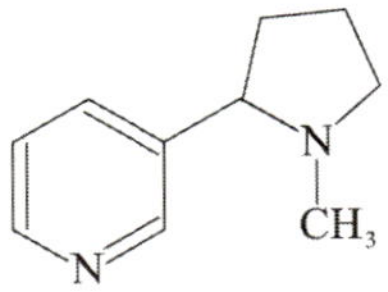

Nicotine

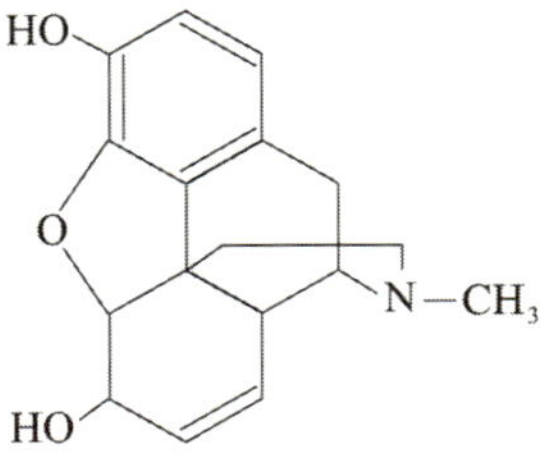

Morphine

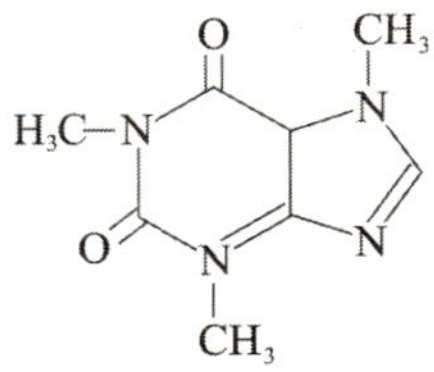

Caffeine

그림 6-53 대표적인 알칼로이드의 구조

표 6-10 주요 알칼로이드의 유형과 이들의 아미노산 전구체

알칼로이드 유형	Structure	아미노산 전구체	예
Pyrrolidine	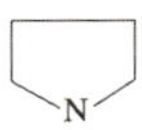	Aspartic acid	Nicotine
Tropane		Ornithine	Atropine, cocaine
Piperidine	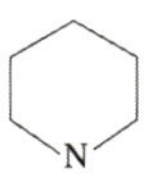	Lysine (or acetate)	Coniine
Pyrrolizidine	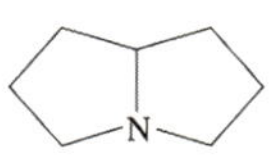	Ornithine	Retrorsine
Quinolzidine	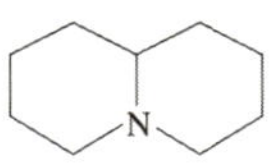	Lysine	Lupinine
Isoquinoline	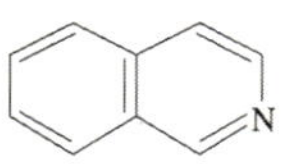	Tyrosine	Codeine, morphine
Indole	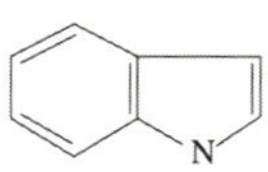	Tryptophan	Psilocybin, reserpine, strychnine

식물에서 알칼로이드의 역할은 오랫동안 관심을 끄는 연구의 대상이었다. 알칼로이드는 지금까지 동물체에서 발견되는 요소나 요산과 유사한 질소 함유 노폐물이나 질소 저장 화합물 또는 생장 조절제로서 생각되어 왔으나, 아직까지 이러한 기능을 지지할 만한 증거는 거의 없는 실정이다. 한편 많은 알칼로이드는 초식동물에 대해 유독한 활성을 나타내고 있기 때문에 식물의 포식자, 특히 포유동물에 대항하기 위한 방어물질의 기능을 수행한다고 생각되고 있다.

인간이 많은 양의 알칼로이드를 섭취하면 알칼로이드는 인간에게도 독성을 나타낸다. 예를 들어 스트리키닌(strychnine), 아트로핀(atropine)과 코니인(coniine)의 인간에 대한 유독 작용은 잘 알려져 있다. 그러나 소량의 알칼로이드의 섭취는 약리학적으로 유용하다.

모르핀(morphine), 코데인(codeine), 아트로핀(atropine)과 에페드린(ephedrine)은 약으로서 사용되는 식물 알칼로이드들이다. 그리고 코카인(cocaine), 니코틴(nicotine), 카페인(caffeine)을 포함하는 다른 알칼로이드들은 비의학적인 사용, 즉 흥분제나 진정제로 사용된다.

인간에 대한 알칼로이드의 기능은 세포 수준에서 다양한 방식으로 나타나는데, 많은 것들이 신경 수용체에 결합하여 신경전도에 영향을 미치기도 하고, 다른 것들은 막수송단백질의 합성 또는 여러 가지 효소활성에 영향을 미치는 것으로 알려지고 있다.

연 습 문 제

1. 옥신 극성이동의 특징에 대하여 설명하시오.

2. 세포의 생장과 분화에 미치는 옥신의 영향에 대하여 설명하시오.

3. 지베렐린의 구조와 활성과의 상관관계에 대하여 설명하시오.

4. 세포분열에 미치는 시토키닌의 영향에 대하여 설명하시오.

5. 아브시스산과 에틸렌이 노화에 미치는 영향에 대하여 설명하시오.

6. 옥신과 에틸렌의 상호관계에 대하여 설명하시오.

7. 에틸렌의 생합성과정에 대하여 설명하시오.

8. 식물 생장조절물질의 예를 들고 각각의 기능을 간단히 요약하시오.

9. 2 차 대사산물의 종류와 특성을 간단히 요약하시오.

참고 문헌

- F. B. Abeles, 1973, "*Ethylene in plant biology*", Academic Press, Inc., New York.
- R. Atzorn and E. W. Weiler, 1983, "The role of endogenous gibberellins in the formation of α-amylase by aleurone layers of germinating barley caryopses. *Planta* 159 : 289～299.
- M. L. Brenner, 1981, Modern methods for plant growth substances analysis. *Ann. Rev. Plant Physiol.* 32 : 511～538.
- J. D. Cohen and R. S. Bandurski, 1982, Chemistry and physiology of the bound auxins. *Ann. Rev. Plant Physiol.* 33 : 403～454.
- W. Eisinger, 1983, Regulation of pea internode expansion by ethylene. *Ann. Rev. Plant Physiol.* 34 : 225～240.
- T. A. Hill, 1980, "*Endogenous plant growth substances*", 2 nd edition. Edward Arnold, London.
- W. G. Hopkins, 1995, "*Introduction to plant physiology*", John Wiley and Sons, Canada.
- M. Jacobs and S. F. Gilbert, 1983, Basal location of the presumptive auxin transport carrier in pea stem cells. *Science* 220 : 1297～1300.
- W. P. Jacobs, 1979, "*Plant hormones and plant development*", Cambridge University Press, Cambridge, England.
- T. C. Moore, 1979, "*Biochemistry and physiology of plant hormones*", Springer-Verlag, Berlin.
- F. B. Salisbury and C. W. Ross, 1992, "*Plant Physilogy*", Wadsworth, U. S. A.
- L. Taiz and E. Zeiger, 1991, "*Plant physiology*", The Benjamin/Cummings Publishing Company, Inc. Redwood City, California.
- P. F. Wareing, 1982, "*Plant growth substances*", Academic Press, Inc., London.

제 7 장 식물의 분화와 생장

하나의 씨앗이 땅에 떨어지면 싹이 나서 자라나 꽃이 피고 열매를 맺은 다음 늙어서 죽음을 맞는다. 식물의 일생에 있어서 분화와 생장이 등정과정이라고 한다면 노화와 죽음은 하산과정이라고 할 수 있다. 일년생 초본의 경우는 이러한 삶과 죽음의 한계가 분명하나 다년생 초본이나 목본은 그 한계가 불분명하다. 분열조직의 세포를 제외한 대부분의 식물세포는 성숙해지면 세포분열을 하지 못하고 노화되어 죽음에 이fms다.

그러나 죽은 세포도 생명체에서 일정한 역할을 하는 경우가 있다. 죽은 세포로 이루어진 후벽조직이나 목부조직이 그 좋은 예이다. 특히 목부조직을 이루는 도관은 수분의 이동 통로 역할을 하다가 새로운 도관에 그 역할을 맡기고 내부에 축적되어 거대한 식물체를 지지하는 근본적인 힘이 된다. 그러므로 식물은 어느 생물보다 삶과 죽음이 공존되어 살아나가는 생물체라고 할 수 있다.

식물의 발달(development)은 생장(growth)과 분화(differentiation)가 동시에 일어나는 복잡한 과정으로 그 형태와 구조가 어린 단계에서 성숙한 단계로 변화해가는 과정이다. 식물은 수정란에서 발생(embryogenesis)하여 배(embryo)가 되는데, 배는 종피와 함께 종자(seed)를 형성하게 되고, 이 종자는 대체로 일정한 휴면(dormancy) 기간을 거친 후 발아(germination)하여 유식물(seedling)로 자라나서 성숙(maturation)하여 성체(adult plant)가 된다.

성체가 된 식물은 꽃을 피우고 열매를 맺은 후에 종자를 남기게 된다. 그런데 일년생 식물은 종자를 만든 다음 노화(senescence)되어 곧 죽게 되지만 다년생 식물은 해마다 새로운 꽃을 피우고 지속적으로 배우체를 길러내어 수정을 통하여 새로운 종자를 만든다. 그리고 이러한 모든 과정은 일정한 유전자적 프로그램에 의하여 수행되고 있다.

식물의 생장은 식물체의 성숙은 물론 생활을 위한 적절한 운동으로 나타난다. 식물은 동물에 비하여 비운동성이나 자신의 생명유지와 자손의 번식을 위하여 필요한 적절한 운동을 한다. 광합성을 위한 빛을 얻기 위하여 줄기는 굴광성 운동을 하며, 뿌리는 식물체를 지지하고 물과 무기양분을 얻기 위하여 굴지성 운동을 한다. 이러한 운동은 식물호르몬에 의하여 주도되는 생장운동(growth movement)이며, 비생장운동인 수면운동과 같은 팽압운동(turgor movement)도 한다. 이처럼 식물의 운동은 동물에 비하여 미미한 것 같으나 그들 나름의 적극적인 운동으로 환경에 대처하여 삶을 영위한다.

7-1 분 화

차별화되지 않은 세포나 조직 및 기관이 차별화되어 형태적·기능적으로 변하는 것을 분화(differentiation)라고 한다. 식물의 분화는 수정란에서부터 시작되어 배(embryo)를 형성하고 이 배에서 지속적인 세포분열에 의하여 유식물(seedling)을 형성한다. 그리고 이 유식물에서 줄기, 잎, 뿌리를 지나는 지속적인 영양생장이 이루어지면서 꽃과 같은 생식기관이 분화된다. 수정란과 배 그리고 유식물 단계에서는 모든 세포가 세포분열을 하면서 생장한다. 하지만 분화가 진행되면서 세포분열능은 분열조직에 국한되며, 이 분열조직에서 새로운 세포들이 형성되어 분화가 이루어진다.

분열조직에서 유래하여 분화된 각 세포는 세포분열능이 없으며, 각 조직과 기관에서 수명을 다할 때까지 생존하면서 각각의 고유기능을 하게 된다. 분화된 세포도 수정란과 동일한 염색체와 유전자를 가지고 있으나, 이들 세포들의 차별성은 각 세포에서 특이하게 차등발현되는 유전자에 의한다. 분화는 이러한 동일한 유전자군에서 차등화되어 특이적으로 발현되는 유전자, 즉 유전자의 차등발현이 곧 분화의 근본원인이 되는 것이다.

그리고 이러한 유전자의 차등발현은 식물의 발달단계나 외부적 환경변화에 따라 변화한다. 식물의 발달단계에 따른 분화는 수정란에서부터 유전자를 발현시키는 프로모터(promoter)들을 순차적으로 작동시키는 어떤 프로그램에 의하는 것으로 추정된다. 이는 환경조건에 따라서도 조절되는데, 그러한 프로그램은 아직 미지의 부분으로 이 프로그램의 규명은 생명의 신비를 푸는 열쇠가 될 것이다.

7-1-1 분화의 특성

1. 분화와 생장

고등식물은 수정란이 발생한 배(embryo)가 중심이 되어 종자를 형성한 다음, 이 종자의 발아(germination)에 의하여 유식물(seedling)을 거쳐서 성체로 발달한다. 생장(growth)이란 식물이 시간이 경과함에 따라 비가역적으로 그 크기가 더해가는 현상으로, 세포의 부피나 수가 증가한 결과이다. 대체로 분화가 동시에 수반된다. 분화(differentiation)란 성숙되어 가는 과정에서 세포, 조직, 기관의 생리적·형태적 변화가 이루어지는 것으로 세포나 조직, 기관이 특수화(specialization)한 결과이다. 그리고 이러한 식물의 분화, 발달의 결과인 줄기, 뿌리, 잎, 꽃과 같은 특정 형태의 기관을 형성하는 것을 형태발생(morphogenesis)이라고 한다. 이러한 과정은 식물호르몬과 생화학적 물질의 균형에 의하여 조절된다.

분화된 식물의 모든 세포는 수정란에서 분화된 것으로 수정란과 똑같은 염색체와 유전자를 포함하고 있다. 따라서 분화는 각 세포가 공통으로 갖고 있는 전체 유전자 중에서 특별히 발현된 유전자의 차이에 의한 것이다. 조직이나 기관 종류에 따라 mRNA (그림 7-1), 특이단백질(그림 7-2)이나 동위효소(그림 7-3)의 발현 양상도 차이가 나타난다.

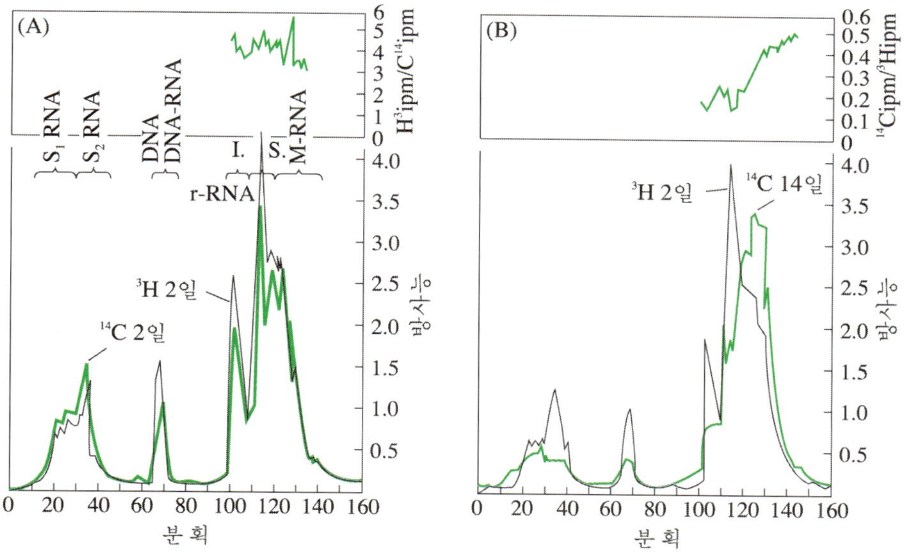

그림 7-1 땅콩자엽 발아일수에 따른 mRNA 의 변화양상
(A) 발아 2 일의 대조구 (B) 발아 14 일의 시험구

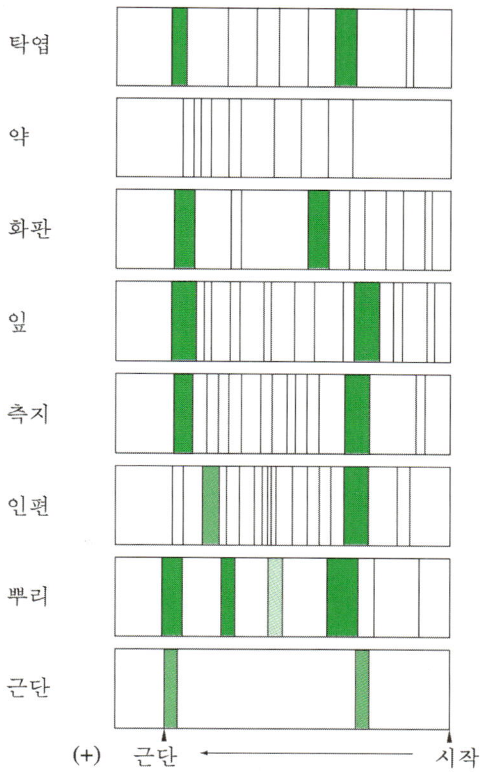

그림 7-2 튤립의 조직특이적 단백질의 변화양상

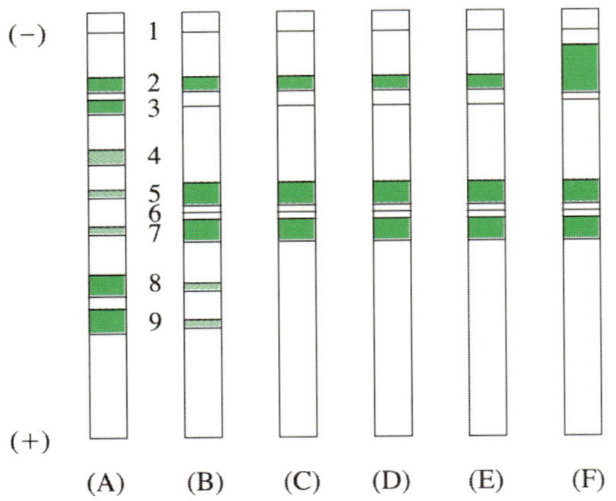

그림 7-3 페튜니아에서 조직특이적인 peroxidase의 동위효소 변화양상

(A) 화아 (B) 유엽 (C) 성엽
(D) 어린 묘조 (E) 성숙한 묘조
(F) 뿌리

세포수준에서 분화는 두 가지 개념으로 사용된다. 그 하나는 조직이나 기관에서 성숙한 세포로 특수화(spcialization)되는 의미와, 다른 하나는 분열조직의 세포가 부피의 증가와 액포 형성 등에 의하여 성숙한 세포로 생장하는 것을 의미하고 있다. 따라서 세포의 분화는 미분화된 모세포가 2개의 낭세포로 분열할 때, 이 두 낭세포의 형태적·기능적 차별화로 시작된다. 이것은 수정란이 분열하여 묘조와 뿌리의 각기 다른 기관을 이룰 세포군으로 구분되는 것이지만, 형성층세포가 분열하여 도관절이나 사관절로 변화하는 것 등이 있다.

이처럼 생장은 세포분열과 그 세포의 크기가 커지는 것으로서 단순히 정량적 개념이라면 분화는 정량적이기보다는 정성적 개념이라고 할 수 있다. 그러나 이 과정에서 유전자의 차등적 발현이 동시에 일어나므로 생장과 분화는 거의 동시에 일어난다. 그러므로 생장과 분화는 시간적 구분이 분명하지 않은 경우가 있기 때문에 분화가 수반되지 않는 생장이나 생장이 수반되지 않는 분화도 존재할 수 있다.

2. 탈분화와 재분화

어떤 세포나 조직 또는 기관이 특수화되는 것을 분화라고 한다면, 분화된 세포가 그 성질을 잃고 분화의 방향이 결정되지 않은 상태가 되는 것을 탈분화(dedifferentiation)라고 한다.

이러한 분화와 탈분화를 세포주기를 통해 살펴보면(그림 7-4), 세포분열 결과 형성된 2개의 낭세포 중 어떤 세포들은 간기(interphase)의 G_2기나 세포분열 말기(telophase)에 생장 및 분화를 하게 되고, 또 다른 세포들은 모세포와 마찬가지의 성질을 가진 채로 다시 세포분열을 하게 되며, 분화된 세포 중에는 간기의 S기나 G_2기의 세포로 환원되기도 하는데 이러한 현상이 탈분화이다.

인위적으로는 영양배지나 호르몬을 적절히 이용하여 분화된 세포에서 캘러스(callus)를 유기할 수 있는데, 캘러스는 전형적인 탈분화 조직이라고 할 수 있다.

캘러스에서 체세포배(somatic embryo)를 유도하거나 묘조(shoot) 또는 뿌리를 형성시킬 수 있고, 줄기, 뿌리, 잎 등의 조직 절편에서 직접 묘조나 부정근을 형성시킬 수도 있다. 이렇게 캘러스나 분화된 세포나 조직에서 새로운 조직이나 기관이 만들어지는 현상을 재분화(redifferentiation)라 하며, 특히 부정아(adventitious bud)나 부정근(adventitious root) 등과 같은 기관이 형성되는 것을 기관 재형성(organ regeneration)이라고 한다(그림 7-5).

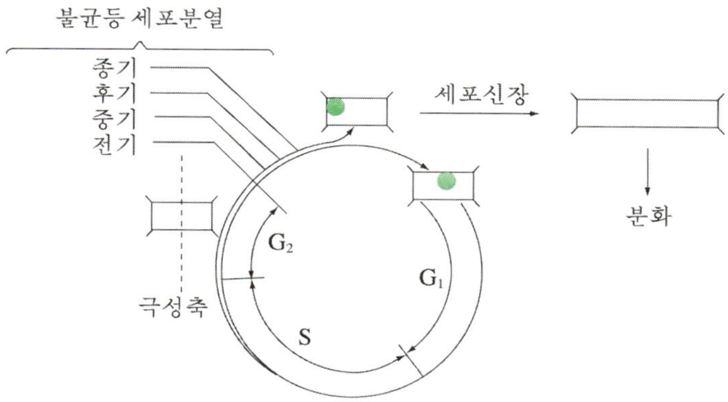

그림 7-4 세포주기에 따른 불균등 세포분열과 세포분화

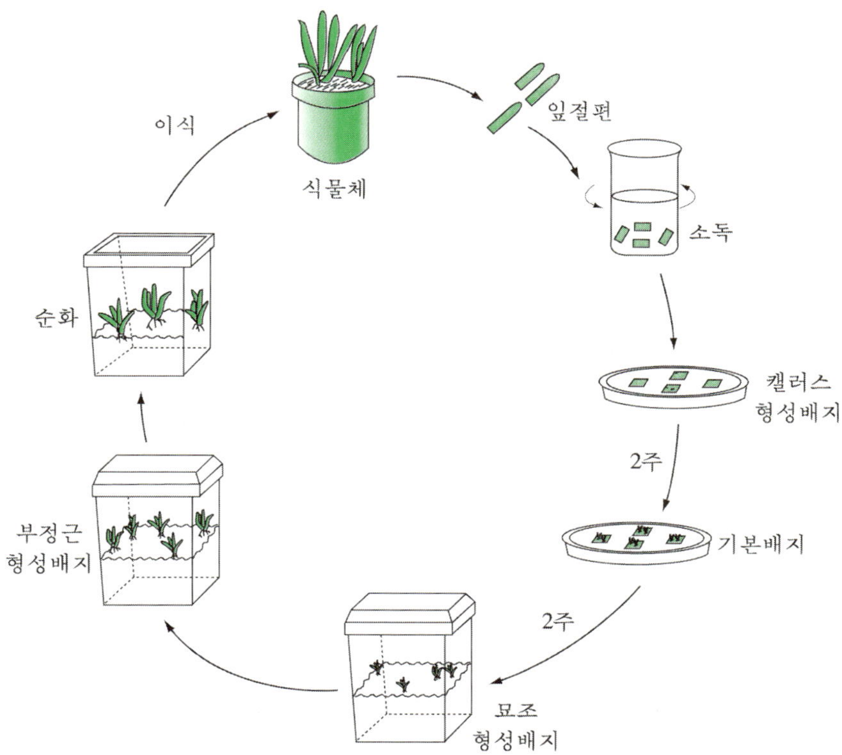

그림 7-5 식물체의 기내 조직배양에 의한 기관 재형성

7-1-2 극 성

1. 극성의 종류와 원인

수정란이 분열하면 묘조와 뿌리를 만드는 세포군을 형성하고, 여기에서 묘조극(shoot pole)과 근극(root pole)을 형성하여 상하 축(axis)이 만들어지며, 이 축을 기본으로 하여 상하좌우의 방향성을 지니게 되는데 이러한 방향성을 극성(polarity)이라고 한다. 극성은 세포 또는 조직과 기관 수준에서 존재하며, 1 차적으로는 대개 유전적으로 결정된다. 한번 결정된 극성은 후천적으로 변하지 않는 경우가 대부분이다. 간혹 후천적 여건에 의하여 변화하기도 하나, 그 원인에 대한 생화학적 또는 분자생물학적 규명은 아직 미흡하다.

(1) 극성의 원인

세포 내 핵유전자의 차등적 발현이 극성과 분화의 원인이다. 세포질의 불균등이 극성을 야기하고 이러한 극성에 의한 불균등 세포분열이 분화의 원인이 되며, 세포질의 불균등은 세포분열 시의 방추사 방향을 결정하게 된다. 이로써 불균등하게 분열한 두 개의 낭세포는 서로 다른 세포질에 싸이게 되어 유전자가 차등적으로 발현함으로써 서로 형태와 기능이 다른 두 세포로 분화하게 된다.

거대조류로서 큰 삿갓과 가근(rhizoid)을 가지고 있는 *Acetabularia* 의 경우(그림 7-6), 핵만으로도 삿갓을 형성할 뿐만 아니라, 핵을 자루에 이식할 경우에는 가근을 먼저 형성한다. 삿갓을 제거한 후에 핵을 제거하여도 삿갓을 형성하는데, 이렇게 핵에 의하여 이미 형성된 mRNA 나 단백질에 의하여 극성과 분화가 이루어진다는 것을 알 수 있다.

한편 세포질도 이러한 극성과 분화에 관여한다. *Acetabularia* 에서 핵이 없는 삿갓부위를 절단하면 핵분열이 일어나지 않다가 삿갓이 재생된 후에야 핵분열이 일어나는 것으로 미루어 핵의 유전자 발현은 세포질의 영향도 받는다는 것을 짐작할 수 있다.

식물의 극성은 조직이나 기관에서와 마찬가지로 단세포에서도 나타난다. *Fucus* 접합자나 화분의 경우, 자극의 방향에 따라 세포의 극성이 좌우된다. *Fucus* 접합자는 원천적으로 세포의 극성이 결정되어 있지 않고 빛의 방향에 의하여 극성이 결정되는데, 한번 후천적으로 결정된 극성은 고정되어 빛의 방향을 바꾼다 하더라도 바뀌지 않는다.

한편 이미 극성이 존재하는 뿌리나 줄기는 커다란 절편은 물론이고 미세한 절편까지도 그 극성이 원천적으로 결정되어 있어서 극성의 방향은 후천적 영향에 의하여 변하지 않는다. 세포의 극성은 각 세포 내에 존재하는 세포골격(cytoskeleton)을 결정하게 되고, 이에 따라 방추체가 형성됨으로써 조직화된 분열방향성을 가지게 되어 조직이나 기관분화가 일어난다. 하지만 세포가 일정한 분열방향성을 가지지 못하게 되면 종양(tumor)이나 캘러스를 형성하게 된다.

(2) 극성의 종류

식물체의 극성은 대체로 미토콘드리아 혹은 소포체 등의 세포소기관(cell organelle)이나 전분립과 같은 관련 물질의 불균등한 분포에 의해 나타나는 것으로 알려지고 있다.

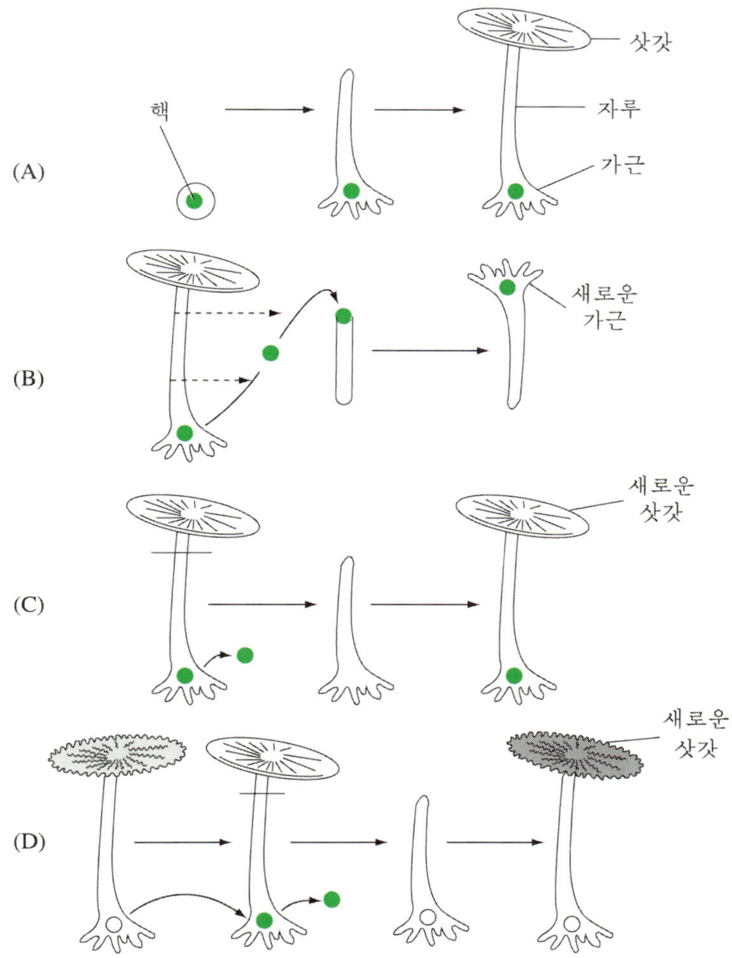

그림 7-6 *Acetabularia* 의 극성과 형태발생

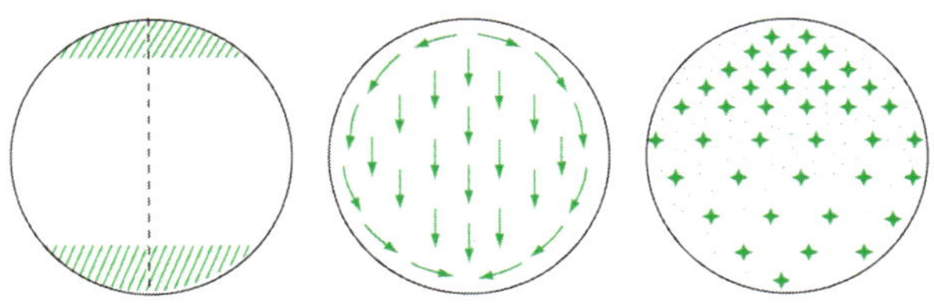

그림 7-7 극성 분화의 유형

극성은 세포소기관이나 물질의 불균등 분포에 따라 보통 세 가지 유형으로 나눈다(그림 7-7). 그중에서 세포의 양극단에만 극성에 관련한 세포소기관이나 물질이 불균등하게 분포해서 나타나는 극성을 양단성 극성(polar field polarity)이라 하고, 옥신(auxin)의 극성 이동에서처럼 세포 내부에서 한쪽 방향으로만 극성 요인이 이동하여 나타나는 극성을

방향성 극성(directional polarity)이라고 하며, 세포 내부에 극성에 관련한 세포소기관이나 물질이 불균등한 구배를 형성하여 나타나는 극성을 구배성 극성(gradient polarity)이라고 한다.

2. 생식세포의 극성과 분화

(1) 대포자의 극성과 분화

단포자형(monosporic type)의 식물에서 4 개의 대포자(megaspore tetrad)가 형성된 후에 배낭모세포로 활성화되는 세포는 주공형(micropylar type ; *Oenothera* type)과 합점형(chalazal type ; 여뀌형) 두 종류가 있다. 주공형의 한 예로 버들바늘꽃의 경우는 대포자(megaspore) 형성 시 합점 쪽 3 개 대포자의 세포벽에 칼로스(callose)가 집적되어 영양공급이 차단되는 반면, 주공 쪽을 둘러싼 세포벽에는 칼로스가 집적되지 않으므로 영양을 공급받게 되어 이 주공 쪽의 대포자만 배낭으로 발달하게 된다(그림 7-8).

또한 이 버들바늘꽃의 경우는 세포벽으로 칼로스의 집적뿐만 아니라 주공 쪽 대포자의 세포소기관이나 전분 등의 집적도 극성유발의 요인이 된다. 즉 합점 쪽의 3 개 대포자의 세포질에서는 전분이 소멸되고 주공 쪽의 대포자에만 전분이 집적되어, 이 전분이 집적된 주공 쪽의 대포자가 배낭으로 발달하게 된다(그림 7-9).

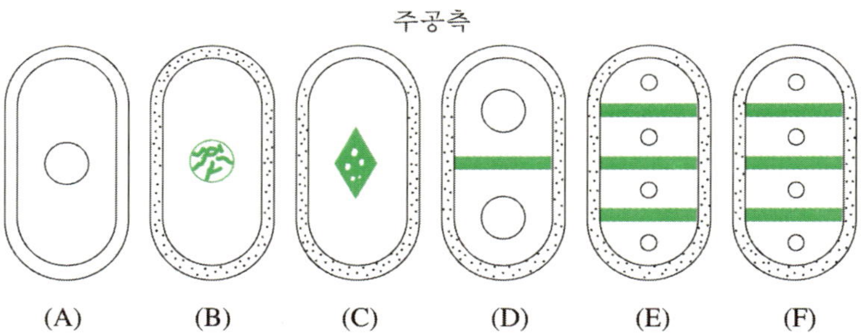

그림 7-8 버들바늘꽃 대포자 형성 시 칼로스 형성과 소멸에 의한 대포자의 발달과 퇴화

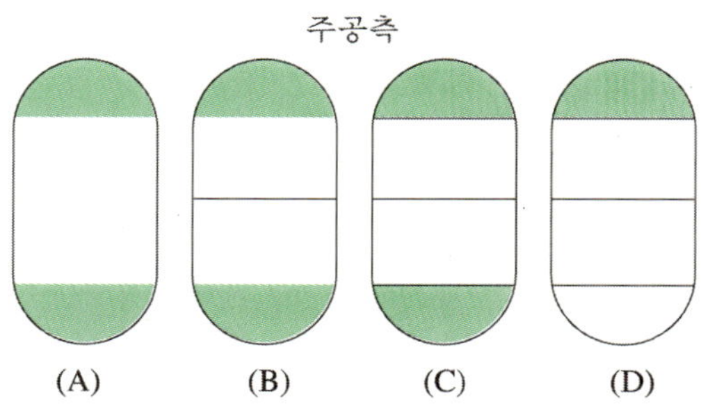

그림 7-9 버들바늘꽃의 대포자 형성시 전분립의 형성과 소멸에 의한 대포자의 발달과 퇴화

한편 합점형의 난과식물인 *Epipactis latifolia* 의 경우는 합점 쪽의 세포벽에도 칼로오스가 집적되지만, 세포벽에 사판(sieve plate)의 사공(sieve pore)과 같은 작은 구멍들이 형성되고 물질의 출입이 가능해져 이 합점 쪽의 대포자가 배낭으로 발달된다(그림 7-10).

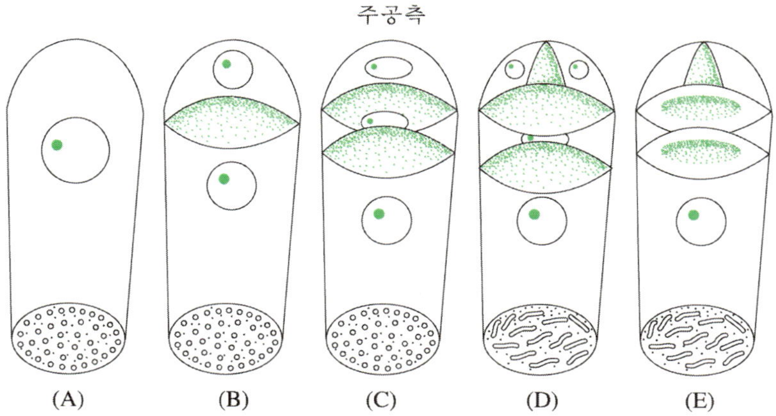

그림 7-10 *Epipactis latifolia* 대포자 형성시 칼로오스 형성과 세포벽 공격의 형성에 따른 대포자의 발달과 퇴화

(2) 화분의 극성과 분화

화분은 소포자(microspore)가 분화되어 형성된다. 소포자낭(*microsporangium*) 속의 소포자는 불균등분열을 하는 경우와 균등분열을 하는 경우에 따라 그 발달양상이 달라진다. 소포자는 불균등분열을 하는 경우에만 정상적인 생식기능을 가지게 된다. 소포자가 불균등분열을 하는 경우는 세포의 큰 쪽이 영양세포(vegetative cell)가 되고 작은 쪽이 생식세포(generative cell)가 되어 정상적인 정세포로 분열하나, 균등분열을 한 경우는 정상적인 생식기능을 가지지 못하는 비정상적인 세포가 된다(그림 7-11).

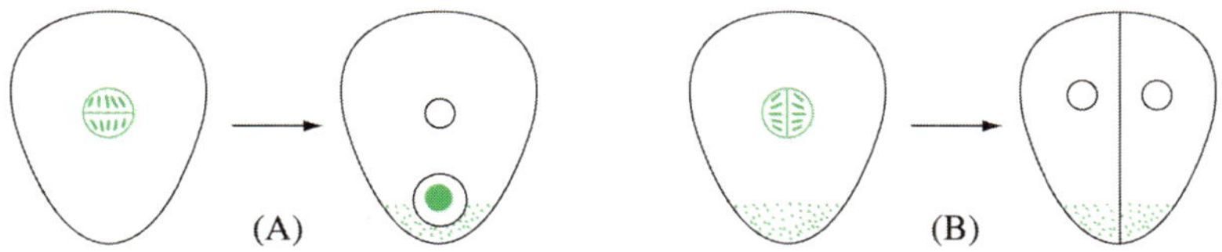

그림 7-11 화분의 불균등 분열과 균등분열에 따른 정세포의 형성과 불능
(A) 불균등 분열, 정세포 형성 (B) 균등분열, 정세포 형성 불능

(3) 조류 접합자의 극성과 분화

조류인 *Fucus*의 접합자는 처음에는 극성이 없으나 빛, 열, pH 및 삼투압 등의 환경 조건에 의한 세포질의 불균등 분포에 의하여 엽상체(prothallium)를 만드는 세포와 가근(rhizoid)을 만드는 세포로 분화된다. *Fucus* 접합자의 한쪽에 빛을 쪼이면 세포질의 편재가 일어난다. 이로써 빛의 방향에 평행으로 방추사의 축이 형성되고, 이 축에 수직으로 세포벽이 형성되어 두 낭세포로 분열하는데, 빛을 받는 쪽의 세포는 엽상체로 발달하고 반대쪽의 세포는 가근을 형성한다.

이러한 극성은 *Fucus* 접합자의 전기적 성질 변화와 관련이 있다. 빛을 받는 반대쪽의 그늘 부위가 전기적으로 음성으로 변하여 먼저 접합자 내의 전기적 극성을 띠면 이 부위로 Ca^{2+}이 유입되고 빛을 받는 쪽은 Ca^{2+}이 유출되어 Ca^{2+}의 구배가 형성되면 이것이 원인이 되어 불균등 세포분열이 일어나 빛을 받은 쪽은 엽상체를 이루는 세포가 되고 그늘 쪽은 가근을 이루는 세포가 된다(그림 7-12).

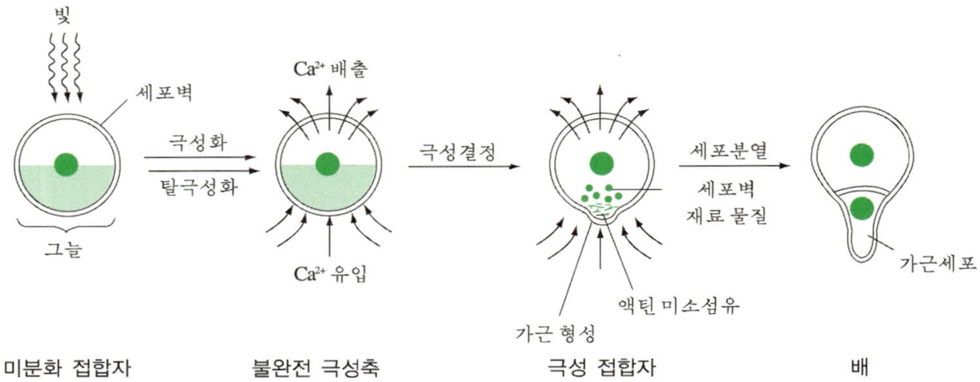

그림 7-12 *Fucus* 접합자의 빛 자극에 의한 극성 현상

(4) 배낭과 수정란의 극성과 분화

배낭(embryo sac)은 8개의 핵이나 세포로 구성되는데, 배낭은 합점 쪽에 3개의 반족세포(antipodal cell)가 편재해 있다. 중앙액포(central vacuole)는 합점 쪽에 치우쳐 있으며, 주공 쪽에는 2개의 조세포(synergid)와 난세포(egg cell)가 분포하고, 2개 극핵(polar nucleus)을 둘러싸고 있는 세포질은 주공 쪽에 치우쳐 있다(그림 7-13).

미수정 상태의 고등식물 난세포도 합점 쪽에 핵이 편재해 있다. 이 부위는 세포질이 풍부한 반면, 주공 쪽은 그 반대이다. 수정 이후 합점 쪽의 상부세포는 묘조 발달의 중심이 되고, 주공 쪽의 하부세포는 뿌리 발달의 중심이 된다(그림 7-14). 이처럼 고등식물의 난세포나 수정란의 극성은 배가 형성할 때 주축의 극성에 이어진다.

3. 체세포의 극성과 분화

고등식물 체세포에서의 분화는 공변세포나 근모의 분화에서 그 전형적인 예를 볼 수 있는데, 체세포의 불균등한 세포분열도 세포소기관이나 세포 내 물질의 불균등 분포에 의한다. 기공형성 시 공변세포의 모세포(그림 7-15)는 첫 번째 세포분열 시 불균등분열에 의하여 각기 다른 두 낭세포로 분화된다. 근모분화의 경우도 이와 유사하다.

뿌리의 원표피세포는 세포질 밀도가 높고 크기가 작은 세포와 세포질의 밀도가 낮고 크기가 큰 두 낭세포로 분열한다. 이때 세포질이 풍부한 작은 세포가 근모세포로 분화하며, 세포질이 적고 크기가 큰 세포는 표피세포로 남는다(그림 7-16).

이처럼 세포분화는 분열된 낭핵이 속하는 세포질의 차이에 의하여 결정되며, 세포질의 세포 내 불균등 분포는 세포 외부환경에도 영향을 받는다.

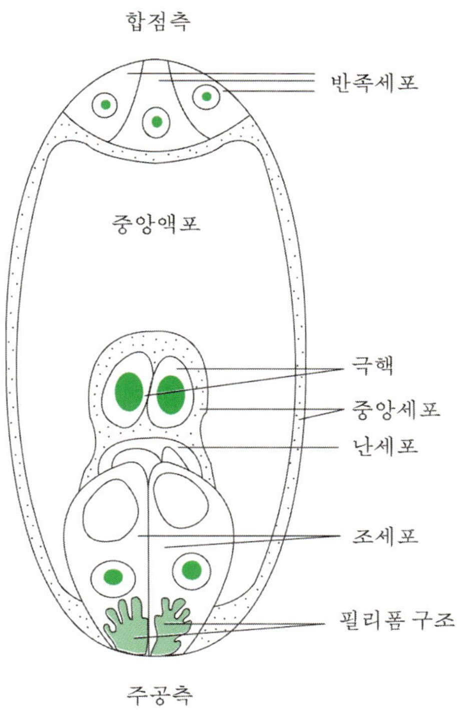

그림 7-13 배낭의 극성 세포배열

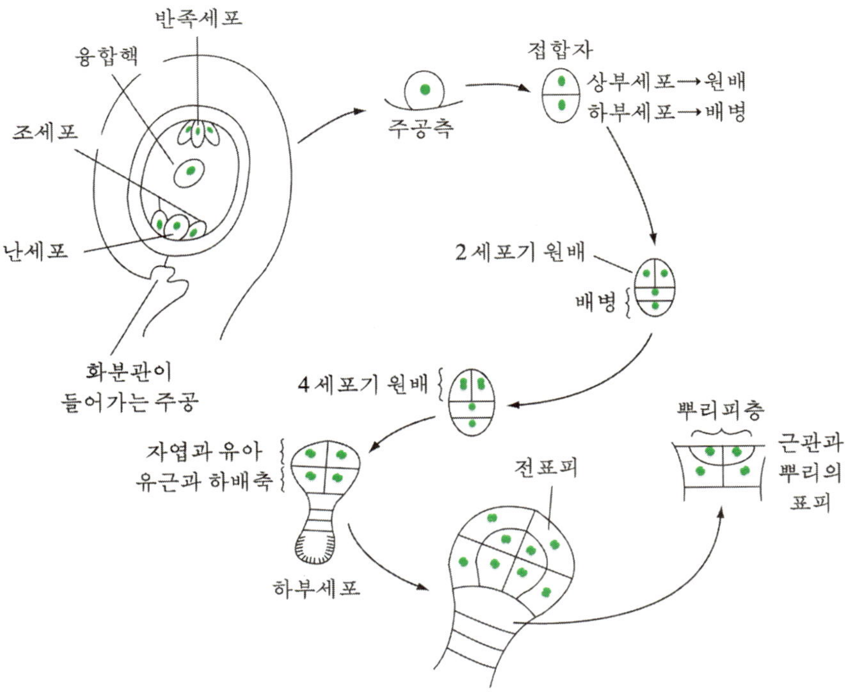

그림 7-14 냉이 수정란의 극성 발생

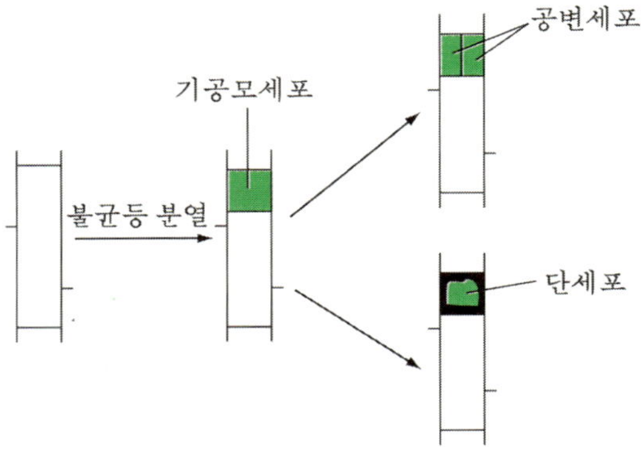

그림 7-15 단자엽식물 잎 표피세포의 불균등 분열에 의한 공변세포 형성

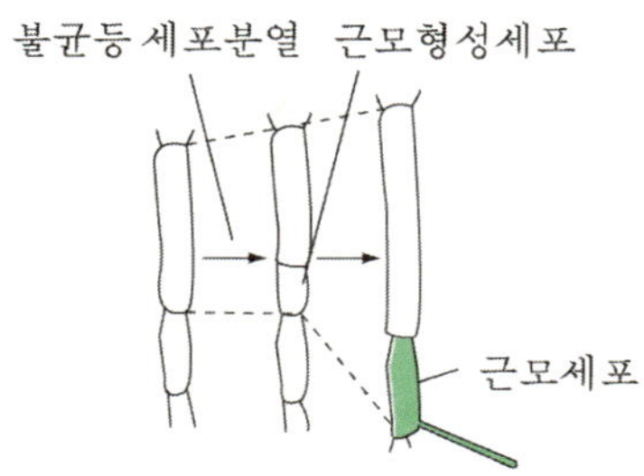

그림 7-16 뿌리 표피세포의 불균등 분열에 의한 근모의 형성

4. 조직의 극성과 분화

조직에서의 극성과 분화의 전형적인 예는 묘조와 뿌리의 분화에서 찾아볼 수 있다. Hanstein 의 조직원설(그림 7-17)에 따르면 식물체의 정단분열조직(apical meristem)은 단층 또는 여러 층의 세포로 된 3 종류의 조직원(histogen)으로 구분된다. 최외부측의 원표피(dermatogen)는 표피(epidermis)를 형성하며, 중층인 원피층(periblem)은 피층(cortex)을, 내층인 원중심주(plerome)는 중심주를 형성한다고 하였다.

그러나 이 학설은 묘조의 정단분열 조직이 조직원의 구분이 용이하지 않아 충분한 설명을 하기 어려운 약점을 지니고 있다. 또한 뿌리에서는 조직원의 구분이 용이하여 비교적 설득력을 지니지만 다양한 식물의 조직 기원을 설명하는 데는 한계가 있다.

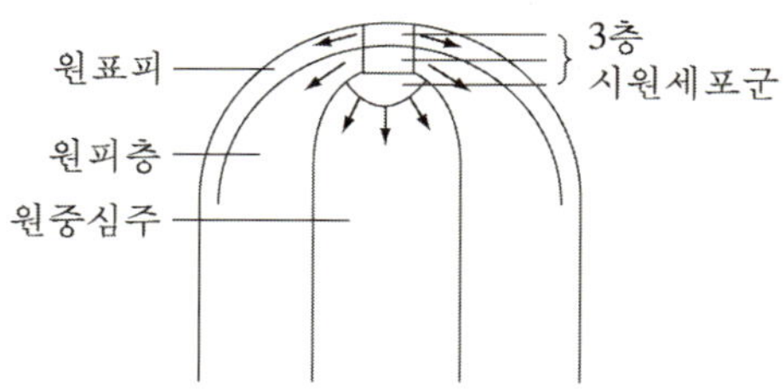

그림 7-17 피자식물 묘조 정단의 조직원설에 따른 조직의 분화

5. 기관의 극성과 분화

고착생활로 진화해 온 고등식물은 빛과 중력에 적응하여 그 형태와 기능이 분화되어 왔다. 잎은 빛에 적응되어 대부분 잎의 앞뒤 구조나 기능이 다른 배복성(dorsiventrality)을 나타내며, 줄기와 뿌리는 빛과 중력에 적응되어 상하수직 또는 방사상칭적 극성축을 지니게 되었다.

줄기와 뿌리의 극성은 이들 기관은 물론 그 구성세포에도 존재하며, 이러한 원인은 세포 수준에서 옥신과 같은 호르몬의 극성 이동체계나 전분체(amyloplast)와 같이 중력을 감지하는 장치 등의 체계가 확립되어 있는 까닭으로 추정되고 있다.

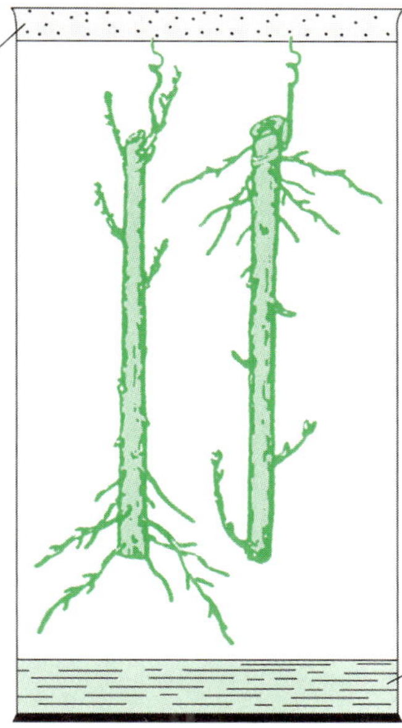

그림 7-18 버드나무 줄기 절편의 묘조와 부정근의 극성분화

이러한 세포에 형성된 극성은 조직이나 기관에도 존재하여 부정아와 부정근의 형성에도 영향을 미친다. 버드나무 줄기를 줄기방향과 뿌리방향으로 바르게 놓았을 때나 반대로 놓았을 경우에도 원줄기의 상단부에서 부정아가 형성되고, 줄기 하단부에서 부정근이 형성되는 분화방향에도 불변의 극성을 나타내는데(그림 7-18), 이는 뿌리에서도 같은 성질을 나타낸다(그림 7-19).

민들레나 꽃상추의 뿌리도 이와 같은 성질을 나타내어 뿌리를 놓는 위치에 관계없이 뿌리 상단부에서 부정아가 형성되고 뿌리 하단부에서는 부정근이 형성된다. 이러한 줄기와 뿌리의 극성은 세포 수준에서 이미 결정되어 있으며, 옥신의 하향이동에 의한 구배 형성은 이에 따른 결과일 뿐이다.

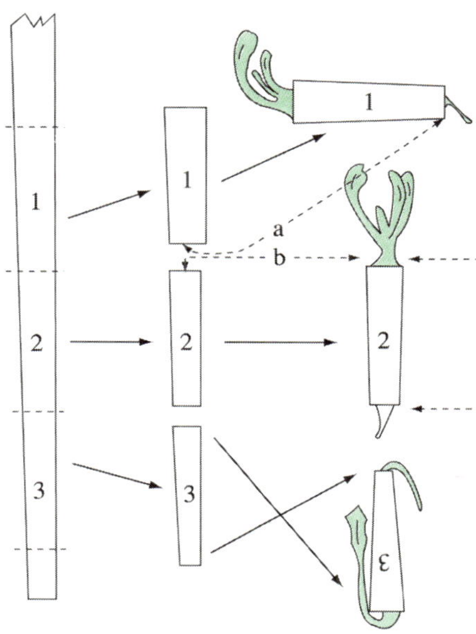

그림 7-19 버드나무 뿌리 절편의 묘조와 부정근의 극성 분화

7-1-3 묘조와 잎의 분화

1. 배의 분화

수정란의 불균등 분열에 의하여 형성된 상부세포는 배형성 시 묘조 분화의 중심이 되고 하부세포는 뿌리 분화의 중심이 된다. 종자 속 배의 하배축(hypocotyl) 위쪽은 자엽(cotyledon)과 유아(plumule)로 분화되어 있고, 그 아래는 유근(radicle)으로 분화되어 있다.

유아는 그 상단에 몇 개의 절간(internode)과 엽원기(leaf primodium)가 압축되어 있는 상배축(epicotyl)을 가지고 있는데, 종자가 발아함에 따라 잎이 발달되고 절간이 신장된다. 묘조의 정단부는 엽아나 화아와 같은 측생기관이 발달되나, 유근은 뿌리로 발달하면서 측근을 형성할 뿐 다른 측생기관을 형성하지 않으며, 그 끝에 근관(root cap)이 형성된다.

2. 묘조와 측지의 분화

종자식물의 묘조는 상배축의 상단부에서 비롯한다. 묘조의 내부체제는 뿌리보다 비교적 복잡하며 계통발생적으로 볼 때도 뿌리보다 더 진화되어 있다. 묘조는 식물의 지상 주축구조(axial structure)로서 절간과 측지를 형성하며, 이 측지에서 잎과 꽃 등의 기관이 분화된다.

(1) 묘조의 분화

묘조 정단(shoot apex)의 세포분열이 왕성한 정단분열조직(apical meristem), 즉 경단분열조직(shoot apical meristem)은 자엽이 형성되기 이전에 이미 유배에 존재하는데 일반적으로 몇 개의 시원세포(initial cell)와 시원세포의 유도체(derivative cell)로 구성된다.

Hanstein (1868)의 조직원설에 따르면 묘조의 경단분열조직은 원표피(protoderm), 원형성층(procambium) 및 기본분열조직(ground meristem)으로 구분된다. 원표피에서는 표피조직(epidermal tissue), 원형성층에서는 통도조직(vascular tissue), 기본분열조직에서는 수(pith)와 피층(cortex)과 같은 유조직(parenchimatous tissue)이 분화한다.

한편 Schmidt (1924)에 의한 외초-내체설(tunica-corpus concept)에 따르면(그림 7-20), 경단조직은 1~2 층의 세포층으로 경단분열조직의 최외각을 이루는 외초와 다양한 방향으로 분열하는 여러 층의 세포로 이루어진 내체로 되어 있다.

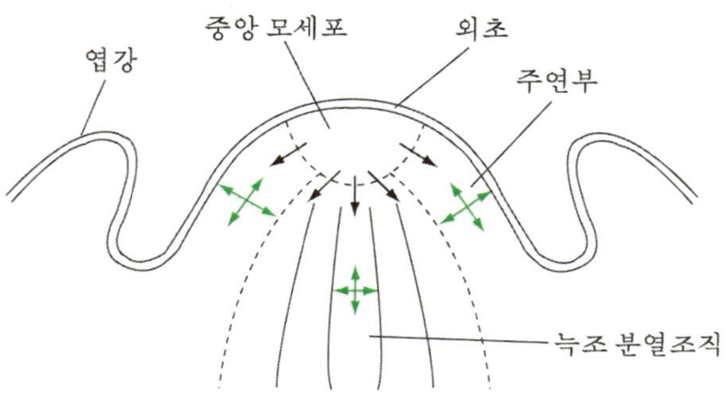

그림 7-20 피자식물 묘조 정단에서의 외초-내체설에 따른 조직의 분화

내체는 경단분열조직의 중심을 이루며, 중앙모세포(central mother cell)라고도 불리는 시원세포군으로 분화되어 있다. 경단분열조직 바로 밑의 세포군에서 세포의 크기, 액포화의 정도, 세포의 분열방향 및 분열 속도에 따라 점차적으로 각종 분열조직이 형성되어 다양한 조직분화(histogenesis)가 일어나서 그 바로 밑에는 늑조분열조직(rib meristem), 표면을 따라서는 주연부(peripheral meristem)와 같은 분열조직대가 형성되며, 정단으로부터 좀 떨어진 외각 조직에서는 엽원기가 형성되어 잎이 발달하게 된다.

(2) 측지의 분화

종자식물의 측지는 경단의 원표피 외연의 엽액(leaf axil)에서 형성된 액아(axillary bud)가 발달하여 형성된다. 액아는 경단에서 생성되는 옥신에 의하여 휴면이 유지되지만, 정아(terminal bud)가 제거되어 정단우성(apical dominance) 작용이 없어지면 시토키닌(cytokinin)의 자극에 의하여 액아의 휴면이 깨지고 액아에서 형성된 옥신에 의하여 측지의 생장이 지속된다. 경단분열조직에서 액아까지의 거리는 일정하지 않으나 대체로 최초의 액아는 정단부에서 형성된 두 번째나 세 번째 잎의 엽액에서 발달한다.

어린 유식물에서는 액아가 경단분열조직과 연결되어 있으나, 성숙된 식물에서는 액아가 경단부와 유리되어 독립된 분열조직(detached meristem)을 유지한다. 액아가 형성될 때는 경단분열조직과 연결되어 있는 엽액의 세포층이 병층분열(periclinal division)과 수층분열(anticlinal division)을 통하여 돌기상의 액아원기(axillary bud primordium)가 형성된다.

액아의 형성은 시토키닌과 같은 식물호르몬의 영향을 받는데, 분화가 완료된 후에도 경단에서 생성되는 옥신의 영향을 받아 휴면상태를 유지하는 경향이 있다. 액아에는 유관속조직이 발달되어 있지 않으나, 휴면에서 벗어나 발달하면 액아의 정단분열조직이 분화하여 유관속조직이 발달하여 지격(branch gap)과 함께 원줄기의 유관속과 연결된다.

3. 잎의 분화

잎은 광합성과 호흡 및 증산작용을 하는 기관으로서 경단분열조직에서 형성된 엽원기에서 분화된다. 피자식물 묘조에서 잎과 눈의 분화는 초기단계일 때 서로 유사하나, 잎의 분화는 눈과는 달리 초기단계를 지나면 곧 배복성을 지니는 엽원기가 형성된다.

(1) 엽원기의 분화

엽원기는 눈과 마찬가지로 경단분열조직에서 형성된다. 그러나 눈이 경단분열조직의 중심에서 형성되는 것과는 달리, 외초 주연의 주축 측면에서 병층분열과 수층분열에 의하여 형성된 돌출물인 엽강(leaf buttress)이 발달하여 엽축(leaf axis)을 이루며 엽원기로 발달한다(그림 7-21). 엽원기의 세포들은 눈과는 다르게 일정기간의 세포분열이 끝나면 분열이 멈추고 세포의 크기가 증가하여 성숙한 잎이 된다. 잎은 측아와 마찬가지로 발달 초기에는 유관속조직이 없으나, 잎 형성이 진행됨에 따라 유관속이 발달하여 엽격(leaf gap)과 함께 줄기의 유관속과 연결된다.

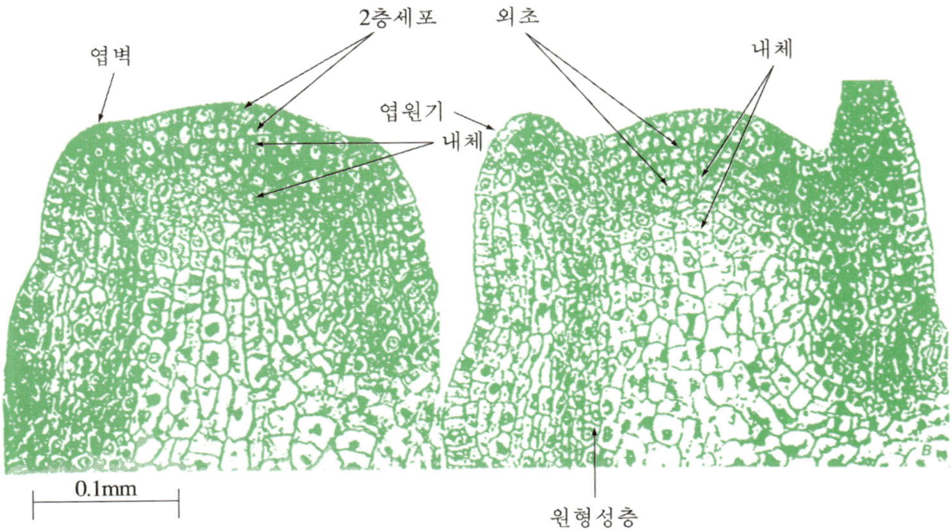

그림 7-21 담배 묘조 정단의 외초-내체설에 따른 조직과 엽원기의 분화

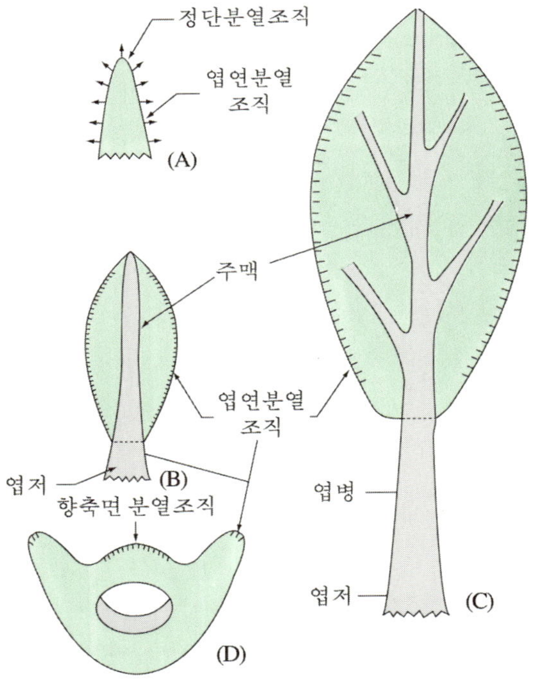

그림 7-22 엽원기에서의 잎의 분화

(2) 잎의 발달

배복성을 지닌 엽원기가 신장단계에 따라 길이와 폭이 증가하는데, 잎의 길이와 폭 생장 시 향축면(adaxial side)보다 배축면(abaxial side)이 더 빨리 생장하여 유엽은 정단분열조직 쪽으로 기울게 된다. 이렇게 형성된 엽원기의 상부에서는 주맥(midvein)이 발달하며, 그 양측으로는 엽신(leaf blade)이 발달한다.

엽신은 위쪽으로는 엽선(leaf apex), 아래쪽은 엽저(blade base), 그리고 잎의 양쪽으로는 엽연(leaf margin)이 발달되면서 계속 측면으로 신장하여 전형성층 상태로 분화가 정지되고 엽기(leaf base)와 엽신 사이에 엽병(petiole)이 발달한다(그림 7-22). 잎의 발달과정은 호흡과 광합성과도 밀접한 관련이 있다(그림 7-23).

즉 잎의 면적이 증가함에 따라 수용성 단백질과 효소활성은 감소하며 잎의 호흡량도 감소하는 반면, 광합성은 잎면적의 증가에 따라 급증하나 잎의 면적이 최대에 이르게 되면 급속히 감소한다.

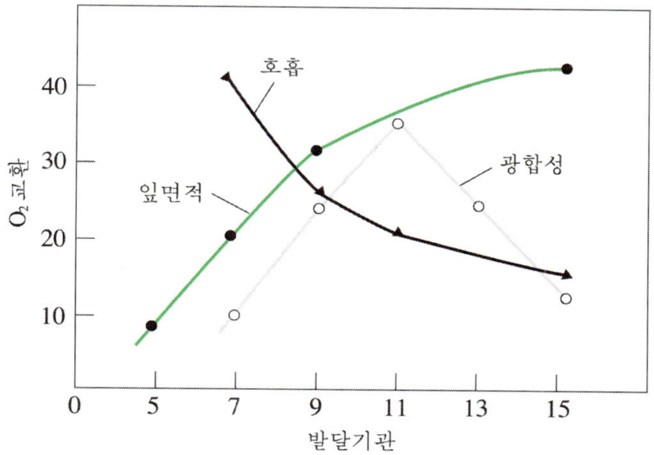

그림 7-23 대두의 잎 발달 시 광합성과 호흡의 관계

7-1-4 뿌리의 분화

1. 주근의 분화

주근(tap root)은 나자식물이나 쌍자엽식물 종자 속의 유근이 발달한 1차근(primary root)을 의미한다. 뿌리의 내부체제는 줄기보다 비교적 단순하며 계통발생적으로 볼 때도 줄기보다 원시적이다. 뿌리는 절간이나 측생기관을 형성하는 묘조와는 달리, 식물의 지하 주축구조로서 그 끝은 1기 생장에 의해 형성된 근관(root cap)이 보호한다.

종자가 발아하면 유근의 정단분열조직에서 1차근이 발달하며, 이 뿌리의 정단분열조직, 즉 근단분열조직(root apical meristem)에 의하여 뿌리의 지속적 분화가 일어난다. 근단분열조직대에 수직으로 배열되어 있는 세포열의 분열면과 방향에 중점을 둔 Schüepp (1917)의 본체-근관설에 의하면 근단에 있는 몇 개의 근단 시원세포(initial cell)의 분열에 의하여 수직면과 수평면이 겹치는 역 T자(또는 Y자)의 본체(body)를 이룬다. 그리고 그 위를 덮고 있는 관층(cap)은 근관을 이룬다(그림 7-24).

근관은 근단분열조직의 근관형성층(calyptrogen)에서 형성되며, 근단분열조직을 보호하여 상해를 입지 않고 뿌리가 토양 속에서 생장하는 것을 돕는다. 근관의 중심 바로 윗부분에는 생장정지부(quiescent center)가 있는데, 이 생장정지부는 근관시원세포(root cap initial)가 없는 반구상 또는 원반상의 구조로서 그 크기는 뿌리의 크기에 따라 차이가 크며, 어린 뿌리의 경우는 아주 작거나 없다.

일종의 전분열조직(promeristem)인 근단 분열조직은 근단의 시원세포로 이루어져 있으나, 생장정지부는 거의 세포분열이 정지되어 있어서 근단에서의 세포분열은 주로 기부측 표면의 시원세포에서 활발하게 일어난다.

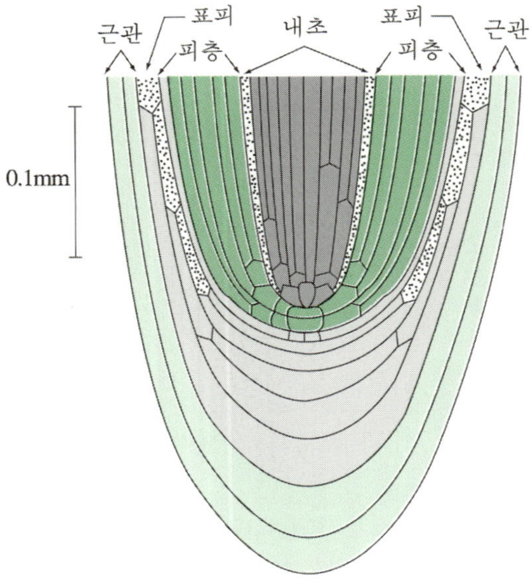

그림 7-24 근단의 본체-근관설에 따른 조직 분화

2. 측근의 분화

측근(lateral root)은 주근에서 후발적으로 형성되는 2 차근, 3 차근 등을 말하며, 모근의 근모대 위쪽 중심주에서 내생적으로 분지한다. 주로 옥신, 시토키닌, 에틸렌 등과 같은 식물호르몬의 자극에 의하여 형성된 근원기(root primordium)에서 발달되는데 근원기의 형성부위와 빈도는 호르몬이나 생장억제물질의 영향을 받는다. 근원기는 생장억제물질이 많은 근단부위에서는 형성되지 않으며, 대체로 근모대 위 내초에서 형성된다(그림 7-25).

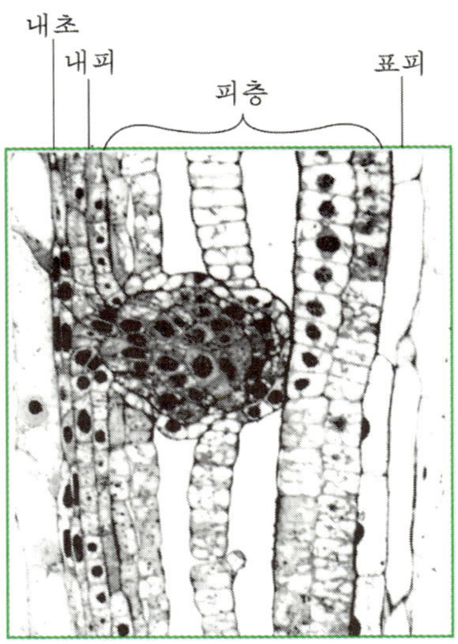

그림 7-25 측근의 내초에서의 분화(Taiz and Zeiger, 1991)

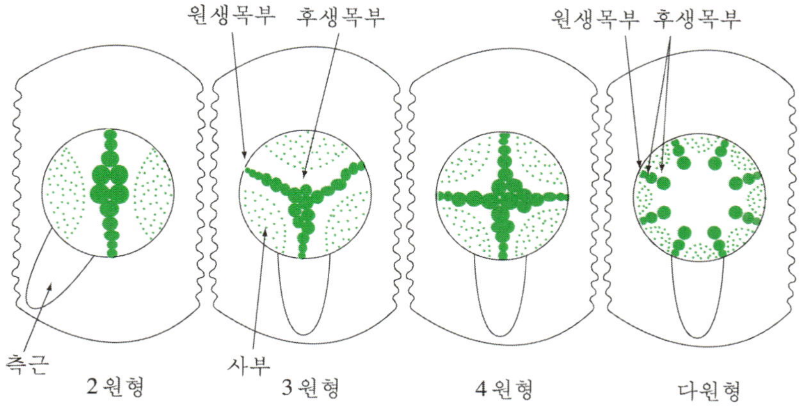

그림 7-26 1차근의 1기 목부 배열에 의한 2차근의 분화

측근의 형성은 내초세포의 탈분화에 의하여 형성된다. 세포질이 풍부해진 내초세포가 병층분열한 후에 낭세포가 다시 병층분열과 수층분열을 반복하여 돌기상의 근원기를 형성함으로 시작된다. 이후 근원기는 피층을 뚫고 신장하여 측근의 근단분열조직과 근관을 형성하며 중심주와 피층이 형성되면서 모근의 유관속과 상호 연결된다.

한편 모근의 목부형(xylem ridge)의 유형에 따라 측근의 발생 부위가 다르다. 2원형(diarch)에서는 목부와 사부 사이에 근원기가 형성되나 3원형(triarch), 4원형(tetrarch) 등에서는 목부와 대생되는 위치에 형성되며, 단자엽식물의 다원형(polyarch)에서는 사부와 대칭되는 위치에 형성된다(그림 7-26).

7-1-5 전형성능

1. 전형성능

수정란은 배 발생단계를 거쳐 식물개체로 발생할 수 있지만 분화된 세포는 수정란과 동일한 유전자를 모두 가지고 있으나, 개체로 발달하지 못하고 분화된 세포로서의 역할만 한다.

그러나 이렇게 분화된 세포에 옥신 등의 식물호르몬을 적절하게 처리하면 분화된 조직세포가 탈분화되어 캘러스(callus)를 형성하게 되고, 이 탈분화된 캘러스 중 체세포배(somatic embryo)를 형성하는 세포군이 생겨나서 적정한 식물호르몬 처리에 의하여 이 세포군으로부터 체세포배가 형성된다.

체세포배로부터 얻어진 식물체는 동일한 식물의 조직세포로부터 유래되므로 모식물과 동일한 유전자를 가진 단일 영양계(clone)의 식물체를 이루게 된다. 이처럼 분화된 세포가 수정란화하여 모식물과 동일한 개체로 발달하는 성질을 전형성능(totipotency), 또는 분화전능성이라고 한다. 영양번식이나 기내 조직배양에 의해 동일 영양계의 식물체가 형성되는 것도 광의의 전형성능이라고 할 수 있다.

2. 전형성능의 수준

식물의 유성생식은 생식세포의 수정 결과로 형성된 수정란의 방향성 있는 세포분열에 의한 접합자 배형성(zygotic embryogenesis)에 의한다. 탈분화되었던 캘러스는 계속 세포분열하여 비정형의 세포로 증식하나, 식물호르몬 등의 적정한 처리에 의하여 체세포배를 형성하기도 하고 처리 여하에 따라서는 부정아나 부정묘조 또는 부정근을 형성하기도 한다.

밀감의 경우, 유배 및 주변 체세포에서 다배 형성에 의한 부정배(adventive embryo)가 자연적으로 형성되기도 하며, 호르몬을 첨가하지 않은 White 배지에서 형성된 미나리아재비의 조직절편은 캘러스를 형성하고 여기에서 형성된 체세포배의 하배축에서 배양일이 경과함에 따라 많은 부정배가 형성되기도 한다(그림 7-27).

고등동물과는 달리 많은 고등식물의 경우 영양번식(vegetative propagation)적 방법에 의해서도 번식한다. 이는 분화된 세포의 탈분화 및 재분화가 이루어져서 부분적인 기관 형성능력이 회복된 결과로 이해된다. 이처럼 식물의 전형성능은 체세포배는 물론이고 잎이나 줄기 또는 뿌리 수준에서도 일어나는데, 식물호르몬 처리에 대한 연구의 진척에 따라 기관 재분화가 가능한 식물의 범위는 더욱 확대되고 있다.

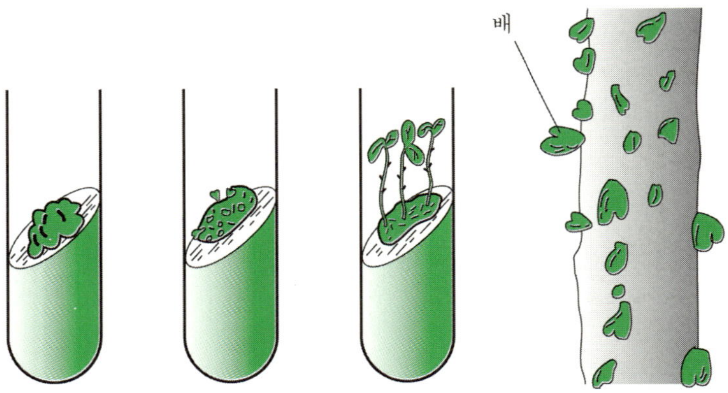

그림 7-27 개구리자리 조직배양시 배양체로부터의 다배형성

7-1-6 재분화

1. 통도조직의 재분화

통도조직의 재분화는 식물호르몬 중에서 특별히 옥신의 영향을 많이 받는다. 꽃상추의 하배축에서 유도된 캘러스 조직을 한천 영양배지에 치상한 후, 캘러스 상단에 꽃상추의 눈을 접목시키면 눈과 접한 캘러스 부위에서 통도조직이 재분화된다(그림 7-28).

이러한 현상으로 운모판에 의해서 차단되나, 셀로판지를 통과하는 어떤 물질에 의하여 유도되는 것을 알 수 있다. 그런데 이 캘러스에 꽃상추의 눈을 접목시키는 대신 IAA 와 설탕을 함유하는 한천 조각을 얹으면 같은 결과가 나타난다.

그러므로 통도조직의 분화는 셀로판지를 통과하는 물질, 즉 IAA에 의하여 유도된 것임을 알 수 있다. 또한 완두의 유식물에서 경단의 영향과 자엽의 영향을 배제하기 위하여 상배축 이상을 제거한 하배축에서 자엽이 부착된 부위를 절개한 반대편 하배축 표면에 IAA를 처리하면 피층(cortex) 세포에서 통도조직이 분화되기도 한다(그림 7-29).

이러한 결과는 상배축은 물론 뿌리와 줄기에서도 나타난다. 더욱이 옥신의 농도는 목부형에도 영향을 미쳐서 3원형 완두의 목부형이 옥신의 농도증가에 따라 4~6원형이 되기도 한다(그림 7-30). 이상의 꽃상추와 완두의 실험으로 미루어 옥신이 통도조직의 분화에 직접 관여하는 것을 알 수 있으며, 측아가 발아하여 측지를 형성하거나 잎이 발달하여 줄기와 통도조직에 의하여 연결되는 것도 눈이나 잎에서 형성된 내생 IAA에 의한 것임을 알 수 있다.

한편 담배 엽육조직에 pectinase를 처리하여 얻은 단세포들을 옥신이 포함된 액체영양배지에서 배양하면 도관절로 분화되기도 한다. 이러한 사실들로 미루어 옥신은 피층세포만이 아닌 엽육세포나 캘러스 등의 다양한 조직세포에 작용하여 통도조직의 분화에 관여하는 것을 알 수 있다.

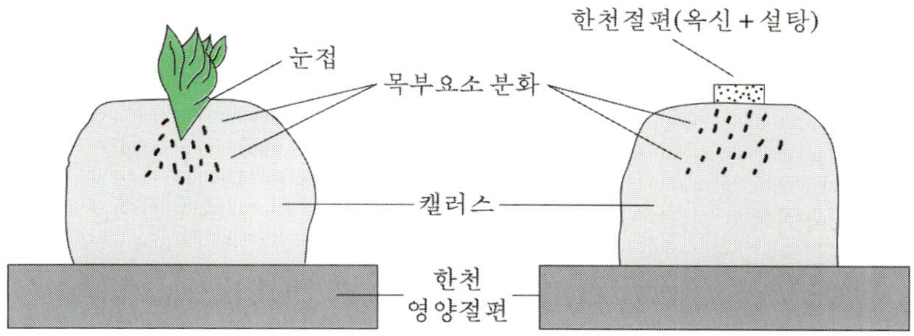

그림 7-28 꽃상추의 캘러스 배양 시 통도조직의 분화

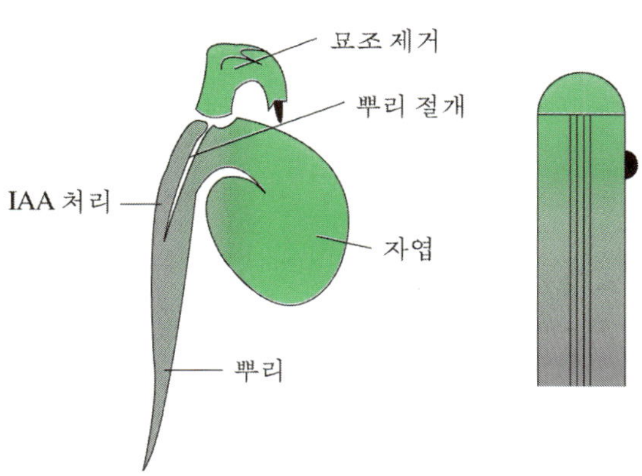

그림 7-29 완두 유식물 뿌리 절편에서의 옥신처리에 의한 목부 형성

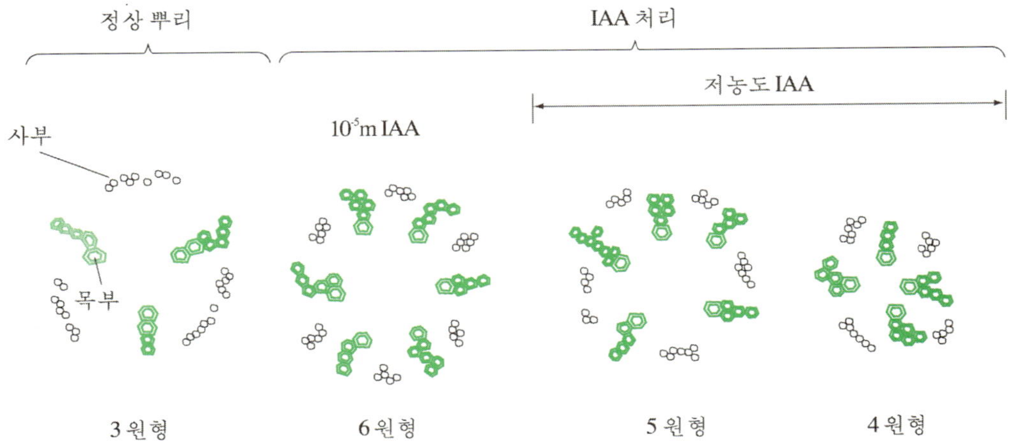

그림 7-30 완두 유식물 뿌리 절편의 옥신 농도에 따른 목부형의 변화

2. 기관의 재분화

Skoog 과 Miller (1957)는 담배 수(pith)조직을 한천영양배지에 치상하여 옥신과 시토키닌을 처리할 경우에 탈분화와 기관의 재분화가 일어나는 것을 발견하였다(그림 7-31).

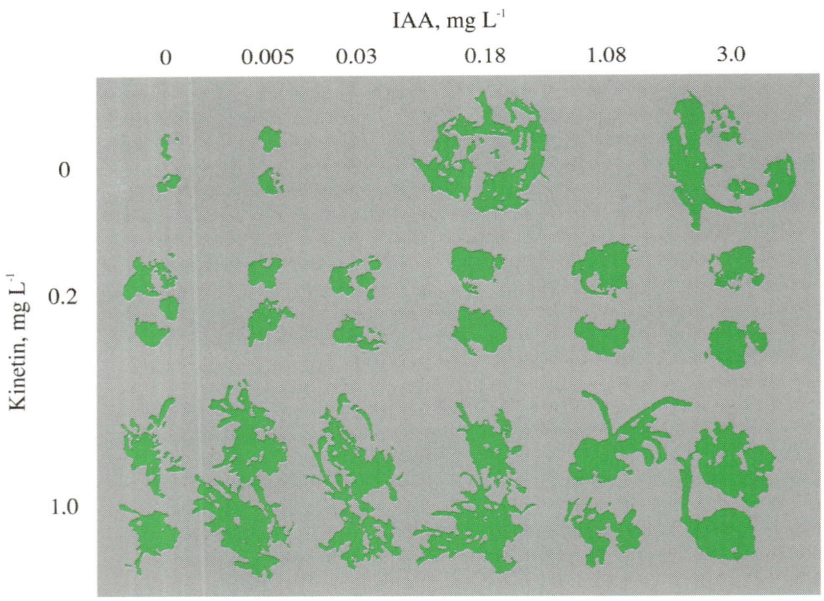

그림 7-31 담배 수조직의 IAA 와 키네틴 농도 조합에 따른 기관형성의 변화

즉 소량의 IAA 를 단독 처리하는 경우에 수조직이 약간의 세포분열과 함께 다소 생장한 반면, 시토키닌을 단독 처리한 경우에는 세포분열이 일어나지 않았다. 그러나 1.08 mg/L의 IAA 와 함께 0.2 mg/L 의 키네틴을 첨가하면 수조직이 탈분화되어 캘러스가 형

성되며, 키네틴을 1 mg/L 로 증가시키면 다수의 부정묘조(adventitious shoot)가 형성되었다.

이로써 식물호르몬이 식물의 기관분화에 중요한 요인인 것이 알려지게 되었다. 그리고 옥신에 대한 시토키닌 비가 높으면 묘조가 형성되며, 그 비가 낮으면 부정근이 형성된다는 것이 보편적으로 알려지게 되었다. 그러나 이러한 보편성에도 불구하고 식물의 종류나 조직절편 부위에 따라 옥신과 시토키닌의 종류와 함량비가 다르다.

이렇게 식물의 기관분화가 외부에서 첨가되는 호르몬의 종류나 그 비가 일정하지 않은 것은 식물의 종류나 조직의 종류에 따라 내생 호르몬의 종류나 양이 일정하지 않고 또 호르몬에 대한 조직 특이성이 상이하기 때문인 것으로 판단된다. 따라서 특정 식물의 특정 조직을 탈분화시키고 또한 재분화시키기 위해서는 각각에 따른 적절한 호르몬의 종류와 농도에 대한 연구가 필요하다.

3. 영양번식

식물의 줄기나 뿌리 등의 영양기관(vegetative organ) 절편을 이용한 삽목(cutting), 분주(division), 취목(layering) 등의 영양번식(vegetative propagation)적 방법으로 동일한 영양계 식물을 다량 얻는 방법은 이미 오래 전부터 농학적으로 이용되어 왔다. 그것은 대체로 식물 절편에서 부정근을 형성시켜 번식시키는 방법이었다.

이 경우에 조직절편의 하부 형성층에서 캘러스가 형성되고, 이 캘러스로부터 부정근이 형성되는 것이 일반적이며, 식물에 따라서는 내초나 형성층으로부터 직접 부정근이 형성되기도 한다. 또한 줄기 절편의 경우 눈을 제거해 버리면 부정근 형성이 억제되는데, 이는 눈이 제거되면 눈에서 생성되는 옥신이 차단되기 때문이다.

이처럼 눈이 달린 줄기에서 부정근이 형성되는 것은 눈에서 생성된 옥신이 하향이동하여 칼로스에 의하여 사관부가 폐쇄된 줄기 말단부에 축적되어 분열조직이나 유조직을 탈분화시킴으로써 일어나는 것으로 이해된다. 해바라기의 유식물에서 하배축을 부분적으로 제거한 실험(그림 7-32) 결과로 보면 부정근은 절개된 상단부에서 형성된다.

이는 옥신의 축적과 직접 관련이 있다. 이 경우 옥신축적이 과도할 수 있는데, IAA 를 분해하는 IAA-oxidase 나 peroxidase 등의 활성이 증가되어 부정근 형성에 적절한 농도로 IAA 양을 조절하는 것으로 알려져 있다(그림 7-33).

그 반면 이들 효소의 작용에 의하여 옥신이 적정 농도보다 오히려 낮아지는 경우에는 부정근이 형성되지 않는다. 이때 이들 IAA 분해효소에 비교적 안정한 IBA 나 NAA 를 적정량 처리하면 부정근 형성이 가능해진다.

한편 뿌리 절편의 경우는 보다 최신의 사관부 유조직이 탈분화되어 캘러스가 형성되고 이 캘러스에서 부정아나 부정근이 형성된다. 이 경우도 IAA 산화효소가 관여할 것으로 추정되며, 특히 부정아의 형성은 부정근 형성 시와는 달리 옥신 축적이 감소하고 뿌리에서 생성된 시토키닌이 축적되어 부정아가 유도되는 것으로 이해된다.

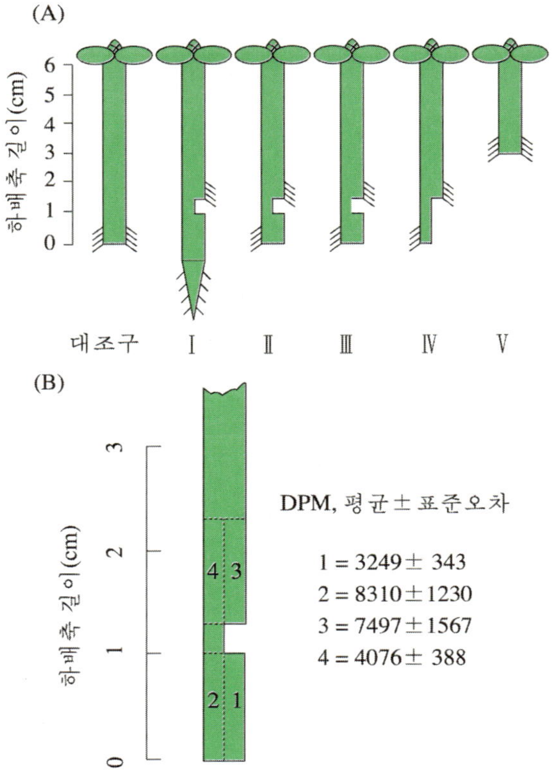

그림 7-32 해바라기 하배축의 절개 처리에 의한 부정근 형성과 IAA의 함량

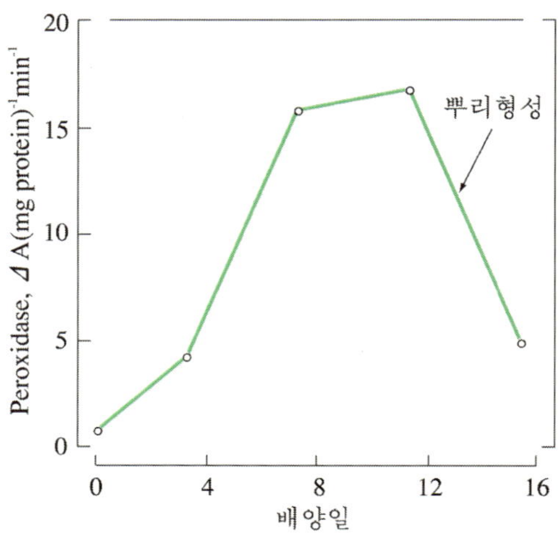

그림 7-33 해바라기 하배축 절편에서의 부정근 형성시기와 peroxidase 활성의 변화

4. 재분화의 단계

분화된 세포나 조직이 탈분화되어 재분화되기까지 적정한 영양배지와 적정시간 동안의 식물호르몬 처리가 요구된다(그림 7-34).

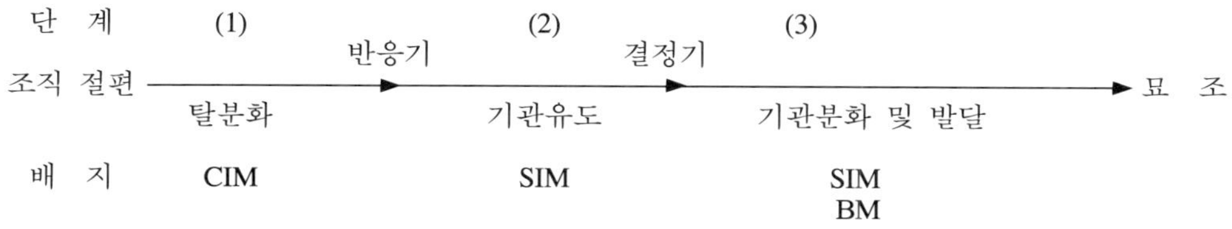

그림 7-34 *Convolvulus arvensis* 묘조의 기관분화 단계
CIM : 캘러스 유기배지 SIM : 묘조 유기배지 BM : 기본배지

식물호르몬 처리에 의하여 탈분화가 확정되는 시기를 반응기(competence time)라 하며, 이 시기를 지나 형태분화의 방향이 결정되는 시기를 결정기(determination time)라고 한다. 이렇게 적정 호르몬이 처리된 세포나 조직 절편은 이 기간을 지나 형태적 분화와 발달이 이루어져서 캘러스나 묘조 및 부정근이 형성된다. 그리고 이러한 일련의 과정은 일정기간 동안의 지속적인 식물호르몬 처리를 필요로 한다.

이때 반응시점까지의 기간을 탈분화기(dedifferentiation period)라 하고, 반응시점부터 결정시점까지의 기간을 유도기(induction period)라 한다. 이 유도기가 지난 결정시점 이후에는 식물호르몬 처리 없이도 조직이나 기관의 분화가 일어나는데, 이러한 기간은 식물이나 조직의 종류에 따라 다르다.

따라서 *Agrobacterium* 등을 이용하여 식물체를 형질전환시킬 경우에는 반응시기까지 캘러스 유도배지에서 식물조직을 처리하여야 하며, 그 이후 묘조 분화 배지에 옮겨서 유도기 이상의 식물호르몬 처리를 하여야 한다.

7-2 식물의 생장과 운동

식물의 생장은 일년생식물의 경우는 동물과 마찬가지로 일정한 생장곡선을 그리다가 죽어가지만 다년생 목본식물의 경우는 동물이 일정기간의 성장기가 끝나면 더 성장하지 못하는 것과는 달리 지속적 생장을 계속한다. 그러나 무엇보다 식물이 동물과 차별화되는 것 중의 가장 현저한 특징은 운동성일 것이다.

동물과는 달리 식물은 일정한 근육이나 골격 또한 이를 조절하는 신경을 가지고 있지 않다. 식물은 동물과 같은 특별한 운동기관이나 조절계를 가지고 있지는 않지만 생장작용을 이용하여 생존에 필요한 적절한 생장운동을 하며, 경우에 따라서는 팽압을 이용하여 비생장성 운동도 한다.

7-2-1 식물의 생장

식물의 생장(growth)은 세포의 수와 부피의 증가로 인하여 세포나 기관 또는 개체 수준에서 나타나는 비가역적인 크기의 변화라고 할 수 있다. 식물의 생장은 이처럼 세포나 기관의 수적 · 양적 증가로 정의할 수 있는 반면, 분화(differentiation)는 특정기관을 구성하는 세포의 형태적 · 기능적 특수화의 진행으로 인하여 특이성이 확립되는 과정이라고 정의할 수 있다. 그러므로 식물은 분화를 바탕으로 줄기나 뿌리 혹은 꽃과 같은 서로 다른 기관을 형성하면서 완전한 하나의 개체로 생장해 나간다고 말할 수 있다.

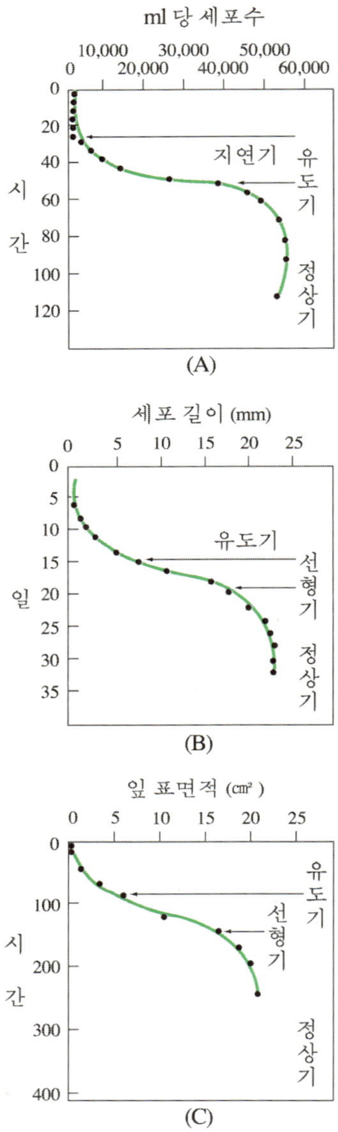

그림 7-35 식물 생장곡선
(A) 단세포 녹조류인 *Chlamydomonas* 의 생장
(B) 필라멘트형 녹조류인 *Nitella* 의 생장 (세포 길이를 측정)
(C) 고등식물 잎의 생장

1. 생장의 정의와 측정방법

생장은 크기와 무게의 변화와 밀접한 관계가 있다. 배양 중에 있는 세포의 생장은 세포의 수와 생체량(fresh weight)의 증가로 측정할 수 있다. 그러나 식물개체의 생장을 생체량만으로 측정하는 것은 정확하지 않다. 대부분의 식물조직은 약 80%가 수분이지만 수분함유량은 변화가 많아서 생체량은 식물의 수분상태에 따라 오차가 크다. 식물의 생장측정은 일반적으로 생체량보다 건량(dry weight)이 많이 쓰이지만, 건량도 때로는 정확한 생장측정방법이 아닌 경우가 있다.

예를 들면 암소에서 자라는 유식물의 건량은 완전히 수분을 흡수한 종자보다도 오히려 낮다. 이는 종자에 저장되어 있던 탄소가 호흡을 통하여 이산화탄소의 형태로 손실되는 반면, 탄소동화작용을 통하여 이산화탄소를 고정하지 못하기 때문이다.

길이와 넓이는 자라는 잎의 생장측정에 적합하다. 특히 길이-넓이 비율이 잎의 생장 정도를 측정하는 데 더 적합할 수 있다. 이처럼 생장에는 많은 변수가 관여하므로 여러 가지 방법 중에서 가장 적절한 방법을 사용하여야 한다. 결국 어떠한 측정방법이든지 부피나 크기의 비가역적 증가로 나타나는 생장을 적절히 나타낼 수 있는 방법이어야 한다.

생장을 시간에 따라 측정하면 S자 형태의 곡선을 얻을 수 있다. 이러한 생장곡선을 세 단계로 나누어 보면 다음과 같다. 먼저 느린 생장시기를 나타내는 유도기(lag phase)를 거쳐서 바로 빠른 생장시기인 선형기(linear phase)가 나타나며, 곧 이어 생장이 멈추거나 느리게 일어나는 정상기(stationary phase)가 이어진다. 이러한 생장곡선은 단세포, 식물기관, 혹은 식물체에도 적용될 수 있다(그림 7-35).

일반적으로 세포분열과 세포생장은 동시에 일어난다. 하지만 생장은 세포분열 없이도 일어나고, 세포분열은 생장이 없이도 일어날 수 있다. 밀 종자에 감마선을 조사하면 생장은 일어나지만, 세포분열 없이 세포생장만 하여 작은 유식물에 머물다 죽고 만다. 또한 발달 초기의 배는 신속한 세포분열은 일어나지만 세포생장이 일어나지 않는다.

2. 1차 생장과 2차 생장

식물의 생장은 동물의 경우와 같이 일정하게 일어나지 않고 특정한 부위에서만 일어나며 1차생장(primary growth)과 2차생장(secondary growth)이라고 하는 2가지 형태의 생장이 있다.

1차생장은 줄기나 뿌리의 정단부에서 주로 일어난다. 정단부는 항상 생장할 수 있는 잠재력을 가지고 있어서 식물은 무한생장(indeterminate growth)을 할 수 있다. 고등식물의 경우에는 일정한 수의 잎이 만들어진 뒤에 개화가 일어나고 영양생장은 멈추게 된다.

이러한 식물들은 유한생장(determinate growth)을 나타내지만 정단부를 조직배양(tissue culture)하면 무한생장이 가능하다.

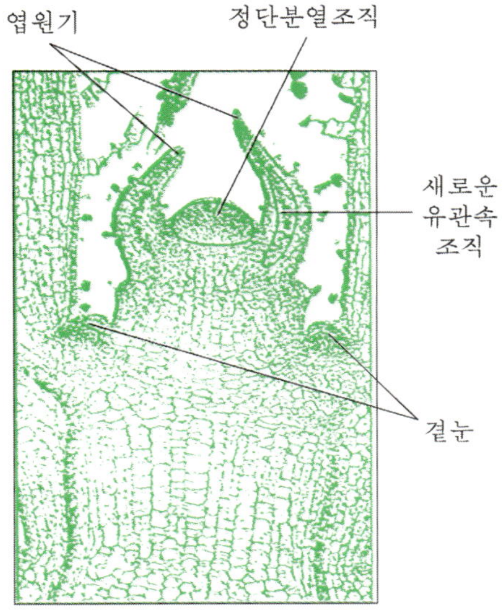

(A) 줄기의 정단분열조직(*Coleus*, ×100)

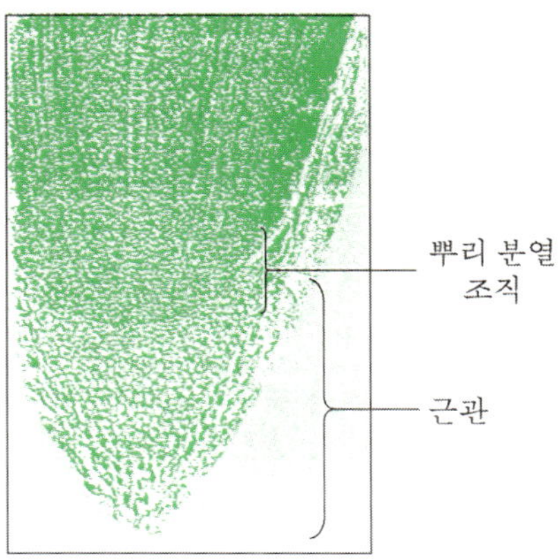

(B) 뿌리의 정단분열조직(*Zea mays*, ×150)

그림 7-36 정단분열조직

일반적으로 1차생장은 길이의 생장으로 나타나며, 2차생장은 1차생장 후 신장(elongation)이 중지된 뿌리나 줄기의 부위에서 직경의 증가로 나타난다.

1차생장과 2차생장은 세포분열이 왕성한 조직에서 일어난다. 이 조직을 분열조직(meristem)이라 하며, 얇은 세포벽과 작은 액포(vacuole)를 가지고 있다. 분열조직은 정단분열조직과 측생분열조직의 2가지 종류가 있다. 정단분열조직(apical meristem)은 뿌리와 줄기의 정단 부분에 있으며 1차생장 혹은 길이생장을 일으킨다(그림 7-36).

측생분열조직(lateral meristem)은 목본 줄기나 뿌리에서 분열조직세포들이 원통형으로 존재하는 것으로 2차생장이나 부피생장을 주도한다. 측생분열조직은 다시 유관속 형성층(vascular cambium)과 코르크 형성층(cork cambium)으로 나눌 수 있다.

유관속 형성층은 방추형태의 시원세포(fusiform initial)로 구성되어 있다. 이들 세포는 길이가 길고 액포가 발달되어 있으며, 2차 물관부(secondary xylem)와 2차 체관부(secondary phloem), 그리고 방사형 시원세포(ray intial)를 형성하기 위하여 세로 방향으로 분열한다. 코르크 형성층은 피층(cortex)과 2차 체관부 사이에서 발달하며, 주피(periderm)라고 하는 2차 보호층을 형성하는 코르크가 된다(그림 7-37).

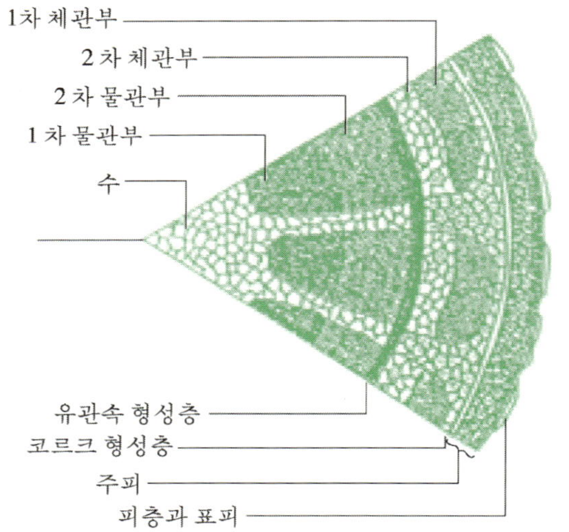

그림 7-37 목본 줄기의 단면도

3. 생장 기작

(1) 생장과 세포벽

식물 세포의 생장은 정단생장과 확산생장으로 구분할 수 있다. 정단생장(apical growth)은 줄기와 뿌리의 정단부위에서 일어나며 정단부위는 반구형이 된다. 이 반구형의 세포는 긴 원추형의 세포가 되며, 계속해서 분열을 하거나 안 하기도 한다. 한편 다세포기관 안에서의 세포생장은 1차 세포벽 표면적의 대부분이 일정하게 신장하는데, 이를 확산생장(diffusion growth)이라고 한다(그림 7-38).

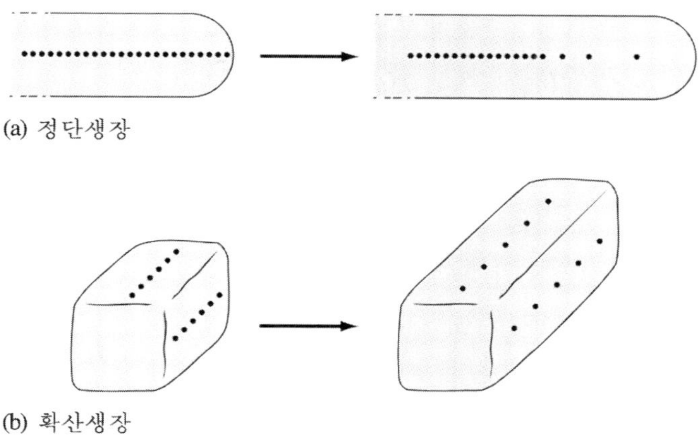

그림 7-38 정단생장과 확산생장의 모식도

(A) 정단생장하는 세포는 정단에 있는 세포가 반구형을 형성한다. 즉, 정단세포 부위만 생장한다(정단 부위의 표시가 점점 멀어짐).

(B) 다세포 식물의 세포는 확산생장으로 자라며, 모든 부위가 자란다 (모든 부위에 있는 표시가 일정하게 멀어짐).

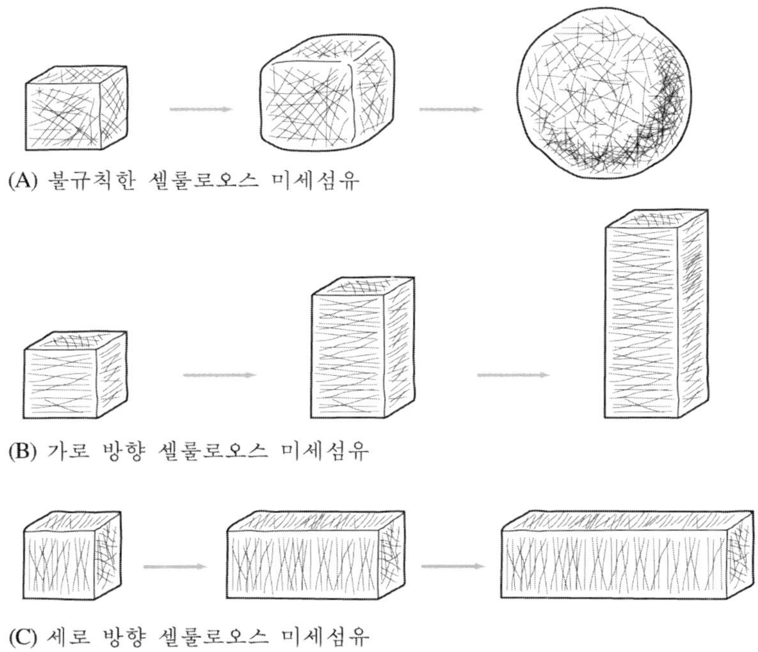

그림 7-39 셀룰로오스 미세섬유(microfibril)의 배열과 세포생장 방향의 모식도

(A) 세포벽에 셀룰로오스가 불규칙적으로 배열되면 세포는 모든 방향으로 일정하게 생장을 하며 구형으로 된다.

(B) 셀룰로오스가 가로방향으로 배열되면 세로방향으로 생장을 한다.

(C) 셀룰로오스가 세로방향으로 배열되면 가로방향으로 생장을 한다.

세포벽은 견고하여 원형질체의 확대를 제한하기 때문에 각 세포의 크기와 형태는 세포를 둘러싸고 있는 세포벽의 기계적인 특성에 의해서 결정된다. 분열조직세포에서 세포벽 생합성과 세포생장은 같은 의미이다. 즉 생장은 정단에 새로운 세포벽 물질의 침전에 의해 일어난다. 그러나 확산생장하는 세포의 생장은 세포벽의 재구성으로 일어난다.

뿌리나 줄기는 길이생장을 하며 과일과 같은 저장기관은 측생생장을 한다. 이 두 가지 생장은 정단분열조직이 관여하는 1차생장인데, 이 과정들은 미세소관(microtubule)과 미세섬유(microfilament)의 작용에 의해 조절된다. 이때 세포의 형태는 셀룰로오스 미세섬유(cellulose microfibril)의 배열에 의하여 결정된다. 만일 그 배열이 불규칙하여 1차세포벽이 모든 방향으로 늘어나게 되면 세포는 구형으로 생장하게 된다(그림 7-39 A).

그러나 대부분의 식물세포의 셀룰로오스 미세섬유는 규칙적으로 배열되어 있어, 세포는 일정한 방향으로 생장하게 된다. 뿌리나 줄기와 같은 원통형 세포의 세포벽은 셀룰로오스 미세섬유가 세포의 축에 대하여 가로 방향으로 배열되어 있다. 셀룰로오스 미세섬유는 매우 큰 신장력을 가지고 있어서, 세포벽은 미세섬유의 방향에 대하여 직각으로 생장하게 된다(그림 7-39 B, 7-39 C). 이와 같이 셀룰로오스 미세섬유의 각도는 식물생장이나 형태에 중요한 역할을 한다.

(2) 생장과 수분

식물세포의 생장은 부피의 비가역적인 증가로 정의할 수 있다. 세포 내용물의 대부분이 수분이기 때문에 세포의 부피가 증가하려면 수분의 흡수가 일어나야만 한다. 역으로 만일 세포가 수분을 흡수하지 못하면 생장은 일어나지 않는다.

예를 들면, 등장액(isotonic solution)은 세포에 의한 수분흡수를 억제한다. 생장에 필요한 모든 조건이 충족되고 세포가 여분의 세포질을 만들 수 있어도 등장액에 있는 세포는 커질 수 없다. 그러나 만일 세포를 저장액(hypotonic solution)에 담그면 곧 수분흡수가 일어나고 매우 빠르게 세포가 커진다. 이러한 사실로부터 세포신장의 추진력은 수분흡수라는 결론을 내릴 수 있다.

세포는 삼투과정을 통하여 수분을 흡수한다. 액포액(cell sap)의 높은 용질농도는 수분퍼텐셜(water potential)을 감소시켜 세포 내부로 수분이 확산되도록 한다. 어떤 상쇄수단이 없다면 물에 잠겨 있는 세포는 무한정으로 커지거나 내부압력이 막의 장력을 초과하여서까지 물을 흡수하게 된다. 이러한 상황은 세포벽이 제거된 식물세포인 원형질체(protoplast)를 물에 담가 두면 쉽게 관찰할 수 있다. 원형질체는 세포막이 터질 때까지 팽창하여 세포질 속의 내용물이 용액으로 나온다. 동물세포는 대체로 대사에너지를 사용하여 용질이나 수분을 분비함으로써 적절한 압력균형을 유지하지만, 식물세포는 세포막의 주위에 강하고 견고한 세포벽이 둘러싸고 있어서 압력균형을 유지한다.

세포의 수분퍼텐셜은 팽창하는 원형질체가 세포벽에 대하여 생겨나는 압력인 팽압에 의해 일차적으로 조절된다. 이 팽압은 2 MPa 정도로 매우 크다(대기압은 0. 1 MPa 이다).

이러한 압력을 견디기 위하여 세포벽은 매우 단단하여야 한다. 그러나 이렇게 단단한 세포벽은 식물세포가 생장하는 데 중요한 제한요소가 된다. 따라서 세포의 크기가 증가하기 위해서는 단단한 세포벽의 변형이 수반되어야 한다. 세포가 어떻게 생장하는가 하는 문제는 결국 수분을 흡수하여 세포가 커지도록 세포벽이 어떻게 재구성되는가 하는 문제로 귀결된다.

수분흡수비율은 세포부피의 증가로 측정할 수 있다. 이 관계는 다음과 같은 기초적인 삼투등식으로 설명된다.

$$\frac{dV}{dt} = L\Delta\Psi \ (\Delta\Psi = \Psi o - \Psi i) \qquad (7\text{-}1)$$

이 식에서 dV/dt 는 시간에 대한 세포부피 Δ의 변화이다. L 은 수압전도력(hydraulic con-ductance)으로서 수분이 세포막을 가로지르는 투과능력이다. $\Delta\Psi$ 는 세포 외부의 수분 퍼텐셜(Ψo)과 세포 내부 사이의 수분 퍼텐셜(Ψi)의 차이이다.

세포 외부(이 경우는 물)를 대기압으로 가정하고($\Psi o = 0$), 이 등식을 단순화하면 $\Delta\Psi$ 는 세포 내부와 세포 외부의 삼투압($\Delta\pi$)과 세포의 팽압(P)의 차이로 정의할 수 있다.

$$\Delta\Psi = \Delta\pi - P \qquad (7\text{-}2)$$

등식 7-2 를 등식 7-1 로 치환하면 다음과 같다.

$$\frac{dV}{dt} = L(\Delta\pi - P) \qquad (7\text{-}3)$$

등식 7-3 은 세포 부피의 증가로 측정된 수분흡수비율은 세포막의 수분투과능(L), 세포 내부와 세포 외부 사이의 삼투압($\Delta\pi$), 그리고 세포의 팽압(P)의 함수로 표시된다.

세포가 생장하지 않을 때 세포부피의 증가는 일어나지 않으며, 수분흡수도 일어나지 않는다. 그러므로 $\Delta\Psi$ 는 0 이 되어야 한다(등식 7-1). 세포가 $\Delta\Psi$ 에 반응하여 물을 흡수함에 따라 세포벽에 대하여 팽압 P 를 형성하는데, 이 팽압은 삼투 퍼텐셜과 균형을 이루기 때문에 $\Delta\Psi$ 는 0 이 된다. P 가 증가함에 따라 세포의 수분 퍼텐셜은 증가하며 $\Delta\Psi$ 는 0 에 가까워진다. $\Delta\Psi$ 가 0 이 되면 세포는 생장할 수 없다.

세포의 팽창은 부피의 증가를 필요로 하기 때문에 세포벽의 표면적 증가나 세포벽신장(wall extension)의 증가가 일어나야 세포벽이 팽창된다. 세포벽 신장은 팽압에 의해 일어나며 팽압이 감소하였을 때에 세포팽창의 비율은 감소한다. 또한 세포벽의 신장이나 생장은 대사가 왕성하고 적절한 생장자극이 있어도 낮은 팽압(혹은 0)에서는 일어나지 않는다. Lockhart (1965)는 세포벽신장과 팽압의 관계를 다음의 등식으로 요약하였다.

$$\frac{dV}{dt} = m(P - Y) \qquad (7\text{-}4)$$

이 등식에서 Y 는 생장에 필요한 최소한의 팽압으로서 이를 유연성역치(yield threshold)라고 한다. 또한 m 은 유연성역치를 초과한 상태에서의 팽압과 생장률 사이의 비례상수로 세포벽신전성(wall extensibility)을 의미한다. 세포벽신전성은 세포벽이 비가역적으로 표면적을 증가시킬 수 있는 능력에 대한 양적인 척도가 된다. 한편 대사억제제인 시아니드(cyanide)나 2, 4-디니트로페놀(dinitrophenol, DNP)를 처리하면 세포벽의 신전이 억제되는데, 이는 세포벽신전이 대사조절의 통제를 받고 있다는 것을 의미한다.

생장하는 세포는 팽압의 상반되는 조절을 받게 된다. 즉, 팽압은 비가역적인 세포벽신전을 촉진하며(등식 7-4), 동시에 팽압은 세포팽창의 추진력인 수분흡수를 억제한다(등식 7-2). Cosgrove (1987)는 세포에서 일어나는 팽압의 이러한 상반적인 조절에 대한 실험을 통하여, 세포벽에서 일어나는 스트레스 이완(stress relaxation)은 세포생장과정의 중심적인 작용이라고 하였다. 팽창하는 원형질체가 세포벽에 대하여 미는 힘인 팽압은 세포벽에 스트레스를 유발한다. 세포의 생장은 여러 가지 요인에 의해 세포벽이 느슨해짐(loosening)에 따라 세포벽에 작용했던 스트레스가 이완되면서 시작된다(그림 7-40).

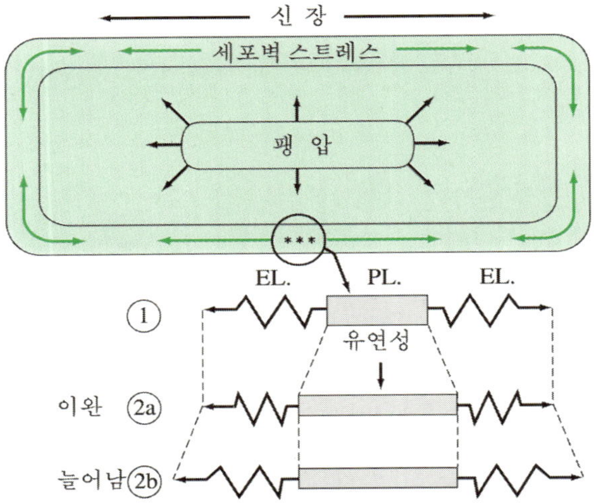

그림 7-40 생장하는 세포의 세포벽에서 스트레스 이완에 대한 모식도

스트레스의 이완은 팽압의 감소를 초래하고 팽압의 감소는 세포의 수분 퍼텐셜을 감소시켜 결국 수동적인 수분흡수가 일어난다. 또한 수분이 유입되면서 세포의 부피가 증가하면 다시 세포벽 스트레스와 팽압은 회복된다. 따라서 세포생장은 수분흡수와 세포벽신전 사이에서 상반적인 역할을 하는 팽압이 스트레스 이완을 통하여 균형있게 조절되는 과정이라고 볼 수 있다.

4. 생장 동력학

시간에 따라 변화하는 식물의 크기나 무게의 변화를 수학적인 분석으로 나타내면 생장곡선을 얻을 수 있다. 각 식물의 단순한 생장모델로부터 토양구조, 영양분 수준, 수분, 온도, 빛 등과 같은 요인이 작물의 생산성에 미치는 영향을 예측할 수 있다. 이러한 모델들을 이용하여 특정한 환경조건에서 자랄 수 있는 새로운 품종을 개발하거나 비료와 수분의 효율적인 사용이나 작물생산성에 미치는 오염물질의 영향을 측정할 수 있다.

(1) 단세포 생물의 생장

박테리아나 조류(algae) 혹은 효모(yeast)와 같은 단세포 생물의 생장을 적절한 영양분의 공급과 일정한 환경조건에서 살펴보면, 시간에 대한 세포수의 변화는 그림 7-41 A 에서 보는 바와 같이 기하급수적인 혹은 지수함수적인 생장을 보인다.

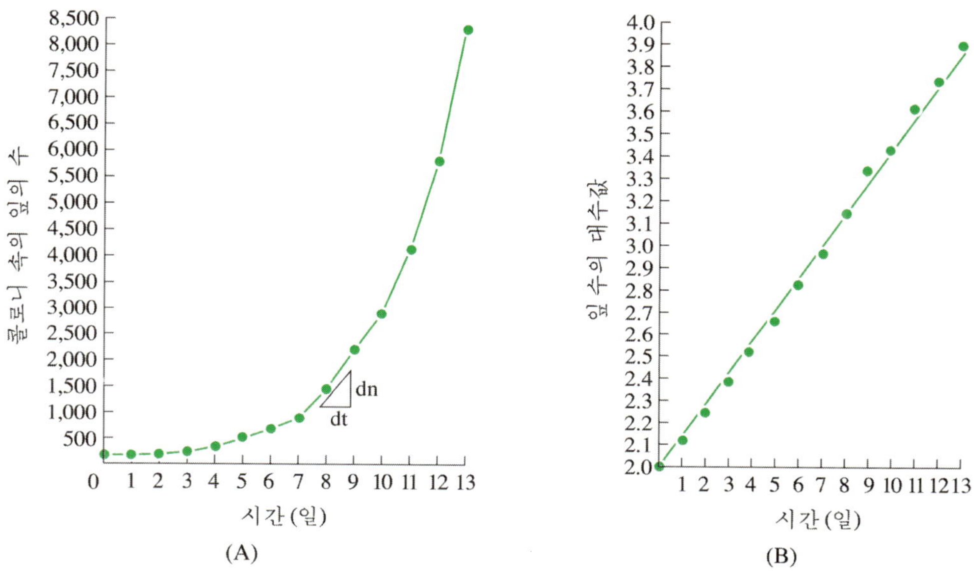

그림 7-41 세포분열이 동시에 일어나는 개구리밥(*Lemna*) 콜로니의 생장곡선
(A) 시간에 대한 세포수의 변화 (B) 시간에 대한 세포수의 대수그래프

지수함수적인 곡선의 특징은 배양 중에 있는 모든 세포에서 세포분열이 동시에 일어난다고 가정하여 설명될 수 있다. 만일 배양된 세포의 초기 숫자가 n_i 라고 하고, n 은 주어진 세포분열 후의 세포수라고 하면, x 세대에서 세포수는 다음과 같이 계산할 수 있다.

$$n = n_i \times 2^x$$

즉, 배양 중의 세포수는 각 세대마다 두 배가 되는데, 시간에 대한 세포수의 변화는 그림 7-41 A 와 같다. 만일 자연로그를 취한 세포수를 시간에 대하여 그려보면, 그 결과는 그림 7-41 B 와 같이 직선으로 나타난다. 이 결과에서 배양 중에 있는 세포생장을 설명하는 데 도움이 되는 두 개의 변수, 즉 절대생장률(absolute growth rate, AGR)과 상대생장률(relative growth rate, RGR)을 계산할 수 있다. 주어진 시간의 절대생장률은 직선의 기울기로서 세포수의 변화(dn)를 시간의 변화(dt)로 나눈 값이다(그림 7-41 A).

$$AGR = \frac{dN}{dt} \qquad (7\text{-}5)$$

세포분열비율은 일정해도 단일세포 집단에 대한 절대생장률은 시간에 따라 점차 증가한다. 이것은 주어진 시간 t 의 생장률은 이미 존재하고 있는 세포수의 함수이기 때문이다.

$$\frac{dN}{dt}(f)\ n \qquad (7\text{-}6)$$

상대생장률은 절대생장률이 존재하는 세포수로 나눈 것이다.

$$RGR = \frac{dn}{dt} \cdot \frac{1}{n} \qquad (7\text{-}7)$$

각 세포는 배수로 분열하여 다음 세대의 세포수를 증가시키기 때문에 상대생장률은 일정하다. 절대생장률과 상대생장률은 배양 중에 있는 세포생장을 설명하기에 매우 유용하다. 실제로 지수함수적 생장은 무한정 계속되지 않는다. 영양분의 고갈, 노폐물의 축적, 그리고 다른 제한요인들로 인하여 세포집단이 안정한 세포수에 이르면 생장률은 감소한다. 그러므로 그림 7-35 에서 보는 바와 같이 생장곡선은 S 자형의 곡선을 나타내게 된다.

(2) 다세포 생물의 생장

배양 중에 있는 미생물이나 단세포 생물의 전형적인 지수함수적 생장곡선은 일부 고등식물이나 식물기관의 초기단계에서 볼 수 있다. 다세포와 1 년생 식물의 절대생장률은 초기단계부터 성숙이나 노화가 시작되기 전까지 증가한다(그림 7-42 A).

이러한 직선단계는 생장의 주요 특징이며 주로 고등식물의 독특한 분열생장의 결과다. 분열하는 세포의 수가 시간에 따라 증가하는 배양 중인 단세포 생물과는 달리 분열조직의 세포수는 일정하다. 그러므로 생장률은 분열조직의 세포분열비율에 의해 결정되며, 새로운 세포의 생성은 지수함수적이기보다는 직선적이다. 그러나 분열조직이 없는 기관의 생장곡선은 S 자형이다.

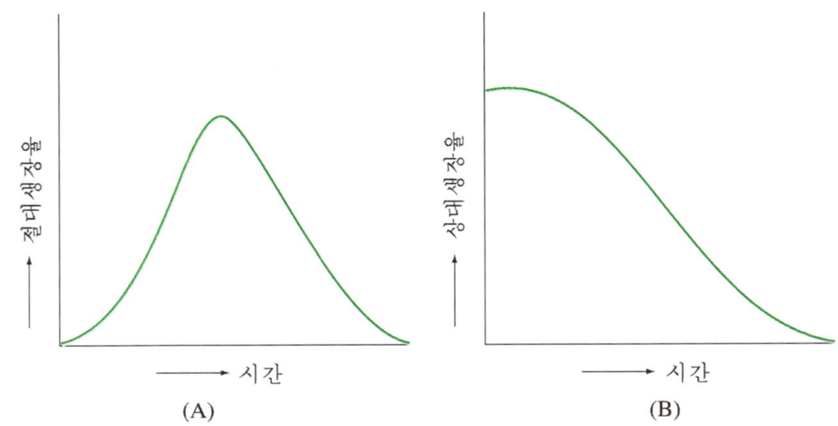

(A) (B)

그림 7-42 절대생장률(A)과 상대생장률(B)의 시간에 따른 변화

상대생장률은 초기에는 거의 일정하지만, 점차 감소하는 양상을 나타낸다(그림 7-42 B). 이러한 상대생장률의 변화는 식물의 종과 자라는 환경에 따라 매우 다양하다. 상대생장률의 감소는 실제생장의 정지를 나타내므로 지수함수적인 단계는 나타나지 않는다. 상대생장률이 감소하는 것은 식물의 다른 기관의 형성과 관계가 있는 것으로 추측되고 있다.

7-2-2 식물의 운동

식물의 운동은 상당히 느리고 아주 미시적인 것은 사실이지만 외부 자극에 대한 식물의 반응방향을 결정하는 데 있어서 중요한 역할을 한다. 수평으로 놓여 있는 식물의 뿌리와 줄기는 수직으로 다시 자리 잡는다. 그래서 집안에 있는 식물은 빛을 따라 창문 쪽으로 굽어지게 된다. 잎은 하루 중에 주기적으로 고개를 숙이거나 일어나며 태양을 따라 움직이기도 한다. 또한 파리지옥(venus' fly trap)의 두 잎은 곤충이 건드리면 재빨리 닫아 곤충을 포획할 수도 있다.

식물의 운동은 그 운동의 특징에 따라 생장운동과 비생장운동인 팽압운동의 2가지로 크게 나눌 수 있다. 먼저 생장운동(growth movement)은 비가역적인 운동으로, 한 기관 혹은 두 기관 사이에서 일어나는 차등생장의 결과다. 반면에 팽압운동(turgor movement)은 가역적 운동으로 세포 내의 단순한 수분함량 차이에 의한 세포부피의 차이에 따라 일어난다. 생장운동은 다시 선회운동(nutation 혹은 circumnutation), 굴성(tropism), 경성반응(nastic response)으로 나눌 수 있다.

선회운동은 식물의 기관, 특히 줄기의 끝부분이 규칙적으로 회전하는 운동으로 상당히 느리게 일어나는 운동이기 때문에 육안으로는 관찰하기가 매우 어렵다. 굴성반응은 자극에 대하여 방향을 가지는 운동으로 자극에 대하여 같은 방향이나 반대 방향 혹은 특정한 각도로 나타난다.

굴성반응의 예로는 빛의 자극에 의한 굴광성(phototropism), 중력의 자극에 대한 굴중성(gravitropism), 물에 대한 굴수성(hydrotropism), 접촉에 의한 굴촉성(thigmotropism) 등을 들 수 있다. 이와는 대조적으로 경성반응은 자극의 방향과는 관계가 없는 운동으로서 하편생장(epinasty ; 엽병이 밑으로 향하는 것), 상편생장(hyponasty ; 위로 향하는 것), 수면운동(nyctinasty ; 잎의 규칙적인 수면운동), 굴진성(seismonasty ; 물리적인 충격에 대한 반응) 등이 이에 해당된다.

1. 굴광성

식물이 빛의 방향에 따라 움직이는 현상을 굴광성이라고 한다. 이 현상은 오래 전부터 식물학자들에 의하여 연구되어 왔다. Darwin (1881)은 연속적인 한 방향의 빛을 자엽초에 조사하면 빛의 자극을 인지하는 부분은 정단부위이지만 실제로 휘는 부분은 정단에서 밑으로 조금 떨어진 부위라고 설명하였다.

Blaauw (1909)는 Darwin 과는 달리, 짧은 섬광의 효과에 대한 연구에서 빛의 강도가 높아지면 자엽초의 생장은 감소하는 반면 *Phycomyces* 포자낭병(sporangiophore)의 생장은 촉진된다고 하였다. 굴광성 반응은 고등식물뿐만이 아니라 광합성을 하는 하등식물과 균류(fungi)에서도 일어난다.

굴성반응은 양성(positive) 또는 음성(negative)으로 나타난다. 식물이 자극의 방향으로 향하는 것을 양성적이라고 하고, 자극의 방향의 반대쪽으로 생장하는 것은 음성적이라고 한다. 이러한 양성적 혹은 음성적인 반응은 기관의 종류나 나이에 따라 차이가 있다.

예를 들어 줄기나 지상에 있는 기관들은 양성굴광성을 나타내는 반면, 기어오르는 식물의 덩굴손은 주로 음성굴광성을 나타낸다. 이와 반대로 뿌리는 굴광성반응을 나타내지 않거나, 나타내더라도 극히 약한 음성적 반응을 보이는 경우가 대부분이다(그림 7-43).

담쟁이(*Hedra helix*) 줄기는 유년기 동안에는 음성굴광성을 보이지만, 오래된 줄기는 양성굴광성으로 변하게 된다. 해란초(*Cymbularia muralis*)는 수정(fertilization)이 일어난 뒤에 음성 굴광성 반응을 보이는데, 이러한 현상은 성숙된 씨앗의 꼬투리가 이 식물이 주로 살고 있는 벽 틈에 위치하여 잘 번식할 수 있도록 도와주는 역할을 한다.

굴광성은 한 방향의 빛에 대한 식물의 굴성반응이다. 그러나 자연적인 환경처럼 모든 방향에서 빛을 받고 있는 식물에서도 휘는 현상이 나타난다. 초본식물의 자엽초에 양 방향에서 빛을 조사하였을 때, 한 방향의 빛강도가 다른 방향의 강도보다 20% 이상 차이가 나면 자엽초는 강도가 높은 쪽으로 휜다. 이처럼 조사되는 빛의 방향과는 관계없이 식물의 기관에서 빛의 구배(gradient)만 형성되면 휘는 현상은 나타난다.

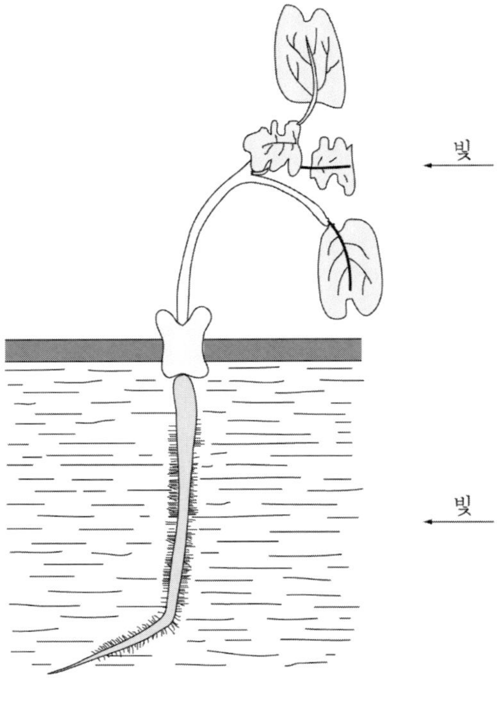

그림 7-43 쌍자엽 식물(백겨자, *Sinapsis alba*)의 굴광성 반응

자엽초에서 빛을 받는 부분과 그 반대부분 사이에 형성되는 빛의 구배 정도는 조사되는 빛의 차이뿐만 아니라, 조직이 가지고 있는 광학적인 특성에 따라서도 변한다. 또한 기관을 통하여 일어나는 빛의 구배는 기관 내의 가리기(screening)에 의하여 변할 수도 있다. 예를 들어 색소체는 기관을 통하여 빛이 지나갈 때 빛을 가려서 결국 부위별로 빛의 강도를 다르게 한다.

빛은 또한 세포에서 일어나는 분산, 반사, 및 회절 등에 의하여 감소될 수도 있다. 그래서 각 세포에 걸쳐서 형성되는 빛의 구배는 5 : 1 부터 50 : 1 까지 다양해진다. 더욱이 자엽초의 경우는 조직이 유리섬유와 같은 작용을 하여 자엽초 정단으로 입사된 빛이 자엽초의 아래 부분의 세포로까지 전달되는데, 이와 같은 빛과 기관의 광학적 특성은 실험결과의 분석을 매우 어렵게 한다.

(1) 굴광성 신호인지

① 광수용체

외부자극에 대하여 반응하는 다른 굴성운동과 같이 굴광성은 신호인지(perception), 신호전달(transduction) 및 반응(response)의 3 단계로 나눌 수 있다. 굴광성의 자극은 빛이기 때문에 광수용체(photoreceptor)가 관여하는 것은 당연하다.

광수용체에 대한 연구를 위하여 많은 식물의 작용스펙트럼(action spectrum)이 조사되었는데, 그중에서 귀리와 옥수수의 자엽초와 균류인 *Phycomyces* 의 포자낭병의 작용스펙트럼이 가장 잘 알려져 있다. 귀리와 *Phycomyces* 의 작용스펙트럼은 본질적으로 동일하다. 그것은 두 식물이 동일한 광수용체를 가지고 있다는 것을 의미한다. 다른 모든 식물의 작용 스펙트럼은 항상 475 nm 와 450 nm 근처의 청색광 지역에서 2 개의 흡수대가 나타나고, 420 nm 에서 작은 흡수대가 나타난다(그림 7-44 A).

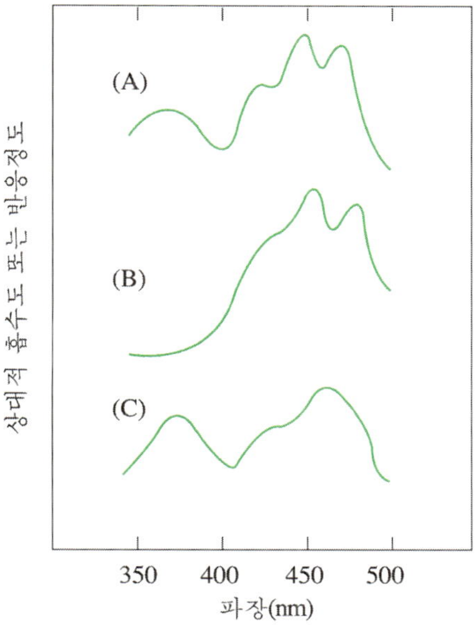

그림 7-44 귀리 자엽초에서 측정한 굴광성의 작용스펙트럼(A), 카로틴의 흡수스펙트럼(B), 리보플라빈의 흡수스펙트럼(C)의 비교

또한 370 nm 근처의 UV-A 지역에서도 큰 흡수대가 나타난다. 귀리와 *Phycomyces* 의 굴광성에 대한 작용스펙트럼은 280 nm 지역에서 또 하나의 흡수대를 보이는데, 이러한 결과는 광수용체가 카로틴(carotene)이나 플라빈(flavin) 또는 플라보단백질(flavoprotein)과 같은 색소단백질(chromoprotein)일 가능성을 시사한다.

카로티노이드(carotenoid)가 광수용체로 작용할 것이라는 데에는 몇 가지 근거가 있다. 우선 카로티노이드는 거의 모든 생물체에 분포하는 색소체로서 카로티노이드가 많이 존재하는 조직이나 부위는 굴광성에 대한 강한 감수성을 보인다. 그리고 카로티노이드의 흡수스펙트럼(absorption spectrum)은 전형적인 3 개의 흡수대를 나타내는데, 이 스펙트럼은 청색광 지역의 굴광성작용 흡수대와 상당히 일치한다는 것이다(그림 7-44B).

그러나 카로티노이드는 300 nm 와 400 nm 범위의 빛을 거의 흡수하지 못하므로 370 nm 근처의 작용 흡수대는 설명할 수 없는 문제점이 있다.

1940 년대에는 광수용체가 리보플라빈(riboflavin)과 같은 플라빈 분자라고 생각하였다. 플라빈도 거의 모든 생물체에 존재하는데, 전자전달체인 flavin mononucleotide (FMN)와 flavin adenine dinucleotide (FAD)의 보결원자단(prosthetic group) 형태로 가장 많이 존재한다. 리보플라빈은 청색광을 흡수하며, 370 nm 의 지역에서 흡수대를 가지고 있다(그림 7-44C).

실온의 수용체 상태에서는 청색광을 흡수하는 능력이 감소하고 작용스펙트럼의 전형적인 3-흡수대도 나타나지 않으나, 카로틴과 플라빈의 흡수스펙트럼을 조합하면 굴광성의 작용스펙트럼과 잘 일치하는 것을 볼 때, 두 색소체의 상호작용 가능성은 매우 높다.

이처럼 카로티노이드와 플라빈의 상호작용 가능성은 높지만, 현재는 플라빈이 광수용체로 더 유력시되고 있다. 플라빈의 작용스펙트럼에서 청색광 지역의 흡수대가 없다는 것은 중요한 문제가 아니다. 청색광 지역에서 리보플라빈의 흡수대는 낮은 온도(77 K)에서 측정하거나 리보플라빈을 기름에 녹이면 더욱 뚜렷해지는데, 만일 플라빈이 식물세포 내에서 단백질과 결합하여 유동성이 떨어지거나 세포막의 지질에 묻혀있다면 위의 경우에서 관찰된 흡수스펙트럼과 유사한 흡수대가 예상된다.

생리학적으로 카로틴이나 플라빈이 광자극(photostimulation)에 필수적이라는 것을 증명하기 위하여 어린 식물조직에 카로티노이드 생합성을 방해하는 물질인 norflurazone 으로 처리하였을 때 그 결과가 뚜렷하지는 않았다. 그러나 청색광에 대한 감수성이 감소하는 것으로 나타났다. 이것은 카로틴이 광수용체일 가능성을 시사하지만, 370 nm 에서 굴광성 촉진은 영향을 받지 않았다. 또한 어린식물에 플라빈의 작용을 억제하는 potassium iodide 나 phenylacetic acid 를 처리하면 굴광성에 대한 감수성이 감소한다. 그러나 이러한 화합물을 처리한 식물도 중력에 반응하는 것을 볼 때 이들 물질이 생장에는 영향을 주지 않는다는 것을 알 수 있다.

② 광강도 반응곡선

빛의 강도에 대한 굴광성의 반응은 일반적으로 빛의 강도를 일정하게 하고 빛의 노출시간(presentation time)에 변화를 주면서 측정한다. 그림 7-45 는 세 가지의 다른 광강도가 귀리 자엽초의 굴광성에 미치는 반응곡선이다. 이 경우는 초기에 첫 굴성증가가 나타나는데, 이를 1 차양성굴곡(first positive curvature)이라고 한다. 그리고 빛의 조사시간이 지속됨에 따라 굴성이 감소하는데, 이를 1 차음성굴곡(first negative curvature)이라고 한다. 또한 계속해서 빛을 조사하게 되면 1 차음성굴곡에 이어서 굴성은 다시 증가하게 된다. 이것을 2 차양성굴곡이라고 한다. 어떤 경우에는 3 차양성굴곡도 보고되고 있다. 1 차음성굴곡은 빛으로부터 멀어진다는 의미에서의 음성적이 아니라 단순히 양성적 반응의 감소를 의미하는 것이다.

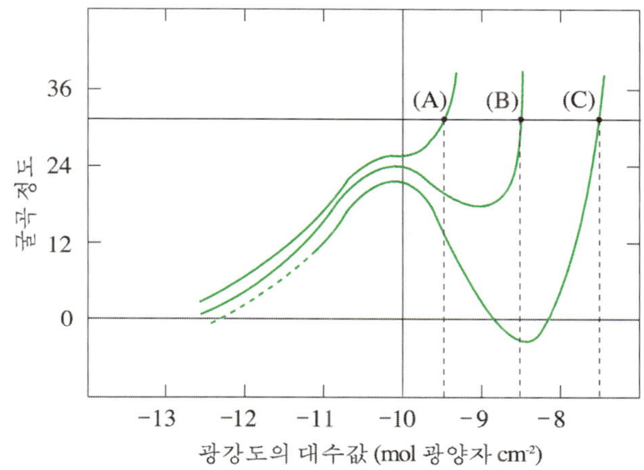

그림 7-45 청색광의 강도에 대한 귀리 자엽초의 굴광성 반응

(A) 14×10^{-13} mol · cm^{-2} · s^{-1}

(B) 14×10^{-12} mol · cm^{-2} · s^{-1}

(C) 14×10^{-11} mol · cm^{-2} · s^{-1}

수직실선은 1 차 양성굴곡을 나타낸다. 3 개의 수직점선은 30°의 2 차양성굴곡을 일으키기에 필요한 광강도를 나타내며 노출시간에 따라 강도를 변화시켰다. 노출시간은 0.7 초에서 37 분까지 다양하게 하였으며, 노출이 끝나고 100 분 뒤에 굴곡을 측정하였다.

1 차양성굴곡의 곡선은 세 종류의 광강도에서 모두 일정하지만, 1 차음성굴곡과 2 차양성굴곡은 일정하지 않다. 이와 같이 1 차양성굴곡은 Bunsen-Roscoe 상관(reciprocity) 법칙이 적용된다. 굴광성의 1차양성굴곡반응은 광강도의 증가에 따라 비례하여 증가한다. 그러나 이 법칙은 1 차음성굴곡과 2 차양성굴곡에는 적용되지 않는다. 실제로 각 3 개의 곡선을 살펴보면 2 차양성굴곡은 광강도보다는 노출시간에 대한 함수로 표현된다.

예를 들어 30°의 2 차양성굴곡을 나타내기 위해서는 광강도와 상관없이 모든 강도에서 약 1,000 초의 시간이 필요하다. 상관법칙(reciprocity law)은 일반적으로 한 개의 광수용체가 관여할 때에 적용되는 법칙인데, 2 차양성굴곡에 이 법칙이 적용되지 않는다는 것은 2 차양성굴곡에는 한 개 이상의 광수용체가 관여한다는 사실을 암시한다. 한편 1 차와 2 차양성굴곡에 대한 작용스펙트럼을 조사한 결과, 두 굴곡의 작용스펙트렘이 동일하게 나타났는데, 이는 두 굴곡에는 동일한 광수용체가 관여하고 있다는 것을 의미한다.

(2) 굴광성 신호전달

Cholodny 와 Went 는 뿌리와 자엽초에서 정단 부분이 기관의 생장에 미치는 연구를 통해 정단부분이 각 기관의 신장지역에 있는 세포의 생장에 영향을 미친다고 발표하였다. 1920 년대에 그들은 이러한 결과를 기초로 다음과 같이 굴광성에 대한 가설을 제시하였다.

뿌리나 줄기에 빛을 한 방향으로 조사하면 뿌리나 줄기의 정단 근처에 있는 옥신이 빛을 조사한 반대쪽으로 재분포(redistribution)하고, 이러한 옥신의 비대칭분포는 기관의 아래쪽으로 전달되면서 유지된다. 따라서 빛이 비치지 않는 지역에 더 많은 옥신이 존재하게 되어 결국 빛을 받는 부분보다 생장이 빨리 일어난다. 이렇게 빛을 받은 면과 빛을 받지 않은 면과의 차등생장은 빛 쪽으로 굴곡이 일어나도록 한다.

Cholodny-Went 가설의 실험적인 근거는 Went 의 한천을 이용한 옥신의 확산실험에서 유래한다. Went 는 먼저 자엽초에 한쪽 방향의 빛을 조사한 다음, 자엽초의 정단 부분을 잘라 수직으로 두 조각을 내어 밑면에 확산되어 나오는 옥신의 양을 한천 조각에 모아 자엽초 굴곡시험을 통하여 옥신의 양을 측정하였다. 그 결과 빛을 받은 면보다 빛을 받지 않은 면에서 많은 옥신이 측정되는 것을 확인하였는데, 이것은 옥신이 빛을 받지 않는 쪽으로 확산되기 때문이라고 설명하였다.

한편 굴광성에서 나타나는 차등적 생장을 설명하기 위하여 2 개의 가설이 제안되었다.

첫 번째 가설은 옥신의 비대칭분포는 빛을 받은 면에서 옥신이 비활성화되기 때문이라는 것이다.

이 가설은 빛이 *in vitro* 에서 리보플라빈이 있을 때 IAA 의 파괴를 촉진한다는 결과와 빛의 자극을 받지 않은 자엽초와 비교했을 때 빛의 자극을 받은 자엽초에서 전체 옥신의 양이 적다는 Went 의 실험결과에 의하여 지지를 받았다. 그러나 Went 이후의 실험에서는 *in vivo* 에서 전체 옥신의 양이 현저하게 감소하지 않는 것으로 나타났다.

두 번째는 Blaauw 의 가설인데, 굴광성은 옥신의 비대칭 분포에 의해 일어나는 것이 아니라 일종의 빛 생장반응(light growth response)이라는 가설로서 청색광에 의한 세포생장의 직접적인 억제가 굴광성반응에 관여한다는 것이다. 이들 가설이 제안되었던 당시에는 식물호르몬인 옥신 모델이 더 많은 관심을 끌었으나, 최근에는 Blaauw 의 모델이 주목을 받고 있다.

빛이나 중력의 자극을 받은 자엽초에 ^{14}C-IAA를 처리하였을 때 비대칭 옥신 분포를 관찰할 수 없는 많은 실험결과에 따라 Cholodny-Went 가설의 타당성에 대한 의문이 제기되었다. 그러나 이러한 결과는 실험상의 기술적인 문제일 수도 있다. 조직에 흡수된 대부분의 ^{14}C-IAA 가 옥신의 전달 흐름에 합류하지 못하는 것은 분명하기 때문이다.

예를 들어 옥수수 자엽초의 정단에 ^{14}C-IAA 를 처리하면 ^{14}C-IAA 의 약 65%가 빛을 조사한 반대편에서 검출되지만, 자엽초의 정단 아랫부분에 처리하면 현저한 비대칭분포가 나타나지 않는다.

최근 Cholodny-Went 가설은 Briggs 에 의하여 체계적으로 재평가되었다. Briggs 는 옥수수 자엽초에서 옥신생성과 빛에 의한 옥신의 측면 재분포는 정단의 1～2 mm 에 국한된다는 것을 확인하였다. Briggs 는 Went 와는 달리, 자엽초의 정단을 잘라서 광자극을 주기 전에 한천 조각에 놓았다(그림 7-46).

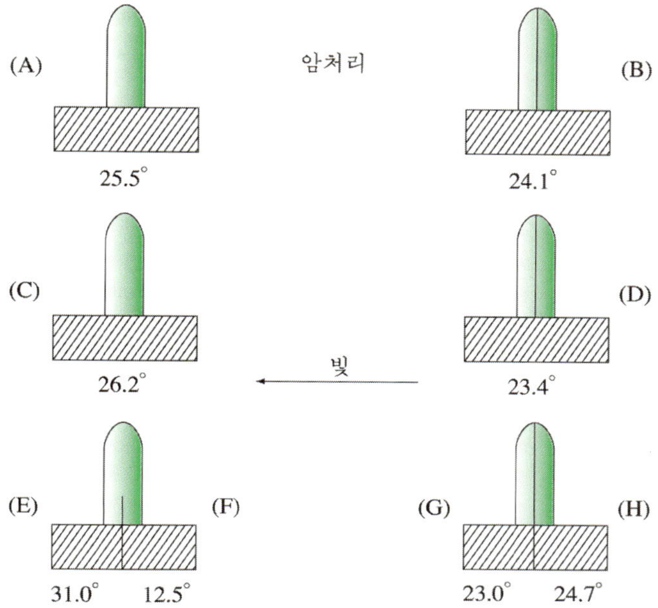

그림 7-46 옥수수 자엽초 정단을 이용한 옥신 확산실험

(A) 암처리한 자엽초 (B) 정단을 분할하여 암처리한 자엽초 (C) 빛을 처리한 자엽초 (D) 정단을 분할하여 빛을 처리한 자엽초 (E) 부분 분할한 어두운 부분 (F) 부분 분할한 밝은 부분 (G) 완전히 분할한 어두운 부분 (H) 완전히 분할한 밝은 부분숫자는 자엽초 굴곡실험에서의 굴곡각도를 나타내는데 2 시간 동안 한천조각에 확산된 옥신의 양으로 볼 수 있다.

정단 부분을 제외한 나머지 부분을 유리판으로 분할을 하고 한쪽 방향에서 빛을 조사하였을 때, 빛을 받지 않은 어두운 면에서는 옥신의 양이 증가하는 반면, 밝은 면에서 감소하는 결과가 나타났다. 그러나 정단 부분까지 분할하여 옥신의 측면이동이 억제된 자엽초에서는 이러한 옥신의 비대칭분포는 관찰되지 않았다. 이러한 결과들은 한쪽 방향의 빛은 옥신을 어두운 면으로 이동하게 한다는 Cholodny-Went 가설의 기본적인 이론과 일치하는 것이다.

그러나 자엽초에서 옥신의 비대칭분포가 굴광성 굴곡에 정말로 관여하는지는 의문이다. 이러한 문제를 해결하기 위해서는 다음과 같은 사실을 확인할 필요가 있다. 첫째 자엽초 조직 내 옥신의 농도가 자엽초의 생장에 제한적인 요인으로 작용하는가 하는 것, 둘째 옥신의 비대칭 분포가 옥신이 자엽초의 아랫부분으로 전달될 때까지 유지될 수 있는가 하는 것, 그리고 옥신농도의 차등이 생장의 차이를 유발하기에 충분한가 하는 것이다.

Briggs 는 이러한 의문점들의 해결책으로 외부에서 처리한 옥신이 옥수수 자엽초의 생장에 미치는 영향을 알아보기 위하여 여러 농도의 IAA 를 라놀린(lanolin)에 첨가하여 자엽초 정단 부분의 양면이나 혹은 한쪽 면에 처리하였다. 그 때 라놀린만 처리한 대조구의 자엽초는 생장에 영향을 주지 않았지만, IAA-라놀린을 자엽초 정단의 한쪽 면에 처리한 경우에는 1 차양성굴곡과 비슷한 굴곡현상이 나타났다.

IAA에 의하여 굴곡이 일어날 때 자엽초 양쪽 면의 생장을 측정하면 IAA가 처리된 면이 대조구보다 증가한 것으로 나타났으며, 빛 자극을 준 뒤 바로 빛을 받은 면에 125 ng의 IAA를 처리하면 청색광에 의하여 나타나는 굴광성굴곡이 완전히 없어진다는 것을 확인하였다. 이 연구 결과로부터 위의 첫째와 둘째 의문점에 대한 해답을 얻을 수 있다. 즉, 조직 내의 옥신은 자엽초 생장에 제한적인 요인이 되며, IAA-라놀린이 처리된 부분의 아래쪽에서는 옥신의 측면확산이 일어나지 않는다는 것이다.

자엽초 절편을 여러 농도의 IAA 용액에 담근 후에 생장을 측정한 결과에 의하면 생장률은 처리된 IAA의 농도에 비례한다. 빛의 자극을 받은 자엽초의 한천 확산실험에 의하면 실제로 어두운 면과 밝은 면 사이의 차이가 2 : 1 정도로 나타난다. 또한 옥수수 자엽초의 정단을 잘라내고 그 잘라낸 부분에 IAA를 처리하면 굴곡을 나타내는데, 굴곡의 정도는 IAA의 농도에 비례한다. 이러한 결과들은 굴광성 반응에 의한 옥신 농도의 차이가 생장률의 차이를 나타내는데 충분하다는 사실을 뒷받침한다.

Blaauw의 모델은 청색광에 의해 생장이 억제되기 때문에 청색광은 굴광성을 유도한다고 보며, 자엽초에서 일어나는 빛 구배는 광억제의 구배를 일으킨다는 것이다. 청색광과 적색광은 부분적으로 자엽초의 신장을 억제한다고 알려지고 있다. 실제로 밝은 면에서 신장률이 감소하고 어두운 면은 변화가 없다는 실험결과들이 Blaauw의 빛 생장반응 모델을 뒷받침하고 있다.

그러나 이러한 Blaauw의 모델을 부정하는 실험결과들도 있다. 0.03 μmol $m^{-2}s^{-1}$의 청색광은 한쪽 방향에서 비추면 세포생장이 현저하게 감소하지만, 0.03 μmol $m^{-2}s^{-1}$의 청색광보다 높은 강도의 빛(0.3 μmol $m^{-2}s^{-1}$의 청색광)을 함께 양쪽 방향에서 비추면 0.03 μmol $m^{-2}s^{-1}$의 청색광에 의한 생장 억제효과가 나타나지 않는다(그림 7-47).

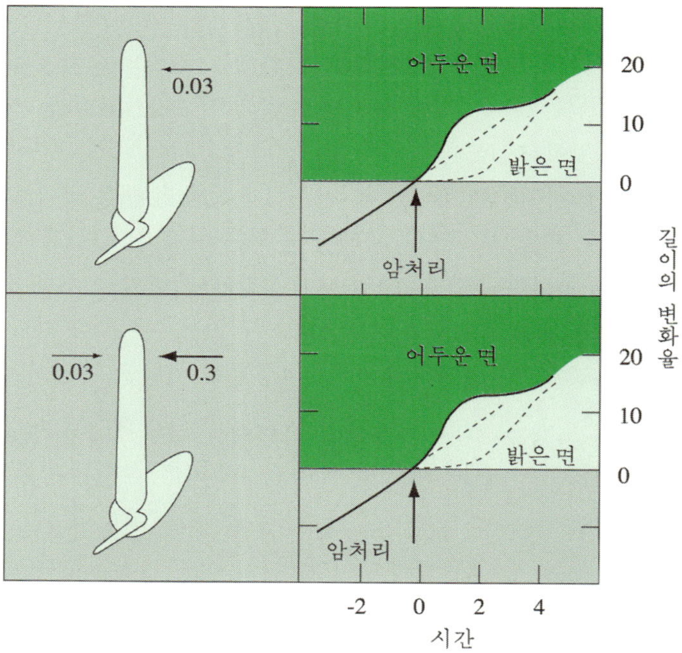

그림 7-47 굴광성 반응에서 일어나는 생장

이 결과는 Blaauw가 예측하였던 것처럼 양면에 있는 세포들이 독립적이 아니라는 것을 보여준다. 굴광성 반응을 보이는 기관에서 세포생장은 각 세포가 직접 받는 빛의 강도와 기관 내 세포들에서 나타나는 광강도의 구배에 의존한다는 것이다. 따라서 현재 어떤 결론을 내리기는 어려우며, 이에 대해서는 앞으로 더 많은 연구가 이루어져야 할 것이다.

2. 굴중성

수평으로 놓인 식물이 중력에 반응하여 일반적으로 줄기는 위로 자라고 뿌리는 밑으로 자라는 현상을 굴중성(gravitropism)이라고 한다(그림 7-48).

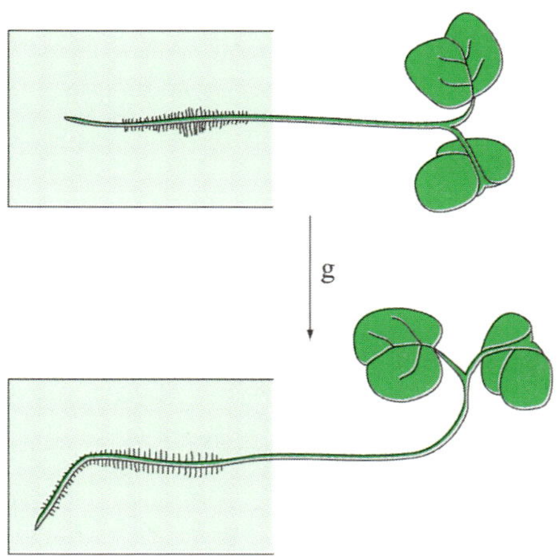

그림 7-48 겨자(*Sinopis alba*)의 유식물 반응
(위) 수평으로 놓은 직후
(아래) 수평으로 놓고 1일 경과 후

그러나 자세히 살펴보면 보통 나무의 가지는 다소 수평으로 자란다. 딸기(*Fragaria*) 종류와 미나리아재비(*Ranunculus*)의 포복줄기(stolon)는 토양의 표면을 따라 수평으로 자란다. 토양 속을 보면 많은 근경(rhizome)과 뿌리가 수평으로 자라고 있다. 대부분의 꽃은 방향을 가지고 자라는 것이 아니라 자신의 무게에 따라 좌우된다.

식물의 기본적 축인 뿌리와 줄기는 중력 방향으로 자란다. 이러한 배열을 정상굴중성(orthogravitropism)이라고 한다(그림 7-49).

지구의 중심을 향하여 자라는 1차 뿌리는 양성굴중성(positive gravitropism)을 보인다. 지구의 중심에서 멀어지는 방향으로 자라는 줄기는 음성굴중성(negative gravitropism)을 보인다. 그러나 포복줄기, 가근(rhizoid), 측생가지와 같은 기관은 중력방향의 직각으로 자라는데, 이것을 횡굴중성(diagravitropism)이라고 한다. 중간각도(0°에서 90° 사이)로 향하는 기관은 경사굴중성(plagiogravitropism)이라고 한다. 측생줄기와 측생뿌리는 일반적으로 경사굴중성을 보인다. 중력과 무관한 기관을 비굴중성 기관(agravitropic organ)이라고 한다.

식물의 굴중성 반응은 식물의 생존을 위하여 필수적이다. 토양에 방향 없이 뿌려진 씨앗이 발아할 때 광합성을 하는 줄기는 햇빛을 잘 받기 위하여 땅 위로 자라야만 한다.

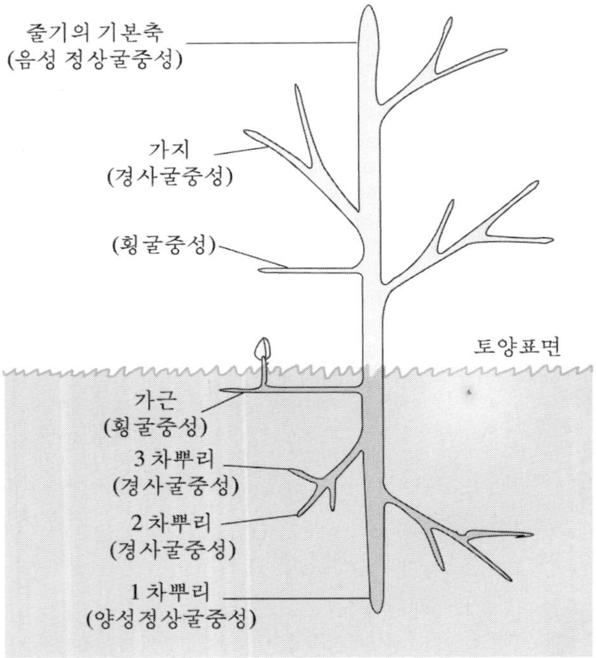

그림 7-49 줄기와 뿌리에서 나타나는 여러 가지 굴중성 반응

뿌리는 지지 역할과 충분한 영양분, 수분 등을 흡수하기 위하여 토양 속으로 파고들어 가야 한다. 따라서 1 차 뿌리는 강한 정상굴중성 반응을 보인다.

그러나 2 차 뿌리는 다소 수평에 가깝게 자라는 반면, 3 차 뿌리는 일반적으로 비굴중성 반응을 보인다. 이러한 중력반응은 뿌리가 더 많은 토양공간을 확보하여 효과적으로 수분과 영양분을 흡수하도록 한다. 또한 줄기에서도 양성 정상굴중성, 양성 횡굴중성, 양성 경사굴중성 반응 등이 나타나서 보다 효과적으로 빛에너지를 흡수하여 광합성을 가장 효율적으로 수행하도록 되어 있다.

(1) 중력인지 (graviperception)

굴광성이나 외부자극에 의하여 유도되는 다른 반응들과 같이 굴중성은 인지, 전달, 반응의 세 단계로 나눌 수 있다. 그러나 다른 자극과는 달리, 중력은 항상 존재할 뿐만 아니라 온도나 빛과 같이 그 정도가 변하는 것도 아니다. 또한 중력은 어느 한쪽에만 관계되는 자극이 아니다. 즉, 중력에는 구배를 일으키는 요소가 없다는 것이다. 수평으로 놓여 있는 기관에서 아래 면의 세포와 윗면의 세포는 같은 중력을 받는다. 따라서 중력은 어떤 구조 혹은 세포 내 특정 구조의 움직임으로만 감지될 수 있다.

① 중력자극 감수성

중력자극은 자극의 강도와 자극이 주어진 시간의 곱으로 표현된다.

$$d = t \cdot a$$

이 식에서 a는 중력 가속도(g)이고, t는 자극이 주어진 시간(초)이며, d는 선량(dose)이다. 굴중성 굴곡을 유발하는 최소선량을 역치선량(threshold dose)이라고 하며, 이는 식물종이나 실험조건에 따라 다양하다. 귀리 자엽초에서 측정된 d 값은 240 g · s (22.5℃)에서 120 g · s (27.5℃)까지 나타났지만, 뿌리에서 굴중성 반응을 유도하는 데에는 30 g · s (1 g에서 30초 미만)이어도 충분하다.

중력자극을 제한하는 매개변수로는 노출시간(presentation time), 반응시간(reaction time), 역치강도(threshold intensity) 등의 3가지가 있다. 측정이 가능한 굴곡을 유도하는 데에 필요한 자극의 최소지속시간을 노출시간이라고 한다. 갓 뿌리의 노출시간은 12초, 귀리 자엽초는 30초로 측정되었다. 노출시간은 반응시간과 혼동하기 쉬운데, 반응시간은 자극에 노출되어 실제로 굴곡이 일어나는 사이의 간격을 말한다.

반응시간에는 비대칭 생장반응을 유도하는 데 필요한 일련의 신호전달체제가 포함된다. 일반적으로 굴곡이 측정되기 전에 10분 정도가 필요한데, 이러한 반응시간은 식물의 종이나 실험조건에 따라 몇 분에서 몇 시간까지 다양하다. 예를 들면 옥수수 자엽초의 굴곡은 수평으로 놓은 지 1.5분 이내에 측정되며, 중배축(mesocotyl)의 굴곡은 3.5분이 지나야 측정된다.

반응을 일으키는 데 필요한 최소자극강도를 역치강도라고 하며, 일반적으로 뿌리는 줄기보다 더 민감하다. 식물회전기(clinostat) 실험에 의하면 귀리 자엽초와 뿌리의 역치강도는 각각 1.4×10^{-3} g와 1.4×10^{-4} g로 나타났다. Salyut 7호 인공위성에서 이루어진 실험결과에 따르면 상추의 하배축(hypocotyl)과 뿌리의 경우는 각각 2.9×10^{-3} g와 1.5×10^{-4} g로 측정되었다. 대부분의 식물이 중력 자극에 매우 민감한 것은 확실하다.

② 조직의 감수성

뿌리에서 중력을 감지하는 곳은 근관(root cap)이고, 이 근관은 뿌리 끝을 감싸는 골무 형태의 세포 집단이다(그림 7-50). 일반적으로 근관의 기능은 다음과 같다.

첫째 뿌리 정단분열조직을 보호하고, 둘째 점액성 다당류를 분비하여 생장하는 뿌리가 자라는 통로에 윤활유 역할을 하고, 셋째로 중력인지 작용을 한다. 즉 근관을 제거하면 뿌리생장에는 영향을 받지 않지만 굴중성 반응은 완전히 없어진다. 근관이 제거된 뿌리는 약 24시간 뒤에 중력감수성이 회복되는데, 이것은 새로운 근관의 재생성과 관계있다.

그러나 흥미로운 사실은 근관이 제거된 옥수수 뿌리는 우주의 무중력 상태에서 5일에서 7일 동안에 근관이 재생되지 않았다. 그러나 같은 기간에 지상의 옥수수 뿌리에서는 근관이 잘 재생되었다. 이 결과는 근관이 제거된 뿌리도 중력을 감지할 수 있다는 흥미로운 사실을 제공한다.

줄기에서 중력을 감지하는 곳은 뿌리에서와 같이 분명하지 않다. 지금까지 이루어진 여러 실험결과는 굴광성에서와 같이 중력감수성은 초본 자엽초의 경우 정단부분에 국한되지 않지만 정단지역에서 가장 크다. 실제로 대부분의 줄기는 정단부분이 가장 민감하다.

하지만 만일 정단부분이 제거되어도 최소한의 중력 감수성은 남아 있다. 특히 쌍자엽 식물에서 정단 부분의 높은 감수성은 높은 생장능력을 나타낸다.

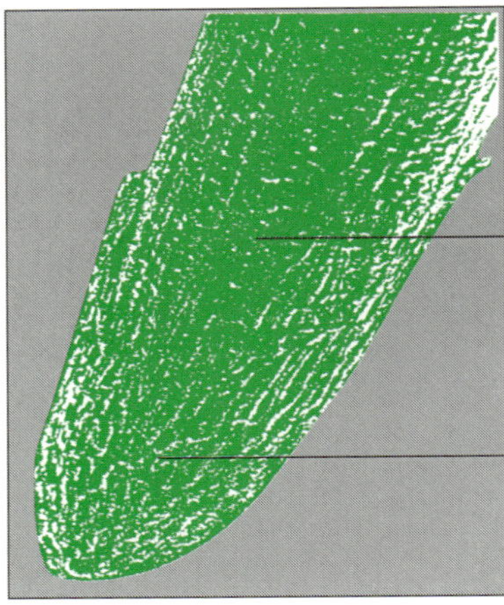

그림 7-50 옥수수 뿌리의 외부구조 (×1, 000)

굴중성이 차등 생장반응이기 때문에 중력 감수성은 생장이 거의 끝난 지역에서는 일어나지 않는다. 표피세포층을 제거한 하배축은 생장률에는 변화가 없었지만 중력에 반응은 하지 않았다. 이 결과는 중력인지 장소가 하배축의 표피세포층이라는 것을 시사한다.

③ 중력 인지기작

식물기관이 위와 아래를 구별하는 것은 비대칭으로 놓여 있는 세포 내에서 어떤 구조물의 침강과 밀접한 관계가 있다. Noll 은 1892 년에 식물이 몇몇 동물과 유사한 방법으로 중력을 감지한다고 처음으로 제기하였다. 1890 년에 Haberlandt 와 Nemec 은 독자적으로 중력에 대한 식물 반응을 설명하기 위하여 평형석(statolith) 가설을 적용하였는데, 동물의 평형석과 유사한 기능을 하는 녹말입자가 특수화된 조직에서 발견되었다고 제안하였다.

식물의 평형포(statocyst)는 침전하는 전분입자를 포함하고 있는 세포이다. 평형포를 가지고 있는 조직을 스타텐키마(statenchyma)라고 한다. 대부분의 전분입자가 발견되는 근관을 제거하면 굴중성 반응이 없어진다는 Darwin 과 다른 학자들의 연구결과로, 식물에서도 하등동물의 평형석에서 유래된 평형석 가설이 지지를 받았다.

현재 식물의 평형석은 단순한 전분입자가 아니라 전분체(amyloplast)로 알려져 있다(그림 7-51). 전분체는 여러 개의 전분입자가 막으로 둘러싸인 색소체이다. 보통 한 전분체 내에 1 개에서 8 개의 전분입자가 있으며, 한 평형포에 12 개 정도의 전분체가 있다. 모든 세포에 있는 전분체가 움직이는 것은 아니다.

사실 평형석의 역할을 하는 것은 주로 높은 굴중성 감수성을 나타내는 지역에 존재한다. 이 지역을 중축(columella) 세포라고 하는데 근관의 중앙에 있으며, 액포가 없는 세포집단으로 줄기에서는 유관속조직을 둘러싸고 있는 일련의 내피세포(endodermal cell)가 이에 해당한다(그림 7-52). 움직일 수 있는 전분체는 지상부의 기관과 엽침에서도 발견된다.

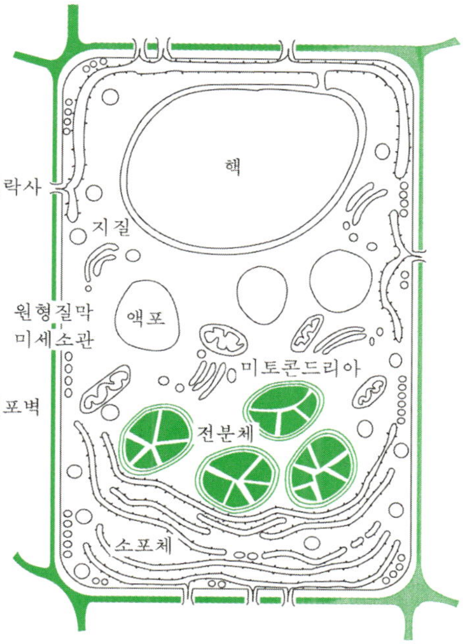

그림 7-51 근관에 있는 평형포의 모식도

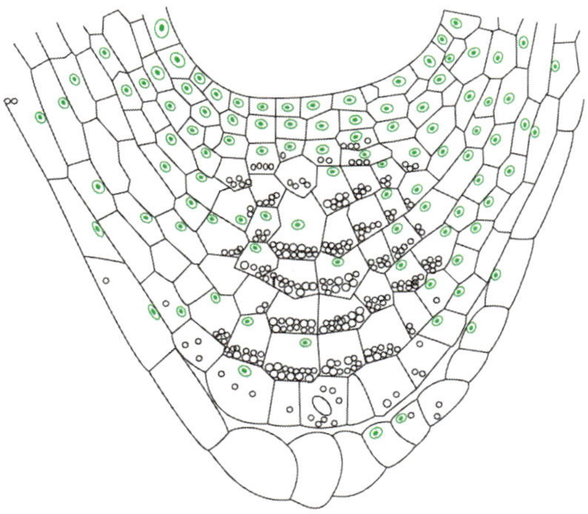

그림 7-52 근관에서 볼 수 있는 중축조직(columella)의 모식도

입자가 침전하는 것으로 설명되는 중력감지 기작에서 입자의 침전속도와 감수성은 알려진 반응의 속도와 감수성이 일치해야 한다. 1960 년대에 Audus 는 세포에 존재하는 여러 가지 입자에 관하여 조사하였다. 그 결과, 모든 세포소기관에서 전분입자만이 알려진 노출시간 동안에 점성이 있는 세포질을 움직일 수 있는 무게와 밀도를 가진다고 하였다.

미세구조에 대한 조사결과 소포체와 같은 다른 세포소기관도 중력자극이 주어진 세포 내에서 움직일 수 있다고 알려져 있지만, 이러한 움직임은 전분입자의 침전 후에 일어나는 것으로 알려져 있다. 이러한 전분-평형석(starch-statolith) 가설을 지지할 만한 다음과 같은 몇 가지 간접적인 증거가 있다.

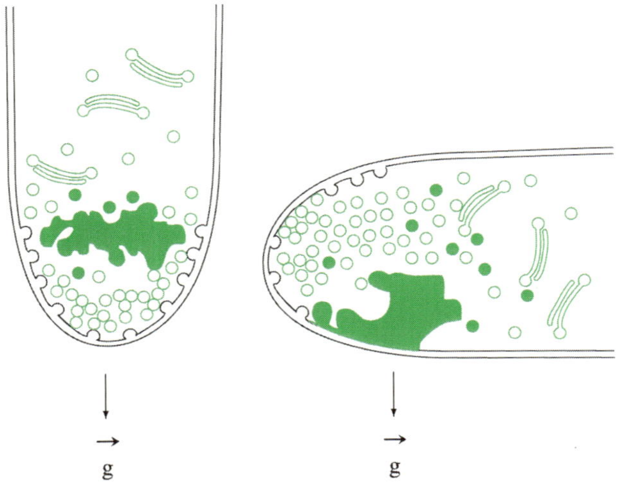

그림 7-53 *Chara* 가근 (rhizoid)의 정단부분 (50 μm) 모식도
(왼쪽) 수직 위치
(오른쪽) 수평 위치로 놓은 후에 10분 경과
검은 부분은 평형석으로 작용하는 바륨황산염이며, 3개의 골지체가 나타나 있다. 하얀 원은 소포체를 나타낸다.

첫째, 전분입자나 전분체가 없는 식물이 중력을 감지하는 경우는 거의 없다. 조류나 균류와 같은 하등생물은 여분의 탄수화물을 전분체로 저장하지 않는다. 이 경우에는 다른 물질이 평형석으로 작용한다. 조류 *Chara* 가근의 경우에는 바륨황산염(barium sulfate)이 전분입자의 역할을 대신한다(그림 7-53).

둘째, 전분의 침전율과 노출시간에는 밀접한 관계가 있다. 스위트피(*Lathyrus doratus*)의 경우에 온도가 30℃에서 10℃로 낮아질 때에 침강시간과 노출시간이 동시에 느려진다. 이러한 감소는 낮은 온도의 세포질 점성증가와 관계있을 것으로 보고 있다(그림 7-54).

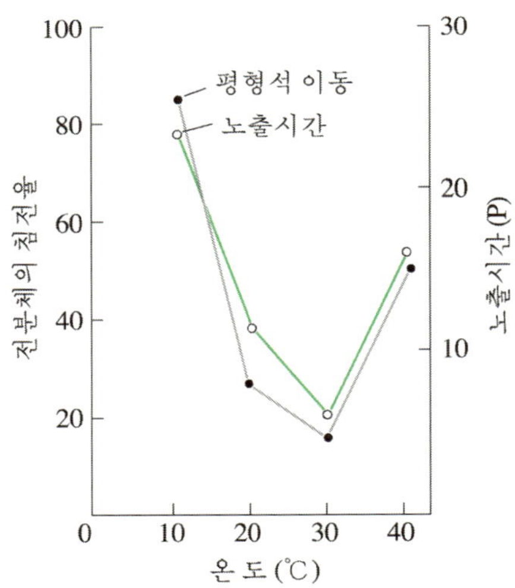

그림 7-54 온도에 따른 녹말체의 침전과 노출시간의 관계

셋째, 호르몬처리로 인해 전분이 소실되었거나 전분이 없는 돌연변이체는 중력반응이 나타나지 않는다. 예를 들어 35℃에서 지베렐린이나 시토키닌을 처리한 스위트피 뿌리의 경우에는 29시간이 지나면 전분이 없어지는데, 이때 뿌리생장률은 약간 감소(0. 48 mm h-1

에서 0. 64 mm h-1)하는 반면에 중력반응은 완전히 소실된다. 한편 뿌리에 다시 수분과 빛을 공급하면 20 시간에서 24 시간 사이에 전분체와 중력반응성이 동시에 회복된다.

돌연변이 옥수수인 amylomaize 는 야생형보다 작은 전분체를 생성한다. 전분체의 침강속도와 침강률에 대한 연구결과에 따르면, 자엽초 굴곡의 정도는 전분체의 크기와 밀접한 관계가 있었다. 다른 돌연변이 옥수수인 hcf-3 은 광합성을 할 수 없기 때문에 잎 기저부에 있는 평형세포에서 전분을 합성할 수 없다. 과당을 투여하지 않는 한, 이 유식물은 중력에 반응하지 않는다. 그러나 과당을 투여하면 전분체와 중력감수성이 회복된다.

이상의 결과들은 전분-평형석 가설을 지지하지만, 모든 실험에서 그 결과가 일정한 것은 아니다. 예를 들어 전분체가 없는 애기장대와 옥수수의 돌연변이체들도 중력에 정상적으로 반응한다. 굴중성을 설명할 모델을 찾기 위해서는 더 많은 연구가 필요하다.

(2) 굴중성 신호전달

대부분의 모델은 평형석의 움직임 그 자체가 중요하다고 설명한다. 즉 평형석이 움직이면서 막이나 다른 세포소기관에 압력을 가한다는 것이다. 식물에서 압력에 대한 감수성이 있는 막에 대한 직접적인 증거는 없다. 하지만 세포막이나 소포체막이 그 역할을 할 것으로 보고 있다. 세포막과의 상호작용에 따른 변화는 원형질연락사(plasmodesmata)를 통하여 전달된다. 근관의 중축세포와 같은 평형포에는 다른 세포와 비교하여 더 많은 수의 원형질연락사가 있다.

또 다른 설명은 세포막과의 상호작용이 호르몬 대사를 조절하는 어떤 효소의 활성화를 유도한다는 것이다. 그러나 소포체와의 관계가 가장 주목을 받는다. 미세구조 연구에 의하면 소포체는 옥수수 뿌리가 수평으로 놓여있을 때 침전하는 평형석에 의해 위치가 변한다. 수직으로 놓여있는 옥수수 뿌리의 세포에서는 소포체가 무질서하게 있지만 수직으로 놓여있는 뿌리에서는 전분체에 의해 밑쪽으로 내려가 있다.

옥수수와는 달리, 수직으로 놓여있는 갓(*Lepidium*)과 완두(*Pisum sativum*)의 근관에서 소포체는 위쪽에 있다. 이 뿌리를 다시 수평으로 놓으면 전분체는 아랫면으로 가지만 소포체는 제자리에 있다. Volkmann 과 Sievers (1979)는 갓 뿌리에서 전분체와 소포체의 상대적인 위치를 고려한 중력인지 모델을 제안하였다.

이 모델에 따르면, 소포체에 대한 전분체의 압력은 1차적인 신호변환기로 작용한다. 수직위치에 있는 뿌리에서 소포체에 대한 평형석의 압력은 모든 평형포에서 동일하다(그림 7-55 A). 이 뿌리를 수평으로 다시 놓으면(그림 7-55 B), 평형포의 윗부분에서 전분체는 소포체로부터 멀어지지만 밑부분에 있는 소포체에 계속적인 압력을 가하게 된다.

Volkmann-Sievers 의 모델은 전분체의 움직임이 거의 필요없으며, 빠른 노출시간과 반응을 유도하기 위하여 수직에서 약간(10°) 벗어난 각도면 충분하다는 사실과 일치한다. 그러나 Volkmann-Sievers 의 모델을 일반적인 경우에 적용시키기에는 어려움이 있다.

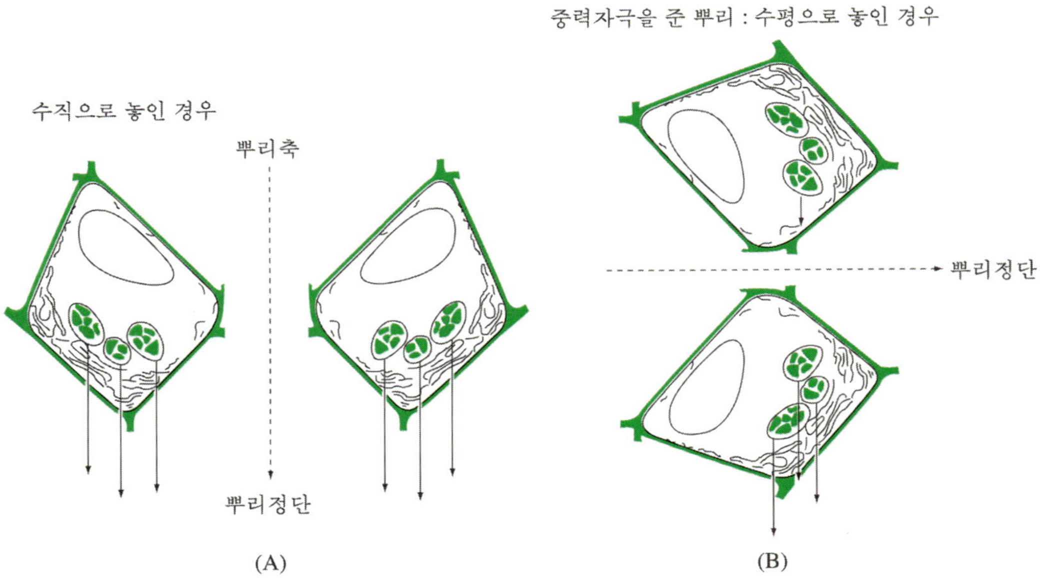

그림 7-55 평형포(statocyst)에서 일어나는 중력 인지작용의 모델

(A) 수직으로 자라는 정상적인 뿌리 전분체가 뿌리의 양면에 있는 소포체에 균일한 압력을 가한다.
(B) 수평으로 놓여있는 뿌리 위에 있는 세포와 아래에 있는 세포에 전분체가 각 세포의 소포체에 불균일한 압력을 가한다.

(3) 굴중성의 생장반응

굴중성 반응에서 초기 신호전달에 대해서는 거의 알려진 것이 없지만, 굴곡을 유도하기 위하여 차등생장이 일어나야 하는 것은 분명하다. 굴광성 반응에서와 같이 비대칭 옥신분포로 설명하는 Cholodny-Went 가설은 수평으로 놓여있는 줄기나 뿌리에서는 기관의 아랫면으로 옥신의 측면이동이 일어난다고 설명하고 있다. 중력에 의하여 옥신은 식물기관의 아래로 이동한다.

음성 굴중성 기관(줄기 및 자엽초)은 아랫면에 더 높은 옥신농도에 의하여 아랫면의 생장이 윗면보다 촉진되어 위로 향한다. 뿌리와 같은 양성 굴중성 기관에서는 아랫면의 높은 옥신의 농도는 윗면보다 생장을 억제하여 아래로 향한다고 설명한다. 줄기와 뿌리의 반응을 각각 살펴보면 다음과 같다.

① **자엽초와 줄기**

1920 년대 말에 Dolk 는 수평으로 놓인 자엽초 절편에서 확산된 옥신의 2/3 는 아래 반쪽에서 모아진다는 것을 증명하였고(그림 7-56 A), 이 사실은 많은 학자들에 의해 확인되었다(그림 7-56 B). 그 중 Wilkins 등의 실험이 옥신의 측면재분포에 대하여 잘 설명하고 있다(그림 7-56 C, 7-56 D).

그는 미량의 3중수소(tritium)로 처리된 IAA ($5-{}^{3}H-IAA$)를 자엽초의 정단에 비대칭적으로 처리하고, 일정시간이 지난 후 자엽초를 수직으로 양분하여 두 반쪽에서 방사능의 양을 측정하였다. 그 결과 자엽초가 어떠한 굴광성 자극도 없이 수직으로 있을 때 방사능의 90%가 처리된 지점의 아래쪽 중간에 남아 있으나, 수평으로 있을 때에는 2/3는 남아 있고 1/3은 아래 반쪽으로 이동한다는 것을 확인하였다. 이러한 IAA의 재분포 양상은 방사능면역검정법(radioimmunoassay)으로 재확인되었으며, 또한 이 재분포 과정은 대사에너지에 의존적인 것도 밝혀졌다.

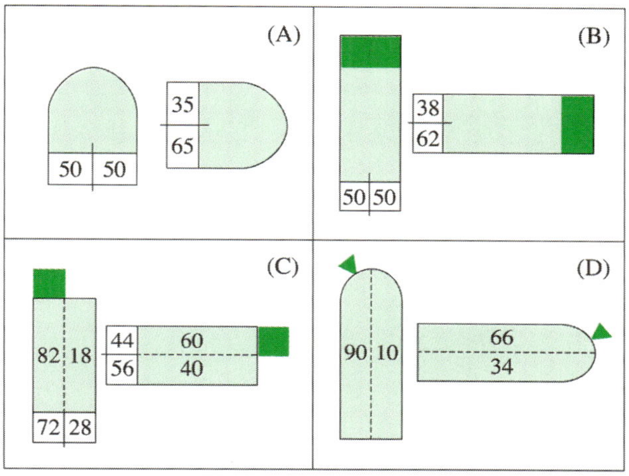

(A) Dolk (1929)의 실험 (B) Gillespie와 Thimann (1963)의 실험
(C) Goldsmith와 Wilkins (1964)의 실험 (D) Shaw, Gardner 및 Wilkins (1973)의 실험

그림 7-56 중력 자극을 받은 자엽초에서 옥신의 이동에 관한 실험
IAA를 포함하고 있는 한천조각은 진한 녹색으로, IAA를 포함하지 않는 한천조각은 흰색으로 표시하였다. 숫자는 IAA 분포의 퍼센트를 나타낸다.

이러한 결과에도 불구하고 굴중성에 대한 Cholodny-Went 가설의 타당성은 굴광성에서와 같이 의문시되어 왔다. Digby와 Firn (1979)은 굴중성 자극을 받은 옥수수 자엽초의 윗면과 아랫면의 생장률 변화를 분석하였다(그림 7-57).

○ : 윗면 생장
□ : 아랫면 생장

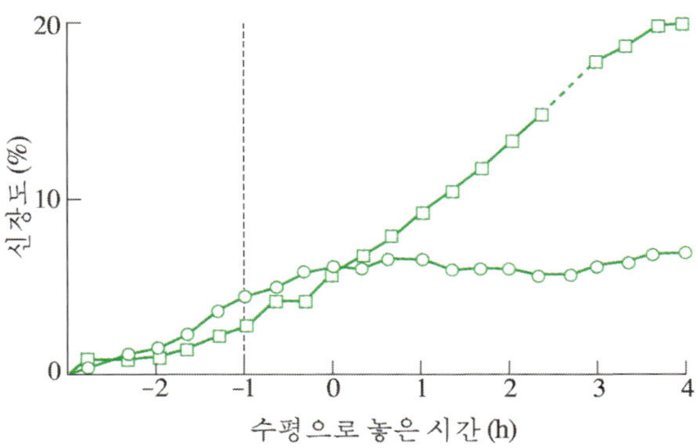

0 시간은 중력 자극을 주기 위하여 수평으로 놓기 시작한 시간을 의미한다.

그림 7-57 황백화된 옥수수 자엽초의 윗면과 아랫면의 생장

초기단계에 아랫면의 생장률은 거의 2배로 증가한 반면, 윗면은 급격하게 생장률이 멈추었다. 이러한 생장률의 불균형은 Cholodny-Went 가설에서는 예측되지 않았으며, 옥신분포의 비대칭 정도가 그렇게 큰 생장률의 차이를 충분히 설명할 수 있는지가 의문시되어 왔다. 이러한 의문은 굴광성에 관해서도 제기되었다. 옥신농도의 증가에 비례적인 굴곡반응에 기초를 둔 Briggs의 반론은 굴중성에도 잘 적용된다.

정단에서 생성된 옥신의 비대칭 분포는 옥수수와 귀리 자엽초의 굴중성 반응에서 중요한 역할을 하는 것으로 생각되고 있다. 그러나 쌍자엽식물 줄기의 굴중성 반응은 잘 알려져 있지 않다. 방사선 동위원소로 처리된 IAA와 2, 4-D의 측면이동은 해바라기와 녹두의 하배축에서는 관찰되었지만, 빛을 받은 상배축에서는 관찰되지 않았다.

Merten과 Weiler (1983)는 방사능 면역검정법을 이용하여 수평으로 놓여 있는 해바라기 하배축에서 조직 내 IAA의 농도변화를 조사하였으나 IAA의 재분포현상은 확인할 수 없었다.

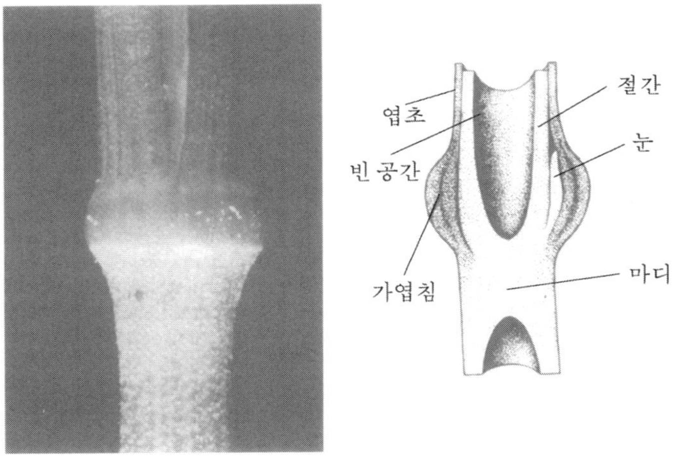

(A) 중력자극을 받지않은 가엽침과 그 모식도

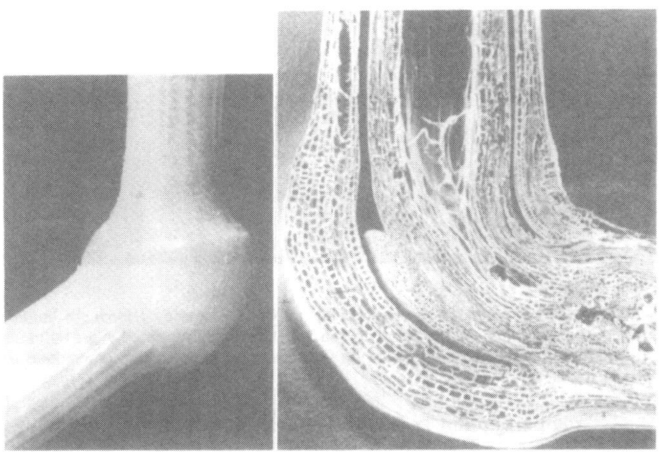

(B) 중력자극을 받은 가엽침과 전자현미경적 구조
윗면의 세포와 비교하여 아래쪽의 세포가 매우 큰 것을 볼 수 있다.

그림 7-58 귀리 (*Avena sativa*)의 가엽침

또한, Salisbury (1988)는 해바라기와 대두 하배축의 윗면과 아랫면을 옥신용액에 담갔을 때 이들이 서로 다르게 반응하는 것을 발견하였는데, 이것은 옥신에 대한 세포의 감수성이 다르기 때문이라고 주장하였다.

하지만 쌍자엽식물의 굴중성 반응에는 옥신이 반드시 필요한 것으로 알려져 있다. Iwami와 Masuda (1974)는 오이 하배축의 정단을 제거하면 굴중성반응이 감소하지만 이 감소현상이 IAA 의 처리에 의해 회복되는 것을 발견하였다.

② **초본 줄기**

굴중성 반응의 중요성은 폭풍이나 폭우로 쓰러진 곡류나 다른 초본의 줄기에서 극명하게 나타난다. 초본 잎의 아랫부분은 마디에 끼워져서 줄기를 잡아주는 엽초(sheath)를 형성한다. 엽초의 아랫부분은 불룩하게 부풀어있는데 이를 가엽침(pseudopulvinus 혹은 false pulvinus)이라고 한다. 가엽침은 중력에 대하여 반응하는 독립적인 기관이다. 전형적인 엽침과는 달리, 가엽침은 굴중성 반응에 관여하며 비가역적인 세포신장을 한다(그림 7-58).

초본이나 곡류의 줄기가 쓰러졌을 때 정단 근처에 있는 어린 가엽침은 차등세포신장을 한다. 아랫면의 세포는 활발하게 신장하는 반면, 윗면의 세포는 거의 신장하지 않는다. (그림 7-59)

유관속조직 안쪽에 있는 엽침세포는 평형석을 많이 가지고 있으며, 줄기가 수평방향으로 쓰러졌을 때 빠르게 아래로 이동한다. 그러나 대부분의 생장반응은 엽침 아랫면에 있는 후각조직세포에서 일어난다. 어떻게 차등생장이 일어나는지는 잘 알려지지 않았지만 옥신이 관여할 것이라고 추측되고 있다. 귀리엽침(45 일 된 수직줄기)의 유리 IAA 는 약 60 에서 70 ng/g 의 건량을 나타내었다.

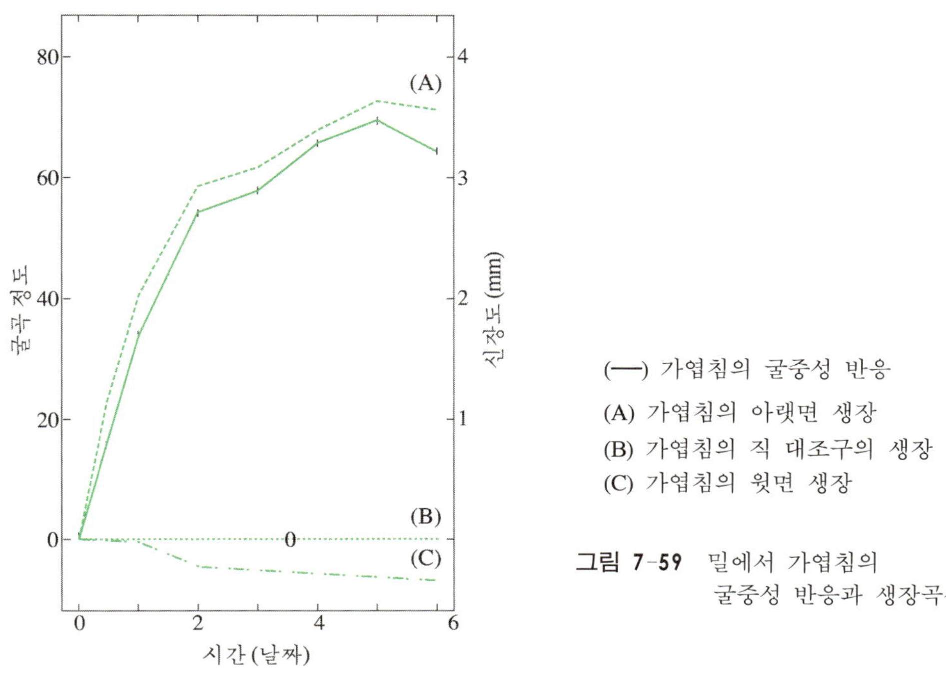

그림 7-59 밀에서 가엽침의 굴중성 반응과 생장곡선의 비교

24 시간 동안 중력자극을 준 후 유리 IAA (free IAA)의 건량은 420 ng 으로 증가하였고, 이 중에서 2/3 는 엽침의 아랫면에서 발견되었다. ^{14}C-IAA 를 이용한 추적실험에서도 중력자극을 받은 엽침을 가로지르는 옥신의 이동이 관찰되지 않았으므로 아랫면에서 다량의 유리 IAA 가 발견되는 것은 옥신의 측면이동 때문이 아니라 IAA 의 합성 자체가 증가되었거나 저장되어 있던 결합 IAA (conjugate IAA)로부터의 방출이 촉진되었기 때문인 것으로 보고 있다. 또 유리 지베렐린과 결합 지베렐린의 양적인 변화도 관찰되었는데, 이러한 결과는 지베렐린도 초본줄기의 굴중성에 관여하고 있다는 가능성을 제시하고 있다.

③ 뿌 리

뿌리의 굴중성 반응에 호르몬이 관여한다는 사실은 오랫동안 논쟁이 되어 왔다. 그 이유는 정상적인 뿌리 생장에 미치는 호르몬의 역할에 대하여 거의 알려진 것이 없기 때문이다. 옥신은 뿌리 굴중성에 대한 대부분의 학설에 영향을 미치는데, 이는 높지 않은 옥신의 농도조차 뿌리의 생장을 억제한다는 사실에 근거하고 있다. 사실상 뿌리의 굴중성에는 억제물질이 관련하고 있다는 많은 증거가 있다.

Wilkins 의 실험에서 옥수수 뿌리의 근관을 한 면만 제거하여 수직으로 놓아도 근관이 남아있는 쪽으로 굴곡이 일어났으며(그림 7-60 B), 유리판을 근관과 신장지역 사이의 한 면에만 끼웠을 때 뿌리는 유리판으로부터 멀어지는 굴곡을 보였다(그림 7-60 C).

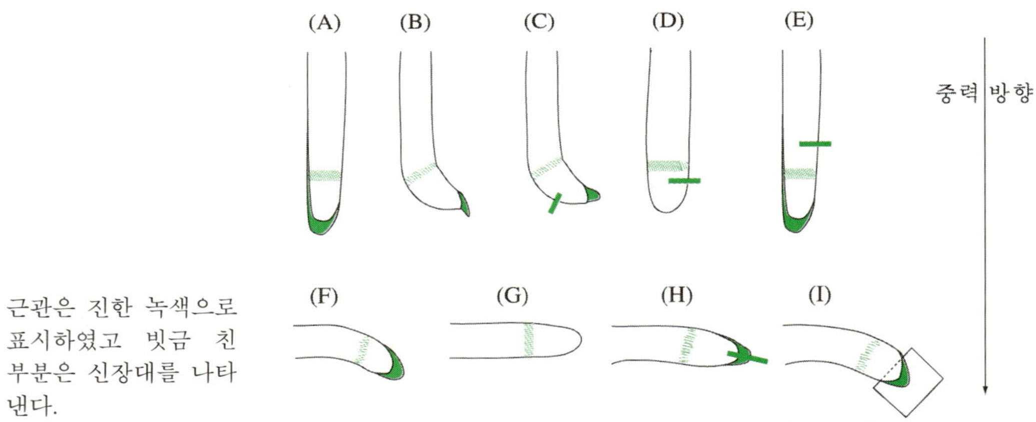

그림 7-60 굴중성 반응을 보이는 뿌리에서 근관의 작용

(A) 수직으로 자라는 정상 뿌리(밑으로 곧게 자람)
(B) 근관의 절반을 제거한 뿌리(근관이 남아있는 방향으로 굽음)
(C) 유리조각을 근관과 신장대 사이에 끼운 뿌리(절반을 제거한 근관의 뿌리와 같은 반응)
(D) 근관이 모두 제거된 뿌리에 유리판을 끼운 뿌리(굴중성 반응이 일어나지 않음)
(E) 유리조각을 신장대 윗부분에 끼운 뿌리(굴중성 반응이 없음)
(F) 수평으로 놓여 있는 정상뿌리(정상적인 굴중성 반응)
(G) 근관을 제거한 뿌리(굴중성 반응이 일어나지 않음)
(H) 수직으로 유리조각을 끼운 뿌리(굴중성 반응이 일어나지 않음)
(I) 유리조각을 수평적으로 끼운 뿌리(정상적인 굴중성 반응)

유리판을 근관이 제거된 뿌리에 끼우거나(그림 7-60 D) 신장지역을 벗어난 지역에 끼우면 굴곡이 일어나지 않았다(그림 7-60 E). 수평으로 놓여있는 뿌리에 유리판을 수평으로 끼우면 굴중성반응이 일어나지 않았다(그림 7-60 H). 그러나 유리판을 수직으로 끼우면 굴중성반응이 일어난다(그림 7-60 I). 이러한 생장양상은 근관이 신장지역으로 전달되는 물질의 근원지이며 그곳에서 뿌리의 생장을 억제한다는 것을 나타낸다.

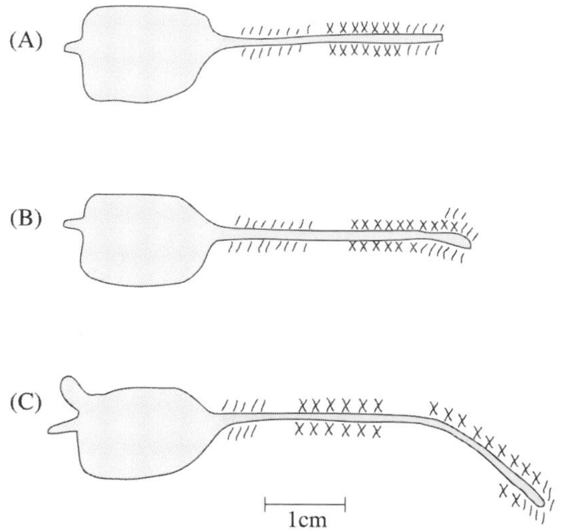

(A) 2 분
(B) 20 분
(C) 120 분 경과
(××) H^+ 방출에 의한 pH 감소
(///) pH 증가

그림 7-61 옥수수뿌리에서 굴중성 반응과 pH 변화

억제물질의 본질은 무엇인가? Cholodny-Went 가설에 의하면 억제물질은 옥신이며 이에 대해서는 많은 증거가 있다. 일반적으로 자엽초나 줄기의 생장을 촉진하는 옥신의 농도인 10^{-6} M 을 처리하였을 때 뿌리의 생장은 상당히 억제된다. 옥신이 뿌리 끝에서도 생성된다는 보고가 많이 있지만, 뿌리에 존재하는 옥신의 1 차적인 공급원은 줄기이며 옥신은 극성이동에 의해 뿌리 끝까지 운반된다.

굴중성 반응에서 나타나는 초기현상의 하나는 생장지역에서 일어나는 수소이온의 방출이다. 이러한 현상은 pH 지시제인 bromocresol purple 이 포함된 한천 절편에 뿌리를 놓으면 쉽게 관찰할 수 있다. Mulket 와 Evans (1981)의 실험결과에 의하면 산성도의 증가로 인해 적색에서 노란색으로 변하는 현상은 중력자극을 받은 뿌리의 윗면에서만 관찰된다(그림 7-61). 이러한 결과는 옥신의 작용을 설명하는 산성생장설(acid-growth theory)과 일치하는데, 굴중성 반응과 수소이온의 방출은 TIBA 와 NPA 같은 옥신이동억제제에 의하여 억제된다.

(4) 칼슘의 작용

많은 학자들은 자엽초와 뿌리의 굴중성 반응의 1 차 작용자로서 칼슘의 역할을 강조하고 있다. Goswami 와 Audus (1976)는 중력자극을 받은 해바라기 하배축과 옥수수 자엽초의 윗면에 방사능이 처리된 칼슘(^{45}Ca)이 차등 축적된다고 하였다. 또한 굴광성자극을 받은 기관에서도 1 시간 이내에 칼슘의 재분포가 일어난다. 칼슘의 재분포와 굴중성 반응은 칼슘 킬레이트제인 EGTA 에 의해 저해된다.

또한 자엽초의 굴중성반응은 칼모듈린(calmodulin ; 칼슘결합단백질)의 억제제인 chloro-promazine 을 처리하면 억제되는데, 이 결과는 굴중성반응의 어느 한 단계에 칼슘-칼모듈린 복합체가 관여한다는 가능성을 시사한다.

Lee 등(1983)은 10 mM 의 $CaCl_2$가 포함된 한천조각을 뿌리 끝의 한쪽 면에만 처리하여 굴곡을 유도하였다(그림 7-62).

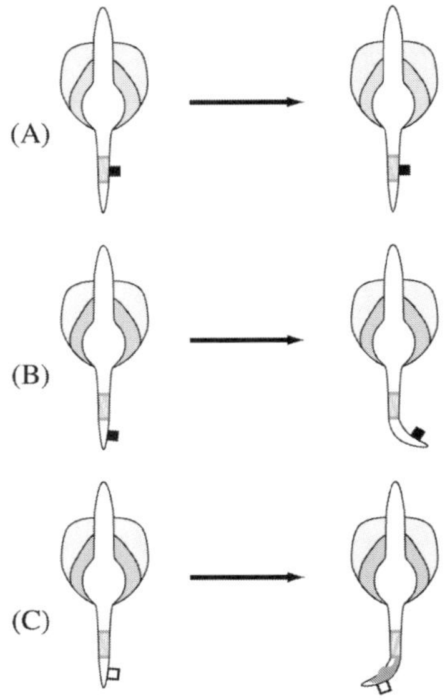

(A) 신장대에 칼슘을 포함한 한천조각처리 ⇒ 영향이 없다.
(B) 뿌리 정단에 칼슘을 포함한 한천조각처리 ⇒ 칼슘 쪽으로 자란다.
(C) 뿌리 정단에 EGTA (칼슘 킬레이트제)가 포함된 한천조각처리 ⇒ 반대방향으로 자란다.

그림 7-62 칼슘에 대한 옥수수뿌리의 반응

뿌리에서 칼슘의 이동은 근관에 국한되어 있으며, 뿌리의 아랫면으로 향한다. 만일 근관을 제거하면 칼슘의 이동이 억제된다. 또한 칼슘은 근관 세포를 통하여 이동하는 것이 아니라 근관을 둘러싸고 있는 두꺼운 점액질층(mucilage)을 통하여 이동한다. 이 점액성 물질을 계속 제거하면 뿌리는 중력에 둔감하게 된다. 중력으로 자극된 자엽초와 뿌리에서 칼슘과 옥신의 이동방향은 서로 반대이다. 이 두 기관에서 칼슘은 오목한 면으로 움직인다. 그래서 수평으로 놓인 뿌리에서 칼슘은 근관의 아랫면에 축적되도록 이동하고 자엽초에서는 윗면으로 이동한다. Moore 와 Evans (1986)는 또한 중력에 의한 칼슘의 재분포를 근거로 뿌리의 굴중성을 설명하는 모델을 제안하였다(그림 7-63).

수직으로 위치한 뿌리에서 칼슘은 근관의 주변세포로부터 이들을 둘러싸고 있는 점액질층으로 분비된다. 이 뿌리 끝에서 칼슘의 구배는 형성되지 않아, 뿌리는 계속해서 아래쪽으로 자란다. 이때 근관에서 뿌리 끝으로 대칭적인 옥신의 흐름이 일어난다. 그러나 뿌리가 수평으로 놓여있을 때에는 뿌리를 가로질러 전기화학적인 구배가 형성된다. 이 전기화학적인 구배는 뿌리의 윗면에서 일어나는 양성자(H^+)의 분비에 의하여 일부분 나타나는 것이다.

수평으로 놓여있을 때 중축조직에서 평형석-소포체 상호작용으로 소포체에서 칼슘이 분비된다. 전기화학적인 구배는 점액질층을 통해 칼슘을 아래로 이동시켜 뿌리의 아랫면으로 되돌아가게 한다. 그래서 칼슘은 근관과 신장지역을 따라 아랫면에 축적되게 된다.

뿌리의 아랫면에 축적된 칼슘이 차등 생장반응으로 어떻게 전환되는지는 분명하지 않지만, 두 가지의 가능성을 생각할 수 있다.

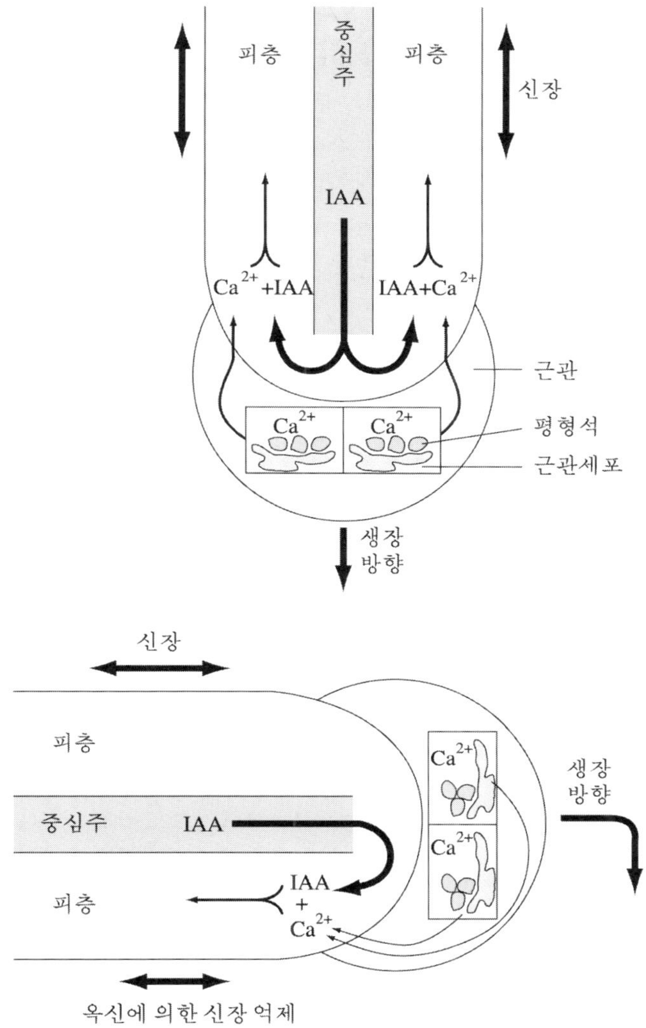

그림 7-63
뿌리 굴중성에 있어서 IAA 재분포에 대한 모델
수평으로 놓여있는 뿌리에서 평형석의 변화는 칼슘이 아래로 흐르도록 한다.
고농도의 칼슘에 의해 높은 농도의 IAA가 유도됨에 따라 뿌리 아래쪽의 생장은 억제된다.

첫째, 칼슘이 옥신의 수용부(sink)로 작용하여 뿌리의 아랫면으로 옥신을 끌어들여 옥신의 농도가 증가하여 생장을 억제한다는 것이다. 사실 이 설명은 Cholodny-Went 가설을 재정비한 것이다. 즉 옥신의 비대칭은 칼슘의 비대칭에 의해 유도된다는 것이다. 그러나 뿌리에서 조직 내 옥신의 비대칭을 증명하는 결과가 없기 때문에 이 가능성은 희박하다.

둘째, 칼슘이 옥신에 대한 감수성을 증가시킨다는 것이다. 옥신은 칼슘이 고갈된 뿌리에서는 생장을 억제하지 않는다. 이 설명에 의하면 중력에 의하여 옥신의 비대칭이 일어날 필요가 없다. 대신에 칼슘 비대칭이 차등적인 옥신작용을 일으키고 이것은 다시 생장반응을 유도한다는 것이다. 부분적으로 추상적인 점은 있지만, 뿌리 굴중성에 대한 Moore-Evans의 모델은 다른 여러 결과들과 일치한다. 따라서 칼슘과 옥신에 대한 조직 감수성 사이의 관계를 실험적으로 증명할 필요가 있다.

3. 경성운동

경성운동(nastic movement)에는 생장운동과 비생장운동인 팽압운동이 있다. 상편생장(epinasty)과 감온성(thermonasty)은 차등생장의 결과로서 자극의 방향과는 무관한 반응이다. 상편생장은 기관이 아래로 굽는 것인데, 주로 엽병과 잎이 지상으로 향하는 것이다. 그러나 이는 중력에 반응하는 것이 아니라, 엽병의 윗면과 아랫면에 대한 옥신의 불균형적인 흐름에 반응하는 것이다. 즉, 상편생장은 에틸렌이나 과다한 옥신에 대한 반응이다.

하편생장(hyponasty)은 상편생장과는 반대되는 반응이며 지베렐린에 의해 유도된다. 감온성의 대표적인 예는 튤립(tulip)과 크로커스(crocus) 꽃잎의 반복적인 개폐운동을 들 수 있다. 감온운동은 이러한 반복성에도 불구하고 반영구적으로 꽃잎의 두 면에서 일어나는 차등생장의 결과이다.

팽압운동에는 취면운동(nyctinasty)의 하나인 수면운동(sleep movement)과 물리적 자극에 의한 진동경성(seismonasty)이 있다. 취면운동과 진동경성은 엽침이라고 불리는 특수화된 기관의 팽압변화로 일어난다. 엽침(pulvinus)은 괭이밥과(Oxalidaceae)나 콩과(Leguminosae)와 같이 복엽의 특징을 가진 과의 엽병(1 차엽침), 엽(pinna ; 2 차엽침), 소엽(pinnule ; 3차엽침)의 밑부분에서 볼 수 있는 비후된 형태의 조직이다(그림 7-64).

엽침은 얇은 세포벽을 가지고 있으며, 크기가 큰 기동세포(motor cell)를 많이 가지고 있는데 팽압의 가역적인 변화에 의하여 잎의 위치를 바꾼다.

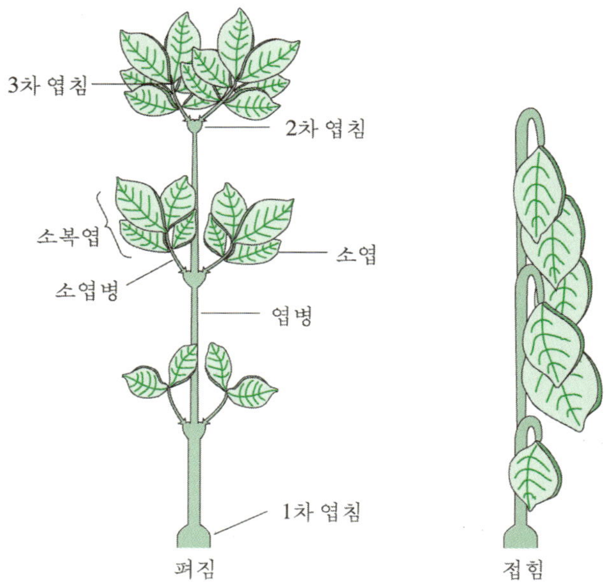

그림 7-64 엽침이 있는 *Samanea samanan* 의 모식도

(1) 취면운동

취면운동은 잎이 낮과 밤에 따라 위치가 변하는 것이다. 일반적으로 잎은 낮에 수평으로 있고(펴진 위치) 밤에는 수직(접힌 위치)으로 있다. 콩과식물의 1 차 잎은 대체로 강한 취면운동을 나타낸다.

취면운동의 대표적인 예로서 수면운동은 *Samanea saman*에서 가장 잘 알려져 있다(그림 7-64). *Samanea*에서 쌍으로 있는 엽(pinnae)이나 소엽(pinnule)은 떨어져 있지만, 서로 하향적으로 접혀 있다. 그러나 *Albizzia julibrissin*이나 *Mimosa pudica*에서 소엽은 상향적으로 접히게 된다. 이 중 복엽을 가진 *Mimosa, Abizzia, Samanea*는 3개의 엽침을 가지고 있지만, 단엽을 가진 콩과류는 2개의 엽침을 가지고 있다.

모든 수면운동은 엽침의 가역적인 팽압변화에 의해 일어난다. 엽침은 일반적으로 원통형으로 중앙에는 관다발 중심이 있는데, 이는 후벽조직에 싸여 있다(그림 7-65). 유관속조직은 길이로 배열되어 있으며 유연성을 촉진한다. 관다발 중심의 바깥쪽은 10~20층의 유조직 세포로 구성된 피층이다. 외부의 피층세포는 얇고 탄력 있는 세포벽을 가지고 있으며, 운동 중에 모양과 크기가 상당히 변하는데, 이를 기동세포라고 한다. 이 세포의 모양과 크기의 변화는 잎 운동의 근원이 된다.

엽침의 축에서 먼 쪽은 신장지역(extensor)으로, 축에서 가까운 쪽은 수축지역(flexor)으로 알려져 있다(그림 7-65 B). 신장지역의 세포에서 펴진 상태는 팽압이 증가하고 접힌 상태는 감소하지만 수축지역의 세포는 이와 반대이다. 신장지역과 수축지역의 위치는 상대적이며 가역적이어서 이들에 의해 잎은 상향적으로 혹은 하향적으로 접히게 된다. 만약 신장지역의 기동세포는 팽창하고 수축지역의 기동세포가 수축하면 엽침이 곧게 되어 잎은 펴진다.

취면운동은 청색광, 피토크롬, 내적인 리듬 등과 같은 여러 자극에 민감하게 반응한다. 이러한 자극들과 신호인지 기작의 상호작용은 잘 알려져 있지 않지만, 자극수용체와 자극반응계(기동세포)가 모두 엽침에 있는 것은 분명하다.

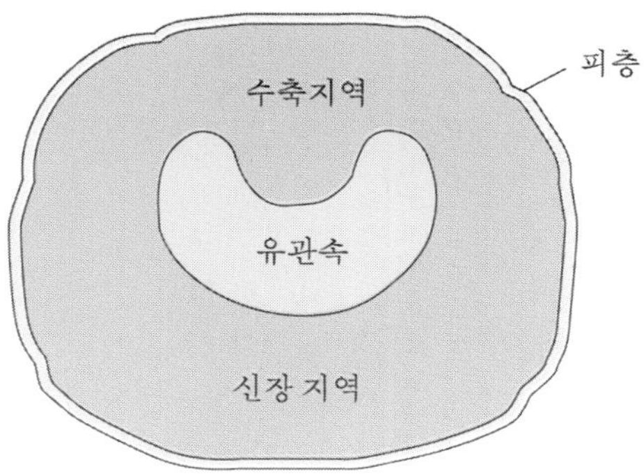

(B) 엽침의 단면 모식도

(A) 덩굴강낭콩(*Phaseolus vulgaris*)의 2차 엽침 엽병의 밑부분 부푼 부분이 엽침이다.

그림 7-65 엽침과 엽침의 모식도

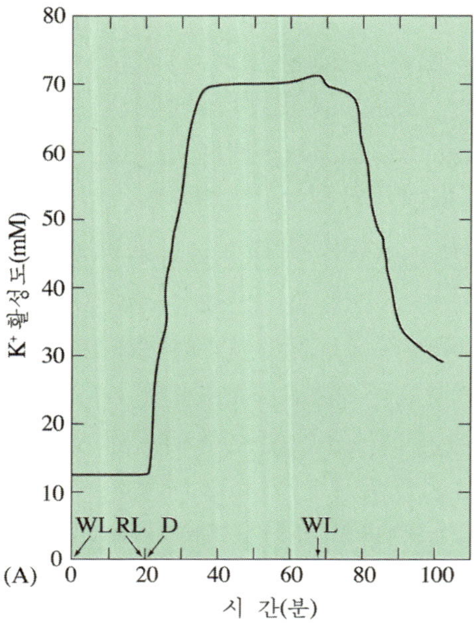

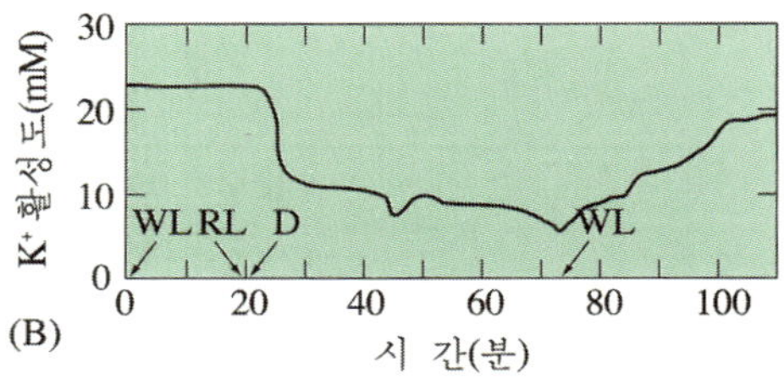

(A) 신장지역 세포의 아포플라스트

(B) 수축지역 세포의 아포플라스트

그림 7-66 빛에 의하여 *Samanea* 의 잎이 접혀있을 때 엽침의 K^+ 활성도변화

기동세포의 부피변화는 자극의 본질과는 상관없이 세포막 안에 이온축적의 결과로 삼투적인 수분흡수에 의존한다. 즉 모든 취면성 식물에서 잎의 운동은 엽침의 신장지역과 수축지역 사이에서 일어나는 대량의 K^+의 재분포와 관계있는 것으로 알려지고 있다(그림 7-66).

부푼 신장지역 세포의 경우 K^+의 농도는 원형질에서 높고 세포벽과 세포외 지역에서는 낮다. 완두에서 삼투압 변화의 30%는 K^+이동으로 설명된다. K^+의 이동으로 증가된 양성전하는 Cl^- 나 말산(malate)과 구연산(citrate) 같은 작은 유기 음이온에 의해 중화된다.

기동세포와 아포플라스트(apoplast) 사이의 K^+교환은 세포막에 있는 채널을 통하여 일어난다. *Samanea* 의 기동세포에서 분리한 원형질체를 이용한 실험에 의하면 막의 극성이 K^+의 유입과 방출을 조절한다고 알려져 있다. K^+의 이동시 기동세포의 원형질막 사이에는 pH 의 구배가 형성된다.

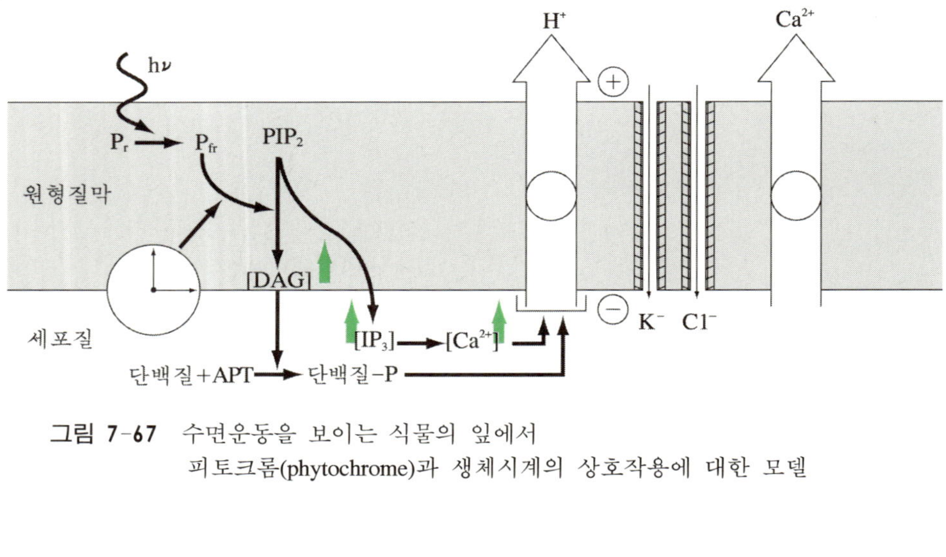

그림 7-67 수면운동을 보이는 식물의 잎에서 피토크롬(phytochrome)과 생체시계의 상호작용에 대한 모델

콩과류 잎이 위로 움직이는 동안에 신장지역의 기동세포가 팽창하고 아포플라스트에서 pH의 감소가 일어난다. 양성자(H^+)의 방출은 막에 있는 ATPase 양성자 펌프에 의해서 일어난다. H^+과 K^+와의 관계는 아직 잘 모르지만 양성자 방출은 K^+의 흡수를 일으키는데 필요한 전기화학적 구배를 형성할 것으로 추정되고 있다. 기동세포의 움직임에서 K^+ 채널과 양성자펌프의 주요작용은 간단한 모델로 나타낼 수 있다(그림 7-67).

이 모델에 의하면 광신호는 피토크롬을 활성화시키고, 이것은 이노시톨 인지질(inositol phospholipid)의 회전율(turnover)을 촉진한다. 최근의 연구결과에 의하면 빛에 의하여 *Samanea*의 엽침이 펴질 때 phosphatidylinositol-4, 5-bisphosphate (PIP_2)의 수준은 감소하고 2차 전달자인 inositol-1, 4, 5-triphosphate (IP_3)의 수준은 증가하는 것으로 나타났다.

또한 일시적인 디아실글리세롤(diacylglycerol, DAG)의 증가도 있었다. 이러한 물질의 변화는 동물에서 측정되는 것과 비교하여 매우 미약한 것이지만, 이 실험에는 엽침 전체가 사용되었으므로 만일 기동세포만을 사용하였다면 이러한 변화는 더 커졌을 것이다. 만일 식물에서도 동물과 같이 이노시톨인산 대사가 일어난다면 DAG는 단백질 인산화효소 C의 활성을 촉진할 것이며, IP_3는 세포소기관으로부터 칼슘의 방출을 촉진할 것이다.

인산화된 단백질과 유리 칼슘의 일시적인 증가는 양성자 펌프(proton pump)를 활성화시켜서 양성자 방출을 촉진한다. 이 결과, 형성된 전기화학적 구배는 K^+와 다른 이온의 흡수를 촉진하고, 곧 이어 수분의 흡수가 촉진되어 기동세포는 팽창할 것이라고 생각할 수 있다. 그러나 이 모델은 아직도 분명하지 않은 부분이 많으며, 이에 대해서는 더 많은 연구가 이루어져야 할 것이다.

(2) 진동경성

엽침을 가지고 있고 취면운동을 하는 몇몇 콩과식물은 물리적 자극에도 반응을 나타낸다. 이 현상을 진동경성(seismonasty) 또는 경촉성, 감촉성이라고 한다. 생장과는 관계없는 팽압운동으로 포충식물이나 콩과식물에서 볼 수 있다. 이런 식물들은 접촉에 반응하기 때문에 때로는 경촉성 식물(thigmonastic plant)이라고도 한다.

그러나 진동경성 식물은 흔들림, 바람, 빗방울, 상처, 열 등과 같은 다양한 자극에 반응한다. 가장 대표적인 진동경성을 지닌 식물은 열대성 초본인 미모사(*Mimosa pudica*)이다(그림 7-68).

이 반응이 생존에 미치는 영향은 분명하지 않다. 몇몇 학자는 이 식물이 건조한 지역에서 자라기 때문에 건조한 바람에 노출되면 수분손실을 막기 위하여 잎이 접혀진다고 하며, 또 다른 학자들은 초식동물이나 곤충으로부터 보호하기 위한 수단이라고 제안하였다. 그러나 한 가지 분명한 사실은 이 반응이 매우 빠르다는 것이다. 엽침이 직접적으로 자극을 받으면 접히는 현상은 1초 이내에 시작된다.

진동경성에는 취면운동과 마찬가지로 엽침에 존재하는 기동세포가 관여하는 것으로 알려지고 있다. 그러나 진동경성반응에는 세 가지 특징이 있다.

(A)

(B)

그림 7-68 미모사(*Mimosa pudica*)의 잎이 펴져있을 때(A)와 접혀있을 때(B)의 사진

첫째, 반응이 매우 빠르다. 둘째, 실무율의 법칙을 따른다. 셋째, 여기상태는 자극된 곳에서 다른 곳으로 전파된다. 이러한 특징들은 동물의 신경전달과 유사하여, 식물도 퍼텐셜 변화의 형태로 자극을 전달할 수 있을 것으로 예상할 수 있다.

실제 미모사는 어느 한 부분의 자극을 전기적 파동으로 엽침에 전달한다. 그러나 식물은 신경조직이 없으므로 체관부가 신호 전달에 관여할 것으로 예측된다. 엽병의 자극은 빠른 탈분극을 초래하고 2 cm s^{-1}의 속도로 사관(sieve tube)을 따라 하향적으로 전달된다. 사판을 통하여 연속되는 원형질의 특징을 가지고 있는 사관은 전기적 신호전달에 적합한 구조다.

작용퍼텐셜(action potential)의 양상은 양성자의 빠른 흡수와 일치하는데 이 사실은 양성자가 탈분극에 관여한다는 것을 시사한다. 작용퍼텐셜이 엽침에 도달하면 K^+와 당류가 아포플라스트로 신속히 하적(unloading)되며, 뒤이어 수분이 빠져나옴에 따라 운동세포의 부피는 줄어들게 된다.

미모사의 체액에서 분리한 물질을 줄기의 자른 끝에 바르면 미모사의 엽침이 접히는 현상이 촉진된다. 이 물질은 갈산(gallic acid)의 유도체로서 turgorin이라고 명명되었다. 이 물질은 취면운동을 나타내는 14종류의 고등식물에서 분리되었으며, 동물의 신경전달물질인 아세틸콜린(acetylcholine)과 유사한 방법으로 작용퍼텐셜(action potential)을 일으키는 것으로 알려지고 있다.

7-3 식물의 생식과 결실

꽃은 인간에게 아름다움을 제공해주고 또한 꽃이 지고 생기는 열매나 씨는 중요한 영양원이 되지만, 식물이 화아(flower bud)를 형성하여 꽃을 피우는 것은 종을 번식시키기 위한 수단이다. 꽃의 개화는 화아형성에서부터 시작되며 화아가 형성되기 위해서는 영양생장을 하던 식물이 생식생장의 상태로 전환되는 극적인 변화가 일어난다.

식물이 영양생장을 할 때에는 새로운 잎과 줄기 및 뿌리를 지속적으로 만들어 나간다. 그러나 생식생장을 할 때에는 줄기 끝에 있는 분열조직에서 화아가 형성되어 꽃받침, 꽃잎, 수술 및 암술 등이 발달되면서 분화유형에 커다란 변화가 일어나야 한다. 암술에서는 배낭이 형성되며 수술에서는 화분이 형성된다. 그리고 이들 배우체들에서 만들어진 생식세포는 수정되어, 다음 세대로 이어질 배(embryo)가 형성된다.

7-3-1 광주기와 꽃의 발달

1. 광주기적 개화유도

꽃은 구조면에서 상당히 다양한 형태를 나타내며 식물의 생활사에서 꽃이 형성되는 시기와 방법 또한 각양각색이다. 식물에 따라서는 발아한 이후에 곧 꽃이 피는 경우도 있으며, 어떤 것은 아주 오랜기간 동안 어린 식물체의 상태를 유지하다가 꽃이 피고 나서 곧 죽는 식물도 있다. 화아형성은 식물의 내부적인 요인과 외부의 환경적인 요인에 의해서 조절되므로 화아분화를 조절하는 방식은 식물에 따라 매우 다양하다.

늦게 화아가 형성되는 경우는 개화에 필요한 최소의 잎의 수에 의하여 개화가 조절된다. 또한 일년생 식물에서는 발아가 된 후 몇 주만 지나도 개화하는 경우가 있으며 다년생식물, 특히 목본류에서는 발아한 후 20년 이상이 지나야 개화하는 경우도 있다. 이처럼 식물의 개화시기가 다른 것은 식물의 연령 혹은 크기가 영양생장(vegetative growth)을 생식생장(reproductive growth)으로 전환시키는 중요한 내적요소로 작용하기 때문이다.

식물에 따라서는 특정 계절에만 꽃이 피는데, 이는 광주기와 온도 등의 외적인 환경이 중요한 요인으로 작용하기 때문이다. 일부 식물은 가을에 영양생장을 하지 않도록 저온에 노출시키는 춘화처리에 의하여 꽃이 핀다. 그런데 대체로 식물체가 종자 형성에 유리한 환경에 처하게 되었을 때에 꽃이 피게 된다.

화아형성의 조절기작을 일반화하는 데에는 많은 어려움이 있다. 1963년 Salisbury는 개화되는 정도를 낮의 길이와 온도에 따라 분류할 경우 그 유형은 거의 800개에 달한다고 하였다. 즉 화아형성은 그 유형이 상당히 다양하여 보편적인 이론조차 예외가 나타나게 된다. 이처럼 화아형성의 연구에는 일반적인 모델 시스템이 적용되지 못한다.

그러므로 화아 분화의 기작연구는 1차적으로 화아분화 시 일어나는 생화학적인 변화와 유전자발현의 변화를 동시에 분석해보는 것이며, 또 다른 방법으로는 같은 종의 꽃 중에서 화아형성이 유전적으로 다른 변이들을 찾아내는 것이다. 이러한 변이를 찾아내는 데에는 화아형성 시기나 영양생장에 따른 화아형성이 서로 다른 유형들이 흔히 사용된다.

또한 특정한 발달단계를 조절해 주는 유전자가 있는 위치(loci)에 대한 정보를 얻을 수 있는 유전적인 분석도 이용될 수 있다. 자발적으로 발생한 돌연변이체 혹은 화학약품, 자외선, 전이인자(transposable element) 또는 유전자 형질전환 등을 이용한 인위적인 돌연변이체를 유전적으로 분석하고 이에 관여하는 유전자를 분석·분리해내는 것도 좋은 방법이 될 수 있다. 그리고 이러한 유전자의 완전한 이해를 위해서는 화아분화와 관련된 생리현상을 접목시키는 것이 중요하다.

(1) 개화조절 기작

개화를 조절하는 외적 환경요인보다 식물이 꽃을 피울 수 있도록 유도하는 식물체의 내적인 발달요인이 개화에 더 중요하게 작용한다. 식물의 모든 생활사를 통제하는 프로그램이 영양생장기간을 결정한다. 줄기와 잎은 빛을 흡수하고 탄소동화작용을 하여 동화산물의 일부를 다음 세대를 위하여 종자에 공급한다. 영양생장만 하는 시기의 식물을 미성숙 식물체(juvenile plant)라고 하는데, 이는 주어진 환경요인과 관계없이 꽃이 필 수 없는 상태인 생장 초기의 식물을 말한다. 식물이 개화능력을 갖게 될 때 비로소 성숙한 식물체(mature plant)에 이르게 되는 것이다. 어떤 특수한 외부환경에 처하지 않아도 개화가 일어나는 자가유도(autonomous induction)의 식물도 있지만, 대부분의 식물은 반드시 적합한 외부환경요인이 주어져야만 개화가 일어난다.

미성숙 상태는 모두 지났지만 개화할 수 있는 적합한 외부환경에는 아직 처하지 못한 상태를 화숙기(ripeness-to-flower)라고 한다. 식물체가 미성숙 상태를 지나 화아를 형성할 수 있는 발단단계에 도달했다 하더라도 광주기나 저온 등의 외부환경요인이 적합하지 않으면 화아가 형성되지 않는다. 미성숙 상태를 유지하는 기간은 빛과 영양소의 흡수에 의해 결정되기도 하며, 종이나 재배종에 따른 유전적인 프로그램에 의해 좌우되기도 한다.

화아형성은 보통 목본과 초본에 따라 상당히 다른데 목본식물은 미성숙 상태가 길어서 발아한 지 몇 년 동안은 화아가 형성되지 않는다. 숲을 이루는 일부 목본류는 유식물 상태가 30~40년인 것도 있어 꽃이 피기 위해서 잎의 모양과 두께, 엽서(phyllotaxis), 색소조성 및 뿌리의 발달정도 등, 생리적·형태적 변화가 수반되어야 한다.

그러나 초본식물은 미성숙 상태가 비교적 짧아서 며칠에서 몇 주일 정도에 불과하며, 잎의 수가 개화에 필요한 최소한의 숫자에 도달하지 않으면 화아가 형성되지 않는다. 만약 잎이 20개 이상 난 줄기의 끝 부분을 잘라서 다시 땅에 심어 뿌리를 내리게 하면 정상적인 상태로 식물체가 자라기 전에는 개화되지 않는다. 이런 경우에 줄기의 정단부분이 화아로 전환할 수 있는 능력은 뿌리로부터의 길이에 의하여 결정된다. 이러한 유형의 개화조절은 생장조절물질에 의하여 매개되는 것으로 생각되고 있다.

따라서 식물이 개화할 수 있는 성숙단계에 도달하기 위해서는 식물의 시간적인 연령보다는 꽃이 필 수 있는 충분한 크기가 훨씬 더 중요하다. 그러므로 식물체는 성숙단계에 이를 수 있는 최소한의 크기에 도달했을 때 영양생장에서 생식생장으로 전환된다는 것을 알 수 있다. 식물체의 크기가 화아형성에 어떻게 영향을 미치는지는 아직 밝혀져 있지 않지만, 아마도 성숙단계에 이르렀을 때에만 화아분화를 위한 신호가 줄기 끝으로 이동할 수 있거나, 화아를 형성할 만큼 충분한 크기에 도달하여야 그 식물체의 줄기 끝 자체가 성숙단계에 이르는 것으로 생각하고 있다.

예를 들어 망고(*Mango mangifera*)의 미성숙 식물체 줄기를 성숙한 식물체에 접목하면 미성숙 식물체로부터 화아가 유도된다. 이러한 결과는 식물이 충분한 크기로 성장하게 되면 화아를 유도하는 어떤 신호가 줄기 끝으로 이동한다는 것을 암시한다. 낮은 강도의 빛에 식물체를 계속 놓아두면 다시 미성숙 상태로 되돌아가거나 미성숙 상태가 훨씬 길어지는데, 이는 식물체에 낮은 강도의 빛을 처리하면 줄기의 정단부위로 공급되는 탄수화물이 감소하기 때문이다.

따라서 탄수화물이 성숙상태로 전환하는 데에 매우 중요한 역할을 한다는 것을 알 수 있다. 또한 담쟁이(*Hedera helix*)의 경우, 성숙한 식물체의 아랫부분에서 절단한 줄기는 미성숙 식물체가 되지만, 끝 부분에서 절단한 줄기는 성숙한 식물체로 발달한다.

한편 꽃이 피고 있는 목본식물의 하단부에서 절단한 줄기를 다른 미성숙 식물체에 접목하면 처음 2년 동안은 꽃이 피지 않지만, 꽃이 피고 있는 식물의 상단부에서 절단한 줄기를 미성숙 식물체에 접목하면 그 해에 꽃이 핀다. 국화(*Chrysanthemum morifolium*)의 경우에도 줄기 정단부위가 일정 크기에 도달하지 않으면 화원기(floral primordia)가 유도되지 않는데, 이러한 결과는 식물체의 성숙정도와 영양상태가 줄기 정단부위에 영향을 주어 화아분아의 조건을 갖추게 한다는 것을 알 수 있다.

줄기의 정단부위는 탄수화물과 같은 양분 이외에도 지베렐린 등의 식물호르몬을 전달받는다. 외부에서 처리한 지베렐린은 여러 침엽수에서 화아를 유도한다. 특히 대부분의 소나무류는 성숙단계에 이르려면 여러 해가 걸리는데, 아리조나측백(*Cupressus arizonica*)에 지베렐린을 살포하면 두 달 후에 웅성원추체(male cone)가 형성된다. 또한 식물체 내의 지베렐린 함량을 높이는 요인인 뿌리의 제거, 수분스트레스 또는 질소결핍 등의 처리 시에도 화아가 유도된다.

그러나 소나무류에서는 지베렐린이 식물체를 성숙상태에 도달하게 해주는 반면, 다른 피자식물의 목본류에서는 지베렐린에 의하여 오히려 미성숙상태로 다시 되돌아가는 경우도 있다. 이러한 현상들로 미루어 볼 때 지베렐린이 식물을 성숙단계에 이르게 하는 작용은 매우 복잡한 과정을 통해서 이루어지며, 또한 다른 요인들과 상호 관련되어 있는 것으로 추정된다.

일단 식물이 성숙단계에 이르면 점차적으로 개화유도는 증가한다. 일장에 의하여 개화가 조절되는 식물에서 나이가 많은 식물일수록 개화를 유도하는 데 필요한 일장처리수가 줄어든다(그림 7-69). 이러한 결과는 일장효과가 이미 느린 속도로 일어나고 있는 기존의 개화과정을 가속화한다는 것을 의미한다.

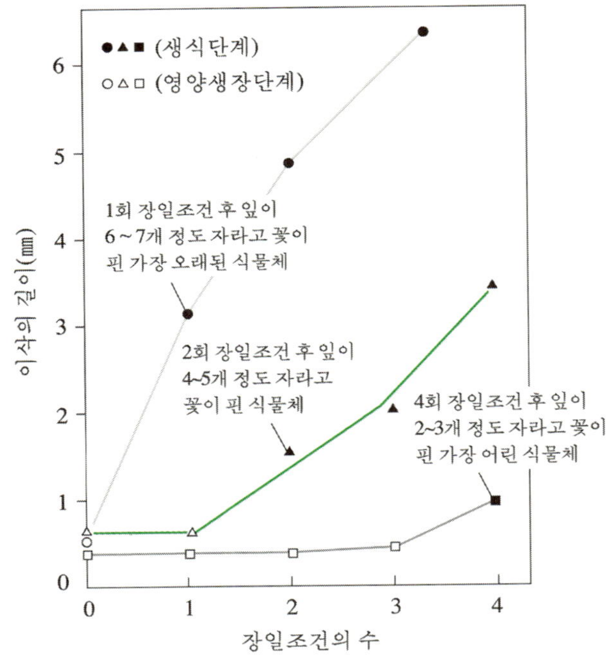

그림 7-69 장일식물인 *Lolium temuletum* 에서 식물의 나이가 개화를 유도하기 위해 필요한 장일조건의 수에 미치는 영향
(개화를 유도하는 장일조건은 8 시간 햇빛처리한 후에 16 시간 동안 강도의 백열등 처리를 하였다.)

(2) 환경요인

① **광주기**

생물은 계절에 따른 환경변화에 자신들의 생활을 맞추고 있다. 식물에서는 줄기와 잎의 생장, 낙엽, 휴면 등이 계절에 따라 일어난다. 생식 또한 환경변화에 의하여 조절된다. 동물은 환경변화에 따라 적절한 시기에 새끼를 낳으며, 식물도 환경에 따라 개화시기가 조절된다. 이러한 계절에 따른 반응은 주로 광주기성(photoperiodism)으로 나타나는데, 이는 식물과 동물이 밤과 낮의 상대적인 길이를 통하여 계절을 인지하기 때문이다.

광주기는 개화에 가장 중요한 영향을 미치는 환경요인으로서, 화아분화는 아직 밝혀지지 않은 어떤 물질이 광주기의 영향을 받아 잎에서 만들어져 줄기의 정단부분으로 이동함으로써 이루어지는 것으로 추정되고 있다.

낮의 길이에 따라 화아가 형성되는 식물은 보통 3 가지의 유형으로 구분된다(표 7-1).

단일식물(short-day plant)은 낮의 길이가 일정기간, 즉 임계광기 이하로 짧아졌을 때 개화하는 식물이다. 그리고 장일식물(long-day plant)은 낮의 길이가 임계광기 이상으로 길어졌을 때 개화하는 식물이다. 그러나 낮의 길이에 영향을 받지 않는 중일식물(day-neutral plant)도 있으며, 단일조건 이후에 장일조건이 뒤따라야 개화되는 식물도 있다.

광주기가 개화에 미치는 영향도 다소 차이가 있는데, 임의적 반응(facultative response)은 광주기가 개화를 어느 정도 촉진하는 경우이며, 강제적인 반응(obligatory response)은 적절한 광주기가 존재하지 않으면 전혀 개화되지 않는 경우이다.

표 7-1 광주기와 개화의 기본적인 발달유형

광 주 기	장일식물	단일식물	중일식물
임계광기 ▼  0 24			
A. 낮의 길이가 일정 기간보다 짧은 경우 ▼  0 24	영양생장	개 화	개 화
▼ 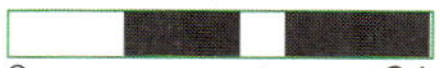 0 ▲ 24 빛의 중단	개 화	영양생장	개 화
B. 낮의 길이가 일정 기간보다 긴 경우 ▼  0 24	개 화	영양생장	개 화

그러나 광주기 이외에도 온도, 빛 및 양분 등의 환경적 요인들도 개화에 큰 영향을 준다. 어떤 경우에는 이러한 환경요인들이 광주기의 필요요건보다 더 중요하게 작용하는 경우도 있다.

광주기에서 명기와 암기 중 어떤 것이 상대적으로 더 중요한가는 반응의 유형과 분석되는 품종에 따라 다르기는 하지만 일반적으로 암기가 더 중요한 것으로 되어있다. 단일식물에서 개화가 일어날 정도의 암기가 처리되었을 때 빛을 짧은 기간 처리하여 암기를 차단하면 개화가 유도되지 않지만, 장일식물에서는 개화가 억제될 정도의 암기에 빛을 주어 암기를 중단하더라도 개화가 유도되기 때문이다.

줄기 끝 부분의 절편이나 잎의 이식실험 또는 식물의 조직을 각각 서로 다른 광주기에 노출시킨 실험에 의하면 광주기 신호는 1차적으로 잎에서 인지된다는 것이 밝혀졌다. 단일식물에서 한 개의 잎에만 16시간 동안 빛을 차단하여 암조건으로 처리하고 다른 잎들은 장일조건에 두거나 혹은 암기를 전혀 주지 않아도 개화가 유도되었으나 눈(bud)에 단일조건을 처리하고 잎에 장일조건을 처리하면 개화가 일어나지 않았다.

② **화성소**

개화에 적합한 광주기를 처리한 식물을 개화가 유도되지 않는 광조건으로 처리한 식물에 접목하면 개화가 유도된다. 이는 개화를 유도하는 물질이 존재한다는 것을 의미하는데, 이 가상적 물질을 Cajlachjan은 1936년 화성소(florigen)라고 명명하였다. 그 이후로 화성소에 대한 연구가 계속되고 있으나 그 가능성만 확인되었을 뿐, 그 물질적 존재는 아직 확인되지 않고 있다.

1 회의 광주기 처리에도 개화가 유도되는 식물에서 개화처리를 한 후 즉시 잎을 떼어내면 그 식물은 영양생장을 계속하지만 적당한 시간이 경과한 다음에 잎을 떼어내면 잎이 없어도 개화가 유도된다. 이는 이미 개화를 유도할 수 있는 양만큼의 화아 유도물질이 형성되어 다른 부분으로 이동되었기 때문인 것으로 추정되고 있다.

이 물질의 이동속도는 시간당 몇 cm 에서 40 cm 정도까지 다양한데, 체관을 통해서 당이 이동하는 속도와 유사하거나 다소 늦은 편이므로 화성소는 동화산물과 함께 이동할 것으로 추정된다. 그러므로 이 물질은 아마 식물호르몬이나 어떤 다른 화학물질일 것으로 생각되며 전기신호일 가능성은 거의 희박하다.

개화를 촉진하는 물질은 모든 식물에서 생리학적으로 같은 작용을 하는 동일물질로 여겨진다. 이는 단일처리한 식물의 잎을 개화가 유도되지 않은 장일식물에 접목하거나 혹은 역으로 장일처리한 식물을 개화처리가 되지 않은 단일식물에 접목시켜도 개화가 유도되며, 중일식물을 이용한 접목실험에서도 개화가 유도되기 때문이다.

개화 연구에 가장 많이 이용되는 실험방법은 개화가 유도된 조직으로부터 추출한 물질을 개화가 유도되지 않은 조직에 처리하여 개화유도 여부를 확인하고 이 추출물을 분석하는 것이다. 이러한 방법으로 일부 실험에서 간혹 긍정적인 결과를 얻기는 하였지만, 보편적이며 재현성이 있는 결과는 얻지 못하고 있다.

한편 일부 식물에서는 개화를 억제하는 물질의 가능성도 조사되었는데, 개화가 유도되기 전까지는 잎에서 개화를 억제하는 물질이 생성되어 줄기 끝으로 이동되는 것으로 생각된다. 특히 장일식물인 사리풀과 딸기에서 개화억제물질이 발견되었다. 이 경우, 개화가 유도되지 않았을 때 잎을 떼어내면 개화가 일어난다.

담배는 품종에 따라 단일성, 장일성, 중일성이 모두 나타난다. 즉 장일조건과 단일조건에서 처리된 각각의 줄기를 중일성의 담배에 이식하여 여러 가지 광조건 하에서 재배한 결과, 단일성 품종이 접목된 경우에는 단일조건을 처리했을 때 훨씬 빨리 개화가 일어났다. 또한 장일성 품종이 접목된 것은 장일조건을 처리했을 때 개화가 촉진되었다. 그러나 단일성 품종이 접목된 것을 장일조건을 처리하면 개화가 지연되었으며, 장일성 품종이 접목된 것을 단일조건에 처리하면 개화가 전혀 일어나지 않았다.

따라서 낮의 길이가 적절하게 처리되면 개화를 촉진하는 물질이 생성되지만 낮의 길이가 적당하지 않으면 개화를 억제하는 물질이 생성되는 것으로 생각된다.

일부 장일식물에서는 지베렐린(gibberellic acid, GA)이 장일조건으로 처리되지 않은 식물의 개화를 유도한다는 사실이 밝혀졌다. 개화가 유도되지 않은 줄기의 정단조직을 지베렐린이 들어있는 배지에 배양해도 개화가 유도되지 않으나 개화가 유도된 식물체의 정단줄기 절편을 지베렐린이 들어있는 배지에서 배양하면 지베렐린이 없는 배지에서보다 개화가 월등하게 촉진되었다. 이는 지베렐린이 꽃을 유도하기보다는 꽃의 형태발생에 더 중요한 영향을 미친다는 것을 의미한다.

한편 일장시간이 지베렐린 대사에 영향을 미치는 것이 관찰되었다. 그런데 장일조건에서는 단일조건에서보다 세포 내 지베렐린의 함량이 높아지며, 같은 식물이더라도 일장조건에 따라 조직 내 지베렐린 대사에 변화가 생긴다. 예를 들어 장일식물인 시금치는 단일조건에서 GA_{19}가 조직 내에 축적된다. 하지만 단일조건으로 처리된 시금치를 장일조건에 두면 GA_{19}가 GA_{20}으로 전환되는 속도나 GA_{20}를 생성하는 대사가 모두 증가하는데, GA_{20}는 개화유도보다는 줄기신장에 더 관여하는 것으로 나타났다.

또한 소나무과 식물의 경우 극성이 약한 GA_4, GA_5, GA_7, GA_9 등의 지베렐린은 솔방울의 형성을 촉진하지만 다른 형태의 지베렐린은 거의 영향을 주지 못한다. 일부 장일식물에서는 지베렐린이 개화유도 효과가 없으며, 또한 단일식물에서도 지베렐린이 단일처리 효과를 대신하지 못한다. 그러나 아직까지도 개화를 연구하는 많은 생리학자들은 지베렐린이 잎에서 개화를 유도하는 작용을 가질 것이라고 생각하고 있다.

지베렐린 외에도 다른 식물호르몬이 개화를 유도하기도 하고 또한 억제하기도 한다. 이중 가장 많이 거론되는 호르몬은 에틸렌(ethylene)이다. 파인애플(*Ananas comosus*)에 에틸렌이나 에틸렌을 생성하는 물질을 처리하면 개화가 촉진된다. 파인애플에 옥신을 처리하여도 개화가 촉진되는데, 이때 상당히 높은 농도의 옥신이 필요하므로 이는 옥신이 에틸렌의 생성을 유발하여 개화를 촉진하는 것으로 생각된다.

그러나 대부분의 식물에서 에틸렌은 개화를 억제하거나 혹은 아무런 효과를 나타내지 않는 것으로 되어 있다. 따라서 에틸렌이나 옥신은 개화를 유도하는 물질이라기보다는 단순히 어떤 생리적인 변화를 일으켜서 개화에 영향을 주는 것으로 여겨진다. 또한 일부 식물에서 아브시스산(abscisic acd, ABA)이나 시토키닌(cytokinin)이 개화반응에 관여한다는 보고가 있으나 내생 ABA나 시토키닌은 개화를 조절하는 데는 별로 중요한 역할을 하지 않는 것으로 보인다.

광주기에 의하여 잎에서 개화유도물질이 형성되는 현상은 꽃 발달의 한 과정으로는 볼 수 없다. 일반적으로 기관분화를 유도하는 신호는 세포나 조직에 작용하여 분화의 방향을 전환시켜야 하는데, 광주기에 의한 유도는 잎의 발달적인 측면에서 그 성질이 바뀌는 것이 아니기 때문이다.

개화에 관계하는 유전자발현에 관한 연구에 의하면 광주기에 따라 개화가 유도된 잎과 개화가 유도되지 않은 잎에서 서로 다른 유전자의 발현은 확인되었다. 하지만 이 때에 새롭게 발현되는 유전자 산물의 정체는 아직 밝혀지지 않았다.

③ 일주성

생물들은 일반적으로 명기와 암기가 하루를 주기로 하는 순환(daily cycle) 속에 살아가므로 식물이나 동물 모두 이러한 변화에 관련된 어떤 리듬을 가지는 경우가 많다. 낮과 밤에 따른 잎의 운동, 기공과 꽃잎의 운동, 곰팡이의 생장과 포자형성 유형, 설치류의 활동, 그리고 광합성과 호흡 등에서 이러한 리듬이 나타나는데, 이러한 성질을 일주성(circadian rhythm)이라고 한다.

생물체가 어떤 일정한 낮과 밤의 주기에 있다가 지속적인 어둠상태로 옮겨지면 상당 기간 동안 이전의 주기에 따른 리듬을 나타낸다. 이러한 시간적인 리듬은 거의 24 시간을 주기로 이루어지기 때문에 라틴어로 '약 하루'라는 의미를 가진 서카디안(circadian)이라는 단어를 사용하게 되었다.

일정한 일주성에 있던 생물체에 지속적으로 빛이나 암처리를 하면 새로운 조건에 따라 반응하기보다는 그 생물이 기존에 가지고 있던 내적인 질서에 따라 반응하는데, 이는 외부의 시간적인 신호가 없어도 생물체 본래의 리듬이 지속되기 때문이다. 이러한 생물체 본래의 내적진동(endogenous oscillator)을 일주성 시계(endogenous clock ; circadian clock) 또는 생체시계(biological clock)라고 한다.

이러한 주기성은 여러 가지 유형을 나타내는데, 대체로 순환적으로 계속 반복된다. 그러나 지속적으로 달라진 명기나 암기에 처해지면 서카디안 리듬은 정상적인 24 시간 주기와는 달리 늦어지거나 혹은 빨라진다. 1 년 전체를 통해서 볼 때 낮의 길이가 리듬을 가지고 변하기 때문에 식물은 낮의 길이 변화를 인지하여 계절의 변화를 인지하게 된다.

자연상태에서 내적진동이 24 시간 주기인 것을 동조(entrainment)라고 하며, 온도와 빛과 같은 외계로부터의 신호를 자이트게버(zeitgeber)라고 한다. 일주성 시계(circadian clock)는 외부 환경요인의 시간적 변화를 입력하는 내적 프로세서로부터 발생하는 출력을 통하여 식물체 안에서 일어나는 물질대사와 발달에 따른 시간을 조절한다(그림 7-70).

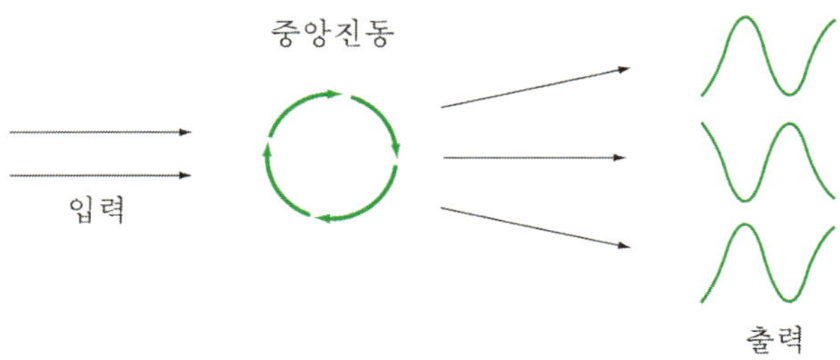

그림 7-70 식물에서의 일주성 시계의 일반적인 모델

식물에서 일주성 시계의 기작이 분자수준에서는 거의 밝혀져 있지 않지만 다른 생물체를 이용한 연구에 의하면, 전사(transcription) 단계에서 음성되먹임조절(negative feedback)을 통하여 조절되는 것으로 알려지고 있다.

초파리의 경우 *period* (*per*) 혹은 *timeless* (*tim*) 유전자에 의해서 유도되는 단백질이 일주성 시계를 이루는 요소인데, PER 과 TIM 단백질이 세포 내에 축적되면 자신의 유전자로부터의 전사가 음성되먹임조절에 의하여 중단된다.

그러나 어떻게 해서 이러한 조절이 일어나는지는 명확히 밝혀져 있지 않지만, TIM 단백질의 빛에 대한 불안정성에 의하여 광주기에 의한 초파리의 일주성 시계가 만들어지는 것으로 여겨진다.

또 다른 일주성 시계 유전자인 *frequency* (*frq*)가 곰팡이의 일종인 *Neurospora crassa* 로부터 분리되었는데, 초파리의 일주성 시계 유전자처럼 *frq* 유전자 산물은 자신의 전사를 억제함으로써 FRQ 단백질이 주기성을 가지게 되는 것으로 추정된다. 또한 최근 2 개의 일주성 시계 유전자가 *Neurospora crassa* 와 쥐에서 새로 발견되었다. 두 단백질은 모두 공통적으로 PAS motif 를 가지고 있다. 그런데 이 motif는 여러 일주성 시계 단백질에서 공통적으로 발견되는 부위이므로 아마도 일주성 시계의 기능을 가지는 부위는 진화적으로 공통적인 기원을 가지는 것으로 생각된다.

애기장대(*Arabidopsis thaliana*)에서 일주성에 이상을 나타내는 돌연변이체가 최근 여러 종류 발견되었다. 예를 들어 *timing of cab-1* (*toc1*)이라는 돌연변이에서 나타난 결과에 의하면 *toc1* 으로부터 유도되는 단백질은 chlorophyll a/b binding protein 2 (*CAB* 2) 유전자의 발현 리듬, 잎 운동의 일주성과 같은 여러 리듬이 정상적인 주기를 이루는 데 필수적인 것으로 여겨진다. 이렇게 *toc1* 이 여러 가지 리듬에 영향을 주는 점으로 보아서 TOC 단백질도 일주성 시계의 구성요소 중의 하나로 추정된다(그림 7-71).

하나의 생물체가 한 개 이상의 일주성 시계를 가지고 있을지 모른다는 견해가 제시되고 있다. Hennessey 와 Field (1992)의 관찰에 의하면 콩은 기공의 개폐와 잎 운동에 있어서 서로 다른 시간주기를 가지고 있으므로 한 개 이상의 서로 다른 내적 진동이 존재한다고 할 수 있다. 또 다른 가능성으로는 두 개의 리듬이 같은 일주성 시계로부터 유래하기는 했지만 세포에 따라 일어나는 특이한 변형에 의해 서로 다른 주기를 갖는 것으로 변화될 수도 있다. 실제로 애기장대에서 서로 다른 리듬들이 같은 일주성 시계를 공유하는 경우도 있다.

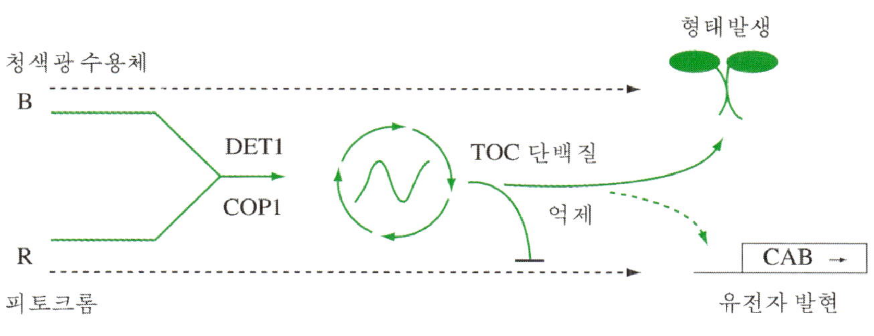

그림 7-71 식물의 일주성 시계를 일으키는 빛의 신호전달과정 및 이에 의해서 조절되는 과정들에 대한 모델

피토크롬과 청색광 수용체에 의해서 각각 인지되는 적색광(R)과 청색광(B)은 DET 1 과 COP 1 전달물질을 경유하여 내적 진동을 유도하는 신호과정을 일으킨다. 두 유형의 빛은 또한 직접 일주성 시계의 다음 단계에서 일어나는 현상에 영향을 주기도 하는데, 이에는 청색광에 의해서 조절되는 형태발생과 적색광에 의해서 조절되는 CAB 유전자의 발현이 있다. 한편 CAB 유전자가 빛에 의해서 유도될 때 일주성 시계에 의하여 그 발현이 억제되는 경우도 있다. 일주성 시계의 다른 출력들은 유전자 발현을 유도하거나 형태적인 변화를 일으킨다.

④ 피토크롬

피토크롬(phytochrome)은 적색광을 흡수하는 광수용체로서 빛에 의해서 일어나는 여러 가지 광형태발달(photomorphogenesis)에 크게 관여한다. 피토크롬을 발견하게 된 계기는 650~680 nm 의 적색광에 의한 여러 가지의 형태발달이 710~740 nm 의 적외선을 나중에 처리하면 역행된다는 점이었다. 이러한 역행이 처음으로 상추씨 발아에서 관찰되었는데, 적색광을 조사하면 발아가 촉진되었으나 적색광을 조사한 후에 곧 적외선을 조사하면 그 효과가 역행되어 발아가 억제되었다.

피토크롬은 빛을 흡수할 수 있는 발색단(chromophore)을 가지고 있는 단백질로 이루어진 색소이다. 빛이 없는 상태에서는 적색광을 흡수할 수 있는 형태인 청색을 띠는 Pr 로 존재하지만 적색광을 흡수하면 적외선을 흡수할 수 있는 형태인 Pfr 로 전환된다.

그리고 Pfr 은 적외선을 흡수하면 다시 Pr 로 전환되는데, 이러한 전환은 *in vivo* 와 *in vitro* 에서 모두 관찰된다. Pr 형태의 피토크롬은 적외선을 거의 흡수하지 못한다. 하지만 Pr 과 Pfr 의 흡수스펙트럼은 적색광부분에서 상당히 겹치는 편이다(그림 7-72).

따라서 적색광은 두 형태의 피토크롬에 의해서 흡수된다. 적색광을 조사하면 Pr 은 모두 적색광을 흡수하여 Pfr 의 형태로 전환되며, 또한 일부 Pfr 도 적색광을 흡수하여 다시 Pr 로 전환된다. 따라서 충분한 양의 적색광이 조사되었을 때 피토크롬의 약 85%가 Pfr 의 형태로 존재한다. 그러나 아주 적은 양의 Pr 만이 적외선을 흡수하기 때문에 적외선을 조사하면 전체 피토크롬의 97%가 Pr 의 형태가 되며, 나머지 3%만이 Pfr 로 존재한다.

물론 두 종류의 피토크롬이 모두 청색광을 흡수할 수는 있지만 식물에서 나타나는 대부분의 청색광 효과는 청색광 수용체에 의해 일어난다.

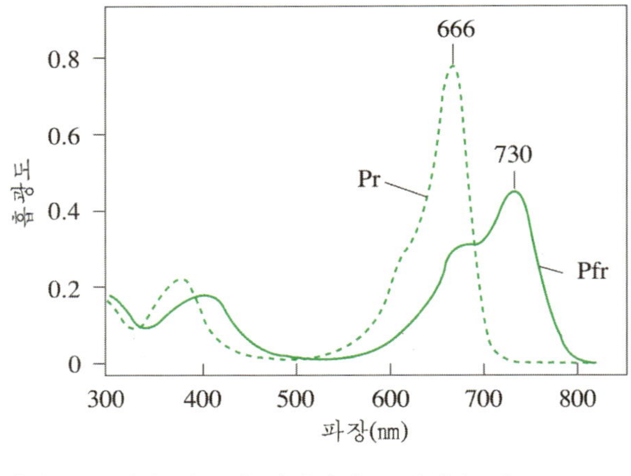

그림 7-72 Pr (점선)과 Pfr (실선)의 흡수스펙트럼

640~690 nm 의 적색광은 Pr 과 Pfr 에 의해 흡수되기 때문에 적색광이 쪼여졌을 때 모두 Pfr 의 형태로 되는 것이 아니라 85%의 Pfr 과 15%의 Pr 이 광평형(photoequilibium)을 이룬다. 마찬가지로 710~750 nm 의 적외선이 쪼여 졌을 때에도 모두 Pr 의 형태로 전환되는 것이 아니라 97%의 Pr 과 3%의 Pfr 로 광평형을 이룬다.

적색광이 조사될 때 생리적으로 작용하는 피토크롬의 형태는 Pfr이다. 피토크롬의 반응이 Pfr의 절대량과 양적인 상관관계를 가지고 있지 않기 때문에 피토크롬의 작용 정도는 Pfr과 Pr의 상대적인 비율에 의해서 결정되는 것으로 생각되고 있다. Pfr은 빛이 없으면 암역행(dark reversion)에 의하여 자발적으로 Pr로 전환되는데(그림 7-73), 반응속도는 온도와 pH에 따라 달라진다. 이때 암기가 길수록 암역행으로 생긴 Pr의 양이 증가하는 현상으로 보아, 피토크롬은 개화조절의 조절자로 작용하는 것으로 생각된다.

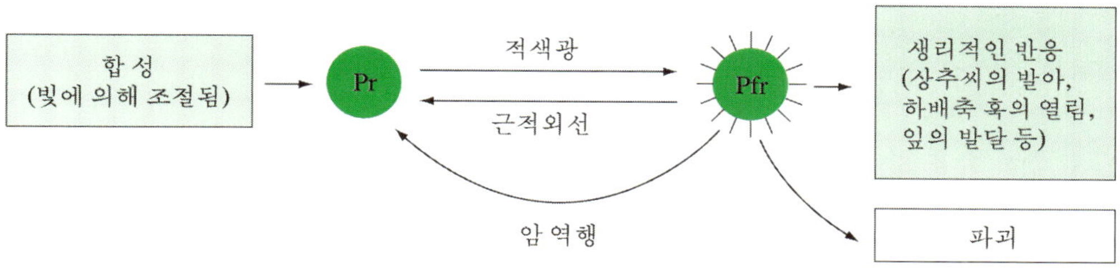

그림 7-73 세포 내에서 피토크롬의 전환을 조절하는 과정

피토크롬은 세포 내에 존재하는 유비퀴틴 체제(ubiquitin system)를 통하여 단백질분해효소에 의하여 파괴된다. Pr보다는 Pfr의 형태가 단백질분해효소에 더 쉽게 분해되므로, Pr이 Pfr로 광전환될 때 피토크롬의 파괴가 가속화된다. 따라서 피토크롬의 세포 내 함량은 암역행과 파괴에 의하여 조절된다. 그러나 한편으로는 세포 내 피토크롬의 양은 Pr로 합성되는 피토크롬의 합성에 의해서 조절되기도 한다. 피토크롬의 파괴가 촉진되면 역시 합성도 감소되는데, 이는 피토크롬 자신이 피토크롬의 유전자발현을 전사단계에서 억제하여 스스로의 합성을 조절하기 때문이다.

광주기, 특히 암기가 개화에 결정적인 역할을 하기 때문에 식물은 암기가 진행되는 시간을 측정하여 광주기적인 기록을 만들어야 한다. 어떻게 식물이 암기가 진행되는 시간을 측정할 수 있는가를 설명하는 2개의 가설이 있다.

그중 시간유리가설(hourglass hypothesis)에 의하면 시간은 암기가 시작되면서 함께 시작되는 어떤 일방적인 생화학 반응에 의해서 측정된다는 것이다. 그러므로 만약 빛에 의해서 암기가 중단되지 않는다면 이 일련의 생화학 반응은 단일조건에서는 개화를 유도하고 장일조건에서는 개화를 억제한다는 것이다.

Bünning에 의하여 주장된 또 다른 가설인 시계가설(clock hypothesis)에 의하면, 개화가 유도되기 위해서 어떤 생화학적인 산물이 축적되어야 한다는 점은 시간유리가설과 동일하지만 광주기의 기록은 매일매일 변하는 낮의 길이의 리듬에 맞춰져 있는 내적 진동을 따른다는 점이 다르다.

이 가설에 의하면 광주기의 역할은 내적인 일주성을 가지게 한다는 것이다. Bünning은 10품종의 콩잎에서 매일 잎의 운동을 관찰하여 일주성과 광주기에 의한 개화조절 사이에서 어떤 밀접한 관련성을 발견하였는데, 일주성에 따라 잎 운동을 하는 품종은 광주기상으로 단일조건에서 개화가 일어나고 잎 운동이 일주성에 따르지 않는 품종은 중일조건에서 개화가 일어난다는 것이다.

따라서 빛 신호와 식물체 내부에 존재하는 일주성 사이에는 어떤 연결이 존재하며, 피토크롬이 빛을 흡수하여 일주성 리듬을 늦추거나 앞당기게 함으로써 생체시계를 계속 새롭게 조절한다는 것이다. 특히 콩에 8 시간 동안 빛을 처리한 다음 64 시간 동안 암기를 처리할 경우, 이 암기는 4 시간 동안의 여러 시간대에서 암기를 중단해도 개화율은 일주성을 나타내었다.

이처럼 피토크롬은 계절에 따라 변하는 낮의 길이에 따라 계속 내부의 일주성 리듬를 조절해주는 역할을 하므로 피토크롬에 의해서 조절되는 현상들이 모두 일주성 리듬과 관련되어 있는 것은 아니지만 대부분의 식물생리학자들은 현재 Bünning 의 견해에 동의하고 있다.

일주성 리듬으로 기록되는 빛을 인지하는 광수용체는 무엇인가? 단일식물에서는 암기를 중단시키면 개화가 억제되는데, 이러한 암기중단이 개화 억제효과를 나타내려면 중단되는 빛의 양이 어느 정도는 충족되어야 한다. 완벽한 암조건에서 밝은 달빛의 3 배 내지 10 배 정도의 매우 낮은 강도의 빛을 처리해도 단일식물의 개화를 충분히 억제할 수 있었다. 또한 암기중단효과를 나타내는 데에 가장 효과적인 파장의 빛은 적색광이었다.

이처럼 적색광이 단일식물에서 개화억제를 일으키며, 단일식물에서는 개화촉진을 일으키는 작용스펙트럼과 피토크롬의 작용스펙트럼이 일치하므로 개화유도과정에 피토크롬이 광수용체로 관여한다는 것을 알게 되었다. 또한 암기중단효과를 일으키기 위해서는 암기의 중단에 사용되는 빛의 총량이 피토크롬의 형태를 Pr 로부터 Pfr 로 전환시킬 수 있을 정도로 충분히 처리되어야 한다는 것도 알게 되었다.

암기중단을 시킨 후 적외선에 노출시키면 개화기능이 회복된다. 이는 적외선에 의해 피토크롬이 Pfr 에서 다시 Pr 의 형태로 전환되었기 때문이다. 장일식물에서 적색광으로 암기를 중단시키면 개화가 촉진되나 적색광으로 암기를 중단시킨 다음 다시 적외선을 처리하면 개화촉진효과가 사라진다(그림 7-74).

장일식물과 단일식물에서 모두 암기중단효과가 나타나기 위해서는 최소한의 암기처리기간이 필요하다. 이는 개화조절효과를 나타내기 위한 절대암기가 존재하기 때문이다. 절대암기가 존재하는 이유는 개화를 유도하기 위해서는 Pfr 형태의 피토크롬의 양이 충분히 낮아져야 하므로 Pfr 이 Pr 로 전환되는 시간이 필요하기 때문이다.

광주기의 시간측정이 피토크롬을 통해 이루어지는 것을 뒷받침하는 몇 가지 증거가 있다. 식물은 광주기에서 주어지는 광자의 질과 양으로 암기와 명기를 구분한다. 하루 동안 730 nm 와 660 nm 의 빛의 양적인 비를 조사해보면 해가 지면서 빛의 강도가 낮아지는 것은 물론이며 적외선의 양이 적색광보다 상대적으로 많아진다는 것을 알 수 있다.

그리고 대기오염 정도에 따라 이 비율도 달라진다. 낮 동안에 식물이 받는 광조건에서는 피토크롬의 60% 정도가 Pfr의 형태로 되어 있다.

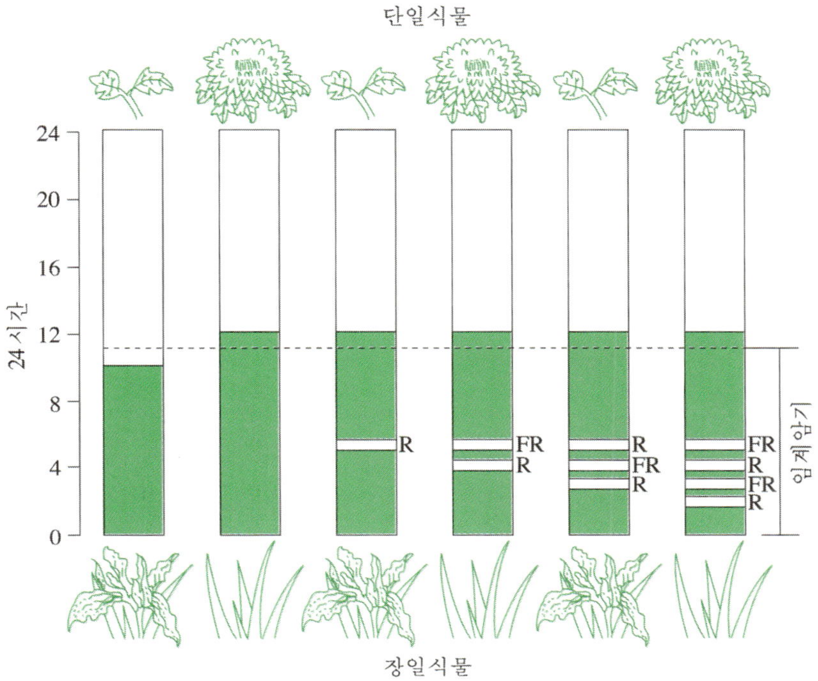

그림 7-74 적색광과 적외선에 의한 개화조절

적색광이 암기중단효과를 일으키는 데 가장 효과적이다. 장일식물에서는 암기기간에 짧은 시간 동안 적색광을 처리해도 개화가 유도되지만 적외선을 처리하면 그 유도효과가 사라진다. 이러한 반응으로 피토크롬이 개화에 관여한다는 것을 알 수 있다. 단일식물에서는 적색광으로 암기를 중단시키면 개화가 억제된다.

암기중단효과가 적색광에서 가장 효과가 큰 이유는 암기가 되면 피토크롬이 주로 Pr의 형태로 되어있기 때문이다. 식물이 암소에서 광주기를 감지하는 것이 Pfr이 Pr로 전환되는 것을 통하여 감지한다고 볼 때 Pfr이 Pr로 전환되는 시간은 보통 3시간 내지 6시간 사이에 끝나게 되는데, 임계암기는 이것보다 훨씬 길다. 화학반응은 온도에 민감하지만 광주기의 시간측정은 온도에 영향을 받지 않는 것으로 보아 광주기의 측정은 피토크롬의 단순한 화학적인 전환으로만 이루어져 있지 않다는 것을 의미한다.

시간유리가설에 의하면 암기 동안에는 피토크롬이 Pfr 형태로부터 Pr 형태로 암역행이 일어난다. 단일식물에 암기중단이 처리되면 잠시 동안 처리된 빛에 의하여 광화학적으로 다시 Pfr이 형성되기 때문에 개화를 일으킬 만큼의 충분한 양 이하로 Pfr의 양이 낮아지지 않아서 개화가 일어나지 않는 것이다. 그러나 이 시간유리가설로는 피토크롬이 광주기를 기록하는 기록자로서의 역할을 한다고는 볼 수 없다. 그러므로 개화 조절은 이 시간유리가설과 시계가설이 함께 종합되어야 더욱 설득력이 있을 것으로 보인다.

결국 광주기는 피토크롬을 통하여 시간을 측정하고 시간을 광주성 리듬으로 기록하며,

또한 끊임없이 변하는 낮 길이의 변화에 맞춰 일주성 리듬을 계속 새롭게 조정해가면서 결국은 내적인 일주성 리듬을 통하여 개화를 조절하는 것으로 추정된다.

계절의 변화에 따라 일주성 리듬이 조절되면서 매일매일의 잎 운동이 반복되기는 하지만 식물이 어떻게 겨울 같은 기간을 미리 알아서 준비하는가? 어떤 특정한 고도와 위도에서 오랜 기간 동안 일어나는 점진적인 진화과정을 거치면서 어떤 특정 유전자들이 자신의 생활사에 근거하여 겨울이 오는 것을 예고해주면 피토크롬은 내부 일주성 리듬에 맞춰 분석하여 겨울이 오는 날짜가 언제라는 것을 식물에게 알려주는 것으로 생각된다.

물론 이러한 연결을 입증하는 연구는 거의 없지만 식물이 겨울을 맞을 준비가 필요하면 보호기능을 갖는 물질을 만들기 위한 효소들이 합성되고 식물호르몬을 비롯한 다른 조절물질들의 세포 내 함량이 변함에 따라 생장양상이 달라진다.

⑤ 춘화처리

일부 2년생 식물들은 저온에 노출된 이후에야 비로소 광주기적 자극을 인지할 수 있다. 이러한 식물은 비록 영양생장이 이루어졌다고 하더라도 겨울을 지나기 전에는 꽃이 피지 않는데, 추운 겨울을 지나고 나서야 물질대사적인 변형이 일어나 비로소 광주기적 자극, 주로 장일조건을 인지해서 개화한다. 즉 식물이 광주기 반응을 일으키기 위해서는 저온에 노출되는 것이 필수적인 경우가 있는데, 이와 같이 온도도 개화반응의 조절요인으로 작용한다.

이러한 식물 중에는 춘화처리(vernalization)라는 일정한 저온처리기간을 지나야 개화가 촉진되거나 반드시 이 과정을 거쳐야만 개화하는 경우도 있다. 물에 불린 씨에 춘화처리를 하게 되면 개화촉진효과를 얻을 수 있지만 마른 상태의 종자에서는 개화촉진효과를 얻을 수 없다. 물론 온도가 개화를 유도하는 데 직접적인 영향을 나타내는 경우가 일부 식물에서 관찰되기도 한다. 그러나 이러한 온도에 의한 영향은 춘화처리와는 다르다.

춘화처리는 광주기처럼 일정기간 동안 저온에 처리하면 개화가 유도되는 일종의 유도현상(inductive phenomenon)이다. 춘화처리가 필요한 식물에 저온처리를 하지 않으면 개화가 지연되거나 혹은 그대로 영양생장상태로 남아 있게 되며, 일부 식물에서는 줄기 생장이 일어나지 않아서 식물체가 로제트(rosette) 형태로 되는 경우도 있다.

춘화처리에 대한 반응 정도는 식물의 연령에 따라 다르다. 가을에 씨를 뿌려 여름에 꽃이 피는 곡물류의 겨울형은 매우 어린 시기에 춘화처리에 반응하지만 2년생 식물을 포함한 대부분의 식물은 최소한의 크기에 도달해야만 춘화처리에 반응한다. 춘화처리효과를 나타내는 온도범위는 약 0～10℃ 부근인데 보통 1～7℃ 정도의 범위가 적합하다.

춘화처리효과는 시간에 따라 증가하여 포화양상을 나타내는데, 보통 몇 주 정도 걸리나 종에 따라 다소 차이가 있다. 또한 춘화처리를 한 경우라고 하더라도 높은 온도에 다시 노출되면 춘화처리효과가 상쇄되기도 하며, 저온으로 처리한 기간이 길면 길수록 저온처리효과는 보다 높고 영구적이다.

저온은 줄기의 정단부위에 있는 분열조직에서 1차적으로 인지되어 작용하는 것으로 생각되고 있다. 식물의 여러 부위를 저온에 처리하여 개화유도효과를 조사하여 보면 줄기 정단부위에서만 춘화처리효과가 나타나며 다른 부위는 영향을 받지 않는다. 개화에는 춘화처리와 광주기가 연계되는 경우가 많다. 특히 이 두 가지 필요조건의 순서가 중요한 의미를 갖는데, 가장 흔한 조합은 춘화처리 후에 일장조건이 처리되는 것이다.

2년생 식물인 *Hyoscyamus niger* 의 경우는 최소한 7일 동안 저온처리를 한 다음 장일조건으로 처리해야만 개화가 유도된다. 단일식물인 *Campanula medium* 는 춘화처리만으로 잎의 단일조건을 대체할 수 있다. 이 경우에는 춘화처리와 광주기적인 유도가 서로 다르게 개화에 작용하는 것으로 여겨진다.

2. 꽃의 발달

개화유도에 적합한 광주기가 주어지면 개화유도 신호가 줄기의 정단부로 이동하여 화아형성이 유도된다. 이때 잎에서의 과정을 광주기적 개화유도(photoperiodic induction)라고 하고, 줄기의 정단부에서 일어나는 과정은 꽃의 유기(floral evocation)라고 한다. 즉 꽃의 유기는 꽃의 발달과정의 하나로 줄기 정단부에 있는 세포들이 생식발달(reproductive development)을 하도록 유도하는 과정이다. 광주기 조건이 적합하면 잎에서 생성된 개화자극이 줄기의 정단부위에 이르러 세포의 상태를 생리적·생화학적으로 전환시키면서 화원기(floral primordia)를 형성하여 꽃의 각 기관을 발달시킨다.

최근 애기장대와 금어초에서 동열돌연변이(homeotic mutation)를 통해 연구된 *floricaula* 나 *agamous* 등의 유전자가 꽃의 기관형성을 결정하는 유전자를 조절하기 위해서 DNA 에 결합하는 전사조절인자(trnascriptional factor)인 것으로 추정되고 있으므로 줄기의 정단부위에서 일어나는 꽃의 초기발달은 전사조절단계에서 조절되는 것으로 생각되고 있다.

꽃이 발달할 때 일어나는 신호전달과정은 먼저 광주기적 개화유도에 의해서 발생한 신호가 잎 세포 사이를 이동하여 잎에서 줄기의 정단부위로 개화신호가 먼 줄기 끝으로 이동한 다음, 저온과 같은 외부환경의 영향을 줄기 정단부에서 직접 받아 꽃을 유기시키는데 필요한 초기 유전자의 발현을 유도하고 또한 꽃의 유기와 관련된 전사조절인자를 유도하여 유전자발현이 변화되어 꽃의 각 기관이 발달한다(그림 7-75).

꽃의 유기가 일어난 다음 다양한 형태의 꽃을 만들기 위하여 다양한 형태적인 전환이 일어난다. 이 과정은 탄수화물, 지베렐린 및 시토키닌 등을 포함한 여러 물질들의 복잡한 상호작용을 거쳐 일어난다. 영양생장에서 생식생장으로 전환되어 꽃이 유도될 때에 나타나는 가장 두드러진 현상은 세포분열의 유형과 분열조직의 구조가 변하고 세포분열도 빠르게 일어나는 것이다.

여러 요인에 의해 개화가 결정되면 줄기의 정단부에서 화기분열조직(floral meristem)이 만들어지며, 이로부터 꽃의 기관들이 발달된다. 개화유도가 일어나는 줄기의 정단부에 물질대사 억제물질이나 생장조절물질들을 처리한 실험에 의하면 개화의 결정은 전체 식물체 수준에서 일어나는 것으로 나타났다.

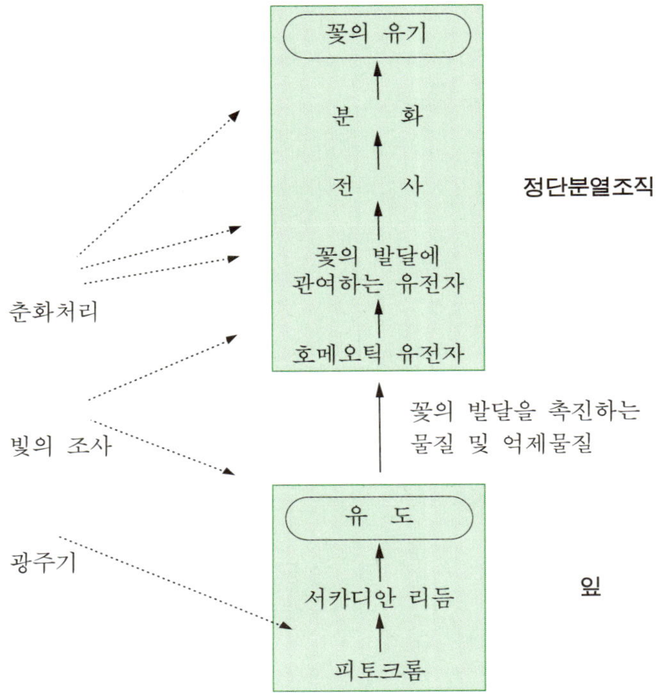

그림 7-75 개화과정에 작용하는 외적 요인과 내적 요인들

춘화처리 : 작용부위는 아마도 줄기 정단부위인 것으로 여겨지나 그 기작에 대해서는 아직 밝혀져 있지 않다. 빛 : 광합성에 중요한 에너지원. 광주기 : 잎에서 주로 작용하여 개화신호를 유도하거나 억제한다

일단 개화가 유도되기만 하면 적당한 배지에 줄기의 정단부위를 배양하여도 꽃을 발달시킬 수 있다. 또한 1955년 Skoog는 담배의 분열조직으로부터 직접 꽃을 분화시켰으며, 다른 식물에서는 floral shoot를 배양하여 꽃을 발달시켰고, 또한 담배 화경의 표피세포를 배양하여 화아를 형성시켰다. 조직배양을 통하여 화아를 발달시킬 수 있는 정도는 조직절편의 부위와 조직을 절단한 시기에 따라 다르다.

예를 들어 중일조건에서 개화하는 담배의 경우 어린 영양기관의 조직절편은 거의 꽃으로 발달하지 못하지만 개화시기의 조직절편으로부터는 꽃을 분화시킬 수 있다. 또한 꽃대 부위에서는 꽃을 분화시킬 수 있지만 식물의 아랫부분으로 내려올수록 꽃으로 분화하는 정도가 점차 낮아지며, 개화가 유도된 식물을 개화가 유도되지 못하는 조건으로 옮기더라도 개화유도조건에서 획득된 개화유도능은 잃어버리지 않았다.

꽃은 한 개의 세포로 이루어지는 것이 아니기 때문에 화아분화가 결정되는 초기에는 줄기 정단분열조직 안에 있는 각각의 세포들 사이에서 꽃을 발달시키는 신호전달이 일어나는 것으로 여겨진다. 개화가 유도되는 능력은 식물의 종에 따라 다르다. 즉 어떤 식물은 단 한 번만 개화유도조건에 노출시켜도 개화가 유도되는 반면, 어떤 식물은 오랫동안 개화유도조건을 처리해야만 개화가 유도된다. 이는 개화자극에 대한 잎과 줄기 정단부위의 감수성이 다르기 때문인 것으로 생각되고 있다.

줄기의 정단부위에 개화자극이 도달한 다음, 화아의 유기가 결정되는 데에는 일정한 시간이 소요된다. 나팔꽃 자엽에 개화유도조건이 주어졌을 때 개화자극이 시간당 40 cm 씩 이동하면 자엽으로부터 줄기 정단부까지 개화신호가 이동하는 데에 걸리는 시간은 1 시간 정도이고 그 후 9 시간 이내에 화아의 유기가 결정된다.

그러나 자엽으로부터 개화자극이 줄기의 정단부위에 도달하더라도 식물의 절(node)이 일정 수에 이르지 않으면 개화가 결정되지 않는다. 개화자극이 존재하더라도 줄기의 정단부위가 세포분열능력을 비롯한 그 밖의 조건들을 갖추어야만 꽃이 유기되는 것이다.

개화가 결정된 뒤에 꽃의 각 기관들의 발달이 일어나는 시기는 서로 다르다. 1989 년 Tucker 의 연구에 의하면 꽃받침이 가장 처음 유도되며 꽃잎, 수술, 암술은 거의 동시에 유도된다(그림 7-76).

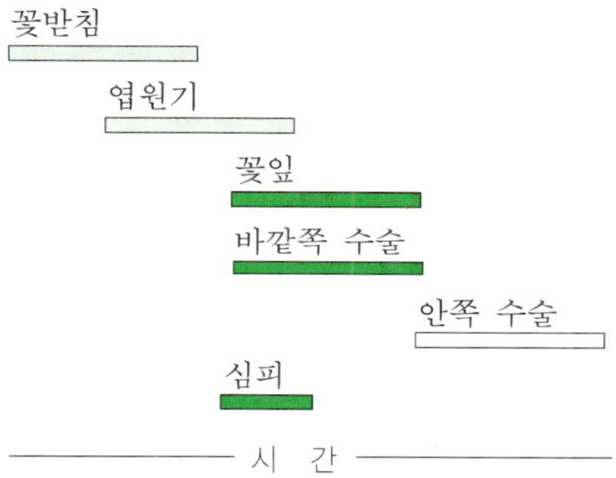

그림 7-76 완두콩에서 꽃의 기관이 발달하는 기간

각 선의 길이는 꽃의 각 기관이 모두 발달하는 전체기간을 의미한다.

꽃의 바깥부분을 이루는 꽃받침과 꽃잎은 잎을 형성하는 유형과 유사하게 유도되며, 이어서 수술이 원을 그리면서 위쪽 방향으로 분열조직의 바깥쪽을 따라 발달되는데 그 위치는 꽃잎의 안쪽이나 꽃받침의 안쪽에 자리 잡는다. 암술은 수술이 발생한 다음에 발생하게 된다. 즉 암술의 발달 후기에 아래쪽에는 자방이, 위쪽에는 암술대가 형성된다.

꽃잎이 생장하는 후기에는 주로 세포신장이 일어나므로 지베렐린이 관여하며, 꽃잎이 완전히 완성되면 ABA 와 에틸렌이 작용하여 꽃잎이 펴지고 노화가 일어난다. 꽃받침의 발달에는 지베렐린이 중요하게 작용하는 것으로 알려져 있다. 수술의 발달은 길이생장에만 의존하는데, 표피세포의 수에는 변함없이 단순히 세포신장에 의해 수술의 길이가 길어져서 몇 시간 안에 10 배 또는 20 배 정도로 수술의 길이가 길어진다.

수술의 길이신장이 일어날 때에는 빛, 온도 및 습도 등의 환경요인이 중요하게 작용하며 생장조절물질로는 옥신, 시토키닌, 에틸렌 등이 작용한다(그림 7-77).

일반적으로 지베렐린은 수술의 발달을 유도하고 옥신은 암술의 발달을 유도하는 것으로 알려져 있지만, 예외가 많이 존재하므로 꽃의 발달은 여러 식물호르몬들이 다양하게 작용하는 복합적인 현상이라고 할 수 있다.

호메오시스(homeosis)는 기관이나 조직이 비정상적인 위치에서 발달하는 것을 칭하는 말인데, 넓은 의미에서 형태적 · 생리적 · 해부학적으로 비정상적인 모양을 의미한다. 예를 들어 수술이 꽃잎처럼 생긴 것(petaloid stamen) 혹은 꽃받침처럼 생긴 꽃잎(sepaloid petal) 등을 말한다. 일부 호메오틱 유전자(homeotic gene)는 모두 유사한 DNA 염기서열을 가지고 있는데, 이를 호메오박스(homeobox)라고 한다. 꽃잎이 꽃받침이나 잎처럼 생긴 돌연변이체에서 분리된 유전자인 *deficiens* 의 유전자좌(locus)는 DEF 단백질을 유도한다. 이것은 동물과 효모에서 잘 알려진 전사조절인자의 DNA 결합부위와 염기서열이 유사하다.

애기장대의 *agamous* 돌연변이에서는 6 개의 수술 대신에 6 개의 꽃잎이 만들어지며 암술이 개별적인 꽃으로 대체된다. 그래서 ag 돌연변이체에서는 4 개의 꽃받침 안에 정상적으로 4 개의 꽃잎이 있는 것 외에 6 개의 꽃잎이 더 만들어져서 총 10 개의 꽃잎을 가지고 있으며, 꽃잎 안에는 다시 4 개의 꽃받침과 10 개의 꽃잎이 들어있다. 유전자를 분리하여 염기서열을 조사한 결과, *ag* 유전자는 사람과 효모에서 발견된 전사인자 및 *deficiens* 유전자와 염기서열이 상당히 유사한 것으로 나타났다.

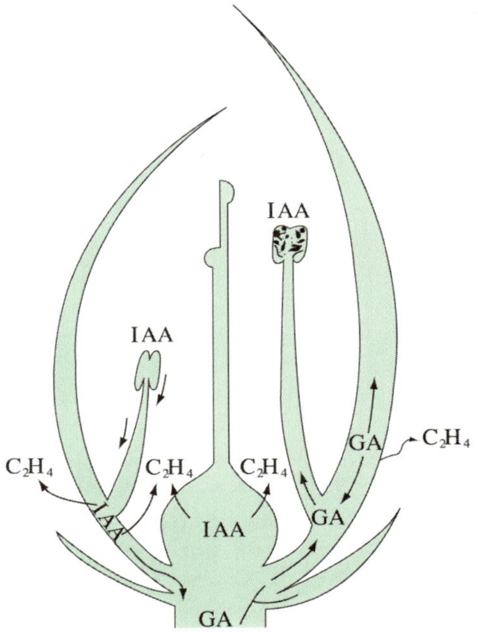

그림 7-77 나팔꽃에서 생장조절물질이 꽃잎의 확장과 수술대의 신장을 조절하는 가설적인 모델

애기장대와 금어초에서 연구된 결과를 근거로 제시된 꽃의 기관형성 모델에 의하면 꽃의 분열조직은 정상적으로는 암술, 수술, 꽃받침 및 꽃잎 등의 4 개의 기관을 만드는데, 꽃에서 일어나는 돌연변이는 4 종류 기관들의 모양이 변하여 보통 3 개의 유형으로 표현된다(그림 7-78 참조).

개화과정에 대하여 많은 연구가 진행되어 광주기가 개화를 조절하는 데 가장 중요한 요인이라는 것은 밝혀졌다. 하지만 아직도 광주기에 의한 잎에서의 개화요인 형성과정, 개화유도자극과 자극억제의 상호작용, 개화 프로그램의 형성, 식물 생장조절물질과 개화와의 상관관계 및 개화를 유지할 수 있는 생장조건과 그 발현과정 등과 같은 많은 의문점들이 연구과제로 남아 있다.

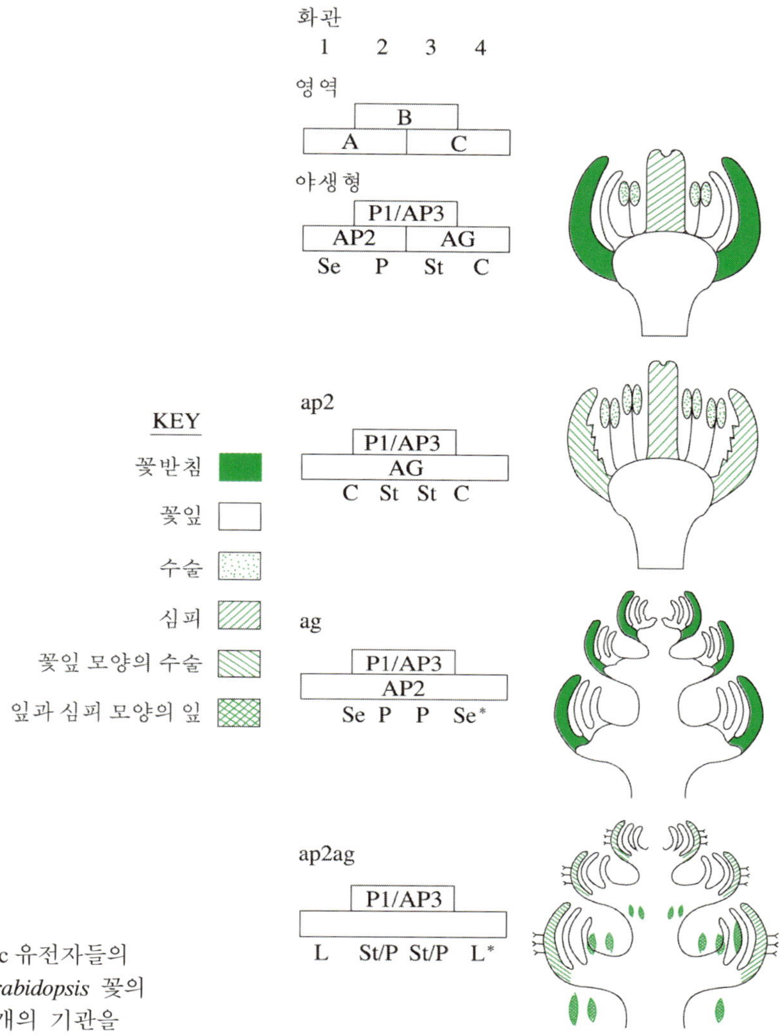

그림 7-78 꽃의 homeotic 유전자들의 두 구룹(*ap* 2 와 *ag*)이 *Arabidopsis* 꽃의 분열조직에서 어떻게 4 개의 기관을 만들 수 있는지에 관한 모델

7-3-2 식물의 생식

1. 수분과 수정

종자의 발아 시에 나타나는 줄기와 뿌리의 기본구조는 종자의 배형성 과정에서 이미 만들어진다. 그러므로 발아과정은 단지 분화가 더 진행되는 과정이라고 볼 수 있다. 꽃은 식물의 대표적 생식기관으로 수분과 수정을 위하여 다양하게 분화되어 있다.

피자식물의 전형적인 꽃은 꽃받침편(sepal)들이 모여 꽃받침(calyx)을 만들며, 꽃받침편과 수술(stamen) 사이에는 꽃잎(petal)이 있고, 이것은 모여서 화관(corolla)을 형성한다.

수술은 화사(filament)와 약(anther)으로 이루어져 있다. 약에는 화분낭이 있어서 소포자

(microspore)들을 형성하며 소포자는 성숙하여 웅성배우체인 화분(pollen grain)이 된다.

암술(pistil)은 심피로 구성되며 주두(stigma), 주병(style) 및 씨방(ovary)의 세 부분으로 나누어진다. 씨방은 배주(ovule) 속에 대포자낭(megasporangium)을 만들고 대포자낭에서는 대포자가 만들어지며, 대포자가 발달하여 자성배우체인 배낭을 형성한다(그림 7-79).

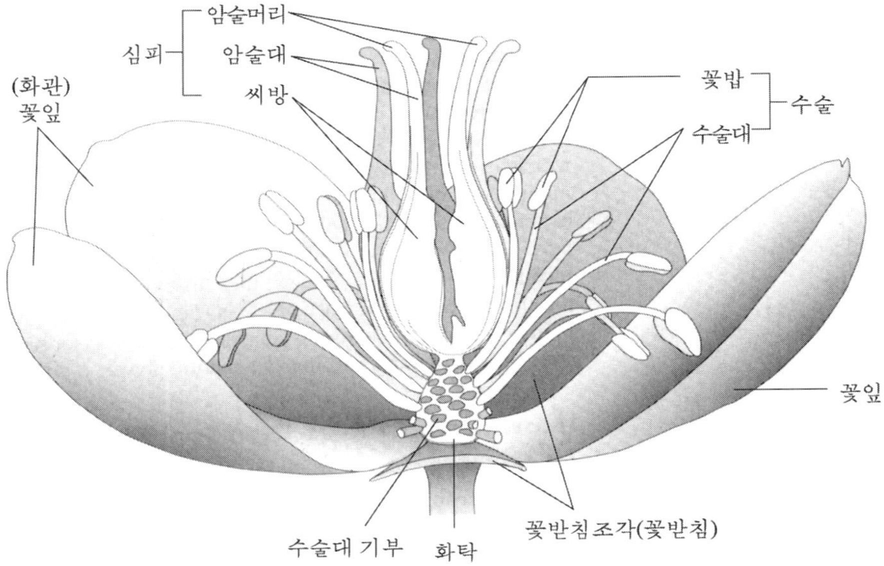

그림 7-79 일반적인 꽃의 구조

수술의 화분낭에서는 각 소포자모세포(microspore mother cell)가 감수분열하여 4 개의 반수체 소포자(microspore tetrad)를 만든다. 소포자는 다시 성숙하여 화분이 되는데, 화분은 1 회 유사분열하여 영양세포(vegetative cell)와 생식세포(generative cell)가 된다. 영양세포는 보다 많은 핵산단백질(nucleoprotein)을 가지고 있어서 전체적으로 세포가 크지만 치밀하지 않다. 생식세포는 작아서 적은 양의 핵산 단백질을 가지고 있으며, 핵은 작으나 치밀하게 밀집되어 있다.

일반적으로 생식세포는 주로 영양세포에 의해 둘러싸인 모양을 한다. 영양세포는 화분관(pollen tube)으로 발달하며 심피(carpel)에 있는 배낭(embryo sac)까지 이르게 된다. 생식세포는 유사분열과정을 거쳐서 2 개의 정세포가 된다(그림 7-80).

화분의 세포분열은 화분 안에서 일어나는 식물도 있고 화분관이 발달하면서 일어나는 식물도 있다. 이러한 과정은 대포자모세포(magaspore mother cell)가 주심(nucellus)에서 감수분열을 하는 과정과 매우 비슷하다. 대포자모세포는 2 번의 감수분열을 거쳐서 4 개의 반수체 대포자(megaspore tetrad)가 만들어지며, 대포자 사분체의 극성에 따라 3 개는 퇴화되고 1 개의 대포자가 발달하여 배낭(embryo sac)을 형성한다.

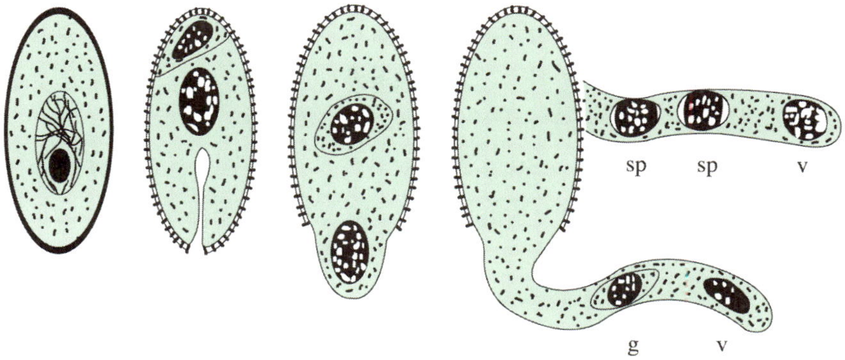

그림 7-80 백합 화분립의 첫번째 불균등 유사분열
영양세포(v)는 크기가 크며, 생식세포(g)는 작다. 생식세포는 화분관이 길어지는 시기에 다시 유사분열하여 2개의 정세포(sp)가 된다.

배낭형성과정은 1개의 대포자가 3번의 유사분열과정을 거쳐서 8개의 낭핵을 가지는 대배우체가 되고, 이후에 다시 세포질 분열이 일어나서 배낭이 된다(그림 7-81).

배낭의 8개 핵 중에서 주공측(micropylar end)의 4개 핵은 세포질분열 끝에 1개의 난세포(egg cell)와 2개의 조세포(synergid) 및 1개의 극핵이 되어 주공 쪽에 위치한다.

합점측(charazal end)의 4개 핵도 세포질분열 후에 3개는 반족세포가 되어 합점측에 위치하게 되고, 1개 핵은 주공측의 1개 핵과 함께 중앙세포(central cell)에 남아서 극핵(polar nucleus)이 되며, 수정 전에 융합하여 2n의 배낭핵(embryo sac nucleus)이 된다. 수정이 일어나게 되면 피자식물은 난세포와 중심세포가 모두 수정되는 중복수정을 한다.

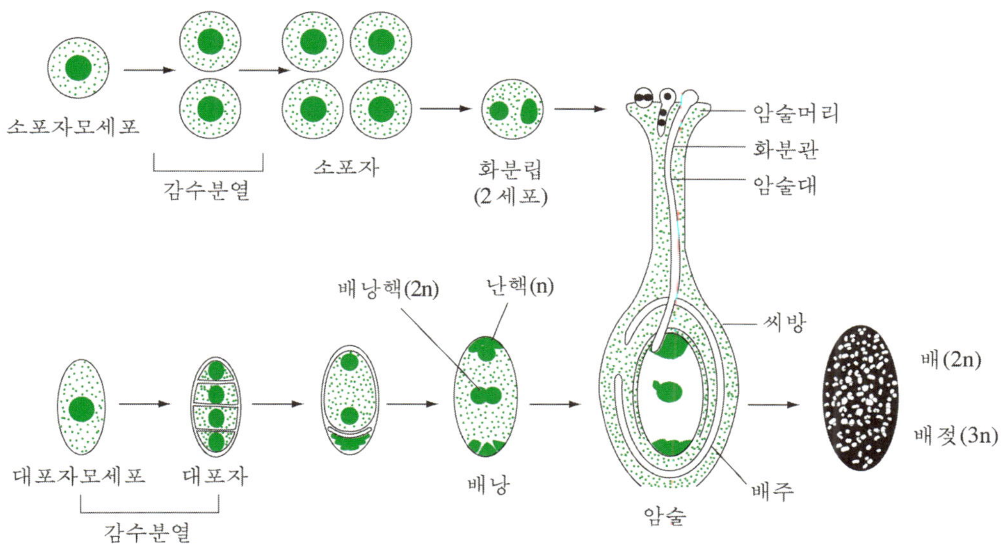

그림 7-81 식물의 중복수정에 의한 배젖과 배의 초기발생

2 개의 정세포 중 하나는 2 배체의 배낭핵과 결합하여 3 배체(triploid)의 배유핵을 형성한다. 이 배유핵은 많은 핵분열을 통하여 다핵의 세포로 된 배유를 이루며 이들 배유에는 비타민, 식물호르몬 등을 많이 함유하고 있어서 종자 발달이나 발아과정에서 사용된다. 배유는 대체로 고형질이나 코코넛에서처럼 액상인 경우도 있다.

한편 또 하나의 정세포는 난핵(egg nucleus)과 수정하여 2 배체의 접합자(zygote)를 이루며, 접합자배발생(zygotic embryogenesis)과정을 거쳐 접합자배로 발달한다. 한편 나자식물의 경우는 단상(n)의 극핵이 그대로 수정없이 발달하여 단상의 배유를 형성한다.

2. 접합자배발생

냉이(*Capsella bursa-pastoris*)의 초기 배발생과정은 접합자배발생(zygotic embryogenesis)의 전형적인 예로 많이 인용되고 있다(그림 7-82).

냉이의 접합자(zygote)는 횡열을 해서 상부세포(*ca*)와 하부세포(*cb*)를 만든다. 다음의 2차분열에서 *ca* 는 종열을 하고 *cb* 는 횡열을 하여 ⊥모양의 4 세포기 원배(proembryo)가 생긴다. 다음의 분열에서 두 개의 상부세포는 첫 분열면에 직각으로 종열을 해서 4 분기가 되고 이들 *ca* 유래의 4 개의 세포는 다음 분열에서 횡단을 하여 8 분기의 구형을 만든다. 이 8 개의 세포 중 정단의 4 개가 후에 자엽(cotyledon)과 유아(plumule)를 만들고, 밑의 4 개의 세포는 유근(radicle)과 하배축(hypocotyl)을 만든다.

다음의 분열에서는 이 8 개의 세포가 모두 표면에 대하여 평행되게 분열을 하는데, 이때 생긴 외부의 세포는 후에 표피층이 될 전표피(protoderm)이고, 내부의 세포는 더욱 분열해서 원피층(periblem)과 원중심주(plerome)가 된다.

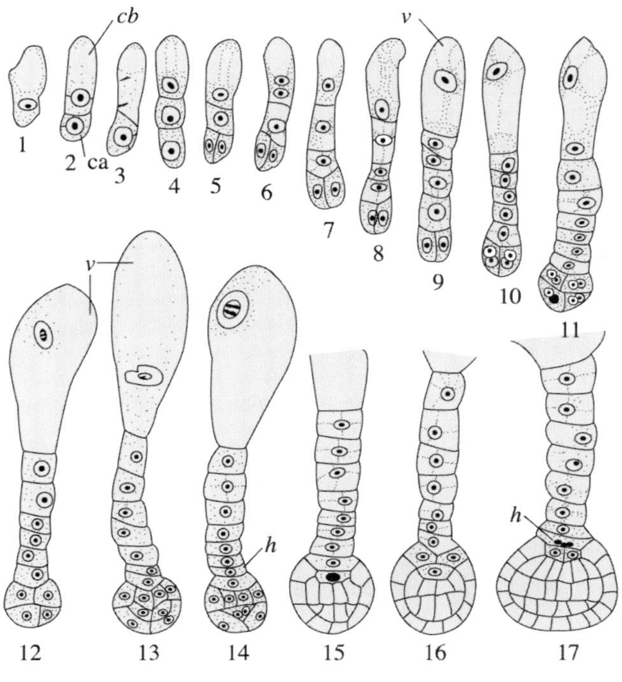

그림 7-82
냉이(Capsella bursa-pastoris)의 초기 배발생과정

ca : 상부세포
cb : 하부세포

상부세포 *ca* 유래의 세포들이 이와 같이 분열하는 동안에 하부세포 *cb* 는 횡열을 거듭하여 6~10 개로 구성된 배병(suspensor) 세포를 만든다. 그중 가장 아래쪽에 있는 *v* 세포는 비대팽창하여 주머니 모양으로 된다.

cb 유래의 세포들 중 가장 위에 위치한 *h* 세포를 원근층(hypophysis)라고 한다. 이것은 곧 횡열해서 두 개의 세포로 되고 다시 2 회 더 분열하여 8 개의 세포로 되며 분열면은 서로 직각을 이룬다. 이렇게 하여 생긴 *h* 유래의 8 개의 세포 중에서 위쪽의 4 개는 뿌리의 피층(cortex)이 되고, 아래쪽 4 개는 근관(root cap)과 뿌리의 표피(epidermis)를 만든다.

7-3-3 체세포배 발생

배양세포로부터 식물체를 얻으려면 체세포배 발생(somatic embryogenesis)을 거치는 경우와 기관분화를 유도하는 경우가 있다. 오늘날 첨단과학으로 각광을 받고 있는 식물생물공학은 궁극적으로 식물세포의 전형성능(totipotency)을 이용하는 분야라고 할 수 있다. 전형성능의 발현은 이제 학문적 연구뿐만이 아니라 산업적으로 실용화 단계에 진입하여 유용식물의 대량증식, 무병주 식물의 생산 및 육종상 중요한 반수체 식물의 생산 등을 가능하게 하고 있다.

또한 배양세포로부터 체세포배를 이용한 인공종자생산 및 형질전환 세포로부터 식물체 재생 등도 실용화되고 있다. 이와 함께 기내의 2 차대사산물 생산도 넓은 의미에서 물질대사 수준의 전형성능 발현이라고 할 수 있다.

1. 체세포배의 특성

식물세포 배양에서 탈분화된 세포로부터 다시 분화과정을 거쳐서 체세포배가 발생된 것을 처음 발견하였을 때 체세포배는 접합자배와 구조적으로 동일하다고 보았다. 그후 많은 식물의 세포배양에서 체세포배가 형성되고 이로부터 식물체가 재생되는 전형성능이 입증되었다. 고등식물의 세포는 수정란뿐만 아니라 대부분의 체세포가 전형성능을 가지고 있는 것이 고등동물과 다른 또 하나의 특징이다. 식물은 시험관 안에서 알맞은 조건을 갖춰주면 조직 또는 기관분화를 거쳐서 완전한 개체로 재생될 수 있다.

이러한 현상은 Sterward (1958) 등에 의해 당근 현탁배양세포에서 처음으로 관찰하였고, Reinert (1959)는 고체배지에서 처음으로 체세포배를 배양하였다.

체세포배는 캘러스에서 직접 유도할 수 있고, 생장점을 비롯한 거의 모든 식물 부위에서 유도할 수 있으며, 반수체(haploid)인 배는 소포자(microspore)에서 유도할 수도 있다. 또한 원형질체(protoplast) 배양에 의해서도 형성된다.

세포 수준에서 체세포배의 기원은 밝혀져 있지 않으나, 배가 형성되는 조직 수준의 특징은 기관형성 시 분열조직의 세포와 거의 유사하다. 즉 생장점이나 접합자배와 같이 세포 내의 전분축적 현상이 현저하여 나타날 뿐만 아니라 체세포배로 기원될 조직은 세포의 크기가 작고 균일하며, 세포질이 풍부하고, 핵이 두드러지며, 세포벽이 얇고, 액포가 발달되어 있지 않다. 또한 단백질과 RNA 의 농도가 높고 tetrazolium 으로 염색을 하면 탈수소효소(dehydrogenase)의 활성이 높게 나타난다.

2. 체세포배의 발달

체세포배와 접합자배의 발달양상은 구상형배(globular embryo)부터는 형태적으로 유사하지만 단세포에서 구상형배 이전까지는 접합자배의 발생과정을 관찰하기 어렵다. 옥신이 함유된 배지에서 배양한 체세포배 형성 세포들을 옥신이 없는 배지에 옮기면 먼저 미세세포괴가 형성되면서 구상형배가 5~7 일 사이에 나타난다.

구상형배에서는 세포분열활동이 구성세포 전반에 걸쳐서 일어나지만(방사생장), 2~3 일 후에 점차로 배의 주축중심부와 그 선단 주변부로 국한되는 극성을 나타내면서 V 자 또는 Y 자 모양의 분열조직부위가 나타나서(좌우상칭생장) 심장형배(heart embryo)의 구조를 갖추게 된다. 심장형배의 주축부위에는 전형성층이 형성되고, 그 선단부위에 두 개의 자엽원기가 만들어진다. 어떤 경우에는 배병과 같은 부위가 나타나기도 하는데, 액체배지보다는 고체배지에서 더욱 잘 관찰된다.

심장형배에서는 2 개의 자엽의 돌출, 하배축의 신장, 유근의 발달이 수반되며 배양 2.5~3 주가 되면 자엽이 신장되면서 배축 부위가 뚜렷한 어뢰형배(torpedo embryo)로 발달한다. 이 어뢰형배의 배축 선단부에서 유근이 형성되고 자엽 사이에서 어린 유경의 분열조직이 분화되면 체세포배가 완성된다. 이 체세포배는 액체배지에서 계속 생장시킬 수도 있고, 고체배지에서 완전한 식물로 재생할 수 있다(그림 7-83).

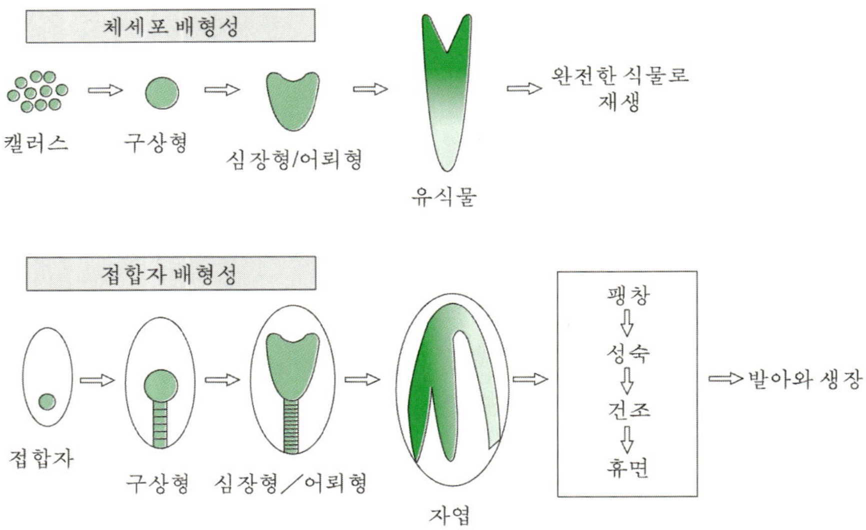

그림 7-83 체세포 배형성과 접합자 배형성의 비교

체세포배와 접합자배는 구상형 단계에서 어뢰형 단계까지 형태적으로 발달 양상이 유사하다. 체세포배는 건조와 휴면이 없이 분화된 유식물 단계로 이어진다.

3. 체세포배와 접합자배

체세포배는 자연상태에서 발생되는 접합자배(zygotic embryo)와 기본적으로 같은 특징을 가지고 있으나, 주의 깊게 관찰하면 체세포배는 구조상 접합자배와 큰 차이가 나타난다.

체세포배는 소포자의 외벽(exine)에 존재하는 원배(proembryo)가 없고, 접합자배에서 볼 수 있는 배낭에 배를 연결시켜주는 배병(suspensor)이 잘 관찰되지 않는다. 배병이 없이 발달하는 체세포배는 원형질연결(protoplasmic connection)이나 미세소관(microtubule) 또는 스페로솜(spherosome)과 같은 세포소기관을 통하여 영양분이 공급된다고 알려져 있다.

또한 체세포배는 2 차배를 형성하거나 모양이 기형인 경우가 많으며, 특히 자엽의 수가 비정형적인 부정형이 많이 관찰된다. 이러한 이상구조를 가진 체세포배는 식물체로 재생되는 비율이 아주 낮기 때문에 대량증식 과정에서 심각한 장애요인이 된다. 따라서 체세포배를 이용한 인공종자 생산 등의 산업화에 앞서서 체세포배의 이상구조에 대한 문제점이 극복되어야 할 것이다.

접합자배와 생리적인 차이도 알려지고 있는데, 기내에서 갑자기 휴면(dormancy) 상태에 돌입하거나 휴면이 유지되지 않기도 한다. 또한 배 내의 함유물질의 차이도 나타난다. 유채의 체세포배는 배 특이성 저장단백질이 접합자배의 10%에 불과하며, 미나리의 체세포배의 발생과정에서 단백질 분석 시 비배발생 캘러스, 배발생 캘러스 및 배발생 단계별 단백질 유형에 현저한 차이가 관찰된다. 자방 내에서 일어나는 접합자배 발생에 대한 연구는 그 재료를 다루는 데에 어려움이 많아서 연구가 답보상태에 있다는 것을 상기할 때 다루기 용이한 체세포배는 배발생을 연구하기 위한 좋은 시스템이 된다.

4. 체세포배의 유도

체세포배는 비교적 단순한 과정을 통하여 유도할 수 있다. 먼저 옥신 배지에서 식물재료로부터 캘러스를 유기하고 체로 거르거나(sieving) 구배분획을 통하여 체세포배 형성이 가능한 세포를 선발한 다음, 옥신이 없는 배지로 옮겨 체세포배를 유도한다. 이때 저밀도에서 배양하면 세포의 동조화(synchronization)를 시킬 수도 있고, 90% 이상까지 배형성을 유도할 수 있다.

체세포배의 유도에 있어서 가장 중요한 화학적 요인은 배지 내 옥신의 농도와 질소화합물 성분이다. 체세포배형성 세포의 유도에는 옥신이 필요한데, 이때 옥신에 대한 질소의 비율이 높아야 한다. 그러나 체세포배의 발달은 옥신에 의해 제한을 받으므로 배형성 시에는 외생 옥신을 제거하거나 아주 낮은 배지로 옮겨주어야 한다.

환원형 질소는 배발생을 촉진한다. 당근 배양에서는 KNO_3 (12～40 mM)가 포함된 배발생 배지에 10 mM 의 NH_4Cl 을 첨가하는 것이 배발생에 유효하며 글루타민(glutamine), 글루탐산(glutamic acid), 요소(urea), 및 알라닌(alanine) 등의 유기질소원은 NH_4Cl 의 효과를 대치할 수 있다. 또한 유기형태의 질소보다는 무기질소 화합물이 더 효과가 있기는 하지만 질소의 형태가 배발생 유도에 특이성을 나타내지는 않는다.

옥신 이외의 다른 식물호르몬도 배발생에 영향을 미치는 것으로 알려지고 있지만 시토키닌(cytokinin)의 효과는 다소 불명확하다. 제아틴(zeatin)은 옥신이 없는 배지에서 당근의 현탁배양세포의 배발생을 촉진하지만 키네틴(kinetin)과 벤질아미노퓨린(benzylaminopurine)은 억제시킨다. 외생 ABA는 대부분의 경우에 배발생을 억제한다. 그러나 당근 캘러스에서는 촉진효과를 나타내며, 체세포배 형성에서 문제가 되는 비정상적인 배의 발생빈도를 감소시킨다(표 7-2).

표 7-2 당근뿌리 캘러스로부터 배발생과 캘러스 증식에 미치는 ABA 효과

ABA (mg/l)	생체중 (g)	배 형 성 수			특 징
		어 린 배	성 숙 한 배	전 체	
0.0	2.42	1,376	1,521	2,879	배의 발아
0.3	3.25	1,279	1,031	2,310	캘러스 생장이 양호
3.0	2.68	1,834	1,359	3,378	정상적인 배의 발달
10.0	2.39	2,086	1,763	3,849	정상적인 배의 발달

* 암상태에서 8주간 배양하였으며, 접종 당시 캘러스의 무게는 1 g임

일반적으로 배발생은 배양기간이 경과할수록 형성능이 떨어진다. 당근의 경우 조직에서 유리시킨 후에 4~6주 후에 배형성이 시작되고, 15주에는 최대의 배형성능을 보이지만(그림 7-84), 이후부터 차츰 저하되기 시작하여 36주 후에는 완전히 배형성능이 상실된다. 이때 적당한 배지로 옮기면 다시 배형성능이 다소 회복된다. 이러한 일시적인 배형성능의 상실은 배양세포에서 생합성되는 어떤 배발생 유도물질이 결핍되거나 세포의 배수성 변화에 의한 것으로 추정되고 있다.

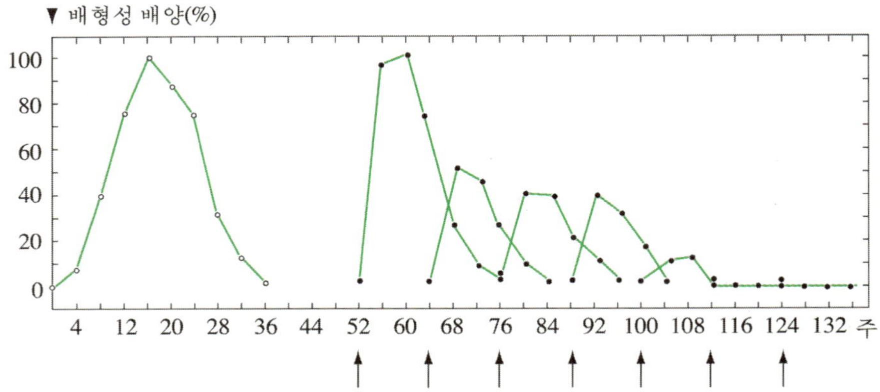

그림 7-84 당근배양세포의 배형성능의 유지와 상실

옥신과 고농도(60 mM)의 질소가 포함된 고체유도배지에서 계대배양(○—○)을 한 후에 저농도 질소(32 mM)가 포함된 비유도배지에서 배양하며, 일정기간(화살표)에 고농도 질소의 유도배지(•—•)로 옮김

5. 배의 발달과 호르몬

옥신의 제거는 배발생을 촉진한다. 옥신은 형태발생과 배발달에 중요한 역할을 한다. 체세포배의 유도시 외생옥신의 역할은 식물체의 부위에 따라 다르다.

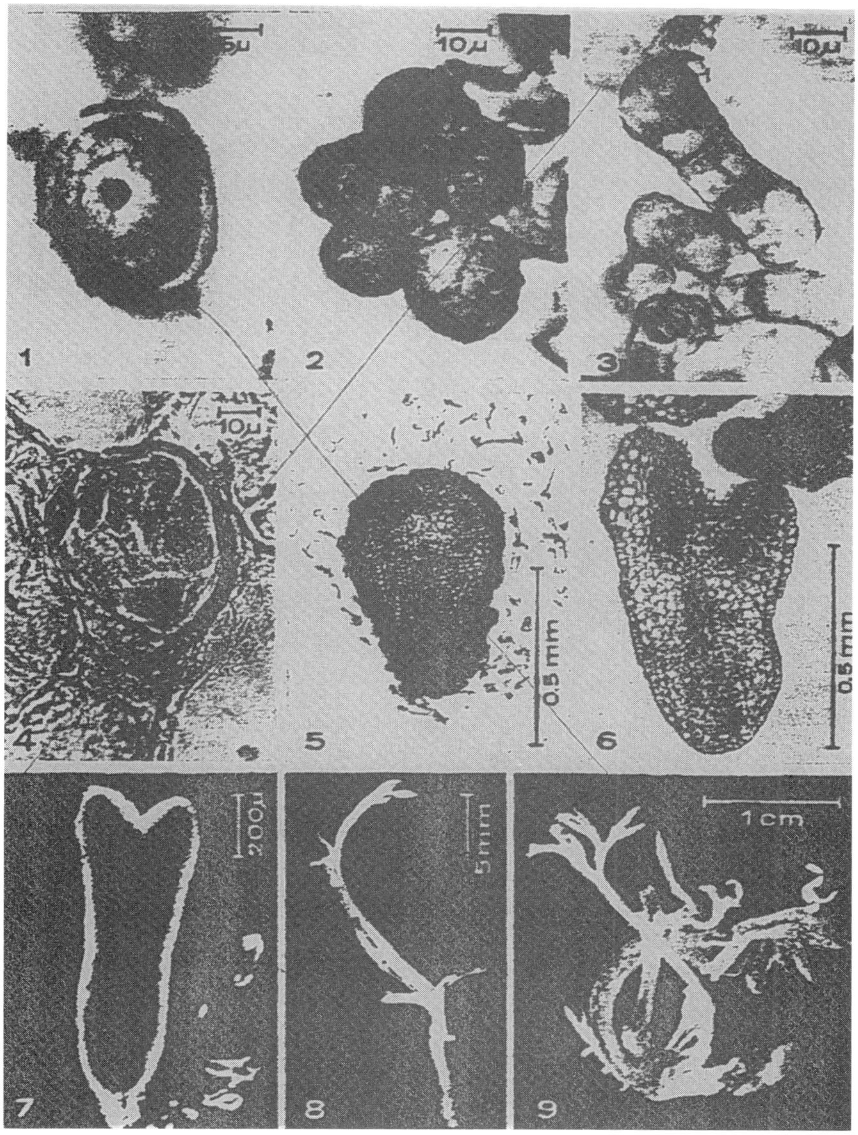

그림 7-85 당근 배양세포의 체세포 배형성 과정

1~3 : 당근의 유조직에서 형성된 1, 2, 4, 6 세포시기로서 이 과정은 종자의 배형성 과정과 매우 유사하다. **4~6** : 구상형과 심장형 배단계. **7** : 완전한 어뢰형 배 밑에 배병과 유사한 세포가 존재한다. **8** : 뿌리, 자엽, 자엽을 가지고 있는 유식물. **9** : 광조건에서 배양한 당근 유식물의 후기발달단계

예를 들면 엽병, 하배축, 현탁배양세포의 단세포는 배형성 유도전에 각각 1, 2, 7 일간의 옥신처리를 필요로 한다. 이러한 옥신의 처리가 배형성의 선행조건으로 작용하여 세포증식을 자극하는지는 불명확하나, 알팔파의 경우에 옥신은 활발한 세포분열과 mRNA의 합성을 촉진시킨다.

PEM (proembryogenic mass)이 구상형배를 완성시키는 데에 필요한 유전자산물을 합성하기 위해서는 일반적으로 옥신이 요구된다. 또한 PEM 은 배형성과정을 억제하는 유전자를 함유하고 있는데, 옥신이 제거되면 이러한 배발생 억제유전자가 불활성화되어 배발생이 진행된다. 몇 개의 당근 세포계에서 옥신이 계속 존재하면 구상형배까지만 발달되고 그 이상은 진행되지 않았다. 구상형배가 심장형배로 전환되는 데에는 이러한 배형성 억제물질의 제거가 필요하며 또한 그 이상의 단계로 발달시키는 유전자의 발현이 필요한데, 이것은 외생옥신을 제거하였을 때에 가능하다.

접합자배와 체세포배의 유도 및 발달에 관여하는 옥신의 작용은 상당히 복잡하지만 구상형배에서 심장형과 어뢰형 배로의 발달과정에서 일어나는 주요 조직계의 분화와 증식을 결정한다는 공통점이 있다.

어뢰형 단계를 지나서 접합자배와 체세포배는 다시 발달단계가 달라진다. 접합자배는 자엽단계로 들어간 후에 저장단백질이 합성되는 성숙단계와 탈수가 일어나는 건조과정에 이어서 휴면단계로 진행된다. 성숙한 접합자배는 일정한 휴면기간을 거쳐서 발아과정으로 이행된다. 이때 건조와 휴면은 주로 ABA 와 같은 호르몬의 조절을 받는다.

이와 대조적으로 체세포배는 대체로 휴면기간 없이 경단분열조직과 근단분열조직이 분열하면서 연속적으로 생장과 분화가 일어난다. 이처럼 체세포배와 접합자배는 후기발달과정이 다르기 때문에 접합자배를 자엽배(cotyledon embryo)라고 하는 반면, 체세포배는 지속적으로 생장하는 완전히 분화된 체세포배라는 의미로 유식물배(plantlet embyo)라고 한다(그림 7-85 참조).

7-3-4 식물의 결실

열매는 식물의 생식기관의 하나이며 수분과 수정의 결과로 형성된다. 열매는 배주를 보호하는 조직이 비후되어 생성된 것으로 주로 자방이 발달한 것이며, 자방이 발달한 열매를 진과(true fruit)라고 한다. 그 밖의 보호조직, 즉 꽃받침(calyx)이나 화서(inflorescence)가 발달한 것을 위과(false fruit)라고 한다.

열매는 그 속에 종자를 가지고 있는 것이 보통이지만, 단위결실(parthenocarpy) 등으로 종자가 없는 경우도 열매라고 할 수 있다. 열매는 식물에게 있어서는 종자의 산포수단으로 사용되지만 동물이나 인간에게 있어서는 중요한 영양원이 된다.

1. 열매의 구조

종자가 성숙되면 화본과식물 등의 단자엽식물들은 배유(endosperm)에 많은 양의 영양물질들을 저장하나, 콩과식물과 같은 대부분의 쌍자엽식물들은 배 발달과정에서 배유의 영양분을 흡수하여 자엽(cotyledon)에 저장한다. 이들 저장물질들은 발아 시 영양원으로 이용된다. 휴면기의 종자 속 배들은 다소 두꺼워지며 종자는 종피(seed coat)에 싸이는데, 종피는 주로 주피(integument)에서 유래된다. 종자는 식물 스스로 번식할 수 있는 번식의 단위이다. 어떤 경우에는 열매가 번식의 단위역할을 할 때도 있다.

열매에서 종자들은 각각 또는 여러 개가 주로 심피(carpel)에서 유래된 층에 의하여 둘러싸여 있다. 열매는 화서의 축(inflorescence axis)에 따라 형성되며, 열매의 벽(fruit wall)은 열매를 싸고 있어서 과피(pericarp)라고도 한다. 밖에서부터 안쪽으로 외과피(exocarp), 중과피(mesocarp), 내과피(endocarp)로 나누어진다.

2. 열매의 형성

엄밀하게 말하면 열매 발달의 시작은 꽃의 형성부터라고 할 수 있다. 왜냐하면 배주를 둘러 싼 조직들이 나중에 과육이나 과피로 변형되고, 이때의 세포수 그대로가 열매로 발달하거나 세포분열을 거쳐서 열매로 발달하기 때문이다. 정상적인 열매의 형성은 수분과 함께 일어나며, 수술과 꽃잎이 탈락하면서 시작되는데 이것을 결과(fruit set)라 한다. 토마토와 같이 꽃의 분화가 완성되면 열매의 세포분열이 정지되어 수분(pollination) 후 세포의 부피만 증가하는 식물도 있지만, 사과와 같은 식물은 수분과 함께 열매를 이루는 세포가 분열하거나 부피가 증가되어 그 크기를 증대시킨다.

Nitsch (1950)는 씨방과 열매 내부에서 옥신의 양이 급증하며, 이것이 열매의 생장과 관련이 있음을 확인하였다. 사과의 경우 수분이 이루어져서 화분이 주두에서 발아하면 화분관에서 형성된 옥신에 의하여 열매의 생장이 시작되는데, 이것을 전기생장이라고 한다. 수정 후 배에서 형성되는 옥신에 의하여 후기생장이 이루어진다.

열매의 발달과 성숙에는 이러한 옥신 이외에 각종 호르몬이 영향을 미친다. 시토키닌은 세포분열을 촉진시키고, 에틸렌은 세포의 부피증가와 과육의 연화 및 착색을 주도하며, 지베렐린은 종자의 발달과 함께 증가하다가 종자가 성숙함에 따라 감소한다. ABA 도 종자의 발달에 따라 증가하는데, 이는 종자의 휴면을 유지시키는 작용을 한다.

수정 없이 열매를 발달시키는 것을 단위결실(parthenocarpy)라고 하는데, 옥신이나 에틸렌 또는 지베렐린이 이용된다. 옥신으로 단위결실을 일으킬 수 있는 식물의 경우 에틸렌으로도 단위결실이 가능하다. 이는 옥신에 의한 열매의 부피증가가 에틸렌에 의한 것임을 시사하며, 특히 포도의 경우 2 회의 지베렐린 처리에 의하여 전기생장과 후기생장을 유도하여 씨 없는 포도의 생산이 가능하며 이는 실제로 농업에 이용되고 있다.

3. 숙 과

과육이 부드러워지고 과즙이 증가되면서 과피가 착색되는 것을 숙과(fruit ripening)라고 하는데, 식물호르몬 중 에틸렌이 주로 관여한다. 숙과 시 에틸렌이 생성되는 양상은 크게 급증감(climacteric) 유형과 비급증감(nonclimacteric) 유형으로 나누어진다. 사과를 비롯한 아보카도, 바나나, 올리브, 망고, 배, 복숭아, 토마토, 자두 등은 급증감 유형을 나타내지만 체리, 포도, 파인애플, 딸기, 수박 등은 비급증감 유형을 나타낸다.

원래 climacteric이라는 단어는 열매가 성숙하면서 호흡이 증가하는 것으로부터 유래했다. 호흡이 증가하면서 뒤이어 에틸렌 생성이 증가하는 것이 일반적이기 때문이다. 이러한 현상은 열매뿐만 아니라 노화가 일어나는 꽃과 잎의 조직에서 모두 일어난다.

에틸렌 생성과 함께 일어나는 호흡의 증가는 이화과정에 필요한 에너지를 공급하는 데에 중요한 역할을 한다. 에틸렌이 생성되는 정도와 호흡률은 식물의 종류에 따라 상당히 다양하다. 같은 사과라도 품종에 따라 에틸렌 생성량이 40배 이상 차이가 나는 것도 있으며, 어떤 품종은 아예 급증감 유형을 나타내지 않는 것도 있다.

열매의 성숙을 유도하는 에틸렌의 정도는 조직의 생리적인 상태에 따라 좌우된다. 열매가 성숙되는 동안에 에틸렌의 생성은 주로 ACC 합성효소의 효소활성 및 이의 산물인 ACC (1-aminocyclopropane-1-carboxylic acid)의 양에 의해 좌우된다. 이들 물질들은 열매의 성숙이 일어나기 전에는 전혀 발생되지 않는다. 한편 ACC 합성효소의 효소활성 외에도 항시적으로 발현되는 것으로 알려지고 있는 ACC 산화효소 또한 열매의 성숙시 특이적으로 작용하는 것으로 알려지고 있다.

열매가 숙과되는 동안에 에틸렌은 에틸렌 자체의 생성을 촉진시키면서 열매의 호흡량을 증가시키고 과육을 연하게 하며 과피의 색을 변화시킨다. 일반적으로 어린 열매의 조직이 점차 익어가면서 에틸렌에 대한 민감도(sensitivity)가 점차 증가하게 된다. 열매가 성숙될 때에 에틸렌 생합성은 주로 두 개의 체계에 의해 조절되는 것으로 생각되고 있다.

첫 번째 체계는 에틸렌 생성이 매우 낮으면서도 이에 의해 열매의 성숙(maturation)과정이 조절되는 체계이고, 두 번째 체계는 에틸렌에 의해서 유도된 열매의 성숙에 의해서 에틸렌 생합성이 촉진되는 체계이다. 세 번째 체계는 비급증감 유형을 나타내는 열매에서 주로 작용하는데 열매의 성숙을 위해서 필수적인 것은 아니다. 이러한 체계에서는 에틸렌 생성이 증가하는 정도보다는 에틸렌에 대한 조직의 민감도가 증가하는 것이 훨씬 더 중요하게 작용하여 성숙이 일어난다. 에틸렌이 열매의 호흡률을 급격하게 증가시킬 때 과당-1, 6-이인산의 세포 내 함량이 크게 증가한다.

성숙한 열매에서는 특이한 효소들이 증가되는데, 주로 과육을 연하게 하고 호흡량 증가에 관여하는 exopolygalacturonase, malic enzyme, carboxylase, diaphrorase, 시토크롬 C 환원효소, α-아밀라아제, 엽록소 분해효소, β-cyanoalanine synthase, RNase 등이 증가한다. 세포벽의 구성성분을 분해하여 과육의 조직을 연하게 하는 효소로는 exopolygalacturonase 외에도 섬유소분해효소(cellulase)나 hemicellulase 등이 있다.

특히 이들 효소들에 대한 mRNA의 양이 에틸렌에 의해서 직접 증가하는 것을 볼 때 열매의 성숙 시 이들 효소들이 전사단계에서 조절되어 단백질이 새롭게 합성됨으로써 과육조직이 연하게 되는 것으로 생각된다. 특히 저농도의 산소에서 저장된 아보카도의 경우 조직이 연해지는 정도가 훨씬 낮은데, 이는 섬유소분해효소 유전자의 발현이 억제되기 때문이다. 저농도의 산소에서 저장된 아보카도를 다시 정상적인 공기 상태로 옮겨 놓으면 섬유소분해효소의 전사가 새롭게 일어나서 섬유소분해효소가 축적된다.

특히 발달 도중에 있는 설익은 열매의 종자는 시토키닌을 자체적으로 합성할 수 있다. 열매에서 시토키닌의 함량이 감소함에 따라 엽록소가 파괴되며 엽록체가 유색체로 전환되어 과피의 색깔변화를 초래한다. 그러나 열매의 성숙이 반드시 시토키닌의 감소와 일치하지 않는 경우도 있다.

예를 들면 올리브 열매에 시토키닌을 처리하면 색깔의 변화는 지연되지만 과육조직이 연해지는 것은 지연되지 않는다. 이와 같이 열매가 성숙할 때 에시토키닌의 역할은 식물종에 따라 다를 뿐 아니라 같은 열매일지라도 그 내부조직에 따라 상당한 차이가 있다.

7-4 휴면과 발아

꽃이 피고 수정이 이루어져 종자가 형성되면, 이 종자는 모체를 대신하여 새로운 생명체로 자라나게 된다. 그러나 이렇게 종자들이 형성되는 시기는 대체로 건조하거나 점점 추워지는 때이므로 자연에서 종자들이 그대로 발아하는 경우에 수분이 적어서 제대로 자라지 못하거나 추위 때문에 제대로 생존할 수 없게 된다. 또한 땅속 깊숙이 파묻힌 종자는 설령 발아가 된다 하더라도 연약해져 건강하게 자라기 어렵다. 이에 식물들의 종자는 이러한 불리한 환경이 바뀌어 보다 발아에 알맞은 환경이 될 때까지 일정기간 휴면을 하게 되며 환경이 좋아지면 휴면을 타파하고 발아하여 유식물로 자라게 된다.

휴면과 발아는 양면성을 가지는데, 발아에 불리한 조건이 대체로 휴면의 조건이 된다. 그리고 이러한 불리한 조건이 일정기간 지속되어야만 휴면이 유지되며, 휴면의 유지가 어려운 좋은 환경조건이 발아의 조건이 되기도 한다.

7-4-1 종자의 구조와 발달

종자는 배(embryo)와 이것을 둘러싸고 있는 껍질(종피 또는 외피, 깍지)로 구성되어 있다. 이러한 배는 웅성배우자(male gamete)와 자성배우자(male gamete)의 수정에 의해 형성된다. 즉 화분관(pollen tube)을 통해서 들어온 하나의 웅성배우자와 배낭(embryo sac)에 있는 난세포가 수정해서 만들어진다. 배는 하나 이상의 자엽을 지니고 있는 배축(embryonic axis)으로 구성되어 있다.

이 배축의 한쪽 끝은 장차 줄기나 잎이 될 유아(plumule)이며, 다른 쪽 끝은 뿌리가 될 유근(radicle)이다. 단자엽식물의 종자는 배반(scutellum)이라 불리는 하나의 자엽을 가지고 있다. 이 배반은 종자가 발아하는 동안 영양소를 흡수하여 대사하는 기능을 한다.

쌍자엽식물의 종자는 발아하는 동안 영양소를 공급해 주는 2개의 자엽을 가지고 있다.

피자식물의 배유(endosperm)는 웅성배우자 한 개와 배낭 중앙세포(central cell)의 두 극핵(polar nucleus)이 융합하여 만들어진다. 이 때문에 배유조직은 3배체(triploid)이다. 이러한 다배체(poloidy)는 1차 핵분열 후에 일어나는 2차적인 과정으로부터 발생한다.

곡물류나 대부분의 단자엽식물의 경우, 배유는 배가 성숙될 때까지 머물러 종자의 대부분을 차지하게 되는데 이러한 종자를 배유종자(endospermic seed)라 한다. 그러나 대부분의 쌍자엽식물에서는 종자가 성숙됨에 따라 배유는 배에 의해서 흡수되며, 실제로 종자의 대부분을 배 자체가 차지하게 되는데, 이러한 종자를 비배유종자(nonendospermic seed)라고 한다.

성숙한 종자의 배유는 전분과 단백질, 그리고 약간의 지질을 함유하고 있으나 활성이 거의 없는 세포로 구성되어 있다. 그러나 밀, 보리, 귀리와 같은 단자엽 곡물류 식물의 경우 배유는 호분층(aleurone layer)이라 불리는 살아있는 세포층으로 둘러싸여 있다.

피마자와 같은 쌍자엽식물의 종자는 상당량의 배유를 가지고 있고 자엽은 얇으며 잎과 같은 모양을 띤다. 또한 완두와 콩의 자엽은 확장되어 있고 종자가 완전히 성숙했을 때 종자 체적의 약 90%에 달하는 부분을 점유하고 있다.

배유와 자엽은 특징적으로 많은 양의 저장탄소(탄수화물, 지질, 단백질의 형태)와 무기원소, 그리고 스스로 광합성 능력을 가질 때까지 유식물의 생장과 발달을 유지할 수 있는 호르몬을 포함하고 있다. 피자식물 종자의 일반적인 구조는 그림 7-86과 같다.

종피(seed coat)는 종자를 둘러싸고 있는 단단한 막이다. 이 종피는 모식물체의 외피로부터 유래된 것이며, 종자가 씨방에서 발달하는 동안 형성된다. 종피는 종자의 수화(hydration)와 발아에 필요한 대사의 재개를 조절하는 중요한 역할을 한다. 깍지(testa)는 모식물체로부터 발생한 것으로 보통 배주(ovule)의 외피가 발달한 것이다.

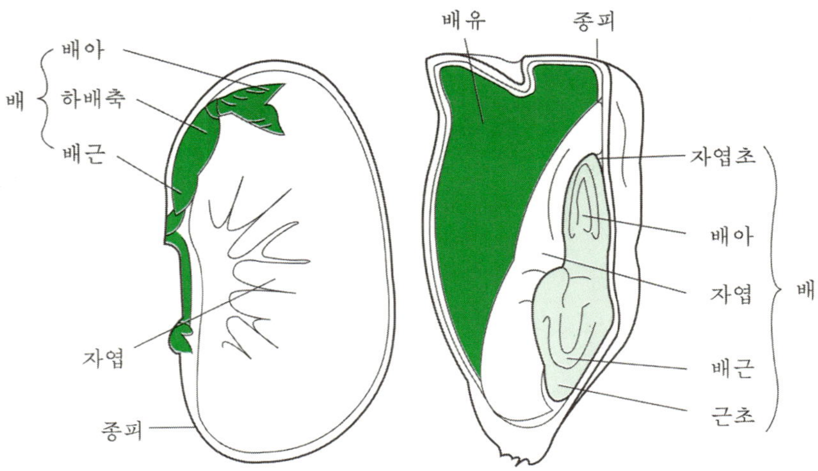

그림 7-86 덩굴강낭콩과 옥수수 종자의 구조

7-4-2 휴 면

종자의 휴면(dormancy)은 식물의 지속적인 생존을 위해서 대단히 중요하며, 휴면을 유지하기 위해서는 많은 기작이 필요하다. 즉 낮은 대사활동, 낮은 수분함량, 그리고 생장이 일어나지 않아야 한다는 것이 포함되어 있다. 심지어 여러 환경조건이 모두 적당하다 할지라도 식물체로부터 바로 얻어진 종자가 즉시 발아되지 못하도록 하는 기작도 내재되어 있다. 이러한 기작을 종자의 후숙(after-ripening)이라고 한다. 따라서 휴면은 발아를 저지함으로써 유지되는 것이라고 할 수 있다.

1. 휴면요인

휴면과 발아의 관계는 동전의 양면과 같으므로 휴면을 유도하는 요인은 발아를 유도하는 요인과 거의 중복된다.

(1) 빛

일반적으로 발아는 빛을 필요로 하지 않는 것으로 알려져 있으나, 대부분의 종자는 울창한 산림지역의 그늘이나 깊은 토양 속에서는 발아가 되지 않는다. 그 이유는 발아를 유발시킬 수 있는 충분한 빛이 종자에 도달하지 못하기 때문이다. 이 경우 휴면을 타파하는 데에 필요한 최소의 빛 요구량은 50～200 ft. c. sec 이다. 물론 모든 종자가 발아하는데 빛을 필요로 하는 것은 아니고, 경작용으로 개발된 종자들의 대부분은 전혀 영향을 받지 않을 뿐만 아니라 오히려 억제되는 경우도 있다. 그러나 자작나무의 경우는 장일조건에서만 발아가 촉진된다(표 7-3).

표 7-3 자작나무 종자의 발아(무저온처리, 20℃)에 미치는 장일효과

명 주 기(hr)	발 아 율(%)
2	38
4	41
8	32
12	53
16	70
20	89

(2) 온도와 호르몬

발아에 있어서 저온처리는 필수적이며, 고온은 오히려 발아를 막을 수 있기 때문에 온도는 휴면을 일으키는 요인이 된다. 발아에 효과적인 저온처리범위는 0℃～10℃가 가장 적합하며(그림 7-87), 저온을 요구하는 종자의 부위는 배 또는 종피이다. 예를 들어 사과의 종자는 종피를 벗긴 것보다 완전한 종자에서 저온처리의 효과가 나타날 때까지 더 많은 시간이 필요하게 된다.

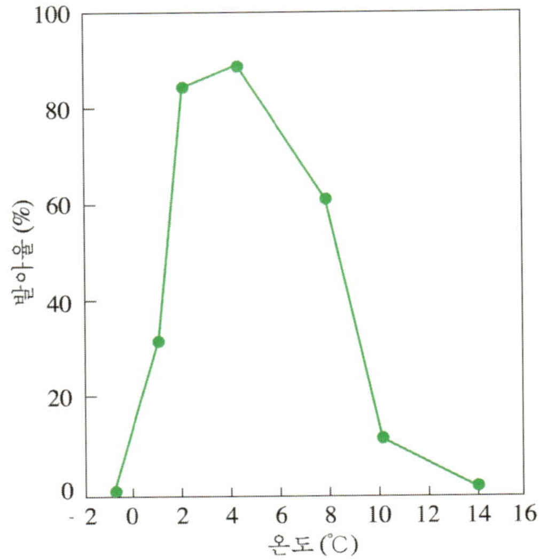

그림 7-87 사과 종자의 발아에 미치는 저온처리효과

저온처리는 종자에 존재하여 발아를 억제하는 ABA의 분해에 필수적이다. 예를 들면 복숭아나 단풍나무 종자의 경우 종피는 휴면을 일으키는 데 중요한 요소로 작용한다. 또한 저온은 발아 시 중요한 역할을 하는 지베렐린의 합성을 활성화시키는 데에도 필요하다.

실제로 지베렐린은 고온에서는 형성되지 않을 수도 있으며, 종자가 저온처리과정을 겪지 않으면 지베렐린은 합성되지 않는다. 이러한 기작은 미숙발아를 막기 위한 안전조치의 일종으로 생각할 수 있다. 또한 적색광과 지베렐린의 조합은 이들을 분리해서 처리했을 때보다 발아를 촉진시키는 상승효과를 나타낸다. 이러한 현상은 막투과성에 영향을 미쳐 반응부위로 지베렐린이 쉽게 이동함으로써 일어나는 것으로 추정되고 있다.

(3) 종피

종자의 휴면은 종피의 존재에 의해서 이루어지며 여기에는 생리·생화학적 기작이 관련되어 있다. 종피는 가스의 확산이 일어나지 못하게 하며, 이로 인해 배는 대사에 필요한 산소가 부족하여 휴면상태가 유지되는 것이다. 따라서 휴면에 의하여 종자의 대사는 저하된다. 분명한 것은 배 자체는 휴면상태가 아니며, 배를 종자로부터 분리하게 되면 완전하게 발아가 이루어진다는 것이다. 결국 휴면은 종피와 밀접한 관련이 있다.

(4) 기타

여러 종류의 종자를 물로 세척하면 발아가 되는 경우가 있는데, 이는 종피에 묻어 있는 수용성의 억제제가 휴면을 유지하는 요소로 작용하고 있었기 때문이다. 또 다른 휴면요인으로는 종자가 식물체로부터 분리되는 시점에서 배가 아직 완전하게 성숙되지 않은 상태에서 분리된다는 것이다. 따라서 종자는 곧바로 발아가 될 수 없으며, 휴면상태에 들어가게 된다.

2. 휴면타파

휴면을 타파하는 가장 중요한 인자는 저온이다. 여러 종자들은 저온을 필요로 하는데, 목본류의 경우는 휴면이 타파되기 전에 250 에서 1,000 시간 동안의 저온을 필요로 한다. 만일 휴면 중인 나무를 온실로 옮겨서 일정기간의 저온처리를 하지 않으면 생장이 일어나지 않는다. 따라서 저온처리는 종자나 나무의 휴면을 타파하는 데 반드시 필요할 뿐만 아니라 생장의 재개에도 요구되는 부분이다. 이렇게 해서 식물이 겨울 동안 충분히 저온 환경에 놓이면, 날씨가 따뜻해지고 일조시간이 길어질 때까지 휴면이 유지되는 것이다.

지베렐린의 처리는 ABA 에 의해서 유발된 휴면효과를 역전시킬 수 있으며, 여러 가지 억제요인에 의해 유발된 휴면을 막거나 깨뜨릴 수 있다. 더욱 흥미 있는 것은 에틸렌의 효과이다. 토끼풀과 같은 작은 종자는 극히 낮은 에틸렌의 농도에도 민감하게 반응하여 휴면이 타파된다. 토양으로 완전히 덮여 있는 종자는 에틸렌을 생산하게 되고, 이로 인하여 결국 발아가 유발된다. 즉 종자가 토양으로 덮여져 있어 에틸렌이 빠져나가지 못하고 휴면을 타파할 수 있는 충분한 양이 축적되어 발아가 유발되는 것이다.

7-4-3 발 아

1. 발아조건

종자가 발아하기 위해서는 알맞은 환경조건이 필수적이다. 발아에 필요한 조건들은 적당한 수분, 온도, 공기의 조성, 그리고 빛이다. 그러나 이러한 요인들을 요구하는 정도는 종이나 품종에 따라 다르게 나타난다.

(1) 물

종자가 물을 흡수하는 과정이 발아의 첫 단계이다. 종자가 물을 받아들이는 현상을 팽윤(imbibition)이라 한다. 팽윤의 정도는 종자의 구성성분, 물의 침투성, 종자가 처해 있는 환경에서 물의 가용성(availability) 등의 세 가지 인자에 의해 결정된다.

종자에서 물을 끌어들이는 주성분은 단백질이지만 다른 성분들도 관계한다. 또한 셀룰로오스나 펙틴질과 같이 여러 종류의 점액질도 종자가 팽창하는 데에 기여한다. 반면에 전분은 종자의 팽창에는 영향을 미치지 않는다. 전분은 자연상태에서는 일어날 수 없는 강산과 고온처리 후에야 팽창하기 때문이다. 이와 같이 종자의 팽창 정도는 종자에 존재하는 저장물질에 따라 다르게 나타난다.

한편 종자 속으로의 물의 유입은 우선적으로 종피의 투과성에 의해 결정된다. 물의 투과가 쉽게 일어나지 않는 종피에 의해 둘러 싸여져 있는 종자는 아무리 발아조건이 좋을지라도 팽창이 일어나지 않는다. 콩과식물이 그 대표적인 예이다. 이 경우 종피는 많은 층을 가지고 있는 다층막으로 이루어져 있는데, 물의 빠른 유입으로 발생할 수 있는 배의 손상을 막아 주는 역할을 한다.

표 7-4 종자 건조 시 여러 인자와 종피 투과성의 상관관계

종 명	특 성	건 조 조 건			
		공기	산소	질소	진공
Pisum elatius	투과성	0	0	100	100
	종피색깔	갈색	갈색	녹색	녹색
Cercis siliquastra	투과성	40	50	82	87
	종피색깔	갈색	갈색	녹색~갈색	
Robinia pseudoacacia	투과성	20	16	50	53
Lathyrus blepharicarpus	투과성	22	21	68	60
	종피색깔	암갈색	암갈색	녹색	녹색

*투과성(%) = 종자가 팽윤할 수 있는 함수비율(%)

종피의 투과성은 종자의 건조상태에 따라서도 영향을 받는다. 콩과식물의 단단한 종자를 산소가 없는 상태에서 건조하면 종피는 물의 투과성이 우수해진다. 반면 산소가 존재하면 물에 대해서 불투과성으로 변해버린다. 따라서 콩의 수확시기를 잘 선택하여 종자의 건조조건을 맞춰주면 발아율을 조절할 수 있다.

이러한 건조조건에 의한 영향은 종피에 존재하는 카테콜산화효소(catecholoxidase)와 관련이 있으며, 공기나 산소의 존재 시 이 효소가 페놀화합물을 산화시켜서 결국 물의 투과를 어렵게 만든다(표 7-4).

종피에 존재하는 점액은 물의 흡수를 증진시키는데, 인위적으로 점액을 첨가해도 동일한 효과가 나타난다. 이들 점액은 토양수의 장력을 감소시키는 역할을 한다.

(2) 공기

발아는 살아 있는 세포에서 일어나는 과정으로 이들 세포들은 에너지를 필요로 하게 되는데 세포의 에너지는 산화과정을 통하여 획득된다. 이 과정에서 이산화탄소의 방출과 호흡에 필요한 산소의 유입이라는 가스교환이 필연적으로 수반되어야 하므로 결국 종자의 발아는 공기의 구성성분에 의해 영향을 받는다고 할 수 있다.

대부분의 종자들은 20%의 산소와 0.03%의 이산화탄소를 포함하고 있는 대기 중에서 발아하는데, 산소가 대기의 정상적인 함량보다 감소하면 발아율도 감소한다. Siegel과 Rosen (1962)에 의하면 오이 종자는 대기 중에 2%만의 산소가 있어도 발아가 가능하며, 상추 종자는 95%의 질소와 5%의 산소일 때 58%의 발아율을 나타냈고, 산소가 15%까지 증가했을 때 79%, 80%의 질소와 20%의 산소일 때는 96%의 발아율을 보였다.

그러나 유식물의 생장은 15%의 산소 함량일 때에 억제되었다. 이와는 대조적으로 몇몇 종자들은 대기 중의 산소의 함량이 20% 이하로 되었을 때 발아율이 증가하는데, 그 대표적인 예가 혐기성 상태인 물속에서 발아되는 벼 종자의 경우이다. 또한 *Typha latifolia*와 *Cynodon dactylon*의 경우에 약 8%의 산소 함량일 때 발아가 가장 잘 일어난다.

Corbineau와 Come (1981)에 의하면 발아는 높은 산소농도에 의해 억제될 수도 있다고 하였다. 실제로 *Oldenlandia corymbosa*는 40℃의 명조건에서 산소농도가 5~10%일 때에 발아가 가능하고 이러한 조건에서 산소의 농도가 높아지면 발아는 억제된다.

이산화탄소에 대한 효과는 보통 산소 경우와 반대 현상을 나타낸다. 대부분의 종자는 이산화탄소가 크게 증가하면 발아가 일어나지 않는다. 그러나 발아가 일어나기 위해서는 최소량의 이산화탄소가 필요하다. 상추의 종자가 그 대표적인 예이다. 매우 높은 이산화탄소는 발아를 막을 뿐만 아니라 종자를 보관하는 데에 좋은 효과를 보인다.

Hevea brasiliensis 종자의 경우는 40~45% 이산화탄소가 함유된 용기에 종자를 담아 보관하면 종자의 수명을 연장시킬 수 있다. 이산화탄소가 종자 안에 축적될 수 있는 농도는 종피의 투과성과도 관련이 있다.

(3) 온도

종자들은 각각의 발아에 맞는 여러 온도범위를 갖지만 온도가 아주 낮거나 높을 때 대부분의 종자는 발아하지 않는다. 또한 온도에 대한 감수성은 종에 따라 매우 다르다.

온도가 발아에 미치는 영향을 이해하기 위해서는 건조된 종자가 여러 범위의 온도에서 견디는 것과 실제 발아에 미치는 온도의 효과를 구별해야만 한다. 많은 건조된 종자는 극한 온도에 대해서 견디어낸다.

즉, 종자의 생존력은 대기가 액화될 정도의 온도에서도 영향을 받지 않는다. 심지어 수화된 종자는 액체가 얼지 않으면서 영하 12~18℃의 조건(supercooling)에 놓여도 생존할 수 있다. 이러한 조건에서 종자의 손상방지는 배유의 완전한 보존여부에 달려있다. 한편 무, 순무, 양귀비와 같은 종자들은 약 90℃의 높은 온도에서도 상당 기간을 견딘다.

그러나 90℃ 이상에서는 종자의 생존력이 크게 저하되는데, 이는 종자에 들어있는 저장물질과 이들 물질의 열 저항력 사이의 관계에서 비롯된 것으로 추정된다. 또한 고온으로 처리된 종자가 계속해서 생존력을 가지고 있을지라도 유식물의 발달은 이루어지지 않는 경우가 있다.

종자는 발아를 위한 최적온도를 갖지만 그 온도 이상이나 그 이하에서는 단지 발아가 지연될 뿐이지 발아가 전혀 일어나지 않는 것은 아니다. 최적온도 조건에서 높은 발아율은 짧은 시간에 이루어진다. 즉 최고와 최저의 임계온도에서도 발아는 여전히 진행되고 있는 것이다. 오이 종자의 경우에 정상발아가 일어날 수 있는 최고온도는 48℃이다.

발아에 있어서 최저임계온도는 정의하기 어렵다. 그 이유는 발아가 너무 늦어서 발아가 일어나기 전에 관찰이 종료될 수 있기 때문이다. 따라서 발아의 최적온도를 정하기는 애매하지만 통상 발아기간을 단축하는 것으로 정의하고 있다.

그동안 종자의 발아에 관련한 막의 변화, 단백질 변성 등과 같은 많은 연구가 이루어졌다. 하지만 종자가 낮은 온도에서 발아가 잘 안 되는 이유는 아직까지 명확하게 밝혀져 있지 않다.

그러나 종자발아에 있어서 막이 온도감지기의 역할을 한다는 것이 Mayer 와 Marbach (1981)에 의해 제안된 바 있다. 이는 종자 막의 특징이 온도변화와 함께 불연속적으로 변한다는 것을 발견함으로써 가능하였다. 결과적으로 종자발아의 온도범위는 종자의 출처, 같은 종 안에서의 유전적 차이, 종자의 나이 등에 의해서 결정된다고 할 수 있다. 식물의 종에 따른 발아의 최적온도를 표 7-5 에 나타내었다.

표 7-5 여러 종자들의 발아에 적합한 온도 범위

종 명	온 도(℃)		
	최 소	최 적	최 대
Zea mays	8～10	32～35	40～44
Oryza sativa	10～12	30～37	40～42
Triticum sativum	3～5	15～31	30～43
Hordeum sativum	3～5	19～27	30～40
Secale cereale	3～5	25～31	30～40
Avena sativa	3～5	25～31	30～40
Fagopyrum esculentum	3～5	25～31	35～45
Cucumis melo	16～19	30～40	45～50
Convolvulus arvensis	0. 5～3	20～35	35～40
Lepidium draba	0. 5～3	20～35	35～40
Solanum carolinense	20	20～35	35～40
Nicotiana tabacum	10	24	30
Delphinium (annual)	—	15	20～25

(4) 빛

종자는 빛에 대한 발아의 유형에 따라 오직 암소에서만 발아가 가능한 것, 짧은 빛의 조사만 필요한 것, 지속적인 빛의 조사가 필요한 것, 그리고 발아하는 동안 빛에 무관한 것 등으로 분류할 수 있다. 오래 전부터 빛은 종자발아를 위한 필수적인 인자로 인식되어 왔다. 이미 19 세기말부터 20 세기 초에 이러한 현상에 대해서 많은 연구가 이루어져 왔다.

종자와 빛에 대한 관계는 그들의 자연적인 서식지와 관련이 있다. 종자는 자연상태에서 성숙하여 토양으로 떨어지고 토양으로 들어가서 잎들로 덮여지며 서로 다른 조건의 빛 환경에 처하면서 발아하는 것이다. Kinzel (1926)은 20℃ 이상의 명소에서만 발아하는 약 270 여종과 같은 온도의 암소에서만 발아하는 114 종으로 식물의 종자를 분류하였다.

이 분류는 매우 단순한 것이며, 그 예로서 어떤 종(*Salvia pratensis, Saxifraga caespitosa, Epilobium angustifilia*)은 종자 수확 후 즉시 빛이 필요하며, 또 다른 종(*Epilobium parviflorum, Salvia verticillata, Apium graveolens*)은 최소한 1 년 동안 빛이 필요하다.

파장별 빛의 효과는 290 nm 이하에서 거의 모든 종자의 발아가 일어나지 않으며, 290～400 nm 범위의 빛은 거의 영향을 미치지 않는다. 한편 가시광선(400～700 nm) 범위인

560～700 nm 의 적색광은 발아를 촉진시키지만 청색광은 억제시킨다. 상추 종자의 경우 발아에 가장 효과적인 파장은 670 nm 이며 760 nm 가 한계파장이다. 760 nm 이상의 파장은 청색광보다 발아를 억제하는 현상이 훨씬 두드러진다.

담배 종자의 경우 0. 01 초 동안의 햇빛만으로도 발아를 촉진하는데 효과적이며 심지어 달빛도 발아를 촉진시킨다. 빛의 최적 파장은 435～580 nm 이며, 이 중에서 510 nm 가 가장 효과적이다. 실제로 종피는 510 nm 에서 최대흡수 파장을 갖는 것으로 알려져 있다.

종자의 빛에 대한 감수성은 팽윤시간과 더불어 증가한다. 팽윤이 진행됨으로써 감수성이 증가하다가 일정 시간 극에 달한 후 감소한다. 높은 상대습도 조건에 종자를 저장하면 빛에 민감하게 반응한다. 만일 종자가 팽윤되고 있는 동안 빛의 자극을 주고 난 후 다시 건조시키더라도 빛에 의한 촉진효과는 그대로 유지된다.

그러나 빛에 의한 최대효과를 나타내는 데 필요한 시간은 여전히 논란의 대상이다. 담배 종자에서 짧은 팽윤을 거치는 경우는 높은 강도의 빛이 효과적이며, 4 일간 길게 팽윤시킨 경우는 낮은 강도의 빛이 발아에 가장 효과적이다.

이밖에 빛에 대한 종자의 반응은 여러 내부 또는 외부적인 인자에 의해 변화한다. 즉 삼투압, 생장촉진자 및 억제자의 존재, 산소 장력 등에 의해 변화한다. 발아에 대한 반응을 일으킬 수 있는 이러한 요인들이 빛의 강도나 조사시간을 변화시킬 수 있다. 심지어 모식물체에서 종자가 형성될 때 어떤 빛에 노출되었는가에 따라서도 영향을 받는다. 결국 이러한 내·외부적인 요인이 어떤 방식으로든 발아에 상호작용을 하고 있는 것이다.

2. 발아와 호르몬

식물호르몬 중에는 발아와 밀접한 관계가 있는 것이 있다. 지베렐린은 암소에서 *Lactuca scariola* 와 *Lactuca sativa* 의 발아를 촉진하는데, 이는 지베렐린이 빛을 대신해서 나타내는 효과이다. 그러나 빛에 의해서 발아가 촉진되거나 억제되는 많은 종자의 경우 지베렐린은 발아촉진효과가 없다. 이 호르몬에 대한 종자의 민감도는 수확시기에 의존한다. 상추 종자에서 지베렐린의 효과가 빛의 효과와 비슷하게 나타날지라도 고온에 의한 발아억제현상을 역전시킨다는 점에서 지베렐린은 적색광보다 훨씬 더 효과적이다.

30℃의 온도에서 100 ppm 의 지베렐린이 처리된 상추 종자의 경우 대조구는 발아율이 2%인 것에 비해, 지베렐린 처리구는 33%까지 증가한다. 반면 적색광은 아무런 효과가 없다. 지베렐린과 빛을 동시에 처리했을 때 종자의 발아율은 50%로 향상된다.

또한 지베렐린은 높은 삼투압에 의해서 억제된 발아를 역전시킬 수도 있다. 상추 종자가 0. 15 M 만니톨에서 22%의 발아율이 35 ppm 의 지베렐린 처리 시 61%로 증진된다. 이때 적색광을 동시에 처리하면 88%까지 발아율을 증가시킬 수 있다.

이러한 결과는 지베렐린의 효과가 적색광에 의한 효과와는 다르다는 것을 암시해 주고 있다. 즉 지베렐린과 적색광이 발아에 미치는 영향은 부분적으로는 같은 방식이지만 이들의 작용기작은 동일하지가 않다.

종자에서 지베렐린의 기원은 종자마다 다르다. 보리의 지베렐린은 배반(scutellum)에서 생성되어 배로 이동하여 호분층과 배유에 존재한다. 완두는 지베렐린이 자엽에서 배축으로 이동한다. 50여종에 달하는 지베렐린의 함량은 종자의 성숙시기, 후숙시기, 그리고 발아단계에 따라 변화한다. 이처럼 종자가 발달하는 동안 지베렐린의 함량변화가 나타나기 때문에 지베렐린의 함량과 종자발달을 직접적으로 관련시키기는 어렵다.

시토키닌 역시 발아에 관여한다. Miller (1958)는 키네틴이 종자의 발아를 촉진한다고 하였으며, 그후 천연 시토키닌인 제아틴이 키네틴과 같은 방식으로 작용함을 알았다. 시토키닌은 발아 중인 종자에서 활발하게 이동하며 발아에 있어서 키네틴은 적색광의 효과를 대치할 수 있다. 물에서 상추 종자의 발아를 촉진시키기 위해서는 3, 600 ft. c. sec의 빛이 필요하지만 키네틴이 존재하면 720 ft. c. sec의 빛만으로도 같은 효과를 낼 수 있다.

IAA의 발아에 대한 효과는 종자의 형태나 IAA의 농도에 따라 촉진과 억제라는 상반된 현상을 보이고 있어서 여전히 논란거리가 되고 있다. 그러나 일반적으로 생리적 농도의 IAA는 종자에 아무런 반응을 나타내지 않는다.

그 예로 암소에서 발아율이 4～10% 수준일 경우 10^{-7} M IAA는 20～30%까지 발아율을 증가시키지만 같은 암소에서 발아율이 60～80%일 경우에는 아무런 효과를 보이지 않는다. 또한 IAA는 온도와 관련이 있는데 상추 종자를 20℃에서 10^{-7} M의 IAA를 처리했을 때 발아율이 27%에서 47%로 증가한 반면에 26℃에서는 8%만 증가한다.

밀 종자의 경우, IAA는 아무런 효과를 보이지 못하며 종자 안에서 유리형의 옥신함량이 낮아지기 시작한 1주일쯤 되는 시점에서 발아가 진행되는 것으로 미루어 이 경우는 옥신이 발아를 억제하는 것으로 이해된다. 한편 강낭콩과 옥수수 종자의 경우, 팽윤초기에 IAA의 수준이 급격하게 증가하는데, 이는 발아에 따른 현상으로 여겨진다.

에틸렌은 도꼬마리 종자의 경우 발아를 유발시킨다. 아주 낮은 농도($\mu l/l$)의 에틸렌 처리는 발아에 효과적이다. 종자에 2-chloroethane phosphoric acid (ethrel)를 처리해서 pH 4 이상의 용액에 넣으면 에틸렌이 발생하여 에틸렌 효과를 볼 수 있다. 또한 ethylene chlorhydrin도 발아를 촉진시킨다. 일반적으로 종자의 팽윤 시 에틸렌이 생성되는데, 실제로 *Arachis* 종자의 에틸렌 농도는 0. 01～0. 05 $\mu l/l$ 수준이다. 다른 호르몬의 경우와 마찬가지로 상호작용 가능성의 여지가 있다.

IAA는 에틸렌 생성을 촉진하는 것으로 알려져 있지만, 옥신 자체로는 정상적으로 발아를 촉진시킬 수 없다. 또한 에틸렌은 다른 호르몬의 함량에도 영향을 미치는데, 에틸렌 생성은 이들 호르몬에 의해서 영향을 받는다. 일반적으로 에틸렌은 발아를 촉진하는데 있어서 빛의 효과를 강화시키는 것으로 알려져 있다.

3. 발아의 대사

단자엽식물 종자의 배유는 발아될 때까지 유지되는 반면, 쌍자엽식물의 경우는 배의 자엽이 생장하며 배유에 함유된 모든 영양물질을 흡수한다. 발아 시 단백질, 지방, 전분, 다른 형태의 탄수화물 등의 저장 물질이 분해되고 장차 유식물의 생장을 위해서 이동한다. 이러한 점에서 발아가 시작되는 직후부터 분해효소는 활성화되거나 새롭게 합성된다.

배유는 호분층(aleurone layer)이라 불리는 전분성 조직으로 구성되어 있으며, 이곳에서 많은 분해효소들이 정교하게 만들어지고 분비된다. 전분을 분해하는 데는 2개의 효소가 필요하다. 그 중 β-아밀라아제는 종자가 발아하기 전에 존재하고 α-아밀라아제와 단백질분해효소는 발아시작 직후부터 합성된다. 만일 배가 제거된다면 어떠한 효소(특히 아밀라아제)도 합성되지 않는다.

이 과정에서 지베렐린은 매우 중요하며, 10^{-10} M 이하의 아주 낮은 농도의 지베렐린을 종자에 처리하면 이 분해효소들의 합성이 진행된다. β-아밀라아제는 지베렐린의 작용으로 활성화되며 α-아밀라아제와 단백질분해효소는 생합성된다.

따라서 지베렐린은 α-아밀라아제를 합성하는 유전자를 억제시키면서 분자유전학적 수준에서 작용을 한다. 배는 여러 효소의 활성과 합성을 개시하는 데 필요한 지베렐린을 생산한다. 또한 발아 초기에 일어나는 대사 중의 하나는 자엽에서 옥신의 생성이다. 이는 자엽 생장에 영향을 미칠 뿐만 아니라 관다발조직의 형성을 유발시킨다.

발아과정에서 이 관다발조직은 지베렐린과 배유로부터 빠져나온 영양소가 배로 이동하는 중요한 역할을 담당한다. 이처럼 배는 자신의 영양물질의 이동과 생장을 조절한다.

피마자나 호박과 같이 지방을 저장하고 있는 종자는 이 지방이 당으로 전환되어 생장하고 있는 배로 이동한다. 이 지방은 β-산화과정에 의해 아세틸-CoA로 산화되고 이렇게 형성된 아세틸-CoA는 글리옥시솜(glyoxysome)이라 불리는 미소체(microbody)로 들어간다. 이 글리옥시솜은 글리옥실산 회로를 갖고 있으며, 이 회로에서 2분자의 아세틸-CoA가 한 분자의 숙신산(succinate)으로 전환된다. 이 숙신산은 옥살로아세트산으로 전환되고 결국 carboxykinase에 의해 포스포에놀피루브산(PEP)이 만들어진다.

$$\text{옥살로아세트산} + \text{ATP} \longrightarrow \text{PEP} + \text{ADP} + CO_2$$

이렇게 해서 형성된 PEP는 해당작용의 역반응에 의하여 당으로 전환된다. 정상적인 해당과정과의 차이는 과당-1, 6-이인산이 인산가수분해효소에 의해 과당-6-인산으로 전환된다는 점이다. 인산가수분해효소는 과당-6-인산의 생성을 선호하기 때문에 당 생산 쪽으로 반응이 일어나게 된다. 해당과정을 역으로 일어나게 하는데, 필요한 환원력과 ATP는 글리옥실산 회로의 산화과정에서 생성된다. 즉 숙신산으로부터 옥살로아세트산으로의 전환과 지방분해의 일환으로써 β-산화과정을 통해 NADH를 만든다.

배 또는 자엽에 들어있는 저장물질의 분해는 아미노산, 당, 유기산, 아미드, 뉴클레오티드 등의 생성으로 이어진다. 이러한 모든 수용성 산물은 생장하고 있는 배로 이동한다.

그리고 이동한 물질은 새로운 단백질, 탄수화물, 지질, 핵단백질 합성의 원료가 된다. 저장단백질의 분해에서 얻어지는 아미노산은 대부분 탈아미노반응(deamination)을 거쳐 유기산으로 변하며, 이는 호흡에 이용되거나 어느 화합물의 형성에 탄소골격으로 사용된다.

아미드(amide) 합성에 필요한 탄소골격은 단백질에서 파생된 아미노산보다는 당으로부터 유래하며 아미드 합성은 수용성 질소화합물과 당을 필요로 한다.

이러한 화합물의 합성에 필요한 에너지는 아미노산 분해에서 파생된 유기화합물의 호흡에서 얻는다. 생장하고 있는 배에서 질소화합물은 당으로부터 파생된 탄소골격을 사용하여 단백질합성과 생장에 필요한 아미노산을 만들어낸다(그림 7-88).

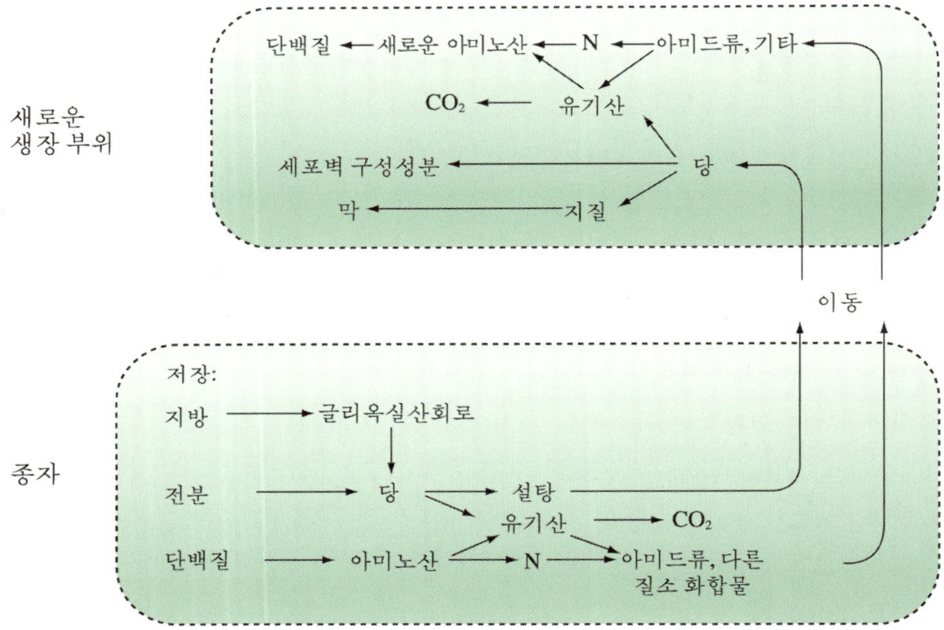

그림 7-88 발아 중인 종자에서 영양물질의 이동 모식도

7-5 노 화

꽃병에 꽂혀있는 꽃이 시들 때 꽃잎에 붉은색 기운이 돌다가는 결국 거의 탈색되면서 떨어지게 된다. 이와 같이 꽃잎이 마르고 결국은 죽게 되는 것은 꽃잎세포에 들어있는 성분들의 가수분해에 의한 pH 변화와 또한 지속적으로 일어나는 산화반응에 의한 것이다. 식물이 죽음을 맞게 되는 이러한 과정은 보다 능동적인 과정인 노화(senescence)와 이보다 훨씬 수동적으로 일어나는 노쇠(aging)가 있다. 이들은 세포, 조직 및 식물체 전체 수준에서 각각 일어난다.

동물과는 달라서 식물의 기관은 서로 의존적이지 않기 때문에 부분적인 노화가 곧 죽음을 의미하지는 않는다. 식물의 노화는 식물체의 세포와 조직이 파괴되는 과정으로서 생장과 발달의 최종단계라고 할 수 있는데, 잎과 꽃에서 일어나는 노화의 근본적인 기작은 유사하다.

7-5-1 노화와 노쇠 및 죽음

노화는 식물체의 내부요인에 의해 일어나는 퇴행과정으로서 결국은 죽음에 이르는 과정이다. 그리고 노쇠는 주로 외부요인에 의해 일어나는 퇴행과정으로서 수동적으로 일어나며, 시간이 경과함에 따라 노쇠된 부위가 증가하게 된다. 노쇠 그 자체로는 식물체가 죽음에 이르지는 않지만, 외부 자극에 저항하는 능력이 떨어져 식물이 죽을 가능성이 높아지게 된다. 식물체의 생존 취약성이 증가하는 것은 발달 초기에서부터 점차 시작되기는 하지만 주로 생식기간을 지난 다음에 급속하게 진행된다.

세포의 죽은 상태와 살아 있는 상태를 구분하는 지표로는 원형질분리반응(plasmolytic responsiveness), 전기자극 시 원형질체의 수축반응 여부, 은 환원력(silver reduction) 및 염색물질의 방출 등을 들 수 있다. 에반스 블루(Evan's blue)와 같은 세포막 투과가 불가능한 염색물질이 세포 속으로 유입되는 현상은 세포의 생존성을 측정할 수 있는 수단이 될 수 있으나, 염색물질의 세포 내 침투는 세포막의 파괴를 의미하는 것이지만 역으로 이러한 변화는 또한 노화현상의 하나인 용매의 누출을 반영하는 것이기도 하기 때문에 세포의 죽음을 판가름하는 정확한 기준은 될 수 없다.

최근에는 세포가 죽음에 이르는 과정에 대해 주로 동물세포를 대상으로 세포학적인 측면에서 연구되고 있다. 세포를 죽음에 이르도록 하는 과정은 주로 세 가지로 나눈다.

첫째는 프로그램된 세포의 죽음(programmed cell death, PCD)으로 예정된 노화과정이다. 둘째는 괴사(necrosis)로서 냉해, 상처 및 미생물의 침입 등과 같이 갑자기 발생하는 외부요인에 의해 일어나는 과정이며, 이는 노쇠와는 다른 과정이다. 셋째는 만성적인 퇴행으로 시간이 경과함에 따라 점차 치명적인 손상이 누적되면서 나타나는 과정으로서, 이것이 곧 진정한 의미에서의 노쇠이다.

예를 들면 배양세포가 시간이 지나면서 점차 분열능을 잃어가는 것, 혹은 저장된 종자가 시간이 지남에 따라 생존 능력을 점차 잃어가는 것 등은 노쇠에 해당된다. 노쇠와 괴사는 진행되는 속도와 외부자극의 크기 면에서 서로 다르다. 냉해의 경우에 외부자극의 정도가 낮으면 괴사보다는 오히려 노화를 유발하게 된다.

PCD는 손상을 받아 제대로 작용하지 못하는 세포를 식물체가 선택적으로 제거하기 위해서 핵산분해효소나 단백질분해효소의 작용에 의하여 세포를 죽게 하는 과정으로서 유전적인 통제를 받는 발달과정의 일환이다. 그러나 괴사는 발달과는 무관한 과정으로 핵산분해효소나 단백질분해효소의 작용도 필요하지 않고 유전자의 통제도 받지 않는다.

PCD는 세포의 질병이 다른 부분으로 퍼져 나가는 것을 막는 데에 도움을 주지만, 괴사에 의한 세포의 죽음은 세포 구성성분이 밖으로 퍼져 나가기 때문에 질병이 건강한 부분으로 퍼져 나가는 것을 막지 못한다.

노화, 노쇠 및 괴사 등 어떤 과정에 의한 것이든지 세포의 죽음은 항상성(homeostasis)의 상실에 기인한다. 세포의 내용물을 유지하는 것이 세포막의 중요한 역할이라고 한다면, 세포의 내적 요인이나 혹은 갑자기 주어지는 외적 요인에 의해서 세포막의 구조가 깨지면 세포는 죽는다.

이를 열역학적인 측면에서 본다면 세포가 살아있는 동안은 일정한 무질서도(entropy)를 유지해야 한다. 그런데 이를 위해서 세포막 구조의 보전이 필요하며, 자신을 유지할 수 있는 정도의 기초대사에너지가 외부 에너지로부터 끊임없이 유입되어야만 한다.

세포가 죽음에 이르는 말기에는 세포 내 구획(compartmentation)이 깨어지며, 독소, 가수분해효소 및 다른 분해효소들이 세포 내로 퍼지게 된다. 또한 대사물질의 붕괴나 세포 내 구획의 파괴에 의해 광자(photon)가 방출되기도 한다.

예를 들어 뿌리조직의 죽어가는 세포에서는 화학적인 발광현상(chemiluminescence)이 나타나는데, 이는 과산화효소(peroxidase)의 방출에 의해 lipoperoxidation이 일어날 때 발생한 oxyradical이나 활성산소(singlet oxygen)로부터 빛이 발생되는 것이다. 즉 lipoperoxidation은 물질들의 이동을 막아주는 세포내막의 구조가 깨어졌다는 것을 의미한다. 따라서 광자의 방출은 세포 내 구획이 깨어졌다는 것을 알려주는 중요한 지표가 된다.

7-5-2 노화의 징후

1. 세포 미세구조의 변화

노화의 징후는 식물의 조직에 따라 다양하게 나타나지만 초미세구조면에서 보면 조직에 따라 서로 유사성을 나타낸다. 노화가 진행되면서 엽록체에서 초기에 관찰되는 현상은 틸라코이드가 비대해지고, 지방입자와 plastoglobulus가 스트로마 속에 축적되며, 그 구성 성분도 변화한다.

노화 초기에는 세포질 및 엽록체의 스트로마 속에 들어있던 리보솜이 점차 소실되고, 잎이 약간 노란색을 띠면서 세포벽과 엽록체 막 사이에 호농성(osmiophilic) 축적물들이 대량 축적되며, 세포막의 구조가 깨어져서 세포가 항상성을 잃어버리게 된다.

노화 후기에 접어들면서 일어나는 변화는 주로 미토콘드리아막과 액포막에서 일어난다. 액포 등이 파괴되면서 세포소기관들이 액포나 소포체의 막으로부터 파생된 막구조물에 둘러싸이게 되며 핵은 가장 나중에 파괴된다. 노화가 완전히 진행된 세포는 세포벽을 따라서 세포막의 잔재만이 붙어 있을 뿐 세포 내용물을 모두 상실하게 된다.

2. 유전자발현의 변화

식물체 내적인 노화과정은 핵으로부터 비롯되는 유전자의 통제를 받는다. 식물의 종에 따라 다소 다르기는 하지만 엽록체에는 5~800 copy 의 유전자가 있어서 잎의 엽육세포 속에 들어 있는 총 DNA 의 약 20%가 엽록체 속에 존재하는 것이 된다. 그러나 일반적으로 엽록체나 미토콘드리아의 DNA 는 노화 유도에 관여하지 않는 것으로 알려져 있다.

노화 초기부터 RNA 와 단백질의 합성이 변하기 시작하는데, 대부분의 RNA 와 단백질의 합성이 중단되는 반면, 일부 노화에 관련된 RNA 와 단백질의 합성은 선택적으로 촉진되어 노화를 유도하게 된다. 그러나 노화의 일반적인 징후는 핵산분해효소와 단백질분해효소가 증가하여 RNA와 단백질의 분해가 가속화되는 것이다. 엽록체와 미토콘드리아의 rRNA 가 가장 빨리 분해되며 세포질 내에 존재하는 tRNA 가 가장 나중에 분해된다.

노화가 일어날 때 아미노산을 운반하는 대부분의 tRNA는 모두 감소하며 그 비율도 변화하지만 leucine-tRNA 는 오히려 증가한다. 노화가 일어나는 조직에서 RNA보다는 양적인 감소가 비교적 적게 일어나지만 핵 속의 DNA 도 감소한다. 또한 DNA 에 틈(nick)이 생기는 등 DNA 의 질적인 변화가 일어나서 전사나 해독의 정확도가 낮아지거나 혹은 미리 종결된 단백질(nonsense protein)이 만들어지기도 하는데, 이러한 오류의 발생이 어느 한계를 넘게 되면 기능장애와 노화를 비롯해서 죽음까지 초래하게 된다.

성숙이 완료되어 총 단백질 합성량이 더 이상 증가하지 않는 식물의 잎에서는 rRNA 의 양이 감소한다. 강낭콩의 경우, 노화가 진행되는 잎에서 세포질 rRNA (25S rRNA 와 18S rRNA)와 엽록체 rRNA (23S rRNA 와 16S rRNA)의 양이 서로 유사한 비율로 감소하며(그림 7-89), 엽록체의 rRNA 가 폴리솜의 형태로 존재하는 rRNA 가 거의 없는 상태가 된다. 또 일부 식물체에서는 노화가 진행될 때 엽록체의 리보솜이 거의 사라지는 것으로 보고되기도 한다.

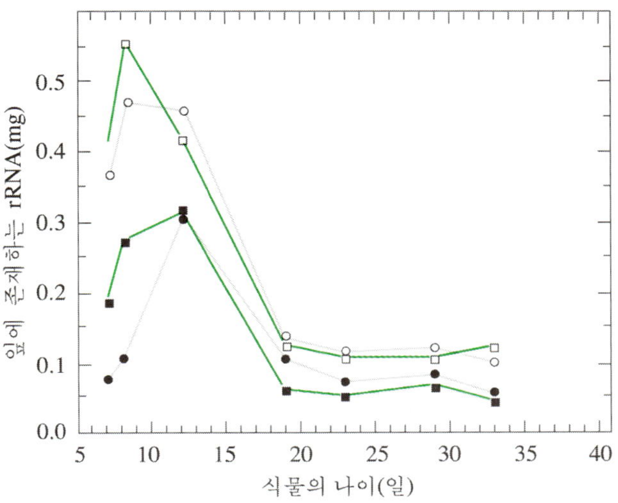

그림 7-89 식물 나이에 따른 rRNA 의 양적인 변화

덩굴강낭콩(*Phaseolus vulgaris*)의 1차 잎에서의 세포질 rRNAs (□, 25S ; ○, 18S)와 엽록체 rRNAs (■, 23S ; ●, 16S)

노화 시 일어나는 가장 중요한 특징의 하나는 여러 가지의 가수분해효소가 크게 증가하여 거대분자들이 가수분해된다. 또한 노화가 진행되는 식물체 내에서는 지속적으로 단백질의 양이 줄어들면서(그림 7-90), 세포 내에 존재하는 수용성단백질과 막단백질의 양이 모두 감소하게 된다. 이때 감소되는 단백질의 종류는 모든 단백질에서 무작위로 일어나는 것이 아니라 일부 단백질 양이 특이적으로 감소한다.

노화에 관련하여 많이 연구된 단백질은 광합성에 관여하는 ribulose-1, 5-bisphosphate carboxylase (RuBPCase)인데, 노화가 일어나는 보리 잎에서 감소되는 수용성 단백질의 85%가 바로 이 RuBPCase 인 것으로 관찰되었으며, RuBPCase 는 분해되어 식물체 내에서 이동 가능한 질소 저장원으로 이용된다.

잎 조직에서는 노화가 진행될 때 이처럼 총 단백질의 양이 감소하나 열매가 익을 때에는 이와는 다른 양상이 나타난다. 아보카도, 바나나, 귤은 총 단백질량에 변화가 없으나 사과나 배는 오히려 총 단백질의 양이 증가하기도 한다. 이러한 이유는 잎의 경우에 노화가 일어날 때 영양소가 잎으로부터 수용부(sink)로 이동하지만 열매가 익을 때에는 열매가 계속 영양분의 축적기관으로 작용하기 때문이다.

또한 잎이 노화될 때 증가하는 단백질분해효소는 열매가 성숙할 때는 증가하지 않는다. 열매가 성숙할 때에는 과육을 연하게 하는 세포벽 분해효소인 섬유소분해효소(cellulase)와 polygalacturonase 등의 합성이 증가하지만 잎이 노화될 때에는 생성되지 않는다. 그러나 비록 이러한 차이점이 있다고 하더라도 일반적으로 잎의 노화와 열매의 성숙과정에서는 공통적인 현상 또한 많이 나타난다.

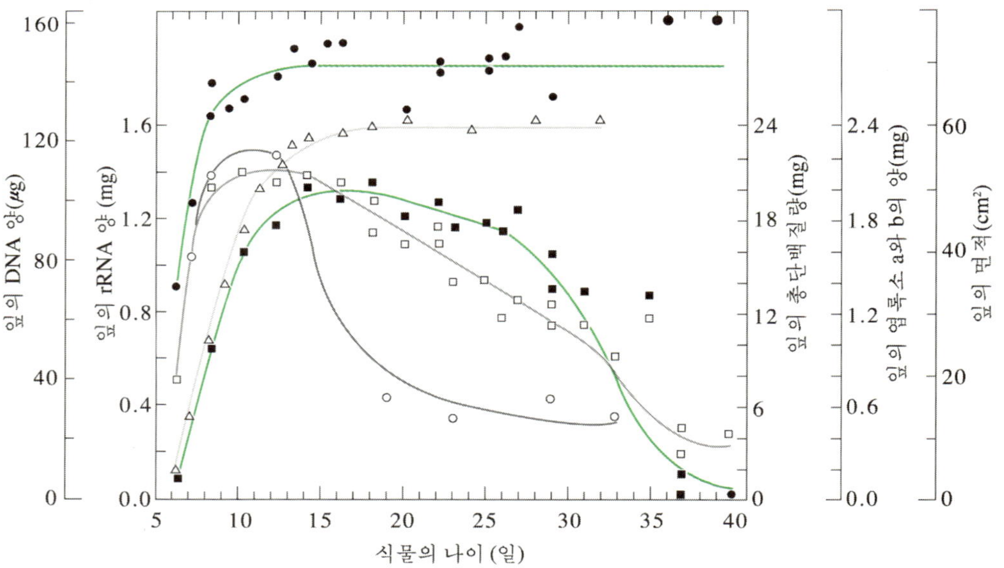

그림 7-90 덩굴강낭콩(*Phaseolus vulgaris*)의 1차 잎에서 날짜에 따른 DNA (●), rRNA (○), 단백질(□), 엽록소 함량(■) 및 잎면적(△)의 상호관계

노화가 진행될 때 특이적으로 증가하는 단백질이 있다. 식물의 잎이 노화될 때 mRNA의 양이 증가하는 유전자군들(SAGs ; senescence-associated genes)이 현재 약 30종류가 알려져 있고 이들 유전자들은 RNase, proteinase, lipase, alcohol dehydrogenase, methallothionein 및 pathgene-related protein (PR Protein) 등을 유도한다.

특히 토마토에서 노화가 일어날 때 증가하는 유전자로는 *SAG* 2와 *SAG* 12 외에도 *SENU* 2, *SENU* 3 (senescence upregulated genes) 등이 있으며, 카네이션의 꽃에서는 시스틴 분해효소(cystein protease)가 유도된다.

꽃잎이 노화되면서 증가하는 유전자군들(pSRs ; petal senescence-related genes)을 비롯해서 열매가 노화될 때 특이적으로 발현이 증가하는 유전자들은 에틸렌의 합성에 관여하는 효소, 섬유소분해효소, polygalacturonase, glutathionine *S*-transferase 등을 발현시킨다.

3. 세포막의 변화

세포막은 선택성을 띄는 역동적인 막으로서 세포의 생화학적 · 생리적 현상을 조절하는 데 필수적인 요소이다. 노화가 진행되면서 점차로 세포막의 총체적인 구조가 와해되고 세포소기관들이 점차 파괴되며, 또한 투과성이 증가하여 세포 속에 존재하는 용질들이 새어 나오게 된다. 식물에서 노화가 일어나면서 세포막, 소포체막, 액포막 등으로부터 초산화물(superoxide ; O_2^-)이라는 유리기(free radical)의 생성이 증가하며, 이로 인하여 지방의 과산화반응(peroxidation)과 지방산의 탈에스테르화반응(deesterification)이 일어난다.

노화가 진행되면서 불포화지방산이 hydroperoxydine의 유도체들과 결합되어 산화될 때 중간산물인 초산화물의 양이 크게 증가하며, 이와 함께 주로 원형질막에 존재하는 lipoxygenase의 양이 급격하게 증가한다(그림 7-91 A).

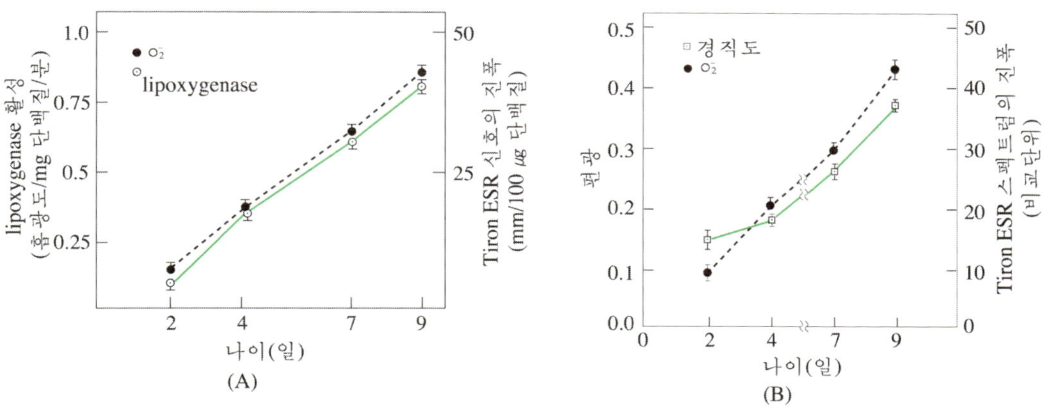

그림 7-91 덩굴강낭콩(*Phaseolus vulgaris*)의 자엽에서 노화가 진행될 때 lipoxygenase의 활성, superoxide의 생성량 및 막경직도의 변화

(A) lipoxigenase의 활성과 superoxide의 생성량이 서로 평행하게 변화

(B) 노화가 진행되는 덩굴강낭콩 자엽의 미크로솜막에서 superoxide의 생성과 막의 경직도는 평행하게 변한다.

노화가 진행되는 잎, 꽃, 열매 등의 모든 조직에서 세포막과 마이크로솜막(microsomal membrane)의 지질 유동성이 감소하는 것이 관찰된다.

특히 에틸렌의 생합성이 급격하게 증가하여 최댓값을 나타내는 조직에서는 에틸렌이 증가하기 바로 전이나 에틸렌의 증가와 동시에 막유동성이 급격하게 감소한다.

막유동성의 변화는 막에 관련되어 있는 효소와 수용체의 작용에 영향을 초래한다. 그런데 이러한 마이크로솜막의 유동성에 변화를 일으키는 요인은 초산화물인 것으로 알려져 있다. 막유동성이 감소하면서 막의 경직도(rigidity)가 증가하게 되므로 강낭콩의 자엽이 노화되는 동안 초산화물의 증가와 막의 경직도의 증가가 평행하게 일어나는 것을 볼 수 있다(그림 7-91 B).

노화가 일어나는 식물체에서 관찰되는 두드러진 특징의 하나는 세포막과 마이크로솜막을 구성하고 있는 지질의 성분이 변하는 것이다. 즉 막의 인지질(phospholipid)이 인지질분해효소(phospholipase)에 의해 분해되어 양이 급격하게 감소함에 따라서 스테롤 : 인지질의 값이 증가한다.

그런데 실제로 노화가 진행되면서 인지질분해효소가 새로 생합성되기보다는 오히려 노화가 진행되면서 막의 지질이중층(phospholipid bilayer)에 교란이 생기고 막구조가 불안정하게 되면서 인지질에 대한 인지질분해효소의 감수성(susceptibility)이 증가함으로써 효소의 활성도 증가하기 때문인 것으로 여겨진다.

또한 인지질로부터 떨어져 나온 지방산에서 탈에스테르화반응이 일어나며, 노화가 진행되면서 생성된 리폭시게나제(lipoxygenase)에 의해 더욱 생성이 증가된 초산화물과 함께 작용하여 인지질의 파괴는 점차 증가하게 된다(그림 7-92).

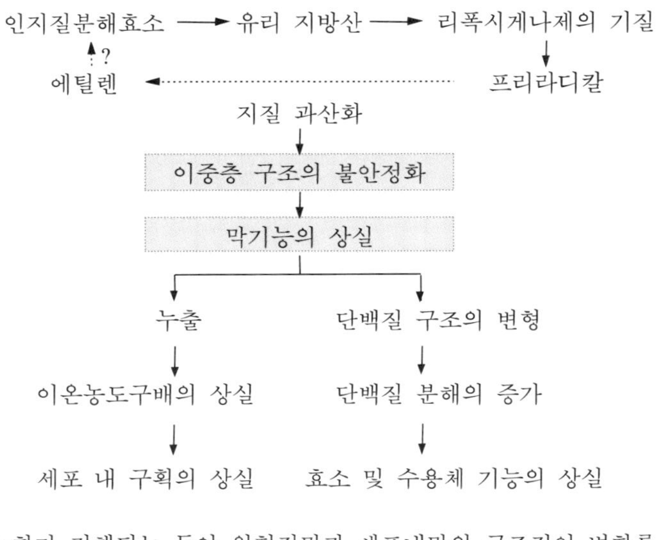

그림 7-92 노화가 진행되는 동안 원형질막과 세포내막의 구조적인 변화를 일으키는 과정

인지질의 양에 대한 스테롤 양의 비율이 증가하면 이중막의 유동성이 감소하기 때문에 노화가 진행되는 세포의 마이크로솜막과 원형질막의 스테롤 : 인산의 비율이 증가하면 지질층의 점성이 증가된다. 또한 막에 있는 리폭시게나제에 의해서 불포화지방산을 선택적으로 감소시킴으로써 포화지방산 : 불포화지방산의 비율을 증가시켜 결국 막유동성을 감소시킨다.

열매가 익을 때에는 과산화수소와 지질히드로과산화물(lipid hydroperoxide)의 양이 증가하므로 과산화수소의 생성을 억제하는 물질을 처리하면 열매의 성숙이 지연된다. 따라서 노화과정에서 발생하는 자유기는 지질의 과산화반응을 유도하게 되며, 이때 생성된 히드로과산화물이 마이크로솜막에 축적되고, 과산화된 지질이 막에 축적되면서 막의 불안정이 더욱 가속화된다. 또한 리폭시게나제는 리놀렌산(linolenic acid)과 자스몬산(jasmonic acid)으로 전환되는 첫 번째 단계를 촉매하는데, 바로 이 자스몬산이 노화를 촉진하기도 한다.

노화가 진행되는 자엽조직에서는 glutathione의 세포 내 함량과 superoxide dismutase의 활성이 노화가 일어나지 않는 자엽에 비해 크게 감소하는 것이 관찰되었는데, superoxide dismutase가 초산화물 자유기의 제거제(scanvenger)인 것으로 미루어 볼 때 glutathione의 세포 내 함량과 superoxide dismutase의 활성이 감소한 노화조직은 산화로 인한 손상을 훨씬 더 많이 입게 된다.

실제로 노화가 진행되는 조직에서 세포 안의 총 리폭시게나제의 활성이 오히려 감소하는 경우가 관찰되는데, 그 이유는 세포 내의 리폭시게나제는 세포질 내에 존재하는 형태와 막에 존재하는 형태가 있어서 세포 내 구획(compartmentation)을 일으키기 때문이다. 노화가 진행되면서 세포질 내에 존재하는 형태는 감소하였지만 막에 존재하는 리폭시게나제가 증가하여 막으로부터 유래한 지방산이 기질로 작용할 때 비로소 과산화적인 손상이 시작된다.

노화가 진행되고 있는 식물의 조직으로부터 분리된 막을 X-선 회절법으로 조사하여 보면, 노화가 진행될수록 막의 지질상(lipid phase)이 변하는 것을 알 수 있다. 특히 노화가 많이 진행될수록 막은 겔상 지질의 비율이 증가하여 결국 노화된 세포의 막에는 유동체-결정체의 상태와 겔상의 지방입자가 혼합하여 존재하게 되므로 막의 누출이 일어나게 되어 세포 내 구획을 상실하게 된다.

겔상의 지질이 막에 존재하는 정도는 지질상의 전이온도(transition temperature)를 측정함으로써 알 수 있는데, 일반적으로 겔 상태의 지질이 많을수록 전이온도가 높다. 따라서 노화가 진행될수록 전이온도가 점차 증가하게 된다. 이는 노화가 진행되면 더 높은 온도에서 녹는 겔상의 지질의 비율이 증가했음을 의미한다. 노화가 진행되면서 막의 경직도가 증가하고 겔상의 지질이 증가하는 등 세포막과 세포내막의 불안정성이 증가하면 이들 막에서 누출이 일어나며, 단백질의 분해가 촉진되어 막의 일반적인 기능은 상실된다.

세포내막에서 누출이 일어나면 세포 내의 구획이 깨지고, 색소와 당 및 전해질의 누출이 일어나며, 겔상의 지질이 증가하여 이온투과성이 증가한다.

그리고 막의 지질 이중층이 깨지면, 특히 막의 유동성이 감소하여 세포막이나 세포내막에 관련되어 있던 단백질과 수용체들의 구조가 변하기도 하며, 막단백질의 운동이 변하고 막단백질의 수직상 변환(vertical displacememt)이 일어나 효소활성이 변하며, 수용체의 경우는 배위자 – 수용체(ligand–receptor)의 상호작용에 커다란 변화가 일어나기도 한다.

예를 들면 꽃의 노화가 진행되면서 세포내막에 존재하는 것으로 알려져 있는 에틸렌 결합부위의 수가 반으로 줄어든다. 또한 막에 관련되어 있는 단백질분해효소에 의해 막단백질이 선택적으로 분해되고 막단백질의 형태적인 전환이 일어나 단백질분해효소의 작용을 유도하기도 한다. 막에 존재하는 리폭시게나제에 의해서 만들어진 자유기가 직접 막단백질의 형태적인 변화를 유도하여 단백질분해효소가 작용하도록 하는 경우도 있다.

막에 존재하는 리폭시게나제의 작용에 의해서 생성된 히드로과산화물에 의해 ACC로부터 에틸렌으로의 전환이 촉진되는 것이 카네이션 꽃에서 관찰되었다. 특히 리폭시게나제의 억제물질을 처리하면 히드로과산화인지질의 형성이 감소하며 이와 동시에 ACC로부터 에틸렌의 전환도 줄어든다.

그러나 이와는 반대로 인지질분해효소를 처리하여 지방산의 생성을 증가시키면 리폭시게나제의 기질이 증가하게 되어 히드로과산화물의 생성이 증가하며 이와 함께 에틸렌의 생성도 늘어난다. 그리고 glutathione과 glutathione peroxidase를 처리하여 과산화지질의 생성을 감소시키면 에틸렌의 생성이 줄어든다. 특히 에틸렌에 의해서 에틸렌 생합성의 자가촉진(autocatalytic activation)이 일어나는 것을 고려할 때 에틸렌이 과산화반응에 작용하여 이중막의 안정성을 파괴한다고 생각할 수도 있다.

노화가 진행되면서 엽록체막에서 일어나는 변화는 세포막이나 세포내막에서 일어나는 변화와는 상당히 다르다. 잎의 팽창이 완성된 후에 엽록체의 구조가 파괴되는 과정을 겪게 되는데, 에너지를 전달해주는 틸라코이드막은 밖에 있는 엽록체막보다도 훨씬 전에 막이 파괴되는 징후를 나타낸다.

틸라코이드막에서도 노화가 진행되면서 초산화물을 생성하기는 하지만 노화과정에서 만들어지는 초산화물의 양은 광합성이 활발하게 일어나는 시기보다는 훨씬 적으므로 오히려 노화가 진행되면서 초산화물의 양은 줄어든다.

또한 광합성이 일어날 때의 전자전달능력은 틸라코이드막의 유동성에 달려있다고 볼 수 있다. 그러나 세포막이나 세포내막과는 달리, 틸라코이드막은 불포화도가 높은 리놀레산(linoleic acid)으로 구성되어 있어서 노화가 진행되어도 틸라코이드막의 지질 유동성은 줄어들지 않으므로 노화가 일어날 때 관찰되는 틸라코이드막의 전자전달능력의 감소는 틸라코이드막의 지질유동성의 변화에 의한 것은 아니라고 할 수 있다. 또한 노화가 진행되어도 틸라코이드막에서는 겔상 지질의 양은 거의 변화하지 않는다.

엽록체에서 일어나는 노화현상 중 가장 두드러진 현상이 바로 단백질과 엽록체의 파괴이다. 노화가 되어도 잎이 노랗게 변하지 않는 돌연변이체를 이용한 실험에서 보면 노화가 일어나면서 스트로마의 구성성분, 광환원 능력, 그리고 그라나 라멜라 등의 구조가 모두 파괴되어도 틸라코이드막은 유지되고 있다. 또한 틸라코이드막의 구조단백질들도 그대로 존재하였다. 그 이유는 노화가 일어날 때 틸라코이드막의 단백질 중 소수성 막단백질이 세포 내에 존재하는 단백질분해효소에 의해 분해되지 않았기 때문이다.

틸라코이드막에 존재하는 엽록소-단백질 복합체를 구성하고 있는 단백질의 분해는 엽록소에 의해서 조절된다. 특히 엽록소 b가 결핍되어 있는 돌연변이체에서는 광수확단백질(light-harvesting protein)의 아포단백질(apoprotein)이 아주 빠르게 분해된다.

따라서 엽록소가 먼저 분해되어야만 틸라코이드막에 존재하는 엽록소 결합단백질들이 분해되는 것이다. 엽록소가 분해되면서 구조적으로 변하게 되면 엽록소에 결합되어 있는 단백질이 형태적인 변화를 일으키게 되어 단백질분해효소의 작용을 쉽게 받을 수 있을 것으로 여겨진다. 잎이 노랗게 되지 않는 돌연변이체에서는 엽록소가 파괴되는 과정에 돌연변이가 발생하여 엽록소가 파괴되지 않음으로써 결국 틸라코이드막의 단백질도 파괴되지 않은 것이다.

그러나 노화가 진행되는 틸라코이드막에서도 자유기에 의해서 단백질의 형태적인 변화가 유도되어 단백질분해효소의 공격을 받는 것이 증가되어 단백질분해가 더 가속화되기도 한다. 물론 자유기의 생성은 광합성이 활발할 때보다 적어졌다고 할지라도, 노화가 진행될수록 광합성능이 감소하기 때문에 광화학적으로 발생한 자유기를 포함하여 단백질을 분해시킬 수 있는 자유기의 양은 오히려 증가되어 단백질 분해활성은 증가하게 된다.

열매나 채소의 노화를 지연시키는 방법으로 저장창고의 공기 구성성분을 바꾸는 방법을 주로 사용하고 있지만, 또 다른 방법으로 칼슘을 사용하는 방법을 들 수 있다. Ca^{2+}는 2가이온의 배위자(ligand)로서 작용하여 원형질막의 외부에 결합하여 원형질막의 경직화를 일으켜서 세포막의 안정성을 증가시킨다. 외부에서 Ca^{2+}을 처리하여 실제 막의 구조를 안정화시켜 노화를 지연시킬 수 있는 기작은 세포벽과 세포막의 외부에 양이온으로 작용하는 세포 외적인 요인에 의한 것이다.

그러나 세포의 내적 측면에서 본다면 노화가 일어날 때에는 세포소기관에 구획화되어 있던 Ca^{2+}이 방출되어 세포질의 칼슘의 농도가 증가하여 칼슘을 필요로 하는 효소들이 활성화된다. 그중 지질분해효소가 활성화되어 막구조가 깨진다. 에틸렌은 IP_3를 경유하여 세포내막으로 쌓여져 있던 Ca^{2+}의 방출을 증가시킴으로써 세포 내 Ca^{2+}의 농도를 증가시켜 노화를 촉진한다.

노화를 지연시키는 효과가 있는 것으로 알려진 폴리아민(polyamine)은 막의 누출을 방지하고 과산화지질의 양을 감소시킨다. 또한 에틸렌의 생성을 억제하고, 생리적 pH 범위에서는 양이온으로 작용하여 Ca^{2+}의 효과처럼 세포막을 선택적으로 경직화시켜 막의 유동성을 유지시킨다.

7-5-3 노화와 식물호르몬

고등식물의 노화와 노쇠는 유전적으로 조절되기도 하지만, 환경요인에 의해서도 조절되는 과정으로서 여러 호르몬들과 아주 밀접하게 관련되어 조절된다.

1. 에틸렌과 노화

에틸렌(ethylene)이 열매의 성숙을 일으키는 물질이라는 것은 오래 전부터 알려져 왔다. 잘 익은 사과와 함께 덜 익은 토마토를 봉투에 넣고 닫아두면 토마토가 녹색에서 붉은색으로 변하는 것을 관찰할 수 있는데, 바로 토마토를 붉게 변하게 하는 물질이 에틸렌이다. 식물이 물리적인 손상을 입거나 자외선에 노출되었을 때 혹은 병원균에 감염되면 노화나 노쇠가 촉진된다. 이때 에틸렌의 생성이 크게 증가한다.

따라서 에틸렌의 생성을 조절함으로써 꽃과 열매의 노화를 조절하여 꽃 소비가 최대를 이루는 시점에 맞춰 꽃을 출하할 수 있으며, 열매의 경우는 저장기간을 늘려 좋은 품질을 오랫동안 유지할 수도 있다.

또한 열매를 손으로 수확하기 때문에 노동력이 많이 소비되는 경우, 에틸렌 생성을 유발하는 물질을 살포, 에틸렌을 발생시켜서 동시에 낙과를 유도할 수도 있다. 사과, 귤, 복숭아 및 배 등의 경우는 열매를 수확하기 전에 에틸렌을 처리하여 노란색이나 붉은색의 발달을 촉진시킴으로써 열매의 색깔을 향상시켜서 상품가치를 높일 수도 있다.

에틸렌에 의해서 유도되는 일반적인 노화현상으로는 호흡률의 증가, 막투과성의 증가, 그리고 엽록소의 파괴 등을 들 수 있다. 특히 과일과 꽃에서는 여러 종류의 색소합성, 탄수화물과 유기산 및 단백질의 대사변화, 그리고 과육의 조직이 연해지고 향이 발생하는 현상이 에틸렌에 의해 유도된다.

2. 시토키닌과 노화

시토키닌(cytokinin)은 뿌리의 끝 부분에서 합성되어 물관을 따라 이동하여 잎에서 분해된다. 시토키닌은 식물노화와 관련된 여러 발달과정을 조절하는 식물호르몬으로 알려져 있다. 시토키닌은 엽록소, 단백질, RNA의 세포 내 수준을 유지하며 노화를 지연시키는 것이 일반적인 현상이다.

줄기로부터 떼어낸 잎에 시토키닌을 처리하면 노화가 지연된다. 노화가 진행되는 잎에서 조직 내 시토키닌의 함량이 줄어드는 평행적인 관계가 여러 식물체에서 관찰되었다. 뿌리의 활성이 감소하면 시토키닌의 합성이 줄어들어 잎에서의 노화가 급격하게 일어나는 현상도 관찰되고 있다.

뿌리에서 시토키닌의 합성을 억제하는 처리, 예를 들면 뿌리를 제거하거나, 염류 스트레스를 주거나, 뿌리를 물에 잠기게 하거나 혹은 무기영양분을 결핍시키면 역시 잎에서의 노화가 급속하게 진행된다.

또한 줄기의 끝을 제거하거나 잎을 일부 제거하면 남아있는 잎에서의 시토키닌의 활성이 높아져서 잎의 노화가 지연된다.

빛도 역시 잎의 노화를 지연시키는데, 이는 잎의 시토키닌의 함량을 높여주기 때문인 것으로 여겨진다. 따라서 시토키닌은 식물체에서 노화지연 호르몬(antisenescence hormone)으로 여겨지고 있다.

시토키닌에는 천연물질인 제아틴(zeatin), 인공합성물질인 벤질아데닌(6-benzyladenine)과 키네틴(kinetin) 등이 있는데, 노화를 지연시키는 효과는 제아틴보다는 합성시토키닌인 키네틴이나 벤질아데닌이 훨씬 높다. 이러한 차이가 발생하는 이유는 주로 세포 내에서 분해되는 정도가 다르기 때문이다. 천연시토키닌이 합성시토키닌보다 훨씬 빠르게 대사가 일어난다. 시토키닌이 식물의 노화를 지연시키는 효과를 일으키기 위해서는 적절한 양을 적절한 시기에 처리해야만 한다. 그리고 일부 식물에서는 시토키닌이 노화를 지연시키는 효과를 나타내지 못하는 경우도 있다. 또한 오래된 잎이나 노화가 진행된 잎일수록 시토키닌에 의한 노화지연 효과가 적게 일어난다.

일부 식물에서 시토키닌을 노란색 잎에 처리하면 다시 녹색으로 돌아오는 경우도 있다. 그런데 시토키닌이 노화를 지연시키는 효과는 주로 잎에서 일어나는 현상으로 꽃이나 열매에서는 노화를 지연시키는 효과가 거의 나타나지 않는다.

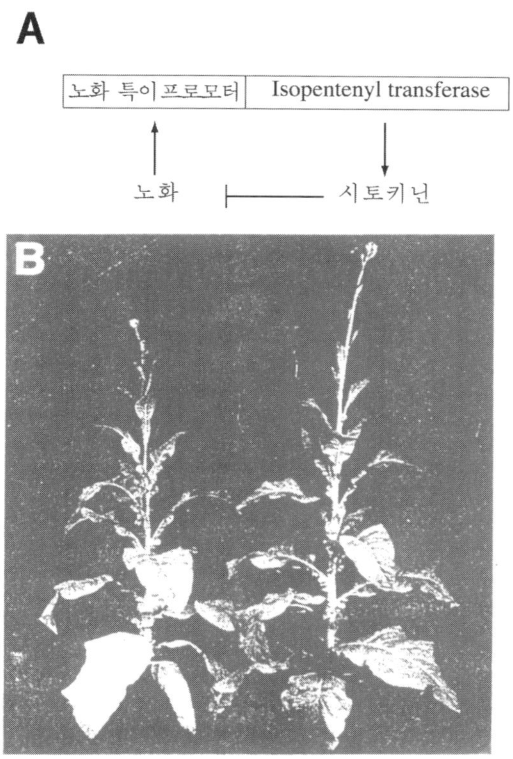

그림 7-93 시토키닌의 합성을 조절함으로써 일어나는 잎의 노화지연

(A) 노화가 일어날 때 특이하게 발현되는 SAG (senescence - associated gene) 12 promoter를 시토키닌 합성효소인 isopentenyl transferase에 연결시켰다. 노화가 시작되면 프로모터가 활성화되어 시토키닌을 합성시킨다. 생성된 시토키닌이 노화를 지연시키기 때문에 SAG 프로모터의 활성이 다시 감소하여 시토키닌의 과잉생성을 막아준다.
(B) 자가조절된 시스템을 갖고 있는 형질전환 식물체(오른쪽)는 같은 나이의 야생형 담배 식물체(*Nicotiana tabacum* cv Wisconsin 38)와 비교했을 때 잎의 노화가 지연되는 것으로 나타났다.

시토키닌의 노화억제 효과는 1차적으로 엽록소의 파괴를 지연시켜 광합성 구조를 안정시키기 때문인 것으로 알려지고 있다. 또한 시토키닌은 호흡, 막구조의 유지 및 단백질과 핵산의 합성에 관여하여 노화를 지연시킨다. 실제로 시토키닌은 엽록체의 DNA와 단백질의 합성을 증가시키고 엽록소 함량을 유지시킨다. 또한 엽록체의 자기복제, 그라나의 형성을 촉진하기도 하며 어떤 경우는 광합성에 관여하는 효소의 활성을 촉진하기도 한다.

노화가 진행됨에 따라서 분해산물들을 이동시킬 때 많은 에너지가 소요되기 때문에 일반적으로 호흡이 증가하게 되는데, 시토키닌은 호흡률이 일시적으로 급증하는 현상을 억제한다. 시토키닌은 극성용질의 막투과성을 증가시키며, 지질분해효소 및 리폭시게나제의 활성을 낮추고 막의 지방산의 감소를 막아서 막구조를 안정시켜 막으로부터 세포 내용물이 누출되는 것을 억제한다.

시토키닌은 단백질과 핵산의 합성을 유지해서 노화를 지연시키는 것이 일반적인 현상인데, RNA 중합효소 I 의 활성을 촉진시켜 RNA의 합성을 증가시키고 RNase 및 단백질 분해효소의 활성을 억제하여 이러한 효과를 나타낸다.

잎의 노화가 진행되는 과정에 대한 분자수준의 연구가 어느 정도 축적되면서 식물호르몬을 이용하여 잎의 노화를 조절하려는 분자유전학적 실험이 시도되고 있다. 시토키닌 합성의 첫 단계에 관여하는 효소인 isopentenyl transferase (IPT) 유전자의 발현을 증가시키면 시토키닌의 합성이 증가한다. 아직 식물체에서는 IPT가 분리되지 않았기 때문에 박테리아에서 분리된 IPT 유전자를 식물체에 넣어서 형질전환 시키면 잎의 노화가 지연된다.

그러나 시토키닌은 식물의 여러 발달 단계에도 영향을 주기 때문에 IPT 유전자의 형질전환 식물체가 형태적으로 여러 가지 비정상적인 면이 발현되었으므로 이러한 현상을 피하기 위하여 노화가 진행될 때에만 특이적으로 발현되는 유전자의 프로모터(senescence-specific *SAG* 12 promoter)에 IPT 유전자를 연결하여 담배에 도입한 결과 IPT 유전자를 가지고 있는 형질전환식물체는 노화가 효과적으로 지연되었으며, 형태적으로 비정상적인 현상도 나타나지 않는 것이 확인되었다(그림 7-93 참조).

3. 옥신과 노화

옥신은 잎, 꽃의 여러 기관, 열매 및 배 등의 식물조직에서 노화를 지연시키는 효과를 나타낸다. 옥신은 엽록소 분해, RNA 분해, 단백질 분해, 위조현상(wilting) 및 세포막 분해 등의 노화와 관련된 여러 과정들을 변화시킨다. 그러나 꽃잎이나 물관이 분화할 때에는 오히려 옥신이 노화를 촉진하기도 한다.

특히 옥신은 에틸렌 합성을 촉진하기 때문에 옥신에 의한 식물의 노화지연은 식물의 종이나 조직에 따라 다양하게 나타난다. 일반적으로 노화가 진행되면서 식물체의 옥신 함량은 낮아지며 또한 옥신의 활성도 역시 낮아진다.

4. 지베렐린과 노화

지베렐린은 잎, 자엽, 꽃잎, 열매 등의 여러 조직에서 엽록소의 손실을 억제하고 RNA와 단백질의 분해를 억제하여 식물의 노화를 지연시킨다. 그러나 이러한 지베렐린에 의한 노화지연 효과가 모든 식물체에서 일치하지는 않는다. 여러 가지 형태의 지베렐린은 식물의 종이나 조직에 따라 활성이 다르다.

지베렐린은 줄기에서 떼어낸 벼의 잎에서는 엽록소의 손실을 억제하지 않지만, 줄기에 붙어 있는 상태에서는 엽록소의 손실을 억제한다. 또한 지베렐린의 효과는 조직의 나이에 따라서도 차이가 있어서 미성숙한 양배추 잎에서는 엽록소의 손실을 촉진하지만, 성숙한 잎에서는 엽록소의 손실을 억제하며 빛의 유무도 지베렐린의 효과에 영향을 준다.

노화가 진행되는 조직이나 노화가 일어나기 직전에 지베렐린의 활성이 감소한다. 이는 조직에서 지베렐린이 빠르게 분해되고 또한 결합형태(bound form)로 존재하는 양도 증가하기 때문이다.

5. 아브시스산과 노화

아브시스산(abscisic acid, ABA)은 식물의 노화를 촉진하는 호르몬이다. ABA는 일반적으로 잎과 꽃의 노화를 촉진하며 과일의 성숙도 촉진한다. 그러나 줄기에서 떼어낸 잎에 ABA를 처리하면 잎이 노랗게 되어 노화가 촉진되는 효과가 있지만 줄기에 붙어 있는 잎에서는 이러한 효과가 나타나지 않는 경우도 흔하다. 즉 많은 식물에서 ABA가 엽록소의 분해를 일으키거나 엽록소의 합성을 억제하여 노화가 촉진되는 것이 일반적이지만, 역으로 ABA가 엽록소의 분해를 지연시키는 경우도 있다.

ABA는 일반적으로 노화가 일어날 때 수반되는 여러 현상들을 일으킨다. 즉 단백질의 합성을 억제할 뿐만 아니라 단백질의 분해에 관련된 효소들의 합성을 촉진하기도 한다. ABA는 또한 핵산의 합성을 억제하는데, DNA보다는 RNA의 합성을 더 크게 억제하고 핵산분해효소의 세포 내 함량을 증가시킴으로써 RNA의 분해를 촉진한다.

ABA는 엽록소와 단백질의 분해를 촉진하여 광합성능을 저해하고 호흡률을 증가시키며 세포막 구조를 변화시켜 세포막에서 누출이 일어나게 한다. 한편, 수분스트레스(water stress)가 발생하면 조직 내 ABA의 함량은 증가한다.

6. 기타 노화 조절물질

자연상태에서 발생하는 여러 유기화학물질들도 노화를 촉진하는 경우가 많으며, 짧은 고리를 가진 지방산 및 이의 에스테르화물들도 노화를 촉진한다. 노화가 진행되면서 세포막이나 틸라코이드막이 분해되면서 발생하는 리놀레산은 엽록소의 분해를 촉진한다. 그리고 이러한 지방산은 단백질이나 엽록소를 분해하는 효소의 활성을 촉진시키며 계면활성제의 작용을 통하여 이러한 효소에 대한 기질의 친화력을 증가시켜서 더욱 효소활성을 높여 준다.

L 형태의 세린은 10^{-3} M 수준에서 잎을 노랗게 하는 작용이 있는데, 류신의 흡수를 억제하며 단백질과 엽록소의 분해를 촉진하여 노화를 유발한다. 그러나 D 형태의 세린은 그러한 효과를 나타내지 않는다. 시스테인은 세린보다는 약하지만 역시 노화를 촉진하는 효과가 있다. 그러나 아르기닌은 세린이 노화를 촉진하는 효과를 완전히 상쇄시킨다.

쟈스몬산도 노화를 촉진하는데, 자연적으로 생성되는 형태인 메틸쟈스몬산(methyl jasmonic acid ; MJ)은 엽록소를 분해하는 정도가 쟈스몬산보다 훨씬 높은 편이다. 또한 쟈스몬산은 호흡을 증가시키고 기공을 닫히게 하며, 에틸렌의 합성을 촉진하는 기능도 있다. 브라시노스테로이드(brassinosteroid)도 노화를 조절하는 물질로 여겨진다. 특히 브라시노스테로이드를 생합성하지 못하는 돌연변이체인 애기장대에서 잎의 노화가 지연되는 것이 관찰되었다.

7-5-4 식물기관의 노화

1. 잎의 노화 및 낙엽

잎의 노화는 잎이 발달하는 과정의 최종 단계로서 잎에 저장된 양분을 식물체의 다른 부분으로 이동시켜서 영양분을 재순환시키는 중요한 역할을 하는 과정이기도 하다. 노화 시 낙엽수의 잎에 저장된 질소는 줄기로 이동하여 저장단백질을 합성하는데 이용된다. 이는 그 다음해 봄에 생장을 위해 필요하다. 특히 양분수송에 관여하는 관다발조직 주변이 제일 나중에 노화가 일어나는 것으로 보아, 노화는 단순히 파괴적인 과정만이 아니라 양분의 재순환과정이기도 한 것이다.

꽃이 피고 종자가 발달하는 동안에 노화가 시작되는 잎의 수가 증가하는 것도 잎에 있는 동화산물을 다음의 종자로 이동시켜서 저장하기 위한 것이다. 콩에서 꽃을 제거하거나 열매가 발달하고 있는 콩깍지를 제거하면 잎의 노화가 지연되는 것으로부터 이러한 사실을 확인할 수 있다. 그러나 농업적인 측면에서 본다면 잎의 노화는 작물의 생산성을 떨어뜨리는 요인이 되며, 채소작물에서는 수확 후 손실(postharvest loss)을 일으키는 요인이 된다.

낙엽은 노화가 일어나는 기관이나 손상을 받은 기관을 제거하는 과정이다. 낙엽현상은 엽병과 줄기 사이에 탈리층이 생김으로써 나타나는데, 안쪽에 있는 세포가 확장되어 코르크화된 상처조직으로 만들어져 보호층을 이루게 된다. 낙엽을 일으키는 1 차적인 신호는 에틸렌에 의해서 주어진다. 낙엽 시에는 세포벽을 분해하는 효소들, 특히 endo-β-1, 4-glucanase 에 대한 mRNA 의 증가가 유도된다.

또한 낙엽은 펙틴질이 많이 들어있는 중엽(middle lamella)의 해체가 필요한데, 이에 관련된 연구도 많이 진행되고 있다. 최근에 토마토에서 낙엽에 특이적으로 관여하는 polygalacturonase 의 유전자가 분리되었다. 그런데 탈리층에 존재하는 이 유전자도 에틸렌에 의해서 유도가 증가되는 것이 관찰되었다.

2. 꽃의 노화

식물의 발달에서 꽃이 피는 것은 가장 극적인 과정 중의 하나이며, 핀 꽃은 시들어 죽게 된다. 1회번식형 식물체(monocarpic plant)는 꽃이 피고 열매가 맺히고 나면 식물체 전체가 죽게 되며, 다회번식형 식물체(polycarpic plant)의 경우도 꽃이 피고 난 후에 꽃이 시들어 떨어지게 되면서 일부분이긴 하지만 노화되어 죽는다.

꽃이 노화할 때 가장 두드러지게 노화현상이 나타나는 기관은 꽃잎이다. 노화되면서 여러 가지 생화학적·생물리적·미세구조적인 면에서 변화가 일어난다. 나팔꽃의 경우를 보면 새벽에 꽃봉오리가 벌어져서 이른 오후까지는 꽃이 벌어진 상태를 유지하지만, 그 이후에 팽압이 감소하여 수분이 빠져나가면서 꽃잎이 마르고 색깔도 점차 퇴색하다가 결국 밤에는 꽃잎이 완전히 말라 이틀 후에는 꽃잎이 떨어진다.

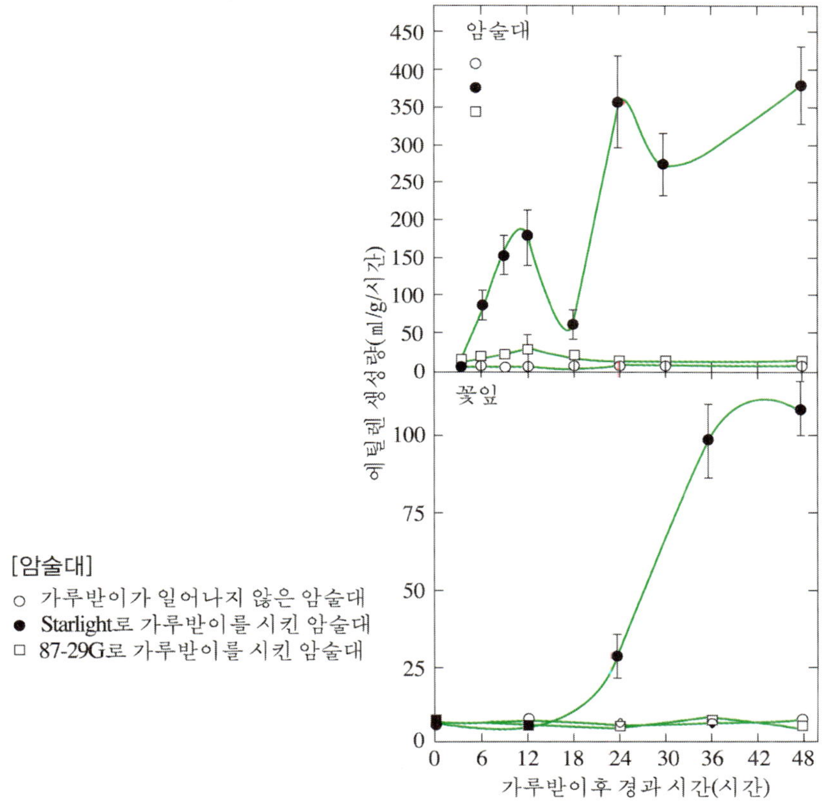

그림 7-94 가루받이가 일어난 후 카네이션(*White Sim*)의 암술과 꽃잎의 에틸렌 발생
Starlight의 꽃가루는 *White Sim*의 카네이션에 가루받이를 일으킬 수 있으나, 87-29 G의 꽃가루는 가루받이를 일으킬 수 없다.

노화가 진행되는 꽃잎은 물질대사면에서 두 가지 커다란 변화가 일어난다. 즉 호흡이 증가하고 세포 구성성분의 가수분해가 증가하는 것이다. 특히 과산화효소의 활성증가는 과산화물과 자유기의 생성을 증가시켜서 에틸렌의 합성을 촉진하므로 결국 노화는 더욱 가속화된다. 그러므로 절화에 항산화제 혹은 자유기 제거제를 처리하면 꽃의 수명을 훨씬 증가시킬 수 있다. 꽃의 노화가 일어날 때 증가하는 RNase, DNase 및 단백질분해효소 및 세포벽을 구성하는 다당류를 가수분해시키는 효소들의 활성도 증가한다.

꽃이 노화할 때 점차로 꽃의 건량이 감소하면서 녹말의 함량이 줄어들고, 거대분자들의 수준도 감소한다. 그에 반해서 수용성 성분, 특히 환원당이 증가하고 세포의 pH 도 변한다. 일부 꽃잎에서는 pH 가 증가한다. 이는 단백질가수분해효소에 의해 단백질이 분해되면서 아스파라긴이 증가하고 동시에 주요 함질소 화합물이 증가하기 때문이다. 물론 유기산이 증가하는 꽃잎에서는 pH 가 감소한다.

꽃잎의 노화과정 중 가장 두드러진 현상은 생체량이 감소하는 것인데, 수분손실에 의해 팽압이 감소하여 꽃대가 수그러들고 꽃잎이 마른다. 또한 꽃의 노화세포에서는 세포막의 투과성이 증가하여 수분이 손실되고 세포 내 용질이 누출되어 꽃잎이 시들게 된다.

식물호르몬들은 꽃의 노화에 다양한 영향을 준다. 이들 중에서 노화에 가장 중요한 영향을 미치는 호르몬은 에틸렌이다. 에틸렌은 꽃잎을 말리게 하고 팽압을 감소시키며 색소를 파괴시켜 색깔을 변하게 한다. 또한 에틸렌은 꽃이나 꽃잎이 빨리 떨어지게 한다. 따라서 에틸렌의 급격한 증가를 지연시키는 물질들은 꽃의 수명을 연장시킬 수 있다.

에틸렌의 생성이 아주 급격하게 증가하는 대표적인 시기는 꽃에서 수분이 일어난 직후이다. 수분이 일어나면 꽃잎에서 급속하게 노화가 진행되는데, 이때 에틸렌 발생이 급격하게 증가한다. 에틸렌이 발생하면 꽃잎의 색깔이 변하고 암술의 노화가 촉진된다. 수분이 된 후에 수정이 되지 않아도 에틸렌의 합성은 증가한다.

수분이 되면서 일어나는 첫 번째 현상은 몇 시간 이내, 즉 꽃가루가 발아하기 전에 암술에서 에틸렌이 발생하는 것이다. 이는 화분이 가지고 있었던 ACC 가 직접 에틸렌으로 전환되기 때문인 것으로 생각된다. 수분 후 약 20 시간이 지난 다음에 다시 에틸렌의 합성이 급격하게 증가한다. 이는 식물체 내에서 합성된 ACC 가 에틸렌으로 전환되기 때문이다(그림 7-94). 따라서 첫 번째 에틸렌 발생이 암술머리에서 인지되어 에틸렌을 발생시키면, 이때 생성된 에틸렌이 신호가 되어 다른 꽃이나 기관으로 신호를 전달시켜서 수정에 따른 여러 가지 변화를 일으키는 것이다.

7-5-5 수확 후 조절

과일이나 채소 및 꽃이 수확된 후에 소비될 때까지 소실되는 양을 수확 후 손실(postharvest loss)이라고 하는데, 보통 선진국에서는 생산량의 5~25%, 개발도상국에서는 20~50%에 이른다. 손실을 줄이기 위해서는 작물의 질을 떨어뜨리는 생물학적인 요인과 환경적인 요인을 밝혀서 식물의 노화를 지연시키고 품질을 유지할 수 있는 수확 후의 조절방법을 취해야 한다.

작물이 수확된 후에는 노화가 급격히 일어나는데, 우선 호흡률이 증가하여 저장된 영양소의 손실이 일어남은 물론 열이 발생하여 노화는 더욱 촉진된다. 또한 에틸렌의 발생으로 노화가 더욱 가속화하며, 박테리아나 곰팡이에 의한 감염까지 증가하여 작물의 질은 더욱 떨어진다. 또한 세포 내 구성성분이 변한다.

즉 다당류가 당으로 전환하고 색소의 조성이 변하며 호흡의 결과 이산화탄소와 물이 증가한다. 또한 세포에 존재하는 유기산, 단백질, 아미노산 등이 변하여 맛과 향에 변화를 가져오게 되며 비타민 C 등의 비타민 함량도 감소한다.

작물의 품질을 수확 후에도 일정기간 유지하기 위해서 가장 많이 사용되는 방법이 노화를 가속화시키는 에틸렌의 생합성을 억제하는 것이다. 과일이나 채소의 경우 에틸렌의 발생을 줄이기 위해서 저온에 저장하거나 공기의 조성을 바꿔주기도 한다. 이는 산소의 농도를 8% 이하로 낮춰주고 이산화탄소의 농도를 2% 이상으로 높여주는 방법이다.

에틸렌은 기체상태의 호르몬이기 때문에 압력을 낮춰서 식물세포에 에틸렌이 작용하지 못하도록 식물체 밖으로 빼주는 방법도 가능하다. 그러나 기압을 낮추는 이 방법은 시설비용이 많이 소요되기 때문에 실제 적용하기에는 어려운 점이 있다.

작물의 품질을 유지하는 또 다른 방법으로 많이 사용되는 것이 적절한 습도를 유지시켜 주는 것이다. 과일은 85～95%, 채소는 90～98% 정도의 습도가 유지되어야 작물로부터의 수분손실과 조직파괴를 막을 수 있다.

절화에서는 직접 에틸렌의 생합성을 억제하는 물질을 처리하는 방법이 현재 많이 사용되고 있다. 에틸렌의 합성억제물질이나 작용억제물질이 들어있는 물에 직접 줄기를 담가서 에틸렌의 생합성을 억제함으로써 절화의 수명을 연장시키는 것이다.

가장 많이 사용되는 물질이 은 이온이다. 은 이온은 에틸렌의 자가촉진작용을 억제할 뿐만 아니라 노화를 촉진하는 작용을 억제시킨다. $AgNO_3$ 상태로 처리하면 줄기 속의 도관벽에 흡수되어 은 이온이 꽃에는 도달하지 못하므로 이동성이 좋은 silver thiosulfate (STS)를 사용한다.

STS 는 줄기를 통해서 꽃으로 이동하여 내부 및 외부의 에틸렌이 작용하지 못하도록 하기 때문에 꽃의 수명을 연장시킬 수 있다. 최근 거래되고 있는 카네이션이나 백합 등의 많은 절화에 STS 가 처리된다.

연습문제

1. 분화(differentiation)와 생장(growth)의 차이점은 무엇인가?

2. 분화 시 나타나는 극성(polarity)의 원인과 종류에 대하여 설명하시오.

3. 전형성능(totipotency)이란 무엇인가?

4. 외부의 자극에 대해 식물이 나타내는 운동양식에는 어떠한 것이 있는가?

5. 개화에 미치는 환경요인에는 어떠한 것들이 있는가?

6. 접합자배발생(zygotic embryogenesis)과 체세포배발생(somatic embryogenesis)의 차이점은 무엇인가?

7. 휴면(dormancy)과 발아(germination)의 요인에 대하여 설명하시오.

8. 발아와 호르몬의 상호관계에 대하여 설명하시오.

9. 노화(senescence)의 일반적인 징후는 무엇인가?

10. 노화와 호르몬의 상호관계에 대하여 설명하시오.

11. 수확 후의 조절방식에는 어떠한 것이 있는가?

참고 문헌

- T. I. Baskin, W. R. Briggs and M. Iino. 1986. Can lateral redistribution of auxin account for phototropism of maize coleoptiles? *Plant Physiol. 81* : 306~309.
- J. D. Bewley, and M. Black, 1982, Physiology and Biochemistry of Seeds. Vol. 2. Viability, Dormancy and Environmental Control. Springer-Verlag, Berlin.
- T. G. Brock and P. B. Kaufman, 1990, Movement in grass shoots, In The Pulvinus : Motor organ for leaf movement, R. L. Satter, H. L. Gorton and T. C. Vogelmann (eds.), M. D. Rockville, The American Society of Plant Physiologists, pp. 59~71.
- D. J. Cosgrove, 1987, Wall relaxation and the driving forces for cell expansive growth, *Plant Physiol. 84* : 561~564.
- A. Fahn, 1982, *Plant anatomy*, Pergamon, U. S. A.
- J. Fromm and W. Eschrich, 1990, Seismonastic movements in Mimosa, In The Pulvinus : Motor organ for leaf movement.
- A. W. Galston, 1994, *Growth and chemical signal,* In Life processes of plants. Scientific American Library, New York, pp 80~111.
- S. Gan and R. M. Amasino, 1997, Making sense of senescence. Molecular genetic regulation and manipulation of leaf senescence. *Plant Physiol. 113* : 313~319.
- R. I. Greyson, 1994, *The development of flowers*, Oxford University Press. Oxford
- D. Hess, 1975, *Plant physiology*, Springer-Verlag, New York.
- W. G. Hopkins, 1995, *Introduction to plant physiology*, John Wiley and Sons, Canada.
- J. A. Kreps and S. A. Kay, 1997, Coordination of plant metabolism and development by the circadian clock, *The Plant Cell 9* : 1235~1244.
- P. B. Larsen, E. N. Ashworth, M. L. Jones and W. R Woodson, 1995, pollination-induced ethylene in carnation, Role of pollen tube growth and sexual compatibility, *Plant Physiol. 108* : 1405~1412.
- O. Leprince, G. A. F. Hendry and B. D. McKersie, 1993, *Seed Sci. Res.* 3 : 231.
- J. H. Liu and D. M. Reid, 1992, Adventitious rooting in hypocotyls of sunflower seedlings. *Physiol. Plant. 86* : 285~292.
- C. Z. Lowen and R. L. Satter, 1989, Light promoted changes in the apoplastic K^+ activity in the *Samanea samana pulvinus. Planta. 179* : 412~427.
- P. J. Lumsdem, 1993, Mechanisms of signal transduction, In *The Molecular Biology of Flowering*, B. R. Jordan ed., CAB International Wallingford, Oxon, UK.

- M. C. Mato and M. L. Rua, 1988, Changes in levels of peroxidases and phenolics during root formation in Vitis cultured in vitro, *Physiol. Plant*, *72* : 84～88.
- H. Mohr, P. Schopfer, 1995, *Plant Physiology*, Springer-Verlag, Berlin.
- R. M. Moore and M. L. Evans, 1986, How roots perceive and respond to gravity, *Am. J. Bot. 73* : 574～587.
- M. J. Morse, R. C. Crain, G. G. Cote and R. L. Satter, 1990, Light-signal transduction via accelerated inositol phospholipid turnover in *Samanea pulvini*, In Inositol metabolism in plants, D. J. Morre, W. F. Boss and F. A. Loewus (eds.), New York, Wiley-Liss, pp. 201～215.
- K. L. Poff and H. V. Martin, 1989, Site of graviperception in roots : a re-examination. *Physiol. Plant*. 76 : 451～455.
- P. H. Raven, R. F. Evert and S. E. Eichhorn, 1992, *Biology of Plants*, Worth, New York.
- F. D. Sack, 1991, *Plant gravity sensing*, Int. Rev. Cyt. 127 : 193～252.
- F. B. Salisbury and C. W. Ross, 1992, *Plant Physilogy*, Wadsworth, U. S. A.
- F. B. Salisbury, L. Gillespie and P. Rorabaugh, 1988, Gravitropism in higher plant shoots Ⅴ, Changing sensitivity to auxin, *Plant Physiol.* 88 : 1186～1194.
- R. L. Satter, H. L. Gorton and T. C. Vogelmann (eds.), M. D. Rockville, The American Society of Plant Physiologists, pp 25～43.
- T. W. Short, P. Porst and W. R. Briggs, 1992, A photoreceptor system regulating in vivo and in vitro phosphorylation of a pea plasma membrane protein, *Photochemistry and Photobiology 55* : 773～781.
- L. Taiz and E. Zeiger, 1991, *Plant Physiology*, The Benjamin/Cummings Publishing Company, Inc. Redwood City, Califonia.
- J. E. Thompson, 1988, The molecular basis for membrane deterioration during senescencem, *In senescence and aging in plant*, L. D. Noodén and A. C. Leopold, eds., Academic Press INC, pp 51～83.

제 8 장　식물 분자생물학

식물세포는 진핵세포들로 구성되어 있다. 동물세포와 비교하여 많은 부분 유사한 유전자의 구조와 기능을 가지고 있으나, 광합성 등 식물에 특이적인 기능에 관련된 유전자 및 유전현상 또한 많이 존재하고 있다. 지난 30년 동안 식물세포의 유전자에 관한 연구는 괄목할 만한 업적을 남겼으며, 이제 식물 분자생물학은 식물의 제반 현상을 근본적으로 분자의 측면에서 접근하는 생물학의 중요한 연구 분야이다.

또한 동물과 비교하여 식물은 외부유전자의 삽입을 통한 새로운 형질을 얻는 과정이 용이하여, 식물을 통한 유전공학적 이용 및 연구가 활발하게 진행되고 있다. 이 장에서는 식물 특이적인 유전자에 관련된 내용과 유전자의 유전공학적 이용에 대하여 기술하고자 한다.

8-1　식물의 DNA

식물세포에서는 핵, 엽록체, 미토콘드리아의 세포소기관들에 DNA가 존재하고 있으며, 각각의 유전 물질들은 상호보완적으로 세포의 생명현상을 담당하고 있다. 핵 DNA와는 달리, 엽록체와 미토콘드리아 DNA는 히스톤이 없는 구조를 하고 있으며, 세포질 유전을 통하여 동일한 유전물질이 다음 세대로 전달된다.

8-1-1　핵 DNA의 구조

식물세포의 핵 DNA는 식물의 생장과 발생에 필요한 거의 대부분의 유전정보를 간직하고 있다. 핵 DNA는 특별한 구조를 이루게 되어, 직경이 약 3～20 nm인 핵에 함유되어 있다. 이 DNA는 식물의 종류에 따라 다른 수의 염색체(chromosome)에 나뉘어져 있다. DNA는 여러 종류의 단백질과 함께 크로마틴(chromatin)이라는 구조를 이루고 있다.

이러한 단백질의 대부분은 히스톤(histone)이며, 그밖에도 여러 유전자 기능(복제, 전사 등)에 관련된 것들이 있다. 이런 크로마틴(chromatin) 구조는 세포의 복제, 환경 및 발생조건들에 따라 구조가 바뀌게 되어 특이적인 유전자의 기능이 이루어진다.

식물의 종류에 따라 DNA 의 길이는 매우 다양하다. 일반적으로 개화식물의 DNA 는 10^9 부터 10^{11} 염기쌍(base pair, bp)을 가지고 있다. 애기장대(*Arabidopsis thaliana*)는 약 7×10^7 bp 의 작은 길이로 되어 있다(표 8-1).

표 8-1 식물과 사람의 DNA 길이

하나의 게놈 위에 있는 염기쌍의 수				
	애기장대 (*Arabidopsis thaliana*)	옥수수 (*Zea mays*)	잠두 (*Vicia faba*)	인간 (*Homo sapiens*)
핵(반수체 염색체)	7×10^7	390×10^7	1450×10^7	280×10^7
색소체	156×10^3	136×10^3	120×10^3	
미토콘드리아	370×10^3	570×10^3	290×10^3	17×10^3

적어도 식물 안에서는 유전자의 길이와 진화 정도가 비례하지 않는 것으로 여겨진다. 이런 긴 DNA 는 모두 유전자로서 암호화되지 않으며, 대부분의 DNA 는 직접적으로 세포 기능에 관여하고 있지 않는 것으로 보인다. 일반적으로 전체 DNA 의 10% 미만이 암호화 기능을 가지고 있다. 암호화 기능이 없는 DNA 지역의 많은 부분은 반복적인 염기서열(repetitive sequence)로 이루어져 있다.

한편 식물에서 핵 DNA 의 특징은 염색체가 이배수체 이상이 되는 다배수체(polyploidy)인 경우가 많은데, 이것이 유사한 식물 종간의 DNA 의 양의 차이를 보이는 이유 중의 하나이다. 이런 다배수체의 식물은 육종을 통하여 만들어질 수 있으며, 상업화되는 작물에 있어서 많은 경우가 이에 해당된다.

8-1-2 엽록체 DNA

엽록체는 진화적으로 광합성세균에서 유래되었다고 생각된다. 즉 진핵세포의 진화과정 중에 광합성 기능을 갖기 위하여 광합성세균을 포획하여 지금의 식물세포로 발달하였다고 추정하는 가설로, 이를 내부공생설(endosymbiotic theory)이라 한다. 이런 가설을 뒷받침하는 것으로는 엽록체 DNA 의 구조 및 여러 특성이 같은 세포 내의 핵 DNA 보다 박테리아 DNA 와 더욱 비슷하다는 점을 들 수 있다.

엽록체 DNA 는 엽록체의 모든 단백질을 암호화하지는 못하며, 이들은 핵 DNA 에 의해서도 만들어지고 있다. 즉 엽록체가 독립적으로는 광합성을 포함한 대부분의 엽록체 기능을 수행할 수 없고, 이런 기능은 핵과 엽록체와의 매우 유기적인 관계로 이루어지고 있다는 것이다. 엽록체를 포함한 모든 색소체의 DNA 는 원형으로 되어 있으며, 길이는 110~210 kb 정도이다.

일반적으로 광합성이 활발한 세포는 한 세포 안에 40개 정도의 동일한 DNA를 갖고 있다. 엽록체 DNA는 약 90개 정도의 유전자를 포함하고 있으며, 이중 대부분은 tRNA, rRNA 유전자 등 단백질 합성에 관련된 유전자와 광합성 관련 단백질을 암호화하는 유전자들로 구성되어 있다.

8-1-3 미토콘드리아 DNA

미토콘드리아는 호기성 박테리아에서 유래되었다고 생각하고 있다. 엽록체 DNA와 유사하게 많은 부분이 박테리아 DNA와 비슷한 성격을 갖고 있다. 식물의 미토콘드리아 DNA는 다른 종의 생물보다 매우 길며(200～2500 kb), 일정하지 않은 구조를 하고 있다. 그 예로서 옥수수의 경우는 570 kb 정도의 큰 원형 DNA와 다섯 개의 작은 원형 DNA로 구성되어 있다.

8-2 식물유전자의 발현 및 조절

식물의 모든 조직 및 세포는 서로 다른 기능을 수행하고 있으며, 따라서 각기 다른 종류의 단백질을 포함하고 있다. 또한 동일한 조직 및 세포에서도 발생단계, 환경 그리고 생리적 조건에 따라 다른 단백질을 생산하고 있다. 이것은 유전자들이 서로 다르게 표현되기 때문인데, 이와 관련된 기작은 매우 복잡한 많은 단계를 거친다.

즉 어떤 특정한 유전자가 세포 외부의 신호를 인식하여 선택된 유전자를 발현하는 과정은 상당 부분이 아직 정확하게 이해되고 있지 않으며, 현재 매우 활발한 연구가 이 분야에 집중되고 있다.

8-2-1 유전자 발현단계

유전자 발현(gene expression)이란 유전자가 최종 단백질 산물을 생산하는 일련의 과정을 통칭하는 용어이다. 이 과정의 조절은 다음의 여러 단계에서 이루어 질 수 있다.

① 전사(transcription) ② RNA 변형(processing)과 mRNA의 핵에서 세포질의 단백질 합성장소까지의 이동단계 ③ 번역(translation) ④ 번역 후 단백질 변형(posttranslational protein modification) 단계 등이 그것이다.

8-2-2 유전자의 구조와 발현조절

유전자는 단백질의 아미노산 서열을 결정하는 암호지역(coding region, exon), 전사를 조절하는 조절지역, 전사를 종료시키는 종료지역으로 구성되어 있다. 진핵세포들은 암호지역 사이에 암호화하지 않는 지역(non-coding region, intron)이 존재하고 있다. 전사 직후에는 엑손(exon)과 인트론(intron)이 함께 연결되어 RNA 분자를 만든다.

최종적인 mRNA가 만들어지는 과정에서 인트론이 절단되고 엑손들끼리 연결된다. 전사는 실제 암호지역의 ATG 염기(개시코돈) 전에서 시작하여 엑손과 인트론을 지나 마지막 엑손의 종료코돈 이후의 지역에서 정지한다. 이렇게 만들어진 1차적 mRNA(pre-mRNA)는 5′ 말단지역에 머리부분의 첨가, 인트론 제거, 3′ 말단지역에서 아데닌 다중합체(polyA sequence)의 첨가 등, 변이(RNA processing)를 핵에서 거쳐 최종적으로 mRNA가 만들어진다. mRNA는 단백질 합성을 위해 세포질의 리보솜으로 이동한다.

유전자는 암호지역 5′쪽 부위에 프로모터(promoter) 지역이 있어서 전사가 정확하게 시작되게 하며, 또한 전사량을 조절하여 주고 있다. 전사 개시점에서 RNA 중합효소에 의해 전사가 시작된다. 이 지점에서 5′쪽 부위에는 조절부위(regulatory region)가 있고, 이곳에는 전사를 조절하는 여러 종류의 전사요소(transcription factor, TF)라 불리는 물질이 결합하여 전사를 조절한다.

진핵세포에는 세 종류의 RNA 중합효소들이 있다. 중합효소 I은 rRNA, II는 mRNA, III은 tRNA의 전사에 각각 관여하며 여러 다양한 신호체계로 TF의 종류가 결정된다. 한 예로 식물에 빛이라는 외부조건이 주어지면 피토크롬(phytochrome)과 같은 특정 단백질에 의하여 인식되고, 계속해서 아직 잘 알려져 있지는 않으나, 어떤 세포 내의 신호전달체계에 의하여 TF가 선택되어 조절부위의 특정지역에 붙어서 빛에 반응하는 단백질을 암호화하는 유전자의 전사를 유도한다. 비교적 짧은 길이의 여러 DNA 염기서열(DNA element)이 발견되어 전사 등에 중요하게 관여하고 있는 것이 알려져 있다.

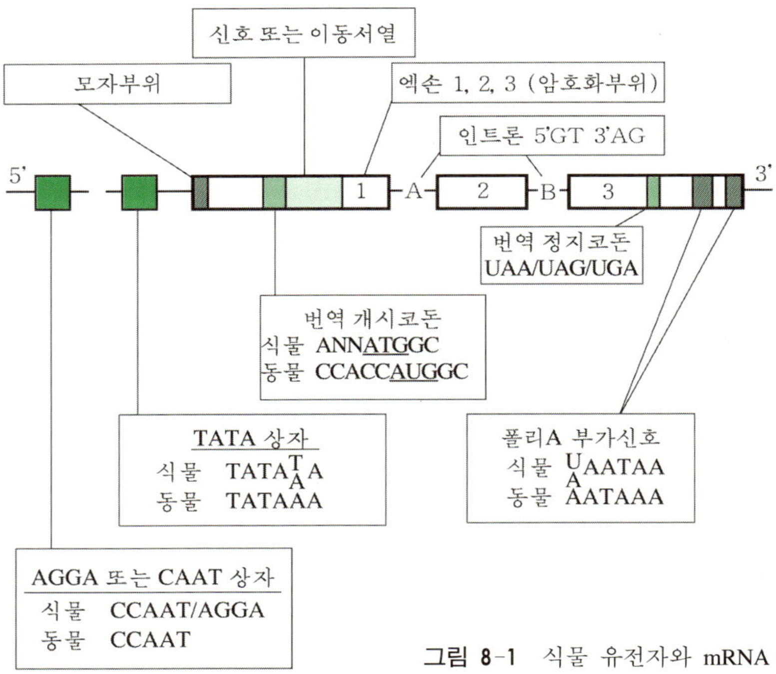

그림 8-1 식물 유전자와 mRNA의 조절지역

전사개시에 중요한 TATA 박스와 전사촉진에 관여하는 CAAT 박스는 거의 모든 식물유전자에 존재한다. TATA 박스는 전사 개시점에 매우 근접하여 존재하며(15~60 염기), CAAT 박스는 TATA 박스에서 약 30~100 염기 위에(5′쪽 방향) 위치하고 있다(그림 8-1).

이것들 외에도 상당히 많은 수의 DNA element 들이 존재하는 것으로 알려지고 있는데, 이들은 발생 또는 외부 환경에 대한 특이적인 반응 등에 중요하게 관여하는 것으로 생각되고 있다. 유전자의 종류에 따라서는 프로모터 지역 외에 활성화지역(enhancer element)이 있어, 전사조절을 좀 더 복잡하게 하고 있다. 이 활성화지역은 한 유전자 내에 존재하기도 하지만, 때에 따라서는 그 유전자와 상당히 떨어진 지역에 존재하기도 한다.

전사의 종료는 암호지역의 3′쪽 말단지역에서 일어난다. 이 지역에는 핵에서의 RNA 프로세싱 과정에서 생기는 poly A 지역이 거의 대부분의 진핵세포의 mRNA 에 존재하고 있다. 이것의 기능은 아직 정확하게 알려져 있지 않으나, mRNA 의 안정성 또는 전사종료에 관여하는 것으로 추정하고 있다. 아직 전사 종료의 기작도 잘 알려져 있지 않으며, 이곳 말단지역의 2 차구조가 전사종료에 중요하게 작용하는 것으로 여겨지고 있다.

8-2-3 종자의 성숙과 발아의 전사조절

식물세포나 조직의 환경 또는 발생적 요인에 의한 신호의 인식 및 전달과정은 일반적으로 다양한 경로로 구성되어 있다. 외부의 여러 요인들이 어떻게 세포에 의하여 인식되고 이들 신호가 세포 안에서 전달 및 증폭되어 반응에 이르게 되는 과정은 아직 잘 알려져 있지 않다. 어떤 경우에는 유전자의 조절과 관계없이 반응에 관계하는 단백질의 변형(예 : 인산화)을 통하여 활성화되기도 한다.

그러나 신호전달 과정의 최종단계는 유전자발현의 조절을 통하여 이루어지는 경우가 많이 알려져 있다. 이러한 경우에 일반적으로 외부 요인들이 1 차적으로 자극 수용체에 의하여 인식되고 계속되는 신호전달 체계는 유전자의 특정 조절지역에 결합하는 TF 를 활성화하게 된다. 이때 여러 종류의 2 차 신호전달자(second messenger)가 일차적 외부자극의 인식과 유전자조절 사이의 신호전달에 관여한다. 지금까지 많은 연구가 진행된 종자의 성숙과 발아의 두 가지 중요한 발생과정을 예로 들어 이 과정을 살펴보기로 한다.

종자는 단백질, 지질, 탄수화물 등의 영양물질을 다량 저장하고 있다. 이들은 종자가 발아를 해서 어린 식물이 독립적으로 광합성을 통한 자가영양 상태가 되기 전까지의 필요한 영양분을 공급해 준다. 꽃의 씨방에서 수분이 되면 발생 프로그램에 따라 종자가 만들어지고, 종자성숙에 관련된 여러 단백질(예 : 종자 저장단백질)들이 합성된다.

만들어진 종자는 오랜 기간 동안 보관이 가능하며, 특별한 환경조건이 주어지면 발아가 시작된다. 이때 종자의 저장 영양분이 어린 식물들이 사용할 수 있도록 과당 등의 물질로 변하여 필요한 조직으로 운반되게 된다. 이 과정에 참여하는 유전자 또한 조절된 형태로 발현된다.

연구된 여러 종자 저장단백질의 유전자들은 암호지역의 5′쪽에 몇몇 염기서열이 매우 잘 보존된 지역이 서로 다른 식물종 사이에서 발견되고 있다. 이런 DNA element들은 이들 단백질 종자의 특이적이고 발생단계 특이적인 유전자 발현에 관련되어 있을 것으로 생각되고 있다. 좋은 예로, 밀의 글리아딘(gliadin)과 보리의 호데인(hordein) 유전자들은 ATG 개시코돈의 약 300 염기 앞에 ATGTAAAGTGAATAAG의 염기서열이 함께 발견되고 있다.

또 다른 예를 들면, 모든 옥수수의 제인(zein)이라는 저장 단백질 유전자들은 TATA 박스 앞쪽에 15 염기가 동일하고, 이 염기서열은 많은 바이러스와 동물의 활성화 지역의 주요 염기서열과 매우 유사하다. 이와 같은 사실들은 이 염기서열이 이들 저장 단백질의 전사조절에 매우 중요한 역할을 할 것이라는 생각의 근거가 된다.

이 유전자의 전사 개시점으로부터 5′쪽 318과 339 염기 사이에 한 종류의 TF가 특이적으로 결합하고 있는데, 이 TF가 유전자의 전사조절에 중요하게 작용하고 있을 것으로 여겨진다. 종자성숙에 관련된 신호는 식물호르몬 아브시스산(abscisic acid, ABA)을 통하여 세포 안으로 연결되며, 이 ABA가 종자성숙에 필요한 단백질을 발현시키는 유전자들의 전사를 유도하는 것으로 알려져 있다.

발아가 시작되면 단백질과 지질과 함께 탄수화물이 분해되기 시작하는데, 이에 관련된 효소 α-아밀라제(amylase)의 유전자 발현이 비교적 잘 연구되어 있다. 발아가 시작되면 배유에서 식물 호르몬 지베렐린(gibberellic acid)이 생산·분비되며, 이것이 종자 호분층에 존재하는 세포에서 α-아밀라제 효소단백질을 생산하여 종자 내부로 분비시킴으로써 탄수화물을 분해한다.

따라서 이 효소는 지벨렐린에 의하여 유전자발현이 이루어지며, 이 유전자의 조절지역에 지베렐린의 신호전달에 특이적으로 관여하는 지역이 존재하는 것으로 알려져 있다. 종자의 저장단백질과 저장지질의 분해에 참여하는 많은 효소들도 지베렐린에 의하여 유전자 발현이 유도된다고 알려져 있다.

8-3 유전공학적 방법을 통한 유용한 작물의 개발

식물, 특히 경제작물에 대해서는 오랫동안 육종학자를 중심으로 좀 더 나은 유전물질을 지닌 식물을 개발하고자 하는 노력이 끊임없이 계속되어 왔다. 육종은 많은 시간과 자원이 필요하지만, 때로는 우연히 좋은 형질이 발견되는 경우도 있다. 육종을 통해 작물의 질을 향상시키고자 하는 노력은 지금도 매우 중요한 방법이고, 현재에도 많은 우수한 형질들이 이 방법을 통하여 얻어지고 있는 것이 사실이다.

하지만 근래에는 급격하게 발전된 유전자 재조합 방법 등의 기술을 이용하여 보다 적극적으로 식물에 원하는 유전물질을 삽입시키는 등, 실로 짧은 시간에 뚜렷한 목적을 가지고 원하는 유전자원을 가진 작물을 얻기에 이르렀다.

식물은 많은 경우에 하나의 세포나 조직으로부터 새로운 식물개체를 조직배양을 통하여 만들 수 있다는 특성으로 인해 식물을 이용한 유전공학적 연구는 동물에 비교하여 매우 용이하다. 이런 기술을 이용한 새로운 작물의 생산이 아직 미흡한 점이 많은 것은 사실이지만, 앞으로 더욱 식물의 개발 및 연구에 이용될 것은 확실하다. 중요한 점은 어떤 유전자를 어떠한 목적으로 식물에 옮길 것인지가 명확하여야 한다는 것이다.

실제로 많은 경우에 옮겨진 유전자가 제대로 작용하지 못하거나, 심지어는 바라지 않은 형질로 발현되는 경우도 있다. 이렇게 제조된 작물들이 제대로 검증도 거치지 않고 일반 경작에 이용되는 경우는 없어야 한다. 새로운 유전자원을 가진 작물은 현재의 생태계에 매우 나쁜 결과를 야기시킬 수도 있기 때문이다.

현재 *Agrobacterium tumefaciens* 라는 박테리아를 이용하여 식물세포에 유전자를 삽입시키고 조직배양을 통하여 형질이 전환된 식물을 생산하는 방법이 널리 보급되어 있다.

8-3-1 *Agrobacterium* 을 통한 식물의 형질전환의 배경

Agrobcterium 은 토양에 존재하는 박테리아로서, 식물의 상처 부위로 이동하여 종양을 만들게 한다. 이 박테리아는 Ti (tumor-inducing) 플라스미드를 가지고 있어, 종양을 형성하는 데 필요한 여러 기능을 담당하고 있다(그림 8-2).

이 플라스미드의 일부인 T (transferred)-DNA 는 식물세포의 핵 DNA 에 삽입되는 지역으로 옥신과 사이토키닌을 합성하는 유전자를 포함하고 있다. 이 유전자들은 반드시 식물세포에 옮겨진 후에만 발현되며, *Agrobacterium* 에 의하여 감염된 식물은 이들 호르몬에 의하여 비정상적인 세포분열과 세포생장을 통하여 crown gall 이라는 종양이 만들어진다.

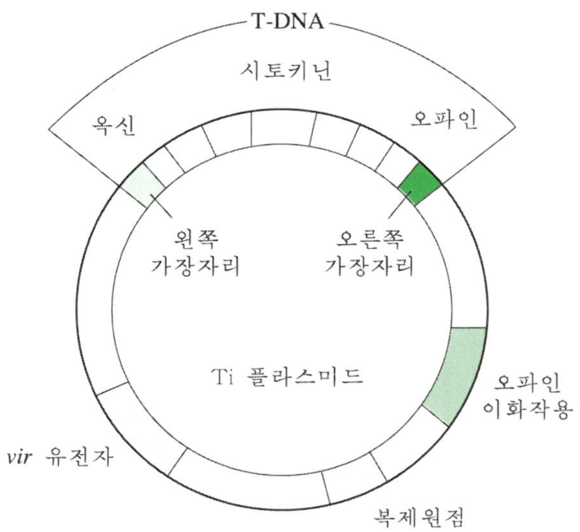

그림 8-2 Ti-플라스미드의 구조

식물은 생장에 필요한 많은 영양분을 이 종양의 증식에 빼앗겨서 생장이 방해를 받게 된다. 이 과정 중에 T-DNA 가 제대로 식물세포로 옮겨가기 위해서는 이 T-DNA 양쪽 말단 부위가 필수적이며, 호르몬 합성 유전자를 포함하는 T-DNA 의 안쪽 지역은 관여하지 않는다.

따라서 T-DNA 의 내부지역에 원하는 외부 유전자를 삽입시키면, 이 유전자가 식물에 옮겨간다. 이렇게 호르몬 합성 유전자가 없어지고 외부 유전자가 삽입된 T-DNA 는 더 이상 종양을 형성하지 않게 된다.

이런 *Agrobacterium* 의 성격을 이용하여 외부의 어떤 유전자라도 원하는 식물에 옮겨질 수 있고, 현재 이런 방법을 통해 형질전환된 식물이 만들어지고 있다.

8-3-2 형질전환벡터의 제작

Ti-플라스미드는 T-DNA 외에 독성(virulence, *vir*)지역이 있어서 T-DNA 가 박테리아 내부에서 Ti-플라스미드로부터 분리되어 식물세포로 이동하여 핵의 DNA 에 삽입되기까지의 전반적인 기능을 담당하고 있다. 이와 같은 기능에 관여하는 7 개의 유전자가 *vir* 지역에 존재하고 있는데, 이 지역은 식물로 이동하지는 않는다.

이런 기능을 이용하여 외부유전자를 식물에 삽입시킬 때는 Ti-플라스미드의 여러 기능 중 *vir* 지역과 T-DNA 의 양쪽 말단지역이 필요하다. 또한 외부유전자를 받은 식물세포를 선별하기 위하여 항생제 저항성 표식 유전자가 T-DNA 내부에 포함되어 있어야 한다.

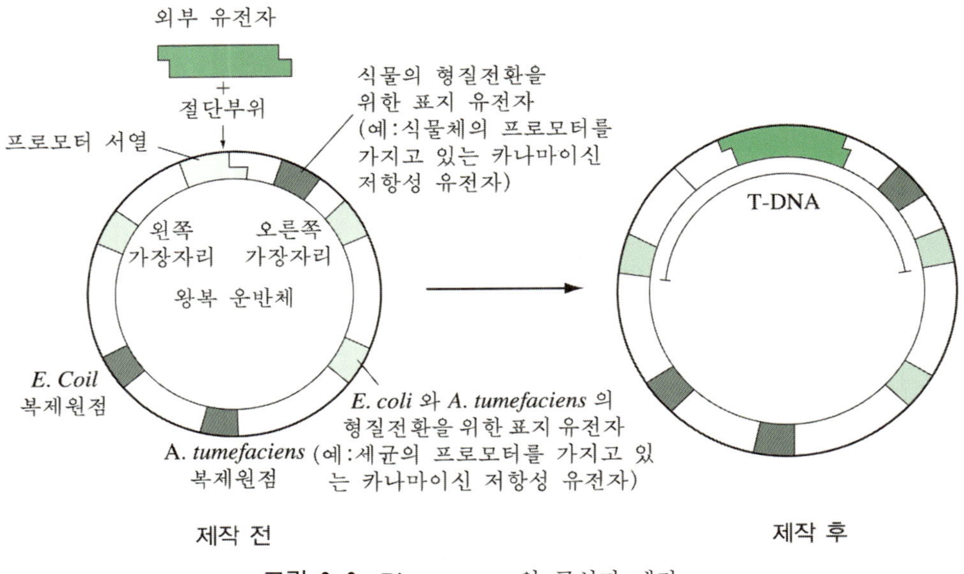

그림 8-3 Binary vector 의 구성과 제작

이 표식 유전자가 식물세포에서 발현되면 해당 항생제가 포함된 선별 배지에서 자랄 수 있게 되고, T-DNA를 받지 않은 식물세포는 자랄 수 없게 된다.

이런 원리를 이용하여 형질전환에 이용되는 벡터는 *vir* 지역과 T-DNA가 같은 벡터에 있어도 되고, 두 개의 플라스미드에 각각 존재하여도 된다. 후자의 경우엔 T-DNA가 *vir* 지역이 없이 존재하므로 플라스미드의 크기가 작아도 되며, 따라서 외부유전자 삽입 등에 필요한 일련의 DNA 조작이 용이하게 된다. 일반적으로 플라스미드의 길이가 길어지면 유전자 조작은 어려워진다. 이와 같이 T-DNA와 *vir* 지역이 서로 다른 플라스미드에 존재하고 있는 벡터를 binary vector라 부르며, 현재 광범위하게 사용되고 있다(그림 8-3).

이 *vir* 지역을 포함하는 플라스미드는 *Agrobacterium* 안에 존재하게 하고, 외부유전자 삽입이 끝난 T-DNA를 포함한 플라스미드를 최종적으로 *Agrobacterium*에 옮긴다. 이렇게 하여 두 플라스미드를 함께 간직한 *Agrobacterium*을 형질전환에 사용한다.

8-3-3 형질전환

외부유전자를 포함하고 있는 *Agrobacterium*은 식물조직의 형질전환에 사용된다. 우선 식물조직은 거의 대부분의 조직이 가능하나 주로 잎의 단편이 사용된다(그림 8-4 참조).

이 단편들은 상처로 인하여 *Agrobacterium*에 의한 감염이 용이하다. 식물조직과 *Agrobacterium*을 함께 배양시키고 난 후에 *Agrobacterium*을 제거하고 식물조직을 선별배지에서 자라게 한다. 형질전환된 세포는 선별배지에서 자라게 되고, 적당한 배양조건에서 용이하게 줄기와 뿌리를 만들며 완전한 식물로 성장하게 된다.

8-3-4 유전공학에의 응용

*Agrobacterium*을 이용한 형질전환 연구는 현재 많은 식물을 통하여 성공적으로 사용되고 있다. 하지만 이 방법의 가장 큰 결점으로 벼, 보리, 밀 등 중요한 경제작물이 포함되는 단자엽 식물은 이 방법에 의해서는 형질전환이 잘 되지 않는다는 점을 들 수 있다.

단자엽식물은 현재 *Agrobacterium*을 통하지 않고 유전자를 물리적으로 옮기는 방법에 의하여 주로 형질전환이 되고 있지만, 역시 쌍자엽 식물에 비교하여 매우 낮은 효율을 보이고 있다.

현재 *Agrobacterium*을 이용하여 매우 많은 종류의 유전자가 식물에 옮겨졌으며, 많은 경우 이 유전자들은 다음 세대에도 안정되게 전해지고 있다. 제초제 저항성 유전자를 이용하여 제초제 저항성 작물이 개발되고 있다. 또한 여러 물질대사에 중요하게 관련되어 있는 효소의 유전자를 이용하여 물질대사가 원하는 대로 바뀐 식물이 개발되고 있다.

하나의 예로, 지방산의 길이 또는 불포화 정도를 조절하는 유전자들을 이용하여 산업적인 면에서 유용한 지방산을 많이 함유하고 있는 식물이 개발되어 있다. 그밖에도 일일이 다 나열할 수 없을 정도의 많은 예가 있으나, 앞으로도 그 개발은 더 더욱 많이 이루어질 것으로 기대된다. 한편, 이 방법은 유전자의 기능과 조절기작을 밝히는 데에도 많이 이용되고 있어, 식물생리 및 분자생물학의 발전에도 크게 기여하고 있다.

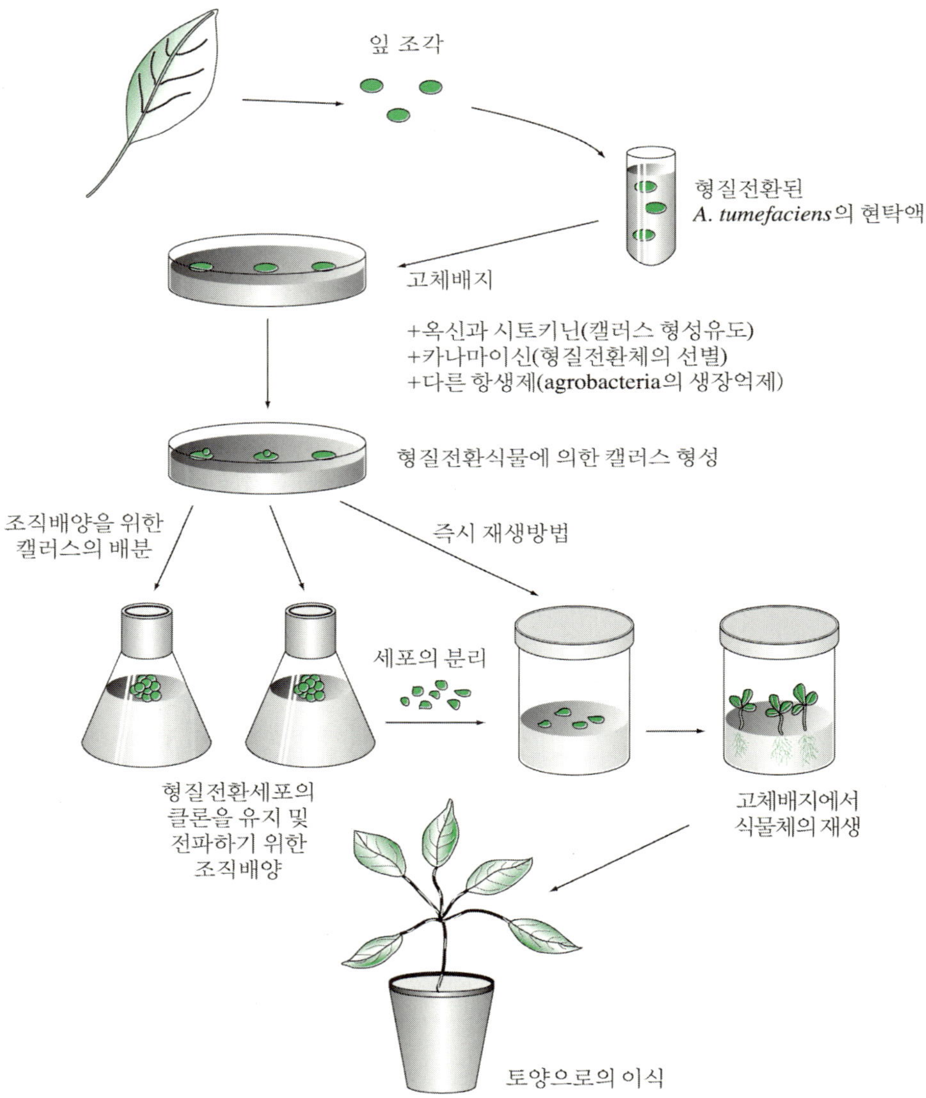

그림 8-4 형질전환 식물의 제작과정

연 습 문 제

1. 식물세포의 세포소기관들 중 DNA를 함유하고 있는 것은 무엇인가?

2. 많은 식물체 DNA의 길이가 사람보다 긴 경우가 많은데, 이것을 진화의 정도와 연관시킬 수 있는지를 설명하시오.

3. 유전자 발현단계에 대하여 설명하시오. 그리고 그중에서 일반적으로 가장 많은 조절을 받는 단계는 무엇인가?

4. 프로모터(promoter)와 활성화(enhancer) 지역의 기능상 차이점을 설명하시오.

5. 2차신호전달자(second messenger)가 유전자발현에 어떻게 작용하는지 설명하시오.

6. 프로모터 지역의 DNA element를 정의하고, 그 기능을 설명하시오.

7. Ti-플라스미드가 포함하고 있는 중요 지역 각각의 역할을 설명하시오.

8. Binary vector를 정의하고, 이 벡터가 제작된 후에 구체적으로 어떻게 형질전환에 이용되는지를 설명하시오.

9. 식물세포의 *Agrobacterium*을 이용한 형질전환 방법에 대하여 설명하시오.

참고 문헌

- W. F. Boss and J. D. Morre, 1989, Second Messengers in Plant Growth and Development. Liss, New York.
- R. L. J. Burdle and D. D. Randall, 1990, Light as a signal influencing the phosphorylation status of plant proteins. *Plant Physiol. 94* : 1501～1504.
- D. Fosket, 1994, Plant Growth and Development. Academic Press, San Diego.
- D. Grierson and S. Covey, 1988, *Plant Molecular Biology*, Chapman & Hall, New York.
- B. D. Hames and D. M. Glover, 1989, Transcription and Splicing, IRL Press, Oxford.
- D. Inze, A. Follin, M. Van Lijsebettens, C. Somoens, C. Genetello, M. Van Montagu and J. Schell, 1984, Genetic analysis of the individual T-DNA genes of *Agrobacterium tumefaciens*, *Molecular General Genetics 194* : 265～274.
- L. Peter and L. Richard, 1993, *Plant Biochemistry and Molecular Biology*, Wiley & Sons, London.
- R. Walden, C. Koncz and J. Schell, 1990, The use of gene vectors in plant molecular biology. *Methods in Molecular and Cellular Biology 1* : 175～194.
- J. Watson, 1992, Recombinant DNA. Scientific American, Inc., New York.
- K. Weising, J. Schell and G. Kahl, 1988, Foreign genes in plants : transfer, structure and expression. *Annual Review of Genetics 22* : 421～477.

제 9 장　식물 환경생리

식물체가 항상 최적의 환경에서 자랄 수는 없다. 그렇다면 식물체가 생존하는 데 필요한 환경의 조건은 무엇인가? 이런 문제를 연구하는 환경생리학은 다음의 세 가지 이유에서 식물의 생리생태 연구에 대단히 중요하다.

첫째, 식물은 일반적으로 자신들의 생리와 대사를 바꾸어 가며 스트레스에 반응하기 때문에 스트레스를 받는 식물체를 연구함으로써 정상적인 식물의 생리대사에 관해 알 수 있다. 둘째, 스트레스 생리학의 연구로 식물의 분포에 영향을 주는 요소들을 알 수 있다. 셋째, 작물들은 스트레스를 견디는 능력이 생산량을 결정하는 중요한 요소가 된다.

최근에는 유전자 조작이 가능해져서 식물체의 유전적 구성을 변화시킬 수 있게 되었다. 따라서 이제 식물학자들은 선별적으로 제초제의 내성을 증가시키거나, 살충제의 내성을 향상시키고, 종자의 저장 단백질의 질을 향상시킬 수 있게 되었다.

유전자 재조합을 이용한 식물체에서의 질소고정과 생산량 증가에 대한 전망, 새로운 식량자원으로서의 식물재배, 그리고 조직배양을 이용한 의약품과 새로운 유용물질을 생산하는 방법 등은 식물생리학과 그 연관분야에서 많은 잠재력을 가지고 있다.

9-1　식물과 스트레스

식물체는 때때로 예외적이거나 극단적인 환경에 처할 수도 있다. 가령, 북극 근처에서 자라는 나무들은 극도로 추운 겨울 날씨를 겪게 되고, 고산식물들은 추위와 건조한 바람, 그리고 매우 강력한 자외선을 받게 된다.

또 농작물들의 경우에 긴 가뭄을 만나거나 뿌리가 고염도의 토양에서 자라게 될지도 모른다. 더욱이 최근에는 인간에 의해 발생되는 토양과 물, 그리고 공기 등의 오염 역시 식물체가 견뎌야 하는 환경요인에 추가되었다. 환경의 악화는 식물체에게 스트레스를 일으키는 원인이 되는데, 이로 인해서 식물체는 자신의 생리 · 생장 · 생존에 큰 변화를 일으킬 수도 있다.

환경스트레스에 대한 식물의 반응은 오랫동안 식물 환경생리학자와 생리생태학자들의 주된 연구대상이었다. 식물체가 스트레스에 반응하는 것을 연구하면 식물의 지리학적 분포와 환경상태에 따른 식물의 활동을 이해하는 단서가 된다. 스트레스는 대개 생산량 감소로 이어지기 때문에 스트레스 반응기작은 농학자들에게도 대단히 중요하다.

스트레스 반응기작을 이해하는 것은 가뭄이나 염분, 그리고 기타 생산량을 제한하는 여러 가지 요소들을 이겨낼 수 있는 스트레스 저항성 작물을 배양하기 위해서 필수적이다. 스트레스가 식물의 기능 이상을 유발하기 때문에 생리학과 생화학 연구를 위한 또 하나의 유용한 도구가 되고 있다.

9-1-1 스트레스의 정의

생물학적으로 스트레스를 정의하는 것은 쉽지 않지만, 생물체에 해로운 효과라는 의미를 내포하고 있다. 물리학자들은 스트레스의 개념을 '대상의 단위면적당 적용되는 힘'이라고 정의하며, 어떤 스트레스에 반응해서 그 대상이 긴장하거나 입체적 형태가 바뀐다고 설명한다. 물리학적인 의미에서도 스트레스를 정확하게 정의하기는 어렵지만 Levitt (1972)는 물리학적인 용어가 유기체에도 적용될 수 있고, 또 적용되어야 한다고 주장하였다.

실제로 스트레스의 생물학적 개념은 더욱 총괄적인 의미들을 함축하고 있다. 예컨대 생태계에서 어떤 식물체에게 정상 이하로 생산량을 떨어뜨리는 외부 저해요인을 스트레스라고 생각할 수 있다. 이런 접근방식은 최적의 조건 하에서 정상 생산력을 산술적으로 계산할 수 있는 농업분야에서는 유리하지만, 정상 생산력을 측정하는 실제수단이 없다면 이런 기준으로 스트레스의 영향을 판단하는 것은 쉽지 않다.

환경스트레스를 계산할 때 생기는 또 하나의 난점은 연속되는 환경상태에서 어떤 환경이 어느 시기부터 스트레스가 되는가이다. 식물은 종에 따라 최적 환경이 다르고 온도, 수분, 그리고 염분에 대한 반응도 다양하기 때문이다(표 9-1).

연속된 상황 중 온도나 토양의 수분유지력이 스트레스로 작용하는 순간은 언제부터일까? 여기에는 아직 해답이 없으며, 스트레스 생리학 분야에서 사용되는 용어의 체계도 아직 정립되지 않았다.

표 9-1 식물이 받을 수 있는 주요 환경스트레스

기온(열)
저온(냉해, 동해)
수분과잉(홍수, 무산소증)
수분부족(한해, 저수증)
염도
광선(가시광선, 자외선)
화학물질(살충제, 중금속, 대기 오염물질)
생물(병원체, 경쟁)

아마도 생물학적인 스트레스의 가장 적절한 정의는 '정상적인 시스템이 작용하는 것을 방해하는 힘'이라고 할 수 있다. 여기서 '정상적인 시스템'은 종이나 표현형에 따라 다양하기 때문에 해석이 주관적일 수 있다. 반면에 식물은 스트레스라고 간주되는 환경에서도 자랄 수 있도록 자신의 메커니즘을 변화시킬 수 있는 가능성을 가지고 있기 때문에 이런 정의를 지나치게 협소하다고 생각하는 학자도 있다.

사막이나 극지대의 툰드라에서 조성되는 극단적인 환경은 그곳에서 정상적으로 번식하는 식물들에게도 스트레스로 작용하는지, 또는 전체가 아닌 일부 종들에게만 스트레스를 주는지는 환경스트레스 연구에 의해 어떤 방향을 제시할 수 있을 것이다.

9-1-2 스트레스에 대한 식물의 반응

식물은 여러 가지 방식으로 스트레스에 반응할 수 있다. 식물체는 스트레스를 덜 받을 수 있는 기간 내에 그들의 생장을 완료함으로써 스트레스의 영향을 피할 수 있고, 대사과정에서 어떤 특이한 변화를 일으켜서 스트레스를 피하거나 극복할 수도 있다.

식물은 스트레스 때문에 상해를 입을 수 있는데, 이는 한 가지 이상의 대사기능이 비정상적으로 되었다는 것을 의미한다. 만약 스트레스가 짧고 약한 수준이라면 상해는 일시적이어서 스트레스만 제거되면 식물체는 회복될 수도 있다. 그러나 스트레스가 매우 심할 경우 개화나 종자형성이 방해되고, 식물체의 생존도 치명적일 수 있다.

단명식물이나 생존기간이 짧은 사막식물들은 스트레스에서 완전히 자유롭다. 단명식물은 우기를 이용해 매우 빠르게 발아하고 생장한 후에 개화한다. 그리고 건기가 시작되기 전에 종자를 형성한다. 극지방의 일년생 식물들은 짧은 여름 동안에 생장주기를 마치고 종자의 형태로 겨울을 생존해 낸다. 단명식물은 실제로 가뭄이나 저온스트레스를 받지 않기 때문에 스트레스 탈출자(stress escaper)로 알려져 있다.

많은 식물들은 스트레스 회피(stress avoidance)나 스트레스 내성(stress tolerance)을 이용하여 스트레스에 대응하는 능력을 가지고 있다. 회피(avoidance)는 스트레스가 존재할 때 스트레스의 충격을 완화하려는 기작이다. 예를 들면 뿌리가 짧은 자주개자리는 지하수면으로 깊게 뿌리를 내려서 가뭄을 겪을 때에도 적절한 수분공급을 받을 수 있다.

다른 식물들은 수분을 저장하는 부엽이나 두꺼운 큐티클층 혹은 수분증발을 막기 위한 엽모 등을 발달시켜서 수분을 보존하고 손실을 줄인다. 다육성 광합성 줄기와 뾰족한 가시형태로 퇴화된 잎을 가진 선인장류는 가뭄을 피하는 또 하나의 예이다.

내성은 생물체가 스트레스와 열역학적으로 평형상태에 도달할 때에 생긴다. 즉 식물체의 내부 조건이 식물체 외부와 평형상태일 때를 말한다. 가령 내건성이 생기기 위해서는 생물체가 건조에서도 상해 없이 생존할 수 있어야 하는 동시에, 건조 상태에서 벗어나면 다시 정상적인 생장과 생장을 할 수 있는 능력을 보유해야 한다.

내성의 극단적인 예로서 이형그룹의 양치류와 재생식둘로 불리는 현화식물(100 종 이상) 등이 있다(Gaff, 1977). 대부분 식물들의 번식부위는 약한 탈수상태에서도 내성이 없는 반면, 재생식물의 군엽은 수분 7% 정도의 아주 심한 건조상태에서도 견딜 수 있다.

적응(adaptation)과 순화(acclimation)라는 용어는 특별한 스트레스에 내성이 생긴 것을 의미하는데, 적응은 환경스트레스에 대해서 유기체가 적응력을 증가시키기 위해 기능이나 구조상의 유전적인 변화를 일으키는 것을 말하며, CAM 식물에서 나타나는 형태와 생리학적인 변화가 여기에 해당된다.

반면 순화는 개체의 생존기간에 걸쳐서 일어나는 비유전적이며 생리학적인 변화를 말한다. 이런 변화는 단계적인 기온저하나 건조가 서서히 진행되었을 때 개체가 스트레스 환경에서도 생존하고 번식할 수 있도록 해준다. 물론 순화능력은 유전적인 특성이지만, 스트레스에 반응해서 야기되는 특별한 변화는 다음 세대로 이어지지 않는다.

2 년생 식물의 특성이나 겨울 동안을 생존하기 위한 곡물류의 수분응축은 저온에 대한 순화의 예라 할 수 있다. 스트레스에 대해 순화되는 과정을 내구화(hardening)라고 하며, 순화된 식물은 내구성이 있다고 말한다. 같은 방식으로, 내상성 식물은 저온에 순화되어 겨울 동안 동해스트레스를 견딜 수 있는 식물들이고, 내건성 식물은 수분 스트레스를 이길 수 있는 식물이다.

마지막으로 전략(strategy)이란 용어는 흔히 한 식물이 어떤 스트레스에 성공적으로 반응하는 기작을 표현하는 데 사용된다. 어떤 생리학자들은 전략이란 용어가 '의식적인 계획', 즉 '의도적'이란 의미를 내포하기 때문에 사용하기를 꺼리기도 한다. 하지만 Jones (1989)가 지적하듯이 전략은 생물체가 특별한 환경에서 생존할 수 있도록 유전적으로 프로그램된 반응의 순서를 의미한다.

9-1-3 수분스트레스

수분부족 스트레스는 식물생존에 끊임없는 위협이 되고 있지만 많은 식물들은 형태적·생리적으로 변화를 꾀하여 부적절한 강우와 수분함량이 적은 토양에서도 생존할 수 있다.

수분스트레스는 물의 과잉이나 물의 부족으로 일어난다. 홍수스트레스는 기본적으로 뿌리에 공급되는 산소를 감소시키기 때문에 대부분은 산소스트레스라 할 수 있다. 산소의 감소는 호흡, 양분흡수, 그리고 다른 중요한 뿌리 기능을 순차적으로 제한한다.

수분스트레스는 수분에 관한 가장 일반적인 현상이다. 자연환경에서 발생하는 수분스트레스는 대개 가뭄으로 생기는 까닭에 가뭄스트레스라고도 불린다. 수분스트레스는 대개 잎의 증발로 시작되며, 염분스트레스와 삼투스트레스의 한 원인인데, 이에 관해서는 이 장의 뒷부분에서 언급하려고 한다.

1. 세포막과 수분스트레스

수분스트레스로 인하여 1 차적으로 나타나는 현상은 원형질이 건조해지는 것이다. 가령 물을 제거하면 원형질의 양이 줄면서 용해도를 높이게 되는데, 이것은 구조와 대사의 상당한 변화를 야기한다. 막과 단백질의 결합력 역시, 대사기능 이상으로 이어진다.

세포막의 상해에 대해서 완전히 밝혀지지는 않았지만, 세포막에서 물을 제거하면 정상적인 이중층 구조가 저해되고 극성 인지질의 머리 부분들이 연속으로 나열되어 생기는 통로가 물로 채워지게 되는 것으로 파악된다. 다시 말해서 세포막이 건조해지면 예외적으로 구멍이 생기게 되고, 막이 재탈수되면 이 통로들을 통해 많은 양의 염들이 세포 내 각 구획들이나 세포로부터 세포 밖의 공간으로 이동하게 된다. 지질 이중층 내에서의 스트레스는 막 단백질의 위치를 변화시키는데, 이로 인해서 용질의 누출과 함께 세포막의 선택적 투과성의 저하, 세포내 구획간의 파괴 및 막 효소들의 기능 손실 등이 생긴다.

탈수가 되면 세포막 손상 외에도 세포질이나 여러 기관의 단백질이 치명적인 기능 손실이나 완전한 변성을 일으킨다는 것이 알려졌다. 세포막의 구조와 단백질의 안정성은 원형질의 건조를 야기하는 고농도의 전해질에 의해 더욱 악화된다. 이런 결과들은 세포 안에서 재탈수로 인하여 생기는 일반적인 대사과정의 저해현상이다.

2. 광합성과 수분스트레스

광합성은 수분스트레스에 상당히 민감하며, 두 가지 영향을 받는다. 첫째, 기공의 폐쇄는 엽록체가 대기 중에서 이산화탄소를 공급받는 과정을 방해한다. 둘째, 광합성 기구들의 구조에 직접적으로 영향을 미친다.

Rao (1987) 등은 해바라기(*Helianthus annuus*) 잎으로부터 추출한 엽록체를 대상으로 수행한 광합성과 수분스트레스에 대한 연구를 통해 엽록체에서의 전자전달반응과 광인산화반응은 잎의 수분이 약 −1.0 MPa 이하로 되면 감소하며 이런 효과들은 틸라코이드막과 ATP 합성 단백질(CF^0–CF^1)의 손상에 기인한다고 하였다.

3. 수분부족에 따른 기공의 반응

식물들은 따뜻하고 건조한 바람에 의해 급작스런 건조나 기온상승이 일어나면 심각한 수분부족을 겪기 쉽다. 그 결과로 잎과 주변 공기 사이에서 수증기 압력이 높아지고 증발이 빨라진다. 수증기 압력지수의 증가는 토양의 건조를 재촉한다. 증발이 토양표면에서 일어나기 때문에 마른 기단(air mass)이 불면 뿌리가 얕은 식물은 수분흡수에 큰 변화를 일으킨다.

식물은 심한 수분부족이 일어나면 뿌리에서 수분이 재공급될 수 있는 속도와 잎 표면에서의 증발로 인한 수분손실 사이에 균형을 이루기 위해 기공을 닫는다. 실제로 사막, 온대, 열대 서식지의 식물들을 포함해 지금까지 연구된 모든 식물들이 주변의 건조한 환경에 대해 기공개폐를 한다는 것이 관찰되고 있다.

표피세포와는 달리, 공변세포 표면은 두꺼운 큐티클층으로 보호되지 않으므로 대기에 직접적으로 수분을 빼앗긴다. 만약 공변세포에서 증발로 인한 수분손실이 내층의 엽육세포로부터 얻는 비율을 초과하면 공변세포는 약해지고 기공은 닫힐 것이다. 공변세포에서의 직접적인 수분증발로 인한 기공의 폐쇄는 수분수동적 폐쇄(hydropassive closure)라고 한다.

수분수동적 폐쇄는 공변세포 부위에서 아무런 대사도 필요가 없고, 공변세포는 단순한 삼투기작으로서 수분손실에 반응한다.

기공폐쇄는 수분능동적 폐쇄(hydroactive closure) 과정에 의해서도 조절된다. 수분능동적 폐쇄는 잎의 공변세포에서 수분이 감소될 때 생기는데, 이는 기공개방을 일으키는 이온의 역유입과 ABA 및 기타 호르몬과 관련이 있어 보인다. 1960 년대 말 아브시스산(abscisic acid, ABA)이 발견된 이래로 ABA 는 수분스트레스로 인한 기공개폐에 중요한 역할을 하는 것으로 보고되었다. ABA 는 수분스트레스를 받아서 시든 잎에 축적되며, 외부에서 제공할 경우에 기공개방의 강력한 저해자로 작용한다.

예를 들면 flacca 와 sistens 와 같은 토마토 변이체들은 정상수준의 ABA 를 축적하지 못하므로 둘 다 당연히 수분스트레스를 받게 된다. 그러나 수분스트레스를 받는 식물체에서 기공개폐에 관여하는 ABA 의 정확한 역할은 파악하기 어렵다. 이는 ABA 가 스트레스를 받지 않는 조직에서도 매우 고농도로 산재하는 현상이 발견되기 때문이다. 또한 ABA 가 눈에 띄게 증가되기 전에 기공이 폐쇄되기 시작한다는 초기의 연구도 있다.

대부분의 수분상태가 좋은 식물에서 ABA 는 엽육세포 세포질에서 합성되는 것처럼 보이지만, 세포내 pH 때문에 ABA 는 엽록체 내에 축적된다(그림 9-1). 낮은 pH 에서 ABA 는 ABAH 라는 수화형태로 존재하는데, 이것은 대부분의 세포막을 자유롭게 투과한다.

해리된 형태인 ABA^-는 비투과성이어서 막을 쉽게 통과할 수 없다. 이처럼 ABAH 는 낮은 pH 의 세포 내 구획에서 높은 pH 쪽으로 확산하는 경향이 있다. 그중 일부는 ABA^-로 해리되어 그 안에 갇히게 된다. 광합성이 활성화된 엽육세포에서 세포질은 약산성(pH 6.0~6.5)인 데 반해, 엽록체 기공은 알칼리성(pH 7.5~8.0)이다. 만약 기공의 pH 가 7.5 이고 세포질이 6.5 라면, 엽록체의 ABA 농도는 세포질보다 약 10 배가 더 높은 것이다.

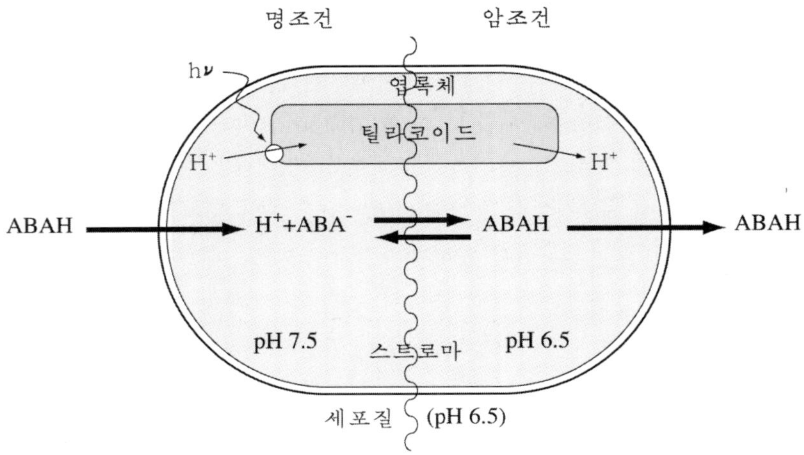

그림 9-1 엽록체에서 ABA 의 저장

현재의 모델에 의하면 잎에서의 수분부족은 광합성의 결과와 관련이 있다. 엽록체에서 전자전달과 광인산화가 저해되면, 틸라코이드 루멘에서의 수소원자 축적과 기공 pH의 저하를 방해하는 동시에, 엽육세포를 둘러싸는 아포플라스트(apoplast)의 pH가 증가한다. 그 결과로 생기는 pH구배 때문에 ABA가 엽육세포에서 아포플라스트로 방출되는데, ABA가 증발통로를 이용해 아포플라스트에서 공변세포까지 전달될 수 있다(그림 9-2).

밝은 상태에서는 광합성에 의해 수소이온이 틸라코이드 안쪽으로 유입되고 스트로마와 세포질 사이에 pH기울기가 생성된다. pH기울기 때문에 ABAH가 엽록체 안으로 이동된 후, 여기서 ABA로 해리된다. 막은 ABAH가 ABA 보다 투과적이다. 어두울 때는 수소원자가 스트로마로 되돌아가서 pH기울기는 없어지고 ABAH가 세포질로 되돌아간다.

뿌리에서 합성된 ABA는 증발통로를 타고 잎의 엽육세포로 이동하여 엽록체와 평형을 이루거나, 아포플라스트 안에 있는 기공의 공변세포로 이동된다.

이제 ABA가 공변세포에서 장력을 조절하는 기작을 알아보자. ABA가 공변세포로 들어가지 않고도 원형질막의 외부표면에 작용할 수 있다. 공변세포는 주변의 엽육세포로부터 분리되어 있다. 즉, 주변의 공변세포와 공변세포를 연결하는 원형질연락사가 없다.

따라서 ABA는 심플라스트(symplast)가 아닌 아포플라스트 공간을 통해서만 공변세포에 도달할 수 있다. ABA는 세포막의 친화력이 강한 결합부위와 작용한다고 추정된다. 물론 이런 부위가 아직 확실히 규명된 것은 아니지만, ABA는 세포막의 수소이온 펌프와 관련이 있다. 결과적으로 K^+를 유입하거나 그것이 공변세포로부터 K^+의 유입을 자극할 것이라는 것을 강력히 암시한다. 어느 쪽이든 공변세포는 장력을 잃고 기공의 폐쇄를 유도한다.

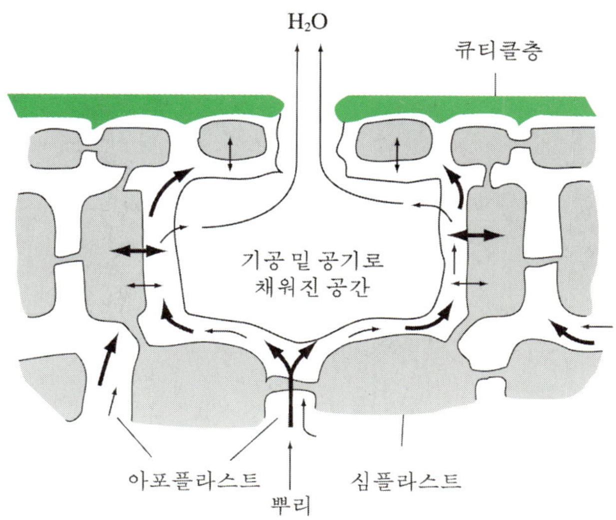

그림 9-2 아포플라스트를 경유하는 ABA의 이동
뿌리에서 합성된 ABA (진한 화살표)는 증산류(가는 화살표)를 따라 엽육세포로 운반된다.

앞에서 언급했듯이 수분이 부족해진 잎은 다량의 ABA를 축적한다. 하지만 대부분의 경우 기공의 폐쇄는 ABA의 뚜렷한 증가 전에 시작된다. 이것은 저장된 ABA가 아포플라스트로 분비되는 것으로, 이때 기공이 최초로 폐쇄될 수 있을 만큼 빨리 그리고 충분한 양이 분비된다. ABA 합성이 증가되면 기공폐쇄 효과가 지속된다.

기공폐쇄가 수분부족과 잎에서 보내는 신호에 의존하는 것만은 아니며, 엽육세포 안에서 장력의 감소가 있기 전에 토양의 건조에 반응해서 일어난다. Blackman과 Davis (1985), Zang과 Davis (1987)와 같은 몇몇 연구자들이 뿌리에서 기공으로 정보를 전송하는 자유전진(free-forward) 조절시스템을 제기했다. 이 실험은 한 식물의 뿌리를 한 개의 화분에서 칸막이로 막아, 두 개의 컨테이너로 동등하게 나누어서 재배하는 것이다(그림 9-3).

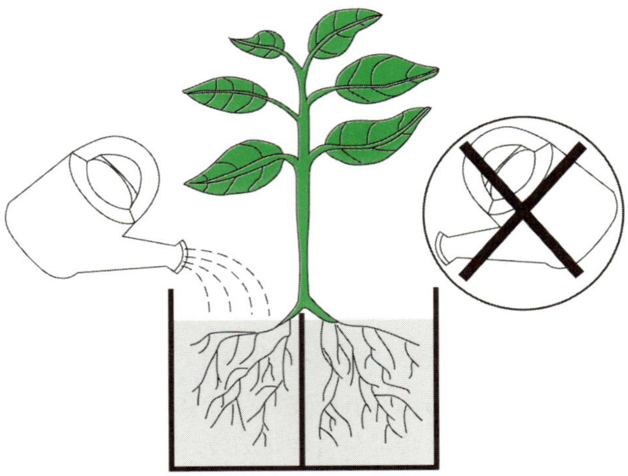

그림 9-3 뿌리의 건조상태가 ABA의 합성과 기공폐쇄에 미치는 영향을 시험하기 위한 실험장치

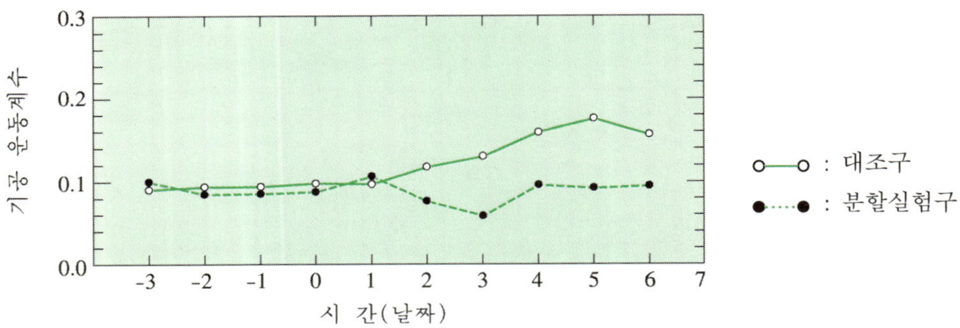

그림 9-4 뿌리 분할실험에서의 기공폐쇄

한쪽 컨테이너는 물을 억제해서 수분부족을 유발했고, 다른 쪽은 규칙적으로 물을 공급해 주었다. 대조구는 양쪽 컨테이너 모두에 물을 공급하였다.

ABA, 수분, 그리고 장력과 같은 요소들에 따른 기공의 개방에 대해, 한쪽의 컨테이너에만 물을 공급한 식물과 양쪽 모두 공급한 대조구를 비교했을 때 일반적인 기공개방의 척도인 기공운동계수(stomatal conductance)는 뿌리에서 물이 억제된 후, 며칠 이내에 감소하였으나(그림 9-4), 잎에서는 장력의 손실이나 수분보유에 있어서 감지할 만한 변화가 없는 것으로 나타났다.

닭의장풀(*Commelina communis*)을 가지고 한 실험에서는 수분이 없는 컨테이너의 뿌리에서 ABA 의 양이 상당히 증가되었다(그림 9-5).

또한 ABA 는 뿌리가 공기에 노출되었을 때도 증발통로를 이용하여 뿌리에서 잎으로 이동하는 것이 관찰되었다. 이러한 결과들은 ABA 가 토양의 수분보유력에 대한 정보를 잎으로 전달하는 일종의 초기경보장치와 관련이 있다는 좋은 증거가 된다.

한 식물의 뿌리를 두 개의 화분에 동등하게 나누어 놓고 잎이 완전히 팽창된 상태에서 한 쪽은 물을 공급하고 다른 쪽은 물을 차단하면 한쪽에 물을 충분히 공급해도 잎에서는 기공폐쇄가 일어난다.

옥수수(*Zea mays*)를 그림 9-3 처럼 재배하면서, 대조구는 둘 다 물을 공급하고 실험구는 한쪽 컨테이너에 처음부터 물을 공급하지 않았을 때, 수분스트레스를 받는 뿌리를 가진 식물에서는 기공개방이 감소하는 것으로 나타났다.

ABA 이외의 호르몬들도 수분스트레스를 받는 뿌리와 잎 사이의 정보전달과 관련이 있다. 한쪽에서만 물이 공급된 옥수수(*Zea mays*)를 가지고 한 실험에서도 닭의장풀 실험에서와 유사한 결과가 얻어졌다. 한 가지 큰 차이점은 ABA 의 양이 증가하지 않고, 대신 시토키닌(cytokinin)이 잎에 영향을 미쳐서 기공폐쇄를 막았다는 점이다. 닭의장풀에서의 기공폐쇄는 건조된 뿌리에서 시토키닌의 이동감소 때문에 생긴 것으로 보인다.

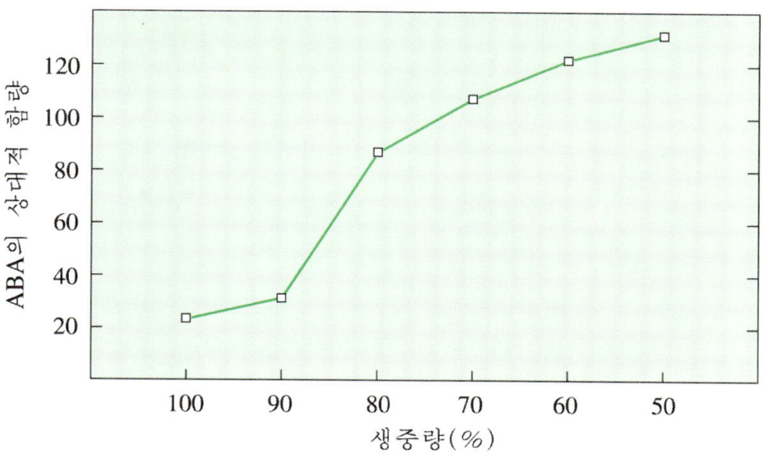

그림 9-5 공기의 건조상태가 닭의장풀(*Commelina communis*) 근단의 ABA 함량에 미치는 영향

이런 수분수동적 및 능동적 기공의 개폐는 식물들이 잎으로부터 과도한 증발손실과 만성적이지만 치명적이지는 않은 토양의 수분결핍 때에 수분 이용상의 잠재적인 문제에 대비할 수 있는 기작을 가지고 있다는 것을 의미한다. 지난 10여년에 걸쳐서 이 분야의 연구가 상당한 진척을 보였지만, 기공개폐기작과 수분스트레스에 대한 식물의 반응에 대해서 아직도 많은 연구가 필요한 실정이다.

4. 삼투압조절

식물에서 수분스트레스에 대한 또 다른 반응으로 염의 축적에 따른 삼투력의 감소가 있다. 이 과정을 삼투압조절(osmotic adjustment)이라고 부른다. 어떤 염의 농도 증가가 세포 부피의 감소와 탈수의 결과로 추정되는 반면, 삼투조절은 스트레스 때문에 유도된 대사과정에 기인한 염농도의 자연증가를 말한다. 삼투조절은 보다 음성적인 잎의 수분보유를 유발해서 잎으로의 수분이동을 돕는다.

삼투압조절에 의해 염이 느리게 축적되고 그로 인한 삼투력의 감소는 상대적으로 작아서 1.0 MPa 이하이다. 그럼에도 불구하고 다소 낮은 수분 보유 시에 장력을 유지하는 데 있어서 염은 수분스트레스에 대한 순화에서 중요한 역할을 한다. 또한 삼투압조절은 부분적으로 수분결핍된 잎에 수분이 공급되면 장력을 얻도록 도와주는 데 중요한 기능을 한다. 잎의 장력을 유지하는 것을 도움으로써 삼투압조절 역시 식물이 기공을 열어서 이산화탄소를 유입한 후, 낮은 수분스트레스 상태에서의 광합성을 가능하게 한다. 삼투압조절과 관련된 염으로는 많은 무기이온(특히 K^+)과 당, 그리고 아미노산 등이 있다(그림 9-6).

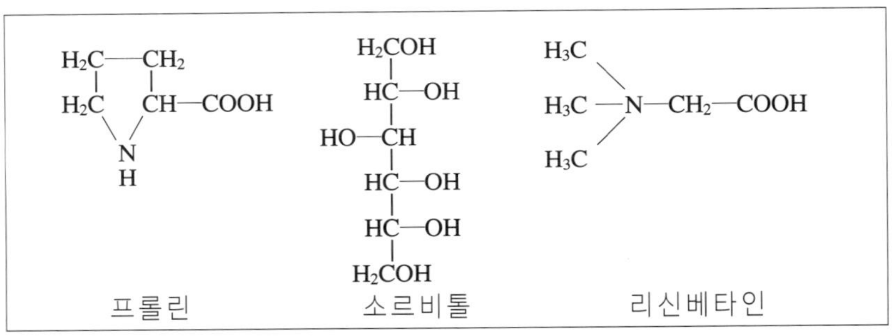

그림 9-6 삼투압조절에 관여하는 세 가지의 대표적인 용질

특히 프롤린은 스트레스에 매우 민감한 아미노산으로서, 수분스트레스를 받은 세포들에서는 프롤린이 상당히 많이 축적되는 것이 실제로 확인되고 있다. 프롤린 외에도 소르비톨(sorbitol)과 당알코올(sugar alcohol), 그리고 베타인(N, N, N-트리메틸 글리신) 등의 삼투안정제들이 수분스트레스를 받은 세포에 많이 축적되는 것으로 알려지고 있다.

삼투압조절에 연관된 대부분의 물질들은 정상적인 대사과정에는 별로 관여하지 않는다. 삼투압조절이 수분스트레스에 대한 일반적인 반응처럼 보이긴 하지만, 모든 종들이 염농도를 조절할 수 있는 것은 아니다. 한편 사탕무(*Beta Vulgaris*)는 대량의 베타인(betaine)을 합성하기 때문에 삼투압조절자(osmotic adjuster)로 알려져 있다.

이와는 대조적으로 동부(*Vigna unguiculata*)는 삼투압조절이 최소한으로 일어나고 있어, 비삼투조절자로 불린다.

하지만 동부는 매우 민감한 기공을 가지고 있어서 건조를 피하기 위해 기공을 닫고 상대적으로 높은 수분유지를 지속시킨다. 그러나 탄소유입을 위하여 기공폐쇄는 장기적으로는 삼투압조절에 이득이 없다. 사탕무는 낮은 수분 상태에서도 광합성을 계속할 수 있는 반면, 동부는 생존주기가 짧아서 이를 극복할 수 있다.

5. 식물생장과 수분스트레스

수분부족의 초기현상 중의 하나로 영양생식의 감소를 들 수 있다. 뿌리에 비해 일반적으로 줄기와 잎의 성장은 수분부족에 훨씬 민감하다. 가령 물을 차단한 옥수수(*Zea mays*) 실험에서 조직의 수분유지력이 −0. 45 MPa 에 이르렀을 때에 잎의 팽창이 상당히 감소되었고, −1. 00 MPa 에서는 생장이 완전히 저해되었다. 하지만 뿌리에서는 뿌리조직의 수분유지력이 −0. 85 MPa 에 도달할 때까지 정상적으로 유지되었고, 수분유지도가 −1. 4 MPa 까지 떨어져도 완전히 저해되지는 않았다. 잎 크기가 감소되는 현상은 잎의 면적이 줄어서 증발이 감소하기 때문에 스트레스를 받는 식물에게는 유리하다.

앞에서 언급했듯이 줄기에 비해 뿌리는 수분스트레스의 영향을 적게 받는다. 잎에서와는 달리, 뿌리의 삼투조절능력은 매우 강력해서 수분유지력이 낮아도 수분흡수와 생장을 가능하게 한다. 수분이 부족해지면 토양으로부터 보다 많은 양의 수분을 흡수하기 위해서 뿌리가 상대적으로 생장하게 되어 뿌리/줄기의 비율이 변화한다. 뿌리의 비율이 증가하면 광합성물질이 뿌리에 집중되어 공급원/수용부(source/sink)의 관계가 변한다. 하지만 뿌리로의 탄소공급은 광합성이나 잎에 저장된 탄소의 양이 이동하는 정도이다.

9-1-4 온도스트레스

식물체는 극단적인 온도에 대해서 다양한 반응을 한다. 조금만 낮은 온도에서도 죽거나 상해를 입는 식물이 있는 반면, 적절히 순화만 된다면 영하 10℃에서도 살아남는 종이 있다. 고온스트레스를 받으면 특이한 스트레스 단백질(stress protein)을 만들어 내는 경우도 있다.

각각의 식물체들은 생장과 분화에 필요한 고유온도가 있고, 식물마다 생장과 분화가 가장 잘 이루어지는 최적온도와 상하 한계온도가 있다. 한계온도에 근접하면 생장이 감소하고 그 한계를 넘어서면 전혀 생장하지 않는다. 비교적 안정된 기후를 가진 열대의 숲을 제외하고는 환경에 따라 하루 또는 계절을 주기로 온도가 한계점을 자주 벗어난다.

예를 들어 사막에서는 낮에는 아주 덥고 건조한 반면, 밤에는 온도가 아주 낮아진다. 이는 수분이 부족하게 되면 열이 대기로 다시 방출되기 때문이다. 고도가 높은 지역에서 자라는 식물도 이와 유사한 기온이상을 겪게 되는데, 이 지역에서는 낮 동안 받아들인 열의 대부분이 밤이 되면 공기가 희박한 대기로 방출되기 때문이다.

또한 북극이나 북풍이 불어오는 숲에 살고 있는 식물들은 매년 극히 낮은 온도를 견뎌야 한다. 오랫동안 식물학자들은 식물체가 극단적인 온도에 적응하는 방법에 대해서 연구해 왔다. 온도로 인한 식물의 상해는 냉해, 동해, 그리고 고온해로 구분할 수 있다.

1. 냉해

따뜻한 지방에 살고 있는 식물체들은 낮은 온도에 잠시만 노출되어도 손상을 입는다. 옥수수(*Zea mays*), 토마토(*Lycopersicon esculentum*), 오이(*Cucurbita* sp.), 대두(*Glycine max*), 목화(*Gossypium hirsutum*), 바나나(*Musa* sp.)와 같은 식물들은 특히 민감해서 10~15℃ 정도에서도 손상을 입으며, 사과(*Malus*), 감자(*Solanum tuberosum*), 아스파라거스(*Asparagus*)와 같은 온대식물은 0~5℃에서 상해를 입는다.

냉해의 징후는 식물의 종류나 연령, 냉온에 대한 내구성에 따라 다양하게 나타난다. 어린잎이 냉해를 입으면 잎면적이 줄고 쭈그러지며 백화현상이 나타난다. 게다가 극단적인 경우에는 갈변과 괴사가 일어나 죽게 된다. 또 냉온에 노출되면 생식에도 큰 영향을 받을 수 있다. 예를 들어 약(anther)이 발생하는 시기에 냉온에 노출된 벼는 불임이 된다.

냉온에 민감한 조직은 원형질 유동악화, 호흡과 광합성의 저해, 단백질합성의 감소 및 양상의 변화와 같은 다양한 대사장애를 나타내고 냉온에 노출되면 거의 모든 세포생화학적인 상해를 입는다. 이러한 다양한 변화들에 대해 두 가지 견해가 있다. 즉, 한 식물체에 여러 개의 냉온 민감부위가 있거나 혹은 하나의 기본적인 냉온 민감부위가 전체대사에 영향을 미친다는 견해이다.

보통 냉온이 세포막의 물리적인 상태에 가역적 변화를 일으킨다는 것이 더욱 설득력이 있어 보인다. 결과적으로 저온반응에 대한 많은 연구들이 지질의 물리적인 특성변화와 그로 인한 막 기능의 변화에 초점을 맞추고 있다.

막지질은 기본적으로 디아실글리세리드(diacylglyceride)와 16 또는 18개의 탄소원자를 갖는 2개의 지방산으로 이루어져 있다. 그 중 일부는 한 개나 그 이상의 탄소 이중결합(−CH=CH−)을 가지고 있는 불포화지방산이고, 나머지는 수소로 완전히 포화되어 있다.

포화지방산과 이를 함유하는 지질은 고온에서 불포화지방산보다 응고되기 쉽기 때문에 포화지방산과 불포화지방산의 비율이 막의 유동성을 결정한다. 막이 유동성을 잃고 겔 상태로 변화하면 전이가 일어난다. 여러 가지 물리적인 방법에 의해 이를 관찰할 수 있는데, 이러한 전이가 발생되는 온도를 전이온도(transition temperature)라고 한다.

냉온 민감성 식물체는 포화지방산의 비율이 높아서 전이온도도 높다. 예를 들어 저온에 민감한 완두(*Vigna radiata*)에 있어서 미토콘드리아 막의 전이온도는 14℃이다. 따라서 완두는 15℃ 이하에서는 생육이 좋지 않다. 반면 냉온에 내성이 있는 종류는 포화지방산의 비율이 낮아서 전이온도 또한 낮다. 냉온에서 순화됨에 따라 불포화지방산의 비율이 증가하고 전이온도가 내려간다.

저온에서 액체막이 반고체 상태로 전이되어질 때에 생기는 효과는 앞에서 언급한 수분스트레스로 인한 효과와 궁극적으로 유사하다. 막의 통로가 저해되어 세포 내 구획이 파괴되고 이로 인해 용질의 유출이 초래되며 호흡계를 구성하는 내 단백질, 광계, 그리고 다른 막 관련 대사과정이 저해된다. 냉온에 내성이 있거나 이에 순화된 식물체들은 훨씬 낮은 온도에서도 막의 유동성을 유지함으로써 중요한 세포의 기능이 손상되는 것을 막아준다.

2. 동해

낙엽송(*Laryx dahurica*)은 온도가 영하 65～70℃에 이르는 시베리아의 가장 북쪽 숲에서도 생존한다. 하지만 내한성이 큰 식물체라 할지라도, 생장이 활발한 시기에 기온이 동결점 아래로 내려가면 심한 손상을 입거나 죽는 경우가 있다. 겨울호밀(*Secale cereale*) 종자의 경우에 정상적으로는 적어도 영하 4～5℃ 이상이 되어야 생존할 수 있다. 그러나 5℃ 정도에서 생육시켜 순화시키면 영하 28～30℃ 정도의 낮은 온도에서도 살 수 있다.

늦봄이나 초가을 서리에 견딜 수 있어야 성공적으로 작물을 재배할 수 있기 때문에 내성은 농업에 있어서 매우 중요하다. 식물체가 낮은 온도에 순응하는 기작을 완전히 이해하기 위해서는 동해가 식물의 어디에서 어떻게 일어나는지, 또 어떠한 손상을 주는지를 먼저 이해해야 한다.

식물체에 동해를 주는 것은 저온 그 자체가 아니라, 저온으로 형성되는 얼음이다. 예를들어 종자나 곰팡이의 포자와 같은 탈수된 조직들은 절대온도 0에 가까운 온도에서도 장기저장이 가능하다. 또한 완전탈수된 내구성 없는 세포일지라도 액체질소(영하 196℃)로 급속히 냉동시키면 생존이 가능한데, 이것은 수분의 유리질화 때문이다.

즉, 얼음결정이 생기지 않고 수분이 바로 고체화되거나 형성된 결정이 매우 작아서 세포의 구조에 기계적 손상을 주지 않기 때문이다. 이 세포를 확실히 살려내기 위해서는 정상온도로 돌아갈 때에 얼음결정이 커지거나 전혀 생기지 않도록 세포를 일정하고 빠르게 해동시켜야 한다. 냉동보존(cryogenic storage)은 액체질소에서 곰팡이 세포나 인공수정에 필요한 정자를 보관하는 데 이용된다.

만약 세포나 조직의 동결속도가 분당 10℃ 정도로 매우 느리게 이루어진다면, 원형질체의 외부에 얼음이 형성된다. 이때 대부분 순수한 물로만 이루어진 원형질의 수분은 세포 밖으로 나와서 세포 외부의 얼음결정을 증가시킨다. 세포 외부의 얼음은 식물세포를 죽이지 않기 때문에 조직에 상해를 입히지 않고 해동이 가능하다.

중간단계의 동결속도(10～100℃)에서는 원형질체 내에 얼음결정이 생기고, 이는 세포의 섬세한 구조를 파괴시켜서 세포를 죽게 만든다.

목부조직에서 동해를 관찰하는 편리한 방법 중의 하나로 온도분석을 들 수 있다. 즉, 얼음이 형성될 때 방출되는 열을 측정하는 것이다. 온도분석을 하기 위해 쌍으로 된 조그마한 온도 탐침을 축축한 나뭇가지의 껍질 밑에 삽입하고, 또 한 쌍을 건조한 나무조직 밑에 삽입하여 대조구로 이용한다. 그런 다음 주위의 대기온도를 일정하게 떨어뜨리면서 표본조직의 온도를 기록한다.

온도분석은 주변 온도에 대한 조직의 온도를 나타낸다. 초기에는 영하에서도 표본조직에 얼음결정이 생기지 않고 냉각만 된다. 이렇게 동결온도 이하에서도 얼음이 형성되지 않는 현상을 초냉각(supercooling)이라 한다. 영하 6~8℃가 되면 표본조직의 온도가 급격히 상승하는데, 이것을 발열(exotherm)이라고 한다.

첫 번째 발열이 생길 때에 도관부의 아포플라스트 공간, 즉 체관부, 껍질, 물관부 등의 내부공간에 최초로 얼음이 형성된다. 얼음이 아포플라스트 공간에서 먼저 형성되는 까닭은 아포플라스트 조직의 수분 속에 있는 용질은 대부분 용해되므로 동결점이 순수한 물보다 약 10여 도 정도 낮기 때문이다.

같은 온도에서 얼음의 증기압이 액체 상태의 물보다 훨씬 낮기 때문에 아포플라스트에 얼음이 형성되면 아포플라스트와 주변 세포들 사이에 수증기압 기울기가 생긴다.

동결되지 않은 세포질의 수분은 이러한 기울기에 따라 세포에서 아포플라스트로 이동하게 되고, 그로 인해 아포플라스트 내의 얼음결정 크기를 증가시킨다. 그 결과로 두 번째 발열이 생기는데, 그림 9-7에서 뾰족한 곳이 아닌 평평한 직선으로 나타나 있는 부분이다.

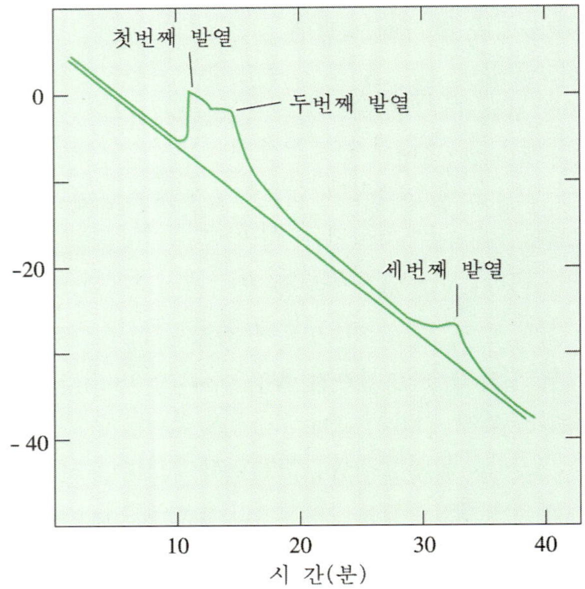

그림 9-7 외부온도의 조절에 따른 목본줄기 조직의 온도변화

세포의 수분이 계속해서 아포플라스트 공간으로 흘러가면 두 가지의 중요한 결과가 생긴다. 첫째, 수분의 손실이 세포질의 용질농도를 증가시켜 동결점을 1~2℃ 낮추어 준다. 둘째, 수분이 아포플라스트로 이동함으로써 원형질의 탈수를 촉진시킨다. 그러므로 세포내부에 얼음이 생기지만 않으면 동해스트레스의 효과는 수분스트레스와 유사하다.

초냉각은 조직의 수분에 얼음을 형성시키는 핵심물질이 없기 때문에 일어난다. 게다가 아주 적은 양의 물에서는 인접한 조직에서 얼음결정이 확산되지 않으면 얼음이 쉽게 형성되지 않는다. 얼음을 형성시키는 핵심물질이 없는 순수한 물이 초냉각되기 위한 최저온도는 영하 38℃이다. 이 온도에서는 얼음형성 물질과 관계없이 얼음의 형성이 쉽게 이루어지며 동결온도를 조절하면 목부조직은 영하 15℃에서 쉽게 초냉각이 이루어진다.

침엽수의 영양아(vegitative bud)와 사과의 화아(flower bud), 그리고 낙엽성 과수 등의 일부 조직은 눈(bud scale)이나 인접조직에 얼음결정이 형성되는데도 불구하고 영하 40℃ 정도의 낮은 온도에서도 초냉각(deep supercooling)이 이루어진다. 심지어 영하 47℃에서 초냉각이 이루어진 경우도 있다. 비록 초냉각이 모든 식물체에서 일어나는 것은 아니지만, 온대지방(temperate zone)과 산림지대의 겨울을 지낸 수목들에서 관찰할 수 있다.

초냉각은 효과적인 동해회피 기작이지만 어느 수준의 온도까지만 가능하다. 초냉각이 가능한 온도가 이런 식물체들의 분포지역을 결정하는데, 이것은 영하 40～50℃ 정도의 온도가 조직의 수분이 자체적으로 얼음결정을 형성할 수 있는 한계온도이기 때문이다.

세 번째의 발열은 세포 내에 얼음을 형성하여 세포에 치명적인 손상을 준다. 미국 북동부와 캐나다 동부에서 낙엽수의 북방한계는 적어도 1년에 한 번 정도 영하 40℃ 이하로 떨어지는 지역이므로, 목부와 방사조직의 엽육세포가 죽게 되면 미생물이 침입하여 과수에서 상해가 발생한다.

북쪽 극지대의 자작나무(*Betula papyrifera*), 고리버들(*Populus tremaloides*), 버드나무(*Salix* sp.) 등 활엽수나 관목은 겨울에 동결온도 이하에 순응해서 생존할 수 있다. 하지만 정상적으로 생육하는 계절에 동결온도에 노출되면 상해를 받거나 죽게 된다. 봄, 여름의 가벼운 서리일지라도 활발하게 생육하는 식물에는 치명적이다. 하지만 이러한 종들의 순화된 줄기는 영하 196℃ 정도의 온도에서도 큰 상해를 입지 않고 살아남을 수 있다. 이것들은 초냉각이 일어나지 않고, 세 번째의 저온발열도 나타내지 않는다.

목부조직이 동해스트레스에 순화되는 현상은 자연계에서는 흔한 일이지만, 그 순화의 기작은 아직 정확히 밝혀지지 않았다. 목부조직에서의 순화는 2단계로 이루어진다고 추정된다(그림 9-8). 순화는 가을에 시작된다. 그때는 생장이 둔화되고, 잎은 노화하여 떨어지기 전이다.

순화의 첫 단계는 해가 짧을 때 유도되어 피토크롬의 조절을 받는 것으로 여겨진다. 이 단계에서 해가 길고 이른 서리가 오면 순화가 억제될 수 있다.

첫 단계는 잎의 내구성 촉진인자와 관계가 있는 것처럼 보이는데, 이 인자는 겨울을 지내게 되는 줄기로 보내진다. 이 인자가 정확히 무엇인지는 밝혀지지 않았다. 그러나 초본식물을 이용한 연구에 의하면 ABA가 관련되어 있을 것으로 추정된다.

순화의 두 번째 단계는 겨울을 보낼 줄기가 첫서리와 같은 저온에 노출됨으로써 시작된다(그림 9-8). 이 단계에서 대사에 많은 변화가 일어난다. 우선 유기인산의 양이 증가하고 전분이 당으로 전환된다. 이어서 당단백질이 축적되고 원형질은 탈수에 대한 저항성이 더 커진다.

완전히 순화된 세포는 자연계에서 보통 유지되는 온도보다 훨씬 낮은 온도에서도 견딜 수 있다. 최근 저온순화에 관한 연구는 초본식물, 캘러스, 세포배양액, 원형질체 등에 중점을 두고 있다.

초본식물의 세포와 조직이 낮지만 동결은 되지 않는 온도에서 수일 내지 수 주간 노출하면 내동성이 크게 증가한다. 앞에서 언급한 바와 같이, 호밀(*Scale cereale*)과 같은 초본의 종자는 영하 30℃의 저온에 순화하여 내성을 가질 수 있다.

호밀, 알팔파(*Medicago*), 시금치(*Spinacea oleracea*)와 같은 초본식물에 대한 연구가 순화 전후의 대사 및 분자수준의 연구에 도움이 되었다. 또한 내성을 얻게 되는 기작과 관계있는 대사나 유전적 요소를 연구하는데 근거가 되고 있다.

저온순화에는 에너지가 필요하며, 빛이나 광합성, 그리고 유전자 발현상의 변화와도 관련이 있는 것으로 보인다. 순화가 되는 동안 단백질의 합성이 증가되고 합성된 단백질의 양상에 질적인 변화가 생긴다.

알팔파는 순화기간 중에 8 개의 새로운 단백질이 관찰되었고, 시금치에서는 3 개가 발견되었다. 이들 모두는 새로운 mRNA 에 의해 합성되었으며, 이 단백질에 대해서는 더 연구되어야 한다

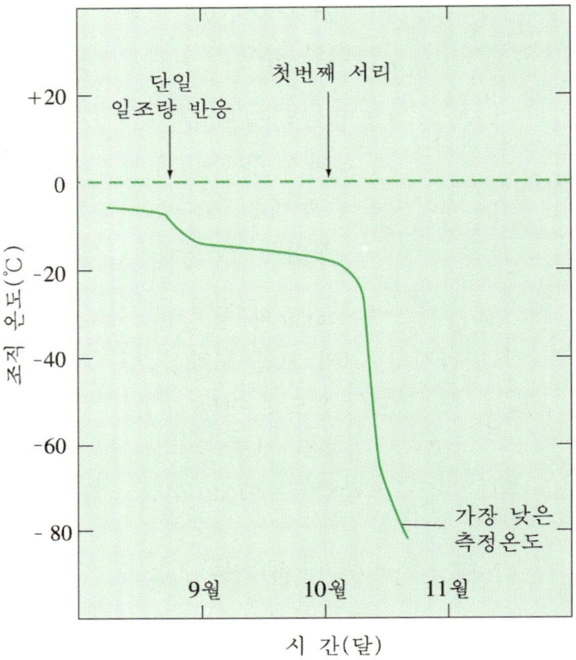

그림 9-8　목본줄기의 온도순화

ABA 가 초본조직에서 저온순화(cold acclimation)에 관여한다고 믿는 데에는 중요한 이유가 있다. 몇 종류의 식물에서 저온순화기간 중 내부 ABA 의 증가가 관찰되었으며, 저온에 약한 종류보다는 내성이 있는 종류에서 증가량이 더 컸다.

식물체나 캘러스, 그리고 현탁배양액에 ABA 를 첨가했을 때 저온에 대한 내성이 상당히 증가한다. 알팔파의 종자와 겨울 평지씨(*Brassica napus*)의 현탁배양액에 외부에서 ABA 를 첨가하면 자연상태의 저온순화와 비교해서 50～60%의 생존력을 보였다.

또한 ABA 는 새로운 단백질의 합성을 유도한다. 알팔파에서 ABA 를 처리했을 때만 유도되는 단백질도 있지만, 일부는 저온과 ABA 를 처리했을 때 모두에서 공통적으로 나타났다. *Brassica* 의 현탁배양액에서는 저온순화와 ABA 첨가 시에 각각 약 20 kD 의 단백질을 암호화하는 mRNA 가 전사되었다.

3. 고온스트레스

사막이나 반건조 지역에서 자라는 식물은 일반적으로 고온과 이에 따른 높은 방사선량, 토양의 저습, 그리고 높은 증발 등을 겪는다. 이런 복합적인 환경에서는 상해가 어떤 스트레스에 의한 것인지 구분하기가 어렵지만, 고온이 치명적인 수준까지는 아니더라도 식물의 생산성에는 분명히 영향을 미치는 것으로 보인다.

높은 태양열과 온도에서는 잎에서 에너지의 흡수가 일어나기 때문에 잎의 온도가 5℃ 또는 그 이상까지 올라가기 쉽다. 많은 식물들이 과열되는 것을 막기 위해서 잎이 수직으로 자라거나, 잔디와 같은 경우에는 축을 따라 잎이 감긴다.

또 다른 적응방법으로 엽모(leaf hair)를 형성하거나, 잎 표면을 반들반들하게 해서 빛의 반사를 유도하고 에너지 흡수를 줄이는 경우도 있다. 또는 작고 깊게 절단된 형태의 잎을 취해 가장자리의 두께를 최소화함으로써 대류나 전도에 의한 열의 방출을 극대화시킨다. 이러한 변화는 동시에 잎의 수분증발을 감소시킬 수도 있다.

Tidestromia oblongifolia 와 일부의 사막잔디 같은 식물체들은 50℃나 그 이상의 온도에서도 잘 자라지만, 거의 모든 도관식물은 잎의 온도가 50∼55℃를 넘으면 살 수 없다. 도관식물 중 가장 높은 온도에 견딜 수 있는 것은 용설란과와 선인장과의 식물이다. 이 두 종류는 즙이 많은 식물로 건조하거나 반 건조한 환경 속에서 살고 있는데, 60℃나 그 이상의 온도에서도 생존할 수 있고, 74℃의 고온에서도 1 시간가량 생존이 가능한 종도 있다.

(1) 세포막과 대사에 미치는 고온의 영향

대개 식물의 온도 상한선은 효소가 비가역적으로 변성되는 온도이다. 물론 효소가 결정적인 역할을 하지만, 최근에는 고온해의 주원인으로 막의 성질 변화에 주목하고 있다. 예를 들면 선인장과 온대기후에서 자라난 식물 간의 가장 큰 차이점은 고온 내성이 있는 막지질에 포화지방산 비중이 높다는 점이다.

고온에서 막의 유동성이 증가함에 따라 막단백질의 투과성과 촉매기능에 문제점이 생길 수 있다. 포화지방산이 많을수록 막유동성이 감소하여 고온에서 소수성을 유지시킬 수 있고, 지질과 막단백질 간의 상호작용은 물론 막 안정성도 유지된다. 고등식물 엽록체의 틸라코이드 막은 고온해에 대단히 민감하여 결과적으로 광합성 효율에 영향을 미친다.

광계 II와 여기에 관여하는 산소배출 복합체가 고온에서 손상받기 쉽다는 세 가지 증거가 있다. 첫째, 산소배출 복합체는 열에 의해 직접적으로 불활성화되어 광계 II로의 전자전달이 방해된다. 둘째, 유동적인 틸라코이드막이 고온에 노출되면 색소단백질 복합체의 측성배열을 막는다. 이러한 변화는 전자전달과 광인산화의 효율에 영향을 미칠 것으로 생각된다. 셋째, 광합성의 온도한계는 일반적으로 엽록소 형광성의 급작스런 증가로 알 수 있는데, 잎에서 쉽게 관찰할 수 있다.

이러한 형광의 증가는 광계Ⅱ의 에너지 전달기작에 회복 불가능한 상해가 생겼다는 것을 의미한다. 그 결과로 흡수된 에너지 증가분이 광계Ⅱ에서 광화학적으로 이용될 수 없고 빛으로 다시 조사되어야만 한다. 용설란, atriplex, 그리고 완두종자를 고온에서 단기간 순화함으로써 엽록소에서 형광증가가 일어나는 온도를 5℃ 정도까지 증가시켰으며, rubisco 와 그밖에 탄소고정효소의 활성은 고온에서 크게 감소되었다.

(2) Heat shock 단백질

대부분의 유기체는 최적온도 이상에서 단기간 노출될 경우 단백질 합성이 억제되고 heat shock 단백질(HSP)이라고 부르는 저분자량의 단백질을 새로 합성한다. 이 단백질은 초파리에서 최초로 발견되었고, 이후 여러 동물, 식물 및 미생물에서도 발견되었다. 정상적인 생육온도보다 5~15℃ 높은 온도에 15 분에서 몇 시간 노출시키면 HSP 가 유도된다. HSP 는 스트레스를 받지 않은 조직에는 존재하지 않거나 매우 소량 존재한다.

고등식물에는 3 가지의 HSP 가 있다. 분자량에 따라 HSP 90, HSP 70, 그리고 분자량이 17~28 kDa 가량 되는 이성질체가 존재한다. 특히 HSP 70 의 경우, 동물과 식물이 그 구조면에서 약 70% 정도의 유사성을 가진다. 또 유비퀴틴(ubiquitin)이라는 단백질이 열스트레스를 자주 받는 진핵생물에서 발견되는데, 이것 역시 일종의 HSP 라고 할 수 있다.

유비퀴틴의 존재는 단백질의 가수분해가 일어나고 있음을 나타낸다. HSP 는 핵, 엽록체, 미토콘드리아는 물론이고 세포질 전체에서 발견된다. HSP 의 유도는 급격한 온도변화 없이 정상적인 조건의 느린 온도변화에서도 가능하다.

비록 HSP 의 유전적인 부분과 발현조절은 어느 정도 밝혀지고 있지만, 세포 내에서의 정확한 역할에 대해서는 거의 알려지지 않았다. HSP 는 온도가 갑작스럽게 증가하면 아주 빠르게 합성되는데, 새로운 mRNA 의 전사가 3~5 분 내에 감지되고 30 분 내에 다량의 HSP 가 새로이 합성된다. 몇 시간 안에 정상온도를 되찾으면 HSP 는 더 이상 합성되지 않으며, 단백질 합성도 정상적으로 되돌아간다. 이런 합성속도로 미루어 볼 때 HSP 는 급격한 온도변화 때에 세포를 보호하는 결정적인 역할을 하는 것으로 보인다.

HSP 70 은 chaperone 또는 chaperonin 분자의 기능을 하는데, chaperone 은 정상세포에 존재해서 여러 단백질의 응집을 조절한다. 예를 들어 엽록체에는 rubisco 결합단백질이 있어서 rubisco의 소단위를 결합시켜 활성화된 효소를 이루도록 유도한다.

HSP 70 은 열스트레스를 받았을 때에 다중 응집단백질의 해리나 변성을 방지하는 역할을 하는 것으로 알려져 있다. 이때 유비퀴틴의 양도 증가하는데, 이는 열 충격으로 손상을 받은 단백질의 제거에 유비퀴틴이 필요하다는 것을 의미한다.

새 단백질의 합성이 열 충격에 의해서만 합성되는 것은 아니다. 저온, 수분결핍, ABA 처리, 염분, 산소결핍, 그리고 PEG 에 의해 인위적으로 유도되는 삼투스트레스 등을 포함한 여러 가지 스트레스에 의해서도 새로운 단백질의 합성이 유도된다.

이러한 스트레스성 단백질 중의 일부는 HSP와 유사하지만 합성된 단백질의 형태는 조직, 생육조건, 식물의 종에 따라 다양하다. 이처럼 스트레스에 대한 일반적인 반응으로 새 단백질을 합성하기는 하지만, 여기에 어떤 보편적인 특성을 가지는 스트레스성 단백질이 있는 것은 아니다.

4. 염분스트레스

근권(rhizosphere)의 고염도 환경은 수분결핍과 이온독성을 통해 스트레스를 유발하며, 염의 방출과 삼투조절 기작은 생물체가 내염성을 나타내는데 매우 중요한 과정이다. 실제 염스트레스라는 용어는 Na^+와 Cl^- 이온의 초과상태를 말한다.

지구상의 많은 지역이 고염도 상태에 있다. 해안의 해수 소택지는 전형적인 저지대로서 흔히 강어귀에 형성이 되는데, 조수의 범람이 잦다. 약 3%의 염화나트륨을 함유하고 있는 바닷물은 460 mM Na^+, 50 mM Mg^{2+}, 그리고 540 mM Cl^- 및 기타 소량의 이온을 포함하고 있다. 바닷물은 약 −2.7 M Pa의 용질 유지도를 갖는다.

그러나 실제 해수 소택지의 염도는 높이나 바닷물로부터의 거리, 해수와 담수의 혼합비율, 증발량(염농도 증가) 또는 침전량(염농도 감소)과 같은 여러 가지 요인에 의해 결정된다. 고염도 지역인 사막에서는 증발량이 침전량보다 더 많아서 염이 거의 걸러지지 않은 채로 토양에 축적된다. 사막의 토양에는 보통 Na^+, Cl^-, Ca^{2+}, SO_4^{2-} 그리고 탄산염이 고농도로 존재한다. 고염도는 사해와 같은 내륙의 호수 근처에서도 발견된다. 배수는 되지 않고 물만 증발해서 염이 축적된다.

심하게 관개농업을 하는 지역 역시, 고염도 환경에 해당된다. 관개농업은 보통 건조지역에서 행해지기 때문에 증발산(evapotranspiration)이라고 불리는 증발과 증산의 복합작용에 의해 상당한 수분감소가 일어난다. 이로 인해 공급되는 물에 포함되어 있던 염이 토양에 축적되는 현상이 나타나게 되는데, 현재 농업지역의 고염화는 대부분의 농지에서 생산을 포기해야 할 정도의 상당히 심각한 문제가 되고 있다. 대부분 경제적으로 중요한 농작물들이 토양의 염농도에 특히 민감하므로 효율적인 관개시설의 개선과 함께 고염도에 내성이 있는 작목을 육종하기 위한 노력이 시급히 요청된다.

고염도 토양에서 잘 자라는 식물들은 호염식물(halophyte)이라 한다(그림 9-9). 유럽과 북아메리카에서 자라는 *Suaeda maritima*와 *Spartina* 속의 식물들이 여기에 해당된다. 대부분의 호염성 식물은 200∼500 mM 정도의 NaCl에서도 계속 생장할 수 있으며, 일부 호염성 식물은 염조절자의 기능도 수행한다.

멀구슬나무속의 어떤 식물은 염을 흡수하는 것이 아니라 뿌리를 통해 활발하게 염분을 분비한다.

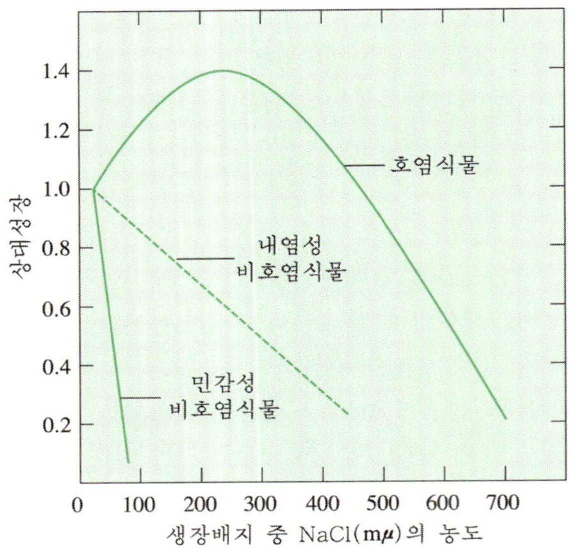

그림 9-9 호염식물, 내염성 비호염식물 및 민감성 비호염식물의 이상적인 생장곡선

또 다른 염분 조절자들은 염분을 흡수해서 잎에 있는 염분비선(salt gland)을 통해 대량으로 분비하는데, 분비된 염이 잎 표면에 결정화되어 나타나지만 잎에는 해롭지 않다. 기본적으로 Na^+, Cl^-, 그리고 HCO^{3-} 는 농도구배로 인해 분비되는 반면, Ca^{2+}, SO_4^{2-}, NO_3^- 와 HPO_4^- 같은 이온들은 농도구배로 인해서 오히려 흡수된다.

반면 염축적자는 토양의 저습상태에서 세포장력을 유지하기 위하여 많은 이온을 흡수하기도 한다. 여분의 이온은 액포에 저장되어 세포질의 Na^+ 와 Cl^- 의 농도가 낮게 유지될 수 있다. 호염성 식물이라고 해서 반드시 고염도를 필요로 하는 것은 아니며, 낮은 염도에서도 잘 자라는 경우가 많다.

이와는 대조적으로 염분에 대한 내성이 없는 식물을 비호염성(glycophyte) 식물체라고 한다(그림 9-9). 완두(*Phaseolus vulgaris*), 대두(*Glycine max*), 쌀(*Oryza sativa*), 그리고 옥수수(*Zea mays*)와 같은 많은 농작물들이 여기에 해당된다.

비호염성 식물은 염에 대한 내성이 거의 없어서 50 mM 도 안되는 NaCl 농도에서도 치명적인 상해를 입는 반면 토마토(*Lycopersicon esculentum*), 목화(*Gossypium hirsutum*), 사탕수수(*Beta vulgaris*), 보리(*Hordeum vulgare*), 그리고 밀(*Triticum aestivum*)과 같은 비호염성 작물은 조금 더 높은 염농도에서도 견딜 수 있다.

보리는 곡물 중에서 가장 내염성이 높은데, 다른 작물은 생장할 수 없을 정도로 관개가 이루어진 곳에서도 잘 자란다. 그런데 염분스트레스에 대해 대단히 다양한 민감성을 갖는 보리와 밀의 변종이 있다. 이는 선별적인 육종에 의해 내염성을 증가시킬 수 있다는 가능성을 보여준다.

염분스트레스는 세 가지의 수준에서 식물체에 손상을 준다. 첫째, 고염도, 그중에서도 특히 높은 농도의 나트륨은 토양의 구조를 바꾸며 토양의 작은 구멍들이 줄어들어 통기와 수압계수가 좋지 않게 된다.

둘째, 고염도는 수분스트레스를 유발하여 식물체가 물과 양분을 얻기 어렵게 되는 생리적 가뭄상태에 이르게 한다. 이것은 또한 삼투스트레스와 공통적인 요소가 있기 때문에 가뭄과 고염도는 이와 유사한 반응을 보인다. 가령 뿌리에서 잉여 염을 분비하는 호염성 식물은 고염도의 환경에 순화되는데, 삼투조절을 이용해서 내부에 낮은 수분유지도를 지속시킬 수 있다.

호염성 식물에서 삼투조절에 영향을 주는 용질들은 수분스트레스 때에 축적되는 염과 같은 종류, 즉 프롤린, 베타인, 소르비톨 등이다. 식물의 대사, 성장 및 생존에 영향을 주는 것들이 고염도로 인한 삼투 때문인지 이온과잉의 직접적인 영향 때문인지를 구별하기는 사실 어렵다.

비호염성 식물에서 상해의 세 번째 형태는 Na^+과 Cl^-와 같은 특정 이온의 독성과 관계가 있다. 상해기작이 아직 정확하게 밝혀지지는 않았다. 하지만 잉여 Na^+의 축적이 막과 효소활성 저해, 그리고 총체적인 대사기능 이상 등의 문제를 야기한다고 여겨진다.

고염도 상태의 비호염성 식물은 생장이 억제되고 탄소동화가 저해된다고 알려져 있는데, 탄소동화 저해 이유는 광합성 저하와 계속적인 호흡이 유발되기 때문이다. Na^+는 비호염성 식물의 뿌리 세포로 수동적으로 확산되어 농도구배가 감소하고 나트륨펌프가 나트륨을 방출하기 때문에 내부농도는 낮게 유지된다. 이때 호흡이 증가하는 것은 고염도의 조건에서 뿌리로부터 나트륨을 빨아올리는 데 필요한 에너지가 증가하기 때문이다.

물론 이온들이 단독으로 영향을 주지는 못하며, 특히 Na^+과 Ca^{2+} 사이에는 강력한 상호작용이 있다. 어린 보리, 옥수수 및 기타 식물체에서 NaCl 독성은 Ca^{2+}이 증가되면 줄어들고 Na^+이 뿌리의 막관련 Ca^{2+}를 대치하기 때문에 이 현상은 Ca^{2+}을 초과 공급함으로써 Na^+의 흡수량이 줄어든다.

내염성은 생리학과 분자생물학 측면에서 최근에 관심을 끌기 시작했다. 다른 스트레스처럼 염분스트레스는 단백질 합성에 변화를 일으키는데, 이는 새로운 유전자가 전사되거나 적어도 어떤 유전자의 산물이 증가되는 반면 다른 유전자 산물은 감소된다는 것을 암시한다. 내염성 세포의 가장 중요한 반응은, ABA 뿐만 아니라 새로운 단백질을 합성해서 NaCl 에 대한 순화능력을 키우는 것이다. 전부는 아니더라도 염에 의해 유도되는 단백질과 ABA 에 의해 유도되는 단백질에는 같은 종들이 있다.

염에 의한 유전자의 발현은 현탁배양과 근계를 재료로 연구되었다. 뿌리는 염의 증가에 가장 먼저 대처해야 하는 기관이며, 고농도의 NaCl 이나 PEG 로 처리된 담배 배양세포에서 여러 가지 폴리펩티드가 매우 높은 수준까지 축적된다는 사실이 밝혀졌다. 특히 분자량 26 kDa 의 폴리펩티드가 NaCl 뿐만 아니라 PEG 에 의해서도 유도되었다.

오스모틴(osmotin)이라고 불리는 이 폴리펩티드는 보통으로 여러 가지 요인에 의해 발생되는 삼투충격이나 저수분 조건에서 나타난다.

순화된 담배세포에서 오스모틴은 액포에 축적되어서 총 세포 단백질의 12%를 차지한다. 오스모틴은 토마토의 뿌리 구성성분인데, 스트레스를 받지 않는 식물체의 경우 아주 미량만이 생성된다. 하지만 이 단백질은 171 mM 의 NaCl 를 첨가하였을 때 8 시간 이내에 상당량이 증가되며, 오스모틴의 mRNA 는 NaCl 가 제공된 토마토 세포에서 최소 100 배 이상 증가한다. 이것은 염분스트레스에 대한 반응이 전사 수준에서 일어난다는 것을 의미한다.

오스모틴의 증가는 염과 삼투스트레스에 대한 놀랄 만한 생화학적 반응이라고 할 수 있다. 하지만 여러 가지 토마토 중에서 오스모틴의 농도와 내염성 사이에는 어떤 뚜렷한 관계가 보이지 않기 때문에 오스모틴이 순화와 내성이 형성되는 과정에서 어떤 특정한 기능을 한다고 단언하기는 어렵다. 염분스트레스, 내성 그리고 고염해 등이 복합적으로 얽혀 있다는 것은 명백하다.

또한 고염도에 의한 효과를 저수분 유지나 다른 이온과의 복합작용으로 인한 효과와 분리해서 생각할 수는 없다. 내염성 기작을 이해하는 것은 염 민감성 작물에 내성을 높이려는 생리학적 연구의 첫 단계라고 할 수 있다.

5. 환경오염물질

최근에 환경오염이 식물에게 새로운 형태의 스트레스로 부각되고 있다. 공해스트레스에는 기본적으로 자연계에 존재하는 화학물질뿐 아니라 중금속의 독성, 탄소, 질소, 황 등의 산화물, 그리고 광화학적 산물까지도 해당된다.

요즘 우리는 토양오염, 수질오염, 대기오염 등 환경오염이란 말을 자주 듣게 되는데 오염원은 공기의 관점에서 살펴보면 쉽게 이해할 수 있다. 공기는 지구를 둘러싸고 있는 무색, 무취, 무미한 기체혼합물로 이루어진 대기를 말한다. 또한 질소와 산소 및 약간의 이산화탄소로 구성되어 있고, 여기에 탄소, 황, 질소 등의 산화기체와 다른 기체들이 여러 가지 포함되어 있다. 이런 많은 기체들은 화산분출이나 산림의 화재 때 발생한다.

공기에는 먼지를 비롯해 이소프렌 화합물이나 에틸렌 같은 휘발성 유기탄화수소(VOC, volatile organic compound)가 포함되어 있다. 이 기체는 거의 모든 종류의 식물에서 끊임없이 방출된다. 이런 자연 오염물질들은 대기에 항상 존재하지만, 대체로 식물체나 다른 생물에 타격을 주지 않는 정도의 양이다. 공기 오염물질이 실제 오염원으로 작용할 때란 그 농도가 생물체의 생장에 불리한 효과를 주는 수준에 도달했을 때를 의미한다.

오염원의 효과는 단순히 불쾌한 냄새에서부터 생물체의 안정이나 생존에 치명적인 위협이 되는 범위까지 다양하다. 그러므로 오염원이란 생물체에게 불리한 효과를 주는 공기, 수분, 토양의 오염물질이라고 말할 수 있다. 오염원은 그 바탕을 자연계에 두고 있지만, 결국은 대부분 인간의 활동산물이다.

환경오염은 과거 몇 십 년에 걸쳐 위기상태에 직면했고, 이제는 숲과 농작물에 대해 상당한 위협이 되고 있다. 식물이 대처해야 하는 오염원을 크게 두 개의 범주로 나눌 수 있다. 첫째는 보통 토양이나 물에서 검출되는 중금속이며, 둘째는 광화학반응에 의해 대기 중에서 형성되는 유해가스가 있다.

(1) 중금속

식물체의 생장에는 다른 생물에 비해서 상대적으로 적은 종류의 원소가 이용되며 보통의 토양에는 필요 이상의 많은 원소가 들어 있는데, 뿌리의 선택적 투과에도 불구하고 식물조직을 검사해 보면 이런 많은 원소들이 미량으로 검출된다. 그런데 이런 원소들 중 카드뮴, 납, 비소 등과 같은 중금속류는 식물체에 매우 유해하며 또한 구리나 니켈, 아연과 같은 필수원소들까지도 그 양이 과도하면 역시 식물체에 치명적일 수 있다.

흔한 현상은 아니지만 자연계의 지질화학적 반응으로 인해 토양에 고농도의 중금속이 생기는 지역에서 번식하는 종들이 있다. 토양에 존재하는 이런 중금속의 축적은 20세기 산업사회의 중대한 문제로 대두되고 있다. 광업폐기물, 제지공장, 대기 중의 배기가스 배출 등으로 인해 자연계에 중금속이 더욱 더 확산되는 실정이다.

다른 스트레스처럼 식물체는 그 종에 따라 중금속에 대해서 대단히 다양한 반응을 보인다. 많은 종들이 비소, 셀레늄, 니켈, 크롬, 카드뮴과 기타 금속 혹은 비금속류들과 함께 토양에서 자랄 수 있다.

보통 중금속들은 뿌리에 있는 세포막의 선택적 투과성으로 인해 체내로 유입되지 못하고 걸러지는데, 이를 회피라고 한다. 어떤 식물체들은 내성이 없는 종들에게는 치명적인 수준까지 중금속을 흡수해서 축적시킨다. 이러한 식물들을 축적자(accumulator species)라고 부르며, 대표적인 예로 *Astragalus* 와 *Stanleya pinnata* 라는 종이 있는데, 이들은 종자 건중량의 10%까지 셀레늄을 축적할 수 있다.

니켈이 많이 함유된 토양에서 성장하는 종들은 정상 요구량이 0.005 μg Ni/g 임에도 불구하고 1,000 μg/g 의 건량을 함유하고 있다. 또한 *Viola calaminaria* 의 경우는 납을 10,000 μg/g 까지 축적한다는 보고가 있다.

식물체들은 어떻게 이런 고농도의 독성원소들에 대해서도 견딜 수 있을까? 몇 가지의 방법이 있지만 그들의 공통점은 독성원소를 유기분자와 결합시켜서 독성을 분해하는 방식이다.

많은 식물들은 금속의 피해를 막기 위해 저분자량의 유기금속화합물의 형태를 만드는데, 이러한 화합물은 기본적으로 금속을 시스테인이나 메티오닌 같은 황함유 아미노산이나 아세트산, 말산, 구연산과 같은 유기산과 결합시켜서 얻을 수 있다. 많은 식물들은 피토켈라틴(phytochelatin)이라는 작은 크기의 다황성 폴리펩타이드를 합성해 낸다.

피토켈라틴은 (γ-glutamic acid-cysteine)$_n$-glycine, n=2-8 이라는 구조를 가지는 특이한 펩티드이다(그림 9-10).

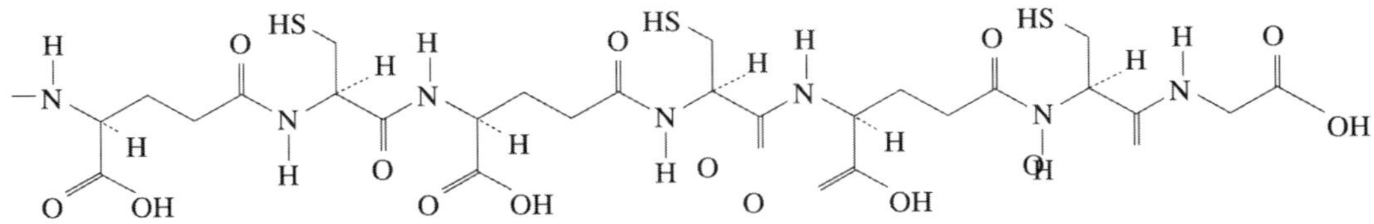

그림 9-10 금속결합 폴리펩티드의 일종인 (γ-glutamlycysteinyl)$_3$-glycine 의 구조

이런 독특한 구조는 글루탐산과 시스테인 사이의 펩티드 결합이 곁가지 사슬이나 단백질의 α-카르복실기가 아닌 글루탐산의 카르복실기인 γ 부위에서 형성되기 때문이다. 이런 결합방식은 피토켈라틴이 리보솜에서 합성되지 않고, 따라서 유전자의 일차적인 산물이 아닌 어떤 생합성과정 중에 생성되는 물질이라는 것을 의미한다.

피토켈라틴의 구조는 식물체에서 가장 풍부한 티올(-SH 화합물)인 트리-펩티드 글루타티온(GSH=γ-glutamly-cysteinly-glycine)과 유사하다. 체내에 활성이 강한 종류의 산소가 있으면 과산화물(peroxides)이 생성되는데, 글루타티온(glutathione)은 이를 해독하는 역할을 한다. 이것은 식물체에 황화합물이 제공될 때에 축적된다. 이는 글루타티온이 시스테인의 저장고 역할을 한다는 것을 암시한다. 체내에 황이 부족해지면 글루타티온이 서서히 분해되어 황을 만들어낸다.

카드뮴, 구리, 수은, 납, 아연 및 그밖에 금속이나 비금속원소들이 존재할 때만 많은 양의 피토켈라틴이 검출된다. 피토켈라틴이 금속원소들의 유입을 막는다는 것이 거의 확실하지만, 그 기능은 아직 명확히 밝혀지지 않았다. 피토켈라틴이 세포질에서 금속과 결합해서 금속을 액포로 이동시키는 기능을 하리라고 추정된다. 일단 액포 안으로 이동되면 산성의 pH 가 금속만 분리한 후에 펩티드는 세포질로 돌려보낸다. 이때 금속은 액포 안에 고농도로 존재하는 유기산에 의해 분해된다.

(2) 대기오염

식물체에 해를 입히는 주요 대기오염물에는 이산화탄소, 일산화탄소, 이산화황 NO_x, 플로리드(floride) 그리고 PAN (peroxyacetyl nitrate)을 포함한 여러 가지 광화학적 유도체와 오존 등이 해당된다. 이런 기체들 중 일부는 화산 분출이나 기타 자연활동으로 생성되지만 대기 중에 존재하는 거의 대부분의 이런 오염원들은 인간활동의 결과로 생긴다. 탄소, 황, 질소 등의 산화물들은 자동차의 화석연료가 연소되면서 생기거나 제련소나 화력발전소에서도 배출된다. 플로리드는 광물의 기본성분으로 알루미늄의 환원이나 인이 생성될 때에 HF 의 형태로 발생된다.

오염원이 식물체에 미치는 영향은 종의 민감성, 오염원에 대한 내구성, 바람, 강수, 그리고 기타 기상요소에 따라 다르다. LA 나 유럽의 Ruhr Valley 같은 지역에서 오염으로 인한 사례들을 쉽게 찾아볼 수 있는데, 이는 이들 지역의 지정학적 특성 때문에 기단의 이동이 적어서 넓은 지역으로의 공기 확산이 거의 없기 때문이다.

이산화황이나 NO_x 같은 기체 오염물들은 기공이 열렸을 때 잎 안으로 들어와서 이산화탄소와 유사한 과정으로 확산을 한다. 따라서 식물들은 기공이 개방되는 낮 시간에 이런 오염물들에 의해 쉽게 영향을 받는다. 일단 잎 안으로 유입된 이산화황과 NO_x 은 아포플라스트의 수분에서 용해되어 대개 SO_3^- 나 HSO_3^- 그리고 질산이나 아질산이 된다.

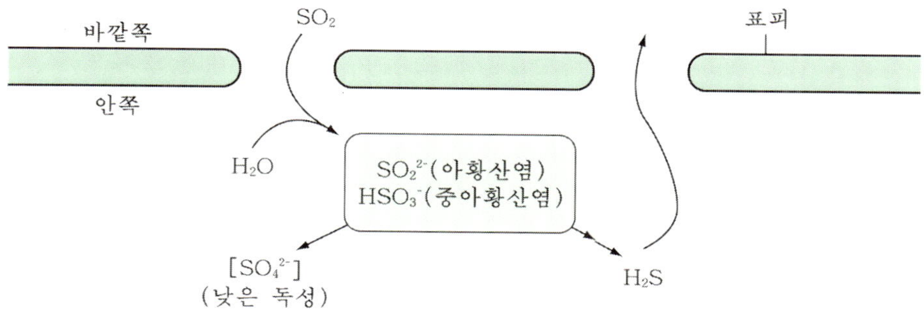

그림 9-11 잎에서 일어나는 독성 이산화황의 유입에 대한 해독작용

황산염, 아황산염 그리고 질산염은 고농도일 경우에 독성으로 작용한다. 심지어 질산까지도 농도가 너무 높으면 독성이 된다. 하지만 낮은 농도에서는 질산과 아질산 모두가 질소환원반응을 통해 동화되고, 황산염과 아황산염은 대부분의 잎에서 비교적 덜 유독한 황이온으로 산화시키는 능력이 있다(그림 9-11).

이산화황은 낮은 농도에서는 식물체가 필요로 하는 황을 제공하는 필수원소로 사용된다. 이런 이유로 중공업지대에 서식하는 식물체에서는 황의 결핍이 거의 일어나지 않는다. 이산화황은 1 차적으로 엽록체와 광합성에 상해를 주며, 공기 중에 0.035 $\mu l/L$ 정도의 낮은 농도에서도 엽록체 막의 기능을 저해한다. 농도가 높아지면 원형질막을 비롯한 다른 막들을 파괴하고 rubisco 와 PEP carboxylase 를 비롯한 효소들의 활성을 저해하며, 대사기능을 총체적으로 방해한다. 엽록체 막이 저해되고 엽록소가 파괴되면 잎 가장자리 부위에서 표백증과 흑반증이 일어난다(그림 9-12).

그림 9-12
이산화황에 의한 흑반증

1945 년에 LA 지역에서 PAN 이 상추(*Lactuca Sativa*)와 시금치(*Spinacea Oleraceae*) 같은 잎 작물에 은빛과 청동색 광택을 일으키는 것이 발견되면서 PAN 의 효과가 처음 알려졌다. PAN 은 스모그의 구성성분으로 자동차에서 발생되는 휘발성 불포화 탄화수소와 산소, 그리고 질산의 복합체에 UV 와 가시광선이 작용해 광화학적으로 형성된다.

PAN 의 유해농도에 대해서는 상대적으로 알려진 자료가 별로 없지만 도시지역에서는 보통 0.01~0.02 $\mu l/L$ 정도의 농도가 검출되었고, 0.12 $\mu l/L$ 정도의 높은 농도도 보고된 적이 있다. 한두 시간 동안 0.02~0.04 $\mu l/L$ 의 농도가 계속되면 민감한 편에 속하는 종들이 상해를 입고 0.1 $\mu l/L$ 이상일 때는 세포붕괴와 함께 막대한 공기가 잎으로 유입되어 잎의 청동색 광택이 눈에 띄게 증가한다.

대사, 생장, 그리고 번식에 미치는 PAN 의 영향에 대해서는 별로 알려지지 않았다. PAN 은 실험실 안에서 만들거나 조정하는 것이 어렵고, 그 폭발성 때문에 작업하기에 위험한 물질이다.

오존 역시 광화학적 오염원으로서 PAN 보다 심각한 문제를 일으키고 있다. 성층권의 오존이 유해한 자외선을 걸러내는 유익한 기능은 가졌지만, 대기에서의 오존은 심각한 문제가 되고 있다. 오존은 대단히 반응성이 강하며 대기권의 오존은 이제 식물상해의 주범으로 꼽히고 있다. 대기권의 오존은 햇빛이 이산화질소에 작용해서 생긴다(그림 9-13). 또한 오존은 휘발성 유기탄화수소가 산화질소와 결합해 역반응을 막기 때문에 축적된다.

다른 기체들처럼 오존도 기공이 열렸을 때 식물체로 들어간다. 오존이 일단 안으로 들어가면 아포플라스트의 수분에 용해된 후에 급속히 분해되어 매우 독성이 강한 몇 가지 산소 라디칼을 만든다. 유리기(free radical)는 매우 반응성이 강해서 불포화지방산과 황화물을 공격한다. 지방산이 산화되면 막을 저해시켜서 투과성에 변화를 일으키고 단백질 내의 황화합물이 산화되면 rubisco 같은 효소의 활성이 떨어진다.

따라서 오존은 세포와 세포내 기관들의 구조를 파괴하고 광합성이나 호흡과 같은 중요한 대사과정을 방해한다. 오존은 낮은 농도에서도 탄소 축적을 막아서 삼림의 쇠퇴나 농작물의 생산량 감소를 일으키며 오존 때문에 일어나는 손실은 북아메리카만 하더라도 매년 천만 달러 정도로 추산되고 있다.

연 습 문 제

1. 식물체에 가해지는 스트레스에는 어떠한 것이 있는가?

2. 수분스트레스가 세포막에 미치는 영향에 대하여 설명하시오.

3. 수분스트레스가 광합성에 미치는 영향에 대하여 설명하시오.

4. 수분스트레스에 대한 기공의 반응에 대하여 설명하시오.

5. 수분스트레스가 식물의 생장에 미치는 영향에 대하여 설명하시오.

6. 온도스트레스 중 고온이 생체막과 대사에 미치는 영향에 대하여 설명하시오.

7. Heat shock 단백질이란 무엇인가?

8. 식물체가 염분스트레스를 받았을 때 나타나는 일반적인 현상은 무엇인가?

9. 오존이 식물체에 미치는 긍정적인 측면과 부정적인 측면에 대하여 설명하시오.

참고 문헌

- M. G. Barbour, J. H. Burk and W. D. Pitts, 1980, *Terrestrial Plant Ecology*, Benjamin/Cummings Publishing Company, Inc. Menlo Park, California.
- D. J. Bewley, 1979, Physiological aspects of desiccation tolerance. *Ann. Rev. Plant Physiol. 30* : 195~238.
- J. S. Boyer, 1970, Leaf enlargement and metabolic rates in corn, soybean, and sunflower at various leaf water potentials. *Plant Physiol. 46* : 233~235.
- D. Graham and B. D. Patterson, 1982, Responses of plants to low, nonfreezing temperatures : proteins, metabolism, and acclimation, *Ann. Rev. Plant Physiol. 30* : 149~190.
- A. D. Hanson and W. D. Hitz, 1982, Metabolic responses of mesophytes to plant water deficits, *Ann. Rev. Plant Physiol. 33* : 163~203.
- J. A. Hellebust, 1976, Osmoregulation, *Ann. Rev. Plant Physiol. 27* : 485~505.
- W. G. Hopkins, 1995, Introduction to plant physiology, John Wiley and Sons, Canada.
- P. L. Steponkus, 1984, Role of plasma membrane in freezing injury and cold acclimation, *Ann. Rev. Plant Physiol. 35* : 543~693.
- L. Taiz and E. Zeiger, 1991, *Plant Physiology*, The Benjamin/Cummings Publishing Company, Inc. Redwood City, California.
- A. E. Walsby, 1983, Bacteria that grow at 250℃, *Nature 303* : 381.
- P. H. Yancey, M. E. Clark, S. C. Hand, R. D. Bowlus and G. N. Somero, 1982, Living with water stress : evolution of osmolyte systems, *Science 217* : 1214~1222.

index

A

B

C

Q

R

S

찾아보기

ㅎ

NEW 식물생리학

2009년 3월 2일 초 판 발행
2013년 1월 10일 재 판 발행

저　자 강영희 / 이순희 / 김명원 / 소상섭
황　백 / 강경홍 / 한태진 / 정충덕
이우성 / 오승은 / 김우택 / 이인철
정현숙 / 김응식 / 박기영 / 김성기
김순영 / 표병식 / 김성호

발행인 주병오

발행처 지구문화사 JIGU PUBLISHING Co.

경기도 파주시 문발동
파주출판문화정보산업단지 518－2
영업팀 (031) 955－7566 / 7577
편집팀 (031) 955－7731
FAX (031) 955－7730
홈페이지 www.ji-gu.co.kr
전자우편 jigupub@hanmail.net

등록번호 1979년 7월 13일 제 9－57호

ISBN 978－89－7006－459－8　　값 20,000원